全国地层多重划分对比研究

（65）

新疆维吾尔自治区岩石地层

主编：蔡土赐

编者：孙巧缡　缪长泉　张建东　杜天星
杜　青　张玉谦　梅绍武　贺卫东
韩小明　彭昌文　李　洁　朱庆亮
张玉亭　王福堂　乔新东　杨志荣
曾亚参　郑国平　刘云焕　祁伯超

技术指导：张良臣　王有标

中国地质大学出版社

内 容 简 介

《新疆维吾尔自治区岩石地层》系全国地层多重划分对比研究的系列丛书之一。书中详细叙述了新疆从中、晚元古代--第三纪共413个岩石地层单位的创名(人或单位、时间、地点)、原始定义、划分沿革、现在定义、层型、地质特征及区域变化等项内容,对不采用地层单位的资料出处和不采用理由等也进行了叙述。同时还论述了部分岩石地层单位中的生物地层。

本书资料丰富、内容翔实,是新疆岩石地层研究的最新成果,可作为国内、外地学工作者研究新疆的地质发展、大地构造演化,以及地质院校师生、生产部门从事教学、区域地质调查和地质勘查人员的基础材料。

图书在版编目(CIP)数据

新疆维吾尔自治区岩石地层/蔡士赐主编.—武汉:中国地质大学出版社,1999.12(2012.7重印)
(全国地层多重划分对比研究;65)
ISBN 978-7-5625-1498-5

Ⅰ.新…
Ⅱ.蔡…
Ⅲ.地层学—新疆
Ⅳ.P535.245

中国版本图书馆CIP数据核字(2008)第062440号

新疆维吾尔自治区岩石地层 **蔡士赐 主编**

责任编辑:张晓红 责任校对:张咏梅

出版发行:中国地质大学出版社(武汉市洪山区鲁磨路388号) 邮编:430074
电话:(027)67883511 传真:67883580 E-mail:cbb @ cug. edu. cn
经 销:全国新华书店 http://www.cugp.cn

开本:787毫米×1092毫米 1/16 字数:710千字 印张:27.625
版次:1999年12月第1版 印次:2012年7月第3次印刷
印刷:武汉教文印刷厂 印数:1001—1500册

ISBN 978-7-5625-1498-5 定价:97.00元

序

100多年来，地层学始终是地质学的重要基础学科的支柱，甚至还可以说是基础中的基础，它为近代地质学的建立和发展发挥了十分重要的作用。随着板块构造学说的提出和发展，地质科学正经历着一场深刻的变革，古老的地层学和其他分支学科一样还面临着满足社会不断进步与发展的物质需要和解决人类的重大环境问题等双重任务的挑战。为了迎接这一挑战，依靠现代科技进步及各学科之间相互渗透，地层学的研究范围将不断扩大，研究途径更为宽广，研究方法日趋多样化，并萌发出许多新的思路和学术思想，产生出许多分支学科，如生态地层学、磁性地层学、地震地层学、化学地层学、定量地层学、事件地层学、气候地层学、构造地层学和月球地层学等等，它们的综合又导致了“综合地层学”和“全球地层学”概念的提出。所有这一切，标志着地层学研究向高度综合化方向发展。

我国的地层学和与其密切相关的古生物学早在本世纪前期的创立阶段，就涌现出一批杰出的地层古生物学家和先驱，他们的研究成果奠定了我国地层学的基础。但是大规模的进展，还是从1949年以后，尤其是随着全国中小比例尺区域地质调查的有计划开展，以及若干重大科学计划的执行而发展起来的。正像我国著名的地质学家尹赞勋先生在第一届全国地层会议上所讲：“区域地质调查成果的最大受益者就是地层古生物学。”1959年召开的中国第一届全国地层会议，总结了建国十年来所获的新资料，制定了中国第一份地层规范（草案），标志着我国地层学和地层工作进入了一个新的阶段。过了20年，地层学在国内的发展经历了几乎十年停滞以后，于1979年召开了中国第二届全国地层会议，会议在某种程度上吸收学习了国际地层学研究的新成果，还讨论制定了《中国地层指南及中国地层指南说明书》，为推动地层学在中国的发展，缩小同国际地层学研究水平的差距奠定了良好基础。这次会议以后所进行的一系列工作，包括应用地层单位的多重性概念所进行的地层划分对比研究、区域地层格架及地层模型的研究，现代地层学与沉积学相结合所进行的盆地分析以及1∶5万区域地质填图方法的改进与完善等，都成为我国地层学进一步发展的强大推动力。为此，地质矿产部组织了一项“全国地层多重划分对比研究（清理）”的系统工程，在30个省、直辖市、自治区（含台湾省，不含上海市）范围内，自下而上由省（市、区）、大区和全国设立三个层次的课题，在现代地层学和沉积学理论指导下，对以往所建立的地层单位进行研究（清理），追溯地层单位创名的沿革，重新厘定单位含义、层型类型与特征、区域延伸与对比，消除同物异名，查清同名异物，在大范围内建立若干断代岩石地层单位的时空格架、编制符合现代地层学含义的新一代区域地层序列表，并与地层多重划分对比研究工作同步开展了省（市、区）和全国两级地层数据库的研建，对巩固地层多重划分对比研究（清理）成果，为地层学的科学化、系统化和现代化发展打下了良好基础。这项研究工作在部、省（市、区）各级领导的支持关怀下，全体研究人员经过5年的艰苦努力已圆满地完成了任务，高兴地看到许多成果已陆续要出版了。这项工作涉及的范围之广、参加的单位及人员之多、文件的时间跨度之长，以及现代科学理论与计算机技术的应用等各方面，都可以说是在我国地层学工作不断发展中具有里程碑意义的。这项研究中不同层次成果的出版问世，不仅对区域地质调查、地质图件的编测、区域矿产普查与勘查、地质科研和教学等方面都具有现实的指导作用和实用价值，而且对我国地层学的发展和科学化、系统化将起到积极的促进作用。

首次组织实施这样一项规模空前的全国性的研究工作，尽管全体参与人员付出了极大的辛勤劳动，全国项目办和各大区办进行了大量卓有成效和细致的组织协调工作，取得了巨大的成绩，但由于种种原因，难免会有疏漏甚至失误之处。即使这样，该系列研究是认识地层学真理长河中的一个相对真理的阶段，其成果仍不失其宝贵的科学意义和巨大的实用价值。我相信经过广大地质工作者的使用与检验，在修订再版时，其内容将会更加完美。在此祝贺这一系列地层研究成果的公开出版，它必将发挥出巨大社会经济效益，为地质科学的发展做出新的贡献。

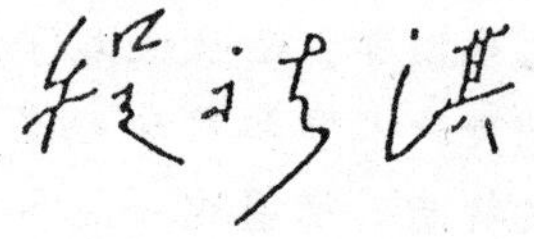

前　　言

地层学在地质科学中是一门奠基性的基础学科，是基础地质的基础。自从19世纪初由W史密斯奠定的基本原理和方法以来的一个半世纪中，地层学是地质科学中最活跃的一个分支学科，对现代地质学的建立和发展产生了深刻的影响，作出了不可磨灭的贡献，特别是在20世纪60年代由于板块构造学说兴起引发的一场“地学革命”，其表现更为显著。随着板块构造学的确立，沉积学和古生态学的发展，地球历史和生物演化中的灾变论思想的复兴和地质事件概念的建立，使地层学的分支学科，如时间地层学、生态地层学、地震地层学、同位素地层学、气候地层学、磁性地层学、定量地层学和构造地层学等像雨后春笋般地蓬勃发展，这种情况必然对地层学、生物地层和沉积地层等的传统理论认识和方法提出了严峻的挑战。经过20年的论战，充分体现当代国际地质科学先进思想的《国际地层指南》（英文版）于1976年见诸于世，之后在不到20年的时间里又于1979、1987、1993年连续三次进行了修改补充，陆续补充了《磁性地层极性单位》、《不整合界限地层单位》，以及把岩浆岩与变质岩等作为广义地层学范畴纳入地层指南而又补充编写了《火成岩和变质岩岩体的地层划分与命名》等内容。

国际地层学上述重大变革，对我国地学界产生了强烈冲击，十年动乱形成的政治禁锢被打开，迎来了科学的春天，先进的科学思潮像潮水般涌来，于是在1980年第二届全国地层工作会议上通过并公开出版了《中国地层指南及中国地层指南说明书》，阐述了地层多重划分概念。于1983年按地层多重划分概念和岩石地层单位填图在安徽区调队进行了首次试点。1985年《贵州省区域地质志》中地层部分吸取了地层多重划分概念进行撰写。1986年地质矿产部设立了“七五”重点科技攻关项目——“1:5万区调中填图方法研究项目”，把以岩石地层单位填图，多重地层划分对比，识别基本地层层序等现代地层学和现代沉积学相结合的内容列为沉积岩区区调填图方法研究课题，从此拉开了新一轮1:5万区调填图的序幕，由试点的贵州、安徽和陕西三省逐步推向全国。

1:5万区调填图方法研究试点中遇到的最大问题是如何按照现代地层学的理论和方法来对待与处理按传统理论和方法所建立的地层单位？如果维持长期沿用的按传统理论建立的地层单位，虽然很省事，但是又如何体现现代地层学和现代沉积学相结合的理论与方法呢？这样就谈不上紧跟世界潮流，迎接这一场由板块构造学说兴起所带来的“地学革命”。如果要坚持这一技术领域的革命性变革，就要下决心花费很大力气克服人力、财力和技术性等方面的重重困难，对长期沿用的不规范化的地层单位进行彻底的清理。经过反复研究比较，我们认识到科学技术的变革也和社会经济改革的潮流一样是不可逆转的，只有坚持改革才能前进，不进则退，否则就将被历史所淘汰，别无选择。在这一关键时刻，地质矿产部和原地矿部直管局领导作出了正确决策，从1991年开始，从地勘经费中设立一项重大基础地质研究项目——全国地层多重划分对比研究项目，简称全国地层清理项目，开始了一场地层学改革的系统工程，在全国范围内由下而上地按照现代地层学的理论和方法对原有的地层单位重新明确其定义、划分对比标准、延伸范围及各类地层单位的相互关系，与此同时研建全国地层数据库，巩固地层清理成果，推动我国地层学研究和地层单位管理的规范化和现代化，指导当前和今后一个时期1∶5万、1∶25万等区调填图等，提高我国地层学研究水平。1991年地质矿产部原直管局将地层清理作为部指令性任务以地直发(1991)005号文和1992年以地直发(1992)014号文下发了《地矿部全国地层多重划分对比（清理）研究项目第一次工作会议纪要》，明确了各省（市、自治区）地质矿产局（厅）清理研究任务，并于1993年2月补办了专项地勘科技项目合同（编号直科专92-1)，并明确这一任务分别设立部、大区和省（市、自治区）三级领导小组，实行三级管理。

部级成立全国项目领导小组

组长	李廷栋	地质矿产部副总工程师
副组长	叶天竺	地质矿产部原直管局副局长
	赵　逊	中国地质科学院副院长

成立全国地层清理项目办公室，受领导小组委托对全国地层清理工作进行技术业务指导和协调以及经常性业务组织管理工作，并设立在中国地质科学院区域地质调查处（简称区调处）。

项目办公室主任	陈克强	区调处处长，教授级高级工程师
副主任	高振家	区调处总工，教授级高级工程师
	简人初	区调处高级工程师
专家	张守信	中国科学院地质研究所研究员
	魏家庸	贵州省地质矿产局区调院教授级高级工程师
成员	姜　义	区调处工程师
	李　忠	会计师
	周统顺	中国地质科学院地质研究所研究员

大区一级成立大区领导小组，由大区内各省（市、自治区）局级领导成员和地科院沈阳、天津、西安、宜昌、成都、南京六个地质矿产研究所各推荐一名专家组成。领导小组对本大区地层清理工作进行组织、指导、协调、仲裁并承担研究的职责。下设大区办公室，负责大区地层清理的技术业务指导和经常性业务技术管理工作。在全国项目办直接领导下，成立全国地层数据库研建小组，由福建区调队和部区调处承担，负责全国和省（市、自治区）二级地层数据库软件开发研制。

各省（市、自治区）成立省级领导小组，以省（市、自治区）局总工或副总工为组长，有区调主管及有关处室负责人组成，在专业区调队（所、院）等单位成立地层清理小组，具体负责地层清理工作，同时成立省级地层数据库录入小组，按照全国地层数据库研建小组研制的软件及时将本省清理的成果进行数据录入，并检验软件运行情况，及时反馈意见，不断改进和优化软件。在全国地层清理的三个级次的项目中，省级项目是基础，因此要求各省（市、自治区）地层清理工作必须实行室内清理与野外核查相结合，清理工作与区调填图相结合，清理与研究相结合，地层清理与地层数据库建立相结合，“生产”单位与科研教学单位相结合，并强调地层清理人员要用现代地层学和现代沉积学的理论武装起来，彻底打破传统观点，统一标准内容，严格要求，高标准地完成这一历史使命。实践的结果，凡是按上述五个相结合去做的效果都比较好，不仅出了好成果，而且通过地层清理培养锻炼了一支科学技术队伍，从总体上把我国区调水平提高到一个新台阶。

三年多以来，参加全国地层清理工作的人员总数达400多人，总计查阅文献约24 000份，野外核查剖面约16 472.6 km，新测剖面70余条约300 km，清理原有地层单位有12 880个，通过清查保留的地层单位约4721个（还有省与省之间重复的），占总数36.6%，建议停止使用或废弃的单位有8159个（为同物异名或非岩石地层单位等），占总数63.4%，清查中通过实测剖面新建地层单位134个。与此同时研制了地层单位的查询、检索、命名和研究对比功能的数据库，通过各省（市、自治区）数据录入小组将12 880个地层单位（每个单位5张数据卡片）和10 000多条各类层型剖面全部录入，首次建立起全国30个（不含上海市）省（市、自治区）基础地层数据库，为全国地层数据库全面建成奠定了坚实的基础。从1994年7月—11月，分七个片对30个省（市、自治区）地层清理成果报告及数据库的数据录入进行了评审验收，到1994年底可以说基本上完成了省一级地层清理任务。1995—1996年将全面完成大区和总项目的清理研究任务。由此可见，这次全国地层清理工作无论是参加人数之多，涉及面之广，新方法新技术的应用以及理论指导的高度和研究的深度都可以堪称中国地层学研究的第三个里程碑。这一系统工程所完成的成果，不仅是这次直接参加清理的400多人的成果，而且亦应该归功于全国地层工作者、区域地质调查者、地层学科研与教学人员以及为地层工作做过贡献的普查勘探人员。全国地层清理成果的公开出版，必将对提高我国地层学研究水平，统一岩石地层划分和命名指导区调填图，加强地层单位的管理以及地质勘察和科研教学等方面发挥重要的作用。

鉴于本次地层清理工作和地层数据库的研建是过去从未进行过的一项研究性很强的系统工程，涉及的范围很广，时间跨度长达100多年，参加该项工作的人员多达300～400人，由于时间短，经费有限，人员水平不一，文献资料掌握程度等种种主客观原因，尽管所有人员都尽了最大努力，但是在本书中少数地层单位的名称、出处、命名人和命名时间等不可避免地存在一些问题。本书中地层单位名称出现的“岩群”、“岩组”等名词，是根据1990年公开出版的程裕淇主编的《中国地质图（1：500万）及说明书》所阐述的定义。为了考虑不同观点的读者使用，本书对有“岩群”、“岩组”的地层单位，均暂以（岩）群、（岩）组处理。如鞍山（岩）群、迁西（岩）群。总之，本书中存在的错漏及不足之处，衷心地欢迎广大读者提出宝贵意见，以便今后不断改正和补充。

在30个省（市、自治区）地层清理系统成果即将公开出版之际，我代表全国地层清理项目办公室向参加30个省（市、自治区）地层清理、数据库研建和数据录入的同志所付出的辛勤劳动表示衷心的感谢和亲切的慰问。在全国地层清理项目立项过程中，原直管局王新华、黄崇轲副局长给予了大力支持，原直管局局长兼财务司司长现地矿部副部长陈洲其在项目论证会上作了立项论证报告，在人、财、物方面给予过很大支持；全国地层委员会副主任程裕淇院士一直对地层清理工作给予极大的关心和支持，并在立项论证会上作了重要讲话；中国地质大学教授、全国地层委员会地层分类命名小组组长王鸿祯院士是本项目的顾问，在地层清理的指导思想、方法步骤及许多重大技术问题上给予了具体的指导和帮助；中国地质大学教授杨遵仪院士对这项工作热情关心并给以指导；中国地质科学院院长、部总工程师陈毓川研究员参加了第三次全国地层清理工作会议并作了重要指示与鼓励性讲话；部科技司姜作勤高工，计算中心邬宽廉、陈传霖，信息院赵精满，地科院刘心铸等专家对地层数据库设计进行评审，为研建地层数据库提出许多有意义的建议。中国科学院地质研究所，南京古生物研究所，中国地质科学院地质研究所，天津、沈阳、南京、宜昌、成都和西安地质矿产研究所，南京大学，西北大学，中国地质大学，长春地质学院，西安地质学院等单位的知名专家、教授和学者，各省（市、自治区）地矿局领导、总工程师、区调主管、质量检查员和区调队、地研所、综合大队等单位的区域地质学家共600余人次参加了各省（市、自治区）地层清理研究成果和六个大区区域地层成果报告的评审和鉴定验收，给予了友善的帮助；各省（市、自治区）地矿局（厅）、区调队（所、院）等各级领导给予地层清理工作在人、财、物方面的大力支持。可以肯定，没有以上各有关单位和部门的领导和众多的专家教授对地层清理工作多方面的关心和支持，这项工作是难以完成的。在30个省（市、自治区）地层清理成果评审过程中一直到成果出版之前，中国地质大学出版社，特别是以褚松和副社长和刘粤湘编辑为组长的全国地层多重划分对比研究报告编辑出版组为本套书编辑出版付出了极大的辛苦劳动，使这一套系统成果能够如此快地、规范化地出版了！在全国项目办设在区调处的几年中，除了参加项目办的成员外，区调处的陈兆棉、其和日格、田玉莹、魏书章、刘凤仁多次承担地层清理会议的会务工作，赵洪伟和于庆文同志除了承担会议事务还为会议打印文稿，于庆文同志还协助绘制地层区划图及文稿复印等工作。

在此，向上面提到的单位和所有同志一并表示我们最诚挚的谢意，并希望继续得到他们的关心和支持。

全国地层清理项目办公室（陈克强执笔）

目　　录

第一章
绪　论

新疆维吾尔自治区(以下简称新疆)地处欧亚大陆腹部,地域辽阔,面积166万km^2,约占中国土地面积的1/6,相当于英、法、德、西班牙等四国面积的总和。新疆地质构造独特,处于西伯利亚、哈萨克斯坦和我国的华北、华南、塔里木、西藏等几大板块的交接地带,又是世界最大的古生代造山带(乌拉尔-新疆-蒙古-鄂霍茨克带)中的古生代构造保存最好、受中-新生代构造破坏较少的地段之一,加之地层发育齐全,大部分地区基岩裸露,常年干旱少雨,利于野外地质调查,因此历来为中外地质学者所关注。

《全国地层多重划分对比研究·新疆维吾尔自治区岩石地层》(以下简称新疆岩石地层)是根据全国地层多层划分对比研究项目制定的总体设计、技术要求,结合新疆幅员辽阔,造山带遍及全疆,带内变质变形复杂,火山岩异常发育,研究程度低的实际,以历年来1∶100万、1∶50万、1∶20万、1∶5万区调报告及公开出版的有关地层专题研究报告或专著作为基础资料,同时也参考石油、煤炭等有关部门普查、勘探成果。资料收集截至1992年底,部分可延长到1993年底,但对其后取得的有重要进展的基础地质资料,也尽量加以利用。研究范围从元古宙的中元古代至第三纪,以岩石地层单位划分对比为重点,详细阐述推荐使用的岩石地层单位的创名及原始定义、沿革、现在定义、层型、地质特征及区域变化、其他或问题讨论等。对不采用的岩石地层单位的资料出处及不采用原因也进行简述,并论述了部分断代的生物地层。

在全面收集新疆曾使用过的地层单位、剖面资料、划分沿革及有关的地质资料基础上,经过对剖面的筛选、柱状剖面图的绘制、地层单位卡片的填写、确定使用的地层单位及不采用的地层单位,最后编写岩石地层研究报告。这是岩石地层清理研究的全过程。

本书共分五篇,每篇阐述一个岩石地层大区包括的全部岩石地层单位。书中共收录推荐使用的地层单位413个(见表1-1),其中新建组5个,引用外省地层单位21个,不采用的地层单位361个;从收集到的4 081条剖面中,选出1 575条作为新疆岩石地层单位的正、副、选、新层型剖面及参考剖面。

根据全国项目办公室统一的《全国岩石地层区划》,新疆共划分出5个Ⅰ级区(地层大区)、8个Ⅱ级区(地层区)、12个Ⅲ级区(地层分区),在此基础上又详细划分为47个Ⅳ级区(地层小区)详见(图1-1)。5个Ⅰ级区是:北疆-兴安地层大区、塔里木-南疆地层大区、华北地层大区、华南地层大区和藏滇地层大区;8个Ⅱ级区是:北疆地层区、中南天山-北山地层区、塔里木

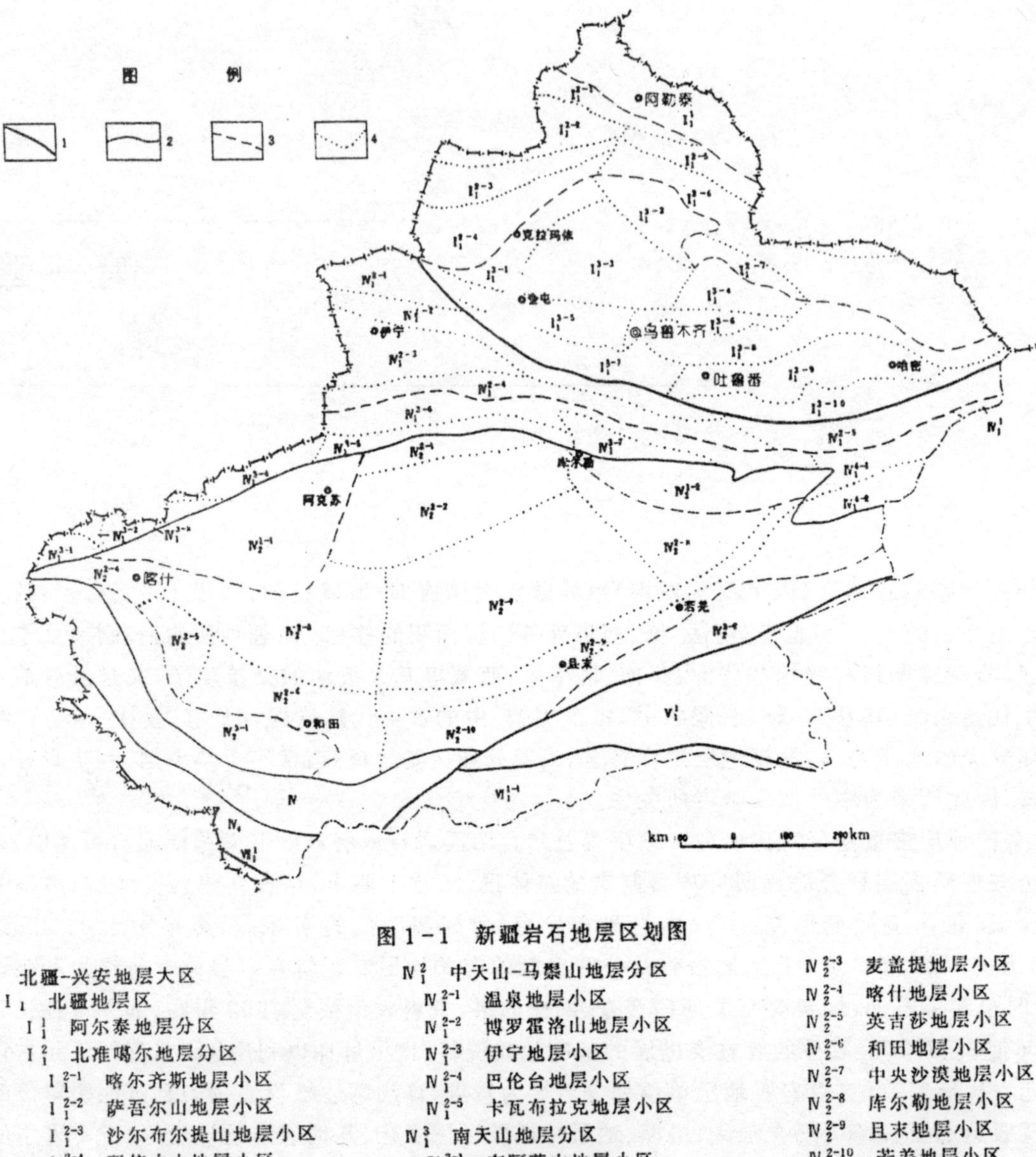

图 1-1　新疆岩石地层区划图

I　北疆-兴安地层大区

I_1　北疆地层区

I_1^1　阿尔泰地层分区

I_1^2　北准噶尔地层分区

I_1^{2-1}　喀尔齐斯地层小区

I_1^{2-2}　萨吾尔山地层小区

I_1^{2-3}　沙尔布尔提山地层小区

I_1^{2-4}　玛依力山地层小区

I_1^{2-5}　二台地层小区

I_1^{2-6}　北塔山地层小区

I_1^{2-7}　卡拉麦里地层小区

I_1^3　南准噶尔-北天山地层分区

I_1^{3-1}　克拉玛依地层小区

I_1^{3-2}　乌伦古河地层小区

I_1^{3-3}　莫索湾地层小区

I_1^{3-4}　将军庙地层小区

I_1^{3-5}　玛纳斯地层小区

I_1^{3-6}　吉木萨尔地层小区

I_1^{3-7}　伊林哈比尔尕地层小区

I_1^{3-8}　博格多地层小区

I_1^{3-9}　吐鲁番地层小区

I_1^{3-10}　觉罗塔格地层小区

IV　塔里木-南疆地层大区

IV_1　中南天山-北山地层区

IV_1^1　星星峡-黑鹰山地层分区

IV_1^2　中天山-马鬃山地层分区

IV_1^{2-1}　温泉地层小区

IV_1^{2-2}　博罗霍洛山地层小区

IV_1^{2-3}　伊宁地层小区

IV_1^{2-4}　巴伦台地层小区

IV_1^{2-5}　卡瓦布拉克地层小区

IV_1^3　南天山地层分区

IV_1^{3-1}　东阿莱山地层小区

IV_1^{3-2}　吐云地层小区

IV_1^{3-3}　迈丹他乌地层小区

IV_1^{3-4}　阔克沙勒岭地层小区

IV_1^{3-5}　哈尔克山地层小区

IV_1^{3-6}　萨阿尔明地层小区

IV_1^{3-7}　克孜勒塔格地层小区

IV_1^4　红柳园地层分区

IV_1^{4-1}　穹塔格地层小区

IV_1^{4-2}　印尼喀拉地层小区

IV_2　塔里木地层区

IV_2^1　塔北地层分区

IV_2^{1-1}　柯坪地层小区

IV_2^{1-2}　库鲁克塔格地层小区

IV_2^2　塔里木盆地地层分区

IV_2^{2-1}　拜城地层小区

IV_2^{2-2}　新和地层小区

IV_2^{2-3}　麦盖提地层小区

IV_2^{2-4}　喀什地层小区

IV_2^{2-5}　英吉莎地层小区

IV_2^{2-6}　和田地层小区

IV_2^{2-7}　中央沙漠地层小区

IV_2^{2-8}　库尔勒地层小区

IV_2^{2-9}　且末地层小区

IV_2^{2-10}　若羌地层小区

IV_2^3　塔南地层分区

IV_2^{3-1}　铁克里克地层小区

IV_2^{3-2}　阿尔金山地层小区

IV_3　西昆仑地层区

IV_4　喀喇昆仑地层区

V　华北地层大区

V_1　秦祁昆地层区

V_1^1　东昆仑-中秦岭地层分区

VI　华南地层大区

VI_1　巴颜喀拉地层区

VI_1^1　玛多-马尔康地层分区

VI_1^{1-1}　木孜塔格地层小区

VII　藏滇地层大区

VII_1　羌南-保山地层区

VII_1^1　空喀山口地层分区

1. 地层大区界线；2. 地层区界线；
3. 地层分区界线；4. 地层小区界线

表 1-1　新疆维吾尔自治区岩石地层单位序列表

地质年代（纪）	地质年代（世）	北疆-兴安地层大区 北疆地层区：阿尔泰地层分区	北准噶尔地层分区	北准噶尔地层分区	南准噶尔-北天山地层分区	南准噶尔-北天山地层分区	南准噶尔-北天山地层分区	南准噶尔-北天山地层分区
第四纪		乌苏群	乌苏群		西域组			
新第三纪	上新世		昌吉河群	独山子组	葡萄沟组			
新第三纪	中新世		昌吉河群	塔西河组 沙湾组	桃树园组			
老第三纪	渐新世		安集海河组		巴坎组			
老第三纪	始新世		紫泥泉子组		台子村组			
老第三纪	古新世		紫泥泉子组		台子村组			
白垩纪	晚白垩世		红砾山组		红砾山组			苏巴什组
白垩纪	早白垩世		东沟组		东沟组			库穆塔克组
白垩纪	早白垩世		吐谷鲁群（未分）		吐谷鲁群	连木沁组 胜金口组 呼图壁河组 清水河组	吐谷鲁群	连木沁组 胜金口组 三十里大墩组
侏罗纪	晚侏罗世		艾维尔沟群	石树沟群		喀拉扎组 齐古组	艾维尔沟群	喀拉扎组 齐古组
侏罗纪	中侏罗世		水西沟群（未分） 艾维尔沟群	石树沟群		头屯河组 西山窑组	艾维尔沟群 水西沟群	头屯河组 西山窑组
侏罗纪	早侏罗世		水西沟群（未分） 水西沟群			三工河组 八道湾组	水西沟群	三工河组 八道湾组

续表 1-1

<table>
<tr><td colspan="2" rowspan="3">岩石地层单位 / 地层区 / 地质年代</td><td colspan="13">北疆-兴安地层大区</td></tr>
<tr><td colspan="13">北疆地层区</td></tr>
<tr><td>阿尔泰地层分区</td><td colspan="7">北准噶尔地层分区</td><td colspan="5">南准噶尔-北天山地层分区</td></tr>
<tr><td rowspan="5">三叠纪</td><td rowspan="2">晚三叠世</td><td rowspan="14"></td><td rowspan="5"></td><td rowspan="3">白砾山组</td><td colspan="5" rowspan="3">小泉沟群(未分)</td><td rowspan="3">小泉沟群</td><td>郝家沟组</td><td colspan="3">郝家沟组</td></tr>
<tr><td>黄山街组</td><td colspan="3">黄山街组</td></tr>
<tr><td>中三叠世</td><td>克拉玛依组</td><td colspan="3">克拉玛依组</td></tr>
<tr><td rowspan="2">早三叠世</td><td rowspan="2">尖山沟组</td><td colspan="4" rowspan="2">仓房沟群(未分)</td><td rowspan="2">尖山沟组</td><td rowspan="5">仓房沟群</td><td>烧房沟组</td><td colspan="3">烧房沟组</td></tr>
<tr><td>韭菜园组</td><td colspan="3">韭菜园组</td></tr>
<tr><td rowspan="9">二叠纪</td><td rowspan="7">晚二叠世</td><td colspan="3" rowspan="7">库吉尔台组</td><td rowspan="7">扎河坝组</td><td rowspan="7">乌尔禾群</td><td rowspan="7">库吉尔台组</td><td rowspan="3">黄梁沟组</td><td>锅底坑组</td><td colspan="2">锅底坑组</td><td rowspan="7">库莱组</td></tr>
<tr><td>梧桐沟组</td><td colspan="2">梧桐沟组</td></tr>
<tr><td>泉子街组</td><td colspan="2">泉子街组</td></tr>
<tr><td rowspan="2">平地泉组</td><td rowspan="6">芨芨槽群</td><td>红雁池组</td><td rowspan="4">桃东沟群</td><td rowspan="2">塔尔郎组</td></tr>
<tr><td>芦草沟组</td></tr>
<tr><td rowspan="2">将军庙组</td><td>井井子沟组</td><td rowspan="2">大河沿组</td></tr>
<tr><td>乌拉泊组</td></tr>
<tr><td rowspan="2">早二叠世</td><td colspan="3">卡拉岗组</td><td rowspan="2">三塘湖组</td><td rowspan="2">?佳木河组</td><td>卡拉岗组</td><td rowspan="2">胜利沟组</td><td>塔什库拉组</td><td colspan="3" rowspan="2">阿尔巴萨依组</td></tr>
<tr><td colspan="3">哈尔加乌组</td><td>哈尔加乌组</td><td>石人子沟组</td></tr>
</table>

续表 1-1

北疆-兴安地层大区 · 北疆地层区

地质年代		阿尔泰地层分区	北准噶尔地层分区	南准噶尔-北天山地层分区
石炭纪	晚石炭世		喀喇额尔齐斯群；恰其海组；太勒古拉组；阿腊德依克塞组	六棵树组；石钱滩组；奥尔吐组；祁家沟组；柳树沟组；沙玛尔沙依组；杨布拉克组；沙雷塞尔克组；居里得能组；二道沟组；妖魔梁组；奇尔古斯套组
	早石炭世	红山嘴组	吉木乃组；那林卡拉组；包古图组；哈拉阿拉特组；库马苏组；姜巴斯套组；希贝库拉斯组；黑山头组	弧形梁组；巴塔玛依内山组；山梁砾石组；塔木岗组；沙大王组
泥盆纪	晚泥盆世	齐也组	忙代恰群；塔尔巴哈台组；洪古勒楞组；朱鲁木特组；铁列克提组；江孜尔库都克组；卡希翁组；克安库都克组	卡拉麦里组
	中泥盆世	阿舍勒组；阿勒泰组	忙代恰群（续）；萨吾尔山组；呼吉尔斯特组；查干山组；巴尔雷克组；库鲁木迪组；蕴都喀拉组；北塔山组；乌鲁苏巴斯套组	卡拉麦里组（续）；头苏泉组
	早泥盆世	康布铁堡组	和布克赛尔组；克克雄库都克组；马拉苏组；托让格库都克组；卓木巴斯套组；红柳沟组；玛依拉山群	红柳沟组
志留纪	晚志留世	库鲁木提群	克克雄库都克组（续）；玛依拉山群（续）	白山包组
	中志留世	库鲁木提群（续）	沙尔布尔组；玛依拉山群（续）	白山包组（续）
	早志留世		龙布组（?）；恰尔尕也组	

续表 1-1

地质年代 \ 岩石地层单位 \ 地层区		北疆-兴安地层大区 北疆地层区 阿尔泰地层分区		北疆-兴安地层大区 北疆地层区 北准噶尔地层分区			北疆-兴安地层大区 北疆地层区 南准噶尔-北天山地层分区
奥陶纪	晚奥陶世	白哈巴组 东锡勒克组		布龙果尔组		庙尔沟组 大柳沟组 乌列盖组	
	中奥陶世		喀巴河群	布鲁克其组	科克沙依组	加波萨尔组	
	早奥陶世			图龙果依组 拉巴组			
寒武纪	晚寒武世						
	中寒武世						
	早寒武世	喀纳斯群					
震旦纪	晚震旦世						
	早震旦世						
青白口纪							
蓟县纪							
长城纪							
早元古代							

续表 1-1

地质年代（纪）	地质年代（世）	中天山—马鬃山地层分区	南天山地层分区	塔北地层分区	塔里木盆地地层分区	塔里木盆地地层分区	塔南地层分区	塔南地层分区	西昆仑地层区	喀喇昆仑地层区
区划		塔里木-南疆地层大区：中南天山-北山地层区	中南天山-北山地层区	塔里木地层区	塔里木地层区	塔里木地层区	塔里木地层区	塔里木地层区		
第四纪		西域组	西域组	西域组	西域组	西域组	乌苏群	乌苏群		
新第三纪	上新世		阿图什组	阿图什组	库车组	阿图什组		狮沟子组		
新第三纪	中新世		乌恰群	乌恰群：帕卡布拉克组、安居安组、克孜洛依组	康村组 吉迪克组	乌恰群：帕卡布拉克组、安居安组、克孜洛依组		油砂山组		乌恰群
老第三纪	渐新世		喀什群：巴什布拉克组	喀什群	苏维依组	喀什群：巴什布拉克组	喀什群	干柴沟组		喀什群
老第三纪	始新世		乌拉根组 卡拉塔尔组		库姆格列木群：小库孜拜组	乌拉根组 卡拉塔尔组		路乐河组		
老第三纪	古新世		齐姆根组 阿尔塔什组		塔拉克组	齐姆根组 阿尔塔什组				
白垩纪	晚白垩世		英莎吉群：乌依塔克组、库克拜组		巴什基奇克组	英吉莎群：吐依洛克组、依格孜牙组、乌依塔克组、库克拜组	英吉莎群（未分）	犬牙沟群	英吉莎群（未分）	铁龙滩群
白垩纪	早白垩世		克孜勒苏群		卡普沙良群：巴西改组、舒善河组、亚格列木组	克孜勒苏群	克孜勒苏群			
侏罗纪	晚侏罗世	艾维尔沟群（未分） 艾维尔沟群：喀扎拉组、齐古组	库孜贡苏组 艾维尔沟群		喀拉扎组 齐古组	库孜贡苏组	库孜贡苏组	采石岭组	库孜贡苏组	红其拉甫组
侏罗纪	中侏罗世	头屯河组 西山窑组	叶尔羌群：塔尔尕组	克拉苏群（未分）	恰克马克组	叶尔羌群（未分） 叶尔羌群：塔尔尕组		大煤沟组	叶尔羌群	龙山组
侏罗纪	早侏罗世	水西沟群（未分） 水西沟群：三工河组、八道湾组	杨叶组 康苏组 莎里塔什组 水西沟群（未分）		克拉苏群：克孜勒努尔组、阳霞组、阿合组；他什店组、哈满沟组	杨叶组 康苏组 莎里塔什组				巴兰工莎布群

续表 1-1

地质年代		中天山—马鬃山地层分区	南天山地层分区	塔北地层分区	塔里木盆地地层分区	塔南地层分区	西昆仑地层区	喀喇昆仑地层区
		塔里木-南疆地层大区						
		中南天山-北山地层区		塔里木地层区			西昆仑地层区	喀喇昆仑地层区
三叠纪	晚三叠世	小泉沟群（未分）	塔里奇克组		塔里奇克组；小泉沟群；乌尊萨依群			克勒青河群
	中三叠世	小泉沟群（未分）	黄山街组；克拉玛依组		黄山街组；克拉玛依组；小泉沟群；乌尊萨依群			河尾滩群
	早三叠世	尖山沟组	俄霍布拉克群		俄霍布拉克群；未命名			
二叠纪	晚二叠世	铁木里克组（巴斯尔干组、塔姆其萨依组、哈米斯特组、晓山萨依组）	比尤勒包谷孜组	沙井子组	沙井子组；杜瓦组	达里约尔组		
	早二叠世	乌郎组	巴尔勒塔格组；库尔干组；小提坎立克组；阿其克布拉克组；骆驼沟组；红柳河组；卡仑达尔组；巴立克立克组；昆克拉契组	开派兹雷克组；库普库兹满组	开派兹雷克组；库普库兹满组；普司格组	棋盘组		空喀山组

续表1-1

地质年代		中天山—马鬃山地层分区	南天山地层分区	塔北地层分区	塔里木盆地地层分区	塔南地层分区	西昆仑地层区	喀喇昆仑地层区
		塔里木-南疆地层大区						
		中南天山-北山地层区		塔里木地层区				
石炭纪	晚石炭世	科古琴山组 东图津河组、伊什基里克组	喀拉治尔加组、阿衣里河组 底坎尔组、雅满苏组 脐山组、梧桐窝子组 胜利泉组、干泉组、石板山组	康克林组 别根他乌组	小海子组 塔哈奇组 阿孜干组	皮牙曼组 因格布拉克组	库尔良群 特给乃奇克达坂组	恰提尔群
石炭纪	早石炭世	阿克沙克组 大哈拉军山组	野云沟组 甘草湖组 小热泉子组 干墩组 红柳园组	巴什索贡组 野云沟组 甘草湖组	卡拉沙依组 卡拉乌依组 罕铁热克组 巴楚组 库山河组	和什拉甫组 克里塔克组	他龙群	帕斯群
泥盆纪	晚泥盆世	托斯库尔他乌组 吐乎拉苏组 艾尔肯组	津丹苏组 坦盖塔尔组 哈孜尔布拉克组 破城子组 康古尔塔格组	克孜尔塔格组 墩墩山群	克孜尔塔格组 奇自拉夫组		奇自拉夫组	
泥盆纪	中泥盆世	汗吉尕组 坎苏组 阿克塔什组	托格买提组 萨尔阿明组 达尔雷克布拉克组 阿拉塔格组 亦格尔达坂组 头苏泉组	依木干他乌组 三个井组	依木干他乌组 克孜勒陶组		克孜勒陶组	落石沟组
泥盆纪	早泥盆世		阿帕达尔康组 阿尔皮什麦布拉克组 大南湖组	树子沟组				

续表 1-1

岩石地层单位 / 地层区 / 地质年代		塔里木-南疆地层大区											
		中南天山-北山地层区				塔里木地层区						西昆仑地层区	喀喇昆仑地层区
		中天山—马鬃山地层分区			南天山地层分区		塔北地层分区			塔里木盆地地层分区	塔南地层分区		
志留纪	晚志留世	博罗霍洛山组 库茹尔组	巴音布鲁克组		科克铁克达坂组 伊契克巴什组	阿尔皮什麦布拉克组	公婆泉群	塔塔埃尔塔格组	树沟子组	塔塔埃尔塔格组			达坂沟群
	中志留世	基夫克组		塔勒克布拉克组	伊契克巴什组	柯尔克孜塔木组	公婆泉群	塔塔埃尔塔格组	树沟子组	塔塔埃尔塔格组			达坂沟群
	早志留世	尼勒克河组		米什沟组	依南里克群	柯尔克孜塔木组	黑尖山组	柯坪塔格组	土什布拉克组	柯坪塔格组			温泉沟群

续表 1-1

地质年代		中天山—马鬃山地层分区		南天山地层分区		塔北地层分区			塔里木盆地地层分区	塔南地层分区		西昆仑地层区	喀喇昆仑地层区
		塔里木-南疆地层大区											
		中南天山-北山地层区				塔里木地层区							
奥陶纪	晚奥陶世	呼独克达坂组		依南里克群	硫磺山群	白云山组	印干组	却尔却克组					
奥陶纪	中奥陶世	科克萨雷溪组 / 奈楞格勒达坂群	上白山组 / 下白山组		硫磺山群	锡林柯博组	其浪组 / 萨尔干组	却尔却克组	萨尔干组	玛列兹肯群	环形山组		冬瓜山群
奥陶纪	早奥陶世	新二台组	南灰山组			罗雅楚山群	丘里塔格组	突尔沙克塔格组	丘里塔格组	玛列兹肯群	额兰塔格组		冬瓜山群
寒武纪	晚寒武世	果子沟	南灰山组			西鹰山组	丘里塔格组	突尔沙克塔格组					
寒武纪	中寒武世	肯萨依组	南灰山组			西鹰山组	阿瓦塔格组	莫合尔山组					
寒武纪	早寒武世	磷矿沟组	黄山组			双鹰山组	肖尔布拉克组	西大山组					

续表 1-1

地质年代		中天山—马鬃山地层分区	南天山地层分区	塔北地层分区		塔里木盆地地层分区	塔南地层分区	西昆仑地层区	喀喇昆仑地层区
		塔里木-南疆地层大区							
		中南天山-北山地层区		塔里木地层区					
震旦纪	晚震旦世	凯拉克提群▲▲		乌什南山群：奇格布拉克组；苏盖特布拉克组；尤尔美那克组▲▲	库鲁克塔格群：汉格尔乔克组▲▲▲；水泉组；育肯沟组；扎摩克提组		克孜苏胡木组；库尔卡克组		
震旦纪	早震旦世	凯拉克提群▲▲		乌什南山群：巧恩布拉克组（砂砾岩段；钙质岩段；冰碛岩段▲；砂岩段）	库鲁克塔格群：特瑞爱肯组▲▲；阿勒通沟组▲▲；照壁山组；贝义西组▲		恰克马克力克组▲		

续表 1-1

岩石地层单位 / 地层区 / 地质年代	塔里木-南疆地层大区：中南天山-北山地层区：中天山—马鬃山地层分区	中南天山-北山地层区：南天山地层分区	塔里木地层区：塔北地层分区	塔里木地层区：塔里木盆地地层分区	塔里木地层区：塔南地层分区	西昆仑地层区	喀喇昆仑地层区
青白口纪	开尔塔斯群；库什台群；帕尔岗塔格群		帕尔岗塔格群（北塞纳尔塔格组；塞纳尔塔格组）		丝路群（苏库罗克组；苏玛兰组；博查特塔格组）；索尔库里群（小泉达坂组；平洼沟组；冰沟南组；乱石山组；岔沟泉组）		
蓟县纪	库松木切克群；科克苏群；卡瓦布拉克群；平头山组	平头山组	爱尔基干群		塔昔达坂群（金雁山组；木孜萨依组）	叠株塔格群	
长城纪	特克斯群（珠玛汗萨依组；莫合西萨依组；泊仑干布拉克组）；星星峡群；古硐井群	阿克苏群；古硐井群	阿克苏群；杨吉布拉克群；波瓦姆群		塞拉加兹塔格群；巴什库尔干群（贝克滩组；红柳泉组；扎斯塔赛河组）	金水口群；赛图拉群	甜水海群
早元古代			兴地塔格群		埃连卡特群；米兰群	库拉那古群	

续表 1-1

岩石地层单位 / 地层区 / 地质年代		华北地层大区 / 秦祁昆地层区 / 东昆仑地层分区	华南地层大区 / 巴颜喀喇地层区 / 木孜塔格地层分区	藏滇地层大区 / 羌南-保山地层区 / 空喀山口地层分区
第四纪		西域组		
新第三纪	上新世	红梁组 石壁梁组		
	中新世	石马沟组	阿图什组	
老第三纪	渐新世			
	始新世			
	古新世			
白垩纪	晚白垩世			
	早白垩世			
侏罗纪	晚侏罗世	采石岭组	库孜贡苏组	
	中侏罗世	大煤沟组	叶尔羌群	
	早侏罗世			
三叠纪	晚三叠世	喀勒拉组	云雾岭群 / 卧龙岗组 / 桃湖组	
	中三叠世			
	早三叠世			
二叠纪	晚二叠世	?		
	早二叠世	叶桑岗组 / 喀尔瓦组 碧云山组	黄羊岭组	空喀山口组 加温达板组

续表 1-1

岩石地层单位 \ 地层区 \ 地质年代		华北地层大区		华南地层大区	藏滇地层大区
		秦祁昆地层区		巴颜喀喇地层区	羌南-保山地层区
		东昆仑地层分区		木孜塔格地层分区	空喀山口地层分区
石炭纪	晚石炭世	哈拉米兰河群	缔敖苏组	哈拉米兰河群	
	早石炭世	托库孜达坂群	大干沟组		
泥盆纪	晚泥盆世				
	中泥盆世	布拉克巴什组			
	早泥盆世				
志留纪	晚志留世				
	中志留世				
	早志留世				
奥陶纪	晚奥陶世	祁漫塔格群			
	中奥陶世				
	早奥陶世				
寒武纪	晚寒武世				
	中寒武世				
	早寒武世				
震旦纪	晚震旦世				
	早震旦世				
青白口纪					
蓟县纪		冰沟群			
长城纪					
早元古代					

地层区、西昆仑地层区、喀喇昆仑地层区、秦祁昆地层区、巴颜喀拉地层区和羌南-保山地层区；12个Ⅲ级区是：阿尔泰地层分区、北准噶尔地层分区、南准噶尔-北天山地层分区、中天山-马鬃山地层分区、南天山地层分区、塔北地层分区、塔里木盆地地层分区、塔南地层分区、红柳园地层分区、东昆仑-中秦岭地层分区、星星峡-黑鹰山地层分区和空喀山口地层分区。Ⅳ级地层区略。

北疆-兴安地层大区（Ⅰ）：包括西段的新疆北部及东段内蒙古东部和兴安岭两部分。北界为国界，南界在西部（新疆部分）以艾比湖-梧桐大泉断裂为界。本大区为西伯利亚板块的南部大陆边缘，包括北疆地层区和兴安地层区两部分。北疆地层区包括阿尔泰、北准噶尔、南准噶尔-北天山三个地层分区和17个地层小区。阿尔泰地层分区仅出露震旦纪、奥陶纪—早石炭世地层（变质深），晚石炭世、二叠纪及中生代地层大部分缺失。北准噶尔地层分区以古生代地层为主。南准噶尔-北天山地层分区以中、新生代和晚古生代地层为主体。

北疆地层区所见地层有震旦系、下古生界、上古生界、中—新生界，其中以上古生界最为发育。由老而新特征如下：

震旦纪地层目前所知仅见于阿尔泰地层分区的西北哈拉斯一带，为一套厚度巨大、岩性单一的浅变质具韵律的砂岩、粉砂岩。

早古生代地层发育于阿尔泰和北准噶尔地层分区，沉积物以碎屑岩、碳酸盐岩为主，次为火山岩、火山碎屑岩，厚度巨大。生物群在奥陶纪与我国东南地区相似，志留纪以北方型为主，有典型的图瓦贝（*Tuvaella*）动物群。此外，尚有古特提斯海型和北方型动物群分子的混生现象。

晚古生代地层为北疆地层区之主体，火山岩类发育，化石丰富。泥盆纪至晚二叠世早期主要为浅海相碎屑岩、碳酸盐岩及大量火山岩；其次为海陆交互相的碎屑岩及火山岩，局部见陆相火山岩，厚度巨大。生物群在泥盆纪以北方型为主，但中、晚泥盆世南、北型生物群混生；石炭纪为西欧、北美型，而植物则属安加拉型；二叠纪动物群具有北极海和特提斯海过渡型的复杂混生现象，而植物为以安加拉型为主的安加拉-华夏混生植物群。

中、新生代地层属内陆河、湖相碎屑岩，沉积物特征受古气候控制显著。生物地理分区不明显。早、中侏罗世是新疆主要成煤期。

塔里木-南疆地层大区（Ⅳ）：北界以艾比湖-梧桐大泉断裂为界；南界的西部以喀喇昆仑南缘断裂、东部以阿尔金断裂为界。北接北疆地层区，南与藏滇地层大区、华北地层大区及华南地层大区相邻。该大区包括中南天山-北山地层区、塔里木地层区、西昆仑地层区、喀喇昆仑地层区及星星峡-黑鹰山、中天山-马鬃山、南天山、红柳园、塔北、塔里木盆地和塔南7个地层分区及28个地层小区。

塔里木-南疆地层大区的中南天山-北山地层区以元古宙的中、晚元古代和古生代地层发育为其特点。而南天山地层分区则自太古宙至新生代地层均有出露，沉积总厚度巨大，火山岩稀少，晚古生代生物群具"南型"① 特征与北疆地层区相区别。海相古生界构成区内之主体，尤以晚古生代浅海相地层最为发育。早、晚古生代之间常具连续过渡特征。早二叠世末期基本结束广海沉积，而以陆相沉积为主体，仅西部尚有海相沉积。太古宙地层仅局部出露，主要为片麻岩，上部夹少量大理岩。元古宙地层分布局限，以变质碎屑岩为主体，下部夹碳酸盐岩或火山碎

① "南型"生物群——其海相生物主要由特提斯海生物群组成，以暖水型䗴类、珊瑚、腕足类等底栖生物为主；陆相生物以植物为主，由华夏-欧美区系植物及安加拉区系植物组成。

屑岩，上部碳酸盐岩增多，含叠层石。早古生代寒武纪地层分布零星，以碳酸盐岩为主，底部含磷，含三叶虫。奥陶纪地层分布局限，为浅变质碎屑岩、碳酸盐岩，含珊瑚、头足类等化石。志留纪地层分布广泛，沉积厚度很大，岩石多有变质，为碎屑岩、火山碎屑岩、火山岩、碳酸盐岩等，富含珊瑚、腕足类等化石，具有“北型”① 生物群特征。晚古生代地层分布最广，出露较全，沉积厚度巨大。泥盆系至二叠系下部均以浅海相陆源碎屑岩或碳酸盐岩为主，局部有火山岩、富含珊瑚、腕足类、䗴类等化石，具“南型”动物群特征，以中泥盆世的 *Stringocephalus* 和晚泥盆世的 *Yunnanellina* 为典型分子。早二叠世末至晚二叠世为陆相碎屑岩、火山岩，含植物化石，具“华夏”植物群面貌。中、新生代地层主要为陆相河湖沉积或山麓堆积，仅东阿莱山、吐云地层小区晚白垩世和早第三纪为海相碎屑岩、灰岩，早第三纪有基性火山岩，含以牡蛎为主的海相双壳类化石。中、新生代地层厚度一般较小。三叠系、侏罗系常产煤，第三系产石膏。

塔里木地层区包括塔北、塔南和塔里木盆地三个地层分区、14 个地层小区。地层区内绝大部分被第四系覆盖，仅在边缘的中低山区有良好的地表露头。古生代及前寒武纪地层主要见于塔北和塔南两个地层分区；中、新生代地层则主要出露于天山南麓、昆仑山北麓和帕米尔东缘。

前震旦纪地层组成本区的基底岩系，主要是变质程度不等的片岩、片麻岩。震旦纪具有由不稳定过渡到稳定的沉积特点。仅塔北地层分区的库鲁克塔格地层小区出露最佳，以冰碛层发育为主要特征。古生代属稳定的台相建造。早古生代主要为广海碳酸盐岩沉积，上部则以碎屑岩为主，惟库鲁克塔格地层小区局部有火山活动，柯坪地层小区有泻湖相膏泥岩红层。寒武系底部多以硅质含磷层平行不整合在震旦系之上。晚古生代地层以碎屑岩为主。泥盆系为海陆交互相红色碎屑岩。石炭系为海侵期沉积地层，以浅海相碳酸盐岩沉积为主夹碎屑岩及薄煤层，局部有火山活动，塔北地层分区柯坪地层小区有泻湖相膏泥岩。二叠系主要为陆相红色及杂色碎屑岩，仅边缘局部地区底部有海相层，在柯坪地层小区有多次玄武岩流喷发。动物群为特提斯海型，植物以华夏群为主混入少量安加拉群分子。中生代沉积几乎全为陆相。三叠系仅见于塔里木盆地地层分区的库车地层小区，下三叠统为山麓相的粗碎屑磨拉石红层，中、上三叠统为含煤建造，侏罗系的早、中侏罗世地层最发育，为含煤建造，上侏罗统为磨拉石红层。白垩系分布更为局限，为碎屑岩红层或杂色层，广布于塔里木盆地的西南部英吉莎、莎车一带。晚白垩世的世界性海侵也达到了这里，堆积了海相和泻湖相的碎屑岩、灰岩和膏泥岩，含地中海型软体类。早第三纪继承晚白垩世的海侵，在塔里木西南部堆积了海相的碳酸盐岩、碎屑岩和膏泥岩；东部和北部则为陆相碎屑红层。上第三系主要为陆相红层，多为山麓相粗碎屑岩，厚度大。在塔里木的最西部，晚第三纪地层底部还有少量海相层，局部有膏盐岩。生物以中亚区的淡水介形类和软体类为主。

西昆仑地层区前寒武纪地层分布较广，太古宇以片岩、片麻岩为主，元古宇为结晶片岩、片麻岩、大理岩、变质火山岩及石英岩；古生界主要为碎屑岩、碳酸盐岩及部分火山岩、火山碎屑岩，石炭纪以前的多变为片岩、千枚岩，石炭纪以后的很少变质；中新生界分布零星，以陆相碎屑岩及碎屑堆积为主。

喀喇昆仑地层区前寒武纪-中新生代地层均有出露。其中以古生代地层和中生代地层为主体。前寒武纪地层分布于中部和南部，为结晶片岩、片麻岩、大理岩、绿片岩。早古生代地层分布局限，为海相碳酸盐岩、碎屑岩及变质岩，厚度巨大，见有“南型”动物群；晚古生代地层出露

① “北型”生物群——植物以安加拉植物为主，混入少量华夏-欧美区系植物；海相生物以北极海冷水型腕足动物为主，兼有暖水型动物群。

较广，化石丰富，除上泥盆统—下石炭统为陆相碎屑岩外，其余全为海相碳酸盐岩、碎屑岩，局部为火山岩。泥盆纪、二叠纪动物群具明显的“南型”色彩，厚度变化较大，中新生代地层分布较广，化石较丰富，其中三叠系、侏罗系为海相和海陆交互相碳酸盐岩、碎屑岩，白垩系以海相碳酸盐岩为主，中生代地层含丰富的双壳类、腕足类、六射珊瑚等化石，属特提斯型动物群。第三系分布局限，主要为碎屑岩夹灰岩。

华北地层大区（Ⅴ）：北界在新疆部分以阿尔金断裂与塔里木-南疆地层大区相邻，南界以东昆仑断裂为界，向东接西秦岭南缘断裂，和华南地层大区为邻。本大区在新疆仅包括东昆仑-中秦岭地层分区的西部（东昆仑地区）。在新疆境内出露最老地层为蓟县系，是以浅变质的镁质碳酸盐岩组合为主，夹细碎屑岩，局部夹中基性火山岩；奥陶纪地层主要是中基性火山喷发的火山复理石槽型沉积；泥盆纪的早期及晚期地层可能缺失，中泥盆世地层为一套火山碎屑岩；石炭纪地层分布最广，以火山碎屑岩为主，火山岩较少。二叠纪地层出露不多，下二叠统为海相碎屑岩，上二叠统变为陆相火山岩和碎屑岩。中生代地层仅侏罗系和白垩系零星分布，前者为陆相含煤沉积，后者为红色建造夹含铜砂岩。第三纪地层零星分布，为红色或杂色砾岩、砂岩、粉砂岩、泥岩夹泥灰岩及石膏。

华南地层大区（Ⅵ）：北邻华北地层大区秦祁昆地层区的东昆仑-中秦岭地层分区，以东昆仑-西秦岭南缘断裂为界；南以省界与青海省和西藏自治区毗连；西部接塔里木-南疆地层大区的西昆仑地层区和喀喇昆仑地层区。大区仅包括巴颜喀喇地层区玛多-马尔康地层分区的西北部，称木孜塔格地层小区。区内古生代地层以石炭系发育较广泛，为海相及海陆交互相的浅变质碎屑岩夹灰岩。二叠系仅见下二叠统，为海相的凝灰碎屑岩及碎屑岩、灰岩。中生代地层缺失白垩系沉积，中、上三叠统及侏罗系广泛发育，且含煤及菱铁矿，为紫红色、灰绿色碎屑岩夹灰岩，以陆相为主，具有海相沉积层。侏罗系为陆相碎屑岩。新生代的第三纪地层出露零星，为砖红、红黄色、灰绿色碎屑岩夹石膏。

藏滇地层大区（Ⅶ）：北界以喀喇昆仑南缘断裂为界，与塔里木-南疆地层大区的喀喇昆仑地层区相接；南界以国界与阿富汗、巴基斯坦、印度接壤。大区在新疆仅包括空喀山口地层分区，它归属于羌南-保山地层区。区内出露地层仅有晚古生代的二叠系和中生代的三叠系，以下二叠统分布广泛，岩性下部为滨—浅海相细碎屑岩夹少量灰岩，上部为滨—浅海相碳酸盐岩夹碎屑岩，含 *Monodiexodina* 冷水动物群。三叠系为海相和海陆交互相的碳酸盐岩、碎屑岩。

《新疆维吾尔自治区岩石地层》编写工作按照全国地层多重划分对比研究项目领导小组及项目办公室的统一部署，新疆地质矿产局（以下简称“新疆地矿局”）安排第一区域地质调查大队，于1991—1994年历时4年完成。

在编写过程中遵照全国项目领导小组指示，专门成立了新疆维吾尔自治区岩石地层清理研究领导小组，由组长张良臣，副组长王有标、赵明玉，成员梁云海、安德盛、蔡土赐组成。后期王克卓也参与了组织领导工作。主要执笔人为：绪论，蔡土赐；元古代，乔新东、曾亚参、缪长泉、彭昌文；古生代，朱庆亮、杜天星、韩小明、张玉谦、贺卫东、祁伯超、梅绍武、郑国平、刘云焕、杜青、蔡土赐、孙巧缡、张建东；中新生代，张玉亭、李洁、杨志荣、王福堂；结语，蔡土赐。周秋茹、许凡、陈新利参与了部分文稿的修改补充。田瑞娟、伏红霞、李伟、雷廷、李亚涛、魏玲、邱立伟、项国瑞等参与了部分资料摘录、卡片填写、图表绘制。地层数据库研建和录入人员为：韩小明、汪静、贺钊华、郭兰英、张玉萍。书中插图、表由第一区调大队绘图室清绘。

1994年10月30日—11月6日，由西北大区领导小组组织，全国项目办参加的西北大区“地层多重划分对比研究”成果评审验收会议在兰州召开。新疆维吾尔自治区成果验收委员会由全国项目办、西北大区项目领导小组和聘请的区内外专家共15人组成。评审结论:“新疆地层多重划分对比研究”成果内容丰富,基础资料扎实,岩石地层单位取舍有据,全面反映了新疆岩石地层研究现状,是一部实用性较强的综合研究成果,它对今后1:5万区域地质调查有直接指导意义。对科研、教学等单位进行地层研究提供了可靠的实际资料,特别是地层数据库的建立,为广大地质人员提供了极大的方便条件。

评审会后根据评审验收委员会的意见,在各断代作者修改的基础上,前寒武纪、早古生代、晚古生代和中新生代由蔡土赐、杜天星、孙巧缡、张建东、杜青、缪长泉进行统编,最后由蔡土赐统一编纂。

本书在编写过程中曾得到新疆地矿局地科处、资料处、地质矿产研究所及区内有关单位的热情关怀、支持和帮助,在此表示深切谢意。

第一篇　北疆-兴安地层大区

第二章
震旦纪—志留纪

北疆-兴安地层大区北疆地层区震旦纪—志留纪地层经清理推荐使用的岩石地层单位共计22个群(组)。分布在阿尔泰地层分区、北准噶尔地层分区、南准噶尔-北天山地层分区,地层单位的时代多为奥陶纪和志留纪,震旦纪只有一个地层单位(图2-1)。迄今,尚未发现寒武纪岩石地层单位。

震旦纪喀纳斯群广泛分布于阿尔泰山西段,为砂岩、粉砂岩、泥岩组成的巨厚复理石沉积,已遭受轻微变质。分布于阿尔泰山东部和中部的奥陶纪哈巴河群、志留纪库鲁木提群均为深变质的片岩、片麻岩、混合岩及变粒岩。分布于北准噶尔地层分区的奥陶纪拉巴组、图龙果依组也为一套变质岩系,前者变质深,后者变质浅。奥陶纪的白哈巴组、志留纪的白山包组为正常沉积的碎屑岩夹碳酸盐岩。除此之外,本断代其他岩石地层单位均由火山岩、火山碎屑岩构成,反映在奥陶纪至志留纪期间本区海相火山活动极为强烈。

本区志留纪的白山包组含有"图瓦贝生物群"的重要分子,具有较重要的古构造和古地理意义。

喀纳斯群　$Z\in_1K$　(01-65-0316)

【创名及原始定义】　王广耀、张玉亭(1984)创建,创名地在阿勒泰市西北的喀纳斯村。原始定义:指不整合在东锡勒克组之下,主要为一套灰绿色夹紫红色、变质轻微、厚度巨大的薄—中厚层状细砂岩、粉砂岩的不均匀互层。按岩性自下而上分五个亚群。下界未出露。

【沿革】　丘洛契尼可夫(в. и. чуочнин эв,1956)在编制阿尔泰南坡1:50万地质图说明书时,将一套浅变质的绿色岩系创名为卡宾岩系,属奥陶纪沉积;地质部十三大队卡自明(в. т. кадеме,1957)在该区进行1:20万区测普查时将这套岩系称为哈巴岩系,并划分为上、中、下三个亚岩系,地质时代属中、晚奥陶世。当时十三大队B.T.卡自明的划分是引用苏联阿尔泰的地层层序即卡宾岩系一名(有译成卡巴岩系、中国境内的哈巴河岩系来源于邻区,故两者名称应相同)。新疆区调大队六分队(1980)在该区进行1:20万区调时,根据岩性和古生物特征,将

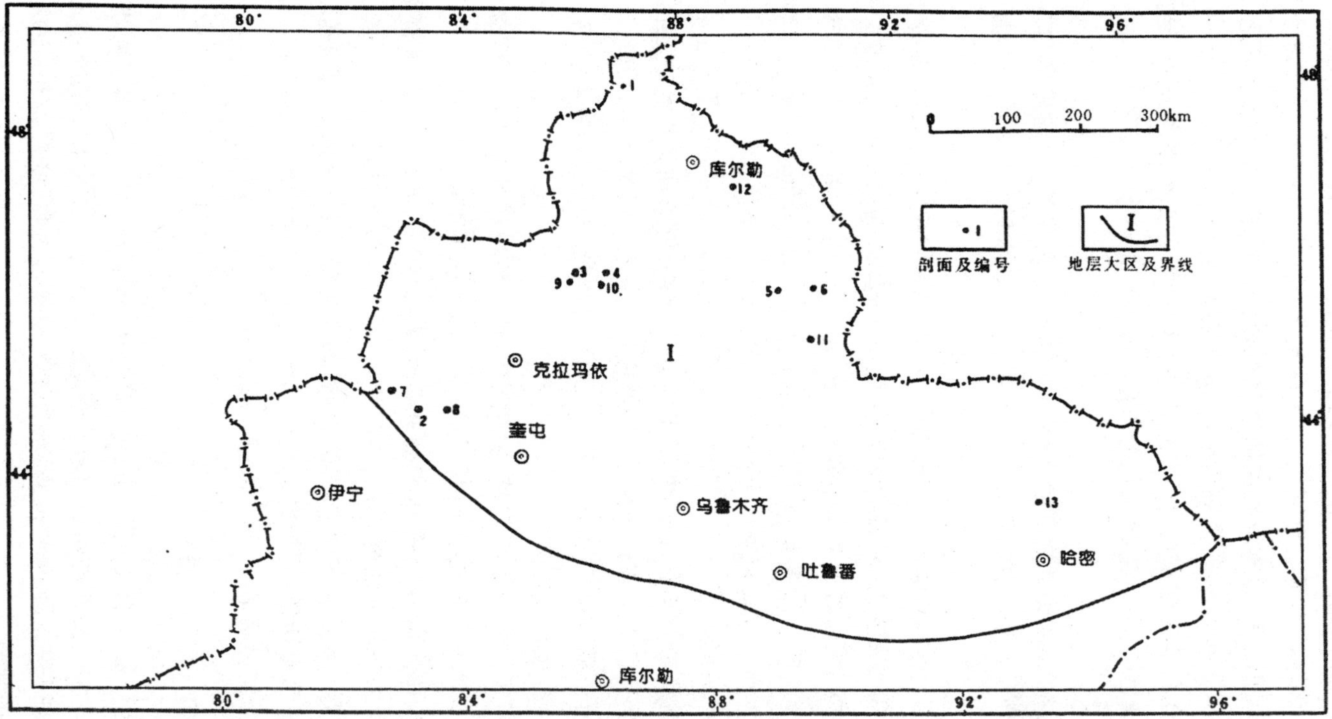

图 2-1 北疆-兴安地层大区震旦纪—志留纪层型剖面分布图

1. 白哈巴-喀纳斯库勒-恰勃尔特哈尔尕斯喀纳斯群剖面；2. 科克沙依河谷及西岸科克沙依组剖面；3. 和布克赛尔蒙古自治县布龙果尔河西岸布龙果尔组剖面；4. 沙尔布尔提山南坡布鲁克其组剖面；5. 青河县大青格里河 I 号哈巴河群剖面；6. 富蕴县加波萨尔南 955 高点附近 Ⅵ 号加波萨尔组剖面；7. 乌宗布拉克至和角克苏河玛依拉山群剖面；8. 恰尔尕也河恰尔尕也组剖面；9. 布龙果尔 I 号布龙组剖面；10. 芒克鲁地区 I 号克克雄库都克组、沙尔布尔组剖面；11. 平顶山南 10 km 白山包组剖面；12. 昆古依特 Ⅵ 号库鲁木提群剖面；13. 巴里坤县庙尔沟组、乌列盖组、大柳沟组剖面该岩系自下而上划分为五个亚群，沿用哈巴河群一名，时代归属寒武纪—中奥陶世；王广耀、张玉亭(1984)根据微古植物的组合特征将地质时代重新厘定为早震旦世，并新命名为哈拉斯群(命名剖面为区调队六分队1980年实测)。新疆地矿局(1985)1∶20万新疆地质图说明书仍沿用哈巴河群一名，地质时代属震旦纪—早寒武世。此后许多研究者对该区进行研究，发现了大量的微古植物，进一步证实该区确有震旦纪沉积。对上述两个名称的取舍，应考虑习惯用法，长期以来哈巴河群是代表奥陶纪沉积，故推荐喀纳斯群代表该区震旦纪—早寒武世沉积。因哈拉斯群与喀纳斯群是译名之不同，而喀纳斯群应用较广，故此采用之。

【现在定义】 指不整合在东锡勒克组之下，主要为一套灰绿色夹紫红色，变质轻微、厚度巨大的一套薄—中厚层状细砂岩、粉砂岩的不均匀互层。按岩性自下而上分五个亚群。下界未出露。

【层型】 复合正层型：哈巴河县白哈巴剖面(87°30′10″，48°30′20″)，由新疆地质局区测大队(以下简称新疆区测大队)六分队(1980)测制。参考剖面：布尔津县哈拉斯库斯剖面，恰勃尔特哈尔尕斯剖面。

【地质特征及区域变化】 喀纳斯群为一套厚度巨大、岩性单一的无标志层的砂岩、粉砂岩所组成的地层。其中砂岩、粉砂岩常组成韵律和中、小旋回沉积，个别层位中发育斜层理、冲刷构造，泥岩中富含黄铁矿晶体，属地槽型复理石建造。在第一、三、五亚群中含丰富的微古植物化石，经研究共有17属、34种。主要分子有 *Leiopsophosphaera solida*，*Trachysphaeridium planum*，*Turuchanica* cf. *ternata*，*Leiofusa bicornuta*，*Micrhystridium* cf. *oligum*，*Lophosphaeridium acietatum*，*Conusmorpha brives* 等。其组合特征以单球藻亚群的分子在组合中占优势，次为多面藻群、异形藻群及船形藻群分子，线形藻群分子个别可见，同时组合中还出现了刺球藻群分子及似几丁虫化石。根据上述组合特征，该群应属震旦纪—早寒武世沉积。

该群主要分布于哈巴河—阿勒泰—富蕴一线以北的哈拉斯村—哈拉斯库勒一带，往西延入哈萨克斯坦境内。其变质程度由西向东有加深的趋势。

【其他】 喀纳斯群向西延入哈萨克斯坦境内，相当于阿尔泰山区的寒武纪—早奥陶世沉积，两地区的时代分歧较大。对于尚存在的问题，值得今后深入探索和研究。

新疆地质矿产局第二区调大队(以下简称新疆第二区调大队)三分队(1990)将富蕴-锡泊渡断裂与额尔齐斯断裂之间的一套变质岩(斜长角闪片岩、绿帘角闪岩、白云斜长片岩、黑云长石片岩、长英质变质碎裂岩等)，根据其中的微古植物，将其定为震旦纪，并命名为富蕴群(相当前人划分的晚石炭世喀喇额尔齐斯组)。该群向西延入哈萨克斯坦境内的科尔岗山西南坡，相当于切列克舍组(Pt*s*)。本书同意后者划分，但需进一步工作。

哈巴河群 $O_{2-3}H$ (01-65-0503)

【创名及原始定义】 地质部十三大队四、五、六中队特卡乔夫等(1957)创名于哈巴河县北部地区，原称哈巴岩系，1965年以后改称哈巴河群。原始定义是指一套变质较深的变质岩，包括黑云母石英片岩、富含微斜长石的各种片麻岩、条带状眼球状混合岩、变粒岩等，中部夹千枚岩、变余粉砂岩及石英斑岩的地层。

【沿革】 哈巴河群一名，最早是1955—1956年地质部十三大队四、五中队在北部阿尔泰地区进行1∶20万区域地质调查时，和苏联同一地层对比引进的，当时称哈巴岩系，50年代，在阿尔泰地区曾使用过卡巴岩系、卡宾岩系、哈巴河岩系等。1965年1∶20琼库尔幅(M-45-XXXIV)地质图说明书改称哈巴河群。70年代开测的富蕴、青河一带数个1∶20万图幅，也都引用哈巴河群一名，绝大多数都划出上中下三个亚群，时代中奥陶世至晚奥陶世。哈巴河群原包括阿勒泰以北的一套浅变质岩和阿勒泰东南富蕴、青河一带的一套深变质岩。1985年新疆维吾尔自治区地质图(1：200万)将北部的一套浅变质岩划为震旦系—下寒武统，东南部的一套深变质岩划为下—中奥陶统，仍称哈巴河群。1990年《新疆古生界》(新疆地层总结之二)仍主张将包括南北不同变质程度的变质岩划为哈巴河群，时代厘定为震旦纪至中奥陶世。本次对比研究采用1：200万地质图的划分，只保留富蕴、青河一带的哈巴河群，时代中奥陶世至晚奥陶世。

【现在定义】 上与库鲁木提群整合接触，下未见底的灰色、深灰色片岩、片麻岩、混合岩、变粒岩和轻微变质的砂岩、粉砂岩地层。

【层型】 创名人未指定层型。本书指定选层型：青河县大青格里河Ⅰ号剖面(90°22′20″，46°41′40″)，由新疆区测大队三分队祝皆水等(1979)测制；参考剖面：富蕴县大桥喀拉格曾—阿拉散剖面，富蕴县哈拉秋拉下游沙木特剖面，富蕴县吐尔洪南抗和尔多克山剖面，青可县贝列符特Ⅷ号剖面，青河县塔瓦提山脊剖面。

【地质特征及区域变化】 这套地层划分为上中下三个亚群。下亚群：分布于富蕴、青河一带，岩性相似，为一套中深变质的灰色、灰绿色地层。上部岩性为绢云绿泥石英片岩和少量含石榴石、电气石、红柱石、十字石的石英片岩；下部为片麻岩、混合岩和少量变粒岩，未见底，视厚999～3 039 m。中亚群：主要分布在青河和富蕴，岩性变化不大，主要为一套灰绿色、浅灰色变质砂岩、变质泥质粉砂岩、粉砂质泥岩、石英斑岩、千枚岩夹少量薄层大理岩，厚940～3 899 m。在富蕴以南哈拉秋拉河下游的东段地层中发现微古植物化石：*Lophosphaeridium crassum*，*Pseudozonosphaeridium exasperatum* 等。上亚群：分布在大桥、富蕴、青河、二台等地，岩性主要为一套灰色、深灰色片岩、片麻岩夹变粒岩和混合岩，厚1 572～6 174 m。这套地层分布于蒙古阿尔泰西南坡，包括富蕴东北部、青河西南部和二台东北部，大体沿阿勒泰以东的琼库尔—可可托海—查干郭勒一线东北展布，西北部被岩浆岩吞蚀，东南部延人蒙古国布尔根以北地区。这套地层岩性复杂，变质程度各地也不尽一致。总体而言，富蕴及青河的美尔曼达腊等地变质程度较其他地段为深。

东锡勒克组　O_3d　(01-65-0502)

【创名及原始定义】 新疆地质局区测大队六分队王广耀等(1980)创名，创名地在哈巴河县白哈巴东北的东锡勒克。原始定义是指一套上与白哈巴组整合接触、下与震旦系不整合接触的中酸性火山熔岩地层。

【沿革】 东锡勒克组自创名以来，一直沿用至今。其中个别人也曾有过不同划法，如王宝瑜(1985)，曾划归哈巴河群，阎永奎(1989)将时代厘定为早志留世。

【现在定义】 上与白哈巴组整合接触，下部不整合于喀纳斯群之上的、浅变质的灰紫、灰绿色中酸性火山熔岩及火山碎屑岩地层。

【层型】 正层型：哈巴河县白哈巴东北剖面(86°50′15″，48°43′55″)，由新疆地质局区测大队六分队(1980)测制。参考剖面：阿尔泰铁列克基代洛北剖面。

【地质特征及区域变化】 该组主要包括霏细岩、安山岩、熔结凝灰岩、英安岩等。地层厚度676～928 m，未发现化石。晚奥陶世时，阿尔泰仍处于海侵环境，火山活动以中酸性火山喷发为主，沉积物以活动型深海细碎屑岩、硅质岩和火山物质沉积为特点，属中酸性火山喷发岩建造。

该组仅分布在白哈巴东北东锡勒克和铁列克基代洛两地。两地岩性略有变化，白哈巴地区为灰绿色沉凝灰岩、霏细岩、安山岩的不均匀互层；铁列克地区为灰绿色英安斑岩、火山灰凝灰岩和安山玢岩等。两地底部均有灰绿色底砾岩。

白哈巴组　O_3b　(01－65－0501)

【创名及原始定义】　新疆地质局区测大队六分队王广耀等(1980)创名，创名地在哈巴河县白哈巴东北。原始定义是指一套灰、浅灰绿色碎屑岩夹灰岩，富含化石的地层。

【沿革】　白哈巴组自创名以来，曾先后被新疆维吾尔自治区地质图(1：200万)(1985)和《新疆古生界》(1990)等广泛引用。

【现在定义】　上未见顶、下与东锡勒克组整合接触的浅变质的灰、灰绿色钙质泥质粉砂岩、砂岩、含砾砂岩和灰白色灰岩、生物灰岩的不均匀互层，富含珊瑚、腕足类、三叶虫及苔藓虫等化石的地层。

【层型】　正层型：哈巴河县白哈巴东北剖面(86°48′35″,48°43′25″)，由新疆地质局区测大队六分队(1980)测制。

【地质特征及区域变化】　白哈巴组的岩性为夹有结晶灰岩透镜体的灰绿色泥质粉砂岩、粉砂质泥岩和灰白色灰岩的不均匀互层，地层厚度742～1 278.6 m，含珊瑚、腕足类、头足类、三叶虫等化石，属浅海相碎屑岩和碳酸盐岩建造，地层一般变质较浅。该地层出露很少，组成向斜核部，呈北北东向延伸。

拉巴组　O_1l　(01－65－0504)

【创名及原始定义】　新疆地质局区测大队三分队李天德等(1964)创名[①]，创名地在艾比湖幅(L－44－107－B)拉巴河下游。原始定义是指一套由变质作用形成的黑云母石英片岩、绢云母黑云母石英片岩、变余泥灰质砂岩夹少量石英岩及角闪片岩，上与图龙果依组整合接触、下未见底的地层。

【沿革】　1972年1：20万博乐幅(L－44－XXIX)地质图说明书中引用原三分队剖面资料，将本组及其上覆图龙果依组合并统称拉巴组，以后的1：20万艾比湖幅(L－44－XXX)地质图说明书也照此沿用，《西北地区区域地层表·新疆维吾尔自治区分册》(1981)沿用的同时，将时代厘定为早奥陶世，沿用至今。本次对比研究，原图龙果依组变质较浅，富含泥质硅质，与拉巴组有一定的区别，仍将它们分开。

【现在定义】　上与图龙果依组整合接触，下未见底的黑云石英片岩、绢云黑云石英片岩、变余泥灰质粉砂岩夹少量石英岩和角闪片岩地层。

【层型】　正层型：739高点南2.5 km处剖面(83°04′00″,45°08′00″)，由新疆地质局区测大队三分队(1964)测制。

【地质特征及区域变化】　拉巴组为一套变质的碎屑岩地层，岩石组合如现在定义所述，本组岩石变质较深，岩性单一，富含泥质钙质，凝灰物质较少，厚度1 613 m，属浅海—滨海相沉积。拉巴组分布于拉巴河下游、萨热卡姆斯和恰当苏河下游的前山地带。岩相变化不明显。沉积物粒度自下而上变细，砂质减少，泥质增多，反映沉积过程中海水有逐渐加深之趋势。

---

① 新疆地质局区测大队三分队李天德等(1964)，西北地质局新疆分局区域地质简测报告书(1：5万)。

图龙果依组　O_1t　(01－65－0505)

【创名及原始定义】 新疆地质局区测大队三分队李天德等(1964)创名，创名地在1∶20万艾比湖幅(L－44－XXX)西北部图龙果依河地区。原始定义是指一套以暗绿色绢云母绿泥石千枚岩、硅质千枚岩、变余粉砂质泥岩为主，不均匀夹有各种变质凝灰岩、硅质岩及板岩的地层。

【沿革】 图龙果依组建组后未被广泛引用，1972—1975年1∶20万博乐幅(L－44－XXIX)、艾比湖幅(L－44－XXX)和托里幅(L－44－XXIV)编图出版说明书时被合并于拉巴组，1981年《西北地区区域地层表·新疆维吾尔自治区分册》、1985年新疆维吾尔自治区地质图(1∶200万)和1990年《新疆古生界》等都照此沿用。经综合研究，原创名者的划分比较恰当，仍恢复图龙果依组。

【现在定义】 上与科克沙依组、下与拉巴组均为整合接触的变质较浅、以板状为主的暗绿色绢云母千枚岩、硅质千枚岩、变余粉砂质泥岩、千枚岩化凝灰岩、凝灰质粉砂岩及变质晶屑英安凝灰岩地层。

【层型】 正层型：图龙果依东528高点附近剖面(83°04′00″，45°08′00″)，由新疆地质局区测大队三分队(1964)测制。参考剖面：托里县萨热卡姆斯剖面，拉巴河谷638高点附近剖面。

【地质特征及区域变化】 岩石组合与修订后的定义相同，地层厚度1 180～3 144 m，未发现化石，本组属浅海相碎屑岩沉积，变质程度也较浅。

图龙果依组分布于拉巴河中下游、图龙果依河和萨热卡姆斯等地。横向相变不大。在拉巴河地区，以灰绿色中厚—巨厚层状、板状凝灰岩为主，次为粉砂质泥岩等，其中含黄铁矿晶体。图龙果依地区，以暗灰绿色绢云绿泥千枚岩、硅质千枚岩、变质粉砂质泥岩为主。萨热卡姆斯一带，以灰绿色杂有少量紫红色的绢云—绿泥石化、千枚岩化凝灰泥质粉砂岩为主，顶部出现硅质岩透镜体。

【其他】 本次对比研究，将萨热卡姆斯一带的拉巴组划归图龙果依组。

科克沙依组　O_2k　(01－65－0506)

【创名及原始定义】 新疆地质局区测大队三分队李天德等(1964)创名，创名地在艾比湖幅(L－44－108－B)科克沙依河以西地段。原始定义指一套岩性复杂、相变剧烈，包括酸—基性的海底火山喷发岩、火山碎屑岩和硅质岩地层。

【沿革】 科克沙依组自1964年建组以来，沿用至今，当时划分的第一、第二亚组也被后人继续使用。

【现在定义】 指一套岩性复杂、相变剧烈，上部以火山熔岩为主，下部以霏细岩、凝灰岩为主的包括酸性—基性海底火山喷发岩、火山碎屑岩和硅质岩，上与恰尔尕也组断层接触，下与图龙果依组整合接触的地层。

【层型】 复合正层型：科克沙依河谷及西岸剖面(83°34′55″，45°10′08″)，由新疆地质局区测大队三分队(1964)测制。参考剖面：塔城县塔尔巴哈台山唐巴勒-五星牧场剖面，萨热卡姆斯剖面，凯依阿恩山剖面，拉巴河1001－1106高点向斜南翼剖面，图龙果依北东528高点剖面。

【地质特征及区域变化】 本组分两个亚组：第一亚组，以霏细岩、硅质岩、凝灰岩为主，夹基性熔岩、凝灰质粉砂岩和砂质灰岩。在科克沙依河以东约3 km处的砂质灰岩夹层中，含大量腹足类：*Maclurites* cf. *orintalis*，*M. manitobensis*，*Bucanella* sp.；头足类及海百合茎。科克沙依河以西上部层位中，发现有腹足类：*Lesueurilla pentagonum*；三叶虫：Illaenidae，*Remopleurides* sp. 等。唐巴勒河一带发现有 *Lonchodomas* sp.。博乐恰当苏河东侧采到马氏螺、勒苏尔螺等。创名剖面厚 2 187 m，其他地段最厚达 3 448 m。第二亚组，上部岩性为晶屑英安凝灰岩、霏细质凝灰角砾岩、玄武岩、凝灰角砾岩、岩屑晶屑中—酸性细凝灰岩、硅质岩、霏细岩；下部为玄武玢岩、杏仁状玄武玢岩、蚀变辉石安山岩、玄武凝灰熔岩夹细碧岩及中基性熔岩。厚 788～1 593 m。

当时，火山活动频繁，中酸性、中基性火山喷发交替出现。在深水条件下，形成海底喷发所特有的枕状构造、球粒玄武岩和深海放射虫硅质岩等。陆源碎屑和火山物质交替沉积，形成火山复理石建造。塔尔巴哈台山地区中基性火山活动亦很强烈，出现了深海浊流沉积。

本组分布于科克沙依河、唐巴勒河、拉巴河、凯依阿恩山和塔尔巴哈台山以及托里东南萨热卡姆斯等地的前山地带。地层走向呈向南突出的近东西向弧形，拉巴河以西为北西，图龙果依地区近东西，唐巴勒河—科克沙依河一带为北东东，萨热卡姆斯一带折向北北东。

该组岩性复杂、相变剧烈。第一亚组在各地都含有硅质岩、火山岩和火山碎屑岩，塔尔巴哈台山地区硅质岩含量较多，往东有减少之趋势，到萨热卡姆斯一带复又增多。火山岩由西而东逐渐增加。因此，各地岩性因地而略有不同。第二亚组岩相变化也较大，这一时期，海底火山喷发岩增多，而硅质岩相对减少。

【其他】 本次对比研究，除保留原 1：5 万区测报告第一、第二亚组的划分之外，在剖面对比的基础上，将许培春(1984)在塔城幅和阿西勒幅 1：20 万报告中划分的科克沙依组第 1—5 亚组、博乐幅凯依阿恩山和托里幅萨热卡姆斯所划科克沙依组全部划归科克沙依组第一亚组。

存在问题：托里幅东南角的萨热卡姆斯一带的科克沙依组，在东邻克拉玛依幅，却未划出科克沙依组，值得今后注意。

布鲁克其组 O_2b (01-65-0507)

【创名及原始定义】 中国地质科学院地质研究所、新疆地质局区测大队地层分队(1974)创名，创名地在沙尔布尔提山南坡布鲁克其。原始定义是指一套浅海相火山碎屑岩和碳酸盐岩，富含化石的地层。

【沿革】 在 1：20 万托斯特幅(L-45-Ⅸ)地质矿产图说明书编图出版前，新疆地质局区测大队与中国地质科学院地质研究所地层分队(1973)，在该图幅详细测制剖面时，在沙尔布尔提山首次划分出中、上奥陶统，将中统命名为布鲁克其组，沿用至今。

【现在定义】 为一套未见顶底的黄褐色、灰色厚层块状灰岩、豹皮灰岩、钙质砂岩、岩屑晶屑凝灰岩、安山玢岩等，富含腹足类、三叶虫、腕足类和少量单体珊瑚的地层。

【层型】 正层型：和布克赛尔蒙古自治县沙尔布尔提山南坡布鲁克其剖面(86°34′00″，46°46′30″)，由中国地质科学院地质研究所、新疆地质局区测大队地层分队(1974)测制。

【地质特征及区域变化】 中奥陶世时，这一地区海底升降频繁，中基性火山活动剧烈，沉积环境不稳定。岩石组合如现在定义所述，厚 710 m，化石门类虽多，但数量较少。

布龙果尔组 O_3bl (01-65-0508)

【创名及原始定义】 中国地质科学院地质研究所、新疆地质局区测大队地层分队(1974)创名，创名地在沙尔布尔提山，即 1：20 万托斯特幅(L-45-Ⅸ)西南角的布龙果尔河西岸。原始定义是指一套黄绿、黄褐色凝灰质砾岩、砂岩夹透镜状灰岩，含大量珊瑚的地层。

【沿革】 同布鲁克其组，只是当时将上统命名为布龙果尔组，沿用至今。

【现在定义】 上与下志留统布龙组整合，下未见底的黄绿、黄褐色及灰色凝灰质砾岩、砂岩、粉砂岩夹硅质岩和生物灰岩，含大量珊瑚及层孔虫等化石的地层。

【层型】 正层型：和布克赛尔蒙古自治县布龙果尔河西岸剖面(86°06′00″,46°43′00″)，由中国地质科学院地质研究所、新疆地质局区测大队地层分队(1974)测制。参考剖面：塔城县奥勒塔喀木斯特剖面。

【地质特征及区域变化】 岩石组合如现在定义所述，厚 297～379 m。本组含珊瑚化石，其中以 *Agetolites* – *Plasmoporella* – *Taeniolites* 组合为代表，伴生的壳相生物有三叶虫：*Scutellum romanovskyii*；腹足类：*Lesueurilla defilippii*，*Maclurites* 等。这套地层属滨—浅海相碎屑岩沉积，未变质。本组共有 3 处露头，一处在 1∶20 万托斯特幅(L-45-Ⅸ)西南角布龙果尔河西岸，另两处在 1∶20 万塔城幅(L-44-Ⅺ)和 1∶20 万阿西勒幅(L-44-Ⅻ)西部的奥勒塔喀木斯特河上游和阿克乔克河西岸紧靠中国与哈萨克斯坦国境线地段，其中最大一处露头长宽约 8 km×1 km，呈一向北突出的弧形近东西向展布，布龙果尔河地段岩石较粗，多含凝灰质，夹较多的灰岩透镜体；奥勒塔喀木斯特一带，岩石较细，部分夹层含硅质，横向上相变为灰岩。

【其他】 布龙果尔组分布范围很小，适用于西准噶尔地区。此外，阿克乔克河西岸的一处露头，划分依据不足，有待今后进一步工作。

加波萨尔组 $O_2 j$ (01-65-0509)

【创名及原始定义】 新疆地质局区测大队十分队王儒洪等(1971)创名，创名地在 1∶20 万恰库尔特幅(L-45-ⅩⅧ)加波萨尔。原始定义是指一套黄红色、红灰色厚层块状灰岩、凝灰砂岩地层。

【沿革】 新疆区测大队十分队(1971)在 1∶20 万恰库尔特幅(L-45-ⅩⅧ)最先划出加波萨尔群，但缺少剖面资料。新疆区测大队地层分队(1978)改称组，沿用至今。本组的下伏地层克孜勒特斯科拉组为一套黄绿色泥质灰岩，与本组不论是岩性、还是生物组合，都非常相似，属同物异名，本次对比研究予以合并，统称加波萨尔组，克孜勒特斯科拉组一名停止使用。

【现在定义】 下未见底，上被乌列盖组不整合覆盖，由黄、灰、紫红色厚层块状灰岩、生物灰岩夹凝灰砂岩和杏仁状安山玢岩组成，富含珊瑚、腕足类和腹足类化石的地层。

【层型】 正层型：富蕴县加波萨尔南 955 高点附近Ⅳ号剖面(89°43′00″,46°29′30″)，新疆地质局区测大队十分队(1971)测制。参考剖面：富蕴县克孜勒特斯科拉北 1 km 剖面，加波萨尔南 1010 高点附近剖面。

【地质特征及区域变化】 本组为一套浅海相碳酸盐岩夹碎屑岩，化石丰富，有珊瑚、腕足类、腹足类、三叶虫、棘皮类、藻类、层孔虫、苔藓虫等，厚度 74～348 m。未变质。

本组出露于 1∶20 万恰库尔特幅(L-45-ⅩⅧ)东北部加波萨尔以南的低山丘陵地带，出露面积小于 2 km^2。露头零星，构造复杂，覆盖面积较大，给地层的正确划分带来一定困难。由于出露范围小，岩性变化不大。

乌列盖组 $O_{2-3} w$ (01-65-0520)

【创名及原始定义】 新疆地矿局第一区域地质调查大队杜天星(1995)在本次对比研究中创名，创名地在巴里坤哈萨克自治县以东乌列盖。原始定义为一套火山碎屑岩，条带状大理岩和钙质粉砂岩。

【沿革】 新疆第一区测大队(1959)在哈密—伊吾—巴里坤地区进行1:20万区域地质调查时,将巴里坤奇克西南一带含*Rafinesquina*地层划为奥陶系—志留系;1966—1967年新疆区测大队一分队在1:20万巴里坤哈萨克自治县幅(K-46-Ⅳ)编写地质图说明书时,创名为荒草坡群(O_2—S_1),并将下部划为第一亚群;1966—1977年间出版的巴里坤地区的数幅1:20万地质图说明书或地质报告,也多照此划分;1981年《西北地区区域地层表·新疆维吾尔自治区分册》将荒草坡群时代厘定为中—晚奥陶世;1974—1978年新疆区测大队和中国地质科学院地质研究所地层分队将富蕴县东南前人所划加波萨尔群(O_3)上部划为巴斯他乌组;1985年新疆第四地质大队五分队又将巴斯他乌组下部划为第一岩性段。在岩石地层对比研究中,在广泛研究资料和详细对比剖面的基础上认为,原巴斯他乌组第一岩性段和原荒草坡群第一亚群岩性相似,可以对比,延伸较远,具有可填图性,故此新建乌列盖组。

【现在定义】 下与加波萨尔组不整合接触或未见底,上被大柳沟组整合覆盖,主要岩性为钙质粉砂岩和砂岩、条带状大理岩、火山碎屑岩、各种片岩、少量变粒岩、片麻岩和混合岩,底部见有火山角砾岩,含腕足类和珊瑚化石的地层。

【层型】 正层型:巴里坤地区乌列盖剖面(93°49′00″,43°35′30″),新疆地质局区测大队一分队(1967)测制。参考剖面:富蕴县加波萨尔东1010高点附近Ⅳ号剖面,巴里坤哈萨克自治县塔黑尔巴斯套以东剖面,伊吾县彦托达坂剖面。

巴里坤地区乌列盖剖面

上覆地层:大柳沟组　千枚岩化粉砂岩夹硅质板岩

——————整　合——————

乌列盖组	总厚度>1 616 m
28.灰—浅灰色含绿泥石英片岩夹灰黑色片理化粉砂岩	123 m
27.灰白色薄层状大理岩	18 m
26.黄绿色绿泥石化黑云片岩	105 m
25.灰色绿泥黑云片岩夹绿泥石化砂岩,局部千枚岩化	8 m
24.灰白色薄层状大理岩,具玫瑰色条带	156 m
23.灰色薄层状大理岩	20 m
22.灰色阳起黑云片岩夹硅质板岩和变质细砂岩	71 m
21.灰色薄层状大理岩,有时相变为阳起—黑云片岩	6 m
20.灰—深灰色阳起—黑云片岩,夹薄层状绿泥石化砂岩	187 m
19.灰—灰白色薄层状大理岩	17 m
18.灰—深灰色阳起—黑云片岩夹绿泥硅质片岩	149 m
17.灰—灰白色薄层状大理岩	15 m
16.灰—暗灰色黑云石英片岩夹绢云母化钙质粉砂岩	29 m
15.深灰色薄层状泥质灰岩夹大理岩透镜体	20 m
14.灰—灰白色薄层状大理岩	121 m
13.灰色片理化霏细斑岩	44 m
12.灰白色含石英白云质大理岩,有时相变为大理岩	34 m
11.灰色黑云母千枚岩,底部夹硅质粉砂岩、霏细岩	101 m
10.深灰色薄层状硅质灰岩	22 m
9.灰色薄层状不纯灰岩、钙质砂岩互层	54 m
8.灰色薄层状钙质粉砂岩	14 m

7. 灰—灰白色条带状硅质灰岩夹薄层状不纯灰岩 24 m

6. 浅灰绿色片理化安山质晶屑火山灰凝灰岩夹霏细岩 16 m

5. 灰色片理化晶屑凝灰岩夹片理化安山玢岩 60 m

4. 灰色片理化凝灰质中—粗粒砂岩,局部相变为含砾粗砂岩夹浅灰色片理化中酸性熔结凝灰岩 68 m

3. 灰色块状片理化中—细粒凝灰质砂岩 66 m

2. 灰绿色片理化杏仁状辉石安山玢岩 15 m

1. 灰—灰黑色片理化绿泥石化压扁火山砾岩夹浅灰色流纹斑岩,局部为透镜体(未见底) 53 m

【地质特征及区域变化】 本组总体岩性为一套火山碎屑岩、条带状大理岩和钙质粉砂岩,厚275～1 959 m。加波萨尔地区,以灰绿色、紫红色凝灰砂岩、沉凝灰岩为主;塔黑尔巴斯套为一套以深灰色为主的斜长片岩、黑云石英片岩和少量变粒岩;巴里坤乌列盖地区为一套片岩、千枚岩化钙质粉砂岩和条带状大理岩;伊吾彦托达坂一带,则为一套肉红、灰绿、黄褐色钙质粉砂岩、粉砂岩夹少量大理岩。这套地层部分地段变质较深,出现片岩、片麻岩、大理岩和少量变粒岩、混合岩。东准噶尔地区,在中—晚奥陶世早期,海盆急剧下降,并伴有轻度火山活动,沉积了一套以火山碎屑岩为主的地层。

【其他】 本组是在剖面对比的基础上新建的岩石地层单位,它包括中国地质科学院研究所、新疆地质局区测大队地层分队和新疆地质局第四地质大队在加波萨尔地区所划巴斯他乌组剖面的第1—4层和该组第一岩性段,也包括新疆区测大队在塔黑尔巴斯套所划荒草坡群下组以及在巴里坤、伊吾地区所划荒草坡群第一亚群。

大柳沟组 $O_{2-3}d$ (01－65－0521)

【创名及原始定义】 新疆地矿局第一区调大队杜天星(1995)创名,创名地在巴里坤大柳沟以东10 km乌列盖南侧。

【沿革】 1985年以前的沿革同乌列盖组,新疆第四地质大队五分队(1985)将巴斯他乌组中部划为第二岩性段。在岩石地层对比研究中,详细研究资料和对比剖面发现,原巴斯他乌组第二岩性段和原荒草坡群第二亚群岩性相似,可以对比,延伸较远,具有可填图性,因此建立大柳沟组。

【现在定义】 上与庙尔沟组、下与乌列盖组均为整合接触的中酸性火山喷发岩,包括杏仁状安山玢岩、火山角砾岩、枕状玄武安山岩、英安斑岩、石英斑岩和霏细岩,夹少量凝灰岩和粉砂岩,横向上有时相变为千枚岩和千枚岩化粉砂岩的地层。

【层型】 正层型:巴里坤地区大柳沟以东乌列盖南侧剖面(93°49′30″,43°34′40″),新疆地矿局区测大队一分队(1967)测制。参考剖面,富蕴县吉别克腾库都克西j—j′剖面。巴里坤哈萨克自治县塔黑尔巴斯套-克西沙尔布拉克东剖面,伊吾县彦托达坂剖面。

巴里坤地区大柳沟以东乌列盖南侧剖面

上覆地层:庙尔沟组 凝灰质粉砂岩

——————— 整 合 ———————

大柳沟组 总厚度1 550 m

12. 浅红色霏细岩,下部微绢云母化 25 m

11. 灰黑色薄层状片理化绿泥石变质霏细岩夹绿泥石化凝灰质砂岩 155 m

10. 浅灰色片理化变质霏细岩 164 m

9. 暗绿色片理化细粒—火山灰层凝灰岩夹石英斑岩 42 m

8. 浅灰色片理化石英斑岩 41 m

7. 灰黑—灰绿色中—酸性片理化火山灰层凝灰岩，与绢云母化霏细岩互层 97 m

6. 灰—浅红色片理化石英斑岩 486 m

5. 灰绿色片理化硅化长石斑岩 160 m

4. 浅灰色片理化变质安山玢岩 91 m

3. 浅灰绿色绢云母化硅质板岩与千枚岩化粉砂岩互层 57 m

2. 灰—浅灰绿色片理化英安质晶屑凝灰岩 161 m

1. 浅灰绿色千枚岩化粉砂岩夹硅质板岩 71 m

———————— 整 合 ————————

下伏地层：**乌列盖组** 含绿泥石英片岩夹片理化粉砂岩

【地质特征及区域变化】 东准噶尔地区，中—晚奥陶世中期仍处于海侵环境，火山活动强烈，沉积了一套以火山喷发岩为主夹少量火山碎屑岩的地层，厚 882～2 328 m。加波萨尔地区、塔黑尔巴斯套和荒草坡地区，岩性比较一致，主要为一套火山喷发岩；向东至彦托达坂一带，则相变为一套千枚岩和千枚岩化粉砂岩。

【其他】 本组是在剖面对比的基础上新建的岩石地层单位，它包括中国地质科学院地质研究所、新疆地质局区测大队地层分队和新疆地质局第四地质大队在加波萨尔地区所划巴斯他乌组剖面的第 5—7 层和该组第二岩性段，包括新疆地质局区测大队在塔黑尔巴斯套所划荒草坡群上组以及在巴里坤、伊吾地区所划荒草坡群第二亚群。

庙尔沟组 $O_{2-3}m$ (01-65-0522)

【创名及原始定义】 新疆地矿局第一区域地质调查大队杜天星(1995)在本次对比研究中创名，创名地在新疆巴里坤哈萨克自治县东北庙尔沟。

【沿革】1985 年以前的沿革同乌列盖组，新疆第四地质大队五分队(1985)又将巴斯他乌组上部划为第三岩性段。在岩石地层对比研究中，详细研究资料和对比剖面认为：原巴斯他乌组第三岩性段和原荒草坡群第三亚群岩性相似，可以对比，延伸较远，具有可填图性，因此建立庙尔沟组。

【现在定义】 上被托让格库都克组、姜巴斯套组不整合或断层覆盖，下与大柳沟组局部断层接触，大多数地区为连续沉积的灰绿色千枚岩化凝灰质砂岩、凝灰质粉砂岩和正常沉积的钙质砂岩、粉砂岩以及少量砾状灰岩、绢云石英片岩、大理岩透镜体。富产腕足类、三叶虫、珊瑚等化石的地层。

【层型】 正层型：巴里坤地区庙尔沟剖面(93°33′20″，43°41′30″)，新疆地矿局区测大队一分队(1967)测制。参考剖面：富蕴县吉别克腾库都克 f—f′剖面，伊吾县彦托达坂剖面。

巴里坤地区庙尔沟剖面

上覆地层：**姜巴斯套** 中厚层状凝灰岩夹薄层状凝灰质砂岩

═══════ 断 层 ═══════

庙尔沟组 总厚度 1 321 m

7. 杂色巨厚层状泥质粉砂岩 65 m

6. 黄绿色粉砂岩夹灰色硅质条带状粉砂岩　188 m

5. 黄绿色火山灰层凝灰岩夹凝灰质粉砂岩　34 m

4. 黄绿色细—中粒凝灰质砂岩夹薄层状粗砂岩，产 Encrinuridae，Asaphidae，*Leptelloidea* sp. 及海百合茎　127 m

3. 青灰色千枚岩化凝灰岩、粉砂岩　125 m

2. 灰色厚层状千枚岩化凝灰质粉砂岩，产 *Leptelloidea* sp.，Encrinuridae，Dalmaneliidae，Strophomenidae　200 m

1. 灰绿—青灰色巨厚层状凝灰质粉砂岩，含腕足类碎片　582 m

═══════ 断　层 ═══════

下伏地层：大柳沟组　浅红色霏细岩

【地质特征及区域变化】　东准噶尔地区，在中—晚奥陶世晚期开始海退，火山活动减弱，沉积了一套火山碎屑岩向正常碎屑岩过渡的地层。加波萨尔、巴里坤的荒草坡和伊吾的彦托达坂等地，岩性相似，为一套灰绿色千枚岩化凝灰质砂岩、凝灰质粉砂岩和正常沉积砂岩、粉砂岩，局部夹火山角砾岩和大理岩透镜体，普遍含三叶虫、腕足类、珊瑚及海百合茎等化石，厚614～1 699 m。

【其他】　本组是在剖面对比的基础上新建的岩石地层单位，它包括新疆第四地质大队在加波萨尔地区所划巴斯他乌组第三岩性段和新疆区测大队在巴里坤、伊吾地区所划荒草坡群第三亚群。

库鲁木提群　$S_{2-3}K$　(01－65－0600)

【创名及原始定义】　斯托良尔(м. я. стрянр，1936)创名。创名地在阿勒泰地区，具体地点不详。原始定义未查到，划分标准不详，最早在新疆地质局区测大队(1965)编写的《1：20万琼库尔幅(M－45－XXXIV)地质图说明书》中介绍。

【沿革】　创名者最早的译名是克鲁木丁岩系。1943年李承三在包含本地层的区域内做过地质调查，称该地层为松木克岩系。新疆地质局区测大队从60年代到80年代在包含该地层单位的琼库尔幅、阿克萨拉幅、阿拉尕克幅、阿勒泰幅、富蕴幅、大桥幅进行1：20万区域地质调查，1965年编写《1：20万琼库尔幅地质图说明书》开始称库鲁木提群，以后大多数地质工作者都沿用，1976年编写的《1：20万阿勒泰幅区域地质调查报告》时确定库鲁木提群的时代为中晚志留世，以后的地质工作者都基本认同。新疆地矿局一区调大队(1989)在阿尔泰地区进行了专题地层研究并编写了《新疆阿尔泰地区地层专题研究报告》，其中有关库鲁木提群的划分对比与前人也基本相同。

【现在定义】　主要为一套变质程度不一的碎屑岩夹变质泥岩及碳酸盐岩透镜体。下亚群变质较深，主要为各种片麻岩、混合岩。上亚群变质较浅，主要为变质粗砂岩、细砂岩、粉砂岩，南部出现凝灰岩、石英斑岩、霏细岩，多数地区未见底，与上覆康布铁堡组断层接触。

【层型】　由于创名资料找不到(也可能不存在)，故将新疆地质局区测大队六分队(1976)在《1：20万阿勒泰幅区域地质调查报告》所述的昆古依特剖面指定为选层型。参考剖面：富蕴县巴利尔斯河下游V号剖面，阿尔泰县翁松独克Ⅰ号剖面，富蕴县海子口南二厂房额尔齐斯河东岸(XXVI)剖面。

【地质特征及区域变化】　在狭义的阿尔泰山一带，下亚群为一套片岩及少量的片麻岩，厚约4 182 m。上亚群为浅变质的碎屑岩夹大理岩和少量中酸性凝灰岩，厚度大于2 010 m，在绕尔特河西岸(也许在境外)下亚群中上部含珊瑚:*Favosites forbesi*;腕足类:*Tannuspirifer pedaschenkowi*,*Camarotoechia cumurtukensis*(李承三1943年采集)。在阿勒泰市以西克木齐河一带及阿勒泰市以北尚可兰至阿巴宫一带该群为一套含酸性火山岩的复理石建造,顶界与下泥盆统康布铁堡组整合接触,可见厚度一千多米。在阿尤布拉克—库卫—喀依尔特一带仅见上亚群,岩性以各种片岩为主,有少量的片麻岩、浅粒岩,厚3 000 m左右,与下泥盆统康布铁堡组整合接触。青河以北下亚群为各种片岩及少量的变粒岩、角闪岩。北部与花岗岩接触地段变质较深,可见厚度3 038 m。上亚群为变质较浅的碎屑岩,厚3 898.6 m,其中分离出古孢子化石。由于露头多以断块形式出露,岩石变质程度较深,又有岩体的破坏,目前尚难查清该群在横向上的变化规律。

【其他】 尽管众多地质工作者对该地层做过工作,划分对比变化不大,但因该地层单位分布范围较广,包括的岩石内容复杂,变质程度深浅不一,所以该地层单位只能作为一个群保留,时代暂置于中晚志留世。

布龙组 S_1b (01-65-0601)

【创名及原始定义】 中国地质科学院地质研究所、新疆地质局区测大队地层分队(1974)创名。创名地:西准噶尔布龙果尔西侧。原始定义:出露于布龙果尔西侧的一套海相泥质页岩建造,底界与上奥陶统整合接触,上界被中石炭统哈尔加乌组不整合覆盖,与中志留统关系不明。

【沿革】 该单位自建立后基本上无人再做工作,也无人对其含义进行修改,《西北地区区域地层表·新疆维吾尔自治区分册》(1981)、《新疆古生界》(1990)、《新疆维吾尔自治区区域地质志》(1993),均照原定义使用。

【现在定义】 指哈尔加乌组以下、布龙果尔组以上的一套黄绿色凝灰粉砂岩、粉砂质页岩及灰黑色条带状硅质岩、硅质粉砂岩。为一套笔石页岩沉积。顶界与哈尔加乌组不整合接触,底界与布龙果尔组为整合接触。

【层型】 正层型:和布克赛尔蒙古自治县布龙果尔剖面(Ⅱ)(86°05′55″,46°43′20″),中国地质科学院地质研究所、新疆地质局区测大队地层分队(1974)测制。

【地质特征及区域变化】 该组出露面积很小,岩性及接触关系等特征如现在定义所述,其中含有大量的笔石:*Monograptus sedgwickii*, *M.* cf. *distans*, *M.* cf. *halli*, *M.* cf. *orbatus*, *M. rucinatus*, *M.* cf. *intermedium*, *Demirastrites* (*Oktavites*) cf. *planus*, *D.* sp., *Streptograptus* cf. *lobiferus*, *S.* cf. *becki*, *S.* cf. *runcinatus*, *S.* cf. *barrandei*; *S. marri*, *Dictyonema* sp., *Pristiograptus* ex gr. *concinnus*, *Petalolithus* sp., *Orthograptus* sp., *Glyptograptus* sp., *Rastrites maximus*, *Spirograptus* sp.。该组时代为早志留世。该组的露头不足1 km^2,厚度也很小。

沙尔布尔组 S_2s (01-65-0602)

【创名及原始定义】 中国地质科学院地质研究所、新疆地质局区测大队(1974)介绍。新疆地质局第三区测大队1—4分队李佩基等(1960)创名。创名地:沙尔布尔提山。原始定义:指分布在沙尔布尔提山,岩性为暗绿色、暗灰色、紫灰色、浅灰色的安山质凝灰岩、粗面岩质凝灰岩、石英斜长斑岩、凝灰岩夹灰岩透镜体的地层。

【沿革】 中国地质科学院地质研究所、新疆地质局区测大队地层分队(1974)在沙尔布尔提山进行专题地层研究,证实原归入沙尔布尔组的地质体并不是单一的地质体,对其含义进行了厘定，新疆地质局区测大队于1983—1986年在沙尔布尔提山以西的1：20万塔城、阿西勒幅(L-44-Ⅺ、Ⅻ)，塔克台、和布克赛尔幅(L-45-Ⅶ、Ⅷ)工作时划分出相当该组的地层。1993—1994年新疆工学院在沙尔布尔提山做1：5万填图工作(目前还未提交正式成果)和《西北地区区域地层表·新疆维吾尔自治区分册》(1981)、《新疆维吾尔自治区区域地质志》(1993)也都基本沿用地层分队的定义。因此该地层自地层分队厘定含义后，后人基本认同。

【现在定义】 主要岩性为灰绿色、暗紫色凝灰质砂岩、粉砂岩、安山质晶屑岩屑凝灰岩夹碳酸盐岩，自东向西火山物质渐少，碳酸盐岩成分渐多，与下伏哈尔加乌组断层接触，与上覆具复理石建造的克克雄库都克组整合接触。

【层型】 创名人未指定层型，本次对比研究中指定选层型：和布克赛尔蒙古自治县沙尔布尔提山芒克鲁剖面(88°45′00″，46°45′00″)，由新疆区调大队地层分队(1979)测制。参考剖面：和布克赛尔蒙古自治县乌拉斯台剖面(Ⅶ号)，额敏县城北东巴依木札剖面(Ⅳ号)，和布克赛尔蒙古自治县沙尔布尔提山Ⅻ号剖面，和布克赛尔蒙古自治县沙乌松马吉尔南(XX号)剖面。

【地质特征及区域变化】 沙尔布尔地区该组厚700多米，顶界与克克雄库都克组整合接触，未见底。岩性以凝灰质砂岩、粉砂岩为主夹灰岩透镜体及其他岩石，含大量的珊瑚：*Holmophyllum hobuksarense*，*Junggarophyllum planotabulatum*，*Palaeofavositesforbesiformis septata*，*Tryplasma* sp.，*Favosites* sp.，*Heliolites* sp.；三叶虫：*Encrinurus* sp.；腕足类：*Eospirifer radiatus*，*Isorthis sarburtensis*，*Atrypadepressa*。额敏北东巴依木札该组厚476 m，顶界与和布克赛尔组不整合，未见底。岩性为粗、细砂岩，沸石化凝灰质细砂岩，沸石化沉凝灰岩，生物灰岩，玄武质火山角砾熔岩，含珊瑚：*Dictyosolenia multitabulata*，*Mesosolenia* sp.，*Multisolenia* sp.，*Tryplasma* sp.；腕足类：*Pentamerifera oblongigormis*。塔城北乌拉斯台该组可见厚度472 m，顶界为断层，未见底。以灰岩为主，钙质粉砂岩、砂岩次之，基本无火山物质，含珊瑚：*Zelophyllum* sp.，*Tabularia* sp.，*Subalveolites* sp.，*Syriogopora* sp.，*Dictyosolenia* sp.，*Multisolenia* sp.，*Mesofavosites* sp.，*Entelophyllum* sp.；腕足类：*Eospirifer* sp.，*Resserella* sp.，*Atrypa* sp.；三叶虫：*Encrinurus* sp.，*Calymene* sp.。地质时代为中志留世。

克克雄库都克组 S_3kk (01-65-0603)

【创名及原始定义】 中国地质科学院地质研究所、新疆地质局区测大队地层分队(1974)创名，创名地在沙尔布尔提山。原始定义：为一套海相火山复理石建造，其顶界与下泥盆统呈整合接触，与下伏中志留统亦呈整合接触，总厚度可达1 360 m，化石有腕足类、三叶虫、珊瑚等。

【沿革】 自地层分队创建后，新疆地质局区测大队十一分队(1984)在《1：20万塔城幅区域地质调查报告》中将一套变质碎屑岩对比为克克雄库都克组。1993—1994年新疆工学院1：5万填图分队在沙尔布尔提山进行1：5万区调工作，从收集到的资料分析该组的划分基本未变。《西北地区区域地层表·新疆维吾尔自治区分册》(1981)、《新疆古生界》(1990)、《新疆维吾尔自治区区域地质志》(1993)三份综合性研究成果也都基本沿用了地层分队的定义。

【现在定义】 指分布于沙尔布尔提山南北坡的一套含较多火山物质的碎屑岩，如灰绿色、紫红色凝灰砂岩、粉砂岩、厚层—块状晶屑岩屑凝灰岩、钙质砂岩、粉砂岩。中下部具复理石建造，上与含较多钙质成分的和布克赛尔组整合接触，与沙尔布尔组整合接触。

【层型】 正层型：和布克赛尔县芒克鲁剖面(86°45′00″，46°45′00″)，新疆区测大队地层分队(1974)测制。参考剖面：和布克赛尔县沙尔布尔提山Ⅺ号剖面。

【地质特征及区域变化】 沙尔布尔组厚1 000多米，与顶底均为整合接触，岩性为火山碎屑岩夹少量碳酸盐岩，含珊瑚：*Favosites* sp.，*Mesofavosites* sp.，*Heliolites* sp.，*Stelliporella abnormis*，*Chlamydophyllum xinjiangense*；腕足类：*Atrypa* sp.，*Ferganella* sp.；三叶虫：*Encrinurus* sp.。

塔城北喀木斯特该组可见厚度700多米，未见顶底，岩性以正常碎屑岩为主，有少量火山灰成分和少量的碳酸盐岩，但岩石大都有轻微变质，含珊瑚：*Aulopora*? sp.；三叶虫：*Encrinurus* sp.。

【其他】 本次对比研究者分析了克克雄库都克组及其上覆地层的各剖面并走访了野外工作人员，认为芒克鲁剖面的和布克赛尔组下亚组，就是《西北地区区域地层表·新疆维吾尔自治区分册》(1981)中所指的乌吐布拉克组，在室内及野外实践中难与克克雄库都克组区分，因此建议将这套地层归入克克雄库都克组。生物地层工作者对原乌吐布拉克组的时代归属有争议，近年来的生物地层成果认为该段地层应属上志留统，因此，整个克克雄库都克组的时代应属晚志留世。

恰尔尕也组 S_1q (01-65-0604)

【创名及原始定义】 新疆地质局区测大队四分队(1972)创名，创名地在恰尔尕也河。1974年新疆地质局区测大队四分队张道乐等介绍。原始定义：指新疆地质局区测大队四分队(1972)在托里南划分出的下志留统。岩性为紫色、浅灰、暗灰、灰绿色凝灰质粉砂岩、细砂岩、粗砂岩夹砂砾岩及与火山成因有关的赤铁矿与磁铁矿。

【沿革】 该地层单位建立后，《西北地区区域地层表·新疆维吾尔自治区分册》(1981)、《新疆古生界》(1990)、《新疆维吾尔自治区区域地质志》(1993)均使用了该地层单位，未做任何修改。

【现在定义】 指托里地区库吉尔台组与科克沙依组之间的一套紫红、浅灰、暗灰、灰绿色凝灰质粉砂岩、细砂岩、粗砂岩，夹砂砾岩。含笔石、珊瑚等化石。上与库吉尔台组断层接触，下与科克沙依组亦为断层接触。

【层型】 正层型：托里县恰尔尕也河剖面(83°45′00″，45°11′30″)，新疆地质局区测大队四分队(1972)测制。参考剖面：唐巴勒南剖面。

【地质特征及区域变化】 该套地层从岩性上分析应为浅海相沉积，并含一定数量的火山灰物质，含笔石：*Monograptus priodon*，*Pristiograptus* sp.；三叶虫：*Encrinurus* sp.；珊瑚：*Pseudocystiphyllum* sp.等。岩石变质轻微。时代为早志留世。该单位主要分布在艾比湖的北部，东北方向延入托里幅，由于所做工作有限，地层厚度变化尚不清楚。

玛依拉山群 *SM* (01-65-0605)

【创名及原始定义】 新疆地质局第三区测大队一分队李启新等(1961)创名，创名地：玛依拉山。新疆地质局区测大队编图分队(1972)介绍。原始定义：该群是海相的正常沉积物与较少的喷发沉积及喷发岩呈相间的互层，后经区域动力变质作用而发生片理化、绿泥石化等，与上覆地层库鲁木迪组平行不整合接触。

【沿革】 该单位在命名时称玛依拉山组，分两个亚组。新疆区测大队一、二分队(1963)在托里地区进行1:5万区域地质简测时曾将该单位划分为六个亚组。《西北地区区域地层表·新疆维吾尔自治区分册》(1981)将该单位称玛依拉山群，分上、下亚群，以后《新疆古生界》

(1990)、《新疆维吾尔自治区区域地质志》(1993)均称玛依拉山群，其顶底界限和岩石内容均无变化，本次对比研究沿用玛依拉山群。

【现在定义】 主要岩性为灰绿、紫色火山碎屑岩、中基性熔岩、碎屑岩，含珊瑚、腕足类等少量化石。与下伏恰尔尕也组未见直接接触，与上覆库鲁木迪组平行或不整合接触，分上、下两个亚群。

【层型】 创名人未指定层型，本书指定选层型：托里县乌宗布拉克至和角克苏河剖面(82°52′35″,45°24′50″)，由新疆第三区测大队一分队(1961)测制。参考剖面：托里县布如比列克河剖面，托里县巴尔勒克南坡阿克塔斯断块西剖面，托里县汤格巴斯道剖面，托里县拉巴西剖面。

【地质特征及区域变化】 该地层单位上、下亚群多以断块形式出现，仅局部地区见与库鲁木迪组为平行不整合或不整合接触，厚度巨大，整个群的可视厚度达 8 000 多米。上亚群为灰绿、浅灰、紫灰色千枚岩化凝灰粉砂岩、层凝灰岩夹砂砾岩、长石砂岩、安山玢岩、玄武岩、辉绿玢岩、碧玉岩及砾岩透镜体；下亚群上部为灰绿、灰紫色中厚层状粉砂岩、凝灰质粉砂岩、细砂岩及少量中粗粒砂岩和层凝灰岩夹晶屑岩屑凝灰岩、杂砂质泥岩，砂砾岩透镜体，中部为灰绿、紫红色中厚层状或层理不清的凝灰质细砂岩、凝灰岩夹少量杏仁状玄武玢岩、细碧岩、安山玢岩、紫红色碧玉岩、青灰绿色放射虫硅质岩及粉砂质泥岩透镜体，下部为灰绿、灰紫、紫红色薄—中厚层状凝灰质细砂岩，夹玄武玢岩、细碧岩、粉砂质泥岩、泥质粉砂岩和少量透镜体。上亚群含珊瑚：*Favosites* sp.，*Heliolites* sp.，*Microplasma* sp.，*Cladopora* sp.，*Palaeofavosites moribundus*，*Mesofavositesobliquus* var. *secundus*，*Kyphophyllum* sp.，*Syringaxon* sp.；腕足类：*Atrypa*? sp.，*Chonetes*? sp.；笔石：*Saetograptus* cf. *chimaera* var. *salweyi*，*Pristiograptus* cf. *colonus* var. *compactus*；苔藓虫：*Fenestella* sp.。下亚群含笔石：*Pristiograptus* cf. *colonus*，*Saetograptus* cf. *chimaera* var. *salweyi*；珊瑚：*Favosites* sp.，*Cladopora receilineata*，*Kyphophyllum* sp.，*Pilophyllum toliense*。该群分布范围狭小，主要分布在塔勒艾勒克、托里、博乐、艾比湖四个相邻 1∶20 万图幅中，由于该地层多以断块形式产出，其区域变化不详。

白山包组　S_2b　(01-65-0606)

【创名及原始定义】 新疆地质局地质科学研究所王景斌等(1966)创名①，创名地在东准噶尔卡拉麦里平顶山南。新疆地质局区测大队三分队(1966)介绍。原始定义：指平顶山南 10 km 剖面第 1—6 层的一套粉砂岩、砂岩、钙质泥质粉砂岩沉积及其附近的相同地层，时代志留纪至早泥盆世。

【沿革】 该地层单位创名后，《西北地区区域地层表·新疆维吾尔自治区分册》(1981)将时代修订为早泥盆世，新疆地矿局第二区调队四分队(1981)在苏吉泉幅(L-46-109-B)做 1∶5万区域地质调查时划出白山包组，岩性层位与王景斌等所定白山包组相当，时代为中志留世。新疆地矿局第一区调大队(1989)在松卡尔苏幅 1∶5 万区调报告中使用白山包组。《新疆古生界》(1990)的划分与新疆第二区调大队四分队的意见相同。

【现在定义】 指卡拉麦里及三塘湖地区整合于红柳沟组之下一套以灰绿色为主的粉砂岩、砂岩沉积，夹少量钙质砂岩、砾岩。未见下界。

【层型】 正层型：奇台县卡拉麦里山区平顶山南 10 km 剖面(89°53′48″,45°03′37″)，新疆地质局地质科学研究所王景斌等(1966)测制。参考剖面：红柳峡幅(1∶20 万) XXⅡ 号剖面，富

---

① 新疆地质局地质科学研究所王景斌等(1966)，东准噶尔卡拉麦里地区古生代地层调查报告(未刊)。

蕴县红尖山沟剖面，奇台县苏吉泉幅1：5万区调报告Ⅵ号剖面，苏吉泉幅1：5万区调报告Ⅴ号剖面。

【地质特征及区域变化】 该组在平顶山南可见厚度151 m，顶界以断层与红柳沟组接触，未见底。岩性特征以灰、灰绿色的碎屑岩为主，有少量浅紫色含砾粗砂岩，夹泥灰岩及生物灰岩，含珊瑚：*Striatopora* sp. ，*S. tschichatscheri*，*Pleurodictyum* aff. *macroperforatus*，*Syringaxon* aff. *salairica*；头足类：*Plagiostomoceras* sp.；腕足类：*Camarotoechia* sp.，*Resserella* sp.，*Howellella* sp.。苏吉泉幅该组可见厚度270多米，顶界与红柳沟组整合接触，界线较易区分，一是白山包组顶部多有一介壳层，二是红柳沟组以杂色碎屑岩为主，局部地方有轻微变质，含腕足类：*Tuvaella rackovskii*，*T. gigantea*，*Howellella* sp.，*Leptostrophia* sp. ；三叶虫：*Encrinurus* sp.。松喀尔苏以东以背斜形式出露，面积约4 km^2，可见厚度385 m。与上覆红柳沟组整合接触，红柳沟组为一套杂色火山灰凝灰岩，与本组黄色粉砂岩界线清晰。岩性特征以灰绿、黄色碎屑岩为主，下部粒度较粗，向上变细，上部夹安山岩、霏细岩。含腕足类：*Tuvaella gigantea*，*Isorthis* sp.，*Spirigerina* sp.，*Leptostrophia* sp.；头足类：*Lechriochoceras* sp.。红柳峡东该组（原划为红柳峡组）以断块形式出露，出露面积仅数平方公里，可见厚度675.4 m。岩性为一套灰绿、黄灰色为主的砂岩、钙质砂岩夹碳酸盐岩及火山岩。含大量腕足类：*Tuvaellarackovskii*，*Meristina barkolensis*，*Leptaena* sp.，*Tannuspirifer* sp.。

【其他】 该组包含了原来的红柳峡组（1977年新疆地质局区测大队二分队创名），本次对比研究中认为这两个地层单位岩性相同，层位相当，又相距不远，故命名白山包组为宜。

红柳沟组 S_3D_1h （01-65-0607）

【创名及原始定义】 新疆地质局地质科学研究所王景斌等（1966）创名，创名地在卡拉麦里平顶山南。新疆地质局区测大队三分队（1966）介绍。原始定义：指分布于卡拉麦里小区的一套紫红色、绿色薄—中厚层状细砂岩、粉砂岩、泥质硅质岩，夹凝灰岩、含化石的泥质灰岩，常呈互层，韵律及条带构造发育，上与卡拉麦里组整合接触。

【沿革】 该组创名后，新疆区测大队二分队（1977）在1：20万红柳峡幅区调工作中创建考克塞尔盖组与塔黑尔巴斯套组（本次对比研究将其并入红柳沟组）。新疆地质局第二区调大队四分队（1986）在《1：5万苏吉泉幅（L-46-109-B）区调报告》中，将相当红柳沟组的地层分为红柳沟组与卡拉麦里组，时代定为晚志留世和晚志留世至早泥盆世 。新疆一区调队八分队（1989）在《1：5万双井子幅（L-46-110-A.C.D）幅区调报告》中沿用了红柳沟组，含义与王景斌等创名的原始定义相近。时代定为晚志留世。《新疆古生界》（1990）与《新疆维吾尔自治区区域地质志》（1993）将红柳沟组与考克塞尔盖组分区并用。

【现在定义】 指分布于东准噶尔地区的一套紫红色、灰绿色薄—中层状细砂岩、粉砂岩、泥质硅质岩及凝灰岩夹灰岩，底部夹火山岩，含丰富的珊瑚、腕足类化石。下与白山包组整合接触，与上覆卡拉麦里组整合接触。

【层型】 正层型：奇台县平顶山南10 km剖面（89°53′48″，45°03′37″），由新疆地质局地质科学研究所王景斌等（1966）测制。参考剖面：巴里坤哈萨克自治县塔黑尔巴斯套北东XLⅦ号剖面，巴里坤哈萨克自治县克西沙尔布拉克北东XLⅤ号剖面，奇台县唐巴巴斯陶东Ⅲ号剖面，奇台县松喀尔苏幅Ⅻ号剖面。

【地质特征及区域变化】 平顶山南一带该组厚439 m。与上覆卡拉麦里组和下伏白山包组均为整合接触，岩性以杂色细砂、粉砂岩为主夹硅质岩，底部有凝灰岩、泥质灰岩，含珊瑚：

Hapsiphyllum? sp.，*Petraia* sp.，*Syringaxon* sp.；头足类：*Plagiostomoceras* sp.。

在1∶5万苏吉泉幅该组厚300余米，与上覆地层卡拉麦里组，与下伏地层白山包组均为整合接触，该组在这一地段的岩性特征是底部的碳酸盐岩显著增厚，有的地方可达全组厚度的一半，上部仍为杂色的含凝灰质砂岩、粉砂岩，局部有硅化，含放射虫及珊瑚：*Favosites* sp.，*Syringopora* sp.，*Syringaxon* sp.；头足类：*Platyceras* sp.；三叶虫：*Encrinurus* sp.。松喀尔苏一带，该组有的地段以紫绿相间的火山细碎屑岩沉积为主，可见厚度545 m，与上覆卡拉麦里组为不整合接触，与下伏白山包组整合接触，岩性以灰绿色、紫红色火山灰凝灰岩为主，夹泥晶灰岩，含珊瑚：*Thamnopora* sp.，*Cystiphylloides* sp.，*Parastriatopora* sp.。

1∶20万红柳峡幅该组(原划为考克赛尔盖组和塔黑尔巴斯套组)视厚400～600 m，与上覆卓木巴斯套组整合或不整合接触，与下伏白山包组不整合接触。岩性以灰绿、黄灰色为主，也有紫红、紫灰、浅棕等色调的火山碎屑岩，底部常有一层厚数米到25 m的底砾岩。下部含珊瑚：*Mesofavosites obliquns*，*Favosites barkolensis*，*Holmophyllum mediense*，*Kodonophyllum* sp.，*Pachyfavosites* sp.；三叶虫：*Encrinurus* sp.。上部含珊瑚：*Thamnopora* sp.，*Syringaxon* sp.，*Favosites* sp.，*Barrandeophyllum* sp.，*Squameofavosites* sp.，*Pseudofavosites* sp.，*Pachyfavosites* sp.，*Pleurodictyum* sp.，及腕足类、腹足类、苔藓虫等。本组的地质时代为晚志留世—早泥盆世早期。

【其他】 经本次对比研究后认为：原划为上志留统的考克塞尔盖组，与下泥盆统塔黑尔巴斯套组的岩性与红柳沟组差别不大，相距不远，置于红柳沟组较为合适。

第三章
泥盆纪—二叠纪

北疆-兴安地层大区北疆地层区泥盆纪—二叠纪地层经对比研究推荐使用的岩石地层单位较多，集中分布于北准噶尔地层分区和南准噶尔-北天山地层分区，阿尔泰地层分区仅有几个岩石地层单位(图 3-1)。地层沉积类型复杂，地层单位岩石类型多种多样。泥盆纪、石炭纪地层既有海相沉积，也有陆相沉积，海相火山岩、火山碎屑岩广泛分布于各地层单位，局部地区陆相火山岩也很发育。二叠纪早期地层以陆相火山岩为主，局部为陆相、海陆交互相碎屑岩；二叠纪晚期，以陆相盆地沉积的碎屑岩为主，局部见有陆相火山岩、火山碎屑岩。

本断代地层单位中的海相生物多属"北型生物区"分子。早石炭世晚期至晚二叠世，植物化石属"安加拉植物区"。许多地层单位，如洪古勒楞组、锅底坑组等都是或可能是跨纪的岩石地层单位，对研究年代地层学有重要意义。二叠纪乌尔禾群、平地泉组、芦草沟组均为新疆北部重要的生油岩系。

康布铁堡组　D_1k　(01-65-0701)

【创名及原始定义】 新疆地质局区测大队六分队王广耀等(1976)在阿勒泰县东南康布铁堡创名。原始定义：出露一套酸性火山岩及其火山碎屑岩夹正常碎屑岩及少量碳酸盐岩，含化石。

【沿革】 新疆地质局区测大队六分队(1976)在 1∶20 万阿勒泰幅(L-45-Ⅴ)创名。1978—1979 年，新疆区测大队在 1∶20 万大桥幅(L-45-Ⅵ)、锡泊渡幅(L-45-Ⅺ)和富蕴幅(L-45-Ⅻ)对该组的划分和命名是一致的，只是大桥幅沉积缺失下部。《西北地区区域地层表·新疆维吾尔自治区分册》(1981)沿用了上述划分方案。此前李承三(1943)划为志留系松克木系，丘洛契尼可夫(1956)划为上泥盆统依斯肯提岩系等均无资料可查，新疆地质局第四地质大队划为诺尔特组(D_2)，也克克孜勒组(D_1)。

【现在定义】 上部为灰白色石英角斑岩、石英钠长斑岩、变质钾质流纹斑岩、霏细岩和火山角砾岩，下部为灰黑色黑云母石英片岩、灰白色十字石、蓝晶石片岩、变粒岩、浅粒岩夹薄层钙质粉砂岩、硅质大理岩透镜体。与上覆阿勒泰组为断层接触，与下伏库鲁木提群为断层接触。含少量的腕足类、珊瑚化石。

【层型】 正层型：阿勒泰康布铁堡东Ⅳ号剖面(88°29′35″,47°21′30″)，由新疆区测大队六

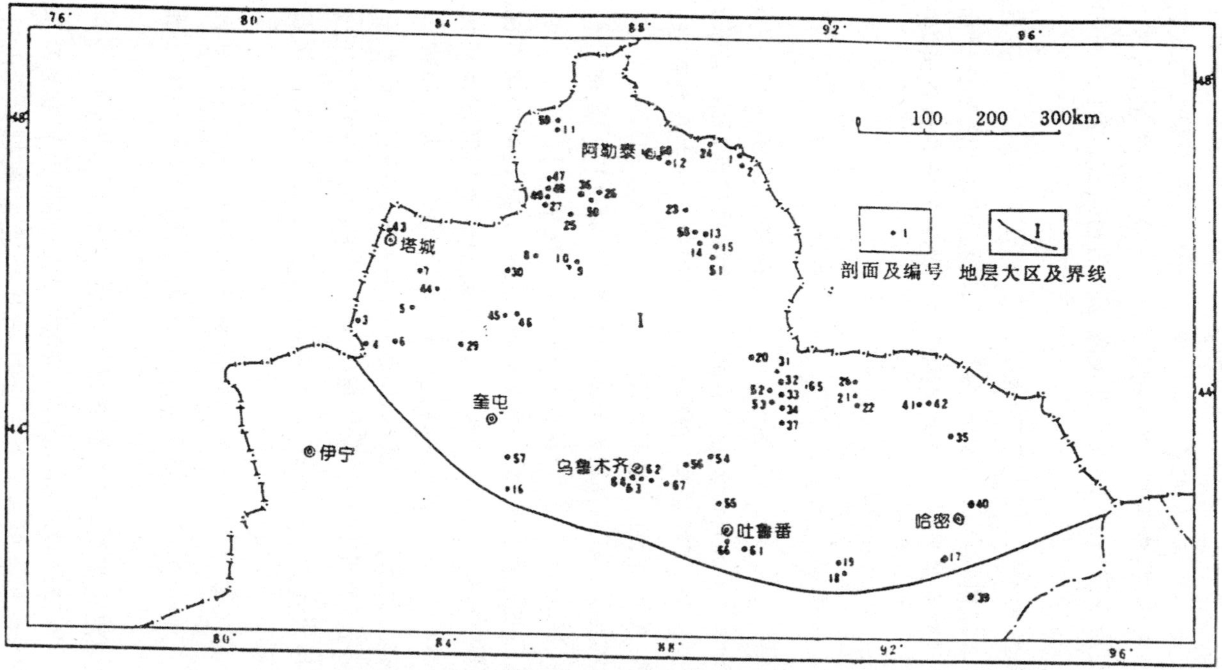

图 3-1 北疆-兴安地层大区泥盆纪—二叠纪层型剖面分布图

1. 富蕴县喀依尔提河、正格河忙代恰群剖面；2. 富蕴县库马苏Ⅺ号库马苏群剖面；3. 裕民县咱满札曼铁列克提河下游铁列克提组剖面；4. 裕民县库鲁木迪山西段库鲁木迪组剖面；5. 托里县老风口以西阿依乌多东侧马拉苏组剖面；6. 托里县玛依拉山南坡那伦素河上游巴尔雷克组剖面；7. 额敏县马拉苏北东马拉苏组剖面；8. 和布克赛尔县阿得尔克山西南洪古勒楞组剖面；9. 和布克赛尔县芒克鲁沟西侧查干山组剖面；10. 和布克赛尔县芒克鲁呼吉尔斯特组剖面；11. 哈巴河县阿舍勒村东南阿舍勒组剖面；12. 阿勒泰县阿巴宫Ⅵ号阿勒泰组剖面；13. 富蕴县扎拉特北塔山组剖面；14. 富蕴县蕴都喀拉一带蕴都喀拉组剖面；15. 富蕴县卡希翁一带卡希翁组剖面；16. 艾尔肯沟艾尔肯组剖面；17. 塔克恰克山以西 9 km 大南湖组剖面；18. 康古尔塔格北东ⅩⅨ号康古尔塔格组剖面；19. ⅩⅣ号头苏泉组剖面；20. 青河县卡拉麦里山南麓卡拉麦里组剖面；21. 巴里坤县克安库都克南东 1.8 km 处乌鲁苏巴斯套组、克安库都克组剖面；22. 巴里坤县考克赛尔盖山主峰 1759 高点北东乌鲁苏巴斯套组剖面；23. 福海县科布哈特(Ⅵ号)喀喇额尔齐斯群剖面；24. 库尔木图河(ⅩⅦ)号红山嘴组剖面；25. 布尔津县南那林卡拉他乌黑山头组剖面；26. 布尔津县南布伦托海北那林卡拉他乌 804 高地那林卡拉组剖面；27. 吉木乃县哈尔加乌南萨尔布拉克沟吉木乃组剖面；28. 巴里坤县纸房北姜巴斯套西 4 km 姜巴斯套组剖面；29. 克拉玛依市西南希贝库拉斯南希贝库拉斯组剖面；30. 和布克赛尔县哈拉阿拉特山阿腊德依克赛沟阿腊德依克赛组剖面；31. 卡拉麦里地区弧形梁组剖面；32. 库普地区巴塔玛依内山组剖面；33. 奇台县松喀尔苏南塔木岗组剖面；34. 巴里坤县二道白杨河上游妖魔梁组剖面；35. 那林卡拉中段乌鲁木齐-布尔津公路Ⅰ号恰其海组剖面；36. 卡拉麦里山双井子东山梁砾石组剖面；37. 哈密县雅满苏大沟雅满苏组剖面；38. 哈密县东北库莱组剖面；39. 巴里坤县三塘湖石头梅三塘湖组剖面；40. 巴里坤县三塘湖条山三塘组剖面；41. 奥勒塔喀木斯特Ⅰ号哈尔加乌组剖面；42. 托里县库吉尔台库吉尔台组剖面；43. 乌尔禾北西哈拉阿拉特山南西佳木河组剖面；44. 乌尔禾地区乌尔禾群钻井剖面；45. 吉木乃县东南哈尔加乌西卡拉岗组剖面；46. 吉木乃县南东哈尔加乌村北西卡拉岗组剖面；47. 吉木乃县东南哈尔加乌沟哈拉加尔组剖面；48. 吉木乃县南东哈尔加乌南西哈尔加乌组剖面；49. 富蕴县扎河坝乙区盆地扎河坝组剖面；50. 奇台县北胜利沟将军庙组剖面；51. 奇台县北东胜利沟胜利沟组剖面；52. 吉木萨尔县泉子街泉子街组、梧桐沟组、锅底坑组剖面；53. 吐鲁番县桃树园塔尔朗组剖面；54. 乌鲁木齐东井线子沟塔什库拉组剖面；55. 沙湾县南白杨沟地区阿尔巴萨依组剖面；56. 富蕴县札拉特托让格库都克组剖面；57. 哈巴河县阿舍勒村东齐也组剖面；58. 阿勒泰县康布铁堡东Ⅵ号康布铁堡组剖面；59. 艾丁湖南阿其克布拉克组剖面；60. 乌鲁木齐南东井井子沟乌拉泊组剖面；61. 乌鲁木齐西雅玛里克山仓房沟芦草沟组剖面；62. 乌鲁木齐红雁池红雁池组剖面；63. 奇台县北胜利沟平地梁组、黄梁沟组剖面；64. 吐鲁番县桃树园大河沿组剖面；65. 乌鲁木齐祁家沟石灰厂北柳树沟组、祁家沟组、奥尔吐组剖面分队(1974)测制。参考剖面:阿勒泰县喇嘛昭剖面。

【地质特征及区域变化】 康布铁堡组主要为一套酸性火山岩及火山碎屑岩,夹正常碎屑岩及少量碳酸盐岩。但岩石均受到较强烈的变质作用。与下伏库鲁木提群为断层接触,与上覆阿勒泰组为平行不整合接触,或为断层接触。该组分布在喀拉斯河上游、琼库尔、康布铁堡及富蕴一带。在阿勒泰康布铁堡,下部为石英钠长斑岩、变质霏细岩夹变质砂岩、结晶灰岩。含腕足类:*Atrypa* cf. *reticularis*,珊瑚:*Pachyfavosites* sp. 等化石。在琼库尔一带,下部为酸性凝灰岩夹石英斑岩,厚 1 100 m;上部为石英钠长斑岩、凝灰岩,夹大理岩、矽卡岩化灰岩透镜体,厚 1 186 m。在富蕴一带,该组相变为一套变质较深的混合岩、片岩及酸性火山岩组成,厚 1 206~1 487 m。时代为早泥盆世。

【其他】 新疆地质局第三区测大队三分队(1962)在二台幅(L-46-XIII)进行 1:20 万区测时划分的玛因鄂博组,新疆地质局第五地质大队(1980)1:5 万区测时将该组与康布铁堡组对比并划为同一层位。本次对比研究对阿勒泰地层分区早泥盆世地层建议采用康布铁堡组,停止使用玛因鄂博组和也克克孜勒组。

阿勒泰组　D_2 *al*　(01-65-0702)

【创名及原始定义】 新疆地质局区测大队(1965)编制的 1:20 万阿勒泰幅(L-45-V)地质图说明书时,将 1936 年涅赫洛舍夫(в. л. нехорощев)划分的泥盆系中统萨拉苏门组(岩系)厘定为阿勒泰组。原始定义:为一套灰黄、深灰、灰色砂岩、粉砂岩、泥岩互层,夹火山灰凝灰岩、霏细岩、碳质泥岩、灰岩透镜体。含珊瑚、腕足类、双壳类等化石。

【沿革】 1936 年涅赫洛舍夫(в. л. нехорощев)划分出萨拉苏门岩系(中泥盆世—晚泥盆世早期)以后,李承三(1943)划为泥盆系,1956 年西尼村(в. м. синицин)和丘洛契尼可夫(в. п. чуюцников)划归上泥盆统萨拉苏门岩系和依斯肯提岩系。地质部十三航测大队(1957)将下部划为库尔塔巴勒岩系(D_{1-2})和上部古斯塔夫库尔求姆岩系(D_2),同年新疆地质局第四地质大队划分为阿尔泰镇组(D_2)、达拉维孜群(D_3—C_1)、诺尔特组(D_2)。新疆区测大队王广耀等(1976)找到化石后划归中泥盆统阿勒泰组,此后新疆地质局区测大队张玉谦、赵明钰、张双全在 1:20 万区域地质调查中均沿用此名。《西北地区区域地层表·新疆维吾尔自治区分册》(1981)也沿用了上述划分标准。本次对比研究采用阿勒泰组。故此,1936 年涅氏命名的萨拉苏门岩系停止使用,改用阿勒泰组。

【现在定义】 指以断层或不整合在康布铁堡组之上的一套深灰、灰色砂岩、粉砂岩、泥岩夹灰岩透镜体、火山灰凝灰岩、霏细岩,沿走向东南相变为片岩、片麻岩,未见顶,含丰富的珊瑚、腕足类、双壳类、苔藓虫等化石。

【层型】 创名时未指定层型,本书指定选层型:阿勒泰县阿巴宫 VI 号剖面(88°29′30″,47°43′57″),由新疆地质局区测大队六分队(1979)测制。参考剖面:福海县克勒别特山 V 号剖面。

【地质特征及区域变化】 该组为一套海相碎屑岩夹碳酸盐岩、硅质岩建造,局部夹火山岩及凝灰岩。主要岩性为变质砂岩、粉砂岩、粉砂质泥岩互层夹火山灰凝灰岩、碳质泥岩及灰岩透镜体,属槽型复理石建造,沉积韵律明显,碳酸盐岩多层,轻变质。含丰富的腕足类、珊瑚化石。腕足类:*Cymostrophia* cf. *staiphani*,*C.* aff. *guadrata*,*Megastrophia* sp.,*Euryspirifer* sp.,*Pachyfavosites polymorphus*,*P. yui*,*Acrospirifertonkinensis*。该组未见顶,下与康布铁堡组为断层接触,局部地段超覆不整合在中—上志留统库鲁木提群之上。厚 5 111~5 294 m。

该组主要分布主要在阿尔泰分区中部,呈北西-南东向带状分布。沿 300°方向延伸到锡泊渡和富蕴一带，岩性相变为片岩、片麻岩、各类混合岩，部分地段为钙质千枚岩、变质砂岩、粉砂岩。变质砂岩中含孢粉：*Gramilatisporites* sp.，*Cyilogranisporites* sp.，*Foveosporites* sp.。与下伏康布铁堡组为平行不整合接触。厚4 093.9 m。依据阿勒泰组的岩石、古生物组合特征、岩相、变质程度，说明该组为一套层理清晰，韵律明显，海相复理石建造沉积。地质时代为中泥盆世。

阿舍勒组　$D_{1-2}a$　(01-65-0703)

【创名及原始定义】 1988年新疆地矿局地质矿产研究所在"新疆哈巴河县阿舍勒一带多金属成矿地质特征及成矿远景研究"地质调查中创名。1995年周良仁、任秉琛等介绍。原始定义：下部为熔岩、火山角砾岩及凝灰岩、粉砂岩，其中礁灰岩含珊瑚和放射虫，中部以火山碎屑岩为主，上部以细碎屑岩为主，灰岩中含海百合茎及牙形刺化石。

【沿革】 新疆地矿局地质矿产研究所(1988)划出阿舍勒组，时代为中泥盆世。新疆地矿局第一区调大队(1992)在阿舍勒地区1：1万基础地质调查研究中根据岩相建造及古生物将阿舍勒组时代厘定为早中泥盆世，本次对比研究沿用之。阿舍勒组为一新建的组，本次岩石地层对比与康布铁堡组、托克萨雷组、阿勒泰组的岩相建造截然不同或有差异，单独立名为宜。

新疆第一区调大队十分队(1992)在1：1万阿舍勒铜矿成矿有关的基础研究报告中划分出的组与托克萨雷组与阿舍勒组为同物异名，本次对比研究停用托克萨雷组，选用阿舍勒组。

【现在定义】 不整合在齐也组之下的一套下部以灰色凝灰岩为主，中部以灰、深灰色凝灰岩、千枚岩、板岩、粉砂质泥岩为主，含丰富的四射珊瑚、腕足类、牙形刺、苔藓虫等化石，上部以石英角斑岩、角斑岩、凝灰岩为主的地层。下未见底。

【层型】 正层型：哈巴河县阿舍勒村东南剖面(86°19′00″，48°17′00″)，由新疆地质矿产研究所陈元正(1988)测制。参考剖面：新疆哈巴河县阿舍勒村东剖面。

哈巴河县阿舍勒村东南剖面

上覆地层：齐也组　含砾绿帘石化细碧岩

~~~~~~~~~~ 不 整 合 ~~~~~~~~~~

阿舍勒组	总厚度 >1 171.14 m
32. 灰绿色块状石英角斑岩	8.46 m
31. 灰褐色块状石英角斑岩	37.37 m
30. 绿灰色块状石英角斑岩、碎斑熔岩	43.44 m
29. 灰褐色变质石英角斑岩	30.65 m
28. 浅灰绿色块状变质石英角斑质凝灰岩	38.83 m
27. 灰绿色块状变质角斑岩	12.22 m
26. 浅灰绿色块状变质石英角斑质凝灰熔岩夹石英角斑岩	23.80 m
25. 灰绿色块状变质石英角斑质含角砾凝灰岩	48.23 m
24. 灰绿色块状细碧岩	94.31 m
23. 灰黑色片理化粉砂质泥岩	29.36 m
22. 褐灰色厚层块状凝灰质砾岩，砾石直径1～3 cm，成分以沉凝灰岩为主，砾石含量65%～75%	67.93 m
21. 灰色凝灰质砾岩夹沉凝灰岩，砾石直径0.5～0.7 cm，少数为15～20 cm，成分为沉凝灰岩	30.11 m
20. 灰色厚层块状凝灰质砾岩	14.20 m
~~~~~~~~~~

19. 灰、灰黑色条带状沉凝灰岩夹火山角砾岩、条带灰白相间，宽为0.2～0.6 cm	42.02 m
18. 灰色沉火山角砾岩，砾石呈压扁的角砾状，大小为1～1.5 cm，成分以沉凝灰岩和凝灰岩为主	28.10 m
17. 灰色条带状沉凝灰岩，条带宽0.2～0.3 cm	20.31 m
16. 浅绿灰色块状石英角斑岩	72.53 m
15. 浅灰色块状轻变质碎裂绿泥石化石英角斑岩	4.81 m
14. 灰绿色蚀变石英角斑岩	30.47 m
13. 灰白色片理化岩屑晶屑凝灰岩	19.42 m
12. 灰绿色片理化晶屑火山灰凝灰岩	14.71 m
11. 灰色片理化含角砾岩屑晶屑凝灰岩	41.76 m
10. 灰色片理化火山灰沉凝灰岩	9.85 m
9. 灰色片理化含角砾岩屑晶屑凝灰岩	95.75 m
8. 灰色片理化晶屑凝灰岩	17.07 m
7. 黄褐色条带状超糜棱岩	48.53 m
6. 灰绿色绿泥石化石英角斑岩	90.82 m
5. 灰白色透镜状大理岩	24.15 m
4. 灰绿色绢云母化石英角斑岩	36.19 m
3. 灰绿色块状蚀变石英角斑岩	38.97 m
2. 灰色绢云母化石英角斑岩	30.38 m
1. 灰绿色绢云母化火山灰凝灰岩(未见底)	26.39 m

【地质特征及区域变化】 阿舍勒组为一套连续沉积的以火山碎屑岩为主，次为熔岩的海相火山岩建造。陈元正(1988)划分的中泥盆统阿舍勒组，下部为英安质熔岩、火山碎屑岩、砂泥和钙质灰岩、粉砂岩。中部火山角砾岩、集块熔结、晶屑岩屑凝灰岩。上部为细碎屑岩夹灰岩。含珊瑚化石：*Squameofavosites* sp.，*Cladopora* sp.，*Thamnopora* sp.，*Disphyllum* sp.，*Keriophyllum*? sp.。未见底，上与红山嘴组断层接触。视厚5 654 m。焦生瑞(1992)划分下—中泥盆统阿舍勒组，岩性为石英角斑岩、晶屑岩屑凝灰岩、火山角砾岩、凝灰岩、生物碎屑灰岩，厚1 171.14 m。未见底，上覆与齐也组不整合接触。该组下部可能为滨海相—浅海相动荡环境下沉积，上部可能为陆架—陆架边缘浅海动荡环境沉积。该组分布范围不大，东从齐也村，西到多拉纳萨依，大致出露在玛尔卡库里大断裂以东，哈巴河以西，快德弄村以南，喀腊塔斯以北。东被花岗岩侵吞，西被断裂所截。

齐也组 D_3q (01-65-0704)

【创名及原始定义】 周良仁、任秉琛等(1995)介绍。新疆地矿局第一区调大队十分队焦生瑞等(1992)① 在新疆哈巴河县阿舍勒铜矿有关的基础地质研究的同时创名。原始定义：由一套火山碎屑岩及火山熔岩组成。上下皆不整合接触。

【沿革】 地质部第十三大队(1956)1∶20万哈巴河幅(M-45-XXXⅡ. XXXⅢ)，划分的喀喇额尔齐斯组(C_1)后因找到化石改划为中泥盆统。新疆地质矿产研究所陈元正(1988)在其"阿舍勒一带多金属成矿地质特征及成矿远景研究报告"中引用地质部第十三大队的奇文代衣群，汪玉珍(1990)在1∶5万成矿预测报告中划分为阿尔泰组和阿舍勒组。新疆第一区调大队十分

① 新疆地矿局第一区调大队十分队焦生瑞等，1992，新疆哈巴河县阿舍勒铜矿有关的基础研究报告。

队(1992)在阿舍勒1∶1万铜矿有关的基础地质研究报告中创名为齐也组。新疆地矿局第一区调大队(1992)在哈巴河县阿舍勒进行1∶1万阿舍勒铜矿成矿有关的基础地质研究报告中划分的齐也组与忙代恰群、库马苏组在岩相建造上差异较大，不能对比。与地质部第十三大队哈巴河幅划分的奇文代衣群，为同物异名。经本次对比研究停用奇文代衣群，推荐使用齐也组。

【现在定义】 指不整合于红山嘴组之下和阿舍勒组之上的一套灰、灰绿色角砾晶屑岩屑凝灰岩、沉凝灰岩、凝灰角砾岩、凝灰质砂砾岩及灰绿、紫红色角砾熔岩、角砾安山岩、细碧岩、石英角斑岩、石英霏细岩的火山岩建造，上部枕状体较多，枕状构造发育，下部砂岩中含放射虫、古有孔虫、牙形刺化石。

【层型】 正层型：哈巴河县阿舍勒村东剖面(86°18′58″,48°18′23″)，由新疆第一区调大队十分队(1992)测制。

上覆地层：红山嘴组 石英钠长斑岩、石英斑岩、凝灰岩夹页岩

~~~~~~~~~~ 不 整 合 ~~~~~~~~~~

齐也组第三段	厚度 654.46 m
52. 灰绿色杏仁状绿帘石化细碧岩，杏仁分布不均匀，局部有枕状构造，枕大45 cm左右，枕内有气孔，枕间夹杂石灰岩团块	45.11 m
51. 灰色致密块状蚀变安山岩	37.38 m
50. 灰绿色块状细碧岩，有杏仁构造，局部见有枕状体	86.68 m
49. 灰紫色杏仁蚀变安山岩，局部有枕状构造，枕体直径25～45 cm	72.62 m
48. 灰绿色含角砾杏仁安山岩	12.82 m
47. 深灰色块状杏仁状安山岩	14.13 m
46. 灰绿色条带状火山灰凝灰岩，带宽约1 cm	3.9 m
45. 灰绿色杏仁状细碧岩	5.85 m
44. 灰绿色绿帘石化细碧岩	5.85 m
43. 深绿色枕状杏仁状绿帘石化细碧岩，枕大45 cm左右，枕间均为绿帘石充填	55.01 m
42. 灰色含角砾集块绿帘石化安山岩	49.19 m
41. 灰绿色枕状细碧岩，枕体椭圆状，直径35～45 cm，枕体占岩石35%～45%	17.44 m
40. 灰绿色绿帘石化石英角斑质角砾熔岩，角砾大小1～1.5 cm，数量约占岩石的65%	61.19 m
39. 灰绿色安山质集块岩	52.84 m
38. 深灰色安山质集块岩	30.24 m
37. 灰绿色细火山角砾岩，角砾大小0.8～1.5 cm，角砾全为凝灰岩	9.67 m
36. 灰绿色绿帘石化含角砾岩屑晶屑凝灰岩	41.51 m
35. 灰绿色火山灰沉凝灰岩	27.06 m
34. 灰色含砾绿帘石化细碧岩	24.95 m
齐也组第二段	厚度 517.57 m
33. 灰色厚层沉火山灰凝灰岩	24.98 m
32. 灰色块状含角砾安山岩	61.65 m
31. 灰绿色中厚层状蚀变晶屑岩屑凝灰岩	40.44 m
30. 灰色片理化含角砾岩屑凝灰岩夹沉凝灰岩	65.56 m
29. 灰绿色微细块状片理化绢云母化安山岩	16.42 m
28. 灰绿色微细块状片理化安山质角砾熔岩	22.5 m
~~~~~~~~~~

27. 灰绿色片理化泥质砂岩夹粉砂岩	27.39 m
26. 灰绿色致密块状安山岩	8.8 m
25. 灰绿色碎裂安山岩	30.06 m
24. 灰绿色中薄层状片理化绿帘石化岩屑砂岩	40.79 m
23. 灰绿色绿帘石化安山岩	11.16 m
22. 灰绿色中薄层状片理化含砂粉砂岩	54.23 m
21. 灰绿色片理化安山岩	54.13 m
20. 灰绿色块状安山岩	45.61 m
19. 灰绿色绿帘石化含角砾岩屑砂岩	13.83 m

齐也组第一段　　厚度 608.26 m

18. 灰绿色中厚层状含角砾岩屑凝灰岩夹灰绿色薄层状凝灰质粉砂岩	27.22 m
17. 灰绿色厚层块状蚀变含角砾岩屑凝灰岩	23.58 m
16. 灰绿色中薄层状凝灰质粉砂岩，单层厚 0.2～5 cm，层理发育，韵律清楚	16.95 m
15. 灰绿色厚层状块状角斑质含角砾熔岩	7.83 m
14. 灰绿色中薄层状凝灰质粗砾长石岩屑砂岩夹薄层状火山灰沉凝灰岩	37.85 m
13. 暗灰色片理化沉凝灰角砾岩夹凝灰质砂岩、粉砂岩	29.3 m
12. 灰绿色片理化火山灰沉凝灰岩	16.58 m
11. 灰紫色片理化岩屑凝灰岩夹灰绿色片理化凝灰质钙质砂砾岩	21.31 m
10. 灰绿色片理化蚀变含角砾沉凝灰岩	28.93 m
9. 灰绿色厚层块状蚀变含角砾晶屑凝灰岩	44.62 m
8. 浅灰绿色碎裂硅化石英霏细岩	39.53 m
7. 黄绿色薄层状片理化泥质粉砂岩	20.07 m
6. 灰绿色块状片理化绢云母化含角砾熔岩	36.06 m
5. 灰绿色块状石英角斑质含角砾熔岩	19.54 m
4. 灰绿色块状蚀变角斑岩	29.41 m
3. 猪肝色含铁珍珠碧玉岩	6.60 m
2. 灰色块状角斑质火山角砾岩	61.41 m
1. 灰色块状角斑质集块岩	141.47 m

～～～～～～ 不 整 合 ～～～～～～

下伏地层：阿舍勒组第二段　火山岩

【地质特征及区域变化】 该组主要为一套粗粒级火山岩建造，上部枕状玄武岩发育。枕状体较多，共分三个岩性段，彼此整合接触。自下而上第一段角斑质集块岩、火山角砾岩、石英角斑岩、霏细岩、凝灰岩、凝灰砂岩、粉砂岩组成，厚 614.26 m，内含丰富的放射虫化石，古有孔虫 *Endothyra* sp.，牙形刺 *Conodont forn*；第二段火山角砾岩、凝灰岩、安山岩、岩屑砂岩、泥质砂岩、粉砂岩，厚 517.55 m；第三段为集块、角砾级火山碎屑岩、细碧岩、安山岩，细碧岩枕状体较多，枕状构造发育，厚 639 m。该组分布面积小，东边被花岗岩吞没，西边被断层所截，区域展布延伸变化不大。同一岩层纵向略有变化，最厚可达 600～700 m，最薄处仅 23 m。该组总体显示中近源强烈火山喷发和较深水高能量的沉积环境。其主导因素应是强烈的火山活动。第一段为滨岸带—陆架浅海环境，第二段为以浊流为主的高能量深水环境，第三段为过渡关系，浅海环境。阿舍勒铜矿的发现与开采，说明该组具备了良好的找矿地质条件和控矿地质特征。该组地质时代为晚泥盆世。

忙代恰群 $D_{2-3}M$ (01-65-0706)

【创名及原始定义】 新疆地质局区测大队六分队张双金等(1979)在1:20万大桥幅(L-45-Ⅵ)进行区测时以忙代恰河上游剖面而创名。原始定义:以灰绿色为主、紫灰色交互呈杂色的海相硅质岩、板岩、泥质粉砂岩和砂岩,下部夹安山玢岩及英安斑岩,不含化石。

【沿革】 新疆地质局第一区测大队六、七分队(1960)1:100万(L-46-A.Б.Г)报告划为下石炭统,新疆区测大队六分队(1979)在1:20万大桥幅(L-45-Ⅵ)和德柳、青河幅(L-46-Ⅰ、Ⅶ)首次创名。本次对比研究,维持原忙代恰群的划分和时代。

【现在定义】 指整合伏于库马苏组之下的一套巨厚沉积。下部为灰、深灰色安山玢岩、英安斑岩等一套火山岩建造。上部为灰绿色海相硅质岩、板岩、泥质粉砂岩和砂岩组成的一套类复理石碎屑岩建造,未见底。该群未见化石。

【层型】 正层型:富蕴县喀依尔提河、正格河剖面(89°59′50″,47°48′30″),由新疆地质局区测大队六分队(1979)测制。参考剖面:富蕴县喀依尔提河喀拉卓勒剖面。

【地质特征及区域变化】 该组主要为一套浅变质海相碎屑岩,下部夹中酸性火山岩。与上覆库马苏组为整合接触,原资料细分为四个亚组,且彼此整合接触,未见底,视厚度6 901.5~9 462 m。未发现化石。区域展布有限,主要分布在富蕴县北中蒙边境忙代恰河、喀依尔提河一带,呈近东西向分布,岩相、岩石组合、变质程度完全一致而且地表连续出露。

【其他】 南京地质矿产研究所阎永奎等(1989)在该群下部(相当第一亚组)采到单球藻、船形藻、多公藻微古化石,其时代定为震旦纪—寒武纪。新疆地矿局第二区调大队(1990)在可可托海断裂以东华力西二长花岗岩中采到5个同位素年龄样,分别为440 Ma±、420 Ma±、412 Ma±、404 Ma±及396 Ma±,时代接近奥陶纪,将其围岩划归震旦纪—寒武纪。该群的时代尚待证实。

库马苏组 D_3C_1k (01-65-0705)

【创名及原始定义】 新疆地质局区测大队三分队祝皆水等(1979)对德柳、青河幅(L-46-Ⅰ、Ⅶ)进行1:20万区测时创名于富蕴县库马苏一带。原始定义:由砂岩、细砂岩、粉砂岩、泥质粉砂岩夹钙质砂岩、砂质灰岩和石英斑岩等组成。含腕足类等化石。上、下均以断层接触。

【沿革】 谢维洛夫(э. А. Севеюв,1954)划为塔格尔岩系,新疆地质局第一区测大队六、七分队于钟琪等在青河南1:100万报告(1960)划为上泥盆统。新疆地质局区测大队三分队(1979)首次划出的该组仅出露其上部层位。新疆地质局区测大队张双全(1979),《西北地区区域地层表·新疆维吾尔自治区分册》(1981),地层总结和本次对比研究将库马苏组划为上部和下部,与下伏忙代恰群和上覆红山嘴组皆为断层接触。根据本次岩石地层对比研究规定,推荐使用库马苏组(降群为组)。而塔格尔岩系为哈萨克斯坦地名,立名后无人沿用,库马苏组一名使用至今。

【现在定义】 指出露在库马苏—忙代恰一带,位于下石炭统红山嘴组之下的一套灰、灰绿色砂岩、细砂岩、粉砂岩、泥质粉砂岩、钙质砂岩、砂质灰岩、千枚岩、长石石英砂岩夹石英斑岩,并含腕足类、海百合茎、苔藓虫等化石的浅海—滨海相碎屑岩建造。与上覆红山嘴组和下伏忙代恰群均为断层接触。

【层型】 正层型:富蕴县库马苏Ⅺ号剖面(90°04′20″,47°40′30″),由新疆地质局区测大队三分队(1979)测制。参考剖面:富蕴县库尔木图河ⅩⅦ号剖面。

【地质特征及区域变化】 该组为一套浅海相—滨海相为主的碎屑岩沉积，下部夹火山岩。上部视厚度 2 017 m。含化石：*Mucrospirifer* sp.，*Cyrtospirifer* sp.，*Linoproductus* sp.，*Barrandeophyllum* sp.，*Cyclocyclicus*? sp.。下部 2 541 m。与上覆红山嘴组和下伏忙代恰群皆为断层接触。库马苏组大体东西向分布在德柳、青河幅（L-45-Ⅰ、Ⅶ）西北角库马苏到大桥幅（L-45-Ⅵ）东北角库尔木图河一带。岩石普遍未变质或轻微变质。时代晚泥盆世—早石炭世。

萨吾尔山组 D_2sw （01-65-0760）

【创名及原始定义】 中国地质科学院地质研究所、新疆地质局区测大队地层分队朱士达等（1974），在西准噶尔沙尔布尔提山及萨吾尔山地区古生代地层调查中创名。创名地在吉木乃县萨吾尔山黑山头东南 4 km。原始定义：该组为一套海相火山碎屑岩建造，岩性为灰绿色、暗紫色及部分黄褐色块状安山质晶屑凝灰岩与安山质角砾熔岩、火山角砾岩、安山玢岩不均匀互层，夹硅质粉砂岩及凝灰砾岩透镜体；未见底，与上覆塔尔巴哈台组整合接触，总厚度 2 000 m 以上；时代为中泥盆世。

【沿革】 新疆区域地层表编写组（1981）及《新疆古生界》（1991）均沿用了创名人的划分。新疆地矿局第一区调大队十一分队（1984）在《塔城幅（L-44-Ⅺ）1：20 万区域地质调查报告》中划分的芒克鲁组、库鲁木迪组、克孜别依特组及新疆地矿局第一区调大队十一分队（1986）在《塔克台、和布克赛尔幅（L-45-Ⅶ、Ⅷ）1：20 万区域地质调查报告》中划分的芒克鲁组、库鲁木迪组，在本次对比研究中均划归萨吾尔山组。新疆地矿局第一区调大队十一分队（1983—1986）在塔尔巴哈台山一带进行 1：20 万区调时所划分的芒克鲁组、库鲁木迪组及克孜别依特组，因本次对比研究后统称萨吾尔山组，故在萨吾尔山地层小区内应停用上述名称。值得一提的是 1994 年新疆工学院地质系在黑山头一带进行 1：5 万区域地质调查时，在该组创名剖面附近发现早石炭世的化石，其时代有待进一步研究。

【现在定义】 灰绿色、暗紫色安山质晶屑凝灰岩与安山质角砾熔岩、火山角砾岩、安山玢岩不均匀互层，夹硅质岩、粉砂岩及凝灰砾岩透镜体。自东向西火山物质减少，正常沉积物增多。未见底，与上覆塔尔巴哈台组整合接触。含珊瑚、腕足类化石。

【层型】 正层型：吉木乃县黑山头东南约 4 km 剖面（86°37′00″，47°04′00″），由新疆地质局区测大队地层分队（1974）测制。副层型：吉木乃县黑山头东北剖面。参考剖面：塔城县克孜勒萨依剖面，和布克赛尔县阿吾斯奇剖面。

【地质特征及区域变化】 该组分布于萨吾尔山—塔尔巴哈台山一带，主要为一套基性—酸性火山碎屑岩、碎屑岩、放射虫硅质岩夹火山岩及碳酸盐岩。沿走向岩性变化较大，自东向西，火山物质减少，正常沉积的碎屑岩及硅质岩增多。在东部萨吾尔山一带，该组由灰绿色安山质—流纹质火山灰凝灰岩、火山角砾岩夹安山玢岩、英安斑岩、石英斑岩、流纹岩及流纹斑岩组成；产珊瑚：*Endophyllum* sp.，*Pachyfavosites* sp.，*Tabulophyllum* sp.，*Cyathophyllum* sp.；腕足类：*Howellella* sp.，*Acrospirifer* sp.，*Uncinulus nalivkini*；未见底，与上覆塔尔巴哈台组整合接触，厚度大于 2 000 m。向西在塔克台—和布克赛尔一带，该组主要为一套灰绿色、灰黑色基性—酸性沉凝灰岩、火山灰凝灰岩夹辉绿岩、辉绿玢岩、硅质岩、凝灰质砂岩、粉砂质泥岩、泥质粉砂岩及生物灰岩；含珊瑚、腕足类及海百合茎化石，主要有：*Squameofavosites* sp.，*Alveolites* sp.，*Pleacocoenites* sp.，*Mucrospirifer* sp.；未见底，与上覆哈尔加乌组为超覆不整合接触，可见最大厚度为 4 006 m。再向西至塔城、阿西勒一带，该组以灰绿色、灰色泥岩、泥质粉砂岩、放射虫硅质泥岩、含放射虫泥质硅质岩与岩屑砂岩为主，夹砂质砾岩、生物灰岩、安山岩、英安斑岩及流纹岩；含大量床板珊瑚、四射珊瑚及腕足类化石，主要有：*Alveolites* sp.，*Xinjiangolites* sp.，*Keriophyllum* sp.，*Sinospongophyllum* sp.，*Atrypa* sp.，*Mucrospirifer* sp.，*Schellwienella* sp.，*Uncinulus* sp.；未见底，与塔尔巴哈台组整合接触，可见厚度 2 970 m。综上所述，根据本组岩石组合、沉积特征及化石组合，萨吾尔山组属浅海—半深海环境沉积，其时代为中泥盆世。时代为中泥盆世 Eifelian（艾菲尔）期—Givetian（吉维特）期。

塔尔巴哈台组　D_3C_1t　（01－65－0761）

【创名及原始定义】　新疆地质局第三区域地质测量大队四分队曾亚参等（1960）在西准噶尔塔尔巴哈台山一带进行 1：20 万区调中创名。原始定义：为一套海相碎屑岩、硅质岩、中—酸性火山岩及碎屑岩夹中基性火山岩及碳酸盐岩建造，分四个亚组：第一亚组为凝灰岩、凝灰砂岩、凝灰粉砂岩、石英长石砂岩、粉砂质页岩夹砾岩、生物灰岩及硅质岩；第二亚组为粉砂质泥岩、硅质岩夹砂岩、粉砂岩、中酸性喷发岩及凝灰岩；第三亚组为中酸性凝灰岩、凝灰砂岩为主，夹安山玢岩、千枚岩、砾岩和灰岩；第四亚组为不纯石灰岩、凝灰粉砂岩、碎屑凝灰岩；各亚组之间整合接触。该组与下伏沙尔布尔提组整合接触，与上覆下石炭统为平行不整合接触，其时代为晚泥盆世—早石炭世早期。

【沿革】　中国地质科学院地质研究所、新疆地质局区测大队地层分队（1974）在萨吾尔山、沙尔布尔提山一带进行古生代地层调查时，将上泥盆统和下石炭统分开，塔尔巴哈台组只局限为晚泥盆世的沉积。新疆地矿局区调大队十一分队许培春、信子才等人（1983—1986）在塔尔巴哈台山—萨吾尔山一带进行 1：20 万修测时，沿用了新疆区测大队地层分队（1974）的划分。本次对比研究仍沿用创名人的划分。

【现在定义】　灰绿色泥、硅质粉砂岩、硅质岩、黄褐色石英斑岩、霏细岩、凝灰质砂岩，局部夹砂质灰岩。与下伏萨吾尔山组及上覆黑山头组均为整合接触。含腕足类、苔藓虫、海百合茎、植物化石。

【层型】　因原始创名剖面的层序及顶底均不清楚，本次对比研究采用中国地质科学院地质研究所、新疆地质局区测大队地层分队（1974）在萨吾尔山黑山头东南所测剖面作为选层型。即吉木乃黑山头东南约 4 km 剖面（86°37′00″，47°01′00″），由新疆地质局区测大队地层分队（1974）测制。参考剖面：额敏县达因苏北西莫胡庄—屯垦村剖面，塔城县喀浪古尔河中游剖面，额敏县吉朗特尔剖面，额敏县玛依阿因河下游剖面。

【地质特征及区域变化】　该组分布于萨吾尔山—塔尔巴哈台山一带呈近东西向延伸。由碎屑岩、火山碎屑岩及基性—酸性火山岩组成，含植物、腕足类等化石。萨吾尔山一带该组由滨海相—浅海相碎屑岩、火山碎屑岩、硅质岩夹中酸性火山岩组成；产植物：*Leptophloeum rhombicum*，*Lepidodendropsis* sp.，*Sublepidodendronxinjiangense*，腕足类：*Mucrospirifer* sp.，*Schellwienella*? sp.，*Schizophoria*? sp.，硅质岩中普遍含放射虫，与下伏萨吾尔山组及上覆黑山头组均为整合接触，为一套类复理石建造，厚 1 631 m。在地层小区中部阿吾斯奇、吉朗特尔、达因苏—玛依阿因河一带，该组为滨海—浅海相碎屑岩、沉火山碎屑岩、硅质岩夹中基性火山岩；产植物：*Leptophloeumrhombicum*，*Lepidodendropsis* sp.，*L.* cf. *kazahstanicum*，*Lepidosigillaria* cf. *acuminata*，腕足类：*Mucrospirifer* sp.，*Cyrtospirifer* sp.，*Tridensilis* sp.，硅质岩中含放射虫，未见顶，局部可见与下伏萨吾尔山组整合接触，可见厚度 2 244 m。在地层小区西部喀浪古尔河一带，由一套正常沉积的碎屑岩组成，其岩性为灰色、黄绿色硅质泥岩、粉砂质泥岩、细砾岩、凝灰质细—粗粒砂岩夹泥质粉砂岩；产植物 *Leptophloeum rhombicum*，未见顶底，可见厚度

1 904 m。综上所述，该组属浅海环境及滨海环境沉积；根椐所含古生物化石组合，其时代属晚泥盆世，由于该组与上覆黑山头组整合接触，其时代可能要延续至早石炭世早期，即弗拉斯期—岩关期。

【其他】 根据该组的岩石组合特征与下部含植物化石及放射虫、上部含腕足类化石，萨吾尔山地层小区晚泥盆世早期应为滨海相或海陆交互相沉积，晚期为浅海相沉积，有别于准噶尔盆地其他地区。后者晚泥盆世早期为陆相沉积，晚期为浅海相或海陆交互相沉积。

和布克赛尔组 D_1h (01-65-0762)

【创名及原始定义】 中国地质科学院地质研究所、新疆地质局区测大队地层分队朱士达等(1974)在西准噶尔沙尔布尔提山及萨吾尔山地区古生代地层调查报告中创名，创名地在和布克赛尔县芒克鲁沟。原始定义：该组下界与下伏上志留统呈整合接触，其上界与中泥盆统之间有一沉积间断，根据岩性及生物组合特征可分为上、中、下三个亚组；下、中亚组为一套陆源碎屑岩建造；上亚组为一套碳酸盐岩建造；各亚组之间整合接触，其时代为早泥盆世。

【沿革】《西北地区区域地层表·新疆维吾尔自治区分册》(1981)及新疆地层断代总结(1991)均将该组划为群，将下、中、上三个亚组分别称为乌吐布拉克组、曼格尔组及芒克鲁组。本次对比研究将和布克赛尔组中、上亚组划归和布克赛尔组，其时代为早泥盆世中、晚期；将该组下亚组划归克克雄库都克组。新疆区域地层表编写组(1981)根据化石划分了乌吐布拉克组、曼格尔组、芒克鲁组。因乌吐布拉克组的岩性与原克克雄库都克组的岩性一致，且二者整合接触而划归克克雄库都克组，曼格尔组与芒克鲁的沉积环境相同而合并为一个岩石地层单位，恢复其原来的名称——和布克赛尔组，故停用乌吐布拉克组、曼格尔组及芒克鲁组。

【现在定义】 灰色钙质细、粉砂岩、黄灰色砂质灰岩，生物碎屑灰岩，与下伏克克雄库都克组的凝灰质粉砂岩出现分界，呈整合接触。与上覆查干山组凝灰质粉砂岩呈整合接触，与呼吉尔斯特组平行或不整合接触。含腕足类、珊瑚、三叶虫、腹足类、笔石、头足类、植物化石。

【层型】 正层型：和布克赛尔县芒克鲁剖面(86°45′15″,46°50′37″)，由新疆地质局区测大队地层分队(1974)测制。参考剖面：和布克赛尔县沙尔布尔提山剖面(86°43′03″,46°51′20″)，由新疆工学院地质系(1992)1∶5万分队测制。

【地质特征及区域变化】 该组仅分布于沙尔布尔提山东段，为一套浅海相钙质碎屑岩及碳酸盐岩沉积，岩性及岩相稳定。主要岩性为钙质砂岩、砂质灰岩、泥质灰岩与生物碎屑灰岩，化石丰富门类较多，有腕足类、珊瑚、双壳类、头足类、腹足类、三叶虫、竹节石、苔藓虫等；腕足类：*Leptostrophia rotunda*，*Leptaena* sp.，*Fimbrispirifer* cf. *divarcatus*，*Paraspirifer* sp.，*P. gigantea*，*Leptaenopyxis bouei*，*Acrospirifer* sp.，*A.* cf. *murchisoni*；珊瑚：*Pseudomicroplasma* sp.，*Squameofavosites* sp.，*S. rara*，*Pachyfavosites* sp.，*P. humatus*，*Crassialveolites* sp.，*Gurievskiella xingjiangensis*；三叶虫：*Odontochile sinensis*，*Crotalocephalus hexasinus*，*Phacops mangkeluensis*。该组与下伏克克雄库都克组及上覆查干山组均为整合接触，与上覆呼吉尔斯特组为平行不整合或不整合接触。可见厚度555～991 m。根据本组岩石组合及化石组合特征分析，和布克赛尔组应属于浅海环境沉积，其时代为早泥盆世中、晚期。

查干山组 $D_2\hat{c}$ (01-65-0763)

【创名及原始定义】 国家305项目"新疆北部泥盆系研究"课题组肖世禄、侯鸿飞、吴绍祖等(1992)在《新疆北部泥盆系研究》一书中创名，创名地在和布克赛尔县芒克鲁沟西侧。原始定义：该组代表芒克鲁组与呼吉尔斯特组之间的一个地层单位，为一套浅海相富含珊瑚的凝灰质砂岩、凝灰质粉砂岩、砂砾岩、砾岩夹生物碎屑灰岩，未见顶，与下伏芒克鲁组整合接触。其时代为中泥盆世早期。

【沿革】 中国地质科学院地质研究所、新疆地质局区测大队地层分队(1974)在新疆西准噶尔沙尔布尔提山及萨吾尔山地区古生代地层调查报告中创名的呼吉尔斯特组，其含义代表整个中泥盆统；1992年“新疆北部泥盆系研究”课题组所划分的査干山组代表中泥盆统下部，呼吉尔斯特组仅代表中泥盆统上部；本次对比研究沿用“新疆北部泥盆系研究”课题组的划分。

【现在定义】 为一套浅海相灰绿色凝灰质砂岩、凝灰质粉砂岩、砂砾岩、砾岩夹灰色生物碎屑灰岩，与上覆呼吉尔斯特组关系不明，与下伏和布克赛尔组整合接触。该组底部含丰富的珊瑚、腕足类化石。

【层型】 正层型：和布克赛尔县芒克鲁沟西侧剖面(86°44′30″，46°51′30″)，由国家305项目“新疆北部泥盆系研究”课题组肖世禄、侯鸿飞、吴绍祖等(1992)测制。

【地质特征及区域变化】 本组仅有一条剖面，其分布范围及延伸变化情况暂略。根据岩石组合和化石组合特征，査干山组属浅海环境的沉积。时代为中泥盆世早期。

呼吉尔斯特组　D_2hj　(01-65-0764)

【创名及原始定义】 中国地质科学院地质研究所、新疆地质局区测大队地层分队(1974)在西准噶尔沙尔布尔提山及萨吾尔山地区古生代地层调查报告中划分并创名。创名地在和布克赛尔县沙尔布尔提山芒克鲁沟。原始定义：指位于和布克赛尔组浅海相碎屑岩、碳酸盐岩沉积与朱鲁木特组陆相磨拉石建造之间的一套陆相磨拉石建造。其下部较粗，以砂砾岩夹粉砂岩为主；上部较细，以砾岩、粉砂岩夹碳质粉砂岩为主。与下伏和布克赛尔组为平行不整合接触，与上覆朱鲁木特组为断层接触，其时代为中泥盆世。

【沿革】 该组创名之后，一直沿用至今。

【现在定义】 该组为灰褐色砂砾岩夹粉砂岩、灰色砾岩、粉砂岩夹碳质粉砂岩，灰绿色英安斑岩、安山玢岩、凝灰岩、凝灰质砂岩夹灰岩透镜体。自东向西火山物质增多，与下伏和布克赛尔组及上覆朱鲁木特组，均为平行不整合或不整合接触。含腕足类、珊瑚、植物化石。

【层型】 正层型：和布克赛尔县芒克鲁剖面(86°41′40″，46°49′10″)，由中国地质科学院地质研究所、新疆地质局区测大队地层分队(1974)测制。参考剖面：和布克赛尔县和鲁斯坦萨拉中、上游剖面，和布克赛尔县赛力克特哈诺托洛盖实测剖面，和布克赛尔县乌兰乌松东侧剖面，和布克赛尔县阿赫尔布拉克俄姆哈北坡剖面。

【地质特征及区域变化】 该组分布于沙尔布尔提山一带，为一套灰褐、黄、灰绿色、紫灰色、灰色、灰紫色凝灰质砾岩、凝灰质粗—细粒砂岩、凝灰质粉砂岩、砂砾岩、砂岩、泥质粉砂岩、碳质泥岩、碳质页岩、安山玢岩、英安斑岩、流纹斑岩、安山质—英安质—流纹质凝灰岩、角砾凝灰岩、凝灰角砾岩、火山角砾岩、熔结凝灰岩、熔结角砾凝灰岩、熔结凝灰角砾岩、熔结火山角砾岩夹灰岩透镜体，含丰富的植物化石。自东向西，火山物质逐渐增多，沉积厚度由薄变厚。阿赫尔布拉克—芒克鲁沟一带，该组为凝灰质碎屑岩、正常沉积碎屑岩夹安山质凝灰岩及凝灰角砾岩、英安质熔结凝灰岩、凝灰岩、凝灰角砾岩、砂质灰岩、结晶灰岩，产丰富的植物化石：*Protolepidodendron scharyanum*，*Barsamella sibirica*，*Psilophyton goldschimidtii*，*Hostimella* sp.，*Lepidodendropsis wutubulakensis*，*Barandeina duslaina stur*，*Lepidosigillaria acuminata*，与下伏和布克赛尔组及上覆朱鲁木特组均为平行不整合接触或不整合接触，可见厚度273～806 m。向西到和鲁斯坦萨拉中、上游一带全为一套陆相中—酸性火山岩及其火山碎屑岩，其岩性为灰紫色、紫灰色安山玢岩、英安斑岩、流纹斑岩、安山质—英安质—流纹质凝灰岩、熔结凝灰岩、凝灰角砾岩、熔结凝灰角砾岩、角砾凝灰岩、熔结角砾凝灰岩夹凝灰砾岩，含植物：*Barsassia sibrica*，*Lepidodendropsis cycloformis*，*Lepidosigillaria acuminata*，*Aphyllopteris* sp.，*Hostimella* sp.，未见底，与上覆朱鲁木特组呈断层接触，厚 3 132 m。综上所述，本组属于大陆环境沉积，其时代为中泥盆世晚期。

【其他】 中国地质科学院地质研究所、新疆地质局区测大队地层分队(1974)在和布克赛尔县沙尔布尔提山阿赫尔布拉克俄姆哈北坡（原Ⅲ号剖面)所划的上泥盆统朱鲁木特组，为一套灰绿色陆相细碎屑岩，含植物及叶肢介，据刘淑文(1987)研究该剖面中的叶肢介，可与芒克鲁沟所出露的呼吉尔斯特组上部的所含碳质碎屑岩中所含叶肢介对比；“新疆北部泥盆系研究”课题组肖世禄、侯鸿飞、吴绍祖等(1992)根据岩相、古生物及地层层序对比，认为这套地层应划入呼吉尔斯特组；本次对比研究认为该剖面中的朱鲁木特组与呼吉尔斯特组是同物异名，应划归呼吉尔斯特组。

新疆地矿局区调大队十一分队徐新等(1983)在白杨河幅(L－45－Ⅷ)1：20万区调中所划分的中泥盆统萨吾尔山组，分上、下两个亚组：下亚组为一套浅海相含钙质的正常沉积碎屑岩，其层位及沉积环境大致可与地层小区东部的查干山组对比；上亚组为一套浅海相中基性火山岩及火山碎屑岩沉积，不含化石，与地层小区东部呼吉尔斯特组(一套陆相碎屑岩、火山岩及其碎屑岩)层位相当，但其岩性及沉积环境相差甚大。该萨吾尔山组的岩性及沉积环境与北邻萨吾尔山地层小区之萨吾尔山组完全可以对比，鉴于上述情况，其划分归属问题尚待研究。

朱鲁木特组 $D_3\dot{z}$ (01－65－0765)

【创名及原始定义】 中国地质科学院地质研究所、新疆地质局区测大队地层分队(1974)在西准噶尔沙尔布尔提山及萨吾尔山地区古生代地层调查报告中创名，创名地在和布克赛尔县沙尔布尔提山朱鲁木特西南。原始定义：指位于呼吉尔斯特组陆相磨拉石建造之上与洪古勒楞组海陆交互相沉积之下的一套陆相磨拉石建造。主要为一套灰绿色凝灰质碎屑岩，该组与下伏呼吉尔斯特组为断层接触，与上覆洪古勒楞组为断层或平行不整合接触。其时代为晚泥盆世早期。

【沿革】 新疆地质局区调大队二、六分队董鹤皋、王广耀(1979—1980)分别在《乌尔禾幅、夏子街幅(L－45－ⅩⅣ、ⅩⅤ)1：20万区域地质调查报告》中及“新疆北部泥盆系研究”课题组肖世禄、侯鸿飞、吴绍祖在《新疆北部泥盆系研究》(1992)一书中均沿用，但其层位包括了原洪古勒楞组下部的陆相层。《西北地区区域地层表·新疆维吾尔自治区分册》(1981)及1992年新疆地层断代总结均沿用了创名人的划分。本次对比研究沿用1：20万区调及“新疆北部泥盆系研究”课题组的划分。新疆地矿局区调大队十一分队(1983)在《白杨河幅(L－45－Ⅷ)1：20万区域地质调查报告》划分的以陆相基—酸性火山岩及火山碎屑岩为主的上泥盆统塔尔巴哈台组与朱鲁木特组属同物异名，本次对比研究认为在沙尔布尔提山地层小区停用塔尔巴哈台组一名，选用朱鲁木特组。

【现在定义】 为灰绿色钙质泥质粉砂岩、碳质泥岩、含砾粗砂岩、砂砾岩、砾岩；灰绿色凝灰质细、中、粗砂岩，灰绿色、灰紫色、肉红色安山岩、安山玢岩、玄武玢岩、英安斑岩、石英斑岩，由东向西火山物质逐渐增加。上与洪古勒楞组页岩分界，呈整合或不整合接触。下与呼吉尔斯特组为平行不整合或不整合接触，含植物化石。

【层型】 正层型：和布克赛尔县朱鲁木特南剖面(86°18′00″，46°43′00″)，由新疆地质局区测大队地层分队(1974)测制。副层型：和布克赛尔县布龙果尔剖面。参考剖面：和布克赛尔县赛力克特哈诺托洛盖剖面，和布克赛尔县和布克河东岸剖面，和布克赛尔县阿勒戈勒特巴克达瓦剖面。

【地质特征及区域变化】 该组分布于沙尔布尔提山一带，为一套陆相碎屑岩、凝灰质碎屑岩、中基性—中酸性火山岩及其火山碎屑岩夹少量碳酸盐岩沉积，呈近东西向延伸；由东向西，火山物质逐渐增加，在和布克河以西完全变为火山岩及火山碎屑岩沉积。在朱鲁木特以东一带为一套凝灰质碎屑岩类夹正常碎屑岩沉积，产丰富的植物：*Leptophloeumrhombicum*，*Cyclostigma* sp.，*C. kiltorkense*，*Sublepidodendron* sp.，*S. wusihense* ，*Lepidodendropsis* sp.，*L. theodori*，*L. hirmeri*，与下伏呼吉尔斯特组呈断层接触，与上覆洪古勒楞组整合接触，可见厚度128.4～1 333.1 m。向西在布龙果尔、赛力克特哈诺托洛盖—和布克河东岸一带，为一套灰色、灰绿色粗—细粒砂岩、砂砾岩、砾岩、泥质粉砂岩、碳质泥岩与中基性灰绿色辉石安山玢岩、安山质角砾熔岩、杏仁状玄武安山岩、安山质凝灰岩互层，产丰富的植物：*Leptophloeum rhombicum*，*Lepidodendropsis* sp.，*L. theodori*，*L. oycloformis*，*Lepidosigillaria acuminata*，*Sublepidodendron* sp.，与下伏呼吉尔斯特组及上覆洪古勒楞组均为不整合接触，厚430～470.8 m。和布克河—白杨河一带，该组为一套基—酸性灰绿、灰紫色、肉红色玄武岩、玄武玢岩、安山岩、安山玢岩、英安斑岩、流纹岩、流纹斑岩、霏细斑岩、玄武质-流纹质火山角砾岩、凝灰岩、熔结凝灰岩夹砂岩、粉砂岩及砂质灰岩，局部见植物：*Hostimella* ? sp.，与下伏呼吉尔斯特组为断层接触或与萨吾尔山组整合接触，与上覆洪古勒楞组为不整合接触，可见厚度918～2 942 m。根据本组的岩石组合及古生物特征，本组属大陆环境沉积。

洪古勒楞组　D_3C_1h　(01-65-0766)

【创名及原始定义】 中国地质科学院地质研究所、新疆地质局区测大队地层分队(1974)在西准噶尔沙尔布尔提山及萨吾尔山地区古生代地层调查报告中创名，创名地在和布克赛尔县沙尔布尔提山布龙果尔沟。原始定义：该组为一套海陆交互相沉积；下部以陆相为主，含植物化石斜方薄皮木；上部为海相层，含大量珊瑚、腕足类、三叶虫及少量菊石，其下与朱鲁木特组为平行不整合接触，上与下石炭统整合接触，其时代为晚泥盆世晚期。

【沿革】 新疆地质局区调大队二、六分队(1979—1980)分别在《乌尔禾、夏子街幅(L-45-XIV、XV)1∶20万区域地质调查报告》中划分的下石炭统和布克河组，其层位与创名人所划分的洪古勒楞组的上部海相层相当。吴乃元(1991)在新疆地层断代总结之二“石炭系”中沿用。305项目“新疆北部泥盆系研究”课题组肖世禄、侯鸿飞、吴绍祖等(1992)在《新疆北部泥盆系研究》一书中将创名人所划分的洪古勒楞组的上部海相层称洪古勒楞组，其时代定为晚泥盆世晚期。本次对比研究亦将其海相层划为洪古勒楞组，并将其时代确定为晚泥盆世晚期—早石炭世早期。新疆区调大队二分队董鹤皋等人(1979)在《乌尔禾幅(L-45-XIV)1∶20万区域地质调查报告》中划分并创名的下石炭统和布克河组，与洪古勒楞组属同物异名。自命名和布克河组以来，吴乃元、王明倩(1979)、张梓歆(1986)等均先后撰文将其时代定为早石炭世早期，并与沙尔布尔提山一带的洪古勒楞组对比。新疆石油管理局勘探开发研究院赵治信(1986)在研究和什托洛盖以北萨尔巴根德山处的和布克河组的牙形刺时认为：“和布克河组主要是泥盆系”。305项目“新疆北部泥盆系研究”课题组(1992)认为：和布克河组与洪古勒楞组的岩相及生物群可以对比，且两组均伏于含 *Syringothyris* 腕足动物群之下，其内所含腕足类、珊瑚及牙形石多属法门(Famennian)期，由此认为和布克河组与洪古勒楞组的层位应是相当的，时代为晚泥盆世晚期Famennian期。本次对比研究根据二者岩性、岩相一致，层位相当，且洪古勒楞组建组在先，故停用和布克河组，选用洪古勒楞组。

【现在定义】 该组为杂色海相钙质砂岩、粉砂岩、灰色灰岩、页岩夹硅质岩，下部夹灰紫色安山玢岩、安山-玄武岩、角砾熔岩、岩屑晶屑凝灰岩，底部多为砾岩，底砾岩与下伏地层分界。与下伏朱鲁木特组及上覆黑山头组整合或不整合接触，含腕足类、三叶虫、头足类、腹足类、螺、植物化石。

【层型】 因原始创名剖面的层序倒置，305项目“新疆北部泥盆系研究”课题组肖世禄等(1988)在和布克赛尔县沙尔布尔提山布龙果尔沟重测了该组创名剖面，故正层型(重测)为和布克赛尔县布龙果尔沟剖面(86°08′30″，46°46′10″)，由肖世禄等(1988)测制。副层型：和布克赛尔县阿得尔克山西南剖面。参考剖面：和布克赛尔县和布克河东岸剖面，额敏县林场南东洪古勒楞剖面，和布克赛尔县杨庄西北5 km洪古勒楞组剖面。

【地质特征及区域变化】 该组呈近东西向分布于沙尔布尔提山一带，为一套浅海相杂色碎屑岩、碳酸盐岩夹硅质岩、中基性火山岩及火山碎屑岩沉积，在局部地区其上部为滨海或海陆交互相沉积；自东向西，由薄变厚，岩性亦有变化。在布龙果尔沟以东，该组为一套灰色、灰绿色灰岩、凝灰质粉砂岩—细砂岩、泥岩夹安山质沉凝灰岩、硅质岩、页岩，产腕足类：*Cyrtospirifer* sp.，*C. sulcifer*、*Praewaagenoconcha* sp.，*Mucrospirifer* sp.；珊瑚：*Nalivkinella profunda*，*N. bulongensis*，*Tabulophyllum postuormala*；三叶虫：*Phacops* sp.，*P. accipiricus mobillis*；头足类：*Tornoceras* sp.；*T.* (*Aulotornoceras*) sp.，*Orthoceras* sp.；腹足类：*Bellerophon* sp.；*Loxonema* sp.，*Worthenia* sp.，*Bucaniaopsis* sp.，*Euryzone* sp.；植物：*Leptophloeum rhombicum* 等，与下伏朱鲁木特组及上覆黑山头组均为整合接触，可见厚度149～435.1 m。向西在和布克河一带，该组下部为灰绿色安山质凝灰角砾岩、安山玢岩、安山质玄武玢岩；中-上部为深灰色夹黄绿色、灰绿色砂质灰岩与钙质粉砂岩不均匀互层；产腕足类：*Cyrtospirifer* sp.，*C.* cf. *labedianicus*，*C.* aff. *planasulciferus*，*C. koketekenensis*，*C. disjunctus*，*Tenticospirifer* cf. *tenticulum*，*Praewaagenoconcha* sp.，*Uchtospirifer* sp.，*Leptagonia* sp.，*Mucrospirifer* sp.；珊瑚：*Kassinella* sp.；三叶虫：*Phacops* sp. 等，未见顶，与下伏朱鲁木特组为不整合接触，可见厚度1 292 m。再向西在地层小区西邻乌兰柯顺、额敏林场—杨庄西北(腾令萨拉)一带，该组为浅海—滨海相碎屑岩夹硅质岩、碳酸盐岩、中—基性火山岩及火山碎屑岩沉积，其岩性为灰绿色、灰紫色、灰色—灰黑色砾岩、砂砾岩、凝灰质砾岩、凝灰质砂岩、长石石英砂岩、复矿砂岩、钙质砂岩、泥质粉砂岩、硅质砂质页岩夹硅质岩、灰岩、安山玢岩、安山玄武岩、安山—玄武质火山角砾岩、火山角砾熔岩、凝灰岩、沉凝灰岩及煤线与劣煤层，产腕足类：*Cyrtospirifer* sp.，*C. fusiformis*，*C. regularis*，*C. jungarensis*，*Tenticospirifer* sp.，*T. koketekensis*；三叶虫：*Phacops* sp.；腹足类：*Loxonema* sp.，*Serpulospira* sp.；角石：*Psiaoceras* sp.；苔藓虫：*Leioclema* sp.，*Rhombopora* sp.；植物：*Knorria* 及鳞木化石碎片。与上覆黑山头组为整合接触，与下伏朱鲁木特组为不整合接触，可见厚度122～1 952 m.。根据本组的岩石组合特征及古生物特征，本组总体属浅海环境的沉积，但在地层小区西部乌兰柯顺、额敏林场南东—杨庄西北(腾令萨拉)一带，其上部属浅海—滨海环境或海陆交互相的沉积。地质时代为晚泥盆世中期至早石炭世早期。

马拉苏组　D_1m　(01-65-0767)

【创名及原始定义】 新疆地质局区测大队八分队张道乐等(1977)在《额敏幅(L-44-XVIII)1∶20万修测报告》中创名。创名地在额敏县马拉苏北东(托略苏西侧)。原始定义:为一套滨海相—浅海相火山碎屑岩—正常碎屑岩沉积,未见底,与上覆库鲁木迪组整合接触,或与铁列克提组为不整合接触,其时代为早泥盆世晚期。

【沿革】 新疆地质局区调大队十一分队徐新等(1983)在《白杨河幅(L-45-VII)1∶20万修测报告》中沿用该组名称,将其时代厘定为早泥盆世早—中期。本次对比研究沿用创名人的划分。新疆区调大队徐新(1983)在《白杨河幅(L-45-VII)1∶20万区域地质调查报告》中划分出的孟布拉克组与马拉苏组属于同一火山活动旋回及同一沉积环境的产物,因马拉苏组建组在先,故统称马拉苏组,停用孟布拉克组一名;在铁厂沟以西划分的下泥盆统第一组、第二组与马拉苏组的岩性完全一致,本次对比研究也将其划归马拉苏组。

【现在定义】 该组为紫灰色、灰紫色安山岩、安山玢岩、玄武玢岩、流纹斑岩、灰绿色晶屑岩屑凝灰岩、火山灰凝灰岩、凝灰质砂岩、粗砂岩、粉砂岩夹灰色钙质砂岩及灰岩团块。未见底,与上覆库鲁木迪组整合接触。含腕足类、珊瑚、三叶虫、腹足类、苔藓虫、植物化石。

【层型】 正层型:额敏县马拉苏东北(托略苏西侧)剖面(83°58′00″,46°28′30″),由新疆地质局区测大队八分队张道乐等(1975)测制。副层型:托里县老风口以西(阿依乌多东侧)剖面(83°20′35″,46°04′20″),由新疆地质局区测大队八分队(1975)测制。参考剖面:额敏县孟布拉克巴斯一带剖面。

【地质特征及区域变化】 该组分布于额敏、白杨河—玛依拉山一带,岩性比较稳定,岩石组合为灰绿色安山岩、安山玢岩、玄武岩、玄武玢岩、流纹岩、流纹斑岩、安山质—流纹质火山角砾岩、凝灰岩、凝灰角砾岩、角砾凝灰岩、沉凝灰岩、凝灰质砾岩、凝灰质砂岩夹凝灰质硅质泥岩、粗—细粒砂岩、粉砂岩。产腕足类:*Acrospirifer* sp.,*Leptostrophia magnifica*,*Leptaenopyxis bouei*,*Leptaena* sp.,*Brachyspirifer* sp.,*Resserella* sp.,*Howellella* sp.,*Euryspirifer* sp.;珊瑚:*Orthopaterphyllum* sp.,*Pleurodictyum* sp.,*Syringaxon* sp.等;三叶虫:*Dechenellurus* sp.,*Phacops*? sp.及海百合茎。在马拉苏一带,该组与铁列克提组不整合接触,未见底,可见厚度3 542 m;向东在白杨河上游孟布拉克巴斯一带,该组未见底,与上覆库鲁木迪组整合接触,可见厚度5 520 m;向南在老风口以西(阿依乌多东侧)与上覆库鲁木迪组亦为整合接触,未见底,可见厚度851 m。根据岩石组合特征及所含化石,该组属滨海—浅海环境沉积。地质时代为早泥盆世晚期。

库鲁木迪组　D_2k　(01-65-0768)

【创名及原始定义】 新疆地质局第三区测大队一分队李启新等(1960)在塔勒艾勒克幅(L-44-XXIII)1∶20万区测中创名,创名地在裕民县库鲁木迪山西段。原始定义:该组为一套滨—浅海相中性凝灰岩、凝灰砂岩、粉砂质泥岩、长石石英砂灰质粉砂岩、硅质岩、泥灰岩、生物灰岩、安山玢岩及流纹岩,与下伏玛依拉山组上亚组为不整合接触,与上覆巴尔雷克组为整合接触,其时代为中泥盆世早期。

【沿革】 该组自1960年创名后,新疆区测大队四分队(1975)在托里地区、《西北地区区域地层表·新疆维吾尔自治区分册》(1981)在玛依拉山地区均沿用库鲁木迪组。新疆地质局区调大队十一分队(1983)在白杨河一带将该套地层划归中泥盆统的第一组、第二组、第三组及第四组的一部分。本次对比研究，对库鲁木迪组进行了修订。新疆地质局区调大队十一分队徐新(1983)在《白杨河幅(L-45-Ⅷ)1：20万区域地质调查报告》中划分出的中泥盆统第一组、第二组，根据其岩石组合及化石组合特征与库鲁木迪组一致，将其划归库鲁木迪组。

【现在定义】 该组为灰—浅灰色晶屑岩屑凝灰岩、凝灰质细—粉砂岩、泥岩、长石岩屑砂岩、细—粉砂岩、深灰色生物灰岩夹黄褐色石英斜长斑岩、霏细岩、硅质岩，上以火山碎屑岩的消失，正常碎屑岩大量出现为界与巴尔雷克组整合接触，与下伏马拉苏组整合接触。含腕足类、珊瑚、三叶虫、双壳类、腹足类、植物化石。

【层型】 正层型：裕民县库鲁木迪山西段剖面(82°40′05″，45°30′02″)，由新疆地质局第三区测大队一分队李启新等(1960)测制。参考剖面：裕民县巴尔雷克剖面，托里县加依勒套山剖面，托里县阿克铁热克剖面，托里县阿依乌多东侧剖面。

【地质特征及区域变化】 该组分布于玛依拉山—白杨河西南一带，其岩石组合为灰、灰绿、暗绿色安山质—流纹质火山灰凝灰岩、岩屑晶屑凝灰岩、火山角砾岩、沉凝灰岩、粗面质岩屑晶屑凝灰岩夹凝灰质砂岩—粉砂岩、粗—细粒砂岩、长石砂岩、凝灰质泥岩及少量安山玢岩、钠长斑岩、流纹岩、粗面岩、硅质岩。由东向西及由南向北岩性略有变化：在库鲁木迪山及巴尔雷克山(玛依拉山西段)一带，该组以安山质火山碎屑岩为主，夹流纹质及粗面质火山岩、安山玢岩、霏细斑岩、碧玉岩、粗面岩、凝灰质砂岩、长石砂岩、硅质岩，产腕足类：*Jamellispirifer* sp.，植物：*Protolepidodendron scharyanum*，与下伏玛依拉山群为不整合接触，与上覆巴尔雷克组整合接触，可见厚度1 851.8～3 257 m；向东在玛依拉山东段(加依勒套山)一带，该组以英安质沉火山碎屑岩为主，夹凝灰质泥岩，产珊瑚：*Spongophyllum* sp.，*Pachyfavosites* sp.，*Barrandeophyllum* sp.，未见顶底，可见厚度为2 027.9 m；向北在白杨河西南(铁厂沟)一带，该组以英安质火山碎屑岩、沉火山碎屑岩为主，夹安山质和流纹质火山碎屑岩，产珊瑚：*Endophyllum* sp.，*E. junggarense*，*Pachyfavosites* sp.，*P.* cf. *polymorphus*，*Crassialveolites* sp.，未见顶，与下伏马拉苏组为断层接触，可见厚度2 539.4 m；在额敏西南阿依乌多一带，该组为一套韵律状凝灰质碎屑岩夹正常碎屑岩沉积，产腕足类：*Acrospirifer* sp.，*Atrypa* sp.，*Euryspirifer* cf. *paradoxus*，*Leptostrophia tuoliensis*，珊瑚：*Barrandeophyllum* sp.，*Phacellophyllum* sp.，三叶虫：*Phacops* sp.，*Dechenellurus*，腹足类：Trochonematacea，植物：*Lepidodendropsis* sp.，未见顶，与下伏马拉苏组整合接触，可见厚度1 068 m。在本组顶部常见紫红色碧玉岩透镜体，厚2～94 m，可做宝玉石加工原料。该组属滨海—浅海环境沉积。

巴尔雷克组　D_2be　(01-65-0769)

【创名及原始定义】 新疆地质局第三区测大队第一分队李启新等(1960)在塔勒艾勒克幅(L-44-XXⅢ)1：20万区域地质调查中创名，创名地在裕民县巴尔雷克山(瓦塔普坎—巴开雀湖西侧)。原始定义：该组为滨海相—浅海相泥岩、凝灰质粉砂岩、凝灰砾岩、中性凝灰岩、碧玉岩、霏细岩夹灰岩，与下伏库鲁木迪组整合接触，局部见不明显的冲刷面，而与托尔登阿克曼组为整合接触，与铁列克提组为平行不整合接触，其时代为中泥盆世早期。

【沿革】 《西北地区区域地层表·新疆维吾尔自治区分册》(1981)及《新疆古生界》(1991)均沿用，将其时代厘定为中泥盆世晚期。本次对比研究对该组的定义进行了修订。新疆地质局第一区调大队十一分队徐新(1983)在《白杨河幅(L-45-Ⅷ)1：20万区域地质调查报告》中划分出的中泥盆统第三组、第四组及部分第二组(托里县别鲁阿嘎希东XXⅡ号中泥盆统第二、三、四组剖面)，其岩性及层位与巴尔雷克组相当，本次对比研究将其划归巴尔雷克组。1959—

1960 年新疆地质局第三区测大队三、四分队(李佩基、曾亚参)在克拉玛依幅(L－45－XIX)1∶20万区域地质测量中划分并创名的托尔登阿克曼组及达尔布特组，其层位不清，自创名以后的1∶5万与1∶20万区调、《西北地区区域地层表·新疆维吾尔自治区分册》(1981)及《新疆古生界》(1991)均未用过此名，实际上已被自然淘汰；本次对比研究明确提出停止使用托尔登阿克曼组和达尔布特组。

【现在定义】 该组为深灰色、灰色泥质粉砂岩、粉砂岩、硅质岩夹凝灰粉砂岩、凝灰砾岩、中性凝灰岩及砂质灰岩。与下伏火山碎屑岩为主的库鲁木迪组为整合接触，与上覆铁列克提组为平行不整合接触。

【层型】 创名人未指定层型，本书指定选层型：托里县玛依拉山南坡那伦素河上游剖面(83°19′30″,45°36′25″)，由新疆地质局第三区测大队二分队吕正等(1959)测制。参考剖面：托里县库鲁木迪山西段剖面。

托里县玛依拉山南坡那伦素河上游剖面

上覆地层及接触关系不明(原报告未涉及)

巴尔雷克组	总厚度 2 661 m
6.暗红、灰绿色致密状粉砂岩与致密状硅质岩	1 526 m
5.灰绿色致密状玢岩质中性岩屑凝灰岩	300 m
4.深灰色泥质粉砂岩、粉砂岩与灰绿色硅质岩	700 m
3.深灰色泥质粉砂岩与硅质岩互层	15 m
2.暗黄绿色粉砂岩与暗黄灰色硅质岩	50 m
1.灰绿色硅化粉砂岩与致密块状硅质岩	70 m

——————整　合——————

下伏地层：库鲁木迪组　火山碎屑岩

【地质特征及区域变化】 该组分布于玛依拉山—白杨河西南一带，为一套灰色、灰绿色夹紫红色碳质、硅质泥质粉砂岩、硅质岩、石英长石砂岩、长石石英砂岩、凝灰质砂岩、粉砂质泥岩夹安山质凝灰岩、结晶灰岩及大理岩化灰岩。自西向东及由南向北，岩性略有变化：库鲁木迪西段及巴尔雷克山一带，该组出露不全，由长石石英砂岩、石英长石砂岩、碳质粉砂岩、凝灰质砂岩组成，含植物 *protolepidodendron scharyanum*，未见顶，与下伏库鲁木迪组整合接触，可见厚度 395 m；向东在玛依拉山南坡那伦素河上游一带，该组为硅质、泥质粉砂岩与硅质岩互层夹中性岩屑凝灰岩，未见化石，上界不明，与下伏库鲁木迪组整合接触，可见厚度 2 661 m；再向东至扎依尔山一带，该组为一套粉砂质泥岩、凝灰质砂岩、粉砂岩夹硅质岩，未见顶，与下伏库鲁木迪组整合接触，可见厚度 1 200 m；向北至白杨河西南铁厂沟一带，该组为一套凝灰质砂岩、凝灰质粉砂岩、泥质粉砂岩、凝灰质粉砂质泥岩夹硅质岩、硅质粉砂岩，粉砂岩夹凝灰岩、凝灰角砾岩，含珊瑚 *Syringaxon* sp.，*Crassialveolites* sp.，海百合茎及放射虫骨骼，未见顶底，可见厚度 4 128.5 m。该组属于滨海—浅海环境或海陆交替环境的沉积。地质时代为中泥盆世晚期。

铁列克提组　D_3tl　(01－65－0770)

【创名及原始定义】 新疆地质局第三区测大队第一分队李启新等(1960)在塔勒艾勒克幅(L－44－XXⅢ)1∶20万区调中创名，创名地在裕民县咱满铁列克提河下游右岸。原始定义：为一套凝灰质碎屑岩和砂岩互层。由下而上：下部为圆砾岩，中部为长石砂岩、砂砾岩、凝灰质粉砂岩、凝灰质砾状砂岩，上部为凝灰质粉砂岩与凝灰岩互层。未见顶，与下伏巴尔雷克组为平行不整合接触，其时代为晚泥盆世。

【沿革】 新疆地质局区测大队八分队(1977)在《额敏幅(L－44－XVII)1∶20万地质矿产图说明书》中划分的铁列克提组分上、下两个亚组，其上亚组相当于铁列克提组创名剖面——裕民县咱满(加曼)铁列克提河下游右岸剖面，为一套海陆交互相碎屑岩夹少量火山碎屑岩沉积。本次对比研究仅将其上亚组称铁列克提组，其时代为晚泥盆世晚期。

【现在定义】 该组以灰绿色、绿灰色、灰色砂岩、凝灰质砂岩为主，夹泥质粉砂岩、凝灰岩、砾岩及生物灰岩。与下伏巴尔雷克组为平行不整合接触，与上覆卡拉岗组、独山子组为超覆不整合接触。含丰富的腕足类、苔藓虫、植物化石。

【层型】 正层型：裕民县咱满铁列克提河下游剖面(82°23′50″,45°45′05″)，由新疆地质局第三区测大队一分队李启新等(1959)测制。参考剖面：裕民县阿鲁腾也门中游剖面，裕民县喀腊布拉河剖面，额敏县托哈苏北西(马拉苏东)剖面。

【地质特征及区域变化】 该组分布于额敏—塔勒艾勒克以南一带，其岩石组合为黄绿—灰绿色、绿灰色、灰色钙质长石砂岩、凝灰质砂岩—粉砂岩、细砾岩、粗砂岩夹粉砂岩、凝灰岩及生物灰岩。由南向北，由厚变薄，岩性亦有变化：在塔勒艾勒以南，本组创名剖面处，其下部为圆砾岩，中部为钙质长石砂岩，上部为凝灰质粉砂岩夹少量生物灰岩及中性凝灰岩，含腕足类、珊瑚及植物化石。未见顶，与下伏巴尔雷克组平行不整合接触，可见厚度 2 576 m；向北至喀腊布拉河、阿鲁腾也门中游及马拉苏北东一带，该组为灰色、灰绿色细砾岩、粗砂岩—粉砂岩、凝灰砂岩夹岩屑晶屑凝灰岩及粉砂质泥岩，产腕足类：*Cyrtospirifer* cf. *lebedianicus*，*C.* cf. *disjunetus*，*Mediospirifer andacula*，*Praewaagenoconcha* sp.，*Atrypa* sp.，*Schellwienella* sp.，植物：*Leptophloeum rhombicum*，*Lepidodendropsis* sp.，*Asterocalamitopsis* sp.。未见底或与下伏马拉苏组呈超覆不整合接触，与上覆卡拉岗组独山子组为超覆不整合接触，可见厚度 300～800 m。该组属于海陆交互环境的沉积。

【其他】 在本组海陆交互相沉积之下及巴尔雷克组滨—浅海相沉积之上还存在一套陆相沉积，其岩性为紫灰色凝灰砾岩、砂砾岩、圆砾岩、凝灰角砾岩、流纹质及粗面质岩屑晶屑凝灰岩、熔结凝灰岩、集块熔岩、角砾熔岩夹凝灰砂岩。含保存不佳的植物化石碎片 *Lepidodendropsis scobinifomis*，*L. theodori*，未见底，与上覆铁列克提组为整合接触，可见厚度2 221 m。原始创名人仍将其划归铁列克提组，新疆地质局区测大队八分队(1977)在《额敏幅(L－44－XVIII)1∶20万地质矿产图说明书》中将其划归铁列克提组下亚组；本次对比研究认为它应作为一单独的地层单位存在。但由于资料缺乏，目前仅有两条剖面，且延伸不明，故未建新组。

托让格库都克组 $D_1 t$ (01－65－0751)

【创名及原始定义】 新疆地质局区测大队二分队吕正等(1966)在《奥什克山幅(L－46－XIX)1∶20万区域地质调查报告》中创名，创名地在青河县野马滩北。原始定义：指整合于中泥盆统北塔山组中酸性火山岩、火山碎屑岩之下，不整合于加里东晚期花岗闪长岩之上的一套滨—浅海相陆源碎屑岩建造，具韵律式沉积特征；其时代为中泥盆世早期(Eifelian)。

【沿革】 新疆区域地层表编写组(1976)将托让格库都克组划归下泥盆统，并沿用其名，代表早泥盆世晚期的沉积。以后的1∶20万区调及1∶5万区调均沿用了地层表编写组的划分，本次对比研究维持地层表编写组的划分。新疆地质局区测大队一分队李启新(1966)及新疆地质局区域地质调查大队三分队刘忠立(1980)在北塔山一带(L－46－XXV、XXVI幅)的1:20万区调中划分出的托让格库都克组，因其岩石组合特征与卓木巴斯套组极其相似，本次对比研究将其划归卓木巴斯套组。而新疆地质局区调大队十分队(1981)在东泉幅(L－46－XXXIII)1:20万区调中划分出的卓木巴斯套组，除南半幅的干柴沟东剖面外，其岩石组合特征均与托让格库都克组极为相似，本次对比研究将其划归托让格库都克组。

【现在定义】 该组为黄灰色薄中层状细砂岩、粉砂岩、泥硅质粉砂岩、长石岩屑砂岩夹粗砂岩，中部为灰绿色辉石安山玢岩、暗灰色块状英安斑岩和凝灰砂岩。与下伏乌列盖组为平行不整合接触。与上覆北塔山组暗灰色凝灰圆砾岩为分界，呈不整合接触。含丰富的三叶虫、腕足类、双壳类及植物、头足类化石。

【层型】 正层型：青河县野马滩地区XXIV号剖面(89°10′20″，46°40′50″)，由新疆区测大队二分队(1966)测制。参考剖面：富蕴县札拉特剖面，富蕴县库兰喀孜干剖面，富蕴县喀腊依热克剖面。

【地质特征及区域变化】 该组分布于富蕴、锡泊渡以南至北塔山、琼河坝一带，呈北西-南东向延伸，为一套滨—浅海相陆源碎屑复理石建造、中—基性火山岩及其碎屑岩建造，下部以陆源碎屑岩为主，上部以火山岩及其火山碎屑岩为主。自北向南火山岩减少，火山碎屑岩增多。在锡泊渡—富蕴一带，该组主要为灰色、灰绿色、黄灰色、灰黑色安山岩、安山玢岩、玄武岩、玄武玢岩、辉绿玢岩、英安斑岩、英安质—玄武质火山角砾岩、角砾凝灰岩、晶屑岩屑凝灰岩、凝灰质砾岩、凝灰质粗砂岩—粉砂岩、砾岩、砂砾岩、粗砂岩—粉砂岩、泥质粉砂岩。产腕足类：*Lepteaena* sp.，*Acrospirifer* sp.，*A. gaspensis*，*Howellella* sp.，*Brachyspirifer* sp.；三叶虫：*Odontochile* sp.，*O.* (*odontochile*) *sinensis*，*Dechenellurus* sp.，*Acanthopyge xinjiangensis*，*A.* sp.；珊瑚：*Squameofavosites* sp.，*Syringaxon* sp. 及腹足类、双壳类、头足类等。未见底，与上覆北塔山组为不整合或断层接触，可见厚度790.7～1 905 m。向南在恰库尔特至二台一带，该组为一套灰色、灰绿色、黄绿色、紫红色安山质火山碎屑岩、沉火山碎屑岩(安山质晶屑凝灰岩、含生物碎屑沉凝灰岩)夹灰白色灰岩(泥灰岩、结晶灰岩、生物碎屑灰岩)及凝灰质砂岩、凝灰质粉砂岩；剖面上未见化石，在剖面附近产腕足类：*Paraspirifer* sp.，*P.* cf. *gigantea*，*Megakozlowskiellina*，*Leptaenopyxis* sp.，*L.* cf. *bouei*，*Leptostrophia* sp.，*Atrypa* sp. 等；与下伏乌列盖组平行不整合接触，与上覆卡希翁组为超覆不整合接触，可见厚度2 183 m。再向东南在东泉—伊吾县琼河坝一带，该组为一套灰绿色岩屑长石砂岩、凝灰质砾岩、凝灰质砂岩、粉砂岩、安山质—英安质火山角砾岩、火山灰凝灰岩、凝灰角砾岩、沉凝灰岩夹生物灰岩、结晶灰岩及砂质灰岩、钙质砂岩。产腕足类：*Aulocoella* sp.，*Schuchertella* sp.，*Atrypa* sp.，*Orbiculoidea* sp.，*Camarotoechia*? sp.，珊瑚：*Orthopaterophyllum* sp.，*Placocoenites* sp.，*Syringaxon* sp.，*Leptaena* sp.，三叶虫：*Odontochile* sp.，*Phacops* sp.，苔藓虫：*Fenestella* sp.。未见顶底，与黑山头组、姜巴斯套组多为断层接触，可见厚度1 953 m。根据岩石组合特征、古生物特征，托让格库都克组属于滨海—浅海环境沉积。

北塔山组 D_2bt (01－65－0752)

【创名及原始定义】 新疆地质局区测大队一分队李启新等(1963—1965)对库普幅(L－46－XXV)进行1:20万区域地质调查，1966年在其成果报告中创名，创名地在奇台县北塔山主脊(阿苏山西侧)。原始定义：该岩组由一套海相火山碎屑岩组成，主要岩石有凝灰角砾岩、凝灰砂岩、中基性晶屑-岩屑凝灰岩、火山灰凝灰岩、安山玢岩和钙质砂岩及少量长石杂砂岩夹层;上与平顶山组,下与托让格库都克组均为整合接触,其时代为中泥盆世中期。

【沿革】 李佩基等(1974)在《准噶尔泥盆系划分及对比》一文中,将北塔山组的时代厘定为中泥盆世早期;1976以后新疆区域地层表编写组及以后的1∶20万、1∶5万区域地质调查均沿用了李佩基等人的划分;本次对比研究亦维持其划分。305项目"新疆北部泥盆系研究"课题组肖世禄等(1986)在北塔山组创名剖面附近——北塔山乌勒雅斯台(原划北塔山组)测制剖面时,采得大量早泥盆世晚期的腕足类、珊瑚化石,其组合面貌与纸房一带卓木巴斯套组基本一致,而将其划归卓木巴斯套组。新疆区测大队二分队吕正等(1966)在奥什克山幅(L-46-XIX)1∶20万区调中划分并创名的喀热干德组及新疆区测大队十一分队(1965)在二台幅(L-45-XIII)1∶20万区调中所划分的喀热干德组,为一套中—基性火山岩及其火山碎屑岩沉积。与下伏托让格库都克组不整合接触,与上覆巴塔玛依内山组亦为不整合接触。其内产 *Temnophyllum* sp.,? *Sinospongophyllum* sp.,*Schellwienella* sp.。其岩石组合与北塔山组相同,沉积环境和层位与北塔山组相当,是北塔山组的同物异名,本次对比研究将其停用。1965—1966年新疆区测大队十分队在恰库尔特幅(L-45-III)1∶20万区调中创名的江孜尔库都克组,因新疆地质局第四地质大队(1983)在江孜尔库都克一带进行1∶20万地质简测时,在创名剖面处发现了中泥盆世的化石而划为中泥盆统;305项目"新疆北部泥盆系研究"课题组(1986—1988)在江孜尔库都克组建组剖面处调研时,找到了中泥盆世的腕足类及植物,证实该套地层属中泥盆统,因此,本次对比研究根据其岩石组合特征与北塔山组相同而划归北塔山组。新疆地质局第五地质大队二分队白建勋等(1980)在富蕴县青河县卡拉先格尔他乌一带1∶5万区调中划分并创名的加马特组与铁热克特组,前者产 *Keriophyllum* sp. 及大量早—中泥盆世的化石,其层位及岩性与北塔山组相同;后者既有北塔山组的层位,又有蕴都喀拉组的层位,而建组较晚,所以停止使用。

【现在定义】 该组为灰、暗灰色凝灰质角砾岩、凝灰砂岩、中基性晶屑岩屑凝灰岩、火山灰凝灰岩、灰绿色安山玢岩、钙质砂岩、长石质杂砂岩和灰岩夹层。与上覆蕴都喀拉组以粉砂质硅质岩的出露为界,呈整合接触。与下伏托让格库都克组之火山岩、火山碎屑岩为分界,呈不整合接触。含珊瑚、腕足类、鳞木化石。

【层型】 创名人未指定层型,本书指定选层型:富蕴县扎拉特剖面(89°09′30″,46°40′02″),新疆地质局区域地质调查大队七分队赵明钰(1974)所测。参考剖面:富蕴县史割拉北塔山组实测剖面,富蕴县几列克库都克南北塔山组实测剖面,富蕴县几列克库都克南北塔山组实测剖面,富蕴县沙尔布拉克东北塔山组实测剖面。

富蕴县扎拉特剖面

北塔山组	总厚度 610.5 m
16. 灰紫色块状橄榄玄武玢岩(未见顶)	35.7 m
15. 灰绿色块状安山玢岩夹凝灰岩透镜体	58.00 m
14. 灰绿色块状安山玢岩局部含有辉石	35.7 m
13. 灰绿色块状安山玢岩	59.1 m
12. 灰紫色块状橄榄玄武玢岩	127.3 m
11. 灰绿色块状安山玢岩	35.4 m
10. 暗灰色块状安山质晶屑岩屑凝灰岩	52.8 m
9. 灰绿色块状英安斑岩	31.7 m
8. 灰绿色块状细—中粒凝灰质砂岩	30.1 m

7. 暗灰色块状熔岩集块岩	10.0 m
6. 灰色块状凝灰质细砂岩	69.0 m
5. 深灰色块状凝灰圆砾岩	15.0 m
4. 灰黑色凝灰质粉砂岩含植物碎片	8.1 m
3. 绿色细—中粒凝灰质砂岩	7.4 m
2. 暗灰色凝灰质细砂岩、粗砂岩互层，产鳞木状植物化石	8.6 m
1. 暗灰色块状凝灰质圆砾岩，剖面东侧采有大量的鳞木：*Protolepidodendron scharyanum*	26.6 m

~~~~~~~~~~ 不 整 合 ~~~~~~~~~~

下伏地层：**托让格库都克组**　细砂岩、粉砂岩

【地质特征及区域变化】　该组分布于锡泊渡、富蕴以南到北塔山、苏海图山、三塘湖一带，呈北西-南东向延伸。为一套紫灰色、灰色、灰绿色玄武岩、玄武玢岩、辉绿玢岩、安山玢岩、辉石安山岩、英安斑岩、斜长玢岩、霏细岩、霏细斑岩、流纹岩、玄武质—安山质—英安质—流纹质火山角砾岩、凝灰岩、沉凝灰岩夹凝灰质砾岩、凝灰质细—中粒砂岩、凝灰质粉砂岩、生物碎屑灰岩及火山硅质岩。沿走向延伸，岩性变化不大。产腕足类：*Acrospirifer* sp.，*Spinatrypa* sp.，*Atrypa* sp.，*Elytha* sp.，*Mucrospirifer* sp.；珊瑚：*Xinjiangolites* sp.，*Crassialveolites* sp.，*Temnophyllum* sp.，*Endophyllum* sp.，*Favosites* sp.，*Hexagonaria* sp.；腹足类：*Loxonema* sp.，*Slleniscus* sp.；少量植物：*Prelepidodendron* sp.，*Lepidodendropsis* sp.，*Protolepidodendron scharyanum* 及海百合茎化石。在富蕴县扎拉特，该组未见顶，与下伏托让格库都克组不整合接触，可视厚度 610.5 m；在富蕴县几列克库都克南（锡泊渡幅），该组未见底，与上覆蕴都喀拉组整合接触，可视厚度 2 529.4 m；在青河县巴羊査干乌拉该组与下伏托让格库都克组及上覆巴塔玛依内山组均为不整合接触，可视厚度 793.4 m；在青河县二台西南，该组亦未见底，与上覆蕴都喀拉组整合接触，可视厚度 1 389 m；在富蕴县喀腊安，该组未见底，与上覆姜巴斯套组不整合接触，可视厚度 8 739.2 m。由北向南，在喀腊安一带厚度较大，其他地区其厚度都在 610～2 500 m 之间。根据其岩石组合特征、古生物特征，北塔山组属浅海环境沉积。

蕴都喀拉组　D_2yd　(01-65-0753)

【创名及原始定义】　新疆地质局区测大队十分队王儒洪等(1971)在《恰库尔特幅(L-45-XVIII)1∶20万区域地质测量报告》中创名，创名地在富蕴县蕴都喀拉。原始定义：为一套浅海—滨海相沉积，其下部由中基性(少量中酸性)喷发岩、火山碎屑岩组成，上部则为火山碎屑岩—陆源碎屑岩，自身构成一个喷发沉积旋回；未见顶，与下伏托让格库都克组为断层接触，其时代为中泥盆世晚期。

【沿革】　原始创名人划分的蕴都喀拉组与下伏托让格库都克组第三亚组之和，其层位与新疆区测大队二分队吕正(1966)在奥什克山幅(L-46-XIX)1∶20万区调中划分的平顶山组相当，与新疆区测大队编图组(1972)在二台幅(L-46-XIII)1∶20万编图中划分的北塔山组及平顶山组之和相当。与新疆区调大队二分队(1978)在锡泊渡幅(L-45-XI)1∶20万区调中划分的蕴都喀拉组第四亚组相当。与新疆区调大队七分队赵明钰(1978)在富蕴幅(L-45-XII)1∶20万区调中划分的蕴都喀拉组及部分北塔山组之和相当。与新疆第四地质大队五分队(吴长江、牛成生，1985)在恰库尔特幅(L-45-60-A、B)1∶5万区调中划分的蕴都喀拉组第一亚组相当、与新疆第二区调大队二分队(1986)在乔哈拉幅(L-45-46-D、A、B、C)1∶5万区调报告中的北塔山组第三亚组相当。本次对比研究将创名人划分的蕴都喀拉组与下伏托让格库
~~~~~~~~~~

都克组第三亚组之和及上述与其相当的层位划为蕴都喀拉组。本次对比研究将同原始创名人划分的蕴都喀拉组与下伏托让格库都克组第三亚组之和相当的层位划归蕴都喀拉组。新疆地质局综合地质研究所王景斌(1966)在东准噶尔卡拉麦里山地区古生代地层调查报告中划分并创名的平顶山组,因其自1966年创名以来,无人沿用,加之该组由平顶山组向北延伸已为化石证实属石炭系,故本次对比研究将其停用。

【现在定义】 该组为灰色、灰绿色粉砂质泥岩、钙质砂岩、细砂岩、粉砂岩及生物碎屑灰岩、硅质岩,局部夹灰色、灰绿色凝灰质火山灰凝灰岩、凝灰质砂岩。与下伏北塔山组以火山岩和火山碎屑岩的消失,正常沉积大量出现为界,呈整合接触。与上覆卡希翁组为断层接触。含腕足类、珊瑚、三叶虫、植物化石。

【层型】 正层型:富蕴县蕴都喀拉剖面(89°18′00″,46°22′00″),由新疆地质局区测大队十分队(1966)测制。参考剖面:富蕴县几列克库都克南剖面,富蕴县玉依塔斯东南9 km剖面,富蕴县雨塔斯南剖面。

【地质特征及区域变化】 该组主要分布于锡泊渡、富蕴以南一带。在北塔山以东、东泉、三塘湖一带亦有分布,呈北西-南东向延伸,为一套灰色、褐灰色、紫红色、灰绿色正常碎屑岩、碳酸盐岩、硅质岩夹火山碎屑岩。沿走向延伸,岩性及厚度均有变化。在富蕴县蕴都喀拉一带,该组为绿色、紫红色凝灰质砂岩、凝灰质粉砂岩、泥质粉砂岩夹少量灰岩、凝灰岩、火山灰沉凝灰岩、硅质岩、砂砾岩;产腕足类:*Mucrospirifer* sp.,*Atrypa* sp.,*Elytha* sp.,珊瑚:*Xinjiangolites rarua*;未见顶,与下伏北塔山组呈断层接触,可视厚度1 140～2 230 m;向北西在锡泊渡东南雨塔—几列克库都克一带,该组为一套浅灰—灰黑色、灰、灰绿色夹紫红色泥岩、粉砂质泥岩、生物碎屑灰岩、泥灰岩、含粉砂钙质硅质岩、钙质砂岩、钙质粉砂岩、含砂粉砂岩、中—细粒砂岩夹粗砂岩、砂砾岩及岩屑砂岩组成,产珊瑚:*Keriophyllum* sp.,*Alveolites* sp.,*Xinjiangolites* cf. *sinensis*,腕足类:*Megastrophia* sp.,*Mucrospirifer* sp.,植物:*Lepidodendropsis* sp.等,与下伏北塔山组呈整合或断层接触,与上覆卡希翁组多为断层接触,在几列克库都克南见其与红砾山组呈不整合接触,其厚度较薄,为287.9～853.1 m。由创名剖面向北,在富蕴幅沙尔布拉克一带,该组为一套灰绿色、绿灰色、紫红色凝灰质细砂岩与凝灰质粉砂岩互层夹硅质岩、泥质硅质岩、含铁碧玉岩、粘土质页岩、铁质硅质粉砂质泥岩、火山角砾岩、凝灰岩、沉凝灰岩。产微古植物化石及放射虫,未见顶,与下伏北塔山组为整合接触,其可视厚度最大为3 548.7 m。由创名处向东南,在二台西南一带,该组主要为黄绿色、灰绿色凝灰质砂岩、钙质砂岩、杂砂质长石砂岩、粉砂岩、粉砂质泥岩夹生物灰岩、凝灰岩、沉凝灰岩;含腕足类、珊瑚化石。未见顶,与下伏北塔山组整合接触,可视厚度2 548 m。再向东南,在奥什克山—东泉一带,可能仍有蕴都喀拉组的层位存在,根据本组岩石组合特征及化石组合,本组属浅海—海陆交互环境的沉积。地质时代为中泥盆世晚期。

卡希翁组 D_3kx (01－65－0754)

【创名及原始定义】 新疆地质局区测大队十分队王儒洪等(1971)在《恰库尔特幅(L－45－XVIII)1:20万区域地质测量报告》中创名,创名地在富蕴县卡希翁。原始定义:卡希翁组主要为陆源碎屑岩建造,在沙尔托海一带为浅海相类复理石建造。蕴都喀拉组沉积之后,调查区因构造变动上升为陆,于晚泥盆世下降接受沉积,致使该组呈角度不整合覆于中泥盆统托让格库都克组之上,未见顶,其时代为晚泥盆世早期。

【沿革】 新疆区测大队二分队吕正等(1966)在《奥什克山幅(L－46－XIX)1:20万区域地

质调查报告》中创名的喀热干德组与新疆地质局区测大队编图组(1972)在二台幅(L-46-XIII)1:20万编图中划分的喀热干德组，其原始定义为晚泥盆世早期沉积。但实际确为中泥盆世早期沉积。新疆区调大队十分队白光群等(1980)在《苏海图幅(L-46-XXVIII)1:20万地质图说明书》中创名的苏海图山组及刘忠立等(1980)在乌通苏依泉幅(L-46-XXVI)划分的苏海图山组，其层位与卡希翁组相当，属同物异名。新疆第二区调大队二分队徐湘康、詹德宽(1986)在《乔哈拉幅(L-45-46-A、B、C)1:5万区域地质调查报告》中及1992年305项目"新疆北部泥盆系研究"课题组在《新疆北部泥盆系研究》一书中划分的上泥盆统，沿用卡希翁组一名。本次对比研究沿用创名人的划分。新疆区调大队十分队白光群等(1980)在《苏海图幅(L-46-XXVIII)1:20万地质图说明书》中划分的苏海图山组与卡希翁组为同物异名，因卡希翁组建组在先，故应停用苏海图山组一名。白光群等(1980)在《三塘湖幅(L-46-XXXIV)1:20万地质图说明书》中划分的卡希翁组，为一套海陆交互相碎屑岩及火山碎屑岩沉积，与卡希翁组之陆相沉积属于异物同名，本次对比研究根据其岩石组合特征而划归江孜尔库都克组。

【现在定义】 该组为浅灰、黄灰色泥质粉砂岩、粉砂质泥岩、细砂岩夹硅质岩、生物碎屑灰岩，褐灰、紫灰色安山玢岩、火山灰凝灰岩、角砾凝灰岩、熔结凝灰岩、岩屑晶屑凝灰岩、含砾砂岩夹灰黑色细砾岩、粗砂岩、含砾粗砂岩。与上覆江孜尔库都克组呈整合接触，与下伏蕴都喀拉组为断层接触。含鳞木化石。

【层型】 正层型：富蕴县卡希翁一带剖面(89°43′44″，46°25′27″)，新疆地质局区测大队十分队王儒洪(1965—1966)测制。参考剖面：富蕴县塔斯套北西剖面，富蕴县玉依塔斯东南9 km剖面，巴里坤县小哈甫提克山剖面。

【地质特征及区域变化】 该组分布于锡泊渡、恰库尔特、二台至乌通苏依泉、苏海图山、东泉一带，呈北西-南东向延伸，总体为一套滨海—陆相碎屑岩—火山喷发岩建造，沿走向延伸，岩性及厚度均有变化。在锡泊渡幅玉依塔斯东南，该组为一套紫红色粉砂质泥岩、硅质粉砂质泥岩及灰黑色含碳质粉砂质泥岩，夹硅质岩、灰岩小透镜体、凝灰岩结核、赤铁矿薄层或小透镜体。产植物：*Lepidodendropsis theodori*，*L. hirmeri*，*Prelepidodendron baytikense*，*P.* sp.，*Lepidosigillaria acuminata*，*L. columaria*。与下伏蕴都喀拉组呈断层接触，与上覆江孜尔库都克组整合接触，可视厚度297.6 m。在恰库尔特幅本组创名剖面处——卡希翁一带，该组为一套灰色、黄绿色粗—细粒砂岩、钙质砂岩、砂砾岩、凝灰质泥质粉砂岩、泥质粉砂岩、安山质—玄武质凝灰角砾岩、角砾凝灰岩、熔结凝灰岩、晶屑岩屑凝灰岩、火山灰凝灰岩夹硅质泥岩、硅质岩、生物碎屑灰岩、铁矿铁帽(沿走向与煤线相伴)，下部以碎屑岩为主，上部以火山碎屑岩为主，产植物：*Lepidodendropsis* sp.，与下伏蕴都喀拉组呈断层接触，或与托让格库都克组不整合接触，与上覆姜巴斯套组为不整合接触，可视厚度1 024～1 559 m。在乌通苏依泉小哈甫提克山一带，该组为一套陆相浅灰—深灰色、灰黑色夹灰绿色及黄绿色凝灰质粗—细砂岩、凝灰质粉砂岩、泥质硅质细砂岩—粗砂岩夹中—酸性岩屑晶屑凝灰岩、沉凝灰岩、火山灰凝灰岩、白云石化硅质岩、高碳质泥岩、凝灰质硅质岩、钙质细砾岩及凝灰质细砾岩，产大量植物：*Prelepidodendropsis baylikense*，*P. kazachstanicum*，*P. fuyunense*，*Hostimella* sp.，*Sublepidodendron* sp.，*S. xinjiangense*，*S.* cf. *scobiniformis*，*Lepidodendropsis* sp.，*L. theodori*，*L. cydofomis*，*L. thombica*，*Lepidosigillaria acuminata*。未见顶，与下伏蕴都喀拉组整合接触，可视厚度3 829.4 m。在呼洪德雷山—苏海图山一带，该组主要为一套灰绿色、黄绿色基性火山岩夹少量英安质—流纹质火山灰凝灰岩、安山质火山角砾岩、凝灰质粗—细粒砂岩，顶部以碎屑岩为主，顶部产植物：*Leptophloeum rhombicum*，与下伏北塔山组为断层接触，与上覆黑山头组为不整合接触，可视厚度 1 687.3 m。根据岩石组合特征及化石组合，卡希翁组属于滨海—大陆环境沉积。地质时代为 Frasnian（弗拉斯）期。

江孜尔库都克组　$D_3C_1 j$　(01 - 65 - 0755)

【创名及原始定义】 新疆地质局区测大队十分队王儒洪等人在《恰库尔特幅（L-45-XVIII）1∶20 万区域地质测量报告》中创名（1971），创名地在青河县江孜尔库都克。原始定义：该组为一套浅海—滨海相火山碎屑岩夹中酸性—中基性火山喷发岩沉积。未见顶，整合于卡希翁组之上，其时代为 Famennian（法门）期。

【沿革】 新疆区测大队二分队吕正（1966）在《奥什克山幅（L-46-XIX）1∶20 万区域地质调查报告》中划分的部分托让格库都克组，其实际为晚泥盆世晚期—早石炭世早期的沉积。新疆区调大队十分队白光群等（1980）在三塘湖幅（L-46-XXXIV）划分的卡希翁组及和布克河组。1980—1981 年新疆区调大队三分队、十分队（刘忠立、白光群、江有铭）分别在乌通苏依泉幅、汉水泉幅、苏海图幅、东泉幅（L-46-XXVI、XXVII、XXVIII、XXXIII）1∶20 万区调中划分的和布克河组，与本次对比研究所划分的江孜尔库都克组均属同物异名。新疆地矿局第二区调大队二分队徐湘康、詹德宽（1986）在《乔哈拉幅（L-45-46-D、A、B、C）1∶5 万区域地质调查报告》中划分的卡希翁组，其上部与江孜尔库都克组相当。因 1983 年新疆第四地质大队在沙尔布拉克—扎河坝一带进行 1∶20 万简测时将江孜尔库都克处之上泥盆统江孜尔库都克组划归中泥盆统；305 项目"新疆北部泥盆系研究"课题组（1986—1988）在江孜尔库都克组的建组剖面处调研时，发现了中泥盆世的腕足类及植物化石，证实该套地层属中泥盆统。新疆区测大队二分队吕正（1966）在《奥什克山幅（L-46-XIX）1∶20 万区域地质调查报告》中划分的托让格库都克组（青河县喀斯开尔索克坎大草湖西南剖面），为一套海陆交互相碎屑岩沉积，含腕足类：*Cyrtospirifer* sp.，植物：*Leptophloeum rhombicum*，本次对比研究将其划归江孜尔库都克组。新疆区调大队三、十分队（1980—1981）在乌通苏依泉汉水泉、苏海图东泉、三塘湖幅（L-46-XXVI、XXVII、XXVIII、XXXIII、XXXIV）1∶20 万地质图说明书及区调报告中划分的和布克河组及白光群等在三塘湖幅白衣山西段北东向大沟剖面中划分的卡希翁组，与本次对比研究划分的江孜尔库都克组属同物异名，因江孜尔库都克组建组在先，故停用和布克河组一名；白衣山西段剖面的卡希翁组亦划归江孜尔库都克组。1986 年新疆第二区调大队二分队在乔哈拉幅（L-45-46-D、A、B）1∶5 万区调划分的卡希翁组，本次对比研究仅将其上部的海陆交互相层位划归江孜尔库都克组。此外新疆区测大队二分队（1966）在奥什克山幅（L-46-XIX）1∶20 万区调划分并创名的阿尔曼铁组（1972 年二台幅 L-46-XIII 1∶20 万编图曾用过此名），其层位不清，新疆地层断代总结及 1972 年以后的 1∶5 万、1∶20万区域地质调查均未沿用，本次对比研究明确提出停用阿尔曼铁组一名。

【现在定义】 该组为灰色薄层状砂岩、细砂岩、片理化粉砂岩夹钙质砂砾岩，灰色、灰绿色、紫红色安山玢岩、凝灰质砂岩、细砂岩、粗砂岩、晶屑岩屑凝灰岩，为一套海陆交互相—浅海沉积碎屑岩建造。与下伏卡希翁组陆相沉积呈整合接触，未见顶（与黑山头组、姜巴斯套组多为断层接触），含植物、腕足类、三叶虫、苔藓虫、双壳类化石。

【层型】 创名人未指定层型，本次对比研究指定选层型：巴里坤县白衣山西段北东向大沟剖面（93°01′05″，44°20′21″），参考剖面：巴里坤县三塘湖公社三塘湖泉西侧大沟剖面，青河县喀斯开尔索克坎（大草湖）西南剖面，巴里坤县小哈甫提克山剖面。

【地质特征及区域变化】 该组分布于锡泊渡、恰库尔特、奥什克山、乌通苏依泉、汉水泉、苏海图山、东泉及三塘湖等地，呈北西-南东向延伸，为一套海陆交互相火山一正常浅海碎屑岩建造。根据其岩石组合特征可分为两种类型：一种是以正常碎屑岩为主的海陆交互相沉积；另一种为火山岩、火山碎屑岩及正常碎屑岩不均匀互层的海陆交互相沉积，由北向南沿走向延伸其岩性、厚度均有变化。在锡泊渡幅玉依塔斯东南一带，该组为一套灰色粉砂质泥岩、泥质粉砂岩。产腕足类：*Mucrospirifer* sp.，*Cyrtina* sp.，*Spinocyrtina* sp.，*Schellwienella* sp.，*Spinatrypa* sp.，*Elytha* sp.；植物：*Lepidosigillaria* sp.。未见顶，与下伏卡希翁组整合接触，可见厚度90.8 m。在奥什克山幅喀斯开尔索克坎(大草湖)西南，该组中、下部为黄绿、灰绿色、绿色凝灰质砂岩、凝灰质粉砂岩夹钙质泥质中一粗粒砂岩、细砾岩、凝灰质砾岩及灰岩透镜体；上部为灰一灰绿色细一粗粒砂岩、钙质砂岩、泥质粉砂岩夹硅质灰岩、砂质灰岩透镜体；产腕足类：*Cyrtospirifer* sp.，*Schellwienella* sp.，*Schuchertella* sp.，*Camarotoechia* sp.，*Athyris* sp.，腹足类：*Hormotoma* sp.，*Murchisonia* sp.，珊瑚：*Thamnopora*? sp.，植物：*Leptophloeum rhombicum* 及苔藓虫、海百合茎化石，未见顶底，可见厚度 1 291 m。在乌通苏依泉幅小哈甫提山一带，该组为灰色、灰绿一黄绿色夹紫红色泥质粉砂岩、细砂岩、凝灰质细砂岩、凝灰质粉砂岩夹凝灰质硅质岩、钙质砂岩及少量砂质灰岩，产腕足类：*Cyrtospirifer* sp.，*Chonetes* sp.，*Mucrospirifer quagratus*，*Praewaagenoconcha* ? sp.，*Leptagonia* sp. 等。未见顶底，可见厚度 896.4 m。在汉水泉幅梧桐尘泉北一带，该组为灰色、灰绿色钙质凝灰质砂岩、凝灰质硅质泥质板岩、硅质泥岩与安山质一流纹质沉凝灰岩、晶屑岩屑凝灰岩、凝灰角砾岩不均匀互层夹砂质灰岩、岩屑长石砂岩，产腕足类：*Cyrtospirifer* sp.，*Mucrospirifer* sp.，*Chonetes* sp.，*Praewaagenoconcha* sp.，腹足类：*Dolorthoceras* ? sp.，*Euphemites* sp.，*Bucanopsis* sp.，*Mourlonia* ? sp.，三叶虫：*Phacops* sp.。未见顶底，可见厚度 884.1m。在苏海图幅小红山一带，该组为灰绿一黄绿色、紫红色凝灰质砂岩、凝灰质粉砂岩、千枚岩夹砂岩、砂砾岩、钙质砂岩、砂质灰岩及硅质灰岩，产腕足类：*Cyrtospirifer* sp.，*Athyris* sp.，*Fusella* sp.，*Dictyoclostus* sp.。未见顶底，可见厚度 538.3 m。在东泉幅苦水泉一三塘湖幅白衣山、三塘泉一带，该组为黄色、灰色、黄绿色夹紫红色凝灰质粗一细粒砂岩、凝灰质砂砾岩、长石砂岩、钙质砂岩、片理化砂岩及粉砂岩与安山玢岩、英安斑岩、安山质火山角砾岩、安山质一英安质火山灰沉凝灰岩、晶屑岩屑凝灰岩不均匀互层，夹生物灰岩、硅质灰岩，产腕足类：*Cyrtospirifer* sp.，*Leptagonia* sp.，*Mucrospirifer* sp.，*Waagenoconcha* sp.，*Schuchertella* sp.，*Camarotoechia* sp.，双壳类：*Edmondia* sp.，*E. unioniformis*，*Mytilarca* sp.，*Girtypecten* sp.，*Limipecten* sp.，*Cypricardinia* sp.，三叶虫：*Phacops* sp.，*Carbonocorypha* sp.，植物：*Lepidodendropsis* sp.，*Lepidosigillaria* sp.，*Sublepidodendron mirabile*，*Leptophloeum rhombicum* 及螺、苔藓虫。未见顶，与下伏卡希翁组为整合或与北塔山组呈断层接触，可见厚度为 841.6～1 361.7 m。根据岩石组合及化石组合特征，本组属海陆交互相沉积，局部为浅海环境沉积。地质时代为晚泥盆世法门期一岩关期。

卓木巴斯套组　$D_1 \hat{z}$　(01－65－0756)

【创名及原始定义】　新疆地质局区测大队二分队李天德等(1972—1974)在红柳峡幅(L－46－XXXII)进行1：20万区调，1977 年在其调查报告中创名。创名地在巴里坤县考克赛尔盖山西南坡克安库都克南东 1.8 km 处。原始定义：该组为一套浅海一滨海相富含钙质的碎屑岩及碳酸盐岩沉积，主要由钙质砂岩及砂质灰岩组成，以富含壳相化石为特征，与下伏塔黑尔巴斯套组整合或不整合接触，与上覆乌鲁苏巴斯套组整合接触，其时代为早泥盆世晚期。

【沿革】　新疆区测大队三分队丁战等(1976)在卡姆斯特幅(L－45－XXIV)1：20 万区调时

划分并创名的金格尔达组，新疆区调大队三分队刘忠立等(1980)在乌通苏依泉幅(L-46-XXVI)1：20万地质图说明书中划分出托让格库都克组。新疆区测大队三分队丁战等(1976)在卡姆斯特幅(L-45-XXIV)1：20万区调划分并创名的金格尔达组与阿拉比也巴斯他乌组及新疆区调大队三分队刘忠立等(1980)在《乌通苏依泉幅(L-46-XXVI)1：20万地质图说明书》中划分的托让格库都克组，与卓木巴斯套组属同一时期、同一沉积环境的产物，为同物异名；金格尔达组虽创名时间比卓木巴斯套组早一年，但自创名后无人沿用，而卓木巴斯套组得到了广泛应用，因此，停用金格尔达组，选用卓木巴斯套组；阿拉比也巴斯他乌组下部的火山碎屑岩属红柳沟组，上部正常碎屑岩属卓木巴斯套组，因此应停用阿拉比也他乌组一名；托让格库都克组指早泥盆世晚期以火山岩、火山碎屑岩为主的一套沉积，仅限于二台地层小区，新疆区调大队十分队江有铭等(1981)在东泉幅(L-46-XXXIII)1：20万区调划分的卓木巴斯套组可分为两种情况：一种是在其北半幅内划分的卓木巴斯套组(如巴里坤县绵脊梁西南 9 km Ⅳ号剖面)，为一套以火山碎屑岩为主的沉积，属同物异名，应划归二台地层小区的托让格库都克组；另一种是在其南半幅内的卓木巴斯套组(如干柴沟东 9 km XIX号剖面)，为一套以钙质、凝灰质碎屑岩为主的沉积，属名副其实的卓木巴斯套组。新疆区域地层表编写组曾亚参、肖世禄(1979)创名的阿苏山组，本次对比研究将其划归红柳沟组，因此停用阿苏山组一名。

【现在定义】 该组为一套浅海—滨海相富含钙质的碎屑岩及碳酸盐岩沉积。主要由灰色、灰黄色钙质砂岩及砂质灰岩组成。与下伏红柳沟组整合或不整合接触。与上覆乌鲁苏巴斯套组为整合接触。含腕足类、珊瑚、腹足类化石。

【层型】 正层型：巴里坤县考克赛尔盖山克安库都克东南 1.8 km 剖面(91°47′59″，44°36′50″)。由新疆区测大队二分队李天德等(1974)测制。参考剖面：巴里坤县考克赛尔盖山乌鲁苏巴斯套南西剖面，巴里坤县考克塞尔盖山主峰 1759 高点北东剖面，富蕴县金格尔达南剖面等。

【地质特征及区域变化】 该组分布于卡姆斯特、库普、乌通苏依泉、红柳峡及东泉一带，呈北西-南东向延伸，为一套滨—浅海相钙质碎屑岩、凝灰质碎屑岩夹火山碎屑岩及碳酸盐岩沉积。由北西向南东，岩性及厚度均有变化。在卡姆斯特幅得仁格依里登—金格尔达一带，该组夹少量中性沉凝灰岩及泥灰岩、生物灰岩透镜体，产珊瑚：*Thamnopora* sp.，*Squameofavosites* sp.，*Pseudofavosites* sp.，*Syringaxon* sp.，*Barrandeophyllum* sp.，*Alveolites* sp.，*Crassialveolites* sp.，腕足类：*Atrypa* sp.，*Acrospirifer* sp.，*Eospiriferina* sp.，*Leptaena* sp.，*L. rhomboidalis*，*Stropheodonta* sp.，三叶虫：*Phacops* sp.，*Odontochile*? sp.，螺类：*Pseudozygopleura* sp.，不整合于加里东花岗闪长岩之上，与上覆乌鲁苏巴斯套组整合接触，可见厚度 354.1～654.8 m。在北塔山乌勒雅斯台(库普幅)一带，该组为一套灰色、青灰色、灰绿色—黄绿色凝灰质砂岩、钙质砂岩—粉砂岩夹砂质灰岩、泥晶—微晶灰岩、生物灰岩及安山质沉凝灰岩，产珊瑚：*Orthopaterophyllum* sp.，*Pleurodictyum* sp.，*P. xinjiangensis*，*Syringaxon* sp.，*Favosites* sp.，腕足类：*Leptostrophia* sp.，*Megakozlowskiella* ex gr. *perlamellosa*，*M.* sp.，*Acrospirifer* sp.，*Paraspirifer gigantea*，*P. pseudomurchisoni*，*Leptaenopyxis* sp.，三叶虫：*Phacops* sp.。未见顶，与下伏红柳沟组整合接触，可见厚度 956.7 m。在北塔山东段(乌通苏依泉一带)，该组为一套灰色、灰绿色、黄褐色细—粗粒凝灰质砂岩、凝灰质粉砂岩夹火山灰凝灰岩、钙质砂岩、钙质砾岩及少量砂质灰岩、大理岩化灰岩，产腕足类：*Leptaena* sp.，*Acrospirifer* sp.，*Megastrophia* sp.，*Leptocoelia* sp.，*L.* cf. *sinica*，*Pseudochonetes* sp.，珊瑚：*Syringaxon* sp.，*Favosites* sp.，腹足类：*Palaeozygopleura* sp.，菊石：*Diagoceras* sp.。与下伏红柳沟组及上覆乌鲁苏巴斯套组均为整合接触，可见厚度 1 821.1 m。在红柳峡幅考克赛尔盖山一带本组创名处，该组产腕足类：

Paraspirifer sp. ,*P. gigantea*, *Acrospirifer* sp. ,*Leptaena* sp. ,*Atrypa* sp. ,*Leptaenopyxis bouei*, *Uncinulus* sp., *Resserella* sp., *Leptostrophia magnifica*, *Megakozlowskiella* sp.,珊瑚:*Syringaxon* sp. ,*Thamnopora* sp. ,*Barrandeophyllum* sp.、腹足类:*Platyceras* sp. ,*Praenitica* sp. 。与下伏红柳沟组为整合或不整合接触,与上覆乌鲁苏巴斯套组为整合接触,可见厚度73～120 m。在东泉幅干柴沟一带,该组为一套灰色—深灰色钙质砾岩。不等粒凝灰质砂岩、凝灰质砾岩夹玄武岩及灰岩透镜体,产腕足类:*Trigonorhynchia* sp. ,*Leptaena* sp. ,*Acrospirifer* sp. ,珊瑚:*Orthopaterophyllum* sp. ,*Squameofavosites* sp. ,*Favosites* sp. ,*Syringaxon* sp. 及苔藓虫。与下伏红柳沟组及上覆乌鲁苏巴斯套组均为整合接触,可见厚度354.1 m。根据岩石组合特征及化石组合,本组形成于滨海—浅海环境。

乌鲁苏巴斯套组 D_2w (01-65-0757)

【创名及原始定义】 新疆地质局区测大队二分队李天德等(1972—1974)在红柳峡幅(L-46-XXXII)进行1:20万区调,1977年在报告中创名。创名地在巴里坤县考克赛尔盖山克安库都克南东1.8 km处。原始定义:该组为一套滨海—浅海相沉积,以碎屑岩及火山碎屑岩为主,夹少量碳酸盐岩沉积,以下伏卓木巴斯套组含大量腕足类的钙质层与产床板珊瑚的绿色砂岩的界线作为下界,上与含植物为特征的克安库都克组整合接触,其时代为中泥盆世。

【沿革】 新疆区测大队三分队丁战等(1976)在《卡姆斯特幅(L-45-XXIV)1:20万区域地质调查报告》中划分并创名的得仁格依里登组,与乌鲁苏巴斯套组基本相同。1980—1981年新疆区调大队三、十分队(刘忠立、江有铭)分别在乌通苏依泉幅、东泉幅(L-46-XXVI、XXXIII)1:20万区调及《西北地区区域地层表·新疆维吾尔自治区分册》(1981)中沿用了创名人的划分。1990—1991年《新疆古生界》与"新疆北部泥盆系研究"课题组划分的乌鲁苏巴斯套组和纸房组分别代表中泥盆世早、晚期的沉积。如前所述托让格库都克组、得仁格依里登组,与乌鲁苏巴斯套属同物异名,虽然前二者创名时间早,自1974年以来乌鲁苏巴斯套组得到了广泛应用,因此本次对比研究时停止使用得仁格依里登组,选用乌鲁苏巴斯套组。1990～1991年《新疆古生界》总结之二及"新疆北部泥盆系研究"课题组划分的乌鲁苏巴斯套组与纸房组,本次对比研究将二者划归乌鲁苏巴斯套组,并停止使用纸房组一名。新疆区调大队十分队江有铭等(1981)划分的乌鲁苏巴斯套组,分两种情况:一是其北半幅内的乌鲁苏巴斯套组,其下部以火山岩及火山碎屑岩为主的沉积相当于地层小区的北塔山组,其上部以正常碎屑岩为主的沉积相当于蕴都喀拉组;二是南半幅内的乌鲁苏巴斯套组(如干柴沟东剖面),为一套凝灰质碎屑岩与火山碎屑岩沉积,属名副其实的乌鲁苏巴斯套组。

【现在定义】 该组为整合覆于卓木巴斯套组浅海—滨海相灰、灰绿色钙质碎屑岩、凝灰质碎屑岩之上;整合或平行不整合伏于克安库都克组灰色、黄绿色陆相火山碎屑岩杂色陆相碎屑岩沉积之下一套海陆交互相碎屑岩、火山碎屑岩夹碳酸盐岩沉积,由灰绿色长石岩屑砂岩、凝灰岩、凝灰质细砂岩、生物灰岩组成,含珊瑚、植物化石。

【层型】 正层型:巴里坤县克安库都克南东1.8 km处剖面(91°47′59″,44°36′50″),新疆区测大队二分队(1974)测制。副层型:巴里坤县考克塞尔盖山主峰1759高点北东剖面(91°55′40″,44°33′40″),新疆区测大队二分队(1974)测制。参考剖面:富蕴县德仁格依里登泉以西剖面,青河县野马滩剖面,巴里坤县考克塞尔盖山塔黑尔巴斯套一带剖面。

【地质特征及区域变化】 该组分布于卡姆斯特、奥什克山、乌通苏依泉、红柳峡及东泉一带,呈北西-南东向延伸,为一套海陆交互相碎屑岩、火山碎屑岩夹碳酸盐岩沉积。由北西向南东，沉积物由正常碎屑岩—凝灰质碎屑岩—凝灰质碎屑岩与火山碎屑岩互层，厚度由厚变薄。在卡姆斯特幅得仁格依里登泉一带，该组为一套正常的碎屑岩沉积，其岩性为灰色、灰绿色、黄灰—黄绿色砂砾岩、粗砂—细砂岩、粉砂岩不均匀互层夹硅质岩、长石砂岩、钙质细砂岩及灰岩透镜体。产珊瑚：*Keriophyllum* sp.，*Alveolites* sp.，*Spongophyllum* sp.，*Endophyllum* sp.，腕足类：*Elytha* sp.，*Mucrospirifer* sp.，*Atrypa* sp.，*Schuchertella* sp.，三叶虫：*Phacops* sp.，*Proetus* sp.，*Guerangeria* sp.，植物：*Knorria* sp.，*Protolepidodendron scharyanum*，*Lepidodendropsis* sp.及海百合茎。与下伏卓木巴斯套组整合接触。与上覆克安库都克组整合或平行不整合接触，可见厚度为541～1 294.93 m。在北塔山东段（乌通苏依泉幅）—考克赛尔盖山（红柳峡幅）—干柴沟东（东泉幅）一带，为灰绿色夹灰色凝灰质砂岩与凝灰岩、沉凝灰岩不均匀互层夹凝灰质砂砾岩及砾岩、砂砾岩、粗—细粒砂岩、钙质砂岩、少量生物碎屑灰岩。产珊瑚：*Keriophyllum* sp.，*Endophyllum* sp.，*E. nalivkina zhifangense*，*E. carinatum*，*Xinjiangolites* sp.，*X. macrospinosus*，*Spongophyllum* sp.，*Alveolitella* sp.，*A. multispinosus*，*Tyrganolites* sp.，*T. altaicus*，*T. engeni*等，腕足类：*Atrypa* sp.，*Acrospirifer* sp.，*Fimbrispirifer* sp.，*Praewaagenoconcha kenlyhoensis*，*Mucrospirifer* sp.，*Paraspirifer* ex gr. *gigantea* 等，植物：*Barradeina* sp.，*Lepidodendropsis* sp.，*L. theodori*，*Lepidossigillaria acuminata* 等及牙形刺、海百合茎。与下伏卓木巴斯套组及上覆克安库都克组均为整合接触，在北塔山东端，可见厚度为1 315.4 m，在红柳峡—东泉一带，可见厚度为92～204.6 m。根据岩石组合及古生物组合特征，本组形成于海陆交互相环境。

克安库都克组　D_3*ka*　(01-65-0758)

【创名及原始定义】　新疆地质局区测大队二分队李天德等（1977）在《红柳峡幅（L-46-XXXⅡ）1∶20万区域地质调查报告》中划分并创名，创名地在巴里坤县考克赛尔盖山克安库都克南东1.8 km处。原始定义：该组为一套陆相火山碎屑岩夹陆源碎屑岩沉积；下亚组为灰黄及灰绿色，粒度较细；上亚组为典型的杂色层，粒度一般较粗。与下伏乌鲁苏巴斯套组整合接触，与上覆姜巴斯套组不整合接触，或与黑山头组不整合接触，其时代为晚泥盆世。

【沿革】　新疆区测大队三分队（1976）在卡姆斯特幅（L-45-XXⅣ）1∶20万区调中划分并创名的拜尔库都克组，为一套陆相碎屑岩沉积，与克安库都克组的层位及沉积环境完全一致。新疆区调大队三分队刘忠立等（1980）在《乌通苏依泉幅（L-46-XXⅥ）1∶20万地质图说明书》中沿用了克安库都克组，而将其时代确定为晚泥盆世至早石炭世早期。新疆区调大队十分队江有铭等（1981）在东泉幅（L-46-XXXⅢ）1∶20万区调划分的卡希翁组有两种沉积类型：其一是图幅中西部为一套陆相碎屑岩建造，与克安库都克组的层位相当，沉积环境及岩性相似；其二是图幅东部的一套海陆交互相沉积，与克安库都克组不同，与二台地层小区的江孜尔库都克组完全可以对比。《西北地区区域地层表·新疆维吾尔自治区分册》（1981）及曾亚参、肖世禄（1991）在《新疆古生界》（下）中均沿用。本次对比研究维持创名人的划分。拜尔库都克组与克安库都克组为同物异名，虽然拜尔库都克组创名早，但无人沿用，而克安库都克组沿用广泛，本次对比研究停用拜尔库都克组，选用克安库都克组。江有铭等在东泉幅划分的卡希翁组分两种情况，其一是南半幅中西部划分的卡希翁组，为一套陆相碎屑岩及火山碎屑岩沉积，与克安库都克组亦为同物异名，因卡希翁组已被用于二台地层小区，代表晚泥盆世早期的陆相沉积，故本次对比研究将其划归克安库都克组；其二是在东泉幅东部划分的卡希翁组，为一套海陆交互相沉积，与克安库都克组不能对比，与二台地层小区的江孜尔库都克组完全可以对比，本次对比研究将其划归江孜尔库都克组。

【现在定义】 指整合或平行不整合于乌鲁苏巴斯套组之上，整合或不整合于黑山头组之下的一套下部以粒度较细的灰、浅灰色泥质粉砂岩夹钙质长石岩屑砂岩为主，上部以粒度较粗的灰、灰紫、暗紫色凝灰岩、凝灰砾岩、凝灰砂岩为主的地层，含植物、珊瑚、海百合茎、腕足类化石。

【层型】 正层型：巴里坤县考克赛尔盖山克安库都克南东 1.8 km 处剖面（91°48′20″，44°37′20″），由新疆区测大队二分队李天德等（1974）测制。副层型：巴里坤县克安库都克西北 3.6 km 处剖面（91°45′05″，44°37′50″），由新疆区测大队二分队（1974）测制。参考剖面：富蕴县拜尔库都克剖面。

【地质特征及区域变化】 该组分布于拜尔库都克—考克赛尔盖山、干柴沟东一带，呈北西-南东向延伸，为一套杂色陆相碎屑岩、火山碎屑岩沉积。沿走向延伸，其岩性及厚度变化均较大。在卡姆斯特幅拜尔库都克—金格尔达一带，该组为一套黄褐色、黄绿色粗—细粒砂岩、长石砂岩夹硅质粉砂岩、硅质岩及砾岩，产植物：*Leptophloeum rhormbicum*，*Knorria* sp.，*Lepidodendropsis* sp.，双壳类：*Ptychopteria* sp.（该双壳类产于本组底部，且与斜方薄皮木共生）；与下伏乌鲁苏巴斯套组呈整合或平行不整合接触，未见顶，可见厚度 490～1 416.7 m。考克赛尔盖山一带，该组为一套灰色、灰紫色、灰绿色、黄绿色凝灰质砂岩、长石岩屑砂岩、粉砂岩与火山灰凝灰岩、沉凝灰岩不均匀互层夹凝灰质砾岩，产植物：*Leptophloeum rhombicum*，与上覆姜巴斯套组不整合接触，可见厚度 575.9～1 049 m。在干柴沟东一带，该组下部为灰色、灰绿色火山灰沉凝灰岩，上部为暗灰色、黄绿色中粒砂岩与粉砂岩互层夹复矿砂岩及钙质砂岩；产植物：*Leptophloeum rhombicum*，*Cyclostigma* sp.，*C. kiltorkense*，*Lepidodendropsis* sp.，与下伏乌鲁苏巴斯套组呈断层接触，与上覆八道湾组为不整合接触，可见厚度 348.1 m。根据岩石组合特征及古生物特征，本组为大陆环境的沉积。

卡拉麦里组 $D_{1-3}kl$ (01-65-0759)

【创名及原始定义】 新疆地质局区测大队一、三分队（李启新等、曾亚参等，1966）分别在《库普幅（L-46-XXV）1：20 万区域地质测量报告》、《卡拉麦里山幅（L-45-XXX）1：20 万地质图说明书》中创名，创名地在奇台县卡拉麦里山东段松喀尔苏东及富蕴县—青河县卡拉麦里山南麓一带。原始定义：发育于塔木岗组滨海—浅海相碎屑岩建造之下的一套浅海相碎屑岩、火山碎屑岩建造。未见底，与上覆塔木岗组整合或不整合接触。其时代为中泥盆世。

【沿革】 新疆综合研究队王景斌等（1966）对卡拉麦里山地区古生代地层进行研究时划分出的中泥盆统卡拉麦里组仅相当于三分队的卡拉麦里组上亚组，划分出的红柳沟组、白山包组分别与其中、下亚组对应。新疆区域地层表编写组（1981）划分的中泥盆统卡拉麦里组与新疆地质局综合研究队划分的红柳沟组的层位一致。新疆第二区调队四分队李恒海等（1986）在苏吉泉幅、双井子幅（L-46-109-B、D）1：5 万区调中划分红柳沟组及卡拉麦里组与三分队划分的卡拉麦里组中亚组相当，新建的苏吉泉组与三分队划分的卡拉麦里组上亚组相当。《新疆古生界》（1991）划分的卡拉麦里组及苏吉泉组，与李恒海的划分完全一致；新建的苦水泉组与李恒海划分的红柳沟组层位相当。305 项目"新疆北部泥盆系研究"课题组（1992）划分的红柳沟组、苦水泉组、卡拉麦里组可分别与《新疆古生界》（1991）（下）划分的苦水泉组、卡拉麦里组、苏吉泉组的层位对应。本次对比研究将新疆区测大队三分队（1966）划分的卡拉麦里组上亚组及其与之相当的层位划归卡拉麦里组，时代定为早泥盆世晚期至晚泥盆世晚期。新疆地矿局第二区调大队四分队李恒海等（1986）在《苏吉泉幅、双井子幅（L-46-109-B、D）1：5 万区域地质调查报告》中所划分的卡拉麦里组及新建的苏吉泉组分别是本次对比研究后的卡拉麦里组的异物同名和同物异名。将李恒海等人划分的卡拉麦里组划归红柳沟组；苏吉泉组属同物异名，停止使用。

【现在定义】 该组岩性为灰绿色细砂岩、粉砂岩、粗砂岩夹钙质砂岩、砂质灰岩、泥质粉砂岩。与下伏红柳沟组为整合或平行不整合接触，与上覆塔木岗组为整合或不整合接触。含腕足类、植物化石。

【层型】 正层型：奇台县卡拉麦里山东段松喀尔苏东剖面(90°44′30″，44°56′50″)，由新疆区测大队一分队李启新等(1965)测制。副层型：青河县卡拉麦里山南麓剖面(88°57′00″，45°02′00″)，由新疆区测大队三分队(1966)测制。参考剖面：奇台县1 001.8三角点北东2 km处剖面，奇台县唐巴巴斯陶东侧0.6 km处剖面。

【地质特征及区域变化】 该组分布于卡拉麦里山一带，呈近东西向、北西-南东向延伸，为一套正常碎屑岩、凝灰质碎屑岩夹火山碎屑岩沉积。自西向东，其岩性由凝灰质碎屑岩夹火山碎屑岩变为正常碎屑岩夹少量火山碎屑岩。在卡拉麦里山南麓—库普幅南明水一带，该组为一套灰绿色、黄绿色、深灰色凝灰质砂岩、凝灰质粉砂岩、凝灰质泥岩夹含放射虫凝灰岩、含放射虫沉凝灰岩及少量钙质砂岩、钙质粉砂岩、泥质粉砂岩和灰岩透镜体。在本组靠顶部产菊石：*Manticoceras* cf. *cordatum*，*M.* cf. *zhangguoense*，与下伏红柳沟组为整合接触，与上覆塔木岗组不整合接触，可见厚度为229.74～736 m。在卡拉麦里山东段松喀尔苏一带，为一套黄褐绿色、灰绿色夹紫红色长石质粉砂岩、泥质粉砂岩夹粗—中粒砂岩、钙质砂岩、砂质灰岩及沉凝灰岩，在该组底部产腕足类：*Leptaena rhomboidalis* var. *kwangsiensis*?，*Indospirifer* cf. *kwangsiensis*?，*Schuchertella* sp.，植物：*Bothrodendron* sp.，与下伏红柳沟组为整合接触，与上覆塔木岗组呈断层接触，可见厚度649.4 m。根据岩石组合特征、古生物特征，卡拉麦里组属于滨海—浅海环境沉积。

红山嘴组 $C_1 h\hat{s}$ (01-65-1000)

【创名及原始定义】 新疆地质局第四地质大队芮行健等(1966)[①] 创名于阿尔泰以东(偏北)中蒙边境的红山嘴，新疆区域地层表编写组(1981)介绍。原始定义：上部为杂色、灰色砂岩、板岩、泥灰岩、灰绿色泥灰岩、安山玢岩、石英钠长斑岩，下部中酸性火山岩、生物灰岩，含腕足类、苔藓虫化石。

【沿革】 红山嘴组1966年建立以后，新疆地质局区测大队三、六分队(1977—1978)在大桥、青河、德柳等地开展1：20万区调工作时，分别把红山嘴组划分为三个亚组和两个亚组。新疆地矿局一区调大队(1990—1991)在哈巴河县阿舍勒地区进行1：1万哈巴河县阿舍勒铜矿地质研究时，沿用红山嘴组并划分出其下部层位。本次对比研究认为红山嘴组基本符合地层规范要求，可以作为阿尔泰地层分区早石炭世的岩石地层单位。原划的巴勒根岩系1991年已解体为阿舍勒组、齐也组、红山嘴组，故属停用单位。塔哥尔组为石英绿泥石绢云母片岩、千枚岩，与红山嘴组为同物异名，亦属停用单位。

【现在定义】 指呈断块出露的上部为灰色、灰绿色中厚层状千枚岩化含砂泥质粗粉砂岩、变质中粒长石石英砂岩、石英砂岩、细砂岩夹斜长片岩、流纹斑岩、钙质砂岩、结晶灰岩。含珊瑚、腕足类化石。下部灰绿色、灰黑色片理化石英斑岩、流纹质英安斑岩、残斑变岩、霏细斑岩的

---

① 新疆地质局第四地质大队芮行健等，1966，喀喇额尔齐斯河上游1：20万白云母普查工作报告。

一套地层。

【层型】 因创名人未测剖面，只有综合叙述，本书选用廖卓庭(1990)在红山嘴地区重测红山嘴组剖面为选层型(89°11′00″,47°54′00″)。参考剖面：富蕴县库木图河剖面，富蕴县喀拉都尔根剖面，富蕴县正格河中游剖面。

阿尔泰山北坡中蒙边境红山嘴哨所附近红山嘴剖面

上覆地层：未命名的上石炭统 青灰色杂砂岩夹泥板岩，未见化石 60.00 m

——— 整 合 ———

红山嘴组 总厚度 746.00 m

10. 土黄色杂砂岩、夹少量瘤状、团块状灰岩透镜体，含珊瑚、腕足类等化石。腕足类：*Leptagonia analonga*，*Rhynchonelloids*；珊瑚：*Bradyphyllum* sp.；牙形刺：*Gnathodus girtyi intermedius*，*Paragnathodus commutatus*，*Polygnathus communis* 70.00 m

9. 紫红色安山玢岩夹灰绿色薄层凝灰岩 130.00 m

8. 紫红色安山玢岩与流纹质凝灰岩互层 110.00 m

7. 棕黄色、紫红色中—粗粒石英杂砂岩夹少量钙质砂岩透镜体，其中产珊瑚化石：*Bradyphyllum* ? sp.，*Siphonophyllia* sp.；腕足类：*Rugosochonetes* sp. 170.00 m

6. 灰绿色、砖红色泥灰岩夹土黄色钙质粉砂岩，产牙形刺：*Gnathodus girtyi intermedius*；腕足类：*Marginatia* cf. *daruptoides*，*Syringothyris* sp.，*Megachonetes* sp.，*Rhipidomella* sp.；珊瑚：*Bradyphyllum*? sp. 50.00 m

5. 紫红色杂砂岩、粉砂岩夹薄层青灰色泥板岩，产腕足类：*Rugauris* cf. *indica*，*Spirifer* cf. *aschliaviki*，*Composita* sp.，*Schizophoria* sp. 120.00 m

4. 灰黄色杂砂岩、泥板岩夹砂质灰岩透镜体及紫红色安山质凝灰岩，产腕足类：*Marginatia* cf. *daruptoides*，*Spirifer* cf. *subgrandis*，*Plicochonetes elegans*，*Balakhonia* sp.，*Striatifera* sp.，*Megachonetes* sp.，*Torynifer* sp.，*Schizophoria* sp.；腹足类 *Protlokiella* sp.，*Platyceras* sp.，*Bellerophon* sp. 40.00 m

3. 浅灰色中—厚层状砂质灰岩，夹灰黄色细砂岩和泥质粉砂岩，产腕足类：*Syringothyris* cf. *altaica*，*Dictyoclostus* cf. *circumspinosus*，*Balakhonia* sp.，*Megachonetes* sp.，*Stenascisma* sp. 6.00 m

2. 灰黄色杂砂岩、含砾砂岩，夹青灰色粗结晶灰岩，产珊瑚：*Siphonophyllia*? sp.，*Bradyphyllum*? sp.；牙形刺：*Paragnathodus* sp.；腕足类：*Syringothyris* sp.，*Rhipidomella* sp.，*Mesoplica* sp.；腹足类：*Platyceras* sp.，*Eoptychia* cf. *sulcata*，*Bellerophon* sp.；苔藓虫：*Sulcoretepora* sp.，*Rhombopora* sp. 50.00 m

═══ 断 层 ═══

下伏地层：库鲁木提群 灰绿色板岩

【地质特征及区域变化】 红山嘴组由上部杂色海相碎屑岩和下部中—酸性火山岩、火山碎屑岩组成。主要分布于阿勒泰县东偏北中蒙边境的红山嘴及正格河一带，哈巴河县北阿舍勒也有分布。各地岩性厚度变化大。哈巴河县西北，上部为绿灰色页岩、砂岩、砾岩，厚 2 600 m。富蕴县正格河中游该组上部为深灰、灰黑色碳质泥质粉砂岩、碳质泥质板岩、中粒岩屑石英砂岩、细砂岩夹钙质粉砂岩和灰黑色灰岩。含珊瑚：*Zaphrentoides*，腕足类 *Striatifera*. 厚 1 270.3 m。在富蕴县喀拉都尔根，红山嘴组上部为深灰、深灰褐、深灰绿、深紫灰色二云母斜长片岩、石英片岩、千枚岩化泥质粉砂岩、绢云母硅质板岩，夹钙质砂岩、结晶灰岩、石英岩、变质斜长流纹斑岩。厚2 718.3 m。由于岩石变质较深，后期构造变动剧烈，很难见到顶底齐全的完整剖面，因此本次对比研究中选用的剖面都是不连贯的单个剖面。红山嘴组的地质时代为早石炭世。

那林卡拉组　C_1n　(01－65－1004)

【创名及原始定义】　新疆地质局第三区测大队(一、二、三、四分队李启新、李佩基等，1960)创名于布尔津县以南那林卡拉他乌。原始定义为：指布尔津县以南那林卡拉他乌包括下亚组滨海相碎屑岩(含菊石，珊瑚，植物化石)及上亚组陆相含煤地层(含安加拉植物)，时代早石炭世。

【沿革】　新疆地质局第三区测大队(1960)创立那林卡拉组后，新疆区测大队二分队(1977)在富蕴县以南沙尔布拉克，发现相当那林卡拉组下亚组地层，不整合于含贵州珊瑚、圆蛤珊瑚、古剑珊瑚的姜巴斯套组之上。新疆地矿局第二区调大队许培春等(1986)在沙尔布拉克一带该组顶部发现Namurian(纳缪尔)期E带菊石，证明该组的时代为Visean(维宪)中晚期至纳缪尔早期。吴乃元(1991)将那林卡拉组限定为大量含菊石、珊瑚及植物化石的滨海相地层，时代为维宪中晚期至纳缪尔初期。那林卡拉组与下伏地层为不整合，与上覆地层为整合或平行不整合。通过本次对比研究认为那林卡拉组是符合岩石地层单位命名法规，建议在额尔齐斯地层小区和北准噶尔地层小区使用这一地层单位。而散都克塔什组、清水组、妖魔梁组、卡姆斯特组均是那林卡拉组的同物异名，应予停用。

【现在定义】　指分布于布尔津县城以南那林卡拉他乌一带与上覆吉木乃组整合接触，与下伏萨吾尔山组不整合接触的一套含大量菊石、珊瑚及植物化石的海陆交替相或滨海相一陆相的石英砂岩、紫红色泥岩、暗灰色、灰色复矿砂岩、钙质砂岩夹长石砂岩、粉砂岩、砂质灰岩，个别地段夹煤线的地层。

【层型】　正层型：布尔津县南布伦托海北那林卡拉他乌剖面(87°06′30″，47°23′10″)，由新疆第三区测大队(一、二、三、四分队，1960)测制。参考剖面：吉木乃县黑山头东北4 km剖面。

【地质特征及区域变化】　那林卡拉组是一套海陆交替相或海相一陆相地层，主要岩性为灰、深灰、浅灰、黄灰色泥质粉砂岩、粉砂岩、钙质砂岩、长石砂岩、硅质粉砂岩夹碳质泥质粉砂岩、砂质灰岩、碳质页岩及煤线。局部地段尚夹砾岩、杂砂岩、含砾杂砂岩。本组主要分布于那林卡拉他乌，富蕴以南，阿尔曼特山，乌伦古河以北的卡希翁、扎河坝及萨吾尔山东端黑山头、东准噶尔卡姆斯特等地，各地岩性变化不大，是以正常碎屑岩为主，但富蕴县南萨尔布拉克和阿尔曼特山有少量凝灰物质。该组厚度变化较大，由西向东为黑山头厚214～399 m。额敏厚1 281 m。富蕴县南厚1 154 m。阿尔曼特山，本组平行不整合于姜巴斯套组之上，下以断层为界与中泥盆世萨吾尔山组接触。在小哈甫提克山，那林卡拉组夹有煤及菱铁矿。该组普遍含菊石、腕足类、珊瑚、植物化石，地质时代早石炭世晚期。

吉木乃组　C_2jm　(01－65－1003)

【创名及原始定义】　新疆地质局区测大队与中国地质科学院地质研究所(1974)创名的萨尔布拉克组，1993年《新疆维吾尔自治区区域地质志》更名为吉木乃组(更名原因是萨尔布拉克组与柯坪地区奥陶系组名相同)。创名地吉木乃县哈尔加乌西南萨尔布拉克沟。原始定义：本组为陆相磨拉石建造的砂砾岩、粉砂岩夹火山喷发岩及其碎屑岩，底部夹煤线，含古植物化石。上与哈尔加乌组平行不整合，下与那林卡拉组整合或超覆不整合，厚460 m。

【沿革】　吉木乃组1986年更名后，吴乃元(1991)在《新疆古生界》(下)采用了这一名称。

【现在定义】 指出露于萨吾尔山北坡及那林卡拉他乌一带，上与哈尔加乌组平行不整合，下与那林卡拉组整合或平行不整合的一套陆相火山碎屑岩、正常碎屑岩和中酸性火山熔岩的霏细斑岩、火山角砾岩、安山玢岩、中性凝灰岩、硅质和凝灰质粉砂岩，夹可采煤层，含安加拉植物群的沉积序列。

【层型】 正层型：吉木乃县哈尔加乌南萨尔布拉克沟剖面（86°15′00″，47°07′03″），由新疆区调大队地层分队（1974）测制。参考剖面：额敏县查叶托斯巴斯剖面，额敏县西南库木尔赛煤矿剖面，布尔津县那林喀腊中段乌鲁木齐-布尔津公路Ⅱ号剖面。

【地质特征及区域变化】 吉木乃组主要岩性为一套陆相火山碎屑岩、碎屑岩和中酸性火山熔岩，夹可采煤层。在创名吉木乃组的萨尔布拉克沟为霏细斑岩、辉绿玢岩、安山玢岩、酸性火山角砾岩、砾状砂岩、细砂岩、硅质粉砂岩，含植物：*Angaropteridium cardiopteroides*，*Calamites cistipormis*。出露厚度 592 m，上与哈尔加乌组平行不整合，下与那林卡拉组整合接触。在布尔津喀拉吉拉地区该组下部为陆相中酸性火山碎屑岩、火山熔岩及碎屑岩，上部为灰绿色砂岩、粉砂岩、砾岩，夹碳质页岩及煤层，厚约 1 000 m。在那林卡拉他乌中段乌鲁木齐—布尔津公路一带，吉木乃组上部为暗绿、暗灰绿、灰绿色厚层状沉凝灰岩、安山质岩屑晶屑凝灰岩、玄武玢岩；下部灰色为主夹黄灰色、灰白色厚层状钙质岩屑砂岩、细砂岩，夹细砾岩、砂质灰岩，含植物化石：*Angaropteridium cardiopteroides*，厚 1 416.6 m。上未见顶，下未见底。其地质时代晚石炭世早期。

恰其海组 C_2q （01-65-1002）

【创名及原始定义】 新疆地矿局区调大队十分队白光群等（1982）创名，创名地在那林卡拉他乌南坡乌尊布拉克泉东南。原始定义：下部含安加拉植物的火山岩、火山碎屑岩，上部为正常陆源碎屑岩，含腕足类等海相化石。上未见顶，下未见底。

【沿革】 恰其海组由新疆区调大队十分队（1982）创名。当时该组被划分为四个亚组。其中下部三个亚组为含安加拉植物化石的火山岩、火山碎屑岩，第四亚组为含海相化石的正常陆源碎屑岩。《新疆维吾尔自治区区域地质志》（1993）重新厘定恰其海组，其相当于原该组的第四亚组，将原一、二、三亚组划归吉木乃组（下石炭统）。吴乃元（1991）在《新疆古生界》（下）沿用《新疆维吾尔自治区区域地质志》的划分（因《新疆维吾尔自治区区域地质志》1986 年定稿）。

【现在定义】 指出露于布尔津县南那林卡拉他乌南坡（即科克森他乌）含腕足类等海相化石的一套正常陆源碎屑岩。以灰绿色为主夹灰褐、黄褐色的杂砂岩、粗砂岩、细砂岩、粉砂岩、硅质细砂岩，与下伏吉木乃组整合接触，上未见顶。

【层型】 正层型：布尔津县那林喀腊中段乌鲁木齐—布尔津公路Ⅱ号剖面（86°47′00″，47°24′30″），由新疆地矿局区调大队十分队白光群等（1982）测制。参考剖面：布尔津县乌尊布拉克泉南东 6.6 kmⅤ号剖面。

【地质特征及区域变化】 恰其海组的主要岩性为正常陆源碎屑岩，以灰、灰绿色为主，夹灰褐色、黄褐色杂砂质中粒砂岩、岩屑砂岩、细砂质碎屑灰岩、砂质泥岩、粉砂质泥岩。层型剖面厚 1 110.4 m，上未见顶，下与吉木乃组整合接触，含双壳类化石。在乌尊布拉克泉东南该组由以灰绿色为主的中厚层状杂砂岩、岩屑粗砂岩、中粒砂岩夹硅质粉砂岩组成，含腕足类：*Choristites* sp.，*Dictyoclostus americanus*；厚 695 m。本组分布范围小，岩相岩性变化不大。时代晚石炭世。

喀喇额尔齐斯群　C_2KL　(01－65－1001)

【创名及原始定义】　新疆地质局区测大队二分队张玉谦等(1978)创名，创名地在福海县科布哈特。原始定义：指呈断块出露于锡泊渡一带含大量晚石炭世—早二叠世孢粉及芦木类化石的一套变质岩地层。

【沿革】　新疆区测大队二分队(1978)于阿尔泰山南麓锡泊渡以北—富蕴一带进行1∶20万区域地质调查时，在科布哈特变质岩中发现晚石炭世—早二叠世孢粉化石及芦木类化石，从而建立了喀喇额尔齐斯组，下分四个亚组：第一亚组为灰绿、浅灰、浅绿色绢云石英片岩、二云石英片岩、片理化粉砂岩、片理化绿泥石砂岩，厚696 m，上下均为断层。第二亚组为灰绿色、灰色为主绢云母化粉砂岩、片理化二云粉砂岩、片理化凝灰砂岩、凝灰质粉砂岩、层凝灰岩，含孢粉化石，厚933.7 m，上下均为断层。第三亚组深灰—灰黑色斜长角闪片岩、角闪黑云石英片岩、角闪黑云斜长片岩、阳起石片岩，厚247～487 m，与二、四亚组整合接触。第四亚组，喀喇额尔齐斯河河谷以北为变质砂岩、砂砾岩、板岩、千枚岩，夹薄层大理岩，含芦木化石，厚380～803 m。喀喇额尔齐斯河以南第三、第四亚组为一套高绿片岩至角闪岩相的深变质岩。同年新疆区测大队七分队将这套地层称为喀喇额尔齐斯组。吴乃元(1991)将其改称喀喇额尔齐斯群，分四个亚群。《新疆维吾尔自治区区域地质志》(1993)沿用喀喇额尔齐斯群。本次对比研究沿用这一名称。另外喀喇额尔齐斯组(后由组改群)是新疆地质局第三区测大队(1961)创名于哈巴河县阿舍勒，其含义是指灰绿色石英钠长斑岩、凝灰岩夹砂岩。这与新疆区测大队二分队(1978)在锡泊渡建立的喀喇额尔齐斯组实属异物同名，当时应另创新名。本次对比研究考虑到1977年后该组已广为应用，影响大，同时1961年命名于哈巴河县北的喀喇额尔齐斯组1988年后已分解成阿舍勒组、齐也组和红山嘴组。故暂时仍采用喀喇额尔齐斯群，待详细工作后再行定夺。而原划分的第三、四亚群一套高绿片岩至角闪岩相的深变质岩应从喀喇额尔斯群中分出，另创新名。

【现在定义】　指分布于阿尔泰山南麓锡泊渡以北—富蕴一带呈断块出露，含晚石炭世—早二叠世孢粉及芦木类化石的各种片岩、变质砂岩、砂砾岩、板岩、千枚岩及薄层大理岩或透镜体，厚度、岩性变化大和构造复杂的一套变质岩地层。与上覆哈尔加乌组，下伏恰其海组，未见直接接触。

【层型】　正层型：福海县科布哈特剖面(Ⅵ号)(88°56′05″，47°13′20″)，由新疆区测大队二分队(1978)测制。参考剖面：富蕴县艾尔登布拉克Ⅱ号剖面，福海县七比提山Ⅲ号剖面。

【地质特征及区域变化】　喀喇额尔齐斯群是一套变质岩地层，主要岩性为片理化凝灰砂岩、绢云母化粉砂岩、片理化二云母粉砂岩，出露厚度696～933.7 m。上下均为断层接触。本群主要分布于锡泊渡至富蕴一带，地层厚度大，最厚达2 266 m，构造复杂，岩相变化亦大，变质不均匀。在锡泊渡局部变质较浅，至富蕴变质较深，形成各种片岩、片麻岩、混合岩。根据岩性及化石组合，本群暂置晚石炭世。

【其他】　通过对比研究认为喀喇额尔齐斯群正位于挤压带内，构造复杂，岩相及地层厚度变化大，含孢粉及芦木茎干的浅变质碎屑岩，其分布及延伸范围、变质程度如何，因多种因素未能进行野外核查，无法肯定。

黑山头组　C_1h　(01－65－1007)

【创名及原始定义】　新疆地质局第三区测大队三分队李佩基等(1961)创名，创名地布尔津县南那林卡拉他乌。原始定义:下部为一套正常陆源碎屑岩,上部多有中酸性、中基性火山碎屑岩和火山岩。时代中石炭世。

【沿革】 新疆地质局第三区测大队三分队(1961)创立黑山头组之后,新疆区测大队与中国地质科学院地质研究所地层分队(1974)将其厘定为下石炭统,《西北地区区域地层表·新疆维吾尔自治区分册》(1981)进一步将该组限定为早石炭世早期。《新疆维吾尔自治区区域地质志》(1993)将黑山头组划分为上、中、下三个亚组,时代早石炭世。而原来使用的东古鲁巴斯套组、阿拉土别库都克组均为黑山头组的同物异名,应停止使用。

【现在定义】 指与上覆姜巴斯套组不整合,与下伏塔尔巴哈台组多呈整合接触的一套正常陆源碎屑岩和火山碎屑岩沉积序列,上部夹中酸性火山岩。主要岩性为灰、浅灰、灰绿、灰黑色钙质砂岩、硅质泥质粉砂岩、火山灰凝灰岩、钙质凝灰质砂岩、凝灰砂岩,上部时有石英斑岩、安山玢岩。含腕足类、珊瑚化石。

【层型】 正层型:布尔津县南那林卡拉他乌剖面(86°56′00″,47°28′45″),由新疆地质局第三区测大队三分队(1961)测制。参考剖面:巴里坤县青猴岩山北坡东古鲁巴斯套剖面,和布克赛尔县赛力克特哈诺托洛盖剖面,吉木乃县黑山头以东 4 km 剖面,吉木乃县阿得尔克山西南Ⅴ号剖面,奇台县吐胡鲁穷剖面,巴里坤县 144 号界标南侧剖面。

【地质特征及区域变化】 黑山头组主要为暗色细碎屑岩、火山碎屑岩,上部多有中酸性、中基性火山岩。创名剖面厚 4 064 m,顶底未见。含海百合茎、植物化石。吉木乃县黑山头地区上部为黄褐色、灰绿色石英斑岩、安山玢岩、英安斑岩质细火山角砾岩、火山灰凝灰岩;下部为灰、灰绿色泥质粉砂岩、硅质粉砂岩、钙质砂岩,夹凝灰质、硅质砂岩,含腕足类、苔藓虫和植物化石。下与晚泥盆世塔尔巴哈台组整合,上被次火山岩侵入。厚 917 m。巴里坤纸房地区该组厚 2 221 m,上与早石炭世姜巴斯套组不整合,下与晚泥盆世克安库都克组整合过渡。岩性主要为泥质粉砂岩、凝灰砂岩、钙质细砂岩、火山灰凝灰岩,夹凝灰砂砾岩、凝灰砾岩,底部有砂屑灰岩。富含腕足类(*Mucrospirifer*)、珊瑚、植物化石。三塘湖地区的黑山头组下部以正常陆源碎岩屑为主,上部则多凝灰岩,化石丰富,以腕足类 *Syringothyris* 数量较多。厚 232.7 m,顶底未见。卡拉麦里地区该组下部为凝灰质粉砂岩、凝灰砾岩、沉凝灰岩夹钙质砂岩及灰岩小凸镜体,上部为安山质角砾凝灰岩、安山质熔结角砾岩及安山玢岩、玄武玢岩,未见顶底,厚 731 m。含腕足类 *Syringothyris* 等。该组时代早石炭世。

【其他】 通过对比研究,黑山头组基本符合岩石地层单位的命名原则,适用于北准噶尔地层分区,其时代为早石炭世。

姜巴斯套组 C_1j (01-65-1005)

【创名及原始定义】 新疆地质局区测大队二分队李天德等(1977)创建于巴里坤县纸房以北姜巴斯套。原始定义:主要为灰绿、灰、黄绿色富钙质的陆源碎屑岩、火山碎屑岩,其中杂砂岩、长石质砂岩较多。

【沿革】 《西北地区区域地层表·新疆维吾尔自治区分册》(1981)将该地层称南明水组,并划分为上、下亚组。《新疆古生界》(下)(1991)将南明水组含义限定于地层表所指的下亚组,上亚组另创名为那林卡拉组。《新疆维吾尔自治区区域地质志》(1993)沿用了 1977 年建组的含义。原划的南明水组、绵脊梁组、散都克塔什组和卡拉干的组均为姜巴斯套组的同物异名,应予停用。

【现在定义】 指分布于巴里坤县纸房北姜巴斯套以东,与上覆那林卡拉组、下伏黑山头组均为不整合的一套地层序列，主要为灰绿、灰黄绿、暗绿、暗灰色富含钙质的火山碎屑岩（凝灰粉砂岩、凝灰细砂岩、凝灰粗砂岩、凝灰粉砂质泥岩）和陆源碎屑岩，其中碳质泥岩、碳质粉砂岩及长石质杂砂岩较多，含植物、腕足类等化石。

【层型】 正层型：巴里坤县纸房以北姜巴斯套剖面（91°55′36″，44°38′54″），由新疆区测大队二分队（1977）测制。参考剖面：巴里坤县东泉幅阿里普恰普特泉剖面，伊吾县下马崖西南30 km剖面，伊吾县南塔普捷尔泉北部剖面，富蕴县二台西南散都克塔什剖面，吉木乃县东南黑山头东 4 km 剖面，奇台县南明水以东 7 km 无名沟剖面。

【地质特征及区域变化】 姜巴斯套组岩性主要为灰绿、灰黄绿色陆源碎屑岩、火山碎屑岩，其中杂砂岩、长石质杂砂岩较多。一般中下部为浅海相，上部多为滨海相，且粒度往往较粗。含丰富的腕足类、植物、珊瑚化石，在姜巴斯套厚 769.6 m。由此往东到莫钦乌拉哈尔里克山北坡、伊吾县南及东泉等地该组岩性变化不大，为凝灰质砂岩、凝灰砂砾岩、凝灰岩，夹碳质页岩、碳质泥质砂岩，厚 603～1 858.5 m，含腕足类：*Syringothyris* sp.。在哈尔里克山上下均未见顶底，伊吾县南上为断层，下未见底。在东泉地区下未见底，上以不整合与吉木乃组接触。姜巴斯套往西到富蕴南、吉木乃县黑山头岩性无甚变化，其厚度在吉木乃黑山头 357 m，富蕴南 1 503 m，南明水 1 216.9 m。与上覆或下伏地层多为不整合和断层接触。从本组岩性及生物组合分析地质时代为早石炭世。

【其他】 本次对比研究后认为姜巴斯套组的建立是与岩石地层单位的命名规则相符合的，它是北准噶尔地层分区早石炭世的一个地层单位。

希贝库拉斯组 C_1xb （01－65－1008）

【创名及原始定义】 新疆地质局区测大队五分队张成经等（1966）创名，创名地在克拉玛依市西南希贝库拉斯南。原始定义：分布于扎依尔山、玛依力山一带，岩性为灰、青灰色厚层块状细—粗粒凝灰质砂岩与层凝灰岩不均匀互层夹暗灰至灰黑色凝灰质粉砂质泥岩、凝灰质粉砂岩、凝灰角砾岩，局部地段夹圆砾岩、硅质岩、生物碎屑灰岩及安山玢岩凸镜状夹层，厚3 416 m，下未见底，上与包古图组整合过渡，时代早石炭世。

【沿革】 国家 305 项目“新疆北部石炭系及其含矿性”课题组廖卓庭（1990）在克拉玛依地区调查时，亦采用希贝库拉斯组，其地质时代认为属晚石炭世。吴乃元（1991）在《新疆古生界》（下）石炭系的南准噶尔分区中将希贝库拉斯组划归早石炭世。

【现在定义】 同原始定义。

【层型】 正层型：克拉玛依市西南希贝库拉斯南剖面（84°25′55″，45°36′04″），由新疆区测大队五分队（1966）测制。参考剖面：托里县柳树沟村东南约 10 km 剖面。

【地质特征及区域变化】 希贝库拉斯组主要岩性是厚层块状凝灰质砂岩与层凝灰岩不均匀互层，夹凝灰质粉砂质泥岩、凝灰质粉砂岩、凝灰角砾岩，局部夹圆砾岩、硅质岩、生物碎屑灰岩等一套火山碎屑岩建造，底部含腕足类、珊瑚化石。在希贝库拉斯南，出露厚度 3 416 m；在庙尔沟北该组出露厚度 2 700 m。希贝库拉斯组仅分布于扎依尔山、玛依力山一带。其接触关系多未见顶、底。本组地质时代属早石炭世。

包古图组 $C_{1-2}b$ （01－65－1009）

【创名及原始定义】 新疆地质局区测大队五分队张成经等（1966）创名于包古图河流域卡因特。原始定义：为一套浅海相细—极细的火山岩碎屑—陆源碎屑沉积，岩性为凝灰质粉砂岩、凝灰质粉砂质泥岩与层凝灰岩不均匀互层，夹火山灰层凝灰岩、砂岩、粉砂岩、圆砾岩、硅质岩、安山玢岩。

【沿革】 新疆地质局区测大队遥感站(1982)在哈图地区进行1：5万区调时，于该组发现大量芦木化石及孢粉，因而认为包古图组应属中—晚石炭世。南京地质古生物研究所(1985)于达尔布特大断裂南柳树沟老公路的阿克库拉采石场该组底部灰岩中采获腕足类：*Gigantoproductus* cf. *edelburgensis*。于上部砾状灰岩中采有腕足类 *Syringothyris* sp.，䗴 *Eostaffella* sp.。为此他们认为该组时代为早石炭世中、晚维宪 Visean 期。廖卓庭(1990)、吴乃元(1991)都认为包古图组时代属早石炭世晚期—晚石炭世早期。

【现在定义】 指分布于包古图河流域的一套主要为浊积相的灰、灰黑色薄层状层凝灰质粉砂岩、凝灰质泥岩，与灰绿色、灰色薄层状层凝灰岩不均匀互层，夹凝灰岩、凝灰质砂岩、粉砂岩、砂岩、长石砂岩、硅质岩、圆砾岩、安山玢岩及灰岩。与上覆太勒古拉组和下伏希贝库拉斯组均为整合接触。含动植物化石。

【层型】 正层型：克拉玛依卡因特剖面(84°08′50″，45°49′55″)，由新疆区测大队五分队(1966)在1：20万克拉玛依幅(L－45－XIX)测制。参考剖面：托里县苏鲁朔克东剖面，托里县拉巴剖面，托里县柳树沟东北1 km剖面。

【地质特征及区域变化】 包古图组岩性主要为浊积相灰、灰黑色薄层状凝灰质粉砂岩、凝灰质粉砂质泥岩与灰绿色、灰色薄层状层凝灰岩不均匀互层，夹凝灰岩、凝灰质砂岩、粉砂岩、杂砂质长石砂岩、圆砾岩、硅质岩、凝灰角砾岩、安山玢岩及灰岩。含腕足类、珊瑚、䗴等化石。与上覆、下伏地层多为整合。该组岩性、厚度均有较大变化。在卡因特为凝灰岩、凝灰质砂岩、凝灰质粉砂岩夹层凝灰岩，厚1 019 m，与上覆、下伏地层均为整合接触；托里县苏鲁朔克为泥质硅质岩、变粉砂硅质岩、片理化变泥质岩、变余砂质泥岩、凝灰质粉砂岩，厚1 184 m，下未见底，与上覆地层整合关系；托里县柳树沟东北该组顶底未见，厚1 436 m，为粉砂质泥岩、粉砂岩、细砂岩、层凝灰岩、凝灰质粉砂岩及凝灰质细砂岩夹中基性火山角砾岩，富含腕足类及珊瑚、䗴。从岩性及化石组合分析，本组地质时代为早—晚石炭世。

【其他】 包古图组厚度及岩性变化大，后期构造变动剧烈，岩石地层单元划分标志不明显，加上未进行野外核查，从现有资料分析认为该组基本符合岩石地层单位划分原则，建议继续使用包古图组。

太勒古拉组 C_2t (01－65－1010)

【创名及原始定义】 新疆地质局区测大队五分队张成经等(1966)创建，创名地位于克拉玛依市太勒古拉南。原始定义：主要岩性为灰、灰绿、紫红色薄层状细粒凝灰岩、晶屑层凝灰岩、火山灰层凝灰岩、凝灰质粉砂岩、凝灰质粉砂质泥岩等不均匀互层，夹辉绿岩、玄武岩、细碧岩、安山玢岩及长石砂岩、粉砂岩，底部多有数百米厚的杂色玄武岩、安山岩、细碧岩等为分层标志。

【沿革】 新疆地质局区测大队(1982)在哈图地区的该组地层中采获孢粉，时代认为是中—晚石炭世。中国科学院南京地质古生物研究所(1984)于哈图山红卫金矿及托叶巴斯、白碱滩北侏罗沟之碧玉岩、硅质岩和灰岩透镜体中发现放射虫，地质时代属晚泥盆世—早石炭世。吴乃元(1991)将太勒古拉组划为中—晚石炭世。

【现在定义】 指分布于克拉玛依西南，上未见顶，下为断层接触的一套地层序列，岩性为灰、灰绿、紫红色薄层状细粒凝灰岩、晶屑层凝灰岩、火山灰层凝灰岩、凝灰质粉砂岩、凝灰质粉砂质泥岩等不均匀互层，夹辉绿岩、玄武岩、细碧岩、安山玢岩及长石砂岩、粉砂岩，底部以杂色玄武岩、安山玢岩及硅质岩为分界标志。

【层型】 正层型：克拉玛依太勒古拉南剖面(85°25′30″,45°30′20″)，由新疆地质局区测大队五分队(1966)测制。参考剖面：托里县阿勒吞扎瓦提剖面，克拉玛依太古勒拉北至卡拉休卡一带剖面，克拉玛依克思吐别剖面。

【地质特征及区域变化】 太勒古拉组总体特征为细粒凝灰岩、晶屑层凝灰岩、火山灰层凝灰岩、凝灰质粉砂岩、凝灰质粉砂质泥岩不均匀互层，夹辉绿岩、玄武岩、细碧岩、安山玢岩及长石砂岩、粉砂岩。出露总厚度 2 217 m，上未见顶，下为断层接触。部分玄武岩有蚀变现象，底部含植物。本组在克拉玛依太勒古拉北至卡拉休卡，上部为片理化凝灰质泥岩、粉砂岩、片理化细粒凝灰岩、片理化凝灰质长石砂岩、硅质粉砂岩。下部紫红、绿色为主的中性喷发岩，夹凝灰质粉砂岩、粉砂质硅质岩，厚 681 m。上未见顶，下为整合接触。在克拉玛依思吐别该组视厚 1 321 m，接触关系同前，为一套偏正常碎屑岩沉积为主夹少量凝灰岩，下部夹中基性喷发岩。托里县阿勒吞扎提太勒古拉组上未见顶，下为断层，厚 2 190 m，其上部为正常碎屑岩，下部为火山碎屑岩，夹玄武岩或杏仁状玄武岩。小部分岩石有轻微变质。该组地质时代属晚石炭世。

哈拉阿拉特组　C_2h　(01－65－1011)

【创名及原始定义】 郝服光等[①](1964)创建，吴乃元(1991)在《新疆古生界》(下)中介绍。创名地在哈拉阿拉特山北坡。原始定义：上部火山岩及火山碎屑岩夹灰岩透镜体，下部正常碎屑岩夹灰岩，含腕足类、珊瑚、苔藓虫、牙形刺。时代晚泥盆世。

【沿革】 60年代新疆石油管理局在哈拉阿拉特山地区开展系统调查工作基础上，由郝服光等(1964)创建，当时定为上泥盆统。70年代末新疆地质局区测大队二分队在该区进行1：20万区调时，将这套地层时代改为早、中石炭世。新疆石油管理局与中国科学院南京地质古生物研究所(1985)进行了系统的生物地层、同位素地质学研究，取得了很大进展，肯定了本区存在海相上石炭统下部地层，按层位划分了两个组：哈拉阿拉特组及阿腊德依克赛组。廖卓庭(1990)、吴乃元(1991)采用了1985年的划分方案，地质时代为晚石炭世早期。

【现在定义】 指分布于西准噶尔哈拉阿拉特山地区的一套上部为火山岩(火山角砾岩、安山岩)，火山碎屑岩(凝灰质砂岩、凝灰岩)及正常沉积碎屑岩(砂岩、泥岩、砂质泥岩、粉砂岩)，夹灰岩和灰岩透镜体，含腕足类、䗴、珊瑚、苔藓虫、牙形刺；下部为正常碎屑岩(泥岩、砂质泥岩、砂岩、粉砂岩)，与上下地层均为断层接触。

【层型】 正层型：和布克赛尔蒙古自治县乌尔禾—和什托洛盖公路剖面(85°55′30″,46°17′00″)，由新疆石油管理局郝服光等(1964)测制。参考剖面：克拉玛依市哈拉阿拉特山剖面。

【地质特征及区域变化】 哈拉阿拉特组总体岩性上部多为火山岩、火山碎屑岩及正常碎屑岩，夹灰岩；下部为正常碎屑岩。上部含腕足类、苔藓、䗴、珊瑚等化石。下伏地层未见，全为断层接触，厚度达 5 000 m。在哈拉阿拉特山的本组与上覆下第三系不整合，与下伏下石炭统为断层接触，出露厚度 1 898 m，岩性主要以黄绿色、浅绿灰、浅灰绿色为主夹灰黑色页片状粉砂质泥岩、火山灰粉砂质泥岩夹凝灰质细砂岩、灰岩及灰岩透镜体，含少量腕足类化石。哈拉阿拉特组仅分布于西准噶尔哈拉阿拉特山，范围小，岩性变化不太大。其地质时代为晚石炭世。

---

① 新疆石油管理局地调处勘探室郝服光等，1964，准噶尔盆地西北缘地层古生物标准剖面研究总结及若干问题讨论。

阿腊德依克赛组 C_2al (01-65-1012)

【创名及原始定义】 中国科学院南京地质古生物研究所[①] (1985)创建,创名地是哈拉阿拉特山之阿腊德依克赛沟。原始定义:主要为紫红色、灰黑色砂岩、页岩与安山岩、玄武岩。厚度 595~2 048 m。与上覆地层平行不整合接触,与下伏地层为断层接触。含䗴、腕足类、珊瑚等化石。

【沿革】 新疆地质局区测大队二分队(1978)在乌尔禾幅(L-45-XIV)进行 1:20 万区调工作时,曾将该套地层划为中石炭统。吴乃元(1991)在《新疆古生界》(下)中采用了阿腊德依克赛组一名,地质时代为晚石炭世。

【现在定义】 指出露于阿腊德依克赛沟与上覆佳木河组不整合或平行不整合,与下伏哈拉阿拉特组断层接触的一套以紫红色、紫黑色、紫灰色及灰绿色为主的砂岩、页岩、砂质泥岩、泥岩与安山岩、安山玄武岩、玄武岩夹灰岩透镜体,含腕足类、䗴、珊瑚化石。

【层型】 正层型:和布克赛尔蒙古自治县哈拉阿拉特山阿腊德依克赛沟剖面(85°25′20″,46°08′30″),由中国科学院南京地质古生物研究所(1985)测制。参考剖面:克拉玛依市哈拉阿拉特山西北 437.0 高点剖面。

【地质特征及区域变化】 阿腊德依克赛组的岩性主要是正常碎屑沉积的砂岩、粉砂岩、泥岩、砂质泥岩、页岩与安山岩、安山玄武岩、玄武岩,夹灰岩透镜体。含䗴、腕足类、珊瑚化石。厚 596~2 048 m,与上覆地层平行不整合,下为断层接触。在哈拉阿拉特山西北,本组厚 1 309 m,顶底未见,总体岩性与层型剖面相似,也是正常碎屑岩为主,夹一套火山碎屑岩、灰岩。但岩石片理化比较发育,底部尚有浅变质的千枚岩。亦产腕足类、珊瑚。该组在哈拉阿拉特山西南出露厚度 1 055 m,上为不整合接触,下为断层接触,岩性也是正常碎屑岩为主夹安山玢岩、辉石安山玢岩和英安斑岩、安山质火山角砾岩。含珊瑚、腕足类等化石。总之阿腊德依克赛组仅分布于哈拉阿拉特山,岩性变化不大,地质时代为晚石炭世。

塔木岗组 C_1t (01-65-1197)

【创名及原始定义】 新疆地质局区测大队一分队李启新等(1966)创名于卡拉麦里山南麓松喀尔苏一带,创名地位于松喀尔苏以东。原始定义:由一套滨海相砂岩、砂砾岩、砾岩等粗碎屑岩组成,含大量植物及动物化石。其底以一层底砾岩与下伏中泥盆统卡拉麦里组上亚组分界。两者在大部分地段为整合接触,局部呈平行不整合出现。

【沿革】 袁复礼(1930)对本区进行调查时,将双井子一带的砾岩、砂岩称为山梁漂砾层(因砾石直径最大可达 1 m 以上,袁氏认为系冰川漂砾,故此命名),时代为泥盆纪。新疆石油管理局所属各地质队(1957—1958)将此地层进一步划分为滴水泉层和山梁砾石层,并与上覆的火山岩(现巴塔玛依内山组)合称为双井子统,时代为早—中石炭世。新疆石油管理局地调处杨文孝(1965)将滴水泉层与山梁砾石层改称滴水泉群,时代确定为早石炭世。而将上覆火山岩(现巴塔玛依内山组)改称弧形梁群,时代为中石炭世。新疆地质局综合研究队(1965)沿用了滴水泉层及山梁砾石层的划分,并改层为组,时代为晚泥盆世。新疆地质局区测大队一分队(1963—1966)在库普地区进行 1:20 万库普幅(L-46-XXV)区调工作时,将相当滴水泉组的地层改称塔木岗组,时代为晚泥盆世,而将山梁砾石组改称松喀尔苏组,时代为早石炭世。《西

① 中国科学院南京地质古生物研究所,1985,准噶尔盆地西北缘石炭系、二叠系地层综合研究。

北地区区域地层表·新疆维吾尔自治区分册》(1981)沿用了这一划分方案，不同的是将松喀尔苏组改称滴水泉组。新疆区测大队古生物组地层队(1978)在1964年工作基础上撰写的卡拉麦里山一带地层报告中将塔木岗组及山梁砾石组时代改为早石炭世。《新疆古生界》(下)(1991)基本沿用了新疆区测大队古生物组地层队的划分方案。本次对比研究也沿用这一划分方案。本次对比研究后停用原滴水泉组，今后在卡拉麦里区均采用塔木岗组这一岩石地层单位。

【现在定义】 指发育在塔木岗巴斯他乌泉至双井子一带的以陆相碎屑岩为主的一套岩石序列，主要以灰黑色泥质粉砂岩、灰色砂岩、含砾粗砂岩为主，夹砾岩、碳质页岩及煤线，含植物化石。该地层底部以一层灰绿色砾岩与下伏卡拉麦里组分界，多为整合接触，上部以黄褐色圆砾岩的出现与山梁砾石组分界，为不整合接触。

【层型】 正层型：奇台县松喀尔苏南剖面(92°42′20″，44°43′40″)，由新疆区测大队一分队(1966)测制。参考剖面：奇台县老君庙北剖面，卡拉麦里地区剖面，卡拉麦里地区白山包南剖面。

【地质特征及区域变化】 本组岩相、岩性和厚度变化都很大。在本组西北部平顶山南为一套海陆交互相的中—粗粒杂砂岩、长石砂岩、凝灰质砂岩，夹含砾凝灰质粗砂岩。含丰富的鳞木化石：*Lepidodendron* sp.，*Sublepidodendron* ? sp. 等。底部含少量腕足类化石：*Camarotoechia* sp.。可见厚度476 m。双井子及其以东地段为一套陆相碎屑岩。主要岩性为粉砂岩、砂岩、含砾粗砂岩，夹砾岩、碳质页岩。含大量植物化石：*Lepidodendron* sp.，*Lepidodendropsis* sp.，*Calamites* sp.，*Adiantites* sp. 等。可见厚度877～1 550 m。东部多在400 m左右。本组与下伏地层多为整合接触，局部为断层接触，与上覆地层多为整合接触，个别处为不整合接触。地质时代为早石炭世。

山梁砾石组 $C_1\hat{s}l$ (01-65-1198)

【创名及原始定义】 袁复礼(1930)将双井子一带的一套砾岩、砂岩创名为山梁漂砾层。新疆地质局综合研究队王景斌等(1965)将其更名为山梁砾石组。原始定义：为一套陆相粗碎屑岩，其中含有与下伏地层滴水泉组相似的植物化石。本组主要由灰绿色(有时表面为褐色)砾岩组成，在靠底部常有细粒碎屑岩的分层和透镜体。

【沿革】 本组划分沿革同塔木岗组。

【现在定义】 指分布于双井子及其以东的一套陆相碎屑岩。其岩性主要以砾岩、砂砾岩为主，并夹砂岩、粉砂岩、泥质粉砂岩的薄层，夹层中产丰富的植物化石。该地层体，下以黄褐绿色砾岩、砂砾岩的出现或灰绿色砂岩的消失与下伏塔木岗组分界，多为整合接触，上以中—基性火山岩的出现与巴塔玛依内山组分界，为不整合接触。

【层型】 创名人未指定层型，本次对比研究指定选层型：卡拉麦里山双井子东实测剖面(90°24′40″，44°07′00″)，由新疆地质局综合研究队王景斌(1965)测制。参考剖面：库普地区剖面，卡拉麦里山地区剖面，奇台县老君庙北剖面。

【地质特征及区域变化】 本组分布在滴水泉、六棵树以南和双井子以东等地，无论从岩性上还是厚度上变化都很大。双井子附近主要以灰黄、灰绿色砾岩、砂砾岩、含砾粗砂岩为主，夹砂岩、粉砂岩、页岩及煤线，厚700～1 600 m。在夹层中产丰富的植物化石：*Rhodea* sp.，*Demetria asiatica*，*Lepidodendropsis concinna* 等。在西北部帐篷沟一带，主要为黄绿色凝灰质砾岩、凝灰质砂岩及少量酸—基性火山熔岩。由于受断层破坏，地层出露不全，出露厚度500～3 000 m不等。滴水泉一带岩石粒度变细，主要以紫红色泥岩、凝灰质粉砂岩为主，夹碳质泥岩及煤线，厚度800 m以上。含大量的植物化石：*Cardiopteridium* cf. *spetsbergense*，*Archaeocalamites* cf. *scrobiculatus* 等。地质时代为早石炭世。

本组与下伏地层塔木岗组大部分地段是整合过渡，个别地段为不整合接触，与上覆地层巴塔玛依内山组为不整合接触。

巴塔玛依内山组　C_{1-2} *bt*　(01－65－1199)

【创名及原始定义】　新疆地质局区测大队一分队李启新等(1966)创建于卡拉麦里山南麓巴塔玛依内山。创名地位于巴塔玛依内山。原始定义：指基性—中性—酸性火山熔岩及火山碎屑岩，夹少量正常沉积的砂岩、砂砾岩及碳质粉砂岩。它与下伏地层呈明显不整合接触。

【沿革】　新疆石油管理局(1957—1958)将该套地层称弧形梁层(包括现巴塔玛依内山组和弧形梁组)。时代为早—中石炭世。新疆地质局(1965)将弧形梁层更名为弧形梁组，时代同前。新疆地质局区测大队一分队(1966)对该套地层进行了新的厘定，将其下部火山岩称巴塔玛依内山组，上部碎屑岩称双井子组，时代为中石炭世。《西北地区区域地层表·新疆维吾尔自治区分册》(1981)沿用了这种划分方案，所不同是将双井子组改称石钱滩组。新疆区测大队古生物地层分队(1978)将区测大队一分队所测巴塔玛依内山组及其上双井子组下亚组合称为巴塔玛依内山组，并分为上段和下段，时代为早石炭世。《新疆古生界》(下)(1991)在《西北地区区域地层表·新疆维吾尔自治区分册》(1981)的划分基础上，恢复弧形梁组(即相当于新疆地层表中石钱滩组下部层位)，时代均为中石炭世。本次对比研究将新疆区测大队一分队划分的巴塔玛依内山组时代定为早石炭世晚期至中石炭世早期。

【现在定义】　指发育在巴塔玛依内山一带的一套陆相火山岩地层序列，由基性、中性、酸性火山熔岩、凝灰岩、凝灰角砾岩组成。下以中—基性火山岩的出现或砾岩、砂砾岩的消失与山梁砾石组不整合分界。上以砂岩、粉砂岩的出现与弧形梁组不整合或平行不整合分界。

【层型】　正层型：库普地区巴塔玛依内山剖面(92°25′10″,44°46′50″)，由新疆区测大队一分队(1966)测制。参考剖面：奇台县以北六棵树剖面，红柳峡地区沙尔布拉克剖面。

【地质特征及区域变化】　该组岩性和厚度变化很大。滴水泉一带以杂色火山岩、火山碎屑岩为主，上部夹少量正常碎屑岩，厚1 000 m左右。巴塔玛依内山地区以出现大量中基性凝灰岩、凝灰角砾岩和霏细岩、珍珠岩为特征，其中夹碳质页岩、薄层泥岩。在泥岩中含植物化石 *Angaropteridium* cf. *cardiopteroides* 等。厚4 318 m。六棵树以南，以一套中基性火山岩为主，上部夹黄绿色砂岩、粉砂岩、砂质泥岩和薄层砾岩，其中含植物化石 *Angaropteridium* sp. 等。厚1 011 m。帐篷沟地区主要为中—酸性火山熔岩夹碳质页岩、凝灰质砂岩及煤线，含 *Cyclopteris* sp. 等植物化石。另外，在碳质页岩中含大量孢粉。由于受断层破坏，可见厚度约2 000 m左右。该组与下伏地层多为超覆不整合接触。与上覆地层为不整合或平行不整合接触。根据岩性及所含化石特征，本组时代为早石炭世晚期至晚石炭世早期。

弧形梁组　C_2 *h*　(01－65－1200)

【创名及原始定义】　新疆石油管理局① (1957)在卡拉麦里山南麓创名。由新疆地质局区测大队一分队(1966)介绍。原始定义：本组为一套沉积—喷发岩层，主要由陆相中基性熔岩、火山碎屑岩组成，有陆相沉积岩的分层。

① 新疆石油管理局地调处116队赵春元等，1957，准噶尔盆地克拉美里双井子地区地质总结报告。

【沿革】 该组划分沿革同巴塔玛依内山组。

【现在定义】 指沉积于巴塔玛依内山组火山岩之上的一套陆相碎屑岩，主要由粉砂质泥岩、粉砂岩、砂岩及少量砾岩组成，其中含大量植物化石，下以粉砂质泥岩、黄色砾岩的出现或中基性火山岩的消失与巴塔玛依内山组不整合或平行不整合分界，上以不整合面或暗绿色砾岩的出现与石钱滩组分界。

【层型】 正层型：卡拉麦里地区弧形梁剖面(90°14′00″,44°50′00″)，由新疆地质局综合研究队王景斌等(1966)重测。参考剖面：奇台县塔木岗剖面。

【地质特征及区域变化】 本组主要分布于滴水泉至双井子东南一带，岩性沿走向变化很小，均以一套薄层状粉砂质泥岩、粉砂岩、砂岩为主，含大量植物化石。厚69～220 m。与上覆、下伏地层多为不整合接触。根据化石组合及岩性特征，时代定为晚石炭世早期。

石钱滩组 $C_2\hat{s}$ (01－65－1013)

【创名及原始定义】 袁复礼(1930)创建石钱滩建造，创名地位于东准噶尔将军庙以东石钱滩。原始定义：分布于东准噶尔将军庙一带的一套海相碎屑岩夹灰岩(因含大量海百合茎，风化后单片散落地，形似石钱，故而得名)。时代早二叠世。

【沿革】 地质部631队石油普查大队五分队(1955)因采集大量腕足类和珊瑚，而将这套地层划为上石炭统。新疆石油管理局所属各队(1957～1958)将此地层立名为石钱滩统，时代为晚石炭世，并指出袁复礼所建的石钱滩建造(P_1)与双井子灰岩(C_1)实际是一个层位。新疆地质局区测大队一分队(1963—1965)编写库普幅(L－46－XXV)说明书，将此地层创名为双井子组，分上、中、下亚组，在中亚组中首次发现中石炭世䗴化石，故确定为中石炭统。新疆地质局综合研究队(1966)将这套地层划为上石炭统。新疆区测大队古生物组地层队(1978)将石钱滩组划为上段和下段，时代为中石炭世早期至晚期。新疆石油管理局袁文贤等(1983)将石钱滩组自上而下划分为：(4) 杂色凝灰碎屑岩段；(3) 平梁绿色泥岩段；(2) 双井子灰岩段；(1) 弧形梁碎屑岩段。新疆地矿局二区调队李恒海等(1987)与武汉地质学院合作，在详细测制了该剖面后，认为石钱滩组下部属上石炭统下部，而上部属上石炭统上部，并建议将上部地层建立红沙泉组。吴乃元在1991年出版的《新疆古生界》(下)中将石钱滩组时代划为上石炭统中一上部。

【现在定义】 指与上覆六棵树组平行不整合接触(局部可见不整合)，与下伏弧形梁组或巴塔玛依内山组不整合接触的一套浅海—滨海相泥质灰岩、生物灰岩、砂质灰岩与钙质粉砂岩、砂岩、粉砂岩不均互层夹碳质泥岩、砾岩。含䗴、珊瑚、腕足类、双壳类、三叶虫等化石。

【层型】 石钱滩组在袁复礼(1930)创名时未测制剖面，后来的文献中未见列述该组层型剖面，为此本书选用由新疆地质局区测大队古生物地层分队(1964)在双井子西2 km测制的石钱滩组剖面作为选层型(90°23′10″,44°36′10″)。参考剖面：奇台县老君庙北孔雀屏向斜北翼Ⅺ号剖面，巴里坤县克安库都克以北剖面，巴里坤县阿黑莫依娜克南3.5 km剖面，巴里坤县乌尊塔格北西6.4 km剖面，奇台县石钱滩Ⅰ号实测剖面，奇台卡拉麦里山南麓—老君庙地区塔木岗剖面。

【地质特征及区域变化】 石钱滩组是一套浅海—滨海相碎屑岩碳酸盐岩。主要岩性为砂质灰岩、泥质灰岩、生物碎屑灰岩及钙质细砂岩、粗砂岩、泥质粉砂岩、细砂岩。富含腕足类、珊瑚、䗴等化石。本组出露于卡拉麦里山南麓，岩相变化不大，而厚度变化较大。其规律是：西部薄，300 m左右，向东递增至2 500 m，西部粒度略粗，夹有砾岩、砾状灰岩，化石丰富，壳相化石最盛；东部粒度较细，泥质岩层增多。新疆地质局区测大队古生物地层分队(1964)在双井子西

2 km 测制的剖面及该剖面东数公里处测制的剖面中均发现晚石炭世早期的䗴类：*Pseudostaffella irinovkensis*，*P. varsanofievae*，*Profusulinella* sp.，*Fusiella* sp.，*Schubertella obscura*，*Eostaffella* sp. 等。从以上䗴类组合分析，时代为晚石炭世早期，石钱滩组含䗴的层位大致相当于俄罗斯地台的巴什基尔阶—莫斯科(Moscorian)阶的下部 Verei 组。在石钱滩组的上部可能包括有晚石炭世晚期的地层。本组与下伏巴塔玛依内山组为区域性超覆不整合接触，上被六棵树组平行不整合覆盖，局部为不整合接触。

六棵树组　C_2lk　(01－65－1014)

【创名及原始定义】《西北地区区域地层表·新疆维吾尔自治区分册》(1981)由平梁层(1957)更名而来，创名地点卡拉麦里山南麓石钱滩。原始定义缺。

【沿革】 六棵树组是由平梁层演变而来。新疆石油管理局 117、57 队(1957)在石钱滩地区开展 1∶5 万普查时，将这套地层首次创名为平梁层，时代为晚石炭世晚期。新疆石油管理局 106、58 队(1958)在老君庙一带做 1∶5 万普查时又将其划为孔雀屏岩系，时代早二叠世。新疆地质局区测大队一分队(1964)在库普幅(L－46－XXV)开展 1∶20 万区调工作时，将其划为石钱滩组上亚组；新疆石油管理局地调处专题地层研究队(1965)将石钱滩群划分为上部平梁组和下部化石沟组，石钱滩组之上又划出上石炭统胜利沟群。《西北地区区域地层表·新疆维吾尔自治区分册》(1981)认为胜利沟群与平梁组为同一层位，故以平梁组代表该区上石炭统，与下伏石钱滩组为整合接触，与上覆早二叠世地层不整合。由于平梁组与甘肃奥陶系平凉组同音，故改名为六棵树组。时代晚石炭世。

【现在定义】 指与上覆胜利沟组不整合，与下伏石钱滩组平行不整合的一套海退环境下的碎屑岩夹火山碎屑岩。岩性绛紫、灰紫、粉红色为主，黄绿、灰绿、灰色为次的中厚层—块状杂砂岩、粗砂岩、钙质粗砂岩、细砂岩夹泥质粉砂岩、凝灰岩、凝灰质细砂岩，向东被火山岩取代，含珊瑚及双壳类。

【层型】 六棵树组的正层型因多种因素无从考证，暂以新疆地质局区测大队四分队(1980)在石钱滩地区测制的剖面作为选层型(90°47′20″，44°35′21″)。参考剖面：奇台县将军庙以东孔雀屏剖面(XI号)。

【地质特征及区域变化】 六棵树组为碎屑岩夹火山碎屑岩，向东火山碎屑岩增多，并逐渐被中酸性火山熔岩取代，且厚度增大。在石钱滩为中厚层状粗砂岩、含砾粗砂岩、泥质粉砂岩，夹钙质粗砂岩、铁质粗砂岩和凝灰岩，含腕足类、海百合茎、珊瑚。厚 241.8 m。上与下二叠统超覆不整合，下与石钱滩组平行不整合。在孔雀屏主要为杂砂岩、硅质细砂岩、粉砂岩，下部霏细斑岩、安山玢岩、凝灰岩夹细砾岩。颜色为绛紫色、灰紫色，厚度 870 m，上与孔雀屏组整合、下与石钱滩组平行不整合接触。本组仅分布于卡拉麦里山南麓的石钱滩及孔雀屏，呈北西-南东向展布，是海退环境下的沉积物，西部首先上升，海水向南东退出。伴随地壳上升伴有火山活动，当时火山活动越向东越强烈，相反向西部则很微弱，当时气候干旱、炎热，生物贫乏，且岩石颜色多呈绛紫色。时代晚石炭世。

柳树沟组　C_2l　(01－65－1213)

【创名及原始定义】 新疆地质局区测大队六分队谭德遥等(1965)在进行 1∶20 万乌鲁木齐幅(K－45－Ⅳ)区域地质调查补课时创名。原始定义：为一套中酸性—中性火山碎屑岩，主要岩性有安山质火山角砾岩、集块岩、安山质岩屑凝灰岩、层凝灰岩、火山灰凝灰岩，夹安山玢岩、英安斑岩。与上覆地层祁家沟组碎屑岩、灰岩夹中基性火山岩不整合或整合接触。未见下伏地层。地质时代为中石炭世。

【沿革】 地质局第二区测大队三分队(1960)在乌鲁木齐—达西河地区进行1:20万地质测量与普查工作时，划分出中—上石炭统白杨河组，岩性为火山岩和火山碎屑岩，富含钙质，夹有石灰岩透镜体，出露于背斜轴部，与上覆祁家沟组石灰岩、喷发沉积岩和碎屑岩整合接触。1965年新疆地质局区测大队六分队在乌鲁木齐幅补课时，停用白杨沟组，改称柳树沟组，与上覆祁家沟组整合接触，该组沿用至今。仅根据博格达山西端资料，柳树沟组向东延伸，前人划出博格达组，由于该组岩层组成复杂，可能包括柳树沟组的岩性成分，博格达组经对比研究不再采用，重新划分对比，留待今后进一步工作解决。

【现在定义】 该组为位于上覆祁家沟组碎屑岩、灰岩之下的一套浅海相喷出岩。为灰绿、灰紫色安山质火山角砾岩、凝灰角砾岩、中酸性凝灰岩夹安山玢岩、玄武玢岩、英安斑岩、霏细岩及少量砂岩、粉砂岩、灰岩透镜体。与祁家沟组为整合或不整合接触，未见下伏地层。

【层型】 正层型：乌鲁木齐柳树沟剖面(87°42′00″,43°30′30″)，由新疆地质局区测大队六分队(1965)测制。参考剖面：阜康三工河剖面，乌鲁木齐甘沟剖面。

【地质特征及区域变化】 柳树沟组分布于博格达山西端，近东西方向延伸，为一套浅海相中酸性—中性火山碎屑岩夹火山熔岩，在柳树沟岩性主要以灰绿色安山质火山角砾岩、集块岩、凝灰岩、层凝灰岩为主，次见安山玢岩、霏细斑岩、英安质凝灰熔岩、玄武玢岩，未见下伏地层，与上覆祁家沟组整合接触，可见厚度2 196 m。向北至背斜北翼的甘沟，岩性为灰绿色—紫红色火山角砾岩与凝灰岩互层，夹安山玢岩及灰岩透镜体，可见厚度2 219 m。延至阜康三工河一带，岩性为灰绿色晶屑凝灰岩、火山角砾岩、安山质岩屑凝灰岩，熔岩减少，出现较多的黑灰色粉砂岩、灰岩；含腕足类化石 *Choristites* sp.，*Squamularia* sp.，*Cliathyridina* sp.，*Dictyoclostus* cf. *taiyuanfuensis*，*Neospirifer* sp.，腹足类 *Allorismia* cf. *barringtoni*；未见下伏地层，与上覆地层祁家沟组整合接触，可见厚度1 181 m。从上述延伸情况看，地层厚度从1 181～2 219 m，向东正常碎屑岩及灰岩成分增多，火山熔岩减少，地层厚度变小。地质时代为晚石炭世早期。

祁家沟组 C_2qj (01-65-1212)

【创名及原始定义】 王恒升(1954)划分出祁家沟石灰岩，新疆地质局区测大队六分队谭德遥等(1965)重新厘定祁家沟组。原始定义：岩性为灰岩、砂岩、页岩、凝灰岩及安山岩。交角不整合覆在奇尔古斯套组之上，上覆地层芨芨槽子岩系，整合接触，地质时代为早石炭世。

【沿革】 王恒升(1954)在乌鲁木齐东南20 km祁家沟创名祁家沟石灰岩。新疆地质局区测大队六分队(1965)在乌鲁木齐幅进行1:20万区域地质调查补课时，重新厘定为祁家沟组，分为上、下两亚组。“中国北方槽区古生代地层会议”筹备小组(1977)重新测制了祁家沟剖面，将祁家沟组上亚组划出，成为奥尔吐组，祁家沟组缩小至下亚组灰岩及碎屑岩。本次对比研究将奥尔吐组底部的灰岩划到祁家沟组顶部。

【现在定义】 该组与上覆地层奥尔吐组浅海相细碎屑岩，整合接触，与下伏柳树沟组火山岩、火山碎屑岩不整合接触。为一套浅海相陆源碎屑岩、碳酸盐岩。岩性为灰紫色—黄绿色含砾杂砂岩、钙质砂岩、砂砾岩、砾岩、粉砂岩、灰色—深灰色灰岩、生物灰岩、结晶灰岩、砂质灰岩，夹少量的安山玢岩、凝灰质砂岩—粉砂岩。

【层型】 正层型：乌鲁木齐东南祁家沟石灰厂北剖面(87°54′00″,43°44′36″)，新疆地质局区测大队、中国地质科学院地质研究所、新疆工学院组成地层分队(1977)为筹备“中国北方槽区古生代地层会议”重新测制。参考剖面:祁家沟剖面,乌鲁木齐井井子沟剖面。

【地质特征及区域变化】 祁家沟组分布于博格达山西端背斜转折端部分,北翼北东-南西向,南翼近东西向;向东延伸,为浅海相陆源碎屑岩、碳酸盐岩、火山碎屑岩、凝灰质碎屑岩夹中性火山熔岩。在祁家沟,岩性主要为灰紫色—黄绿色含砾杂砂岩、钙质砂岩、砂岩、砾岩,灰色—深灰色灰岩、结晶灰岩、生物碎屑灰岩、凝灰质砂岩,夹灰绿色—灰紫色安山玢岩。上覆奥尔吐组,灰黑—黄绿色粉砂岩、粉砂质细砂岩、钙质粉砂岩、细砂岩,整合接触。下伏柳树沟组灰紫色次火山岩、火山碎屑岩,不整合接触。可见厚度 452 m。含珊瑚:*Multithecopora* sp.,*Sinopora* sp.,*Lophocarinophyllum* ? sp.,*Lophophyllidium* sp.,*L. pendulum*,*Calophyllum*? sp.,*Amplexus* sp.,*Timania* sp.,*Syringopora* sp.,*Amplexocarinia* sp.,*Cyathocarinia tuberculata*,*C. rotiformis*,*Caninophyllum* sp.,*Paracaninia* sp.,*Caninia* sp.,*Neomultithecopora* sp.;腕足类:*Orthotetes* cf. *expansus*,*Echinoconchus* sp.,*Martinia shansiensis*,*Buxtonia juresanensis*,*Choristites* sp.,*C. jiugulensis*,*C. mosquensis*,*Neospirifer tegulatus*;䗴:*Fusulina* sp.,*Beedeina* sp.。向东北方向延伸,至井井子沟,灰绿色凝灰岩及凝灰粉砂岩增加,地层厚度减少,可见厚度 338 m,其他方面无变化。该组沿博格达山向东延伸,尚无资料说明。

【其他】 祁家沟组创名地祁家沟,位于乌鲁木齐东南 20 km,交通方便,地质研究程度高,化石丰富,地质年代依据充足,岩性特征突出,是闻名国内外的比较好的层型剖面,该组沿博格达山向东延伸的情况,尚无资料说明,留待今后工作证实。

奥尔吐组 C_2 *ae* (01-65-1211)

【创名及原始定义】 新疆地质局区测大队与中国地质科学院地质研究所、新疆工学院(1977)组成筹备小组,为准备“中国北方槽区古生代地层会议”重新测制了祁家沟剖面,创名奥尔吐组。[①] 原始定义:该组在石人子沟组不等粒级的陆源碎屑岩之下,祁家沟组的陆源碎屑岩及灰岩之上的一套细碎屑岩。与上覆、下伏地层均为整合接触。地质时代为晚石炭世。

【沿革】 新疆地质局区测大队六分队(1965)将该地层划为祁家沟组上亚组;1977 年“中国北方槽区古生代地层会议”将祁家沟组上亚组新建奥尔吐组。本次对比研究将奥尔吐组底部的灰岩划归祁家沟组,奥尔吐组纯粹为细碎屑岩。该组自 1977 年创名以来,沿用者甚少。

【现在定义】 该组为一套浅海相外陆架陆源细碎屑岩,主要岩性为灰黑色—灰绿色粉砂岩、粉砂质细砂岩、钙质砂岩,夹少量薄层砂质灰岩、透镜状灰岩,部分层位中可见鲍马序列层及包卷构造,含丰富的珊瑚、菊石及腕足类化石,与上覆石人沟组陆源碎屑岩及下伏祁家沟组陆源碎屑岩、灰岩等均为整合接触。

【层型】 正层型:乌鲁木齐东南 20 km 祁家沟石灰厂北剖面(87°54′00″,43°44′36″),新疆区测大队与中国地质科学院地质研究所、新疆工学院(1977)为准备“中国北方槽区古生代地层会议”测制。参考剖面:乌鲁木齐祁家沟剖面。

【地质特征及区域变化】 奥尔吐组分布与祁家沟组相同,都分布在博格达山西端背斜转折部分,北翼北东-南西向,南翼近东西向分布。为一套浅海相外陆架陆源碎屑岩,在祁家沟石灰厂北正层型剖面,岩性主要为灰黑色—灰绿色粉砂岩、粉砂质细砂岩、钙质砂岩夹少量薄层砂质灰岩,透镜状灰岩,与上覆石人子沟组整合接触,与下伏祁家沟组整合接触,可见厚度

---

① 曾亚参等,1978,新疆北部地槽区晚古生代地层划分方案说明。

227m。化石丰富，主要有珊瑚：*Protomichelinia* sp.，*Pseudosyringaxon* sp.，*Metriophyllum* sp.，*Lophophyllidium pendulum*，*Allotropiophyllum* sp.；腕足类：*Echinoconchus* sp.，*Marginifera pusilla*；菊石：*Glaphyrites parangulatus*，*G. qijiagouensis*，*Eoasianites* cf. *millisi*，*Neopronorites carboniferus*，*Somoholites glomerosus*，*Prouddenites* cf. *primus*；植物：*Calamites* sp.。向外延伸，情况不明。地质年代晚石炭世晚期。

【其他】 该组1977年创名后，少为沿用，奥尔吐组沿博格达山向东延伸的问题，有待今后工作中解决。

沙大王组 $C_1\hat{s}d$ (01-65-1215)

【创名及原始定义】 新疆地质局区测大队三分队高芝生等(1972)在乌苏县巴音沟一带沙大王创名。原始定义：为一套基性—中性火山岩及火山碎屑岩夹少量正常沉积的砂岩、砂砾岩，底部有一层砾岩。未见上覆地层，与下伏地层巴音沟组为不整合接触，地质时代晚石炭世。

【沿革】 新疆地矿局区调大队天山构造研究分队邬继易、王作勋等(1983)在巴音沟测制剖面，经野外观察研究，认为巴音沟组不整合在沙大王组之上，将层序倒置过来，并把沙大王组重新厘定为蛇绿岩套组。

【现在定义】 由新疆地矿局区调大队天山构造研究分队(1983)重新厘定沙大王组为蛇绿岩套，由放射虫硅质岩、枕状玄武岩、层状辉长岩(具堆晶结构)及不典型的岩墙群、蛇纹石化超基性岩组成的正序蛇绿岩。与上覆地层奇尔古斯套组碎屑复理石平行不整合或不整合接触，下未见底。

【层型】 创名人未指定层型，本次对比研究指定选层型：乌苏县巴音沟剖面(85°30′20″，43°54′18″)，天山构造研究分队邬继易等(1983)测制。参考剖面：乌苏县奎屯河芦草沟剖面，乌苏县莫托萨拉剖面。

【地质特征及区域变化】 沙大王组沿伊连哈比尔尕山北坡，呈北西-南东方向延伸，位于“中国天山主干断裂”的北侧，沿天山华力西造山带的前锋冲断层带展布。从艾比湖、巴音沟至后峡，蛇绿岩断续延伸，形成了北天山蛇绿岩带最长的一段，称为西段。在奎屯河至巴音沟一带，蛇绿岩套的上部为玄武岩与硅质岩互层，中部为层状辉长岩及穿插其中的斜长花岗岩墙，下部为全蛇纹石化辉橄岩及纯橄岩。通常，本区蛇绿岩以混杂岩形式出现，缺乏连续剖面，向西延伸至乌苏县莫托萨拉，蛇绿岩套不完整，上部缺乏硅质岩层，中部未见斜长花岗岩脉出现，又有泥质粉砂岩、硅质粉砂岩、玄武质角砾岩屑凝灰岩、安山质火山角砾岩及碳酸盐化安山岩等夹层。在巴音沟，可见厚度495 m，在奎屯河芦草沟，可见厚度1 132.8 m。至乌苏县莫托萨拉，可见厚度1 190.8 m。在巴音沟见有放射虫*Ceratoijisenm* sp.。该组地质时代为早石炭世晚期。

【其他】 该组为蛇绿岩套，沿北天山华力西造山带的前锋冲断层带展布，除巴音沟外，作为岩石地层单位，研究较差，尚待今后进一步工作。

奇尔古斯套组 C_2q (01-65-1214)

【创名及原始定义】 诺林Norin1935年创名的奇尔古斯套层。原始定义：该组为发育在奇尔古斯套前峡一带的一套海相细碎屑岩、火山碎屑岩、凝灰质细碎屑岩、硅质岩类及碳泥质岩夹少量灰岩，未见直接的上覆地层及下伏地层。地质年代中石炭世。

【沿革】 Norin(1935)在乌鲁木齐以南50 km的奇尔古斯套山创名奇尔古斯套层，1941年改为系。陆青(1959)改称奇尔古斯套岩系；新疆地质局昌吉队(1960)进行1：20万区域地质填图时，在前峡一带将 Norin 所划的奇尔古斯套层划为前峡群。新疆第二区测大队三分队(1960)在乌鲁木齐幅进行 1∶20 万区域地质调查时，改称为前峡组。新疆地质局区测大队六分队(1965)在乌鲁木齐幅进行 1∶20 万区域地质调查补课时，又称为奇尔古斯套群。在 1976 年出版的托克逊幅地质图及说明书中，将该地层划为巴音沟组。在奇尔古斯套西延的伊连哈比尔山，该套地层在石场幅被新疆区测大队十分队(1977)划为前峡组。在托库孜库马拉克幅，新疆区测大队十分队(1973)划为巴音沟组；在乌苏幅，新疆区测大队六分队(1972)在巴音沟一带，创名巴音沟组。本次对比研究沿用奇尔古斯套组名称，停用前峡组及巴音沟组。

【现在定义】 该组为一套海相灰色—深灰色粉砂岩、泥质粉砂岩、硅质粉砂岩、硅质岩、放射虫硅质岩、碳质泥质岩为主体，次为块状晶屑火山灰凝灰岩、凝灰硅质岩、凝灰粉砂岩夹灰岩，有的具复理石韵律，有的具浊积岩特征。上不见顶，下不见底，部分地段其下伏地层为沙大王组。

【层型】 创名人未指定层型，本次对比研究指定选层型：乌鲁木齐以南 50 km 奇尔古斯套山剖面(87°34′36″,43°24′18″)，由新疆地质局第二区测大队三分队(1960)测制。参考剖面：乌鲁木齐乌什城沟内剖面，乌苏县巴音沟剖面，精河县黑山头南侧剖面。

【地质特征及区域变化】 奇尔古斯套组分布于乌鲁木齐南约 50 km 的奇尔古斯套(山)。向东西方向延伸，向西沿伊林哈比尔尕北坡延伸，呈北西-南东方向。该组为一套较深海的陆源细碎屑岩、硅质岩建造，有的具复理石特征，有的具浊积岩特征。在前峡一带，岩性主要为深灰色—灰黑色岩屑晶屑凝灰岩、薄—中厚层状粉砂岩、凝灰粉砂岩、凝灰硅质岩、泥质硅质岩，未见化石。可见厚度 6 492 m。在伊连哈比尔尕山北坡的巴音沟为灰黑色凝灰质细砂岩、薄层状粉砂质泥岩、泥质粉砂岩、凝灰质粉砂岩、安山质晶屑岩屑凝灰岩、安山质层凝灰岩，未见上覆地层，与下伏沙大王组为不整合接触；可见厚度 1 914 m；化石很少，仅见孢粉 *Asteroclamotriletes*。向西延至精河县黑山头南侧，岩性主要为灰色—深灰色泥质硅质岩、放射虫硅质岩、泥质粉砂岩，未见上覆地层及下伏地层，地层厚度大，可见厚度 3 540 m。从上述延伸情况分析，该组岩性主要为一套细碎屑岩及硅质岩、细火山碎屑岩沉积。在石场幅及托库孜库马拉克幅，该组粗火山碎屑岩增多，夹火山熔岩。总体看地层厚度大，岩石致密坚硬，硅质成分高，化石少，含有放射虫，一般认为是较深海沉积，而且沉积环境较稳定。出现复理石韵律和浊积岩。地质时代为晚石炭世中晚期。

【其他】 Norin30 年代创名的奇尔古斯套层，没有完整剖面控制，岩性庞杂，即有奇尔古斯套(山)的铝质火山岩，又有托克逊南觉罗塔格北坡苏巴什沟玢岩、细碧岩及火山碎屑岩，后者已划为小热泉子组。层序不清，又缺化石，加之岩性认识上的差别，如 Norin 定名的石英角岩、燧石板岩，后人测制的剖面中再未见到此种岩性，这可能属于对岩石认识上的差异。

居里得能组 C_2j (01－65－1216)

【创名及原始定义】 新疆地质局区测大队九分队高芝生等(1970)在木垒幅(K－46－Ⅰ)进行 1∶20 万区域地质测量时创名。原始定义：为一套火山碎屑岩为主，局部有较多的安山玢岩、玄武玢岩，同时夹正常沉积的黄褐色细—中粒长石质硬砂岩、砂砾岩、灰黑色碳质泥质粉砂岩，与上覆地层沙雷塞尔克组为整合接触。未见下伏地层，地质时代中石炭世。

【沿革】 1970 年创名居里得能组后，向东延伸，沿巴里坤塔格及哈尔里克山，都已沿用此岩石地层名称。

【现在定义】 该组主要岩性为深灰、灰绿、紫灰色辉绿玢岩、玄武玢岩、安山玢岩、英安斑岩、同质火山灰凝灰岩、晶屑岩屑凝灰岩、层凝灰岩、角砾状凝灰岩、灰黑色碳质泥质粉砂岩、细一中粒长石质杂砂岩、砾岩、砂砾岩、硅质岩，与上覆地层沙雷塞尔克组整合接触，与下伏地层未见直接接触。

【层型】 正层型：木垒县家皮泉及2526高点剖面(90°14′10″,43°42′50″)，由新疆地质局区测大队九分队(1970)测制。参考剖面：哈密卡拉赫七角井剖面。

【地质特征及区域变化】 居里得能组主要分布于博格达山东端，向东沿巴里坤塔格、哈尔里克山南坡，呈北西-南东方向延伸，为一套浅海相酸一基性火山喷发岩为主，其次为陆源碎屑岩。在木垒家皮泉及2526高点处，岩性主要为紫褐一暗绿色一灰绿色火山灰凝灰岩、中性岩屑晶屑凝灰岩、凝灰角砾岩、杏仁状玄武玢岩、橄榄玄武玢岩及少量安山玢岩、英安斑岩、斜长玢岩、凝灰砂岩、凝灰粉砂岩、凝灰砾岩及少量杂砂质复矿砂岩、碳质泥质粉砂岩。含腕足类：*Boxtonia* sp.，螺类：*Euphemites* sp.，*Omphalonema* sp.，双壳类：*Aviculopecten* sp.，可见厚度4 591 m。与上覆地层沙雷塞尔克组整合接触，未见下伏地层。向东延至七角井幅的卡拉赫七角井东剖面，岩性变化大，剖面下部粉砂岩、细砂岩增多，夹灰岩，含珊瑚：*Bradyphyllum* sp.，*Amplexus*，腕足类：*Chonetes* sp.，*Camarotoechia* sp.，*Dictyoclostus* sp.，菊石：*Cravenoceras acutus*，地层可见厚度5 307 m。与上覆地层沙雷塞尔克组断层接触，未见下伏地层。向东至哈密六道湾沟，岩性上部碎屑岩有长石质杂砂岩、砂砾岩、粉砂岩，泥岩成分增多，夹生物灰岩，含腕足类化石：*Muirwoodia* cf. *pseudoartiensis*，*Krotoria* sp.，*Echinoconchus elegans*，*Brachythyrina* aff. *strangwaysi*，*Choristites* cf. *dilatatus*，*Stenoscisma purdoni*，珊瑚：*Caninia* sp.。可见厚度2 675 m，未见上覆、下伏地层。从上述延伸变化情况看，从西到东，火山岩减少，陆源碎屑岩增多。地层可见厚度2 673～5 307 m。向东厚度减少。地质时代为晚石炭世晚期。

沙雷塞尔克组　$C_2\hat{s}l$　(01-65-1217)

【创名及原始定义】 新疆地质局区测大队九分队高芝生等(1970)在木垒幅(K-46-I)进行1：20万区域地质测量时创名。原始定义：为一套正常碎屑岩、火山碎屑岩为主，次为中性、中酸性火山熔岩。与上覆地层杨布拉克组为整合接触，与下伏地层居里得能组多为整合接触，少为平行不整合接触，地质时代晚石炭世。

【沿革】 新疆区测大队九分队高芝生等(1970)创名沿用至今，本次对比研究认为符合岩石地层单位特征，推荐使用。

【现在定义】 该组主要岩性为长石质砂岩、杂砂岩、粉砂岩，灰绿色、深灰色火山灰凝灰岩、层凝灰岩、角砾凝灰岩、安山玢岩、安山岩、玄武玢岩及凝灰砂岩、粉砂岩、砾岩，少量生物碎屑灰岩、结晶灰岩。与上覆地层杨布拉克组为整合接触，与下伏地层居里得能组大多为整合接触，部分具海底冲刷面。

【层型】 正层型：木垒县卡扎果勒及基奇克布拉克之南剖面(90°45′45″,43°38′00″)，由新疆地质局区测大队九分队(1970)测制。参考剖面：哈密卡拉赫七角井峡谷东剖面。

【地质特征及区域变化】 沙雷塞尔克组分布于博格达山东段北坡，呈北西-南东方向，转北东-南西向的弧形分布。在木垒县卡扎果勒剖面，岩性为一套浅海相陆源碎屑岩，下部为火山碎屑岩，为灰色-灰绿色-紫灰色长石质杂砂岩、长石质粉砂岩、钙质砂岩、粉砂岩、碳质泥质粉砂岩夹砾岩，少量含砾粗砂岩、砾岩、薄一中厚层状火山灰凝灰岩、层凝灰岩。与上覆地层杨布拉克组、下伏地层居里得能组均为整合接触。可见厚度2 896 m。含双壳类化石：*Acanthopecten* sp.，*Schizodus* sp.，向东延至卡拉赫七角井峡谷东，岩性变化较大，火山熔岩及火山碎屑岩增多，地层厚度增大，岩性主要为绿—深绿色—紫灰色块状英安岩、英安斑岩、玄武岩、辉绿岩、岩屑晶屑凝灰岩、角砾凝灰岩、酸性火山角砾岩和凝灰砂岩，下部有少量粉砂岩、细砂岩。与上覆地层杨布拉克组整合接触，未见下伏地层。可见厚度 5 755.1 m。该组向西博格达山延伸，向东沿巴里坤塔格延伸。地质时代晚石炭世晚期。

杨布拉克组　C_2y　(01－65－1218)

【创名及原始定义】　新疆地质局区测大队九分队高芝生等(1970)在木垒幅(K－46－I)进行1∶20万区域地质测量时，在杨布拉克一带创名。原始定义：以一套火山碎屑岩为主，次为凝灰质碎屑岩、灰岩、生物灰岩、基性—酸性火山熔岩、少量正常碎屑岩。与上覆地层沙玛尔沙依组不整合接触，与下伏地层沙雷塞尔克组为整合接触。地质时代晚石炭世。

【沿革】　自70年代初建立以来，沿用至今。本次对比研究确认为岩石地层单位。

【现在定义】　该组主要岩性为灰绿色、紫色、火山灰凝灰岩、岩屑晶屑凝灰岩、角砾凝灰岩、凝灰质粉砂岩—砂岩—砂砾岩，夹英安斑岩、杏仁状玄武玢岩、海百合茎结晶灰岩、生物碎屑灰岩，与上覆地层沙玛尔沙依组不整合接触，与下伏地层沙雷塞尔克组整合接触。

【层型】　正层型：木垒县杨布拉克剖面(90°51′30″,43°40′00″)，由新疆地质局区测大队九分队(1970)测制。参考剖面：哈密七角井色皮口北剖面。

【地质特征及区域变化】　杨布拉克组分布于博格达山东端、沙玛尔他乌(山)北坡，呈北东-南西向延伸，为浅海相海底喷发基—酸性火山碎屑岩、火山熔岩、凝灰质砂岩夹生物碎屑灰岩。在杨布拉克一带，岩性主要为紫色凝灰质砂岩、凝灰质钙质砂砾岩夹长石斑岩、石英斑岩、安山质英安斑岩，与上覆地层沙玛尔沙依组不整合接触，与下伏地层沙雷塞尔克组整合接触，可见厚度 1 047 m。向东延至七角井幅，该组分布面积扩大，在色皮口以北，岩性主要为灰绿色—黄绿色火山灰凝灰岩、岩屑晶屑凝灰岩、与凝灰质砂岩、凝灰质粉砂岩，交替出现，并夹杏仁状玄武玢岩、块状安山岩、霏细岩，下部为正常碎屑岩、杂砂岩、中粒砂岩、粉砂岩，含砾粗砂岩、砾岩。剖面上部出现较多的生物碎屑灰岩、海百合茎结晶灰岩。地层厚度达 2 979.6 m。灰岩中含腕足类：*Dictyoclostus* cf. *inflatiformis*，*Linoproductus simenensis*，*Stenoscisma* sp.，*Wellerella* sp.，*Echinoconchus* sp.，*Linoproductus* sp.，*Krotoria* cf. *spinulosa*，*Uncinunellina* sp.，珊瑚：*Lophophyllidium* sp.，*Cystodendropora* sp.，双壳类：*Avriculopecten* sp.。未见上覆地层，与下伏地层沙雷塞尔克组为断层接触。从上述延伸变化情况看：由西向东，出露面积扩大，火山熔岩增多，含较多的化石，向西沿博格达山，向东沿巴里坤塔格的延伸情况，尚无前人资料证明。地质时代晚石炭世晚期。

沙玛尔沙依组　$C_2\hat{s}m$　(01－65－1219)

【创名及原始定义】　新疆地质局区测大队九分队高芝生等(1970)在木垒幅(K－46－I)进行1∶20万区域地质测量时创名。原始定义：为一套正常碎屑岩、生物灰岩、鲕状灰岩、砂质灰岩为主。其次为中性火山岩、火山碎屑岩、凝灰质碎屑岩、少量硅质岩，未见上覆地层，与下伏地层杨布拉克组、沙雷塞尔克组为不整合接触。地质时代晚石炭世。

【沿革】　该组自70年代建立以来，沿用至今，本次对比研究确认为岩石地层单位。

【现在定义】　该组为一套灰色、黄绿色、紫红色正常碎屑岩、生物灰岩、鲕状灰岩、砂质灰岩为主，其次为中性火山岩、火山碎屑岩、凝灰质碎屑岩、少量泥岩、硅质岩。未见上覆地层，与下伏地层杨布拉克组、沙雷塞尔克组均为不整合接触。

【层型】 正层型:木垒县杨布拉克以西、巴尔奇姆布拉克以东剖面(90°43′10″,43°40′00″),由新疆地质局区测大队九分队(1970)测制。参考剖面:七角井2001高地西南剖面。

【地质特征及区域变化】 该组分布于沙玛他乌西端的沙玛尔沙依东西一带,近东西方向延伸,为一套浅海相陆源正常碎屑岩和碳酸盐岩建造,其中夹中性火山熔岩、火山碎屑岩、凝灰质碎屑岩及少量泥岩、硅质岩。在杨布拉克以西,巴尔奇姆布拉克以东,岩性主要为暗灰—黄绿色长石质杂砂岩、砂砾岩、粉砂岩、含碳粉砂质泥岩、钙质砂岩、砂质灰岩、灰色灰岩、鲕状灰岩、硅质灰岩、钙质砾岩。未见上覆地层,与下伏沙雷塞尔克组为不整合接触,可见厚度816.3 m。向东延至七角井幅2001高地西南一带,正常碎屑岩减少,出现大量中性火山熔岩、火山碎屑岩、凝灰质碎屑岩。岩性主要为灰紫色—黄绿色安山岩、安山玢岩、安山质凝灰岩、安山质火山角砾岩、层凝灰岩、凝灰砂岩、凝灰砂砾岩、凝灰粉砂岩。含腕足类:*Buxtonia* sp.,*Dictyoclostus* sp.,*Neospirifer* sp.,可见厚度697.8 m。未见上覆地层,与下伏地层杨布拉克组为不整合接触。从延伸变化看,向东火山活动强烈,出现大量火山喷发岩。地质时代晚石炭世。

【其他】 该组分布范围小,为小型沉积盆地,沉积地层不整合在较老地层之上,未向更远方向延伸,代表小范围的地层单位。

妖魔梁组 C_2 *ym* (01-65-1221)

【创名及原始定义】 新疆地质局区测大队一分队赵明钰等(1967)在巴里坤幅(K-46-Ⅸ)进行1∶20万区域地质调查补课时创名。原始定义:岩性主要为凝灰砂岩、细砂岩、粉砂岩、层凝灰岩、凝灰岩并夹有碳质粉砂岩,中—上部见有砂砾岩、砾岩夹层。与上覆地层二道沟组整合接触,与下伏地层大南湖组为断层接触,地质时代晚石炭世。

【沿革】 该单位自创名以来,沿用至今,符合岩石地层单位组的特征,本次对比研究确立为岩石地层单位。

【现在定义】 该组主要岩性黄绿色—黄灰绿色细—粗凝灰岩、灰色层凝灰岩、灰黑色细—中粒凝灰质砂岩凝灰质粉砂岩、碳质泥质粉砂岩和砂砾岩,与上覆地层二道沟组整合接触,与下伏地层居里得能组平行不整合接触。

【层型】 正层型:巴里坤县二道沟白杨河上游剖面(93°36′10″,43°50′13″),由新疆地质局区测大队一分队(1967)测制。参考剖面:巴里坤县头道白杨河剖面。

【地质特征及区域变化】 妖魔梁组分布于莫钦乌拉山、大黑山一带。北东-南西方向延伸,新疆地质局区测大队一分队(1967)在巴里坤哈萨克自治县幅进行1∶20万区域地质测量时,划分出大黑山群,并进一步划分出两个组。下为妖魔梁组为一套浅海相火山碎屑沉积为主,夹有少量陆源碎屑物质。上为二道沟组,由一套巨厚的海底火山喷发岩所组成。该群可见厚度5 557 m。在大黑山—妖魔梁一带,该组出露不全,与下伏大南湖组断层接触,与上覆地层二道沟组也为断层接触。妖魔梁组可见厚度1 357 m,岩性为凝灰质砂岩、细砂岩、粉砂岩、层凝灰岩、凝灰岩,并有碳泥质粉砂岩,中上部见有砂砾岩、砾岩,沿走向岩性稳定,尚有玄武质晶屑凝灰岩、安山质晶屑凝灰岩和砂砾岩夹层出现。因受动力变质作用,千枚岩化、片理化显著。地质时代晚石炭世。

二道沟组 C_2 *e* (01-65-1222)

【创名及原始定义】 新疆地质局区测大队一分队赵明钰等(1967)在巴里坤幅(K-46-Ⅸ)进行1∶20万区域地质调查补课时创名。原始定义:为一套灰绿、紫灰色块状中—基性火山岩夹少量火山碎屑岩组成，岩性主要为玄武安山玢岩、安山玄武岩及凝灰岩，未见上覆地层，与下伏地层妖魔梁组呈整合接触，地质时代晚石炭世。

【现在定义】 该组为一套海底喷发中—基性火山岩，主要岩性灰绿色、紫灰色杏仁状玄武岩、安山玢岩、角斑岩，夹少量层凝灰岩、安山质角砾岩、英安质晶屑凝灰岩、凝灰岩、砂岩等，未见上覆地层，与下伏地层妖魔梁组呈整合接触。

【地质特征及区域变化】 该组集中分布于莫钦乌拉山西段二道沟上游一带，呈北西-南东方向延伸，为一套中—基性火山岩，夹少量火山碎屑岩。在二道沟上游，其岩性下部为灰绿、紫灰色杏仁状玄武岩、角斑岩为主，中部以安山玄武岩、安山玢岩为主，上部则主要为一套安山质火山角砾岩。向东到二道沟白杨河上游，则相变为层凝灰岩、碳酸盐化安山玢岩、凝灰质砂岩、英安质晶屑凝灰岩、安山质英安斑岩及少量碳质粉砂岩。在东部地区，采有腕足类：*Neospirifer* cf. *fasciger*，*Dictyoclostus moeileri*，*Angaropteridium* sp.，系中晚石炭世之分子，地层可见厚度4 200 m。地质时代晚石炭世。

【其他】 该组为一套中—基性火山熔岩为主的火山岩建造，符合岩石地层单位建组条件，可以确立为岩石地层单位，但缺少层型剖面，有待今后工作补充，向外延伸的问题，靠进一步工作解决。

哈尔加乌组　$P_1 h$　(01-65-1410)

【创名及原始定义】 新疆地质局第三区测大队——四分队李启新、李佩基等(1960)在吉木乃县哈尔加乌沟创名。中国地质科学院地质研究所、新疆地质局区测大队地层分队(1973)在哈尔加乌沟重测了该组剖面。原始定义：中性喷出岩夹基性喷出岩、酸性喷出岩。下部为灰绿色底砾岩、安山玢岩，灰绿色、紫红色岩屑晶屑凝灰岩、火山角砾岩夹斜长玢岩及凝灰砂岩，凝灰角砾岩；上部为灰绿色石英安山玢岩、深灰色安山玢岩夹辉石安山玢岩，正长斑岩及中性岩屑晶屑凝灰岩。总厚2 195.5 m。上与卡拉岗组整合接触，下与塔尔巴嘎台第四亚组假整合接触关系。

【沿革】 新疆地质局第三区测大队——四分队(1959)在吉木乃县哈尔加乌一带测制剖面，首先将该套地层划为下石炭统扎拉斯组。中国地质科学院地质研究所、新疆地质局区测大队地层分队(1973)在该处重测了该剖面，将其划为中石炭统哈尔加乌组。1972年新疆地质局区测大队在博乐土也克苏河中游将该套地层划为上石炭统恰勒巴依组。新疆区测大队四分队(1975)在托里县如比列克河将该套地层定为中石炭统恰勒巴依组。新疆区测大队窦亚伟、孙喜华(1980)通过对1973年在哈尔加乌组及卡拉岗组中植物化石的再研究，将该套地层的时代由中石炭世改为早二叠世。数年后，这一观点为广大地质工作者所接受。本次对比研究仍用哈尔加乌组。托里幅的恰勒巴依组及博乐一带的恰勒巴依组均停止使用，改用哈尔加乌组。在东准噶尔地区原划分出的下二叠统哈尔加乌组岩性复杂，厚度巨大，和西准噶尔地区哈尔加乌组岩性难以对比，本次对比研究将东准噶尔地区的这套火山岩系不再划归哈尔加乌组或卡拉岗组，而为新建的“三塘湖组”。

【现在定义】 哈尔加乌组以中性火山岩及碎屑岩为主夹酸性及基性火山岩。下部为灰绿色凝灰砾岩、安山玢岩、火山角砾岩、凝灰岩、凝灰砂岩、灰黑色粉砂岩(含植物化石)；上部为安山玢岩夹霏细斑岩、中性凝灰岩，火山碎屑岩。向西向南局部夹杏仁状玄武岩。上与卡拉岗组紫色流纹岩、霏细斑岩整合接触，下与那林卡拉组碎屑岩平行不整合接触。

【层型】 正层型：吉木乃县南东哈尔加乌沟剖面(82°59′10″，46°58′15″)，新疆地质局第三区测大队——四分队李启新、李佩基等(1959)测制。由中国地质科学院地质研究所、新疆地质局区测大队地层分队(1973)重测。参考剖面:和布克赛尔拉斯特南Ⅻ号剖面,托里县如比列克河剖面,博乐艾比湖北土也克苏河东侧哈尔加乌组剖面,奥勒塔喀木斯特Ⅰ号剖面。

【地质特征及区域变化】 哈尔加乌组以中性火山岩及其碎屑岩为主,夹酸性及基性火山岩。在哈尔加乌沟该组厚 1 104.9 m。上与卡拉岗组整合接触,下与那林卡拉组平行不整合接触。哈尔加乌组含有 *Angaropteridium-Zamiopteris* 植物组合,并混入华夏-欧美区系一些分子。植物化石有:*Angaropteridium cardiopteroides*, *Angaridium mongolicum*,两种多见于早二叠世;*Zamiopteris* cf. *tailugenensis*,早二叠世最盛;*Noeggerathiopsis* cf. *batschatensis*, *Noeggerathiopsis subangusta*, *N. derzavinii*。以上植物组合的时代为早二叠世。

哈尔加乌组广泛分布在西准噶尔地区,由哈尔加乌向西至和布克赛尔拉斯特南,该组上部出现深灰色杏仁状玄武岩。向南至托里一带,该组上部亦出现橄榄玄武玢岩、杏仁状安山玄武玢岩。继向西至塔尔巴哈台山奥勒塔喀木斯特一带,该组下部及上部均出现橄榄玄武岩。厚度变化大,哈尔加乌一带厚 1 104.9~2 195.5 m,向南厚度逐渐减少,在托里县如比列克河可见厚度仅 113.5 m。

卡拉岗组 P_1kl (01-65-1411)

【创名及原始定义】 由新疆地质局第三区测大队——四分队李启新、李佩基等于吉木乃县哈尔加乌西北测制剖面,1960 年创名。原始定义:该组以酸性喷出岩为主夹中性喷出岩。下部为深灰色、灰紫色安山玢岩;上部为暗紫红色流纹岩夹灰绿色钠长斑岩、安山玢岩及岩屑晶屑凝灰角砾岩。厚度为 1 227 m。上部未见顶,下与哈尔加乌组整合接触。

【沿革】 新疆地质局第三区测大队——四分队(1959)于吉木乃县哈尔加乌西测制剖面首先将该套地层划为下石炭统卡拉岗组。新疆区测大队五分队(1966)在克拉玛依莫老坝南测制剖面,将该套地层划为中石炭统莫老坝组。中国地质科学院地质研究所、新疆地质局区测大队地层分队(1973)在哈尔加乌一带重测了该剖面,称为中石炭统卡拉岗组。新疆区测大队八分队(1975)在额敏县阿鲁腾也门北一带,新疆区测大队四分队在托里库吉尔台地区都将该套地层划为中石炭统莫老坝组。新疆区测大队窦亚伟、孙喜华(1980)对 1973 年在哈尔加乌组及卡拉岗组中所采植物化石进行再研究,将该套地层的时代由中石炭世改为早二叠世。本次对比研究仍用卡拉岗组(P_1)。克拉玛依莫老坝南的莫老坝组,额敏阿鲁腾也门北的莫老坝组及托里库吉尔台地区的莫老坝组均停用,改称卡拉岗组。

【现在定义】 以酸性火山岩及碎屑岩为主。下部为灰绿色粗砂岩、凝灰砾岩,凝灰砂岩、火山角砾岩夹霏细斑岩、流纹岩、安山玢岩、凝灰岩及粉砂岩;上部为霏细斑岩、流纹岩、酸性凝灰岩夹钠长斑岩、安山玢岩、火山角砾岩及粉砂岩。含植物化石,下与哈尔加乌组安山玢岩、中性凝灰岩整合接触,上与艾维尔沟群不整合接触。

【层型】 正层型:吉木乃县东南哈尔加乌西剖面(86°10′20″,47°04′50″),由中国地质科学院地质研究所、新疆地质局区测大队地层分队(1973)重测。参考剖面:额敏林场南Ⅸ号剖面,额敏县阿鲁腾也门北部Ⅳ号剖面,托里县库吉尔台地区剖面,克拉玛依莫老坝以南剖面,和布克赛尔县芒克鲁南剖面。

【地质特征及区域变化】 卡拉岗组广泛分布在西准噶尔地区,为一套紫色、黄褐色酸性火山岩及碎屑岩夹绿色、灰绿色中性火山岩,底部为灰绿色含砾粗砂岩夹黑色粉砂岩。黑色粉砂岩中含大量 *Angaropteridium-Zamiopteris* 植物组合,并混入华夏-欧美区系重要分子 *Tae-*

niopteris sp.,*Sphenophyllum thonii* 及 *Sphenobaiera* ? *spirata* 等早二叠世植物组合。植物化石有:*Sphenophyllum thonii*,*Cordaites gracilentus*,*Noeggerathiopsis subangusta* 及 *Noeggerathiopsis* cf. *theodori*,时代均为早二叠世;*Ginkgophyllum vsevolodii* 及 *Sphenobaiera* ? *spirata*,时代为早二叠世晚期。从以上植物组合的时代分析,卡拉岗组的时代为早二叠世晚期。

卡拉岗组在西部额敏林场南为灰紫色流纹岩,含角砾流纹斑岩夹珍珠岩。在南西的额敏县阿鲁腾也门北部,火山碎屑岩增多,视厚较大,为 2 136 m。下与铁列克提组不整合接触,上被沙湾组不整合覆盖。继向南至托里库吉尔台地区,卡拉岗组未见底,上与库吉尔台组为平行不整合接触。继向东至克拉玛依莫老坝以南卡拉岗组不整合覆于包古图组之上,视厚仅 122 m。

【其他】 卡拉岗组有珍珠岩矿及与酸性火山岩有关的矿产。

库吉尔台组 P_2kj (01-65-1501)

【创名及原始定义】 新疆地质局区测大队四分队张道乐等(1975)创名于托里县东库吉尔台附近。原始定义:平行不整合在莫老坝组之上,岩性以灰褐—黄绿色砂岩、砂砾岩、凝灰质砂岩、凝灰质砾岩、长石岩屑砂岩为主,下部含可采煤层,上部夹砂质泥灰岩及泥质粉砂岩、安山玢岩等。上未见顶。厚 83～2 757 m。地质时代晚石炭世。

【沿革】 新疆地层表编写组(1981)将相当于该组的地层称为上二叠统;中国科学院南京地质古生物所等单位(1985)在柳树沟一带该组地层中发现时代确切的晚二叠世植物化石;张致民、吴绍组(1991)在《新疆古生界》(下)一书中用该组代表西准噶尔地区的晚二叠世地层。

【现在定义】 为杂色(灰绿、暗灰、灰紫、紫红色)长石岩屑砂岩、细砂岩、砾岩、砂砾岩夹凝灰质砂砾岩及煤层,砾岩砾石成分以喷发岩为主。下与卡拉岗组火山岩平行不整合接触,上未见顶。

【层型】 正层型:托里县库吉尔台剖面(83°48′00″,45°58′50″),由新疆区测大队四分队(1975)测制。参考剖面:托里县南西阿希列剖面,托里县柳树沟剖面。

【地质特征及区域变化】 库吉尔台组呈断块和小型沉积盆地产出。主要岩性为灰绿色、灰紫色砾岩、砂砾岩与岩屑砂岩、细砂岩交互层。除库吉尔台外,该组还零星分布于郎格特东部、阿希列、布尔可斯台及柳树沟等地,厚 83～2 757 m。在托里县西南阿希列该组上部夹有中—基性熔岩凸镜体,下部夹有煤层。在柳树沟该组岩性单一,为紫红色、黄褐色砾岩、砂砾岩和砂岩,顶底均被断层切割。本组在阿希列和柳树沟发现较多植物化石,主要分子有:*Noeggerathiopsis derzavinii*, *Pecopteris anthriscifolia*, *Koretrophyllites typicus*, *Callipteris* cf. *zeilleri*, *Comia* sp. 等,可以确定其地质时代为晚二叠世。

三塘湖组 P_1st (01-65-1412)

【创名及原始定义】 新疆地矿局第一区调大队地层清理分队孙巧缡(1995)建议将分布在新疆东准噶尔地区的一套以中酸性火山岩为主的岩系重新创名为"三塘湖组"。

【沿革】 新疆区测大队一分队(1966)在库普北将含有早二叠世植物化石的一套中酸性火山岩及碎屑岩的地层划为中石炭世巴塔玛依内山组。新疆地质局区测大队二分队(1966)在奥什克山苏都库都克地区将该套地层自下而上划分为巴塔玛依内山组及苏都库都克组。新疆区测大队三分队(1976)在卡姆斯特一带也将中石炭统划分为前述两个组。新疆地质局区调大队十分队(1979)在克孜勒塔格及琼河坝一带将该套地层划为中上石炭统哈尔加乌组,并分为三个亚组。新疆区调大队三分队(1979)在汉水泉一带将该套地层划为中上石炭统哈尔加乌组,并分为四个亚组。新疆区调大队十分队(1980)在三塘湖石头梅将该套地层划为下二叠统卡拉岗组,并分为四个亚组。同时在三塘湖条山一带又将同一套地层划为中上石炭统哈尔加乌组。本次对比研究用新命名的"三塘湖组"代表这套火山岩系地层。

【现在定义】 三塘湖组以中酸性火山岩及其碎屑岩为主。下部为凝灰砂岩、凝灰砾岩与钠长斑岩、英安斑岩、中酸性晶屑岩屑凝灰岩、流纹质角砾熔岩不均匀互层;上部为橄榄辉石安山玢岩、流纹斑岩、霏细斑岩、英安斑岩、英安质细火山角砾岩夹凝灰砂岩、泥岩。向西延有基性火山岩。含植物化石。下与江孜尔库都克组、上与扎河坝组均为不整合接触。

【层型】 正层型:新疆三塘湖石头梅剖面(93°06′55″,44°19′37″),由新疆区调大队十分队(1980)测制。副层型:三塘湖条山剖面(93°15′05″,44°18′50″),由新疆区测大队十分队(1980)测制。参考剖面:三塘湖北汉水泉 973.4 高点剖面,库普北剖面,散都克塔什东北 8 km Ⅶ号剖面。

新疆三塘湖石头梅剖面

上覆地层:扎河坝组　灰黑色泥岩、砂岩夹煤层

～～～～～～～～～～ 不 整 合 ～～～～～～～～～～

三塘湖组	总厚度 4 693.5 m
29. 灰紫色凝灰质粉砂岩夹钠长斑岩	158.5 m
28. 灰绿色、灰紫色橄榄辉石安山玢岩	119.3 m
27. 灰红色流纹斑岩	231.9 m
26. 灰色、灰白色英安质岩屑凝灰岩	46.8 m
25. 灰白色霏细斑岩	95.6 m
24. 灰色酸性火山角砾岩	118.2 m
23. 灰绿色含角砾流纹斑岩	13.7 m
22. 灰白色含晶屑流纹质火山灰凝灰岩	99.0 m
21. 紫褐色含晶屑—玻屑熔结凝灰岩	329.1 m
20. 灰紫色英安斑岩夹薄层流纹斑岩	406.5 m
19. 灰紫色流纹斑岩	54.3 m
18. 灰紫色、灰色英安斑岩	213.3 m
17. 灰紫色英安质细火山角砾岩	210.6 m
16. 灰紫色流纹质晶屑—玻屑熔结凝灰岩	30.5 m
15. 灰紫色橄榄辉石安山玢岩	507.3 m
14. 黄绿色片理化中厚层状细砂岩	296.0 m
13. 黄绿色片理化凝灰质细砂岩夹英安斑岩	195.2 m
12. 灰紫色英安斑岩	101.3 m
11. 黄绿色凝灰质细砂岩	182.3 m
10. 灰紫色安山质晶屑熔结凝灰岩	45.1 m
9. 黄绿色凝灰细砂岩	191.3 m
8. 灰紫色流纹质细火山角砾岩	35.8 m
7. 紫红色流纹质角砾熔岩	8.4 m
6. 深灰色含角砾玻屑凝灰岩	37.1 m
5. 黄绿色、灰色安山质层凝灰岩	65.3 m
4. 黄绿色凝灰质砂岩夹灰紫色橄榄玄武玢岩	351.0 m
3. 黄色英安质晶屑—玻屑凝灰岩	150.4 m
2. 灰紫色钠长斑岩	101.7 m

1. 灰紫色安山质岩屑—晶屑凝灰岩　　298.0 m

~~~~~~~~~~ 不 整 合 ~~~~~~~~~~

下伏地层：**江孜尔库都克组**　流纹质角砾岩、角砾凝灰岩

【地质特征及区域变化】 三塘湖组以中酸性火山岩及其碎屑岩为主。向西在库普北，该组中沉积岩夹层增多，含有早二叠世的植物化石：*Noeggerathiopsis* cf. *theodori*， *N.* cf. *subangusta*，厚度仅为 946 m。在三塘湖石头梅一带厚度较大，为 4 694 m。由三塘湖向东北至克孜勒塔格拉伊格来克一带，三塘湖组上部夹玄武玢岩，下与黑山头组，上与塔西河组均为不整合接触。由三塘湖向西北至汉水泉一带，该组上部夹玄武玢岩，下与姜巴斯套组断层接触，上与西山窑组不整合接触。继向西北至卡姆斯特一带，该组下部夹橄榄玄武玢岩，下与姜巴斯套组不整合接触。在奥什克山一带，该组下与卡希翁组不整合接触。

【其他】 分布在东准噶尔地区的一套以中酸性火山岩为主的岩系使用新创名的"三塘湖组"，停止使用卡拉岗组、哈尔加乌组、巴塔玛依内山组及苏都库都克组。建议今后有条件时对该区这套火山岩进行专题研究工作。

扎河坝组　$P_2\hat{z}$　(01-65-1502)

【创名及原始定义】 新疆冶金地质勘探公司 701 队[①] (1975)创名于富蕴县扎河坝一带，中国地质科学院 1982 年介绍。原始定义：下部为灰绿色、黄绿色凝灰角砾岩、凝灰砂岩、凝灰岩，上部为灰黑色泥岩、砂岩夹煤层。下与中石炭统火山岩平行不整合接触，上未见顶。时代晚石炭世。

【沿革】 新疆地层表编写组(1981)将该套地层称为二叠系；张致民、吴绍祖(1991)把该套地层划为上二叠统。本次对比研究使用扎河坝组并将其分布范围延至三塘湖盆地。

【现在定义】 该组下部为灰绿色、黄绿色凝灰角砾岩、凝灰砂岩、凝灰岩；上部为灰黑色泥岩、砂岩夹煤层、菱铁矿层。下与三塘湖组火山岩平行不整合接触，上未见顶。

【层型】 正层型：富蕴县扎河坝乙区盆地剖面(89°12′30″，46°33′00″)，由新疆冶金地质勘探公司 701 队(1975)测制。参考剖面：巴里坤县石头梅剖面，由新疆地质局区测大队十分队(1980)测制。

【地质特征及区域变化】 该组分布于扎河坝、三塘湖盆地及富蕴县库尔提河下游特斯巴汗附近。在创名地扎河坝乙区盆地，该组下部为火山角砾岩夹凝灰岩，上部为灰黑色泥岩、砂岩夹煤层。富蕴县特斯巴汗附近，砾岩、火山角砾岩发育。在三塘湖盆地，岩性趋于复杂，乌通苏依泉一带以砾岩为主，夹煤层和菱铁矿层；三塘湖至石头梅一带，下部以火山碎屑岩为主，中部以正常沉积碎屑岩为主，夹高碳质页岩、硅化木等，顶部常见一层喷发岩，厚度增大。扎河坝组植物化石丰富，主要分子有：*Callipteris altaica* ，*C. zeilleri*，*Zamiopteris glossopteroides*，*Comia xinjiangensis*，*Iniopteris* sp.，相当于张致民、吴绍祖(1991)所建的 *Callipteris-Comia-Iniopteris* 组合。

【其他】 该组矿产丰富，以扎河坝盆地的煤最为重要，其次有膨润土。另外，三塘湖盆地该组见有油页岩，无疑是重要的生油层。三塘湖盆地现归入该组的地层，新疆地质局区调大队(1980)进行 1∶20 万地质调查时归入"上芨芨槽群"或"下仓房沟群"，但岩性几乎完全不能和

---

① 新疆冶金地质勘探公司 701 队，1975，富蕴县扎河坝煤矿地质勘探精查报告。
~~~~~~~~~~

乌鲁木齐—吉木萨尔地区对比，实属同名异物。依据现有资料，新建岩石地层单位也很困难。故本次对比研究将其统归扎河坝组，主要依据如下：①与扎河坝地区扎河坝组相比均含火山岩或火山碎屑岩。②含煤层（煤线、高碳质页岩）、菱铁矿层、大量硅化木等可视为一种组间对比的共性特征。富蕴县库尔提河下游面积很小的二叠纪地层，赵明钰（1978）等命名为特斯巴汗组和库尔提组。考虑其分布面积很小，岩性和扎河坝组也具一些相似的特点，也将其归入扎河坝组，特斯巴汗组和库尔提组两个组名暂不采用。

佳木河组 $P_1 jm$ （01－65－1409）

【创名及原始定义】 新疆石油管理局郝服光等① （1964）创名。张致民、吴绍祖（1991）在《新疆古生界》（下）中介绍。原始定义：佳木河组下部为灰绿色安山岩、辉绿岩及棕红色凝灰质砂岩、砂质泥岩、凝灰角砾岩、凝灰岩，厚度大于 300 m。下与中石炭统角度不整合接触，上与原划佳木河组上部灰绿色砾岩、紫红色砂岩整合接触。

【沿革】 新疆石油管理局郝服光等（1964）在乌尔禾北西哈拉阿拉特山南西划分出中上石炭统佳木河组，并分为上部和下部（下部为现在划分的佳木河组）。新疆区测大队二分队（1979）在乌尔禾北哈拉阿拉特山南东将该套地层划归下石炭统上部。中国科学院南京地质古生物研究所等单位（1985）在哈拉阿拉特山南西将该套地层划归二叠系佳木河组下部火山碎屑岩段；在哈拉阿拉特山南东将该套地层划归二叠系上部中酸性火山岩段。新疆地质科学研究所张致民、吴绍祖（1991）将哈拉阿拉特山南西的该套地层划为佳木河组下部，相当于下二叠统。本次对比研究时，将该套地层划为佳木河组，下与太勒古拉组不整合接触，上与乌尔禾群为整合（?）接触。

【现在定义】 佳木河组为灰绿色及紫红色安山岩、辉绿岩，中酸性火山角砾岩、凝灰岩，棕红色凝灰质砂岩、砂质泥岩不均匀互层夹砾岩。在南部井下为杂色砂砾岩与含砾泥岩互层夹安山岩、流纹岩、凝灰岩、凝灰质砂砾岩及砂岩、粉砂岩。下与太勒古拉组不整合接触，上与乌尔禾群灰绿色砾岩、紫红色砂岩为整合（?）接触。

【层型】 正层型：乌尔禾北西哈拉阿拉特山南西剖面（85°37′10″，46°01′25″），由新疆石油管理局郝服光等（1964）在乌尔禾北西哈拉阿拉特山南西测制。参考剖面：乌尔禾北哈拉阿拉特山南东剖面，克拉玛依一带井下佳木河组剖面。

【地质特征及区域变化】 佳木河组分布在哈拉阿拉特山南侧及克拉玛依、乌尔禾一带中、新生界盖层之下。该组在哈拉阿拉特山南西为灰绿色安山岩、辉绿岩及棕红色凝灰质砂岩、砂质泥岩、凝灰角砾岩、凝灰岩夹砾岩，厚度大于 300 m。在哈拉阿拉特山南东，该组为紫红色安山岩、安山质和流纹质火山角砾岩、凝灰岩，厚度大于 1 000 m。下与太勒古拉组不整合接触，上部未见顶。继向西南至克拉玛依一带井下资料，佳木河组为陆相杂色砂砾岩与含砾泥岩互层夹安山岩、流纹岩、凝灰岩、凝灰质砂砾岩、砂岩和粉砂岩，厚 425 m。火山岩的 K－Ar 法年龄为 230～270 Ma。下与太勒古拉组不整合接触。

【其他】 佳木河组在克拉玛依地层小区出露不多，大部被中、新生代地层覆盖，因而研究程度不高。剖面分层粗略，划分对比困难，这些都需要进一步的野外工作及井下资料来补充。

① 新疆石油管理局地调处勘探室郝服光等，1964，准噶尔盆地西北缘地层古生物标准剖面研究总结及若干问题讨论。

乌尔禾群　P_2W　(01-65-1504)

【创名及原始定义】 新疆石油管理局克拉玛依油矿研究队①(1956)创名于乌尔禾地区，新疆维吾尔自治区区域地层表编写组(1981)介绍。原始定义：井下二叠纪地层称乌尔禾系，分为下红棕色层、底过渡层、下灰黑色层、顶过渡层、褐绿斑层、上灰黑色层、上红棕色层，其上为三叠纪克拉玛依系。

【沿革】 郝服光(1964)称该套地层为乌尔禾群并简化为三层：下红棕色层、灰黑色层、上红棕色层。新疆石油管理局地调处113队(1970)将上红棕色层归入克拉玛依群，乌尔禾群分为下部红棕色组和上部灰绿色组。新疆维吾尔自治区区域地层表编写组(1981)(以下简称新疆区域地层表编写组)将乌尔禾群分为下部黄羊泉组和上部百口泉组。本次对比研究仅保留乌尔禾群。

【现在定义】 主要岩性为河湖相灰绿色、棕灰色砂质泥岩、细粉砂岩、砾岩，呈不等厚互层。整合(?)在佳木河组之上，上与尖山沟组为不整合接触。

【层型】 正层型：乌尔禾地区乌乙井剖面(85°37′40″,46°07′12″)，由新疆石油管理局克拉玛依油矿研究队(1956)测制。

【地质特征及区域变化】 乌尔禾群在准噶尔盆地西北缘克拉玛依、乌尔禾地区井下分布广泛，以乌尔禾地区乌2井和乌135井发育最为完整，厚度也最大。在盆地边缘，通常岩性变粗，以砾岩为主，厚度减小。乌尔禾群是克拉玛依油田最重要的生储油层。

【其他】 克拉玛依地区的晚二叠世地层，几乎均见于井下，长期以来划分对比时均很困难。所创名的地层单位使用率不高、变动多，也缺乏基本岩性定义和详细剖面资料。故本次对比研究将与晚二叠世相关的岩石地层单位只保留乌尔禾群。该群自创名以来使用至今，具有一定知名度。至于群中以前所包含的组及后人在该区所建立的组级单位，由于一些内部资料难以收集，本次对比研究暂不采用。

胜利沟组　$P_1\hat{s}l$　(01-65-1408)

【创名及原始定义】 新疆石油管理局杨文孝等②(1964)在将军庙地层小区创胜利沟组，由新疆维吾尔自治区区域地层表编写组(1981)介绍。原始定义：胜利沟组下部为黄绿色砾岩、灰绿色砾岩夹棕色砂质泥岩、杂色砂岩；中上部为紫红色砂质泥岩、棕红色砂质泥岩、条带状砂质泥岩夹灰绿色砂岩、砾岩、砂砾岩、泥灰岩，含有孔虫、介形虫化石。厚761.8 m。下与上石炭统六棵树组、上与上二叠统将军庙组均为不整合接触。

【沿革】 新疆石油管理局杨文孝等(1964)在将军庙地层小区胜利沟测制剖面，划分出上石炭统胜利沟组，属于袁复礼(1936)划归下二叠统石钱滩建造的上部。新疆区测大队一分队、三分队(1966)将卡拉麦里山南一带该套地层划归石炭系。1981年，新疆区域地层表编写组将该套地层划为下二叠统下芨芨槽群。新疆第二区调大队四分队(1986)在双井子西将该套地层划为下二叠统别勒库都克组。新疆第二区调大队二分队(1988)在北山石钱滩一带及孔雀屏一带，划出下二叠统别勒库都克组，并分为上、下二段。张致民、吴绍祖(1991)在《新疆古生界》

---

① 新疆石油管理局5/56队，1956，德仑山地区地质总结报告。

② 新疆石油管理局地调处勘探研究室杨文孝等，1964，准噶尔盆地东北缘卡拉麦里山南麓石炭系—三叠系地层总结报告。

（下）中把将军庙地层小区的该套地区划归下二叠统下芨芨槽群。本次对比研究，仍将该套地层称为胜利沟组。在将军庙地层小区恢复使用胜利沟组。建议停止使用别勒库都克组，在本地层小区不再用下芨芨槽群来代表这套陆相碎屑岩地层。

【现在定义】 胜利沟组为杂色碎屑岩夹泥灰岩。下部为黄绿色砾岩夹棕色砂质泥岩、杂色砂岩、粗砂岩；上部为紫红色砂质泥岩夹灰绿色砂岩、砂砾岩、砾岩、泥灰岩。向东变为灰褐色粉砂岩、细砂岩、砂岩不均匀互层，夹砾岩、粉砂质泥岩、灰岩。含硅化木。下与六棵树组、上与将军庙组均为不整合接触。

【层型】 正层型：奇台县北东胜利沟剖面（90°18′50″，44°39′50″），由新疆石油管理局杨文孝等（1963）测制。参考剖面：奇台县北东北山石钱滩Ⅳ号剖面，奇台县北东北山石钱滩Ⅲ号剖面，奇台县北东北山孔雀屏Ⅺ号剖面，奇台北东双井子西剖面。

【地质特征及区域变化】 胜利沟组分布在卡拉麦里山南麓六棵树、弧形梁、西大沟、胜利沟一带，为杂色陆相碎屑岩夹泥灰岩，在胜利沟一带含有孔虫及介形虫化石，介形虫有：*Bryozoa* sp.，*Moorea obinga*，*Heldia cornigera*，*H. sillens*，*Jonesinauictoria* 等。雍天寿等（1986）经过野外观察，认为胜利沟剖面上的海相介形虫是再沉积的，含化石的胜利沟组是陆相地层。由胜利沟组向东至双井子西，该组细碎屑岩增多，上部夹生物碎屑灰岩，厚 454.29 m。继向东至北山孔雀屏一带，胜利沟组下部可能被断层断掉，上部为浅灰色及灰黄色巨厚状粉砂质泥岩夹灰黄色钙质砂岩，含砾粗砂岩、砂砾岩，含硅化木化石，视厚 216 m。该组下与孔雀屏组断层接触，上未见顶。

【其他】 双井子西胜利沟组与将军庙组的关系，1986 年二区调大队四分队划为整合接触，本次对比研究时划为平行不整合（?），该关系还需野外进一步查证。

将军庙组 P_2jj （01－65－1505）

【创名及原始定义】 新疆自治区区域地层表编写组（1981）创名于准噶尔盆地东缘。原始定义：分布范围基本与平地泉组相同。主要岩性为河流相紫红色、褐红色砾岩、砂岩、砂质泥岩，也呈暗灰绿色、棕红色砾岩夹棕色砂质泥岩，缺乏化石。

【沿革】 新疆地矿局第二区调大队四分队（1986）重新厘定将军庙组含义，将原下芨芨槽群（本次对比研究称胜利沟组）上部地层称将军庙组，而将原将军庙组划入平地泉组。张致民、吴绍祖（1991）在总结该区二叠纪地层时，沿用《西北地区区域地层表·新疆维吾尔自治区分册》（1981）划分方案。本次对比研究也维持将军庙组的创名含义。

【现定定义】 主要岩性为紫红色、棕红色及灰绿色砾岩夹粉砂岩、砂质泥岩及泥岩。不整合在胜利沟组之上，上与平地泉组整合接触，通常以平地泉组底部一层灰绿色砾岩为界，或以紫红色砾岩减少、岩性变细、色调变绿为分界依据。

【层型】 正层型：奇台县北胜利沟剖面（90°19′10″，44°46′30″），《西北地区区域地层表·新疆维吾尔自治区分册》所列，由新疆石油管理局地调处 117/57 队（1957）测制。参考剖面：吉木萨尔县西大沟剖面。

【地质特征及区域变化】 将军庙组自西向东分布于老山沟、西大沟、黄梁沟、胜利沟、石钱滩、孔雀屏及卧龙岗一带。岩性比较稳定，一般都是河流相红色或杂色砾岩、砂岩夹泥岩，个别地段砂岩、泥岩较多。不整合在胜利沟组或超覆在弧形梁组、石钱滩组之上。由胜利沟向东西两侧厚度增大。本组目前尚未发现化石，依据上覆、下伏地层，地质时代暂定为晚二叠世。

平地泉组 P_2p (01-65-1506)

【创名及原始定义】 新疆石油管理局地调处117/57队(1957)创名于准噶尔盆地东缘卡拉麦里地区，新疆地质局区测大队一分队(1966)介绍。原始定义：平地泉统整合在赤底统之上，上与仓房沟统平行不整合接触。主要岩性为黄、黄绿色砂岩、砂质泥岩、砾岩夹碳质泥岩、泥灰岩等。一般以"粗与细，红与绿"的原则来划分赤底统和平地泉统的界线，常常以一层灰绿色砾岩作为平地泉组的底界。

【沿革】 新疆石油管理局勘探研究室杨文孝(1964)称该套地层为平地泉组，并将其上覆地层命名为黄梁沟组。新疆地质局区测大队(1966)在该区进行1：20万地质测量时认为平地泉组与下伏赤底组为不整合接触。新疆维吾尔区域地层表编写组(1981)认为平地泉组与下伏将军庙组为整合接触。《西北地区区域地层表·新疆维吾尔自治区分册》(1981)将平地泉组和将军庙组也称上芨芨槽群，本次对比研究已将上芨芨槽群与下芨芨槽群合并恢复为芨芨槽群并限定其在乌鲁木齐—吉木萨尔一线使用，该区的不再使用上芨芨槽群。

【现在定义】 主要岩性为黄绿、灰绿色砂岩、砂质泥岩、砾岩夹碳质泥岩、泥灰岩、叠锥灰岩等。下与紫红色粗碎屑岩为特征的将军庙组整合接触，上与岩性较其稍粗的黄梁沟组平行不整合或整合接触。

【层型】 正层型：奇台县北胜利沟剖面(90°18′30″，44°46′50″)，由新疆石油管理局地调处117/57队(1957)测制。参考剖面：吉木萨尔县北西大沟剖面，奇台县北双井子西南平地泉组实测剖面。

【地质特征及区域变化】 平地泉组为一套以湖相沉积为主间夹河流相沉积的陆相碎屑岩，其中灰绿色砂质泥岩、泥岩较为发育，是本组的典型特征。本组分布大体与将军庙组相同，在西端沙丘河北部陡崖沟为暗色泥质岩夹砂砾岩，向东在帐篷沟西侧的西大沟岩性变粗，再向东在老山沟岩性变细为泥质岩。弧形梁至孔雀屏一带，为泥质岩夹灰岩。该组厚161～1 511 m，在胜利沟一带最薄，向两侧厚度增大。平地泉组富含植物和双壳类化石，主要分子有：*Callipteris zeilleri*，*C. altaica*，*Microdontella microdonta*，*Mrassiella magniforma*，*Anthraconauta simplex* 等，时代为晚二叠世。另外，该组是准噶尔盆地东部重要的生油层，近年来石油部门研究证实该组广泛分布于卡拉麦里山前中、新生界覆盖层下。

黄梁沟组 P_2hl (01-65-1507)

【创名及原始定义】 新疆石油管理局地调处勘探研究室杨文孝等(1964)创名于卡拉麦里地区。原始定义：出露在帐篷沟、六棵树、黄梁沟、弧形梁、胜利沟、石钱滩一带。岩性主要是灰绿色砾岩、泥岩之互层夹薄层碳质泥岩和砂岩，含大量植物化石，为河床、河漫沼泽相碎屑沉积。与下伏地层为平行不整合接触，在石钱滩为不整合，帐篷沟地区为整合接触。时代早三叠世。

【沿革】 新疆石油管理局117/57队、114/57队(1957)将该套地层划分为仓房沟统下部。新疆地质局区测大队(1966)划为平地泉组上亚组。新疆区域地层表编写组(1981)称该套地层为下仓房沟群。本次对比研究认为下仓房沟群这类名称不合规范，且使用过滥，因此重新起用杨文孝等建立的黄梁沟组。

【现在定义】 主要岩性为灰绿、黄绿色砾岩夹砂质泥岩及碳质泥岩。下与平地泉组平行不整合接触，以平行不整合面或岩性总体变粗为分界依据；上与尖山沟组整合或平行不整合接触，常以一层风化后发白的砾岩（俗称“白砾岩”）的底面为本组顶界。

【层型】 正层型：奇台县北胜利沟剖面（90°18′00″，44°45′40″），新疆石油管理局117/57队（1957）测制。参考剖面：吉木萨尔县北西大沟剖面，奇台县北石钱滩黄梁沟组实测剖面。

【地质特征及区域变化】 黄梁沟组出露于帐篷沟、六棵树、黄梁沟、胜利沟、石钱滩一带，其中以黄梁沟至弧形梁一带最厚（390～385 m），与下伏地层为平行不整合接触。在石钱滩见到明显的不整合，在帐篷沟地区与下伏地层为整合接触。该组岩相、岩性比较稳定，均为河流沼泽相的砾岩、砂岩、碳质泥岩堆积，颗粒总的是由东向西变粗。本组含较多植物化石，主要分子有 *Callipteris altaica*，*Pecopteris anthriscifolia*，时代为晚二叠世。

芨芨槽群 PJ（01－65－1508）

【创名及原始定义】 德日进（Teilhard de Chardin P.）1935年创名于吐鲁番盆地（后人推测可能为乌鲁木齐南东芨芨槽子地区），原称芨芨槽系。原始定义：指石炭纪灰岩和中生代红色陆相泥岩之间的一套灰色板岩、砂岩、绿色凝灰岩、钙质泥岩夹薄层鲕状灰岩的海陆交互相地层。含鱼化石及硅化木，时代二叠纪。

【沿革】 袁复礼（1936）将芨芨槽群重新划分为5层。Norin（1941）也对乌鲁木齐附近的芨芨槽群进行了研究。新疆石油管理局地调处106/57队（1957）对乌鲁木齐至吉木萨尔一线的二叠纪地层进行了详细的研究，将芨芨槽群分为6层：上绿灰层、油页岩层、下绿灰层、长石砂岩层、泥页岩层、砂砾岩层。前4层称为上芨芨槽岩系，后2层称为下芨芨槽岩系。新疆地质局区测大队六分队（1965）将群内各层均命名为组，并认为下芨芨槽群的时代为晚石炭世，上芨芨槽群的时代为整个二叠纪。新疆维吾尔自治区区域地层表编写组（1981）将下芨芨槽群仍划为6个组级单位。同时将上、下芨芨槽群引用于准噶尔盆地东部的将军庙地区。之后，使用一直比较稳定。

本次对比研究认为，上芨芨槽群、下芨芨槽群这类名称明显违背地层单位命名的有关法则，况且解体时以时代为依据，故仍将其合并，称芨芨槽群。同时认为，该群目前只在乌鲁木齐至吉木萨尔一线发育，将军庙地区、三塘湖盆地所划出的该群岩性差异很大，不再使用该群名称。

【现在定义】 为一套海陆交互相、陆相碎屑岩沉积，主要岩性为砂岩、粉砂岩、泥页岩，夹有凝灰岩、油页岩、白云岩等。整合于奥尔吐组灰岩之上，上与仓房沟群泉子街组底部的紫红色砾岩夹泥岩平行不整合接触。自下而上包含石人子沟组、塔什库拉组、乌拉泊组、井井子沟组、芦草沟组、红雁池组六个组级单位。

石人子沟组 $P_1\hat{s}$ （01－65－1403）

【创名及原始定义】 新疆地质局区测大队六分队谭德遥等（1965）在乌鲁木齐东石人子沟测制剖面创名。原始定义：以浅海—滨海相的碎屑沉积为主，下部为深灰色、灰黑色凝灰岩与灰黄色凝灰质硬砂岩不均匀互层夹砾岩及灰岩；中部为灰黄色砂岩夹灰岩、砂质泥岩、灰岩，含腕足类化石；上部为深灰色、灰绿色砂质泥岩夹薄层灰岩。下与祁家沟组蓝灰色凝灰岩整合接触，上与塔什库拉组灰黄色砂岩整合接触。厚264 m。

【沿革】 新疆区测大队六分队（1965）在乌鲁木齐石人子沟及芨芨槽子一带自下而上将石人子沟组、塔什库拉组划为上石炭统。袁复礼（1936）曾将该套岩系划归二叠系芨芨槽子岩系最下部地层。新疆石油管理局唐祖奎等（1957）在乌鲁木齐地区将该套地层划归下二叠统下芨芨槽岩系砂砾岩层。新疆二区测队三分队(1960)在乌鲁木齐地区将该套地层划归中上石炭统芨芨槽子组下亚组。新疆地质局区测大队和中国地质科学院地质研究所三室联合分队(1977)在乌鲁木齐市东井井子沟一带测制剖面将下二叠统下芨芨槽群自下而上划为石人子沟组和塔什库拉组。新疆区域地层表编写组(1981)将石人子沟组仍划归上石炭统。本次对比研究,仍用石人子沟组,属于芨芨槽群下部的下段地层。

【现在定义】 以碎屑岩为主。下部为灰黑色砾岩与细砂岩、粉砂岩不均匀互层夹钙质砂岩、灰岩、凝灰岩,含植物化石;上部为灰黑色粉砂岩夹细砂岩、钙质砂岩、砂砾岩及灰岩,含植物化石,局部地段砂岩、灰岩增多,含腕足类化石。下与奥尔吐组灰黑色粉砂岩、细砂岩夹灰岩整合接触,上与塔什库拉组灰色粉砂岩、细砂岩连续过渡。

【层型】 正层型:乌鲁木齐东石人子沟一带石人子沟组剖面(87°49′03″,43°45′39″),由新疆地质局区测大队六分队(1964)在石人子沟测制。参考剖面:乌鲁木齐东芨芨槽子北剖面,乌鲁木齐东祁家沟一带 XVII 号剖面,乌鲁木齐东芨芨槽子 VII 号剖面,阜康县塘坊沟一带剖面,祁家沟以西至红雁池一带剖面。

【地质特征及区域变化】 石人子沟组分布在乌鲁木齐以东博格达山南北两侧狭长地带,为滨海及海陆交互相的碎屑岩夹灰岩沉积。在石人子沟一带含砾岩较少,中部灰岩中含腕足类化石。厚 264 m。向东南至祁家沟一带,该组下部为灰黑色凝灰质粉砂岩与凝灰岩不均匀互层,夹粉砂质泥岩、泥钙质粉砂岩、钙质长石岩屑砂岩,含有孔虫化石;上部为灰、暗灰色凝灰质长石岩屑砂岩与黄绿色含钙质凝灰质长石岩屑砂岩不均匀互层,含有孔虫及植物化石 *Walchia* sp. 等,厚 241.5 m。下与吐奥尔组平行不整合接触,上与塔什库拉组整合接触。由石人子沟向西南至芨芨槽子北,在下部灰岩透镜体中含珊瑚、双壳类及植物化石 *Walchia* sp.;在上部砂岩、粉砂岩中也含 *Walchia* sp.。厚 205 m。向西至红雁池一带,该组厚度为 1 242 m。

塔什库拉组 P_1t (01-65-1404)

【创名及原始定义】 新疆地质局区测大队六分队谭德遥等(1965)将乌鲁木齐以东石人子沟及塔什库拉沟一带的一套砂页岩层划归上石炭统上部塔什库拉组。原始定义:由灰黄色细粒长石质硬砂岩、粉砂岩夹粉砂质灰岩、鲕状灰岩及极少的霏细岩组成。含植物化石,厚 1 201 m ~1 721 m。上与芨芨槽子组、下与石人子沟组均为整合接触。

【沿革】 1981 年以前的沿革同石人子沟组。新疆区域地层表编写组(1981)将塔什库拉组划归下二叠统下芨芨槽群。本次对比研究仍用塔什库拉组,属于芨芨槽群下部的上段地层。

【现在定义】 塔什库拉组为灰、灰黑色薄层粉砂岩,灰黑色、黄灰色中厚层细砂岩不均匀互层夹钙质砂岩、砂质灰岩、鲕状灰岩,底部有一层硅质岩,含植物化石;局部夹泥岩、白云岩、火山沉凝灰岩、长石砂岩,含植物化石 *Walchia* sp.。下与石人子沟组灰黑色砂岩、砾岩夹灰岩整合接触,上与乌拉泊组灰绿色长石砂岩夹钙质泥岩整合接触。

【层型】 创名人未指定层型,本次对比研究指定选层型:乌鲁木齐东井井子沟剖面(87°47′15″,43°44′10″),由新疆地质局区测大队六分队(1977)在井井子沟测制。参考剖面:乌鲁木齐市东红雁池东剖面,阜康县南塘坊沟一带剖面,塔什库拉沟—葛家沟一带(XV 号等)剖面,芨芨槽子 VII、VIII 号剖面。

【地质特征及区域变化】 塔什库拉组分布于乌鲁木齐以东的博格达山南北两侧狭长地带,为滨海相及海陆交互相的细粒碎屑岩组成。该组在井井子沟含植物化石 *Calamites* sp., *Noeggerathiopsis* sp.,中上部含腕足类化石碎片,厚 1 359 m。向西南至芨芨槽子一带,该组钙质粉砂岩、钙质泥质砂岩增多，夹有白云质灰岩、长石砂岩，含孢粉及植物化石 *Noeggerathiopsis* sp.，*Walchia* sp.，厚 2 237.7 m。继向北西至塔什库拉沟—葛家沟一带，该组夹火山沉凝灰岩，含有孔虫化石，厚 1 812.7 m。在北东塘坊沟一带，该组厚 559 m。

乌拉泊组　P_2w　(01－65－1510)

【创名及原始定义】 新疆区域地层表编写组(1981)创名于乌鲁木齐一带。原始定义：分布于博格达山西北坡及乌鲁木齐附近一带。主要岩性是滨海相的灰绿色、黄绿色为主的长石砂岩、粉砂岩，局部有凝灰砂岩，凝灰岩中含有双壳类及植物化石。

【沿革】 相当于该组的地层，马夏庚(1952)称砂岩层。新疆石油管理局地调处 106/57 队唐祖奎等(1957)改称长石砂岩层。新疆地质局区测大队六分队(1965)创名为芨芨槽子组。新疆区域地层表编写组(1981)改为乌拉泊组后一直稳定使用至今。

【现在定义】 主要岩性为灰绿、黄绿、紫红色中—细粒长石砂岩、砂岩夹粉砂岩。长石砂岩发育为该组典型特征。下与塔什库拉组整合接触，以长石砂岩出现较多为本组开始；上与井井子沟组也为整合接触，以长石砂岩明显减少、凝灰岩大量出现为界。

【层型】 正层型：乌鲁木齐南东井井子沟剖面(87°46′20″，43°47′00″)，由新疆石油管理局地调处 105/58 队(1958)测制。现列述如下。

上覆地层：井井子沟组　蓝灰、灰绿色凝灰岩

——————　整　合　——————

乌拉泊组　　总厚度 1 347 m

5. 灰绿、黄绿色薄层粉砂岩、泥质粉砂岩不均匀互层，夹薄层泥岩，粉砂岩在下部多呈灰褐色　　210 m
4. 灰绿、黄绿色中细粒长石砂岩与深灰、灰绿色砂质泥岩互层，富含钙质，上部砂岩较多　　107 m
3. 灰褐、黄褐色厚层粉砂岩与褐黄色中厚层砂岩、砂质泥岩，夹少量灰白色凝灰质砂岩、砂质泥岩及黄灰、灰褐色砂页岩　　214 m
2. 灰、深灰色细粒、中粒厚层砂岩与深灰、灰绿色薄中层状泥岩互层，夹少量灰色厚层灰岩，下部有两层含油砂岩　　384 m
1. 灰绿、黄绿、灰褐色中粒厚层状长石砂岩，有少量灰绿色钙质泥岩及砂质页岩夹层，含两层植物化石，有：*Paracalamites* sp.，*Calamites* sp.　　432 m

——————　整　合　——————

下伏地层：塔什库拉组　灰黑色粉砂岩

【地质特征及区域变化】 西起乌鲁木齐西南，向东呈弧形沿博格达山北麓延伸至吉木萨尔县烧房沟。岩性比较稳定，厚度变化大，在乌鲁木齐地区发育最好，厚 1 078～1 894 m。新疆地矿局第二区调大队(1988)对塔什库拉河至榆树沟一带乌拉泊组岩石组成特征分析如下：主要岩石为砂岩(46.65%)和粉砂岩(39.4%)，砂岩中长石砂岩占 27.15%，岩屑砂岩占 10.33%。向东至阜康县白杨河该组长石砂岩极为发育，岩石致密坚硬，厚 1 301 m。再向东在潘家峡，该组厚度最大，达 2 543 m。最东部烧房沟该组厚度减薄至 267 m。乌拉泊组层面普遍发育交错层理、波痕、雨痕、泥裂。化石稀少，见有双壳类：*Paleonodonta pseudolongissima*，植物：*Walchia* sp. *Calamites* sp.，*Paracalamites* sp.。该组也是准噶尔盆地生储油层之一，此外，该组

普遍含磷,成型者现有五工河磷矿和卡拉姆雀克磷矿。

井井子沟组　P_2j　(01－65－1511)

【创名及原始定义】 新疆地质局区测大队六分队谭德遥等(1965)创名于乌鲁木齐附近。原始定义:主要岩性为蓝灰色、灰绿色夹灰黄色的砂岩、泥岩夹凝灰砂岩、泥岩和凝灰岩。下与芨芨槽子组整合接触,上与妖魔山组整合接触,厚 540～1 589 m。时代为早二叠世。

【沿革】 该单位为马夏庚(1952)最早划出,称下绿灰色层。新疆石油管理局唐祖奎等(1957)将其划入上芨芨槽岩系,称下绿灰色层。自新疆地质局区测大队(1965)创名为井井子沟组后,一直稳定使用至今。

【现在定义】 主要岩性为蓝灰色、灰绿色夹灰黄色凝灰岩、凝灰质砂岩、泥岩夹砂岩、泥页岩等,以凝灰岩发育为典型特征。下与以长石砂岩为特征的乌拉泊组整合接触,上与油页岩为主的芦草沟组整合过渡。

【层型】 创名人未指定层型,本次对比研究指定选层型:乌鲁木齐南东榆树沟剖面(87°44′30″,43°43′30″),由新疆石油管理局地调处 105/58 队(1958)测制,现列述如下。

上覆地层:**芦草沟组**　砂页岩夹油页岩

——————整　合——————

总厚度 890.0 m

井井子沟组

5. 上部深灰色泥岩、砂页岩和黄灰色及灰绿色细砂岩互层,下部灰褐、深灰色粉砂岩及硅质泥岩　64 m
4. 浅蓝黑色凝灰岩及凝灰质粉砂岩,沿走向不稳定　317 m
3. 以灰蓝、蓝绿色厚层状凝灰岩。凝灰砂岩为主夹灰黄、灰黑色中粗粒钙质砂岩及灰绿色泥岩　168 m
2. 蓝灰、蓝绿色致密厚层凝灰岩与黄灰色砂页岩、灰绿、青灰色泥岩不均匀互层,中夹两层灰岩及少量褐色砂岩、粉砂岩　243 m
1. 蓝灰、灰绿色凝灰岩　98 m

——————整　合——————

下伏地层:**乌拉泊组**　灰绿、黄绿色粉砂岩

【地质特征及区域变化】 本组从乌鲁木齐东山、井井子沟向东经三工河、甘河子、大龙口延伸至潘家峡、炭窑子等地,以乌鲁木齐至甘河子出露较全。厚度由西向东总体呈减薄之势,在乌鲁木齐一带厚 719～1 589 m,甘河子 576 m,最东部炭窑子仅 351 m。主体岩性凝灰岩分布不很稳定,以甘河子最为发育,向东西两则均减少,局部地段呈夹层出现。

芦草沟组　P_2l　(01－65－1512)

【创名及原始定义】 新疆区域地层表编写组(1981)创名于乌鲁木齐附近。原始定义:分布范围较广,以妖魔山比较发育。主要岩相是泻湖相,以灰黑色页岩、油页岩、白云岩及砂岩为主,含双壳类、介形类等化石。厚 90～1 102 m。

【沿革】 该单位马夏庚(1952)首次在乌鲁木齐划出,称油页岩分层,隶属大西沟岩系。新疆地质局胡厚文(1955)对博格达山北部油页岩进行了详细研究。新疆石油管理局地调处 106/57 队、105/58 队(1957—1958)对乌鲁木齐至吉木萨尔一线的油页岩层进行了详细调查,将其

时代定为晚二叠世。新疆地质局区测大队六分队(1965)将其创名为妖魔山组,之后一直沿用。新疆区域地层表编写组(1981)考虑到妖魔山一名与甘肃省奥陶系一组名相重而改称芦草沟组。之后一直稳定使用至今。

【现在定义】 主要岩性为灰黑、黑色、褐灰色页岩、油页岩、粉砂岩夹白云岩和少量砂岩。油页岩发育为本组典型特征。下与井井子沟组整合接触,以凝灰岩消失、油页岩出现为界;上与红雁池组整合过渡,以油页岩剧减为界。

【层型】 正层型:乌鲁木齐西雅玛里克山仓房沟剖面(87°33′00″,43°45′00″),由新疆石油管理局地调处105/58队(1958)测制,现列述如下。

上覆地层:红雁池组 灰绿色页岩夹细砂岩

——————整 合——————

芦草沟组 总厚度 659.6 m

6. 灰黑、褐灰及灰色页岩,夹灰黑色薄层沥青质页岩,均含沥青质结核,顶部夹白云岩及少量砂岩,含双壳类化石 70 m

5. 黑、褐灰色页岩、油页岩互层 98 m

4. 灰黑色页岩、油页岩互层夹多层白云质灰岩,局部夹黑色薄层粉砂岩,底部粉砂岩含磷,页岩中含鱼:*Chichia* sp.,*Turfania* sp.,*Tianshaniscus longipterus* 及叶肢介、双壳类、植物、介形类化石 75.5 m

3. 灰黑色砂岩、泥岩、砂页岩互层夹油页岩及白云岩,含植物 *Calamites* sp.;介形类:*Darwinula monitoria*, *Sinusuella polita*;双壳类:*Anthraconauta pseudophillipsis*, *A. iljinskiensis* 171.3m

2. 黑灰、黑色薄层砂质页岩,略含油,夹粉砂岩,上部夹6~8层白云质灰岩,顶部夹一层叠锥灰岩,底部一层砾状砂岩,局部含磷,含植物化石 100 m

1. 黑、黑褐色中细粒砂岩、砂质页岩及油页岩互层,夹板岩和灰岩,部分砂岩中含磷 144.8m

——————整 合——————

下伏地层:井井子沟组 灰色泥岩、细砂岩

【地质特征及区域变化】 芦草沟组分布范围与乌拉泊组、井井子沟组相同,但以乌鲁木齐、特别是雅玛里克山发育最好。该组岩性变化很小,仅东部砂岩局部增多,在三工河以东,由于后期构造破坏,出露不完整,厚度有变薄之势。本组为典型的湖相沉积,含有丰富的化石。双壳类主要有:*Anthraconauta pseudophillipsis*, *A. sibirica*, *Palaeonodonta glosstiformis*, *Mrassiella magniforma*,相当于吴绍祖(1991)所称的 *Anthraconauta*-*Mrassiella*-*Microdonta* 组合。鱼类有:*Turfania taoshuyuanensis*, *Tienshaniscus longipterus*, *Sinaniscus macrolepis*, *Chichia gracilis*,两栖类有:*Urumqia liudaowanensis*,吴绍祖(1991)建立 *Turfania*-*Urumqia* 组合。此外,介形类也较丰富。

【其他】 芦草沟组油页岩发育,无疑是准噶尔盆地南缘最重要的生油层。此外,油页岩本身也具工业意义。页岩、白云岩目前也已作为水泥原料或冶炼熔剂开采利用。本组也普遍含磷,品位一般1%~4%,少量可达8%~9%。

红雁池组 P_2h (01-65-1513)

【创名及原始定义】 新疆地质局区测大队六分队谭德遥等(1965)创名于乌鲁木齐一带。

原始定义:分布于红雁池和妖魔山到芦草沟一带。主要岩性为灰绿色、暗灰色、黄绿色泥岩、粉砂岩、砂岩夹泥灰岩及少量砾岩。下与妖魔山组油页岩呈整合接触,上与仓房沟群整合或平行不整合接触,时代晚二叠世。

【沿革】 地质局马夏庚(1952)最早将相当于该组的地层划出,称上绿灰色层;新疆石油管理局地调处(1957)称上绿灰层。自新疆区测大队六分队(1965)创名红雁池组后,使用一直比较稳定,本次对比研究沿用。

【现在定义】 主要岩性为灰绿色泥岩、页岩、泥灰岩夹少量粉砂岩、砂岩、灰岩及有机页岩。下与以油页岩为特征的芦草沟组整合过渡,上与紫红色粗碎屑岩为特征的泉子街组平行不整合接触,局部整合接触。

【层型】 正层型:乌鲁木齐红雁池剖面(87°38′30″,43°42′30″),由新疆地质局区测大队六分队(1964)测制。该剖面分层简略,岩性不全。现将新疆石油管理局(1958)所测乌鲁木齐西雅玛里克山仓房沟剖面作为参考剖面(87°32′30″,43°54′30″),列述如下。

上覆地层:泉子街组 紫红色砂质泥岩夹砾岩

——————— 平行不整合 ———————

红雁池组	总厚度 673.3 m
7. 灰绿色为主,兼有紫红色薄层的条带状泥岩,夹少量灰绿色薄层钙质砂岩、灰岩,上部夹有灰绿色砾状砂岩或细砾岩凸镜体或薄层,中下部含有较多的叶肢介及双壳类化石	165.7 m
6. 灰、灰绿色含钙质及分散钙结核的泥岩为主,夹薄层状灰岩及泥灰岩,下部夹灰绿色砾状砂岩	122.3 m
5. 灰黑、黑色薄层泥质页岩夹同色薄层泥灰岩,中下部夹绿色薄层细砂岩。泥质页岩中含叶肢介及植物化石碎片,底部砂岩具强烈油味	19.0 m
4. 黄绿、灰绿色中细粒厚层状砂岩,钙质胶结,夹砾状砂岩,含植物:*Calamites* sp.	28.5 m
3. 上部为棕绿色砂质页岩、泥灰岩及钙质细砂岩的互层,中部为紫绿色中细粒钙质砂岩,底部为细砾岩	48.1 m
2. 灰绿色中细粒块状砂岩夹灰黑色薄层砂质泥岩、灰岩及砾状砂岩,底部为厚 5 m 的砾状砂岩,局部有较多的植物残迹	124.3 m
1. 绿、灰黑色及少量褐黄色页岩为主,夹灰绿色细砂岩及黑、灰白色之薄层透镜状灰岩及泥灰岩,含双壳类:*Anthraconauta iljinskiensis* 及鱼化石	165.4 m

———— 整 合 ————

下伏地层:芦草沟组 灰色页岩夹白云岩

【地质特征及区域变化】 红雁池组的分布范围、沉积环境同芦草沟组相似,仅岩性较芦草沟组稍粗,以灰绿色调为主,油页岩很少。该组以雅玛里克山发育最好,厚 735 m。向东厚度逐渐减薄,在红雁池为 362 m,三工河 147 m,炭窑子 140 m,大龙口仅 27.6 m。所含化石主要有双壳类:*Anthraconauta simplex*,*A. ampla*,*Mrassiella* sp.,*Microdontella subovata*,*Palaeonodonta* sp. 及介形类、植物、古鳕鱼等,面貌与芦草沟组一致。

仓房沟群 P_2T_1C (01-65-1509)

【创名及原始定义】 高之秋(1946)于乌鲁木齐雅玛里克山麓仓房沟创名仓房沟岩系,王恒升 1954 年介绍。原始定义:岩性以紫红、红色砾岩及泥岩为主,间夹有灰绿色砂岩,在乌鲁木齐与下伏地层为不整合接触，地质时代三叠纪。

【沿革】 新疆石油管理局地调处106/57队(1957)将仓房沟岩系分为6层，并进行了系统命名。潘钟祥(1959)依据植物化石认为仓房沟岩系下部包含晚二叠世地层。新疆地质局区测大队六分队高芝生等(1965)用“仓房沟组”代表乌鲁木齐等地早三叠世地层。新疆区域地层表编写组(1981)将仓房沟群解体为下仓房沟群和上仓房沟群，前者时代为晚二叠世，后者为早三叠世。中国地质科学院地质研究所和新疆地质局地质科学研究所(1981—1985)对乌鲁木齐至吉木萨尔一带的下仓房沟群和上仓房沟群进行了详细研究，将下、上仓房沟群并称仓房沟群，包括5个组级单位，并据多门类化石认为二叠系/三叠系界线位于仓房沟群锅底坑组中上部。

【现在定义】 为一套紫红色夹灰绿色的陆相碎屑岩沉积，主要岩性为砾岩、砂岩、粉砂岩和泥岩。下与芨芨槽群红雁池组整合或不整合接触，以紫红色砾岩出现为本组开始；上与小泉沟群克拉玛依组整合过渡，以红色层减少分界。自下而上包括泉子街组、梧桐沟组、锅底坑组、韭菜园组、烧房沟组。

泉子街组 P_2q (01-65-1518)

【创名及原始定义】 新疆石油管理局地调处106/57队[①] (1957)创名于吉木萨尔县南，新疆地质局区测大队六分队高芝生等(1976)在其所著《1∶20万吉木萨尔幅(K-45-Ⅵ)地质图说明书》中介绍。原始定义：泉子街层不整合在油页岩层之上，岩性为暗红色砾岩和泥岩，夹少量砂岩层，上与灰绿色砂岩夹同色泥岩的梧桐沟组整合接触，厚170～372 m。时代早三叠世早期。

【沿革】 潘钟祥、杨时中、唐文松等(1959—1962)相继依据植物化石将该组时代厘定为晚二叠世。新疆石油管理局地调处107—109/73队(1974)在吐鲁番桃树园划出该组。

【现在定义】 主要岩性为紫红色、黄绿色砾岩夹泥岩、粉砂岩及少量砂岩。下以平行不整合面与灰绿、灰黑色泥页岩为主的红雁池组为界，上与梧桐沟组整合渐变过渡，以红色砾岩减少、岩性总体变细为分界标志。

【层型】 正层型：吉木萨尔县泉子街剖面，由新疆石油管理局地调处106/57队(1957)测制。但该剖面测制年代较早，岩性描述简略。现将本剖面以西，中国地质科学院地质研究所和新疆地质局地质科学研究所(1986)联合测制的吉木萨尔县三台镇大龙口背斜南翼剖面作为参考剖面(89°10′00″，43°53′10″)，并描述如下，以补充正层型之不足。

上覆地层：梧桐沟组 灰绿色砂岩夹粉砂岩

——————— 整 合 ———————

泉子街组 总厚度 233.73 m

26—22. 灰黑色粉砂岩、粉砂质泥岩夹灰绿色砂岩、灰红色砾岩，含植物：*Paracalamites* cf. *tenuicostatus*，*Callipteris zeilleri*，*C. dalongkouensis*，*Iniopteris sibirica*，*Comia partata*，*Sphenopteris* sp.，*Noeggerathiopsis angustiforlia*，*N. derzavinii*；双壳类：*Palaeonodonta solonensis*，*P.* cf. *longissima*；介形类：*Vymella xinjiangensis*，*Bisulcacypris permiana* 及大量孢粉 36.03 m

21. 紫红色夹灰色粉砂质泥岩及细砂岩，上部为粉砂岩、泥质粉砂岩，有时与砂岩互层 13.06 m

20. 暗紫红色含铁粉砂质泥岩，含小“铁豆” 4.93 m

---

① 新疆石油管理局地调处106/57队周则明等，1957，克拉麦里新煤窑地区地质总结报告。

19. 暗紫红色砾岩夹绿色砂岩	17.70 m
18. 暗紫红色粉砂岩、泥质粉砂岩，夹 2 层砾岩，1 层砂岩	8.12 m
17. 下部灰绿、灰黑色岩屑砂岩，夹碳质泥岩、粉砂岩，上部灰紫红色砾岩，粉砂岩中可见微细水平层理	3.27 m
16. 灰绿色含巨大油岩岩块的巨砾岩	6.78 m
15. 紫红色砾岩	4.71 m
14. 暗紫红色粉砂岩、泥质粉砂岩、粉砂质泥岩不均匀互层，夹 2 层砂岩、1 层砾岩	12.12 m
13. 灰绿色砾岩，中部夹紫红色粉砂岩、细砂粉砂岩	10.40 m
12. 暗紫红色、灰黑色粉砂岩、泥质粉砂岩，夹砾岩两层	10.86 m
11. 绿灰色砾岩	3.01 m
10. 暗紫红色粉砂岩，底部和中部各夹一层砾岩	15.62 m
9. 紫红、暗紫红色粉砂岩，上部泥质粉砂岩，夹 7 层灰绿色砾岩	16.54 m
8. 紫红、暗紫红色、灰绿色条带状粉砂岩、粉砂质泥岩，夹 2 层灰绿色细砂岩、2 层砾岩	17.40 m
7. 紫红色粉砂岩夹灰绿色细砂岩和砾岩	8.49 m
6. 灰绿色砂岩，中部为砾岩，斜层理非常发育	3.16 m
5. 灰绿、灰黑色与紫红、暗紫色粉砂岩、粉砂质泥岩不均匀互层，上部基本为薄层状	20.56 m
4. 灰绿与紫红色砾岩不均匀互层，夹粉砂岩、粉砂质泥岩和细岩屑砂岩，有时为微波状层理	20.97 m

——————— 平 行 不 整 合 ———————

下伏地层：红雁池组　灰黑色粉砂质泥岩

【地质特征及区域变化】 泉子街组分布于玛纳斯、乌鲁木齐至吉木萨尔一线，吐鲁番盆地桃树园也有小面积分布。本组以暗红色砾岩和泥岩为主要岩性，夹很少砂岩层，通常下部砾岩多，上部泥岩多。在吉木萨尔一带厚 122～242 m。乌鲁木齐芦草沟一带，泉子街组以灰紫色、紫红色、灰绿色砾岩、含砾粗砂岩为主，不均匀地夹有砂岩、粉砂岩，厚 122 m。玛纳斯至沙湾县南，泉子街组以紫红色砾岩为主夹少量泥岩，视厚 244～291 m。吐鲁番盆地桃树园，泉子街组出露面积较小，为黄绿色、褐灰色、灰绿色砾岩、泥岩、钙质砂岩，厚 242 m，与下伏地层整合接触。本组为河流相沉积，间有山麓洪积相沉积。主要化石有植物，以 *Callipteris* - *Comia* - *Iniopteris* 组合为代表，其他有孢粉及少量介形类和脊椎动物化石。

梧桐沟组　P_2wt　(01 - 65 - 1519)

【创名及原始定义】 新疆石油管理局地调处 106/57 队(1957)创名于吉木萨尔县南，新疆地质局区测大队六分队(1976)介绍。原始定义：主要岩性为灰绿色厚层状砂岩夹同色泥岩，有时含砾状砂岩或薄的砾岩透镜体。下与泉子街层、上与锅底坑层均为整合接触。时代早三叠世。

【沿革】 新疆石油管理局 105/58 队(1958)将梧桐沟层和上覆锅底坑层合并统称梧桐沟层。潘钟祥、杨时中、唐文松等(1959—1962)相继依据植物化石将该组时代厘定为晚二叠世。中国地质科学院地质研究所和新疆地矿局地质科学研究所(1982—1985)恢复使用锅底坑组，梧桐沟组也随之恢复最初创名时的含义，本次对比研究也保持这一含义。

【现在定义】 主要岩性为灰绿色、黄绿色中细粒砂岩、粉砂岩夹泥岩，也见有砂砾岩和砾岩。下与紫红色砾岩夹泥岩的泉子街组整合过渡，上与灰黑、紫红色泥岩、粉砂岩为主的锅底坑组整合过渡。岩性粒度居中，砂岩所占比例大及灰绿色的主色调是该组区别于上、下地层的特征。

【层型】 正层型：吉木萨尔县泉子街命名剖面(89°09′40″,43°53′05″)，由新疆石油管理局地调处106/57队(1957)测制。因其测制年代早，岩性描述简略，现将中国地质科学院地质研究所和新疆地矿局地质科学研究所1986年测制的参考剖面：吉木萨尔县三台大龙口剖面(背斜北翼)列述如下，以补充正层型不足。

上覆地层：锅底坑组 灰绿色粉砂质泥岩

——————— 整 合 ———————

梧桐沟组 总厚度 220.54 m

27. 灰色粗—中粒岩屑砂岩，中部夹灰色细砾岩、灰黑色粉砂质泥岩和粉砂岩，砂岩具斜层理，有时呈微波状，泥岩中有植物碎屑 14.14 m

26. 深灰、灰黑色粉砂质泥岩夹灰绿色粉砂岩，中部夹一层暗红色泥岩，含钙质粉砂岩团块 14.62 m

25. 灰色细粒岩屑砂岩，底部有细砾岩凸镜体，顶部为粉砂岩，有大型交错层理，下部含有巨大的木化石 7.92 m

24. 灰黑色泥质粉砂岩，顶部为粉砂质泥岩，泥岩中有大量植物化石碎片 6.23 m

23. 灰黑色泥质粉砂岩为主，与灰黄色粉砂岩(少量的细砂岩)互层(5～6个韵律)，泥岩中含钙质团块及植物碎片 18.81 m

22. 灰色、土黄色粉砂岩、泥质粉砂岩，底为细砂岩 2.61 m

21. 灰黑色粉砂质泥岩夹粉砂岩，含叶肢介化石：*Polygrapta* sp. 18.53 m

20. 灰色粉砂岩、泥质粉砂岩夹细粒岩屑砂岩，具微细交错层理，有时具微层波状层理 7.10 m

19. 灰黑色粉砂质泥岩夹粉砂岩，泥岩中含钙质团块 2.97 m

18. 灰黑色钙质粉砂岩夹灰色细粒岩屑砂岩，可见微细水平层理 5.90 m

17. 灰黑色含砾岩屑砂岩、砂砾岩夹粉砂质泥岩，具大型斜层理 13.22 m

16. 灰黑色粉砂质泥岩为主与黄绿色粉砂岩互层(4个韵律)及球粒状灰岩团块。砂岩中斜层理发育。含孢粉和植物：*Noeggerathiopsis* sp. 30.14 m

15. 灰色中粗粒岩屑砂岩，底部含砾岩，具大型斜层理 10.23 m

14. 灰黑色粉砂质泥岩夹岩屑砂岩、粉砂岩(4个韵律)及球粒状灰岩团块。砂岩中斜层理发育。含植物：*Pecopteris anthriscifolia*, *P. anbangensis*, *Rhipidopsis* sp., *R. panii* 25.67 m

13. 灰、土灰色粉砂岩 5.97 m

12. 灰色厚层状钙质岩屑砂岩，顶部含大量植物化石碎片，底部为砾岩、砂砾岩，具大型交错层理，有树枝、树干化石 12.72 m

11. 灰黑色粉砂质泥岩夹球粒状灰岩团块 9.64 m

10. 灰黑色粉砂质泥岩夹灰色、黄色细砂岩、粉砂岩，含孢粉 7.10 m

9. 灰色岩屑砂岩，斜层理非常发育，局部有砂砾岩透镜体，具油页岩砾石，砂岩中含植物化石 7.02 m

——————— 整 合 ———————

下伏地层：泉子街组 紫红色砾岩夹粉砂质泥岩

【地质特征及区域变化】 分布同泉子街组。为灰色、灰绿色、灰黑色中细粒碎屑岩为主的河流相沉积。在泉子街以砂岩夹泥岩、砂质泥岩、粉砂岩为主，厚283 m。稍向西在三台大龙口地区，为灰色、灰黑色砾岩、砂岩、粉砂岩、粉砂质泥岩、泥岩构成的不均匀韵律层。其中砂岩占42.5%，粉砂岩30%，泥岩21%，砾岩占6.5%。再向西在乌鲁木齐和玛纳斯河岩性逐渐变粗，砾岩增多，厚度增大达281m。梧桐沟组所含化石较泉子街组丰富，但面貌基本一致。主要门类有植物、双壳类、介形类。植物仍以 *Callipteris* - *Comia* - *Iniopteris* 组合为代表，双壳类有：*Anthraconauta iljinskiensis*，*Palaeomutela kyserlingi*，*Palaeonodonta costor*，介形类以 *Darwinula* 为代表。此外，大龙口地区还有丰富的叶肢介化石。

锅底坑组　P_2T_1g　(01 - 65 - 1520)

【创名及原始定义】　新疆石油管理局地调处106/57队(1957)创名，中国地质科学院地质研究所、新疆地矿局地质研究所1986年介绍。原始定义：岩性为灰绿、黄绿夹暗红色条带的泥岩夹薄层灰质或泥灰质砂岩及泥灰岩夹层。下与梧桐沟组整合接触，上与韭菜园组整合过渡，时代早三叠世。

【沿革】　该组创名后，新疆石油管理局105/58队谢宏等(1958)认为在野外不易划分，将其与下伏梧桐沟组合并统称梧桐沟组。中国地质科学院地质研究所和新疆地矿局地质研究所(1986)从梧桐沟组上部恢复了锅底坑组，并认为二叠系/三叠系界线从锅底坑组中上部穿过。本次对比研究认为，根据现有资料，锅底坑组这一细碎屑岩层在吉木萨尔、乌鲁木齐、吐鲁番等地还是可以划出的，其当初创名时也是以岩性为划分依据的，应保留使用。

【现在定义】　主要岩性为灰绿色、黄绿色、灰黑色夹紫红色的粉砂质泥岩、泥岩夹粉砂岩及少量细砂岩。下与梧桐沟组整合接触，上与韭菜园组整合过渡。总体岩性粒度较上下地层细，泥岩多是确定该组界线的特征。

【层型】　正层型：吉木萨尔县泉子街剖面(89°09′30″,43°53′00″)，由新疆石油管理局地调处106/57队(1957)测制。因其岩性描述简略，现将中国地质科学院地质研究所和新疆地矿局地质科学研究所(1986)测制的吉木萨尔县三台镇大龙口剖面(背斜南翼)作为参考剖面描述如下，以弥补正层型之不足。

上覆地层：韭菜园组　灰绿色细粒岩屑砂岩

——————— 整　合 ———————

锅底坑组	总厚度 166.25 m
57. 紫红、灰红色粉砂质泥岩夹灰绿色岩屑砂岩，含孢粉	8.83 m
56. 紫红色与灰绿色粉砂质泥岩互层或呈条带，微细水平层理，含叶肢介：*Falsisca* sp.，*Beijianglimnadia* sp.，*Cyclotungusites* sp.，*Difalsisca elongata*，*D. grandis*	10.52 m
55. 紫红色粉砂质泥岩，微波层理或微细水平层理，含孢粉化石	16.02 m
54. 紫红色粉砂质泥岩为主，与灰绿、黄绿色薄层状粉砂岩不均匀互层，水平层理，粉砂岩中含砂球，底部含叶肢介：*Falsisca qitaiensis*，*F. beijiangensis*，*F. dalongkouensis*，*Beijianglimnadia rotunda*，*B. multilinearis*，*Sphaerestheria* cf. *minuta*；脊椎动物：*Lystrosaurus* sp.	33.31 m
53. 紫红色夹灰黑色粉砂质泥岩、灰绿色粉砂岩，具微细水平层理或微波层理，含孢粉化石	15.05 m
52. 黄绿色粉砂岩与灰黑色粉砂质泥岩互层，具微波或微细水平层理	3.47 m
51. 紫红色粉砂质、泥岩	3.12 m

50. 杂色粉砂岩与粉砂质泥岩不均匀互层，一般为薄层状，具微细水平层理，含孢粉化石 6.27 m

49. 褐红色薄层状粉砂质泥岩，微细水平层理发育 3.68 m

48. 黄绿、灰黄色粉砂岩，上部以黄灰—灰黑色粉砂质泥岩为主，具微细水平层理，含叶肢介和孢粉化石 5.87 m

47. 灰黑色粉砂质泥岩，含叶肢介：*Falsisca* sp.，*Beijianglimnadia* sp.，*Huanghestheria* sp. 和孢粉化石 4.92 m

46. 土黄色薄层粉砂岩，含大量泥晶灰岩团块，具水平层理 5.61 m

45. 灰褐色粉砂质泥岩，含泥晶灰岩团块 4.58 m

44. 灰黑色粉砂质泥岩为主，夹紫红、紫灰色条带及粉砂岩、岩屑砂岩和泥晶灰岩团块，具微细水平层理，含孢粉 10.62 m

43. 黄绿色粉砂岩、泥质粉砂岩为主，与杂色泥质粉砂岩不均匀互层，夹岩屑砂岩，含钙质团块，微细水平层理发育，含孢粉，双壳：*Palaeonodonta* cf. *parallela*，*P. bervis*，叶肢介：*Cornia* sp.，*Polygrapta* sp. 13.30 m

42. 灰褐色泥岩为主，顶部为黄绿色细砂岩。泥岩具微细水平层理。含植物：*Lepidodendron* sp.，*Lepidostrobophyllum* sp.；叶肢介：*Polygrapta* sp. 2.76 m

41. 黄绿色粉砂岩，上部为薄层状粉砂质泥岩，夹钙质泥岩，水平层理发育 5.31 m

40. 灰褐色粉砂质泥岩，顶部褐红色夹黄绿色泥质粉砂岩，含少量钙质团块，具微细水平层理，含孢粉 5.17 m

39. 黄绿色粉砂岩与灰黑色粉砂质泥岩互层，以后者为主，夹钙质泥岩，底部为一层黄绿色岩屑砂岩 7.84 m

——————— 整　合 ———————

下伏地层：梧桐沟组　灰色岩屑砂岩

【地质特征及区域变化】　分布于吉木萨尔至乌鲁木齐、吐鲁番等地，范围比泉子街组和梧桐沟组稍小。为一套湖相细碎屑岩沉积，在吉木萨尔泉子街一带，岩性为灰绿色夹棕红色的泥岩、粉砂岩、细砂岩不均匀互层，厚 67.75 m。乌鲁木齐地区为灰黑色、灰绿色、灰紫色粉砂质泥岩、细砂岩，含较多的钙质砂岩团块，厚 163.8 m。吐鲁番桃树园该组由灰绿色、灰黑色砂质泥岩、泥岩组成，夹薄层泥灰岩，含钙质结核。锅底坑组化石十分丰富，且显示出与下伏地层不同的色彩。除晚二叠世分子外，开始出现三叠纪分子。植物化石主要分子有：*Lepidostrobophyllum* sp.，*Viatscheslavia* cf. *vorcuntensis*，*Zamiopteris* cf. *glossopteroides*，*Noeggerathiopsis derzavinii*，*Rhipidopsis panii*，吴绍祖(1991)称作 *Zamiopteris* - *Viatscheslavia* 组合。脊椎动物下部含：*Striodon magnus*，上部含 *Jimusaria sinkiangensis*，*Lystrosaurus*。此外，本组尚含大量叶肢介、介形虫及孢粉化石。

阿尔巴萨依组　P_1 *ae*　(01-65-1405)

【创名及原始定义】　新疆地质局区测大队十分队白光群等(1978)在新疆沙湾县南白杨沟地区建立阿尔巴萨依组。原始定义：阿尔巴萨依组下部为紫红色厚层凝灰质砾岩夹凝灰质粗砂岩、肉红色霏细钠长斑岩，厚 2 080.3 m；上部为灰紫色、灰绿色安山玢岩夹灰紫色霏细斑岩及灰绿色含角砾凝灰质砂岩，厚 2 683 m。总厚 4 763.3 m。下与中石炭统前峡组断层接触，上部未见顶。

【沿革】　新疆区测大队十分队(1978)在沙湾县南白杨沟测制剖面，划分出下二叠统阿尔巴萨依组。新疆区测大队八分队(1970)在七角井一带曾将该套地层划归下二叠统库莱组。同年,新疆区测大队八分队又将七角井西北的该套地层划为上石炭统缪林托凯陶山组,并分三个亚组。新疆区测大队九分队(1970)在木垒柯克巴斯他乌一带,将该套地层划为上石炭统缪林托凯陶山组,并分为三个亚组。新疆区测大队六分队(1972)在新疆地质局第二区测大队一分队1960年工作的基础上在吐鲁番地区进行了补课,在吐鲁番塔尔朗一带,将该套地层划归下二叠统阿其克布拉克组。新疆区测大队编图分队(1976)对1960年第二区测大队在托克逊幅的资料进行编图整理,将托克逊县桃树园东北的该套地层划归下二叠统阿其克布拉克组。本次对比研究,将伊林哈比尔尕山北坡-吐哈盆地地层小区的这套陆相火山岩统称阿尔巴萨依组。七角井一带原定为库莱组的一套火山岩地层改用阿尔巴萨依组,不用库莱组。七角井北西原划分的缪林托凯陶山组及木垒柯克巴斯他乌一带原划分的缪林托凯陶山组停止使用,改用阿尔巴萨依组。分布在托克逊一带及吐鲁番一带的一套陆相火山岩不再用阿其克布拉克组,而改用阿尔巴萨依组。

【现在定义】 为酸性、中性火山岩及其碎屑岩。下部为紫红色凝灰砾岩、砾岩、砂砾岩夹霏细钠长斑岩、酸性火山角砾岩及凝灰岩;上部为灰紫色安山玢岩(向东局部为橄榄玄武玢岩)夹流纹斑岩、霏细斑岩、英安斑岩及凝灰砂岩,含植物及双壳类化石。下与奥尔吐组不整合接触,上与大河沿组砂岩、长石砂岩整合接触。

【层型】 正层型:沙湾县南白杨沟地区剖面(85°21′57″,43°57′35″),由新疆地质局区测大队十分队(1978)在白杨沟地区测制。参考剖面:托克逊县桃树园北东剖面,吐鲁番塔尔朗剖面,哈密七角井1303高地Ⅻ号剖面,七角井西北1679高地Ⅶ号剖面,木垒柯克巴斯他乌一带剖面。

【地质特征及区域变化】 阿尔巴萨依组分布于伊林哈比尔尕山北坡的头道河子、小南沟、阿尔巴萨依、宁家河、达子庙等地;在吐哈盆地见于托克逊县桃树园北东,吐鲁番塔尔朗河一带;向东分布在七角井及其西北地区及木垒柯克巴斯他乌一带。阿尔巴萨依组为酸性、中性火山岩及其碎屑岩。向东至托克逊县桃树园北东,该组为暗红色安山质凝灰岩夹绿色安山岩、凝灰质砂岩,出露厚度仅198 m。下与奥尔吐组平行不整合接触,上与晚二叠世泉子街组平行不整合(?)接触。向东在吐鲁番塔尔朗,该组为紫红色凝灰砂砾岩、紫色砾岩不均匀互层夹钙质砾岩及杏仁状安山玢岩,厚310.1 m。下与奥尔吐组不整合接触,上与大河沿组整合接触。继向北东至木垒柯克巴斯他乌一带,阿尔巴萨依组为浅肉红色霏细斑岩、流纹斑岩不均匀互层夹酸性熔岩、酸性熔岩角砾岩、辉石安山玢岩、中基性凝灰角砾岩,厚1 110.6 m,未见顶、底。再向东至七角井西北1 679高地一带,该组下部为深灰绿色橄榄玄武玢岩;上部为灰绿色层凝灰岩夹凝灰熔岩,肉红色流纹岩、流纹斑岩。厚525 m,未见顶、底。在缪林托凯陶山西南一带,本组发现植物化石:*Angaropteridium cordiopteroides*。继向东南至七角井一带,该组为灰紫色砾岩、砂砾岩与安山玢岩、石英斑岩,酸性火山角砾岩,酸性凝灰岩夹细砂岩及橄榄玄武玢岩。最下部砾岩的砾石中含腕足类、珊瑚化石。厚1 453.27 m。下与奥尔吐组,上与红山组均为不整合接触。

【其他】 伊林哈比尔尕山北坡-吐哈盆地地层小区的阿尔巴萨依组,在本次对比研究中,主要依据岩性对比,少量的化石及上、下地层的接触关系、时代而确立的。如有机会,还需进行野外核查。

桃东沟群 P_2T (01-65-1515)

【创名及原始定义】 新疆石油管理局地调处107-109/73队①(1974)创名于吐鲁番盆地桃树园,新疆地质局地质科学研究所(1977)在《乌鲁木齐幅1:50万地质图说明书》中介绍。原始定义:主要岩性为河湖相绿、灰绿色砾岩、砂岩、砂质泥岩,底部夹一层安山岩,不整合在下二叠统七角井组或石炭系、泥盆系之上。含植物、双壳类、介形类、孢粉和鱼化石。

【沿革】 自创名后一直沿用至今,无划分变化。

【现在定义】 主要岩性为灰绿色紫红色砾岩、砂岩、泥岩夹泥灰岩,总体下粗上细。下与祁家沟组不整合接触;上与仓房沟群整合过渡。包括下部大河沿组和上部塔尔朗组。

大河沿组 P_2dh (01-65-1516)

【创名及原始定义】 新疆石油管理局地调处107—109/73队(1974)创名于吐鲁番盆地桃树园,新疆地质局地质科学研究所(1977)介绍。原始定义:吐鲁番盆地北缘不整合在中石炭统火山岩之上的暗褐色巨厚层状砾岩及棕红色砾岩、含砾粗砂岩,下部夹安山岩。其上覆为黄绿色、灰紫色细碎屑岩为主的塔尔朗组。该组未发现化石,时代推测为晚二叠世。

【沿革】 创名前该套地层曾被新疆地质局区测大队(1965,1976)划入大热泉子组。刘宪亭(1973)将其划为上芨芨槽群。

【现在定义】 岩性为紫红色、棕红色厚层块状砾岩、含砾粗砂岩,中下部有火山岩夹层。底部以不整合面与祁家沟组为界,顶部与灰绿色、黄绿色细碎屑岩为主的塔尔朗组整合过渡,通常以紫红色粗碎屑岩消失或剧减为界。

【层型】 正层型:吐鲁番桃树园剖面(88°59′00″,43°16′30″),由新疆石油管理局地调处107—109/73队(1974)测制。参考剖面:托克逊县艾维尔沟剖面。

【地质特征及区域变化】 大河沿组为山麓冲积相沉积,在吐鲁番盆地桃树园以暗紫、灰紫和紫红色砾岩为主,砾石粒级从细砾直到粗砾,部分达巨砾级,平均粒径8~10 mm,最大砾径可达20 cm以上,分选、磨圆极差,棱角一次棱角状。砂岩为一套高岩屑高长石含量的岩屑杂砂岩和长石岩屑砂岩。下部所夹火山岩以安山岩为主,次为玄武岩。在艾维尔沟大河沿组也以红色砾岩为主,砂岩增多,同时夹有泥岩,厚128 m,上与塔尔朗组有沉积间断。

塔尔朗组 P_2t (01-65-1517)

【创名及原始定义】 新疆石油管理局地调处107—109/73队(1974)创名于吐鲁番盆地桃树园,新疆地质局地质科学研究所(1977)介绍。原始定义:主要岩性为黄绿、灰绿、紫红色泥岩、砂质泥岩及少量砂岩和砾岩,含大量陆相动植物化石,时代晚二叠世。

【沿革】 创名前该套地层曾被新疆地质局区测大队(1965、1976)划入大热泉子组。刘宪亭(1973)将其划为上芨芨槽群。

【现在定义】 整合于大河沿组红色粗碎屑岩之上的以细碎屑岩为主的沉积,主要岩性为黄绿、灰绿、灰黑色泥岩、砂质泥岩及少量砂岩和砾岩。上与灰绿、黄绿色砾岩夹砂岩、泥岩的泉子街组整合过渡,砾岩增多,泥岩减少是划分二者的标志。

【层型】 正层型:吐鲁番桃树园剖面(88°59′00″,43°16′10″),由新疆石油管理局地调处

---

① 新疆石油管理局地调处107—109/73队,1974,实测吐鲁番盆地桃树园子沟地层柱状图。

107—109/73 队(1974)测制。参考剖面:托克逊县艾维尔沟剖面。

【地质特征及区域变化】 本组在吐鲁番桃树园岩性以黄绿色、灰绿色泥岩、砂质泥岩、泥灰岩夹同色砂岩和砾岩为主,总厚 411 m。向西在托克逊县艾维尔沟塔尔朗组底部为一层巨厚层状的浅灰绿色砾岩,与下覆大河沿组有沉积间断;向上为灰绿、黄绿、灰黑色细砂岩、粉砂岩、碳质泥质页岩夹砂岩、砾岩的沉积,厚 537 m。塔尔朗组为河流相、湖相的交替沉积,石油部门有关研究资料认为其是吐哈盆地重要的生油岩系之一。本组动植物化石丰富,植物主要分子有:*Callipteris zeilleri*,*C. altaica*,*Comia* sp.,*Iniopteris* sp.,*Zamiopteris glossopteroides*,*Pecopteris anthriscifolia*,*Noeggerathiopsis anthriscifolia*,*Koretrophyllites linearis* 等,相当于张致民、吴绍祖(1991)建立的 *Callipteris-Comia-Iniopteris* 组合;双壳类主要有:*Anthraconauta iljinskiensis*,*A. pseudophillipsis*,*A. khalfini*,*Mrassiella magniformis*,*Microdontella* sp. 等;鱼类:*Turfania taoshuyuanensis*。

库莱组 P_2k (01-65-1514)

【创名及原始定义】 新疆地质局区测大队七分队王广耀等(1966)创名于哈密北东库莱附近。原始定义:分布在哈密北东库莱附近,为一套海陆交互相长石岩屑砂岩、粉砂岩、泥质岩等,下部夹碳质泥岩、凝灰岩、灰岩,上部砾岩较多,常夹铁质泥岩,见有腕足类碎片和海相双壳类。不整合在中石炭统居里得能组之上,上未见顶。

【沿革】 该组建立后,曾使用于七角井、下马崖等地,之后因岩性较杂,各地所含化石时代不一致,很少有人使用。西北石油局地质大队祖炳仁等(1986)在哈密库莱剖面(创名剖面)下部发现植物化石:*Noeggerathiopsis* sp.,*Sphenophyllum* sp.,剖面上部发现双壳类:*Palaeomutea meglecta* 和介形虫:*Darwinula*,*Darwinuloides*,因而将下部 77.1 m 厚的火山碎屑岩和正常碎屑岩划归下二叠统阿其克布拉克群,剖面中上部与吐鲁番桃树园地区的桃东沟群和下仓房沟群对比。本次对比研究确定的库莱组在哈密盆地北缘只包括原创名地库莱地区划出的库莱组,并以此为层型,将盆地中部原定大热泉子组的陆相碎屑岩沉积归入该组。七角井等地,前人原划入库莱组的一套火山岩,本次对比研究归入阿尔巴萨依组。吐哈盆地前人所划的大热泉子组,创名时指海相或海陆交互相沉积,60 年代有海相双壳类及腕足类化石蕉叶贝等的报道,因此不能用于代表吐哈盆地陆相沉积的库莱组。

【现在定义】 岩性以紫红色、黄绿色、灰黄色岩屑砂岩、粉砂质泥岩、砾岩为主,上部至顶部砾岩较多,常夹碳质泥岩、铁质碎屑岩、灰岩、凝灰岩并以此为特征。其下不整合在居里得能组或阿尔巴萨依组之上,上未见顶或被第三纪地层不整合覆盖。

【层型】 正层型:哈密县库莱剖面(93°54′40″,43°08′50″),由新疆地质局区测大队七分队(1966)测制。参考剖面:哈密大南湖地区 523 高地剖面,哈密大草滩地区剖面。

【地质特征及区域变化】 该组西起康古尔塔格沸石山,向东延至大草滩、大南湖地区,再向北分布于哈密库莱。在康古尔塔格沸石山该组为一套陆相碎屑岩沉积,底部有火山碎屑岩夹层,不整合在阿尔巴萨依组之上,厚 716.6 m。哈密大草滩地区,该组以砂岩、岩屑砂岩为主,上部紫色砾岩增多,下部夹泥晶灰岩,其中含大量双壳类化石:*Anthraconauta ampia*,*Palaeonodonta longisima*,*Palaeomutela neglecta*,*P. subparallela*,*P. fischeri* 等。大南湖一带岩性和大草滩地区相似,厚 1 208 m,底部夹碳质泥岩和煤线。

第四章
三叠纪—第三纪

北疆-兴安地层大区北疆地层区三叠纪—第三纪地层均为内陆盆地沉积，经对比研究推荐使用的地层单位共计 37 个，集中分布于准噶尔盆地及其周缘和吐鲁番盆地，在阿尔泰山地层分区本断代地层单位分布零星（图 4－1）。由于陆相沉积盆地环境相似，沉积物大同小异，岩石地层单位的确立和区分多依据碎屑岩的粒度、颜色以及一些特殊的标志层，如煤层、菱铁矿层等。

三叠纪早期岩石地层单位普遍由红色砾岩夹泥岩构成，中晚期为灰、灰黄、灰绿色及灰黑色的砂岩、粉砂岩、泥岩夹砾岩和薄层灰岩以及煤线、碳质页岩、菱铁矿层、叠锥灰岩等。侏罗纪早中期地层单位岩性以砂岩、粉砂岩、泥岩为主，普遍含煤层、煤线、碳质页岩为其突出特点，晚期灰绿色、紫红色泥岩夹砂岩。白垩纪早期岩石地层单位岩性以湖相沉积的细碎屑岩为主，晚期多为褐红、棕红色砾岩、粗砾岩及粉砂岩。第三纪地层单位多属“红层”，岩性以红色、棕红色泥岩、砂岩夹砾岩及石膏层。准噶尔盆地南缘个别单位以绿色泥岩为主。

本断代地层单位中生物化石以脊椎动物、植物、双壳类、介形虫、叶肢介为主。其中韭菜园组的水龙兽、吐谷鲁群中的准噶尔翼龙、石树沟群中罕见的硅化木都具有重要的科学价值。此外，小泉沟群是新疆北部重要的生油层，水西沟群是新疆最重要的煤层，具有很大的经济意义。

尖山沟组　$T_1 js$　（01－65－1602）

【创名及原始定义】　本次对比研究创名。用于代替原未分上仓房沟群。相当于上仓房沟群的地层。主要岩性为紫红色、棕红色夹少量黄色及灰绿色的砾岩夹泥岩。其下多不整合在二叠纪或更老地层之上，上与小泉沟群整合接触，以红色砾岩明显减少或消失为本组顶界。

【沿革】　新疆石油管理局地调处杨文孝（1964）曾在准噶尔盆地卡拉麦里山创名西大沟组，该名与甘肃省一地层单位重名，不能再沿用，故本次另立尖山沟（吉木萨尔县西大沟附近地名）组，上仓房沟群因其不符合创名规范而不再使用。新疆石油管理局 114/57 队、117/57 队（1957）称该套地层为上仓房沟统；新疆地质局区测大队（1966）称仓房沟组；《西北地区区域地层表·新疆维吾尔自治区分册》（1981）称上仓房沟群。

【现在定义】　同原始定义。

【层型】　正层型：吉木萨尔县西大沟剖面（89°12′20″，44°58′20″），由新疆地质局区测大队

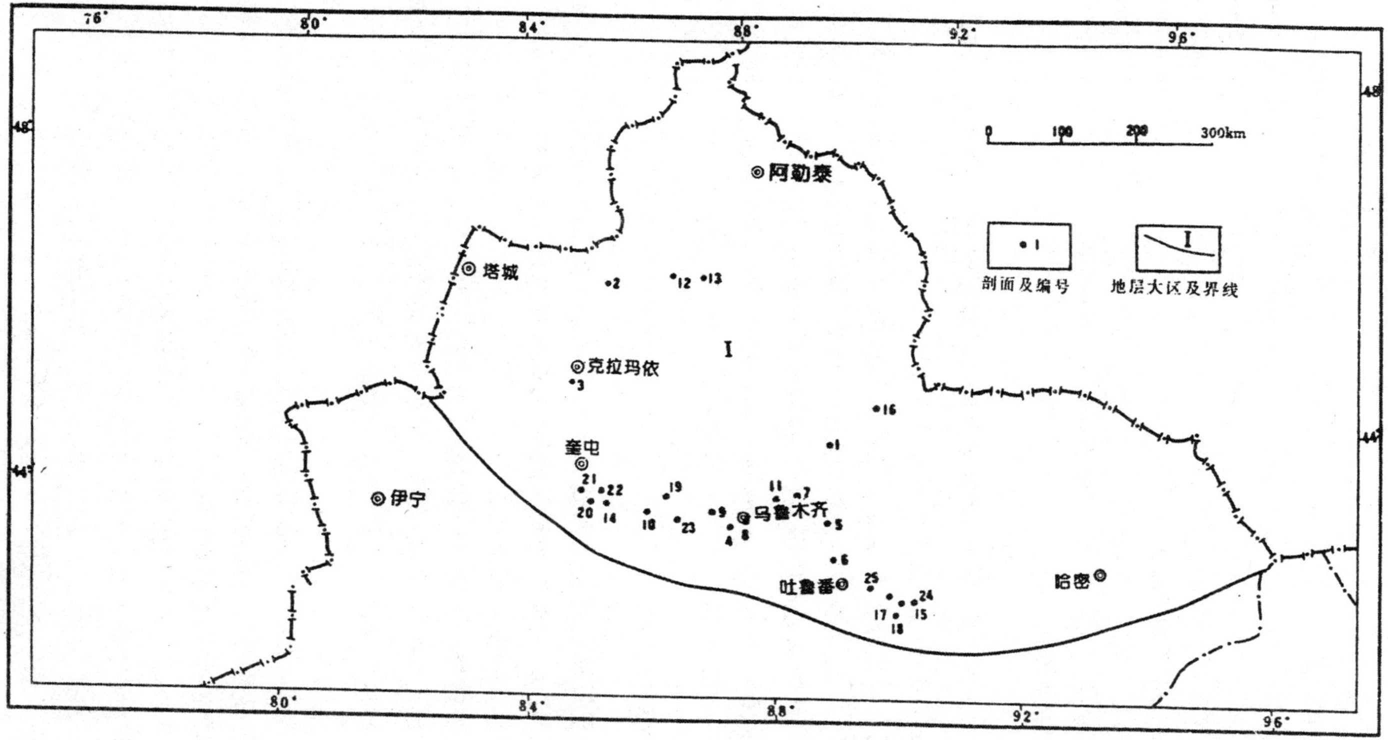

图 4-1 北疆-兴安地层大区三叠纪—第三纪层型剖面分布图

1. 吉木萨尔县西大沟尖山沟组剖面；2. 和布克赛尔蒙古自治县白砾山北白砾山组剖面；3. 克拉玛依市深底沟克拉玛依组剖面；4. 乌鲁木齐县郝家沟郝家沟组剖面；5. 吉木萨尔县三台大龙口背斜北翼烧房沟组、韭菜园组剖面；6. 吐鲁番市桃树园韭菜园组剖面；7. 阜康市黄山街处黄山街组实测剖面；8. 乌鲁木齐市八道湾东南 3～4 km 处八道湾组剖面；9. 昌吉河喀拉扎组剖面；10. 玛纳斯地区玛纳斯河西山窑组剖面；11. 阜康县三工河三工河组剖面；12. 和布克赛尔县红砾山东高点红砾山组剖面；13. 福海县南端三个泉红砾山组剖面；14. 沙湾县紫泥泉子吐谷鲁群剖面；15. 鄯善县南沙墩子库穆塔克组剖面；16. 吉木萨尔县北石树沟石树沟群剖面；17. 鄯善县西连木沁组剖面；18. 鄯善县三十里大墩三十里大墩组剖面；19. 玛纳斯县塔西河塔西河组剖面；20. 沙湾县安集海安集海组剖面；21. 独山子地区独山子组剖面；22. 沙湾县霍尔果斯河沙湾组剖面；23. 呼图壁县雀儿沟东沟东沟组剖面；24. 鄯善县东台子村台子村组、巴坎组剖面；25. 吐鲁番市博格达山南麓桃树园桃树园组剖面三分队(1966)测制。现列述如下。

上覆地层:**八道湾组**　灰绿色泥岩、砂质泥岩

～～～～～～～～ 不 整 合 ～～～～～～～～

尖山沟组	总厚度 780.0 m
9. 紫红色砾岩,夹泥岩及砂质泥岩	120.0 m
8. 紫红色泥岩夹灰绿色砂砾岩	130.0 m
7. 黄色、紫色砾岩夹泥岩	260.0 m
6. 黄色砾岩夹紫色砂岩及泥岩	115.0 m
5. 紫红色泥岩、粉砂质泥岩、砂岩不均匀互层	50.0 m
4. 黄色、紫色砾岩夹泥岩	105.0 m

——————— 平 行 不 整 合 ———————

下伏地层:**黄梁沟组**　砾岩夹砂质泥岩

新疆石油管理局地调处 117/57 队(1957)所测奇台县北胜利沟剖面中,该组与上覆小泉沟群整合接触,可作为本组主要参考剖面以弥补正层型之不足。

【地质特征及区域变化】　该组分布于准噶尔盆地及其周缘,天山山间盆地及吐鲁番盆地也有小面积零星出露,岩性单一,普遍表现为紫红色砾石夹泥岩,各地变化也不明显,多以不整合面与下伏地层为界,上与小泉沟群细碎屑岩整合过渡或被更新地层不整合覆盖。在吉木萨尔县西大沟,本组含脊椎动物化石:*Lystrosaurus hedini*,*L. broomi*,*Chasmatosaurus yuani* 及鱼类、介形类化石。

韭菜园组　T_1j　(01-65-1604)

【创名及原始定义】　新疆石油管理局地调处 106/57 队[①] (1957)创名,新疆地质局地质科学研究所 1977 年介绍。原始定义:主要岩性是河流相、河湖相棕红色泥岩夹灰绿色、紫灰色砂岩、粉砂岩,其中富含脊椎动物化石及介形类化石。

【沿革】　新疆石油管理管理局 105/58 队(1959)认为仓房沟群分层过细,将韭菜园层和其上覆东红山层合并称韭菜园层。杨时中、魏景明等(1960)将合并后的韭菜园层改称韭菜园组。新疆区域地层表编写组(1981)认可并保留该组,之后一直使用至今。本次对比研究维持韭菜园组的含义。

【现在定义】　指整合于烧房沟组之下、锅底坑组之上的紫红色泥岩、灰绿色岩屑砂岩、粉砂岩不均匀互层。上以紫红色砂质泥岩与烧房沟组的灰红、紫灰色砂岩、砾岩分界;下以灰绿色岩屑砂岩与锅底坑组的紫红色砂质泥岩分界。

【层型】　正层型:吉木萨尔县泉子街剖面,由新疆石油管理局地调处 106/57 队(1957)测制。该层型剖面因测制年代早,岩性描述术语欠佳,故这里将中国地质科学院地质研究所、新疆地矿局地质科学研究所(1984)所测吉木萨尔县三台大龙口背斜北翼剖面(88°53′40″,43°58′10″)作为主要参考剖面描述如下,以补充正层型之不足。

上覆地层:**烧房沟组**　紫灰色岩屑砂岩、砂砾岩

---

① 新疆石油管理局地调处 106/57 队唐祖奎等,1957,准噶尔盆地昌吉—巴里坤地区地质专题研究报告。

—————— 整 合 ——————

非菜园组 总厚度 220.60 m

77. 紫红色粉砂质泥岩 10.23 m

76. 灰绿色细岩屑砂岩，中部夹紫红色泥岩 2.56 m

75. 紫红色粉砂岩夹泥岩 9.35 m

74. 紫红色粉砂质泥岩 2.04 m

73. 灰绿色含砾岩屑砂岩、细粒岩屑砂岩，中部夹紫红色粉砂岩和粉砂质泥岩 2.64 m

72. 紫红色细粒岩屑砂岩，顶为泥岩 2.56 m

71. 灰绿色细粒岩屑砂岩夹紫红色泥岩 2.94 m

70. 紫红色粉砂质泥岩，底为灰绿色细岩屑砂岩 39.62 m

69. 紫红色粉砂质泥岩，含大量姜状泥质灰岩团块，含脊椎动物化石碎片 8.44 m

68. 紫红色粉砂质泥岩，底部灰绿色细粒岩屑砂岩条带，上部夹粉砂岩，具水平层理 12.44 m

67. 紫红色砂质泥岩 4.19 m

66. 灰绿色细粒岩屑砂岩 2.84 m

65. 紫红色粉砂质泥岩 13.93 m

64. 紫红色粉砂质泥岩，含大量姜状钙质结核 4.63 m

63. 下部灰绿色薄层状细粒岩屑砂岩、粉砂岩，上部紫红色粉砂质泥岩，水平层理发育，含脊椎动物化石 3.62 m

62. 紫红色粉砂质泥岩为主，夹粉砂岩，含钙质团块和脊椎动物骨片 17.35 m

61. 灰绿色细岩屑砂岩与紫红色砂质泥岩互层夹粉砂岩，组成 4 个韵律；含钙质结核，顶为灰绿色粉砂质泥岩，微细水平层理或微波层理发育；含孢粉：*Limatulasporites limatulus*，*Lundbladispora disparilis*，*Verrucosisporites mimicus*，*Taeniaesporites pellucidus*，*Klausipollenites* sp.，*Alisporites* spp.，*Eqisetosporites clarus*；大孢子：*Trileites* spp.，*Maexisporites crassitectatus* 11.53 m

60. 紫红色粉砂质泥岩夹条带状细粒岩屑砂岩、粉砂岩，含植物化石？*Lepidodendron* sp.；叶肢介：*Falsisca* sp.；*Cyclotunguzites* sp. 7.13 m

59. 紫红色粉砂质泥岩与灰绿色、黄绿色微薄—薄层状细粒岩屑砂岩，粉砂岩构成六个韵律，具水平或微波状层理，近顶部具波痕，含脊椎动物化石 *Lystrosaurus* sp. 12.07 m

58. 灰绿色粉砂质泥岩为主，次为粉砂岩(三个韵律)，微薄层状，中部夹大量钙质团块，具水平层理，含孢粉：*Limatulasporites fossulatus*，*Lundbladispora iphilegna*，*Cyclngranisporites* sp.，*Taeniaesporites novimundi*；大孢子：*Triangulatisporites* cf. *triangulatus*，*Trileites* sp.，*Maexisporites* sp. 2.94 m

57. 灰绿、紫红色薄层状细粒岩屑砂岩、粉砂岩、粉砂质泥岩不均匀互层，组成 8 个韵律，具水平层理，上部呈微波层理 7.85 m

56. 紫红色、粉砂质泥岩，水平层理发育，含脊椎动物化石：*Lystrosaurus* sp.，*Chasmatosaurus* sp. 5.72 m

55. 灰绿色、紫红色粉砂质泥岩，含钙质团块和结核，含叶肢介：*Falsisca* sp.，*Cyclotunguzites* sp. 2.25 m

54. 紫红色粉砂质泥岩，含钙质粉砂岩小结核，具脊椎动物化石 *Lystrosaurus robustus* 6.59 m

53. 灰绿色粉砂质泥岩为主与黄绿色粉砂岩构成四个韵律，水平层理发育，含孢粉：*Limatulasporites limatulatus*，*Discisporites psilatus*，*Tsugaepollenites jonkeri*，*Taeniaesporites pellucidus*，*Klausipollenites schaubergeri*，*Alisporites* sp.；植物：*Pecopteris* sp.；叶肢介：*Falsisca fabiformis*，*Cyclotunguzites brevis*，*C. qitaiensis*，*Cyclestherioides dalongkouensis*；介形虫：*Darwinula triassiana*，*D. rodundaea* 3.43 m

52. 灰色细粒岩屑砂岩，上部细砂粉砂岩，含大量钙质砂岩团块 4.13 m

51. 紫红色粉砂质泥岩 4.37 m

50. 下部灰绿色粉砂岩，上部灰黑色粉砂质泥岩，具微细水平层理，含孢粉：*Limatulasporites fossulatus*，*Ltcospora imperiales*，*Lundbladispora* sp.，*Taeniaesporites pellucidus*，*Protohaploxypinus* sp.，*Alisporites* spp.，大孢子：*Trileites* sp.，*Maexisporites* sp. 4.27 m

49. 灰绿色薄—中层细粒岩屑砂岩夹粉砂岩，具水平层理 8.94 m

——————— 整 合 ———————

下伏地层：锅底坑组 紫红色粉砂质泥岩

【地质特征及区域变化】 韭菜园组主体分布于乌鲁木齐至吉木萨尔一线，在吐鲁番盆地桃树园也有出露。该组以湖相沉积为主，岩性稳定，主要为紫红色粉砂质泥岩夹黄绿色、灰绿色细砂岩、粉砂岩及岩屑砂岩，底部常为灰绿色、黄绿色细—中粒岩屑砂岩，在吉木萨尔县三台大龙口厚 220～282.6 m，乌鲁木齐芦草沟 184.2 m，吐鲁番盆地桃树园厚 118 m。韭菜园组陆相生物化石十分丰富，目前发现有脊椎、叶肢介、腹足类、植物和孢粉。脊椎动物以水龙兽为代表，刘淑文建立叶肢介化石 *Falsisca - Cornia* 组合。这些化石近年来经新疆地矿局地质科学研究所和中国地质科学院地质研究所详细研究，均认为时代为早三叠世。

烧房沟组 $T_1\hat{s}$ (01 - 65 - 1605)

【创名及原始定义】 袁复礼(1935)创名于吉木萨尔县南部。原称烧房沟层，大致指目前使用的烧房沟组及其以上的小泉沟群相当的地层。

【沿革】 新疆石油管理局地调处 106/57 队(1957)从原烧房沟层上部划出小泉沟岩系，下部仍称烧房沟层，并对所划出的烧房沟层进行了详细研究。杨时中等(1960)改层为组；新疆区域地层表编写组(1981)沿用新疆石油管理局的划分意见。本次对比研究认为袁氏所划烧房沟层演化为目前的烧房沟组，已稳定使用多年，无需恢复其原始含义。

【现在定义】 主要岩性为紫红色、灰紫色夹灰绿色的岩屑砂岩、粉砂岩、泥质粉砂岩夹少量砂砾岩。下以底部砂砾岩、砾岩与韭菜园组整合分界；上与灰绿色、灰色砂岩、砂质泥岩为特征的克拉玛依组整合过渡。

【层型】 正层型：吉木萨尔一带所测剖面，由袁复礼(1935)测制。本次对比研究未收集到该资料。现将中国地质科学院地质研究所、新疆地矿局地质科学研究所(1984)测制的吉木萨尔县三台大龙口背斜北翼剖面作为主要参考剖面列述如下。

上覆地层：克拉玛依组 紫红色、棕红色碎屑岩

——————— 整 合 ———————

烧房沟组 总厚度 259.73 m

103. 紫红、灰紫色粉砂质泥岩，下部夹灰绿色粉砂岩条带 25.40 m

102. 灰绿、灰紫色岩屑砂岩夹砾岩，含钙质砂岩球 7.32 m

101. 紫红色粉砂岩、粉砂质泥岩 2.74 m

100. 灰红色岩屑砂岩，顶部为灰绿色，含大量钙质砂岩球 3.00 m

99. 紫红色粉砂岩 2.60 m

98. 灰红色岩屑砂岩，底部为砾岩，含大量小砂球 8.11 m

97. 紫红色粉砂质泥岩，含小砂球 19.65 m

96. 灰红色薄层状岩屑砂岩，含砂球 7.18 m

95. 浅紫红色粉砂质泥岩，底部为粉砂岩夹灰绿色岩屑砂岩，中部含大量砂球 15.19 m

94. 灰绿色岩屑砂岩，含大量砂球 11.82 m

93. 灰紫红色粉砂岩、泥质粉砂岩，顶部为泥岩，含小砂球或棒状结核，具水平层理，下部微细层也很发育 4.50 m

92. 灰绿色砂砾岩，底部紫红色砾岩，含脊椎动物化石碎片 4.69 m

91. 灰绿色灰色中细粒岩屑砂岩夹灰红、紫红色薄层状砂砾岩、砂岩粉砂岩、泥岩，含泥晶灰岩团块，具微细水平层理间有微细交错层理 28.11 m

90. 紫红色粉砂质泥岩夹细碎屑砂岩、粉砂岩、泥岩，顶部含大量钙泥质粉晶灰岩结核，含孢粉 8.18 m

89. 灰色薄层状细粒钙质岩屑砂岩夹灰绿色粉砂岩，具微细水平层理或微细交错层理 19.22 m

88. 紫红色粉砂质泥岩 3.45 m

87. 紫灰色岩屑砂岩，底为钙质砂砾岩，含大量不规则状的钙质砂岩球夹少量泥岩，顶部可见微细水平层理 12.66 m

86. 灰绿色岩屑砂岩，夹紫红色砂砾岩 3.35 m

85. 紫红色泥质岩屑砂岩夹不规则条带状的灰绿色泥岩 7.86 m

84. 红灰色岩屑砂岩 16.07 m

83. 紫灰色岩屑砂岩，含大量形状不规则的钙质岩屑砂岩球 9.89 m

82. 灰绿色岩屑砂岩夹砂砾岩、紫红色泥岩，含钙质砂岩球，砂球顺层排列 3.49 m

81. 紫红色岩屑砂岩，含大量钙质岩屑砂岩小球 2.31 m

80. 浅紫灰色岩屑砂岩，中部夹 1.4 m 厚的灰绿色泥岩，微波层理，含孢粉 11.37 m

79. 灰绿色含砾岩屑砂岩、砂砾岩，含少量砂球 8.86 m

78. 灰红、紫灰色岩屑砂岩、砂砾岩、砾岩夹粉砂质泥岩，含大量钙质岩屑砂岩球 12.71 m

———— 整 合 ————

下伏地层：韭菜园组　粉砂质泥岩

【地质特征及区域变化】 该组与韭菜园组相伴分布，底部常见灰紫色细砾岩与下伏韭菜园组顶部泥岩分界，二者多为整合接触，局部有小的冲刷间断。在乌鲁木齐附近，烧房沟组岩性变粗，以紫红色砾岩、岩屑砂岩为主要岩性，厚 229～299 m 不等。在吐鲁番桃树园，本组岩性为蓝绿色、紫红色砾岩、砂岩夹泥岩，厚仅 83 m。烧房沟组代表干燥环境下的河流相沉积，生物化石较为稀少，在吉木萨尔县大龙口地区见有少量叶肢介和孢粉化石，属种与韭菜园组近似。

小泉沟群　$T_{2-3}X$　(01-65-1603)

【创名及原始定义】 新疆石油管理局地调处范成龙① (1956)创名于准噶尔盆地(全国地层委员会 1962 年全国地层会议学术报告汇编介绍)。最初称小泉沟岩系。原始定义：岩性主要为一套灰绿色、深灰色砂泥质沉积。下部是灰绿色石灰质厚层和中层状的石英长石砂岩夹薄层状砂质泥岩、碳质泥岩、煤层，以及不规则的砾岩夹层；上部为灰绿色、深灰色砂质泥岩、碳质页岩夹薄层砂岩。时代晚三叠世。

【沿革】 新疆石油管理局地调处 106/57 队(1957)将小泉沟岩系二分为白杨河层和黄山街层。杨时中、魏景明等(1960)将该地层称为小泉沟群。新疆区域地层表编写组(1981)将白杨

① 新疆石油管理局地调处范成龙，1956，准噶尔盆地综合研究报告。

河组改用克拉玛依组，将原黄山街组又分为下部黄山街组和上部郝家沟组。此后，包含克拉玛依组、黄山街组、郝家沟组的小泉沟群广泛使用于准噶尔盆地、吐鲁番盆地及库车盆地(库车盆地的小泉沟群自下而上为克拉玛依组、黄山街组和塔里奇克组)，在以上盆地局部地区和天山山间盆地小泉沟群厚度很小，难于划分组级单位。本次对比研究保持新疆区域地层表编写组(1981)关于小泉沟群的划分意见。

【现在定义】 主要岩性为灰色、灰黄色、灰绿色砂岩、泥岩、暗灰色碳质泥岩、薄煤层，夹菱铁矿结核。下与仓房沟群或尖山沟组整合接触，以红色层剧减为界；上与水西沟群整合或不整合接触，以岩性变粗为分界依据。小泉沟群自下而上包括克拉玛依组、黄山街组和郝家沟组。

【其他】 新疆区域地层表编写组(1981)除在北疆广泛使用小泉沟群这一名称外，还将其应用在新疆南部的库车盆地。虽然两地的小泉沟群岩性基本相似，但天山南北的两大陆相盆地使用同一组名，显然是违背岩石地层单位基本定义的。但因本次对比研究工作在该问题上未进行野外工作，加之资料收集不全等许多因素，未能在库车地区建立或恢复一个较为合适的地层系统，仍保持现有局面。另外，小泉沟群在北疆地区的使用也过大，随着今后野外工作的深入，一些地区不能划分到组的小泉沟群可以建立新的组名。

克拉玛依组 $T_{2-3}k$ (01-65-1606)

【创名及原始定义】 范成龙① (1956)创名于克拉玛依地区(1981年新疆区域地层表编写组介绍并厘定其含义)。最初称克拉玛依系，指乌尔禾群之上的三叠纪地层。

【沿革】 新疆区域地层表编写组(1981)用克拉玛依组一名代表小泉沟群最下部以砂岩为主的一个组，之后一直沿用至今。本次对比研究保持其厘定后的含义。

【现在定义】 主要岩性为灰色、灰绿、黄色砂岩、复矿砂岩、岩屑砂岩，夹泥岩、砾岩。下与烧房沟组或尖山沟组紫红色、棕红色碎屑岩整合接触；上与黄绿、灰绿、灰黑色泥岩、粉砂岩为主要岩性的黄山街组整合过渡，以岩性明显变细为分界标志。

【层型】 创名人未指定层型，本次对比研究指定选层型：克拉玛依深底沟剖面(84°51′20″，45°21′30″)，由新疆石油管理局油田研究所雍天寿(1964)测制。阜康县小泉沟剖面可作为本组在准噶尔盆地南缘的参考剖面，由新疆石油管理局地调处范成龙、袁丙衡等(1956)测制。

【地质特征及区域变化】 该组的分布范围很广，主体集中出露于准噶尔盆地和吐鲁番盆地，天山南部的库车盆地② 也有发育。在准噶尔盆地南缘乌鲁木齐至吉木萨尔一线，该组发育最好，岩性为河湖相的灰绿色、蓝绿色杂砂岩、泥岩夹碳质泥岩，厚度在小泉沟至大龙口较大，由此向东、西皆变薄，一般厚度在305～567 m之间。在大龙口、臭水沟、二工河夹有薄层安山岩。在准噶尔盆地西部克拉玛依地区，该组下部砾岩层增多，厚20～398 m。在吐鲁番盆地桃树园，本组以灰绿色粗砂岩夹泥岩，底部为一层砾岩，厚265 m。天山以南库车盆地划出的该组岩性为灰绿色砂砾岩，厚885 m，整合在俄霍布拉克群之上。

本组生物化石极为丰富，以双壳类、介形类、叶肢介、脊椎动物、植物和鲎虫最为常见。双壳类主要为 *Utschamiella*，*Sibireconcha*，*Ferganoconcha*，*Tutuella* 等属，魏景明称其为“*USFT*”组合；植物化石前人曾建立 *Danaeopsis-Bernoullia* 组合；脊椎动物通常被称为肯氏兽动物群，主要分子有 *Parakannemeyeria*，*Parotosaurus*，*Sinosemionotus*，*Sinkiangchthys* 等属。

---

① 新疆石油管理局地调处范成龙，1956，准噶尔盆地综合研究报告。
② 克拉玛依组是在北疆应用的名称，并已普遍使用，故在库车盆地还暂时使用。

黄山街组 $T_2hŝ$ （01－65－1607）

【创名及原始定义】 新疆石油管理局地调处106/57队(1957)创名于阜康县黄山街附近(新疆区域地层表编写组1981年介绍),原称黄山街层,隶属小泉沟岩系。原始定义:为一套细粒浅灰绿色层,下部主要为灰绿色、灰黑色泥岩、页岩夹薄层钙质细砂岩及薄层泥灰岩,上部为厚层浅灰绿色、灰白色砂岩,顶部夹煤线或薄煤层,底部为一层厚10～20 m左右的碳质泥页岩。

【沿革】 新疆石油管理局地层古生物队(1960)改称其为黄山街组。新疆区域地层表编写组(1981)在原黄山街组上部划出郝家沟组,下部仍称黄山街组,之后一直使用至今,本次对比研究沿用新疆区域地层表编写组(1981)划分方案。

【现在定义】 主要岩性为灰色、灰黄色、灰绿色泥岩、粉砂岩,含碳质泥岩。下与克拉玛依组、上与郝家沟组均呈整合过渡,泥岩最为发育是本组区别于上、下地层的特征。

【层型】 正层型:阜康县黄山街剖面(88°38′10″,44°04′30″),由新疆石油管理局地调处106/57队(1957)测制。新疆石油管理局地调处范成龙、袁丙衡等(1956)测制阜康小泉沟剖面岩性齐全,分层详细,可作为主要参考剖面,弥补正层型之不足。

【地质特征及区域变化】 黄山街组的分布与克拉玛依组完全相同。该组岩性稳定,在各地几乎均以泥岩、细粉砂岩为主要岩性,局部地区底部有少量砾岩。各地普遍夹有碳质泥岩、菱铁矿层,泥岩和灰岩中常见叠锥构造。本组生物化石也极丰富,主要门类有鱼类:*Fukangichthys longidorsalis*,*Bogdania fragmenta*,*Fukangolepis barbaros*,被称为"阜康鱼动物群"。植物化石组合面貌和克拉玛依组基本相同。此外,尚含节肢类及双壳类、叶肢介等。

郝家沟组 T_3hj （01－65－1608）

【创名及原始定义】 新疆区域地层表编写组(1981)创名于准噶尔盆地南缘。原始定义:本组为一套粗碎屑岩为主的地层,主要岩性是黄绿、灰绿色砂岩、砾岩夹泥岩、碳质泥岩。富含植物化石。

【沿革】 该组创名前相当于小泉沟群黄山街组上部。自1981年创名后得到普遍认可,使用较稳定,本次对比研究保留之。

【现在定义】 主要岩性为黄绿、灰绿色为主的砂岩、砾岩、泥岩,呈不均匀互层。下与岩性较细的黄山街组整合过渡,上与八道湾组整合或平行不整合接触,常以八道湾组底部砾岩或平行不整合面为分界标志。

【层型】 正层型:乌鲁木齐郝家沟剖面(88°42′20″,43°47′40″),由新疆石油管理局地调处范成龙、袁丙衡(1956)测制。

【地质特征及区域变化】 在乌鲁木齐郝家沟,本组岩性由砾岩、砂岩、泥岩组成的不均匀互层,厚217 m,向东在阜康县小泉沟,本组岩性明显变细,以砂岩、粉砂岩夹泥岩为主,厚227.9 m。吐鲁番桃树园的本组为黄灰色砾岩、砂岩夹泥岩、煤线、菱铁矿结核及薄层叠锥灰岩,厚107 m。准噶尔盆地西部克拉玛依地区,本组岩性较细,为细砂岩、粉砂岩夹泥岩,厚42.2～120 m。本组所含生物化石主要为植物和双壳类,植物主要有 *Danaeopsis* sp.,*Thinnfeldia* sp.,*Cladophlebis fecunda*,*Bernoullia zeilleri* 等,双壳类以 *Tutuella*,*Sibireconcha*,*Utschamiella* 等属为代表。

白砾山组　T_3b　(01-65-1601)

【创名及原始定义】　新疆地质局区测大队二分队冯明道等(1979)创名于和布克赛尔蒙古自治县白砾山附近。原始定义:主要岩性为灰绿、暗灰、灰白、浅黄色泥岩夹石英砂岩、碳质泥岩和煤线,底部为白色砾岩,角度不整合在和布克河组之上,其上被下侏罗统八道湾组平行不整合覆盖。

【沿革】　新疆地矿局区调大队十分队(1983)在创名地西部白杨河幅(L-45-Ⅻ)划出该组。《新疆维吾尔自治区区域地质志》(1993)认为该组与小泉沟群相似,未使用该名称。本次对比研究认为白砾山组在岩性和接触关系方面与小泉沟群相比有一些特殊性,加之小泉沟群一名目前使用范围太广,因此保留白砾山组一名。

【现在定义】　主要岩性为灰绿、暗灰、灰白、浅黄色泥岩夹石英砂岩、碳质泥岩和煤线,底部为白色砾岩,不整合在洪古勒楞组之上,其上被八道湾组平行不整合覆盖。

【层型】　正层型:和布克赛尔蒙古自治县白砾山北剖面(85°15′45″,46°24′10″),由新疆地质局区调大队二分队(1978)测制。

【地质特征及区域变化】　该组分布和布克赛尔至托里一带。在和布克赛尔蒙古自治县包尔登,该组岩性为黄色粗砂岩与白色砾岩不均匀互层,夹细砂岩、泥岩,下未见底,上被八道湾组整合覆盖,厚 69 m。在托里县铁厂沟一带,为灰白、黄褐色砂岩、砂砾岩不均匀互层,底部为灰白色含砾石英长石砂岩,厚 100.4 m。本组所含化石有植物:*Neocalamites* sp.,*Neoannularia shanxiensis*,*Sphenopteris* sp.,*Clathropteris* sp.,*Cladophlebis* sp. 等,以及双壳类:*Tutuella* sp.,*Ferganoconcha* sp.,*Sibireconcha* sp.。

水西沟群　$J_{1-2}S$　(01-65-1703)

【创名及原始定义】　袁复礼[①] (1932)建立,创名地点为新疆吉木萨尔县西南的水西沟一带。原始定义:该群代表一套含煤岩系,厚千米以上。

【沿革】　沙依道夫(1935)在准噶尔盆地南缘进行调查时,将现在水西沟群及上覆头屯河组统称含煤岩系。在伊犁地区,新疆地质局伊犁队(1960)将水西沟群划为下含煤组。在觉罗塔格北坡,新疆地质局区测大队(1959)将现水西沟群划为阿根布拉克组、福尔萨布拉克组。新疆地质局区测大队(1960)在巴勒究布拉克一带工作时,将该套沉积划为煤窑沟群。新疆地质局六大队(1960)将现水西沟群及上部的头屯河组统称煤窑沟统。在东准噶尔界山,新疆石油管理局105、106队(1960)将现水西沟群划为郡库都克岩系。新疆地质局区测大队(1966)又将该套沉积划为煤窑沟群。新疆区域地层表编写组(1981)将天山北麓一带的一套含煤碎屑岩统一命名为水西沟群。

本次对比研究以《西北地区区域地层表·新疆维吾尔自治区分册》的划分方案为基础,将准噶尔盆地、吐鲁番盆地、伊宁盆地、三塘湖盆地及北部山区的一套含煤碎屑岩统称水西沟群,并自下而上分为:八道湾组、三工河组、西山窑组。

【现在定义】　由一套含煤碎屑岩组成,自下而上分为八道湾组、三工河组、西山窑组。

该群除了在各盆地四周的隆起地带如准噶尔盆地北部的塔城以北吉木乃一带,南部的温泉、博罗科努山,以东的卡拉麦里山、吐鲁番-哈密盆地,以南的星星峡一带没有发现本组沉积

① 见参考文献袁复礼(1935)。

外，各盆地内都有千米以上的沉积。岩性稳定，各盆地皆可对比，但厚度变化较大。如玛纳斯河、乌鲁木齐以北的八道湾沉积厚度可达数千米，而东部的石树沟，西北部的克拉玛依一带沉积厚度仅百米以上。

八道湾组　J_1b　(01－65－1700)

【创名及原始定义】　由新疆石油管理局地调处①（1956）创立八道湾层，创名地位于乌鲁木齐以北八道湾东南 3～4 km 处。原始定义：指位于乌鲁木齐以北八道湾东南 3～4 km 处一套河流沼泽相含煤碎屑岩，即灰绿色、深灰色砂岩、砂质泥岩和页岩的互层序列。

【沿革】　新疆石油管理局地调处（1956）在乌鲁木齐以北八道湾东南 3～4 km 处将一套河流沼泽相含煤碎屑岩创名为八道湾层，后又称八道湾组。在伊宁地区，明斯基（1947）将相当现八道湾组的一套碎屑沉积创名为恰普恰勒岩系。在艾维尔沟—南山地区，新疆地质局昌吉队南山分队（1962）将南山一带的含煤碎屑沉积划为八道湾组，煤炭地质勘探公司 156 队（1967）将该套含煤碎屑沉积划为下煤窑沟组。在觉罗塔格北坡，新疆地质局一区测大队（1959）将相当水西沟群的一套碎屑沉积划为阿根布拉克组（八道湾组相当该组下部）、福尔萨布拉克组。新疆地质局六大队（1960）将现水西沟群及上部的头屯河组，统称煤窑沟统，其下部为下含煤组（现八道湾组）。在西准噶尔界山，新疆石油管理局 101 队（1959）将现八道湾组划为下含煤组，新疆地质局三区测大队四分队（1960）将相当于现八道湾组、三工河组的沉积划为克拉玛依组下亚组。在东准噶尔界山，新疆石油管理局 105、106 队（1960）将现八道湾组划分为淖毛湖层，新疆地质局区测大队（1966）又将该套沉积划为八道湾组。新疆区域地层表编写组（1981）将天山北麓一带的一套含煤碎屑岩统一命名为水西沟群，下部为八道湾组。本次对比研究，停止使用恰普恰勒岩系、八道湾层、下煤窑沟组、阿根布拉克组、淖毛湖层等同物异名。今后在北疆地层区的准噶尔盆地、吐哈盆地、三塘湖盆地、伊犁盆地及天山北部山区均采用八道湾组这一岩石地层单位，代表早侏罗世早期的沉积。

【现在定义】　指小泉沟群和三工河组两套碎屑岩地层体间的一套含动植物化石的碎屑岩沉积，由灰白色、灰绿色砾岩、砂岩和灰绿色、灰黑色泥岩及含煤层的岩石序列，下以灰白色底砾岩的出现与小泉沟群分界，上以灰绿色泥岩、砂质泥岩及碳质页岩的出现与三工河组分界。本组与下伏地层小泉沟群的接触关系因地而异。在玛纳斯和桃树园等地为连续沉积，而其他地区多为平行不整合或不整合接触。

【层型】　正层型：乌鲁木齐以北八道湾东南 3～4 km 处剖面（87°40′20″，43°51′45″），由新疆石油管理局地调处（1956）测制。参考剖面：玛纳斯地区玛纳斯河剖面，和布克赛尔蒙古自治县白杨河东剖面，克拉玛依吐孜阿克内沟剖面，卡拉麦里地区平顶山剖面等。

【地质特征及区域变化】　本组岩性较稳定，各地均可对比（图 4－2）。在准噶尔盆地西北缘白杨河—和什托洛盖一带，其岩性西粗东细，西部砾岩夹砂岩，泥质粉砂岩、泥岩夹煤层。整合于上三叠统白砾山组之上，东部泥岩、粉砂岩为均匀互层夹煤线。厚度 714～738 m，含植物化石：*Desmiophyllum* sp.，*Dictyophyllum* sp.，*Phoenicopsis manchurica*，*Equisetites lateralis*，*Ginkgoites sibiricus*。在克拉玛依一带本组为河流—沼泽相的沉积，主要为砾岩、砂岩、泥岩夹碳质泥岩及煤层。有明显的底砾岩，局部夹中—基性喷发岩。本组由下而上形成四个由砾岩到煤层的小旋回，厚度由盆地边缘向中心增厚，地表厚 14～157 m，井下厚 60～229 m，不整合于小

---

① 新疆石油管理局地调处 16 队孙剑　，1956，昌吉河—乌鲁木齐河地区地质调查总结报告。

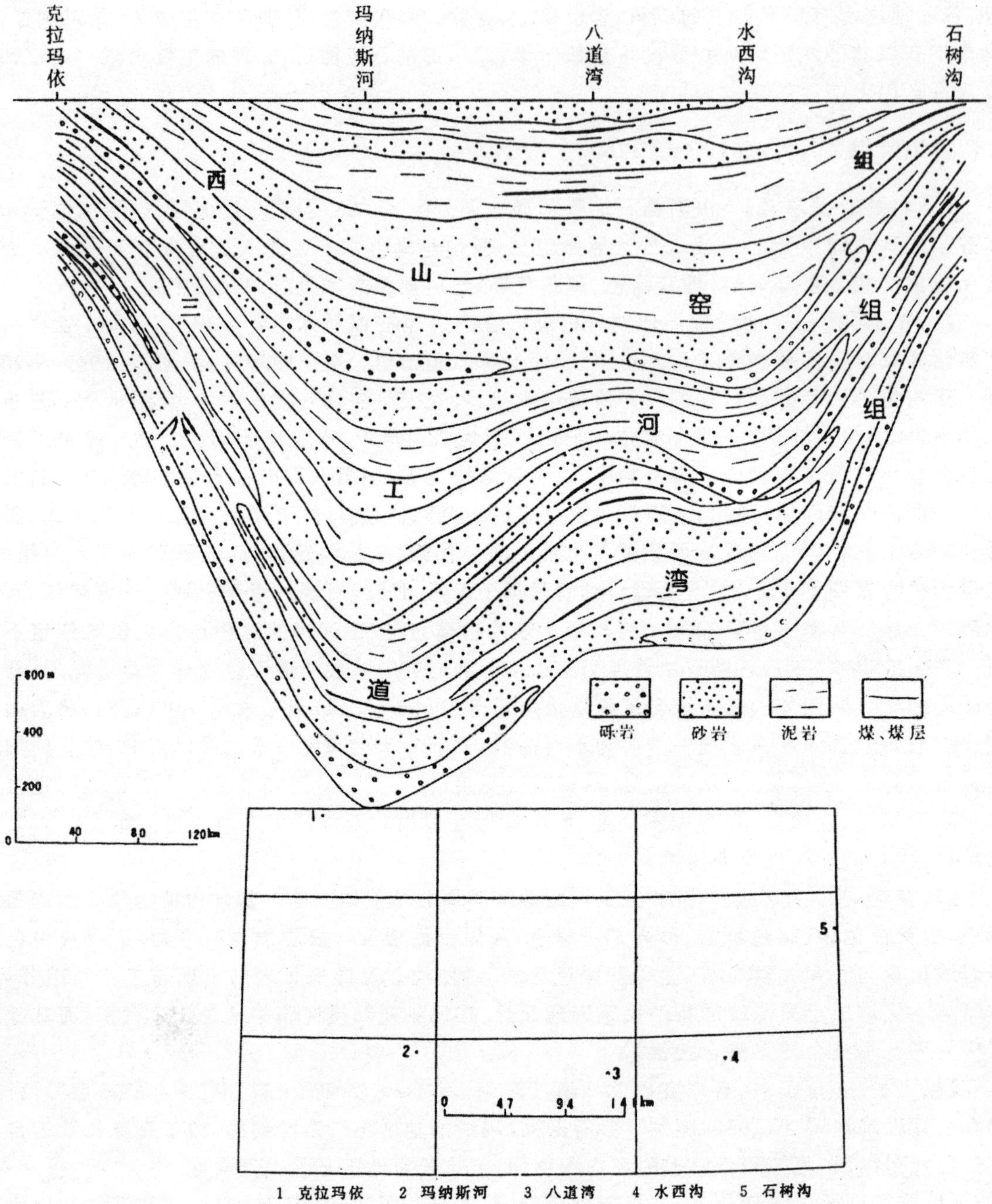

图 4-2 准噶尔盆地早—中侏罗世八道湾组、三工河组、西山窑组横剖面图

泉沟群之上。

准噶尔盆地南缘由托斯台至乌鲁木齐一带，本组沉积物逐渐变细，泥岩递增，在托斯台以东玛纳斯至紫泥泉子主要为湖沼相砾岩、砂岩、泥岩夹煤层，最大厚度 625 m，一般 100～261 m。由此向西厚度减薄。向东至乌鲁木齐八道湾厚度仍在 600 m 以上，一般多在 100 m 以上，岩性主要为砂岩、砾岩、泥岩夹灰岩及煤层，在乌鲁木齐东北部三工河—大黄山—水西沟一带，岩性仍以砂岩、泥岩、砾岩为主夹煤层及菱铁矿层，厚度 167～831 m，一般与下伏地层小泉

沟群呈不整合接触，局部呈平行不整合接触。在上述地段中含动植物化石。双壳类：*Ferganoconcha rotunda*，*Sibireconcha anodontoides*，*Margaritifera* sp.，*Uniolucaogouensis*，*Cuneopsis lanceolatus*；植物：*Neocalamites carrerei*，*Podozamiteslanceolatus*，*Pityophyllum nordenskioldi*，*Equisetites ferganensis*，*Sphenopteris* sp. 等。

准噶尔盆地东缘三个泉—沙丘河一带，本组上部与下部以砾岩为主，中部是泥岩夹砂岩、粉砂岩，厚 49 m；卡拉麦里山南麓上部为灰色、黄色泥岩夹砾岩，中部为黄褐色、灰白色泥岩、粉砂质泥岩不均匀互层夹含铁砂岩，下部为一层灰黄色石英玛瑙砾岩，一般厚 1～3 m，最厚可达 30 m，含煤性差；将军庙一带相变为下部粒度细，为碳质泥岩夹煤线，上部粗，为细砾岩、细—粗砂岩夹泥岩、粉砂岩，厚 74 m。含双壳类：*Ferganoconcha subcentralis*，植物：*Phlebopteris* cf. *polypodiodes*，*Todites* cf. *williamsoni*，*Nilssonia* sp.，*Desmiophyllum* sp.，*Sphenobaiera* sp. 等化石。

吐哈盆地本组分布广泛，见于西部的可尔街，北部的桃树园、煤窑沟，中部的台子村、三间房及东部的三道岭，南部托克逊。在艾维尔沟及桃树园，不整合于上三叠统郝家沟组之上，在桃树园本组地层中夹二层灰白色石英斑岩。富含植物化石及少量鱼化石。在七泉湖为黄褐色砂质泥岩、泥质粉砂岩夹砂岩、煤线，厚 325 m，艾维尔沟岩性较粗，下部和上部为灰白色—灰黑色砾岩、粗砂岩、泥岩夹煤层；中部为灰褐、灰绿色砂岩、泥岩夹粉砂岩及煤层，厚 539 m。在吐鲁番北西 50 km 处为灰、灰白色砾岩、泥岩夹石英斑岩、煤线，厚 43 m。在疏纳诺尔东南，为灰绿、灰紫色砾岩、粗砂岩夹泥岩、煤线，厚 154 m，并且盆地边缘向中心颗粒变细，厚度增大，产植物：*Pterophyllum* cf. *propinqum*，*Nilssoniopteris vittata*，*Ginkgo huttoni*，*Ginkgoites obrutschewi*，*Cladophlebistsaidamensis*，*Equisetites* cf. *lateralis*，*Pityophyllum nordenskioldi*，*P. lindstroeni*，*Podozamites schenki* 及鱼化石。

梧桐窝子泉东南 35 km 处颗粒较粗，砾岩较多，厚 2 774 m。大南湖和喀拉塔格含植物：*Todites* cf. *denticulatus*，*Hausmannia leeiana*，*Baiera* sp.，*Desmiophyllum* sp.，*Equisetites lateralis*，*Elatocladus* sp.，*Taeniopteris* sp. 等化石。本组在东西两端沉积厚，在盆地南缘及中央隆起的鄯善七克台一带不甚发育，其含煤性也有上述规律。从东端的野马泉向西至大南湖，三道岭煤层发育很好，柯柯亚、七泉湖至小草湖稍差，但过小草湖向西到克尔碱、艾维尔沟又发育良好。

在伊宁盆地，本组主要发育在盆地南、北缘。盆地北缘岩性组合以细碎屑岩为主，即粉砂岩、泥岩、煤层。盆地南缘以河流相沉积为特征，岩性为砾岩、砂岩、粉砂岩、泥岩互层。南北缘沉积总厚度多在 281～340 m 之间，一般多表现出盆地北缘沉积厚度大于南缘。另外，从盆地南北缘煤系岩相组合分析，明显看出，北缘为湖泊相旋回类型，南缘属河流相旋回类型。本组在该区与下伏地层小泉沟群多呈整合接触，局部为平行不整合接触。本组在伊宁盆地中建立了孢粉组合：下部 *Dictyophyllidites* - *Kraeuselisporites* - *Cycadopites* 组合，上部 *Cyathidites* - *Dictyophyllidites* - *Assertospora* 组合。

综上所述，八道湾组在北疆地层区无论是岩相、岩性都比较稳定。在沉积剖面上多呈由砂岩、砂砾岩到泥岩及煤层的多韵律特点。同时本组也是主要的含煤层，尤其是天山北缘、准噶尔盆地南缘的准南坳陷区是主要聚煤地段。

八道湾组植物化石为 *Coniopteris* - *Phoenicopsis* 早期组合，有 30 属 58 种，有节类：*Equisetites ferganensis*，*Neocalamites carrerei*，紫萁科：*Todites williamsoni*，*T. denticulatus*，马通蕨科 *Phlebopteris* cf. *polypodioides*，蕨科 *Coniopteris hymenophylloides*，双扇蕨科 *Clathropteris* sp.，*Hausmannia* sp. 及苏铁类、银杏类、松柏类。双壳类以 *Unio*－*Ferganoconcha*－*Mytilus* 组合为特征。

根据岩性、岩相及化石组合特征，将该组时代划归早侏罗世早期。

三工河组　J_1s　(01－65－1701)

【创名及原始定义】 新疆石油管理局孙剑 (1956)创建三工河层，创名地位于阜康县南三工河一带。原始定义：为滨海相沉积，岩性为灰绿、灰白色砂岩，灰绿、灰褐色砂质泥岩互层夹薄层煤层及砾岩，含植物、双壳类化石。

【沿革】 新疆石油管理局地调处(1956)将这套碎屑沉积划分为三工河层，即三工河组。在伊宁地区，明斯基(менский，1947)将相当于三工河组的一套碎屑沉积划分为塔勒德岩系。新疆地质局区测大队(1966)将这套含煤碎屑沉积划分为煤窑沟组。在艾维尔沟—南山，煤炭地质勘探公司 156 队(1967)将相当于三工河组的碎屑沉积划分为中煤窑沟组。新疆地质局昌吉大队南山分队(1962)将该地层命名为三工河组。在觉罗塔格北坡新疆地质局第一区测大队(1959)将相当于三工河组的一套碎屑沉积划分为阿根布拉克组，包括八道湾组、三工河组，新疆地质局六大队(1960)将此划分为上灰绿组。在西准噶尔界山新疆石油管理局 101 队(1959)将该套碎屑沉积划分为上灰黄层。在东准噶尔界山新疆石油管理局 105 队、106 队将相当于三工河组的碎屑沉积划分为汗井层。新疆区域地层表编写组(1981)将天山北麓一带夹有煤线的碎屑沉积仍划为三工河组。本次对比研究以《西北地区区域地层表·新疆维吾尔自治区分册》的划分方案为基础，并在天山北麓一带沿用以上划分。本次对比研究，停用三工河层、中煤窑沟组等同物异名，今后在北疆地层区的准噶尔盆地、吐哈盆地、三塘湖盆地、伊犁盆地及天山北部山区均以三工河组这一岩石地层单位，代表早侏罗世晚期的沉积。

【现在定义】 是指整合于八道湾组之上、西山窑组之下的一套灰绿色湖沼相沉积，岩性为灰绿色砂岩、泥岩夹菱铁矿，以厚层泥岩与薄层砂岩呈互层为特点，局部地区夹有薄煤层及砾岩，该组与下伏地层八道湾组以一层灰黄色砂岩为界线，与上覆地层西山窑组底部以砾岩为界，含植物及双壳类化石。本组以灰绿色岩石为宏观划分标志。

【层型】 正层型：阜康县南三工河剖面(87°56′20″，44°45′10″)，由新疆石油管理局孙剑(1950)测制。参考剖面：玛纳斯地区玛纳斯河剖面，和布克赛尔县白杨河东剖面，克拉玛依吐孜阿克内沟剖面，卡拉麦里山北平顶山剖面。

【地质特征及区域变化】 本组岩相、岩性比较稳定，分布与八道湾组相同。在准噶尔盆地南缘乌鲁木齐一带，粒度较细，为泥岩、粉砂岩不均匀互层，厚 378 m。乌鲁木齐以东一吉木萨尔南，岩性变粗，三工河以砂岩为主，水西沟为砾岩与泥岩互层，厚度向东变薄，为 224～766 m，含植物化石：*Pityophyllum nordenskioldi*，*Todites denticulatus*，*Sphenopteris* sp，*Elatocladus* sp.，*Neocalamites* sp.，*Sphenobaiera longifolia*，*Equistites* sp.。在准噶尔盆地西北缘白杨河—和什托洛盖一带，岩性粒度由粗变细，白杨河下中部为砂砾岩，上部砂岩、粉砂岩互层，厚 541 m。和什托洛盖为泥岩、砂岩不均匀互层夹粗砂岩、泥质粉砂岩，厚 414 m。在克拉玛依地区该组为杂色砂岩与泥岩不均匀互层，夹少量细砾岩、粉砂岩、菱铁矿，厚 19～280 m。产双壳类：*Ferganoconcha* cf. *rotunda*，*Sibireconcha anodentoites*，*Mytilus* sp.；植物：*Neocalamites carrerei*，*Cladophlebis karamaitusis*，*Podozamites distans*，*Equisetites lateralis* 等化石。准噶尔盆地东缘三个泉—将军庙一带，本组下部为褐、黄灰色砾岩，上部为灰黄、紫红色泥岩、石英砂岩夹粗砂岩、砾岩，厚 125～240 m。

吐哈盆地本组分布广泛，见于西部的可尔街，北部的桃树园、煤窑沟，中部的台子村、三间房及东部的三道岭，南部托克逊，整合于八道湾组之上，主要岩性为湖相灰绿色泥页岩、泥岩夹浅灰绿色粉砂岩、叠锥灰岩及菱铁矿透镜体，风化面如绿色的地毯，又称“毡子层”。在桃树园、可可垭、煤窑沟一带为暗灰色粉砂岩、砂泥岩夹细砂岩。三道岭为砂泥岩互层夹薄煤层，岩石颗粒向东变粗，由北向南变细，厚度中部厚，东、西两端薄，30～173 m。三道岭含植物化石：*Gingo* cf. *digitata*，*Nilssonia* cf. *ocumina*，*Cladophlebissuniana*，*Equisetites* sp.，*Carpolithus* sp.，*Radicites* sp.，*Phoenicopsis speciosa*；在煤窑沟含叶肢介 *Euestheria sinkiangensis*。往东在梧桐窝子、野马泉一带为灰白色砂岩及粘土质页岩，含植物化石，厚 211 m。

伊犁盆地的三工河组为一套河湖相碎屑岩建造，岩性组合由砾岩、长石砂岩、泥岩互层组成，盆地边缘沉积厚度 104～177 m，岩性较粗。南缘沉积薄约 37～55 m，岩性较细。北缘为河流相沉积旋回类型，由砾岩、砂岩、粉砂岩沉积组合为特征；南缘则属湖泊相沉积旋回类型，岩性以砂岩、粉砂岩、泥岩组合为特征。

三工河组化石组合特征与八道湾组基本相同。植物组合为中、下侏罗统的 *Coniopteris* - *Phoenicopsis* 植物群分子，此外尚有瑞替（Rhaetian）期—里阿斯（*Lias*）世的较老分子，如：*Cladophlebis gigantea*，*Equisetites multidentatus*，*Ginkgoites hermelini*，*Phlebopteris brauni*，*Neocalamites carrerei* 等。双壳类化石则为 *Unio* - *Ferganoconcha* - *Mytilus* 组合，还包含 *Sibireconcha*，*Tutuella*，*Margaritifera*，*Cuneopsis*，*Pseudocardinia* 等分子。

根据生物组合特征，将本组时代仍划归为早侏罗世。但据本组生物大量繁盛的特点，表现出晚期的特征。

西山窑组　J_2x　（01 - 65 - 1702）

【创名及原始定义】 高之杕 1946 年创立[①]，创名地位于乌鲁木齐附近的西山窑。原始定义：黄绿色中—粗粒砂岩、灰白色砂质页岩夹煤层，下部被断层所切，可见厚度 520 m。

【沿革】 高之狄（1946）在乌鲁木齐附近的西山窑进行调查，将该地的一套含煤碎屑岩创名为西山窑组，时代定为中侏罗世；新疆石油管理局地调处（1956）将该套含煤碎屑岩划为西山窑层，后又称西山窑组，时代为中侏罗世早期。伊宁地区：明斯基（1947）将相当于西山窑组的一套含煤碎屑沉积创名为苏阿苏岩系，时代为中侏罗世；新疆地质局伊犁队（1960）将该套含煤碎屑岩创名为上含煤组，其中包括现三工河组的上部层位，时代为早—中侏罗世。艾维尔沟—南山地区：新疆地质局昌吉队南山分队（1962）在南山一带将该套沉积划为西山窑组，时代为中侏罗世；煤炭地质公司 156 队（1967）在艾维尔沟一带将该套沉积划为上煤窑沟组，时代为中侏罗世。觉罗塔格北坡：新疆地质局第一区测大队（1959）将该套含煤沉积划为福尔萨布拉克组，时代为中侏罗世；新疆地质局六大队（1960）将该套含煤沉积划为上含煤组，时代为中侏罗世。准噶尔地区：新疆石油管理局 101 队（1959）在西准噶尔地区将该套沉积划为上含煤组；新疆石油管理局 105、106 队（1960）在东准噶尔地区将该套沉积划为板屋层；新疆地质局区测大队（1966）在东准噶尔地区将该套沉积划为西山窑组；新疆区域地层表编写组（1981）将天山北麓一带的一套湖沼相含煤碎屑岩划为西山窑组，但对伊犁地区只划分到群。上述各单位均认为这套地层的时代为中侏罗世。

本次对比研究仍以《西北地区区域地层表・新疆维吾尔自治区分册》（1981）的划分方案为

---

① 见参考文献王恒升（1954）。

基础，将准噶尔盆地、吐鲁番盆地、伊宁盆地、三塘湖盆地及北部的这套湖沼相含煤碎屑岩称为西山窑组，时代为中侏罗世。本次对比研究，停用了西山窑层、苏阿苏岩系、上煤窑沟组、福尔萨布拉克组、板屋层等同物异名。今后在北疆地区的准噶尔盆地、吐哈盆地、三塘湖盆地、伊犁盆地及天山北部山区均采用西山窑组这一岩石地层单位。

【现在定义】 指整合于三工河组之上、头屯河组之下的一套湖沼相含煤碎屑岩沉积，岩性为灰、灰绿色、灰黄、灰白、紫红色砂岩、石英砂岩、灰黑色泥岩、碳质泥岩夹煤层及菱铁矿薄层，该组以一套含煤的碎屑岩沉积为特征而区别于上、下地层。

【层型】 原剖面现已无法查获，本次对比研究指定玛纳斯河剖面(86°15′00″，43°56′02″)作为选层型，由新疆石油管理局研究所杨时中等(1960)测制。参考剖面：乌鲁木齐小红沟剖面，乌鲁木齐小泉沟西南剖面，克拉玛依吐孜阿克内沟剖面，吉木萨尔县北帐篷沟背斜东大沟剖面。

【地质特征及区域变化】 本组主要分布于天山北麓的准噶尔盆地、吐哈盆地、伊犁盆地。岩性比较稳定，但厚度变化较大，准噶尔盆地西北缘克拉玛依一和什托洛盖一带，本组岩性同剖面相似。向西到白杨河一带颗粒逐渐变粗，为砾岩、粗砂岩夹泥岩及煤层。克拉玛依厚6～150 m；和什托洛盖—白杨河厚597～713 m。和什托洛盖以东的局部地段本组与下伏三工河组呈不整合接触。含双壳类：*Sibireconcha anodontoides*，*Ferganoconcha tomeiensis*；植物：*Equisetites* cf. *sarrani*，*Desmiophyllum* sp. 等化石。准噶尔盆地南缘为一套砂岩、砾岩、泥岩夹煤层，煤层主要发育在头屯河—紫泥泉子一带。厚度以玛纳斯至紫泥泉子为最大，近千米。一般玛纳斯一带矿物颗粒较粗，砾岩增多，而乌鲁木齐附近变细，为砂岩、泥质粉砂岩、泥质页岩。含双壳类及植物化石：*Pseudocardinia kweichouensis*，*Coniopteris* cf. *tatungensis*，*Equisetites* cf. *ferganensis*，*Phoenicopsis speciosa* 等。三个泉—将军庙一带，本组为砾岩、粉砂岩、泥岩夹煤层，厚度西薄东厚，64～385 m。在卡拉麦里山南麓西山窑组为主要含煤地层，厚度变化大，由北向东南从10 m增至250 m，煤层以东南部发育较好，其中含植物化石：*Coniopteris simplex*，*Baiera* cf. *pulchella*，*Ginkgo* cf. *kepide* 等。准噶尔盆地北部中央地区，根据钻井资料表明本组为一套石英粗砂岩夹泥岩及褐煤，厚77 m。

吐哈盆地本组分布广泛，见于西部的可尔街，北部的桃树园、煤窑沟、奥尔塘、可可娅，中部苏巴什、鄯善、七克台，东部的三道岭及大南湖，南部沿觉罗塔格北麓亦有零星分布。与下伏三工河组为整合接触，但南部边缘地段大多超覆在古生界之上。岩性为灰白色、灰黄色厚层粗砂岩与灰绿色、灰黑色砂质泥岩互层夹煤层。颗粒自北向南由粗变细，厚度自西向东增大，一般在64～972 m之间。含植物及介形虫化石：*Todites williamsoni*，*Coniopteris hymenophylloides*，*Equisetites ferganensis*，*Darwinula impudica*，*D. sarytirmenensis* 等。

伊犁盆地本组为一套河、湖、泥炭沼泽相沉积，岩性为灰绿色、黄绿色、灰白色砂岩、粉砂岩、泥岩为主的均匀互层，煤层普遍发育稳定，地层厚度、沉积建造、煤层组合特征在盆地南、北缘有明显差异。盆地北缘厚180～266 m，沉积相以河流相沉积旋回类型为主，岩性为正粒序(由粗到细)。南缘厚度为60～150 m，沉积相以湖泊相沉积旋回类型，岩性由细到粗。

综上所述，西山窑组在天山北麓，岩性、岩相都较稳定，并且是新疆重要的工业煤层，以乌鲁木齐东西两侧至阜康一带为沉积中心和聚煤中心。西山窑组的生物组合与八道湾组基本相同，为中—下侏罗统都有的 *Coniopteris* - *Phoenicopsis* 植物群分子，双壳类为 *Unio* - *Ferganoconcha* - *Mytilus* 组合，本组生物属种多于八道湾组。根据岩性特征、生物组合将本组地质时代划归为中侏罗世早期。

艾维尔沟群 $J_{2-3}A$ （01－65－1708）

【创名及原始定义】 新疆区域地层表编写组(1981)创名。本群以出露于托克逊县以东的艾维尔沟而得名，前人将该群仅作为伊宁—艾维尔沟一带中、晚侏罗世的划分依据。经本次对比研究后，我们认为北疆地区中—晚侏罗世无论是岩性特征、生物特征和古地理环境上都具有一定的相似性。因此我们将该套沉积仍称艾维尔沟群并代表北疆中—晚侏罗世地层。由于资料所限本群的原始定义和划分沿革暂缺。

【现在定义】 代表一套不含煤的杂色碎屑岩岩系，并自下而上分为三个组：头屯河组、齐古组、喀拉扎组。

头屯河组 J_2t （01－65－1704）

【创名及原始定义】 范成龙等(1956)创立头屯河层，创名地在乌鲁木齐以西的头屯河附近。原始定义：指一套河湖相，红绿相杂的杂色泥岩夹灰绿色砂岩、碳质泥岩、煤线，与西山窑组合称为红沟统，含植物、瓣鳃类及鱼化石。

【沿革】 新疆石油管理局地调处(1956)将头屯河一带的一套杂色细碎屑岩称为头屯河层，现为头屯河组，时代为中侏罗世。新疆石油管理局地调处(1958)在吐鲁番地区将现称之为头屯河组的一套碎屑岩划分为杂色层、七克台层，时代为中侏罗世。全国第一次地层会议(1959)将该套地层中—下部划分为头屯河段，时代为中侏罗世。新疆石油管理局古生物研究队(1960)将该套沉积与现齐古组合称为齐古组，时代为中—晚侏罗世。新疆地质局区测大队六分队(1975)在吐鲁番地区将现称为头屯河组的一套碎屑岩划分为三间房组、七克台组，时代为中侏罗世。新疆区域地层表编写组(1981)将准噶尔地区的一套杂色碎屑沉积划分为头屯河组，而在吐鲁番地区则将该套沉积划分为三间房组、七克台组，时代均为中侏罗世。

本次对比研究，以《西北地区区域地层表·新疆维吾尔自治区分册》(1981)的划分方案为基础，并将吐鲁番地区的三间房组、七克台组合称头屯河组，时代定为中侏罗世晚期。本次对比研究停用原七克台组、三间房组、齐桂组等同物异名。今后在天山北麓的准噶尔盆地、吐哈盆地、三塘湖盆地及伊犁盆地和天山北部山区均采用头屯河组代表中侏罗世晚期的沉积。

【现在定义】 指整合于西山窑组之上、齐古组之下的一套杂色碎屑岩，主要岩性为黄绿色、灰绿色、紫色、杂色泥岩、砂质泥岩、灰绿色砂岩夹凝灰岩、碳质泥岩、煤线，含双壳类、介形类、龟类、植物化石。

【层型】 本次对比研究未查到创名剖面资料。新疆区域地层表编写组(1981)将玛纳斯剖面作为标准剖面。本次对比研究将玛纳斯河剖面(86°15′00″,43°56′02″)作为选层型，由范成龙(1956)测制。参考剖面：克拉玛依不整合沟剖面，阜康县南水磨沟剖面，夏街亚乌尔剖面，乌尔禾白砾山剖面，乌鲁木齐小泉沟剖面。

【地质特征及区域变化】 本组为煤系地层与红色层之间的一套杂色层，岩性稳定。分布于准噶尔盆地、吐哈盆地、伊犁盆地及天山北麓一带。

在准噶尔盆地西北缘和什托洛盖—铁厂沟一带，为杂色泥岩与砂岩、砾岩不均匀互层，由东向西厚度增大，226～440 m，克拉玛依一带厚度变化较大，最薄处仅 28 m，最大厚度 228 m。准噶尔盆地南缘头屯河—呼图壁河地区底部为厚层块状砂岩，下部为杂色砂泥岩互层，上部为绿色砂、泥岩互层。呼图壁河向西在清水河—紫泥泉子一带颗粒变细，上部出现碳质泥岩和煤线，再向西至南安集海一带颗粒略变粗并夹凝灰岩。托斯台地区则夹砾岩，厚度由东向西在玛纳斯河一带最大为654 m，再向西厚度减薄。吐哈盆地，本组主要分布在鄯善、七角井、三间房、三道岭和大南湖以东的梧桐窝子泉、野马泉一带，为黄绿、灰紫色砂岩、泥岩夹砂砾岩，颗粒由东向西逐渐变细，其厚度也逐渐变薄，其中含动植物化石 *Coniopteris - Phoenicopsis* 植物组合、*Pseudocardinia - Lamprotula - Psilunio* 双壳类组合和介形虫 *Darwinula sarytirmenensis*。在伊犁盆地本组以粗碎屑岩为主，主要为砾岩、粗—中粒砂岩、细砂岩、粉砂岩；颜色从下往上由灰白—灰—灰绿—黄绿—紫红色变化，反映古气候由半干燥到干燥的变化过程；盆地北缘本组厚181 m，南缘 100 m 左右；含植物化石：*Equisetites* sp.，*Coniopteris hymenophylloides*，*Cladophlebis* sp. 等。

综合本组岩性、化石组合特征及上、下地层的接触关系，将本组时代划归中侏罗世。

齐古组　J_3q　(01 - 65 - 1705)

【创名及原始定义】 沙依道夫(м. и. шайдов，1935)在乌鲁木齐以西的齐古创名，当时称齐古岩系，时代为晚侏罗世。原始定义：指一套河湖相樱红色砂泥岩为齐古岩系(即齐古组)。

【沿革】 沙依道夫(1935)在准噶尔地区将一套樱红色细碎屑沉积划分为齐古岩系，时代为晚侏罗世早期。新疆石油管理局地调处(1956)在准噶尔地区将该套沉积划为齐古统，时代为晚侏罗世早期。新疆石油管理局地层组(1960)将准噶尔地区的该套沉积连同其下的头屯河组统称齐古组。

吐鲁番地区：新疆地质局区测大队六分队(1975)将现喀拉扎组和其下伏齐古组统称为红山组，时代为晚侏罗世。新疆区域地层表编写组(1981)在准噶尔地区恢复了头屯河组，并将头屯河组之上的一套樱红色地层划分为齐古组，时代为晚侏罗世早期。本次对比研究沿用新疆区域地层表编写组(1981)的划分方案。本次对比研究，停用齐古岩系、齐古统等同物异名，今后在准噶尔盆地、吐哈盆地及天山北部山区均采用齐古组这一岩石地层单位，代表晚侏罗世早期的沉积。

【现在定义】 指整合于头屯河组之上、喀拉扎组之下的一套河湖相沉积，岩性多为紫红色、褐红色砂质泥岩夹紫色、灰绿色砂质泥岩、砂岩及凝灰岩，含脊椎动物、介形虫化石，下以紫红色泥岩的出现或一套杂色碎屑岩的消失与头屯河组分界，上以一套河流相的粗碎屑岩的出现与喀拉扎组分界。

【层型】 因未见创名剖面，本次对比研究将新疆区域地层表编写组 1981 年测制的玛纳斯地区玛纳斯河剖面(86°20′00″，43°56′02″)作为选层型，参考剖面：克拉玛依吐孜阿克内沟剖面，乌鲁木齐小泉沟西南剖面，乌鲁木齐市兴坪农场煤矿剖面，阜康县大红沟剖面，鄯善台子村剖面。

【地质特征及区域变化】 本组主要分布于天山北麓、准噶尔盆地、吐哈盆地。根据各地岩性对比，表明本组岩性较为稳定。在准噶尔盆地南缘头屯河—玛纳斯河一带，本组发育良好，为湖相红色夹绿色砂、泥岩，底部和顶部夹灰白色凝灰质砂岩、粉砂岩，厚 144～724 m，含脊椎动物化石 *Carnoswia*，*Mesosuchia* 及 Paralligatoridae 的分子等，在托斯台地区本组与下伏地层头屯河组呈不整合接触，其余地区均为整合接触，准噶尔盆地北部中央地区井下资料表明本组为灰、红色砂岩夹褐色泥岩，厚 73 m，吐哈盆地本组主要分布在中部的鄯善—三间房一带，呈条带状展布，主要为一套河湖相樱红色、咖啡色砂质泥岩、泥岩夹灰绿色砂岩及粉砂岩，含介形类及叶肢介化石，厚 704 m。

该组是跨区分布的，在塔里木-南疆地层大区主要分布于库车县以西的阿瓦特河—克孜勒努尔沟一带，主要岩性为暗棕色砂质泥岩带灰绿色斑点，夹有灰白色泥岩与灰蓝色钙质粉砂岩薄层，厚 300 m。在拜城县以西的卡普沙浪河厚 406 m，厚度区间为 50～406 m。与上覆和下伏地层均为整合接触，含介形虫：*Darwinula sarytirmeneneis*，*Limnocythere* sp.，腹足类：*Valvata suturalis*，*V. transbaicaliensis* 等。

本组含脊椎动物化石 *Sunosuchus miaoi* 及介形虫化石 *Darwinula impudica* 等，前者在我国主要分布于晚侏罗世。据岩性及生物化石组合特征，本组的时代应为晚侏罗世早期。

喀拉扎组　J_3k　(01-65-1706)

【创名及原始定义】 沙依道夫(1935)创立于新疆昌吉河东喀拉扎山，当时称之为喀拉扎岩系。创名地位于昌吉河东喀拉扎山。原始定义：指一套红色粗粒碎屑岩系。

【沿革】 沙依道夫(1935)在新疆昌吉河东喀拉扎山一带，将一套红色粗碎屑岩称为喀拉扎岩系，时代划为早白垩世。新疆石油管理局地调处(1956)在准噶尔地区将该套沉积称喀拉扎统，时代划为晚侏罗世。全国第一次地层会议(1959)、新疆石油管理局地层组(1960)和新疆区域地层表编写组(1981)均将分布在准噶尔一带的该套沉积称喀拉扎组，时代划为晚侏罗世。在吐鲁番地区，新疆石油管理局地调处(1959)将现喀拉扎组划为红山统，时代为晚侏罗世。新疆地质局区测大队六分队(1975)将该套沉积划为红山组，包括现齐古组，时代仍为晚侏罗世。

本次对比研究仍以新疆区域地层表编写组(1981)的划分方案为基础，并将准噶尔、吐鲁番地区的晚侏罗世晚期的一套碎屑沉积统称喀拉扎组。通过对比研究停用喀拉扎岩系、红山统、喀拉扎统、红山组等同物异名。今后在天山北麓的准噶尔盆地、吐哈盆地均以喀拉扎组代表晚侏罗世晚期的沉积。

【现在定义】 指一套山间河流相碎屑沉积，岩性为灰褐色砾岩夹褐色泥岩、砾状砂岩及中粗粒长石砂岩，与上覆地层吐谷鲁群为不整合接触，个别地区为平行不整合接触，与下伏地层齐古组为整合接触，个别处为不整合接触。

【层型】 正层型：昌吉河东喀拉扎山剖面(87°5′45″，43°45′35″)，选自沙依道夫(1935)的昌吉河东喀拉扎山创名剖面。参考剖面：克拉玛依吐孜阿克内沟剖面，乌鲁木齐小泉沟剖面，鄯善县东莺嘴石剖面，吐鲁番地区七泉湖西剖面。

【地质特征及区域变化】 在许多地区缺失本组沉积。在准噶尔盆地主要分布在克拉玛依、玛纳斯和阜康以南。岩性很不稳定，但基本上是以砾岩或砂岩为主，粒度由东向西变粗，其厚度由厚变薄，在克拉玛依一带仅几十米厚。在吐哈盆地，本组主要分布于鄯善、三间房、野马泉和梧桐窝子泉一带，与下伏地层多为连续沉积，厚度自北向东变薄，多在 35～655 m 之间变化，岩性变化较显著。在北部的山麓地带以砾岩为主，而在鄯善县以北红山地区则以砂岩为主，火焰山一带则为砂质泥岩，颗粒总的自北向南变细，其中含有脊椎动物化石：*Chiayusaurus lacustris*，*Mesosuchus* indet，Pholidosauridae 等，甘氏四川龙可与欧洲、北美晚侏罗世的巨齿龙对比，为晚侏罗世。

此组是跨区分布的，在塔里木-南疆地层大区主要分布于拜城县以西的卡普沙浪河与库车县以西的克孜勒努尔沟一带。主要岩性为一套河流相的红色碎屑岩由含砾砂岩、细砂岩组成。厚度一般 10～40 m。在拜城县的捷列维切克河最厚为 92.1 m。该组与下伏地层齐古组为整合接触，与上覆地层下白垩统亚格列木组为不整合接触。

在此值得提出的：关于库车地区的晚侏罗世齐古组、喀拉扎组两个地层单位名称的引用问题。上述两组在天山北麓主要分布于玛纳斯—头屯河—托斯台山麓一带，以齐古油田、喀拉扎山而命名。在天山南麓的库车地区晚侏罗世采用天山北麓的地层名称，是不合适的。本次对比研究认为该区的上统应与下、中统一样有它自己的一套命名单位，但由于本次对比研究受各种因素的制约，无法去野外核查测制剖面，建立起该区晚侏罗世的地层单位名称，故仍暂保留前人划分的方案，沿用齐古组、喀拉扎组，代表上侏罗统的沉积。

石树沟群　$J_{2-3}\hat{S}$　(01－65－1707)

【创名及原始定义】　石树沟群是新疆石油管理局范成龙等(1956)在卡拉麦里地区创立，命名剖面位于吉木萨尔县北石树沟。原始定义是指整合于西山窑组之上的一套绿色、红色碎屑岩，以富含硅化木树干“石树”而得名。

【沿革】　范成龙等(1956)在卡拉麦里地区将一套杂色碎屑岩划为石树沟群，新疆区域地层表编写组(1981)将该套富含硅化木“石树”的河湖相碎屑岩划分为石树沟群。本次对比研究以《西北地区区域地层表·新疆维吾尔自治区分册》(1981)的划分方案为基础，将该套有硅化木的绿色、红色碎屑岩仍称为石树沟群，其层位相当于头屯河组、齐古组。时代为中—晚侏罗世。本次对比研究，停用石树沟组。今后在准噶尔盆地东缘的卡拉麦里地区均采用石树沟群来代表中—晚侏罗世的沉积。

【现在定义】　指整合于西山窑组之上、不整合伏于吐谷鲁群之下的一套河湖相碎屑岩沉积，岩性为绿色、灰黄色、红色砂质泥岩及泥岩，下部夹砂岩及砾岩，含脊椎动物、介形类、植物等化石，以含大量的硅化木树干——石树为特征。

【层型】　正层型：吉木萨尔县北石树沟剖面(90°00′，44°35′)，由新疆石油管理局范成龙(1956)测制。参考剖面：卡拉麦里山北平顶山剖面，三塘湖盆地西南侧剖面。

【地质特征及区域变化】　该群主要分布于准噶尔盆地的东缘、卡拉麦里—将军戈壁—三塘湖盆地西南侧。在准噶尔盆地以东的三个泉—将军庙一带，该群的下部为灰黄、灰紫色、灰绿色泥岩与砂岩不均匀互层；底部为灰黄色砾岩、砂岩，含脊椎动物、植物化石：Brachiosauridae，Megalosauridae，*Coniopteris hymenophylloides*，*Equisetites* 等。在三塘湖盆地为灰黄色砂岩、泥岩与砾岩的不均匀互层，偶夹碳质页岩；上部为红色及杂色砂岩，底部砾岩常含玛瑙、硅化木，往西在北塔山前，岩石粒度变细，砾石变小，含脊椎动物化石，厚度586～1 443 m。其中脊椎动物化石均属中晚侏罗世的过渡型分子。本次对比研究认为石树沟群的层位与头屯河组、齐古组相当。因该群以富含石树而得名，故石树沟群仍予保留，时代为中—晚侏罗世。

吐谷鲁群　K_1T　(01－65－1801)

【创名及原始定义】　沙依道夫(1935)创名于准噶尔盆地南缘，最初称吐谷鲁岩系。原始定义：为一套杂色条带状砂泥岩，其上覆地层称红色岩系，下伏地层为喀拉扎岩系，三者连续沉积。

【沿革】　乌萨诺夫(1954)将玛纳斯附近的吐谷鲁岩系自下而上分为下灰绿色层、下条带杂色层、上灰绿色层、上条带杂色层。新疆石油管理局各队(1956)分别简称为下灰绿层、下条带层、上灰绿层、上条带层。同年，新疆石油管理局56/56队在吐鲁番盆地将相当于吐谷鲁群的地层创名为火焰山统，自下而上包括三十里大墩层、胜金口层、连木沁层。新疆地质局区测大队六分队(1965)将该套地层分为吐谷鲁下亚组、吐谷鲁上亚组。新疆石油管理局107—109/75队等(1975)将准噶尔南缘的吐谷鲁群自下而上分为清水河组、呼图壁河组、胜金口组、连木沁组，将吐鲁番盆地吐谷鲁群自下而上划分为三十里大墩组、胜金口组、连木沁组。1981年新疆区域地层表编写组沿用该划分方案，此后一直沿用至今。本次对比研究也采用这一划分意见。

【现在定义】 主要岩性为灰绿色、棕红色泥岩、砂质泥岩、砂岩、粉砂岩组成的不均匀互层。呈条带状，底部有灰绿色底砾岩。下与喀拉扎组不整合接触，上与红色碎屑岩为特征的东沟组整合或平行不整合接触。本群在准噶尔盆地南缘自下而上分为清水河组、呼图壁河组、胜金口组、连木沁组。在吐鲁番盆地为三十里大墩组、胜金口组、连木沁组。

清水河组 K_1q (01-65-1805)

【创名及原始定义】 新疆石油管理局107—109/75队① (1975)创名于准噶尔盆地南缘(新疆区域地层表编写组1981年介绍)。原始定义：主要岩性中上部为灰绿色、黄绿色泥岩、砂质泥岩与砂岩互层，夹褐色、紫红色砂质泥岩条带。下部则为灰绿色砂岩、泥岩、砂质泥岩，砂岩增多，具明显的底砾岩，含介形类化石。

【沿革】《西北地区区域地层表·新疆维吾尔自治区分册》(1981)引用后一直沿用至今，无重要划分变化。

【现在定义】 指分布于准噶尔盆地南缘的一套灰绿色、黄绿色泥岩、砂质泥岩与砂岩互层，夹褐红色、紫红色砂质泥岩条带。下与喀拉扎组不整合接触，上与呼图壁河组紫红色泥岩、砂质泥岩整合过渡。

【层型】 正层型：沙湾县紫泥泉子剖面(85°46′10″,43°56′20″)，由新疆石油管理局107-109/75队(1975)测制。

【地质特征及区域变化】 该组分布于准噶尔盆地南缘乌苏至吉木萨尔一线，在昌吉—清水河之间岩性较细，自此向东、西方向略变粗，砂岩增多。在沙湾县紫泥泉子厚144 m，阜康县大红沟总厚203.9 m。生物化石主要有介形类：*Cypridea* (*Cypridea*) *unicostata*, *C.* (*C.*) *trita*, *Rhinocypris echinata*, *Limnocythere imparilis*；叶肢介：*Orthestheria minuta*, *Orthestheriopsis dongouensis* 以及少量腹足类、轮藻、孢粉等。

呼图壁河组 K_1h (01-65-1804)

【创名及原始定义】 创名同清水河组。原始定义：主要岩性为湖相褐色、紫红色、少量灰绿色泥岩夹灰绿色粉砂岩组成的条带层，含介形类、瓣鳃类及少量鱼类化石。

【沿革】 同清水河组。

【现在定义】 指由紫红色、暗紫色、浅褐色砂质泥岩、泥质粉砂岩为主夹灰绿色薄层砂岩、泥灰岩、灰岩组成的一套湖相地层序列。下与清水河组浅黄色砂岩分界，上与胜金口组灰绿色、黄绿色砂质泥岩分界，均为整合接触。

【层型】 正层型：沙湾县紫泥泉子剖面(85°46′10″,43°56′20″)，由新疆石油管理局107—109/75队(1975)测制。

【地质特征及区域变化】 本组岩性由东向西有略变粗之势，昌吉河—吐谷鲁河一带为泥岩、砂质泥岩、粉砂岩互层，玛纳斯则出现厚层砂岩及薄砾岩，紫泥泉子则又变细。厚度自东向西变薄，头屯河636 m，紫泥泉子321 m，再向西至托斯台厚仅28 m。本组含介形类：*Cypridea* (*Cypridea*) *conina*, *C.* (*C.*) *kansuensis*, *C.* (*C.*) *aequus*, *Rhinocypris cirrita*, *R. echinata*, *Clinocypris scolia*, *Darwinula elliptica*, *D. ovata* 等及鱼类和少量双壳类。

---

① 新疆石油管理局107—109/75队，1975，仓房沟实测剖面。

胜金口组 $K_1\hat{s}h$ (01-65-1803)

【创名及原始定义】 新疆石油管理局地调处56/56队①(1956)创名于吐鲁番盆地(新疆区域地层表编写组1981年介绍)。原称胜金口层,隶属吐谷鲁岩系。原始定义:主要岩性为鲜艳之绿色及深灰色砂质泥岩夹石膏层及石膏脉,下与三十里大墩层、上与连木沁层均呈整合接触。

【沿革】 新疆石油管理局107—109/75队(1975)将其用于准噶尔盆地南缘,随后新疆维吾尔自治区区域地层表编写组(1981)采用之,本次对比研究沿用。

【现在定义】 主要岩性为灰绿色、黄绿色泥岩、砂质泥岩及薄层粉砂岩,含菱铁矿晶体及石膏脉。下与三十里大墩组棕红色砂岩或呼图壁河组暗紫色、浅褐色砂质泥岩分界,上与连木沁组暗紫色、褐红色砂质泥岩为界,均为整合接触。

【层型】 正层型:鄯善县西连木沁剖面(85°46′10″,43°56′20″),由新疆石油公司地调处9/55队(1955)测制。

【地质特征及区域变化】 本组在吐鲁番盆地岩性稳定,由西向东颗粒变粗,在红山地区上部有较厚砂岩透镜体,底有薄层砾岩,东部三十里大墩以绿色粉砂岩为主。厚度自西向东递减,一般为15～62 m。在准噶尔盆地南缘,本组岩相岩性也很稳定且分布广泛,为单一的绿色层并含鱼,俗称"绿色含鱼层",是吐谷鲁群中的标志层,与吐鲁番盆地完全可以对比,厚度自东向西变薄,头屯河最大达139 m,紫泥泉子62 m,南安集海仅27 m。本组生物化石非常丰富,主要门类有双壳类:*Sphaerium inflatum*, *S. yanbianense*, *S. joholense*;介形类:*Monqdianella palmosa*, *Cypridea* (*Cypridea*) *kansuensis*, *Rhinocypris cirrita*, *Clinocypris scolia*, *Darwinula ovata*, *Djungarica bruta*, *Damonella circularis*, *Stenestroemia singularis*, *Prolimnocythere mutata*, *Metacypris polymorpha*;鱼:*Junggarichthys longipectoralis*, *Boydaichthys tuguluensis*, *Urgaroniscus xinjiangensis*, *Turfanichthys*, *Huoyanshania* 等。

连木沁组 K_1l (01-65-1802)

【创名及原始定义】 创名同胜金口组。原称连木沁层。原始定义:岩性主要是一套砂质泥岩,中间为薄层砂岩,形成不显著的条带花纹,砂质泥岩均呈暗棕色及棕黄色,厚层状,砂岩呈浅蓝灰色及浅紫红色,细粒、薄层,含钙。下与胜金口层、上与库穆塔克统均呈整合接触关系。

【沿革】 同胜金口组。

【现在定义】 指与上下地层均为整合接触的一套棕红色、紫褐色、褐红色为主夹灰绿色的砂质泥岩、泥岩与细砾岩、粉砂岩互层。上与以褐红色、蓝灰色砾岩为底界的东沟组、库穆塔克组分界,下与以在绿色砂质泥岩含石膏脉为顶界的胜金口组分界。

【层型】 正层型:鄯善县西连木沁剖面(90°11′00″,42°53′00″),由新疆石油公司地调处9/55队(1955)测制。

【地质特征及区域变化】 在吐鲁番盆地,该组分布在火焰山及鄯善附近的红山、库穆塔克及三十里大墩地区,岩性为湖相棕红色砂质泥岩夹灰绿色、蓝灰色细砂岩条带,与下伏胜金口组为整合接触,与上伏库穆塔克组整合或平行不整合接触。创名地连木沁剖面厚213 m。在准噶尔盆地南缘,本组岩性与吐鲁番盆地相似,在呼图壁河厚度最大,岩性也较细,由此向东、向

① 新疆石油管理局地调处56/56队夏公君等,1956.吐鲁番盆地综合研究总结报告。

西岩性略变粗，厚度由东向西显著减薄，如头屯河 509 m，玛纳斯河 406 m，托斯台仅 22 m。在最东部阜康县大红沟，本组岩性为浅水湖相褐红、灰绿色砂质泥岩与灰绿色砂岩互层，厚 505.8 m，上与东沟组红色砾岩整合接触。本组所含化石主要为介形类和双壳类，其中介形类与下伏胜金口组面貌一致，双壳类主要分子有：*Nakamurania elongata*, *Unio* cf. *obrutschewi*, *Sphaerium pujiangense*, *Inversidens wuerheensis* 等。

三十里大墩组　K_1s　(01-65-1806)

【创名及原始定义】　创名同胜金口组和连木沁组。原称三十里大墩层。原始定义：岩性以灰棕色、棕红色砂岩为主，下部有两层较厚砾岩，厚 740 m。下与侏罗系红山统不整合接触，上与胜金口层整合接触。

【沿革】　新疆石油管理局 56/56 队等(1956)将吐鲁番盆地早白垩世地层创名为火焰山统，自下而上分为三十里大墩层、胜金口层、连木沁层。新疆石油管理局 107—109/75 队(1975)将火焰山统用吐谷鲁群(该群创名早)代替，将三个分层改称为组。新疆区域地层表编写组(1981)在吐鲁番盆地采用该划分意见。本次对比研究认为三十里大墩组在岩性上与准噶尔盆地南缘的清水河组、呼图壁河组确有一定差别，因此保留该组名。

【现在定义】　主要岩性为棕红色砂岩及砂质泥岩夹砂砾岩，底部常见灰绿色砾岩。下与齐古组或喀拉扎组不整合或平行不整合接触；上与胜金口组灰绿色粉砂岩整合接触。

【层型】　正层型：鄯善县东三十里大墩剖面(90°15′00″，42°53′00″)，由玉门石油管理局 109/58 队[①] (1958)重测。

【地质特征及区域变化】　主要分布于吐鲁番盆地火焰山及鄯善地区，呈北西条带状出露。主要岩性为红色砂岩、砂质泥岩夹砾岩，底部有灰绿色底砾岩，厚数米至数十米。本组岩性变化较大，颗粒自西向东显著变粗，东部以砾岩为主，西部以砂岩及砂质泥岩为主，厚度自东向西增大，一般为 53～810 m。生物化石见有介形类：*Rhinocypris cirrita*, *Darwinula* sp.。

东沟组　K_2d　(01-65-1812)

【创名及原始定义】　新疆石油管理局地调处 16 队孙剑　(1956)[②] 创立东沟统，创名地呼图壁县雀儿沟东沟。原始定义为山麓河流相褐红色、砖红色砾岩夹红褐色砂质泥岩，富含钙质和少量钙质结核层。

【沿革】　沙依道夫等(1935)在准噶尔盆地西南缘工作时将覆于吐谷鲁岩系之上的红层，统称“红色岩系”。杜阿耶夫(1941—1942)及乌萨诺夫(1952)均沿用“红色岩系”。新疆石油管理局地调处孙剑　(1956)在昌吉河—乌鲁木齐河地区地质调查总结报告中将其命名为东沟统，新疆地质局区测大队三分队(1960)沿用了新疆石油管理局地调处孙剑　的划分，改称东沟组。新疆地质局区测大队六分队(1965)在《呼图壁、乌鲁木齐幅(K-45-Ⅲ、Ⅳ)1：20 万地质图说明书》中，将东沟组改称东沟群。新疆区域地层表编写组(1981)改为东沟组。本次对比研究沿用东沟组。本次对比研究把克拉玛依地区的艾里克湖组作为东沟组同物异名停止使用。

【现在定义】　指与上覆紫泥泉子组整合或平行不整合，与下伏连木沁组整合接触的灰棕、灰红、砖红色砾岩夹红褐色砂质泥岩、砂岩、粉砂岩，富含钙质及少量钙质结核的一套河流相地层序列。

---

① 玉门石油管理局 109/58 队霍永禄等，1958，吐鲁番盆地综合研究报告。
② 新疆石油管理局地调处 16 队孙剑　，1956，昌吉河—乌鲁木齐河地区地质调查总结报告。

【层型】 正层型：呼图壁县雀儿沟东沟剖面(86°40′00″,43°46′35″)，引自《西北地区区域地层表·新疆维吾尔自治区分册》(1981)。

【地质特征及区域变化】 东沟组主要分布于准噶尔盆地南缘昌吉—沙湾县之间的天山山前第一排构造或单斜带上，南安集海以西缺失。在乌鲁木齐市以东，主要分布于阜康县水磨河以西、古牧地构造西南翼。主要岩性为山麓河流相灰棕色、灰红、砖红色砾岩夹红褐色砂质泥岩、砂岩、粉砂岩，富含钙质及少量钙质结核，厚度一般在 46～813 m 之间，以昌吉河剖面最厚，南安集海最薄，岩性由昌吉河向西至吐谷鲁河变细。在准噶尔盆地西北缘，本组仅分布于乌尔禾南、艾里克湖东岸，向东、西呈长带状延伸，厚度由西向东、自北向南逐渐增大。在克拉玛依市东北端，本组延伸至乌伦古河的德仑山以东砾碛山和红砾山两地，岩性变粗，为棕黄色泥岩、砂质泥岩夹砂岩；在夏子街、三个泉地区的井下，本组岩性主要为湖—河流相灰白色石英砂砾岩夹棕色、棕黄色砂质泥岩，含脊椎动物、恐龙蛋、介形类等化石。本组与下伏吐谷鲁群一般为连续沉积，仅在南安集海存在侵蚀面；与上覆红砾山组平行不整合或不整合接触，与紫泥泉子组整合或平行不整合接触。

在阜康大红沟、头屯河、玛纳斯河、雀儿沟东沟，本组下部产介形类化石：*Ziziphocypris simakovi*，*Talicypridea amoena*，*Timiriasevia turgida*，*Candona longirenformis* 等。在准噶尔盆地西北缘乌尔禾艾里克湖地区，本组产鸭嘴龙科的早期代表分子；顶部浅棕色泥岩中产介形类化石：*Talicypridea amoena*，*Ziziphocypris simakovi*。

红砾山组 K_2h (01－65－1813)

【创名及原始定义】 新疆地质局 631 队四分队唐克义等(1955)创建红砾山岩系，创名地在福海县南红砾山东。原始定义：为河湖相红、紫红色泥岩或泥质砂岩与灰绿色、灰白色石英砂岩不等厚互层，含脊椎、植物、双壳类及微古化石。

【沿革】 乌瓦洛夫(1954)在准噶尔盆地进行地质调查时，将该套地层取名苍棕色组，时代为老第三纪。新疆地质局 631 队四分队唐克义等(1955)编写的报告中，称为红砾山岩系，时代仍为老第三纪。新疆石油管理局地调处彭希龄(1975)在《新疆准噶尔盆地新生界脊椎动物化石地点与层位》一文中，称其为红砾山组，时代归老第三纪。1981 年新疆区域地层表编写组沿用彭希龄的名称和时代意见。1986 年伍致中将这一地层划入东沟组，时代为晚白垩世。1990 年魏景明、詹家桢在《中国北方含油气区白垩系》一书中称之为红砾山组，时代仍定为晚白垩世。本次对比研究沿用这一划分。

【现在定义】 指上与紫泥泉子组整合、平行不整合或局部不整合，下与古生界超覆不整合或与东沟组呈微角度不整合接触间的一套地层，其下部为滨湖相灰白色石英粗砂岩、砂砾岩夹棕色、棕黄色砂质泥岩、含钙质结核。上部浅湖相褐红色砂质泥岩夹同色钙质砂岩和灰白、灰绿色砾岩。

【层型】 正层型：福海县红砾山东高点剖面(87°51′00″,45°36′00″)，由新疆地质局 631 队四分队唐克义等(1955)测制。

【地质特征及区域变化】 本组岩性下部主要为滨湖相灰白色石英粗砂岩、砂砾岩夹棕黄色砂质泥岩，含钙质结核，富产爬行类动物化石、恐龙蛋壳碎片；上部主要为浅湖相褐红色砂质泥岩，夹同色或少量浅灰色钙质砂岩和砾岩。砂质泥岩中含软体动物、恐龙蛋壳碎片及介形类等化石。在红砾山、德仑山、砾碛山一带本组与下伏东沟组呈不整合接触；在乌伦古河二牧场地区，本组超覆于古生界之上；在准噶尔盆地东北缘将军戈壁至卧龙岗一带多超覆于侏罗纪煤系之上;与上覆下第三系一般为整合、平行不整合或局部不整合接触。出露厚度73~101 m。该组零星出露于准噶尔盆地西北缘,北缘的巴音努尔山、卡拉卡特山、黑山头、红砾山、黄花岗、红山沟、乌伦古二牧场及陆梁以南的蜥蜴梁至三个泉一带,在盆地东北缘分布于将军戈壁、北山煤窑、卧龙岗至三塘湖一带地区。

库穆塔克组　K_2k　(01-65-1814)

【创名及原始定义】 新疆石油管理局地调处56/56队夏公君(1956)① 创名,创名地是新疆鄯善县南10 km沙墩子村。原始定义为河湖相桔黄色、棕红色块状细砂岩具交错层,下部偶夹红色薄层泥岩及透镜体,底部常有蓝灰色细砾岩,含介形类化石。

【沿革】 中国科学院南京地质古生物研究所顾知微(1962)、《西北地区区域地层表·新疆维吾尔自治区分册》(1981)、新疆地矿局地质研究所吴绍祖等(1988)均先后沿用库穆塔克组一名。

【现在定义】 指仅分布于火焰山及鄯善以南的库姆塔克(沙墩子)地区的一套桔黄色、棕红色具交错层理的块状细砂岩,偶夹红色薄层泥岩及透镜体,底部有蓝灰色细砾岩为标志层。与上覆的苏巴什组为平行不整合或不整合接触,与下伏的吐谷鲁群为整合或平行不整合接触。

【层型】 正层型:鄯善县沙墩子剖面(90°12′00″,42°47′00″),由新疆石油管理局地调处56/56队(1956)重测。

【地质特征及区域变化】 本组分布范围很小,仅分布在火焰山及鄯善县以南的库姆塔克地区,向东在五道沟以南有零星分布。

苏巴什组　K_2s　(01-65-1815)

【创名及原始定义】 苏巴什组是新疆石油管理局地调处56/56队(1956)创建,创名地在鄯善县台子村。原始定义:为河流相棕红色、灰白色砂岩、褐红色砂质泥岩,灰白色及暗灰色砾岩,含脊椎动物化石及介形类化石,总厚215 m。

【沿革】 中国科学院南京地质古生物研究所顾知微(1962)称库穆塔克组。新疆地矿局地质研究所巴哈特汉(1980)称其为苏巴什组,时代晚白垩世。《西北地区区域地层表·新疆维吾尔自治区分册》(1981)、新疆地矿局地质研究所吴绍祖(1988)均用苏巴什组一名。

【现在定义】 岩性为棕红色和灰白色砂岩、褐红色砂质泥岩、灰白色及暗灰色砾岩,与上覆台子村组平行不整合接触,与下伏库穆塔克组为平行不整合或不整合接触。

【层型】 选层型:鄯善县东台子村剖面(90°20′00″,42°53′00″),由玉门石油管理局102/59队(1959)测制。

【地质特征及区域变化】 苏巴什组主要岩性为河流相棕红色、灰白色砂岩、褐红色砂质泥岩、泥岩,灰白色及暗灰色砾岩,含脊椎动物化石及介形类化石。下与库穆塔克组平行不整合或不整合接触,上与台子村组平行不整合接触。本组分布范围小,仅分布在火焰山及鄯善以南的库姆塔克(沙墩子)地区,岩性比较稳定,以砂砾岩为主,横向上变化不大,厚度自西向东增大,为163~215 m。含介形类:*Cypridea*(*Cypridea*) *mosuowanensis*,*Cristocypridea amoena*等;脊椎动物:*Shanshanosaurus huoyanshanensis*,*Tyrannosaurus turfanensis*等。

---

① 新疆石油管理局地调处56/56队夏公君等,1956,吐鲁番盆地1956年综合研究总结报告。

紫泥泉子组 $E_{1-2}z$ (01-65-1900)

【创名及原始定义】 新疆区域地层表编写组(1981)创名，创名地在准噶尔盆地南缘玛纳斯县紫泥泉子附近。原始定义：为河湖相碎屑岩，棕红色、褐红色砂质泥岩夹灰红色砂岩、砾岩。以白色微红石灰质砾岩与晚白垩世东沟组为连续过渡关系。

【沿革】 沙依道夫(1942)将准噶尔盆地南缘下第三系的地层划为红色岩系(其中包括了早白垩世东沟组的部分地层)。黄汲清(1943)在天山山前进行地质路线调查时，将下第三系的地层命名为冒烟山系(现紫泥泉子组和安集海组)。杜阿耶夫(1950)将本组地层划为下第三系条带状杂色层。新疆石油管理局孙剑 (1956)将本组地层划为下第三系东沟统红色层。新疆地质局第二区测大队三分队(1961)，在乌鲁木齐和呼图壁进行1：20万地质测量时，将该套地层划为东沟组(包括部分白垩纪地层)，时代为老第三纪。新疆区域地层表编写组(1981)将这套沉积于准噶尔盆地南缘玛纳斯县紫泥泉子一带的河湖相碎屑岩建造正式创名为紫泥泉子组，时代为古新世—始新世。

值得提出的是，长期以来人们对准噶尔盆地南、北缘的第三系地层命名一直使用两套地层名称。虽然经过多年的详细工作，并对盆地两缘的对比大体上取得了共同的认识，但终未能达到统一命名的目的。本次对比研究在借助前人大量资料的基础上，并经过详细的研究和对比，认为盆地南、北缘无论是沉积特征还是生物特征上均具有一定相似性。故将沉积于盆地南、北缘及伊宁盆地的第三系地层实行统一命名。

古新世—始新世的地层统称为紫泥泉子组。

【现在定义】 指整合于安集海河组之下、东沟组之上的属河湖相紫红、褐红色为主的砂质泥岩夹灰红色砂岩，底部为砾岩或石灰质砾岩的地层，以底砾岩出现和颜色的改变为划分标志，故有红色层之称。

【层型】 正层型：准噶尔盆地南缘玛纳斯县紫泥泉子剖面(84°00′48″，85°36′00″)，引自《西北地区区域地层表·新疆维吾尔自治区分册》(1981)，由新疆区区域地层表编写组(1976)测制。参考剖面：恰河博河口剖面，沙湾县种羊场东剖面，阜康县大红沟剖面。

【地质特征及区域变化】 紫泥泉子组多见于准噶尔盆地南缘山前第一排新生界构造带上。东起头屯河，西至托托河均有不同程度的发育，以昌吉河至玛纳斯河一带发育最好，厚达854 m。紫泥泉子以西厚度小，粒度细，主要为褐色砂质泥岩，河湖相沉积，厚15～78 m；一般它与下伏东沟组为整合接触，仅在乌兰布拉克以西，由于东沟组缺失而超覆于吐谷鲁群或变质岩之上，厚15～855 m。本组化石较少，仅有介形类化石：*Eucypris inclinis*，*Darwinula oblica*，*Limnocythere scrobicula*。以上化石仅能说明其时代为第三纪。依层位关系将其置于古新统—上始新统下部，这是目前新疆地质界较为统一的认识。

安集海河组 $E_{2-3}a$ (01-65-1901)

【创名及原始定义】 新疆区域地层表编写组(1981)创名，创名地位于准噶尔盆地南缘沙湾县南安集海附近。原始定义：岩性为一套湖相沉积，多为灰绿色泥岩夹泥灰岩、砂岩薄层及介壳层，早年有下绿色岩系之称，它与下伏紫泥泉子组为连续过渡关系。

【沿革】 沙依道夫1942年划为下第三系下绿色岩系；杜阿耶夫(1950)划分为下绿色层；新疆石油管理局孙剑 等(1956)将本组划分为玛纳斯统下绿色层，时代为渐新世。新疆区域地层表编写组(1981)将准噶尔盆地南缘的始新世上部—渐新世中、下部的沉积命名为安集海河组；而准噶尔盆地北缘的该套沉积，则命名为乌伦古河组（现已归属于晚白垩世）。

本次对比研究将准噶尔盆地南、北缘及伊宁盆地的始新世上部—渐新世中、下部的沉积统称为安集海河组。

【现在定义】 指整合于沙湾组之下、紫泥泉子组之上的一套湖相沉积，多为灰绿色泥岩夹同色泥灰岩、薄层砂岩及介壳层的沉积序列，含腹足类、双壳类、介形类、鱼类化石。与下伏紫泥泉子组存在有紫色、褐紫色、灰绿色泥岩和粉砂岩过渡层，因多为灰绿色岩石而有绿色岩系之称。

【层型】 正层型：沙湾县南安集海附近剖面（85°01′48″，44°04′48″），引自《西北地区区域地层表·新疆维吾尔自治区分册》（1981），由新疆区域地层表编写组（1976）测制。参考剖面：沙湾县种羊场东部剖面，阜康县大红沟剖面。

【地质特征及区域变化】 该组岩性比较稳定，安集海一带，下部为紫红色砾状砂岩、砂岩、泥岩夹绿色泥岩、粉砂岩条带，向上变为紫色、灰绿色泥岩互层夹泥灰岩及粉砂岩，含介形类化石，向上部变为紫红色、褐黄色泥岩、砂质泥岩，含钙质结核。以东沟为沉积中心，厚达 782 m，向东、向西厚度变薄，以安集海—独山子发育最佳，厚 44～782 m。在玛纳斯河上游本组下部粒度变粗，灰绿色泥岩中常夹有砂岩和砾岩，厚 120 m 左右，向西至托斯台，厚 600 m 左右；向东到呼图壁河一带厚约 370 m，到头屯河和古牧地厚 100 m 左右。本组为湖相沉积环境，含石油，与上覆沙湾组、下伏紫泥泉子组均为整合接触。安集海河组含 *Unio－Sphaerum－Pisidium* 双壳类组合，*Viviparus－Valvata* 腹足类组合和 *Cyprinotus－Eucypris－Candona* 介形类组合。本组时代较多的学者认为归属于始新世晚期—渐新世早期为宜。

昌吉河群 $E_3N\hat{C}$ （01－65－1905）

【创名及原始定义】 昌吉河群一名源于沙依道夫（1942）的“昌吉岩系”。新疆石油管理局118—120/57 队（1957）将其称为昌吉河群，创名地位于昌吉市西南昌吉河边。原始定义：为河流相棕红色砂质泥岩、褐红色砾岩、砂岩。产介形类化石。

【沿革】 沙依道夫（1942）将现昌吉河群地层划为渐新世“下绿色岩系”（大致为现沙湾组），中新世“褐色岩系”（大致为现塔西河组），上新世“苍棕色岩系”（大致现独山子组）。在近山麓地带他又将“褐色岩系”及其上部的第三系称为“昌吉岩系”（现塔西河组—独山子组）；乌萨诺夫（1950）沿用了上述的划分，并将昌吉岩系自下而上划为绿色层、苍棕色层、砾岩层；新疆石油管理局孙剑 （1956）将该套地层自下而上划为下绿色层（现沙湾组）、褐色层（现塔西河组）、昌吉统（现独山子组）；新疆地质局第二区测大队三分队（1961）将该套地层由下而上划为：玛纳斯河组（现沙湾组）、前山组（现塔西河组）、昌吉河组（现独山子组）；新疆区域地层表编写组（1981）对上述地层重新进行了厘定，仍以昌吉河群为代表，并自下而上分为：沙湾组、塔西河组、独山子组。而在准噶尔盆地北缘相当上述地层的则以索索泉组、可可买登组、独山子组为代表。本次对比研究在沿用新疆区域地层表编写组（1981）划分方案的同时，将准噶尔盆地北缘的该套地层统称昌吉河群，并自下而上分：沙湾组、塔西河组、独山子组。

【现在定义】 指一套与上覆乌苏群、下伏安集海河组均为整合接触的上部浅红色厚层砾岩夹棕红色厚层砂质泥岩，中部褐红色、灰棕色厚层砾岩与棕褐红色厚层坚硬致密砂质泥岩互层，下部褐色砂岩、砂质泥岩的地层。本群自下而上分沙湾组、塔西河组、独山子组。

【地质特征及区域变化】 昌吉河群分布很广，几乎普遍见于乌鲁木齐以西的地区，但在其以东地区仅零星见于吉木萨尔县三台—大龙口一带及阜康县水磨河和米泉县古牧地一带，其中以古牧地发育较好。在乌鲁木齐以西的昌吉河—托斯台河一带本群发育最好。本群大部分地段可细分为组,但对分布零星及无规律变化地段则以群为代表。

沙湾组　$E_3N_1\hat{s}$　(01－65－1902)

【创名及原始定义】　新疆区域地层表编写组(1981)创名,并选用了原称为褐色层的新疆沙湾县霍尔果斯剖面为本组的创名剖面。原始定义:以褐色、红褐色岩石为主的一套河湖相的深褐色、褐红色泥岩、砂质泥岩、砂岩和灰绿色砾岩、团块状灰岩组成的沉积序列,因具有褐色的外观特征,故有褐色岩系或褐色组之称。

【沿革】　见昌吉河群。本次对比研究停止使用原准噶尔盆地北缘所使用的索索泉组,今后在准噶尔盆地南北两缘均以沙湾组代表渐新世—中新世的沉积。

【现在定义】　是指整合于塔西河组之下、安集海河组之上的一套河湖相棕红色、褐红色泥岩、砂质泥岩、砂质和含团块状灰岩及灰绿色砂岩、砾岩组成的地层,因宏观上具有褐色外观,故有褐色组或褐色岩系之称。

【层型】　正层型:沙湾县霍尔果斯剖面(85°5′00″,44°2′30″),引自《西北地区区域地层表·新疆维吾尔自治区分册》(1981)。参考剖面:乌苏县车排子东六十户 1a 号井井下剖面。

【地质特征及区域变化】　沙湾组主要分布于准噶尔盆地南缘,天山山前第二、第三排新生界构造带上,见于紫泥泉子、安集海河地区,以沙湾县霍尔果斯到独山子一带发育最好,厚 350～500 m。本组在上述地区的岩性为一套河湖相棕红色或褐红色泥岩、砂质泥岩夹少量砾岩。从颜色上易与上覆、下伏地层单位区分,上与塔西河组绿色、灰绿色岩层整合过渡,下与安集海河组为整合接触,二者常以一层厚度不大的砾岩或砾状砂岩分界。并含丰富的介形类化石,可建立 *Cyprinotus－Eucypris－Cyclocypris－Potamocypris* 组合。

塔西河组　N_1t　(01－65－1903)

【创名及原始定义】　新疆区域地层表编写组(1981)创立,创名地玛纳斯县塔西河乡吐谷鲁背斜。原始定义:指一套河湖相灰绿色泥岩、砂质泥岩夹砂岩、灰色泥灰岩夹介壳灰岩薄层,下部多为杂色泥岩,含腹足类和脊椎动物化石及丰富的介形类、双壳类化石。

【沿革】　见昌吉河群。准噶尔盆地北部德伦山一带中新统则以可可买登组为代表,它包括朱夏等(1955)所创名的"哈拉玛盖层",尽管合二而一,但仍然厚度较小,分布局限,仅限于可可买登山近 1 km^2 之内,其岩性、岩相、颜色与盆地南缘塔西河组相似或接近,时代又相同,所含 *Mastodon* sp. 也相同,因此塔西河组与可可买登组实属同物异名,本次对比研究保留塔西河组这一岩地层单位,停用可可买登组。

【现在定义】　是指整合于独山子组之下、沙湾组之上的一套河湖相灰绿色泥岩、砂质泥岩夹砂岩、泥灰岩夹薄层介壳灰岩,下部为紫红色、绿灰色泥岩,底部有灰绿色砾岩,含丰富的介形类、双壳类、腹足类及鱼类化石。以绿色外观和含黄钾铁钒条带及砂、泥岩条带为特征的沉积序列。

【层型】　正层型:玛纳斯县塔西河剖面(86°15′29″,43°58′30″),引自《西北地区区域地层表·新疆维吾尔自治区分册》(1981)。参考剖面:沙湾县乌兰布拉克剖面,克拉玛依市以南东排子以东六十户剖面。

【地质特征及区域变化】　塔西河组集中分布于准噶尔盆地南缘天山山前新生界第二和第三构造带上,岩性比较稳定,一般在中部多为灰绿色或灰色泥岩夹薄层介壳灰岩,其上部和下部多出现灰绿色、褐色、褐红色杂色砂、泥岩条带层。地表以吐谷鲁背斜和塔西河一带发育最佳，几乎全为灰绿色泥岩和砂质泥岩，含丰富的鱼类、腹足类和介形类化石。顶部和底部分别与独山子组和沙湾组呈连续过渡关系，厚 300 m 左右。在紫泥泉子—安集海等地，岩性变为红色和绿色相间的杂色层，夹少量介壳层，含有哺乳类、软体类及介形类化石。

本组以塔西河发育最好，由此向西颗粒变粗，并出现条带现象。向东厚度急剧变薄，一般厚度在 100～320 m 之间，自南而北加厚，在乌苏县城附近的卡因地克井下可达 900 m。塔西河组是石油重要产出层位，主要产于湖相沉积环境之内。塔西河组产 *Cyprinotus* (*Cyprinotus*)-*Cyprinotus* (*Heterocypris*) - *Eucypris* - *Potamocypris* - *Candona*(*Candona*) - *Ilyocypris* 介形类组合和 *Unio* - *Lanceolaria* - *Psilunio* 双壳类组合。在安集海到独山子还产腹足类：*Gyaulus*，*Valvata* 和 *Viviparus* 以及脊椎动物化石：*Trilophodon* sp.，*Mastodon* sp.，*Telieostea* sp.。综合岩性特征、化石组合、层位对比，将本组的时代划归于中新世。

独山子组　N_2d　(01-65-1904)

【创名及原始定义】 新疆区域地层表编写组(1981)创立，创名地位于准噶尔盆地南缘奎屯以南独山子炼油厂西南部。原始定义：指西域砾岩之下以苍棕色外观为特征的山麓河流相为主的苍棕色、土黄、褐黄色砂质泥岩、泥质砂岩夹砾岩，自下而上灰绿色砾岩增多，向下与更新统西域砾岩层过渡。

【沿革】 见昌吉河群。

【现在定义】 指整合于下更新统乌苏群砾岩之下、中新统塔西河组之上，以苍棕色外貌为特征的，苍棕色、褐红色、褐黄、土黄色砂质泥岩、泥质砂岩夹砂岩及砾岩，下部砂泥岩为主，上部砾岩增多，变为砂砾岩与泥岩互层的地层。以褐黄色、土黄色砂质泥岩与灰绿、灰黄色砾岩、砾状砂岩不均匀互层的消失及上覆西域组底部土黄色砂质泥岩与土黄色砂岩、砾岩不均匀互层的出现及其底部产三门马 *Equus sanmeniensis* 为分界面。

【层型】 正层型：奎屯南独山子剖面(84°48′00″，44°16′20″)，引自《西北地区区域地层表·新疆维吾尔自治区分册》(1981)。参考剖面：乌苏县车排子 4 号井井下剖面，吉木萨尔县北自流井一带剖面，套瓦契西剖面。

【地质特征及区域变化】 独山子组岩性稳定，以玛纳斯为沉积中心，厚 1 966 m，向东、向西厚度变薄，自南而北变厚。在准噶尔盆地的北部、西部等地均为零星分布，变化规律不明显。本组以河流相沉积为主，与上覆乌苏群、下伏塔西河组均为整合接触，岩性均以碎屑岩为主，夹有泥岩，其颜色前者多为土黄色、褐黄色、棕色，后者灰色、灰绿色，昔日全疆的上新统地层都曾有过苍棕色组之称。在准噶尔盆地独山子组均发现有陆相介形类 *Eucypris* - *Cypris* - *Cypridopsis* - *Potamocypris* - *Candona* (*Candona*) - *Ilyocypris* 组合和脊椎动物 *Hypparion*，*Giraffid*，*Chilotherium* 及腹足类、双壳类、植物等。独山子组的时代应为上新世。

台子村组　E_1t　(01-65-1906)

【创名及原始定义】 翟人杰等(1966)创名。创名地鄯善县东部新台子村南侧的山凹处。原始定义：为河流相棕红色、紫红色砾岩，棕红色、灰白色砂岩夹棕色泥岩，在上部砂岩夹泥岩中产脊椎动物化石 *Prodinoceras martyr*。

【沿革】 1943—1966 年前，部分学者仅对吐鲁番一带的第三系进行了粗略的划分。翟人杰等(1966)在吐鲁番的北部将第三系地层进行了较为细致的划分，将下第三系地层划分出了古新世台子村组、早始新世大步组和十三间房组、晚始新世连坎组、渐新世桃树园组；《西北地区区域地层表·新疆维吾尔自治区分册》(1981)大致沿用了上述的划分方案。其不同的是将早始新世的大步组、十三间房组和晚始新世的连坎组合称巴坎组，并将桃树园组的时代归入渐新世—中新世。本次对比研究仍沿用《西北地区区域地层表·新疆维吾尔自治区分册》(1981)的划分方案。

【现在定义】 指平行不整合于上白垩统苏巴什组之上，平行不整合于巴坎组之下的，上部灰白色厚层中粒砂岩含脊椎动物化石，中部棕红色、紫红色砾岩夹棕红色砂质泥岩，底部砂砾岩互层的河湖相沉积。

【层型】 正层型：鄯善县东台子村剖面(90°20′00″,42°53′00″)，由翟人杰等(1966)测制。参考剖面：鄯善县连木沁剖面。

【地质特征及区域变化】 在连木沁沟东侧剖面上，底界以灰白、灰色砾状粗砂岩与下伏上白垩统苏巴什组平行不整合接触，向上变为砖红色泥质砂岩与灰白色带红色的砾状砂岩，产哺乳类化石：*Pseudictops chaii*, *Tienshanilophus lianmuqinensis*, *Prodinoceras diconicus*, *Dilambda speciosa*, *Archaeolambda* cf. *planicanina* 等，再向上岩性变为米黄、淡黄色粗砂岩夹泥岩透镜体或泥球，产 *Mongolemys turfanensis* 和恐角兽类化石，上部紫红色砂质泥岩中产：*Houyanotherium simplem* 等恐角兽类化石，顶部为棕红色砂质泥岩夹细砂岩及泥灰岩。厚 65.3 m。台子村组分布于火焰山、胜金口至连坎，在鄯善以东的巴坎和七克台一带，是第三系各组中分布面积最小的一个组。

巴坎组 E_2b (01-65-1907)

【创名及原始定义】 新疆区域地层表编写组(1981)创立，创名地位于鄯善县东台子村。原始定义：指鄯善群上部的红褐色砂质泥岩夹灰色泥岩薄条，棕红色中粒砂岩及褐色厚层状砂质泥岩含石膏脉，厚 76 m。

【沿革】 见台子村组。

【现在定义】 指上部红褐色砂质泥岩，局部夹灰色泥岩薄条，其下为一层厚 2 m 的棕红色中粒砂岩，中部及下部为褐色厚层状砂质泥岩含石膏脉。上与桃树园组平行不整合接触，下与台子村组为整合过渡关系。在连坎、大步、十三间房相应的层位中产丰富的始新世脊椎动物化石。

【层型】 正层型：鄯善县东台子村剖面(90°20′00″,42°53′00″)，引自《西北地区区域地层表·新疆维吾尔自治区分册》(1981)。参考剖面：鄯善县连木沁剖面。

【地质特征及区域变化】 巴坎组分布范围很小，主要分布在火焰山地区，在鄯善县台子村和连木沁发育较好，厚 76～170 m，以湖相沉积为主，本组在大步产恐角兽类火焰兽；在十三间房产逐齿兽、冠齿兽、疑东方柱兽；在连坎发现蒙古两栖犀、雷兽。以上脊椎动物化石既有早始新世的，也有晚始新世的，足见巴坎组应属始新世。

桃树园组 E_3N_1t (01-65-1908)

【创名及原始定义】 桃树园组一名源于夏公君(1956)的桃树园群，创名地为吐鲁番市以北的桃树园村。由于当时并无创名剖面，翟人杰等(1966)在此地工作时将桃树园群改称桃树园组，并以博格达山南麓桃树园剖面为本组的典型剖面。本次对比研究认为该剖面为本组的选层型。原始定义：以泥岩为主，上部咖啡色砂质岩夹砂岩，中部咖啡色泥岩夹石膏层，含有钙质结核,底部浅棕红色、褐黄色砾岩,含钙质结核。

【沿革】 新疆石油管理局夏公君(1956)在桃树园—煤窑沟一带进行大比例尺的地质普查时创建了桃树园群,当时的桃树园群仅限于中新世;翟人杰等(1966)将该套沉积划为桃树园组,时代为渐新世;《西北地区区域地层表·新疆维吾尔自治区分册》(1981)沿用了翟人杰的划分方案,所不同的是,将该套沉积的时代划归渐新世—中新世。本次对比研究仍沿用《西北地区区域地层表·新疆维吾尔自治区分册》(1981)的划分方案。对比研究后停用桃树园群,今后统一用桃树园组。

【现在定义】 指顶部咖啡色泥岩、泥质粉砂岩夹砂质砾岩及白色石膏;中部咖啡色钙质泥岩、砂质泥岩夹白色石膏;底部棕红色、褐黄色砾岩含钙质结核。与上覆葡萄沟组及下伏巴坎组均为平行不整合接触。

【层型】 选层型:吐鲁番市以北博格达山南麓桃树园剖面(88°54′40″,43°12′10″),由翟人杰等(1966)测制。参考剖面:鄯善县北红山剖面。

【地质特征及区域变化】 本组由河湖相、山麓河流相红色、棕红色、咖啡色泥岩、砂质泥岩、砂岩和砾岩组成,部分夹石膏层,与下伏地层为平行不整合,在山区多以不整合超覆在中生界或古生界之上。厚度有数米、数十米至 450 m 不等。在野马泉本组产雷兽类 *Epinanthoceras* 化石,哈密十三间房采到巨犀化石 *Indricotherium* cf. *grangeri*,在飞跃至十三间房于下部层位中见到脊椎动物化石:*Cadurcodon ardynensis*,上部见 *Insecturn*, *Didymoconus berkeyi*, *Amphechinus* sp., *Tataromys* cf. *sigmodon*, *Sinolagomys kansuensis*, ? *Hyaenodon* sp., *Schizotherium* sp., *Paraceratherium tienshanensis*, *Aceratherium* sp. 等化石。本组中的介形类化石组合为 *Cyclocypris-Candona-Cyprinotus-Eucypris*。

桃树园组分布广泛,见于盆地中的火焰山、七克台、十三间房、三间房、骆驼峰及大南湖、烟墩、梧桐窝子等地,北部见于桃树园、煤窑沟、七角井等地,南部见于伊拉湖、康古尔塔格。本组在火焰山一带岩性较细,以砂、泥岩为主,常有石膏夹层,在鄯善东南岩性较粗,底部常有砾岩。火焰山以南及觉罗塔格山麓因上部被剥蚀而无完整剖面。伊拉湖、苏巴什、大南湖等地为红色砂、砾岩,厚 55～102 m。本组上部 100m 处产晚渐新世的 *Paraceratherium lepidus* 和 *Dzungariotherium turfanensis*,下部产早渐新世的 *Cadurcodon ardynensis*,桃树园组应属渐新世到中新世。

葡萄沟组 N_2p (01－65－1909)

【创名及原始定义】 葡萄沟组一名来源于新疆石油管理局夏公君(1956 年)的葡萄沟群。创名地为吐鲁番市以北的葡萄沟。当时无创名剖面。原始定义:为河湖相土黄色砂岩、砂质泥岩与砾岩互层,底部以一层钙质砾岩与下伏桃树园组整合接触,与上覆西域组为整合关系。

【沿革】 夏公君等(1956)在该地区进行地质测量时,首先创建了葡萄沟群,新疆地质局高振家、何铭玉及新疆地质局第一、第二区测大队(1959)在东疆地区开展 1∶20 万区域地质测量时,用的是南天山一带的地层名称,将上新统称为安吉延组和托卡普组。《西北地区区域地层表·新疆维吾尔自治区分册》(1981)及《中国的第三系》(1984)中均改称葡萄沟组,一直沿用至今。

【现在定义】 指上部土黄色、土红色粉砂岩夹灰黄色砾岩及粗砂岩透镜体;中部浅土红色粉砂岩、土黄色泥岩夹灰色泥灰岩、粗砂岩及砾岩;下部杂色泥岩夹杂色粗砂岩,底部一层钙质砾岩。上与西域组整合接触,下与桃树园组平行不整合接触。

【层型】 选层型:吐鲁番火焰山西部胜金口剖面(89°27′20″,43°00′),引自《西北地区区域地层表·新疆维吾尔自治区分册》(1981)。参考剖面:哈密县烟墩1735高点东南剖面,托克逊357高地西北处剖面。

【地质特征及区域变化】 葡萄沟组与上覆西域组为整合或不整合接触,与下伏桃树园组多为平行不整合接触。其岩性为一套苍棕色、土黄色河湖相砂岩、砂质泥岩和砾岩,厚度变化大,含 *Candona*－*Paracandona*－*Cypridopsis*－*Eucypris* 介形类化石组合。本组分布广泛,北部见于桃树园和煤窑沟;吐鲁番见于胜金口和连木沁;鄯善县见于红山及库穆塔格一带以及哈密大南湖、烟墩等地。一般均为河湖相碎屑岩,有时夹泥灰岩或淡水灰岩。时代属上新世。

第二篇　塔里木-南疆地层大区

第五章
长城纪—青白口纪

塔里木-南疆地层大区长城纪—青白口纪地层极为发育，经对比研究推荐使用的岩石地层单位40个群(组)，除华北地层大区的冰沟群外，囊括新疆本断代全部岩石地层单位(图5-1)。

长城纪岩石地层单位分布于中南天山、塔里木盆地周缘和西昆仑等地。岩石组合类型有碎屑岩组合(杨吉布拉克群、贝克滩组)，变沉积碎屑岩组合(特克斯群、阿克苏群、红柳泉组)，石英岩—大理岩组合(波瓦姆群、赛图拉群)，分布于星星峡至库米什一线的星星峡群为一套深变质的片麻岩、混合岩和大理岩。蓟县纪地层单位各地层分区几乎均有分布，岩石组合类型主要为碳酸盐岩组合(库松木切克群、科克苏群、塔昔达坂群、平头山组)，碳酸盐岩—变沉积碎屑岩组合(卡瓦布拉克群、爱尔基干群、木孜萨依组、桑株塔格群)。青白口纪地层单位分布于中南天山、北山和塔里木盆地南缘，岩石组合类型与蓟县纪相似，也为碳酸盐岩组合(开尔塔斯群、库什台群、冰沟南组、平洼沟组)和碎屑岩—碳酸盐岩组合(帕尔岗塔格群、博查特塔格组、苏玛兰组、苏库罗克组、乱石山组、小泉达坂组、岔沟泉组)。

星星峡群　Ch *X*　(04-65-0001)

【创名及原始定义】　陆青等(1965)创建(当时称星星峡组)，创名地在星星峡地区。原始定义为上部亚群：灰色大理岩夹黑色石墨片岩及少量混合岩；中部亚群：浅灰色黑云母角闪石英片岩，灰色黑云母石英片岩夹角闪石英片岩；下部亚群：眼球状贯入片麻岩、混合岩、角闪片岩和少量变质砂岩、角岩及残斑变岩，未见顶底。

【沿革】　孙健初(1938)在甘肃、青海和新疆边界进行地质调查时，首次在该区划出早震旦—古生代地层。高振家等(1958)在星星峡地区划出石炭纪变质岩；成守德(1960)在高振家(1958)所划的石炭纪地层底部层位，又划出下元古界红山组。陆青等(1965)在编图中，将红山组置于前寒武纪星星峡组下部及中部亚组，将成守德等(1960)划分出的中元古界杨吉布拉克组下段置于星星峡组上部亚组。

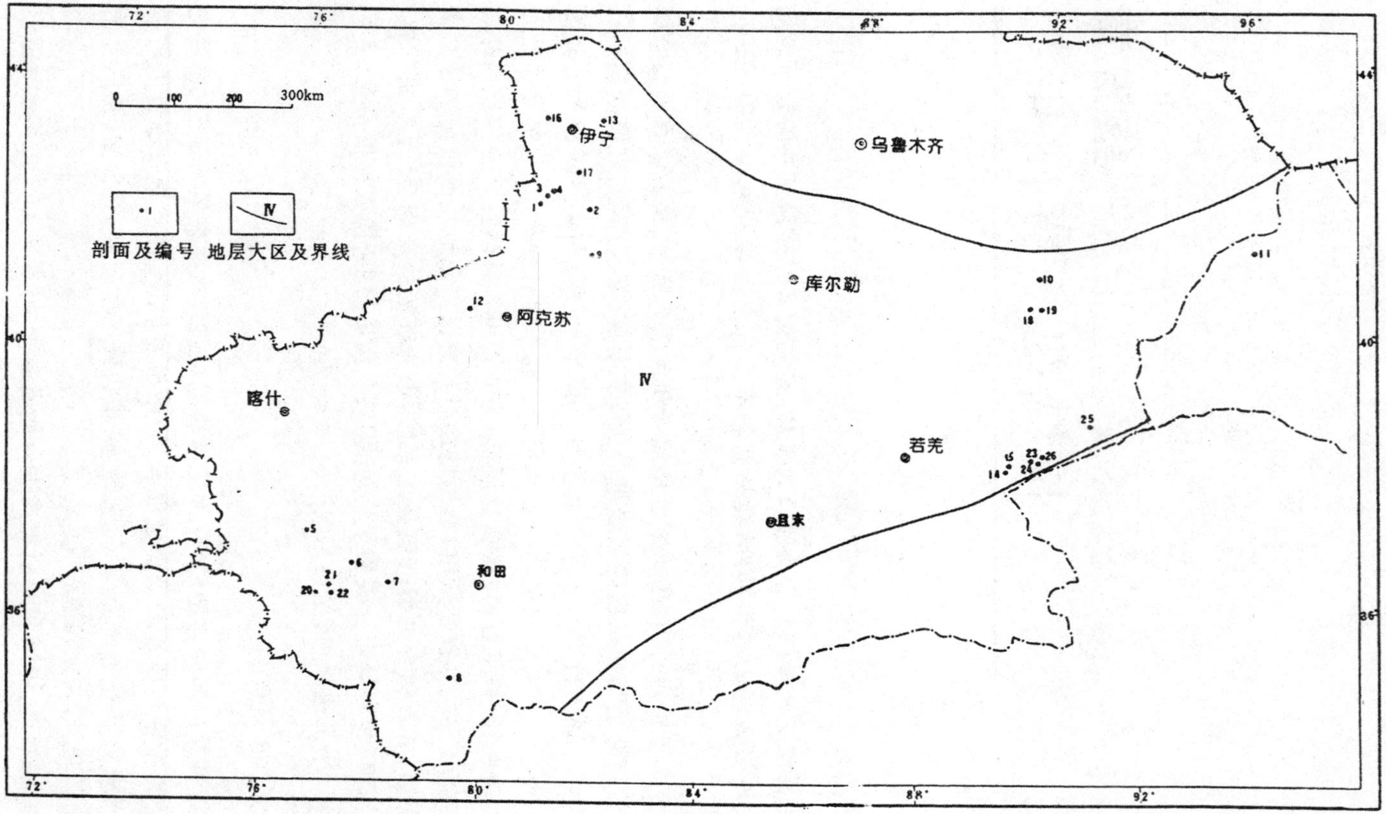

图5-1 塔里木-南疆地层大区长城纪—青白口纪层型剖面分布图

1. 小哈拉军山特克斯群剖面；2. 珠玛汗萨依珠玛汗萨依组剖面；3. 特克斯县莫合西萨依莫合西萨依组剖面；4. 特克斯县泊仑干布拉克泊仑干布拉克组剖面；5. 棋盘河上游许许沟布卡吐维组剖面；6. 塞拉加兹塔格塞拉加兹塔格群剖面；7. 和田县蒙古包赛图拉群剖面；8. 甜水海甜水海群剖面；9. 辛格尔西南波瓦姆群剖面；10. 杨吉布拉克西南杨吉布拉克群剖面；11. 星星峡以北星星峡群剖面；12. 奇格布拉克水泉附近阿克苏群剖面 13. 松树头达坂西库松木切克群剖面；14. 聂亚孜阿勒克塔昔达坂群金雁山组剖面；15. 木孜萨依木孜萨依组剖面；16. 精河县开尔塔斯开尔塔斯群剖面；17. 特克斯县科克苏林场附近库什台群剖面；18. 鄯善县帕尔岗塔格西坡帕尔岗塔格群剖面；19. 鄯善县帕尔岗塔格西塞纳尔塔格组剖面；20. 叶城县阿克其克—乌斯坦河谷博查特塔格组剖面；21. 叶城县苏玛兰河以西干沟苏玛兰组剖面；22. 皮山县苏玛兰河谷之卡拉阿基兹水草地苏库罗克组剖面；23. 若羌县冰沟南乱石山组剖面；24. 若羌县冰沟南平洼沟组剖面；25. 若羌县因格布拉克西乱石山组剖面；26. 若羌县冰沟南小泉达坂组剖面

【现在定义】 为一套变质较深的变质岩，多为片麻岩、片岩及混合岩、贯入片麻岩、眼球状片麻岩和少量大理岩。与上覆卡瓦布拉克群整合接触，其下未见接触关系。

【层型】 正层型：哈密县尖山子以北剖面(95°03′02″,41°48′20″)，由成守德等(1960)测制。参考剖面：甘肃省肃北县星星峡东北小白石头西XV号剖面，哈密县沙泉子西南剖面，哈密县尾亚红柳井子东北10 km剖面。

【地质特征及区域变化】 该群的岩石组合为一套低角闪岩相和角闪岩相变质岩，多数地区未见顶底，仅在卡瓦布拉克地区该群与上覆的卡瓦布拉克群呈整合接触。本群东起星星峡，西到库米什，断续分布长达500余公里，呈带状展布。由于分布范围广，各地区的岩石组合、变质程度和厚度，在趋同的情况下，也呈现地区性差异。如西部托克逊以片麻岩、片岩为主夹大理岩，厚4 030 m，中部鄯善县肖尔布拉克除片麻岩、片岩、大理岩外尚有混合岩，厚4 319 m。哈密星星峡北以贯入片麻岩、混合岩及片岩多见，厚2 600 m。胡霭琴(1986)用U-Pb法测得星星峡群上限年龄值为1 400±73 Ma，下限年龄值近于1 900 Ma，值得提出的是这两个数据并绝非仅有，其余4个数据是1 303～1 345 Ma，因此，它的上限应该是1 303 Ma左右。

特克斯群　Ch *T*　(04-65-0004)

【创名及原始定义】 新疆地质局区测大队一分队刿鸿炳等(1978)创名，创名地在特克斯县东南小哈拉军山。原始定义：指整合伏于蓟县系科克苏群之下的一套碎屑岩；下部为灰绿色—黑色千枚岩、石英岩，上部为灰褐色—杂色千枚岩化粉砂岩夹粗砂岩、砂质灰岩，下未见底。

【沿革】 该群1978年创名，同年李应埸等在莫合尔幅1∶20万区调工作中，引用了此名。1993年《新疆维吾尔自治区区域地质志》沿用了李应埸等(1978)特克斯群的划分方案。

【现在定义】 指整合伏于科克苏群之下的一套正常沉积浅变质的碎屑岩，主要有粉砂岩、千枚岩、石英片岩、石英岩、灰岩和大理岩，在不同的地域，岩性及变质程度不完全一致，某些地段见有火山岩和砾岩。在巩留自上而下可分三个组：珠玛汗萨依组、莫合西萨依组、泊仑干布拉克组，下未见底。

【层型】 正层型：特克斯县小哈拉军山剖面(83°13′00″,41°25′15″)，由新疆地质局区测大队一分队刿鸿炳等(1978)测制。

【地质特征及区域变化】 该群主要分布于特克斯县，主要岩性为一套石英岩、石英片岩、含绿泥石、绢云母千枚岩、千枚岩化粉砂岩和灰岩、大理岩及碳质泥质硅质岩；个别地段见有凝灰粉砂岩、酸性喷出岩、钾长片麻岩。本群在特克斯小哈拉军山出露厚度2 934 m，下未见底，上与蓟县系科克苏群整合。

泊仑干布拉克组　Ch *b*　(04-65-0007)

【创名及原始定义】 新疆地质局区测大队五分队李应埸等(1978)创名，创名地在特克斯县哈拉托盖西南泊仑干布拉克。原始定义：是指泊仑干布拉克地层剖面第1—34层，主要为一套浅变质碎屑岩和碳酸盐岩建造，岩性单一，相变不大，在德宁河下游见有灰黑色碳质泥岩夹层，与上覆莫合西萨依组整合接触，底界由于花岗岩的侵入而出露不全。

【沿革】 自李应埸(1978)创建泊仑干布拉克组后，《新疆维吾尔自治区区域地质志》(1993)称该组为第一岩组，本次对比研究沿用了原来的名称。

【现在定义】 同原始定义。

【层型】 正层型：特克斯县哈拉托盖西南10 km泊仑干布拉克剖面(82°09′50″,

43°13′30″)，由新疆地质局区测大队五分队李应場等(1978)测制。

【地质特征及区域变化】 泊仑干布拉克组是一套浅变质的碎屑岩和碳酸盐岩建造，主要岩性为下部以石英片岩为主夹石英岩、千枚岩；中部大理岩、灰岩为主，夹千枚岩、石英岩；上部石英岩、石英片岩、千枚岩夹泥质粉砂岩、灰岩。上与莫合西萨依组整合接触，下由于花岗岩侵入，局部出露不全。总厚4 668 m。该组岩性单一，相变不大，在乌勒肯库尔德宁下游中部灰岩中夹灰黑色碳质泥岩、粉砂岩。

莫合西萨依组 Ch *m* (04-65-0006)

【创名及原始定义】 新疆地质局区测大队五分队李应場等(1978)创名，创名地在新疆特克斯县莫合西萨依。原始定义：指特克斯县莫合西萨依地层剖面第35—41层，主要岩性为千枚岩、变质绿帘—阳起凝灰粉砂岩、片理化石英斑岩、斑状绿泥绢云母化流纹斑岩、压扁砾岩和灰岩。

【沿革】 李应場等(1978)创建以来，《新疆维吾尔自治区区域地质志》(1993)称该组为特克斯群第二岩组，本次对比研究仍沿用原来名称及时代。

【现在定义】 指特克斯县莫合西萨依地层剖面第35—41层，主要岩性为一套绿泥绢云母化千枚岩、石英片岩、石英千枚岩、含铁砂岩和压扁砾岩，其中有酸性喷出岩、蚀变石英斑岩和流纹岩，与上覆的珠玛汗萨依组和下伏地层整合接触。下以底部的含铁千枚岩与泊仑干布拉克组分开。

【层型】 正层型：特克斯县莫合西萨依实测剖面(82°02′20″，43°08′30″)，由新疆地质局区测大队五分队(1978)测制。

【地质特征及区域变化】 本组主要为一套绢云母化千枚岩、石英片岩和压扁砾岩，其中有酸性喷出岩、蚀变石英斑岩和流纹岩。地层纵向、横向相变强烈，灰岩可突变成压扁砾岩和火山岩，火山岩可相变为千枚岩和凝灰粉砂岩、砾岩和灰岩，厚度436.6 m。

珠玛汗萨依组 Ch *ẑ* (04-65-0005)

【创名及原始定义】 新疆地质局区测大队五分队李应場等(1978)创名，创名地在新疆特克斯县珠玛汗萨依。原始定义：是指特克斯县珠玛汗萨依地层剖面的第42—48层；属浅变质的碎屑岩，主要为绢云千枚岩、千枚岩化粉砂岩夹泥质灰岩、石英岩、石英片岩，下部第42层为灰绿色黑云钾长片麻岩。

【沿革】 自李应場等(1978)创建后，《新疆维吾尔自治区区域地质志》(1993)称特克斯群第三岩组，本次对比研究沿用原始的名称和时代。

【现在定义】 同原始定义。

【层型】 正层型：特克斯县珠玛汗萨依剖面(82°33′20″，43°02′40″)，由新疆地质局区测大队五分队李应場(1978)测制。

【地质特征及区域变化】 本组主要为浅变质的绿片岩相含云母、绿泥石的石英片岩和石英岩、绿泥绢云千枚岩。该组与上覆科克苏群整合接触，厚944 m。其分布范围局限于莫合尔幅(K-44-Ⅺ)内的珠玛汗萨依上游和塔勒木吉尔尕郎至恰西林场一带，由于东西向断裂破坏，岩体侵入，加之第四系覆盖，使之露头出露不佳，该组岩相单调，相变不大。在恰西林场和塔勒木吉尔尕郎之间受岩体接触变质作用，形成条痕、眼球状混合岩和变粒岩。泊仑干布拉克组、莫合西萨依组、珠玛汗萨依组西延至昭苏幅内，整体上为一套基本未变质的碎屑岩。考虑到东西向断裂活动及岩体侵入的影响，上述三组的建立尚需进一步研究。

杨吉布拉克群 Ch *Y* (04-65-0002)

【创名及原始定义】 新疆地质局第二区测大队三分队谭德遥等(1959)创名，创名地在鄯善县杨吉布拉克西南。原始定义：分布于帕尔岗塔格南坡、杨吉布拉克、帕尔岗布拉克及巴勒衮布拉克一带，主要为浅变质的海相碎屑岩夹碳酸盐岩。

【沿革】 邓自华等(1957)称该群为元古界杨吉布拉克岩系。吴文奎、高振家等(1960)将杨吉布拉克岩系改称杨吉布拉克组，时代限定为晚元古代，邓自华等(1963)又将杨吉布拉克组的时代改为早元古代。《西北地区区域地层表·新疆维吾尔自治区分册》(1981)改组为群，时代定为长城纪，一直沿用至今。

【现在定义】 本群为一套浅变质的灰—灰绿色碎屑岩夹碳酸盐岩，主要岩性为细—中粒杂砂岩、长石砂岩、粉砂岩，其中夹绿泥石片岩、千枚岩、大理岩，此外还有含铁砂岩，石英岩及少量砾岩夹层，下未见底，上与爱尔基干群为整合接触。厚度 2 075～2 456 m。

【层型】 正层型：鄯善县杨吉布拉克西南剖面(91°47′45″,41°20′00″)，新疆第二区测大队三分队(1959)测制。参考剖面：鄯善县杨吉布拉克以西剖面。

【地质特征及区域变化】 本群主要为一套浅变质的灰—灰绿色碎屑岩夹碳酸盐岩，主要岩石组合为细—中粒的杂砂岩和长石砂岩夹片岩、千枚岩和大理岩等。与上覆爱尔基干群整合接触，下未见底。本群岩性稳定，变化不大，在库鲁克塔格中部，大理岩与片岩沿走向交替出现，不同地段厚度也不完全相同，变化范围大致在 995～3 257 m 之内。

波瓦姆群 Ch *B* (04-65-0003)

【创名及原始定义】 高振家等(1993)创名，创名地在中库鲁克塔格辛格尔西南，原始定义：该群按岩性组合分为上下两亚群。下亚群主要为石英岩、大理岩和以云母石英为主要矿物组分的片岩组成；上亚群主要为石英岩与云母片岩互层，绿帘石片岩，云母石英片岩组成，其中夹大理岩。与上覆含叠层石的爱尔基干群和下伏兴地塔格群均为不整合接触关系。

【沿革】 地质部十三大队一、四、六中队朱诚顺等(1957)将该群创名为上太古界兴地塔格群，并自上而下分辛格尔组、图努尔组、喀拉阔雄组。胡树荣等(1965)在编报告中沿用原划分方案与地层名称。高振家等(1993)对兴地塔格群进行研究后，将喀拉阔雄、图努尔、辛格尔三个组合称波瓦姆群，时代为长城纪。

【现在定义】 指不整合于爱尔基干群之下、兴地塔格群之上的一套地层序列，上部为石英岩与云母片岩互层、绿帘石片岩、云母石英片岩夹大理岩；下部为石英岩、大理岩和以云母、石英为主要矿物组分的片岩等。

【层型】 正层型：尉犁县辛格尔西南波瓦姆布拉克附近剖面(83°13′00″,41°25′15″)，由高振家等(1993)测制。

【地质特征及区域变化】 波瓦姆群主要为绿片岩相碎屑岩和碳酸盐岩，按岩性组合可以分为两部分，下部由 4 个变质-沉积旋回的石英岩、大理岩和白云母、石英为主要矿物成分的片岩组成。上部的沉积旋回性不如下部明显，主要由石英岩与云母片岩互层和斑点状绿帘云母片岩、云母石英片岩组成，中夹大理岩。该群的时限为 1 800～1 400 Ma。

阿克苏群 Ch *A* （04-65-0008）

【创名及原始定义】 张太荣等(1976)[①] 创名，创名地在阿克苏市西北乌什县奇格布拉克水泉附近。原始定义：指巧恩布拉克组底部不整合面以下一套绿片岩，主要为灰绿色、绿及银灰色绢云母绿泥绿帘石英片岩和灰绿色碳酸盐化绢云绿帘石绿泥石英片岩，夹硅质岩、石英岩，未见底。

【沿革】 西尼村(1952)定为太古界五台系。地质部第十三大队九中队王景斌等(1958)将该群定为元古界，张太荣等(1976)将该群定名为阿克苏群，时代为元古代。《西北地区区域地层表·新疆维吾尔自治区分册》(1981)将该群正式公布，时代为早元古代。熊纪斌等(1986)将阿克苏群的时代限定为长城纪。《新疆维吾尔自治区区域地质志》(1993)和本次对比研究均沿用了此一名称和时代意见，高振家等(1993)将该群的时代定为中早元古代。

【现在定义】 指巧恩布拉克组不整合面之下的一套绿片岩，主要为灰绿、浅灰绿、银色含绿泥、绿帘、绢云母的石英片岩及蓝闪石片岩、阳起石片岩、绿泥片岩、石英片岩，局部地段见有含磁铁石英岩及蓝闪石钙质片岩。未见底。

【层型】 正层型：乌什县奇格布拉克水泉附近剖面(79°26′10″,41°04′30″)，引自《西北地区区域地层表·新疆维吾尔自治区分册》(1981)。参考剖面：阿克苏西 20 km 剖面。

【地质特征及区域变化】 本群主要为一套绿片岩相含绿帘、绿泥、绢云的石英片岩和石英岩。与上覆巧恩布拉克组为不整合接触，下未见底。主要分布于乌什东南及阿克苏以西地区，露头少而零星，岩相变化不大；在阿克苏西 25km 处的剖面中，含较多的白云钠长、绿帘绿泥片岩和石英片岩。

巴什库尔干群 Ch *BS* （04-65-0009）

【创名及原始定义】 新疆地质局区调大队二分队冯道明(1981)创名，创名地在若羌县阿尔金山红柳泉沟。原始定义：本群自下而上分三个组：扎斯勘赛河组、红柳泉组、贝克滩组。

【沿革】 高芝生等(1961)将巴什库尔干群划归元古界—太古界。胡树荣等(1970)称它为下元古界。冯明道等(1981)在巴什考贡幅建立长城系巴什考贡群，下分前述的三个组。李天德等(1981)、张道乐等(1985)因巴什考贡地名汉译问题改称巴什库尔干。《新疆维吾尔自治区区域地质志》(1993)及本次对比研究都沿用巴什库尔干群，地层时代为长城纪。

【现在定义】 本群在阿尔金山巴什库尔干可分三个组，自下而上为扎斯勘赛河组、红柳泉组、贝克滩组，与上覆塔昔达坂群不整合接触，下未见底。

【地质特征及区域变化】 本群为一套滨海、浅海相沉积的碎屑岩、火山碎屑岩、碳酸盐岩建造夹少量中基性火山岩。主要岩性有粉砂岩、细砂岩、粗砂岩、含砾粗砂岩、砾岩、薄层状及块状灰岩、白云岩、硅质岩、石英片岩、基性火山角砾岩、酸性火山凝灰岩等，仅上部层位含少量叠层石。在阿尔金山中段出露厚度 6 882 m。与下伏米兰群深变质岩接触关系不明，与上覆蓟县系塔昔达坂群呈不整合接触。在塔昔达坂北坡，主要为一套石英片岩，上部夹有灰岩。

扎斯勘赛河组 Ch *ẑs* （04-65-0012）

【创名及原始定义】 新疆地质局区调大队二分队冯明道等(1981)创名，创名地在阿尔金

---

① 张太荣、乔新东，1976，新疆柯坪地区震旦纪及早古生代地层。

山若羌县红柳泉沟和扎斯勘赛河(在红柳泉沟测该组的上部层位,沿红柳泉沟剖面的第24层含砾砂岩向东平移至扎斯勘赛河续测该组的下部层位)。原始定义:指整合伏于红柳泉组之下,以顶部块状灰岩与相邻地层区分。该组为一套滨海相沉积的火山碎屑岩建造,主要有砂岩、杂砂岩、粉砂岩、凝灰岩、酸性凝灰岩等和少量的钙质砂岩、碎屑灰岩,夹中基性火山岩、火山角砾岩,含微古植物化石,未见底。

【沿革】 新疆地质局第四区测大队五、六分队高芝生(1961)将它划归古生界—太古界。冯明道等(1981)首次划入长城系。李天德等(1981)介绍了扎斯勘赛河组。《新疆维吾尔自治区区域地质志》(1993)和本次对比研究均沿用了冯明道等(1981)的地层研究成果和时代意见。

【现在定义】 同原始定义。

【层型】 正层型:阿尔金山若羌县红柳泉沟剖面(90°32′18″,39°07′20″),由新疆地质局区调大队二分队(1981)测制。

【地质特征及区域变化】 本组是滨海—浅海相沉积的火山碎屑岩,其中夹有中基性火山岩,为一个海进沉积序列,在剖面以东的科斯曼山南坡发现一块结晶很深、不能鉴定的叠层石。与上覆地层红柳泉组整合接触,下未见底。出露厚度4 362 m。本组分布局限,露头较少。

红柳泉组 Ch *h* (04-65-0011)

【创名及原始定义】 新疆地质局区调大队二分队冯明道等(1981)创名,创名地在若羌县阿尔金山红柳泉沟。原始定义:指整合伏于贝克滩组钙质石英砂岩之下的一套主要为灰、深灰色含堇青石、二云母、绿泥石、石榴石的石英片岩及石英岩,其次为二云母片岩、碳质片岩,下以底部碳质片岩与石英片岩互层与整合于其下的扎斯勘赛河组分开。

【沿革】 高芝生等(1961)将相当于该组的地层置于古生界—太古界。冯明道等(1981)创立红柳泉组,时代为长城纪,而后《新疆维吾尔自治区区域地质志》(1993)和本次对比研究均采用冯明道等(1981)的地层划分和时代意见。

【现在定义】 同原始定义。

【层型】 正层型:若羌县阿尔金山红柳泉沟剖面(90°32′27″,39°07′20″),由新疆地质局区调大队二分队(1981)测制。

【地质特征及区域变化】 主要岩性为含绿泥石、云母、石榴石的石英片岩、石英岩和绿泥石片岩不均匀互层,其中见有更长片麻岩夹层,变质程度属绿片岩相,上下接触关系均为整合,出露厚度1 674 m,本组露头较少,分布局限于贝克滩、红柳泉、扎斯勘赛河一带,岩性由西向东变质程度由深变浅,西部的原岩成分、结构愈加清楚,同时可以看出细泥质物质变质浅,粗碎屑物质变质较深。

贝克滩组 Ch *bk* (04-65-0010)

【创名及原始定义】 新疆地质局区调大队二分队冯明道等(1981)创名,创名地在若羌县阿尔金山红柳泉沟。原始定义:指不整合伏于木孜萨依组之下,主要为灰、深灰、灰绿色,个别为紫红色薄层状硅质岩、粉砂岩、灰岩,夹粗砂岩及少量片理化细砂岩,与下伏红柳泉组为整合接触。在该组的灰岩中见有叠层石 *Kussiella* ? sp.。

【沿革】 冯明道等(1981)建组后,1985年的新疆1:200万地质图、《新疆维吾尔自治区区域地质志》(1993)及本次对比研究,都沿用了该组的含义。

【现在定义】 同原始定义。

【层型】 正层型:新疆若羌县阿尔金山红柳泉沟剖面(90°32′20″,39°06′08″),由新疆地质局区调大队二分队(1981)测制。

【地质特征及区域变化】 该组岩石组合主要为灰色硅质岩、中厚层状灰岩、片理化粉砂岩及少量的片理化细砂岩、粗砂岩、钙质石英砂岩。它不整合伏于塔昔达坂群之下,与下伏的红柳泉组整合接触,出露厚度465 m,本组出露范围小,岩性沿走向变化较大,红柳泉剖面以西,灰岩逐渐增多,粉砂岩相对减少,到贝克滩一带几乎全是灰岩,仅在底部存在厚约3 m的砂岩,在相当于第60层的灰岩中找到叠层石 *Kussiella* ? sp.。

塞拉加兹塔格群 Ch *SL* (04-65-0013)

【创名及原始定义】 地质部第十三大队二中队张良臣等(1958)创名,创名地在叶城县塞拉加兹塔格。原始定义:该群属典型的细碧角斑岩系,主要有细碧岩、石英斑岩、石英角斑岩、霏细斑岩、霏细岩、正长斑岩、玄武岩、酸性和基性熔岩、凝灰岩及层凝灰岩;此外还有砂岩、千枚岩、页岩及灰岩。与上覆博查特塔格群呈平行不整合接触,下未见底。

【沿革】 该群张良臣等(1958)创建,当初称寒武纪—震旦纪的塞拉加兹塔格岩系,吴文奎、吕正等(1958)引用了张良臣等的划分与命名,同时吕正还把塞拉加兹塔格岩系三分。《西北地区区域地层表·新疆维吾尔自治区分册》(1981)中改称群,它的下部地层才是本群的岩石组合,时代限定为震旦纪。汪玉珍等(1985)把塞拉加兹塔格群时代定为长城纪,因为他们在叶城以南阿其克河中游该群中上部的钾角斑岩中,采有同位素年龄样,经中国地质科学院测定Rb-Sr法年龄值为1 764 Ma,而后的新疆1:200万编图、《新疆维吾尔自治区区域地质志》(1993)和本次对比研究都沿用了汪玉珍(1985)的意见。

【现在定义】 指平行不整合于博查特塔格组之下的细碧角斑岩系。主要有细碧岩、石英斑岩、石英角斑岩、霏细岩、霏细斑岩、正长斑岩、玄武岩、酸性和基性凝灰岩,此外还有砂岩、千枚岩及灰岩。下未见底。

【层型】 正层型:叶城县苏玛兰河塞拉加兹塔格剖面(77°25′20″,37°02′40″),由地质部新疆地质局第十三大队二中队张良臣等(1958)测制。参考剖面:叶城县沿科干河流域剖面。

【地质特征及区域变化】 该群的岩石组合属典型的细碧角斑岩系列,与上覆地层呈平行不整合接触,下未见底(局部地区不整合覆于下元古界埃连卡特群之上)。塞拉加兹塔格群分布比较局限,仅在博查特塔格一带,岩相、厚度变化不稳定;东部为凝灰岩及正常沉积岩,中部熔岩,西部熔岩与正常沉积相间产出,厚度变化约在2 500~3 000 m之间。

赛图拉群 Ch *ST* (04-65-0018)

【创名及原始定义】 毛国洪等(1960)创名,创名地在皮山县英西约25 km蒙古包。原始定义:大理岩,含有绢云母绿泥石、黑云母、角闪石等的石英片岩,与绢云母绿泥石化长英质变砂岩呈不均匀互层,其中夹少量岩屑凝灰岩、霏细钠长斑岩,底部有变质砾岩。

【沿革】 毛国洪等(1960)创立赛图拉群并将地质时代定为震旦纪。《西北地区区域地层表·新疆维吾尔自治区分册》(1981)引用了毛国洪等的年代划分意见。梁云海等(1981)将该群的时代改为蓟县纪。汪玉珍等(1985)又改为长城纪,《新疆维吾尔自治区区域地质志》(1993)称该群为蓟县纪阿拉玛斯群。本次对比研究沿用汪玉珍等对该群的划分意见。赛图拉群的年代有争议,本次对比研究定为长城纪,但证据不足,暂保留其作为西昆仑区的一个岩石地层单位。

【现在定义】 指分布于皮山县南英西约25km蒙古包的一套大理岩,不同程度的含绢云母、绿泥石、云母、角闪石等的石英片岩、砂质泥岩、薄层灰岩、细砂岩，部分地段有阳起石片岩、角岩、混合岩、变质砂岩、砾岩等，其中夹有霏细岩、凝灰岩，与上覆桑株塔格群不整合接触，下未见底。

【层型】 正层型：皮山县英西约25km蒙古包剖面(78°09′18″,36°35′06″)，由毛国洪等(1960)测制。参考剖面：叶城县库地南东提热达力北公路边剖面。

【地质特征及区域变化】 该群为一套绿片岩相变质碎屑岩，主要为大理岩、含绢云母和黑云母的石英片岩与绢云母绿泥石变砂岩的不均匀互层，夹凝灰岩和霏细斑岩，未见顶底，出露厚度5 450 m，分布较零星，仅在昆仑山库地和英西呈断块出露。

甜水海群 Ch *TŜ* (04-65-0017)

【创名及原始定义】 新疆地质局第一区调大队四分队张志德等(1984)创名，创名地新疆和田县甜水海东3 km。原始定义：主要为一套滨—浅海相浅变质碎屑岩夹灰岩、大理岩夹硅质岩、灰岩等。按岩性可分为：上部变质钙质砂岩、千枚岩、灰岩、硅质灰岩、大理岩；中部为变质长英砂岩，部分地段夹钙质粉砂岩，二者为不均匀互层；下部为变质砂岩夹少量石英岩，未见底，其上被冬瓜山组、克勒青河群、巴工布兰莎群、铁龙滩群不整合覆盖。

【沿革】 梁云海等1982年在甜水海以东划出了未命名的长城系，《新疆维吾尔自治区区域地质志》(1993)引用张志德等研究成果，称长城系甜水海群，而后沿用至今。

【现在定义】 同原始定义。

【层型】 正层型：新疆和田县甜水海北约3 km甜水海剖面(79°35′00″,35°20′03″)，由新疆地质局第一区调大队四分队张志德等(1984)测制。参考剖面：皮山县天神达坂剖面。

【地质特征及区域变化】 本群主要为一套浅变质的片理化变质长石石英砂岩、粉砂岩和泥灰岩，与上覆冬瓜山组不整合接触，下未见底。分布于甜水海和天神达坂一带，多呈断块出露。岩性比较稳定，各地保存厚度不同，甜水海厚4 261 m，天神达坂厚1 909 m。

库松木切克群 Jx *K* (04-65-0100)

【创名及原始定义】 王景斌等(1976)在赛里木湖地区的库松木切克山创名。原始定义：为一套碳酸盐岩，下未见底，上与震旦系断层接触，其时代跨度为长城纪—青白口纪，由下而上划出：塔木契组、三个泉组、四台组和松树头组。

【沿革】 苏联十三航测大队(1953)将该地层划为奥陶系—志留系。新疆地质局三区测大队吕正等(1960)将其命名为别格舍叶组，时代为志留纪，新疆地质局科研所王景斌等(1976)将其称为库西姆契克群。《西北地区区域地层表·新疆维吾尔自治区分册》(1981)将其改名为库松木切克群，并细分为上、下两个亚群，时代为长城纪—青白口纪。新疆区调大队于大为等(1986)在该区进行1∶20万区调工作时，将库松木切克群划分为开尔塔斯群(青白口系)和库松木切克群(蓟县系)。国家305项目新疆北部前寒武系及其含矿性研究项目负责人高振家(1989)对该地层在名称和时代划分上与区调队完全一致。本次对比研究用库松木切克群，时代为蓟县纪。该群同物异名有别格舍叶组、四台组，建议停用，只采用库松木切克群。

【现在定义】 指与下伏长城系未见直接接触，与上覆青白口纪开尔塔斯群为断层接触。主要岩性为灰—灰黑色夹灰白色薄—厚层块状层理并具条带状及角砾状构造的灰岩、白云质大理岩夹砂岩、泥岩的硅质及碳质岩石，该群内含磷矿和叠层石及微古植物化石。

【层型】 正层型：博乐县松树头达坂西剖面(81°15′10″,44°29′45″)，由王景斌等(1976)测制。参考剖面：伊宁县阿勒普他乌剖面，博乐县库松木切克河上游剖面，温泉县克孜勒玉依剖面。

【地质特征及区域变化】 该地层总体特征为一套碳酸盐岩沉积，夹少量砂质及泥质岩石。总厚度为 2 500～4 200 m，含叠层石：*Kussiella* cf. *kussiensis*，*Cryptozoon*，*Stratifera* 等，微古植物化石：*Trachysphaeridium incrassatum*，*Pseudozonosphaera verrucosa*，*Taeniatum simplex* 等。该群属碳酸盐岩夹少量砂、泥及碳质成分的岩层，属浅海—滨海沉积环境，岩石轻微变质，一般为大理岩化、片理化、千枚岩化、石英岩化。在库松木切克河剖面的第 15、20 层的白云岩中含磷(P_2O_5)。在克孜勒玉依剖面的第 2、3、5、7 层的灰岩和砂岩中见黄铁矿晶粒。该群沿库松木切克山和科古尔琴山分布，往西延出境外，往东到达精河幅西图边附近，其厚度在克孜勒玉依地区最大，约 4 200 m 左右，岩性稳定，变化不大。

科克苏群 Jx *KK* (04－65－0101)

【创名及原始定义】 新疆地质局区测大队一分队剡鸿炳等(1978)创名。创名地位于特克斯县科克苏林场。原始定义：为整合于长城系特克斯群之上，被青白口系库什台群不整合覆盖的一套富含叠层石的碳酸盐岩。

【沿革】 该区前人工作甚少，伊犁地质大队杨忠荣等(1962)在 1：100 万地质路线调查时，将这套地层命名为特克斯群；剡鸿炳等(1977)在 1：20 万区调工作时，将这套地层重新划分并命名为科克苏群(蓟县系)和库什台群(青白口系)。305 项目《新疆前寒武系及其含矿性研究》(1989)一文，名称仍为科克苏群。本次对比研究沿用科克苏群，时代为蓟县纪。

【现在定义】 整合于长城纪特克斯群之上并被青白口纪库什台群不整合覆盖的一套富含叠层石的碳酸盐岩，主要岩性以灰色为主，其次为紫红色的具薄—厚—块状层理和鲕状、角砾状构造的灰岩、白云岩夹少量碎屑岩。

【层型】 正层型：特克斯县科克苏林场剖面(81°58′00″，43°07′30″)，由新疆区测大队一分队(1977)测制。参考剖面：特克斯县大哈拉军山南坡剖面，巩留县科仁巴萨依西侧剖面，巩留县珠玛汗萨依剖面。

【地质特征及区域变化】 该群岩性组合为灰、浅灰、深灰色，少数为紫色的碳酸盐岩，夹少量泥质粉砂岩、砂岩、石英砂岩、石英岩等。厚度 300～1 800 m。岩相变化不大，轻变质(大理岩化、千枚岩化)。化石组合以 *Conophyton-Baicalia* 为主，其他尚有：*Tungussia*，*Stratifera*，*Anabaria* 等叠层石。其与下伏特克斯群为整合接触，而与上覆青白口系库什台群为不整合接触。该群分布于特克斯地区，西起科克苏河东岸，东西向延伸，基本上沿大哈拉军山分布，东西长约 50 km，南北宽约 20 km，岩相稳定，变化不大。由西往东，碎屑岩增多，厚度逐渐增大。

卡瓦布拉克群 Jx *KW* (04－65－0102)

【创名及原始定义】 新疆地质局第一区测队吴文奎、高振家等(1958)在阿奇山—牙满苏地区进行 1：20 万区测工作时创名。创名地位于哈密县 1157 高地南。原始定义：为一套变质碳酸盐岩(大理岩、白云质大理岩、白云岩、砂质灰岩)夹多层变质碎屑岩(砂砾岩、各种石英片岩、石英砂砾岩、角闪斜长片麻岩)，时代为元古代，该地层与下伏星星峡群(片岩、片麻岩)为整合接触，其上与黄山组为不整合关系。

【沿革】 自 1958 年吴文奎等命名为卡瓦布拉克组以后，1961 年他们在卡瓦布拉克地区工作时，又将该地层命名为南赛纳尔塔格组，时代为中元古代。同年，他们在天湖地区进行

1：5万工作，又将上述地层称为碱泉组，时代仍为中元古代。1965年编制《哈密幅(1：100万)地质图及说明书》时，将上述地层命名为尖山子组，时代为前寒武纪。1972在《喀拉塔格幅(1：20万)地质图及其说明书》中将该地层正式创名为卡瓦布拉克群，时代为元古宙。梁云海(1979)以及新疆区域地层表编写组(1981)分别将卡瓦布拉克群划分为第一、第二岩性段和上、下两个亚群。时代均定为蓟县纪。高振家(1989)在《新疆前寒武系及其含矿性研究》一文中，只称卡瓦布拉克群，时代为中元古代蓟县纪，而未进一步划分。

【现在定义】 为灰、黑、暗紫、黄褐色薄—厚层具假鲕状的一套变质碳酸盐岩(大理岩、白云岩)为主夹各种片岩、石英岩、砂砾岩及少量片麻岩，有时沿走向碳酸盐岩减少，甚至全无，相变为一套变质碎屑岩(各种片岩、片麻岩)。它们与下伏星星峡群为整合接触，与上覆黄山组为不整合接触。

【层型】 正层型：哈密县1157高地南剖面(92°20′30″，40°50′00″)，由新疆地质局第一区测大队吴文奎、高家振等(1958)测制。参考剖面：哈密县1381高地剖面，1096高地以东1 650 m处剖面，哈密县卡瓦布拉克北坡白云岩矿剖面，哈密县图兹雷克盐湖南剖面，哈密县捷子山主峰西剖面。

【地质特征及区域变化】 该群岩性较复杂，其岩石组合可分为三种类型：第一种是以变质碳酸盐岩为主；第二种是变质碳酸盐岩和碎屑岩的不均匀互层和夹层；第三种是全为变质碎屑岩(包括绿片岩相—角闪岩相)。上述岩石的变质深浅一般与附近或地下侵入岩体有关。总的变质趋势为西浅东深。上述三种类型完全是沉积时沿走向发生相变形成的。该群矿产有石英岩、白云岩、菱铁矿、磷矿。例如卡瓦布拉克地区1 157高地南剖面中的第6层、第15层为石英岩，第10层、第16层为白云岩矿。捷山子主峰剖面的白云岩中含8%的磷矿(P_2O_5)。另外，卡瓦布拉克地区1 096高地以东和南东第57层中含少量菱铁矿。该群化石主要产于大理岩和白云岩中。叠层石计有*Collenia* cf. *cylindrica*，*Conophyton cylindricum*，*Cryptozoon*，*Anabaria*，*Tungussia*，*Microphyton*等。下伏星星峡群变质岩中的锆石，作U－Pb法测定(样品为胡霭琴取自星星峡附近的红山背斜中)，认为其时代上限为1 400±73 Ma，下限为近1 900 Ma，应属中元古代长城纪。因此，整合覆于其上的卡瓦布拉克群时代应为蓟县纪。

爱尔基干群 Jx *AE* (04－65－0103)

【创名及原始定义】 中瑞考查团Norin(1931)所创，当时创名为爱尔克逊(Elksen)建造。创名地为库鲁克塔格的爱尔克逊达坂(爱尔基斯达坂)，该地层未做剖面描述。其层位关系也未查清。原始定义：其层位在贝义西建造和阿尔通沟建造之间。或者相当上述建造的一部分和全部。其岩性属动力变质的砂—页岩(长石质和千枚状板岩)。其时代为震旦纪。

【沿革】 1957年，地质部十三大队朱诚顺和新疆地质局722队邓自华同时在库鲁克塔格地区工作(前者为1：20万，后者为1：100万地质填图)。朱诚顺将该地层创名为爱尔基斯群，而邓自华则将该地层创名为爱尔基斯统，但其含义与Norin的迥然不同。朱、邓所创名的地层包括南赛纳尔塔格岩系(碳酸盐岩)、赛纳尔塔格岩系(变质碎屑岩)和北赛纳尔塔格岩系(碎屑岩—碳酸盐岩)，其时代仍为震旦纪。邓自华(1959)在东库鲁克塔格地区进行1：100万地质填图时，又将上述地层创名为拜什布拉克岩系，其时代为元古代。吴文奎等(1960)在阿奇山地区进行1：20万地质测量时，将该地区的变质地层划为早元古代。下部变质碎屑岩创名为杨吉布拉克组，而将上部碳酸盐岩仍沿用南赛纳尔塔格组。高振家等(1963)在《新疆前寒武纪地层问题》论文中首次介绍爱尔基干群这一名称(认为爱尔基斯为爱尔基干译音之误)，将该群由下而上划分四个组：即杨吉布拉克组、南辛格尔塔格组、辛格尔塔格组、北辛格尔塔格组，时代为早元古代。该群与上太古界兴地塔格群和震旦系贝义西组均为不整合接触。新疆地质局区测大队编图组(1965)将上述四个组定为爱尔基斯群，其时代为元古界。《西北地区区域地层表·新疆维吾尔自治区分册》(1981)将爱尔基干群局限为震旦亚代蓟县纪而将杨吉布拉克群和帕尔岗塔格群(北赛纳尔塔格组)分别划为震旦亚代长城纪和青白口纪。高振家和宋松山(1985—1989)将该地区南赛纳尔塔格组均称为爱尔基干群，时代为蓟县纪，而将赛纳尔塔格组和大西沟组(相当于赛纳尔塔格组及北赛纳尔塔格组)划归青白口纪帕尔岗塔格群的下部。305项目高振家(1989)将蓟县系爱尔基干群分为上、下两部分：下部为碳酸盐岩(相当南赛纳尔塔格组)；上部为变质碎屑岩。因此上述岩系用过的名称(除爱尔基干群外)建议停止使用。

【现在定义】 包括两个部分：下部为灰、灰黑色白云质灰岩、大理岩；上部为灰、灰绿色、黑、红褐色的薄层状细—粗粒的石英岩、石英砂岩、泥质粉砂岩、泥岩(部分变质的片岩)。该群部分地区全为碳酸盐岩，不整合于长城纪之上，并被帕尔岗塔格群整合覆盖。

【层型】 创名人未指定层型，本次对比研究指定选层型：艾日星斯达坂南剖面(86°20′30″，41°42′00″)，由朱诚顺等(1960)测制。参考剖面：尉犁县兴地村北1656高地剖面，大西沟(库尔班竿乔克)剖面，托克逊县辛格尔西剖面，1452高地西剖面，1379高地剖面。

【地质特征及区域变化】 该群一般为碳酸盐岩，由灰岩、大理岩化灰岩、白云岩、白云质灰岩组成，夹变质薄层碎屑岩(变质砂岩、硅质片岩、粉砂岩、石英岩等)。该群厚度为1 000 m左右。个别地区如双横山、龟背山、艾日星斯达坂以及帕尔岗奇克山西侧厚达1 900～2 800 m左右。岩相总的变化不大，但在兴地地区的库尔班乔克、辛格尔以及奥图拉托格拉克布拉克一带，该群上部以变质碎屑岩为主(泥质粉砂岩、石英砂岩、碳质泥岩。在老虎嘴一带全为片岩)。在兴地及辛格尔一带的上部变质碎屑岩中还有中性或中酸性熔岩(火山岩)，根据化学成分应为英安岩类。目前表现为绿泥石化或绿帘石化火山岩。该群岩石变质程度低，为低绿片岩相。该群西起博斯腾湖，东至白玉山，近东西稍偏南方向延伸，分布于整个库鲁克塔格地区。它们与下伏长城系杨吉布拉克群或波瓦姆群整合或不整合接触或超覆在太古宙—早元古代地层之上；其上与青白口系帕尔岗塔格群为整合，有些地区与震旦系、寒武系为不整合接触。

该群根据广泛出露碳酸盐岩或部分碎屑岩和白云岩，说明其沉积环境属滨海—浅海相，此时地壳相对稳定。但在沉积晚期，兴地和奥图拉托格拉克布拉克一带，地壳趋向活动，以致出现规模不大的火山喷发。在地壳相对稳定时期，叠层石比较发育，其主要组合为*Baicalia*-*Conophyton*。除此而外尚有*Tungussia*，*Stratifera*，*Jacutophyton*，*Collenia*，*Colonnella*，*Jurusania*，*Pseudogymnosolen*等分子。

在辛格尔西剖面第19层的变质火山岩中的Rb-Sr法年龄值为1 005.44±182.58 Ma，其时代属蓟县纪晚期。

【其他】 该群总的为一套碳酸盐岩，仅部分地区上部岩相变化为以碎屑岩为主，因而不具备普遍意义。所以只用上、下两个部分表示。当不能细分时，则以爱尔基干群表示。由于所取Rb-Sr法年龄属分析结果不同，因而同是下部之上的碎屑岩，理应划为爱尔基干群上部。可是大西沟组在报告中划为帕尔岗塔格群的底部(青白口系)，因此有待进一步研究。

塔昔达坂群　Jx*T*　(04-65-0105)

【创名及原始定义】 新疆地质局第四区测大队高芝生(1961)在阿尔金山地区(J-45、46)工作时创名。原始定义：当时将该群划分为三个亚群，其时代定为早元古代。其中第二亚群主要岩性为变质碳酸盐岩（大理岩）及灰岩、白云岩。

【沿革】 在高芝生创名为塔昔达坂群以前，新疆石油管理局李溪滨（1958）在且末以东工作时，将该地层定为元古界。《西北地区区域地层表·新疆维吾尔自治区分册》（1981）沿用高芝生（1968）的创名和划分，但将其时代定为长城纪—青白口纪。新疆区调大队李天德、冯明道等（1981）在阿尔金山地区的巴什库尔干—索尔库里一带进行 1：20 万区调工作时，沿用塔昔达坂群这个名称并细分为五个组（由下而上为：马特克布拉克组、斯木尔布拉克组、卓阿布拉克组、木孜萨依组、金雁山组），并将其时代定为蓟县纪。青海地矿局郑健康（1986）在安南坝地区进行 1：20 万区调工作时，将上述地层的东延部分定为安南坝群并细分为碎屑岩组（下部）和碳酸盐岩组（上部），其时代也定为蓟县纪。

【现在定义】 指若羌县塔昔达坂以东的一套以碳酸盐岩及碎屑岩为主并富含叠层石的地层，时代为蓟县纪。由下而上包括木孜萨依组和金雁山组。上与索尔库里群不整合接触，下与巴什库尔干群为不整合接触。

金雁山组 Jx *j* （04－65－0106）

【创名及原始定义】 新疆地质局区调大队二分队（1981）在若羌县巴什库尔干—索尔库里工作时创名。原始定义：以碳酸盐岩为主夹少量碎屑岩并含大量叠层石化石。其上与索尔库里群为不整合，其下与木孜萨依组为整合关系。

【沿革】 见塔昔达坂群的沿革。

【现在定义】 其岩性以碳酸盐岩为主夹少量碎屑岩并含大量的叠层石化石为其特征，其上与索尔库里群不整合接触，其下与木孜萨依组整合接触。岩石以灰色为主，次为紫灰、紫红色具条带状、假鲕状的薄—巨厚层状的灰岩、大理岩、白云岩，内含白云岩矿。

【层型】 正层型：若羌县聂亚孜阿勒克剖面（90°03′00″，38°51′30″），由新疆区调大队二分队（1981）测制。参考剖面：若羌县冰沟南剖面，若羌县平洼沟南剖面，若羌县安南坝东剖面。

【地质特征及区域变化】 该组为一套变质碳酸盐岩（大理岩、白云质大理岩、白云岩、结晶灰岩、碎屑灰岩、硅质灰岩），部分地区夹浅变质碎屑岩（片理化泥质粉砂岩、钙质页岩、硅质粗砂岩、砂质千枚岩、泥质板岩、千枚岩化页岩）。岩石色调为灰、灰白、深灰、灰黑色为主，偶夹黄绿、黄褐、紫灰、紫红色岩石。岩石变质程度浅或未变质，少数达到绿片岩相。该组厚度为 600～1 700 m，其中以卓阿布拉克南、平达坂东和安南坝东厚度最大（1 500～1 700 m）。而以安南坝南、北一带厚度最小（600～700 m）。岩相一般稳定，安南坝地区全为碳酸盐岩，而阿尔金山中及东部则含一定数量的碎屑岩，而中部则属滨—浅海。叠层石发育，其组合有：*Conicodomenia cylindrica*，*Conophyton cylindricum*，*C. rauqiangensis*，*C. canjianctirum*，*C. quanjishanensis*，*C. annanbaensis*，*C. lituum*，*Cryptozoon*，*Baicalia* cf. *unca*，*Stratifera undota*，*St. pseudicania*，*Tungussia*，*Jacutophyton levis*，*J. altunshanensis*，*Giganstraticonus regularis*，*Plicatella quanjiensis*。上述化石组合为标准的蓟县纪分子。该组内的白云岩可以利用。

木孜萨依组 Jx *m* （04－65－0107）

【创名及原始定义】 新疆地质局区调大队李天德、冯明道等（1981）创名，创名地在若羌县巴什考贡。原始定义：以碎屑岩为主夹灰岩。

【沿革】 见塔昔达坂群的沿革。

【现在定义】 其岩性以碎屑岩为主夹灰岩，浅变质，含微古植物化石。岩石以灰、灰绿色为主，其次为灰绿、紫红色薄—厚层—块状具条带状、结核状、交错层状构造的千枚岩、石英岩、细砂岩、石英砂岩和少量灰岩、大理岩、白云岩。与上覆金雁山组整合，与下伏贝克滩组不整合接触。

【层型】 正层型：若羌县木孜萨依剖面（90°08′00″，38°57′30″），由新疆地质局区调大队二分队（1981）测制。参考剖面：若羌县冰沟南北段剖面。

【地质特征及区域变化】 该组为一套碎屑岩夹碳酸盐岩。碎屑岩多变质（各种千枚岩、石英岩、钙质粉—细砂岩、石英砂岩、细砾岩、各种石英片岩）。碳酸盐岩包括各种灰岩、白云岩、大理岩以及它们之间的过渡岩石。岩石色调以灰、灰绿、黄绿色为主，少量为紫、褐色（安南坝地区为灰紫、紫红色）。该组厚度 500～3 600 m，其中以木孜萨依和黑石峡地区最厚（2 800～3 600 m）。而以戈壁岭南、平达坂南东和安南坝地区最薄，500～700 m。在木孜萨依剖面见有微古植物化石，并见铁质结核。局部地区如黑石峡、平达坂、戈壁岭一带，部分能达到绿片岩相。该组由西向东从木孜萨依，经戈壁岭、冰沟南、黑石峡、平达坂至安南坝均有分布。

桑株塔格群　Jx *S*　(04－65－0108)

【创名及原始定义】 新疆地质局和田地质大队（1960）在所编 1∶100 万和田地区地质图时，将叶尔羌河—喀什河一带的地层创名为桑株塔格群，其时代为太古代—元古代。原始定义：是指上述地区的一套较复杂的变质岩，包括各种片麻岩、片岩、变质碳酸盐岩。

【沿革】《西北地区区域地层表·新疆维吾尔自治区分册》（1981）将西昆仑山公格尔山地区的地层仍沿用桑株塔格群并划分为上、中、下三个亚群，其岩性上部为变质碳酸盐岩，中、下部则为各种片岩、片麻岩及少量碳酸盐岩和变质火山岩，但将其时代定为长城纪—青白口纪。喀什地质大队汪玉珍等（1986）在其磷矿报告中，将这套地层命名为木孜萨依群，其时代定为震旦纪。新疆地矿局区调大队梁云海、张志德等（1982—1989）均将西昆仑山的一套变质碎屑岩和碳酸盐岩不均匀互层的地层命名为塔昔达坂群，其时代定为蓟县纪。

【现在定义】 上与早侏罗世地层为不整合，下与花岗岩为侵入接触。主要岩性为变质碳酸盐岩（大理岩）与变质碎屑岩（板岩、石英砂岩）不均匀互层。颜色以灰—灰黑色为主，其次为灰绿、黄白色具薄—巨厚层状层理。

【层型】 创名人未指定层型，本对比研究选定选层型：阿克陶县也提木苏达坂剖面（76°16′30″，38°18′20″），由新疆第一区调大队一分队甄保生等（1989）测制。参考剖面：阿克陶县恰尔隆萨依剖面，阿克陶县艾去库雨孜剖面，阿克陶县巴克西北剖面，和田县桑株达坂南剖面，和田县蒙古包剖面。

【地质特征及区域变化】 该群岩性组合有碳酸盐岩（灰岩、大理岩、砂质灰岩、透辉石大理岩、透闪石大理岩等）和碎屑岩（各种板岩、石英砂岩、粉砂岩、细砂岩、石英岩、变质砂岩、砂质砾岩、砂砾岩、石英片岩和少量片麻岩）。碳酸盐岩和碎屑岩的比例各不相同：其中艾去库雨孜全为变质碎屑岩；桑株达坂南和赛图拉北，碎屑岩占多数；其他如恰尔隆萨依、巴克西北、也提木苏和蒙古包等地，基本上碳酸盐岩和碎屑岩各占一半，岩层厚度从 1 300～3 650 m，一般由西往东厚度增大。岩石变质程度由西向东逐渐加深，在布伦口—恰尔隆一带变质浅，而桑株达坂南片岩增多，个别地区出现片麻岩。该地层含少量叠层石：*Conophyton*，*Baicalia*，*Jacutophyton*，*Paraconophyton*。该群由西北往东南延伸，从恰尔隆萨依开始，经艾去库雨孜、巴克西北到也提木苏达坂，然后转为东西向经桑株达坂南、蒙古包到赛图拉北，一直往东达普鲁以东一带。

【其他】 长期以来，研究者们将分布在西昆仑山主脊以北的一套变质岩地层命以不同的名称并赋予不同的含义。新疆地矿局第一区调大队一、二分队(1986)在阿拉玛斯玉石矿一带发现 *Jacutophyton* sp. 等叠层石;《新疆维吾尔自治区区域地质志》(1993)将该地层统一命名为阿拉玛斯群,时代为蓟县纪;同年,缪长泉(1993)在《新疆昆仑山和阿尔金山前寒武系及叠层石》一书中,将蓟县系阿拉玛斯群的含义重新厘定为仅出露在于田—民丰一线以南的喀拉塔什山北坡及英吉沙南恰尔隆以东的一套含叠层石的浅变质碳酸盐岩、碎屑岩夹少量火山岩地层。本书所指的桑株塔格群,分布面积广、出露厚度大、岩石变质较深(绿片岩相—角闪岩相),仅局部浅变质地层含叠层石,它很可能是早—中元古代的跨代地层单位,由于地质研究程度较低,建议进一步工作。

平头山组　Jx *p*　(04-65-0110)

【命名及原始定义】　甘肃省地质局第二区域地质测量队(1971)创名,创名于甘肃省肃北县平头山。原始定义:本组主要由含镁碳酸盐岩、变质碎屑岩及少量泥岩组成。根据沉积建造特点、接触性质、古藻化石的研究,可以划分为三个组,此套地层以平头山地区出露全,研究比较好,故命名为"平头山群"。

【沿革】　中国科学院兰州分院和甘肃地质局疏勒河地质队(1958—1960)将该地层划分为震旦系。新疆地质局综合队北山地层分队方孝悌等(1962)将其划分为中元古界碱泉群。甘肃地质局(1963)1∶100万玉门幅将其划为上震旦统圆藻山群。甘肃地质局第二区测队(1971)将该地层首次创名为平头山群,时代为蓟县纪。甘肃地质局区调队(1973)《方山口幅说明书(1∶20万)》又将其划为中震旦统,并分为上、下两个岩组。新疆区域地层表编写组(1977)将其划为震旦亚界蓟县系,并细分为上、中、下三个岩组。

【现在定义】　指古硐井群和野马街组碎屑岩之间以灰、灰白、深灰、灰黑色薄—中厚层白云岩、灰岩及大理岩为主,中上部夹泥质板岩、细砂岩、粉砂岩、石英岩等的地层序列。下以碳酸盐岩层底面与古硐井群碎屑岩平行不整合分界;上以碳酸盐岩层顶面与野马街组碎屑岩平行不整合分界。局部与古硐井群之上的铅炉子沟组碎屑岩、火山岩整合接触。

【层型】　正层型:甘肃省肃北县平头山实测剖面(96°22′00″,41°32′00″),由甘肃省第二区测大队(1968)测制。

【地质特征及区域变化】　本组上与野马街组平行不整合接触,下与古硐井群不整合接触。主要岩性为灰、深灰、黑灰色大理岩、白云质大理岩、白云岩、结晶灰岩、竹叶状灰岩、鲕状灰岩夹千枚状板岩、石英片岩、石英砂岩、粉砂岩及石英岩,厚度800～1 400 m。岩石轻度变质,其中碳酸盐岩为大理岩化,碎屑岩变为千枚岩、片岩、石英岩。该组含叠层石:*Conophyton metulum*, *C. garganicum*, *C. basalticum*, *Collenia*, *Kussiella*, *Conicodomenia beishanensis*, *C. destortun*, *Fusunia pingtoushanensis*;微古植物:*Trachyoligotriletum*, *Lieoligotriletum*, *Tyoligotriletum*, *Stenozonoligotriletum*, *Ocridoligotriletum*。该群变质程度由西往东逐渐减弱而厚度则逐渐增大。西部以变质碎屑岩为主,如硅质板岩、石英片岩、石英岩、千枚岩、角闪变粒岩。从头吊泉至安西桥湾车站,都是变质碎屑岩为主,厚度500～700 m。但在肃北县平头山一带,主要为碳酸盐岩,一般为白云质大理岩、白云岩和硅质白云岩,厚度1 400～1 700 m。因此,由西往东由碎屑岩变为碳酸盐岩,厚度逐渐增大。

7. 深灰色厚层假鲕状灰岩夹少量薄层灰岩　45.4 m
6. 浅肉红色隐晶质白云岩夹灰白色石英砂岩　11.0 m
5. 肉红色、灰白色微细粒白云岩　39.5 m
4. 灰白色厚层状夹薄层细粒白云岩　17.0 m
3. 灰白色薄—中厚层状石英岩　6.8 m
2. 灰、灰黄、灰绿色片理化粉砂岩夹紫红色薄层片理化粉砂岩、石英岩及含铁石英岩(赤铁矿)　70.0 m
1. 杂色底砾岩　8.4 m

——————— 平 行 不 整 合 ———————

下伏地层:科克苏群　角砾状灰岩、白云岩

【地质特征及区域变化】 库什台群沿大哈拉军山—喀拉恩山呈东西向展布,主要为一套镁质碳酸盐岩和碳酸盐岩,夹少量粉砂岩和石英岩。创名剖面厚 700 m,平行不整合在科克苏群之上,其上被第三系不整合覆盖。岩性主要为白云岩和灰岩,底部见有粉砂岩和杂色底砾岩。

本群的岩性、厚度和变质程度的变化情况自西而东大致为:特克斯县库什台以南科克苏地区,以灰岩为主,白云岩次之,并夹有粉砂岩和大理岩,底部见有 1 m 厚的底砾岩;不整合覆于科克苏群之上,未见顶,出露厚度 545.7 m;含叠层石 *Tekesia tianshanensis*, *Conophyton* sp., *Tungussia* sp. 等。特克斯县大哈拉军山地区,主要以灰岩为主,白云岩集中在剖面中部,下部为粉砂岩、铁质细砂岩、粗砂岩、石英岩及砾岩等,不整合覆于科克苏群之上,其上又被第三系不整合覆盖,出露厚度 1 788.5 m;含 *Tungussia* cf. *confusa* 等叠层石。特克斯县南小哈拉军山南坡地区,以灰岩、大理岩化灰岩为主,白云岩减少,下部为千枚岩化泥质粉砂岩,与蓟县系科克苏群为断层接触,其上被第三系不整合覆盖,出露厚度 1 006.2 m;含 *Scopulimorpha* sp. 等叠层石。特克斯县科克苏地区,上部和下部以白云岩为主,中部以白云岩化灰岩、大理岩为主,夹有砾岩及砂岩等,与下伏科克苏群及上覆第三系均为不整合接触,出露厚度 1 871 m;含 *Conophyton* sp., *Baicalia* sp. 等叠层石。再向东至特克斯县莫合萨依一带,岩性主要为白云岩,夹少量的隐晶质灰岩和白云质灰岩,与下伏科克苏群为整合接触,未见顶,出露厚度 4 172.8 m;含 *Tungussia* cf. *confusa*, *Baicalia* sp. 等叠层石。

帕尔岗塔格群　Qb *PR*　(04-65-0202)

【创名及原始定义】 高振家等① (1976)创名,创名地为鄯善县帕尔岗塔格西坡。原始定义:指发育在帕尔岗塔格西坡的一套下部为碎屑岩、上部为碳酸盐岩为主富含叠层石的地层,厚约 750 m。与下伏爱尔基干群为断层接触关系,其上被泥盆系不整合覆盖。

【沿革】 新疆地质局区测大队十一分队(1979)将新疆境内北山地区的青白口系也称帕尔岗塔格群,新疆地质局区调大队二分队、十一分队(1982)将本群的范围扩大到西库鲁克塔格地区。此后本名称曾被广泛沿用。

【现在定义】 指整合覆于蓟县系爱尔基干群之上、不整合伏于震旦系照壁山组之下的一套下部为碎屑岩,上部为以碳酸盐岩为主、富含 *Gymnosolen* 等叠层石的地层序列。以碳酸盐岩的出现与下伏爱尔基干群分界,上界为不整合面。帕尔岗塔格群由下而上包括塞纳尔塔格组及北塞纳尔塔格组。

---

① 高振家、缪长泉,1976,新疆东库鲁克塔格的青白口系及其叠层石组合。载于天津叠层石会议论文汇编(1979)。

【地质特征及区域化变】 自库尔勒以东至帕尔岗塔格一带呈断续带状分布，北山穹塔格也有小面积出露。下部岩性以细砂岩、粉砂岩为主的碎屑岩，岩性稳定，有轻微变质。与下伏爱尔基干群在帕尔岗塔格西坡为断层接触，辛格尔、兴地一带为整合接触。北山地区与下伏卡瓦布拉克群为平行不整合接触，出露厚度111～2 026 m；上部岩性东部镁质碳酸盐岩较多，厚度较小，西部以钙质、硅质碳酸盐岩为主，出露厚度较大，均富含叠层石；北山穹塔格一带为大理岩。与上覆地层为不整合接触。

塞纳尔塔格组　Qb *sn*　(04－65－0203)

【创名及原始定义】 地质部第十三大队一中队朱诚顺等(1958)创名，创名地位于尉犁县辛格尔附近。原始定义：指发育在辛格尔一带的一套片理化砂岩、粉砂岩、云母石英片岩等，厚800 m，与下伏南塞纳尔塔格组及上覆北塞纳尔塔格组均为整合接触。时代划为早古生代震旦纪。

【沿革】 朱诚顺等(1960)又改称为上元古界塞纳尔塔格组第三亚组；同年，朱诚顺等又将博斯腾湖幅的该地层称为元古界爱尔基干群辛格尔塔格组；新疆地质局区测大队邱广森、胡树荣等(1965—1966)对1：20万辛格尔幅、库尔勒幅(K－45－XXI，K－45－XXIII)进行图幅修编时，改为元古界爱尔基干群辛格尔塔格组；高振家、朱诚顺、缪长泉(1976)命名为帕尔岗塔格群下亚群，时代为青白口纪。

【现在定义】 指自库尔勒东至帕尔岗塔格一带的一套碎屑岩地层序列，岩性主要为粉砂岩、细砾岩、粉砂质泥岩、石英砂岩、石英片岩、千枚岩等，以碳酸盐岩的出现与下伏爱尔基干群及上覆北塞纳尔塔格组整合分界。

【层型】 创名人未指定层型，本次对比研究指定选层型：尉犁县榆树沟上游剖面(90°26′06″，41°30′09″)，由新疆地质局区调大队十一分队安德盛等(1982)测制。参考剖面：鄯善县帕尔岗塔格西坡剖面。

上覆地层：北塞纳尔塔格组　米黄色块状结晶灰岩

——————— 整　合 ———————

塞纳尔塔格组	总厚度 2 009.0 m
3. 灰绿色千枚状绿泥石石英粉砂岩	585.0 m
2. 灰绿色粉砂质石英长石轻变质细砂岩	880.0 m
1. 深灰色薄层状粉砂质石英长石轻变质细砂岩	544.0 m

——————— 整　合 ———————

下伏地层：爱尔基干群　薄层状细—粗粒石英岩、石英砂岩

【地质特征及区域变化】 塞纳尔塔格组自库尔勒以东至帕尔岗塔格一带呈断续带状展布，岩性主要为粉砂岩、细砾岩、粉砂质泥岩、石英砂岩、石英片岩、千枚岩等，出露厚度111～2 026 m。岩性稳定，有轻微变质(低绿片岩相)，局部见有绿泥石、绢云母等变质矿物及千枚岩。帕尔岗塔格西坡，与下伏爱尔基干群及上覆北塞纳尔塔格组均为断层接触，其他地区上下均为整合接触，北山地区与下伏卡瓦布拉克群为平行不整合接触。厚度北部(库尔勒—辛格尔—阿齐山)较小，南部兴地—阔克苏一带较大，北山穹塔格一带厚仅480 m。

【其他】 通过对比研究，塞纳尔塔格组岩性稳定，分界标志明显，基本符合岩石地层单位的命名原则，适用于库鲁克塔格—北山地区，时代为青白口纪。北山地区(白玉山幅)曾使用过

的帕尔岗塔格群第一岩性段，实际上相当于塞纳尔塔格组，"第一岩性段"的名称应停止使用。辛格尔塔格组为本组同物异名，应予停止使用。

北塞纳尔塔格组 Qb *bs* （04-65-0204）

【创名及原始定义】 地质部第十三大队一中队朱诚顺等(1958)创名北赛纳尔塔格组，创名地为尉犁县辛格尔附近。原始定义：指发育在辛格尔一带的一套灰岩、结晶灰岩、白云质灰岩夹片状硅化灰岩或片状砂岩，厚 900 m。与下伏塞纳尔塔格组为整合接触，其上被照壁山组不整合覆盖。时代划为早古生代震旦纪。

【沿革】 朱诚顺等(1960)又改称为上元古界塞纳尔塔格组第四亚组；同年朱诚顺等又将博斯腾湖幅的该地层划为元古界爱尔基干群北辛格尔塔格组；新疆地质局区测大队邱广森、胡树荣等(1965—1966)对 1：20 万辛格尔幅、库尔勒幅(K-45-XXI、K-45-XXIII)进行图幅修编时，改为元石界爱尔基干群北辛格尔塔格组；高振家、朱诚顺、缪长泉(1976)命名为帕尔岗塔格群上亚群，时代为青白口纪。曾使用过的北辛格尔塔格组、帕尔岗塔格群上亚群为本组的同物异名，应予停止使用。北山地区(白玉山幅)使用的帕尔岗塔格群第二岩性段，相当于本组，"第二岩性段"的名称应停止使用。

【现在定义】 指自库尔勒以东至帕尔岗塔格一带的以碳酸盐岩为主夹少量碎屑岩地层序列，主要岩性有大理岩、灰岩、结晶灰岩、硅质灰岩、鲕状灰岩、白云质灰岩、白云岩等夹少量粉砂岩，含 *Gymnosolen*，*Inzeria xinjiangensis* 等叠层石。下以碳酸盐岩的消失与塞纳尔塔格组整合分界，上以不整合界面与震旦系或泥盆系分界。

【层型】 创名人未指定层型，本次对比研究指定选层型：尉犁县 2008 高点附近剖面(90°26′06″，41°30′09″)，由新疆地质局区调大队二分队刘忠立等(1982)测制。参考剖面：鄯善县帕尔岗塔格西坡剖面。

尉犁县 2008 高点附近剖面

上覆地层：照壁山组 粉砂质泥岩、砂板岩

～～～～～～～ 不 整 合 ～～～～～～～

北塞纳尔塔格组	总厚度 1 907.00 m
29. 灰白色相间薄层状大理岩，夹同生砾岩透镜体，产核形石：*Osagia* sp.	78.00 m
28. 厚层块状大理岩夹灰白色薄层大理岩和同生砾岩(个别地段)，以白色为主，色调变化于灰白—白色间	86.00 m
27. 白色薄层状大理岩夹灰色薄层状细粒结晶灰岩	24.00 m
26. 细粒结晶泥晶灰岩含硅质灰岩，浅灰色，薄层与中厚层不均匀互层，见叠层石碎片	116.00 m
25. 灰白色薄层状微晶大理岩	67.00 m
24. 浅灰色厚层块状细粒结晶含硅质灰岩	119.00 m
23. 灰—紫灰色薄层状角质泥晶灰岩，夹灰色薄层—中厚层状灰岩和同生砾岩	64.00 m
22. 微晶灰岩，灰白—灰黑色，薄层状，富含碳质	41.00 m
21. 厚层状灰岩，灰色，层理不清，产叠层石 *Baicalia* sp.	462.00 m
20. 微晶灰岩，薄层状，色调复杂，由灰白、白、黄褐色等组成，产核形石：*Osagia* sp.	99.00 m
19. 结晶含硅质鲕粒灰岩夹少量薄层状灰岩、大理岩和深灰色燧石条带(厚度小、不连续)，前者岩性为灰白—灰色，厚层块状，含 *Gymnosolen* cf. *paergangensis*	586.00 m
18. 泥质结晶灰岩夹灰色中厚层状灰岩和少量粉砂岩，前者岩性色调有灰、紫灰、黄褐	

等杂色　　165.00 m

——————整　合——————

下伏地层:塞纳尔塔格组　粉砂质石英长石轻变质细砂岩

【地质特征及区域变化】　本组自库尔勒以东至帕尔岗塔格一带呈断续带状展布。东部(鄯善县帕尔岗塔格西坡),镁质碳酸盐岩较多,岩性主要有白云岩、结晶白云岩、白云质灰岩、白云质大理岩、灰岩夹千枚岩等,与下伏塞纳尔塔格组为断层接触,其上被泥盆系不整合覆盖,出露厚度 614 m,含 *Gymnosolen paergangensis*, *Katavia minuta*, *K.* cf. *karatavica*, *Xinjiangella florifer* ,*Inzeria* cf. *toctogulii* 等叠层石。西部地区以钙质碳酸盐岩为主:尉犁县 2 008 高点附近,主要岩性为灰岩、硅质鲕状灰岩、结晶灰岩、微晶灰岩、大理岩等,与下伏塞纳尔塔格组为整合接触,其上被震旦系照壁山组不整合覆盖,出露厚度 1 907 m,含 *Gymnosolen* cf. *paergangensis*, *Baicalia* sp. 等叠层石;尉犁县榆树沟上游一带,岩性主要为结晶灰岩夹鲕状粉砂质灰岩,与下伏塞纳尔塔格组为整合接触,未见顶,出露厚度 185 m,含 *Jurusania alicia* 等叠层石。北山地区穹塔格一带,岩性主要为大理岩、白云质大理岩、泥质大理岩、硅质大理岩,与下伏塞纳尔塔格组为整合接触,未见顶,出露厚度 430.4 m,含 *Colonnella* sp. 等叠层石。

【其他】　通过对比研究,北塞纳尔塔格组岩性基本稳定,分界标志明显,基本符合岩石地层单位的命名原则,适用于库鲁克塔格—北山地区,时代为青白口纪。

丝路群　Qb *SL*　(04-65-0205)

【创名及原始定义】　新疆地矿局第一区调大队缪长泉(1987)创名,创名地为坎迪尔力克至塔斯洪河一带的西昆仑山北坡山前地带。原始定义:指自冰碛岩之下,博查特塔格组及其以上地层,时代为青白口纪。

【沿革】　1958 年地质部第十三大队第二、五、七、八中队在西昆仑山北坡创名博查特塔格岩系、苏玛兰岩系、苏库罗克岩系,时代分别为 $\in$—O_1,O_{2-3},S—D;新疆地矿局第二地质大队汪玉珍等(1984—1991)多次将苏库罗克群(组)划为青白口系,苏玛兰组及博查特塔格组划为蓟县系,并在该组之下创名布卡吐维组、拉依勒克组和卡拉克尔组,划为长城系;新疆地矿局第一区调大队缪长泉(1987)在该区创名丝路群,包括博查特塔格组、苏玛兰组、苏库罗克组,并根据古生物群特征,确认时代为青白口纪;缪长泉(1993)又指出,卡拉克尔组、拉依勒克组和布卡吐维组为博查特塔格组的西延部分,它们具有相似的岩性、相同的底砾岩和基本一致的化石组合,均属青白口系。本次对比研究停用该三组的名称。

【现在定义】　指不整合覆于塞拉加兹塔格群(或下元古界上部)之上、不整合伏于恰克马克力克组之下的地层序列,下部为镁质碳酸盐岩、碳酸盐岩夹碎屑岩及局部为中基性火山岩,中部以碳酸盐岩为主夹碎屑岩,上部以碎屑岩为主夹碳酸盐岩。富含叠层石。自下而上包括博查特塔格组、苏玛兰组、苏库罗克组。

【地质特征及区域变化】　本群下部层位在塔斯洪河至新藏公路一带以碳酸盐岩为主夹碎屑岩,往西至棋盘河—坎迪尔力克一带见有中基性火山岩;中、上部层位岩性基本稳定。

博查特塔格组　Qb *bĉ*　(04-65-0207)

【创名及原始定义】　地质部第十三大队第八中队吴文奎等(1958)创建,创名地为叶城县阿克其克—乌斯坦河谷。原始定义:以不整合覆于赫罗斯坦岩体之上,与上覆苏玛兰岩系为整合接触关系，岩系在测区东部主要由碳酸盐类物质构成，而至西部则为碳酸盐类物质与泥质物质和喷出岩、绢云母石英片岩、页岩的互层所代替。时代为$\in$—O_1。

【沿革】 第十三大队吴文奎等(1958)创名博查特塔格岩系，岩性主要为灰岩、白云岩，西部地区见有少量火山岩。底部有一层砾岩(底砾岩)，不整合于塞拉加兹塔格群之上，与上覆苏玛兰组为整合接触，时代为$\in$—O_1。汪玉珍、马世鹏、方锡廉等(1984—1991)多次将博查特塔格组划为蓟县系，并在西部地区的本组之下建立了布卡吐维组、拉依勒克组、卡拉克尔组，划归长城系；彭昌文、高振家等(1984)基本上沿用了汪玉珍等的划分方案；缪长泉(1987—1993)将本组时代厘定为青白口纪，并认为布卡吐维组、拉依勒克组和卡拉克尔组为博查特塔格组的西延部分；本次对比研究沿用了缪长泉的划分方案。本次对比研究认为，博查特塔格组基本符合岩石地层单位的命名原则，适用于铁克里克地区，时代为青白口纪；曾使用过的布卡吐维组、拉依勒克组、卡拉克尔组，与博查特塔格组具有相同的底砾岩；相似的岩性和基本一致的化石组合，它们是博查特塔格组不同层位的西延部分，应予停用；曾使用过的下博查特塔克亚岩系、中博查特塔克亚岩系和上博查特塔克亚岩系，它们分别相当于博查特塔格组的一部分，不宜单独建组，也应停用。

【现在定义】 指不整合覆于长城系或下元古界之上，整合伏于苏玛兰组之下的一套杂色岩层，主要岩性为白云岩、白云质灰岩、泥质灰岩、石英岩状砂岩、细砂岩、页岩、泥板岩，向西见有玄武岩，以底砾岩及不整合面与塞拉加兹塔格群中酸性火山岩及桑株塔格群中深变质岩为界；上界以泥质物质增加、白云岩消失及鲜艳颜色的苏玛兰组相鉴别。富含叠层石。

【层型】 正层型：叶城县阿克其克—乌斯坦河谷剖面(77°20′00″，37°00′36″)，由地质部第十三大队第八中队吴文奎等(1958)测制。参考剖面：叶城县阿卡孜剖面，叶城县卡兰—乌依村以西剖面，叶城县3396高地东北坡与卡兰乌依西南坡剖面，叶城县3396高地北坡剖面，叶城县棋盘马勒温阿孜剖面，叶城县棋盘马勒温阿孜Ⅲ—Ⅲ′剖面。

【地质特征及区域变化】 博查特塔格组主要为一套杂色碳酸盐岩夹碎屑岩，主要岩性为白云岩、白云质灰岩、泥质灰岩、石英岩状砂岩、细砂岩、页岩、泥板岩，局部见有玄武岩等。创名剖面主要为灰岩和白云岩，底部见有底砾岩，不整合覆于下元古界之上，与上覆苏玛兰组为整合接触，出露厚度1 310 m。延伸变化情况东部以碳酸盐岩为主，西部则以碳酸盐岩夹喷发岩和碎屑岩为主。由东而西具体为：叶城县阿卡孜一带，岩性主要为含石英质灰岩、条带状灰岩夹条带状白云岩等，下部见有岩屑砂岩、绿泥绢云砂岩、绢云灰质千枚岩等，底部见有底砾岩。不整合覆于塞拉加兹塔格群之上，与苏玛兰组为整合接触，出露厚度1 501.1 m。上部含叠层石：*Jurusania bozhatetageensis*，*Parmites* sp.，*Siluphyton kunlunshanensis*，*Tungussia* sp.，*Minjaria* sp.等。叶城县3 396高地东北坡与卡拉乌依西南坡一带，岩性上部为紫红色灰质细粒砂岩夹粗粒砂岩与粘土页岩，中部为白云质灰岩和硅质灰岩，下部为中粒石英砂岩、粉砂质片理化页岩、泥质页岩并见有辉绿岩脉穿插，底部有一薄层的底砾岩，不整合覆于下元古界之上，未见顶，出露厚度175 m。叶城县卡兰乌依村以西一带，主要为一套白云岩、灰岩、白云质灰岩，底部见有砾岩，未见底，与上覆恰克马克力克组为平行不整合接触，出露厚度228.5 m。叶城县棋盘马勒温阿孜Ⅲ—Ⅲ′剖面，上部泥质灰岩、隐晶质灰岩、含铁灰岩等，下部为石英岩状砂岩、粉砂质绢云板岩、含砂泥板岩等，底部见有厚10～15 cm的底砾岩，不整合覆于下元古界上部之上，未见顶，出露厚度279 m；含微古植物，以*Trachysphaeritdium*数量较多。叶城县棋盘马勒温阿孜附近，上部以杏仁状玄武岩、细粒玄武岩为主，中部为白云岩、微晶灰岩，下部为细粒砂岩、粉砂岩、碳质泥质岩、石英砂岩夹白云岩、微粒灰岩，未见底，其上被奇自拉夫组不整合覆盖，出露厚度 182.1 m；含 *Jurusania* sp.，*Linella* sp.，*Tungussia erecta* 等叠层石及以 *Trachysphaeridium* 和 *Leiopsophosphaera* 属为主的微古植物。西部因辉绿岩脉的穿插，变质程度略高于东部。

苏玛兰组 Qb *sm* (04-65-0208)

【创名及原始定义】 地质部第十三大队二中队张良臣等(1958)创名苏玛兰岩系，创名地为叶城县苏玛兰河以西干沟。原始定义为该"岩系下界整合在博查特塔格岩系之上，为逐渐过渡关系，上界与苏库罗克岩系为整合接触，主要为红色层状与结核状的化学沉积和藻类化石灰岩，夹各种颜色的泥质岩层。"时代为 O_{2-3}。

【沿革】 汪玉珍、马世鹏、方锡廉等(1984—1991)多次划为蓟县系；彭昌文、高振家等(1984)将其划为蓟县系—青白口系；缪长泉(1987—1993)将苏玛兰组的时代厘定为青白口纪；本次对比研究沿用缪长泉的划分方案，苏玛兰组的时代为青白口纪。

【现在定义】 指整合在博查特塔格组之上及苏库罗克组之下的碳酸盐岩为主的地层序列，主要岩性有鲜红色、红色、浅红色、紫色灰岩及杂色灰岩、大理岩化灰岩、泥岩、页岩、粉砂岩等。以白云岩消失，泥质增加，颜色鲜艳与下伏博查特塔格组分界，以碎屑岩及硅质岩的增加与上覆苏库罗克组相分界。含叠层石。

【层型】 正层型：叶城县苏玛兰河以西干沟剖面(77°26′00″，37°06′27″)，由地质部第十三大队二中队张良臣等(1958)测制。参考剖面：叶城县乌鲁克乌斯坦河谷苏格特阿基勒村南剖面，叶城县波仑村以北剖面，叶城县萨鲁姆村以南阿克奇克乌斯坦剖面，莎车县苏库罗克村西北剖面。

【地质特征及区域变化】 苏玛兰组主要为一套鲜红色、红色、浅红色、紫色等鲜艳的灰岩夹泥岩、页岩、粉砂岩等，自塔斯洪河至坎迪尔力克一带呈带状断续分布，含叠层石。命名剖面为红色、鲜粉红色、紫红色灰岩夹泥岩、粉砂岩和页岩，与下伏博查特塔格组和上覆苏库罗克组均为整合接触，出露厚度 525 m。苏玛兰组岩性稳定，其延伸变化主要表现在碎屑岩含量的增减及个别地区变质程度略有加深，自东而西为：叶城县乌鲁克乌斯坦河谷一带，岩性主要为浅红色、红色、灰红色灰岩夹硅质粉砂岩及泥岩，与下伏博查特塔格组及上覆苏库罗克组均为整合接触，出露厚度 240 m；叶城县萨鲁姆村以南阿克奇克乌斯坦附近，岩性为鲜红色、暗红色、淡紫色板状灰岩、灰岩、泥质灰岩、层状大理岩夹灰质粉砂岩、粘土砂质粉砂岩和泥质粉砂岩，与下伏博查特塔格组及上覆苏库罗克组均为整合接触，出露厚度 241 m；叶城县波仑村以北一带，变质略有增深，主要出露一套大理岩化灰岩，与下伏博查特塔格组及上覆苏库罗克组均为整合接触，出露厚度 117 m；莎车县苏库罗克村西北一带，除灰岩外，泥岩、粉砂岩的含量约占 1/2 弱，与下伏博查特塔格组及上覆苏库罗克组均为整合接触，出露厚度 245 m，灰岩中产叠层石 cf. *Pseudogymnosolen* sp.，*Baicalia* sp. 等。除剖面所见外，本组还产有 *Linella* sp.，*Gymnosolen* sp. 等多种叠层石。

苏库罗克组 Qb *sk* (04-65-0209)

【创名及原始定义】 地质部第十三大队二中队张良臣等(1958)创建苏库罗克岩系，创名地为皮山县苏玛兰河谷卡拉阿基兹水草地。原始定义：整合于苏玛兰岩系红色灰岩之上，与上覆奇自拉夫岩系间为一侵蚀面，岩系为绿色、红色与暗灰色粉砂质—泥质页岩，夹淡绿色或灰色细粒石英砂岩和大量红色泥质灰岩。时代为 S—D。

【沿革】 创名同年，第十三大队陈哲夫、吴文奎、吕正等也划出了这套地层单位，但以张良臣等的剖面较具代表性；汪玉珍、马世鹏、方锡廉等(1984—1991)称苏库罗克群，时代为青白口纪，并进一步分为玉沙斯组和阿其克巴西组；彭昌文、高振家(1984)基本上沿用了汪玉珍等的划分方案；缪长泉(1987—1993)划分成丝路群苏库罗克组，时代为青白口纪，并认为玉沙斯组与阿其克巴西组的岩性基本一致，它们不具备单独建组的条件；本次对比研究认为缪长泉的划分原则是合适的，停用玉沙斯组和阿其克巴西组的名称。本次对比研究，苏库罗克组基本符合岩石地层单位的命名原则，适用于铁克里克地层小区，时代为青白口纪。曾经使用过的玉沙斯组和阿其克巴西组岩性基本一致，不符合岩石地层单位的命名原则，又不具填图性，应停用。苏库罗克岩系及苏库罗克群已被苏库罗克组所替代，亦应停用。

【现在定义】 指整合覆于苏玛兰组之上、不整合伏于恰克马克力克组之下的一套以碎屑岩为主的杂色岩层，主要岩性有泥质页岩、泥岩、硅质岩、泥质粉砂岩、钙质粉砂岩、板状细砂岩、石英细砂岩及灰岩等，以碳酸盐岩的增加与下伏苏玛兰组分界，以不整合面及其上的砾岩与上覆恰克马克力克组为界。含叠层石。

【层型】 正层型：皮山县苏玛兰河谷卡拉阿基兹水草地剖面(77°39′00″,37°03′48″)，由地质部第十三大队二中队张良臣等(1958)测制。参考剖面：莎车县苏库罗克村西北剖面，莎车县乌索斯以东剖面，莎车县赫罗斯坦河岸苏库罗克剖面，叶城县波仑和阿克罗斯特一带剖面，叶城县尤列克—巴什山剖面。

【地质特征及区域变化】 苏库罗克组主要为一套杂色碎屑岩夹灰岩，主要岩性有泥质页岩、泥岩、硅质岩、泥质粉砂岩、钙质粉砂岩、板状细砂岩、石英细砂岩、砾岩及灰岩等。整合覆于苏玛兰组之上，其上被恰克马克力克组平行不整合或不整合覆盖，出露厚度 390～1 550 m，含叠层石。创名剖面主要为一套泥质页岩、粉砂质页岩、板状泥质页岩、绢云母或绿泥石绢云母泥质页岩、石英砂岩夹灰岩及泥质灰岩，整合覆于苏玛兰组之上，其上被恰克马克力克组平行不整合覆盖，出露厚度 1 550 m。本组自塔斯洪河至坎迪尔力克一带呈断续带状展布，岩性较稳定，其延伸变化特征主要表现在各种岩石的组合及地层出露的完整程度略有差异，自西而东主要表现为：莎车县乌索斯以东一带，岩性主要为薄层细砂岩夹粘土质页岩、细—中粒砂岩、片状粉砂岩、泥质页岩夹灰岩，出露厚度 390 m；莎车县苏库罗克村西北一带，硅质岩的含量增加(近百米)，有白云质硅质岩、硅质岩、叠层石硅质岩及泥质硅质岩等，除此，岩性主要为板状细砂岩、灰质粉砂岩、石英粉砂岩、中粒长石砂岩、石英细砂岩、粉砂质泥岩，底部有一薄层灰岩，含叠层石 *Parmites* sp.，与下伏苏玛兰组为整合接触，其上被恰克马克力克组不整合覆盖，出露厚度 1 011 m；叶城县波仑和阿克罗斯特一带，岩性主要以绿色、灰绿色、灰色泥质岩及千枚状泥质岩为主，粉砂岩次之，夹灰岩和砾岩，未见顶底，出露厚度 750 m；叶城县克兹勒—苏胡木牧区一带，碳酸盐岩含量增加(达 160 m)，主要产出于上部，为红色、淡红色、灰色燧石白云岩及石灰岩，下部为灰色云母质细砂岩、绿灰色细砂岩及深红色—紫红色夹绿色粉砂质泥质岩，未见底，其上被恰克马克力克组不整合覆盖，出露厚度 410 m。

索尔库里群 Qb *SR* (04-65-0213)

【创名及原始定义】 新疆地质局区调大队二分队冯明道等(1981)创建，创名地为若羌县乙亚加拉克山至因格布拉克一带。原始定义：下部以碎屑岩为主夹碳酸盐岩、中部以碳酸盐岩为主夹碎屑岩、上部以碎屑岩为主的地层序列。不整合覆于蓟县系金雁山组之上，其上被下奥陶统额兰塔格组不整合覆盖。自下而上分为乱石山组、冰沟南组、平洼沟组、小泉达坂组。各组之间均为连续沉积。

【沿革】 新疆地质局第四区测大队五分队高芝生等(1961)划为元古界塔昔达坂群第二亚群;《西北地区区域地层表·新疆维吾尔自治区分册》(1981)划为青白口系至长城系塔昔达坂群第二亚群;新疆地质局区调大队二分队冯明道等(1981)创名索尔库里群并被沿用至今。

【现在定义】 下部以碎屑岩为主夹碳酸盐岩、中部以碳酸盐岩为主夹碎屑岩、上部以碎屑岩为主的地层序列。不整合覆于金雁山组之上,其上被额兰塔格组不整合覆盖。自下而上分为乱石山组、冰沟南组、平洼沟组、小泉达坂组,各组之间均为连续沉积。

【地质特征及区域变化】 索尔库里群最大出露厚度 6 887 m,富含叠层石。本群岩性基本稳定,碳酸盐岩的变化为:东部(幸福口东等地)硅质含量较高,西部(乙亚加拉克山一带)以镁质碳酸盐岩为主。

乱石山组 Qb *l* (04-65-0213)

【创名及原始定义】 新疆地质局区调大队二分队冯明道等(1981)创建,创名地为若羌县冰沟南。原始定义:指阿尔金山中段一套石英砂岩、钙质细砂岩、硅质粉砂岩夹硅质灰岩及灰岩透镜体的地层。本组以角度不整合覆于蓟县系金雁山组之上,与上覆冰沟南组为整合接触。出露厚度 188.5~389.3 m。

【沿革】 新疆地质局四区测大队五分队高芝生等(1961)划为元古界塔昔达板群第二亚群;《西北地区区域地层表·新疆维吾尔自治区》(1981)划为青白口系至长城系塔昔达坂群第二亚群;新疆地质局区调大队二分队冯明道等(1981)命名为乱石山组,隶属于索尔库里群,时代为青白口纪。

【现在定义】 同原始定义,该组尚富含叠层石。

【层型】 正层型:若羌县冰沟南剖面(91°48′25″,39°15′37″),由新疆地质局区调大队二分队冯明道等(1981)测制。参考剖面:若羌县因格布拉克西剖面,若羌县乙亚加拉克山实测剖面,若羌县巴什尧勒实测剖面,若羌县平洼沟南剖面。

【地质特征及区域变化】 乱石山组主要为灰色、深灰—灰黑色、灰绿色石英砂岩、钙质细砂岩、硅质粉砂岩等夹浅玫瑰色、褐色硅质灰岩及深灰色、褐色灰岩,不整合覆于金雁山组之上,与上覆冰沟南组为整合接触,岩性岩相稳定,出露厚度 188.5~389 m,含 *Linella* 等大量叠层石。创名剖面主要为碎屑岩夹少量含砂灰岩,不整合于金雁山组之上,与上覆冰沟南组为整合接触,出露厚度 299.8 m。乱石山组自平洼沟南西延至乙亚加拉克山,其延伸变化自东而西为:若羌县因格布拉克西一带,除石英砂岩、细砂岩、钙质泥岩外,碳酸盐岩的含量较高,主要有硅质灰岩、条纹状及厚层状灰岩,并见有泥质硅质岩。与下伏上太古界米兰群为不整合接触,与上覆冰沟南组为整合接触,出露厚度 223.9 m,含 *Linella*,*Tungussia* 等叠层石;若羌县平洼沟南一带,上部为硅质灰岩,中下部为石英砂岩和钙质细砂岩,不整合覆于金雁山组之上,与上覆冰沟南组为整合接触,出露厚度 389.4 m;若羌县巴什尧勒一带主要为白云质细粉砂岩、泥质粉砂岩,下部见有堇青石板岩,与下伏金雁山组为断层接触,其上被冰沟南组整合覆盖,出露厚度 317 m;若羌县乙亚加拉克山一带主要为一套碎屑岩,如石英砂岩、粉砂岩等,不整合覆于金雁山组之上,与上覆冰沟南组为整合接触,出露厚度 385.2 m。

冰沟南组 Qb *bg* (04-65-0214)

【创名及原始定义】 新疆地质局区调大队十一分队李天德等(1981)创建,创名地为若羌县平洼沟南。原始定义:"指阿尔金山中段的以碳酸盐岩为主夹少量碎屑岩的地层,岩性为灰岩、鲕状灰岩、竹叶状灰岩、碎屑灰岩及白云质灰岩、白云岩等,局部夹石英砂岩、粉砂岩,与下伏乱石山组及上覆平洼沟组均为整合接触。出露厚度 600.6～2 221.2 m。”时代为青白口纪。

【沿革】 新疆地质局第四区测大队五分队高芝生等(1961)划为元古界塔昔达坂群第二亚群;《西北地区区域地层表·新疆维吾尔自治区分册》(1981)划为长城系—青白口系塔昔达坂群第二亚群;新疆地质局区调大队十一分队李天德等(1981)创名为冰沟南组,隶属于索尔库里群,时代为青白口纪,且被沿用至今。

【现在定义】 同原始定义。

【层型】 正层型:若羌县平洼沟剖面(91°00′20″,38°56′50″),由新疆地质局区调大队十一分队李天德等(1981)测制。参考剖面:若羌县冰沟南剖面,若羌县乙亚加拉克山实测剖面,若羌县巴什尧勒实测剖面,若羌县因格布拉克西剖面。

【地质特征及区域变化】 冰沟南组为浅灰—灰黑色的碳酸盐岩夹少量碎屑岩,与下伏乱石山组及上覆平洼沟组均为整合接触,出露厚度 600.6～2 221.2 m,富含叠层石。创名剖面主要为一套灰岩,与下伏乱石山组及上覆平洼沟组均为整合接触,厚度 821.4 m,上部产 *Boxonia binggounanensis* 等叠层石。本组自因格布拉克西西延至乙亚加拉克山一带,其延伸变化特征自东而西为:若羌县因格布拉克西一带,主要为硅质条带及硅质团块状灰岩夹少量硅质粉砂岩,与下伏乱石山组为整合接触,未见顶,出露厚度 610.6 m,产叠层石 *Wutaishanella* sp.;若羌县冰沟南一带,下部为灰岩,上部为泥质粉砂岩、石英砂岩、片理化粉砂岩等夹少量大理岩化灰岩及大理岩,与下伏乱石山组及上覆平洼沟组均为整合接触,厚 975.9 m;若羌县巴什尧勒一带,主要为白云岩化鲕状灰岩、灰岩、白云岩夹白云岩化粉砂岩、粉砂岩、细砂岩等,与下伏乱石山组及上覆平洼沟组均为整合接触,厚 2 230 m,含微古植物;再向西至若羌县乙亚加拉克山一带,主要岩性为灰岩和钙质白云岩,与下伏乱石山组及上覆平洼沟组均为整合接触,厚 1 319.3 m,含叠层石 *Linella ukka*,*Baicalia* sp. 及变形石 *Vermiculites* sp. 等。总之,冰沟南组由东向西镁碳酸盐岩有所增加。

平洼沟组 Qb *pw* (04-65-0215)

【创名及原始定义】 新疆地质局区调大队二分队冯明道等(1981)创建,创名地为若羌县冰沟南。原始定义:“指阿尔金山中段的一套碳酸盐岩地层,岩性主要有硅化灰岩、结晶灰岩、碎屑灰岩、大理岩、白云岩等,夹少量千枚岩及砂质板岩的夹层或透镜体,与下伏冰沟南组及上覆小泉达坂组均为整合接触,出露厚度 127.7～1 555.3 m。”时代为青白口纪。

【沿革】 新疆地质局第四区测大队五分队高芝生等(1961)划为元古界塔昔达坂群第二亚群;《西北地区区域地层表·新疆维吾尔自治区分册》(1981)划为长城系—青白口系塔昔达坂群第二亚群;新疆地质局区调大队二分队冯明道等(1981)创名为索尔库里群平洼沟组并沿用至今,时代为青白口纪。

【现在定义】 同原始定义。

【层型】 正层型:若羌县冰沟南剖面(90°56′37″,38°57′20″),由新疆地质局区测大队二分队冯明道等(1981)测制。参考剖面:若羌县幸福口东剖面,若羌县乙亚加拉克山实测剖面,若羌县平洼沟南剖面。

【地质特征及区域变化】 平洼沟组主要为一套灰色的碳酸盐岩,与下伏冰沟南组及上覆小泉达坂组均为整合接触,产叠层石,出露厚度 127.7～1 555 m。创名剖面岩性主要为灰岩及大理岩化灰岩,厚 358.1 m。本组自若羌县幸福口东向西至乙亚加拉克山一带断续延伸,东部硅质含量高，西部为镁质碳酸盐岩，其延伸变化特征由东而西为：若羌县幸福口东一带，岩性主要为硅化灰岩、结晶灰岩和大理岩，未见顶底，出露厚度 1 555.3 m；若羌县平洼沟地区，为一套白色、灰白色大理岩，产叠层石，与下伏冰沟南组为整合接触，其上被额兰塔格组不整合覆盖，出露厚度 127.7 m；若羌县乙亚加拉克山地区，岩性主要为深灰色厚层状白云岩夹条带状含燧石白云岩及灰白色凝块白云岩，产叠层石，与下伏冰沟南组为整合接触，未见顶，出露厚度 852.9 m。

小泉达坂组　Qb *x*　(04-65-0216)

【创名及原始定义】　新疆地质局区调大队二分队冯明道等(1981)创建，创名地为若羌县冰沟南。原始定义："指阿尔金山中段一套石英砂岩、细砂岩、粉砂岩、微晶片岩、钙质硅质板岩、硅质岩等夹大理岩、结晶灰岩，与下伏平洼沟组为整合接触，其上被下奥陶统不整合覆盖。出露厚度 322.9～2 810.6 m。"时代为青白口纪。

【沿革】　新疆地质局第四区测大队五分队(1961)划为中—上石炭统因格布拉克群；《西北地区区域地层表·新疆维吾尔自治区分册》(1981)划为长城纪—青白口纪塔昔达坂群第二亚群；新疆地质局区调大队二分队(1981)创名为索尔库里群小泉达坂组，并被沿用至今。

【现在定义】　同原始定义。

【层型】　正层型：若羌县冰沟南剖面(90°56′37″，38°57′20″)，由新疆地质局区调大队二分队(1981)测制。参考剖面：若羌县斑红山南剖面，若羌县幸福口西剖面。

【地质特征及区域变化】　小泉达坂组主要为一套浅灰、灰绿—黑色的碎屑岩和碳酸盐岩，与下伏平洼沟组为整合接触，其上被下奥陶统额兰塔格组不整合覆盖，出露厚度 322.9～2 810.6 m。创名剖面岩性主要为石英砂岩夹泥质粉砂岩，上部有少量灰岩，出露厚度 322.9 m。本组在延伸过程中，变质程度、岩石组合及出露厚度均有一定变化，趋势是东部变质程度深(因受岩体影响)、碳酸盐岩多、出露厚度大，西部(创名剖面)碎屑岩为主，厚度小，未变质。如若羌县斑红山南地区，中、上部主要为大理岩夹含碳质绢云石英岩、钙质硅质板岩、硅质岩、碳质板岩等，下部主要为微晶片岩，未见顶底，出露厚度 2 810.6 m；若羌县幸福口西主要为结晶灰岩、大理岩夹钙质粉砂岩、角岩化砂岩、绢云石英片岩、硅质岩等，未见底，其上被下奥陶统额兰塔格组不整合覆盖，出露厚度 665.2 m。

岔沟泉组　Qb *ĉ*　(04-65-0217)

【创名及原始定义】　新疆地质局区调大队六分队王嘉桁(1982)创建，创名地为若羌县岔沟泉。原始定义："指阿尔金山西段的一套浅变质碎屑岩为主夹碳酸盐岩地层，主要岩性有变质砂岩、钙质硅质岩、千枚岩化变质绢云母粉砂岩、砂质片岩等，夹结晶灰岩、碳质灰岩、白云质灰岩、大理岩，出露厚度 1 704～4 307 m，不整合在蓟县系金雁山组之上，未见顶。"时代为青白口纪。

【沿革】　新疆地质局第四区测大队五分队(1961)划为元古界塔昔达坂群第二亚群；新疆地质局区测大队五分队(1966)划为元古界第三分层；新疆地质局区调大队六分队(1982)创名为岔沟泉组，时代为青白口纪。

【现在定义】　同原始定义。

【层型】　正层型：若羌县岔口泉剖面(87°40′00″，37°56′00″)，由新疆地质局区调大队六分队王嘉桁等(1982)测制。参考剖面：若羌县长沙沟北剖面，若羌县阿克萨依上游剖面。

【地质特征及区域变化】 岔沟泉组主要为灰—灰黑色的碎屑岩夹(或局部为)碳酸盐岩，不整合覆于金雁山组之上，未见顶，出露厚度 1 704～4 307 m；创名剖面主要为千枚岩化变质绢云母粉砂岩、变质砂岩及细砂岩、砂质片岩、红柱石绢云片岩，底部为结晶灰岩及大理岩。出露厚度 4 307.1 m；若羌县长沙沟北地区，硅质岩较多，其次为绢云绿泥石石英片岩及绢云石英片岩，并有少量碎屑灰岩及大理岩，与下伏金雁山组为断层接触，未见顶，出露厚度 2 202.8 m；若羌县阿克萨依上游地区，碳酸盐岩出露多，主要为灰岩、白云质灰岩、结晶灰岩、碳质灰岩夹片岩等，与下伏金雁山组为断层接触，未见顶，出露厚度 1 704.6 m。

【其他】 本次对比研究，岔沟泉组基本符合岩石地层单位的命名原则，适用于若羌地区，时代为青白口纪(大致相当索尔库里群下、中部层位)。经查核，本组出露范围应东延至东经 89°20′附近断层交会处。阿克萨依上游地区以碳酸盐岩为主体的地层，与本组是否有层位关系，今后应作进一步研究。

第六章
震旦纪—志留纪

塔里木-南疆地层大区震旦纪—志留纪地层发育良好，也是新疆本断代地层最为发育的地区，经对比研究推荐使用的地层单位（群、组）共计68个。

震旦纪地层集中分布于中天山、库鲁克塔格、柯坪和铁克里克等地区（图6-1）。各地区冰碛岩广泛发育，岩石组合类型大致分为冰碛岩组合（特瑞爱肯组、汉格尔乔克组），碎屑岩—冰碛岩组合（凯拉克提群、乌什南山组、尤尔美那克组、阿勒通沟组、恰克马克力克组），火山岩—碎屑岩-冰碛岩组合（贝义西组），碎屑岩组合（苏盖特布拉克组、照壁山组、扎摩克提组、育肯沟组等），碳酸盐岩组合（奇格布拉克组、水泉组、克孜苏胡木组）。寒武纪地层分布于果子沟地区、库鲁克塔格、北山、卡瓦布拉克和柯坪地区，出露面积小，岩石地层单位厚度薄，包含了新疆现有寒武纪全部地层单位。组成地层的岩石主要有灰岩、白云岩、硅质岩、碎屑岩和磷质岩，通常寒武纪早期地层普遍含磷，中晚期灰岩、白云岩为主要岩性。奥陶纪地层分布和寒武纪相似，另在塔里木盆地以南和喀喇昆仑山也有少量分布，岩性以细碎屑岩、硅质岩、碳酸盐岩为主，同寒武纪一样，火山岩很少见及，仅卡瓦布拉克地区白山组上部夹少量凝灰岩。志留纪地层分布于天山、北山、柯坪和喀喇昆仑山，以中南天山分布面积最大。岩性多为细碎屑岩、碳酸盐岩、火山岩，火山碎屑岩见于北山，天山地区志留纪晚期，南天山志留纪地层中变质岩多见。

凯拉克提群①　*ZK*　(04-65-0315)

【创名及原始定义】　中国地质科学院地质研究所、新疆地质局区测大队、新疆地质局地质科学研究所联合组成的地层队②于1978年创名，创名地霍城县果子沟老公路。原始定义：指平行不整合在磷矿沟组之下的一套绿色、紫灰、暗灰绿色具微细层理的粉砂岩，上部为黄褐色夹冰碛岩具微细层理的粉砂岩，上部为黄褐色类冰碛岩夹粉砂岩。底界未出露。

【沿革】　该群相当于王景斌(1976)划分的震旦纪。王景斌、张太荣等(1981)在北天山西段进行寒武纪地层及磷矿地质特征调查时根据岩石特征将该群自下而上分为吐拉苏组、别西巴斯套组、喀英迪组、塔尔卡特组、塔里萨依组（当时只根据岩性命名，未测剖面)。王景斌、成守德

① 有人提议用王景斌等自下而上划分的吐拉苏组、别西巴斯套组、喀英迪组、塔尔卡特组、塔里萨依组。
② 中国地质科学院地质研究所、新疆地质局区测大队、新疆地质局地质科学研究所，1978，新疆霍城县果子沟早古生代地层。新疆地质，第1期，第103页。

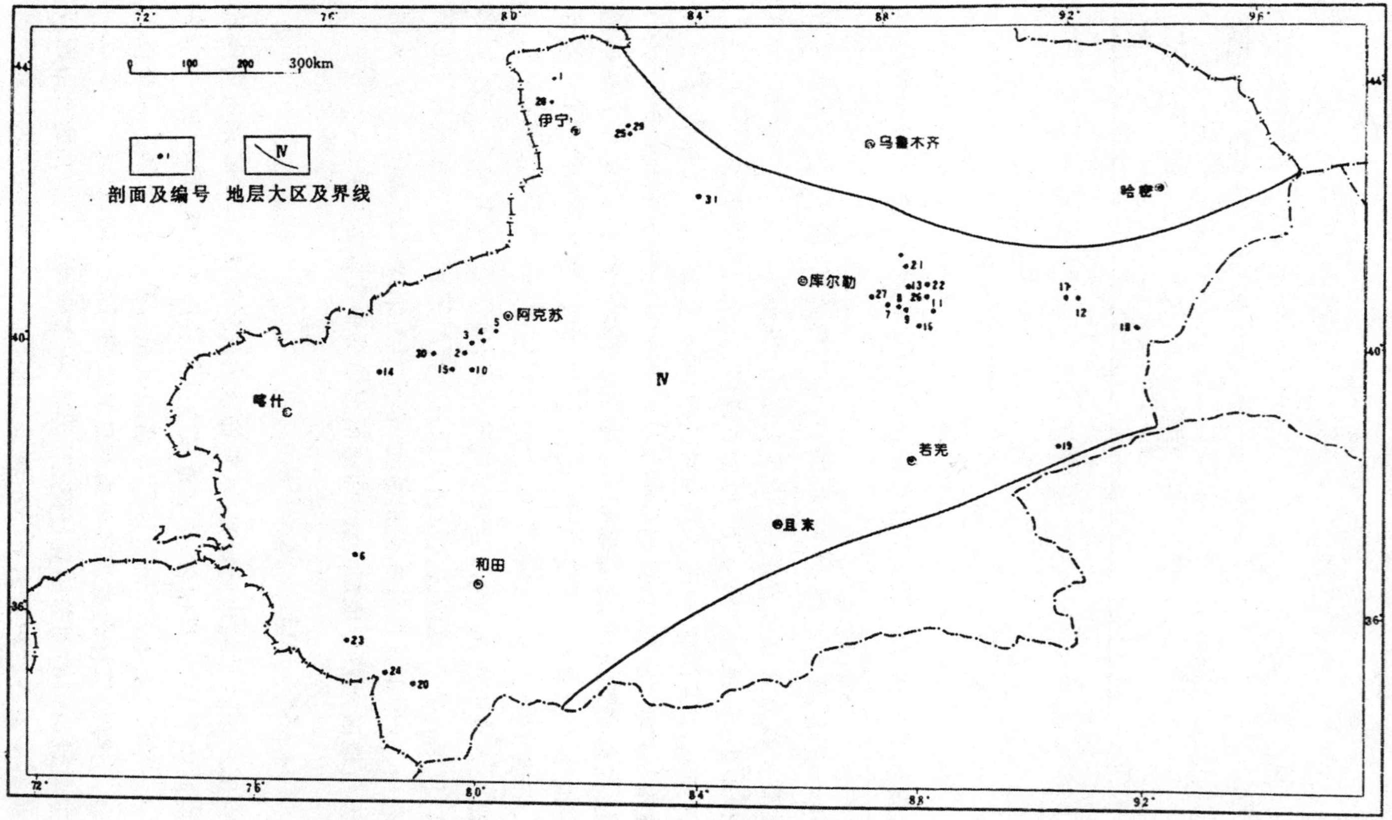

图 6-1 塔里木—南疆地层大区震旦纪—志留纪层型剖面分布图

1. 肯萨依山口 0.5 km 凯拉克提群剖面；2. 苏盖特布拉克之西约 15 km 苏盖特布拉克组剖面；3. 乌什县巧恩布拉克巧恩布拉克组剖面；4. 尤尔美那克西 500 m XIV 号尤尔美那克组剖面；5. 阿克苏沙衣里克奇格布拉克组剖面；6. 克孜苏胡木沟库尔卡克组、克孜苏胡木组剖面；7. 库鲁克塔格西端南侧育肯沟育肯沟组剖面；8. 克根库都克南 2378 高点北水泉组、扎摩克提组剖面；9. 中库鲁克塔格照壁山 XIV 号汉格尔乔克组剖面；10. 乌什县阔克布拉克东南丘里塔格组、阿瓦塔格组剖面；11. 辛格尔地区莫合尔山莫合尔山组剖面；12. 鄯善县卡瓦布拉克地区 XVI 号南灰山组、黄山组剖面；13. 托克逊县硫磺山硫磺山群剖面；14. 阿合奇县捷格勒克以北、塔什纳拉他乌以南萨尔干组剖面；15. 柯坪县印干大断裂西侧 4 km 处 IX 号印干组、其浪组剖面；16. 尉犁县却尔却克山西段 V 号却尔克组剖面；17. 鄯善县卡瓦布拉克 996 高点东北 1.5 km 处上白山组、下白山组剖面；18. 哈密县白玉山骆驼沟 XIII 号锡森柯博组剖面；19. 若羌县环形山 XV 额兰塔格组、环形山组剖面；20. 和田县冬瓜山 XI 号冬瓜山群剖面；21. 塔勒克布拉克北沟塔勒克布拉克组剖面；22. 库米什东南柯尔克孜塔木柯尔克孜塔木组剖面；23. 叶尔羌河上游 VI 号温泉沟群剖面；25. 楚隆斯帕坦达坂沟群剖面；25. 尼勒克河上游 VI 号剖面尼勒克河组、基夫克组、库茹尔组剖面；26. 赛纳尔塔格山西端照壁山组剖面；27. 库鲁克塔格尉犁县特瑞爱肯沟特瑞爱肯组剖面；28. 霍城县肯萨依斯山口南老公路向斜南翼新二台组剖面；29. 精河县南基夫克河上游奈楞格勒达坂群、博罗霍乐山组剖面；30. 柯坪西北 10 km 柯坪塔格组剖面；31. 和静县戈伦唐古什东巴音布鲁克组剖面；32. 托克逊县米什沟米什沟组剖面

(1982)将吐拉苏组下部的火山岩及冰碛岩单独分出，正式命名为库鲁铁列克提组。新疆地矿局第一区调大队三、四分队(1987)在该区进行1：20万区调时，认为上述六个组是以单一的碎屑沉积为主，夹层极不稳定，火山活动仅在个别地段，且各组之间均为整合接触，分组标志不清，六个组无填图意义，所以新疆地矿局第一区调大队三、四分队仍沿用凯拉克提群，代表该区的震旦纪沉积。本次对比研究同意这一意见。

【现在定义】 指平行不整合于磷矿沟组之下，不整合于开尔塔斯群之上，主要由一套具微细层理的泥质粉砂岩、砂岩、泥岩夹结晶灰岩及薄层冰碛岩，顶部为黄褐色冰碛岩夹粉砂岩所组成的岩石序列。

【层型】 正层型：霍城县肯萨依山口0.5 km剖面(81°04′40″，44°27′30″)，中国地质科学院地质研究所新疆地质局区测大队、新疆地质科学研究所联合组成地层队(以下简称联合地层队)(1977)测制。参考剖面：霍城县果子沟磷矿沟—科古琴剖面。

【地质特征及区域变化】 该群主要分布于天山西段，沿科古琴山展布，出露于近分水岭附近，西起赛里木湖南侧，东止阿恰勒河谷，已知延伸长达120 km，根据剖面岩性特征分为上、下两个亚群，两亚群之间为整合接触，上亚群被含三叶虫化石的磷矿沟组(含磷层)平行不整合覆盖；下亚群以明显不整合覆于青白口纪开尔塔斯群碳酸盐岩之上，故顶、底界线分层标志明显，由于后期断裂构造变动的影响，不整合面仅在阿哈恰特和开尔塔斯北段比较明显。

该群岩性单一，以碎屑岩为主，夹冰碛岩。两种岩石沿走向、倾向常彼此交替。冰碛岩在区域上极不稳定，常呈凸镜状产出，但上亚群顶部的冰碛岩比较稳定，仅在果子沟磷矿沟一带出露。

下亚群主要分布于科古琴一带，其岩性以碎屑岩为主，夹冰碛岩，个别地段有火山岩，厚约695 m，往西到赛里木湖以南一带则以碎屑岩为主，且沉积厚度增大(876 m)。砂岩主要以泥质、碳质、硅质砂岩及细粒长石砂岩为主，成熟度低，具水平—波状及斜交层理。上亚群在果子沟一带出露较完整，但厚度不大，仅148 m，其岩性主要以碎屑岩为主，夹含砾灰岩、白云质灰岩及冰碛岩，在赛里木湖以南主要以碎屑岩为主，沉积厚度增大(508 m)。在特克斯地区厚度最小，仅数十米。该群上部的冰碛岩在果子沟磷矿沟向斜出露较完整，向斜北翼出现三套冰碛岩，南翼仅出现一套。往东经开尔塔斯北到阿哈恰特一带出现两套冰碛岩。这些呈凸镜状产出的冰碛岩沿走向均相变为砂岩或泥质粉砂岩，局部相变为泥灰岩。

凯拉克提群属滨浅海沉积环境，大部分岩石含磷，P_2O_5含量一般为0.259%～0.59%，个别达6%，其总趋势是上部地层较下部地层含磷普遍，顶部的风化壳有残留富集现象。

凯拉克提群中已发现微古植物7属18种，主要有 *Trachysphaeridium rude*，*T. simplex*，*Pseudozonosphaera asperella*，*P. rerrucosa* 等分子；朱杰辰(1987)在砂岩中采样，测得七个含全岩样的铀、钍、铅含量及铅同位素组成的数据，其等时线年龄值为640±0.33 Ma。该群沉积时限应属震旦纪。

乌什南山群 ZW (04－65－0318)

【创名及原始定义】 新疆地质局区测大队地层分队张太荣等(1976)创名①，高振家、陈晋镳(1993)介绍，创名地在乌什县南山地区的巧恩布拉克至奇格布拉克一带。原始定义：指平行不整合于肖尔布拉克组之下，由一套灰绿、紫红、绿红、砖红色碎屑岩，上部为碳酸盐岩所组成

① 新疆地质局区测大队地层分队张太荣等，1976，新疆柯坪地区震旦纪及早古生代地层调查报告。

的岩石序列，自下而上包括巧恩布拉克组、尤尔美那克组、苏盖特布拉克组、奇格布拉克组。底界未出露。

【沿革】 新疆地质局区测大队地层分队(1976)创立的震旦系乌什南山群，相当于地质部十三大队三、九中队(1957)划分的震旦系及下寒武统的苏盖特布拉克岩系和肖尔布拉克岩系的下部，郑南来(1958)划分的震旦系及下寒武统苏盖特布拉克岩系的绛红色层、过渡层及肖尔布拉克岩系的下白云岩，《西北地区区域地层表·新疆维吾尔自治区分册》(1981)的上震旦统，高振家、王务严(1985)的震旦系(自下而上包括巧恩布拉克组、尤尔美那克组、苏盖特布拉克组及奇格布拉克组)；高振家、陈晋镳(1993)划分巧恩布拉克群(青白口纪)及乌什南山群(震旦纪)。对比研究后的乌什南山群，沿用高振家、王务严(1985)的划分，其中包括的四个组仍适用于阿克苏—乌什地区，代表该区的震旦纪沉积。

【现在定义】 指平行不整合于肖尔布拉克组之下，自下而上由巧恩布拉克组、尤尔美那克组、苏盖特布拉克组及奇格布拉克组组成。底界未出露。

巧恩布拉克组① Z_1q (04-65-0318)

【创名及原始定义】 新疆地质局区测大队地层分队张太荣等(1976)创立，创名地乌什县巧恩布拉克。原始定义：指发育于苏盖特布拉克岩系之下的一套灰绿色复矿砂岩和粗砂质页岩组成的复杂互层，底界未出露。

【沿革】 新疆地质局区测大队地层分队(1976)命名的巧恩布拉克组，相当于地质部十三大队三中队(1957)的震旦系(巧恩布拉克剖面)；高振家、王务严(1985)将该组自下而上划分为四个岩性段：砂岩段、冰碛岩段、钙质砂岩段、砂砾岩段；高振家、陈晋镳(1993)又将该组升为群，自下而上包括四个组(相当四个岩性段)，西方山组、东巧恩布拉克组、牧羊滩组、冬屋组，地质时代属青白口纪。本次对比研究认为巧恩布拉克组适合于今后该区的区调工作，代表震旦纪早期沉积。

【现在定义】 指不整合于苏盖特布拉克组或尤尔美那克组之下，以砂岩为主体，砂岩及粉砂岩所组成的复杂互层，夹冰碛砾岩，按岩性自下而上分砂岩段、钙质砂岩段、砂砾岩段所组成的岩石序列。底界未出露。

【层型】 正层型：巧恩布拉克剖面(79°15′10″，40°38′10″)，由地质部十三大队三中队(1957)测制。参考剖面：尤尔美那克东4 km Ⅲ号实测剖面，乌什县苏盖特布拉克剖面，阿克布拉克北剖面。

【地质特征及区域变化】 该组在乌什县南山地区出露较完整，此外在尤尔美那克、苏盖特布拉克及萨尔布拉克一带也有零星出露，往北在库瓦特及小铁列克一带也断续可见。所有露头剖面均未见底。剖面可见厚度为1 966 m，按岩性和沉积特征划分的四个岩性段见于巧恩布拉克地区。往北到小铁列克一带该组却为一套厚度较大、岩性单一的硅质片岩。

该组自下而上划分为砂岩段：是构成巧恩布拉克组的主体，该段岩性稳定，下部出露部分长石岩屑砂岩；中上部出露大量岩屑长石砂岩，岩石的结构成熟度及成分成熟度低，具复理石韵律，递变层普遍存在；砂岩、粉砂岩呈互层，并逐渐过渡。砂岩底界清楚，顶界与粉砂岩呈过渡界线。粉砂岩中具小交错纹层，局部地段有对称波痕，说明砂岩段中夹有非浊流相的其他海相沉积。由于该组底界未出露，厚1 057 m，往北到阿合牙一带达4 000多米。冰碛岩段，出露厚

① 有人提议启用高振家等(1993)的意见，将该组升为群，自下而上分为西方山组、东巧恩布拉克组、牧羊滩组、冬屋组。

度不大，在尤尔美那克一带最厚达97 m。其岩性主要为一套紫红色细一粉砂岩、冰碛巨砾岩、含砾砂岩构成，冰碛巨砾常呈大凸镜状，向东南厚度增大变为四层；向西北变为一层，厚度也变小，与砾质杂砂岩为相变关系，其中常见滑塌构造。为寒冷气候条件下的冰川沉积。钙质砂岩段，在尤尔美那克一带出露厚107 m，其主体由薄层状具小型交错层的钙质砂岩和具水平纹层粉砂岩互层构成，砂岩为正粒序递变层，属深海沉积。砂砾岩段，主要出露在尤尔美那克一带，厚约175 m，主要由块状含砾粗砂岩组成，夹少量绿色细砂岩。砂岩中发育变形层理、正粒序递变层，为浊流沉积。

该组中含微古植物21属59种，主要分子有 *Margominuscula rugosa*，*M.* aff. *tennela*，*Leiominuscula incrassata*，*L. kepingensis*，*Leiopsophosphaera oralia*，*L. loginplicata*，*L. densa*，*Trachysphaeridium incrassatum*，*T. simplex*，*Pseudzonosphaera sinica* 等。朱杰辰(1987)测得铀-钍-铅等时线年龄值为774±0.18 Ma，故将该组地质时限置于震旦纪。

【其他】 高振家、陈晋镳(1993)根据巧恩布拉克组与上覆尤尔美那克组之间存在明显沉积间断，不仅有不整合，而且与上覆岩系有沉积相及沉积环境的重要差异，因此将该组升为群(自下而上分四个组)，地质时限属青白口纪；另一种意见认为根据微古植物及同位素年龄值无疑应划归震旦纪，两者意见分歧较大，有待今后深入研究。

此外对该组的沉积环境也有不同的认识，高振家、王务严(1985)认为是寒冷气候条件下的冰川沉积；高振家、陈晋镳(1993)认为应是高密度碎屑流沉积，是一套杂砾岩，而不是冰碛岩。砂岩中有典型的浊流沉积；地矿部西北石油地质局地质大队赵明也认为该组是一套水下扇沉积，形成这套沉积气候是温暖的，而强烈的构造运动为这套沉积提供了必要的地貌条件。

尤尔美那克组　Z_1y　(04-65-0309)

【创名及原始定义】 高振家、王务严等(1985)创名，创名地在尤尔美那克。原始定义：指不整合于巧恩布拉克组绿色砂岩夹粉砂岩之上，平行不整合于苏盖特布拉克组砖红色砂砾岩之下的一套紫红色冰碛砾岩、砂岩及绿色粉砂质板岩所组成的岩石序列。

【沿革】 该组相当于地质部十三大队三、九中队(1957)及新疆区测大队地层分队(1976)划分的苏盖特布拉克组底部的砂砾岩层。

【现在定义】 同原始定义。

【层型】 正层型：尤尔美那克以西500 m处剖面(79°27′40″，40°40′40″)，高振家、王务严等(1985)测制。参考剖面：尤尔美那克西4 km Ⅴ号剖面，苏勒得克西剖面，尤尔美那克Ⅳ—Ⅳ′剖面。

【地质特征及区域变化】 该组分布不广，主要分布在尤尔美那克一带，为一套典型的大陆冰川堆积。主要岩性为紫红色冰碛岩、砂岩、绿色粉砂质板岩，在肖尔布拉克以东地区，冰成岩粒度变小，未见巨大冰川漂砾，厚度变化大(1～80 m)，在奇格布拉克东与阿克苏沙依里克地区，可见该组超覆于长城纪阿克苏群之上。

苏盖特布拉克组　Z_2s　(04-65-0310)

【创名及原始定义】 B. M. 西尼村(B. M. Синицын)1952年创名(1957年介绍)，创名地在苏盖特布拉克。原始定义：指在古老结晶片岩之上的一套以绛红、砖红色为主的复矿砂岩，上为古生代地层覆盖。时代定为寒武纪。

【沿革】 地质部十三大队三中队莎茨基(1956)改称为早寒武世苏盖特布拉克岩系，后来十三大队三·九中队张振华(1957)等沿用。郑南来(1958)将该组下部称绛红色层,上部称过渡层;新疆区测大队地层分队(1976)重新厘定后的苏盖特布拉克组相当绛红色层,属震旦纪沉积,《西北地区区域地层表·新疆维吾尔自治区分册》(1981)划为上震旦统;高振家、王务严(1985)重新厘定后的苏盖特布拉克组不包括原始定义中的底部砾岩层(划归尤尔美那克组),地质时代为晚震旦世。

【现在定义】 指整合或平行不整合于奇格布拉克组之下,不整合于巧恩布拉克组或尤尔美那克组之上的一套以绛红、砖红色为主的复矿砂岩、泥岩,夹火山岩及灰绿色、灰白色砂岩及石英砂岩夹层,上部夹多层灰岩所组成的地层序列。

【层型】 正层型:苏盖特布拉克以西 15 km 剖面(79°17′30″,40°50′00″),由地质部十三大队九中队(1957)测制。参考剖面:尤尔美那克西 4km Ⅴ号剖面,苏盖特布拉克西南 11 km Ⅹ号剖面,阿克苏西南约 20 km Ⅷ号剖面,卡勒下勒 XIV — XIV′剖面。

【地质特征及区域变化】 该组主要分布在尤尔美那克、巧恩布拉克、苏盖特布拉克以及沙瓦普齐、阿瓦特等地,并广泛超覆于下部地层之上,有时可见红色花岗质砂砾岩、重晶石化含粉砂灰岩超覆于巧恩布拉克组之上。与下伏尤尔美那克组为平行不整合接触,在尤尔美那克地区该组底部的含白色石英的砂砾岩为良好的分层标志。该组宏观特征明显(为一套红色沉积层)、岩性稳定、出露厚度不大,在尤尔美那克一带最厚达 894 m,往东到沙依里克一带变薄,为 61 m。根据岩性特征可分为上、下两段,下段以紫红、砖红、绛红色砂岩为主夹灰绿色中薄层砂岩、粉砂岩;中上部有基性火山岩,并偶见薄层赤铁矿,含微古植物化石,属强氧化环境下的滨—浅海沉积;上段主要为黄褐色砂岩,中夹海绿石砂岩,下部为竹叶状灰岩,含微古植物,属弱还原环境下的边缘海滩—浅海沉积。砂岩中普遍发育人字形层理、波状层理、脉状层理、砂纹层理、个别见板状交错层及不对称波痕。

该组含丰富的微古植物化石,计有 27 属 78 种。主要分子有 *Trachysphaeridium simplex*, *T. rugosum*, *T. cultum*, *Pseudozimosphaera asperella*, *P. mucleolata*, *Nucellosphaeridium cultum*, *N. hyalinum*, *N. foverum* 等分子。上述分子常见于震旦纪沉积中。

奇格布拉克组 Z_2q (04-65-0311)

【创名及原始定义】 新疆地质局区测大队地层分队张太荣等(1976)创名,创名地在阿克苏沙依里克地区。原始定义:指整合于肖尔布拉克组之下,整合于苏盖特布拉克组之上的以碳酸盐岩为主,下部夹钙质砂岩、粉砂岩及长石石英砂岩所组成的岩石序列。

【沿革】 该组相当于郑南来(1958)划分的下寒武统苏盖特布拉克建造上部的过渡层及肖尔布拉克建造的下白云岩层;高振家、王务严(1985)将郑南来(1958)划分的肖尔布拉克建造下白云岩重新厘定为苏盖特布拉克组,地质时代为震旦纪。

【现在定义】 指平行不整合于肖尔布拉克组含磷岩系之下,整合于苏盖特布拉克组绛红色碎屑岩之上的一套以碳酸盐岩为主,偶夹砂岩、粉砂岩所组成的岩石序列。

【层型】 正层型:阿克苏沙依里克剖面(79°52′00″,40°55′20″),由新疆区测大队地层分队(1976)测制。参考剖面:尤尔美那克南东6 kmⅣ号剖面,苏盖特布拉克Ⅳ号剖面,阿克苏西南20 kmⅧ号剖面,苏盖特布拉克西南 11 km 剖面。

【地质特征及区域变化】 该组在宏观上为一套碳酸盐岩,顶底分界常以碳酸盐岩的大量出现和消失为分界。在地貌上常形成高山和陡壁。其岩石组合常以中—厚层状白云岩为主,下部夹薄层砂岩,层位较稳定,厚度变化不大(140～190 m 之间)。属滨—浅海沉积。

本组含微古植物及叠层石。其中微古植物有15属15种，主要分子有：*Trachysphaeridium cultum*，*T. hyalinum*，*T. simplex*，*Pseudozonosphaera rugosa*，*P. asperella*，*Pseudodiarrodium verticale* 等分子。叠层石主要有：*Paniscollenia*，*Linella*，*Colonnella*，*Boxonia* 群的分子。上述分子常出现于震旦纪沉积中。

库鲁克塔格群　*ZK*　(04－65－0317)

【创名及原始定义】 Norin(1932)① 创名，创名地在库鲁克塔格的卡拉帖肯乌拉山南侧。原意指一套轻微变质的沉积岩系，由下而上包括拜义西建造、泰瑞爱肯建造、育肯沟建造及阿尔通沟建造。

【沿革】 Norin(1932)划分的前震旦系库鲁克塔格岩系，相当于地质部十三大队一中队(1958)的震旦系，自下而上包括照壁山岩系、阿通布拉克岩系、扎莫克德布拉克岩系、罗钱岩系、水泉岩系及汉高尔乔克岩系；《西北地区区域地层表·新疆维吾尔自治区分册》(1981)划分的震旦系，自下而上包括贝义西组、特瑞爱肯组、育肯沟组、水泉组；高振家、朱诚顺(1984)划分的震旦系，自下而上包括贝义西组、照壁山组、阿勒通沟组、特瑞爱肯组、扎摩克提组、育肯沟组、水泉组及汉格尔乔克组。在库鲁克塔格地区，上述八个组已广泛用于区调填图工作。本次对比研究后，仍然采用八个组，代表该区震旦纪沉积。

【现在定义】 指平行不整合于西大山组与肖尔布拉克组之下，不整合于帕尔岗塔格群之上，自下而上由贝义西组、照壁山组、阿勒通沟组、特瑞爱肯组、扎摩克提组、育肯沟组、水泉组及汉格尔乔克组组成。

【地质特征及区域变化】 该群在库鲁克塔格地区分布较广，西起库尔勒以东的卡拉帖肯乌拉经阿勒通达坂东延至破城子以南，在南部自苏盖特经爱尔基干达坂至兴地村，东延至罗布泊以北、帕尔岗以南的玉勒衮布拉克一带，分布范围很广。在该群中已发现大量微古植物化石。此外，在贝义西组顶部、阿勒通沟组、特瑞爱肯组和汉格尔乔克组中有三套杂砾岩层，是震旦纪地层区域对比的重要标志层，除上述特征外在贝义西组、扎摩克提组、水泉组还有双峰火山岩系。总之，库鲁克塔格群是一套以碎屑岩为主的含火山岩和冰成岩的沉积建造，其中多个层位具有浊流沉积特征。碎屑岩化学成分表明为活动大陆边缘盆地沉积，与下伏帕尔岗塔格群浅水碳酸盐层相比，无论是沉积环境或构造环境都较活动。对该群中杂砾岩的成因有两种认识：一种认识是与寒冷气候条件下冰川活动有关的不同环境中形成的沉积物，其中不乏有重力流沉积层，除了古地理条件的控制外，寒冷气候是控制杂砾岩的重要因素；另一种观点认为是大陆斜坡上的重力流沉积，与冰川活动无关。值得今后进一步探讨。

贝义西组　Z_1b　(04－65－0300)

【创名及原始定义】 Norin(1932)② 创名拜义西建造，创名地在库鲁克塔格地区阿尔通沟支沟的拜义西干谷。原始定义：指沉积在副片麻岩之上的一套巨厚的轻变质的沉积岩和喷发岩所组成的岩石序列；其下部由粗粒水蚀砾石、长石砂岩质石英岩、灰瓦岩和具波痕粘土、砂质板岩组成，上部出现了凝灰物质。

【沿革】 由 Norin(1932)创名的拜义西建造相当于地质部十三大队一中队(1958)划分的照壁山组；新疆第一区测大队三、五分队(1961)在东库鲁克塔格工作时，未见不整合于前震旦

---

① Norin，1932，东天山库鲁克塔格地质调查报告。
② 见参考文献 Norin(1937)。

系之上的该套沉积以火山岩为主,夹碎屑岩及冰碛岩,因而沿用贝义西组一名,但岩性与创名地有差别;高振家、朱诚顺(1984)认为按冰期和间冰期该组可以两部分,于是将下部的冰碛岩、火山岩及碎屑岩单独分出(相当拜义西建造的下部),并沿用贝义西组一名。

【现在定义】 指不整合在帕尔岗塔格群之上,整合于照壁山组之下由一套以碎屑岩(砂板岩、细砂岩等)及火山岩为主,夹多层冰碛岩所组成的地层序列,个别地段火山岩较发育。

【层型】 正层型:库鲁克塔格阿尔通沟支沟拜义西干谷剖面(87°20′30″,41°28′15″),由Norin(1932)测制。参考剖面:西库鲁克塔格西山口以东ⅩⅢ号剖面,辛格尔南坡ⅩⅥ号剖面,1689高点东1.7 km剖面,南雅尔当山东段Ⅸ号剖面,东库鲁克塔格小尖山东6 km Ⅴ号剖面。

【地质特征及区域变化】 贝义西组在区内分布较广,东、中、西库鲁克塔格均有分布,其中尤以中库鲁克塔格厚度最大,为1 486 m,往东、西库鲁克塔格厚度分别减少为640 m、460 m。该组底部为一区域不整合,其不整合面是震旦纪与青白口纪的自然分界。该组底部为砾岩,向上过渡为含砾粗砂岩,两者常组成韵律沉积,但岩性变化大,厚度极不稳定,属河流沉积环境。再往上为碎屑岩夹冰碛岩及火山岩,顶部为砂岩、泥岩常呈韵律互层。火山岩以中酸性为主,基性熔岩少见。在雅尔当山一带,该组几乎为一套单一的中酸性熔岩夹火山碎屑岩,厚约1 407 m。中、西库鲁克塔格则发育大量基性玄武岩。在砂岩中发育变形层理、正粒序层理,底面见槽模,有的砂岩顶面见有小波痕,而且砂岩常相变为火山集块岩、熔岩和凝灰岩。本组下部及上部夹灰绿色冰碛砾岩,又称早冰期沉积,在西库鲁克塔格较发育,可见5层,总厚达138m;在中、东库鲁克塔格,冰碛层变薄,层数也减少,冰碛层常在海相碎屑岩及火山岩中呈夹层或交替出现,两者之间为整合接触,为冰川海洋沉积。

本组含微古植物有8属15种,主要分子有:*Trachysphaeridium simplex*,*T. rude*,*Asperatopsophosphaera bavlensis*,*A. umishanensis*,*A. incrassa*等。此外根据朱杰辰(1987)获得的三个全岩同位素样,分析结果获得铅模式年龄值介于716～832 Ma之间,平均为773 Ma;滇、黔、桂石油勘探研究所(1990)在雅尔当山贝义西组底部火山岩中经Rb-Sr法测得年龄值为849 Ma。根据上述成果将该组地质时代置于早震旦世。

照壁山组 $Z_1\hat{z}$ (04-65-0301)

【创名及原始定义】 地质部十三大队一中队朱诚顺等(1958)创名,创名地在库鲁克塔格赛纳尔西端,指整合在北赛纳尔塔格岩系之上,下部为灰色、灰绿色砾岩、砂岩;上部为灰色似冰碛岩、长石石英粗砂岩、灰绿色粉砂岩、泥质板岩及黑色细—中粒长石石英砂岩。

【沿革】 该组相当于Norin(1932)划分的拜义西建造,新疆第一区测大队三、五分队(1961)在东库鲁克塔格见到不整合在前震旦系之上的这套沉积以火山岩为主夹碎屑岩及冰碛岩并沿用贝义西组一名;高振家、朱诚顺(1984)认为,原划分的照壁山岩系按冰期和间冰期可以两分。因此将上部的碎屑岩(间冰期沉积)单独分出,沿用照壁山组一名。

【现在定义】 指整合或不整合在阿勒通沟组之下,整合于贝义西组之上的,上部为灰黑色粉砂质泥岩、砂板岩及灰色长石石英砂岩为主,夹砂砾岩凸镜体,下部主要为灰、灰白色层状石英砂岩,偶夹砂砾岩或薄层粉砂泥质岩所组成的岩石序列。

【层型】 正层型:库鲁克塔格的赛纳尔塔格山西剖面(88°22′30″,41°28′30″),由地质部十三大队一中队(1958)测制。参考剖面:中库鲁克塔格照壁山ⅩⅣ号剖面,西库鲁克塔格西山口以东ⅩⅢ号剖面,东库鲁克塔格小尖山Ⅱ号剖面,1872高点剖面。

【地质特征及区域变化】 该组在东、中、西库鲁克塔格均有分布,在中库鲁克塔格厚度最大，往东、西库鲁克塔格变薄，在雅尔当山东段因阿勒通沟组超覆在贝义西组之上而未见沉积。岩性变化不大，均以碎屑岩建造为主，为良好的间冰期沉积。

本组含微古植物 6 属 8 种，主要分子有：*Trachysphaeridium rude*，*Asperatopsophosphaera bavlensis*、*A. gigatea*，*A. incrassa* 等分子。上述分子常见于震旦纪沉积中。

阿勒通沟组　Z_1a　(04－65－0302)

【创名及原始定义】 Norin(1932)创名阿勒通沟岩系，创名地在库鲁克塔格卡拉帖肯乌拉山西端南侧的阿尔通沟。原始定义：指发育在拜义西建造之上的一套喷发岩地层，主要由霏细状结构角斑岩、石英斑岩与砾岩、长石砂岩质石英岩及绿泥板岩所组成的互层。

【沿革】 自 Norin(1932)创名后，该组含义几经变化。地质部十三大队一中队(1958)划分的阿通布拉克岩系相当于 Norin(1932)的泰瑞爱肯建造；新疆第二区测大队二分队(1960)按岩性将阿通布拉克组分为上亚组，以冰碛岩为主；下亚组以碎屑岩为主；高振家、朱诚顺(1984)将下亚组单独分出，沿用 Norin(1932)的阿勒通沟原名，称阿勒通沟组。

【现在定义】 整合或平行不整合于特瑞爱肯组之下，平行不整合(不整合或整合)于照壁山组之上，以碎屑岩为主，夹泥灰岩、火山岩及冰碛岩组成的岩石序列。

【层型】 创名人未指定层型，本次对比研究指定选层型：中库鲁克塔格照壁山 XIV 号剖面(88°18′00″，41°29′20″)，由高振家等(1984)测制。参考剖面：2077 高点剖面，南雅尔当山东段 IX 号剖面，2077 高点剖面，西库鲁克塔格西山口以东 XIII 号剖面，东库鲁克塔格小尖山剖面。

【地质特征及区域变化】 本组以滨海—浅海相碎屑建造为主，局部地区夹有火山岩。中间及下部常有海相冰碛岩。厚度变化大，从东到西由厚变薄，在东库鲁克塔格一带厚达 2 395 m，西库鲁克塔格的西山口一带厚约 764 m；在兴地苏盖特布拉克河上游最厚达 32 107 m，雅尔当山一带最薄仅 8 m。该组与下伏照壁山组在中库鲁克塔格照壁山一带为平行不整合接触，在西山口一带为整合接触，在东库鲁克塔格及雅尔当上一带不整合接触。与上覆特瑞爱肯组构成了库鲁克塔格最主要一次冰期。又称中冰碛层，且分为上、下亚冰期。下部亚冰期(阿勒通沟组)岩相变化大，冰碛层多见于下部，厚度小，层位不稳定，属冰川海洋型沉积；砂岩中发育变形层理、水平层理、波痕及槽模，属浅槽盆相沉积。

该组含微古植物 6 属 9 种，主要分子有：*Trachysphaeridium incrassatum*，*T. rude*，*T. hyalinum*，*Asperatopsophosphaera verrucosa* 等分子。常见于震旦纪沉积中。

特瑞爱肯组　Z_1t　(04－65－0303)

【创名及原始定义】 Norin(1932)创名泰瑞爱肯建造，创名地在库鲁克塔格的特瑞爱肯沟。原始定义：指沉积在阿勒通沟酸性喷发岩之上的一套巨厚的泥质、钙质含砾泥岩及陆源碎屑岩。其中一部分含巨砾的泥岩具冰碛特征。

【沿革】 该组相当于新疆第二区测大队二分队(1960)划分的阿通布拉克组，根据岩性又分上亚组：以冰碛岩为主；下亚组：以碎屑岩为主。《西北地区区域地层表·新疆维吾尔自治区分册》(1981)沿用 Norin(1932)“泰瑞爱肯”一名，称泰瑞爱肯组，也分为上、下亚组；高振家、朱诚顺(1984)重新厘定后的特瑞爱肯组相当于上亚组。

【现在定义】 指整合或平行不整合于阿勒通沟组之上，平行不整合或不整合于扎摩克提组之下，以冰碛岩为主，夹砂岩及碳酸盐岩所组成的岩石序列。上、下分界均以冰碛岩的大量出现和消失分界。

【层型】 正层型：库鲁克塔格尉犁县特瑞爱肯沟剖面（87°23′00″，47°27′30″），由 Norin（1932）测制。参考剖面：中库鲁克塔格照壁山ⅩⅣ号剖面，提克不拉大黄南剖面，西库鲁克塔格西山口以东剖面，东库鲁克塔格小尖山剖面Ⅱ号剖面。

【地质特征及区域变化】 该组在库鲁克塔格分布最广，遍及东、中、西段震旦系出露区，厚度巨大，层位稳定，是该区最主要一次冰期。本组主要由冰碛砾岩、冰碛泥砾岩、冰碛纹泥岩组成，常夹碎屑岩、碳酸盐岩及薄层白云岩。碎屑岩中发育变形层理、正粒序层理、平行层理，为典型浊流沉积，属冰川海洋型沉积。宏观上为厚层块状，无层理，冰碛砾石成分非常复杂，常常有凸镜状或大团块砾石堆积体或单个出现的大漂砾夹杂在较细的冰碛泥砾岩、含砾冰碛砂泥岩或海相沉积层之内。该冰期在地层层序上处于两套正常海相间冰期沉积物之间。其中冰碛层厚度从 62～320 m 等。累计厚度不达 1 640 m 以上。

在照壁山及卡拉帖肯乌拉山以东，本冰期由 7～8 层冰碛砾岩组成，厚约 1 300 m，在阿勒通塔格一带冰碛层减少为 5 层，厚达 1 000 余米；在东库鲁克塔格玉勒衮布拉克一带厚度减薄。冰碛层数减少，只出现 3 层，厚约 494 m。该冰碛层在宏观上为厚层块状无层理，冰碛砾石成分复杂，在地层层序上处于两套正常海相间冰期沉积物之间，与下伏地层普遍为整合接触，在东库鲁克塔格一带可见沉积间断。

该组含微古植物 6 属 10 种，主要分子有：*Trachysphaeridium cultum*，*T. hyalinum*，*T. simplex*，*Pseudozonosphaera asperella* 等分子，常见于震旦纪沉积中。

扎摩克提组 $Z_2\hat{z}m$ （04－65－0304）

【创名及原始定义】 地质部十三大队一中队朱诚顺等（1958）创名，创名地在中库鲁克塔格的扎摩克提泉。原始定义：指整合于阿通布拉克岩系之上、罗钱岩系之下，下部为绿色砂岩与粉砂泥质板岩互层；上部为浅黄绿色砂岩夹粉砂泥质板岩。

【沿革】 地质部十三大队一中队（1958）创名的扎摩克德布拉克岩系，相当于 Norin（1932）划分的育肯沟建造的下部层位、《西北地区区域地层表·新疆维吾尔自治区分册》（1981）育肯沟组的下部。高振家、朱诚顺（1984）沿用十三大队一中队（1958）划分，并将岩组名称简化为扎摩克提组。

【现在定义】 指平行不整合或局部不整合及整合在特瑞爱肯组之上，整合或平行不整合在育肯沟组之下，以绿色砂岩和粉砂岩为主，常呈互层；而下部常呈不均匀互层，其中夹灰绿色砂岩、粉砂岩，顶部常夹火山岩所组成的岩石序列。底部有一层碳酸盐岩，是与下伏地层分界的良好标志层。

【层型】 正层型：克根库都克南 2378 高点剖面（88°02′30″，41°30′00″），由地质部十三大队一中队（1957）测制。参考剖面：中库鲁克塔格照壁山ⅩⅣ剖面，莫钦库都克以东Ⅰ号剖面，东库鲁克塔格小尖山Ⅳ号剖面。

【地质特征及区域变化】 该组在区内分布较广，遍及东、中、西库鲁克塔格。在西及中库鲁克塔格与下伏特瑞爱肯组为平行不整合接触，在中库鲁克塔格为整合接触，在南部雅尔当山地区因育肯沟组超覆在下伏地层之上而缺失。该组为一套较厚的碎屑岩、薄层泥质岩的韵律互层，夹火山岩，整体为砂质复理石沉积。厚度较大，自西向东有增厚的趋势，在东库鲁克塔格小尖山一带最厚达 1 299 m。岩性较稳定，普遍由砂岩、粉砂岩夹泥岩构成韵律沉积，为不完整的鲍马序列。普遍发育粒序层、底模、平行纹层及滑动构造，个别粉砂岩中常有交错层，构成砂岩的碎屑颗粒分选性差。根据粒度分布概率图及 C－M 图显示为浅水浊积岩。根据碳、氧、硫稳定同位素及 Sr/Ba 值及硼含量等显示，该组形成于淡化海中。

该组微古植物贫乏，仅 4 属 5 种，即 *Trachysphaeridium cultum*，*Pseudozonosphaera verrucosa* 等分子。

育肯沟组　Z_2y　(04－65－0305)

【创名及原始定义】 Norin(1932)创名育肯沟建造，创名地在库鲁克塔格西端南侧的育肯沟。原始定义：指沉积在泰瑞爱肯建造之上的一套巨厚层石灰岩及绿色细粒三角洲相沉积。

【沿革】 地质部十三大队一中队(1958)将 Norin(1932)划分的育肯沟建造中下部的一套滨海相碎屑沉积单独分出，创名为罗钱岩系；新疆区测大队编图组(1965)创名为克根库都克组，《西北地区区域地层表·新疆维吾尔自治区分册》(1981)的育肯沟群相当于育肯沟建造的下部；高振家、朱诚顺(1984)沿用十三大队一中队(1957)的划分，将罗钱岩系及克根库都克组名停用，沿用育肯沟组名称。

【现在定义】 指整合(局部平行不整合)在扎摩克提组之上，整合(局部平行不整合)于水泉组之下，以碎屑沉积为主，或组成不均匀互层，中夹泥灰岩及凸镜状砂岩所组成的岩石序列。

【层型】 正层型：库鲁克塔格西端南侧剖面(87°32′30″,41°26′00″)，由 Norin(1932)测制。参考剖面：中库鲁克塔格照壁山 XIV 号剖面。

【地质特征及区域变化】 该组为一套单一的碎屑沉积，微细层理发育，在砂岩中具交错层及波痕，属浅海陆架环境，风化后常呈齿簇状外貌，是分组的一种标志。该组岩性较稳定，厚度变化不大，在中库鲁克塔格一带厚度最大达 587 m，往东、西有变薄趋势。

水泉组　$Z_2\hat{s}$　(04－65－0306)

【创名及原始定义】 地质部十三大队一中队朱诚顺等(1958)创名水泉岩系，创名地在库鲁克塔格的克根库都克以南的水泉旁。原始定义：指发育于罗钱岩系之上的一套灰白、深灰、灰褐色灰岩和砂岩。

【沿革】 地质部十三大队一中队朱诚顺等(1958)创名的水泉岩系，相当于 Norin(1932)划分的育肯沟建造的中、上部层位，《西北地区区域地层表·新疆维吾尔自治区分册》(1981)划分的水泉组的下部。高振家、朱诚顺(1984)曾在该组发现蠕虫及带藻等化石，将时代归于晚震旦世。沿用地质部十三大队一中队(1958)的划分，并把水泉岩系改称水泉组。

【现在定义】 指不整合(局部平行不整合或整合)在育肯沟组之上，主要由碳酸盐岩、碎屑岩及火山岩组成，下部以碳酸盐岩为主，上部以碎屑岩为主，顶部有一套基性火山熔岩。

【层型】 正层型：克根库都克南 2378 高点北剖面(88°02′30″,41°30′30″)，由地质部十三大队一中队(1958)测制。参考剖面：中库鲁克塔格照壁山 XIV 号剖面，南雅尔当山 IX 号剖面，东库鲁克塔格玉尔衮布拉克 III 号剖面，罗钦布拉克以南 X 号剖面，提克不拉大黄东剖面。

【地质特征及区域变化】 该组在库鲁克塔格地区均整合覆于育肯沟组之上，仅在雅尔当山一带可见沉积间断。本组岩性稳定，主要由一套碳酸盐岩组成，顶部有火山岩。由于顶部剥蚀严重，故火山岩仅在局部地段保留，在莫钦库都克磷矿可见基性熔岩。厚度变化较大，从西到东有减薄趋势。砂岩中见人字形交错层理。在罗钦布拉克泉的泥质粉砂岩中有含磷显示。

本组含微古植物有 15 属 16 种，主要分子有：*Trachysphaeridium rude*，*T. cultum*，*Pseudozonosphaera asperella*，*P. rugosa* 等分子，常见于震旦纪沉积中。

汉格尔乔克组 Z_2h (04-65-0307)

【创名及原始定义】 地质部十三大队一中队朱诚顺等(1958)创名,创名地在库鲁克塔格汉格尔乔克山麓。原始定义:指整合于水泉岩系之上,由一套具冰碛特征的含卵石和漂砾的暗灰绿色砾状砂岩夹黄褐色石英粗砂岩。

【沿革】 该组相当于Norin(1932)育肯沟建造顶部的巨砾层,《西北地区区域地层表·新疆维吾尔自治区分册》(1981)水泉组的上部。高振家、朱诚顺(1984)沿用地质部十三大队一中队(1958)的划分,但含义有变化。

【现在定义】 指整合于西大山组之下,不整合或平行不整合(局部整合)在水泉组之上,由一套以冰碛岩为主,夹砂岩、灰岩,顶底部为白云质纹泥岩所组成的岩石序列。

【层型】 正层型:中库鲁克塔格XIV号剖面(88°18′00″,41°29′20″),由地质部十三大队一中队(1958)测制。参考剖面:提克不拉大黄东剖面,南雅尔当山东IX号剖面,东库鲁克塔格玉尔衮布拉克东Ⅲ号剖面。

【地质特征及区域变化】 该组分布于库鲁克塔格东段和中段,见于汉格尔乔克山与西大山之间的柳泉布拉克、兴地塔格北坡至莫钦库都克一带,层位稳定,顶底分界清楚。下以冰碛岩的出现为界,其上与西大山组之间区域性的沉积间断为其自然分界。与下伏水泉组在东及西库鲁克塔格为平行不整合;在中库鲁克塔格辛格尔南坡为平行不整合,局部不整合;在雅尔当山地区为整合接触。本组宏观特征明显,为单一的冰碛泥砾岩、含砾冰碛纹泥岩及冰碛砾岩,厚层、块状、无层理,偶夹砂岩、灰岩凸镜体,为典型大陆冰川沉积。该组厚度不大,沿走向变化较小,且常与西大山组相伴出现,在构造形态上组成了同一构造层,是区域性地层对比的良好标志。

恰克马克力克组① Z_1q (04-65-0312)

【创名及原始定义】 马世鹏、汪玉珍(1979)②创名,创名地在恰克马克立克沟。原始定义:不整合于苏库洛克群之上、库尔卡克组之下,上部以碎屑岩为主,夹冰碛岩;下部以冰碛岩为主,夹冰碛纹泥岩;底部碎屑岩。

【沿革】 该组相当于《西北地区区域地层表·新疆维吾尔自治区分册》(1981)奇自拉夫群的下部;马世鹏、汪玉珍(1989)又将底部的砾岩单独分出,创名为牙拉古孜组,其上为恰克马克立克群,自下而上分波龙组、克里西组、雨塘组。由于该区研究程度低,剖面少,本次对比研究仍沿用马世鹏、汪玉珍(1979)的划分,恰克马克力克组仍代表该区震旦纪沉积。

【现在定义】 指不整合于苏库洛克组之上、库尔卡克组之下,上部以碎屑岩为主,夹冰碛岩;下部以冰碛岩为主,夹冰碛纹泥岩;底部由碎屑岩所组成的岩石序列。

【层型】 正层型:新藏公路恰克马克立克沟(77°07′00″,36°40′00″),由马世鹏、汪玉珍(1979)测制。参考剖面:叶城县苏玛兰沟Ⅱ—Ⅱ′剖面。

【地质特征及区域变化】 该组出露好,分布广,已知向东延展到塔斯洪河附近,厚度略有减少,但岩性大体稳定,不同之点是该处的冰碛岩、硅质岩与凝灰岩相伴生;向西到哈拉斯坦河,该组的冰成岩变为红色层状杂砂岩—砂岩—灰黑色粉砂岩的韵律层及含坠石的砂质岩薄韵律层,为冰川陆屑滩沉积,与下伏地层的区域性不整合接触明显。底部砾岩较稳定,但厚度变

---

① 有人主张采用马世鹏等(1989)自下而上划分的波龙组、克里西组、雨塘组。
② 马世鹏、汪玉珍,1979,南疆西部地区磷矿综合研究报告。

化大，由西向东有变薄趋势。

库尔卡克组　Z_2k　(04－65－0313)

【创名及原始定义】　马世鹏、汪玉珍(1979)创名，创名地在新藏公路克孜苏胡木沟。原始定义：不整合于恰克马克立克组之上，整合于克孜苏胡木组之下，以碎屑岩为主，砂岩、页岩常呈互层，中夹含砾细砂岩、长石砂岩等。顶部偶见磷块岩条带，底部有一层玫瑰色白云岩，是与下伏地层良好的分层标志。

【沿革】　该组相当于《西北地区区域地层表·新疆维吾尔自治区分册》(1981)奇自拉夫群的中部层位。

【现在定义】　同原始定义。

【层型】　正层型：叶城县新藏公路克孜苏胡木沟剖面(77°02′00″,36°40′00″)，由马世鹏、汪玉珍(1979)测制。

【地质特征及区域变化】　该组岩性及厚度较稳定，底部有一层厚16 m的玫瑰色白云岩，是与下伏地层的良好分层标志，在新藏公路以东为石英砂岩、含砾石英砂岩，顶部为砂岩和页岩的薄互层，为沿岸滩坝沉积。

该组含丰富的微古植物，有16属23种，主要分子有：*Pseudozonosphaera asperella*，*Trachysphaeridium rugosum*，*T. cultum*，*Leiopsophosphaera jugata*，*Hubeisphaera radiata*，*Pseudodiocrodium verticale*，*Fuchunshania rerojujata*，*Macroptycha uniplicata* 等分子。上述分子常见于震旦纪。

克孜苏胡木组　Z_2k　(04－65－0314)

【创名及原始定义】　马世鹏、汪玉珍(1979)创名，创名地在新藏克孜苏胡木沟。原始定义：整合于库尔卡克组之上，不整合于奇自拉夫群之下，由深灰色、紫色、玫瑰色白云岩及碎屑岩组成，上部以白云岩为主，下部为砂岩及粉砂岩不均匀互层，中夹白云岩。

【沿革】　该组相当于《西北地区区域地层表·新疆维吾尔自治区分册》(1981)划分的奇自拉夫群的上部。

【现在定义】　指整合于库尔卡克组之上、不整合于奇自拉夫组之下，由深灰色、紫色、玫瑰色白云岩及碎屑岩组成，上部以白云岩为主，下部为砂岩及粉砂岩不均匀互层，夹白云岩所组成的岩石序列。

【层型】　正层型：叶城县新藏公路克孜苏胡木沟剖面(77°02′00″,36°40′00″)，由马世鹏、汪玉珍(1979)测制。

【地质特征及区域变化】　该组下部含磷砂岩段岩性复杂，横向变化大。中部的鲕状白云岩有冲刷破碎暴露等标志，其上的石英砂岩发育大、中型斜层理与平行层理相间出现，可见楔形层理。上部白云岩较稳定，下部地层向西变薄。区内可见奇自拉夫组超覆于震旦纪不同层位上。

磷矿沟组　$\in_1 l$　(04－65－0403)

【创名及原始定义】　中国地质科学院地质研究所、新疆地质局地质科学研究所、新疆区测大队地层分队(1978)创名，创名地霍城县肯萨依斯山口南磷矿沟。原始定义：以黑色粉砂质硅质泥质岩夹团块状灰岩为特征的地层。

【沿革】　勃里塔也夫(1936)于赛里木湖幅(L－44－XXXIV)、精河幅(L－44－XXXV)进行

1∶50万非正规区域地质调查，将科古琴一带寒武系划为：志留纪泥质页岩系（O?）；1952—1953年苏联十三航测大队费门科夫在霍城幅、赛里木湖幅、精河幅进行1∶20万非正规区域地质调查，将该区寒武系划为：志留系砂页岩系（O?）；新疆地质局伊犁地质大队林潜龙（1959）在赛里木湖幅及精河幅选择了两个不连续地段进行1∶5万非正规地质调查，将该地区寒武系划为：粉砂岩—砂岩系（O）及片岩千枚岩系；新疆区测大队（1965）1∶20万伊犁专报对霍城幅、精河幅寒武系划分为三部分：砂质片岩岩组（O）及Wenlockian（文洛克）—Llandoverian（兰多维列）阶灰岩岩组（Sa（Ln＋w））；1975—1976年新疆地质局地质研究所含磷地层调查组王景斌等在果子沟一带将寒武系划分出下统含磷层；中国地质科学院地质所、新疆地质研究所、新疆区测大队联合地层分队（1978）在果子沟一带对寒武系进行研究，划分了磷矿沟组（$\in_1$）；1985年新疆北天山西段寒武系地层及三叶虫动物群地质专报划分为：下统霍城组及磷矿沟组；于大为等（1987）在1∶20万赛里木湖幅（L－44－XXXIV）、邱广森等（1987）在1∶20万精河幅（L－44－XXXV）、田阔帮等（1988）在1∶20万霍城幅（L－44－XXXIII）均采用霍城组及磷矿沟组的划分。

【现在定义】 上部灰色厚层状灰岩，下部暗灰绿色含磷钙质砂岩、页岩、灰岩不均匀互层，底部为砾岩或砂岩或磷块岩，下与凯拉克提群平行不整合接触，上与肯萨依组整合接触的含磷地层。

【层型】 正层型：霍城县肯萨依斯山口西南磷矿沟剖面（81°10′06″，44°28′24″），中国地质科学院地质所、新疆地质研究所、新疆区测大队联合地层分队（1977）测制。参考剖面：霍城县肯达克塔斯XXXIII号剖面，赛里木湖阿合恰特三角架南200 m Ⅳ号剖面。

【地质特征及区域变化】 磷矿沟组以浅灰色介屑石灰岩及黑色粉砂质泥岩及硅质泥岩为主。生物化石自上而下划分为两个化石带：② *Calodiscus-Kootenia* 组合带；① *Redlichiids* 带。分布较广，与下伏凯拉克提群局部地段为不整合接触，一般均为平行不整合接触。本组岩性稳定，富含磷，底部有厚度不等的磷块岩层。其厚度由1.3～45 m，果子沟老公路厚40.5 m，磷矿沟厚36 m，科古琴厚32 m，阿合恰特厚23.6 m。

肯萨依组　$\in_2 k$　（04－65－0402）

【创名及原始定义】 由中国地质科学院地质研究所、新疆地质局区测大队地层分队①（1974）创名，新疆地层表编写组（1981）介绍，创名地霍城县肯萨依斯山口南磷矿沟。原始定义：上部为厚层岩屑砂岩夹粉砂质石灰岩及断续分布的团块状石灰岩；中部为黑色薄层硅质泥质岩及薄—中厚层石灰岩；下部为含磷泥质硅质岩夹薄层生物石灰岩或透镜体，化石丰富的地层。

【沿革】 勃里塔也夫（1936）于赛里木湖幅、精河幅进行1∶50万非正规区域地质调查，将科古琴一带寒武系划为：志留系泥质页岩系（O?）；1952－1953年苏联十三航测大队Б.П.费门科夫在霍城幅、赛里木湖幅、精河幅进行1∶20万非正规区域地质调查，将该区寒武系划为：志留系砂页岩系（O?）；新疆地质局伊犁地质大队林潜龙（1959）在赛里木湖幅及精河幅选择了两个不连续地段进行1∶5万非正规地质调查，将该地区寒武系划为；粉砂岩—砂岩系（O）及片岩千枚岩系；新疆区测大队（1965）1∶20万伊犁专报对霍城幅、精河幅寒武系划为二部分：砂质片岩组（O）及Wenlockian（文洛克）—Llandoverian（兰多维列）阶灰岩组（Sa（Ln＋w））；1974

① 中国地质科学院地质研究所、新疆地质局区测大队地层分队，1978，新疆博罗霍洛山及加波萨尔地区早古生代地层研究报告。（由王宝瑜根据1974年资料编写）

年中国地质科学院地质研究所、新疆区测大队联合地层分队在果子沟一带进行寒武纪地层研究，划出了肯萨依组（$\in_{1-2}k$）；新疆地质局地质研究所含磷地层调查组王景斌等（1975—1976）在果子沟一带对寒武系划出中统；吴世智、蔡土赐（1976）根据1974年中国地质科学院地质研究所及新疆区测大队联合地层分队在果子沟一带专题研究撰文，划分出下、中寒武统肯萨依组；中国地质科学院地质研究所、新疆地质研究所、新疆区测大队联合地层分队（1977）在果子沟一带再次对寒武系进行研究，把肯萨依组划为中寒武统。《西北地区区域地层表·新疆维吾尔自治区分册》（1981）亦把肯萨依组划归中寒武统；1985年新疆北天山西段寒武纪地层及三叶虫动物群地质专报划分为中统阿合恰特组、肯萨依组；于大为（1987）在1∶20万赛里木湖幅（L-44-XXXIV）、邱广淼（1987）在1∶20万精河幅（L-44-XXXV）、田阔帮（1988）在1∶20万霍城幅（L-44-XXXIII）均采用阿合恰特组、肯萨依组的划法。本组1974年创名，王景斌等（1985）细分为：阿合恰特组、肯萨依组。据岩石地层清理原则，本次对比研究仅保留肯萨依组作为该区岩石地层单位，停止使用阿合恰特组。

【现在定义】 主要为深灰—黑色薄层状硅质、泥质粉砂岩、粉砂岩、碎屑砂岩夹灰岩、砂质灰岩，底部为含磷硅质岩、粉砂岩，与下伏磷矿沟组、上覆果子沟组均为整合接触。

【层型】 创名人未指定层型，本次对比研究指定选层型：霍城县肯达克塔斯XXXIII号剖面（80°54′40″，44°31′35″），由新疆地矿局一区调大队六分队（1988）测制。参考剖面：精河县科古琴8号剖面，精河县科古琴16号剖面。

【地质特征及区域变化】 肯萨依组岩性主要为厚层岩屑砂岩、薄层硅质泥质岩及钙质粉砂岩夹团块石灰岩。其底部含磷层一般厚1～10 cm，偶达数十厘米。与下伏磷矿沟组整合接触，但多数地段为平行不整合接触，与上覆果子沟组整合接触。该组化石丰富，根据生物组合，自上而下可分为五个化石带：⑤ *Glyptagnostus reticulatus* - *Glyptagnostus stolidotus* 带；④ *Agnostascus orientalis* 带；③ *Lejopyge laevigata* - *Centropleura* 带；② *Goniagnostus nathorsti* - *Ptychagnostus punctuosus* 带；① *Xystridura* 带。

本组厚度15～90 m，科古琴鸭蛋山厚40 m，磷矿沟和凯拉克提溪之间厚17 m，肯萨依斯山口南厚56 m；分布范围在科古琴山地区的果子沟及萌吉库尔河一带。

果子沟组 $\in_3 g$ （04-65-0401）

【创名及原始定义】 中国地质科学院地质研究所、新疆地质局区测大队地层分队（1974）创名，新疆地层表编写组（1981）介绍，创名地霍城县肯萨依斯山口南。原始定义：为灰黑色碳质硅化灰岩夹黑色硅质粉砂岩薄层，含丰富的三叶虫及腕足类化石。与下伏及上覆地层均为整合接触。

【沿革】 1936年勃里塔也夫于赛里木湖幅、精河幅等地区进行1∶50万非正规区域地质调查，将科古琴一带寒武系划为：志留纪泥质页岩系（O?）；1952—1953年苏联十三航测大队Б.П.费门科夫在霍城幅、赛里木湖幅、精河幅等地区进行非正规1∶20万区域地质调查，将该区寒武系划为：志留系砂页岩系（O?）；1959年新疆地质局伊犁地质大队林潜龙在赛里木湖幅及精河幅选择了两个不连续地段进行1∶5万非正规地质调查，将该地区寒武系划为：粉砂岩-砂岩系（O）及片岩、千枚岩系；1965年区测大队1∶20万伊犁专报对霍城幅、精河幅寒武系划为二部分：砂质片岩组（O）及文洛克-兰多维列阶灰岩组（Sa(Ln+w)）；中国地质科学院地质研究所、新疆区测大队联合地层分队（1974）在果子沟一带进行寒武纪地层研究，划出了果子沟组；1975—1976年新疆地质局地质研究所含磷地层调查组王景斌等在果子沟一带对寒武系划出上统；吴世智、蔡土赐(1976)根据地科院及区测大队联合地层分队(1974)在果子沟一带专题研究撰文，将果子沟组划为上寒武统；联合地层分队(1977)在果子沟一带再次对寒武系进行研究，同样划分出上寒武统果子沟组；1985年新疆北天山西段寒武纪地层及三叶虫动物群地质专报划分出上寒武统果子沟组及将军沟组；于大为(1987)在1∶20万赛里木湖幅(L-44-XXXIV)、邱广淼(1987)在1∶20万精河幅(L-44-XXXV)、田阔帮(1988)在1∶20万霍城幅(L-44-XXXIV)均采用上寒武统果子沟组、将军沟组的划法。

【现在定义】 指灰色薄层状灰岩、泥灰岩夹厚层状泥质及硅质条带状灰岩。与上覆新二台组及下伏肯萨依组均为整合接触。

【层型】 创名人未指定层型，本次对比研究指定选层型：霍城县肯萨依斯山口南风沟剖面(81°10′06″,44°28′24″)，引用《西北地区区域地层表·新疆维吾尔自治区分册》(1981)。参考剖面：霍城县肯达克塔斯XXXIII号剖面，霍城县大西沟XXXV号剖面，霍城县果子沟地区风沟东坡III号剖面，精河县科古琴IX号剖面。

【地质特征及区域变化】 果子沟组为一套灰色薄层状灰岩、泥灰岩夹厚层状泥质及硅质条带状灰岩，与上覆新二台组和下伏肯萨依组均为整合接触。化石丰富，自上而下分为三个化石带：③ *Bulbolenus* 带；② *Lotagnostus punctatus* 带；① *Agnostotes tianshanicus* 带。分布范围为果子沟至萌吉库尔河一带，厚度变化7～40 m。果子沟地区的风沟最厚达40 m，萌吉库尔河11 m，科古琴地区仅7 m。

西大山组[①] $\in_1 x$ (04-65-0406)

【创名及原始定义】 地质部十三大队一中队朱诚顺等(1958)创名西大山岩系，创名地在莫合尔山北侧。原始定义：以碳酸盐岩为主，主要为砂质、泥质灰岩，夹燧石条带灰岩、瘤状一饼状灰岩或页岩，含多门类化石。

【沿革】 1957年地质部十三大队一中队在辛格尔幅(K-45-XXIII)进行1∶20万区域地质调查时，将下寒武统划为莫合尔山岩系(中寒武统称西大山岩系)；中国科学院南京地质古生物研究所张日东等(1959)称为西大山统；新疆地质局区测大队编图分队胡树荣等(1965)编写的《辛格尔幅(K-45-XXIII)1∶20万地质图说明书》和1965年新疆地质局区测大队编图分队吴文奎等编写的《巴勒衮布拉克幅(K-45-XXV)1∶20万地质图说明书》划为下寒武统西大山组；《西北地区区域地层表·新疆维吾尔自治区分册》(1981)改称西大山群；1982年新疆地质局区测大队十一分队安德盛等在《阔克苏幅(K-45-XXIX)1∶20万区域地质调查报告》又重称下寒武统西大山组；1982年新疆地质局区测大队十二分队刘忠立编写的《兴地幅(K-45-XXVIII)1∶20万区域地质调查报告》、1984年高振家、朱诚顺等编写的《新疆前寒武纪地质》及1988年新疆地矿局科研所编著的《新疆古地理图集》均划分为下寒武统西大山组及西山布拉克组；1990年成守德编写的《新疆古生界》(上)寒武系部分，划为下寒武统西大山群。

【现在定义】 指下部为黑色硅质岩、含磷硅质岩夹碳质泥岩、泥质粉砂岩，与下伏汉格尔乔克组平行不整合接触；上部为碳酸盐岩，主要为灰岩、泥灰岩及少量白云质灰岩、钙质砂岩，与上覆莫合尔山组整合接触。

【层型】 创名人未指定层型，本次对比研究指定选层型：尉犁县辛格尔西大山剖面(88°17′12″,41°39′42″)，由高振家、朱诚顺(1984)测制。参考剖面：和硕县罗钦布拉克X号剖面。

---

① 有人提议恢复西北布拉克组、西大山组。

【地质特征及区域变化】 西大山组岩性下部以黑色硅质岩为主，上部以碳酸盐岩为主。与上覆莫合尔山组整合接触，与下伏汉格尔乔克组多呈平行不整合接触，极少为整合接触。在西大山组上部含有较丰富的化石，主要为：海绵骨针 *Protospongia* sp.，古杯类 *Coscinocyathus* sp.，*Ajacicyathus* sp. 及三叶虫、腕足类、藻类等。厚度 42～507 m，莫钦库都克厚 42 m，莫合尔山北坡厚 102 m，兴地塔格为 341 m。

该地层适用于库鲁克塔格地区的博斯腾湖、辛格尔、兴地、阔克苏、巴勒衮布拉克、大平台等地。

莫合尔山组 $\epsilon_2 m$ （04-65-0405）

【创名及原始定义】 新疆地质局 722 队邓自华等① (1957)创名莫合尔山统，新疆地质局区测大队编图分队胡树荣等(1965)介绍，创名地在莫合尔山。原始定义：指一套划分为两个亚组，第一亚组整合于西大山组之上，为一套杂色砂质泥质灰岩；第二亚组为一套薄层灰岩、砂质灰岩夹泥灰岩、硅质条带灰岩，含三叶虫化石的地层。

【沿革】 地质部十三大队一中队(1957)在辛格尔幅(K-45-XXIII)进行 1：20 万区域地质调查，划分出下寒武统西大山岩系；新疆地质局区测大队编图分队胡树荣等(1965)编写《辛格尔幅(K-45-XXIII)1：20 万地质图说明书》，重新厘定为中—上寒武统莫合尔山群；新疆地质局区测大队编图分队朱诚顺等(1965)编写的《博斯腾湖幅(K-45-XXII)1：20 万地质图说明书》，划为中寒武统莫合尔山群；新疆地质局区测大队编图分队吴文奎等(1965)编写的《巴勒衮布拉克幅(K-45-XXV)1：20 万地质图说明书》，划为中寒武统莫合尔山组；《西北地区区域地层表·新疆维吾尔自治区分册》(1981)，新疆地质局区测大队十一分队安德盛等(1982)编写的《阔克苏幅(K-45-XXIX)1：20 万区域地质调查报告》，新疆地质局区测大队二分队刘忠立等(1982)编写的《兴地幅(K-45-XXVIII)1：20 万区域地质调查报告》，高振家、朱诚顺(1984)编写的《新疆前寒武纪地质》，新疆地质局研究所(1988)编写的《新疆古地理图集》，成守德(1990)编写的《新疆古生界》(上)寒武系部分，均划为中寒武统莫合尔山组。

【现在定义】 指上部为灰岩夹竹叶状、砾状灰岩；下部为钙质泥岩、泥质灰岩夹燧石条带，下部层位常相变为砂质灰岩、角砾状灰岩、粉砂岩等。底界与西大山组整合接触，与上覆突尔沙克塔格组整合过渡。

【层型】 正层型：尉犁县辛格尔莫合尔山剖面(88°21′05″，41°24′20″)，由新疆地质局 722 队(1957)测制。参考剖面：和硕县罗钦布拉克 X 号剖面，托克逊县辛格尔莫合尔山北坂剖面。

【地质特征及区域变化】 莫合尔山组为灰岩、砂质、泥质灰岩夹团块灰岩、硅质条带灰岩、结晶灰岩等。与上覆突尔沙克塔格组、下伏西大山组均为整合接触。含海绵骨针：*Protospongia* sp.，三叶虫：*Lejopyge*，*Hypagnostus*，*Ptychagnostus* 及软舌螺：*Hyolithes*。厚度 72～700 m，兴地塔格北坡 72 m，莫钦库都克 135 m，罗钦布拉克 315 m，乌兹雷克 578 m，厚度变化较大。

该地层适用于库鲁克塔格地区的博斯腾湖、辛格尔、兴地、阔克苏、巴勒衮布拉克、大平台等地。

突尔沙克塔格组 $\epsilon_3 O_1 t$ （04-65-0404）

【创名及原始定义】 Norin(1932)首次创名，称突尔沙克塔格建造，代表整个寒武纪地层，

① 新疆地质局 722 队邓自华等，1957，新疆西库鲁克塔格概略普查地质报告。

创名地在莫钦库都克附近的突尔沙克塔格。原始定义：为灰色、深灰色厚层状灰岩、白云质灰岩，夹薄层灰岩。

【沿革】 1932年Norin在莫钦库都克附近的突尔沙克塔格创名为"突尔沙克塔格"建造，代表整个寒武纪地层；1957年地质部十三大队一中队在辛格尔幅(K-45-XXⅢ)进行1∶20万区域地质调查，划为丘里塔格岩系；中国科学院南京地质古生物研究所张日东等(1959)划为突尔沙克塔格岩系($\in_3$)及却尔却克岩系(O_1)；1965新疆地质局区测大队编图分队胡树荣等编写《辛格尔幅(K-45-XXⅢ)1∶20万地质图说明书》，重新厘定为突尔沙克塔格群($\in_3$—O_1)；1965年新疆地质局区测大队编图分队朱诚顺等编写的《博斯腾湖幅(K-45-XXⅡ)1∶20万地质图说明书》，划分为突尔沙克塔格群($\in_3$—O_1)；1965年吴文奎等编写的《巴勒衮布拉克幅(K-45-XXV)1∶20万地质图说明书》，划为突尔沙克塔格组($\in_3$—O_1)；《西北地区区域地层表·新疆维吾尔自治区分册》(1981)划为上寒武统突尔沙克塔格群；1982年刘忠立等编写的《兴地幅(K-45-XXⅧ)1∶20万区域地质调查报告》划为突尔沙克塔格组；1982年安德盛编写的《阔克苏幅(K-45-XXIX)1∶20万区域地质调查报告》划为突尔沙克塔格组($\in_3t$)；1984年高振家、朱诚顺编写的《新疆前寒武纪地质》，1988年新疆地质研究所编写的《新疆古地理图集》，1990年成守德编写的《新疆古生界》(上)寒武系部分均划为突尔沙克塔格组($\in_3$)。

【现在定义】 指一套灰岩、泥灰岩、竹叶状灰岩、结晶灰岩夹瘤状灰岩。东部相变为白云岩、白云质大理岩夹灰岩，与下伏莫合尔山组、上覆却尔却克组均为整合接触。

【层型】 创名时未指定层型，本次对比研究指定选层型：尉犁县辛格尔乌雷吉兹塔格南4 km剖面(88°10′48″,41°31′24″)，由高振家、朱诚顺(1984)测制。参考剖面：和硕县博斯腾湖罗钦布拉克Ⅹ号剖面，和硕县博斯腾湖巴勒迪根达坂塔格南侧Ⅲ号剖面，尉犁县兴地提克不拉大黄东4 km处剖面。

【地质特征及区域变化】 突尔沙克塔格组岩性为灰岩、泥灰岩、竹叶状灰岩、结晶灰岩、角砾状灰岩夹白云质灰岩。与上覆却尔却克组、下伏莫合尔山组均为整合接触。含大量三叶虫化石，主要有 *Lotagnostus*, *Westeragnostus*, *Charchaqia*, *Hedinaspis*, *Pseudagnostus*, *Proceratopyge*, *Glyptagnostus* 等。厚度变化在103～2 620 m，南雅尔当山厚103 m，巴勒衮布拉克厚达2 620 m，罗钦布拉克厚357 m，巴勒迪根达坂塔格南侧厚652 m。

【其他】 根据岩石地层单位露头分布及其岩性变化，本书认为该组顶界位于下奥陶统内。

黄山组　$\in_1 h$　(04-65-0408)

【创名及原始定义】 新疆区域地层表编写组(1981)创名黄山群，创名地在鄯善县卡瓦布拉克东南黄山以西2 km。原始定义：指棕褐色砂岩、凝灰质砂岩，夹硅质岩、灰岩。

【沿革】 新疆地质局第一区测大队三、五分队(1960)在进行1∶20万区调时，发现该地寒武系，划为莫合尔山组($\in_1$)，其不整合于元古界南塞纳尔塔格组之上；新疆地质局第二区测大队二分队(1962)在(K-46-88-A、B)进行1∶5万区调时划为丘里塔格组下亚组，不整合于震旦系碱泉组之上；新疆区域地层表编写组(1981)重新厘定，将1∶5万所划下亚组调整划为黄山群($\in_1$)；1985年1∶200万地质图与新疆区域地层表编写组(1981)一致，不同之处是不整合于蓟县系之上；1990年《新疆古生界》(上)所列成果与新疆区域地层表基本一致，不同之处为黄山群顶部划入南灰山群的底部，并不整合于青白口系之上。

【现在定义】 指一套碎屑岩沉积，主要为凝灰质砂岩夹少量灰岩及硅质岩，与下伏卡瓦布拉克群不整合接触，与上覆南灰山组整合接触。

【层型】 正层型：鄯善县卡瓦布拉克地区 XVI 号剖面(91°43′20″,41°24′50″)，引自《西北地区区域地层表·新疆维吾尔自治区分册》(1981)。参考剖面：鄯善县卡瓦布拉克地区 XVIII 号剖面，鄯善县卡瓦布拉克地区 XV 剖面，鄯善县卡瓦布拉克地区 XIX 号剖面。

【地质特征及区域变化】 黄山组岩性以一套凝灰砂岩、砂岩为主的碎屑岩沉积，底部有少量含磷砂岩，底界以一层厚不足 1 m 的砾岩与下伏卡瓦布拉克群的大理岩或纯石英岩或石英砂岩不整合接触，顶界与南灰山组整合接触。未发现化石。厚度自西向东变薄，一般为 90～263 m，卡瓦布拉克地区 996 高点北 3 km 处 XV 号剖面厚 263 m，996 高点北 1 km XIV 号剖面厚90 m，1 171 高点南 0.4 km XVIII 剖面厚 261 m。

【其他】 本组的剖面资料均引自 1962 年新疆地质局第二区测大队二分队在卡瓦布拉克地区测制的 1：5 万区调资料，后人摘取原剖面的部分段落给予命名，本书尊重原测资料，根据岩石地层单位命名原则，以硅质岩出现作为南灰山组与黄山组的分界，从而划分出以碎屑岩为主的黄山组，黄山组作为卡瓦布拉克地区早寒武世的一个岩石地层单位继续使用。

南灰山组 $\in_2 O_2 n$ (04-65-0407)

【创名及原始定义】 新疆区域地层表编写组(1981)正式创名南灰山群，创名地鄯善县卡瓦布拉克东南黄山以西 2 km。原始定义：为一套灰、褐灰色硅质岩夹泥灰岩、灰岩的浅海相沉积，含三叶虫、腕足类化石。

【沿革】 1960 年新疆地质局第一区测大队三、五分队进行 1：20 万区调时沿用前人在库鲁克塔格地区命名的西大山组($\in_2$)；1962 年新疆地质局第二区测大队二分队在(K-46-88-A(东北幅)、B)进行 1：5 万区调时，创名为萨尔岗组及丘里塔格组上亚组；1981 年《西北地区区域地层表·新疆维吾尔自治区分册》重新厘定，将 1：5 万所划上亚组，命名为南灰山群($\in_1$)；1985 年 1：200 万地质图与新疆区域地层表编写组(1981)划分一致；1990 年《新疆古生界》(上)将新疆区域地层表中黄山群顶部划入南灰山群底部。

【现在定义】 指一套硅质岩与灰岩、泥灰岩不均匀互层，与下伏黄山组整合接触；与上覆下白山组整合接触。

【层型】 正层型：鄯善县卡瓦布拉克地区 XVI 号剖面(91°34′20″,41°21′50″)，引自《西北地区区域地层表·新疆维吾尔自治区分册》(1981)。参考剖面：鄯善县卡瓦布拉克地区 XIII 号剖面，鄯善县卡瓦布拉克地区 XV 号剖面，鄯善县卡瓦布拉克地区 XIX 号剖面。

【地质特征及区域变化】 南灰山组以硅质岩为主夹少量页岩，不同剖面出现一定厚度的砂岩及灰岩。底界以硅质岩与下伏黄山组砂岩整合接触。顶界与上覆下白山组砂岩、粉砂岩整合接触或与石炭纪灰色灰岩、砾岩不整合接触。本组化石主要为三叶虫：*Hedinaspis*, *Proceratopyge* 等。厚度变化较大，30～984 m，卡瓦布拉克地区 1171 高点南 0.5 km 处厚 30 m，996 高点东 1.5 km 处厚 473 m，996 高点北 4.5 km 处厚达 984 m。该地层适用于卡瓦布拉克地区的南灰山至黄山一带。

【其他】 本组的剖面资料引自 1962 年新疆第二区测大队二分队卡瓦布拉克地区的 1：5 万区调资料，《西北地区区域地层表·新疆维吾尔自治区分册》(1981)、新疆 1：200 万地质图、新疆地层总结等均摘取原剖面的数层给予命名，本书以原测资料为准，经研究发现寒武系与奥陶系下部为一套岩性一致的连续沉积，因此将奥陶系的一部分划入南灰山组，南灰山组的时代为中寒武世—中奥陶世。

双鹰山组　$\in_1 \hat{s}$　(04－65－0410)

【创名及原始定义】　修泽雷、赵祥生(1964)在肃北县公婆泉乡创名。原始定义:指不整合于圆藻山群白云岩之上,整合于月牙山群绿色砂岩之下;上为黑色硅质岩、硅质板岩、变质砂岩夹千枚岩及少许灰岩;中为杂色含磷岩系,内产古孢子化石;下为白云岩夹角砾状白云岩及千枚岩,有呈冰碛物状砾岩层等三大层组成的地层。

【沿革】　修泽雷、赵祥生(1964)在肃北县双鹰山划为双鹰山组;甘肃地质局第一区测大队(1966)在星星峡幅进行1∶20万区调中划分为寒武系;甘肃地质局第二区测大队(1968)在肃北县西双鹰山划为韩母山群上岩组;甘肃地质局第二区测大队(1968)在牛圈子幅、甘肃地质局第二区测大队(1973)在方山口幅均划为双鹰山组;新疆地质局区测大队十一分队(1977)在白玉山幅和方山口幅1∶20万区调,划为寒武系;《西北地区区域地层表·新疆维吾尔自治区分册》(1981)及《新疆古地理图集》(1988)划为双鹰山组;《新疆古生界》(上)(1990)划为牛圈子组($\in_1$)。

【现在定义】　指一套黑色泥硅质板岩、千枚岩、含磷结核硅质板岩及生物灰岩等组成的地层,上与西双鹰山组整合接触,下与韩母山群平行不整合接触。

【层型】　正层型:甘肃肃北县双鹰山剖面(96°35′00″,41°28′00″),修泽雷、赵祥生(1964)测制。参考剖面:若羌县白玉山地区白头山南2 km处Ⅻa号剖面,若羌县白玉山地区马蹄山南简测剖面。

【地质特征及区域变化】　双鹰山组岩性相变大,有海相沉积的灰岩、白云岩、大理岩及碎屑岩。与上覆西双鹰山组整合接触,与下伏韩母山群平行不整合接触。含三叶虫:*Centropleura*, *Ptychagnostus*, *Galahetes* 等。厚度20～321 m,新疆境内厚度达两百多米,甘肃境内厚度几十米左右。本组适用于北山地区的星星峡、白玉山、白山、方山口及牛圈子等地。

【其他】　本组地跨甘、新两省(区)的北山。甘肃、新疆双方在对比研究时沿用同一地层单位名称,由于地层处于同一层位,甘肃境内牛圈子寒武纪地层发育,测制时间早,根据岩石地层单位命名原则,双方统一以甘肃方面的层型剖面为准。但在对比研究中发现,新疆境内的该套地层以石英岩、石英片岩及部分碎屑岩为主,顶部有少许碳酸盐岩沉积,与下伏震旦纪地层多为断层接触,这与层型剖面的定义有出入,值得今后深入研究。

西双鹰山组　$\in_{2+3} x$　(04－65－0409)

【创名及原始定义】　甘肃地质局第二区测大队修泽雷、赵祥生(1964)在肃北县公婆泉乡创名。原始定义:指甘肃地质局第二区测大队(1968)西双鹰山剖面第6—8层的地层,为一套沉积岩性和生物组合大体相同的化学沉积岩。

【沿革】　修泽雷、赵祥生(1964)在肃北县双鹰山划分为西双鹰山组;甘肃地质局第一区测大队(1966)在星星峡幅进行1∶20万区调划分为寒武系;甘肃地质局第二区测大队(1968)在肃北县西双鹰山划为西双鹰山组;甘肃地质局第二区测大队(1968)在牛圈子幅进行1∶20万区调,划为西双鹰山群;甘肃地质局第二区测大队(1973)在方山口幅进行1∶20万区调,划为西双鹰山群;新疆地质局区域地质调查大队十一分队(1979)在白玉山幅和白山幅进行1∶20万区调,划为寒武系;《西北地区区域地层表·新疆维吾尔自治区分册》(1981)、《新疆古地理图集》(1988)划为西双鹰山群;《新疆古生界》(上)(1990)划为西双鹰山组($\in_{2+3}$)、双鹰山组。

【现在定义】　指一套黑色硅质岩和薄层臭灰岩的地层,下部常含磷、钒、铀矿产;下与双鹰山组整合接触，在双鹰山西超覆在韩母山群之上；上与罗雅楚山群平行不整合接触。

【层型】 正层型：甘肃肃北县西双鹰山剖面(96°25′00″,41°28′00″)，由甘肃地质局第二区测大队(1964)测制。新疆境内参考剖面：若羌县白玉山地区白头山南2 km处XIIIa号剖面(96°20′00″,41°28′00″)，1968年甘肃第二区测大队测制；若羌县白玉山地区马蹄山南简测剖面。

【地质特征及区域变化】 西双鹰山组主要为一套硅质岩及臭灰岩。下与双鹰山组整合接触，在双鹰山西超覆于韩母山群之上，与上覆罗雅楚山群平行不整合接触。主要化石有三叶虫：*Hedinaspis*, *Procaratopyge*, *Homagnostus*。厚40～706 m，厚度变化大，在马蹄山南XIIIa号剖面东4 km厚40 m，白头山南2 km厚126 m，牛圈子幅西南角泽鲁木厚706 m。该地层适用于星星峡、白玉山、白山、方山口、牛圈子等地。

【其他】 本组地跨甘、新两省(区)的北山，甘肃境内寒武纪地层发育，测制时间早，甘、新双方对比研究时均采用西双鹰山组，根据岩石地层单位命名原则，以甘肃的层型剖面为双方统一的标准剖面。新疆境内硅质岩多为硅质板岩，碎屑岩也多变化，几乎没有灰岩。

肖尔布拉克组① $\in_1 x$ (04－65－0413)

【创名及原始定义】 地质部十三大队三、九中队张振华、王景斌等(1958)创名肖尔布拉克岩系，创名地在乌什幅南部3082高地附近。原始定义：指一套层状和块状白云岩、黑色薄层含化石灰岩或含磷碳质页岩和硅质岩地层。

【沿革】 地质部十三大队三、九中队(1958)在乌什幅划为肖尔布拉克岩系($\in_1$)及苏盖特布拉克岩系($\in_1$)；《西北地区区域地层表·新疆维吾尔自治区分册》(1981)划为吾松格尔组($\in_1$)及肖尔布拉克组($\in_1$)；1985年新疆地质局科研所王务严、肖兵在阿克苏、乌什地区划为：吾松格尔组、肖尔布拉克组、玉尔吐斯组($\in_1$)；1988年新疆地质局科研所编写的《新疆古地理图集》，1990年成守德编写的《新疆古生界》(上)寒武系部分均采用1985年的划法。1985年新疆地质局科研所把该地区早寒武世地层划分三个组，由下而上分为玉尔吐斯组、肖尔布拉克组、吾松格尔组。本书根据岩石地层单位命名原则，经过对比研究认为上述三个组并无显著差异，将它们并入肖尔布拉克组，玉尔吐斯组和吾松格尔组不予采用。苏盖特布拉克组已划为震旦纪，萨尔布拉克组属同物异名，也不予采用。

【现在定义】 指下部为硅质岩、含磷硅质岩夹灰岩、泥灰岩、碳质页岩、粉砂岩、白云岩；上部为灰岩、泥灰岩、白云质灰岩偶夹白云岩。上与阿瓦塔格组整合接触，下与奇格布拉克组平行不整合接触。

【层型】 正层型：乌什县南部3082高地附近剖面(79°53′36″,40°54′30″)，由地质部十三大队九中队(1958)测制。参考剖面：乌什县尤尔美那克东南6km IV剖面，乌什县苏盖特布拉克磷矿VI号剖面，温宿县小铁列克剖面。

【地质特征及区域变化】 肖尔布拉克组的岩性特征：下部为含磷、铀、钒的硅质岩夹薄层灰岩；上部以灰岩、泥灰岩、白云质灰岩为主。与下伏奇格布拉克组平行不整合接触。含多门类化石，以小壳化石、微古植物及软舌螺为主。有小壳类：*Zhijinites*, *Sachites* 等；微古植物：*Trematosphaeridium* 等；软舌螺：*Hyolithellus* 等。另外有三叶虫、腕足类、古介形虫、单板类、骨针类等门类化石。厚度12.4～247 m。苏盖特布拉克磷矿VI号剖面厚14 m，尤尔美那克东南6 km IV号剖面厚25 m，温宿县小铁列克剖面厚247 m。分布于棋盘、玉代格里克、赞比勒、苏巴

① 有人提议沿用玉尔吐斯组、肖尔布拉克组。

什、乌什、阿克苏等地。

阿瓦塔格组　$\in_2 a$　(04－65－0412)

【创名及原始定义】　由地质部十三大队一、二、三中队马库林等(1957)创名阿瓦塔格岩系，创名地在新疆乌什幅北部2 653高地南5 km处。原始定义：该组可分上、下两个分层，下部分层主要为灰色白云岩、块状灰岩，夹淡黄色、橙红色泥质灰岩，上部分层则为绛红色石膏化泥岩、石膏、白云质灰岩、白云岩、泥质灰岩及粉砂岩组成的杂色岩层。

【沿革】　地质部十三大队一、二、三中队(1957)在阿瓦塔格山首先创名为阿瓦塔格岩系，当时的剖面不完整，1958年十三大队九中队测制了较完整的剖面。成守德(1965)在1：20万赞比勒及玉代格里克幅(K－43－XXXVI)，成守德、宋彩明(1965)在1：20万苏巴什幅(K－44－XXXI)，新疆地质局区测大队(1967)在1：20万乌什幅(K－44－XXIV)均划为阿瓦塔格组($\in_{2-3}$)；《西北地区区域地层表·新疆维吾尔自治区分册》(1981)划为阿瓦塔格组及沙依里克组；1985年新疆地质局科研所王务严、肖兵在阿克苏、乌什地区进行寒武系划分与对比研究，划为阿瓦塔格群($\in_2$)；1988年新疆地质局科研所编制的《新疆古地理图集》、1990年成守德编写的《新疆古生界》(上)寒武系部分均划为阿瓦塔格组($\in_2$)。

【现在定义】　指一套白云岩夹灰岩、竹叶状灰岩。上与丘里塔格组、下与肖尔布拉克组均为整合接触。

【层型】　正层型：乌什县北部2653高地南5 km处剖面(79°11′35″,40°58′57″)，1958年地质部十三大队九中队重测。参考剖面：乌什县阔克布拉克东南剖面，柯坪县印干村附近剖面，阿图什县赞比勒地区科克布克三山剖面，乌什县方块山西南XII号剖面。

【地质特征及区域变化】　阿瓦塔格组岩性单一，为白云岩夹灰岩，上与丘里塔格组、下与肖尔布拉克组均为整合接触。含三叶虫化石：*Kepingaspis*，*Metaredlichioides* 等。分布于柯坪、棋盘、玉代格里克、赞比勒、苏巴什、阿克苏等地。厚度变化大，77～1 096 m，印干村附近厚77 m，方块山西南厚304 m，阔克布拉克东南厚1 060 m，温宿县小铁列克厚90 m。

丘里塔格组　$\in_3 O_1 q$　(04－65－0411)

【创名及原始定义】　地质部十三大队一、二、三中队马库林等(1957)创名丘里塔格岩系，创名地在科克布克三山。原始定义：为一套单一的白云岩和灰岩，一般下部白云岩为主，上部灰岩增多。

【沿革】　B.M.西尼村(1952)在柯坪工作时将该区寒武纪地层时代划为寒武纪—奥陶纪；1957年地质部十三大队一、二、三中队命名为丘里塔格岩系($\in$—O_1)；1967年新疆地质局区测大队1：20万地质图称为丘里塔格群(O_1)；1981年《西北地区区域地层表·新疆维吾尔自治区分册》改称丘里塔格下亚群(O_1)；1988年《新疆古地理图集》、1990年《新疆古生界》(上)等均划为丘里塔格下亚群($\in_3$)；本次对比研究称丘里塔格组。

【现在定义】　指一套为灰岩、泥灰岩、斑点状和角砾状灰岩、燧石条带灰岩、结晶灰岩、白云质灰岩的碳酸盐岩沉积，偶夹白云岩、页岩、砂页岩。与下伏阿瓦塔格组、上覆萨尔干组均为整合接触。

【层型】　正层型：阿图什县赞比勒地区科克布克三山剖面(77°48′30″,39°56′54″)，地质部十三大队一、二、三中队(1957)测制。参考剖面：乌什县阔克布拉克东南剖面，乌什县苏盖特布拉克西南11 km处剖面，柯坪县印干村附近剖面，乌什县方块山西南XII号剖面。

【地质特征及区域变化】 丘里塔格组为一套碳酸盐岩沉积，由灰岩、泥灰岩、燧石条带灰岩、白云质灰岩等组成，下与阿瓦塔格组、上与萨尔干组均为整合接触。化石以三叶虫为主，有 *Kunmingaspis*, *Chittidilla* 等。厚度 106～351 m，科克布克三山厚 211 m，方块山南厚 149 m，印干村附近厚 214 m。分布于柯坪、棋盘、玉代格里克、赞比勒、苏巴什、乌什、阿克苏等地。

【其他】 丘里塔格组具体的地理位置尚待查清，由于该名已具一定的知名度并为多数地学工作者接受，在未查清该名的地理位置之前仍采用此名。本次对比研究将原来的底界上移，将白云岩部分划入阿瓦塔格组，丘里塔格组仅保留原上部以灰岩为主的一段地层。

新二台组　$O_{1-2}x$（04－65－0511）

【创名及原始定义】 新疆地质局区测大队和中国地质科学院地质研究所地层分队（1978）创名[①]，新疆区域地层表编写组（1981）介绍，创名地在霍城县肯萨依斯山口南老公路。原始定义：是指一套下与果子沟组断层接触，上与科克萨依组整合的暗灰色硅质粉砂岩夹少量页岩和粉砂岩的含笔石地层。

【沿革】 本地层研究程度较高，早在 1974 年，新疆地质局区测大队和中国地质科学院地质研究所地层分队就划分出新二台组，剖面共分两层，厚 395 m。上述成果已载入 1978 年提交的《博罗霍洛山和加波萨尔地区早古生代地层调查报告》中。1977 年，为配合“中国北方槽区古生代地层会议”，新疆区测大队、新疆地质局地质研究所和中国地质科学院地质研究所又一次组成联合地层分队，前往博罗科努山等地区，对早古生代地层进行研究，对上述地层进一步进行了划分，此次划出的新二台组，厚 81～141 m，但未列述剖面。此次成果除附于 1981 年出版的《西北地区区域地层表·新疆维吾尔自治区分册》编后记之外，《博罗霍洛山和加波萨尔地区早古生代地层调查报告》中也以附记的形式予以记载。1977 年的调查，将新二台组的时代限制在相当宁国早期含 *Etagraptus approximatus* 笔石带以下的一段地层。1978—1981 年，新疆区测大队乔新东等对北天山西段的早奥陶世地层进行了专题研究，将新二台组细分为三个岩性段。1987 年前后，于大为等在这一地区进行 1∶20 万区域地质调查时，以及以后的《新疆古生界》等文献，也都采用了上述资料。经对比研究，前人所划新二台组、塔勒基河组和风沟组基本上是一套深色细碎屑岩，彼此之间没有明确的划分界线，将它们合并于新二台组。停用塔勒基河组和风沟组。

【现在定义】 指一套下与果子沟组，上与科克萨雷溪组均为整合接触的深灰色和灰色硅质泥质碳质粉砂岩、硅质岩、砂质泥岩夹黑色页岩和薄层灰岩，底部产三叶虫，中上部产笔石的地层。

【层型】 正层型：霍城县肯萨依斯山口南老公路 X 号剖面（81°10′06″，44°28′24″），由新疆地质局区测大队和中国地质科学院研究所地层分队（1974）测制。参考剖面：霍城县西大沟 XXV 号剖面，霍城县磷矿沟剖面，霍城县磨刀石沟口东 1 km 新公路西侧 V 号剖面，霍城县科古琴河上游 I 号剖面。

【地质特征及区域变化】 本组为一套浅海—半深海环境下沉积的混合相和笔石页岩相地层。霍城地区厚 559 m，赛里木湖地区 416 m，精河地区 69 m，由西而东逐渐变薄。该组化石丰富，1978—1981 年乔新东新建 5 个笔石带，加上前人建立的，一共是 8 个化石带，除底部一个三叶虫带外，其余均为笔石带。自下而上为：*Hysterolenus* 带，*Adelograptus* 带，*Anisograptus*-

① 1978 年王宝瑜执笔的地层分队调查报告《博罗霍洛山和加波萨尔地区早古生代地层调查报告》，为内刊。

Triograptus 带，*Tetragraptus*（*Etagraptus*）*appoximatus* 带，*Tetragraptus fruticosus* 带，*Didymograptus deflexus* 带，*Isograptus maximodivergens* 带，*Cardiograptus* - *Oncograptus upsilon* 带。

新二台组分布于霍城幅（L-44-XXXIII）大西沟、赛里木湖幅（L-44-XXXIV）果子沟、阿哈恰特和精河幅（L-44-XXXV）科古琴达坂一带。本组层位稳定，岩相变化不大。除大西沟一带上部夹砂砾岩，粒度较粗以外，其他地段岩性基本一致，可以对比。

科克萨雷溪组 O_2k （04-65-0512）

【创名及原始定义】 中国地质科学院地质研究所林宝玉（1977）创名，创名地在霍城县果子沟的科克萨雷溪。原始定义：指一套富含笔石的深灰—浅灰色钙质粉砂岩、砂质板岩夹薄层灰岩地层。

【沿革】 1977年，在中国北方槽区古生代地层会议之前，由新疆区测大队、新疆地质局地质研究所和中国地质科学院地质研究所联合地层分队，前往果子沟地区对上述地层进一步研究，他们将新二台群上部含笔石的一套砂质板岩地层划分出来，命名为科克萨雷溪组，其名称来源于果子沟东部源头科克萨雷溪，此项成果由林宝玉在地层会议资料《果子沟早古生代地层》一文中发表，并载入《西北地区区域地层表·新疆维吾尔自治区分册》（1981）编后记中，1978年由王宝瑜执笔编写的《博罗霍洛山和加波萨尔地区早古生代地层调查报告》中也以附记的形式予以记载。1987年的《赛里木湖幅（L-44-XXXIV）和精河幅（L-44-XXXV）1∶20万区域地质调查报告》以及以后的《新疆古生界》等文献也都照此引用划分。

【现在定义】 指一套上未见顶，下与新二台组整合接触的浅海相灰—深灰色泥质钙质粉砂岩、生物碎屑灰岩、钙质粉砂岩，富产笔石的地层。

【层型】 正层型：霍城县果子沟肯萨依斯山口西南老公路向斜南翼剖面（81°10′06″，44°28′24″），由联合地层分队（1974）测制。参考剖面：霍城县果子沟肯萨依斯山口南老公路X号剖面，精河县科古琴山V号剖面。

【地质特征及区域变化】 本组岩石组合如[现在定义]里所述，所含笔石除剖面上以外，在正层型剖面以东2 km风沟口西山坡上及公路边还采到 *Didymograptus* sp.，*Dicellograptus divericatus*，*D. sextans exilis*，*Glyptograptus teretiusculus*，*Pseudoclimacograptus scharenbergi*，*Climacograptus antiquus*，*Nemagraptus gracilis*。科克萨雷溪组属浅海相细碎屑岩沉积，仅有轻微变质。精河地区厚度仅14 m，赛里木湖地区228～498 m。

科克萨雷溪组仅分布于赛里木湖幅果子沟和精河幅萌吉库尔河等地。各地岩性和生物组合基本一致。

奈楞格勒达坂群 O_2N （04-65-0513）

【创名及原始定义】 中国地质科学院地质研究所林宝玉（1977）创名，创名地在精河县南基夫克河上游奈楞格勒达坂附近。原始定义：是指一套上部为中基性火山岩夹灰岩透镜体，沿走向相变为中酸性火山岩和火山碎屑岩，下部为砂片岩的地层。

【沿革】 早在1974年，新疆地质局区测大队四分队董鹤皋等在精河县南奈楞格勒地区做1∶5万简测时，将一套火山岩地层划为中奥陶统中性喷发岩夹灰岩组，未命名。1977年，在中国北方槽区古生代地层会议之前，新疆区测大队、新疆地质局地质研究所和中国地质科学院地质研究所联合地层分队林宝玉等将奈楞格勒达坂附近的一套以火山岩为主的地层命名为奈楞格勒达坂群，本资料已载入《西北地区区域地层表·新疆维吾尔自治区分册》(1981)编后记中。新疆第一区调大队于大为、邱广森等(1987)在《赛里木湖幅(L-44-XXXIV)、精河幅(L-44-XXXV)1∶20万区域地质调查报告》及以后的《新疆古生界》等文献中，也都照此划分，沿用至今。

【现在定义】 指一套上被呼独克达板组平行不整合覆盖，下未见底的，上部为中基性火山岩、火山碎屑岩夹灰岩凸镜体和沉积菱锰矿，下部为绿片岩、砂板岩和碳酸盐岩，在走向上与钙泥质粉砂岩、含粉砂硅质岩、硅质泥岩互为相变的地层。

【层型】 正层型：精河县南基夫克河上游剖面(82°39′36″，44°28′54″)，由联合地层分队(1977)测制。参考剖面：精河县彼利克溪中游V号剖面，精河县给里次克达坂XI号剖面。

【地质特征及区域变化】 岩石组合如[现在定义]所述。在精河县彼利克溪中游底部含腕足类 *Rhyhchotrema* sp.，地层厚度 423～768 m，为一套浅海相火山岩和碎屑岩互为相变的地层，变质程度较浅且不均匀。奈楞格勒达坂群分布于赛里木湖幅彼利克溪中游，精河幅东南部奈楞格勒达坂等地，向东延人阿拉尔幅。该群以中性火山岩为主，但相变较大，由西向东，在彼利克溪中游为一套以灰紫、灰褐和深灰色细碎屑岩为主夹少量灰岩和火山灰凝灰岩，往东到精河幅，火山物质增多，凝灰岩相变为英安斑岩，局部出现安山玢岩。

【其他】 彼利克溪中游 0513-Ⅳ-2 号参考剖面与精河地区两条剖面(以火山岩为主)岩性差别较大，本次对比研究尊重《赛里木湖幅(L-44-XXXIV)1∶20万区域地质调查报告》原作者意见，都划为奈楞格达坂群。这有待进一步工作证实。

呼独克达坂组 O_3h (04-65-0514)

【创名及原始定义】 新疆地质局区测大队和中国地质科学院地质研究所地层分队王宝瑜等(1978)创名①，新疆区域地层表编写组(1981)介绍，创名地在精河县南呼独克达坂附近。原始定义：指一套下与阿克塔什组整合或局部不整合接触，上与中、上志留统呈断层接触的灰黑色、灰白色灰岩、结晶灰岩夹紫红色钙质铁质细砂岩，富含珊瑚和腹足类、头足类、腕足类化石的地层。

【沿革】 新疆地质局区测大队和中国地质科学院地质研究所地层分队(1974)在果子沟至精河一带测制地层剖面时，发现晚奥陶世珊瑚 *Rhabdotetradium*，*Catenipora* 等，创名为呼独克达坂组，相当于同年新疆区测大队四分队董鹤皋所划块状灰岩组(O_3)，此项成果已载入 1978 年由王宝瑜执笔编写的《博罗霍洛山和加波萨尔地区早古生代地层调查报告》。1977 年在中国北方槽区古生代地层会议之前，新疆区测大队、新疆地质局地质研究所和中国地质科学院地质研究所联合地层分队再次赴果子沟地区进行研究，他们从原呼独克达坂组下部又划分出阿克塔什组。新疆区调队于大为等(1987)在《赛里木湖幅(L-44-XXXIV)1∶20万区域地质调查报告》中介绍，上述呼独克达坂组和阿克塔什组之间的局部不整合不存在，二者为整合接触，岩性也一致，并将后者并入呼独克达坂组。《西北地区区域地层表·新疆维吾尔自治区分册》(1981)、《新疆古生界》(1990)等大型文献也都采纳了 1977 年联合地层分队的划分。本次对比研究采纳于大为等(1987)的意见，再次予以合并。阿克塔什组因和呼独克达坂组岩性一致，将其并入呼独克达坂组，停止使用阿克塔什组一名。萌吉库尔河组，为一套碳酸盐岩和碎屑岩，富含笔石，厚 382.4 m，和呼独克达坂组有相同之处，也有不同之处，因其出露很少，暂并入呼独

---

① 1978 年王宝瑜执笔的地层分队调查报告《博罗霍洛山和加波萨尔地区早古生代地层调查报告》，为内刊。

克达坂组，有待进一步研究和准确划分。

【现在定义】 指一套上与库茹尔组断层接触，下未见底，上部为灰黑色块状灰岩，下部为灰色、灰黑色中厚层状灰岩，岩相稳定，富含珊瑚的浅海相碳酸盐岩地层。

【层型】 正层型：精河县南基夫克河上游Ⅷ号剖面（80°45′12″，44°06′30″），地层分队(1974)测制。参考剖面：霍城县大东沟XXIV号剖面，霍城县肯萨依西南5 km XI号剖面，霍城县果子沟新二台南剖面，精河县库赛尔达坂XXV—XXVI号剖面。

【地质特征及区域变化】 呼独克达坂组岩性比较简单，岩石组合如现在定义里所述。地层厚度：霍城2 198 m；赛里木湖1 755～1 837 m，最薄为254 m；精河508～2 316 m，最薄为318 m。古生物组合以 *Rhabdotetradium* - *Catenipora* - *Eofletcheria* 组合和 *Agetolites* - *Plasmoporella* 组合为代表。本组下部与珊瑚伴生的还有三叶虫、腕足类、头足类和腹足类等。

本组为浅海相碳酸盐岩地层，岩性单一，岩相稳定，未变质。本组块状和厚层状灰岩均可作为水泥原料利用。

呼独克达坂组分布于博罗霍洛山靠近山脊地带，西起霍城，经赛里木湖、精河，东到阿拉尔都有分布。岩相比较稳定，区域变化不大。

依南里克群　O_3Y　(04-65-0515)

【创名及原始定义】 新疆地质局第三区测大队四分队曾亚参(1962)创名，创名地在黑英山幅(K-44-XVII)依南里克沟(？现在的依拉尔勒克)。原始定义：指一套包括大理岩、各种片岩、片麻岩的中深变质地层。

【沿革】 新疆地质局第三区测大队四分队曾亚参(1962)在哈里克套南坡做1∶50万地质调查时，利用阿克苏地质大队剖面资料，创名为依南里克群，时代O—S_1。新疆区测大队五分队齐德义等(1983)在哦合拜谢Ⅰ号剖面中发现微古植物化石，似具晚奥陶世组合面貌，将该群分解为上部合同沙拉群和下部依南里克群(O_3)，在命名地重测了剖面，并划分出上下两亚群。出露在1∶20万科克铁克幅(K-45-XIII)西北部的乌兰乌苏组，系1971年张仲修等人所划，1985年新疆维吾尔自治区地质图(1∶200万)将其改划为科克铁克达坂群。乌兰乌苏组与依南里克群相比较，只是变质程度较浅，岩性基本一致，故此将其并入依南里克群上亚群。乌兰乌苏组和依南里克群岩性基本一致，将其并入依南里克群，停止使用乌兰乌苏组。

【现在定义】 指一套下未见底，上部被伊契克巴什组整合覆盖，下部(即下亚群)为片麻岩、变粒岩、混合岩等夹少量大理岩，上部(即上亚群)为变粒岩、石英岩、片岩与大理岩互层的变质地层。

【层型】 正层型：拜城县依南里克剖面(82°30′40″，42°29′30″)，由新疆地质局第三区测大队四分队(1962)测制。参考剖面：拜城县依拉尔勒克XIII号剖面，拜城县阿尔腾柯斯XII号剖面，拜城县哦合拜谢Ⅰ号剖面，和静县科克铁克河剖面。

【地质特征及区域变化】 本群变质较深，厚度巨大，和其他地域不易对比。下亚群原岩为一套碎屑岩夹碳酸盐岩沉积，岩性以砂岩、粉砂岩为主夹灰岩，后经变质成为变质岩。依拉尔勒克背斜变质较深，为片麻岩、变粒岩、混合岩等夹大理岩。阿尔腾柯斯中下游断块地段，变质很浅，仅出现板岩。

上亚群原岩为碳酸盐岩与碎屑岩互层，依拉尔勒克背斜岩性为变粒岩、石英岩、片岩和大理岩互层。南部断块中，卡拉果尔一带下部为大理岩、石英片岩、堇青石片岩等；上部为大理岩化灰岩、板岩、灰岩等。阿尔腾柯斯一带为变质云母石英细砂岩、粉砂岩与大理岩、透辉石大理岩互层。

各地变质程度差异较大，但岩相大致相同，反映出当时沉积环境相近似。依拉尔勒克一带，含有大量碱性伟晶岩脉，产云母、锆英石、天河石、方钠石等矿产。含矿脉岩多发育于上亚群中。闻名全疆的依南里克伟晶岩即产于此地。此外还有重晶石等矿产。

该群分布于1：20万黑英山幅(K－44－ⅩⅦ)北部的依拉尔勒克背斜核部及阿尔腾柯斯、卡拉果尔中游和1：20万科克铁克幅(K－45－ⅩⅢ)西北部等地。各地岩性基本可以对比，上下亚群基本可以分出，二者连续沉积，层位比较稳定。

硫磺山群　$O_{2-3}L$　(04－65－0516)

【创名及原始定义】　新疆地质局科研室地层队陈颂光等(1958)创名[①]，新疆地质局编图分队(1965)介绍，创名地在1：20万辛格尔幅(K－45－ⅩⅫ)的硫磺山。原始定义：是指一套灰绿、黄褐色千枚岩夹少量砂岩、粉砂岩、灰质砾岩、生物灰岩等透镜体，含头足类、珊瑚、海百合茎等化石的地层。

【沿革】　新疆地质局722队(1956)首次在硫磺山发现含奥陶纪珊瑚、头足类化石的地层，划出了奥陶系；1957—1958年十三大队六中队张全辉等在辛格尔幅做1：20万区域地质调查时，称这套地层为阿拉塔格岩系；新疆地质局科研室地层队陈颂光等(1958)在硫磺山测制剖面时，将其创名为硫磺山岩系；1965年新疆地质局区测大队胡树荣编图分队等编写《辛格尔幅(K－45－ⅩⅫ)1：20万地质图说明书》时，改称硫磺山群，沿用至今。

【现在定义】　是指一套未见顶底的黄绿、灰绿色千枚岩、板岩、灰岩、石灰质砾岩夹生物灰岩透镜体，底部夹放射虫硅质岩，含头足类、珊瑚化石，相变较大的地层。

【层型】　正层型：托克逊县硫磺山剖面(88°29′40″，41°57′40″)，由陈颂光(1958)测制。

【地质特征及区域变化】　硫磺山群的岩石组合如现在定义里所述。剖面下部含有珊瑚 *Streptelasma* sp.。新疆地质局722队(1956)在紫红色灰岩中采得头足类和珊瑚化石，经俞昌民、穆恩之鉴定有：*Troedssonoceras* sp.，*Michelinoceras* sp.，*Gorbyoceras* sp.，*Discoceras* sp.，"*Sinoceras*" *rudum* 及 *Protozaphrentis minor* 等。该群岩相属浅海—半深海环境沉积的碎屑岩及碳酸盐岩地层，厚度895 m。本地层周围以断层与泥盆系、侏罗系接触，有轻微变质。

该地层分布范围有限，仅在阿拉塔格东端的硫磺山呈三角断块分布。岩相变化较大，沿走向灰岩常与千枚岩互相相变。

【其他】　本次对比研究认为张全辉的地质报告和辛格尔幅地质图说明书中均无剖面，但都说这套地层厚度大于450 m；而《西北地区区域地层表·新疆维吾尔自治区分册》(1981)和《新疆古生界》(1990)中所用剖面一致，厚度均为895 m。由此推断，厚度为895 m的剖面很可能是1958年陈颂光所测。

下白山组　O_2x　(04－65－0524)

【创名及原始定义】　新疆地质局地质研究所肖兵(1977)创名[②]，新疆区域地表编写组(1981)介绍，创名地在卡瓦布拉克地区。原始定义：指一套岩性为杂色钙质粉砂岩、硅质粉砂岩夹灰岩，含笔石、三叶虫等化石的地层。

【沿革】　新疆地质局第一区测大队三、五分队(1960)划为寒武系—奥陶系；新疆第二区测

① 陈颂光等，1958，天山地层研究报告。
② 肖兵，1977，新疆北部早古生代地层。

大队二分队邓自华(1962)在这一地区做1:5万区域地质调查时，单独划出了奥陶系，并和柯坪地区对比，中统取名萨尔岗组，并划分为上中下三个亚组；《西北地区区域地层表·新疆维吾尔自治区分册》(1981)对照库鲁克塔格地区奥陶系将中统厘定为却尔却克组；1977年8月在中国北方槽区古生代地层会议上，肖兵在《新疆北部早古生代地层》一文中将中统分解为上白山组和下白山组，沿用至今。卡瓦布拉克地区原先使用过的萨尔岗组和却尔却克组停止使用。

【现在定义】 指一套上与上白山组、下与南灰山组均为整合接触的黑灰色薄层泥灰岩、灰岩、暗紫及灰色粉砂岩、钙质粉砂岩、页岩和黄绿色砂质页岩，局部为复矿砂岩，互为相变的地层。

【层型】 正层型：鄯善县卡瓦布拉克996高点东北1.5 km处V号剖面(91°36′05″，41°22′25″)，由新疆地质局第二区测大队二分队邓自华(1962)测制。参考剖面：鄯善县卡瓦布拉克1 150高点东南1.1 km XIX号剖面，卡瓦布拉克996高点北西4.5 km XVI号剖面。卡瓦布拉克992高点IV号剖面。

【地质特征及区域变化】 岩石组合如现在定义所述，层型剖面含笔石化石，地层未变质。

下白山组分布于卡瓦布拉克地区，出露范围不大，层位稳定，但各地岩相变化较大。由西而东，卡瓦布拉克1 150高点东南为一套粉砂岩和少量硅质粉砂岩；卡瓦布拉克996高点西北上部为砂质页岩，下部为复矿砂岩；卡瓦布拉克992交点一带该组上部为灰岩，下部为泥质灰岩。上述各剖面之间互为相变关系。

【其他】 本次对比研究将肖兵原划下界上移239 m(即上移两层)，将界线置于暗褐色碎屑灰岩及其以下紫色薄层硅质粉砂岩之间，将这层硅质粉砂岩及其以下的暗灰色变余石英粉砂岩共239 m地层划入下伏地层南灰山组。其他各条剖面的界线，也按同一原则标准做了相应调整。

上白山组 $O_2\hat{s}$ (04-65-0525)

【创名及原始定义】 新疆地质局地质研究所肖兵(1977)创名，新疆区域地层表编写组(1981)介绍，创名地在卡瓦布拉克地区。原始定义：指岩性以黑色硅质岩为主，夹粉砂岩、凝灰岩及灰岩、泥灰岩，含头足类化石，其上被石炭系不整合覆盖的地层。

【沿革】 新疆地质局第一区测大队三、五分队(1960)划为寒武系—奥陶系；新疆第二区测大队二分队邓自华(1962)在这一地区做1:5万区域地质调查时，单独划出了奥陶系，并和柯坪地区对比，中统取名萨尔岗组，并划分为上中下三个亚组；《西北地区区域地层表·新疆维吾尔自治区分册》(1981)对照库鲁克塔格地区奥陶系将中统厘定为却尔却克组；1977年8月在中国北方槽区古生代地层会议上，肖兵在《新疆北部早古生代地层》一文中将中统分解为上白山组和下白山组，沿用至今。卡瓦布拉克地区原先使用过的萨尔岗组和却尔却克组停止使用。

【现在定义】 指上被雅满苏组不整合覆盖，下与下白山组整合接触，岩性以黑色硅质岩为主，夹少量粉砂岩、凝灰岩和灰岩、泥灰岩的地层。

【层型】 正层型：鄯善县卡瓦布拉克996高点东北1.5 km处 V号剖面(88°29′40″，41°57′40″)，由新疆地质局第一区测大队二分队(1962)测制，引自《西北地区区域地层表·新疆维吾尔自治区分册》(1981)。参考剖面：鄯善县卡瓦布拉克992高点IV号剖面。

【地质特征及区域变化】 上白山组的岩石组合如现在定义所述，岩相稳定，厚度37.6～228.2 m。

【其他】 本次清理将肖兵原划底界上移177 m，即将一层黑灰色薄层泥灰岩为主的地层划入下白山组，将界线置于这层泥灰岩和黑色硅质岩之间。

罗雅楚山群 $O_{1-2}L$ (04-65-0526)

【创名及原始定义】 甘肃地质局第一区测大队九分队李瑾焕等(1966)创名，创名地在甘肃省肃北县罗雅楚山。原始定义：指以碎屑岩为主（下部为中粗粒砂岩、砾岩、不纯石英岩，上部以粉砂岩为主夹硅质板岩)，因在上部硅质板岩中采获早奥陶世标准笔石，故命名为罗雅楚山群。

【沿革】 罗雅楚山群自1966年命名以来，一直沿用至今。此次划入罗雅楚山群的有砂井群和方山口以北的下一中奥陶统，同时停止使用砂井群一名。

【现在定义】 该群主要由长石石英砂岩、石英岩、硅质板岩相间互层构成，夹砂砾岩，自上而下沉积韵律明显，单韵律由数米至数十米，富含笔石，与上覆锡林柯博组未见直接接触，与下伏西双鹰山组连续沉积，局部平行不整合。

【层型】 正层型：甘肃省肃北县罗雅楚山西段剖面(95°45′00″，41°29′00″)，由甘肃区测一队(1966)测制。参考剖面：甘肃方山口剖面。

【地质特征及区域变化】 该群为浅海相碎屑岩、硅质岩建造，相变较大。罗雅楚山以东砂井地区的砂井西北部剖面上部含笔石，厚度1 620 m；方山口地区厚度409 m。罗雅楚山和砂井以及方山口等地，一些砂泥质岩石变质成砂板岩。

该群分布在1：20万牛圈子幅(K-47-XIX)、星星峡幅(K-46-XXIV)和方山口幅(K-46-XXIX)的新疆和甘肃交界地区，以及上述图幅的罗雅楚山和砂井等地。砂井地区的岩性，为一套长石石英砂岩和碳质硅质板岩，方山口一带为硅质板岩和石英岩夹灰岩凸镜体。各地岩性基本可以对比。

锡林柯博组 O_2xl (04-65-0527)

【创名及原始定义】 甘肃地质局第二区测大队一分队王大为等(1972)创名，创名地在甘肃省肃北县锡林柯博。原始定义：是一套浅海相沉积物，下部为化学岩(灰岩、硅质岩)，上部为碎屑岩(砂砾岩、砂岩、页岩)，灰岩中产三叶虫、头足类，局部地区砂页岩中产三叶虫、头足类，属晚奥陶世。

【沿革】 该组原为甘肃地质局第二区测队一分队和新疆地质局综合研究队(1965)在甘肃锡林柯博地区首次发现，新疆综合研究队高振家、张太荣(1960)命名于《甘新交界北山地区震旦系和下古生界地层古生物群的初步认识》(未刊)一文中，1972年甘肃第二区测大队引用介绍于《牛圈子幅(K-47-XIX)1：20万区域地质测量报告》。这套地层甘肃第二区测大队和新疆区测大队曾划为锡林柯博组、下中奥陶统和乌雷吉兹塔格组。各地划分标准很不一致，而且岩性差别较大。现将大豁落井以东剖面原划为下一中奥陶统和骆驼沟XIII号剖面原划为乌雷吉兹塔格组的一套以硅质岩为主的地层划入锡林柯博组。将锡林柯博地区锡林柯博组上部层位剖面、头吊泉南剖面、1264高点剖面、磁海东北盐滩以北剖面、1258.8高点剖面，原划为锡林柯博组或下一中奥陶统的一大套碎屑岩地层划归上部层位白云山组。停止使用乌雷吉兹塔格组一名。

【现在定义】 该组由黑色薄层硅质岩、灰岩夹少量砂岩构成，富含头足类、三叶虫化石，与下伏罗雅楚山群及上覆白云山组均呈连续沉积。

【层型】 正层型：甘肃省肃北县锡林柯博剖面(96°15′00″，41°25′00″)，由甘肃区测二队

(1965)测制。副层型:新疆白玉山幅骆驼沟 XIII 号剖面。参考剖面:甘肃省肃北县大豁落井剖面。

【地质特征及区域变化】 该组岩石组合如现在定义所述,为一套浅海相—滨海相地层,含三叶虫、头足类和珊瑚等化石,厚度 21～789 m,未变质。

锡林柯博组分布于甘肃省牛圈子幅锡林柯博、双鹰山—大豁落井和新疆 1:20 万白玉山幅(K-46-XXVII)骆驼沟等地。岩相稳定,各地变化不大。

由于正层型剖面厚度偏小(21 m),而且距新疆较远,将白玉山幅骆驼沟 XIII 号剖面定为副层型。XIII 号剖面上下分别与土什布拉克组(S_1t)和罗雅楚山群($O_{1-2}L$)整合接触,为一套灰至灰黑色以硅质岩为主,夹砂岩、粉砂岩,下部夹少量灰岩的地层,厚 789 m。

白云山组 O_3by (04-65-0528)

【创名及原始定义】 甘肃省地质局第二区测队(1976)创名,创名地在内蒙古自治区额济纳旗白云山,甘肃省的副层型在肃北县珊瑚井。原始定义:指一套深灰、紫红色细碎屑岩、砾状灰岩、竹叶状灰岩夹少量火山岩,富产珊瑚、腕足类等化石的地层。见:《西北地区区域地层表·新疆维吾尔自治区分册》(1981)第 223 页。

【沿革】 上述各地的白云山组,早在 1968 年、1973 年和 1979 年,甘肃、新疆区测队等单位,多数都划归锡林柯博组(O_2),个别划归下一中奥陶统。本次对比研究,和甘肃北山地区同一地层对比,与其下部岩性相似,现划归白云山组。

【现在定义】 指一套下与锡林柯博组整合、上与黑尖山组(S_1)呈断层接触的以粗碎屑岩(含砾砂岩及砾岩)及碳酸盐岩为主,局部有少量火山岩及碧玉岩,富产珊瑚、三叶虫和腕足类等化石的地层。

【层型】 正层型:内蒙古自治区额济纳旗白云山东剖面(98°38′00″,41°35′00″),由甘肃省第二区测大队(1972)测制。新疆境内次层型:新疆白山幅磁海东北盐滩以北剖面。参考剖面:甘肃省肃北县锡林柯博剖面。

白山幅磁海东北盐滩以北剖面

白云山组	总厚度 1 817.5 m
9. 黑灰色薄层状变质石英砂岩(未见顶)	377.9 m
8. 灰、灰绿、褐色等杂色石英砂岩	178.2 m
7. 黑灰色薄板状变石英砂岩	136.4 m
6. 黑灰色薄板状变石英砂岩夹黑色硅质板岩、粉砂质板岩和含碳硅质板岩	87.5 m
5. 浅灰色—灰褐色薄片状变石英岩	110.9 m
4. 浅灰色片状变石英砂岩	151.5 m
3. 绿灰色变质砂岩	561.4 m
2. 灰褐色变石英砂岩	140.3 m
1. 上部黑灰色硅质板岩,下部浅灰色石英岩	73.4 m

———— 断 层 ————

下伏地层:西双鹰山组 黑色硅质岩、臭灰岩

【地质特征及区域变化】 本地区出露的白云山组,仅和甘肃区测队的层型、副层型的下部层位岩性相似,而且未见化石。白云山地区为灰色、灰绿色轻变质石英砂岩、长石石英砂岩和少量硅质板岩、硅质岩等;方山口地区为灰色长石石英砂岩、硅质板岩、石英砂岩夹硅质岩和灰岩

凸镜体；锡林柯博地区，上部为灰绿色千枚状粉砂岩、粉砂质页岩夹含砾砂岩，下部为灰绿、灰色含砾复矿砂岩夹细砾岩和硅质岩。

甘肃、新疆交界处北山地区的白云山组，分布于白山幅（K－46－XXVIII）的盐滩、1264 高点和 1258.8 点，方山口幅（K－46－XXIX）的头吊泉、方山口和牛圈子幅（K－47－XIX）的锡林柯博等地区。岩性稳定，延伸较远，具有可填图性。

【其他】 原划为锡林柯博组的 5 条剖面与甘肃北山地区的白云山组下部岩性相似，主要为一套长英质碎屑岩，现划入白云山组。

萨尔干组　$O_2 se$　(04－65－0517)

【创名及原始定义】 地质部十三大队二、三中队马库林等（1957）创名萨尔干岩系，创名地阿合奇县捷格勒克北。原始定义：指一套含陆源物质的碳酸盐岩地层。

【沿革】 1965—1967 年，赞比勒幅（K－43－XXXVI）、苏巴什幅（K－44－XXXI）、乌什幅（K－44－XXVI）等 1：20 万地质图说明书改称萨尔干群；新疆区测队乔新东、张太荣等（1976）在《新疆柯坪地区震旦纪及早古生代地层调查报告》中列述了详细剖面，将萨尔干组限定在原萨尔干群下部的一段黑色、黑灰色粉砂质碳质页岩和薄层灰岩地层。这份资料被《西北地区区域地层表·新疆维吾尔自治区分册》（1981）、《新疆古生界》（上）（1990）等大型文献广泛应用至今。

【现在定义】 指一套上与其浪组、下与丘里塔格组均为整合接触的黑色页岩夹灰黑色薄层或凸镜状泥屑灰岩，局部层段有硅质条带，富含笔石、次为三叶虫等化石的地层。

【层型】 正层型：阿合奇县捷格勒克牧区以北、塔什纳拉他乌以南剖面（77°55′00″，40°39′00″），由 A·C·马库林等（1957）测制。参考剖面：柯坪县苏巴什沟口 I 号剖面，柯坪县大湾沟剖面。

【地质特征及区域变化】 岩石组合如现在定义所述，古生物组合有笔石、三叶虫、腕足类、腹足类、牙形石等。其中笔石分带最典型，以叉笔石为主，含少量对笔石。乔新东（1976）将萨尔干组所含笔石自下而上分为四个笔石带：*Isograptus armatus* 带；*Pterograptus elegans* 带；*Glossograptus hincksii* 带；*Nemagraptus gracilis* 带。

本组为浅海相地层，未变质。

萨尔干组分布于赞比勒、苏巴什和乌什等地的各山脉北坡，地层呈窄条状沿山脉走向出露。地质部十三大队所测剖面，包括范围较宽，但其下部岩性仍可和重新厘定的萨尔干组对比。总体来看，该组岩相比较稳定，变化不大。

【其他】 萨尔干组的命名地质报告是一份包括七个 1：20 万图幅的地质报告，报告中萨尔干岩系仅有两条剖面，推测命名剖面可能是赞比勒幅阿合奇县捷格勒克牧区以北、塔什纳拉他乌以南剖面，但萨尔干这个地名是在苏巴什幅西南部，两地相距甚远，也可能当时只按工作区而未考虑图幅。

其浪组　$O_2 q$　(04－65－0518)

【创名及原始定义】 新疆地质局区测大队乔新东、张太荣（1976）创名①，地层名称取自柯坪县正东、阿克苏至喀什公路南侧的其浪村。新疆区域地层表编写组（1981）介绍。原始定义：指一套绿色、灰绿色、灰色泥质灰岩与灰绿色钙质粉砂岩互层，富含笔石、三叶虫、介形虫化石，

---

① 乔新东、张太荣，1976，新疆柯坪地区震旦纪及早古生代地层调查报告（内刊）。

上与印干组、下与坎岭组均为整合的地层。

【沿革】 乔新东等(1976)创名后，被《西北地区区域地层表·新疆维吾尔自治区分册》(1981)和《新疆古生界》(上)等大型文献广泛应用至今。1965—1967年出版的这一地区的几个1∶20万地质图说明书所划萨尔干群中都有本组的层位，但未单独划出。其浪组及其以下的坎岭组，地层总体面貌特征比较相似。色调多为黑灰色和灰绿色，都为薄层状，而且岩层表面具有疙瘩状，岩性均为灰岩、泥灰岩，或与钙质粉砂岩互层。鉴于坎岭组厚度不大(12～18 m)，特征不太明显，将其并入其浪组，停止使用坎岭组。

【现在定义】 指一套上与印干组、下与萨尔干组均为整合的以灰色为主（下部有一层紫红色）的薄层泥屑灰岩、瘤状泥屑灰岩及灰绿色钙质、粉砂质页岩、粉砂岩韵律性互层，富含笔石、三叶虫、头足类化石的地层。

【层型】 正层型：柯坪县印干大断裂西侧4 km处Ⅸ号剖面(79°32′00″,40°42′30″)，由乔新东、张太荣(1976)测制。参考剖面：柯坪县苏巴什沟口Ⅰ号剖面，柯坪县大湾沟剖面，柯坪县坎岭剖面。

【地质特征及区域变化】 岩石组合如现在定义所述，本组化石丰富，乔新东(1976)自上而下建立 *Sinoceras chinensis* 带（头足类），*Neseuretus yinganensis* 亚带（三叶虫），*Corynoides serpens* 亚带(笔石)，*Trilacinoceras* 带(头足类)。本组为浅海相碳酸盐岩和砂页岩沉积，地层未变质。

其浪组发育最好地段在乌什幅(K-44-XXⅥ)音干山和柯坪塔格一带，此外在衣木干他乌等各大山脉亦有分布。该组层位稳定，岩相也稳定，无大变化。

印干组 O_3y (04-65-0519)

【创名及原始定义】 中国科学院新疆科学分院詹士高等(1964)创名，创名地在柯坪县东北乌什幅(K-44-XXⅥ)音干村西北。原始定义：岩性为深灰色、黑色碳质、钙质页岩及少量粉砂岩夹灰岩、泥灰岩。

【沿革】 新疆科学分院詹士高、唐康杰等(1963)对柯坪地区的奥陶系、志留系和泥盆系—石炭系详细测制了地层古生物剖面；同年8—10月，新疆地质局区测大队乔新东等对该区的震旦系、寒武系和奥陶系也详细测制了地层古生物剖面；1964年詹士高等几乎与乔新东同时在萨尔干岩系顶部划分出印干组。为编制《西北地区区域地层表·新疆维吾尔自治区分册》和《古生物图册》，乔新东等再次赴柯坪，在1963年的基础上再度进行剖面测制研究，两次野外成果反映在1976年乔新东等人编写的《新疆柯坪地区震旦纪及早古生代地层调查报告》中。这一成果资料被《西北地区区域地层表·新疆维吾尔自治区分册》和《新疆古生界》(上)广泛沿用至今。周志毅等著《塔里木生物地层和地质演化》(1990)一书所列大湾沟剖面，虽为中国科学院南京地质古生物研究所(1987)所测(乔新东也参加了野外工作)，但与乔新东(1973)所测IX号剖面位于同一沟谷，而且厚度相差甚微，不再赘述。苏巴什幅(K-44-XXXⅠ)和乌什幅为1955—1957年地质部十三大队原测，1965—1967年先后出版地质图说明书，当时虽未单独划出印干组，但从剖面岩性分析，可能有相当层位存在。

【现在定义】 指一套上被柯坪塔格组平行不整合覆盖，下与其浪组整合接触的黑色及深灰色碳质、钙质和粉砂质页岩以及泥屑灰岩，富产笔石，并有少量三叶虫、无铰纲腕足类伴生的地层。

【层型】 正层型：柯坪县印干大断裂西侧4 km处IX号剖面(79°32′00″,40°42′30″)，由新疆科学分院詹士高、周康杰(1963)测制。

【地质特征及区域变化】 岩石组合如现在定义所述。本组化石丰富,1976年乔新东建立两个笔石带:下部 *Dicellograptus angulatus* 带;上部 *Orthograptus quadrimucronatus* 带。后者为我国石口期的带化石,代表晚奥陶世早期的产物。本组地层属浅海相沉积,厚36 m。未变质。

印干组仅分布于柯坪县东北音干村(乌什幅)西北一带,出露不宽,呈北西西向延伸。岩相稳定,各地变化不大。

却尔却克组　$O_{2-3}q$　(04-65-0523)

【创名及原始定义】 中瑞(典)西北科学考察团 Norin 1928—1930年创名却尔却克建造,创名地在却尔却克山南坡。原始定义:指一套富产笔石和三叶虫化石的含砂质泥质及灰质的页岩地层。

【沿革】 1928—1930年,中瑞西北科学考察团 Norin 将却尔却克山脊以南包括含砂质泥质及灰质页岩在内的一套富含笔石的地层,创名为却尔却克建造(1938年计荣森在一篇书评中称察尔卡格层),并采得大量笔石和三叶虫。

50年代后期,以地质部十三大队为代表,经过1:20万区域地质调查,基本上划为上下两部分,即中统却尔却克组(包括哈德布拉克统和萨尔岗岩系),上寒武统—下奥陶统突尔沙克塔格群(包括巷古勒塔格统和丘里塔格岩系)。

60年代中期,新疆区测大队出版了这一地区的1:20万地质图说明书,将萨尔岗岩系厘定为却尔却克组。

70年代末,《西北地区区域地层表·新疆维吾尔自治区分册》和北方槽区古生代地层会议,在野外核查的基础上,划分出上统乌里格孜塔格组、中统却尔却克组,将突尔沙克塔格群分解,上部划为下奥陶统巷古勒塔格组。新疆区调大队十一分队在1:20万阔克苏幅(K-45-XXIX)完成1:20万区域地质调查,在却尔却克山等地测得完好地层剖面,采得大量笔石和三叶虫化石,进一步查明这一地区的奥陶系为一套浅海相细碎屑岩沉积。

80年代后期,石油科研部门在乌里格孜塔格和却尔却克山等地,又一次详细测制了古生物地层剖面,他们以兴地断裂为界,划为北区和南区:南区为碎屑岩,古生物以笔石为主;北区为碳酸盐岩,古生物主要为三叶虫、头足类、腕足类和珊瑚。在此基础上,它们建立了南区和北区两套地层单位,共6个新建组,对3个组重新厘定了含义,描述了4段标志层。上述成果,较大的丰富了这一地区生物地层的内涵。现在重新厘定的却尔却克组包括安德盛所划乌里格孜塔格组(却尔却克山)、却尔却克组和巷古勒塔格组的上段;包括钟端、郝永祥所划银屏山组、元宝山组、杂土坡组、却尔却克组和黑土凹组;包括王朴、周天荣、朱国贤等所划元宝山组、却尔却克组和巷古勒塔格组;也包括赛马山幅和巴勒衮布拉克幅说明书中所划的却尔却克组,同时停止使用乌里格孜塔格组、萨尔岗岩系、银屏山组、元宝山组、杂土坡组、黑土凹组和巷古勒塔格组。

上述地层系统,是经过不同时期的工作而划分出来的,标准不一,含义不同,比较混乱。

【现在定义】 指一套上被土什布拉克组平行不整合覆盖,下与突尔沙克塔格组连续沉积的,以灰绿色、灰色为主的粉砂岩、泥岩、页岩、长石石英砂岩、细砂岩夹薄层灰岩,富产笔石、三叶虫、头足类、牙形类等化石的地层。

【层型】 选层型:尉犁县却尔却克山西段Ⅴ号剖面(88°18′50″,40°54′50″),由新疆区测大队十一分队(1982)测制。参考剖面:尉犁县却尔却克山东段剖面,却尔却尔克山剖面,尉犁县雅尔当山-元宝山剖面，若羌县阿尔特梅什布拉克背斜北翼剖面。

【地质特征及区域变化】 却尔却克组的岩石组合如现在定义所述，为一套浅海相细碎屑岩沉积。地层厚度，一般 1 364～2 304 m，却尔却克山西段为 697 m，阿尔特梅什布拉克仅 60 余米。

这套地层化石丰富，钟端、郝永祥(1990)建立如下化石带：

笔石带(自上而下)：

Dicellograptus complanatus-Orthograptus quadrimucronatus 带

Dicranograptus ramosus longicaulis 带

Dicranograptus sinensis-Nemagraptus gracilis 带

Glossograptus hincksii-Pterograptus elegans 带

Amplexograptus confertus-Glyptograptus austrodentatus 带

Cardiograptus amplus-Didymograptus abnormis 带

Tetragraptus pendens-T. quadribrachiatus 带

三叶虫带(自上而下)：

Eobronteus nankinolithus 带

Taklamakania yinganensis 带

Birmanites-Calymenesun-Parisoceraurus 带

Ceraurinus-Cyclopyge 带

Nileus armadilloformis 带

Asaphopsis-Psilocephalina 带

王朴、周天荣、朱国贤(1991)等也建立如下化石带(自上而下)：

笔石带：

Dicellograptus ornatus 带

Amplexograptus disjunctus yangtzeensis-Orthograptus quadrimucronatus 带

Pseudazygograptus 带

Nemagraptus gracilis 带

Glyptograptus teretiusculus 带

Pterograptus elegans 带

Amplexograptus cf. *confertus* 带

Glyptograptus cf. *austrodentatus* 带

Cardiograptus amplus 带

Didymograptus abnormis 带

Didymograptus hirundo 带

Adelograptus-Clonograptus 带

三叶虫带：

Hysterolenus 带

Cordylodus intermedius 带

却尔却克组主要分布在阔克苏幅南部的却尔却克山、元宝山、南雅尔当山等地，此外在赛马山幅(K－45－XXX)和巴勒衮布拉克幅(K－46－XXV)的阿尔特梅什布拉克等地也有分布。

却尔却克组岩相基本稳定，却尔却克山为一套灰绿色细碎屑岩，往东至南雅尔当山一带，钙质成分增高，出现薄层灰岩夹层，再往东至巴勒衮布拉克幅的阿尔特梅什布拉克一带，相变为灰色、灰黑色薄层灰岩、粉砂岩、页岩和硅质岩的不均匀互层。

【其他】 本地区有的地层单位名称来自柯坪地区，如萨尔岗岩系、丘里塔格岩系等，更为普遍的是异物同名，如乌里格孜塔格组、却尔却克组和巷古勒塔格组等，既用于碎屑岩地层，也用于碳酸盐岩沉积。

石油部门的北区和南区的划分，在西部地段尚可，但是，此地的碳酸盐岩地层，实际上和寒武系的岩性非常一致，完全是一套地层。在东部地段，同在断裂南侧，却出现了一套和北侧完全一样的碳酸盐岩沉积，也就是说，以兴地断裂为界所划的南北两区，在区域上延伸不远。新的地层单位的建立，有的如杂土坡组、黑土凹组等，只在局部地段可行，但区域延伸较差，而且厚度也较小，可填图性较差，是否具备建组条件，值得商榷。根据《国际地层指南》(1976)和《中国地层指南及中国地层指南说明书》(1981)对岩石地层单位的要求条件，将这一地区的碳酸盐岩沉积划归下部层位突尔沙克塔格组($\in_3$—O_1)，将却尔却克山及其以东地段的以碎屑岩为主的地层划归却尔却克组。

却尔却克组一名，由 Norin 的却尔却克建造演变而来，而 60 年代新疆区测大队地质图说明书中引用的却尔却克组剖面，在岩性方面代表性不强，厚度也偏小，而且距 Norin 当年调查地区甚远。根据这种情况，现在选择与当年 Norin 剖面位置相同的阔克苏幅 1∶20 万报告中Ⅴ号剖面作为选层型。

玛列兹肯群　$O_{1-2}M$　(04－65－0529)

【创名及原始定义】 地质部第十三大队五中队吕正等(1958)创名玛列兹肯岩系，创名地在玛列兹肯山南坡。原始定义：是指一套暗色由粗到细的具明显韵律特征的碎屑岩和碳酸盐岩地层。

【沿革】 地质部第十三大队五中队 1958 年命名为玛列兹肯岩系，分为上下两个亚岩系，时代∈—O；新疆区测大队焦生瑞、赵明钰、张玉谦等(1976)，将其上亚岩系厘定为玛列兹肯组，时代为 O_1；《西北地区区域地层表·新疆维吾尔自治区分册》(1981)改为玛列兹肯群(O_1)；1985 年新疆地质矿产局第二地质大队汪玉珍、马世鹏等，在《新疆南疆西部地质图、矿产图说明书》中，根据他们 1978 年重测的恰特剖面和采得的化石，进一步划分为二统(二分法)四组，从上到下依次为库维希组、博塔干组(以上为 O_2)、坎地里克组和恰特组(以上为 O_1)；肖兵(1990)在《新疆古生界》(上)一书中，基本采纳汪玉珍的划分，但按三分的方案将库维希组的时代厘定为 O_3。该群研究程度较低，汪玉珍等人曾在所测剖面上采集了化石，否定了寒武系，无疑是前进了一步。但同时也可以看出，这套地层颜色均为灰一深灰色，岩性为一套砂砾岩、砂质白云岩、泥质生物碎屑灰岩等，地层结构上，上述岩层呈明显的韵律互层出现，它们中间似乎没有什么明显界线可再细分，因此仍采纳玛列兹肯群的划分，停止使用库维希组、博塔干组、坎地里克组和恰特组。

【现在定义】 指一套下与苏库罗克组不整合接触，上部接触关系不明的深灰色、灰黑色下粗上细的砂砾岩、石英砂岩、生物碎屑灰岩、白云质灰岩、细晶灰岩夹少量硅质岩和粉砂岩，中部富产腕足类、腹足类、头足类、层孔虫和少量三叶虫化石，具明显韵律特征的地层。

【层型】 正层型：塔什库尔干塔吉克自治县玛列兹肯山南坡剖面(76°15′00″，37°50′00″)，由地质部十三大队五中队(1958)测制。参考剖面：莎车县恰特剖面。

【地质特征及区域变化】 本群为滨一浅海相碎屑岩和碳酸盐岩沉积，岩石组合和古生物组合如现在定义所述，地层厚度 545～1 980 m。

玛列兹肯群分布于西昆仑山坎地里克北侧至叶尔羌河以南的玛列兹肯山地区，岩相稳定，变化不大。

额兰塔格组　O_1e　(04-65-0531)

【创名及原始定义】 新疆地质局区调大队二分队冯明道等(1981)创名，创名地在巴什考贡幅(J-46-Ⅶ)东部环形山。原始定义：指一套上与环形山组整合接触，下部不整合于青白口系之上，岩性主要为泥质粉砂岩夹灰岩，含较丰富的腕足类、头足类、三叶虫及层孔虫等化石的地层。

【沿革】 新疆地质局第四区测大队五分队高芝生等(1960)，在阿尔金山做 1：100 万区域地质调查时，笼统划为下古生界；新疆区调大队二分队冯明道(1981)做 1：20 万区域地质调查时，发现早、中奥陶世化石，划出了奥陶系下统和中统，将下统创名为额兰塔格组；1985 年新疆地质图(1：200 万)将巴什考贡北侧的一处以碎屑岩为主的额兰塔格组露头划归中泥盆统；肖兵(1990)在《新疆古生界》一书中，采纳和引用了二分队的划分方案和地层剖面，沿用至今。

【现在定义】 指一套上与环形山组整合，下部不整合于青白口系索尔库里群之上的滨浅海相碎屑岩夹少量灰岩沉积，主要岩性包括灰、灰绿、深灰色钙质岩屑长石砂岩、粉砂质泥岩、粉砂岩、泥岩、石英砂岩和细砾岩等夹少量灰岩，富产腕足类、三叶虫、头足类、双壳类、腹足类等化石的地层。

【层型】 正层型：若羌县环形山 XV 号剖面(90°58′58″,38°56′30″)，由新疆地质局区调大队二分队(1981)测制。参考剖面：若羌县亚普恰萨依Ⅶ号剖面。

【地质特征及区域变化】 额兰塔格组的岩石组合和古生物组合如现在定义所述，为滨浅海相沉积，厚度 38.3～1 078.5 m，未变质。

额兰塔格组仅分布在巴什考贡幅东部的环形山和西部的巴什考贡北侧两处，呈长条状近东西向延伸。在环形山一带，岩性为灰、灰绿色片理化薄层泥质粉砂岩、石英砂岩夹少量灰岩；在巴什考贡北侧亚普恰萨依上游，为灰绿色、灰色和深灰色钙质岩屑长石砂岩、粉砂质泥岩、粉砂岩、泥岩、石英砂岩和细砾岩等夹少量灰岩。

【其他】 创名剖面中额兰塔格组共厚 747.3 m，其中上段有 709 m 为碳酸盐岩，与其上覆环形山组岩性完全一致，下部只有 38.3 m 为碎屑岩，与亚普恰萨依Ⅶ号剖面额兰塔格组岩性一致。创名剖面上的实际岩石地层体与原始定义不符，现将额兰塔格组与环形山组的界线下移，即从原来的第 20 层和第 21 层之间下移到第 10 层和第 11 层之间，修订后的额兰塔格组，在创名剖面上只有 38.3 m，将上部的 709 m 划归环形山组。

环形山组　O_2h　(04-65-0532)

【创名及原始定义】 新疆地质局区调大队二分队冯明道等(1981)创名，创名地在巴什考贡幅(J-46-Ⅶ)东部环形山。原始定义：指一套上未见顶，下与额兰塔格组整合接触的滨—浅海相碳酸盐岩夹碎屑岩建造，上部岩性包括深灰色、黑灰色薄层灰岩夹粉砂岩和结晶灰岩，下部为薄层状、条带状灰岩和结晶灰岩，底部夹砂岩，含笔石、三叶虫、腕足类等化石的地层。

【沿革】 新疆地质局区调大队二分队冯明道(1981)在《巴什考贡幅(J-46-Ⅶ)1：20 万区域地质调查报告》中建组并创名。恰克马克塔什达坂之南的一处露头，原为 1982 年新疆区调大队六分队王嘉桁所划的尧勒萨依组(O_2y)。1985 年新疆地质图(1：200 万)和 1990 年《新疆古生界》(上)都采纳了二分队的划分方案。环形山剖面原划为额兰塔格组的中上部层位，即第11—20层，与环形山组岩性无大差别；尧勒萨依组上部为灰色白云岩夹疙瘩状灰岩，下部为灰岩。现将它们合并划入环形山组，停止使用尧勒萨依组一名。

【现在定义】 指一套上未见顶，下与额兰塔格组整合接触的灰色、深灰色，以薄层、中厚层为主的灰岩、生物灰岩、条带状灰岩和结晶灰岩、白云岩夹粉砂岩、砂岩，富产三叶虫、笔石、腕足类等化石的地层。

【层型】 正层型：若羌县环形山XV号剖面(90°59′59″,38°56′55″)，由新疆区调大队二分队(1981)测制。参考剖面：若羌县恰克马克塔什达坂南剖面。

【地质特征及区域变化】 本组岩石组合和古生物组合如现在定义所述，该地层为滨—浅海相碳酸盐岩夹碎屑岩，厚度900—1 143 m。

环形山组共有两处露头，一处位于巴什考贡东部的环形山，长约8 km，东西向延伸；另一处在米兰东南部的恰克马克塔什达坂以南的山前地带，长约20 km，东西向延伸。岩相基本稳定，无大变化。

冬瓜山群 $O_{1-2}D$ (04-65-0530)

【创名及原始定义】 新疆地矿局第一区调大队四分队张志德等(1984)创名，创名地在冬瓜山。原始定义：是指一套上与那克十七江群连续过渡，下部不整合覆于甜水海群之上，主要由浅海相碳酸盐岩夹少量碎屑岩组成，含三叶虫、角石等化石的地层。

【沿革】 新疆地质局和田地质大队(1960)在那克十七江沟测制剖面时，采得头足类、三叶虫等化石，划为奥陶系。新疆区测大队张玉谦、赵明钰、焦生瑞等(1976)在《西昆仑地区下古生界概述》一文中，将和田地质大队剖面中的第6—7层单独划出，创名为那克十七江组(O_2n)，该组剖面岩性，上部为暗绿色玄武岩、紫灰色安山岩，下部为紫色砾岩、砂砾岩和铁质石英砂岩。《西北地区区域地层表·新疆维吾尔自治区分册》(1981)厘定为群，但未列剖面。1984年新疆第一区调大队四分队和十分队，在他们的1∶100万地质报告中，根据所测剖面，将一套上下仅有微小差别的碳酸盐岩地层，上部划为那克十七江群(O_{1+2})，下部命名为冬瓜山组(O_1d)。肖兵(1990)在《新疆古生界》(上)一书中，仍沿用那克十七江群一名，但使用的是新疆地矿局第一区调大队四分队的碳酸盐岩地层剖面。那克十七江群一名虽然仍被继续使用，但早已名不符实了，有必要重新予以订正。

【现在定义】 指一套与上部关系不明，下部不整合于甜水海群之上，以灰色、深灰色灰岩、砂泥质灰岩、生物灰岩为主，夹千枚状页岩、钙质砂岩、钙质泥质粉砂岩以及少量基性火山岩，产腹足类、三叶虫、腕足类、头足类等化石的地层。

【层型】 选层型：和田县冬瓜山XII号剖面(78°37′55″,35°24′55″)，由新疆地矿局第一区调大队四分队(1984)测制。参考剖面：叶城县叶尔羌河上游综合路线地质剖面，叶城县喀喇昆仑河上游剖面。

【地质特征及区域变化】 冬瓜山群的岩石组合、古生物组合如现在定义所述。本群为浅海相碳酸盐岩夹碎屑岩沉积，厚度536～2 200 m。

喀喇昆仑河上游的灰岩中产三叶虫 Illaenidae 和直角石碎片。天伸达坂一带产三叶虫：*Illaenus* sp.，*Nilenus* sp.，*Ptychopyge* ? sp.，海林檎：*Sphaeronites* sp.，*Aristocystis* sp.；角石：*Chisiloceras* sp.，*C. chaohuense*，*Dideroceras endocylindricum*，*D. meridonale*，*D. stenosiphonatum*，*D.* cf. *grabaui*，*D. subtriangulum*，*D. hexianense*，*Changyangoceras jurongense*，

Protocycloceras cf. *lamarcki*。甜水海地区产三叶虫：*Szechuanella* sp.；腕足类：*Triplesia* sp.，*Orthis* sp.，*Plectorthis* sp.。

冬瓜山群主要分布在叶尔羌河上游那克十七江沟和天伸达坂以北、冬瓜山、甜水海东南等地，岩相比较稳定，变化不大。喀喇昆仑河上游，该地层为灰色块状灰岩、泥岩夹紫红色薄层玄武岩；天伸达坂一带，为灰色中厚层—块状灰岩、砂质灰岩夹灰绿色钙泥质粉砂岩；甜水海地区，为浅灰黄色、灰白色大理岩化灰岩。

【其他】 原创名剖面早已名不符实，已无法作为层型继续使用。现将后人纳入其中的一段地层（指新疆第一区调大队四分队剖面）和下部冬瓜山组合并，称冬瓜山群，启用冬瓜山剖面作为选层型，同时停止使用那克十七江群一名。其他各剖面，除吾鲁乌斯塘河上游剖面、和田地质大队叶尔羌河上游综合路线地质剖面的第 6 层及其以上另作考虑之外，岩性基本一致，均可对比。

尼勒克河组 S_1n （04－66－0610）

【创名及原始定义】 苏联保矿部第十三航测大队一、二、三中队费门斜夫（1953）创名①，创名地在博罗霍洛山。原始定义：不整合于红色组及库茹尔组之上，上部为厚度不稳定的大理岩化灰岩，下部为钙质绿泥石片岩与灰色板状砂岩互层所组成的一套砂岩片岩地层。

【沿革】 该单位创建后，中国地质科学院地质研究所与新疆区测大队地层分队（1978）对博罗霍洛山地区的地层进行专题研究，改称尼勒克河组并厘定其含义。1985—1987 年新疆区测大队三、四分队分别在赛里木湖幅（L－44－XXXⅣ）、精河幅（L－44－XXXⅤ）进行了 1：20 万区域地质凋查，都划分出尼勒克河组，但其内容不尽相同。1988—1990 年新疆区调大队四分队在配种站幅、契尔格幅进行 1：5 万区域地质调查，也划分出尼勒克河组。《西北地区区域地层表·新疆维吾尔自治区分册》（1981）、《新疆古生界》（上）（1990）、《新疆维吾尔自治区区域地质志》（1993）等大型文献基本沿用联合地层分队所厘定含义。

【现在定义】 指一套岩性为灰色、灰黑色厚层—块状粉砂岩、碳泥质页岩，富含笔石的地层。上与基夫克组整合接触，下未见底。

【层型】 选层型：尼勒克河上游剖面（Ⅶ号）（82°53′35″，44°06′25″），由地层分队（1974）测制。参考剖面：克孜勒库拉（Ⅸ号）向斜北翼剖面。

【地质特征及区域变化】 该组出露面积不大，岩性特征及接触关系如现在定义所述，该组含大量的笔石：*Streptograptus* sp.，*Monograptus* cf. *sedgweckii*，*Pristiograptus* sp.，*P.* cf. *ijaculus*，*Demirastrites*（*Oktavites*）*spiralis*，*D.*（*Oktavites*）*involutus*；双壳类：*Newsomella nilkensis*。其中所含笔石 *Monograptus* cf. *sedgweckii* 是早志留世龙马溪晚期带化石。

基夫克组 S_2j （04－65－0611）

【创名及原始定义】 1974 年中国地质科学院地质研究所、新疆地质局区测大队地层分队创名，新疆区域地层表编写组（1981）介绍。创名地在博罗霍洛山尼勒克河上游。原始定义：指一套灰色、灰黑色中厚层状灰岩，底部为块状灰岩，含丰富的珊瑚、腕足类化石的地层，下与尼勒克河组整合接触，上与库茹尔组断层接触。

【沿革】 该组创建后新疆地质局第一区调大队三、四分队 1985—1987 年间分别在赛里木

① 见新疆地质局区测大队编图分队林钧堂等，1965，西南准噶尔伊宁地区地质图说明书。

湖幅、精河幅进行1：20万区域地质调查，其中三分队划为尼勒克河组的地层中有一部分应归入基夫克组，四分队所划基夫克组与原始定义基本相当。1988—1990年新疆第一区调大队四分队在配种站幅、契尔格幅进行1：5万区域地质调查，划分出基夫克组与原始定义基本相当。《西北地区区域地层表·新疆维吾尔自治区分册》(1981)、《新疆古生界》(上 1990)、《新疆维吾尔自治区区域地质志》(1993)等都沿用了基夫克组，且含义与原始定义相当

【现在定义】 指一套以碳酸盐岩为主，并有钙质粉砂岩、砂岩等，含富丰珊瑚、腕足类化石的地层。与下伏尼勒克河组整合接触，与上覆库茹尔组断层接触。

【层型】 正层型：尼勒克县尼勒克河上游剖面(Ⅶ号)(82°53′35″,44°06′25″)，由1974年地层分队测制。参考剖面：精河县乔巴拉尔沙XXXV号剖面。

【地质特征及区域变化】 该组的岩性以碳酸盐岩为主，含大量珊瑚：*Angopora borohoroensis*，*Mesofavosites jingheensis*，*Syringopora nanshanensis*，*Fletcheriella gigantea*，*Halysites* sp.，*Catenipora spirodensis*，*Favosites* sp.，*Heliolites* sp.，*Microplasma* sp.，*Zelophyllum borohoroshanense*，*Yassia nilkaense*，*Palaeophyllum jingheense*，*Protopilophyllum nilkaense*，*Amplexoides borohoroshanensis*，*Crassilasma nilkaensis*，*Kyphophyllum borohoroshanense*，*Strombodes schremki*，*Propora* sp.；腕足类：*Pentamerus* cf. *oblongus*，*Eospirifer* cf. *radiatus*。该组的地质时代为中志留世。横向变化不清，很可能是以凸镜体形式分布，厚度大于200 m。

【其他】 本次对比研究认为1974年创建的该组基本符合岩石地层单位的规范，但后来使用过程中将一些以火山碎屑岩为主的地层划归该单位是不合适的，基夫克组仍应是以碳酸盐岩为主体的地层单位。

库茹尔组 S_3k (04-65-0612)

【创名及原始定义】 苏联保矿部第十三航测大队(1953)创名库茹尔岩系，创名地在博罗霍洛山。原始定义：为一套单一的灰色、浅灰绿色钙质绿泥石片岩及黑色粉砂岩。整合于喷发凝灰岩组之上，并与上覆红色组(S)呈整合接触。

【沿革】 1978年中国地质科学院地质研究所、新疆地质局区测大队联合地层分队在婆罗科努山地区进行专题地层研究，对其含义进行了重新厘定，改称库茹尔组。以后所用库茹尔组都以厘定后含义为准。

【现在定义】 指一套深灰、灰绿色条带状细砂岩、粉砂岩、层凝灰砂岩、硅质细砂岩及少量灰岩，含腕足类、珊瑚化石的地层，与上覆博罗霍洛山组整合接触，与下伏基夫克组仅在肯萨依见有不整合接触，其余地方均为断层接触。

【层型】 创名人创名时未指定层型，本书指定选层型：尼勒克河上游剖面(Ⅶ号)(82°53′35″,44°06′25″)，由地层分队(1974)测制。参考剖面：精河县基夫克河上游剖面(Ⅶ)，精河县西南库尔Ⅻ号剖面，霍城县肯萨依西南4 km处剖面(Ⅺ号)，霍城县新二台南剖面。

【地质特征及区域变化】 基夫克河上游该组可见厚362 m，岩性为碎屑岩、火山层凝灰岩及生物碎屑灰岩团块，在灰岩中采到珊瑚：*Favosites* sp.；腕足类：*Protochonetes* sp.，*Plectatrypa* sp.，*Rhipidomella* sp.，*Camarotoechia* sp.。

尼勒克河上游，尼勒克山口西南该组厚约800 m，岩性为灰色、灰黑色钙质粉砂岩、泥质粉砂岩，顶底界都是断层。含腕足类：*Protochonetes* sp.，*Plectatrypa* sp.，*Camarotoechia* sp.，

新二台南该组厚600 m，岩性为钙质粉砂岩、砂岩、泥质粉砂岩，夹有灰岩凸镜体，含珊瑚：

Favosites sp. , *Heliolites* sp. , *Cladopora* sp. ; 腕足类: *Camarotoechia* sp. , *Chonetes* sp. ; 顶与博罗霍洛山组整合接触，底界与呼独克达坂组上奥陶统断层接触。

博罗霍洛山组 S_3b （04-65-0613）

【创名及原始定义】 新疆地质局区调大队一分队五分队李应埸等(1979)介绍，中国地质科学院地质研究所、新疆地质局区测大队地层分队(1974)创名。创名地博罗霍洛山基夫克河上游。原始定义：为一套以紫色为主，韵律明显的地槽型复理石建造。具体岩性为紫红色，少量灰绿色钙质、泥质粉砂岩、细粒长石岩屑砂岩互层。化石稀少，与下伏库茹尔组整合接触，未见顶。

【沿革】 新疆地质局区测大队七分队(1975)在托库孜库马拉克幅、新疆地质局区测大队一分队(1978)在新源幅、新疆地质局区测大队十分队(1978)在石场幅做 1：20 万区域地质调查，在各自的报告中都使用了博罗霍洛山组，且都划分了三个亚组，中亚组都以碳酸盐岩为主，上下亚组以碎屑岩为主。1985—1987 年新疆地质局区测大队四分队做精河幅区调划出的博罗霍洛山组与原始定义基本相同。《西北地区区域地层表·新疆维吾尔自治区分册》(1981)、《新疆古生界》(上)(1990)、《新疆维吾尔自治区区域地质志》(1993)等沿用了联合地层分队的定义。

【现在定义】 指一套以紫红色为主夹少量灰绿色的钙质、泥质粉砂岩、细粒长石岩屑砂岩地层，与下伏库茹尔组整合接触，未见顶。

【层型】 正层型：精河县基夫克河上游Ⅶ号剖面(82°53′35″,44°06′25″)，地层分队(1974)测制。参考剖面：精河县XXII—XXIV号剖面，库尔赛达坂XXVI号剖面。精河县XXVII号剖面。

【地质特征及区域变化】 该组出露面积较大，近东西向展布。精河南下部为灰绿、灰褐色薄层状钙质砂岩，上部为紫红、浅灰绿色粉砂岩、细砂岩及砂质灰岩不均匀互层，厚 1 000～1 500 m。霍城新二台南，下部为深灰绿色薄层状—厚层状及块状凝灰质砂岩，厚度大于 69 m。该组仅含很少的珊瑚；*Thamnopora* sp. 及腕足类、层孔虫、三叶虫等化石碎片，时代为晚志留世。

【其他】 本次对比研究认为 1974 年创建此组基本符合岩地层单位的规范，但在新源幅以东的几幅 1：20 万地质报告中使用的博罗霍洛山组中亚组都以碳酸盐岩为主，上下亚组的岩性也不具有该组原始定义中的岩石特征，不能把这些地层划入该单位。

巴音布鲁克组 S_3by （04-65-0626）

【创名及原始定义】 新疆地质局区测大队十一分队王务严等(1971)创名，创名地巴音布鲁克戈伦唐古什。原始定义：指一套中性喷发岩及凝灰岩。下部有少量杂砂岩、长石砂岩、粉砂岩及灰岩；上部有钙质砂岩及灰岩。含三叶虫化石。

【沿革】 该组创名后，新疆地质局区测大队五分队(1973)在巴音布鲁克一带(K-44-36-D、K-45-25-A.C.D) 1：5 万区调报告中也使用了巴音布鲁克组，他们将一些前人划入下中志留统的一套未命名地层也归入巴音布鲁克组。《新疆古生界》(上)(1990)、《新疆维吾尔自治区区域地质志》(1993)中简单提到该组。1990—1993 年新疆地矿局地质研究所在中国天山西段木札尔特河及独库公路进行地质剖面综合研究，报告中介绍在北木札尔特河阿登布拉克以南地区及拉尔敦达坂北侧见到相当该组的地层，并将这些地层统称巴音布鲁克组。

【现在定义】 指一套中性喷发岩及凝灰岩，下部有少量杂砂岩、长石砂岩、粉砂岩及灰岩，上部有钙质砂岩及灰岩。含珊瑚、三叶虫化石。多数地段顶底被岩体和断层破坏，少数地段见石炭纪或侏罗纪地层不整合于本组之上。

【层型】 正层型:戈伦唐古什东剖面(84°05′00″,43°06′15″),由新疆区测大队十一分队(1971)测制。

【地质特征及区域变化】 本组下部少量砂岩与上部大量喷发岩的层位关系在横向上比较稳定,沿走向在喷发岩上部常夹有含大量化石的灰岩与少量石英岩凸镜体。拉尔敦道班附近岩石变质较深,主要岩性为绿泥斜长片岩、大理岩化灰岩。在大理岩化灰岩中采到珊瑚:*Heliolites* sp.;层孔虫:*Amphipora* sp.。

米什沟组 S_1m (04-65-0617)

【创名及原始定义】 西北大学地质系刘洪福等(1988)创名,创名地托克逊西南米什沟。原始定义:该组以角度不整合覆于可可乃克群之上,伏于马鞍桥组或塔勒布拉克组之下,下亚组为以紫褐色为主的轻微变质的薄—厚层杂砂岩、粉砂岩;上亚组为以青灰色为主的中厚层状杂砂岩、粉砂岩及粉砂质板岩。

【沿革】 由于该组创建较晚,自创建后尚无人再去该区工作,只有《新疆古生界》(上)(1990)、《新疆维吾尔自治区区域地质志》(1993)简单提到该组。

【现在定义】 上亚组为青灰色为主的薄—厚层状杂砂岩、粉砂岩,下亚组为紫、褐色为主的中厚层状杂砂岩、粉砂岩及粉砂质板岩,该组不整合覆于可可乃克群之上,不整合于马鞍桥组之下。

【层型】 正层型:托克逊县米什沟剖面(88°05′00″,42°30′00″),由西北大学地质系刘洪福等(1988)测制。参考剖面:托克逊县乌斯特沟剖面。

【地质特征及区域变化】 岩性及接触关系可见现在定义,该组含大量的笔石,自下而上可分成五个笔石带:*Demirastrites triangulatus* 带,*Demirastrites convolutus* 带,*Monograptus sedgwickii* 带,*Spirograptus turriculatus* 带,*Monoclimacis griestohiensis* 带。

该组的时代为早志留世。由于剖面太少,横向变化尚不十分清楚。

塔勒克布拉克组 S_1t (04-65-0618)

【创名及原始定义】 西北大学地质系刘洪福等(1988)创名,创名地托克逊县南塔勒克布拉克北沟。原始定义:与下伏米什沟组整合或断层接触,上被马鞍桥组超覆不整合覆盖。为一套灰色、灰绿色、青灰色薄至厚层状细粒杂砂岩、粉砂岩和粉砂质板岩及杂砂岩,产腕足类化石。

【沿革】 该组是从新疆地质局区测队四分队(1967)在《库米什幅(K-45-XVII)1:20万地质图说明书》所划阿哈布拉克群中划分出来的,由于创名时间短,尚无人再前往该区进行野外工作,只有《新疆古生界》(上)(1990)简单提到该组。

【现在定义】 与下伏米什沟组呈整合或断层接触,与上覆雅满苏组为超覆不整合接触。主要岩性为灰色、灰绿色、青灰色薄至厚层状细粒杂砂岩、粉砂岩和粉砂质板岩,产腕足类化石。

【层型】 正层型:托克逊县塔勒克布拉克北沟剖面(88°02′00″,42°33′00″),由西北大学地质系刘洪福等(1988)测制。

【地质特征及区域变化】 该组的岩性及接触关系等见现在定义,含腕足类 *Pentamerus dorsoplanus*,*Eospirifer* sp.,地质时代为早志留世晚期。横向变化有待进一步研究。

伊契克巴什组　S_2y　(04-65-0616)

【创名及原始定义】 新疆地质局一区测大队四分队曾亚参等(1962)创名,创名地哈尔克山南坡。原始定义:与下伏依南里克群整合接触,与上覆科克铁克达坂组为过渡关系,主要岩性为大理岩、绢云母绿泥石石英片岩、黑云母石英片岩,含生物化石。

【沿革】 该组创建后新疆区测大队五分队(1976—1978)在莫合尔幅,1979—1981年在汗腾格里幅、却响幅,1981—1983年在黑英山等幅进行1∶20万区调工作中,为该区志留系创建了一些地层单位,如穷库什太组、阿克牙子组、乌帕塔尔坎组、合同沙拉群等,由于当时工作对该区构造及层序认识的局限,以上所建地层单位或多或少都有部分应归入目前的伊契克巴什组。《西北地区区域地层表·新疆维吾尔自治区分册》(1981)使用了乌帕塔尔坎组等名称。王宝瑜(1985)在《新疆哈尔克山志留系划分及床板珊瑚、日射珊瑚组合特征》一文中重新使用了伊契克巴什组,并对其含义进行了厘定,时代为中志留—晚志留世早期。王务严(1990)在《新疆古生界·志留系》(上)中使用了伊契克巴什组,时代改为中志留世。1993年《新疆维吾尔自治区区域地质志》中使用了伊契克巴什组,含义与王宝瑜厘定的伊契克巴什组基本相同。

【现在定义】 指一套灰白色厚层状大理岩、片岩、含生物碎屑灰岩,变质程度深浅不一,含珊瑚、层孔虫、腕足类等化石,与上覆科克铁克达坂组和下伏伊南里克群均为整合过渡的地层。上以薄层状灰岩,下以薄层状、条带状方柱石、透辉石等变质地层分界。

【层型】 创名人未指定层型,本书指定选层型:南木扎尔特上游(Ⅷ号)剖面(82°30′40″,43°29′30″),由新疆地质矿产研究所(1993)测制。参考剖面:拜城县阿尔腾柯斯河中游剖面,拜城县极奥孜克里克沟剖面(XⅦ),拜城县卡尔果尔沟上游哦合拜谢剖面,拜城县什布雷克达坂剖面。

【地质特征及区域变化】 南木扎尔特可视厚615 m,以白色中—厚层状大理岩为主,有少量的深色云长石英岩、石英片岩,顶界与科克铁克达坂组整合过渡,未见底。阿克苏河至萨勒孜克一带,与南木扎尔特的情况基本相同。在库勒湖南独库公路库尔干南部地区,岩性为白色条带状细晶大理岩、灰色薄—中层状大理岩化灰岩,其中含有大量海百合茎、单体珊瑚和床板珊瑚:*Favosites* sp.,*Dictyofavosites* ? sp.,及层孔虫:*Amphipora* sp.。顶底均为断层。

该组地质时代为中志留世至晚志留世早期。

【其他】 由于建立该组的主要资料都是一些剖面和点上的工作,而该区的面上资料都是新疆区测大队70年代至80年代所做的区调报告;当时所使用的地层单位都不能整体对号归入目前使用的地层单位中,因此横向变化很难归纳。

该组与上覆科克铁克达板组都为碳酸盐岩沉积,从总体上说两组岩性是有差别,但明确划定其界线是困难的,有待今后解决。

科克铁克达坂组　S_3kk　(04-65-0616)

【创名及原始定义】 新疆地质局区测大队三分队张仲修等(1971)创名,创名地科克铁克幅科克铁克达坂。原始定义:主要为一套火山碎屑岩建造,其中夹砾岩、砂岩、灰岩凸镜体,下部以凝灰砂岩为主,夹泥质粉砂岩、长石石英砂岩和薄层砾岩,上部以火山灰凝灰岩为主,夹晶屑凝灰岩、玄武岩和灰岩凸镜体。与上覆地层断层接触,与下伏下奥陶统角度不整合接触。

【沿革】 该组建组后新疆区测大队九分队(1975)在科克铁克幅的西邻库勒幅使用科克铁克达坂组并分成上下两个亚组,含义与原始定义相当,也指一套火山碎屑岩。《西北地区区域地层表·新疆维吾尔自治区分册》(1981)使用的科克铁克达坂群与九分队(1975)使用的含义相当。1975—1985年间新疆区测大队在汗腾格里、却响、黑英山等幅中又创名阿克牙子组、穷库什太组、乌帕塔尔坎组等地层单位。王宝瑜(1985)在《新疆哈尔克山志留系划分及床板珊瑚、日射珊瑚组合特征》一文中将科克铁克达坂组的含义使用为:该组多整合或局部平行不整合在伊契克巴什组之上,构成复式背斜南翼,以碳酸盐岩为主,夹正常碎屑岩,局部见火山岩,岩性为灰、灰褐色、灰白色薄层状灰岩、粉砂质灰岩、鲕状灰岩、泥岩夹钙质砂岩、泥板岩及少量凝灰质砂砾岩,厚798～1 654 m。上与下泥盆统阿尔腾柯斯组整合接触,局部被石炭系超覆不整合,灰岩中含丰富的珊瑚、腕足类等化石。王务严(1990)在《新疆古生界·志留系》(上)中使用的科克铁克达坂组含义较为广泛,既包含了原始定义中的那套火山碎屑岩,也包括了王宝瑜厘定后的以碳酸盐岩为主的地层。1993年《新疆维吾尔自治区区域地质志》使用的科克铁克达坂组的含义与王宝瑜(1985)使用的基本相同。1990—1993年新疆地矿局地质研究所编写的《中国天山西段木札尔特河及独库公路地质剖面综合研究报告》中使用的科克铁克组的含义为:与下伏地层多为整合接触,其上与下泥盆统整合过渡,岩性为薄—中厚层状灰岩及泥板岩,含丰富的珊瑚、层孔虫、腕足类化石。厚307～1 655 m。

【现在定义】 指一套以灰黑色薄层状灰岩为主的地层,夹碎屑岩、火山碎屑岩,含有较丰富的层孔虫、珊瑚、腕足类等化石,上与阿尔皮什麦布拉克组、下与伊契克巴什组均为整合接触。上下均以薄层状灰岩与之分界。

【层型】 创名人未指定层型,本书指定选层型:库勒湖附近剖面(82°23′30″,42°34′05″),由新疆地矿研究所(1993)测制。参考剖面:木札尔特冰河—图拉苏筒测剖面,铁力买提达坂北侧剖面,拜城县卡尔果尔河中游剖面,拜城县哈尔克山西南木札尔特河上游剖面。

【地质特征及区域变化】 哈尔克山西段木札尔特河上游该组视厚1 060 m,以暗色大理岩为主,变质较深,含珊瑚:*Favosites* sp., *Mesofavosites* sp., *Dictyofavosites* cf. *baichengensis*, *Alveolites* sp.,等;层孔虫:*Amphipora*? sp.,未见顶,下与伊契克巴什组整合。

木札尔特冰河—图拉苏冰河一带,可视厚度1 990 m,以灰色薄层大理岩为主,未见顶,有丰富的层孔虫化石,形成层孔虫礁,多变质重结晶。

独库公路铁力买提达坂南,可见厚1 450 m,以灰黑色薄层灰岩为主,含大量的珊瑚:*Favosites* sp., *Sqaumeofavosites* sp., *Mesofavosites* sp., *Multisolenia* sp., *Tryplasma* sp., *Zelophyllum* sp.;腕足类:*Proreticularia* sp., *Gypidula* sp., *Howellella* sp., *Atrypa* sp.,顶界与下泥盆统阿尔腾柯斯组整合接触,未见底。

铁力买提达坂北侧,可视厚度670 m,为碳酸盐岩夹碎屑岩,未见顶底。

【其他】 原始定义的科克铁克达坂组基本岩石内容,已不属现在定义的科克铁克达坂组,是否有少部分仍在其中,有待进一步研究。

该组与上覆地层阿尔皮什麦布拉克组的区别,在于阿尔皮什麦布拉克组尽管也以碳酸盐岩为主体,但其中含有较多的硅质成份,而科克铁克达坂组一般不含硅质成份。与下伏伊契克巴什组的区别,在于伊契克巴什组多为灰白色的厚层块状大理岩,而科克铁克达坂组则是以灰黑色、暗灰色薄层状灰岩为主。

柯尔克孜塔木组 $S_{1-2}k$ (04-65-0619)

【创名及原始定义】 西安地质学院吴文奎(1992)创名,创名地天山中段库米什东南柯尔克孜塔木。原始定义:岩性以大理岩为主,另有生物碎屑细晶大理岩及各种片岩,上界与阿尔皮什麦布拉克组整合接触，未见底。

【沿革】 中瑞考察团 Norin(1941)将库米什地区志留系称阿尔皮什麦布拉克群，时代为志留纪—泥盆纪；新疆地质局第二区测大队(1958)创名乌勇布拉克组，时代志留纪；《西北地区区域地层表·新疆维吾尔自治区分册》(1981)将这套地层划分为志留系中统和上统；王宝瑜等(1985)划分为下志留统乌勇布拉克组、中—上志留统牛心滩组、上志留统阿尔皮什麦布拉克组；王务严(1990)的划分与王宝瑜的划分相似，仅是牛心滩组时代限于中志留世；吴文奎等(1992)划分为下统柯尔克孜塔木组，上统阿尔皮什麦布拉克组。本次对比研究认为乌勇布拉克组及牛心滩组层位大体相当，由于乌勇布拉克组代表的地层较乱，牛心滩组层型剖面未发表，且其顶底界不清，故使用柯尔克孜塔木组。

【现在定义】 指一套以绢云绿泥片岩和大理岩为主的地层，顶界与阿尔皮什麦布拉克组整合接触，以顶部为绢云绿泥片岩与阿尔皮什麦布拉克底部的大理岩分界，未见底。

【层型】 正层型：库米什东南柯尔克孜塔木剖面(88°25′05″,42°26′10″)，西安地质学院吴文奎等(1992)测制。参考剖面：托克逊县阿尔皮什麦布拉克Ⅱ号剖面。

【地质特征及区域变化】 该组下部有较多的碳酸盐岩，含丰富的珊瑚：*Favosites* sp.，*Dictyofavosites* sp.，*Squameofavosites* sp.，*Mesofavosites* sp.，*Catenipora* sp.，*Thamnopora* sp.，*Subalveolites* sp.，*Subalveolitella* sp.，*Mesosolenia* sp.，*Ningqiangolites* sp.，*Moyerolites* sp.，*Heliolites* sp.，*Stelliporella* ? sp.，*Tryplasma* sp.，*Amplexoides* sp.，*Kyphophyllum* sp.，*Cyathactis* sp.，*Ketophyllum* sp.，*Tenuilasma* ? sp.，*Microplasma* sp.；层孔虫：*Paramphipora* sp.，*Diplostroma* ? sp.，*Simplexodictyon* ? sp.，*Nuratadictyon* sp.，*Clathrodictyon* sp.，*Actinostroma* sp.，*Stromatopora* sp.；双壳类：*Megamyonia* sp. 等。

该组的地质时代为早—中志留世。目前资料太少，延伸变化清况不清。

【其他】 该组建立时间较短，各方面的内容都较齐全，但面上工作太少，有待今后补充。

黑尖山组　S_1h　(04-65-0627)

【创名及原始定义】 甘肃省地质局第一区域地质测量队(1966)创名。创名地甘肃省肃北县黑尖山。原始定义：主要由黑色、深灰色、灰色薄至中厚层硅质板岩、硅质岩、石英岩、碳质板岩、粉砂岩、角岩化砂岩、碳质硅质灰岩、含碳页岩等组成，上部含笔石，与上覆公婆泉群整合接触，与下伏奥陶纪石英砂岩断层接触。

【沿革】 新疆地质局区测队(1966)曾将包含该地层单位在内的一套地层称为阿尔特梅什布拉克组(该组创名的时间更早)。《西北地区区域地层表·新疆维吾尔自治区分册》(1981)根据甘肃省的用法称该套地层为黑尖山组。王务严(1990)在《新疆古生界·志留系》(上)一文中也将该地层称为黑尖山组，但其包含的地层可能稍多。

【现在定义】 指一套黑色、深灰色、灰色薄至中厚层板岩、硅质岩、石英岩、粉砂岩、含碳硅质灰岩、角岩化砂岩、含碳页岩。上部含笔石。下与罗雅楚山群断层接触，上与公婆泉群不整合接触。

【层型】 正层型：甘肃省肃北县黑尖山东剖面(95°43′00″,41°30′00″)，由甘肃第一区测队(1966)测制。新疆境内参考剖面：哈密县沙泉子水沟子井西南剖面。

【地质特征及区域变化】 沙泉子水沟子井附近主要岩性为黑、灰褐色石英砂岩、钙质石英砂岩，及少量砂质灰岩、硅质板岩。顶界为不整合，底界关系不明。新疆境内出露面积不大。与甘肃层型相比，新疆境内该地层的硅质成分偏少，也许是一种相变关系。

公婆泉群　*SG*　(04－65－0628)

【创名及原始定义】　甘肃地质局第一区域地质测量队(1966)创名。原始定义：由于最初在公婆泉和流砂井发现化石，加之公婆泉为人所熟知，故命名为公婆泉群。

【沿革】　在新疆境内，《西北地区区域地层表·新疆维吾尔自治区分册》(1981)开始使用公婆泉群这一名称，但所列的剖面为甘肃省的剖面。王务严(1990)在《新疆古生界·志留系》(上)一文中使用了公婆泉群，所列剖面为新疆境内的塔水东北1744高点剖面。

【现在定义】　上部为中基性、中酸性火山岩、火山碎屑岩、紫红色钙质砂岩(相变为灰岩)，产珊瑚化石。下部为辉绿玢岩、灰绿色砾岩(相变为钙质砂砾岩和不纯灰岩)，含大量海百合茎和珊瑚，与下伏黑尖山组连续沉积。

【层型】　正层型：甘肃省肃北县公婆泉铜矿剖面(97°09′00″，41°43′00″)，由修泽雷、赵祥生、王建中(1964)测制。新疆境内参考剖面：哈密县沙泉子塔水东北1 744高点剖面。

【地质特征及区域变化】　新疆境内塔水东北主要岩性为石英砂岩、粉砂岩、凝灰岩、安山玢岩及少量灰岩团块，含珊瑚：*Heliolites uksunayensis*，*Favosites subgothlandicus*，*Catenipora* sp.，*Chaetetes* sp.；双壳类：*Soleniscus* sp.。顶界为不整合，底界为断层，可视厚度400多米。与甘肃境内的情况相比，新疆塔水东北的火山岩相对少些，只占全剖面厚度的1/2，而在创名地区火山岩要占到80%～90%。

柯坪塔格组　$S_1 k$　(04－65－0622)

【创名及原始定义】　张日东(1959)在《新疆天山南麓古生代地层》介绍。西尼村((1943—1945))创名柯坪塔格岩系，创名地柯坪塔格地区。原始定义：未查到。

【沿革】　当时的柯坪塔格岩系包括了后来划分的奥陶系至石炭系的一大段地层。1955—1956年地质部十三大队在柯坪地区进行1∶20万区域地质调查，将西尼村的柯坪塔格岩系中以绿色为主的一套碎屑岩划为柯坪塔格岩系，时代$S—D_1$。张日东等(1959)在《新疆天山南麓古生代地层》一文中基本同意十三大队的划法，时代改为志留纪称柯坪塔克统。新疆科学分院詹士高(1964)在柯坪地区进行专题地层研究，在该组中采到大量笔石，时代改为早志留世称柯坪塔格组。新疆区测队乔新东、张太荣(1973)，西北石油局(1985)分别在该区进行专题地层研究，结论与詹士高所提交成果基本相同。《西北地区区域地层表·新疆维吾尔自治区分册》、《新疆古生界》、《新疆维吾尔自治区区域地质志》等也都使用了柯坪塔格组，含义与詹士高1964年使用的基本相同。

【现在定义】　指一套绿色砂页岩，含笔石等化石，下与印干组平行不整合接触，上与塔塔埃尔塔格组呈整合接触。

【层型】　选层型：柯坪西北10 km剖面(78°55′30″，40°33′30″)，由詹士高(1964)测制。参考剖面：乌什东剖面，柯坪县柯坪塔格西段剖面，柯坪县大湾沟剖面，柯坪县印干西IX号剖面。

【地质特征及区域变化】　该组沉积厚度100～1 000 m，北部厚度较大，南部厚度减少，海侵方向来自西部，碎屑来自北部的塔北岛。在乌什东部碳酸盐岩增多。该组含大量笔石，时代为早志留世。

【其他】　该组研究程度较高，作为岩石地层单位较为成熟。

塔塔埃尔塔格组　$S_{2-3}t$　(04－65－0623)

【创名及原始定义】 地质部十三大队(1957)创名塔得尔塔克岩系,1959年张日东介绍。创名地柯坪地区。原始定义:指一套以红色为主夹有绿色的砂岩、粉砂岩、泥岩、页岩地层。

【沿革】 张日东等(1959)在《新疆天山南麓古生代地层》一文中使用了塔得尔塔克统,与原名含义相当。1964年新疆科学分院詹士高在柯坪地区进行地层专题研究,他将塔塔埃尔塔格组及其上覆地层统称沙拉依姆群(地质部第十三大队命名)。新疆区测队乔新东等(1973)在柯坪地区进行地层专题研究,开始称塔塔埃尔塔格组。1977年新疆地质局八大队将相当或部分相当该组的地层称为吉格代布拉克群。1981年《西北地区区域地层表·新疆维吾尔自治区分册》使用的塔塔埃尔塔格组,与原始定义相当,但该资料认为在柯坪塔格组与塔塔埃尔塔格组之间存在一个从中志留世到晚志留世的沉积间断。王务严(1990)在《新疆古生界·志留系》(上)中将塔塔埃尔塔格组的时代确定为中—晚志留世。

【现在定义】 指一套以红色为主夹有部分绿色的砂岩、粉砂岩、泥岩、页岩地层。上与依木干他乌组整合接触,下与柯坪塔格组整合接触。

【层型】 正层型:柯坪县特克山卡甫卡克特布拉克沟剖面(78°07′40″,40°34′30″),由地质部第十三大队(1957)测制。参考剖面:巴楚县小海子剖面,苏巴什沟口剖面,柯坪县音干山中段北坡综合剖面。

【地质特征及区域变化】 柯坪塔格中部地区,主要为红色泥板岩,次为石英砂岩夹钙质砂岩,含双壳类:*Edmondia* sp.;柯坪山及音干山一带以各色的粉砂岩、砂岩为主,槽形层理、楔状交错层理发育,偶见干裂,顶部具密集的生物虫孔,含腕足类:*Lingula* sp.;腹足类:*Naticopsis* sp.,*Euomphalus* sp.。坎岭仅见有含植物转石:*Lepidodendropsis* sp.。南部巴楚地区,厚度减少,出现火山碎屑沉积。顶底界都为整合接触,可视厚度100～300 m。

【其他】 以颜色变化划分本组与上下地层的方法,局限性大。延伸不远,有待今后进一步解决。

土什布拉克组　$S_1 t\hat{s}$　(04－65－0620)

【创名及原始定义】 Norin(1928)创名。创名地库鲁克塔格地区。原始定义:无。

【沿革】 新疆地质局第一区测大队(1958)在库鲁克塔格地区命名了阿尔特梅什布拉克岩系,它与土什布拉组的关系较为混乱。新疆地质局一区测队三、五分队(1961)在罗布诺尔北阿齐山—疏纳诺尔—牙满苏以西及鄯善一带进行1∶20万区域地质调查时创建了阿河布拉克组。新疆地质局区测大队(1965)在编制《巴勒衮布拉克幅(K－46－XXV)1∶20万地质矿产图说明书》时将相当于阿河布拉克组的地层用土什布拉克组表示。自此《西北地区区域地层表·新疆维吾尔自治区分册》(1981)、《新疆古生界》(上)(1990)等都按此定义使用土什布拉克组。

【现在定义】 主要岩性为灰绿色砂岩、粉砂岩夹泥灰岩、灰岩,有时相变为凝灰质砂岩、凝灰质粉砂岩,含笔石、腹足类等化石,与下伏却尔却克组平行不整合接触,与上覆树沟子组不整合或整合接触。

【层型】 创名人未指定层型,本书指定选层型:阿克布拉克南剖面(90°14′40″,41°04′20″),由新疆第一区测大队三、五分队(1961)测制。参考剖面:尉犁县却尔却克山南麓孔雀河北岸剖面,尉犁县元宝山Ⅶ号剖面,阿尔特梅什布拉克东剖面。

【地质特征及区域变化】 阿尔特梅什布拉克东沉积厚度最大,为2 217 m,以灰绿、灰色薄层长石砂岩、粉砂岩为主，见有腕足类：*Spiroraphe* cf. *bohemica*；腹足类：*Holopea* sp.；与上覆地层整合接触，与下伏地层平行不整合接触。却尔却克山南麓孔雀二号背斜为一套杂色碎屑岩、泥岩夹灰岩，含腕足类、头足类、笔石等，厚 869 m，底界关系不清，顶界为不整合。阿河布拉克南为灰绿、绿色砂岩、粉砂岩、凝灰质砂岩、凝灰质粉砂岩夹少量铁质泥岩、泥质灰岩、石英角斑岩，厚 701～720 m。木何拉依布拉克南含腹足类：*Lophistoma* sp.；*Eotomaria* sp.，*Cyclonema* sp.，*Raphistoma* sp.；头足类：*Michelinoceras* sp.

树沟子组　$SD_2\hat{s}$　(04-65-0621)

【创名及原始定义】 新疆地质局第一区测大队三、五分队高振家等(1961)创名。创名地孔雀河以北 1 002 高地东南。原始定义：岩系之上为阿尔特梅什布拉克组所整覆，岩性为一套杂色砂岩，由单一的长石砂岩组成，厚度小，沿走向颜色互相更替。

【沿革】 该组创名后，《西北地区区域地层表·新疆维吾尔自治区分册》(1981)将时代改为早中泥盆世。王务严(1990)在《新疆古生界·志留系》(上)中改时代为中志留世—中泥盆世。

【现在定义】 该组整合于土什布拉克组之上，与上覆地层关系不明，岩性下部为灰绿色长石砂岩夹红色、紫红色长石砂岩，上部为红色砂岩。

【层型】 该单位自创名以来从未测制剖面。

【地质特征及区域变化】 我们所有的资料几乎仅限于原始定义。厚 300～400 m。目前难以描述其变化情况。

【其他】 该单位建组后再未工作过，按现有资料，不足以建立完备的地层单位，本书暂保留在此，待今后解决。

温泉沟群　S_1W　(04-65-0624)

【创名及原始定义】 新疆地质局区测大队张玉谦、赵明钰、焦生瑞(1976)创名①，创名地叶尔羌河上游。原始定义：与上覆达坂沟群整合接触，由一套海相碎屑岩夹碳酸盐岩组成，碎屑岩中含黄铁矿晶体，纵横向稳定。

【沿革】 1976 年新疆区测大队张玉谦、焦生瑞、赵明钰在《西昆仑地区下古生界概述》一文中首先使用温泉沟群一名。《西北地区区域地层表·新疆维吾尔自治区分册》(1981)、1982—1984 年新疆地质局第一区调大队四、十分队在西昆仑进行 1：100 万区域地质调查、1990 年《新疆古生界》(上)均使用温泉沟群。1993 年《新疆维吾尔自治区区域地质志》改用温泉沟组。

【现在定义】 岩性以浅变质的碎屑岩为主，有钙质粉砂岩、石英砂岩、千枚岩，顶界与达坂沟群整合接触，与下伏地层接触关系不明。

【层型】 创名人未指定层型，本书指定选层型：叶尔羌河上游剖面(Ⅶ号)(77°40′48″，36°09′15″)，新疆地矿局第一区调大队十分队(1984)测制。参考剖面：赛力亚克达坂-麻扎剖面(XXⅢ)。

【地质特征及区域变化】 该群在楚隆斯帕坦东—黑尖山克什尔村和泉水沟西南一带，呈北西向展布，与老地层均为断层接触，与落石沟组或帕斯群不整合，主要岩性为灰—浅灰色、灰绿色片理化粉砂岩、泥质粉砂岩、钙质细砂岩、钙质板岩、千枚岩，部分地段夹褐黄色灰岩。在恰洽、麻扎至塔什库尔干县的达不达公社一带，大部分地段与以碳酸盐岩为主的达坂沟群为断层

---

① 张玉谦、赵明钰、焦生瑞，1976，西昆仑地区下古生界概述。新疆地质科技，第 6 期。

接触，局部地段整合接触，均未见底，主要由一套海相碎屑岩夹碳酸盐岩组成，碎屑岩中含黄铁矿晶体，岩石普遍发生浅变质，在岩体附近出现了片麻岩、混合岩。岩相稳定，见有少量核形石、海百合茎。根据上覆地层将时代定为早志留世。

【其他】 本次对比研究认为，新疆区测大队焦生瑞、赵明钰等(1976)所指的、与后来使用较为广泛的含义不是一套地层体，而焦、赵所依据的资料(新疆和田地质大队一分队1961年新疆维吾尔自治区叶城—皮山县1∶100万地质测量与普查报告)较老，描述的构造及地层层序都存在一定的问题，许多地质工作者对1984年新疆区调大队四、十分队所指的温泉沟群的含义予以认可，因此将1976年定义所指的地层体作为同名异物停止使用。

达坂沟群 $S_{2-3}D$ (04-65-0626)

【创名及原始定义】 新疆区域地层表编写组(1981)创名，创名地，根据新疆和田地质大队一分队《新疆维吾尔自治区叶城—皮山县1∶100万地质测量与普查工作报告》中达坂沟剖面创名。原始定义：主要岩性为红、灰色碎屑岩夹少量灰岩，含珊瑚等化石的地层。

【沿革】 新疆地矿局第一区调大队四、十分队(1982—1984)在西昆仑地区进行1∶100万区域地质调查，将一套灰岩、生物碎屑灰岩划为达坂沟群，与《西北地区区域地层表·新疆维吾尔自治区分册》(1981)所划达坂沟群，在岩性上、厚度上、生物群组合上完全不能对比。王务严(1990)在《新疆古生界·志留系》(上)中，既把以碎屑岩为主体的命名剖面列入该群，也把以碳酸盐岩为主体的原温泉沟剖面划归该群。1993年《新疆维吾尔自治区区域地质志》使用的达板沟群与1984年一区调大队四分队的含义基本相同。

【现在定义】 指一套含头足类、三叶虫等化石的碳酸盐岩地层，顶界与不同的地层呈不整合接触，底界与温泉沟组整合接触。

【层型】 因创名剖面不能代表现在该群的含义，本次对比研究指定选层型：楚隆斯帕坦剖面(78°24′30″，35°33′40″)，由新疆第一区调大队四分队(1984)测制。参考剖面：叶尔羌河上游剖面(Ⅷ号)，叶尔羌河上游剖面。

【地质特征及区域变化】 天伸达坂附近出露面积约8 km²，为一套灰—深灰色薄层状灰岩、大理岩、生物碎屑灰岩，含头足类：*Eoadnatoceras* sp.，*Geisonoceras* sp.；三叶虫：*Encrinurus* sp.，*Psilocephalina* sp.；腹足类：*Murchisonia* ? sp.。顶底界为不整合接触。麻扎以南卡帕浪沟口和玛雷克恰塔格北坡一带，呈北西向条带状展布，主要为一套灰色薄层状灰岩，含三叶虫：*Encrinurus* sp.；头足类：*Michelinocreas* sp.；腕足类：*Chonetes* sp.。与下伏温泉沟群整合接触，顶界为断层，可视厚度1 284 m。

该组时代为中—晚志留世。

第七章
泥盆纪—二叠纪

塔里木-南疆地层大区泥盆纪—二叠纪地层极为发育，经对比研究推荐使用的地层单位80多个群(组)。泥盆纪岩石地层单位主要分布在南北天山、塔里木盆地周缘及昆仑山和喀喇昆仑山(图7-1)。北天山与南天山及其以南地区在岩性和生物特征方面均有明显差异，泥盆纪早中期地层单位几乎均由火山岩和火山碎屑岩组成，晚期为陆相、海陆交互相碎屑岩沉积。南天山地区，泥盆纪地层中碳酸盐岩极为发育，次为海相碎屑岩，局部见有火山岩或火山碎屑岩。塔里木盆地周缘，泥盆纪地层单位岩性单一，均为陆相、海陆交互相碎屑岩。昆仑山、喀喇昆仑山以碎屑岩为主，夹火山岩和碳酸盐岩。石炭纪岩石地层单位分布比泥盆纪更为广泛，在天山、塔里木西南缘及昆仑山、喀喇昆仑山均有大面积分布。北天山地区岩性复杂，海相火山岩极为发育，从西向东贯通整个天山。南天山及塔里木盆地西南缘，组成地层单位的岩性主要为碳酸盐岩，其次为碎屑岩，火山岩极为罕见。二叠纪地层单位分布于天山、塔里木盆地及其以南广大地区，二叠纪早期，天山地区以陆相火山岩为主，北山地区为海相火山岩夹碎屑岩。塔里木盆地及其周缘岩石类型较多，以海相碳酸岩居多，次为细碎屑岩和分布面积广泛的陆相玄武岩。昆仑山和喀喇昆仑山地区以碎屑岩和碳酸盐岩为主。二叠纪晚期，岩石地层分布局限，岩性单一，几乎均为陆相红层沉积。

头苏泉组　D_2*ts*　(04-65-0859)

【创名及原始定义】 新疆地质局地质研究所(1961)编制1∶100万哈密幅(K-46)地质图时将大南湖组第四、五、六亚组划为中泥盆统并命名为头苏泉组，原始定义：分布于哈尔里克山主脊、板房沟、乌拉台等地，为黑色砂岩、粉砂岩及绿色绿泥石化凝灰粉砂岩。可视厚度500～800 m。

【沿革】 自新疆地质局地质研究所(1961)将张良臣等(1958—1960)划分的中泥盆统大南湖组的第四、五、六亚组命名为头苏泉组以后，被历来的地质工作者沿用，但进一步划分分歧较大，本次对比研究，从岩石地层角度并综合前人资料重新进行了厘定。沿用头苏泉组，时代为中泥盆世。

【现在定义】 该组为海相灰绿、灰紫色凝灰岩、硅质岩、泥质—钙质粉砂岩、砂砾岩夹安山质英安斑岩、细粒安山岩等组成，下部多硅质，上部多火山灰成分。含珊瑚、腕足类、植物等化

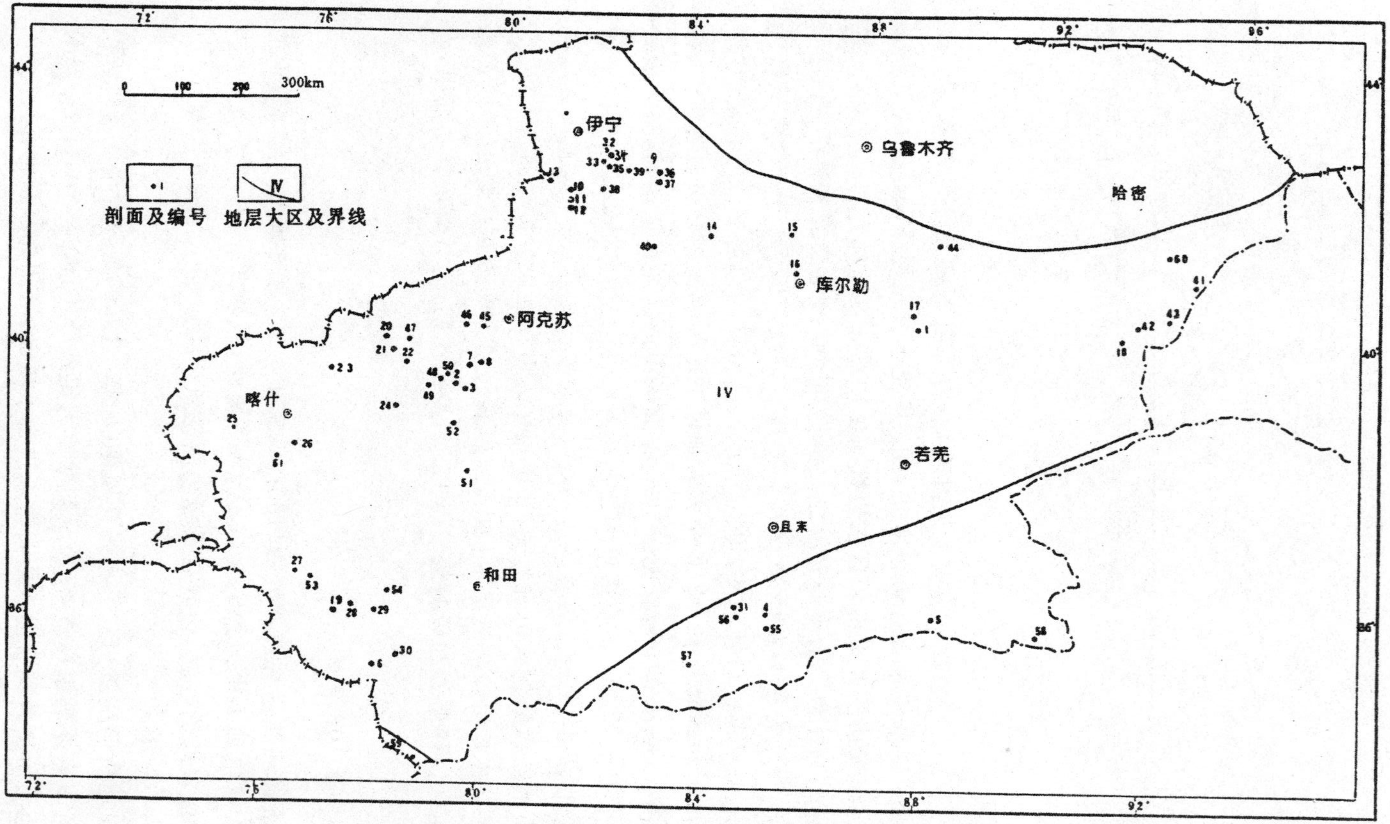

图 7-1 塔里木—南疆地层大区泥盆纪—二叠纪层型及参考剖面分布图

1. 和硕县破城子以东 10 km,以西 15 km 破城子组剖面;2. 印干山中部依木干他乌组剖面;3. 通古兹布隆村克兹尔塔格组剖面;4. 布拉克巴什布拉克巴什群剖面;5. Ⅰ号布拉克巴什群剖面;6. 叶城县达坂沟以东布拉克巴什群剖面;7. 印干山中部依木干他乌组剖面;8. 通古兹布隆村克兹尔塔格组剖面;9. 温泉县章古苏沟阿克沙克组剖面;10. 特克斯县托玛苏北伊什基里克组剖面;11. 特克斯县大哈拉军山西大哈拉军山组剖面;12. 特克斯县穷库什太伊什基里克组剖面;13. 昭苏县阿克沙克山阿克沙克组剖面;14. 和静县艾尔宾山阿克沙克组剖面;15. 和静县莫托沙拉铁矿区阿克沙克组剖面;16. 焉耆县野云沟野云沟组剖面;17. 和硕县干草湖以北公路旁甘草湖组剖面;18. 哈密县白石地Ⅱ号胜利泉组剖面;19. 塔什库尔干阿克齐乌斯塘河上游他龙群剖面;20. 阿合奇县别根他乌山西坡别根他乌组剖面;21. 柯坪县乌什村木兹杜克组剖面;22. 柯坪县苏巴什康克林组剖面;23. 喀什市东北巴什索贡组剖面;24. 巴楚县小海子东岸小海子组剖面;25. 阿克陶县库山河罕铁热克组剖面;26. 英吉莎县也提木苏达坂特给乃奇克达坂组剖面;27. 莎车县和什拉甫卡拉乌衣组剖面;28. 皮山县克里扬河库尔良群剖面;29. 皮山县克孜里奇曼塔哈奇组、阿孜干组剖面;30. 叶尔羌河上游卡帕浪沟帕斯群、恰提尔群剖面;31. 且末县满达拉卡甫托库孜达坂群、哈拉米兰河群剖面;32. 尼勒克县哈米斯特地区哈米斯特组剖面;33. 尼勒克县群吉萨依晓山萨依组剖面;34. 尼勒克县巴斯尔干地区巴斯尔干组剖面;35. 巩留县塔尔得套山乌郎组剖面;36. 新源县恰特布拉克铁木里克组剖面;37. 新源县吐尔拱河中游铁木里克组剖面;38. 尼勒克县塔姆其萨依塔姆其萨依组剖面;39. 尼勒克县东南拜德乔克地区铁木里克组剖面;40. 库车县北比尤勒包谷孜干沟比尤勒包谷孜组剖面;41. 哈密市沙泉子红柳河南 1612 高点红柳河组剖面;42. 哈密县白班山路骆驼沟西骆驼沟组Ⅹ Ⅱ号剖面;43. 哈密县白班山 1235 高点东及 1363 高点东骆驼沟组剖面;44. 艾丁湖南阿其克布拉克组剖面;45. 温宿县小提坎立克泉沟小提坎立克组剖面;46. 温宿县小提坎立克泉沟库尔干组剖面;47. 阿合奇阔克沙勒岭东部巴勒迪尔塔格组剖面;48. 柯坪县开派兹雷克组剖面;49. 柯坪县苏巴什村卡仑达尔组剖面;50. 柯坪县印干村西沙井子组剖面;51. 巴楚县黑山头阿恰群剖面;52. 巴楚县小海子阿恰群剖面;53. 叶城县棋盘达里约尔组剖面;54. 皮山县杜瓦组剖面;55. 且末县古大恰-叶桑岗一带叶桑岗组剖面;56. 民丰县独高山黄羊岭组上亚组Ⅺ号剖面;57. 民丰县黄羊岭一带黄羊岭组下亚组 XV 号剖面;58. 若羌县阿尔格山哈夏克里Ⅻ号碧云山组剖面;59. 空喀山口东科尼羌马附近空喀山口组剖面;60. 哈密县雅满苏大沟雅满苏组剖面;61. 阿克陶县城南东方向库山河(19 号)库山河组剖面石。与上覆底坎尔组不整合接触,与下伏大南湖组整合接触。

【层型】 创名人未指定层型,本书指定选层型:鄯善县克孜尔卡拉萨依西剖面(91°48′00″,42°12′00″),由新疆第一区调队五分队丁涛泉等(1988)测制。参考剖面:克孜尔塔格北 17 km 头苏泉组 XIII 号剖面。

【地质特征及区域变化】 该组分布广泛,主要出露在哈密以北,哈尔里克山主峰等地。岩石主要为硅质—火山碎屑岩建造,乌舍尔麦塔格一带尚见夹中基性火山岩:英安斑岩、安山玢岩、玄武质凝灰岩等以及硅质大理岩,夹燧石条带,含腕足类:*Rhipidomella* sp.,*Nymphorhychia* sp.,Praetidae,以稳定、层状构造、较细颗粒、形态复杂为基本特征。厚度较大,2 619.8～4 162.5 m,具浅变质。

大南湖组 D_1d (04-65-0860)

【创名及原始定义】 新疆地质局第一区测大队张良臣等(1960)在进行大南湖幅(K-46-XVI)1:20 万区域地质测量时划分并创名,创名地在哈密县塔克恰克山以西 9 km 剖面,原始定义:为一套浅海相中基性火山碎屑岩及正常碎屑岩,夹中性火山岩,含较丰富的腕足类及珊瑚、三叶虫,大南湖组未见底,与上覆中泥盆统为整合接触。

【沿革】 1948 年王洁秋、何铭钰定为泥盆系。1956 年斯行健将其中部分定为上泥盆统。新疆地质局第一区测大队张良臣等(1960)定为中泥盆统并命名为大南湖组。1961 年新疆地质局地质研究所编制 1:100 万地质图(K-46)时将大南湖一、二、三亚组划为下泥盆统,沿用大南湖组名称,第四、五、六亚组划为中泥盆统头苏泉组。《西北地区区域地层表·新疆维吾尔自治区分册》(1981)又分为四个亚组。本次对比研究仍沿用大南湖组,并分为两个亚组,其时代为早泥盆世。

【现在定义】 该组为浅海相灰、灰绿、灰褐色玄武凝灰岩、火山角砾岩和砂质灰岩、细砂岩、复矿砂岩、大理岩、燧石条带夹灰紫色安山玢岩、英安斑岩、安山玄武岩、霏细岩等组成。具旋回性,分为两个亚组,岩相变化大,含腕足类、珊瑚、三叶虫等化石。上与头苏泉组整合,与下伏关系不清。

【层型】 正层型:哈密县塔克恰克山以西 9 km 剖面(93°27′05″,42°29′30″),由新疆第一区测大队一分队(1959)测制。参考剖面:头苏泉南大南湖组剖面,头苏泉北大南湖组剖面。

【地质特征及区域变化】 该组分布广泛,主要出露于大南湖、头苏泉、哈密以北红柳峡、大加山、西地、库卡苏等地。为一套浅海相中基性火山碎屑岩及正常碎屑岩,夹中性火山岩,含较丰富的腕足类及珊瑚、三叶虫。大南湖组未见底,与上覆中泥盆统头苏泉组为整合接触。

该组地层基本稳定,但岩性相变仍较普遍,出露厚度各地不一,2 270～5 822 m。其岩相和生物群与东准噶尔地区的托让格库都克组很相似,其时代属早泥盆世晚期。

【其他】 该组地层岩性岩相及古生物均较特征,具有代表性,为北天山—准噶尔区的主要地层单位,且可大范围内对比,其名称及划分一直被采用。本次对比研究,以岩石地层单位重新进行了厘定。

康古尔塔格组 D_3kg (04-65-0858)

【创名及原始定义】 新疆地矿局第一区调大队第五分队丁涛泉等(1988)在康古尔塔格幅(K-46-XIV)进行 1:20 万区调时创名。创名地在鄯善县康古尔塔格东北。原始定义:本组为一套陆相中酸性火山岩、火山碎屑岩建造,成层性好,以薄—中厚层状为特征。

【沿革】 1988年划分命名后，已被确认。本次对比研究认为，该地层单位比较特征，符合岩石地层单位组的要求。

【现在定义】 为一套陆相火山—火山碎屑岩建造，以绿灰—紫红色石英粗安岩，流纹质英安岩、霏细岩与凝灰质的泥岩、泥灰岩、砾岩、角砾岩、火山灰凝灰岩为主。成层性好，以薄—中厚层状为特征。含球泡珍珠岩，产植物化石。接触关系不清。

【层型】 正层型：鄯善县康古尔塔格东北XIX号剖面(91°27′30″,42°21′00″)，由新疆第一区调大队五分队(1988)测制。

康古尔塔格组	总厚度 2 116.6 m
22. 绿灰色石英粗安岩夹凝灰砾岩，岩屑晶屑凝灰岩(未见顶)	113.6 m
21. 黄绿灰色片理化晶屑岩屑凝灰岩夹霏细岩	216.2 m
20. 灰黄绿色晶屑凝灰岩	176.9 m
19. 暗灰绿色玻屑凝灰岩夹火山灰凝灰岩	39.3 m
18. 暗灰绿色岩屑晶屑凝灰岩，流纹质火山灰凝灰岩夹凝灰砂岩，产：*Lepidodendropsis* sp.	223.0 m
17. 灰黄绿色安山质岩屑晶屑凝灰岩夹凝灰砾岩、凝灰角砾岩	33.6 m
16. 灰色凝灰砂岩夹薄层状纹石	33.6 m
15. 暗灰色岩屑凝灰岩，凝灰岩互层	13 m
14. 褐红色晶屑玻屑凝灰岩	165.1 m
13. 灰白色凝灰霏细斑岩	57.8 m
12. 褐灰色含角砾，晶屑岩屑凝灰岩	248 m
11. 褐灰色薄层晶屑火山灰凝灰岩夹中性凝灰角砾岩	185.8 m
10. 灰紫红色流纹质英安岩	116.3 m
9. 灰绿色片理化火山灰凝灰岩	54.8 m
8. 紫红色流纹质英安岩	79.2 m
7. 灰黄绿色角砾岩屑凝灰岩	32.0 m
6. 灰黄色片理化火山灰凝灰岩夹微层状火山灰凝灰岩	102.7 m
5. 灰白、浅灰色火山岩夹玻屑弱熔结凝灰岩	38.9 m
4. 浅灰绿色片理化斑点状凝灰质泥岩夹凝灰泥岩	12.3 m
3. 黄绿色火山灰沉凝灰岩	36.7 m
2. 灰绿色岩屑火山灰凝灰岩夹少量霏细岩	63.5 m
1. 灰绿色凝灰角砾岩(未见底)	118.1 m

【地质特征及区域变化】 本组为一套陆相中酸性火山岩、火山碎屑岩建造，成层性好，以薄—中厚层状为特征。较稳定，含植物化石。可与北塔山地区新疆晚泥盆世陆相建造的典型代表克安库都克组、江孜尔库都克组在岩石组合和生物特征上对比。

【其他】 该组岩石组合、空间产状、生物等均较特征，且含球泡珍珠岩。故应保留并沿用此组，对构造划分对比、寻找火山岩矿产较为有利。

汗吉尕组 D_2hj (04-65-0864)

【创名及原始定义】 曾亚参、肖世禄(1981)在编制《西北地区区域地层表·新疆维吾尔自治区分册》(1981)时，根据生物组合分析，其中部分为中泥盆世特有分子，鉴于该地层在汗吉尕一带出露较好，故创名为汗吉尕组并细分为上、下两个亚组。创名地为博乐县汗吉尕。原始定义：广泛分布，而以汗吉尕河出露较完整。本组可分上、下两个亚组：上亚组为黑色灰岩、页岩、绿色凝灰质砂砾岩，含珊瑚、腕足类化石；下亚组为砾岩、长石砂岩及灰岩，含丰富的珊瑚化石。

【沿革】 A·X·伊万诺夫(1936)沿博尔塔拉河流域做路线地质调查，将本区泥盆系划分为下泥盆统、中泥盆统和上泥盆统。1981 年新疆区域地层表编写组根据生物组合划出中泥盆统，并命名为汗吉尕组。邱光森(1987)、田阔帮(1988)均沿用之。本次对比研究仍沿用汗吉尕组，时代为中泥盆世。

【现在定义】 为一套浅海相灰白、灰绿、灰黑色钙质、泥质粉砂岩、砂岩、细砾岩夹灰岩、杏仁状玄武岩、辉绿岩、硅质岩、凝灰质页岩，较稳定，含丰富的珊瑚、腕足类等化石，上与托斯库尔他乌组不整合或关系不明，下未见底。

【层型】 正层型：博乐县汗吉尕剖面(81°28′00″,44°42′15″)，曾亚参、肖世禄(1981)测制。参考剖面：精河吉布克Ⅹ号剖面，精河县乌拉斯泰ⅩⅢ号剖面，霍城县索阔尔浑迪剖面。

【地质特征及区域变化】 该组以浅海相粗—细碎屑岩夹少许火山岩和碳酸盐岩，较稳定，含极丰富的珊瑚、腕足类等化石为其特征。生物化石可分上中下三带。分布较广，以汗吉尕河出露最完整。接触关系为断层或不整合。

托斯库尔他乌组　D_3 *ts*　(04-65-0863)

【创名及原始定义】 新疆地质局第三区测大队一分队(1961)在博尔塔拉河流域一带进行1∶20万地质调查时，在温泉东南托斯库尔他乌，发现晚泥盆世海陆交互相沉积。曾亚参、肖世禄编纂《西北地区区域地层表·新疆维吾尔自治区分册》(1981)时创名为托斯库尔他乌组，创名地在温泉县托斯库尔他乌北坡。原始定义：海陆交互相沉积，由杂色砾岩、黄褐色细砂岩、粉砂岩、钙质砂岩、硅质粉砂岩夹条带状硅质岩组成。该地层在托斯库尔他乌一带出露较好。时代为晚泥盆世。

【沿革】 该组创名后，于大为、邱光森(1987)和田阔帮(1988)均沿用了托斯库尔他乌组。本次对比研究仍沿用此名称。时代为晚泥盆世。与托斯库尔他乌组的同物异名有天格尔组，停止使用。

【现在定义】 该组为一套海陆交互相碎屑岩夹少量火山岩组成。为灰、绿、紫杂色砾岩、砂岩、粉砂岩(含泥质、钙质和硅质等)夹长英钠长斑岩、岩屑凝灰岩、硅质岩、角岩等；较稳定，含斜方薄皮木等植物和少量腕足类化石，局部浅变质，与阿克沙克组、汗吉尕组均为不整合接触。

【层型】 正层型：温泉县托斯库尔他乌北坡剖面(81°10′40″,44°56′30″)，1961 年第三区测大队测制。参考剖面：精河县喀拉他乌北剖面(ⅩⅥ)，霍城县索阔尔浑迪剖面，霍城县苏鲁别真剖面。

【地质特征及区域变化】 该组岩石组合代表了海陆交互相沉积环境，以含斜方薄皮木等植物化石为其特征。时代为晚泥盆世。广泛分布于赛里木湖—精河等地，层位及厚度均较稳定。反映出晚泥盆世海退的沉积环境。

【其他】 该岩石组合较为特殊的是海陆交互相与含放射虫硅质泥质岩混生，应引起重视。

阿克塔什组　D_2 *ak*　(04-65-0866)

【创名及原始定义】 1972—1975 年新疆地质局区测大队一分队周申喜等在新源幅(K-44-Ⅵ)进行1∶20万区测时划分并创名。创名地在新源县阿克塔什(斯)。原始定义：该组在阿克塔什出露较全，故定名为阿克塔什组。上部为正常沉积的细碎屑岩夹灰岩；中部为酸性熔岩及其碎屑岩；下部为灰白色厚层状大理岩化灰岩夹薄层状灰岩。

【沿革】 周申喜等创名后，白光群等(1975)在进行1：20万托库孜·库马·拉克幅(K－45－Ⅰ)区测时沿用阿克塔什组，并承袭其划分标准，但以后的地质工作很少采用。本次对比研究，根据其岩石组合和含有铁质细脉或小团块和大量黄铁矿等进一步开展工作，深入研究。故沿用阿克塔什组，时代为中泥盆世。

【现在定义】 由海相灰色泥质细—粗砂岩，砾岩夹灰岩和浅褐色、灰绿色角砾—晶屑岩屑凝灰岩、钠长斑岩、霏细斑岩及灰色结晶灰岩、大理岩化灰岩、千枚岩等组成上中下三部分。阿克塔什组出露较全，沿走向可相变；浅变质，含少量腕足类化石；夹铁质细脉或小团块，千枚岩中含大量黄铁矿；下未见底，上与坎苏组断层接触。

【层型】 正层型：新源县阿克塔什剖面(83°56′40″，43°43′20″)，由新疆区测大队一分队(1973)测制。参考剖面：新源县吐鲁更恰干其剖面，新源县阿克塔什山中廷铁河谷剖面。

【地质特征及区域变化】 本组以海相正常碎屑岩、灰岩和酸性熔岩及其碎屑岩、碳酸盐岩为主，以上中下三部分组合为其特征。分布于新源县托库孜·库马·拉克一带，层位稳定，岩相沿走向稍有变化。厚度由1 562～4 343.9 m，由东向西厚度增大。含少许腕足类化石。该组多为断块产出，顶部多为断层。该组地层中见铁质细脉或小团块，千枚岩中见大量黄铁矿，为找矿有利层位和地段，应给予充分重视。

坎苏组 $D_{2-3}k$ (04－65－0865)

【创名及原始定义】 新疆地质局区测大队一分队周申喜等(1975)在新源幅(K－44－Ⅵ)进行1：20万区测时划分并创名。创名地在新源县则克台沟。原始定义：岩层主要为中性及酸性喷发熔岩及其火山碎屑岩组成。下部以火山碎屑岩、凝灰粉砂岩、凝灰质钙质粉砂岩等细碎屑岩组成，夹少量灰岩薄层或凸镜体；中部以钠长斑岩、霏细斑岩及火山碎屑岩为主，夹少量英安斑岩；上部则以中性英安斑岩为主。

【沿革】 周申喜(1975)划分创名后，新疆地质局区测大队十分队(1975)在托库孜·库马·拉克幅(K－45－Ⅰ)进行1：20万区测时沿用其划分标准并采用坎苏组名称，因均未发现可靠化石，其时代归属尚有争议，所以未被以后的地质工作者采用。本次对比研究认为，该套岩石组合比较特殊，其中含有著名新源式铁矿，实属“经济层”，是寻找斑岩型矿产的有利层位，故保留并沿用坎苏组名称，时代暂划为中—晚泥盆世。

【现在定义】 由海相暗灰色火山岩及其碎屑岩组成，下部为凝灰岩，凝灰—钙质粉砂岩夹少许灰岩；中部以钠长斑岩、霏细斑岩及火山碎屑岩为主夹少量英安斑岩；上部以中性英安斑岩为主，由下而上火山岩增多。较稳定，含新源式工业铁矿层，浅变质，生物化石较少，与上下地层多为断层接触。

【层型】 正层型：新源县则克台沟剖面(83°17′35″，43°35′00″)，由新疆区测大队一分队(1975)测制。参考剖面：新源县坎苏河上游剖面。新源县吐尔拱沟剖面，新源县坎苏剖面。

【地质特征及区域变化】 本组岩石组合由中—酸性火山岩及其碎屑岩组成，夹少量细碎屑岩及灰岩凸镜体，为新源式工业铁矿赋存层位。其分布于新源县托库孜·库马·拉克一带，范围较广，层位稳定，厚度较大。多为断块出露。是值得进一步工作研究的层位及有远景地段。

【其他】 该组不宜停用，应进一步深入研究，建议开展1：5万区域地质调查和矿产普查工作，寻找斑岩型矿产及其他矿产，重点解决时代划分和归属。

艾尔肯组 D_3a （04-65-0856）

【创名及原始定义】 新疆地质局区测大队十分队白光群等(1978)在石场幅(K-45-Ⅱ)进行1∶20万区调时划分并创名，创名地在沙湾县最南艾尔肯沟。原始定义：晚泥盆世海陆交互相火山碎屑岩及其正常碎屑岩，所见者皆呈断块出现，艾尔肯沟一带出露较好。命名为艾尔肯组。

【沿革】 地质工作者曾将此套地层划归早—中志留世。新疆区测大队十分队(1976)在该套地层中找到腕足类和大量植物化石：*Chonetes* sp.；*Leptophloeum rhombicum*。后者在世界各地和我国均为常见之晚泥盆世标准分子，故创名为上泥盆统艾尔肯组。

【现在定义】 为海陆交互相沉积，由灰、灰绿、灰黑色钙质、泥质、硅质粉砂岩，薄层灰岩、流纹质凝灰岩、凝灰砾岩夹辉石安山玢岩、辉绿玢岩、细碧岩、玄武岩组成，下部火山岩增多，局部见千枚岩。岩相较稳定。含腕足类、斜方薄皮木。多为断块产出，顶底界不清。

【层型】 正层型：沙湾县艾尔肯沟剖面(85°15′35″,43°25′20″)，由新疆区测大队十分队(1978)测制。参考剖面：沙湾县最南端艾尔肯沟剖面。

【地质特征及区域变化】 分布于艾尔肯沟—呼斯台郭楞一线。为一套海陆交互相火山碎屑岩、正常碎屑岩夹少许火山熔岩组成，含动、植物化石。代表该地区晚泥盆世沉积建造特征和当时构造环境。

吐呼拉苏组 D_3th （04-65-0857）

【创名及原始定义】 新疆地矿局一区调大队第四分队贺卫东等① (1990)在配种站、契格尔幅(L-44-140-A、B)进行1∶5万区调时划分并创名。创名地在伊宁县吐呼拉苏南。原始定义：主要由一套粗碎屑岩组成。以岩性特征又分为砂岩段、卵石砾岩段和砂砾岩段，色调为紫红色灰紫色等，岩性较单一，成分成熟度较低，个别具交错层，较稳定。

【沿革】 新疆第一区调大队四分队(1990)根据1∶5万区调新规范以岩石地层要求划分并创名吐呼拉苏组。本次对比研究认为，该地层单位划分正确、合理，符合岩石地层单位——组的要求，故沿用吐呼拉苏组，时代为晚泥盆世。

【现在定义】 由一套紫红色—灰紫色砂岩段、卵石砾岩段和砂砾岩段等粗碎屑岩组成。以含钙质的粉砂岩、砂岩、砂砾岩、砾岩夹少许泥岩、泥晶灰岩为主，岩性较单一，以灰紫杂色为特征，个别见交错层。为河流—湖泊相堆积，未见化石，与上下地层均为不整合。

【层型】 正层型：伊宁县吐呼拉苏XIII号剖面(81°45′12″,44°13′06″)，由新疆一区调大队四分队(1990)测制。

【地质特征及区域变化】 该组由一套河流—湖泊相灰紫色粗碎屑岩组成，分布于吐呼拉苏一带，岩石组合特征明显。以往将其划归下石炭统大哈拉军山组下亚组。经详细工作，该套地层与上覆大哈拉军山组为不整合，故将其单独划分出来，新建组是合理的。

【其他】 下石炭统大哈拉军山组，其岩石组合、时代划分归属等分歧较大。吐呼拉苏组的建立，使大哈拉军山组的深入研究前进了一大步，故保留并沿用吐呼拉苏组。

---

① 新疆地矿局第一区调大队四分队贺卫东等，1990，配种站幅、契格尔幅(L-44-140-A、B)1∶5万区域地质调查报告。

三个井组　$D_{1-2}s$　(04-65-0872)

【创名及原始定义】　甘肃省地质局第一区测队安北分队(1967)在安北幅(K-47-XXV)进行1:20万区测时划分并创名。创名地在甘肃省肃北蒙古族自治县三个井。原始定义:三个井组上部为灰、灰绿色细砂岩、粉砂岩夹凸镜状灰岩及中性火山角砾岩,产植物及腕足类化石;中部为灰、红色中粗粒长石石英砂岩;下部为绿色砂砾岩及砾岩。与上覆墩墩山群及下伏白云山组均为不整合。

【沿革】　甘肃第二区测队(1968)沿用了该群,但对其含义做了修订,将原三个井群作为该群的下岩组,而将其上的一套不整合于墩墩山群之下,超浅成侵入于三个井群上部或顶部的脉状,似层状次玄武玢岩和次安山玢岩,误认为是整合于三个井群碎屑岩之上属正常喷发的火山岩,而作为地层对待,置于三个井群上岩组,这就明显地扩大了三个井群的原始含义。甘肃第二区测队(1973)在方山口幅(K-46-XXIX)区测报告中,将敦煌芦草滩一带发现的一套厚达5731余米的浅海相碎屑岩,因含 *Favosites*(?), *Squameofavosites* (?),而定其时代为中泥盆世,并划分为上、下两个岩组。甘肃省地层表编写组(1980)曾考虑芦草滩一带所含的上述化石,一般均不延至中泥盆世晚期,故将三个井一带的三个井群改称为组,进一步划分为上、下两个岩段;并与芦草滩剖面上的上岩组对比,而称芦草滩剖面的下岩组为芦草滩组。甘肃区调队(1980)及甘肃省地矿局(1989)仍沿用三个井群,但均作跨统处理为下—中泥盆统。本次对比研究中,我们同意上述处理意见,但将三个井群改称为组。

【现在定义】　重新厘定后的三个井组是一套不整合于双鹰山组或花牛山群之上,墩墩山群之下的海陆交互相—滨海相碎屑岩夹中性、中酸性火山熔岩及火山碎屑岩,局部偶夹碳酸盐岩沉积。上部产腕足类及植物化石,中部产珊瑚化石。

【层型】　正层型:甘肃省肃北县三个井剖面(96°17′00″,40°41′00″),由甘肃区测一队(1967)测制。

【地质特征及区域变化】　该组岩石组合,以上、中、下三部分较清晰、稳定,腕足类、珊瑚及植物化石共生为其特征,代表了海陆交互相和火山喷发的沉积环境,穿时跨统时间较长。与上下地层均为不整合接触。

墩墩山群　D_3D　(04-65-0873)

【创名及原始定义】　甘肃省地质局第一区域地质测量队安北分队(1967)划分并创名。创名地在甘肃省肃北县墩墩山。原始定义:墩墩山群是一套不整合于三个井(组)之上的红色中酸性火山熔岩及火山碎屑岩沉积。未见顶。

【沿革】　"前人将本区分布的此套地层虽归属于石炭系的一部,但与区域内石炭系及二叠系对比均无共同之处。目前该地层上线尚不清楚,但下线与中泥盆统为平行不整合接触。"甘肃第一区测大队划分定名后,甘肃第二区测队1968年沿用。1981年《西北地区区域地层表·新疆维吾尔自治区分册》仍沿用墩墩山群,本次对比研究仍沿用。时代为晚泥盆世。

【现在定义】　该群除底部为巨砾岩或凝灰质巨砾岩外主要为褐红、紫红、浅肉红色斜长流纹岩、流纹英安岩、英安岩、石英安山岩、安山岩及相应的火山碎屑岩(凝灰岩、角砾凝灰岩、凝灰角砾岩和火山角砾岩)。在底部凝灰岩中产植物碎片。未见顶,与下伏三个井组不整合。

【层型】　正层型:甘肃省肃北蒙古族自治县墩墩山剖面(96°18′00″,41°18′00″),由甘肃第二区测队(1967)测制。

【地质特征及区域变化】 该群岩石组合为褐红色、紫红色中酸性火山岩、火山碎屑岩及火山砾岩为主。本群岩相较稳定，但厚度变化大，向斜北翼厚度小于南翼，在南翼黑山井为1 590 m，五峰北于凝灰岩中发现裸蕨植物碎片。

【其他】 该群为一套中酸性火山岩—火山碎屑岩建造，由甘肃肃北县沿新疆北山一带分布，为晚泥盆世较特殊建造。该群应保留，待今后进一步工作深入研究。

阿帕达尔康组 D_1ap (04－65－0868)

【创名及原始定义】 新疆地质局第三区测大队一分队李启新(1962)在(K－44－XIX、XX、XXV、XXVI)图幅1∶20万区测时划分并创名，创名地在乌什县别代勒河上游，原始定义：主要由一套中至细碎屑岩和碳酸盐岩组成，一般说岩相变化不十分剧烈。与下伏地层的直接接触关系未见到，其上被石炭系呈不整合覆盖。较广泛地分布在阔克沙勒岭南坡中一高山地带。

【沿革】 该组创名后，曾亚参、肖世禄(1979)在《新疆的泥盆系》[①] 中沿用，称为乌帕塔尔坎群(S_3—D_2)，1981年《西北地区区域地层表·新疆维吾尔自治区分册》亦沿用。本次对比研究，仍采用原创名——阿帕达尔康组，时代为中泥盆世。

【现在定义】 一套浅海相细碎屑岩夹碳酸盐岩及少许火山岩。由灰黑、棕色粉砂岩、细砂岩、复矿砂岩、泥质灰岩、鲕状灰岩、大理岩、千枚岩及霏细岩、片岩等组成。生物化石稀少。与上覆中泥盆统托格买提组整合，未见下伏地层。

【层型】 正层型：乌什县别代勒河中上游剖面(78°32′30″，41°19′10″)，由新疆第三区测大队一分队(1962)测制。参考剖面：乌什县腾古孜都克上游左岸剖面。

【地质特征及区域变化】 该组因生物化石稀少，时代划分不一，厚度过大等，反映了研究程度较低。其最初划分，时代为晚志留世—中泥盆世，在编制《西北地区区域地层表·新疆维吾尔自治区分册》过程中，曾亚参、肖世禄"将含化石的火山岩—火山碎屑岩划分出来，纳入中泥盆统地层"。本次对比研究只取1962年李启新所划分的阿帕达尔康组的下亚组，时代为早泥盆世。该组地层较稳定，浅变质，分布广泛。

托格买提组 D_2t (04－65－0867)

【创名及原始定义】 地质部第十三大队九中队王景斌等(1958)创名。创名地为乌什县滚滚铁烈克河中下游。原始定义：主要岩性上部为灰岩，下部为硅质泥质岩和灰岩互层夹碎屑岩和少量基性喷发岩，广泛分布于东阿莱山、乌恰以北及托格买提一带。

【沿革】 该组系新疆地质局第三区测大队一分队(1962)划分并创名为阿帕达尔康组上亚组。1979年曾亚参、肖世禄把原划分的阿帕达尔康组上部的一套中性火山岩夹灰岩及有些原新疆第三区测大队所划分的托什罕组、阿帕达尔康组上亚组的下部，均应划为托格买提组的下部。相当于我国南方的应堂阶。本次对比研究仍沿用托格买提组，时代为中泥盆世。

【现在定义】 该组由海相灰—灰黑色—灰紫色碳酸盐岩为主的石灰岩、结晶灰岩、大理岩、硅质泥岩、千枚岩组成为其特征；浅变质，较稳定，含腕足类，珊瑚等；与上覆坦盖塔尔组，下伏阿帕达尔康组均为整合接触。

【层型】 正层型：乌什县滚滚铁烈克提河中下游剖面(78°25′50″，41°22′00″)，由地质部第十三大队九中队(1958)测制。参考剖面：乌什县库勒戴丹以南剖面。乌什县列代勒河中游剖面。

---

① 曾亚参，肖世禄，1979，新疆的泥盆系，新疆区调，第2期。

【地质特征及区域变化】 该组地层以灰岩、硅质泥质岩、千枚岩为主，局部见少量基性喷发岩和碎屑岩。较稳定，浅变质，含丰富的腕足类、珊瑚等生物化石为基本特征。分布较广泛，厚度变化不大，剖面可视厚度 1 247.4～1 946 m。与上下地层均为整合接触。可代表南天山中泥盆世的沉积特点和构造环境。

坦盖塔尔组　D_3t　(04－65－0869)

【创名及原始定义】 地质部第十三大队九中队王景斌等(1958)在乌什—阿克苏一带进行1：20万区测时划分并创名。创名地在乌什县阿衣里河。原始定义：为富含石膏的碳酸盐岩和碎屑岩组成。

【沿革】 该组创名后，曾亚参等(1979)在《新疆的泥盆系》一文中沿用，1981年《西北地区区域地层表·新疆维吾尔自治区分册》一书中沿用。本次对比研究仍用坦盖塔尔组。

【现在定义】 该组由滨海—泻湖相灰—灰黑色灰岩、鲕状生物灰岩、泥灰岩夹钙质粉砂岩、砂砾岩，富含石膏层等组成。微变质，较稳定，含腕足类、珊瑚等化石。甘草湖组平行不整合其上，下与托格买提组整合。

【层型】 正层型：乌什县阿衣里河地区剖面(78°52′00″，41°28′15″)，由地质部第十三大队九中队(1958)测制。

【地质特征及区域变化】 该组岩石组合为滨海—泻湖相富含石膏的碳酸盐岩为主夹碎屑岩，微变质，稳定，代表了南天山晚泥盆世早期的沉积环境，分布于阔克沙勒岭南坡。

津丹苏组　D_3j　(04－65－0870)

【创名及原始定义】 新疆地质局第三区测大队一分队李启新等(1962)在(K－44－XIX、XX、XXV、XXVI)进行1：20万区测与普查时划分并创名。创名地在阿克苏县阿克苏河中游以西。原始定义：以灰岩为主夹砾岩等组成，出露零星，与下伏的沙瓦不七上亚组不整合接触，其上被晚石炭世地层不整合所覆盖。

【沿革】 该组创名后，很少沿用。一方面是出露零星，另一方面是以后的边境地区地质工作较少等原因所致。本次对比研究认为，该岩石及生物组合，代表了南天山地区晚泥盆世时期的构造环境，且与新疆其他地区有别。因而仍沿用津丹苏组。时代为晚泥盆世。

【现在定义】 为海相碳酸盐岩，以浅灰、暗灰、肉红等色薄—巨厚层状灰岩、鲕状灰岩、生物灰岩、生物碎屑灰岩夹石英砂屑灰岩、结晶灰岩等组成；较稳定，浅变质，以含小个体腕足类为主，上与甘草湖组，下与坦盖塔尔组均呈不整合接触。

【层型】 正层型：阿克苏县阿克苏河中游以西剖面。(80°00′，40°55′30″)，由新疆地质局第三区测大队一分队(1962)测制。参考剖面：阿克苏县津丹苏河上游路线剖面。

【地质特征及区域变化】 该组岩石组合以海相碳酸盐岩夹少许碎屑岩为主，含小个体腕足类化石，岩石具轻微变质作用。主要分布于阔克沙勒岭南坡等地，多为零星出现。

阿尔皮什麦布拉克组　D_1a　(04－65－0851)

【创名及原始定义】 中瑞考查团 Norin 等(1941)建立并创名为阿尔皮什斯米布拉克群，时代为志留纪—泥盆纪。创名地仍是 Norin 等所指吐鲁番县阿尔皮什麦布拉克东剖面。原始定义：该组地层为一套泥砂质—碳酸盐岩沉积，并伴随有强烈的海底基性火山活动和少量的酸性熔岩及凝灰岩形成。它们常常受到广泛的接触变质作用，岩石变质不均匀，在西部地段尚可见到绿色片岩相地段。

【沿革】 该组地层命名早，一直被沿用。其划分界线虽有变化，时代也有分歧。根据出露情况多划分为不同的亚组，时代也多为早泥盆世。如新疆地质局区测大队五分队(1965)，将其划分为三个亚组，时代为早泥盆世。曾亚参、肖世禄(1979)划为阿尔皮什麦布拉克组，未分亚组。本次对比研究仍沿用阿尔皮什麦布拉克组，时代定为早泥盆世。

【现在定义】 该组以海相碎屑岩为主夹碳酸盐岩和中酸性火山岩，为蓝灰—灰黑色砂岩、砂砾岩、钙质页岩、灰岩、大理岩、安山玢岩、凝灰岩、硅质岩、片岩等，相变较大，局部接触变质岩发育，底部夹工业铁矿层。含珊瑚、腕足类等化石，与上覆阿拉塔格组以整合接触为主，与下伏硫磺山群不整合，见底砾岩。

【层型】 正层型：吐鲁番县阿尔皮什麦布拉克剖面：(88°59′30″，42°00′30″)，由 Norin (1941)测制。参考剖面：吐鲁番县阿尔皮什麦布拉克东剖面，鄯善县两岔口西Ⅱ号剖面。

【地质特征及区域变化】 早泥盆世地层较广泛分布于南天山等地。以阿尔皮什麦布拉克组为代表。一般与志留系为连续沉积，岩相稳定，为一套细碎屑岩，局部夹酸性火山岩，部分地区岩石已变质为千枚岩、片岩、大理岩等。生物组合既有志留系—泥盆系的特色，也具有早泥盆世的特征。根据地层层序特征、古生物的组合面貌，置于早泥盆世是合适的。

加里东运动在南天山表现不明显，故使下泥盆统与志留系为连续过渡关系。早泥盆世海域继承了晚志留世的海退状况，因而出现以碎屑岩为主的沉积，局部出现泻湖相膏盐沉积。阿尔皮什麦布拉克组，尚见碳酸盐岩出现，说明当时为浅海—泻湖相环境。

阿尔皮什麦布拉克组底部为帕尔岗中—大型铁矿的赋存层位。其成因为滨海相沉积变质型，其中尚有铜矿等伴生。

【其他】 阿尔皮什麦布拉克组代表了南天山早泥盆世沉积环境和沉积组合，又具生物组合特征。含矿性较好，建议开展 1：5 万区调和矿产普查工作。

阿拉塔格组 D_2a (04-65-0855)

【创名及原始定义】 新疆地质局区测大队四分队朱诚顺等(1965)创名。创名地在托克逊县喀拉克孜勒山以东。原始定义：本组创三个亚组：绿色千枚岩、灰色薄层或透镜状灰岩和生物灰岩、石灰质砾岩、少量石英粉砂岩；灰岩、砂岩、硅质岩、千枚岩、砾岩等；砂岩、粉砂岩、千枚岩、片岩及灰岩。厚度变化大，含珊瑚、腕足类、腹足类等化石。与下伏地层关系不明，其上为上泥盆统所整合。

【沿革】 该组由地质部十三大队一、四、六中队(1957)在辛格尔幅(K-45-XXⅢ)等进行 1：20 万区测时定为志留系—泥盆系。“后来由于发现大量标准的中泥盆世化石而改为中泥盆统。”1967 年出版说明书时改为中泥盆统。新疆地质局第二区测队(1959)在包尔图幅(L-45-XⅥ)发现大量标准中泥盆世分子如 *Stringocephalus* sp. 等，改为中泥盆世以后，阿拉塔格组一直被沿用。本次对比研究仍沿用阿拉塔格组，时代为中泥盆世。

【现在定义】 该组由碎屑岩夹碳酸盐岩、基—酸性火山岩等组成。以灰、灰绿色粉砂岩、砂岩和灰色鲕状灰岩、大理岩及斜长斑岩、霏细斑岩、凝灰岩、硅质岩、片岩等；含铁锰矿层。岩相变化大，产珊瑚、腕足类化石。与上覆甘草湖组不整合接触，与下伏阿尔皮什麦布拉克组整合接触，局部见侵蚀面。

【层型】 创名人无完整剖面。选层型：托克逊县喀拉克孜勒山东剖面(88°38′50″，42°05′40″)，由新疆地质局区测大队四分队(1965)测制。参考剖面：克其克阿克亚依利亚克剖面，阿拉塔格南坡剖面。

【地质特征及区域变化】 该组出露极广，标准地点在南天山东部喀拉克孜勒山。由灰绿色绿泥石英片岩、钙质片岩、灰岩及大理岩组成，厚度变化较大，1 192.4～6 167.8 m 不等。以含丰富的珊瑚化石为特征。本组中的珊瑚属部分与应堂阶珊瑚相近。这反映了中泥盆世时期南天山与华南地区生物的共性。

该组岩相的基本变化规律是：南天山东部以碎屑岩为主，向西火山岩及火山碎屑岩显著增多，并较普遍含硅质岩、碧玉等。这套地层东西部岩相有变化，但均整合伏于萨阿尔明组之下。

该组与下伏阿尔皮什麦布拉克组之间以连续沉积为主，仅局部有侵蚀面，这是一条理想的岩石界线：早泥盆世阿尔皮什麦布拉克组主要为浅海相碎屑岩，中泥盆世阿拉塔格组则为浅海、半深海相碎屑岩、硅质岩夹碳酸盐岩沉积，两者岩相尚有差异。该组分布广，普遍具变质作用，局部变质较深，出现变质岩石较多。阿拉塔格组为良好的铁、锰、石墨、白云岩、石英岩和石灰岩等矿产赋存层位和远景地段。

【其他】 阿拉塔格组的岩石组合、生物群以及含矿性等为极重要的层位，故建议在该组发育地段进行 1：5 万区调和矿产普查工作，尤其铁、锰富集地段优先开展，其前景是可观的。

萨阿尔明组 D_2s (04－65－0862)

【创名及原始定义】 新疆地质局第二区测大队四分队邓自华等(1960)在开都河流域 K－44－B 东南、K－45－A 南部进行 1：100 万区测时划分并创名。当时创名为沙尔敏组(译音)。创名地在和静县沙阿尔敏(即萨阿尔明)达坂。原始定义：主要为凝灰质轻微变质之砂砾岩及片岩，岩层厚度巨大，但岩性比较简单，与上覆、下伏地层均为连续沉积关系，顺走向及倾向岩性及厚度均有变化，其厚度 5 100 m。

【沿革】 邓自华等(1960)划分命名后，新疆地质局第二区测队四分队张仲修等(1960)在焉耆幅(K－45－XV)进行 1：20 万区测时划为萨阿尔明组(报告是 1975 年)。新疆地质局区测大队吴乃元(1972)在哈拉毛墩幅(K－45－XIV)进行1：20 万区测时沿用萨阿尔明组并分为上、下两个亚组。新疆地质局区测大队十一分队王务严等(1971)在巴音布鲁克幅(K－45－VII)进行 1：20 万区测时又将萨阿尔明组分为第一、第二两个亚组，同年新疆地质局区测大队三分队张仲修、白光群等在科克铁克幅(K－45－XIII)进行 1：20 万区测时将萨阿尔明组分为上、下两个亚组，进而又划出四个岩性段，新疆地质局区测大队九分队张成经、张玉谦等(1975)在库勒幅(K－44－XVIII)进行 1：20 万区测时划为萨阿尔明组，时代为中泥盆世。本次对比研究仍沿用萨阿尔明组，时代为中泥盆世，并继续划分为第一、第二两个亚组。本组同物异名有：快克德组和雅马台组，建议停止使用。

【现在定义】 该组由海相碳酸盐岩夹碎屑岩、底部少许火山岩等组成。为灰、灰黑、紫色灰岩、白云质灰岩、大理岩化灰岩、生物灰岩、钙质粉砂岩、杂砂岩、砂砾岩、硅质岩、硅质板岩、千枚岩及流纹斑岩、集块岩等。浅变质，含丰富的腕足类、珊瑚等化石，见硬锰矿夹层。上与哈孜尔布拉克组整合，未见下伏地层。

【层型】 正层型：和静县萨阿尔明达坂剖面(84°20′10″，43°10′00″)。由新疆地质局第二区测大队四分队(1960)测制。参考剖面：和静县伙浪窝特上游剖面。

【地质特征及区域变化】 该组岩石组合为海相碳酸盐岩、碎屑岩、火山岩及其碎屑岩组成。火山物质自下而上递减，岩性稳定，厚度巨大，含丰富的腕足类、珊瑚等化石，并见硬锰矿夹层等为其特征。分布在巴音布鲁克至开都河流域，与上覆哈孜尔布拉克组为整合接触，基本未见下伏地层。厚度变化较大，最薄为755 m，最厚达6 105 m。岩石具轻度变质作用，时代为中泥盆世。

【其他】 该组岩石组合复杂，可代表天山地区中泥盆世沉积建造特征和当时构造环境，厚度巨大，无完整剖面。故本次对比研究仍划分为第一、第二两个亚组，其接触关系局部存在不整合。今后进一步工作可能详细划分更符合客观实际。

哈孜尔布拉克组 D_3h （04-65-0861）

【创名及原始定义】 该组系新疆地质局区测大队五分队吴文奎等(1965)在阿奇山幅(K-46-XIX)进行1∶20万区测时创名。创名地在拜城县阿勒吞库什苏。原始定义：分布于库车河上游，阿勒吞库什苏及卡拉苏上游一带。主要为灰—黑灰色灰岩夹砂岩及锰质页岩。含珊瑚、腕足类化石。依岩性特征本组可分为三个亚组。

【沿革】 该组创名后，新疆地质局区测大队四分队朱诚顺等(1965)在库米什幅(K-45-XVII)进行1∶20万区测(补课)时划出哈孜尔布拉克上亚组，1960年第一区测队第三、五分队在卡瓦布拉克幅(K-46-XX)进行1∶20万区测时，划出了哈孜布拉克组第二、三亚组，张仲修、白光群、王务严、张成经、张玉谦(1975)均沿用哈孜尔布拉克组，未分亚组，施明等(1990)只划出哈孜尔布拉克组第二、三亚组。本次对比研究，仍沿用哈孜尔布拉克组，不分亚组。

【现在定义】 该组由海相碎屑岩、碳酸盐岩类复理石建造组成，以灰紫色灰岩、鲕状生物灰岩、结晶灰岩、白云岩、大理岩和砂岩、砾岩、杂砂岩交替互层出现，极少凝灰岩和中基性熔岩，硅质岩等。较稳定，微变质，含腕足类、珊瑚等化石，上与甘草湖组或野云沟组不整合接触，与下伏萨阿尔明组整合接触。

【层型】 正层型：拜城县阿勒吞库什苏剖面(90°45′59″，41°40′00″)，由新疆区测大队五分队(1965)测制。参考剖面：鄯善县哈孜尔布拉克东7 km剖面。

【地质特征及区域变化】 本组以浅—中深海相碎屑岩、碳酸盐岩和类复理石建造夹少许火山岩组成，含腕足类、珊瑚等化石，可与西北地区或全国对比。在新疆晚泥盆世时期则不同于新疆北部沉积环境和构造环境，显示了“南型”生物群特征和沉积环境。其分布范围在阿奇山—库勒一带，厚度由东向西(剖面所视厚度)425.3～696.7 m，中部为1 614 m，西部1 099 m。岩石局部轻微变质。地质时代为晚泥盆世。

亦格尔达坂组 D_2y （04-65-0875）

【创名及原始定义】 新疆地质局第四区测大队第一、二、三、四、六分队王儒洪、邓自华等[①](1961)在亦格尔达坂—梧桐沟一带进行1∶5万区测及普查找矿时创名，创名地在鄯善县(K-45-84-Г)图幅。原始定义：本组与志留系至下泥盆统乌勇布拉克群为连续沉积。与中泥盆统达尔雷克布拉克组局部存在微弱的超覆接触，其他地区为正常接触，界线清楚，岩性主要为钙质板岩、片岩、绢云母石英片岩，夹镁质灰岩透镜体，由于空间位置的不同，岩性存在一定差别。

【沿革】 该组创名后，很少沿用。吴文奎、姜常义、杨复(1988)在《库米什地区古生代地层演化及成矿规律》一书中，将该套地层创名为彩华沟组，时代为早泥盆世。本次对比研究，仍沿用亦格尔达坂组，时代仍为中泥盆世。停用彩华沟组。

---

① 新疆地质局第四区测大队一、二、三、四、六分队王儒洪、邓自华等，1961，亦格尔达坂—梧桐沟地区1∶5万区域地质调查报告。

【现在定义】 由海相镁质碳酸盐岩夹碎屑岩组成。西部见流纹岩、凝灰岩等，以浅灰色薄一厚层镁质灰岩、块状白云岩、钙质砂岩、钙质板岩、硅质岩、石英绢云片岩为主。是白云岩、菱镁矿、含铜黄铁矿赋存层位。相变大，浅变质，含腕足类等化石。与上覆达尔雷克布拉克组、下伏阿尔皮什麦布拉克组均以整合接触为主。

【层型】 正层型：鄯善县(K－45－84－Г)图幅剖面(89°46′09″,41°43′20″)，由第四区测大队一、二、三、四、六分队(1961)测制。

【地质特征及区域变化】 该组岩石组合以含镁质碳酸盐岩夹硅质岩、陆源碎屑岩为主，西部由火山岩及碎屑岩组成。含优质特大型白云岩矿床和菱铁矿，工业意义极大。西部为含铜黄铁矿赋存层位。其层位稳定，分布广泛，在亦格尔达坂—库米什一带，出露厚度大，是良好的找矿远景区和层位。

该层位变质作用明显，常见片岩、薄板岩夹层。含镁质岩层，在与侵入岩接触带附近，常形成菱镁矿体，具工业意义。

【其他】 亦格尔达坂组，岩石组合比较特征，层位稳定，含可靠化石，可确定时代。为良好的成矿和找矿远景地区和层位。其划分标准和名称应沿用。并建议开展1∶5万区调和矿产普查工作或进行专题研究。

达尔雷克布拉克组 D_2d (04－65－0874)

【创名及原始定义】 新疆地质局第四区测大队第一、二、三、四、六分队王儒洪、邓自华等(1961)在亦格尔达坂—梧桐沟一带进行1∶5万区测及普查找矿时创名。创名地在鄯善县(K－45－70－Г)图幅。原始定义：本组与下伏地层以整合为主，与上覆破城子组为整合接触。本组主要为含镁的钙质沉积与钙质碎屑沉积，尤以第三亚组全部为白云岩。分布的广泛性与形体及生物化石群特点，构成全区特有的地形与标志层。

【沿革】 该组创名后，很少沿用。吴文奎、姜常义、杨复(1988)在《库米什地区古生代地层演化及成矿规律》一书中，将该套地层沿用达尔雷克布拉克组，亦分为三个亚组，时代也为中泥盆世。本次对比研究，仍采用原名称，不分亚组，时代为中泥盆世。

【现在定义】 为海相钙镁碳酸盐岩夹碎屑岩。以灰、黑、黄、紫色薄一厚层块状石灰岩、白云质灰岩、白云岩、大理岩和绿泥石英片岩夹细砂岩、砾岩等。含优质大型白云岩矿。构成特有垄岗地形和层位标志，尚有菱镁矿，多金属矿。较稳定，浅变质，含珊瑚、腕足类。与上下地层以整合接触为主。

【层型】 正层型：鄯善县(K－45－70－Г)图幅剖面(88°56′20″,42°06′30″)，由新疆第四区测大队一、二、三、四、六分队(1961)测制。参考剖面：鄯善县(K－45－71－B)图幅剖面。

【地质特征及区域变化】 该组岩石组合由含镁质碳酸盐岩和钙质碎屑岩组成。含优质大型白云岩矿床和菱镁矿为其特征。西部尚见含铜多金属矿化现象。其层位稳定，分布广泛，由亦格尔达坂—库米什一带。出露厚度大，构成特有的地形和层位标志，中高山垄岗地形，近东西分布。

【其他】 达尔雷克布拉克组和亦格尔达坂组，其地质特征极为一致，但两者又为上下关系呈整合接触，沉积厚度巨大。分布广泛，为良好的成矿和找矿远景地区和层位，建议在亦格尔达坂—库米什一带继续开展1∶5万区调和矿产普查工作或进行专题研究。

破城子组　D_3p　(04-65-0852)

【创名及原始定义】 地质部第十三大队一中队朱诚顺等(1958)创名。当时无完整剖面,故采用复合层型剖面。创名地在和硕县破城子以东10 km和以西15 km复合而成。时代为晚泥盆世。原始定义:分布于喀拉塔格及克孜勒塔格地区,主要为酸性—中酸性火山岩及碎屑岩夹灰岩组成。

【沿革】 该组创名较早,一直被沿用。1958年命名为破城子岩系,并分为下、中、上三个亚岩系。1961年第四区测大队第一、二、三、四、六分队在亦格尔达坂—梧桐沟一带进行1:5万区测与矿产普查时,改为破城子组,进一步划分为两个亚组和十个岩性段。以后皆沿用破城子组,均为晚泥盆世。本次对比研究仍沿用破城子组,时代为晚泥盆世。

【现在定义】 本组为海相火山岩—碎屑岩建造。以灰—灰紫色粉砂岩、细砂岩、凝灰砂岩、石灰岩、结晶灰岩、大理岩、斜长斑岩、霏细斑岩、石英角斑岩等互层,局部见石英片岩、角岩等,岩相变化大。含腕足类、苔藓虫等。上与甘草湖组不整合或断层接触,下与达尔雷克布拉克组整合。

【层型】 正层型:和硕县破城子组以东10 km、以西15 km剖面(88°26′20″,41°31′30″),由地质部十三大队一中队(1958)测制。参考剖面:上泽尔塔克南坡1210高地西剖面。

【地质特征及区域变化】 晚泥盆世海水逐渐退出,沉积范围显著缩小且分布零星,岩相差异较大,生物组合不尽相同。破城子组中下部为灰色泥岩、页岩、灰岩,上部为中酸性火山岩及其火山碎屑岩,总厚为1 498~2 740 m。生物群既有华南佘田桥阶的标准分子,也有锡矿山阶的重要属种。而且富集成堆混杂产出。本组与下石炭统为不整合或断层接触,与下伏地层多为整合关系。具浅变质现象。

【其他】 破城子组命名较早,沿用者多。岩石组合均较特征。是南天山晚泥盆世时期沉积环境的代表层位之一。

落石沟组　$D_2l\hat{s}$　(04-65-0954)

【创名及原始定义】 新疆地矿局第一区调大队四分队张志德等(1984)在西昆仑山康西瓦—喀喇昆仑山河尾滩一带进行1:100万区调时创名。创名地为皮山县楚隆斯帕坦—落石沟—冬瓜山一带。原始定义:为一套碳酸盐岩夹碎屑岩,下伏地层下—中奥陶统,中、上志留统,上覆地层上泥盆统,上三叠统,皆为不整合。岩性为灰岩、生物灰岩夹砂岩、石英岩屑粗砂岩。

【沿革】 新疆第一区调大队四分队(1984)在康西瓦—喀喇昆仑山河尾滩地区1:100万区调时划分出落石沟组,《新疆维吾尔自治区区域地质志》(1993)划为布拉克巴什群,本次对比研究采用落石沟组。

【现在定义】 该组为一套碳酸盐岩夹碎屑岩建造,由灰、浅灰色灰岩、生物碎屑灰岩夹钙、泥质灰岩、石英岩屑粗砂岩,不整合在冬瓜山群或达坂沟群之上,其上被奇自拉夫组不整合覆盖。含丰富的珊瑚、层孔虫及头足类化石。

【层型】 正层型:皮山县楚隆斯帕坦V号剖面(78°24′20″,35°34′30″),由新疆第一区调大队四分队(1984)测制。

【地质特征及区域变化】 该组主要为一套碳酸盐岩夹少量碎屑岩建造。总厚度1 002.6 m,与上覆、下伏地层均以不整合或平行不整合接触。灰岩中含珊瑚:*Gephuropora* sp.,*Squameofavosites*? sp.,*Acanthophyllum* sp.,*Pachyfavosites* sp.,*Lyrielasma*? sp.,层孔虫

Amphipora sp., *Actinostroma* ? sp., *Clathrodictyon* sp.，头足类：*Michelinoceras* sp.，该组岩石组合特征可与叶尔羌河上游达坂沟地区的布拉克巴什组对比，两者代表不同地区，为反映喀喇昆仑区地层特征而单独立名。综上所述：根据其沉积建造、厚度、接触关系及生物特征，反映了本区为一个地台型潮上带—潮间带的稳定的低能沉积环境。

依木干他乌组　Dy　(04-65-0853)

【创名及原始定义】 地质部第十三大队一、二、三中队(1957)在喀什—阿克苏一带进行1:20万地质测量时，将这套紫红色岩石创名为沙拉依姆岩系，全部属泥盆系，自上而下分为三个部分：3.克扎尔塔克岩系；2.依木岗塔乌岩系；1.塔得尔塔克岩系。

创名地在柯坪县印干山中部。原始定义：为一套红色岩层，与上下地层均为整合过渡关系，由酱红色，其次为棕色及灰棕色泥质岩及粉砂岩夹少许薄层砂岩组成。

【沿革】 新疆区测大队(1967)在编制柯坪地区1:20万地质图时将上述三个岩系改为三个组，时代为泥盆纪。曾亚参、肖世禄(1979)根据三个组的岩相及少量的古生物化石与区域地层对比将依木干他乌组归属上统。该组创名后，一直被沿用，但时代归属有较大变化：《西北地区区域地层表·新疆维吾尔自治区分册》(1981)为晚泥盆世，1991年《中国塔里木盆地北部油气地质研究》(第一辑)划为早—中泥盆世。本次对比研究认为，生物化石较少、研究程度偏低，所以时代变化较大，在不同地段有上下穿时，故改为泥盆纪。

【现在定义】 由海陆交互相或泻湖相沉积的灰绿、紫红、暗红色细碎屑岩等组成。岩性为粉砂岩、细砂岩夹凝灰砂岩、泥岩及灰岩等，尚见食盐薄膜，具交错层、波纹、泥裂，岩相较稳定，含腕足类、双壳类、棘鱼等。与上覆克兹尔塔格组、下伏塔塔埃尔塔格组均为过渡关系。

【层型】 正层型：柯坪县印干山中部剖面(79°18′00″,40°45′00″)，由地质部第十三大队一、二、三中队(1957)测制。参考剖面：小海子剖面，巴楚北闸库木勒克村剖面。

【地质特征及区域变化】 该组地层代表海陆交互相或泻湖相沉积环境，具交错层理、波纹和泥裂等，岩相稳定，由红色岩层为主的粘土岩、细碎屑岩等组成。局部在粉砂泥质岩、粉砂岩中有食盐薄膜和含孔雀石夹层。含丰富的双壳类、腹足类、腕足类、无颌类、牙形刺、棘鱼等生物化石，具有早—中泥盆世生物群的特色。依木干他乌组分布于柯坪—巴楚等地，厚度在剖面上为75.5～580 m，最厚达2 000 m以上。依木干他乌组夹含铜砂岩，属沉积型。

【其他】 依木干他乌组，其岩石组合、生物群以及含矿等均为重要层位，建议开展1:5万区调和矿产普查工作或专题研究。

克兹尔塔格组　D_3k　(04-65-0854)

【创名及原始定义】 地质部第十三大队一、二、三中队(1956)在喀什—阿克苏一带进行1:20万地质调查时，将这套红色岩层创名为沙拉依姆岩系，全部属泥盆系，自上而下分为三个部分：3.克扎尔塔克群；2.依木岗塔乌群；1.塔得尔塔克群。

创名地在柯坪县通古兹布隆克兹尔塔格地区。原始定义：由砖红色有时具浅黄色调的砂岩夹不稳定细砾岩及粉砂岩组成。

【沿革】 该组创名后，一直被沿用，新疆区测大队(1967)在编制柯坪地区1:20万地质图时将上述三个群改为三个组，时代为泥盆纪。1979年曾亚参、肖世禄根据三个组的岩相及少量的古生物化石与区域地层对比，将克兹尔塔格组归属上统。本次对比研究，均沿用其名称和时代。

【现在定义】 由浅绿、红、紫褐等色细—粗粒砂岩、砾岩、长石石英砂岩夹泥岩、白云质细砂岩—砾岩等组成，夹少许菱铁矿。具大型槽状交错层、韵律层及冲刷构造。与上覆巴什索贡组为平行不整合，与下伏依木干他乌组过渡。时代为晚泥盆世。

【层型】 正层型：柯坪县通古兹布隆克兹尔塔格村剖面(79°06′00″,40°44′20″)，地质部第十三大队三中队(1957)测制。

【地质特征及区域变化】 本组岩相变化不大，在柯坪塔格中部，岩层中偶夹浅绿色微含云母的砂岩夹层，其中见有绿色泥质岩"蚀状包体"，其南部地区见鲜红色砂岩中有盐渍化现象，上部层位见樱红色薄层微粒状钙质白云岩夹层。在依木干他乌东部砂岩中见有厚1～3 cm的岩盐夹层。岩层厚度，由于上部遭受不同程度的剥蚀作用，变化较大，一般为200～600 m，最大厚度见于依木干他乌，为1 170 m。克兹尔塔格组中上部存在反向磁性事件。

【其他】 该组代表南天山晚泥盆世海水退出发育大陆风成沉积与洪暴灌流冲积扇。具有一定找矿意义。

克孜勒陶组 D_2kz (04-65-0952)

【创名及原始定义】 新疆地矿局第一区调大队五分队田阔邦等(1985)在西昆仑布伦口—恰尔隆地区(J-43)进行1∶100万区调时创名。原始定义：出露在奇自拉夫组之下的一套碎屑岩夹少量碳酸盐岩，含珊瑚、头足类化石。

【沿革】 新疆《喀什幅1∶100万说明书》(1960)划为志留系—泥盆系；《西北地区区域地层表·新疆维吾尔自治区分册》(1981)为苏库洛克群；新疆1∶200万地质图(1982)上部划为下—中志留统；下部划为蓟县系，新疆第一区调大队五分队(1985)划出该组的上部。新疆地矿局第一区调大队一分队(1989)划分出该组上、下部。新疆第一区调大队一分队(1989)在克孜勒陶幅(J-43-XVII)1∶20万区调时划分的克孜勒陶组是《西北地区区域地层表·新疆维吾尔自治区分册》(1981)上的苏库洛克群中的一部分，故该地区应停止使用苏库洛克群。

【现在定义】 该组指以断层接触，出露在奇自拉夫组与和什拉甫组之下的一套含珊瑚、腕足类、苔藓虫化石的黄褐色、灰绿色、黑灰色碎屑岩夹碳酸盐岩沉积。未见底，上部为黄褐色、黑灰色钙泥质粉砂岩、粉砂质泥岩夹生物碎屑灰岩、鲕状灰岩；下部为灰、灰绿色长石石英岩屑砂岩、细砂岩、粉砂岩，并夹有较多的由粗—细粒组成的碎屑岩韵律层。

【层型】 正层型：阿克陶县阿克巴西麻扎尔剖面(76°05′10″,38°36′50″)，由新疆第一区调大队五分队(1985)测制。参考剖面：米亚剖面。

【地质特征及区域变化】 新疆第一区调大队一分队(1989)在克孜勒陶幅(J-43-XVII)进行1∶20万区调时将该组二分，下部为一套较单一的碎屑岩沉积。视厚度1 347 m。未见底。上部为一套碎屑岩夹碳酸盐岩，含珊瑚、腕足类化石，厚度为881.9 m，与上覆和什拉甫组为断层接触。新疆第一区调大队五分队(1985)在西昆仑山布伦口—恰尔隆地区(J-43)进行1∶100万区调时，从原划分的苏库洛克群中采到了珊瑚、腕足类化石：*Disphyllum* sp.，*Keriophyllum* sp.，*Thamnophyllum* sp.，*Thamnopora* sp.，*Hexagonaria* sp.，*Alveolites* sp.，*Striatopora* sp.，及 *Atrypa* sp.，将苏库洛克群中部厘定为中泥盆世，创名为克孜勒陶组。从岩相建造及生物群可与东昆仑山布拉克巴什组对比。地质时代为中泥盆世。

该组分布于新疆英吉沙县布伦口—恰尔隆一带和阿克陶县库斯拉甫东、柯克亚、克孜勒陶等地，呈北西-南东向带状分布。由北西向南东，钙质粉砂岩增多。厚度也有增大趋势，在叶尔羌河北岸最大视厚度为1 709 m。

综上所述，该组形成于较稳定的海相沉积环境，为一套被化石确认的岩相较单一的碎屑岩夹碳酸盐岩沉积建造。可与昆仑山布拉克巴什组对比。因出露在塔里木南缘分区而单独立名。

奇自拉夫组 D_3q （04-65-0953）

【创名及原始定义】 德·泰拉(De Terra)在1932年中亚考察队于奇自拉夫河及桑株河一带，将一套红紫色长石砂岩、砾岩及喷发岩地层创名为提士纳夫统。原始定义：不整合在老地层之上一套无化石的正常碎屑岩沉积。未见顶。

【沿革】 1932年德·泰拉(De Terra)命名后，别良耶夫斯基(Н·А·Берневский，1942)划为早石炭世，1956年《中国区域地层表》划为下石炭统。苏联十三航测大队(1957)划归晚泥盆世—早石炭世。新疆地质局喀什地质大队(1964)将其缩小到晚泥盆世。"奇自拉夫"与"提士纳夫(甫)"均属译音之不同。提士纳夫组与奇自拉夫组属译音之差，应统一为奇自拉夫组。

【现在定义】 该组为一套滨海—陆相正常沉积的碎屑岩，由紫红、灰绿色石英砂岩、粉砂岩和砾岩组成，与上覆克里塔格组，下伏克孜勒陶组以沉积物变细，生物碎屑灰岩出现分界，皆为整合接触，局部为断层接触。含少量植物化石。

【层型】 创名人未指定层型，本书指定选层型：民丰县大沙勒沟剖面(82°59′15″，36°31′30″)，由新疆地质局区测队三连三排(1972)测制。参考剖面：阿克陶县柯克亚剖面。

【地质特征及区域变化】 该组为一套滨海—陆相碎屑岩沉积建造，由紫红色、褐红色、灰绿色砾岩、石英钙质砂岩、长石砂岩、钙泥质粉砂岩、页岩组成。可视厚度500～5 500 m。与下伏克孜勒陶组、布拉克巴什组和上覆克里塔格组、库山河组均为整合接触，局部地段为断层接触。该组目前依据含 *Leptophloeum rhombicum* 植物化石而定为晚泥盆世。

该组地层出露零星，古生物贫乏，研究程度低。主要分布在新疆的库兹—达万、奇自拉夫河谷、叶尔羌河上游、南土木牙—基牙克等地。岩石组合变化不大，岩性较单一，展布稳定。综合上述该组为一套化石贫乏、岩相较稳定的陆相碎屑岩沉积。

小热泉子组 C_1x （04-65-1206）

【创名及原始定义】 新疆地质局区测大队七分队张仲修等(1965)在1∶20万底坎尔幅(K-45-XVIII)进行修测时创名。新疆区域地层表编写组(1981)重新厘定，将小热泉子组分为上、下亚组，原始定义：上亚组为英安质斜长玢岩质凝灰岩、凝灰质碎屑岩夹斜长玢岩、凝灰砂砾岩、粉砂岩、砾岩。下亚组为中性火山岩、凝灰岩、凝灰质碎屑岩夹灰岩凸镜体。与上覆雅满苏组整合接触，未见下伏地层，地质年代早石炭世。

【沿革】 觉罗塔格地区发育的一套灰绿—灰紫色火山岩建造，新疆地质局第二区测大队一、二分队(1958)在东天山地区进行1∶20万区域地质测量时，划为卡拉塔格岩系下亚岩系。同时，新疆第一区测大队四、六分队在雅满苏一带将其划为雅满苏岩系第一、二亚岩系。新疆区测大队五分队(1963)在阿齐山一带划为雅满苏组第二亚组，新疆区测大队编图分队在《图兹雷克幅地质图说明书》(1973)将其划为雅满苏组下亚组，这些地层单位都是小热泉子组的同物异名。1966年在底坎尔幅划出小热泉子组，1981年新疆区域地层表编写组，重新厘定了小热泉子组，将原划小热泉子组划为下亚组，将其上的雅满苏组第一、二亚组划为上亚组，本次对比研究将这套火山岩确定为小热泉子组。

【现在定义】 该组为一套浅海相中性、酸性喷发岩相，主要岩性为紫红色—灰绿色霏细斑岩、钠长斑岩、石英斑岩、石英角斑岩、安山玢岩、斜长玢岩及同质火山碎屑岩、凝灰质碎屑岩夹少量灰岩、碎屑岩、泥质硅质岩。与上覆地层雅满苏组浅海相碳酸盐岩，凝灰质碎屑岩整合接触，局部平行不整合接触，未见下伏地层。

【层型】 正层型：吐鲁番县阿其克布拉克及水泉沟剖面（89°20′20″，42°20′00″），由新疆区测大队七分队（1965）测制。参考剖面：托克逊县苏巴什东剖面。

【地质特征及区域变化】 小热泉子组分布于觉罗塔格山，呈北西-南东方向延伸。在阿其克布拉克及水泉沟，岩性主要为绿色斜长玢岩、霏细岩、灰绿色安山玢岩、英安玢岩、英安玢岩质凝灰岩、凝灰砂岩、凝灰粉砂岩、凝灰砾岩等。与上覆雅满苏组整合接触，未见下伏地层。可视厚度 3 386 m。向西延至托克逊县苏巴什一带，熔岩成分增多，见到粗面岩、流纹岩、灰红色霏细斑岩、凝灰岩、凝灰质碎屑岩减少，夹灰岩凸镜体，可视厚度 4 102 m。在阿齐山一带，下部多中性、中酸性熔岩，上部多霏细斑岩、酸性熔岩增加。据野外区域地质调查资料，阿齐山一带有多处古火山口，处于火山岛弧喷发中心地带，喷发强烈，火山熔岩厚度大，岩相变化大。灰岩凸镜体夹层中，含 *Phricodothyris* sp.，与上覆雅满苏组平行不整合接触，未见下伏地层，可视厚度 4 017 m。在雅满苏大沟一带，岩性主要为暗绿色钠长斑岩、浅红色霏细岩、暗红色石英斑岩，夹少量暗绿色细碧岩，富含钠质。底部灰岩中含 *Dibunophyllum* sp.，*Carcinophyllum* sp.，可视厚度 1 600 m。与上覆地层雅满苏组整合接触。未见下伏地层。地质时代早石炭世。

【其他】 在前人的野外区域地质调查时，将阿齐山-雅满苏一带早石炭世的一套中性、酸性火山岩，划为雅满苏组下部，后来划成雅满苏组下亚组。本次对比研究，将它们归入小热泉子组上部。1974—1975 年新疆区域地层表编表组，将小热泉子组重新定义，将底坎尔幅的雅满苏组第一、二亚组的中性火山岩划归小热泉子组。雅满苏组涵义缩小，为浅海相碳酸盐岩及火山碎屑岩、碎屑岩沉积。

雅满苏组　C_1y　（04－65－1207）

【创名及原始定义】 新疆地质局第一区测大队二分队张全辉、沈宝坪等（1959），在雅满苏地区创名雅满苏岩系。原始定义：该组为一套沉积—喷发岩。岩性为暗绿色、灰绿色中酸性喷发岩、凝灰岩、石灰岩、泥灰岩、粉砂岩和泥岩组成。上覆地层沙泉子岩系，假整合接触，出露背斜核部。未见下伏地层。地质年代早石炭世。

【沿革】 雅满苏岩系分为三个亚岩系，第一、二亚岩系为中、酸性火山熔岩、火山碎屑岩夹灰岩，第三亚岩系为碳酸盐岩、陆源碎屑岩、泥质岩等。1973 年出版的《沙泉子幅（K－46－XXⅣ）1：20 万地质图说明书》，将雅满苏组第一、二亚岩系划为下亚组，第三亚岩系划为上亚组。新疆第六地质大队王海鹏（1978）在雅满苏地区进行 1：5 万区域地质调查时，将雅满苏组划为上、中、下三个亚组。王海鹏（1979）将雅满苏组上亚组划为白鱼山组。吴乃元（1986）根据 1978 年 1：10 万区域地质调查资料，在马头滩地区的石板沟，在雅满苏组上亚组顶部，划出马头滩组。经本次对比研究，将下亚组火山岩划为小热泉子组。雅满苏组仅包括上亚组的碳酸盐岩、碎屑岩、火山碎屑岩、凝灰质碎屑岩。同时不采用白鱼山组、马头滩组，因为他们不具有岩石地层单位特征，仅具生物地层意义，在宏观上看，岩性上难以分界，因此，在上覆地层底坎尔组底部不整合面之下，小热泉子组火山岩之上的一套浅海相碳酸盐岩，陆源碎屑岩为主的地层为雅满苏组。

【现在定义】 该组为一套浅海相深灰—灰绿色陆源细碎屑岩和生物碎屑灰岩、礁灰岩、灰岩、泥灰岩为主体，夹火山碎屑岩、凝灰质碎屑岩以及少量的安山玢岩、玄武玢岩、霏细斑岩、斜长玢岩。与上覆底坎尔组不整合或平行不整合接触；与下伏地层小热泉子组中—酸性火山岩夹碎屑岩、灰岩,整合或不整合接触。

【层型】 正层型:哈密县雅满苏大沟剖面(93°51′54″,41°57′36″),由新疆区测大队地层分队(1965)重测。参考剖面:鄯善县阿齐山东剖面。

【地质特征及区域变化】 雅满苏组分布于觉罗塔格,呈近东西方向延伸。为一套浅海相陆源碎屑岩、碳酸盐岩及火山碎屑岩,夹少量火山熔岩。下部火山碎屑岩多,向上减少,上部碳酸盐岩增多。在雅满苏大沟,岩性主要为深灰色—灰色厚层状灰岩、生物碎屑灰岩、生物礁灰岩、鲕状灰岩、砂质灰岩、泥质灰岩、灰绿色厚层状钙质砂岩、杂砂质粗砂岩、含砾杂砂岩、钙质粉砂岩、浅灰绿色薄层状凝灰岩、紫灰色层凝灰岩、凝灰质砂岩—粉砂岩,偶夹紫红色霏细斑岩、安山玢岩、火山岩和沉积岩交替出现,以沉积岩为主,偶夹火山熔岩。可视厚度 2 237 m。与上覆底坎尔组平行不整合接触,与下伏小热泉子组整合接触。含丰富化石,主要有珊瑚:*Yuanophyllum* sp., *Cystodendropora* sp., *Clisiophyllum* sp., *C.* cf. *yangtzeense*, *C. latevesicum*, *Gangamophyllum* sp., *G.* cf. *retiformis*, G. *hamiensis* var. *multiplezum*, G. *hamiensis* var. *yanmansuensis*, *Palaeosmilia straea*, *Lithostrotion* sp., *Lonsdaleia arctica*, *Hexaphyllia transversa*, *H. lyellia*, *Zaphrentites* sp.;腕足类:*Gigantoproductus edelburgensis*, *Striatifera striata*;菊石:*Platygoniatites molaris* , *P. yamansuensis*, *Branneroceras* sp., *Dombarites poratectus*, *D. tectus*, *Irinoceras arouatum*, *Syngastrioceras* sp., *Stenoopronorites* cf. *cmolonicus*, *Schartymites* sp., *Proshumardites* cf. *keideli*。向西至南北大沟,岩性为灰绿色英安质晶屑凝灰岩、流纹质晶屑玻屑凝灰岩与生物碎屑灰岩交互出现,上部出现较多的砂质碎屑岩,而整个剖面火山熔岩少,含丰富珊瑚化石,可视厚度 2 887 m。珊瑚:*Diphyphyllum* sp., *Palaeosmilia* sp., *Neoclisiophyllum* sp.等。向西至石板沟,出现较多的灰绿色沉凝灰砂岩,珊瑚:*Caninia* sp., *Multithecopora* sp., *Cyathaxonia* sp.等,可视厚度 2 017 m。向西至阿齐山一带,出现较多的火山熔岩、流纹斑岩、霏细斑岩、斜长玢岩,含珊瑚:*Diphyphyllum* sp.,腕足类:*Brachythyrina* ? sp., *Schellwienella* ? sp., *Dictyoclostus* sp.,䗴:*Eostaffella* sp.,可视厚度 1 826 m,至西端托克逊县苏巴什,碳酸盐岩减少,岩性主要有凝灰岩、凝灰粗砂岩、凝灰砾岩夹安山玢岩等,未见化石,可视厚度 2 114.9 m。从上述地层延伸变化情况看,上覆地层都为底坎尔组,多见不整合接触,与下伏小热泉子组为整合接触。地层厚度从 1 826 m~2 887 m,从东向西,碳酸盐岩减少,而火山岩增多。地质时代早石炭世中晚期。

【其他】 雅满苏组自 1959 年创名至今,一直沿用,本次对比研究,将下部的火山熔岩划归小热泉子组,本组涵义缩小,仅包括原划雅满苏组上亚组碎屑岩、碳酸盐岩、火山碎屑岩沉积。考虑总体岩性特征的一致,在上覆地层底坎尔组底部不整合面之下不再划分白鱼山组、马头滩组为宜。白鱼山组和马头滩组应不采用。至于该二组中存在化石混生现象,可作为穿时的岩石地层单位看待。

底坎尔组 C_2dk (04-65-1208)

【创名及原始定义】 新疆地质局第二区测大队一、二分队谭德遥等(1959)在底坎尔地区创名底坎尔岩系。原始定义:为一套浅海相中性、中酸性火山熔岩、同质火山碎屑岩、凝灰质碎屑岩、碎屑岩夹碳酸盐岩,与下伏地层雅满苏组的碎屑岩、碳酸盐岩为不整合接触,未见上覆地层。地质年代晚石炭世。

【沿革】 底坎尔岩系分为上、中、下三个亚岩系。新疆区测大队张仲修(1965)在底坎尔幅进行修测后,将中、下亚岩系划为底坎尔组,将上亚岩系划为苏穆克组,经本次对比研究,认为底坎尔岩系为一套完整的岩石地层单位，不再划分苏穆克组。阿齐山至雅满苏大沟一带，第一区测大队三、五分队(1960)划出土古土布拉克组，后来工作中，都改称底坎尔组。新疆第一区测大队四分队(1958)在沙泉子幅划出沙泉子岩系，以后的工作中，向西延伸，都沿用此单位名称。但涵义扩大，原划沙泉子岩系，没有明确的岩性含义，层位与土古土布拉克岩系相当。本次对比研究建议不采用，用底坎尔组代替。底坎尔组自1959年创名沿用至今。同物异名有土古土布拉克组，本次对比研究停止使用沙泉子组。

【现在定义】 该组为一套深灰色、黄绿色、紫红色斜长玢岩、安山玢岩、霏细岩、霏细斑岩、钠长斑岩、英安玢岩，局部少量玄武玢岩及同质凝灰岩、沉凝灰岩、凝灰砂岩、凝灰粉砂岩、凝灰砾岩、杂砂质长石砂岩、细砂岩夹灰岩，与上覆阿其克布拉克组及下伏雅满苏组不整合或平行不整合接触。

【层型】 正层型：鄯善县底坎尔水泉沟剖面(89°34′30″，47°10′00″)，新疆地质局第二区测大队一分队(1959)测制。参考剖面：鄯善县阿齐山东南剖面。

【地质特征及区域变化】 底坎尔组分布于觉罗塔格，近东西方向延伸，为海相中性、中酸性喷发火山熔岩、同质火山碎屑岩、凝灰质碎屑岩。另有少量的正常碎屑岩，在底坎尔西南的水泉沟，岩性主要为深灰色—黄绿色斜长玢岩质凝灰岩、英安质凝灰岩、凝灰质砂岩、凝灰质粉砂岩。常呈互层韵律出现，夹斜长玢岩及英安玢岩，未见上覆地层；与下伏地层小热泉子组为不整合接触。可视厚度1 966 m。在下部的粉砂岩中含 *Spirifer* cf. *condarori*，*Chonetes pseudocarloniferus*。向西至阿其克布拉克，岩性变化不大，夹有灰岩。与上覆阿其克布拉克组及与下伏雅满苏组均为不整合接触。可视厚度2 122 m。含腕足类：*Echinoconchus* sp.，*Chaetetes* sp.，*Martinia semiconvexa*，*Marginifera* sp.，*Plicatifera* sp.，*Neospirifer fascigar* ?，*Dielasma* sp.，向东至阿齐山一带，为石英斑岩、霏细岩、石英玄武玢岩。不含化石，未见上覆地层，与下伏雅满苏组平行不整合接触，可视厚度2 416 m。再向东至马头滩，仍无上覆地层，与下伏雅满苏组不整合接触，岩性下部为英安质晶屑岩屑凝灰岩、安山质岩屑晶屑凝灰岩、流纹质晶屑岩屑火山灰凝灰岩，上部出现基性熔岩杏仁状玄武玢岩。杏仁状橄榄玄武岩。灰岩凸镜体中含珊瑚：*Caninia* sp.，*Diphyphyllum* sp.，*Bothrophyllum* sp.，䗴：*Eostaffella* sp.，可视厚度1 528.6 m。向东延至南北大沟一带，岩性相同，灰岩凸镜体中含䗴：*Ozawainella* sp.，*O. vozhgalica*，*Pseudostaffella subquadrata* var. *vozhgalica*，*Profusulinella pseudorhomoides*，*P. prisca*，*Eofusulina* sp.；珊瑚：*Caninia* sp.；可视厚度1 191 m。在雅满苏大沟未见火山熔岩及火山碎屑岩，正常碎屑岩增多，岩性主要为灰黄色—灰绿色钙质粉砂岩、细砂岩、长石砂岩、砾岩，其次为凝灰质砂岩、凝灰质粉砂岩、凝灰砾岩，及大量泥灰岩。凝灰砾岩中含珊瑚：*Lonsdaleia* sp.，*Zaphrentites*，*Thysanophyllum* sp.，*Amplexus* sp.，*Multithecopora* sp.，可视厚度888.9 m。从上述延伸变化情况地层厚度从888.9 m～2 416 m。西起阿其克布拉克、水泉沟至阿齐山、马头滩一带，火山熔岩增多，尤其在马头滩至南北大沟一带，基性熔岩玄武玢岩增多，阿齐山一带地层厚度最大。东到雅满苏地区，岩性变为浅海相正常碎屑岩、钙质粉砂岩、细砂岩、凝灰质砂岩、凝灰质砾岩。

干墩组　C_1*gd*　(04－65－1209)

【创名及原始定义】 新疆地质局第一区测大队五分队吴文奎等(1959)在烟墩幅(K－46－XVIII)进行1：20万区域地质调查时，在干墩沟创名干墩岩系。原始定义：为一套浅变质的深灰色—黑色硅质岩、硅质粉砂岩、泥质岩及少量基性火山岩、凝灰岩及灰岩、泥灰岩，未见上覆地层，与下伏地层梧桐窝子岩系的霏细岩、霏细斑岩、安山玢岩、细碧玢岩、辉绿玢岩为整合接触关系。地质年代为晚石炭世。

【沿革】 新疆地质局第一区测大队五分队(1959)划为上石炭统干墩岩系，1966年出版的《烟墩幅(K－46－XVⅢ)1：20万地质图及说明书》划为中—上石炭统，新疆地质局第六地质大队(1986)划为下石炭统干墩组。

【现在定义】 该组为一套深灰色—灰黑色浅变质的硅质岩、泥质岩、泥质硅质岩、初糜棱细凝灰岩、凝灰质砂岩、石英砂岩、复矿砂岩夹灰岩、泥灰岩、霏细岩、石英钠长斑岩及少量基性火山岩，部分地区为石英片岩、阳起片岩、石英千枚岩。未见下伏地层，与上覆梧桐窝子组海相火山岩为整合接触。

【层型】 正层型：哈密干墩沟剖面(94°08′00″，41°55′10″)，新疆地质局第一区测大队五分队吴文奎(1959)测制。参考剖面：哈密烟墩1088高点西南剖面。

【地质特征及区域变化】 干墩组分布于觉罗塔格北坡、哈密盆地南缘，由近东西向延伸，向东转北东东方向延伸，为较深海相的陆源碎屑岩、硅质岩、泥质岩，少量灰岩及酸性火山熔岩，部分地段石英千枚岩、石英片岩、阳起片岩等浅变质岩石。在干墩沟，岩性主要为黑色致密块状硅质岩、硅质泥质岩、泥质岩、硅质粉砂岩、泥岩、粉砂质泥岩。夹少量石英砂岩、黑云母化霏细岩，可视厚度3 175 m，与上覆地层梧桐窝子组整合接触。未见下伏地层，向东延至1088高点一带，岩性为灰岩、石英砂岩、凝灰质砂岩增多，出现石英片岩，可视厚度1 360 m。向东至野马泉煤矿一带，出现硅质页岩、黑云片岩、黑云石英片岩、片状硅质岩，夹灰色结晶灰岩、片理化霏细斑岩，少量石英钠长斑岩。可视厚度2 760 m。由干墩沟向西延至大南湖891高点东，岩性为黑色硅质岩、泥质硅质岩、绿灰色石英质细粒砂岩、复矿砂岩、碳质页岩、泥页岩、绿帘石—绿泥石—阳起石片岩、厚层灰岩，厚度增大，可视厚度6 405 m。向西延至大草滩南，岩性主要为灰色—浅灰绿色硅化碎裂初糜棱细凝灰岩、凝灰质细粉砂岩、泥粉砂岩，可视厚度6 960 m。从上述延伸变化情况看，由干墩沟向西延伸地层厚度增大，正常碎屑岩及火山碎屑岩增加，变质加深，该组在秋格明塔什-黄山韧性剪切带内，岩层遭受不同程度的变质。因岩性单一且变质，构造变动大，地层厚度不甚可靠。地质年代早石炭世。

梧桐窝子组 C_2w (04－65－1210)

【创名及原始定义】 新疆地质局第一区测大队三分队高振家、王务严等(1958)在梧桐窝子幅(K－46－XⅧ)进行1：20万区域地质测量时，创名梧桐窝子岩系。1960年根据全国地层会议通过的地层规范草案，改称梧桐窝子组。原始定义：该组为一套浅变质的绿色—暗绿色海底喷发的基性熔岩、凝灰岩、凝灰砂岩为主，夹灰岩凸镜体，以及少量霏细斑岩、安山玢岩。与下伏地层干墩岩系的黑色—深灰色硅质岩、陆源碎屑岩夹少量火山岩整合接触，未见上覆地层。地质年代晚石炭世。

【沿革】 新疆地质局第一区测大队三分队(1959)将梧桐窝子岩系划为上石炭统。1966年出版的《梧桐窝子幅(K－46－XⅧ)1：20万地质图及说明书》将其划为中—上石炭统。1986年后，吴乃元将其划为上石炭统梧桐窝子组。

【现在定义】 该组为一套深灰色—灰绿色海相喷发岩，主要岩性为细碧玢岩、辉绿玢岩、安山玢岩、斜长斑岩、石英钠长斑岩、霏细斑岩及相对应的同质凝灰岩、凝灰砂岩、凝灰粉砂岩及少量粉砂岩、细砂岩。未见上覆地层，与下伏地层干墩组的黑色硅质岩、泥质岩为整合接触。

【层型】 正层型：哈密县梧桐窝子南剖面(94°52′10″，42°17′30″)，由新疆地质局第一区测大队三分队(1959)测制。参考剖面:哈密烟墩1088高点至857高地剖面。

【地质特征及区域变化】 该组分布于觉罗塔格东段北坡,同干墩组一样,西部近东西向延伸,东部转向北东东-南西西方向延伸。以浅海相浅变质基性熔岩为主,次为中性、酸性熔岩、凝灰岩、凝灰质碎屑岩,在梧桐窝子南,岩性主要为灰绿—绿色、辉绿玢岩为主,次为霏细斑岩、石英钠长斑岩、碧玉,少量安山玢岩、中性凝灰岩、凝灰砂岩、凝砂砾岩、凝灰质角砾岩。未见上覆地层,与下伏地层干墩组为断层接触,可视厚度7 110 m。向西延至烟墩一带,岩性变化不大,仅见有较多的碳质页岩,上、下地层及接触关系相同。可视厚度8 812 m。再向西至大南湖干井一带,正常碎屑岩增多,火山熔岩减少,岩性为暗灰黄色粉砂岩、细砂岩、泥页岩、生物灰岩、灰黑色灰岩、灰色砾岩、凝灰砂岩、斜长斑岩,未见上覆地层,与下伏干墩组整合接触。可视厚度1 061 m。在大草滩一带,岩性主要为初糜棱细凝灰岩、凝灰砂岩、泥质粉砂岩、安山质岩屑凝灰岩、初糜棱安山岩、绿帘石化安山岩、碎裂英安岩,夹生物碎屑灰岩,可视厚度7 113 m。从上述延伸变化看,从东到西,地层厚度从1 061～8 812 m。基性火山熔岩减少,生物碎屑灰岩及正常碎屑岩增多,含化石少。该组同干墩组相伴分布。岩石变质、构造变动大,地层厚度可靠性差。地质时代晚石炭世。

脐山组 $C_2 q\hat{s}$ (04-65-1223)

【创名及原始定义】 新疆地矿局第一区调大队五分队丁涛泉等(1988)在康古尔塔格幅(K-46-XVI)进行1:20万区域地质调查时创名。原始定义:为一套陆相碎屑岩、碳酸盐岩建造,岩性主要为灰色—深灰色薄层泥砂岩、碳质岩、砂质灰岩为主,夹凝灰岩、玄武岩、成层性好,含大量植物化石为特征。与上覆地层阿其克布拉克组不整合接触,与下伏地层大南湖组不整合接触,地质年代晚石炭世早期。

【沿革】 新疆地质局第二区测大队三分队(1959)在觉罗塔格东段进行1:20万区域地质测量及普查找矿时,将该地层划为恰舒阿山组,该组创建后无人沿用。1988年新疆地矿局第一区调大队五分队将脐山一带的恰舒阿山组的下部划为脐山组。

【现在定义】 该组主要岩性为灰色—深灰色薄层泥砂岩、钙质砂岩、钙质长石岩屑砂岩、泥质粉砂岩、粉砂质碳质岩、颗粒灰岩、砂质灰岩、泥质灰岩夹少量晶屑岩屑凝灰岩、玄武岩,含碳质和大量植物化石为特征。与上覆阿其克布拉克组和下伏大南湖组均为不整合接触。

【层型】 正层型:脐山78°28 km剖面(91°32′00″,42°39′50″),由新疆第一区调大队五分队(1988)测制。

【地质特征及区域变化】 该组分布于哈密盆地南缘,觉罗塔格北坡边缘区。呈孤山状。在脐山东北一带,岩性主要为深灰—灰绿色含砾晶屑岩屑凝灰岩、蚀变玄武岩、钙质砂岩、泥质灰岩、砂质灰岩、泥质粉砂岩等,地层可视厚度905.2 m。与上覆阿其克布拉克组、下伏大南湖组均为不整合接触,含植物化石:*Angaropteridium cardiopteroides*, *Lepidodendron* sp.。该组沿哈密盆地南缘,是否有脐山组延伸出露,向东西延伸情况,尚无地质资料说明。

大哈拉军山组 $C_1 d$ (04-65-1201)

【创名及原始定义】 新疆地质局区测大队一分队剡鸿炳等(1978)在昭苏幅(K-44-X)进行1:20万区域地质调查时,在大哈拉军山一带创名。原始定义:为一套紫红色—灰绿色中—酸性熔岩、火山碎屑岩、砂岩、砾岩夹少量灰岩。与上覆阿克沙克组的碎屑岩、碳酸盐岩不整合接触,与下伏地层志留系阿克牙子组、青白口系库什台群不整合接触。

【沿革】 在本地层单位创名之前，苏联十三航测大队(1953)将其划为喷发岩组及凝灰岩组。北京地质学院杨式溥(1964)在博罗霍洛山将该地层划为Tournaisian(杜内)阶火山岩。新疆区测大队二分队(1970)在恰可布河一带，将其划为恰可布组的一部分。王务严(1971)在巴音布鲁克、董鹤皋在小布鲁斯台将相应地层划为雅满苏组。1978年创名后，伊犁地区早石炭世早期的这一套紫红—灰绿色火山岩都划入大哈拉军山组。

【现在定义】 该组主要岩性为灰紫色、紫红色、灰绿色安山玢岩、流纹斑岩、霏细斑岩、英安斑岩及少量玄武玢岩、同质火山碎屑岩，夹少量砂岩、砾岩、凝灰质砂岩、灰岩，与上覆阿克沙克组不整合接触，与下伏呼独克达坂组、库什台群为不整合接触。

【层型】 正层型：特克斯县大哈拉军山西侧克克苏河下游剖面(81°53′36″，43°06′43″)，由新疆区测大队一分队(1978)测制。参考剖面：昭苏县康苏沟剖面。

【地质特征及区域变化】 大哈拉军山组是一套浅海相紫红色、灰紫色中性、酸性为主的喷发火山岩，在伊犁盆地南缘特克斯河流域，沿着恰普勒山、萨阿尔明山北坡，呈北东-南西方向延伸。在盆地北缘的博罗霍洛山南坡呈北西-南东方向延伸。在克克苏河下游，主要岩性为紫红、灰紫、灰绿色安山岩、安山玢岩、杏仁状辉石安山玢岩、安山质集块岩、安山质凝灰熔岩。底部有一层砾岩，向上断续夹凝灰质砂岩、凝灰质砾岩、细砂岩、砾岩、砂质灰岩、白云岩化灰岩，可视厚度1 041 m。与上覆阿克沙克组和下伏库什台群均为不整合接触。在阿登套山，酸性喷发岩增多，可视厚度增加，达1 962 m。在康苏沟，出现大量的基性熔岩，有拉斑玄武岩、杏仁状玄武岩、橄榄玄武岩。可视厚度3 771 m。在夏特河一带，正常碎屑岩增加，主要岩性为石英砂岩、长石石英砂岩、钙质砂岩、岩屑砂岩。库尔代河一带，同样出现较多的岩屑砂岩、粉砂岩、灰岩及灰岩凸镜体。其上覆均为阿克沙克组。其下不整合于较老地层之上。如库什台群。在博罗科努山南坡，大哈拉军山组呈北西-南东方向断续延伸，以中性和酸性火山熔岩、火山碎屑岩为主，夹碎屑岩。火山碎屑岩较多，显示出强烈爆发活动的特点。在伊宁县吐拉苏南，大哈拉军山组下部出现较多凝灰质碎屑岩和陆源碎屑岩。未见直接上覆地层，在彼里克溪河上游，阿克沙克组不整合覆盖其上，超覆下伏尼勒克河组和呼独克达坂组之上。该组地层厚度变化大，从3 342.8～3 771.2 m，一般可视厚度在1 000～2 000 m之间。该组系火山岩建造，含化石的层位很少。仅在灰岩夹层中，找到化石，在特克斯县库尔代河剖面的生物灰岩中见到*Syringopora ramulosa*，在伊宁县吐拉苏南的剖面中见到*Lithostrotion* sp.，*Echinoconchus elegans*. 特克斯县阿赛根萨依剖面的生物灰岩中采到*Siphonophyllia* sp.，*Lithostrotion* cf. *mccoyanum*，*L.* sp.，*Diphyphyllum* sp.，*Palaeosmilia* sp.，*Dibunophyllum* sp.，*Hexaphyllia* sp.，*Eostaffella* sp.，*Dictyoclostus* sp.，*Semiplanus* sp.，*Gigantoproductus edelburgensis*；在昭苏县康苏沟，凝灰岩中见到植物化石*Carpolithus* ? sp.。从上述化石来看，大哈拉军山组的地质年代为早石炭世中期。

【其他】 该组创名于70年代，涵义比较明确，为早石炭世中期的一套浅海相海底喷发岩。创名后沿用至今，可作为推荐使用的岩石地层单位。该组与天山东段觉罗塔格地层小区的小热泉子组为同时期，岩性略有差别的岩石地层单位。火山喷发岩厚度变化大，岩相不稳定，给岩石地层单位对比造成困难，需今后进一步工作中解决。

阿克沙克组 C_1a (04－65－1202)

【创名及原始定义】 新疆地质局区测大队一分队刴鸿炳等(1978)在昭苏幅(K－44－X)进行1∶20万区域地质调查时，在昭苏县城北阿克沙克山创名。原始定义：为一套浅海相碳酸盐岩和陆源碎屑岩、火山碎屑岩。与上覆县伊什基里克组的中酸性火山岩不整合接触，与下伏大哈拉军山组的中性、中酸性、酸性火山岩及同质火山碎屑岩夹灰岩不整合接触关系。地质年代早石炭世。

【沿革】 本单位创名以前，前人未建立地方性地层单位。在恰可布河两岸，丁溥权(1972)划分有恰可布组第四亚组和桑树园组。新疆区测大队四分队(1967)在库米什幅划出马鞍桥组和桑树园组。新疆第三区测队一分队(1961)在阿拉套山划分出 Visean(维宪)阶和别景他乌群的上部。1978 年阿克沙克组创名后，伊宁地层小区沿用此单位。新疆维吾尔自治区区域地层表编写组(1981)，根据杨式溥在博罗霍洛山所测剖面，创名阿恰勒河组，岩性为浅海相碎屑岩、碳酸盐岩，含丰富珊瑚、腕足类化石。美路卡河组为灰绿色砂岩、页岩及灰岩、红褐色砂岩、砾岩，由于构造因素美路卡河组是阿恰勒河组的重复出现，因此取消美路卡河组。阿恰勒河组与阿克沙克组岩性相同，属同物异名，因此不采用阿恰勒河组，仍沿用阿克沙克组。

【现在定义】 该组为一套浅海相碳酸盐岩和陆源碎屑岩。主要岩性为深灰色-灰色生物碎屑灰岩、鲕状灰岩、结晶灰岩、砂质灰岩、泥灰岩、砂质页岩、钙质页岩、钙质砂岩、粉砂岩、砾岩、凝灰质砂岩—砾岩、沉凝灰岩。与上覆伊什基里克组及下伏大哈拉军山组，均为不整合接触。

【层型】 正层型：昭苏县城北 15km 的阿克沙克山剖面 (81°06′36″，43°20′00″)，新疆地质局区测大队一分队(1978)测制。参考剖面：尼勒克县阿恰勒河剖面。

【地质特征及区域变化】 阿克沙克组是一套深灰色—灰色浅海相碳酸盐岩为主，次为陆源碎屑岩的地层。主要岩性为生物碎屑灰岩、鲕状灰岩、结晶灰岩、砂质灰岩、泥灰岩、砂质页岩、钙质页岩、砂岩、砾岩、粉砂岩、凝灰岩、沉凝灰岩、凝灰质砂岩，主要分布于特克斯河流域，恰普恰勒山，伊什基里克山，萨阿尔明山北坡。呈北东-南西方向延伸。在博罗霍洛山、温泉一带，呈北西-南东方向延伸。在阿克沙克山上部以生物灰岩、碎屑灰岩、鲕状灰岩、泥灰岩为主夹粉砂岩、钙质细砂岩，下部火山灰凝灰岩、凝灰质砂岩、凝灰质粉砂岩、火山角砾岩、含砾粗砂岩，可视厚度 1 040 m。在萨阿尔明山北坡、切克台一带，碳酸盐岩增多，并出现锰矿层。向东至特克斯县城北卡拉沙依，钙质砂岩、钙质粉砂岩增多，下部灰岩增加，出现粗碎屑岩、砾岩、粗砂岩，可视厚度 1 313 m。在阿赛根萨依，以钙质粉砂岩、细砂岩、凝灰质粗砂岩、凝灰质砾岩为主，并出现杏仁状辉石安山玢岩，可视厚度 756 m。在科仁巴依萨依，底部有紫红色砾岩、钙质含砾粗砂岩，向上全为灰岩、白云质灰岩、白云岩，可视厚度 551 m。在莫托沙拉下部为细砾岩、粗砾岩、安山质凝灰砾岩，上部为长石石英砂岩、泥质粉砂岩夹硅质岩、结晶灰岩夹赤铁矿、菱铁矿层，厚 1 200 m。在托克逊县至马鞍桥一带，厚 297.6 m。下部为砾岩，向上全为泥灰岩、介壳灰岩、结晶灰岩、白云质灰岩交互出现。在尼勒克县胡吉尔台及阿吾拉勒山，深灰色、灰色生物碎屑鲕状灰岩发育，上部夹较多钙质长石岩屑砂岩、沸石质砂岩，可视厚度 9 338 m。在博罗霍洛山阿恰勒河上游，厚 979 m。为砂岩、页岩、灰岩、泥灰岩呈韵律出现，下部砂页岩多于灰岩，上部灰岩、鲕状灰岩增多，厚 979 m。向西至温泉县库木德克乌孜克，主要为灰、灰绿色长石岩屑砂岩、钙质砂岩、粉砂岩、生物碎屑灰岩、鲕状灰岩、砂质灰岩，厚 1 667 m。

上述各地的钙质砂岩、粉砂岩和灰岩中均含有丰富的腕足类、珊瑚等化石。主要有珊瑚：*Gangamophyllum* sp.，*Kueichouphyllum sinense*，*Arachnolasma* sp.，*Lithostrotion caespitosum*，*Siphonophyllia* sp.，*Palaeosmilia regia* 等；腕足类：*Gigantoproductus giganteus*，*G. edelburgensis*，*Striatifera striata*，*Syringothyris nilkensis*；䗴：*Eostaffella* cf. *pseudostruvei angusta*，*E.* cf. *depressa*。

【其他】 新疆区域地层表编写组(1981)在博罗霍洛山阿恰勒河创名阿恰勒河组、美路卡河组。新疆第一区调大队六分队(1986)创名的章古苏组，新疆第二区测大队(1959)在托克逊县马鞍桥一带创名的马鞍桥组、桑树园组，均为碳酸盐岩、碎屑岩沉积，与阿克沙克组为同物异名，不予采用，仍沿用阿克沙克组。

伊什基里克组　C_2y　(04-65-1203)

【创名及原始定义】　新疆地质局区测大队一分队剡鸿炳等(1978)在昭苏幅(K-44-X)进行1:20万区域地质调查时，在特克斯县伊什基里克山创名。原始定义：该组为一套海相紫一紫褐色、灰绿色中、酸性、基性火山熔岩，同质火山碎屑岩、凝灰质碎屑岩。未见上覆地层，与下伏阿克沙克组海相碎屑岩、碳酸盐岩不整合接触。地质年代中石炭世。

【沿革】　该组创名以前，苏联十三航测大队(1953)将该地层划为凝灰岩喷发岩组(C_3c)。新疆区测大队五分队(1979)将巩留幅阿吾拉勒山的一套中石炭世火山岩划为东图津河组，新疆区测大队一分队将其划为吐尔拱河组。新疆地质局第九地质大队将其划为则克台组。1978年本组创名后，新疆第一区调大队三分队(1987)将博罗霍洛山南坡中石炭世紫红色火山岩划为脑盖吐组和奥依曼布拉克组下亚组。经对比研究，认为上述地层单位除早已由新疆区域地层表编写组(1981)根据苏联十三航测大队资料创名的东图津河组外，其余都是伊什基里克组的同物异名，不予采用，仍沿用伊什基里克组。

【现在定义】　是一套海相喷发岩：主要岩性灰绿一紫红色流纹斑岩、霏细斑岩、钠长斑岩、安山玢岩、玄武玢岩、英安斑岩及其同质火山碎屑岩、凝灰质碎屑岩。未见上覆地层，与下伏阿克沙克组海相碳酸盐岩，不整合接触。

【层型】　正层型：特克斯县托玛苏北剖面(81°48′28″,43°17′26″)，由新疆区测大队一分队(1978)测制。参考剖面：特克斯县穷库什太剖面。

【地质特征及区域变化】　分布于特克斯县城北的伊什基里克山，呈北东-南西方向延伸。阿吾拉勒山、博罗霍洛山南坡，呈北西-南东方向延伸。该组为海相灰紫色、紫红色、灰绿色中性、酸性火山喷发岩。托玛苏北层型剖面，岩性主要为紫、紫红、砖红色霏细斑岩、流纹斑岩、杏仁状辉石安山玢岩、安山质英安斑岩、玄武玢岩、安山质含砾岩屑凝灰岩、紫色晶屑岩屑凝灰岩、层凝灰岩。下部为凝灰细一粗砂岩、凝灰质砾岩。可视厚度1 529.5 m。上未见顶，与下伏阿克沙克组不整合接触。向东至铁列克布拉克为紫色安山质晶屑岩屑凝灰岩、凝灰砂岩增多，火山熔岩减少，可视厚度1 343.7 m，上未见顶，与下伏阿克沙克组整合接触。在阿吾拉勒山吐尔拱河中游地层厚度增大，达9 536 m。杏仁状橄榄玄武玢岩增多，上部基性熔岩多，下部酸性熔岩多。与上覆铁木里克组不整合接触，与下伏大哈拉军山组不整合或平行不整合接触。在新源县拉斯台下部为中酸性英安斑岩、英安质晶屑岩屑熔岩凝灰岩。向上为杏仁状玄武玢岩及石英钠长斑岩，可视厚度2 212 m。与上覆乌郎组不整合接触，与下伏大哈拉军山组不整合接触。在伊宁县脑盖吐沟，为一套灰紫色流纹质角砾凝灰岩、流纹质熔结凝灰岩，少量的流纹斑岩，未见上覆、下伏地层，可视厚度1 881.2 m。从上述延伸变化情况看，地层厚度不稳定，从326～9 536 m，各地由于喷发形式的不同，熔岩及火山碎屑岩出现差异，但该组正常碎屑岩、灰岩夹层很少，未见含化石层位。

【其他】　由于该组属火山岩建造，无化石，年代依据有待今后进一步的工作补充。

东图津河组　C_2dt　(04-65-1204)

【创名及原始定义】　新疆区域地层表编写组，根据苏联十三航测大队(1953)在东图津河一带进行 1∶20 万区域地质调查资料，在 1974—1975 年编写区域地层表初稿时创名，于 1981 年出版。原始定义：该组为一套海相碳酸盐岩、碎屑岩，底部往往碳质含量较高，或为碳质页岩，含大量䗴、头足类、腕足类、珊瑚化石。与上覆科古琴山组碎屑岩、灰岩夹火山岩，下伏阿恰勒河组浅海相碎屑岩、碳酸盐岩均为平行不整合接触。地质年代中石炭世。

【沿革】 该组创名前，苏联十三航测大队(1953)在伊犁地区进行 1∶50 万区域地质测量时，划分为 Visean(维宪)阶—Namurian(纳缪尔)阶。新疆地质局第三区测大队(1960)在博尔塔拉河南岸进行 1∶20 万地质测量时，将该组划为秋尔贡布拉克组。北京地质学院杨式溥(1964)将该套地层划为 Bashkirian(巴什基尔)阶—Moscovian(莫斯科)阶。新疆第一区调大队三分队(1987)在伊宁县北博罗霍洛山南坡，划分出中石炭统奥依曼布拉克上亚组。上述地层单位都与东图津河组同物异名，不再采用。沿用东图津河组。

【现在定义】 该组为灰色—灰黑色浅海相生物碎屑灰岩、灰岩、泥灰岩、碎屑岩、上部见灰紫色酸性火山碎屑岩，含丰富的䗴、珊瑚、腕足类为特征，与上覆科古琴山组浅海相碎屑岩、灰岩，下伏阿克沙克组海相碎屑岩、碳酸盐岩，均为不整合接触。

【层型】 正层型：阿恰勒河剖面(82°17′40″，44°12′50″)，由杨式溥(1964)测制。参考剖面：精河县乌兰特干剖面。

【地质特征及区域变化】 东图津河组分布于博罗霍洛山、汗吉尕山、准噶尔阿拉套山南坡。呈北西-南东方向延伸，该组在博罗霍洛山北坡东图津河、乌图津河一带，为灰—黑色灰岩、大理岩化灰岩夹粉砂岩、砂岩、板岩、页岩、砾岩，可视厚度 1 300～1 400 m。超覆不整合于汗吉尕组或阿克沙克组之上。含䗴：*Fusulina aminodiscus* ，*Schubertella obscura*；珊瑚：*Chaetetes iuinchoi*，*C.* ex gr. *lungtanensis*；腕足类：*Linoproductus umbatus* ，*Choristites* ex gr. *busulcatiformis*，季科洛夫(Б・С・Диколов，1941)在该地层中发现以下化石：䗴：*Schubertella obscura*，*Profusulinella* cf. *prisca*，*P.* cf. *brachyi*，*P. pseudospheroidea*，*Pseudostaffella* sp.。向西在阿恰勒河，汗吉尕及准噶尔阿拉套山一带，本组由碳酸盐岩和碎屑岩组成，与东图津河一带比较，碎屑岩有所增加，可视厚度 1 000～1 500 m。与上覆科古琴山组呈不整合接触，与下伏阿克沙克组平行不整合接触。地质时代为晚石炭世中期。

科古琴山组 C_2kg (04－65－1205)

【创名及原始定义】 新疆区域地层表编写组根据苏联第十三航测大队(1953)在阿恰勒河一带进行 1∶20 万区域地质测量资料，在 1981 年创名科古琴山群。原始定义：该组岩性主要为砾岩、灰岩夹酸性火山岩，未见上覆地层，不整合于下伏地层志留系之上，地质年代为晚石炭世。

【沿革】 1953 年 Б・Л・费门科夫在博罗霍洛山进行 1∶20 万区域地质测量时，将该地层划分出上石炭统—下二叠统。新疆第三区测大队一、二分队(1961)在博尔塔拉河流域及博罗霍洛山进行 1∶20 万区域地质测量时，划分出哈沙河组(C_3h)。1981 年新疆区域地层表编写组，在博罗霍洛山阿恰勒河创名科古琴山群，新疆第一区调大队四分队(1987)在科古琴山进行 1∶20 万区域地质调查时，沿用科古琴山群。经研究，认为哈沙河组与科古琴山群属同物异名，建议不采用哈沙河组，沿用科古琴山组。

【现在定义】 该组为一套灰色、灰褐、紫褐色砾岩、砂岩等粗碎屑岩为主，夹少量灰岩、凝灰质碎屑岩。与上覆乌郎群及下伏东图津河组碎屑岩及碳酸盐岩均为不整合接触。

【层型】 创名人未指定层型，本书指定选层型：阿恰勒河新龙口剖面(82°24′30″，

44°17′10″)，由新疆第一区调大队四分队(1987)测制。参考剖面：温泉县沙特布拉格剖面。

【地质特征及区域变化】 科古琴山组分布于科古琴山及汗吉尕山，呈北西-南东方向延伸。在科古琴山阿恰勒河新龙口一带，灰褐色砾岩、砂砾岩、钙质砂岩、细砂岩、粉砂岩夹生物碎屑灰岩，含腕足类：*Choristites* sp.，珊瑚：*Dibunophyllum* sp.，双壳类：*Edmodia* sp.，*Myalina tianshanensis*，*Schizodus* sp.，腹足类：*Ephemites* sp.，可视厚度 329.8 m，未见上覆地层，与下伏地层东图津河组不整合接触。在汗吉尕山的沙特布拉格，岩性为灰紫色砾岩，厚 253.5 m。乌郎组不整合覆于其上，与下伏东图津河组不整合接触。在克孜勒昆古依，该组为灰色厚—巨厚层砾岩，厚 88.7 m，从上述延伸变化情况看，汗吉尕山科古琴山组厚度变小，为粗碎屑岩，科古琴山则有细碎屑岩夹灰岩、泥岩，含生物化石，属不同沉积环境，前者滨海相，后者为滨—浅海相。地质年代晚石炭世晚期。

甘草湖组 C_1g (04-65-1255)

【创名及原始定义】 Norin1935 年创名甘草湖系①。创名地在新疆和硕县辛格尔西北约 45 km 的干草湖(大约北纬 41°47′，东径 88°28′)以北数公里。原始定义：指一套由海进至海退较完整的沉积旋回产物，下部为碎屑岩，上部为碳酸岩，时代为志留纪—泥盆纪。

【沿革】 1935 年 Norin 在创建“甘草湖系”时，仅做简短地介绍，1941 年方发表较详细的描述，将它放在古生界的中部。张日东等(1959)重新研究，发现可靠的化石，认为属中、上石炭统，并建议停用此名。新疆地质局库尔勒大队二分队(1964)于博罗哈坦山南坡做 1：20 万区域地质调查时，将一套下部为碎屑岩，上部为碳酸盐岩的沉积物定名为野云沟组。新疆地质局二大队(1964)于阿依里河工作时将该套地层称为卡依切河群。1991 年新疆古生界编写组认为南天山分区石炭系下部碎屑岩组合为甘草湖组，上部为野云沟组，两者呈整合接触。本次对比研究同意这种划分方案，其时代分别代表早石炭世早期及早石炭世晚期。新疆地质局二大队 1964 年所建卡依切河群将其分解为甘草湖组和野云沟组。卡依切河群一名停止使用。

【现在定义】 该组为一稳定陆台型滨海—浅海相碎屑岩沉积，岩性为砂岩、粗砂岩、砂砾岩偶夹火山碎屑岩。其上被野云沟组整合覆盖，其下与津丹苏组或元古宙片麻状花岗岩不整合接触。

【层型】 正层型：和硕县干草湖以北公路旁剖面(88°28′00″，41°17′00″)，由 Norin(1935)测制。参考剖面：拜城县梅斯布拉克河与卡拉苏河之间塔孜沟附近剖面。

【地质特征及区域变化】 该组分布于南天山的东部，中、西部不发育，为一稳定陆台型滨海—浅海相碎屑岩沉积，岩性为砂岩、粗砂岩、砂砾岩偶夹火山碎屑岩。在克孜勒塔格东段本组为浅灰、暗紫色粉砂质砂岩、石英粉砂岩、复矿砂岩及砾岩。厚 300～1 100 m。克孜勒塔格西段至野云沟地区，主要为黑色、灰绿色板岩、千枚岩、粉砂岩及砂岩，厚约 200 m 左右。含珊瑚、菊石及腕足类：*Dielasma* sp.，*Dictyoclostus* sp.，*Spirifer* sp.，腹足类：*Euomphalus pentangulatus*。该组由西向东厚度逐渐增大，其上与野云沟组整合接触，其下可能与津丹苏组或元古宙片麻状花岗岩不整合接触。由上可知甘草湖组为一海进至海退沉积旋回的最下部一套滨海—浅海相碎屑岩沉积。其时代为早石炭世早期。

【其他】 1935 年，Norin 命名的甘草湖系经本次对比研究重新厘定含义后，其岩石特征还是很明显的，与整合其上的灰岩可明显区分开来，不整合面以下为另一沉积时期的产物，再根

① Norin(1935)创名，1941 年发表(见参考文献)。

据层间所含古生物所确定的时代，甘草湖组是可以确定的。本次对比研究沿用创名人所创名称，但仅限灰岩之下的一套碎屑岩。

野云沟组 C_1yy （04－65－1256）

【创名及原始定义】 新疆地质局库(尔勒)巴(音郭楞)大队二分队①(1964)于新疆焉耆县博罗哈坦山野云沟创立，新疆区域地层表编写组(1981)介绍。原始定义：指一套海相碳酸盐岩—碎屑岩建造，岩性为灰岩、砂岩及泥质粉砂岩，其上被中石炭统整合覆盖，其下与古生界地层角度不整合接触，其时代为早石炭世。

【沿革】 1969年新疆区测大队六分队引用1964年的创名，代表该地区整个下石炭统。吴乃元(1972)在1：20万哈拉毛墩幅(K－45－XIV)中引用野云沟一名代表该幅内全部下石炭统的地层。1981年《西北地区区域地层表·新疆维吾尔自治区分册》，1991年《新疆古生界》(下)将该组限定为不整合于太古宇(?)地层之上的碳酸盐岩，与此相当的地层在南天山地层分区内有着相当广泛的分布。本次对比研究沿用此划分方案。

【现在定义】 该组为一稳定陆台型浅海相碳酸盐岩建造。岩性为灰岩、生物灰岩，偶夹少量碎屑岩，含丰富的海相生物化石。其上被阿衣里河组整合覆盖，其下与甘草湖组整合接触，但往往超覆不整合于更老地层之上。

【层型】 正层型：焉耆县博罗哈坦山野云沟剖面(85°48′00″，41°58′00″)，由新疆地质局库巴大队二分队(1964)测制。参考剖面：和静县艾西买依根剖面。

【地质特征及区域变化】 该组在南天山分布极广，从西至东均有分布，但厚度和岩性组合略有差异。在阔克沙勒岭分布于别代勒河—铁米尔苏一带，主要岩性为灰白、灰、灰黑色薄—厚层状灰岩、生物灰岩，夹页岩、泥灰岩，地层岩相变化不大，厚约481～657 m。产珊瑚：*Kueichouphyllum* cf. *sinense* var. *gracile*，*Yuanophyllum* cf. *kansuense*，*Caninia* sp.，腕足类：*Gigantoproductus giganteus*，*Athyris* sp.，*Brachythyrina* sp.，*Linoproductus* sp.。在哈尔克山分布于南坡卡拉苏、梅斯布拉克、阿勒吞库什苏一带。主要为灰岩，夹少量碎屑岩，厚约825～1 196 m。产腕足类：*Marginifera corniolicus*，*Martinia* sp.，腹足类：*Euomphalus* sp.，*Naticopsis* sp.。萨阿尔明地区：分布于开都河下游柳树沟一带及本区东端之克孜尔布拉克西北、以南和詹加尔布拉克以东等地。主要为浅海相灰、灰黑色碳酸盐岩及少量碎屑岩，厚约500～1 000 m。产腕足类：*Phricodothyris* sp；珊瑚：*Lithostrotion* sp.，*Siphonophyllia* sp.；䗴：*Eostaffella kashirica*，*E. mosquensis*，*E. ikensis ikensis*，*E. xinjiangensis*。克孜勒塔格地区：主要分布于克孜勒塔格、喀拉塔格，为浅海相碳酸盐岩，夹砂岩、页岩等。岩性及厚度变化大，一般厚200～650 m，最厚可达1 350 m。产腕足类：*Striatifera striata*，*Gigantoproductus* aff. *latissimus*，*Martiniopsis* ex gr. *amplex*。干草湖地区：主要岩性仍为灰岩、泥灰岩夹砂岩、页岩等。厚度变化大，177～1 340 m。产有孔虫：*Tournayella pigmea*，*T. mieller*，*Bransiairkegularis*，*B. spirilli*；腕足类：*Mucrospirifer* sp.，*Leptagonia* sp.；珊瑚：*Caninia* sp.，*Dibunophyllum* sp.，*Amplexus* sp.。以上各地该组与上覆地层阿衣里河组整合接触，与下伏甘草湖组为整合接触，但往往超覆不整合于老地层之上。综上所述，野云沟组为一浅海相海侵旋回中碎屑岩沉积之后的一套碳酸盐岩建造，其时代为早石炭世中期。

【其他】 野云沟组新疆地质局库巴大队(1964)创名后，就作为南天山地层分区该套地层

---

① 见：新疆地质局阿克苏地质大队，1964，阿克苏地区1：50万地质图及说明书。

的名称。其野外地质特征简单而明显,此次对比研究重新加以修订完善,沿用《新疆古生界》(下)(1991)的地层划分方案,将该套地层限定为碎屑岩之上的碳酸盐岩。确立野云沟组一名。

阿衣里河组　C_2 *ay*　(04-65-1258)

【创名及原始定义】 由曾彩林①(1959)于新疆南天山阔克沙勒岭南坡阿衣里河一带创立的阿衣里河统演变而来。由新疆第三区测大队一分队(1962)介绍并改统为组,原始定义:指一套含石膏、铝土矿层的碳酸盐岩、砂岩及泥岩,其时代为晚泥盆世。

【沿革】 1962年改组后并分为上、下两个亚组,时代为上石炭统。新疆地质局第三区测队(1961)在哈尔克山地区对同一套地层体系划分为梅斯布拉克群、卡拉苏群。时代分别为中石炭世早期(C_2^1),中石炭世晚期(C_2^2)。新疆第三区测大队二分队(1962)在迈丹他乌对该套地层进行划分。创名艾克提克群,其时代为中石炭世。新疆地质局第二地质大队(1964)所编《阿克苏地区1:50万地质图说明书》中将上述同一地层立名为阿衣里河群,时代为中石炭统。《新疆古生界》(1991)将南天山地层分区中代表碳酸盐岩的沉积划分为阿衣里河群,以碎屑岩为主夹灰岩的类型称艾克提克群,其时代均为中石炭世,两者属并列关系。本次对比研究沿用阿衣里河组。

【现在定义】 该组为一套滨海—浅海相碳酸盐岩建造,其岩性以灰岩为主,偶夹少量薄层砂岩、粉砂岩及页岩,含丰富的䗴类化石及不稳定的铝土矿夹层,其上被巴勒迪尔塔格组或康克林组不整合覆盖,其下与野云沟组不整合接触。

【层型】 创名人未指定层型,本书指定选层型:乌什县卡拉格玉勒干沟剖面(79°10′15″,41°12′10″),由新疆第三区测大队一分队(1962)测制。参考剖面:拜城县营房山剖面。

【地质特征及区域变化】 阿衣里河组总体上分布于南天山中、西两段,即哈尔克山至迈丹他乌一带。其岩性主要为灰岩、碎屑灰岩、结晶灰岩、生物灰岩夹少量薄层砂岩、粉砂岩及页岩。其上、下均为不整合接触,含丰富的䗴类化石及不稳定的铝土矿夹层,厚约700 m左右。在阔克沙勒岭分布于阔克沙勒岭东段至巴勒迪尔塔格—库玛力克河一带。在科什布拉克山一带,也有少量出露。主要岩性为厚层的块状灰岩,夹铝土矿或铝土页岩。其下与野云沟组不整合接触,其上被上覆地层不整合覆盖,厚约150～200 m。产䗴:*Fusulina quasicylindrica*,*Profusulinella* sp.,*Pseudostaffella sphaeroidea*,*Protriticites* sp.,*Schubertella quasiobscura*;腕足类:*Choristites* sp.,*Neospirifer* sp.,*Dictyoclostus* sp.,*Martinia semiconvexa*;珊瑚:*Kionophyllum* cf. *dibunum*,*Chaetetes* sp.,等。在哈尔克山,阿衣里河组分布于哈尔克山南坡卡拉苏、梅斯布拉克、阿勒吞库什苏一带,主要为灰岩夹少量碎屑岩,厚825～1 196 m。灰岩含腕足类:*Marginifera corniolicus*,*Martinia* sp.,*Choristites* sp;䗴:*Fusulinella* ex gr. *bocki*,*Pseudostaffella* cf. *sphaeroidea*,*Staffella* sp.;*Profusulinella* sp.;头足类:*Reticuroceras* cf. *reticulatum*,*R.* cf. *circumplicatile*,*Branneroceras* sp.,*B.* cf. *reticulatum*,*Proshumardites* sp.;双壳类:*Edmondia* sp.,*Palaeoneilo* sp.;腹足类:*Euomphalus* sp.,*Naticopsis* sp.等。综上所述,阿衣里河组为一套滨海—浅海相碳酸盐岩建造,代表石炭系另一个由海进至海退的较完整的沉积旋回。下部为碎屑岩、上部为碳酸盐岩,顶部常见泻湖相沉积,其中碳酸盐岩和泻湖相沉积即为本组的沉积模式。本组时代为晚石炭世早中期。

【其他】 阿衣里河组自1959年曾彩林创名以来,变化不大,只是1961年新疆地质局第三区测大队二分队张成经,在迈丹他乌工作时对一套碎屑岩和灰岩为主的地层定名为艾克提克

---

① 曾彩林,1959,新疆南天山阔克沙勒岭阿衣里地区地层剖面研究。

群。1991年新疆古生界编写组认为艾克提克群与阿衣里河群(组)属同时沉积,两者为并列关系,其时代为中石炭世。本次对比研究认为,艾克提克群(组)代表了海进至海退过程中,下部的那套碎屑岩沉积,虽然局部地区钙质成分较高,以碳酸盐岩占优,可不另建组。

喀拉治尔加组　C_2kl　(04-65-1259)

【创名及原始定义】　喀拉治尔加组是根据新疆地质局第三区测大队二分队张成经等(1962)在卡拉铁克山西和迈丹他乌所建。原始定义:指一套滨海相灰色、浅灰绿色之砂岩、粉砂岩及页岩,含海相动物化石及植物化石,其上、下地层不明,其时代为中—晚石炭世。

【沿革】　喀拉治尔加组1962年创名后,由于后人对该地区研究较少,因而变化不大。需要说明的是新疆区域地层表编写组(1981)和《新疆古生界》(1991)认为南天山的上石炭统可分两种类型。一种以细碎屑岩(多经浅变质)为主,夹灰岩,称喀拉治尔加群;另一种上部为碳酸盐岩,称康克林组,下部为碎屑岩,称卡拉达坂组。本次对比研究认为,康克林组为柯坪地区的上石炭统代表,引入南天山可能造成层序上的混乱,康克林组虽在南天山也有分布,其实是作为柯坪分区康克林组的延续部分,不作为整体。而卡拉达坂组一名已不采用。本次对比研究沿用喀拉治尔加组,时代为晚石炭世晚期。

【现在定义】　岩性主要为砂岩、粉砂岩、页岩及复矿砂岩,岩石内含钙质成分较高,含海相动物化石及植物化石,其上被西域组的砾岩所不整合覆盖,其下除与阿衣里河组断层接触外未见与更老的地层接触。

【层型】　正层型:阿图什县迈丹他乌西南阿赫麦特塔格以西剖面(75°50′15″,40°00′00″),由新疆地质局第三区测大队二分队(1962)测制。参考剖面:阿图什县卡拉铁克山穆尔扎克勒河剖面。

【地质特征及区域变化】　喀拉治尔加组分布在迈丹他乌、巴什索贡和乌恰以北等地,本组与更老的地层接触关系在区内不明,所见者为断层接触,其上未见较古生界更新的岩层,仅在迈丹他乌南坡一带见其为新生界地层所不整合覆盖。喀拉治尔加组是以砂岩、粉砂岩、页岩为主,岩石为灰色、浅灰绿色、绿色之页岩,粉砂岩沿走向常常与紫红色、暗红色呈相变关系。该组在区内各个地段上虽都具有相变特点,但是组成岩石胶结物之碳酸盐物质的数量却始终没有减少,一般都在40%~50%左右。喀拉治尔加组厚度在4 000 m左右。所含古生物化石以䗴类最为丰富,其次为珊瑚、海百合茎等,局部地方含植物化石。所有动物化石均产在剖面中的碎屑灰岩中,而植物化石则产在剖面的砂岩和粉砂岩中。含䗴:*Schwagerina* sp.,*Pseudoschwagerina* sp.,*Triticites mininus*,*Rugosofusu lina* sp.,*Quasifusu lina cayeuxi*,*Schubertella* sp.,珊瑚:*Dibunophyllum* sp.,*Lophocarinophyllum* sp.,腕足类:*Daxina* sp.等。综上所述,喀拉治尔加组是在浅海环境中靠已回返的地槽补给于坳陷中沉积的。岩层层理上保存着海浪的波纹,海相动物化石的存在和缺乏大陆相所特有的岩石构造特征等,充分表明了本组是浅海相地层。其时代为晚石炭世晚期。

【其他】　喀拉治尔加组自新疆地质局第三区测大队创名以来,由于后人在区内开展工作不多,研究程度不高,因而一直沿用下来。本次对比研究认为该套沉积地层和南天山分区中其他石炭系地层都不相同,应为独立的一套地层沉积,其野外岩石地质特征还是较为明显的,故沿用之。

红柳园组　C_1hl　(04－65－1260)

【创名及原始定义】 1966年甘肃省地质局第一区测大队一分队在甘肃省安西县柳园乡附近创立。原始定义:由于在红柳园西地区发现了早石炭世维宪期之化石,故命名为红柳园组。

【沿革】 甘肃省地质局第一区测大队(1966)建立。新疆对北山地区的石炭系研究始于张文佑、蔡文伯(1958)和郦诚和赵庆林、姜春潮(1959)。他们所称的北山是地理概念的北山地区。新疆地质局第一区测大队(1959)首次确定了新疆境内的北山石炭系的存在。新疆区测大队北山地层分队(1962)进行了较详细的研究,确定了早石炭世晚期,中—晚石炭世和晚石炭世地层,并采集了大量古生物化石。新疆地质局区测大队十一分队(1979)除对下统及上统做了进一步划分外,还采获大量中石炭世化石,对下石炭统地层测制了大量的剖面,进行系统研究,但未建立地方性名称。新疆区测大队十一分队,根据原地层分队的剖面沿用甘肃省所建立红柳园组,代表本区下石炭统,本次对比研究沿用创名单位的划分。

【现在定义】 为一套碎屑岩夹碳酸盐岩和火山岩的岩石组合,有时碳酸盐岩发育,顶部常发育中酸性火山岩,并以此为本组的顶界,与石板山组分开。区内顶、底界常见为不整合面和断层。

【层型】 正层型:甘肃安西红柳园西剖面(85°21′00″,41°03′00″),由甘肃第一区测大队(1966)测制。新疆境内参考剖面:鄯善县青石岭XVII号剖面。

【地质特征及区域变化】 新疆境内其露头分布只占少数。红柳园组分布于淤泥河凹地以北的依格孜塔格一带,大致呈南西西-北东东向分布,向东进入甘肃省的北山地区,岩性主要为一套灰色浅变质的长石砂岩、砂砾岩、灰岩及中性、中酸性火山岩。其中碎屑岩多为中—细粒半棱角状、棱角状,少数为半滚圆状、滚圆状,成分复杂,分选性不佳,成层不好,以厚层为主,厚度1 200～4 500 m。区内顶、底界常为不整合和断层。该组中生物以珊瑚、腕足类占主要地位,其中尤以珊瑚为主。以珊瑚中 *Aulina* sp., *Arachnolasma* sp., *Lithostrotion* sp., *Lonsdaleia* sp., *Dibunophyllum* sp. 最常见,其次为 *Kueichouphyllum* sp., *Siphonophyllia* sp., *Palaeosmilia* sp. 等,腕足类:*Gigantoproductus* sp. 及 *Striatifera striata* 等。从上述特点看,红柳园组沉积环境为浅海,当时本区下降幅度大,沉积速度快,且海底动荡,偶伴有火山活动。其时代为早石炭世。

石板山组　$C_2\hat{s}$　(04－65－1261)

【创名及原始定义】 甘肃省地质局第二区测大队(1973)在甘肃省敦煌县青墩峡乡东附近建立。原始定义:由碎屑岩和碳酸盐岩等组成,采有中石炭世的䗴类、珊瑚等标准化石分子,根据其岩性和接触关系和化石自上而下由三个岩组组成。

【沿革】 甘肃省地质局第二区测大队(1973)建立石板山组。新疆地质局区测大队十一分队(1979)根据古生物资料,将原新疆北山地层队的上石炭统的一部分划分为中石炭统,命名茅头山组。本次对比研究认为,茅头山组在新疆境内虽然分布不广,但是其岩石组合、层位及古生物特征与甘肃省石板山组大部分相似,不同的是新疆地质局划分的茅头山组其上、下均有厚度不定的火山熔岩及火山碎屑岩,而甘肃所划分的石板山组限定在红柳园组一套中酸性火山岩之上与干泉组一套火山岩之下的海陆交互相沉积物,新疆地质局区测大队(1979)也认为石板山组与茅头山组下部地层近似。由于该套地层都属于北山地区,在地理分布上有一定的连续性和稳定性,本着优先性和科学性的原则,不建立新的地层名称,沿用石板山组。

【现在定义】 位于红柳园地层分区的两套火山岩间的海陆交互相沉积物，有时夹少量火山岩。在红柳园附近以碎屑岩为主，红柳园以西为碎屑岩夹灰岩。其顶界之上为干泉组火山岩，底界为红柳园组一套中酸性火山岩，均为不整合接触。

【层型】 正层型：甘肃省敦煌石板山剖面（94°42′00″，40°44′00″），由甘肃第二区测大队（1973）测制。新疆境内参考剖面：哈密县茅头山以东XIII号剖面。

【地质特征及区域变化】 石板山组在新疆境内仅分布于印尼卡拉塔格一带。主要岩性为砂岩、粉砂岩、细砾岩及灰岩等韵律式沉积为主，夹少量火山熔岩及凝灰岩，该组在新疆境内多为浅变质，此点和甘肃略有差别。厚约2 000 m。该组中化石亦较丰富，尤以䗴类占主导地位。含䗴：*Staffella* sp.，*Pseudostaffella* sp.，*P. antiqua*（*Dutkevich*）var. *posterior*；有孔虫：*Pseudoendothyra* sp.，*Eostaffella* sp.，*E. mutabilis*，*Ozawainella* sp.；腕足类：*Avonia* sp.，*Dictyoclostus* sp.，*Plicatifera* sp.，*Schellwienella* sp.；珊瑚：*Lithostrotion* sp.；腹足类：*Euomphalus* sp.。综上所述，石板山组属浅海相韵律式沉积，其时代为早石炭世晚期至晚石炭世早期。

【其他】 新疆地质局在新疆境内的北山地区，所测茅头山组，实际上包括了红柳园组的顶部和干泉组的下部，在划分上和甘肃省地矿局的划分有所不同，经对比研究认为，甘肃省第二区测大队的划分，其野外岩石特征明显，易区分开来，较为符合本次岩石地层单位清理的宗旨，因而采用石板山组，不采用茅头山组。

干泉组 C_2g （04－65－1262）

【创名及原始定义】 甘肃省地质局第二区测大队（1973）在甘肃省敦煌市青墩峡乡西建立。原始定义：本组主要由碎屑岩，灰岩和酸性火山岩组成，厚达6 113 m以上。内含丰富的腕足类、头足类、珊瑚等化石，其中有许多属种为晚石炭世的标准分子。按岩性特征自下而上可分为两个岩组，下岩组为灰绿色碎屑岩和碳酸盐岩，碳酸盐岩中含化石；上岩组主要为酸性火山岩类岩石夹碳酸盐岩及粉砂岩凸镜体，其内含化石，厚度大，近5 000 m。

【沿革】 新疆地质局区测大队北山地层分队（1962）对北山地区上石炭统进行研究后认为，北山地区有两种类型，东部为安山玢岩、玄武玢岩、凝灰岩与灰岩、钙质砂岩不均匀互层；西部上石炭统下部为硅质板岩、千枚岩、角岩和角岩化砂岩、粉砂岩，上部为玄武玢岩、安山玢岩、凝灰岩夹灰岩。此两种地层未见接触关系。新疆区测大队北山地层分队认为它们是相变关系。新疆地质局综合研究队方孝悌等（1963）认为无法确定它们的层序关系。新疆区测大队十一分队（1979）将它们置于上、下关系，并分别建立了两个组——盐滩组和胜利泉组（立名剖面仍为地层分队所测）。其中盐滩组代表东部的地层，属下部；胜利沟组代表西部地层，属上部。本次对比研究经与甘肃省的干泉组对比，又参看其成果卡片62－0084后认为，新疆区测队所划分的盐滩组和甘肃地质局第二区测大队二分队创立的干泉组岩性完全吻合，都是一套火山岩和火山碎屑岩，其层位和古生物特征也相同。需要说明的是新疆所划分茅头山组第二亚组的火山岩，应划归干泉组。茅头山组第一亚组则以碎屑岩为主，划归石板山组。这样处理后中南天山-北山地层区红柳园地层分区内上石炭统地层就有一定的连续性和稳定性，其地层层序是比较合适的。本次对比研究沿用干泉组名称。盐滩组属同物异名，应停用。

【现在定义】 干泉组岩性以火山岩为主，有时夹少部分正常沉积物，如陆源碎屑岩，碳酸盐岩等。该组与下伏石板山组或芨芨台子组整合接触，底界则为下伏地层正常沉积物与本组火山岩的界面；上覆地层为双铺堂组，在敦煌见微角度不整合接触，该不整合面则应为干泉组的顶界。

【层型】 正层型：甘肃省敦煌县青墩峡西22 km剖面(94°17′00″,40°43′00″)，由甘肃第二区测大队(1973)测制。参考剖面：哈密县1209.8高点剖面。

【地质特征及区域变化】 干泉组一名创立于甘肃省，在新疆境内分布于淤泥河凹地以南的印尼卡拉塔格山一带。主要为一套灰、暗灰、灰绿色基性、中基性火山岩夹少量碎屑岩，与下伏石板山组整合接触或被华力西中、晚期酸性中性侵入体吞没，在西部见其被红柳河组不整合覆盖，厚约800～1 600 m。本组含大量腕足类为特征，以小型个体的长身贝占绝对优势。如 *Echinoconchus* cf. *elegans*, *E. punctatus*, *Avonia* cf. *cylindrica*, *A. echidniformis*, *A.* sp., *Marginifera* sp., *M. orientalis*, *Dictyoclostus* cf. *tenuireticulatus*, *Ambocoelia* sp., *Anthraconaia* sp., *Buxtonia* sp., *Cancrinella* sp., *Chonetes* sp., *Lissochonetes* cf. *geinitzianus* var. *senilis*, *Plicatifera minor*。从上述情况看，干泉组所含腕足类未见 *Gigantoproductus*、*Striatifera striata* 等巨大长身贝类，故干泉组的时代属晚石炭世。

【其他】 新疆区测队所划分的地层单位经本次对比研究后将茅头山组限定在两套火山岩之间的碎屑岩沉积，并重新定名为石板山组。干泉组的界线应扩大，其定义为一套火山岩为主的地层。

胜利泉组　$C_2\hat{s}l$　(04－65－1263)

【创名及原始定义】 新疆地质局区测大队十一分队梁云海等(1979)在1∶20万白玉山幅(K－46－XXVII)中的胜利泉附近建立。原始定义：分布于茅头山以西，淤泥河以南，向南延入印尼卡拉塔格一带。其岩性：下部灰绿色砂岩、粉砂岩；中部碳质板岩、硅质板岩；上部翠绿色凝灰岩，凝灰熔岩夹灰岩凸镜体，向西南火山熔岩减少而凝灰碎屑岩及灰岩夹层增多。该组上部颜色十分鲜艳是良好的标志层，未见与上覆和下伏地层直接接触。其时代为晚石炭世晚期。

【沿革】 胜利泉组为新疆地质局区测大队十一分队(1979)创名。本次对比研究沿用其划分。

【现在定义】 主要岩性为灰绿色砂岩，粉砂岩，碳、硅质板岩及翠绿色凝灰岩，凝灰熔岩，向西南火山熔岩减少，而凝灰碎屑岩及灰岩夹层增多。该组上部颜色十分鲜艳是良好标志层。未见与上覆和下伏地层直接接触。

【层型】 正层型：哈密县白石地Ⅲ号剖面(92°37′30″,40°43′30″)，由新疆区测大队十一分队(1979)测制。参考剖面：哈密县印尼卡拉塔格剖面。

【地质特征及区域变化】 分布于白玉山南部茅头山以西，淤泥河以南的胜利泉、白石地一带，向西南延入科什库都克幅(K－46－XXXIII)印尼卡拉一带。在区内该地层岩相、岩性均较稳定。主要岩性：下部为灰绿色砂岩、粉砂岩；中部为粉砂岩、碳质板岩、硅质板岩；上部为翠绿色凝灰岩、凝灰质熔岩夹灰岩凸镜体。本组在K－46－XXVII幅内，由于较普遍地遭受了变质，而未找到化石。但在南邻库木库都克幅(K－46－XXXII)内找到大量䗴类化石。䗴类中以 *Pseudoschwagerina*, *Pseudofusulina*, *Ozawainella* 为特征。在我国均属于晚石炭世。由上述䗴类化石来看，胜利泉组时代为晚石炭世。

【其他】 新疆地质局区测大队十一分队(1979)建立盐滩组和胜利泉组，将它们置于上、下关系。盐滩组代表东部含腕足类、苔藓虫地层，属下部；胜利泉组代表西部含䗴地层，属上部。本次清理将盐滩组定义略有扩大，因与干泉组同物异名而不采用。胜利泉组和干泉组，目前没有可靠资料说明其层序关系。新疆区测队将它们作为上、下层考虑，本文沿用此种划分，建议在今后工作中，对该地区晚石炭世地层做进一步的研究，验证胜利泉组这一名称的合理性。

巴什索贡组　C_1b　(04-65-1251)

【创名及原始定义】“巴什索贡灰岩”首次出现于1913年。该名出现在Krenkel (1913)的论文内，他引自Grober(格吕伯)来信内容的一段文章中，并且加上引号，巴什索贡在新疆喀什市东北直距约70 km处，大致位于北纬40°02′00″、东经76°34′00″。原始定义：指巴什索贡附近谷中出露一套绿色砂岩夹石灰岩，其上为巴什索贡石灰岩，二者都属于下石炭统上部。灰岩中化石一般不常见。

【沿革】Loweneck (1932)的论文第128页明白交代这个名称是Grober(格吕伯)创立的，他也把这一名称加上引号。在Grober长达一百多页的报告中，详细叙述了巴什索贡附近下石炭统的地层及化石。但始终未提过巴什索贡石灰岩一名。1924年，Grabau引用巴什索贡石灰岩；1932年，他改称巴什索贡系；地质部第十三大队1956年马库林等称为巴什索贡岩系；1958年张日东等称巴什索贡统。1967年新疆地质局区测队在伽师县附近进行1：20万区测时将该套地层称为组。1981年新疆区域地层表编写组和1991年《新疆古生界》(下)将与库鲁克塔格地层小区相当的努古斯土布拉克组引入本区，以代表下石炭统地层。本次对比研究沿用前者。后者属同物异名，应停用。

【现在定义】底部主要为砾岩、砂岩、粉砂岩；上部通常出现灰岩及泥灰岩。其下与晚泥盆世克孜尔塔格组平行不整合接触，其上被晚石炭世别根他乌组不整合或整合覆盖。

【层型】正层型：喀什市东北剖面(76°34′00″，40°02′00″)，由Grober(1913)测制。参考剖面：阿图什县巴什索贡山一带剖面。

【地质特征及区域变化】该组分布于阿图什—乌什一线，为一套海相沉积物，西部地区(巴什索贡山及卡拉甘塔什托山)的底部为各种粒度的灰质砾岩，上部为灰岩。东部灰岩显著减少，而砾岩显著增加。巴什索贡组除岩性自西向东变化外，厚度也减薄。岩性的变化表现于灰岩在剖面中逐渐消失，而砾岩、砂岩增厚且出现红色岩。在西部本组厚1 000～1 200m，卡拉特克山东部厚度减到100～200 m。在西部阿图什县巴什索贡山一带该组为一套石灰岩建造，上部为微粒灰岩、沥青质灰岩及中厚层灰岩；底部为厚度不大的砂岩及钙质砾岩。产腕足类：*Gigantoproductus* cf. *latissimus*，*Antiquatonia inscupta*，*Theniasella* cf. *margenitacea*，*Productus concinnus*，*Camarotoechia* ex gr. *pleuroden*，*Martinia assinuata*，*Ambocelia* cf. *raguschensis*，*Phricodothyis* ex gr. *lineata*，*Krotovia* cf. *maltituberculata*，*Plicatifera* cf. *plicatilis*，*Spirifer* cf. *elongata*，*S.* cf. ex gr. *trigonalis*，*Coniophoria* cf. *moustrosa*，*Martinia minina* 等。与下伏坦盖塔尔组，与上覆别根他乌组均为不整合接触。在东部阿合奇县卡拉托鲁克牧区附近，该组为一套砾岩、砂岩、泥质岩及灰岩，以碎屑岩为主夹灰岩含腕足类：*Schizophoria resupinata*，*Antiquatonia* aff. *hindi*，*Martinia minina*，*Choristites loczyi*，*Echinoconchus* aff. *punctatus*，*Krotovia* sp.，*Striatifera striata*；珊瑚：*Diphyphyllum* sp.，*Dibunophyllum* sp.；腹足类：*Bellerophon* sp. 等。与下伏克孜尔塔格组平行不整合接触；与上覆别根他乌组局部整合接触。从岩性及化石组合得出：巴什索贡组为一套滨海至浅海相的沉积物，其西部地势较低，海水较深，沉积了厚层的碳酸盐岩建造；东部当时地势较高海水较浅，为靠近陆源台地，沉积了一套碎屑岩夹灰岩的沉积物。该组时代为早石炭世。

【其他】《西北地区区域地层表·新疆维吾尔自治区分册》(1981)将巴什索贡组划入南天山地层分区。1991年《新疆古生界》(下)将本区下石炭统与库鲁克塔格地层小区的下石炭统

(努古斯土布拉克群)对比,并引用了该分区的地层名称。本次对比研究认为库鲁克塔格地层小区的石炭系沉积从岩性特征、生物组合和沉积环境更似南天山地层分区的石炭系,而与柯坪地层小区的石炭系沉积不同,因此决定恢复巴什索贡组一名。

别根他乌组　C_2bg　(04-65-1252)

【创名及原始定义】 地质部第十三大队一、二、三中队(1957)于柯坪别根他乌山西坡所建。原始定义:指一套灰色石英砂岩及砾岩,夹泥质石灰岩及薄层石灰岩,含腕足类及珊瑚化石,厚 200～1 130 m,时代为早石炭世晚期。

【沿革】 地质部第十三大队马库林等(1957)将柯坪地区的下石炭统分为两个岩系:下为巴什索贡岩系,上为别根他乌岩系。张日东等(1959)将两个岩系合称巴什索贡统。杨敬之等(1962)称别根他乌组。1967 年新疆地质局区测大队编图分队在 1∶20 万地质图说明书中称该岩系为别根他乌组及索格坦塔乌组。《西北地区区域地层表·新疆维吾尔自治区分册》(1981)和 1991 年《新疆古生界》(下)也称该套地层为别根他乌组。本次对比研究沿用别根他乌组。

【现在定义】 其岩性主要为灰色石英砂岩和砾岩,夹泥质石灰岩及薄层石灰岩,石英砂岩为白色常具斜交层理。致密坚硬,有时含有小圆砾石,可作为划分岩系的标准层。其下与巴什索贡组不整合或整合接触,其上被康克林组不整合覆盖。

【层型】 正层型:阿合奇县别根他乌山西坡剖面(78°10′00″,41°05′00″),由地质部第十三大队一、二、三中队(1957)测制。参考剖面:阿图什县巴什索贡山东北剖面。

【地质特征及区域变化】 别根他乌组的地层分布局限,见于巴什索贡的东北部及卡拉特克山。在柯坪山,别根他乌组全部缺失。在巴什索贡山岩性为沿走向不稳定的深灰色复矿石英细粒砂岩、粉砂岩、深灰色灰岩、灰色钙质砾岩、泥质岩、硅质—粘土质及粘土质—互层,于卡拉特克山主要为灰岩和砂岩。别根他乌组的石英砂岩,具斜交层理,致密坚硬,有时含有小圆砾石,可作为标志层。产腕足类:*Echinoconchus* ex gr. *punctatus*, *Dictyoclostus* aff. *olgilvan*, *Linoproductus* sp., *Spirifer* sp., *Choristites* aff. *moller*, *C. loezyi*, *Brachythyris* cf. *pingaisiformis*, *Martinia globra*, *Schizophoria resupinata*, *Krotovia* sp.,䗴:*Fusulina cheinovi*, *Fusulinella bocki*。别根他乌组以显著的不整合覆于古生代不同地层之上;其上与康克林组不整合接触。厚度由西向东变薄,由 1 000～500 m 左右。岩性由灰岩变为碎屑岩沉积。同时由于层间砾岩及其凸镜体的出现,证明了在沉积过程中曾有过幅度不大的升降运动。根据化石组合及层位对比别根他乌组时代为晚石炭世早期。

康克林组　C_2kk　(04-65-1253)

【创名及原始定义】 1914 年 Grober(格吕伯)在新疆柯坪县西北及以西十几公里康克林塔格(山),走向北东-南西,大致位于北纬 40°29′～40°38′,东经 78°45′～78°58′附近创名。原始定义:指厚 60～70 m 的石灰岩系,其下部为白色灰质砂岩,中部浅灰色泥质石灰岩,上部为糖粒状石灰岩。与下伏地层假整合或不整合接触,其上被下二叠统页岩及石灰岩平行不整合覆盖,其时代为中石炭世。

【沿革】 1914 年 Grober(格吕伯)将康克林石灰岩归于中石炭统。Grabau(1924)改归上石炭统。1932 年,Loweneck 重新鉴定 Grober 所采化石,认为与华北太原群相当。Norin(1935,1941)划归下二叠统。1956 年《中国区域地层表(草案)》划归上石炭统。地质部第十三大队(1957)将该地层命名为上石炭统木兹杜克岩系。1965—1967 年新疆区域测量大队在该区工作时引用了康克林组以代表本区上石炭统。《西北地区区域地层表·新疆维吾尔自治区分册》(1981)将康克林组分为上、下两亚组，其下将一套以碎屑岩为主的地层划为卡拉达坂组。新疆地矿局科研所二叠纪地层组吴绍祖等(1983)在昆克拉契塔格建立扎尔加克组。本次对比研究沿用康克林组，作为本区上石炭统岩石地层单位之一。扎尔加克组为新疆地矿局科研所吴绍祖等所建，经对比研究其层位、时代、岩石及化石组合均与康克林组相当，属同物异名。扎尔加克组停止使用。

【现在定义】 该组为一套海相碳酸盐沉积，主要岩性为浅灰、灰白色灰岩，间夹少量细碎屑岩。含丰富的生物化石。与上覆巴立克立克组、下伏克孜尔塔格组均为平行不整合接触。

【层型】 正层型：柯坪县苏巴什剖面(78°42′00″，40°30′00″)，由Grober(1914)测制。参考剖面：柯坪县阿斯嘎木布拉克山剖面。

【地质特征及区域变化】 本组分布于阿克苏—阿图什一线到巴楚以北柯坪山区，包括原划分为木兹杜克过渡区，走向北东-南西，厚50 m。康克林组岩性主要为浅灰、灰色、灰白色灰岩夹少量碎屑岩。与上覆巴立克立克组、下伏克孜尔塔格组均为平行不整合接触。产䗴：*Pseudoschwagerina canniclice*，*P. tumide*，*Triticites pusillus*，*Eoparafusulina xinjiangensis*，*E. baichengensis*，*Paraschwagerina longitermine*，*Pseudofusulina kepingensis*，*P. xinjiangensis*，*P. robusta*，*Schwagerina xinjiangensis*，*S. tersa*；腕足类：*Spirifer line*，*S. gerassimaun*，*Pugnax* sp.，*Choristites* sp.，*C. assensis*，*Dictyoclostus* aff. *gwenewaldti*，*Neospirifer* ex gr. *ifastigei*；珊瑚：*Kepingophyllum* sp.，*Caninia* sp，*Anfroctophyllum facetum*，*Yokoyamaella* sp.；腹足类：*Bellerophon* sp. 等。综上所述康克林组为一套海相环境的沉积物。其时代为晚石炭世晚期。

【其他】 1914年Grober建立康克林组至今，有很多人在此地区工作并划分了不同的岩石组。这在当时是有积极意义的，也是我们工作和此次对比研究的基础。本次对比研究根据康克林组的岩石组合特征、区域露头分布情况及地层区划背景，认为康克林组属海相碳酸盐岩夹少量碎屑岩。卡拉达坂组为1976年新疆区域地层表编写组引用1976年新疆区测大队在野云沟北(南天山地层分区)的卡拉达坂组一名。其理由是：别根他乌组含*Fusulina*代表晚石炭世早期，其上整合覆盖索格坦塔乌组。又因康克林组中含有大量的*Pseudoschwagerina*代表上统上部，缺失上统下部，康克林组之下应该有一套以碎屑岩为主的地层，因而引用了卡拉达坂组一名来取代索格坦塔乌组的位置，时代为晚石炭世早期。本次对比研究认为此划分方案完全由生物化石来肢解和推断客观存在的岩石地层单位，与本次对比研究原则相背，不足以作为理论依据来进行地层单位划分，故将该套碎屑岩划归别根他乌组(C_2^1b)中，不采用卡拉达坂组、索格坦塔乌组名称。

巴楚组 $C_1 b\hat{c}$ (04-65-1317)

【创名及原始定义】 新疆石油管理局[①] (1969)在新疆阿瓦提县卡拉沙依创名，1981年新疆区域地层表编写组介绍。原始定义：岩性分为两段，上段为浅海相灰岩，含丰富的腕足类、䗴、三叶虫、腹足类、介形类、海百合茎等化石，厚36～62 m。下段为滨海红色碎屑岩夹少量膏泥岩及灰岩，以砂岩、泥岩为主，含少量腕足类及介形虫化石，厚150～193 m，总厚192～253 m。与下伏泥盆系整合接触。

【沿革】 新疆石油管理局(1969)在阿瓦提县卡拉沙依命名为巴楚组，时代为早石炭世；

---

① 新疆石油管理局107/66队，1966—1969，新疆巴楚地区地质概要。

《西北地区区域地层表·新疆维吾尔自治区分册》(1981),1991 年《新疆古生界》(下)及本书均沿用其划分。

【现在定义】 指与上覆卡拉沙依组及下伏克孜尔塔格组均为整合接触的含大量腕足类、腹足类化石的一套紫红色碎屑岩,灰—紫红色灰岩、紫红色泥岩及石膏组合。厚 192～253 m。小海子水库东红色碎屑岩横向变为黑色凝灰岩。

【层型】 正层型:阿瓦提县卡拉沙依剖面(78°45′25″,39°45′10″),由新疆石油管理局 107/66 队(1966)测制。

【地质特征及区域变化】 该组地表露头分布于小海子水库东岸及卡拉沙依。创名地点卡拉沙依上段为灰色薄—中层状灰岩夹泥灰岩及泥岩。含腕足类:*Eochoristites* sp.,*Camarotoechia* cf. *kinlineensis*;腹足类:*Euomphallus* ex gr. *pusilliformis*;三叶虫:*Phillipsia* sp.;下段为紫红色泥岩夹石英砂岩、石膏及灰岩,底部有凝灰岩。小海子水库为紫红色、砖红色砂质泥岩夹浅灰绿色灰白色薄—中层状细粒石英砂岩、泥质粉砂岩、石膏及灰黑色薄层灰岩、泥灰岩以及极少量紫黑色凝灰岩、灰白色石英砾岩。和田河剖面仅出露下部红色碎屑岩夹少量膏泥岩及灰岩。含介形类化石。巴楚组与上覆卡拉沙依组及下伏克孜尔塔格组均为整合接触。综上所述:据本组岩石组合及化石组合,应属潮间相、潮上相、潮间泻湖相环境下的沉积。其时代为早石炭世。

卡拉沙依组　C_{1-2} *klŝ*　(04-65-1316)

【创名及原始定义】 新疆石油管理局(1969)于阿瓦提县卡拉沙依首建。新疆区域地层表编写组(1981)介绍。原始定义:分布于巴楚东南一带。主要为棕红、灰绿色泻湖相的泥岩及石膏。向东至和田河一带则为滨海含煤沉积,东厚西薄(330～760 m),其中含大量介形虫和腕足类化石,该组整合于巴楚组之上。

【沿革】 新疆石油管理局(1969)在阿瓦提县卡拉沙依首建卡拉沙依组,时代为早—中石炭世;《西北地区区域地层表·新疆维吾尔自治区分册》(1981)沿用其划分;1991 年《新疆古生界》划分为早石炭世。

【现在定义】 指与上覆小海子组及下伏巴楚组均为整合接触的一套含大量介形虫及腕足类化石的棕红、灰绿色泻湖相的泥岩及石膏沉积,岩石色调以棕红色为主,自巴楚向东至和田河一带则变为滨海含煤沉积。本组以棕红色、灰绿色为主色调区别于上覆小海子组以灰—深灰为主色调的沉积。

【层型】 正层型:阿瓦提县卡拉沙依剖面(78°45′25″,39°45′10″),由新疆石油管理局 107/66 队(1966)测制。

【地质特征及区域变化】 本组仅见于北塔里木西部的小海子水库东岸及卡拉沙依两地。主要为泥岩及石膏沉积,以红色为主,代表整个北塔里木西部的沉积;西南部的色力布亚一带为半封闭环境下的灰岩和白云岩,仅底部夹少量膏泥岩;向东至和田河流域则变为近海含煤沉积,而与南邻的玛札塔克山区相近;视厚度 190～734 m。本组与上覆小海子组及下伏巴楚组均为整合接触。在色力布亚一带,本组含䗴、腕足类、双壳类、腹足类和介形类:*Polytylites pulcher*; *Healdianella* sp.; *Paraparchites* sp.; *Bairdia* sp. 等。时代为早—晚石炭世。

【其他】 据前人资料小海子组与卡拉沙依组为整合接触,但据西北石油局最新资料:卡拉沙依组与巴楚组同属岩关阶,小海子组相当于马平阶,中间缺失了大塘阶、德坞阶、滑石板阶、达拉阶。小海子组与卡拉沙依组为平行不整合接触。其资料的正确与否,有待今后工作验证。

小海子组 C_2x (04-65-1315)

【创名及原始定义】 新疆石油管理局(1969)在新疆巴楚县小海子水库东岸创名,新疆区域地层表编写组1981年介绍。原始定义:该组为正常浅海相沉积之灰色灰岩,或以灰岩为主夹泥岩和少量砂岩,化石丰富,厚125～196 m,与下伏地层为整合接触。

【沿革】 新疆石油管理局(1969)在新疆巴楚县小海子水库东岸首建小海子组,时代为中一晚石炭世。《西北地区区域地层表·新疆维吾尔自治区分册》(1981)及1991年《新疆古生界》都沿用其划分;本书采用小海子组一名。

【现在定义】 指与上覆库普库兹满组为整合或平行不整合接触与下伏卡拉沙依组为整合接触的一套碳酸盐岩夹少量碎屑岩沉积。岩性为灰色灰岩、深灰色泥质灰岩、杂色石英质砂岩,灰绿色、紫红色泥岩等。化石丰富,计有䗴、苔藓虫、海百合茎、腕足类、双壳类等。厚125～196 m,本组以灰—深灰色区别于下伏卡拉沙依组的棕红色、灰绿色。

【层型】 正层型:小海子水库东岸实测剖面(78°48′50″,39°44′10″),由新疆石油管理局(1969)测制。

【地质特征及区域变化】 小海子组主要分布在小海子水库东岸、卡拉沙依沙漠、柯坪山麓以及玛札塔克山区。创名地小海子水库东岸岩性为灰色灰岩、深灰色泥质灰岩、杂色石英质砂岩、灰绿色泥岩等。产䗴、苔藓虫、海百合茎、腕足类、双壳类等。与上覆库普库兹满组及下伏卡拉沙依组均为整合接触。厚136 m。在卡拉沙依剖面,上部为灰岩和灰绿色泥岩互层,含䗴:*Hemifusulina* sp.,*Fusulinella* sp.;腕足类:*Schuchertella* sp.。中部为杂色碎屑岩,含植物碎片。下部为灰色白云岩,厚196 m。色力布亚一带以灰色灰岩为主,上部夹少量泥岩,视厚度119～157 m。和田河剖面近于卡拉沙依,上部为泥岩与灰岩互层夹砂岩、粉砂岩,下部为块状灰岩夹泥岩。视厚度125 m。综上所述,该组属浅海相环境沉积,时代为晚石炭世晚期。

库山河组 C_1k (04-65-1312)

【创名及原始定义】 新疆地矿局第二地质大队(1981)于新疆阿克陶县城东南方向库山河首创库山河组。原始定义:主要为碳酸盐岩夹少量碎屑岩沉积,与下伏上泥盆统奇自拉夫组上亚组呈渐变整合接触。沿走向自南东向北西碳酸盐岩减少,碎屑岩增多,颜色由灰—灰黑色变为灰—灰褐色,生物化石也由多变少。

【沿革】 新疆地质局第二地质大队(1981)在阿克陶县库山河首创库山河组,但剖面不够完整,时代为早石炭世;新疆地矿局第一区调大队(1985)重测了该剖面,并采集了大量化石。时代为早石炭世;本书沿用此组名。

【现在定义】 与上覆罕铁热克组及下伏奇自拉夫组均为整合接触的一套含丰富海相化石的浅海相碳酸盐岩夹少量碎屑岩沉积。其岩性为灰黑色生物碎屑灰岩、浅灰色含粉砂泥质灰岩、绿灰钙泥质粉砂岩、砂泥岩,含丰富珊瑚、腕足类、层孔虫、双壳类、角石化石。

【层型】 正层型:阿克陶县城东南方向库山河实测剖面(75°40′14″,38°43′42″),由新疆地矿局第二地质大队(1981)测制。

【地质特征及区域变化】 主要分布在库山河—盖孜村,呈北西-南东向延伸。岩石以碳酸盐岩夹碎屑岩为主,岩性为:灰黑色生物碎屑灰岩、浅灰色含砂质泥质灰岩、绿灰色钙泥质粉砂岩、砂泥岩。含丰富的珊瑚:*Neobeichuanophyllum* sp. *Cystomichelinia* sp.,*Canina* sp.,*Kueichowpora* sp.;腕足类:*Cyrtospirifer* sp.,*Composita* sp.;层孔虫:*Labechia* sp.;*Platifer-*

ostroma sp.；剖面岩性由下而上碎屑岩减少、碳酸盐岩增多，沿走向自南东而北西碳酸盐岩减少（盖孜村附近碳酸岩出露厚 200 m），碎屑岩增多，颜色由灰—灰黑色变为灰—灰褐色，生物化石也由多变少，反映由南东向北西，海水由深到浅的变化情况。本组与上覆罕热铁克组及下伏奇自拉夫组均为整合接触，厚度 1 498 m。

罕铁热克组　C_1ht　（04－65－1311）

【创名及原始定义】 新疆地矿局第一区调大队五分队田阔邦等（1985）在阿克陶县库山河罕铁热克南创名。原始定义：主要为碳酸盐岩夹少量碎屑岩，与下伏早石炭世库山河组整合接触，岩石色调以灰黑色为主，化石门类单调，属种少。

【沿革】 1985 年，新疆地矿局第一区调大队五分队在库山河罕铁热克南首次将该地层划分为罕铁热克组，时代为早石炭世。本书沿用这一划分。

【现在定义】 指与上覆康苏组为断层或不整合接触，与下伏库山河组为整合接触的一套含少量珊瑚、腕足类的碳酸盐岩夹少量碎屑岩沉积。岩石色调以灰黑色为主，岩性为灰—灰黑色微晶灰岩、含生物碎屑鲕状灰岩、泥质灰岩、白云岩及少量钙质粉砂岩。

【层型】 正层型：阿克陶县库山河罕铁热克南剖面（75°40′14″，38°43′42″），由新疆地矿局第一区调大队五分队（1985）测制。

【地质特征及区域变化】 本组集中分布于库山河罕铁热克以南—盖孜村，呈北西-南东向长条状延伸，出露宽为 2～6 km，长达 50 km，面积 200 km^2。创名地主要为碳酸盐岩夹少量碎屑岩，岩石以灰黑色调为主，岩性为灰—灰黑色微晶灰岩、含生物碎屑岩、鲕状灰岩、泥质灰岩、白云岩及少量钙质砂岩。产腕足类：*Balakhonia* ? sp.；*Torynifer* sp.；*Fusella* sp. 等。据岩石及化石组合，该组沉积环境属浅海陆架带，时代为早石炭世晚期。

克里塔克组　C_1k　（04－65－1305）

【创名及原始定义】 地质部第十三大队五中队吕正等（1958）在叶城县克里塔克东北坡创建克里塔克岩系。原始定义：组成该岩系的岩层主要为碳酸盐岩类岩石，即灰岩和白云岩，砂岩、页岩仅占次要地位。该岩系与下伏奇自拉夫岩系为整合关系，与上伏莫斯科建造为假整合关系。

【沿革】 地质部第十三大队五中队（1958）首建克里塔克岩系，时代早石炭世；1960 年乌斯特利茨基沿用该名，时代相同；《西北地区区域地层表·新疆维吾尔自治区分册》（1981），据新疆石油管理局 1970 年以后的资料，将含大量 Visean（维宪）晚期化石的地层另立新名——和什拉甫组，时代为早石炭世晚期，而将克里塔克组限定在下统下部；1985 年新疆地矿局第一区调队五分队据古生物化石资料和岩性对比，划分出下石炭统相当于 Tournaisian（杜内）阶的卡拉巴西塔克组，并将克里塔克组限定为下统中部；1991 年《新疆古生界》沿用《西北地区区域地层表·新疆维吾尔自治区分册》（1981）的划分；本书也沿用《西北地区区域地层表·新疆维吾尔自治区分册》（1981）的划分，时代为早石炭世。卡拉巴西塔克组属同物异名，应停用。

【现在定义】 指与上覆和什拉甫组及下伏奇自拉夫组均为整合接触的一套含海相珊瑚、腕足类、腹足类、双壳类的碳酸盐岩夹少量碎屑岩建造。其岩性为灰色灰岩、介壳灰岩、鲕状灰岩、大理岩、白云岩及少量黄绿色砂岩。以下伏奇自拉夫组红色陆相粗碎屑岩的出现与克里塔克组分界。

【层型】 正层型：叶城县克里塔克东北坡棋盘河剖面（76°35′10″，37°30′05″），由地质部第十三大队五中队(1958)测制。参考剖面:莎车县和什拉甫剖面,阿克陶县恰看特勒克剖面,乌恰县科克牙克里塔克组剖面。

【地质特征及区域变化】 该组分布于英吉莎—皮山县以南的昆仑山前及山间凹地,呈北西-南东带状延伸。以一套灰—灰白色为主,灰绿、深灰,玫瑰色次之的碳酸盐岩夹少量碎屑岩沉积。与上覆和什拉甫组及下伏奇自拉夫组均为整合接触。沿走向厚度有变化,但岩性较稳定。创名地新疆叶城县克里塔克东北坡棋盘河剖面,主要为灰—灰白色厚层鲕状灰岩及灰—深灰色白云岩、白云质灰岩、钙质细砾岩、灰绿色砂岩、玫瑰色灰岩。厚193.2 m。向西北至莎车县和什拉甫,为灰—浅灰色中薄层白云岩、灰岩、鲕状灰岩及少量黄绿色粉砂岩,含双壳类:? *Paralleolodon* sp.;厚386.3 m;再向西北至阿克陶县恰看特勒克,为灰—深灰色粗晶灰岩,少量鲕状灰岩、生物碎屑灰岩、极少量的钙质粉砂岩。厚687.6 m。含珊瑚、腕足类;再向东北至阿克陶县考库亚,为灰—浅灰色灰岩及白云岩夹少量钙质砂岩,厚614m。产珊瑚、腕足类化石。综上所述:由南而北,本组厚度有增大的趋势。本组化石丰富,计有珊瑚:*Lonsdaleia* sp.; *Lithostrotion* sp.; *Aulina* sp.; *Lithostrotionella* sp.; *Neobeichuanophyllum* sp.; *Neoclisiophyllum* sp.;腕足类:*Gigantoproductus* sp.; *Eochoristites* sp.; *Eomarginifera* sp.等。据岩石组合特征及所产化石,本组应属浅海相沉积环境,其时代为早石炭世早期。

【其他】 新疆地矿局第一区调大队一分队(1985)据英吉莎水泥厂附近的卡拉巴西塔克丰富的化石资料(发现了早石炭世杜内期特征化石)建立了卡拉巴西塔克组,主要岩性为一套碳酸盐岩夹碎屑岩沉积,岩性与克里塔克组基本一致,并且与上覆克里塔克组为整合接触。本书将其划归克里塔克组。

和什拉甫组 C_1 *hšl* (04-65-1304)

【创名及原始定义】 1981年新疆区域地层表编写组据新疆石油管理局赵治信等人在莎车县和什拉甫测制的剖面资料,将大量含Visean(维宪)晚期的化石地层从克里塔克组分出,并另立新名——和什拉甫组。原始定义:与克里塔克组整合接触。本组底部为浅灰绿色、褐红色、浅紫红色砂岩,含砾石。中下部深灰色泥岩与浅灰、浅灰绿色、褐红色砂岩互层,以泥岩为主,夹深灰色、紫灰色介壳灰岩和砾岩。上部为浅黄绿色砂岩、灰黑色页岩夹深灰色团块介壳灰岩、页岩含菱铁矿结核和钙质结核。

【沿革】 新疆区域地层表编写组(1981),据新疆石油管理局赵治信等人所测制的剖面资料建立了和什拉甫组,时代为早石炭世;1991年《新疆古生界》沿用该名;本书同意《西北地区区域地层表·新疆维吾尔自治区分册》(1981)的划分,并沿用其名,时代早石炭世。

【现在定义】 指与上覆卡拉乌依组及下伏克里塔克组均为整合接触,含丰富䗴、珊瑚、腕足类化石的一套碳酸盐岩、碎屑岩建造,其岩性为浅灰绿、黄绿、褐红色粉砂岩、细砂岩、黑色—深灰色页岩及深灰色、紫灰色灰岩、生物碎屑灰岩、介壳灰岩及浅灰色石英砂岩及砾岩。

【层型】 正层型:莎车县和什拉甫剖面(76°27′41″,37°36′52″),新疆石油管理局赵治信等(1975)测制。参考剖面:阿克陶县恰看特勒克剖面,阿克陶县考库亚剖面,乌恰县科克牙剖面。

【地质特征及区域变化】 该组分布在英吉莎—叶城一线以南的昆仑山前及皮山以南的桑株塔格、博查特塔格一带山间凹地,呈北西-南东条带状延伸,为一套碳酸盐岩夹碎屑岩地层。岩性变化不大,但厚度有变化。和什拉甫组创名剖面主要为一套以浅灰—深灰—黑灰色为主的灰岩、介壳灰岩、生物灰岩夹浅灰绿色、褐红色粉砂岩、细砂岩及黑色、深灰色页岩、浅灰色石英砂岩、砾岩。厚472.2 m。向西至考库亚主要为灰—灰黑色灰岩,鲕状灰岩、生物碎屑灰岩夹灰白色、褐黄色长石石英砂岩、粉砂岩。厚371.1 m。再向西到乌恰县科克牙，主要为灰—灰黑色生物碎屑灰岩夹黄灰色石英砂岩、钙泥质粉砂岩，厚311.3 m。向西至恰看特勒克，主要为一套灰—灰黑色灰岩、结晶灰岩夹灰黑色粉砂岩、石英细砂岩，绿灰、灰色中层细砂岩。厚578.35 m。本组化石丰富，计有䗴类：*Eostaffella mosquensis* 组合带。腕足类：*Gigantoproductus edelburgensis*，*Striatifera striata* 组合带。珊瑚：*Dibunophyllum*，*Arachnolasma*，*Hexaphyllia*，*Gangamophyllum*，*Clisiophyllum*，*Carcinophyllum*，*Zaphrentoides*，牙形石：*Gnathodus bilineatus*，*G. homopunctatus* 组合带，*Apatognathus*，*Neoprioniodina* 等。有孔虫：*Archaediscus-Plectogyra-Janischewskina* 组合带。菊石：*Goniatites*，本组上下接触关系稳定，与上覆卡拉乌依组及下伏克里塔克组均为整合接触。据本组岩石组合特征及所含化石，该组应属浅海相沉积环境，其时代为早石炭世晚期。

卡拉乌依组　C_2k　(04－65－1303)

【创名及原始定义】 新疆区域地层表编写组(1981)编表时，据新疆石油管理局赵治信等测制的莎车县和什拉甫剖面创名。原始定义：与下伏和什拉甫组整合接触，在其他地区超覆在元古界或泥盆系之上，岩性为各种暗色泥岩、砂岩、介壳灰岩、疙瘩状灰岩，厚41.6～374.2 m。含䗴、珊瑚、腕足类、牙形石。

【沿革】 新疆区域地层表编写组(1981)编表时首建卡拉乌依组，时代为中石炭世；1984年赵治信、1991年《新疆古生界》沿用其划分；本书沿用新疆区域地层表编写组(1981)的划分，时代为晚石炭世。

【现在定义】 指与上覆阿孜干组为整合接触，与下伏和什拉甫组整合接触或分别超覆在元古宇、泥盆系之上一套碎屑岩、碳酸盐岩建造。岩性为灰—深灰色灰岩、生物灰岩，灰—黑色、绿灰色页岩，灰色、黄绿色砂岩夹各种暗色泥岩。含丰富的䗴、腕足类、牙形石化石。

【层型】 正层型：莎车县和什拉甫实测剖面(76°27′41″，37°36′52″)，由新疆石油管理局(1975)测制。参考剖面：叶城县棋盘东3 000 m剖面，皮山县克孜里奇曼剖面。

【地质特征及区域变化】 该组在英吉莎—叶城—皮山的昆仑山前发育完整，青石沟亦有出露。呈北西-南东向长条状延伸。主要为一套以灰—深灰—黑灰色为主的碳酸盐岩夹碎屑岩。沿走向岩性变化不大，但厚度有变化。创名地为灰—深灰色灰岩、生物灰岩，灰—黑色、绿灰色页岩，灰色、黄绿色砂岩夹各种暗色泥岩，厚480 m；从创名地向西到考库亚，厚173.6m；再向西到恰看特勒克，厚271.8 m；创名地东南的棋盘，厚158.8 m；再向东到克孜里奇曼，厚64 m；再向东北至塔哈奇，厚41.6 m；再向东至布雅煤矿北，厚87 m。本组厚度由西向东，有逐渐变薄的趋势。产丰富的化石，计有下列组合带：䗴：*Profusulinella-Pseudostaffella* 带；有孔虫：*Bradyina-Plectogyra-Globivalvulina* 组合带；*Glomospira-Glomospiroides-Plectogyra* 组合带；牙形石：*Idiognathodus delicatus-Neognathodus bassleri-Idiognathoides corrugata* 组合带；珊瑚：*Caninia-Carinokoninckophyllum-Neokoninckophyllum* 组合带；*Pseudozaphrentoides*；据本组岩石组合及所含化石组合，该组属滨—浅海相。时代为晚石炭世早期。

阿孜干组　C_2az　(04－65－1302)

【创名及原始定义】 新疆区域地层表编写组(1981)编表时，据新疆石油管理局资料创名。皮山县克孜里曼为创名地。原始定义：指与下伏卡拉乌依组及上覆塔哈奇组整合接触。下部岩性为黑—深灰色页岩，浅灰—浅黄绿色砂岩和深灰色灰岩互层；中部深灰、灰色薄层到厚层灰岩，含燧石结核夹碳质泥岩；上部为灰白色、浅灰色厚层块状灰岩夹少许粉砂岩；顶部有一层紫红、紫灰薄层灰岩，具疙瘩状构造，化石丰富。

【沿革】 1958年地质部第十三大队、1960年B·И·乌斯特利茨基将此套地层划分为莫斯科建造；《西北地区区域地层表·新疆维吾尔自治区分册》(1981)将这套地层划分为阿孜干组，时代中石炭世；新疆地质局张玉谦(1977)将这套地层划分为别什特康组，时代中石炭世；1991年《新疆古生界》及本书沿用阿孜干组，时代为晚石炭世。

【现在定义】 指与上覆塔哈奇组及下伏卡拉乌依组均为整合接触的含丰富䗴、珊瑚、腕足类、牙形石的一套碳酸盐岩夹少量碎屑岩建造，主要岩性为灰—灰黑色灰岩，黑—深灰色页岩，浅灰—浅黄绿色砂岩夹碳质泥岩。以阿孜干组顶部紫红、紫灰具疙瘩状构造薄层灰岩或塔哈奇组底部桔红色含砾粗砂岩的出现为阿孜干组顶界。

【层型】 正层型：皮山县克孜里奇曼剖面(78°17′08″，37°04′13″)，由新疆石油管理局(1975)测制。引自《西北地区区域地层表·新疆维吾尔自治区分册》(1981)。参考剖面：皮山县塔哈奇剖面，莎车县和什拉甫剖面，叶城县棋盘剖面，阿克陶县恰看特勒克剖面。

【地质特征及区域变化】 本组在英吉莎—叶城—皮山以南的昆仑山前发育完整，呈北西-南东向条带状展布。上下接触关系稳定，与上覆塔哈奇组及下伏卡拉乌依组均为整合接触；本组岩性也较稳定，主要为一套灰—灰黑色为主的碳酸盐岩夹碎屑岩建造。创名地岩性主要为灰—灰黑色灰岩、黑—深灰色页岩、浅灰—浅黄绿色砂岩夹碳质泥岩及紫红色疙瘩状灰岩；向西到叶城县棋盘厚128.7 m；再向西北到莎车县和什拉甫厚度200.3 m；再向西到英吉莎县恰看特勒克厚275.3 m；从创名剖面向东到和田县布雅煤矿北厚仅28 m。综上所述：由西向东，本组厚度有由厚变薄的趋势。化石丰富，有下列组合或组合带：䗴：*Fusulina-Fusulinella* 带；有孔虫：*Bradyina-Lobivalvulina-Ammodiscus* 组合带；牙形石：*Streptognathodus parvus-S. suberectus* 组合带；珊瑚：*Skolekophyllum rotayi*，*Bothrophyllum pseudoconicum*，*Heritschioides neosymmetricus*。

塔哈奇组 C_2 *th* (04-65-1301)

【创名及原始定义】 新疆区域地层表编写组(1981)编表时，据新疆石油管理局的克孜里奇曼剖面而创名。原始定义：指位于阿孜干组厚层灰岩之上，克孜里奇曼组厚层鲕粒、团粒灰岩、白云岩及砂岩、泥岩之下的一套碳酸盐岩夹少量碎屑岩沉积，灰岩常具疙瘩状构造或含鲕粒、团粒，与上覆克孜里奇曼组及下伏阿孜干组均为整合接触，含丰富䗴、珊瑚、腕足类、牙形石化石，其时代为晚石炭世。

【沿革】 地质部第十三大队(1958)曾将这套地层命名为阿图什雷克岩系，时代C_3—P_1；B·И·乌斯特利茨基(1960)将这套地层划分为阿图什雷克岩系上部及阿尔图什雷克岩系下部(C_3—P_1)；1981年新疆区域地层表编写组据新疆石油管理局资料，首建塔哈奇群(组)(C_3)；1978年新疆石油管理局赵治信在《新疆皮山、叶城一带石炭二叠系及牙形石初步研究》一文中将上述塔哈奇组上部新建了克孜里奇曼组(P_1)；赵治信、韩建修、王增吉(1984)所著《塔里木盆地西南缘石炭纪地层及其生物群》一书，对该区石炭系进行了深入研究，将上石炭统划分为塔哈奇组(下部)及克孜里奇曼组(上部)时代都为晚石炭世；本书将克孜里奇曼组划归塔哈奇组并将克孜里奇曼组一名停止使用。其时代为晚石炭世。

【现在定义】 指整合于阿孜干组之上，平行不整合于普司格组(或整合于棋盘组)之下，含极丰富的䗴、珊瑚、腕足类、牙形石化石的一套深灰—灰色中厚层状至块状夹薄层状灰岩，常含团粒、鲕粒结构及疙瘩状构造，灰色白云岩，夹少量褐灰色泥岩、灰褐色砂岩，上以普司格组褐红色陆相粗砂砾岩或棋盘组海相灰绿、灰色碎屑岩、灰岩与塔哈奇组分界。下以紫红色薄层状疙瘩状灰岩与阿孜干组分界。

【层型】 正层型：皮山县克孜里奇曼剖面(78°17′08″，37°04′13″)，由新疆石油管理局(1975)测制引自《西北地区区域地层表·新疆维吾尔自治区分册》(1981)参考剖面：皮山县塔哈奇剖面，叶城县棋盘剖面，莎车县和什拉甫剖面，阿克陶县恰看特勒克剖面，布雅煤矿北剖面，阿克陶县七美干剖面。

【地质特征及区域变化】 本组在英吉莎—叶城—皮山以南的昆仑山前发育完整。呈北西—南东向带状延伸。正层型厚 306.2 m，主要为一套碳酸盐岩夹少量碎屑岩沉积。岩性为深灰—灰色中厚层状至块状夹薄层状灰岩常含团粒、鲕粒及疙瘩状构造，灰色白云岩夹少量褐灰色泥岩、灰绿色砂岩。正层型东北的塔哈奇厚 327.5 m；向东到和田县布雅煤矿厚 370 m；正层型向西到叶城县棋盘厚 398.5 m，向西到莎车县和什拉甫剖面厚 601.9 m，到英吉莎县恰看特勒克厚 683.69 m，到阿克陶县七美干剖面厚 245.9 m，在此处只出露碳酸盐岩，碎屑岩未出露。总之，塔哈奇组厚度从西到东，有由厚变薄的趋势。本组与上覆棋盘组为整合接触(或普司格组不整合接触)，与下伏阿孜干组为整合接触。化石丰富，计有下列组合带或组合：䗴：*Eoparafusulina shengi-E. instabilis* 组合带；*Pseudoschwagerina* 组合带；*Triticites* 组合带；牙形石：*Neostreptognathodus pequopensis-Sweetognathodus whitei-Lonchodina festiva* 组合带；珊瑚：*Eowentzelellites*，*Pseudozaphrentoides nosovi*，*Lytvophyllum mengi*，据岩石组合及所含化石，该组应属滨浅海相沉积环境，时代应为晚石炭世晚期。

皮牙曼组　C_2p　(04-65-1322)

【创名及原始定义】 新疆地质局区测大队二连三排张道乐等(1972)创名，创名地在和田幅(J-44-XXVI)皮牙曼。原始定义：第一亚组上部为褐红色砂砾岩夹泥质粉砂岩及劣质煤层，中部为灰色石英质砾岩，下部为灰黄色—灰绿色泥质砂岩、粉砂岩、砂质泥岩夹高碳质页岩。第二亚组上部以灰白色厚层状含砾生物灰岩、浅灰色中—厚层状灰岩为主，中部为灰白色薄层状灰岩、生物灰岩夹泥质钙质粉砂岩，下部为灰色厚层状含砾灰岩、生物灰岩，富含䗴、腕足类化石。

【沿革】 新疆地质局区测大队二连三排(1972)创名，时代为晚石炭世。本书认为其岩性特殊暂于保留，时代为晚石炭世。

【现在定义】 指不整合于和什拉甫组之上，上为普司格组平行不整合所超覆的一套下部以碎屑岩为主，上部以碳酸盐岩为主的沉积。岩性有灰黄绿色泥质砂岩夹高碳页岩、灰白色石英质砾岩、褐红色砂砾岩夹泥质粉砂岩、劣质煤，灰色厚层状含砾灰岩、生物灰岩，灰白色薄层状灰岩、生物灰岩夹泥质钙质粉砂岩，含䗴、珊瑚、腕足类、植物化石。

【层型】 正层型：和田县皮牙曼背斜核部剖面(79°40′10″，36°51′20″)，由新疆区测大队二连三排(1972)测制。

【地质特征及区域变化】 本组分布在皮牙曼背斜、杜瓦背斜、狼如南部。创名地岩性分上、下两段。下段位于狼如以南，岩性分三部分：上部为褐红色砂砾岩夹泥质粉砂岩及厚度不稳定的劣质煤层。含煤地层一般在 30～50 m，煤呈薄凸镜体及煤线。泥质粉砂岩中含植物化石：*Cardioneura* sp.，*Sphenopteris* sp.，*Calamites* sp.，中部为灰白色石英质砾岩；下部为灰黄色—灰绿色泥质砂岩、粉砂岩、砂质泥岩夹含碳质较高的页岩。在砂质泥岩中含动物化石：

Dictyoclostus sp.，*Marginifera* sp.，*Michelinoceras* sp.。上段(位于皮牙曼背斜核部)岩性分三部：上部以灰白色厚层状含砾生物灰岩、浅灰色中—厚层状灰岩为主，含极丰富的腕足类、䗴化石：*Dictyoclostus* sp.，*Camarotoechia* sp.，*Choristites* sp.，*Notothyris* sp.，*Triticites* sp.，*Hemifusulina* sp.。中部为灰白色薄层状灰岩、生物灰岩、夹泥质钙质粉砂岩，含极丰富的䗴化石：*Schubertella* sp.，*Pseudofusulina* sp.，*Hemifusulina* sp.。下部灰色厚层状含砾灰岩、生物灰岩，尚有大量的腕足类、腹足类、䗴、三叶虫化石：*Choristites* sp.，*Avonia* sp.，*Camarotoechia* sp.，*Chonetes*，*Martinia*，*Orthonema* sp.，*Amplexus* sp.，*Humilogriffithides* sp.，*Triticites* sp.，*Schubertella* sp.，总厚 458.3 m。

杜瓦背斜南部也有同样的单一岩层：以灰白色灰岩、杂色灰岩及硅化灰岩为主。所含化石均与皮牙曼相同。厚 271.8 m。综上所述：本组岩性单一，化石丰富，属海陆交互相沉积环境，其时代为晚石炭世。

因格布拉克组　C_2yg　(04-65-1319)

【创名及原始定义】 新疆地质局第四区测大队五分队高芝生等(1961)创名，创名地新疆且末县因格布拉克。原始定义：为一套灰绿色页岩、灰岩、火山岩和少量砂砾岩。

【沿革】 青海省石油普查大队(1957)在阿尔金山将该套地层划分为石炭二叠系。新疆地质局第四区测大队五分队高芝生(1961)在阿尔金山因格布拉克将此地层首次命名为因格布拉克群，为中—晚石炭世。新疆区域地层表编表组(1981)据化石资料将因格布拉克群进一步厘定为上石炭统，仍沿用因格布拉克群一名。新疆地质局区调大队李天德等(1981)重测了较详细的剖面，并将因格布拉克群改为因格布拉克组，为晚石炭世沉积。本书沿用因格布拉克组一名。

【现在定义】 指上未见顶，下与木孜萨依组不整合接触的一套碳酸盐岩、碎屑岩沉积。岩性为灰黑色碳质泥岩及页岩、深灰色粉砂质泥岩、粉砂岩与深灰色生物碎屑泥晶灰岩、碎屑泥晶灰岩不均匀互层，夹灰白、灰黄褐色石英细砂岩、砂砾岩。含丰富的䗴、腕足类化石。

【层型】 正层型：且末县碎岩山东剖面(91°40′30″，38°56′40″)，由新疆区测大队十一分队(1981)重测。参考剖面：新疆且末县克什克尼齐勒萨依剖面，新疆且末县碎岩山北东剖面。

【地质特征及区域变化】 本组主要分布在碎岩山东、因格布拉克南、红柳沟—卓布拉克—安南坝一带，地层走向为近东西向。为以灰—灰黑色为主色调的碳酸盐岩—碎屑岩沉积。沿走向延伸，岩性及厚度均有变化。碎岩山东剖面，岩性分上、下两部分，下部一般为暗灰色生物灰岩、暗灰色碎屑泥晶灰岩为主，常含碳质及少量硅质，含极丰富的䗴、腕足类化石。上部以滨海相碎屑岩为主，主要由灰白、灰黄色石英砂岩、砂砾岩、灰黑灰绿色杂色粉砂岩、细砂岩组成，化石极少。未见顶，与下伏蓟县纪木孜萨依组为明显不整合接触。厚 404.5 m。化石丰富：含䗴：*Pseudoschwagerina* sp.，*P. sphaerica*，*Quasifusulina* sp.，*Rugosofusulina* sp.；腕足类：*Echinoconchus mapingensis*，*Dictyoclostus tenuireticulatus*；珊瑚；*Caninia* sp.，*Cystophora* sp.，碎岩山东北的克什克尼齐勒萨依碎屑岩减少，碳酸盐岩增加，厚度 405.4 m，未见顶底。产 *Caninia* sp.，*Pseudoschwagerina* sp.，克什克尼齐勒萨依南西向的乌鲁克尼齐勒萨依剖面，岩性较单一，灰白—灰黑—紫红色片理化粉砂岩及灰黑—灰褐色灰岩及结晶灰岩，产 *Pseudoschwagerina* sp.，*Pseudofusulina* sp.，厚度 84.5 m，与上覆华力西中期闪长岩及下伏蓟县纪卓布拉克组，呈断层接触。

综上所述：本组厚度呈北厚南薄的趋势，反映由北而南的超覆，从剖面层序看，由碳酸盐岩变为碎屑岩，属海退序列沉积。本组厚度小，平均厚仅 400 m 左右，岩相稳定，具地台沉积之特点。时代为晚石炭世晚期。

他龙群 C_1T (04-65-1308)

【创名及原始定义】 地质部第十三大队二中队张良臣等(1958)于昆仑山西北部进行1:20万地质测量及普查工作时创名“塔仑岩系”。原始定义:塔仑岩系呈北西西-南东东的带状延伸,与下伏岩层关系不清,与上覆岩层未见直接接触。下部沉积物是由黑色泥质碳质页岩所组成,占全岩系地层约30%,其中夹有砂岩、石灰岩、大理岩以及绿色绢云母绿泥石片岩和细砂岩,上部沉积物主要由黑色、灰黑色碳质泥质页岩和砂岩组成。

【沿革】 新疆地矿局区调大队十分队白光群(1984)在西昆仑叶尔羌河上游地区进行1:100万区域地质调查时及同年新疆地矿局区调大队四分队张志德在西昆仑康西瓦—喀喇昆仑河尾滩地区进行1:100万区域地质调查时,将这套地层划分为他龙群(因1:10万地形图上为他龙,而无塔仑,故用他龙群)。时代早石炭世。

【现在定义】 指与上覆库尔良群呈断层接触,与下伏奇自拉夫组不整合接触的一套海相细碎屑岩夹少量碳酸盐岩和粗碎屑岩及火山碎屑岩沉积。岩性为灰黑色碳质、泥质粉砂岩,中细粒石英砂岩夹灰色大理岩,灰色及褐灰色中粗粒及灰绿色厚层状中酸性晶屑岩屑凝灰岩,局部灰绿色绢云母绿泥石石英片岩。

【层型】 创名人未指定层型,本书指定选层型:西昆仑阿克齐乌斯塘河上游剖面(77°18′30″,36°58′00″),由新疆地矿局区调大队十分队(1984)测制。参考剖面:塔什库尔干塔吉克自治县克里扬河上游剖面。

【地质特征及区域变化】 分布在西昆仑叶尔羌河上游及康西瓦—河尾滩地区,大致呈东西向带状分布。厚度及岩性均有变化。创名地下部沉积物是由黑色泥质—碳质页岩组成,占全岩系的30%以上,其中夹有砂岩、石灰岩、大理岩以及绿色绢云母—绿泥石片岩和细砂岩。上部主要由黑色、灰黑色碳质泥质页岩和砂岩组成,厚2 000~2 500 m。未见上覆地层,与下伏奇自拉夫组多为不整合接触。从创名地向东至叶尔羌河上游及康西瓦—河尾滩地区岩性变为一套海相碎屑岩:灰色、灰绿色厚层状变质石英砂岩、粉砂岩、碳质粉砂岩、碳质页岩夹灰色中厚层状灰岩、大理岩及局部夹一些浅变质的绿泥石、绢云石英片岩。与上覆库尔良群断层接触,未见下伏地层。厚1 883~2 935.8 m。在和田一带,主要为灰绿色薄—中层状凝灰质粉砂岩、凝灰质砂岩、中—细粒石英砂岩、浅灰绿色块状凝灰岩夹灰黑色绢云石英片岩、翠绿色绢云绿泥片岩、灰绿色厚层状中酸性晶屑—岩屑凝灰岩及灰白色灰岩凸镜体,厚3 349.8 m。与上覆晚石炭世皮牙曼组为不整合接触,未见底。综上所述:他龙群岩石以灰黑色为主,含碳质、泥质成分较高,局部有不均匀浅变质现象。沿走向自西向东,碳质成分含量降低,变质加深,厚度变薄。

库尔良群 C_2KE (04-65-1309)

【创名及原始定义】 新疆地矿局区调大队四分队张志德等(1984)在西昆仑康西瓦—河尾滩地区进行1:100万区域地质调查时于皮山县克里扬河建立。原始定义:本群下亚群不整合在长城系之上,未见顶。下亚群主要由正常碎屑岩组成。中亚群主要由灰色、灰黑色变质砂岩、碎屑灰岩、碳质粉砂岩和石英片岩组成,自西向东灰岩成分增加,碎屑岩相对减少,视厚度1 017~2 722 m。上亚群主要由杂色碎屑岩和火山岩组成,视厚度520 m,属浅海—滨海相沉积。

【沿革】 该地层1960年曾被《喀什幅1:100万说明书》划分为“泥盆—石炭系”;新疆区

测大队二分队丁溥权(1966)在木吉—塔什库尔干一带进行1:100万路线地质矿产调查时划分为木吉群;《西北地区区域地层表·新疆维吾尔自治区分册》(1981)将该地层划分为泥盆—石炭系;新疆区调大队四分队(1982)在《新藏公路沿线考察报告》中将这套地层划分为中—晚石炭世;新疆区调大队四分队(1984)建立库尔良群,时代晚石炭世;本书沿用新疆区调大队四分队的划分。

【现在定义】 与下伏早石炭世他龙群为断层接触,局部与长城纪巴什库尔干群为不整合接触,未见顶。为滨—浅海相碎屑岩,碳酸盐岩建造。主要岩性由灰黑色砾岩,灰绿色长石石英砂岩,粉砂岩,灰黑色碳质粉砂岩,千枚岩和灰岩,断裂带附近由灰绿色浅变质结晶灰岩、板岩、灰黑色千枚岩和少量灰绿色片岩组成。

【层型】 正层型:皮山县克里扬河实测剖面(77°44′60″,36°56′00″),由新疆区调大队四分队(1984)测制。参考剖面:皮山县克里扬河上游剖面,皮山县阿克齐乌斯塘河上游剖面。

【地质特征及区域变化】 主要分布在西奴山—色拉阿特达坂一线以北及库尔良—苏纳克一带,沿东西方向条带状展布,沿走向厚度及岩性均有变化。创名剖面克里扬河剖面厚5 759 m,岩性为灰黑色—灰色含砂砾岩、碳质粉砂岩、长石石英砂岩、灰岩,灰绿色薄—中层状钙质粉砂岩、砂质结晶灰岩及板状含绿泥绢云微晶片岩、石英片岩、阳起片岩。未见顶,与下伏长城纪巴什考贡群为断层接触。从创名剖面向西到苏纳克,厚781~788 m。为含砾粗砂岩、碳质粉砂岩、中粒砂岩。产珊瑚:*Syringopora* sp.,从苏纳克向西到克里扬河上游剖面,厚2 722.2 m。岩性为灰白色石英砾岩、变质中粗粒砂岩、片理化碳质结晶灰岩、中细粒长石石英砂岩、灰绿色绢云绿泥石英片岩、变质细粒砂岩、含绿泥绢云石英片岩。未见顶,与下伏他龙群为断层接触。从克里扬河上游向西至阿克齐乌斯塘河,厚1 017 m。岩性为褐灰色钙质粉砂岩、灰色角砾状碎屑灰岩、深灰色灰岩与灰黑色片岩、斜长白云母片岩、灰色变质中粗粒砂岩夹灰黑色碳质粉砂岩,产化石:*Koninckophyllum* sp.,*Empodesma* sp.,*Syringopora* sp.,未见顶,与下伏他龙群为断层接触。综上所述:库尔良群从西向东,厚度由薄变厚,变质程度有加深的趋势。

特给乃奇克达坂组　C_2tg　(04-65-1318)

【创名及原始定义】 新疆地矿局第一区调大队一分队甄保生等(1989)在英吉莎县也提木苏达坂创名。原始定义:指整合于中石炭统之上,东侧被华力西中期花岗岩体切穿,局部被莎里塔什组不整合覆盖的一套碎屑岩夹碳酸盐岩沉积。

【沿革】 新疆地矿局第一区调大队五分队(1985)在布伦口—恰尔隆地区进行1:100万区域地质调查时,将该套地层划为下—中石炭统,与下伏巴什考贡群为断层接触,未见顶。新疆地矿局第一区调大队一分队(1989)在克孜勒地区进行1:20万区域地质调查时,首次将该套地层划为特给乃奇克达坂组。时代为上石炭统。本书沿用特给乃奇克达坂组一名,但时代为晚石炭世晚期。

【现在定义】 指整合于他龙群之上,被华力西中期花岗岩体切穿,局部被莎里塔什组不整合覆盖的一套碎屑岩夹碳酸盐岩沉积。主要为黑—灰黑色泥质粉砂岩,深灰色钙质细砂岩,深灰色中粗砂岩夹灰黑色生物碎屑灰岩,灰黑色砂质灰岩及褐灰—绿灰色砾岩,本组碎屑岩中钙质成分的增加和碳酸盐岩的大量出现是本组与下伏地层的划分标志。

【层型】 正层型:英吉莎县也提木苏达坂剖面(76°09′14″,38°09′55″),由新疆第一区调大队一分队(1989)测制。参考剖面:英吉莎县艾捷克剖面。

【地质特征及区域变化】 本组集中分布于英吉莎县昔里必里一带，出露宽 2～5 km，长 20 km，地层走向为北西-南东向，为一套灰黑色为主调的碎屑岩夹碳酸盐岩沉积。与下伏他龙群为整合接触，其上被莎里塔什组不整合覆盖。正层型剖面，岩性为黑—灰黑色泥质粉砂岩、深灰色钙质细砂岩及中粗砂岩夹灰黑色生物碎屑灰岩、灰黑色砂质灰岩、少量砾岩。本组碎屑岩中钙质成分的增加和碳酸盐岩的大量出现是本组与下伏地层的划分标志。产䗴：*Rugosofusulina stabilis* 等及珊瑚：*Caninia* sp. 但门类单调、属种较少，视厚度 846.8 m。正层型剖面西北的阿克陶县艾捷克剖面，岩性与创名剖面相似，与上覆莎里塔什组为不整合接触，未见底。视厚 1 238.2 m。综上所述，据本组岩石组合及所含化石，该组属滨海—浅海相沉积环境，其时代为晚石炭世晚期。

帕斯群　C_1P　(04－65－1314)

【创名及原始定义】 H·A·别良耶夫斯基(1946)创名“帕斯岩系”。因其资料无法收集，所以，原始定义暂空缺。

【沿革】 H·A·别良耶夫斯基(1946)创名“帕斯岩系”；新疆地质局第一区调大队十分队(1984)于叶尔羌河上游卡帕浪沟一带划分出帕斯群。时代早石炭世。本书沿用该名。

【现在定义】 指与上覆恰提尔群整合接触，未见底的一套含化石门类单调，种属较少的碳酸盐岩夹碎屑岩沉积。岩性为浅灰色白云质灰岩、灰红色厚层块状灰岩和灰黑色燧石灰岩、黄灰色角砾状灰岩、灰色生物灰岩和灰色、紫色页岩组成，局部有薄层中基性火山岩出现。

【层型】 选层型：叶尔羌河上游卡帕浪沟剖面(77°38′20″，36°01′00″)，由新疆第一区调大队十分队(1984)测制。

【地质特征及区域变化】 主要分布在叶尔羌河以东，呈北西向条带状展布。岩性主要为浅灰色白云质灰岩、灰红色厚层块状灰岩和灰黑色燧石灰岩、黄灰色角砾状灰岩、灰色生物灰岩和灰色、紫色页岩及局部夹薄层中基性火山岩。含腕足类：*Gigantoproductus* cf. *moderatus*，*Antiquatonia* cf. *hinidi*，*Cyrtospirifer* sp.；珊瑚：*Lithostrotion* cf. *martini*，*Caninia* sp.。

与上覆恰提尔群整合接触，未见底。厚 777 m 以上。综上所述：据岩石及所含化石，本群为海相沉积环境，时代为早石炭世。

恰提尔群　C_2Q　(04－65－1313)

【创名及原始定义】 H·A·别良耶夫斯基(1946)在恰提尔河地区首建恰提尔岩系。因资料无法收集，原始定义暂空缺。

【沿革】 H·A·别良耶夫斯基(1946)首建恰提尔岩系；新疆和田地质大队(1960)于卡帕浪沟测制剖面并划分出恰提尔群；新疆第一区调大队十分队(1984)沿用恰提尔群，时代中晚石炭世(C_{2-3})。本书亦沿用恰提尔群一名，时代为晚石炭世。

【现在定义】 指与上覆空喀山口组断层接触，与下伏帕斯群整合接触的一套含丰富的䗴、腕足类、珊瑚化石的一套碳酸盐岩夹碎屑岩沉积。岩性为暗灰、黄灰色块状灰岩、生物灰岩、珊瑚礁灰岩，夹少量黑灰色泥质粉砂岩和板岩。

【层型】 选层型：叶尔羌河上游剖面(77°38′20″，36°01′00″)，由新疆第一区调大队十分队(1984)测制。

【地质特征及区域变化】 广泛分布于叶尔羌河上游、马林克下、阿克沙依湖地区及塔什库尔干西南，呈北西-南东向条带状展布。此外在乔戈里峰至喀喇昆仑山口一带也有出露。恰提尔群在叶尔羌河上游地区为一套海相碳酸盐岩夹碎屑岩沉积。岩性为暗灰色、黄灰色块状灰岩、生物灰岩、珊瑚礁灰岩夹少量黑灰色泥质粉砂岩和板岩。含䗴：*Pseudoschwagerina* sp.，*Triticites* sp.，*Fusulina* sp.，*Ozawainella* sp.，*Pseudostaffella* sp.，*Fusulinella* sp.，*Eostaffella* sp.；腕足类：*Marginifera* sp.，*Dictyoclostus* sp.，*Choristites* sp.，*Rhipidomella* sp.；珊瑚：*Durhamina* sp.，*Lithostrotionella* sp.，*Lophophyllum* sp.。恰提尔群在塔什库尔干地区以火山岩及火山碎屑岩为主。本群与上覆空喀山口组断层接触，与下伏帕斯群为整合接触。出露厚度变化大，从263 m至数千米。综上所述：本群属海相沉积环境，时代为晚石炭世。

乌郎组　P_1w　(04-65-1413)

【创名及原始定义】　新疆地质局664队何铭钰等①(1953)在新源县式克布台一带创立下二叠统乌郎群。1979年由新疆地质局区调大队五分队介绍。原始定义：乌郎群为一套杂色中酸性火山岩及其碎屑岩为主的火山岩系夹基性火山岩、凝灰砾岩、凝灰砂岩。与上覆上二叠统角度不整合接触。

【沿革】　新疆地质局664队何铭钰等(1953)在新源县式可布台一带首次划分出下二叠统，并称乌郎群。新疆区测大队一分队(1975)在新源县铁木里克一带划分出二叠系，下二叠统称为乌郎组。《西北地区区域地层表·新疆维吾尔自治区分册》(1981)将伊宁一带的下二叠统称为乌郎群。1974—1976年新疆地质局九大队在尼勒克县以西群吉萨依一带进行1:5万普查，对该区二叠系进行了划分，将上二叠统下部地层划归下二叠统。1982年新疆地质局九大队三分队杨树德等在《新疆伊犁河阿吾拉勒山西段1:5万地质矿产调查总结报告》中，将下二叠统自下而上分为乌郎组及塔尔德套组，二者之间为不整合或平行不整合。下与上石炭统朔拉克组、上与上二叠统晓山萨依组平行不整合接触。1978—1979年新疆区调大队五分队在巩留幅进行1:20万区调工作，建立了该区二叠系划分系统，下二叠统乌郎组，分上、中、下三亚组。新疆地矿局地研所(1991)在伊犁阿吉拉勒山一带用了两套地层名称：一套沿用新疆地质局九大队的划分，下二叠统为塔尔得套组；另一套用乌郎群代表下二叠统及上二叠统下部地层。本次地层对比研究，将伊犁盆地—温泉一带的这套火山岩称为乌郎组。伊宁-博乐地层小区的这套火山岩地层用乌郎组，停用塔尔得套组。

【现在定义】　为中性、酸性火山岩及其碎屑岩夹玄武岩。下部为中酸性凝灰熔岩，安山岩、安山玢岩夹玄武岩、流纹岩、霏细斑岩及火山角砾岩，凝灰砂岩、砂砾岩；上部为安山岩、玄武安山玢岩、流纹斑岩、石英霏细斑岩不均匀互层夹砂岩、凝灰砂岩、火山角砾岩。含少量植物化石。下与科古琴山组、上与晓山萨依组不整合或平行不整合接触。

【层型】　创名人未指定层型，本书指定选层型：巩留县塔尔得套山剖面(82°22′25″，43°38′10″)，由新疆地矿局区测大队五分队(1978)测制。参考剖面：新源县铁木里克上游剖面。

【地质特征及区域变化】　乌郎组广泛分布在巩留、新源一带，伊犁阿吾拉勒山及巴斯坎山隘、霍城、温泉地区。乌郎组以中性、酸性火山岩及其碎屑岩为主夹玄武岩。在塔尔得套山一带厚4 740.1 m，向东至新源铁木里克上游，中性火山岩增多，厚3 455 m。上与铁木里克组不整合接触、下与坎苏组断层接触。阿吾拉勒山西段，该组火山岩厚度巨大，厚7 507 m。下与科古琴山组平行不整合接触，上与晓山萨依组平行不整合接触。向西北至温泉乌尔塔哈木尔一带，该组以安山岩及中性火山碎屑岩为主夹玄武岩，视厚度2 588.5 m。上部未见顶，下与阿克沙

---

① 见新疆地质局662队武绍由、杨晓亭，1953，新疆新源县式可布台—则克台一带地质普查报告。

克组不整合接触。该组在温泉县结提比铁吾一带以酸性火山岩流纹斑岩、霏细斑岩及其碎屑岩为主，视厚度 2 140.9 m。下与科古琴山组不整合接触，上部未见顶。在温泉县温多尔特南乌郎组为灰绿色辉石安山玢岩、安山玢岩、安山质玄武岩不均匀互层夹砾岩、砂岩、长石砂岩夹粉砂岩，粉砂岩东延至那露沟口，含植物化石：*Paracalamites* sp.，视厚度 941.5 m。

铁木里克组　P_2tm　(04-65-1521)

【创名及原始定义】　新疆地质局区测大队一分队周申喜等(1975)创名于新源县吐尔拱河至铁梅粒克一带。原始定义：分布于吐尔拱河至铁梅粒克一带。不整合在下二叠统乌郎组和中石炭统吐尔拱河组之上。岩性为紫色、灰紫色、紫红色砂岩、岩屑砂岩、砾岩及少量灰岩。总厚大于 3 747.8 m，分为上、中、下三个亚组，时代晚二叠世。

【沿革】　1978 至 1979 年，新疆区测大队分别在创名地以西的恰普其海、恰普恰勒山、卡拉干达沟等地划出该组。1981 年新疆区域地层表编写组将部分原划铁木里克组的地层归入其新建的巴卡勒河组。张致民、吴绍祖(1991)将铁木里克组限定于伊宁盆地周缘。本次对比研究，基本维持铁木里克组的创名含义，新疆地矿局区调大队五分队(1979)在尼勒克群吉萨依所划出的铁木里克组以及第一区调大队三分队 1987 年在伊宁县北划出的铁木里克组因岩性与本组创名含义不符，本次对比研究归入塔姆其萨依组。

【现在定义】　总体为一套紫色、紫红色、灰紫色碎屑岩，主要岩性为砂岩、岩屑砂岩、砾岩、细砂岩及粉砂岩。下以不整合面与乌郎组火山岩分界；上未见顶，向西与水西沟群不整合接触。

【层型】　正层型：新源县恰特布拉克剖面(83°18′00″，43°44′00″)，由新疆区测大队一分队(1975)测制。副层型：新源县吐尔拱河中游剖面(83°30′15″，43°36′00″)，由新疆区测大队一分队(1975)测制。参考剖面：尼勒克县东南拜德西乔克地区剖面，巩留县东萨拉姆萨依地区剖面。

【地质特征及区域变化】　铁木里克组主体分布于伊宁盆地南缘，主要为一套山麓河流相的红色粗碎屑岩。在创名地新源县吐尔拱河至铁木里克一带，岩性为紫红色砾岩、灰紫色钙质长石岩屑砂岩夹细砂岩和粉砂岩，厚度大于 3 747 m。向西在巩留县萨拉姆萨依和尼勒克县拜德西乔克地区岩性变细，以岩屑砂岩夹粉砂岩为主，厚度分别为 3 149 m 和 1 663 m。再向西在巩留县恰普其海、昭苏县卡拉干达沟一带，铁木里克组不整合在大哈拉军山组之上，上被水西沟群不整合覆盖，岩性以紫红色砾岩夹砂岩为主。厚度减薄至 700～1 172 m 不等。盆地北缘三台林场附近，不整合在乌郎组之上的砖红色厚层状砾岩夹钙质、泥质粗砂岩，此前曾归入巴卡勒河组，本次对比研究也归入铁木里克组。铁木里克组生物化石稀少，仅见有双壳类：*Palaeonodonta pseudolongissima*，*P. sebcastor*，*Palaeomutella* aff. *rectodonta*，*Oligodon*? sp.。

晓山萨依组　P_2x　(04-65-1522)

【创名及原始定义】　新疆地质局第九地质大队杨树德等①(1979)创名于伊宁盆地阿吾拉勒勒山西段群吉萨依一带(新疆地质局区测大队五分队同年在《巩留幅(K-44-V)1：20 万区域地质调查报告》中介绍)。原始定义：该组为一套由黄褐色、灰绿色、灰色杂砂岩、粉砂岩、泥岩、页岩、泥灰岩组成的正常碎屑岩沉积，产植物、昆虫、叶肢介、双壳类等化石。总厚度 536～1 474 m。根据沉积韵律及岩石组合划分为四个岩性段，时代早二叠世。

【沿革】　新疆地质局区调大队五分队(1979)依据植物化石认为该组时代是晚二叠世。新

---

① 新疆地质局第九地质大队杨树德等，1979，尼勒克群吉萨依一带铜矿普查地质报告。

疆地质局九大队(1983)在其所著《阿吾拉勒山西段地质总结报告》中,也将该组时代改划为晚二叠世。本次对比研究后,据晓山萨依组的现在定义目前仅分布于阿吾拉勒组西段。新疆区测大队五分队(1979)在拜德西乔克和萨拉姆萨依所划出的晓山萨依组据岩性已归入铁木里克组。晓山萨依组代表乌郎组火山岩和哈米斯特组火山岩之间的一套碎屑岩沉积,其底部岩性与铁木里克组相似,二者关系不清楚。

【现在定义】 下部岩性为紫红色砾岩、砂砾岩、粗砂岩、长石砂岩等,上部为灰黄、灰色长石碎屑砂岩、粉砂岩、泥灰岩等。下与乌郎组火山岩平行不整合接触,上与哈米斯特组火山岩也为平行不整合接触。

【层型】 创名人所测剖面分层过细,加之后来又对创名定义进行了修订,本次对比研究选用新疆地质局区调大队五分队(1979)在尼勒克群吉萨依(创名剖面地点)测制的剖面作为正层型(重测)(82°22′00″,43°41′00″)。

【地质特征及区域变化】 分布于阿吾拉勒、雀拉克萨依、群吉萨依、托斯巴依乔克等地。呈近东西向展布,下部为磨拉石建造,向上渐变为中粗—细粒碎屑岩建造,局部地段夹有少量火山碎屑岩和熔岩。层理发育,多为小型交错层理,常见波痕、雨痕、龟裂等陆相沉积特征。见植物化石:*Noeggerrathiopsis* cf. *derzavinii*, *N.* cf. *latifolia*, *Walchia* sp., *Paracalamites* cf. *stenocostatus*, *Cordaites* sp. 等及少量叶肢介、孢粉等。

哈米斯特组 P_2hm (04-65-1523)

【创名及原始定义】 新疆地质局第九地质大队杨树德等(1979)创名于阿吾拉勒山西段群吉萨依一带(新疆地质局区测大队五分队同年在其《巩留幅(K-44-V)1:20万区域地质调查报告》介绍。原始定义:分布于尼勒克县群吉沟中游哈米斯特一带,由层凝灰岩、层火山角砾岩、集块岩、橄榄玄武岩夹砂岩、泥灰岩、黑曜岩、流纹质凝灰岩组成,厚度305~536 m。可分为上部流纹岩、玄武玢岩和下部砂砾岩层、凝灰岩段。下与克孜勒巴斯陶组角度不整合接触,上与塔姆其萨依组平行不整合接触。

【沿革】 新疆地质局区测大队五分队(1979)将该组与下伏克孜勒巴斯陶组合并统称哈米斯特组。张致民、吴绍祖(1991)根据火山沉积旋回将其归入塔姆其萨依组。《新疆维吾尔自治区区域地质志》(1993)沿用新疆区测大队五分队划分方案。本次对比研究也同意该方案。

【现在定义】 总体为一套火山岩沉积,下部主要由层凝灰岩、层火山角砾岩、集块岩组成,上部为橄榄玄武玢岩夹砂岩、泥灰岩、黑曜岩、流纹质凝灰岩组成,岩性变化较大。下与晓山萨依组为平行不整合接触,上与塔姆其萨依组也为平行不整合接触,以典型的火山岩特征及平行不整合面与二者区别。

【层型】 正层型:哈米斯特地区剖面(82°19′30″,43°46′00″),由新疆区测大队五分队(1979)重测。参考剖面:尼勒克县群吉陶乌加勒南剖面。

【地质特征及区域变化】 哈米斯特组为陆相火山岩,靠近火山喷发中心,集块岩、熔岩增多,反之则火山碎屑岩增多。据新疆地质局九大队资料,喷发中心位于塔姆其萨依向斜北。该组岩性与上、下地层差异大且均以平行不整合接触,界线较易划分。本组碎屑岩夹层中含有化石,主要为双壳类:*Palaeonodonta* sp., *Anthraconauta* cf. *simplex*,古鳕鱼类:Palaeoniscidae。

塔姆其萨依组 $P_2 tmq$ (04-65-1524)

【创名及原始定义】 新疆地质局第九地质大队杨树德等(1979)创名于尼勒克县南群吉萨依一带(张致民、吴绍祖1991年在《新疆古生界》一书中介绍)。原始定义:分布于尼勒克县群吉萨依一带,主要由灰色、灰黑色、灰绿色砂岩、泥灰岩、灰岩、页岩、泥岩组成,上部夹煤线,下部夹流纹岩及火山碎屑岩,为陆相含煤碎屑岩建造。与下伏哈米斯特组有明显的沉积间断,为平行不整合接触,上与巴斯尔干组为不整合接触。

【沿革】 新疆地质局区测大队五分队(1979)将其归入铁木里克组。该组创名者杨树德等(1983)又将其和下伏哈米斯特组合并统称塔姆其萨依组。本次对比研究,使用塔姆其萨依组的创名含义。

【现在定义】 主要由灰色、灰黑色、灰绿色砂岩、泥灰岩、灰岩、泥页岩组成,夹煤线及火山碎屑岩。与下伏哈米斯特组平行不整合接触,上未见顶。

【层型】 正层型:塔姆其萨依剖面(82°19′00″,43°16′10″),由新疆地质局第九地质大队杨树德等(1979)重测。参考剖面:尼勒克县群吉陶乌加勒剖面,尼勒克县火尔俄萨依西实测剖面。

【地质特征及区域变化】 该组由塔姆其萨依向西,在群吉陶乌加勒视厚度268 m,岩性以凝灰质碎屑岩夹隐晶质灰岩为主。尼勒克县火尔俄萨依西,该组岩性以粉砂岩、泥岩为主,厚度大于1 149 m。在喀什河大桥附近,塔姆其萨依组未见底,岩性为页岩、沥青质页岩与砂岩、粉砂岩不均匀互层。伊宁县北坡利克溪下游,塔姆其萨依组岩性主要为棕灰色粗砂岩、岩屑砂岩、灰黑色泥质页岩夹少量灰岩,厚大于1 753 m,超覆在中石炭世地层之上。

塔姆其萨依组泥灰岩、泥岩、页岩等沉积层中微细层理发育,有结核状灰岩,含煤线和碳质泥岩,属内陆盆地型的湖沼相沉积。本组所含化石主要有双壳类:*Palaeonodonta glossitiformis*, *P.* cf. *longissima*, *Palaeomutela* cf. *subparallella*, *Microdonta* sp., *Anthraconauta* sp., *Netschajewia glolasa*, *N. tschernyschewi*, *N. pallari*;植物:*Calamites* sp., *Paracalamites* sp., *Walchia* sp., *Cordaites* sp.。此外,还含少量叶肢介、孢粉等。

巴斯尔干组 $P_2 bs$ (04-65-1525)

【创名及原始定义】 新疆地质局第九地质大队(1979)创名于尼勒克县巴斯尔干地区[张致民、吴绍祖1991年在《新疆古生界》(下)一书中介绍]。原始定义:分布于巴斯尔干一带,下部为棕黄色砾岩夹砂岩,中部为褐红色砾岩夹杂色泥岩,上部为褐黄色砾岩夹砂岩,分别超覆于晓山萨依组、塔姆其萨依组之上,呈不整合接触,上未见顶,时代晚二叠世。

【沿革】 新疆地质局区测大队五分队(1979)将该组归入白垩系;1981年新疆区域地层表编写组创名的巴卡勒河组与本组岩性相似;张致民、吴绍祖(1991)认为巴斯尔干组与巴卡勒河组为同物异名。本次对比研究选用巴斯尔干组,巴卡勒河组因创名时无代表性剖面,加之部分划入该组的地层现已归入铁木里克组,故暂不采用。

【现在定义】 岩性以棕黄色、褐色、褐红色及灰绿色砾岩为主夹长石岩屑砂岩及泥岩,局部见有煤线。不整合在塔姆其萨依组或晓山萨依组之上,上未见顶。

【层型】 正层型:巴斯尔干剖面(82°14′00″,43°43′00″),由新疆区测大队五分队(1979)测制。

【地质特征及区域变化】 在创名地巴斯尔干地区,本组为褐色巨砾岩、砾岩夹长石岩屑砂岩和泥岩、不整合在晓山萨依组之上,含双壳类:*Palaeomutela* cf. *subparallela*, *P.* cf. *opinata*;

喀什河大桥附近，该组岩性以砾岩为主，不整合在塔姆其萨依组之上，上未见顶。

阿其克布拉克组 P_1a (04-65-1406)

【创名及原始定义】 新疆地质局区测大队七分队张仲修等(1965)在1960年于阿其克布拉克盆地测制剖面的基础上，划分出了下二叠统阿其克布拉克组。原始定义：下部为紫红色、灰绿色砾岩夹粗砂岩、砂岩、灰岩；上部为灰绿色复矿砂岩、黄褐色细砂岩、粉砂岩夹白色硅质灰岩和生物碎屑灰岩。厚541～1 410 m。下与下石炭统小热泉子组不整合接触，上与上二叠统大热泉子组灰绿色、紫红色复矿砂岩整合接触。

【沿革】 新疆地质局区测大队七分队(1965)在1960年于阿其克布拉克盆地测制剖面的基础上，划分出了下二叠统阿其克布拉克组和上二叠统大热泉子组。新疆区测大队四分队(1967)在库米什东北也划出了下二叠统阿其克布拉克组。新疆区测大队编图分队(1972)在哈密喀拉塔格一带划出了下二叠统阿其克布拉克组。1988年，新疆第一区调大队孙巧缡等编写《新疆维吾尔自治区区域地质志》(验收稿)时，将大热泉子组划为下二叠统上部。张致民、吴绍祖1991年在《新疆古生界》中，在觉罗塔格西段的二叠系中将大热泉子组划归下二叠统。本次地层对比研究后，将本区大热泉子组与阿其克布拉克组合并，仍用阿其克布拉克组，时代早二叠世。

【现在定义】 为杂色碎屑岩夹灰岩。下部为紫红色、灰绿色砾岩夹粗砂岩、砂岩、灰岩；中部为灰绿色复矿砂岩、黄褐色细砂岩、粉砂岩夹灰白色硅质灰岩及生物碎屑灰岩；上部为灰绿色、紫红色砂岩、砂砾岩、粉砂岩互层夹灰岩。产腕足类及双壳类化石。下与小热泉子组不整合接触，上部未见顶。

【层型】 正层型：艾丁湖南剖面(89°24′05″，41°13′05″)，由新疆地质局第二区测大队七分队(1960)测制。参考剖面：库米什东北剖面，哈密喀拉塔格1078高点南剖面。

【地质特征及区域变化】 分布在觉罗塔格西段小区，以阿其克布拉克盆地发育较好。该组为海相杂色碎屑岩夹少量硅质灰岩及生物碎屑灰岩。在阿其克布拉克盆地厚2 210 m。上部含腕足类：*Oldhamina* sp.，双壳类：*Edmondia suvata*，*Allosisma* cf. *granasa*。向西至库米什东北，该组厚584.3 m，剖面附近含腕足类及植物化石。下与底坎尔组不整合接触，上部未见顶。向东南至喀拉塔格一带，该组有凝灰质砂岩及铁质灰岩，含植物化石，厚303 m。下与底坎尔组，上与水西沟群不整合接触。

【其他】 本次地层对比研究将原划大热泉子组的岩性归入阿其克布拉克组上部，大热泉子组停用。将原划为阿其克布拉克组的陆相火山岩系划入阿尔巴萨依组中。如有机会需在阿其克布拉克盆地重测正层型剖面。

红柳河组 P_1hl (04-65-1401)

【创名及原始定义】 新疆地质局第一区测大队四分队陶钧政等(1959)在哈密沙泉子地区红柳河南1612高点附近测制剖面后，划分出下二叠统红柳河岩系，并分为三个亚岩系。原始定义：红柳河岩系自下而上，第一亚岩系底为暗红色砾岩，上为灰岩、砂质灰岩，含腕足类、珊瑚化石；第二亚岩系为灰黄色砾岩、砾状砂岩、砂岩、钙质长石细砂岩，含大量腕足类化石；第三亚岩系为灰色砂岩、砂质页岩、砾岩夹灰绿色酸性凝灰岩、斑岩，含植物化石。厚1 670 m。下与苦水组不整合接触，上与印尼喀拉岩系平行不整合关系。

【沿革】 新疆第一区测大队四分队(1959)在1958年于红柳河南1612高点附近测制剖面

的基础上，划分出海相下二叠统红柳河岩系，并分出三个亚岩系。1962年，新疆区测大队北山地层分队在新疆北山划分出下二叠统，但未命名。新疆第一区测大队一分队(1965)在哈密大南湖南雅满苏一带将该套地层划为下石炭统雅满苏组第三亚组。新疆区调大队十一分队(1979)在哈密白山及白玉山一带将该套地层划为下二叠统红柳河组，并分为两个亚组。1981年《西北地区区域地层表·新疆维吾尔自治区分册》中，沿用了甘肃北山红柳园区的划分意见，新疆北山地区的红柳河组大致相当于甘肃红柳园区的双堡塘组及菊石滩组的中下部。新疆区调大队地层组张致民等(1982)对新疆北山该套地层的划分仍沿用甘肃北山红柳园区的划分。新疆第一区调大队孙巧缡等(1988)在《新疆维吾尔自治区区域地质志》(验收稿)中对新疆北山地区的资料进行了研究，将该套地层划归下二叠统下部红柳河组，并分为两个亚组。新疆地质矿产局地质研究所张致民、吴绍祖(1991)将该套地层划为下二叠统红柳河组，并分为三个亚组。本次地层对比研究后，将新疆北山的该套地层划为早二叠世红柳河组，并分为两个亚组。

【现在定义】 第一亚组为暗红色砾岩、砂质灰岩、灰岩、灰绿色砂岩不均匀互层夹碳质泥岩、岩屑凝灰岩、玄武岩、层凝灰岩、安山岩，含腕足类、䗴、珊瑚化石。第二亚组为暗灰色玄武岩、橄榄玄武岩与安山玢岩、层凝灰岩夹硅质岩、钙质砂岩、灰岩，含腕足类。下与红柳园组不整合接触，上与骆驼沟组平行不整合(?)或不整合接触。

【层型】 正层型：哈密沙泉子红柳河南1 612高点剖面(94°33′50″,41°30′50″)，由新疆地质局第一区测大队四分队(1958)测制。参考剖面：哈密白山南1324高点东北干沟剖面，哈密磁海西南1415.8高点东剖面，哈密白玉山XIII号实测剖面及马蹄山东简测剖面，哈密大南湖雅满苏干谷剖面，若羌县库木库都克一带险峰东IV号实测剖面。

【地质特征及区域变化】 红柳河组分布在新疆北山及觉罗塔格山东段的红柳河谷地。哈密白山、磁海地区，哈密白玉山骆驼沟一带，马蹄山地区，若羌县库木库都克一带及大南湖南雅满苏干谷。红柳河组为海相的杂色碎屑岩夹灰岩与海相基、中性火山岩为主的火山岩不均匀互层。一般下部碎屑岩多，上部火山岩多。在红柳河谷地，该组火山岩少，含冷水型腕足类化石，厚1 670 m。下与干泉组不整合接触，上与骆驼沟组平行不整合接触。向西至雅满苏干谷该组为砾岩，砂质灰岩、生物碎屑灰岩、泥岩，厚509 m。含腕足类、珊瑚及䗴：*Parafusulina* sp.，下与雅满苏组、上与骆驼沟组不整合接触。继向西南至白山一带，红柳河组火山岩增多，含冷水型腕足类化石，厚3 260.8 m。未见顶、底。向西至白玉山及马蹄山东一带，红柳河组碎屑岩增多，含腕足类、苔藓虫化石。厚1 670.7 m。上与骆驼沟组、下与马蹄山组不整合接触。继向西南，至若羌县库木库都克险峰东一带，红柳河组下部以钙、泥质细砂岩、生物碎屑灰岩为主夹中性凝灰岩，含腕足类、珊瑚及䗴：*Parafusulina* sp.，视厚320.1 m。上部为为杏仁状橄榄玄武岩，视厚84.8 m。下与干泉组断层接触，上部未见顶。

红柳河组在雅满苏干谷有腕足类、珊瑚及䗴：*Parafusulina* sp.；在新疆北山的西南库木库都克一带，红柳河第一亚组上部含䗴：*Parafusulina* cf. *confrage* 等。其他地区以含腕足类为主。时代为早二叠世的腕足类化石有：*Spiriferella* sp.，*S. curvata.*，*S. saranae*，*S. keilhaviformis*。*Spiriferella* 是内蒙古哲斯组下部腕足类的重要属群，其中 *Spiriferella saranae* 和 *Spiriferella salteri* 在 Artinskian(阿丁斯克)阶底部大量富集，向上延续到 Kungurian(孔谷)阶。*Yakovlevia mammantiformis* 及 *Yakovlevia* cf. *mammantus* 分布在整个早二叠世。上述腕足类种群均见于甘肃北山原来 划分的菊石滩组及双堡塘组。在俄罗斯北极区亦有大量的分布，例如新地岛、维尔霍扬斯克等地的 Artinskian(阿丁斯克)阶—Kungurian(孔谷)阶中见有该种群。在新疆北山地区和上述化石共生的腕足类还有：*Neospirifer* sp. 及 *Kochiproductus* sp. 等，组成了发育在新疆北山区的北极海型冷水腕足动物群。含这一腕足动物群的红柳河组时代大致为栖霞期至茅口期下部。

骆驼沟组 P_1l (04-65-1402)

【创名及原始定义】 新疆地质局区测大队十一分队梁云海等(1979)在哈密白玉山骆驼沟西5 km测制剖面,划分出上二叠统骆驼沟组。原始定义:骆驼沟组下为黄色、灰色砾岩夹黄绿色长石硬砂岩及页岩、钙质泥岩;上为黄绿色长石砂岩、黄色砂岩与砂砾岩不均匀互层夹泥灰岩、钙质页岩、黑灰色灰岩及灰色复矿砂岩、灰岩中含大量腕足类化石。厚1 036m。下与下石炭统红柳园组不整合接触,上部未见顶。

【沿革】 新疆区测大队十一分队(1979)划分出上二叠统骆驼沟组。1979年,该队在东邻地区白山一带也分出了上二叠统骆驼沟组,并分为第一亚组及第二亚组。新疆地质局第一区测大队四分队(1958)在哈密红柳河谷地划分出上二叠统印尼喀拉岩系,并分出第一亚岩系及第二亚岩系。新疆区测大队北山地层分队(1962)在新疆北山将该套地层划为上二叠统,还分为第一组及第二组。1981年,《西北地区区域地层表·新疆维吾尔自治区分册》引用了甘肃北山红柳园小区的剖面,新疆北山的骆驼沟组大致相当甘肃原划的菊石滩组的中上部及金塔组。张致民等(1982)沿用《西北地区区域地层表·新疆维吾尔自治区分册》(1981)的划分。孙巧缡等(1988)在《新疆维吾尔自治区区域地质志》(验收稿)中,对新疆北山二叠系的资料进行了整理、研究对比,首次将海相骆驼沟组的时代由晚二叠世改为早二叠世晚期,并沿用白山一带的划分,分为第一亚组及第二亚组。张致民、吴绍祖(1991)在《新疆古生界》(下)的二叠系中,对新疆北山二叠系进行了划分,将该套地层划为下二叠统骆驼沟组。本次地层对比研究时,仍将该套地层划为骆驼沟组,并分为第一亚组及第二亚组,下与红柳河组不整合、平行不整合或断层接触。

【现在定义】 骆驼沟组第一亚组为黄褐色、灰色砾岩、粗砂岩、长石杂砂岩不均匀互层夹黑灰色灰岩、泥灰岩、钙质细砂岩、钙质页岩,含腕足类。第二亚组为暗紫色流纹岩、流纹斑岩、凝灰岩、凝灰角砾岩及凝灰砂岩,复矿砂岩、页岩。火山岩变化大,局部以碎屑岩为主。下与红柳河组平行不整合、不整合或断层接触,上部未见顶。

【层型】 正层型:哈密白玉山骆驼沟西XIII号剖面(92°54′55″,41°02′01″),由新疆地质局区测大队十一分队(1979)测制。副层型(复合):白山1235高点东及1363高点东剖面。参考剖面:哈密红柳河地区剖面,星星峡—梧桐窝子一带红柳滩西剖面,若羌库木库都克一带高点东I号实测剖面。

【地质特征及区域变化】 骆驼沟组分布在新疆北山地区的白玉山、白山、库木库都克及红柳河南等地。在骆驼沟西该组以碎屑岩为主夹灰岩,厚1 036 m。向西南至库木库都克高点东一带,骆驼沟组仅出露第一亚组,为砾岩、砂砾岩、砂岩夹灰岩,含双壳类,视厚度123.3 m,下与红柳河组不整合接触,上部未见顶。向东至白山一带骆驼沟,骆驼沟组视厚度为2 374.1 m。第一亚组含大量腕足类化石。下与红柳园组为不整合接触,上为向斜核部,未见顶。向东北至沙泉子红柳河谷地,骆驼沟组视厚5 210 m。下与红柳河组平行不整合接触?上部未见顶。

骆驼沟组在新疆北山分布零星,化石以腕足类为主,时代为二叠纪:*Leptodus* cf. *tenuis*, *L. nobilis*, *Stenoscisma purdoni*, *Anidanthus* sp., *Aulosteges* sp.。*Leptodus* 在我国南方所处的层位较高,一般在晚二叠世地层中。但在准噶尔—兴安区内,*Leptodus* 常见于早二叠世晚期地层中,如内蒙古的哲斯组上部,东部的土门岭组,吉林的范家屯组中。近年来在新疆阿尔格山一带

的喀尔瓦组也发现 *Leptodus nobilis* 与 *Polydiexodina* 共生在同一层位。因而，在新疆区内，将骆驼沟组的时代由晚二叠世改为早二叠世晚期较为适宜。

【其他】 由于大家已习惯用骆驼沟组，且骆驼沟组剖面的测制也较详细，本次地层对比研究后，建议停用虽然立名较早，但后人使用不多的印尼喀拉岩系。

小提坎立克组 P_1x (04-65-1416)

【创名及原始定义】 新疆维吾尔自治区区域地层表编写组①(1975)在温宿县沙瓦布奇地区小提坎立克泉沟测制了剖面，划分出下二叠统小提坎立克组。由新疆区域地层表编写组(1981)介绍。原始定义：小提坎立克组为一套杂色中—酸性熔岩、凝灰岩及凝灰砾岩夹碎屑岩。厚 237 m。上与库尔干组整合接触，下与康克林组不整合接触。

【沿革】 新疆区域地层表编写组(1975)在温宿县小提坎立克泉沟测制了剖面，划分出了下二叠统小提坎立克组。地质部第十三大队(1958)在阿图什县古尔拉勒干谷将该套地层定为下二叠统库铁热克群。新疆石油管理局李效亭、雍天寿(1962)在拜城北切勒克河将该套地层划为下二叠统喷发岩组。新疆地质局区调大队五分队(1980)在拜城北宿相厄肯一带划出了下二叠统小提坎立克组。新疆区调大队五分队(1982)在黑英山梅斯布拉克河南营房山南也划出了下二叠统小提坎立克组。本次地层对比研究后，仍沿用小提坎立克组。1958 年，地质部第十三大队在该区创名的库铁热克群建议停用，改用小提坎立克组。该组需进一步采集化石或取绝对年龄样来确定其地质时代。

【现在定义】 以中酸性火山岩及碎屑岩为主。下部为灰绿色、紫红色中酸性岩屑晶屑凝灰岩夹英安质晶屑岩屑凝灰岩，凝灰砾岩、凝灰砂岩、砂砾岩；上部为安山岩夹中性晶屑凝灰岩及凝灰砂砾岩。向东夹玄武岩，向西碎屑岩增多。下与康克林组不整合接触或平行不整合接触，上与库尔干组细砂岩、粉砂岩平行不整合接触。

【层型】 正层型：温宿县小提坎立克泉沟剖面(79°40′10″,41°13′10″)，由新疆区域地层表编写组(1975)在测制。参考剖面：拜城北切勒克河剖面，拜城北宿相厄肯一带剖面，阿图什县古尔拉勒干谷剖面，梅斯布拉克河南营房山南剖面(Ⅵ)。

【地质特征及区域变化】 小提坎立克组分布在南天山的沙瓦布拉克地区小提坎立克泉沟，卡普沙良河与切勒克河一带，拜城北宿相厄肯，黑英山梅斯布拉克河南地区及阿图什县古尔拉勒干谷一带。小提坎立克组以中酸性火山岩及其碎屑岩为主，在区域上变化很大。由小提坎立克泉沟向东至拜城北宿相厄肯一带，该组下部为安山质火山角砾岩夹中基性火山角砾岩、辉石安山玢岩、砂质灰岩、碳质灰岩；上部为石英钠长斑岩、石英斑岩夹灰黑色玄武玢岩及钙质长石岩屑砂岩、砂质砾岩、角砾熔岩。厚 1 542 m。下与干草湖组、上与俄霍布拉克群不整合接触。向西至拜城北切勒克河一带，该组厚 3 710 m。继向西至黑英山梅斯布拉克河南一带，该组为石英钠长斑岩与石英斑岩不均匀互层夹安山岩、砂砾岩、粗砂岩、凝灰角砾岩及灰岩。视厚度 576.36 m。下与阿依里河组不整合接触，上部为向斜核部。在西部阿图什县古尔拉勒干谷，该组以砂岩、复矿砂岩为主夹硅质岩及碧玉岩、灰岩，厚 1 620 m。下与康克林组平行不整合接触，上部未见顶。

① 新疆维吾尔自治区区域地层表编写组，1975，温宿县沙瓦布奇和阿克苏县沙井子附近的二叠系地层。

巴勒迪尔塔格组 P_1bl (04-65-1415)

【创名及原始定义】 新疆地质局第二地质大队①(1964)在阔克沙勒岭东部巴勒迪尔塔格一带测制剖面,创建下二叠统巴勒迪尔塔格组。1981年由新疆区域地层表编写组介绍。原始定义:巴勒迪尔塔格组分布于阔克沙勒岭东部的巴勒迪尔塔格至臻丹苏一带,由一套富含钙质的碎屑岩组成,含腕足类及䗴化石。

【沿革】 新疆地质局第二地质大队(1964)划分出了海相下二叠统巴勒迪尔塔格组。新疆第三区测大队罗发祚等(1961)在塔斯肯里克套山东坡,将该套地层划为下二叠统。《西北地区区域地层表·新疆维吾尔自治区分册》(1981)仍将其划为下二叠统巴勒迪尔塔格组。1993年,《新疆维吾尔自治区区域地质志》将该套地层划为下二叠统上部巴勒迪尔塔格组。本次地层对比研究,仍然沿用巴勒迪尔塔格组。

【现在定义】 为海相碎屑岩夹灰岩。下部为灰黑色薄层页岩夹灰色钙质页岩、钙质砂岩、薄层状灰岩及灰质砾岩;上部为灰色页岩夹钙质砂岩。本组中含腕足类及䗴化石。该组不整合在康克林组之上,上部未见顶。

【层型】 正层型:阔克沙勒岭东部剖面(78°29′20″,41°12′10″),由新疆地质局第二地质大队(1964)在巴勒迪尔塔格测制。

【地质特征及区域变化】 巴勒迪尔塔格组分布在阔克沙勒岭东部至臻丹苏一带,为一套海相的富含钙质的碎屑岩夹灰岩的地层。新疆地质局第二地质大队在本组中采得腕足类:*Schellwienella* sp., *Chonetes* sp., *Dictyoclostus* sp., *Marginifera* sp.。新疆地质局第三区测大队罗发祚、刘余庆(1961)在阔克沙勒岭小区塔斯肯里克套山东坡的本组中发现䗴化石:*Polydiexodina shumardi*, *Parafusulina* sp., *Minojapanella* sp.。根据䗴化石确定巴勒迪尔塔格组的时代为早二世晚期的早中期。

【其他】 据新疆区测大队三分队张仲修(1969)报导,在开都河以南有一套地层为泥质粉砂岩、钙质砂岩夹灰岩,含䗴:*Parafusulina japanica*, *P. constricta*, *Biwaella* sp. 该套地层有待野外核查后才能确定其时代。

库尔干组 P_1k (04-65-1417)

【创名及原始定义】 新疆区域地层表编写组(1975)在温宿县小提坎立克泉沟测制剖面,创建下二叠统库尔干组。1981年,由新疆区域地层表编写组介绍。原始定义:库尔干组为银灰色粉砂质泥岩与灰色细砂岩不均匀互层夹黑色碳质页岩、淡灰色砂砾岩、砾岩、粗砂岩、绛红色中厚层状细砂岩,含植物化石,厚148 m。该组下与小提坎立克组、上与比尤勒包谷孜群均为平行不整合接触。

【沿革】 新疆区域地层表编写组(1975)划分出下二叠统库尔干组。新疆区调大队五分队(1982)在黑英山卡拉苏东一带亦划分出库尔干组。《西北地区区域地层表·新疆维吾尔自治区分册》(1981)也将其划为下二叠统库尔干组。本次地层对比研究,仍沿用库尔干组。

【现在定义】 为灰色粉砂质泥岩与灰色细砂岩不均匀互层夹黑色碳质页岩,淡灰色砂砾岩、砾岩、粗砂岩,绛红色细砂岩,含植物化石。向东至黑英山一带,为灰色细砂岩与粉砂岩互层夹长石石英砂岩,钙质细砂岩。该组上与比尤勒包谷孜组紫红色、灰绿色砂质泥岩、砾岩,下与

---

① 新疆地质局第二地质大队,1964,阿克苏地区1:50万地质图及说明书。

小提坎立克组暗灰红色安山岩平行不整合或不整合接触。

【层型】 正层型：温宿县小提坎立克泉沟剖面(79°39′45″,41°12′10″)，由新疆区域地层表编写组(1975)在小提坎立克泉沟测制。参考剖面：温宿县小提坎立克泉沟西南剖面，拜城北黑英山卡拉苏东剖面(Ⅶ)。

【地质特征及区域变化】 库尔干组在南天山地层分区出露面积很小，除沙瓦布奇地区外，基本缺失。为一套陆相粉砂质泥岩，细砂岩夹砂砾岩、砾岩。含植物化石。在小提坎立克泉沟厚 148 m，下与小提坎立克组，上与比尤勒包谷孜组平行不整合接触。向东北在黑英山卡拉苏河中下游卡拉苏东，库尔干组为细砂岩、粉砂岩互层夹长石石英砂岩、钙质细砂岩、硅质粉砂岩。视厚度 252.4 m。下与小提坎立克组，上与比尤勒包谷孜组不整合接触。

库尔干组含有华夏-欧美区系的星轮叶：*Annularia stellata*，*A. gracilescens*，*Sphenophyllum minor* 等，它们是我国北方下石盒子组的常见分子。同时，还含有安加拉植物区系的 *Paracalamites* sp.，*Pecopteris* sp.，*Sphenopteris* sp.，*Cordaites schenkii* 等分子。*Paracalamites* sp. 在新疆北部经常出现在晚二叠世地层中，偶见于早二叠世地层。从上述植物化石组合分析，库尔干组为早二叠世晚期的沉积。

比尤勒包谷孜组 P_2b (04-65-1527)

【创名及原始定义】 苏联地质保矿部第十三航测大队(1953)创名皮尔包古孜岩系于库车北部。原始定义：出露于沙克桑基奇克河、克孜勒库坦村以北及皮尔包谷兹干谷一带，由绿色不等粒砂岩、灰色砾岩、暗灰色、绿色泥板岩及页岩组成，底部有棕褐色砾岩、砂岩及灰岩，其与上覆三叠系呈连续沉积，下限未见，时代二叠—三叠纪？

【沿革】 该组黄汲清(1943)称二叠纪大龙沟系，伊林(1953)划为早侏罗世下含煤系砾岩层；聂夫斯基(1954)归入晚三叠世浅紫色岩系；新疆石油管理局(1956)称晚二叠世“石盒子系”；李效亭、雍天寿 1960—1962 年对该套地层进行了详细研究，称该套地层为比尤勒包谷孜群。此后，研究者们包括新疆区域地层表编写组(1981)都使用该名(有些资料也称比尤勒包谷孜组)。1981—1985 年，新疆地矿局地质研究所和中国地质科学院地质研究所在研究天山二叠系、三叠系界线时，对该组进行了详细研究。新疆地质局区测大队历年来在该区的各种比例尺区调工作提供了不少该组的基本地质资料。本次对比研究认为，虽然比尤勒包谷孜群包含的碎屑岩粒度变化较大，但其顶底界线稳定，厚度不大，岩性无明显规律性变化，今后可能难于进一步细分，故对其降群为组，称比尤勒包谷孜组。与比尤勒包谷孜组同物异名的单位名称有黄汲清 1943 年命名的“大龙沟系”，该单位 1949 年以来一直未曾有人使用，本次对比研究也不再恢复，作为暂不采用之地层单位。另外，新疆地质局林钧堂在编制库车地区地质图说明书时，用“巴什库坦组”一名代表与比尤勒包谷孜群相当的红色层，本次对比研究认为其相当于比尤勒包谷孜群下部，也不采用。

【现在定义】 总体为一套杂色碎屑岩。主要岩性为紫红色、灰绿色砾岩夹泥岩、粉砂岩，顶部见有黑色碳质粉砂岩。下以不整合面与阿衣里河组或库尔干组、小提坎立克组为界；上与俄霍布拉克群平行不整合接触，以俄霍布拉克群底部巨厚状砾岩(多见灰岩砾石)为分界标志。

【层型】 新疆地质局地质研究所(1981)重新测制了比尤勒包谷孜干沟本组创名剖面，弥补了原创名剖面分层粗略、化石采集不全、未测至底界的缺憾，本次对比研究将其作为正层型(重测)(83°24′30″,42°09′00″)。

【地质特征及区域变化】 比尤勒包谷孜组分布于库车、拜城以北的比尤勒包谷孜干沟。俄霍布拉克、卡拉苏沟、舒善沟、卡普沙良河等地，其中以比尤勒包谷孜干沟出露最全并含丰富的植物和双壳类化石。植物化石可分为两个组合：下部 *Callipteris-Comia-Iniopteris* 组合和上部 *Schizoneura lingshanensis-Callipteris* 组合。向西在俄霍布拉克，主要为棕红色、灰绿色砂砾岩、砂岩和砂质泥岩，厚 225 m。卡拉苏沟一带，主要为紫红色、砖红色中粗粒岩屑砂岩、砾岩、泥质粉砂岩组成，不整合在小提坎立克组之上，厚 203 m。最西部卡普沙良河一带，该组厚仅 81 m。比尤勒包谷孜组与下伏地层多为不整合接触，界线较易识别。与上覆俄霍布拉克群为平行不整合接触，上、下岩性变化也较明显，通常比尤勒包谷孜组顶部为细碎屑岩沉积，而俄霍布拉克群的底部为巨厚层状的砾岩，砾石中灰岩较多。

巴立克立克组　P_1b　(04-65-1418)

【创名及原始定义】 Norin(1941)于柯坪县苏巴什村创名巴立克立克灰岩。原始定义：巴立克立克灰岩下部为灰红色含铁砂岩夹绿色砂岩；上部为深灰色中厚层状灰岩与灰黑色灰岩不均匀互层夹灰色薄层泥灰岩，微紫红色薄层灰岩及灰黑色碳质页岩，灰岩中产苔藓虫、双壳类、腕足类化石。厚 210.9 m。上与卡仑达尔层，下与康克林灰岩均为整合接触。

【沿革】 Norin(1941)将柯坪地区的二叠系三分，中部岩性为巴立克立克灰岩。地质部第十三大队及张日东等(1958)在柯坪苏巴什村测制剖面，将该套地层称为巴立克立克组。地质部第十三大队(1957)在柯坪西皮羌山一带将该套地层划为下二叠统别良金群的一部分。1979 年，新疆地质局科研所在柯坪苏巴什将该套地层自下而上划为乌坦库勒组及巴立克立克组。1981 年，新疆区域地层表编写组将该套地层划为下二叠统巴立克立克组。本次地层对比研究时，仍用巴立克立克组。停用该套地层曾用过的别良金群、比尤列提群，改用巴立克立克组。1981 年，新疆地研所划分的乌坦库勒组建议停用，将这段岩性仍归入巴立克立克组、属其下部地层。

【现在定义】 为海相灰、灰黑色灰岩及少量碎屑岩组成。下部为灰红色、灰绿色粉砂质泥岩夹泥质粉砂岩、粉砂岩；中上部为深灰色灰岩，生物碎屑灰岩与灰黑色生物灰岩不均匀互层夹灰红色灰岩、灰绿色生物碎屑灰岩及灰黑色碳质页岩，含苔藓虫、腕足类等化石。上与卡仑达尔组黄色钙质砂岩整合接触，下与康克林组灰色灰岩整合或平行不整合接触。

【层型】 选层型：柯坪县苏巴什村剖面(78°58′20″，40°29′30″)，由地质部第十三大队及南京地质古生物研究所张日东等(1958)在柯坪苏巴什村近测制。参考剖面：柯坪县西皮羌山剖面，柯坪县巴立克立克剖面，柯坪县柯坪塔格东端剖面，阿图什县特阿孙克托剖面，阿图什县皮羌村南剖面，阿图什北博古孜达里亚河剖面。

【地质特征及区域变化】 巴立克立克组分布在柯坪印干山以西的柯坪塔格东端苏巴什附近，巴立克立克村一带及西部的皮羌山，阿图什以北特阿孙克托地区。该组在柯坪苏巴什村附近厚 210.5 m。上与卡仑达尔组，下与康克林组整合接触。向东至柯坪塔格东端，该组上部夹杏仁状安山岩，厚 183.6 m。下与康克林组平行不整合接触，上与卡仑达尔组整合接触。由苏巴什村向西至巴立克立克村，该组下部为绿灰色、灰紫色砂质灰岩，灰色生物碎屑泥质灰岩互层夹灰色钙质长石岩屑砂岩，杂色粉砂质泥岩，钙质粉砂岩，含腕足类化石，厚 71.2 m。上部为黑灰色泥晶生物碎屑灰岩夹灰绿色含生物碎屑安山质凝灰岩及钙质砂岩，含腕足类、䗴及珊瑚化石，厚 132 m。下与康克林组平行不整合接触，上部未见顶。向西在阿图什特阿列克托一带厚 78.7 m。

巴立克立克组含大量苔藓虫：*Fistulipora* sp.，*F. gigantea* 时代为早二叠世。*Streblascopora* sp. 产于亚洲二叠纪。产于早二叠世的苔藓虫还有：*Fenestella kepingensis* ，*Streblotrypa graandis*，*S. sinensis*，该组还有产于早二叠世的䗴类：*Nankinella* cf. *orbicularia*，*N. hananensis*，*Schwagerina chihsiaensis regularis*，*S. urdalensiformis*，*Staffella moellerana* ，? *Sphaerulina weiningensis*，*Laxifusulina* sp. ？等。在苏巴什一带 还有菊石 *Artinskia* sp. 另外还有腹足类、双壳类、腕足类等化石。综上所述，巴立克立克组时代为早二叠世早期。

卡仑达尔组 P_1k （04-65-1419）

【创名及原始定义】 Norin(1941) 于柯坪县苏巴什村创名卡仑达尔层，他将柯坪地区的二叠系自上而下划分为卡仑达尔层及巴立克立克灰岩、康克林灰岩。原始定义：卡仑达尔层为一套杂色砂岩与泥岩或粉砂岩互层。下部为黄色钙质砂岩与砂质泥岩互层，含腕足类及双壳类碎片；上部为黄色中厚层砂岩与灰绿色砂质泥岩互层。厚 800 m。下与巴立克立克灰岩整合接触，上部未见顶。

【沿革】 Norin(1941)在柯坪地区创名卡仑达尔层。地质部第十三大队及张日东等(1958)在柯坪苏巴什村附近测制剖面，划分出上二叠统卡仑达尔组。新疆地质局科研所(1979)在柯坪塔格东端划分出下二叠统卡仑达尔组。1980 年，西北石油局 102 队在阿图什特阿孙克托也划出了下二叠统卡仑达尔组。1981 年，新疆区域地层表编写组将该套地层仍划为下二叠统卡仑达尔组。南京地质古生物研究所(1988)在苏巴什村南库萨木及阿图什博古孜达里亚河测制剖面，划分出下二叠统卡仑达尔组。本次地层对比研究时，将柯坪地区的该套地层仍划为卡仑达尔组。新疆地矿局地质研究所(1981)在昆克拉契克拉契塔格一带划出的萨热哲依组建议停用，仍归入卡仑达尔组中。

【现在定义】 为海相较细碎屑岩夹少量灰岩。下部为黄色、灰绿色钙质砂岩、钙质粉砂岩与砂质泥岩互层夹泥质灰岩；上部为绛红色、灰绿色粉砂质泥岩、钙质中细粒长石富岩屑砂岩、钙质粉砂岩、钙质砂岩不均匀互层夹砂岩、粉砂岩。下与巴立克立克组灰色、灰黑色灰岩夹砂岩层整合接触，上部未见顶。含孢粉及腕足类、双壳类化石。

【层型】 选层型：柯坪苏巴什村剖面(78°58′20″,40°29′30″)，1958 年地质部第十三大队及南京地质古生物研究所张日东等在柯坪苏巴什村附近测制。参考剖面：柯坪塔格东端剖面，阿图什县特阿孙克托剖面，柯坪县苏巴什村南库萨木剖面，阿图什县城北博古孜达里亚河剖面。

【地质特征及区域变化】 卡仑达尔组分布在柯坪印干山以西的柯坪塔格东端，苏巴什村附近及阿图什县北特阿孙克托一带。该组为海相较细碎屑岩夹少量灰岩。在苏巴什村附近该组厚 800 m。向东至柯坪塔格东段厚度 650.8 m。向西至阿图什县城博古孜达里亚河，该组厚度为 340 m。

昆克拉契组 P_1kkl （04-65-1430）

【创名及原始定义】 新疆地矿局地矿研究所(1987)在柯坪地区昆克拉契山创名。原始定义：昆克拉契组为卡克组之上的灰色、灰红色藻礁灰岩及其下的黑色中厚层灰岩，含泥质灰岩，底部夹钙质砂岩、火山尘球状火山灰凝灰岩；及同生的礁后亚相的灰色、深灰色钙质泥岩、泥岩、粉砂岩夹藻灰岩。含䗴、腕足类等化石。下与卡克组，上与萨热哲依组整合接触。

【沿革】 Norin(1941)将柯坪地区的二叠系自下而上分为康克林灰岩、巴立克立克灰岩及卡仑达尔层。地质部第十三大队(1958)将柯坪地区的下二叠统称为别良金岩系，相当 Norin 的卡仑达尔层及巴立克立克灰岩。新疆区测大队编图分队(1965)在赞比勒及玉代格里克一带称下二叠统为别良金群。新疆地矿局地矿研究所(1987)及中国地质科学院地质研究所在1981年于昆克拉契一带工作的基础上将本套地层自下而上划分为卡克组及昆克拉契组。本次地层对比研究将其合并,统称为昆克拉契组。

【现在定义】 昆克拉契组为海相藻礁灰岩,灰岩、泥质灰岩夹碎屑岩。下部为黑色薄层状泥质灰岩夹叠层石灰岩、杂色砂质泥岩、细砂岩;中上部为灰、红灰色藻礁灰岩及黑色中厚层灰岩、含泥质灰岩夹钙质砂岩、钙质泥岩、角砾状灰岩、粉砂岩、黑色火山灰凝灰岩。含腕足类及䗴化石。下与康克林组灰黑色灰岩整合接触,上与卡仑达尔组整合接触。

【层型】 正层型:阿合奇县昆克拉契塔格嘎衣治勒加峡谷剖面(78°15′40″,40°37′25″),由新疆地矿局地矿研究所等(1981)测制。参考剖面:阿合奇县丘达依萨依剖面。

阿合奇县昆克拉契塔格嘎衣治勒加峡谷剖面

上覆地层:卡仑达尔组

8. 灰色钙质细砂岩夹粉砂岩、藻灰岩、结晶灰岩、泥晶微晶砂砾屑灰岩、角砾岩等 125.8 m

——————整　合——————

昆克拉契组 总厚度 1 010.1 m

7. 灰色粉砂岩、灰黄色钙质泥岩夹黄灰色钙质细砂粉砂岩、钙质砾岩 32.9 m

6. 灰色石灰岩夹灰黄色泥岩、暗灰色含内碎屑结晶灰岩 3.8 m

5. 深灰色藻灰岩夹深灰色砂砾屑灰岩,含䗴:*Robustoschwagerina stanislavi* 7.4 m

4. 灰色薄层状粉砂岩夹细砂岩、淀晶藻灰岩 9.5 m

3. 灰色、灰红色、红灰色角砾状灰岩,含䗴:*Schubertella* sp.,*Pamirina* sp. 41.3 m

2. 深灰色、灰色、红灰色、黑灰色藻礁灰岩,含䗴:*Schwagerina gallowyi*, *Pseudofusulina inusitata*, *Rubostoschwagerina konguragensis*, *R. tumida*, *Eoparafusulina* cf. *paraschengi*, *Schubertella pseudoobscura*;腕足类:*Ella sinensis*, *Eliva* sp., *Purdonella nikitini*, *Uncinunellellina wangenbeimi*, *Enteletes waageni*, *Dielasma truneatum*, *Nothothyris mongoliensis*;头足类:*Agathiceras* sp., *Huanghoceras* sp., *Diorugoceras* sp. 700.0 m

1. 黑色中厚层状灰岩、含泥质灰岩,底部夹钙质砂岩、黑色火山尘球状火山灰凝灰岩,含腕足类:*Liraplecta subashiensis*, *Martinia nucula*;䗴:*Staffella* cf. *moelleri*, *Pseudofusulina kraffti*, *Nankinella* cf. *ozawainaelliformis*, *Schwagerina chihsiaensis* var. *brevis*, *Ozawainella* sp., *Sphaerulina* sp. 87.0 m

-1. 黑色薄层状泥质灰岩、紫灰色、黑灰色粉砂质泥岩、细砂岩及黄绿色钙质细砾岩 158.2 m

——————整　合——————

下伏地层:康克林组　黑色中厚层灰岩、微晶粉晶藻晶灰岩,含䗴:*Pseudofusulina kankarinensis*, *Pseudofusulina* sp. 40.0 m

【地质特征及区域变化】 昆克拉契组的一套礁灰岩分布较广泛,分布在阿尔恰雷他乌—比尤勒提,奥依布拉克山,昆克拉契塔格—恰尔科宗喀塔格,提克科里恰克塔格等地。其中以昆克拉契塔格—宗喀塔格一带发育最好。该组为藻礁灰岩、灰岩、泥质灰岩夹碎屑岩。昆克拉契塔格一带礁灰岩山间沿北东方向延伸至凯斯得—恰尔科高地,在该处礁灰岩形成3 442 m的高山,全长约36 km。尔后,礁灰岩转向南南西方向延伸,构成宗喀塔格。向西,在特根埃山,礁灰岩呈南西西方向延展,时断时续,全长32 km。整个礁体构成向西南开口的不完整的环形,或为不对称的马蹄形礁。昆克拉契塔格的礁灰岩主要为灰色、红色、造礁生物以蓝绿藻为主,其他

尚有 *Tubiphytes*, *Gyroporella*, *Pseudogyroporella* 等。附礁生物有：䗴、腕足类、头足类及苔藓虫等。䗴有：*Rubostoschwagerina konguraqensis*, *R. tumida*, *Pisolina* sp., *Pseudofusulina kraffti*, *Nankinella* cf. *ozawainaelliformis*, *Schwagerina chisiaensis* var. *brevis*, *Sphaerulina* sp. 等，时代为早二叠世早期(栖霞期)。礁后亚相保存完好，主要为灰、灰红色角砾灰岩、粉砂岩、钙质泥岩夹藻灰岩、内碎屑结晶灰岩。从纳拉坎沙塔东坡昆克拉契塔格—扎尔加克一带礁灰岩体的南侧均断续保存有礁后亚相的碎屑沉积物，大部分为第三纪砂砾岩所超覆。

库普库兹满组　P_1kp　(04-65-1420)

【创名及原始定义】 新疆区域地层表编写组(1981)在研究新疆第八地质大队(1974)测制的沙井子四石厂剖面的基础上创建库普库兹满组。原始定义：库普库兹满组为一套杂色陆相地层，局部夹海相地层。下亚组为灰绿色、紫红色厚层状泥岩、钙质泥岩、粉砂质泥岩不均匀互层夹钙质粉砂岩、中粗粒凝砂质砂岩、凝灰岩；上亚组为黑色玄武岩、杏仁状玻质玄武岩夹玫瑰色粉砂质泥岩、凝灰砂岩、石英斑岩、泥岩中含植物化石，厚 458 m。上与开派兹雷克组、下与康克林组为整合接触。

【沿革】 新疆地质局第八地质大队(1974)在沙井子四石厂测制剖面。划分出下二叠统。1981 年，新疆区域地层表编写组在第八地质大队测制的沙井子四石厂剖面上补采化石后创名库普库兹满组，并分为下亚组、上亚组。西北石油局地质大队(1988)在柯坪开派兹雷克测制剖面，划分出下二叠统库普库兹满组，并自下而上分为下碎屑岩段及上玄武岩段。中国科学院南京地质古生物研究所周志毅等(1990)在开派兹雷克测制剖面，也划分出下二叠统库普库兹满组。本次地层对比研究，仍用库普库兹满组，时代为早二叠世。

【现在定义】 为杂色陆相碎屑岩夹灰岩、玄武岩。下部为灰绿色、紫红色泥岩夹粉砂质泥岩、钙质泥岩、钙质粉砂岩、长石岩屑砂岩、灰岩、凝灰岩等；上部为黑色玄武岩、杏仁状玻质玄武岩夹粉砂质泥岩、凝灰砂岩、石英斑岩，含植物、双壳类化石。上与开派兹雷克组长石砂岩夹泥岩、凝灰岩整合接触，下与康克林组灰岩为整合接触。

【层型】 正层型：阿克苏县沙井子四石厂剖面(79°48′20″，40°47′30″)，由新疆地质局第八地质大队(1974)测制，1977 年新疆区域地层表编写组补采化石。参考剖面：柯坪沙井子北 25 km 四石厂剖面，柯坪县四石厂西剖面，柯坪县开派兹雷克剖面。

【地质特征及区域变化】 库普库兹满组分布在柯坪地区印干山以东的库普库兹满、四石厂、五石厂及开派兹雷克一带。库普库兹满组为杂色陆相碎屑岩夹灰岩、玄武岩。由四石厂向西 10 km 处，该组以碎屑岩为主，未见玄武岩层。厚 451.2 m。在四石厂厚 458 m。向东至开派兹雷克一带，该组下部为棕色中—薄层状泥岩夹灰黑色薄层状粉砂岩、紫灰色长石石英细砂岩、泥晶灰岩、砾岩凸镜体；上部为杂色玄武岩夹灰绿色薄层钙质粉砂岩、凝灰岩、灰岩，含双壳类、腹足类化石。厚 368.79 m。

【其他】 库普库兹满组和巴立克立克组相变界线需进一步追索。

开派兹雷克组　P_1kpz　(04-65-1421)

【创名及原始定义】 新疆地质局第八地质大队(1974)在柯坪开派兹雷克测制剖面，创建下二叠统开派兹雷克组。新疆区域地层表编写组(1981)介绍。开派兹雷克组下亚组为肉红色粗粒长石砂岩夹肉红色厚层状泥岩、细砾岩、灰绿色火山岩、凝灰岩；上亚组为杂色玄武岩夹砖红色中厚层状泥岩、灰绿色粉砂岩泥岩。含植物化石，厚 1 117 m。上与第三系不整合，下与库普库兹满组整合接触。

【沿革】 新疆地质局第八地质大队(1974)在柯坪地区创建下二叠统开派兹雷克组，并分为上、下两亚组。1981年，新疆区域地层表编写组在柯坪印干山以东地区划分出下二叠统开派兹雷克组，仍分上、下两亚组。新疆地矿局地矿研究所(1987)在印干村西南也划出了下二叠统开派兹雷克组，并分上、下两亚组。西北石油地质大队(1988)在柯坪开派兹雷克划分出下二叠统开派兹雷克组，并自下而上分为下碎屑岩段及上玄武岩段。中国科学院南京地质古生物研究所周志毅等(1990)在沙井子北四石厂也划分出下二叠统开派兹雷克组。本次地层对比研究，仍沿用开派兹雷克组，时代早二叠世。

【现在定义】 为陆相杂色碎屑岩、杂色玄武岩。下部为肉红色长石岩屑砂岩夹泥岩、火山灰凝灰岩、粉砂质泥岩、煤、黑色泥岩及泥晶灰岩；上部为杂色玄武岩、橄榄玄武岩夹泥岩、粉砂质泥岩、碳质页岩。含植物及双壳类化石。上与沙井子组砾岩、砂岩整合或平行不整合接触，或与喀什群不整合接触。下与库普库兹满组玄武岩整合接触。

【层型】 正层型：柯坪县开派兹雷克剖面(79°44′57″,40°45′40″)，新疆地质局第八地质大队(1974)测制。参考剖面：柯坪沙井子五石厂剖面，柯坪印干村西南剖面，柯坪沙井子北25 km四石厂剖面，柯坪县四石厂西剖面，柯坪县开派兹雷克一带剖面。

【地质特征及区域变化】 开派兹雷克组分布在柯坪地区印干山以东的沙井子四石厂、五石厂、开派兹雷克一带。开派兹雷克组为陆相杂色碎屑岩及杂色玄武岩。在开派兹雷克一带厚1 117 m。上与喀什群不整合接触，下与库普库兹满组整合接触。向西至五石厂一带，该组含植物及双壳类化石，厚816.52 m。向西至四石厂，开派兹雷克组下部为灰黑色凝灰质砂岩、凝灰质粉砂岩与肉红色、灰白色长石粗砂岩、薄层粉砂岩互层；上部为黑色杏仁状玄武岩。含大量植物化石及孢粉。厚430 m。下与库普库兹满组整合接触，上与沙井子组接触关系被掩盖。

沙井子组 $P_2\hat{s}$ (04-65-1528)

【创名及原始定义】 新疆区域地层表编写组(1981)创名于柯坪县印干村一带。原始定义：分布于印干山及柯坪塔格西端，为陆相杂色砂质泥岩夹砂岩，顶部夹砾岩。

【沿革】 地质部第十三大队(1957)将相当于该组的地层划在别良金岩系上部。新疆区域地层表编写组建立沙井子组后，后人一直沿用至今，含义无变化。廖卓庭等(1990)认为该组除印干等地外，还分布于开派兹雷克、四石厂及其以东地区。本次对比研究认为巴楚一带原阿恰群上部也归该组，阿恰群一名不再使用。

【现在定义】 代表开派兹雷克组玄武岩之上的一套杂色细碎屑岩，主要岩性为紫红色、灰绿色泥岩、粉砂岩及砂岩、砾岩，局部见有碳质泥岩和薄煤层，与下伏开派兹雷克组以玄武岩消失为界，整合接触上与阿图什组紫红色砂砾岩不整合接触。

【层型】 正层型：柯坪县印干村西剖面(79°36′42″,40°39′55″)，新疆区域地层表编写组创名时所列剖面为地质部第十三大队九中队(1957)测制。参考剖面：柯坪县印干村西南实测剖面，柯坪县开派兹雷克实测剖面。

【地质特征及区域变化】 沙井子组分布于塔里木盆地西南部的柯坪、巴楚及其以东沙漠区(见于井下)。在柯坪印干村一带，岩性为杂色泥岩夹粉砂岩、砂岩和砾岩，厚675 m；在开派兹雷克，岩性为紫红色、灰白色砂岩、粉砂岩夹细砾岩、碳质泥岩和薄煤层，厚700 m；巴楚以东至和田河下游一带，该组以褐红、灰绿色泥岩，砂质泥岩夹砂岩为主，厚294～1 092 m不等。沙井子组生物化石稀少，在印干村一带见有介形虫：*Darwinula jatskovae*，*Darwinuloides lenis* 等多种。

棋盘组 P_1q （04－65－1422）

【创名及原始定义】 新疆区域地层表编写组(1981)研究了新疆石油管理局110队(1971)在棋盘河测制的剖面后创建下二叠统棋盘组。原始定义：棋盘组分布于皮山河以西，为海相灰绿、灰色碎屑岩与灰岩。含腕足类及双壳类化石，厚513.49 m。棋盘组上与达里约尔组、下与塔哈奇组整合接触。

【沿革】 地质部第十三大队(1957)在棋盘河一带进行区域地质调查，将二叠系自上而下分为三个岩系或建造，丘盘达里岩系，达里约尔岩系，萨克玛尔-亚丁斯克建造。地质部第十三大队陈哲夫等(1957)在叶城柏亚迪划分出下二叠统萨克玛尔-亚丁斯克建造。张日东等(1959)在莎车以西仆德将该套地层划为下二叠统。新疆石油管理局110队(1971)依据岩性及В·И·乌斯特利斯基(1960)对丘盘达里岩系及萨克玛尔-亚丁斯克建造所含腕足动物群组合有密切联系的论述，认为丘盘达里岩系与萨克玛尔-亚丁斯克建造为向斜的两翼，是一套地层。邹义声(1971)在莎车依格孜牙也划出了下二叠统。新疆区域地层表编写组(1981)研究了新疆石油管理局110队在棋盘河测制的剖面及对该套地层的意见，创建下二叠统棋盘组。新疆第一区调大队五分队(1984)在莎车阿热塔什及七美干以西地区划分出下二叠统棋盘组。本次地层对比研究时，将叶城地区的该套地层仍称为棋盘组，时代为早二叠世。

【现在定义】 为海相碎屑岩夹灰岩。底部为浅灰黄色粗砂岩、中粗粒石英砂岩夹灰、灰紫色砾岩、灰黑色泥岩；中上部为灰绿色砂泥岩、碳质页岩、泥岩、钙质砂岩与黑灰色介壳灰岩、泥灰岩不均匀互层。含腕足类及双壳类化石。上与达里约尔组杂色泥岩、砂岩整合接触，下与塔哈奇组灰色灰岩夹粉砂岩整合或平行不整合接触。

【层型】 正层型：叶城县棋盘河剖面(76°45′40″，37°35′00″)，由新疆石油管理局110队(1971)测制。参考剖面：叶城柏亚迪剖面，莎车以西仆德剖面，莎车依格孜牙剖面，莎车县七美干以西XXII剖面，莎车叶尔羌河北岸阿热塔什VI号剖面。

【地质特征及区域变化】 棋盘组分布在叶城县皮山河以西的棋盘河[①]柏亚迪及莎车依格孜牙、七美干一带。棋盘组为海相碎屑岩夹灰岩。在棋盘河一带厚513.49 m。向东南至柏亚迪一带，该组厚450 m，下与塔哈奇组平行不整合接触，上部未见顶。在莎车以西仆德，棋盘组仅出露上部地层，厚200 m。在北部依格孜牙一带，该组底部为灰色钙质砾岩、浅紫色砾岩夹灰黑色泥岩、灰岩；中上部为灰色泥岩、砂质泥岩、灰绿色钙质粉砂岩、细砂岩、粉砂岩不均匀互层夹白云岩、泥灰岩。含腹足类、介形类化石，厚562 m。向西至七美干以西地区，该组上部夹玄武岩，厚658.1 m。该组上被克孜勒苏群不整合覆盖，下部未见底。继向东南在叶尔羌河北岸阿热塔什一带，该组视厚度仅94.4 m。下与塔哈奇组不整合接触。

棋盘组含有大量腕足类，时代为早二叠世的有：*Cancrinella truncata*，*Pseudoavonia lopingensiformis*，*P. cylindrica*，*Stenoscisma superstes*。早二叠世早期的 *Schizophoria* cf. *juresanensis* 。早二叠世的双壳类有 *Aviculopecten culunensis* 等。另外还有苔藓虫及介形虫等。从以上化石组合分析，棋盘组的时代为早二叠世。

【其他】 棋盘组上与达里约尔组为整合关系需进行野外核查，在阿热塔什一带，棋盘组下与塔哈奇组为不整合接触也需要野外核查。

达里约尔组 P_2d （04－65－1529）

【创名及原始定义】 地质部第十三大队七中队陈哲夫等(1958)创名于叶城县英吉莎南，最初称达里约尔岩系。原始定义：主要分布于棋盘河中游、达里约尔北部及塔加其河谷两岸，整合于萨克玛尔建造之上，主要为一套红色岩系，几乎全由紫红色、褐红色砂岩、粉砂岩、泥质岩组成，岩性与上、下两个岩系有极大区别。

【沿革】 新疆石油管理局地调处 110/ 71 队邹义声等(1971)称该套地层为上二叠统。1981 年新疆区域地层表编写组称达里约尔组，此后，使用稳定，本次对比研究保留。

【现在定义】 总体为紫红色砂泥质沉积，主要岩性为紫红色夹少量灰绿色钙质细砂岩、泥岩、粉砂岩、砂岩。下与棋盘组灰色、黑色、灰绿色海相细碎屑岩整合过渡；上与叶尔羌群平行不整合接触，向西也见与克孜勒苏群不整合接触。

【层型】 正层型：叶城县达里约尔北剖面(76°45′40″，37°35′00″)，由地质部第十三大队(1957)测制。但因该剖面分层不够详细，加之当时构造认识有误，剖面层序可能存在错误，故将石油局 110/71 队(1971)所测棋盘河该组剖面作为参考剖面以弥补正层型之不足。英吉莎县南依格孜牙达里约尔组剖面。

【地质特征及区域变化】 达里约尔组为一套杂色陆相碎屑岩，与下伏棋盘组为整合接触，依据其杂色色调和陆相沉积性质与棋盘组相区别。棋盘组为灰色、黑色细碎屑岩为主夹灰岩、白云岩。达里约尔组以紫红色、灰绿色粉砂岩、泥岩为主，二者较易区分。本组岩性变化不大，厚度在英吉莎南依格孜牙达 953 m，所含化石仅见介形类：*Darwinula* cf. *pergusta*，*Darwinuloides dobrinkaensis*。

普司格组 $P_{1-2}p$ （04－65－1423）

【创名及原始定义】 新疆区域地层表编写组(1981)研究了新疆石油管理局 112 队(1972)在皮山县杜瓦测制的剖面后创建普司格组(下二叠统)。原始定义：普司格组以陆相褐红色为主夹灰色、灰绿色砂岩、砂质泥岩和少许灰岩，薄层状，沉积厚度在杜瓦最大为 1 791 m。产植物、双壳类、介形虫化石。上与杜瓦组整合或平行不整合接触，下与塔哈奇组整合接触。

【沿革】 新疆石油管理局 112 队(1972)在皮山杜瓦测制剖面，划分出下二叠统。新疆石油管理局 110 队(1971)在策勒阿其克测制剖面，也划分出下二叠统。新疆区域地层表编写组(1981)在和田地层小区创建下二叠统普司格组。新疆第一区调大队二分队(1985)在和田布雅煤矿北划分出下二叠统普司格组，下与塔哈奇组、上与杜瓦组均为不整合接触。本次地层对比研究，将和田地区的该套地层仍称为普司格组，时代 P_1—P_2。

【现在定义】 普司格组为陆相碎屑岩夹少许灰岩，局部有海相夹层。下部为暗棕红色砂岩，含砾粗砂岩、砂质泥岩不均匀互层夹钙质泥岩；上部为暗棕红色砂质泥岩夹砂岩、砂质灰岩、泥灰岩、硅质粉砂岩及钙质砂岩。含植物、双壳类等化石。上与杜瓦组棕褐色砾岩夹泥岩、下与塔哈奇组灰色灰岩整合、平行不整合或不整合接触。

【层型】 正层型：皮山县杜瓦剖面(78°43′18″，37°04′47″)，由新疆石油管理局 112 队(1972)测制。参考剖面：策勒阿其克剖面，和田喀什塔什乡布雅村北剖面。和田县布雅煤矿北剖面，策勒县恰哈乡音的里克村西剖面，洛甫县阿其克北羊达克勒克村剖面。

【地质特征及区域变化】 普司格组分布在和田地层小区的杜瓦、策勒阿其克、布雅煤矿北，皮牙曼及克孜里奇曼等地。普司格组为陆相碎屑岩夹少许灰岩，局部有海相夹层。在杜瓦一带，厚度较大，为1 791.8 m。上与杜瓦组整合或平行不整合接触，下与塔哈奇组整合接触。向东至洛甫县阿其克北羊达克勒克村，该组厚613 m。上与喀什群不整合接触，下与塔哈奇组平行不整合接触。向东至策勒阿其克，普司格组厚851.5 m。上与白垩纪地层平行不整合接触，下与塔哈奇组整合接触。向东南至和田布雅村北，该组下部为褐红色泥质粉砂岩与灰绿色砂岩不均匀互层夹含砾泥岩；上部为灰色钙质砂岩、泥灰岩、灰岩与褐红色泥质粉砂岩互层。厚847 m。下与塔哈奇组不整合接触，上未见顶。在布雅煤矿北，该组下部为褐紫色含粉砂硅质泥岩夹含砾钙质泥质粉砂岩；上部为灰黑色硅质粉砂岩、灰色钙质粉砂岩、岩屑石英砂岩不均匀互层夹泥质灰岩及硅质岩。厚463 m，上与杜瓦组，下与塔哈奇组不整合接触。

普司格组在阿其克一带含有早二叠世的孢粉组合：*Florinites*，*Leiotriletes*，*Lueckisporites*，*Pityoparites* 及 *Walchia* 等。含有晚二叠世的双壳类：*Palaeomutela meglecta*，*P. subparallela*，*P. murchisoni*。含有植物化石：*Compsopteris wongii*，*Taeniopteris multinervis*，*Cordaites principalis*。在杜瓦背斜南部，普司格组顶部含晚二叠世的植物 *Callipteris* sp.。在杜瓦背斜北部普司格组下部夹有海相层，含珊瑚：*Wentzellophyllum* sp. 及 *Polythecalis* sp.。从以上化石组合分析，普司格组时代为早二叠世至晚二叠世早期。

杜瓦组　P_2dw　(04-65-1530)

【创名及原始定义】　新疆区域地层表编写组(1981)创名于皮山县杜瓦一带。原始定义：分布于杜瓦、皮牙曼、阿其克等地，整合于普司格组之上，其上为下—中侏罗统平行不整合覆盖，主要岩性为棕褐色、灰绿色、浅灰色厚层状砾岩夹泥岩、灰岩薄层。

【沿革】　新疆石油管理局地调处110/71队(1971)将该套地层划为上二叠统。新疆地矿局第一区调大队二分队(1986)在和田布雅一带划出该组地层。新疆石油管理局在该区建立的二叠纪叶城群、皮山群，自创立后几乎无人使用，本次对比研究不再采用。巴楚一带的阿恰群目前也已和柯坪地区对比，划分到组，阿恰群一名也不再保留。

【现在定义】　主要岩性为紫红、褐红色砾岩、粗砂岩夹灰绿色泥岩、粉砂岩及少量灰岩。其下与灰绿色细碎屑岩为主的普司格组整合或不整合接触；其上被叶尔羌群煤系地层不整合覆盖。

【层型】　正层型：皮山县杜瓦剖面(78°43′18″，37°04′47″)，由新疆石油管理局地调处110/71队(1971)测制。参考剖面：和田布雅煤矿北剖面。

【地质特征及区域变化】　在皮山县杜瓦一带。本组岩性为褐红色砾岩夹灰白色、灰绿色粗砂岩，顶部为一层灰绿色泥岩夹石灰岩，含双壳类：*Anthraconauta duwaensis*，叶肢介：*Lioestheria evenkiensis*，*Cyclotungusites tungussensis*，*Polygrapta chatangensis*，总厚418.3 m。在克孜里奇曼主要为砂砾岩、砂岩，同时泥岩增多，厚度增大达1 268 m。和田南布雅煤矿一带杜瓦组为紫红色粗—中粒钙质岩屑石英砂岩、泥质粉砂岩及砾岩，不整合在普司格组之上，总厚659 m。杜瓦组比达里约尔组、沙井子组岩性稍粗些，张致民、吴绍祖(1991年)认为该组为幼年期辫状河流沉积。

【其他】　塔里木盆地西南缘的杜瓦组、达里约尔组和沙井子组，沉积背景和岩性特征都比较相似。但本次对比研究认为这些单位研究程度较低，分布范围很大，加之人们对这些组名有很深的地理范围概念，在没有证实其相连的情况下，还是分开使用方便些。

第八章
三叠纪—第三纪

塔里木-南疆地层大区三叠纪—第三纪地层也较发育，经对比研究现保留56个岩石地层单位(图8-1)。昆仑山、喀喇昆仑山中生代地层以海相沉积为主，塔里木盆地西南缘见有海相白垩纪、第三纪地层，其他地区均为陆相盆地沉积。三叠纪期间，陆相沉积区岩石地层单位同新疆北部相似，早期以红色粗碎屑岩为主，晚期为湖相沉积的细碎屑岩，夹碳质泥页岩和煤层。海相沉积区以碎屑岩和碳酸盐岩最为常见。侏罗纪岩石地层，在陆相沉积区多为粗细不等的杂色碎屑岩，普遍夹有煤层、煤线和碳质页岩，在喀喇昆仑山为海相灰岩。白垩纪—第三纪岩石地层单位在陆相沉积区以红色细碎屑岩最多，夹有绿色细碎屑岩。海相沉积区在塔里木西南缘主要为泻湖相碎屑岩和碳酸盐岩，夹薄层石膏多层。喀喇昆仑山的海相白垩纪地层为单一的碳酸盐岩沉积。

本地层大区侏罗纪的早—中侏罗世在喀什地区称叶尔羌群，由下而上为莎里塔什组、康苏组、杨叶组、塔尔尕组；在库车地区称克拉苏群，由下而上为阿合组、阳霞组、克孜勒努尔组、恰克马克组。第三纪上新世在库车地区称库车组；在喀什地区称阿图什组；在北疆-兴安地层大区称独山子组。

俄霍布拉克群　$T_{1-2}E$　(04-65-1609)

【创名及原始定义】　黄汲清(1943)① 创名于库车县西北俄霍布拉克一带(全国地层委员会1964年介绍)，始称俄霍布拉克系，指库车、拜城县北部以红色砂岩为主的三叠纪地层。

【沿革】　苏联地质保矿部第十三航测大队(1953)称该套地层为浅紫色岩系；新疆石油管理局2/56队(1957)称俄霍布拉克统。新疆石油管理局科研所李效亭、雍天寿(1960)对该套地层进行了详细研究，改称俄霍布拉克群。新疆区域地层表编写组(1981)将其上部划为克拉玛依组，下部仍称俄霍布拉克群，厘定了该群含义。此后该群一直稳定沿用至今，本次对比研究保留地层表厘定后的含义。

【现在定义】　为一套粗碎屑岩为主的沉积，主要岩性为紫红色、灰红、灰绿色砾岩、砂砾岩、含砾砂岩、粗砂岩夹细砂岩、泥质粉砂岩。下与比尤勒包谷孜组以平行不整合面为界，常以

---

① 黄汲清，1943，新疆库车铜厂地质报告。

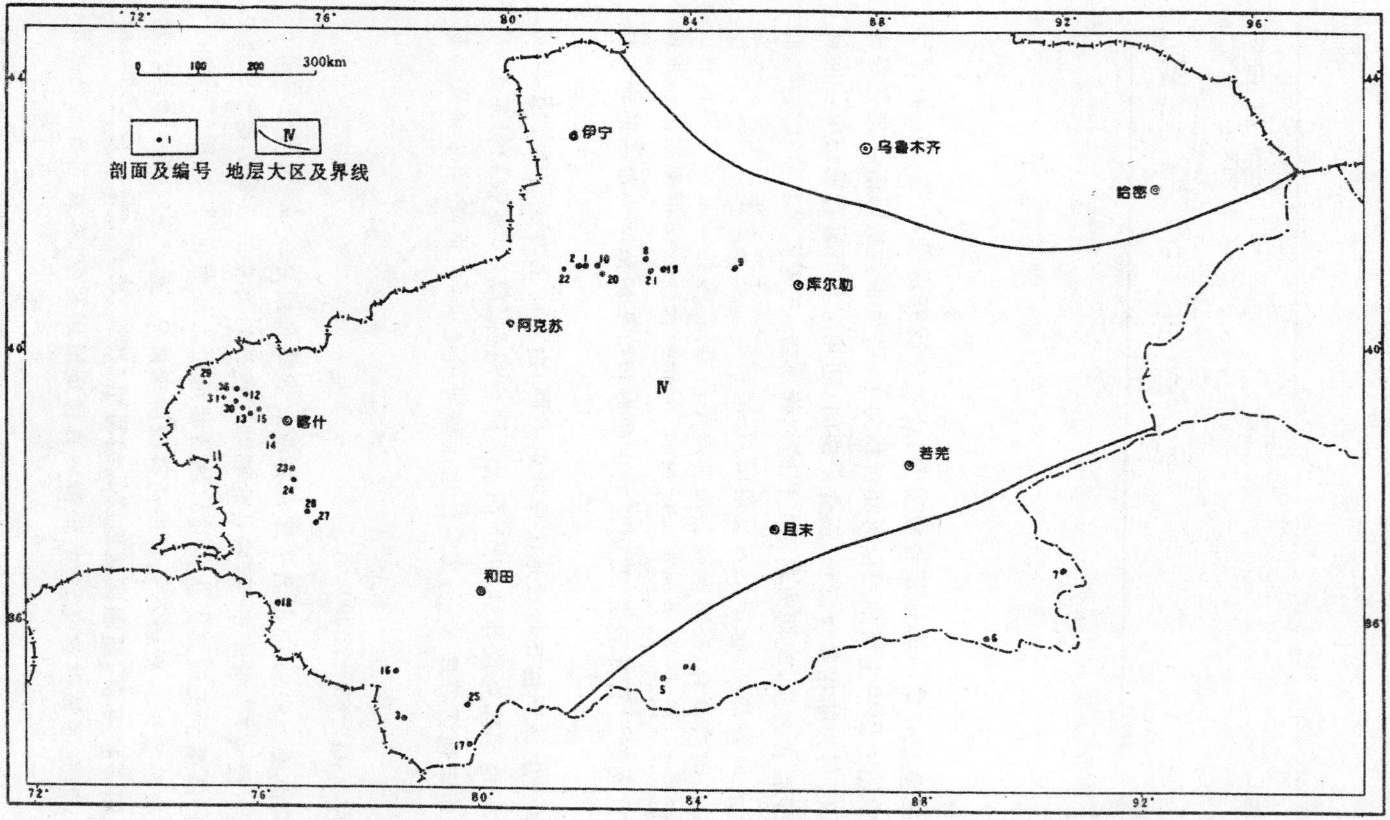

图 8-1 塔里木-南疆地层大区三叠纪—第三纪层型剖面分布图

1. 拜城县舒善河黄山街组剖面；2. 拜城县舒善河塔里奇克组剖面；3. 和田县河尾滩群剖面；4. 民丰县黄羊岭云雾岭群剖面；5. 民丰县黄羊岭卧龙岗卧龙岗组剖面；6. 桃湖西南馍头山桃湖组剖面；7. 若羌县喀雅登塔格 5152 高点喀勒拉组剖面；8. 库车县库车河阿合组剖面；9. 轮台县吐格尔明背斜塔克马扎沟阳霞组剖面；10. 库车县克孜勒努尔沟克孜勒努尔组剖面；11. 乌恰县莎里塔什组剖面；12. 喀什地区康苏组剖面；13. 乌恰县库孜贡苏河西侧煤矿杨叶组剖面；14. 乌恰县塔尔尕(库孜贡苏河口)塔尔尕组剖面；15. 乌恰县小黑孜威库孜贡苏库孜贡苏组剖面；16. 皮山县巴工布兰莎群剖面；17. 喀喇昆仑山萨利吉勒干南库勒湖西龙山组剖面；18. 塔什库尔干河红其拉甫组剖面；19. 库车县吉迪克背斜南翼吉迪克组、康村组剖面；20. 库车县克孜努尔沟恰克马克组剖面；21. 库车县巴什基奇克背斜北翼苏维依村苏维依组剖面；22. 拜城县卡普沙良河卡普沙良群剖面；23. 英吉莎县吐依洛克吐依洛克组剖面；24. 英吉莎县依格孜牙—吐依洛克依格孜牙组剖面；25. 和田县阿克沙依湖西南铁龙滩群剖面；26. 乌恰县康苏北侧克孜勒苏群剖面；27. 莎车县阿尔塔什阿尔塔什组剖面；28. 莎车县卡拉塔尔组、齐姆根组剖面；29. 乌恰县巴什布拉克巴什布拉克组剖面；30. 乌恰县安居安种羊场安居安组剖面；31. 乌恰县克孜洛依克孜洛依组剖面一层巨厚层状砾岩为本组底部。上与灰绿色夹紫红色砂岩、粉砂岩、砂质泥岩的克拉玛依组整合过渡，以岩性明显变细为界。

【层型】 创名人未指定层型，本次对比研究指定选层型：库车县比尤勒包谷孜干沟剖面(83°24′30″,42°09′00″)，由新疆地质研究所、中国地质科学院地质研究所(1984)测制。

【地质特征及区域变化】 该群出露在拜城县卡普沙良、舒善河、库列根厄肯、卡拉苏河、基奇克套，库车县的比尤勒包谷孜、托格拉打什，乌恰县托云等地。主要岩性为灰红、紫红与灰绿、黄绿相间的砂岩、砂砾岩、砾岩、粉砂岩不均匀互层，夹泥岩、页岩。通常由下而上可分为下绿色层、下红色层、上绿色层、上红色层四个岩性层。该群在舒善河至克孜勒苏河厚度最大(548～592 m)，由此向东向西均减薄，如在卡普沙良至塔克拉克之间厚 191～380 m，库车河至克孜勒努尔沟之间为 346～430 m。

本群所含化石主要有：叶肢介：*Palaeolimnadia* cf. *sibirica*，*P. pusilla*，*Falsisca* cf. *semicircularis*，*Cornia* cf. *depressa*，*C. kuqaensis*，*Pseudestheria nanjiangensis*，*Xiangxiella cyclata*，*Glyptoasmussia* cf. *quadrata*，*Diaplexa kuqaensis*，*Leptonemia minuta*，*Cyclotunguzites* cf. *dalongkouensis*；孢粉：*Taeniaesporites watangensis*，*Lundbladispora* cf. *nejburgii*，*Protohaploxypinus* cf. *samoilovichii*。

塔里奇克组 T_3t (04－65－1610)

【创名及原始定义】 新疆石油管理局 2—19/56 队姚国藩等(1956)①创名于库车盆地(全国地层委员会 1964 年介绍)。原始定义：主要岩性为灰白色砾岩或中—粗粒砂岩、黄绿色粉砂岩、砂质泥岩或黑色碳质页岩夹煤互层，产植物化石，时代早侏罗世。

【沿革】 创名前相当于该组的地层曾被归入水西沟系(黄汲清，1943)。克拉夫钦科(1958)称其为延长层。1981 年新疆区域地层表编写组将该组时代定为晚三叠世。新疆地矿局区调大队齐德义等(1983)在拜城县黑英山一带划出该组，并将其时代定为早侏罗世。

【现在定义】 主要岩性为灰色、灰白色砂岩、长石石英砂岩、砾岩，夹灰黑色粉砂岩、碳质泥岩及煤线(层)，下与黄山街组整合过渡，以本组底部灰白色砾岩、粗砂岩为分界标志，上与砾岩、粗砂岩为主的阿合组整合或不整合接触。

【层型】 正层型：拜城县舒善河剖面(81°41′15″,42°04′50″)，由新疆石油管理局姚国藩等(1956)测制。

【地质特征及区域变化】 该组分布同俄霍布拉克群，主要岩性为灰白色砾岩或中至粗粒砂岩、黄绿色粉砂岩、砂质泥岩或黑色碳质页岩夹煤线互层，通常构成三个由粗到细的旋回。在克孜勒努尔、塔里奇克、舒善河、吐格尔明夹可采煤层。本组厚度由西向东有增大趋势，拜城县库列根厄肯 187 m，舒善河 197.1 m，卡拉苏河 444.12 m，在库车县北库车河，该组厚度增大至 820.6 m。

本组所含生物化石主要有植物：*Neocalamites hoerensis*，*Neoannularia triassica*，*Cladophlebis* cf. *tsaidamensis*，*Annulariopsis inopinata*，*Hausmannia ussuriensis*，*Podozamites lanceolatus*，*Todites* cf. *princepsis*，*Coniopteris hymenopylloides*，*Ginkgo* cf. *huttoni*；叶肢介：*Palaeolimnadia* cf. *chuanbeiensis*；孢粉：*Aratrisporites granulatus*，*Taeniaesporites alberta*。

---

① 姚国藩等，1956，东天山南麓库车洼地综合研究总结报告。

乌尊萨依群　T*W*　(04－65－1612)

【创名及原始定义】　新疆地矿局地质矿产研究所李永安等(1984)创名于皮山县杜瓦附近。原始定义:紫红、灰红、灰黑色砂岩、泥岩互层,夹粉砂岩,含叶肢介化石。

【沿革】　1985年,新疆1∶200万地质图将该套地层划为白垩系。本次对比研究考虑到该区尚未发现其他三叠纪地层,故保留该组。

【现在定义】　主要岩性为紫红、灰红夹少量灰黑色粉砂岩、砂岩夹粉砂质泥岩,下与二叠纪至三叠纪灰黑色泥岩(未命名)整合接触,以岩性色调变红为本组开始,上被叶尔羌群灰、黄褐色碎屑岩夹煤线的地层平行不整合覆盖。

【层型】　正层型:皮山县杜瓦剖面(79°03′20″,37°10′35″),由李永安等(1989)测制。

【地质特征及区域变化】　该群仅分布在塔里木盆地西南缘的皮山县杜瓦村东南一带,构成北西向的单斜,为陆相湖盆沉积,产叶肢介化石:*Punctestheria muililineatus*, *P. triangularis*, *P. elliptca*, *Cornia* cf. *samarica*。

【其他】　本群因分布零星,下伏地层未命名且未见底,故和二叠纪杜瓦组关系不明,其时代也不够确切,考虑到系新资料,本次对比研究保留,待今后野外工作进一步研究。

河尾滩群　T*H*　(04－65－1615)

【创名及原始定义】　新疆区域地层表编写组(1981)在河尾滩创名,原称下河尾滩群和上河尾滩群。原始定义:分布于林济塘、河尾滩、喀喇昆仑山口之北及克勒青河上游等地,主要为灰岩、鲕状灰岩夹砂岩及泥岩,局部夹砾岩,含珊瑚、双壳类、腕足类等化石。

【沿革】　新疆地矿局第一区调大队四分队(1984)在该区进行1∶100万地质调查时,将原上、下河尾滩群称上河尾滩群,另划出一块地质体称下河尾滩群。1993年《新疆维吾尔自治区区域地质志》称该地层为河尾滩群。本次对比研究认为目前所划的上河尾滩群、下河尾滩群均不整合在空喀山口组之上,岩性差异并不明显,应合并统称河尾滩群。

【现在定义】　主要岩性为浅灰—深灰色薄—中层状灰岩、生物灰岩、粉砂岩、细砂岩、硅质岩和少量硅质灰岩、白云岩、泥灰岩、碳质粉砂岩等。其下与空喀山口组以平行不整合面为界,上与克勒青河群整合接触,以灰岩消失或剧减为本组顶界,或被龙山组不整合超覆并以不整合面为界。

【层型】　选层型:和田县河尾滩剖面(78°38′00″,35°06′00″),由新疆第一区调大队四分队(1984)测制。

【地质特征及区域变化】　该群出露于喀喇昆仑山阿格达坂至龙巴其保达坂一带的广大地区,呈北西向长条状展布。主要岩性为浅灰、深灰色薄—中层状灰岩、生物灰岩、粉砂岩、细砂岩、硅质灰岩、泥灰岩、碳质粉砂岩等,厚75.89～2 337 m。与下伏地层大多为断层接触,只在空喀山口与下伏空喀山口组为平行不整合接触;在空喀山口与上覆克勒青河群为整合接触,在河尾滩北被龙山组不整合覆盖。

本组所含生物化石主要有双壳类:*Montiultia* sp., *Daonella* sp., *D. indica*, *Plagiostoma* sp., *Halobia* sp., *H.* cf. *talauana*, *H.* cf. *planicosta*, *H. bagiugensis*, *H. arthaberi*, *Bakevelloides* sp.;掘足类:*Fustiaria* sp.;菊石:*Rimkinites* sp.;珊瑚:*Thamnasteria* sp., *Epistraptophyllum* ? sp., *Thecosmilia* sp., *Chactetes* sp.;棘皮类:*Cyclocyclicus* sp.;腕足类:Rhynchonellidae, *Montlivaltia* sp. 等,根据以上化石该群的时代为中三叠世。

【其他】 杨志荣、龙能礼(1990)建立的林济塘组、尼布楚组无岩性定义和详细剖面，系依据化石资料所定，应予停用。前人曾将河尾滩群下部时代定为早三叠世，但从目前资料看尚不可靠，因此本次对比研究仍保持河尾滩群的时代为中三叠世。

克勒青河群　T*K*　(04－65－1616)

【创名及原始定义】 新疆区域地层表编写组(1981)创名于乔戈里峰一带的克勒青河。原始定义:主要分布于乔戈里峰东北的克勒青河到喀喇昆仑山口的德普桑一带，在克勒青河主要为淡黄、灰色钙质页岩、页岩夹深灰色灰岩。厚300 m。

【沿革】 新疆地矿局第一区调大队四、十分队(1984)分别在叶尔羌河上游地区和乔戈里峰地区划出该群并测制许多剖面。1993年《新疆维吾尔自治区区域地质志》总结该区三叠纪地层时，沿用该群。本次对比研究采用该名。

【现在定义】 为一套细碎屑岩沉积，主要岩性为浅变质灰—深灰色薄—中层状中—细粒砂岩，长石石英砂岩、粉砂岩、千枚岩化砂岩、板岩、页岩呈不均匀互层并夹灰岩。下与甜水海群不整合接触或整合于河尾滩群灰岩之上，上多未见顶或被龙山组灰岩不整合覆盖。

【层型】 因命名资料的地层只有一层岩性描述，故本次对比研究将新疆地矿局第一区调大队四分队(1984)所测和田大红柳滩东南剖面作为选层型(79°19′40″,35°53′40″)。

【地质特征及区域变化】 该群分布于乔戈里峰东北的克勒青河到喀喇昆仑山口东南一带。主要岩性为浅变质的灰—深灰色薄—中层状中—细粒砂岩、长石石英砂岩、粉砂岩、页岩和灰岩。在泉水沟一带不整合在甜水海群之上，在加温达坂至河尾滩一带整合盖在河尾滩群之上，其他地区都被断层所破坏;其上被龙山组不整合覆盖或未见顶。厚度数百米至数千米不等。

本群所含生物化石主要有植物:*Desmiophyllum* sp.,*Ctenis* ? sp.,*Taeniopteris* sp.,*Podozamites* sp.,*Vilssonia* sp.;掘足类:*Fustiaria* sp.;双壳类:*Halobia styriaca*,*H. cordillerana*,*H.* aff. *bukquinensis*,*H. arthaberi*,*H. cordillerana*,*Parahalobia qinghaiensis*,以上化石的时代为晚三叠世。

叶尔羌群　$J_{1-2}Y$　(04－65－1720)

【创名及原始定义】 德·泰拉(1932)在塔里木盆地西南至昆仑山进行地质考察所创立，但其命名的地层不够确切，其中包括一部分二叠纪地层。原始定义:指一套含煤地层。

【沿革】 泰拉(1932)曾将塔里木盆地西南至昆仑山一带的一套含煤岩系创为叶尔羌群，其中包括部分二叠纪地层。H·A·别良耶夫斯基(1946)又将该套沉积命名为含煤岩系。地质部第十三大队(1957)在艾格留姆河工作时，将该群划为艾格留姆岩系(相当于现莎里塔什组、康苏组和杨叶组)。西北煤田地质局156队(1962)将相当艾格留姆岩系划为叶尔羌群。新疆地质局区测大队一连三排(1971)将该套沉积划为中部灰绿色岩系。新疆区域地层表编写组(1981)将出露于托云、昆仑山、阿尔金山等地的一套湖沼相含煤碎屑岩划为叶尔羌群，其时代划归早—中侏罗世。本次对比研究仍沿用新疆区域地层表编写组(1981)的划分方案。

【现在定义】 为一套湖相沼相含煤碎屑岩。自下而上由莎里塔什组、康苏组、杨叶组、塔尔尕组组成。

该群在阿尔金山及喀拉米兰等地区因资料所限未细分为组，只以群为代表。

莎里塔什组　$J_1\hat{s}$　(04-65-1716)

【创名及原始定义】 新疆区域地层表编写组(1981)创立,创名地位于新疆乌恰县莎里塔什。原始定义:为一套湖沼相碎屑岩,岩性以灰、绿灰色砾岩为主,夹砂岩、粉砂岩及碳质页岩,含植物化石。

【沿革】 苏联地质保矿部第十三航测大队(1953)在托云地区将该套地层划为Lias(里阿斯)组。西北煤田地质局156队(1962)在塔里木盆地西南划分为砾岩组。新疆地质局第二地质大队(1965)在杜瓦将其划归三叠系。新疆区域地层表编写组(1981)将该套地层正式命名为莎里塔什组,时代为早侏罗世早期。

在阿尔金山及昆仑山的喀拉米兰地区:新疆地质局第四区测大队(1960)在该区开展工作时将该地层笼统划分为早—中侏罗世。新疆地质局区测大队一连三排丁战等(1971)在课帕幅(J-45-XXV)划分为早—中侏罗世。1971年新疆地质局区测大队一连二排张玉谦等在阿尔金地区且末县(J-45-XX、XXI、XXXI、XXXII)幅中划分为中部灰绿色岩系。新疆区域地层表编写组(1981)将该区与塔里木盆地西南缘及昆仑山麓统一命名为叶尔羌群。下分四个组:莎里塔什组、康苏组、杨叶组、塔尔尕组。通过对比研究停用了里阿斯组,今后在塔里木盆地西南缘均以莎里塔什组代表早侏罗世早期沉积。而在昆仑山麓、喀拉米兰及阿尔金山一带仍采用叶尔羌群代表早—中侏罗世沉积。

本次对比研究以新疆区域地层表编写组(1981)的划分方案为基础,并沿用以上划分。

【现在定义】 指整合于康苏组之下的一套湖沼相的粗碎屑岩,岩性以灰、灰绿色砾岩为主,夹砂岩、粉砂岩及碳质页岩,底界常常不整合于古生界老地层之上,顶界以一套细碎屑岩与该组分界。含有植物及孢粉化石。

【层型】 正层型:乌恰县莎里塔什剖面(75°04′18″,39°40′30″),由新疆石油管理局107队(1975)测制,引自《西北地区区域地层表·新疆维吾尔自治区分册》(1981)。参考剖面:托云塔塔村剖面,克孜勒幅卡尔乌里剖面,卡拉达坂剖面。

【地质特征及区域变化】 该组主要分布于乌恰县以东的托云盆地—康苏一带,岩性比较稳定,在托云盆地以灰、绿灰色砾岩为主,夹砂岩、粉砂岩及碳质页岩,含植物化石,厚2 480 m,在乌恰县西南的库斯拉甫—卡拉达坂为灰、灰绿、黄褐色砾岩夹灰褐色石英砂岩。但在皮山县西南杜瓦地区则夹有砖红色砂岩及少量泥灰岩。含双壳类及叶肢介化石,厚500 m。从上看出托云及库斯拉甫两地岩性很相近,应为同一沉积区。往西至于田县以南普鲁一带,早侏罗世未细分,只划分到群,岩性略有变化,为黄绿色砂岩、泥岩夹细砾岩,含双壳类化石,厚608 m,不整合于前寒武系之上。

在莎车县以南的叶尔羌河一带,叶尔羌群均未细分为组,岩性上部为杂色,下部为灰绿色砂岩夹少量泥岩和薄煤线,厚511～614 m,其特点顶部层位不全,往西在木孜塔格—喀拉米兰河一带,本群相变为灰绿色微片理化砂岩与粉砂岩、页岩互层夹碳质页岩及菱铁矿扁豆体,含植物、双壳类、腹足类化石。在阿尔金山西部为灰绿色砾岩、砂岩,不整合于震旦系之上。

综上所述,在阿尔金山及昆仑山喀拉米兰等地,叶尔羌群的下部岩性基本上同塔里木盆地西南缘,昆仑山麓的早侏罗世下部莎里塔什组岩性基本相似,个别地区岩性有相变,但总体上是可以对比的。

康苏组　J_1k　(04-65-1717)

【创名及原始定义】　新疆区域地层表编写组(1981)创名。创名地位于新疆喀什地区康苏附近。原始定义：灰、褐色砂岩及粉砂岩夹泥岩、页岩，含植物化石。厚达216～915 m。

【沿革】　苏联地质保矿部第十三航测大队(1953)在托云地区将该套地层划分为Dogger(道格)统下部砂岩系。西北煤田地质156队(1962)在塔里木西南缘及昆仑山麓又划为砂岩层。新疆地质局二大队(1962)在皮山县西南杜瓦地区将该套地层划分为早—中侏罗世。新疆区域地层表编写组(1981)，根据岩性特征及地层规范将这套地层命名为康苏组，代表早侏罗世的上部沉积。本次对比研究以新疆区域地层表编写组的划分方案为基础，并在本区沿用其方案。

【现在定义】　指整合于莎里塔什组之上、杨叶组之下的一套湖沼相的含煤碎屑岩。岩性为灰绿色、灰色砂岩、砂砾岩与泥岩互层夹碳质泥岩及煤层的沉积序列，含双壳类、植物化石。该组与下伏地层莎里塔什组为下粗上细的沉积旋回及煤层为划分标志，以深灰色泥岩与上覆地层杨叶组分界。

【层型】　正层型：喀什地区康苏剖面(75°03′33″，39°42′26″)，由新疆石油管理局107队(1975)测制。参考剖面：托云地区塔塔村剖面，克孜勒卡拉达坂及坦木剖面，西昆仑山库山河，库斯拉甫剖面，且末县东南江格莎依剖面。

【地质特征及区域变化】　该组主要分布于乌恰县以东的托云盆地—康苏一带，岩性比较稳定，在托云为灰褐色砂岩及粉砂岩，夹泥岩、页岩，含植物化石，厚216～915 m。在乌恰县西南的库斯拉甫一带为灰绿色砂岩，下部夹砾岩，上部夹碳质页岩、碳质泥岩及煤线，含植物化石，厚度220～898 m。在皮山县西南的杜瓦地区未细分为组，该套地层由下而上构成粗—细两个旋回，主要岩性为砾岩、粉砂岩、砂质泥岩夹碳质泥岩和煤层，与下伏地层二叠系比尤勒包谷孜组呈平行不整合接触。往西至且末县东南江格莎依一带岩性为泥岩、砂岩互层夹煤层，含植物化石，厚500 m。

本组顶部在乌恰县东北库孜贡苏河至小黑孜威含工业煤层，含双壳类化石：*Pseudocardinia ovalis*，*P. lanceolatus*，*P.* cf. *curta*；在康苏河西岸产：*Pseudocardinia longa*，*P. ovalis* 及 *Neocalamites* cf. *carrerei*，*Pityophyllum lindstroemi*。本组化石组合特征，植物为 *Coniopteris hymenophylloides* - *Phoenicopsis speciosa*，双壳类以 *Unio* - *Ferganoconcha* - *Mytilus* 为主，其中 *Mytilus* 仅见于早侏罗世，与库车地区的阳霞组、准噶尔盆地三工河组及陕甘宁的富县组、山西大同的永庄组地质时代相同，为早侏罗世晚期。因此，将本组的时代划归早侏罗世晚期是合适的。

杨叶组　J_2y　(04-65-1718)

【创名及原始定义】　新疆区域地层表编写组(1981)创名，创名地位于新疆乌恰县库孜贡苏河西侧乌恰煤矿。原始定义：该组是一套湖沼相沉积，岩性主要为灰色、灰黄色砂岩及泥、页岩夹煤层含双壳类及植物化石。

【沿革】　苏联地质保矿部第十三航测大队(1953)在托云地区将该套沉积划分为Dogger(道格)统上部。新疆石油管理局科研所(1959)在托云地区将相当于本组的一套碎屑沉积划分为早—中侏罗世。西北煤田地质局156队(1962)在塔里木盆地西南缘及昆仑山麓将该套地层划分为库斯拉甫组，分下、中、上三个段。新疆区域地层表编写组(1981)将该套地层命名为杨叶组，分为下、中、上三个段。

本次对比研究以新疆区域地层表编写组(1981)的划分方案为基础,将杨叶组三个段合并,根据正层型剖面岩性分析,是一个由细到粗的三个沉积旋回,厚544 m。所以本次对比研究将该套地层在地层表划分的基础上略做变动。通过本次对比研究停止使用库斯拉甫组,今后在阿尔金—昆仑—托云地区均以杨叶组,代表中侏罗世早期的沉积。

【现在定义】 是指整合于康苏组之上、塔尔尕组之下的一套湖沼相含煤碎屑岩,岩性为灰色、灰黑色片状泥岩夹薄层—块状砂岩、碳质泥岩和泥灰岩薄条、煤层及少量的砾岩,底部以厚达百米的灰色片状泥岩为标志层,含双壳类和腹足类化石,植物化石贫乏。

【层型】 正层型:乌恰县库孜贡苏河西侧乌恰煤矿剖面(75°10′45″,39°45′30″),由新疆石油管理局107队(1975)测制,引自《西北地区区域地层表·新疆维吾尔自治区分册》(1981)。参考剖面:阿克陶县叶尔羌河南岸剖面,克孜勒地区库尔吉尔嘎剖面,卡拉达坂剖面,西昆仑山库斯拉甫剖面,且末县东南江格沙依剖面。

【地质特征及区域变化】 本组主要分布于乌恰县以东的托云盆地—康苏一带,岩性稳定,该组顶部在乌恰县小黑孜威一带,含工业煤层,在托云为灰色、灰黄色砂岩及泥、页岩夹煤层,含双壳类及植物化石。在乌恰县西南的库斯拉甫一带岩性与托云相似。在克孜勒地区的库尔吉尔嘎一带为黄绿色、灰色、灰黑色粉砂岩、粉砂质砂岩、细粒岩屑砂岩,厚703 m。在莎车县以南的叶尔羌河南岸为灰、灰黑色细砂岩、泥岩、砂质泥岩夹煤层,含植物、双壳类化石,厚1 235 m,往西于田县以南普鲁为砂岩、泥岩夹煤层,厚200 m。

综上所述,本组为一套湖沼相沉积环境的含煤细碎屑岩沉积,化石组合仍为 *Coniopteris hymenophylloides* - *Phoenicopsis speciosa*。但其中很少含较老的分子如:*Neocalamites carrerei*,而大量出现一些较新分子 ,如 *Coniopteris burejensis*。双壳类组合为 *Pseudocardinia* - *Lamprotula* (*Eolamprotula*) - *Psilunio*。

鉴于上述化石组合特征,本组与库车地区的克孜勒努尔组、准噶尔盆地的西山窑组、陕甘宁盆地的延安组、山西的大同组均可对比,同时双壳类化石兼有我国南方的 *Pseudocardinia* 和北方的 *Ferganoconcha* - *Sibireconcha* - *Tutuella* 两个动物群的分子,这些属种的大量出现,显示了中侏罗世的面貌,据此将杨叶组的地质时代划归为中侏罗世早期。

塔尔尕组　J_2t　(04-65-1719)

【创名及原始定义】 新疆区域地层表编写组(1981)创建,创名地新疆乌恰县库孜贡苏河口塔尔尕。原始定义:指一套樱红、灰绿、草绿色泥岩及砂岩。含介形虫化石。

【沿革】 苏联地质保矿部第十三航测大队(1953)在托云地区将该套地层划分为 Malm (麻姆)统。地质部第十三大队(1957)在艾格留姆河一带将该套地层划分为托普拉克雷克岩系。新疆石油管理局科研所(1959)在托云地区又将该套地层划为中—上侏罗统。新疆地质局二大队(1965)在塔里木盆地西南缘及昆仑山麓将一套杂色碎屑岩划分为上侏罗统。1981年新疆区域地层表编写组将该套地层正式命名为塔尔尕组。本次对比研究以新疆区域地层表编写组的划分方案为基础,并沿用以上划分。本次对比研究停止使用托普拉克雷克岩系。今后在本区均以塔尔尕组,代表中侏罗世晚期的沉积。

【现在定义】 指整合于杨叶组之上、库孜贡苏组之下的一套杂色细碎屑岩,以泥岩为主夹砂岩、泥灰岩等,以底部砾岩层与下伏杨叶组分界,顶部以库孜贡苏组的红色粗碎屑岩出现分界,富含双壳类、腹足类、介形虫及鱼类化石。

【层型】 正层型:乌恰县库孜贡苏河口剖面(75°45′00″,39°18′00″),由新疆石油管理局

107 队(1975)测制，引自《西北地区区域地层表·新疆维吾尔自治区分册》(1981)。参考剖面：且末县江格莎依剖面，克孜勒地区库尔吉尔嘎剖面。

【地质特征及区域变化】 本组为一套河湖相沉积，其明显特征为一套杂色细碎屑岩，与天山北麓的头屯河组岩性相似。

塔尔尕组主要分布于天山南麓，乌恰县小黑孜威—库孜贡苏河一带，乌恰县以东的康苏杨叶等地均被剥蚀。剖面以小黑孜威—库孜贡苏河口外一带最佳，厚 80～533 m。

本次对比研究，因受各种条件的制约，在阿尔金山一带未细分，仍采用前人的划分方案。

该组根据岩性特征、生物组合特征均可与库车地区的恰克马克组、天山北麓的头屯河组、陕甘宁盆地的直罗组、山西大同的云岗组对比。故将地质时代划归中侏罗世晚期。

库孜贡苏组 J_3k (04－65－1721)

【创名及原始定义】 新疆区域地层表编写组(1981)创立，创名地新疆乌恰县库孜贡苏河下游小黑孜威。原始定义：指一套红色山麓河流相的粗碎屑岩，与下伏地层塔尔尕组呈整合接触，其上被白垩系整合或平行不整合覆盖。

【沿革】 新疆地质局库巴队(1958)在阿尔金山及昆仑山的喀拉米兰地区将该套地层划为晚侏罗世上艾西岩系。新疆地质局第四区测大队(1960)在本区将这套地层划归为晚侏罗世。新疆地质局区测队一连三排丁战等(1971)在课帕幅(J－45－XXV)划分为晚侏罗世。1971 年区测队一连二排张玉谦等在阿尔金地区且末县(J－45－XX、XXI、XXXI、XXXII)幅中又划分为晚侏罗世上部红色岩系。新疆区域地层表编写组(1981)将该套地层正式命名为库孜贡苏组。时代定为晚侏罗世。本次对比研究停用上艾西岩系。今后在本区均以库孜贡苏组这一岩石地层单位代表晚侏罗世的沉积。

本次对比研究以新疆区域地层表的划分方案为基础，并沿用以上的划分方案。

【现在定义】 指一套红色山麓河流相的粗碎屑岩，岩性以红色厚层—巨厚层状砾岩为主，夹砂岩及少量砂质泥岩，砾径由下向上逐渐变粗，该组与下伏叶尔羌群以一套湖沼相杂色层为划分标志，整合接触，与克孜勒苏群平行不整合或不整合接触。未见化石。

【层型】 正层型：乌恰县库孜贡苏河下游小黑孜威剖面(75°15′00″，39°45′00″)，由新疆石油管理局 107 队(1975)测制，引自《西北地区区域地层表·新疆维吾尔自治区分册》(1981)。参考剖面：克孜勒地区库尔吉尔嘎剖面，乌恰县托鲁加尔特河托云剖面，和田县皮息剖面，叶城县依格孜牙—吐依洛克剖面，若羌县艾西剖面。

【地质特征及区域变化】 库孜贡苏组主要分布于乌恰县东北，库孜贡苏河—小黑孜威—托云一带。岩性变化不大，以红色厚层—巨厚层状砾岩为主，夹砂岩及少量砂质泥岩，砾径由下向上逐渐变粗，横向上红色砾岩可相变为灰、绿，未发现化石。厚度在乌恰县以东的托云只有 160 m，往西至阿尔金一带山区厚 500～1 100 m，本组在乌恰附近的库孜贡苏河出露较完整。

该组沉积相与下伏地层中侏罗统差别很大，中侏罗统为湖沼相含煤沉积，本组为红色山麓河流相沉积。再则，平行不整合于库孜贡苏组之上的克孜勒苏群的孢粉、介形类时代为早白垩世。而塔尔尕组的孢粉、植物、双壳类、介形类化石为中侏罗世晚期，因此将库孜贡苏组的时代划归为晚侏罗世是比较合适的。在野外填图时，宏观上呈红色层并以此为标志。

克拉苏群 $J_{1-2}K$ (04－65－1712)

【创名及原始定义】 1964 年全国地层委员会所创名，创名地点和原始定义已无法查阅。

【沿革】 早在1942年，我国地质学家黄汲清、程裕淇、杨钟健等在塔里木做地质调查时将本区的该套地层称为水西沟系，并自下而上分为：下绿色岩层、下含煤带、标准砂岩层、灰色岩层、上含煤带、上绿色岩层和红色岩系共七层。其中第1—6层相当于现在克拉苏群。姚国范、陶瑞明(1957)在《库车洼地石油地质综合研究报告》中将本区侏罗系划分为塔里奇克层(相当于黄汲清等的第1—2层)、标准砂岩层(相当于黄汲清等的第3—4层)、克孜勒努尔层(相当于黄汲清等的第5—6层)，并将这三层合称克拉苏统，时代定为早—中侏罗世。1959年第一届全国地层会议学术报告《中国的中生代陆相地层》中，将克拉苏统划归为克拉苏群。1981年，新疆区域地层表编写组根据《国际地层指南》、《中国地层指南及中国地层指南说明书》及地层规范，对本区侏罗系地层进行了综合性研究，保留了克拉苏群的划分方案，并将该群进一步划分为：阿合组、阳霞组、克孜勒努尔组。新疆地质局区调大队(1981)在汗腾格里峰、却响幅(K-44-XV、XVI)进行1∶20万区调工作时将该套沉积也划分为早侏罗世克拉苏群，并自下而上分为：塔里奇克组(现为上三叠系地层)、阿合组、阳霞组、克孜勒努尔组。新疆地质局区调大队(1983)在新疆拜城县黑英山幅(K-44-XVII)进行1∶20万区调工作时，将该套地层底部划为塔里奇克组，中、上部划为克拉苏群阿合组、阳霞组、克孜勒努尔组。王思恩(1985)在《中国的侏罗系》一书中，将该套地层划归为克拉苏群，并自下而上分为：阿合组、阳霞组、克孜勒努尔组、七克台组。1990年后，周志毅、陈丕基等将该套地层划为下侏罗统并以阿合组、阳霞组为代表。

本次对比研究以新疆区域地层表编写组的划分方案为基础，并沿用其划分方案。

【现在定义】 为一套河湖相、沼泽相交替沉积的含煤和油页岩的碎屑岩沉积。自下而上分为：阿合组、阳霞组、克孜勒努尔组。

阿合组 J_1a (04-65-1709)

【创名及原始定义】 新疆区域地层表编写组(1981)创名，创名地位于天山南麓库车县库车河。原始定义：为一套交错层发育，以灰绿色砾状砂岩为主的粗碎屑岩。

【沿革】 本组划分沿革见上述克拉苏群。

【现在定义】 指整合于塔里奇克组之上、阳霞组之下的一套河流相、河流三角洲相的碎屑岩，主要由灰绿色砾状砂岩组成，其中交错层发育，并含植物化石。

【层型】 正层型：库车县库车河剖面(83°15′05″,42°15′50″)，由新疆石油管理局107—109队(1975)测制，引自《西北地区区域地层表·新疆维吾尔自治区分册》(1981)。参考剖面：拜城县黑英山幅卡拉苏河剖面，却响幅(K-44-XV、XVI)卡普斯朗剖面。

【地质特征及区域变化】 本组主要分布于天山南麓库车—拜城一带，岩性稳定。在本组中含大量植物化石，经鉴定均属早—中侏罗世分子，据此将本组时代划归早侏罗世。

阳霞组 J_1y (04-65-1710)

【创名及原始定义】 新疆区域地层表编写组(1981)创名，创名地位于天山南麓的轮台县吐格尔明阳霞之北。原始定义：为一套湖沼相土黄、灰色砂岩夹砾岩及煤层，含少量植物化石，厚200～400 m。

【沿革】 本组划分沿革见上述克拉苏群。

【现在定义】 指整合于阿合组之上、克孜勒努尔组之下的一套湖沼、泥炭沼泽相碎屑岩，主要岩性为灰绿色细粉砂岩、灰黑色泥岩、碳质页岩，含植物及双壳类化石。下以河流相交错层理发育的砂岩与阿合组分界，上以黑色碳质泥岩的出现与克孜勒努尔组分界。

【层型】 正层型：轮台县吐格尔明背斜塔克马扎沟剖面(84°33′20″,41°57′10″)，由新疆石油管理局107—109队(1975)测制，引自《西北地区区域地层表·新疆维吾尔自治区分册》(1981)。参考剖面：博斯腾—甘草湖剖面，汗腾格里峰、却响卡普斯朗剖面，库列根厄肯剖面，黑英山卡拉苏河剖面。

【地质特征及区域变化】 本组主要分布在库车—拜城一带，岩性单一且稳定，厚度变化不大，根据植物化石及孢粉组合特征，将其时代划归早侏罗世。

克孜勒努尔组 J_2k (04-65-1711)

【创名及原始定义】 新疆区域地层表编写组(1981)创名，创名地位于新疆库车县克孜勒努尔沟。原始定义：为灰绿色粉砂岩、黑色碳质页岩、灰白色石英砂岩互层夹煤层，含丰富植物和瓣鳃类化石。

【沿革】 本组划分沿革见上述克拉苏群。本次对比研究停用克孜勒努尔层。今后在库车地区均采用克孜勒努尔组代表中侏罗世早期的沉积。

【现在定义】 指整合于阳霞组之上、恰克马克组之下的一套湖沼相碎屑岩，主要由灰绿色粉砂岩、黑色碳质页岩、灰白色石英岩及少量煤层组成，其中含丰富的植物、双壳类化石。

【层型】 正层型：库车县克孜勒努尔沟剖面(82°17′45″,42°07′10″)，由新疆石油管理局107—109队(1975)测制引自《西北地区区域地层表·新疆维吾尔自治区分册》(1981)。参考剖面：黑英山卡拉苏河剖面，却响库列根厄肯剖面，托克逊县喀拉塔格北附近剖面。

【地质特征及区域变化】 本组岩性稳定，但厚度变化较大，库车县克孜勒努尔沟剖面厚843.30 m，而拜城西北的卡普沙浪一带厚仅486 m。在本组中除含大量植物化石外，尚含双壳类化石：*Pseudocardinia asiatica*，*P. elongata*，*P. jeniseica*，*P. capsalianensis*，*Ferganoconcha tomiensis*，*Sibireconcha anodontides* 及介形虫、叶肢介化石。在喀什地区和西昆仑山北麓一带的相当地层称杨叶组，其生物组合特征相似。因此将本组时代划归为中侏罗世。

恰克马克组 J_2q (04-65-1713)

【创名及原始定义】 黄汲清(1943)创名恰克马克岩系于库车县恰克马克。1981年新疆区域地层表编写组，将其改称恰克马克组。由于未见创名剖面，故1981年新疆区域地层表编写组将位于库车县克孜勒努尔沟剖面作为本组典型剖面。本次对比研究仍沿用该剖面，但按地层规范该剖面只能作为选层型剖面。原始定义：指一套含有脊椎、介形虫油页岩层的细碎屑岩，主要岩性为鲜绿、紫红色砂质泥岩、粉砂岩夹砂岩，局部为深灰黑色油页岩层，底部为黄褐色泥灰岩透镜体的地层。

【沿革】 黄汲清(1943)在《库车铜厂油田地质》一文中，将在恰克马克一带的一套杂色的碎屑岩系称为恰克马克岩系，时代为中—晚侏罗世。姚国范等(1957)在《库车洼地石油地质综合研究报告》中，将该套地层划为恰克马克统，时代为中—晚侏罗世。1964年，《中国中生代陆相地层》又将该套地层划为恰克马克群，时代仍为中—晚侏罗世。1981年，新疆区域地层表编写组将该套地层划归为恰克马克组，时代定为中侏罗世。

本次对比研究以《西北地区区域地层表·新疆维吾尔自治区分册》(1981)的划分方案为基础，并沿用其划分方案。

另外，在此值得提出的是：自黄汲清(1943)创名的恰克马克岩系其涵义多次修改变动，但该套地层时代都限定为中侏罗世晚期，与天山北麓的头屯河组层位相当。王思恩等(1985)在

《中国的侏罗系》一书中所用的七克台组其地质体与恰克马克组同属一体，因此，本次对比研究认为仍采用恰克马克组这一岩石地层单位，而七克台组已被天山北麓头屯河组所替代。本次对比研究停用恰克马克岩系、恰克马克统、恰克马克群等同物异名。今后在本区均采用恰克马克组，代表中侏罗世晚期的沉积。

【现在定义】 指整合于克孜勒努尔组之上、齐古组之下的一套杂色碎屑岩，主要岩性为鲜绿、紫红色砂质泥岩、粉砂岩夹砂岩，局部为深灰黑色油页岩层，底部为黄褐色泥灰岩凸镜体，与下伏地层克孜勒努尔组以不含煤为区别，与上覆齐古组为整合过渡，本组宏观上以鲜艳的杂色层为标志。

【层型】 创名人未指定层型，本书指定选层型：库车县克孜勒努尔沟剖面(82°17′35″，42°06′40″)，由新疆石油管理局107—109队(1975)测制。参考剖面：拜城县黑英山卡拉苏河剖面。

【地质特征及区域变化】 本组主要分布于库车地区塔克拉克河—克孜勒努尔沟。在库车县以西的捷列维切克河，本组含有介形类化石：*Darwinula sarytirmenensis*，*D. impudica*，*Timiriasevia catenularia*；在克孜勒努尔沟产脊椎动物化石：Megalosauridae indet；在库车河苏维依剖面上含鱼化石：*Baleiichthys* sp.。

该组根据岩性特征、生物组合特征与托云地区的塔尔尕组、天山北麓的头屯河组、陕甘宁盆地的直罗组、山西大同的云岗组均可对比，地质时代为中侏罗世晚期。

哈满沟组　J_1h　(04－65－1714)

【创名及原始定义】 新疆地质局科研所地层队(1958)创名哈满沟岩系，后由新疆区域地层表编写组改称为组。由于创名时是否有创名剖面现已无法查阅，故1981年新疆区域地层表编写组将新疆博斯腾湖剖面作为该组的典型剖面。本次对比研究仍选用该剖面作为本组的选层型剖面。原始定义：灰白、灰绿色粗砂岩、砂砾岩夹粉砂岩、泥岩及煤层，含植物化石。

【沿革】 地质部第十三大队(1957)在甘草湖一带，将现称哈满沟组的该套地层划分为帕尔恰布拉克组、索克苏克布拉克组。新疆地质局科研所地层队(1958)在博斯腾湖一带将该套地层划分为哈满沟岩系。新疆地质局第三区测队(1961)在泰拉格他什一带又将该套地层划分为泰拉格他什群。1981年新疆区域地层表编写组将该套地层命名为哈满沟组。

本次对比研究沿用《西北地区区域地层表·新疆维吾尔自治区分册》(1981)的划分方案。但值得提出的是该区的下—中侏罗统含煤地层在库车一带称为克拉苏群，下分为阿合组、阳霞组、克孜勒努尔组。而博斯腾湖一带的哈满沟组则相当于库车地区的阿合组、阳霞组；他什店组相当于克孜勒努尔组。按地层规范和《国际地层指南》，博斯腾湖一带的岩石地层名称应划归库车地区的克拉苏群，但本次对比研究考虑哈满沟煤矿的勘探、开采规模，故作了保留。本次对比研究停止使用哈满沟岩系，今后在博斯腾湖一带均采用哈满沟组这一岩石地层单位代表早侏罗世的沉积。

【现在定义】 指整合于小泉沟群之上、他什店组之下的一套河湖相，粗、细相间的碎屑岩沉积，岩性为灰白、灰绿色粗砂岩、砂砾岩夹粉砂岩、泥岩及煤层，含植物化石。

【层型】 创名人未指定层型，本次对比研究指定选层型：博斯腾湖剖面(86°07′30″，42°30′50″)，由新疆地质局科研所地层队(1958)测制。

【地质特征及区域变化】 本组主要分布于焉耆县东南博斯腾湖一带，岩性稳定，厚度变化不大，与下伏地层中上三叠统小泉沟群呈整合接触。

他什店组 $J_2 t\hat{s}$ （04－65－1715）

【创名及原始定义】 新疆地质局科研所地层队(1968)创名他什店岩系。原始定义:指一套湖沼相碎屑岩沉积。主要为砂岩、粉砂岩夹砂砾岩,含大量的植物化石,与下伏地层哈满沟组呈整合过渡。

【沿革】 地质部第十三大队(1957)在甘草湖一带将现称为他什店组的该套地层划分为杨布拉克组。新疆地质局科研所地层队(1958)在博斯腾湖一带将该套地层划分为他什店岩系。1981年新疆区域地层表编写组将该套地层命名为他什店组。本次对比研究沿用《西北地区区域地层表·新疆维吾尔自治区分册》(1981)的划分。

【现在定义】 指整合于哈满沟组之上的湖沼相碎屑沉积,主要岩性为砂岩、粉砂岩、泥岩及煤层、菱铁矿结核,与上覆地层恰克马克组整合接触,以不含煤的杂色层为划分标志,含植物及双壳类化石。

【层型】 创名人未指定层型,本次对比研究指定选层型:焉耆县博斯腾湖一带剖面(86°08′20″,42°30′30″),由新疆地质局科研所地层队(1968)测制。

【地质特征及区域变化】 本组主要分布于焉耆县东南博斯腾湖以西,岩性稳定,所含植物化石组合为:*Coniopteris hymenophylloides* － *Phoenicopsis speciosa*;双壳类为 *Ferganoconcha subcentralis* － *Pseudocardinia hupehensis* 等;鲎虫化石:*Zhungarium cardiforme* 及昆虫化石:*Aphrira xinjiangensis*, *Xinjiangia tashidianensis*, *Mesocixiella kuerleensis* 等。

根据岩石及化石组合特征将本组的地质时代划归为中侏罗世。

巴工布兰莎群 $J_1 B$ （04－65－1724）

【创名及原始定义】 新疆区域地层表编写组(1981)创立,创名地位于新疆皮山县巴工布兰莎附近。原始定义为:该群为一套海陆交互相沉积,岩性为砂质页岩、砂岩、砾岩、泥质岩及灰岩,含有丰富的动、植物化石。

【沿革】 喀喇昆仑山的海相侏罗系早在1916年就被国内外地质学者重视,海登(1916)将该套地层称之为“帕米尔灰岩”。H·A·别良耶夫斯基(1946)又将这套地层划分为下侏罗统和上—中统红色砂砾岩组及灰岩组。《中国区域地层表(草案)》(1956)将这里的侏罗纪灰岩又划分为上—中侏罗统。1981年新疆区域地层表编写组将该套地层下部划分为下—中侏罗统巴工布兰莎群,中部和上部划为晚侏罗世红其拉甫组。新疆地矿局一区调大队四分队(1984)将该套地层下部划为早侏罗世巴工布兰莎群、中部划为中侏罗世龙山组、上部划为晚侏罗世红其拉甫组。本次对比研究以新疆地矿局一区调大队四分队1∶100万区调资料为基础,并沿用其划分。本次对比研究停用“帕米尔灰岩”等同物异名。今后在喀喇昆仑山海相沉积区中均采用巴工布兰莎群这一岩石地层单位,代表早侏罗世的海相沉积。

【现在定义】 指不整合于中泥盆统落石沟组之上、龙山组之下的一套海陆交互相沉积,岩性为砂质页岩、砂岩、粉砂岩、碳质粉砂岩、灰岩、鲕状灰岩、燧石灰岩及沥青质灰岩序列,灰岩中产双壳类、菊石、苔藓虫,碎屑岩中产植物化石。

【层型】 正层型:皮山县巴工布兰莎附近剖面(78°04′00″,35°15′00″),由新疆区域地层表编写组(1977)测制,引自《西北地区区域地层表·新疆维吾尔自治区分册》(1981)。

【地质特征及区域变化】 该群主要分布于喀喇昆仑山一带,岩相变化不大,在皮山县巴工布兰莎东南的苏多河尾滩附近的灰岩中含菊石 *Harpoceras phinectatum*,双壳类 *Posidonia* aff.

alplna，不整合于上三叠统克勒青河群之上。在喀喇昆仑山的林济塘以西为暗灰色钙质页岩夹黑色鲕状及块状灰岩，含双壳类 *Camptonectes lens*，*Trigonia* sp.。在界山达坂一带为褐色砾状砂岩及褐灰色灰岩，含双壳类：*Chlamys* aff. *tiopperi*，*Lopha* sp.。在克什米村一带为灰绿、黑色砂岩、粉砂岩、泥岩与灰、紫红、黄色厚层灰岩不均匀互层夹碳质粉砂岩、鲕状灰岩、燧石灰岩及沥青质灰岩，含双壳类 *Pecten* sp.，苔藓虫 *Bryozoa* sp.，山虾 *Anaxenaspis*。厚1 320 m。

根据岩性特征及生物化石，该群与青海唐古拉山雁石坪群及西藏喜马拉雅地区聂聂雄拉群，昌都地区的番堆组和察雅组均可对比，化石组合中的 *Harpoceras phinectatum* 可与西欧下侏罗统 Aalenian（阿林）阶及托尔阿的带化石对比，阿林阶也产与巴工布兰莎群的 *Trigonia* 及 Lias（里阿斯）型的箭石：*Belemnites*。

该群所含的植物化石可与新疆西南部的叶尔羌群对比，因此根据岩性及动植物化石组合特征，将该套地层时代定为早侏罗世。

龙山组　J_2l　(04-65-1725)

【创名及原始定义】　新疆地矿局第一区调大队四分队张志德等(1984)创名，创名地位于喀喇昆仑山萨利吉勒干南库勒湖西。原始定义：为一套浅海相碳酸盐岩沉积或碳酸盐岩夹碎屑岩，局部夹火山岩、石膏层，含极丰富的动物化石。

【沿革】　本组的划分沿革同巴工布兰莎群。本次对比研究，以《西北地区区域地层表·新疆维吾尔自治区分册》(1981)的划分方案为基础，并结合新疆地矿局第一区调大队四分队1∶100万地层资料，认为龙山组为一套纯海相沉积，其岩性、岩相及化石组合均有明显特征，龙山组的层位应在巴工布兰莎群之上。本次对比研究认为1984年新疆地矿局第一区调大队四分队在喀喇昆仑山海相层中创建的龙山组，其依据是充分的，因此，今后在喀喇昆仑山均采用龙山组这一岩石地层单位，代表中侏罗世的海相沉积。

【现在定义】　指不整合于克勒青河群之上、整合于红其拉甫组之下的一套浅海相碳酸盐岩夹碎屑岩，局部夹火山岩，主要岩性为灰—深灰色中厚层状、块状灰岩、生物灰岩、泥质灰岩、杂色砾岩，本组的底部以稳定的5～200 m厚的红色、灰绿色底砾岩为标志层，含丰富的动物化石。

【层型】　正层型：喀喇昆仑山萨利吉勒干南库勒湖西剖面(79°45′00″，34°40′00″)，由新疆第一区调大队四分队(1984)测制。参考剖面：新疆西昆仑山河尾滩岔路口南剖面。

【地质特征及区域变化】　该组主要分布于喀喇昆仑山一带，岩性基本稳定，个别地区有相变，在喀喇昆仑山口以北的克勒青河上游下部为灰色石英细砂岩夹少量灰岩，上部为块状灰岩，产丰富的腕足类、双壳类等化石，厚811.2 m。以东的明铁盖河中游，下部为石英粉砂岩夹灰岩，上部为安山质英安斑岩夹硅质岩和角砾状灰岩，厚3 124.8 m。在喀喇昆仑山口以西的岔路口东南10 km处为灰色含砾砂岩、钙质粉砂岩及灰色薄—厚层块状灰岩，产 *Pracyclolites* sp.。在林济塘附近的龙巴其保以北为生物碎屑灰岩、竹叶状灰岩、泥岩、粉砂岩夹碳质页岩、鲕状灰岩，含大量的六射珊瑚、双壳类、腹足类等化石。典型分子有：*Stylinia*，*Dungulia*，*Schafhaeutlia*，*Multiptyxis*。

综上所述，该套地层的地质时代为中侏罗世。

红其拉甫组　J_3h　(04-65-1726)

【创名及原始定义】　新疆区域地层表编写组(1981)创建，创名地位于塔什库尔干塔吉克自治县塔什库尔干河一带。原始定义：为一套浅海相碳酸盐岩，含菊石及箭石。

【沿革】 该组的划分沿革同巴工布兰莎群。本次对比研究以新疆区域地层表编写组(1981)划分方案为基础，并结合新疆地矿局一区调大队的1∶100万区调资料，在本区仍沿用1984年新疆地矿局第一区调大队四分队的划分方案。

【现在定义】 指整合于龙山组之上、不整合于铁隆滩群之下的一套浅海相沉积，岩性为浅灰—深灰色单一的灰岩，偶夹粉砂岩、石英砂岩，含双壳类、菊石、箭石、层孔虫、珊瑚等化石。

【层型】 正层型：塔什库尔干塔吉克自治县塔什库尔干河一带剖面(76°08′00″,36°55′00″)，由新疆区域地层表编写组(1977)测制，引自《西北地区区域地层表·新疆维吾尔自治区分册》(1981)。参考剖面：喀喇昆仑山铁隆滩西50 km处萨利吉勒干南库勒湖西剖面，塔什库尔干河上游的卡拉其古剖面。

【地质特征及区域变化】 本组主要分布于喀喇昆仑山，岩性稳定，岩相有变化。下部为灰色厚层状灰岩、鲕状灰岩、层状灰岩、角砾状灰岩，化石丰富；上部为灰岩、碳质粉砂岩夹砂岩，在塔什库尔干塔吉克自治县以西的塔什库尔干河上游的卡拉其古为碳酸盐岩，往西在河尾滩的萨利吉勒干南库勒为浅灰—深灰色薄—中厚层状灰岩、生物碎屑灰岩、鲕状角砾状灰岩，含有上侏罗统的标准化石 *Virgatosphinctes* sp.；在河尾滩东18 km处为黑色、深灰色薄层状粉砂质灰岩夹浅灰色灰绿色砂质灰岩，含化石：*Camptonectes* sp.，*Inoperna* sp.，*Astarte* sp.，*Pseudolimea* sp.，*Virgatosphinctes frequens* 等。

从上述的岩性特征及所含生物化石分析，该组与我国西藏地区的晚侏罗世拉贡塘组和羌姆勒曲组均可对比，其中该组所含的菊石 *Perisphinctes furcula*，*P. curvicostata* 及箭石：*Belemnites* sp.，*Perisphinctes* 可与西欧上侏罗统的芦采唐阶及波特兰阶带化石对比，双壳类和珊瑚也多为中—晚侏罗世的常见分子。因此将本组的地质时代定为晚侏罗世是较为合适的。

卡普沙良群 K_1K (04-65-1807)

【创名及原始定义】 新疆石油管理局2—19/56队(1956)①创名于库车盆地(新疆区域地层表编写组1981年介绍)，原称卡普沙良统，自下而上分为城墙砾岩层、绛红色层、杂色条带层、黄褐色砂岩层，时代早白垩世。

【沿革】 新疆石油管理局李效亭、雍天寿(1962)将该套地层改称卡普沙良群。新疆地质局林均堂等(1966)在编制库车地区1∶20万地质图说明书时称该套地层为绛红色组；新疆石油管理局地调处107—109/75队(1975)将卡普沙良群自下而上分为亚格列木组、舒善河组、巴西改组。1981年，新疆区域地层表编写组采用107—109/75队的划分方案。此后，该群名一直沿用至今，本次对比研究仍采用。

【现在定义】 为一套陆相碎屑岩沉积。下部为紫红色砂砾岩层，中部为绛红色泥岩和杂色条带状泥岩、砂质泥岩和砂岩，上部为黄褐色、棕红色砂岩、砂质泥岩。下与喀拉扎组不整合或平行不整合接触，上与含紫红色砾岩较多的巴什基奇克组整合接触。自下而上分为亚格列木组、舒善河组、巴西改组。

亚格列木组 K_1y (04-65-1810)

【创名及原始定义】 新疆石油管理局地调处107—109/75队②(1975)创名于库车盆地，

① 新疆石油管理局2—19/56队，1956，东天山南麓库车洼地综合研究总结报告。
② 新疆石油管理局107—109/75队杨文孝、彭希龄、杨树槐等，1975，野外记录本。

新疆区域地层表编写组(1981)介绍。原始定义:指卡普沙良群下部的浅紫色、灰紫色砾岩、砂岩、砾状砂岩具交错层。与下伏地层为平行不整合或不整合接触,与上覆舒善河组整合过渡。

【沿革】 创名后仍被《西北地区区域地层表·新疆维吾尔自治区分册》(1981)采用,无大的划分变化。

【现在定义】 浅紫色、紫灰色砾岩、砂岩、砾状砂岩,与下伏的喀拉扎组为平行不整合或不整合接触,与上覆的舒善河组为整合接触,以浅紫、灰紫色砂砾岩具交错层与以草绿色泥岩的上覆地层分界。

【层型】 正层型:拜城县卡普沙良河剖面(81°36′20″,42°02′40″),由新疆石油管理局107—109/75队(1975)测制。

【地质特征及区域变化】 亚格列木组岩性主要是浅紫色、灰紫色砂岩、砾岩,具交错层,与上覆地层整合,与下伏地层平行不整合或不整合接触。本组含介形虫和鱼类化石,地质年代早白垩世。

舒善河组 $K_1\hat{s}$ (04-65-1809)

【创名及原始定义】 创名同亚格列木组。原始定义:岩性以棕红色、蓝灰色砂质泥岩、泥岩为主,有少量灰绿、灰色粉砂岩和砂岩,产介形类化石为主的生物群。

【沿革】 同亚格列木组。

【现在定义】 棕红色、棕黄色、蓝灰色为主夹灰绿色、草绿色泥岩、砂质泥岩夹杂色泥岩、砂岩条带。其与上覆、下伏地层均为整合接触,本组顶部以蓝灰色泥岩与巴西改组分界,下以草绿色泥岩与亚格列木组分界。

【层型】 正层型:拜城县卡普沙良河剖面(81°36′20″,42°02′40″),由新疆石油管理局107—109/75队(1975)测制。

【地质特征及区域变化】 舒善河组主要岩性为棕红、棕黄、蓝灰色为主夹灰绿、草绿色泥岩、砂质泥岩夹杂色泥岩、砂岩条带,产介形类化石,与上、下地层均呈整合接触,厚855.3 m。该组分布范围同卡普沙良群。

巴西改组 K_1b (04-65-1808)

【创名及原始定义】 创名同亚格列木组。原始定义:粉红色、浅棕色、棕红色砂质泥岩夹粉砂岩、砂岩,与上、下伏地层均为整合接触,含介形类化石。

【沿革】 同亚格列木组。

【现在定义】 上部粉红色、浅棕色中—细粒砂岩夹暗棕色泥岩,中—下部棕红色砂质泥岩夹薄层粉砂岩和细砂岩,含介形虫化石,上与巴什基奇克组、下与舒善河组均为整合接触。

【层型】 正层型:拜城县卡普沙良河剖面(81°36′20″,42°02′40″),由新疆石油管理局107—109/75队(1975)测制。

【地质特征及区域变化】 巴西改组岩性为一套棕红色砂质泥岩为主夹砂岩,产轮藻及介形虫化石:*Damonella circularis*, *Darwinula ovata*, *Rhinocypris echinata*, *R. cirrita* 等。与上、下地层均为整合接触,厚度366.7 m。地质年代早白垩世晚期。该组主要分布在库车-拜城坳陷。

巴什基奇克组　K_2b　(04-65-1817)

【创名及原始定义】　黄汲清(1943)创名巴什基奇克系，全国地层委员会1964年介绍。指库车地区白垩纪红色碎屑岩为主要岩性的地层。

【沿革】　斯行健(1964)改称巴什基奇克组；新疆地质局区测大队林钧堂(1965)将其分为下部苏干群，上部下含盐组；新疆石油管理局地调处107—109/75队(1975)称其为巴什基奇克组；新疆石油管理局黎文本和魏景明(1990)均沿用巴什基奇克组一名；本次对比研究亦采用该组名。

【现在定义】　主要岩性为紫红色砂岩、砾岩夹泥岩、粉砂岩，与上覆库姆格列木群平行不整合接触，与下伏卡普沙良群整合接触，以其底部紫红色砾岩与卡普沙良群分界。

【层型】　正层型：库车县巴什基奇克剖面(83°17′00″,41°13′00″)，黄汲清(1943)测制，新疆石油管理局107—109/75队(1975)重测。

【地质特征及区域变化】　巴什基奇克组岩性可分上、下两段：上段为粉红色砂岩；下段为紫红色或紫灰色砾岩。在北单斜带厚度一般为62～115 m，在直线褶皱带为120～200 m。本组地层与上覆库姆格列木群为平行不整合或不整合接触，与下伏卡普沙良群为整合接触。该组分布于卡普沙良河、捷列维切克河、卡拉苏河、克孜勒努尔沟等北单斜带和直线褶皱带的巴什基奇克、库姆格列木背斜。在库姆格列木剖面本组产介形类化石：*Ziziphocypris simakovi*，*Rhinocypris cirrita*。

克孜勒苏群　K_1KZ　(04-65-1825)

【创名及原始定义】　新疆石油管理局地调处107—109/75队(1975)创建，新疆区域地层表编写组1981年介绍，创名地新疆乌恰县康苏北侧3 km。原始定义：砖红色、浅灰色块状砂岩、砂质泥岩及砾岩，具交错层理，陆相平原三角洲堆积。分上、下两个亚旋回，上覆地层为库克拜组，为整合接触，下伏为库兹贡苏组亦为整合接触。

【沿革】　地质部第十三大队(1958)在喀什一带工作时将其称为Cenomanian(赛诺曼)层，时代为白垩纪。1959年新疆石油管理局地调处郝服光将这套地层分为下部褐红色砂岩层，时代早白垩世早期；上部砖红色砂岩层，时代早白垩世晚期。中国科学院南京地质古生物研究所顾知微(1962)称奥依塔克群，时代早白垩世。《西北地区区域地层表·新疆维吾尔自治区分册》(1981)称克孜勒苏群，分下亚旋回和上亚旋回。西北石油地质局康玉柱(1981)将其定名为乌鲁克恰特组，时代早白垩世晚期。本次对比研究沿用克孜勒苏群。

【现在定义】　岩性为棕红色、淡棕红色为主的块状交错层石英砂岩、泥质砂岩、砂岩，中夹棕红色砂质泥岩和灰绿色薄层粉砂岩及不规则的砾岩、砾状砂岩，下部夹复矿质砂岩，底部为暗棕色砾岩，以灰白色交错层的石英砂岩与上覆的英吉莎群整合分界，与下伏库孜贡苏组不整合或平行不整合接触。

【层型】　正层型：乌恰县康苏北侧剖面(75°02′00″,39°22′00″)，由新疆石油管理局地调处107—109/75队(1975)测制。

英吉莎群　K_2Y　(04-65-1818)

【创名及原始定义】　新疆石油管理局地调处107—109/75队(1975)创名于英吉莎县南，新疆区域地层表编写组(1981)介绍。原始定义：本群为海相沉积，包括正常海相灰绿色泥岩、灰岩、红色生物灰岩和泻湖相红色膏泥岩及石膏。自下而上分为库克拜组、乌依塔克组、依格孜牙组和吐依洛克组。

【沿革】 该群创名前，与其相当的地层多用欧洲白垩纪的一些阶名(如土伦阶、赛诺曼阶)代替。自创名并被《西北地区区域地层表·新疆维吾尔自治区分册》(1981)引用后使用稳定，本次对比研究沿用之。

【现在定义】 主要岩性为灰绿色泥岩、灰岩、红色生物灰岩和红色膏泥岩及石膏层。下与克孜勒苏群陆相碎屑岩整合接触，上被阿尔塔什组不整合或平行不整合覆盖。该群自下而上包括库克拜组、乌依塔克组、依格孜牙组、吐依洛克组。

库克拜组 K_2k (04-65-1820)

【创名及原始定义】 创名人、创名时间同英吉莎群，创名地新疆乌恰县西姆哈纳西北。原始定义：正常海相绿色泥岩夹介壳灰岩，厚约 100 m 左右，该组底部厚约 30 m 的泻湖相杂色泥岩夹 1～5 层薄—厚层白色石膏，与下伏地层为整合接触。

【沿革】 苏联第十三航测大队(1952)称其为 Cenomanian(赛诺曼)建造；新疆地质局 753 队(1956)亦称之为赛诺曼建造，时代晚白垩世；《西北地区区域地层表·新疆维吾尔自治区分册》(1981)沿用库克拜组，时代亦为晚白垩世；1989 年中国科学院南京地质古生物研究所唐天福等沿用这一名称。

【现在定义】 鲜绿、灰绿色为主夹灰黄色、深灰色泥岩，夹粉砂质、泥质由牡蛎组成的介壳层及砂质灰岩，富含双壳类化石，与上覆、下伏地层均为整合过渡，上以紫灰色片状泥岩或黄绿色泥质砂质灰岩与乌依塔克组的浅灰绿色泥岩或暗紫色条带状泥岩分界，下以绛色、紫红色条带状泥岩与克孜勒苏群的灰白、浅灰色石英砂岩分界。

【层型】 正层型：乌恰县库克拜剖面(73°54′00″，39°46′00″)，由新疆石油管理局 107—109/75 队(1975)测制。

【地质特征及区域变化】 库克拜组岩性主要为正常海相的灰绿色、鲜绿色、暗灰绿色泥岩夹介壳层及介壳灰岩，厚约 100 m 左右，富含多门类生物化石。其下为一层(5～10 m)灰色(风化呈灰黄色)生物灰岩，为最稳定的标志层。在且末干剖面厚达 20 m，本组底部为厚约 30 m 的泻湖相杂色泥岩夹 1～5 层薄—厚层白色石膏。仅库孜贡苏剖面岩性较粗，上部夹有砂岩。本组断续分布于昆仑山北麓，天山前沿西部之乌鲁克恰特、巴什布拉克、库克拜以及库孜贡苏和莎雷别尔山等地。在天山前沿东部的其他地区和乌拉根隆起带全被剥蚀。

乌依塔克组 K_2w (04-65-1827)

【创名及原始定义】 创名人、创名时间同英吉莎群，创名地新疆阿克陶县乌依塔克。原始定义：上部红色泥岩膏泥岩夹石膏层，厚 25～35 m；中部灰绿色泥岩和两层厚层灰色灰岩，含海相双壳类、介形类化石，厚 25～35 m；下部杂色膏泥岩和石膏互层。

【沿革】 新疆地质局 753 队(1956)将英吉莎群中的乌依塔克组定名 Turonian(土伦)建造，时代晚白垩世；新疆石油管理局地调处 102 队(1958)亦称为土伦建造；新疆石油管理局地调处 107—109 队/75(1975)命名为乌依塔克组，时代晚白垩世；《西北地区区域地层表·新疆维吾尔自治区分册》(1981)、唐天福(1989)、魏景明(1990)等先后均沿用乌依塔克组一名。

【现在定义】 上部棕红色下部杂色的泥岩膏泥岩为主，夹砂岩、灰岩、石膏或石膏团块，含双壳类及介形类化石，与上、下地层均为整合接触。上以棕红色泥岩与紫灰色、浅灰色灰岩的依格孜牙组分界；下以暗紫色、棕红色条带状泥岩与黄绿色泥质和砂质灰岩的库克拜组为界。

【层型】 正层型：阿克陶县乌依塔克剖面(75°27′12″,38°52′48″)，由新疆石油管理局地调处110队(1970)测制。

【地质特征及区域变化】 乌依塔克组在西昆仑山麓地带呈断续出露，在天山前主要分布在乌鲁克恰特、巴什布拉克、库克拜、库孜贡苏等地。在昆仑山前西部为标准岩相区，可分三段：上段红色泥岩、膏泥岩夹石膏层，厚25～35 m；中段灰绿色泥岩和厚层灰色灰岩，含双壳类及介形虫化石，厚25～35 m；下段为杂色膏泥岩和石膏互层，厚30～50 m。在天山前沿中下段全变为杂色泥岩夹石膏，海相层消失，但厚度较大(133～200 m)。本组与上覆、下伏地层整合接触。

依格孜牙组　K_2y　(04－65－1819)

【创名及原始定义】 创名人、创名时间同英吉莎群，创名地英吉莎县依格孜牙—吐依洛克。原始定义：灰色、红灰色、红色块状石灰岩，含丰富的海相软体类固着蛤礁块，厚20～114 m，与上覆吐依洛克组及下伏乌依塔克组为整合接触。

【沿革】 新疆地质局753队(1956)将该套地层称Cenomanian(赛诺曼)建造，时代晚白垩世；新疆石油管理局地调处107队(1975)命名依格孜牙组，时代亦是晚白垩世；《西北地区区域地层表·新疆维吾尔自治区分册》(1981)、新疆石油管理局魏景明(1990)均沿用依格孜牙组一名。

【现在定义】 浅紫、紫灰、褐红色为主，浅灰、灰黄色为次的块状灰岩、砂质灰岩和泥质灰岩夹少量砾状灰岩、石英质细砂岩和泥岩，含大量特殊的双壳类固着蛤化石并常富集成礁，与上覆、下伏地层均为整合接触。

【层型】 正层型：英吉莎县依格孜牙—吐依洛克剖面(76°15′12″,38°19′24″)，由新疆石油管理局地调处107队(1975)测制。

【地质特征及区域变化】 依格孜牙组断续出露于西昆仑山前的山麓地带，在天山前沿仅见于库孜贡苏。昆仑山前为标准岩相区，为块状红灰色、灰红色、灰色灰岩；含有特化的造礁固着蛤化石 *Osculigera qimuganensis*，*Biradiolites boldjuanensis*，常富集堆积成礁块状，厚度一般120～130 m。库孜贡苏剖面岩性为淡红色、粉红色、灰红色块状砂质灰岩，并有较多的碎屑岩，仅27 m，未见固着蛤。含有少量腹足类。与上、下地层为整合接触。

吐依洛克组　K_2t　(04－65－1826)

【创名及原始定义】 创名人、创名时间同英吉莎群，创名地英吉莎县吐依洛克。原始定义：棕红色砂质泥岩、膏泥岩夹薄层灰岩。

【沿革】 B·M·西尼村(1952)称相当于英吉莎群的地层为乌奇恰特相，时代为白垩纪；新疆地质局753队(1956)和新疆石油管理局120队(1958)称为*Turonian*(土伦)建造，时代晚白垩世；新疆石油管理局地调处(1975)命名为乌依塔克组，时代晚白垩世；《西北地区区域地层表·新疆维吾尔自治区分册》(1981)，中国科学院南京地质古生物研究所唐天福等(1989)、新疆石油管理局魏景明(1990)先后均沿用这一名称。

【现在定义】 棕色、棕红色泥岩、膏泥岩夹白色石膏及薄层灰岩，下以白色厚层—块状石膏与下伏整合的依格孜牙组灰黄色中—厚层灰岩分界，上被阿尔塔什组不整合或平行不整合覆盖。

【层型】 正层型：英吉莎县吐依洛克剖面(76°15′12″,38°19′24″)，由新疆石油管理局地调处107—109/75队(1975)测制。

【地质特征及区域变化】 吐依洛克组仅断续分布于西昆仑的山麓地带和天山前沿的库孜贡苏地区，其余地区均被剥蚀或部分残存。岩性为棕红色泥岩、膏泥岩夹石膏，有时可夹薄层石灰岩，一般厚十数米，库孜贡苏地区最厚达67 m。昆仑山前沿，分布局限，仅见于吐依洛克、沙拉依沟及阿尔塔什一带，为泻湖相红色泥岩、膏泥岩和白色厚层—块状石膏之交互层，横向变化较大，或以泥岩为主，或以膏泥岩和石膏为主，厚度小，仅0～41 m。

铁龙滩群　K_2T　(04-65-1821)

【创名及原始定义】 新疆地质局区测大队二连二排李双喜等(1972)创建，创名地新藏公路甜水海兵站东南阿克沙依湖。原始定义：灰色灰岩及杂色生物灰岩，夹泥灰岩、砂岩、砾岩及石膏，含双壳类、珊瑚及海胆、腹足类等海相化石。

【沿革】 中瑞科学考察团Norin(1936)将相当于铁龙滩群的地层划为白垩系；1956年全国地层会议将其分为白垩系下统和上统；1979年中国科学院南京地质古生物研究所顾知微将该套地层的上部称铁龙滩群，时代早白垩世；《西北地区区域地层表·新疆维吾尔自治区分册》(1981)沿用铁龙滩群一名，时代白垩纪；吴瑞忠等(1987)将该套地层分下部砂岩组、上部灰岩组，时代白垩纪；本次对比研究采用铁龙滩群，时代白垩纪。本次对比研究后的铁龙滩群仍然是该区白垩纪的一个岩石地层单位，建议在填图中继续使用。克基尔群、阿帕钦群均为铁龙滩群的同物异名，建议停用。

【现在定义】 紫红、砖红、粉红色为主，黄灰、黄白、灰色、灰白色为次中厚层—块状灰岩、生物灰岩、生物碎屑灰岩，夹砂岩、粉砂岩、泥灰岩和泥岩，下部局部夹石膏，底部有时可见砾岩。富含固着蛤等双壳类化石，上未见顶，与下伏恰提尔群不整合接触。

【层型】 正层型：和田县阿克沙依湖西南剖面(35°20′24″,79°33′18″)，由新疆地质局区测大队二连二排(1972)测制。

【地质特征及区域变化】 铁龙滩群分布于阿克赛钦地区的铁龙滩及洛克宗山一带。在铁龙滩主要由灰色灰岩及杂色生物灰岩组成，夹泥灰岩、砂岩、砾岩及石膏，含双壳类、珊瑚、腹足类及海胆，厚1 967 m。往西，在洛克宗山一带，本群岩性可分为上、下两部分；上部为红、灰、白、黄色灰岩、泥灰岩，底为红色砂岩，含有孔虫、双壳类及苔藓虫；下部为灰、蓝黑色灰岩及页岩夹安山岩，含石灰藻及有孔虫，总厚大于540 m。本群在铁龙滩一带超覆不整合于晚石炭世帕斯群之上。

库姆格列木群　$E_{1-2}K$　(04-65-1910)

【创名及原始定义】 库姆格列木群为新疆石油管理局二队和十九队(1956)创名，创名地在新疆拜城县库姆格列木一带。原始定义：厚度岩性变化很大，北部单斜构造带上为山麓河流相的粗碎屑岩；中部地区以河流湖泊相中—细碎屑岩为主；西部地区以泻湖相石膏、盐岩、泥岩为主。

【沿革】 1952—1953年，苏联地质保矿部第十三航测大队在库车一带进行1∶20万区域地质调查时将这套地层称为含石膏亚系。新疆石油管理局2/56和19/56队(1956)在本区进行石油普查时将这套地层划为库姆格列木统，新疆石油管理局113/60队(1960)在此工作时肯定了库姆格列木统，并沿用了这一地层名称；新疆地质局二大队(1963)将这套地层划分为塔拉克群，自上而下又细分为泥岩组、泥岩粉砂岩组，含石膏岩；1978—1979 年新疆地质局八大队和地科院钾盐队在该区进行钾盐普查时，将库姆格列木群划分出小库孜拜组和塔拉克组；《西北地区区域地层表·新疆维吾尔自治区分册》(1981)中将苏维依组以下均称库姆格列木群；李云通(1984)在《中国的第三系》一书中将库姆格列木群细分为小库孜拜组和塔拉克组。本文沿用上述划分，在不能细分的地区，仍用库姆格列木群。

【现在定义】 库姆格列木群自下而上分：塔拉克组、小库孜拜组。

【层型】 正层型：拜城县卡拉苏西岸库姆格列木背斜南翼剖面(84°04′24″,42°03′12″)，由新疆石油管理局 2 队和 19 队(1956)测制。参考剖面：阿瓦特河剖面，捷列维切克河剖面，若羌县罗布庄剖面。

【地质特征及区域变化】 本群岩性、厚度变化很大，在天山山麓单斜构造带上，主要是红色砾岩及砾状砂岩，不含化石，厚 400～600 m，塔克拉克厚度最大，达 940 m，库姆格列木厚 120～312 m，巴什基奇厚 498.7 m。西部的阿瓦特地区，下部岩性为灰棕色砾岩夹砂质泥岩，上部为灰绿色。

在若羌县罗布庄一带库姆格列木群，上部浅黄灰色砾岩与深褐色砂质泥岩互层，下部深褐色砂质泥岩和棕色泥质粉砂岩互层，夹灰白色泥质粉砂岩，与上覆苏维依组为整合接触，厚 83 m。且末县阿尔金山北麓江格莎依地区，上部粉红色中粒块砂岩，主要为白色石英、褐色细砾，含钙，胶结松散夹红棕色不规则薄层砂质泥岩，具龟裂及卵形团块。下部棕色、灰棕色砂质砾岩、砾状砂岩夹红棕色砂岩、砾状砂岩夹红棕色砂岩、泥砂岩层，砾石以石英为主，具球状风化，含钙结核。厚 630 m，不整合在下白垩统之上，上覆为乌恰群。上述两地点出露面积小，研究程度低，变化情况不清。

塔拉克组　E_1t　(04-65-1911)

【创名及原始定义】 塔拉克组一名来源于新疆地质局第二地质大队(1963)① 之塔拉克群。1978—1979 年，新疆地质局第八地质大队和中国地质科学院矿床所钾盐队将其涵义做了修订，改称塔拉克组。原始定义：指一套以灰白色白云岩、白云质泥岩、泥灰岩、石膏为主的泻湖相沉积，含三个孢粉组合，底界以灰褐色砂状砾岩不整合在上白垩统巴什基奇克组之上，上界以薄层石膏、白云质泥岩、泥灰岩与上覆小库孜拜组之砂质泥岩整合接触。

【沿革】 1952—1953 年，苏联地质保矿部第十三航测大队将该套地层划为含石膏亚系；新疆地质局二大队(1963)将该套地层划为同莱山组和含石膏组；1978—1979 年新疆地质局八大队和中国地质科学院钾盐队将该套地层正式命名为塔拉克组；李云通(1984)在《中国的第三系》一书中，采用了新疆地质局第八地质大队和中国地质科学院矿床所钾盐队的划分；本次对比研究也沿用此划分方案。

【现在定义】 指一套灰白色白云岩、白云质泥岩、泥灰岩、石膏岩组成的泻湖相沉积，含有三个孢粉组合，以灰色砂状砾岩不整合于巴什基奇克组之上，以薄层状石膏、白云质泥岩、泥灰岩与上覆小库孜拜组整合接触。

【层型】 创名人未指定层型，由新疆地质局第八地质大队及中国地质科学院矿床所钾盐队指定选层型：温宿县包孜冬乡北小库孜拜剖面(80°30′15″,41°50′25″)，由新疆地质局第八地质大队、地科院矿床所钾盐队(1978)测制。

---

① 新疆地质局第二地质大队，1963，阿克苏地区 1：50 万地质图及矿产图说明书。

【地质特征及区域变化】 塔拉克组仅分布于拜城以西阿克苏以北地区，其他地区研究程度较低，区域变化情况不清。

小库孜拜组 E_2x （04－65－1912）

【创名及原始定义】 新疆地质局第八地质大队和中国地质科学院矿床所钾盐队（1978—1979）①创建，创名地为新疆温宿县包孜冬乡北部的小库孜拜沟。原始定义：指一套紫红色泻湖相细碎屑岩或蒸发岩。以含膏、盐岩为特征。

【沿革】 1952—1953 年苏联地质保矿部第十三航测大队，将该套地层划为红色岩亚系；新疆地质局二大队（1963）将该套地层划为泥岩组和泥岩粉砂岩组；1978—1979 年新疆地质局第八地质大队和中国地质科学院矿床所钾盐队，将该套地层正式命名为小库孜拜组。本次对比研究沿用此划分方案。

【现在定义】 指以红色、紫红色外貌为特征，上部紫红色钙质泥岩及钙质粉砂岩夹灰色石膏；中部灰褐色泥灰岩及白色厚层状石膏为主；下部紫灰色碎屑岩、灰色泥灰岩及白色团块状石膏。与上覆苏维依组、下伏塔拉克组均为整合接触的泻湖相沉积序列。

【层型】 正层型：温宿县包孜冬乡北部小库孜拜沟剖面（80°30′15″，41°50′25″），由新疆地质局第八地质大队、地科院矿床所钾盐队（1978）测制。

【地质特征及区域变化】 赵英娘等在该组命名剖面的第 6—8 层中发现有孢粉，孢子很少，裸子植物中具气囊的花粉比下伏塔拉克组含量明显减少，仅有 *Interporopollis* sp.，*Platgapollentes* sp. 等少量出现，*Tvuatriopllenites* sp.，*Trudopollis pompeckji*，个别分子出现。*Triaeropllentes* sp. 较古新世含量增加，Hamamelidaceae 含量达 10%～20%以上，栎粉属开始有少量出现，草本植物 *Chenopodipollis* sp.，*Potamogeton* sp. 等仅有个别出现，表现为始新世的孢粉组合面貌。

苏维依组 E_3s （04－65－1913）

【创名及原始定义】 新疆石油管理局 113/60 队雍天寿等（1960）② 创建，创名地新疆库车县巴什基奇克背斜南翼苏维依村南部。原始定义：为棕色砂岩、粉砂岩、泥岩互层，底部有 0.5 m 厚一层砾岩。

【沿革】 苏联地质保矿部第十三航测大队（1953）在库车一带进行 1：20 万区测工作时，将这套地层称之为含盐亚系；新疆石油管理局 113 队雍天寿等（1960）在此进行大比例尺的石油普查，将这套地层命名为苏维依组；新疆地质局二大队（1963）在阿瓦特地区工作，建立了阿瓦特群；1978—1979 年新疆地质局八大队和中国地质科学院矿床所钾盐队在该区进行以寻找钾盐为主的地质矿产工作，建立了和苏维依组相当的阿瓦特组；《西北地区区域地层表·新疆维吾尔自治区分册》（1981）、周申喜的《新疆第三系初步总结》均沿用了苏维依组这一地层单位；1984 年《中国的第三系》作者李云通等在研究了很多资料的基础上，肯定了苏维依组这一岩石地层单位，论证了其应归渐新世的化石依据。通过本次对比研究，停用原阿瓦特群、阿瓦特组等同物异名。今后在该地区均采用苏维依组代表渐新世的沉积。

【现在定义】 指整合于小库孜拜组之上、吉迪克组之下的一套褐红色砂岩、粉砂岩、泥岩互层的沉积序列，含介形虫，最底部 0.5 m 厚一层砾岩与下伏地层分界，以紫色、棕红色砂质

---

① 新疆地质局第八地质大队、中国地质科学院矿床所钾盐队，1978—1979，拜城—库车地区钾盐普查工作报告。
② 新疆石油管理局 113/60 队雍天寿等，1960，库车地区 1：5 万石油普查总结报告。

泥岩与中、细粒砂岩互层与上覆地层分界。

【层型】 正层型:库车县巴什基奇克背斜北翼苏维依村南剖面(83°05′42″,42°16′24″),由新疆石油管理局113/60队(1960)测制。参考剖面:阿拉干附近井下剖面,若羌县罗布庄剖面,卡拉苏河剖面。

【地质特征及区域变化】 在库车县巴什基奇克发育最好,接触关系清楚,在库车洼地北部除米斯布拉克、克孜勒苏河北单斜带和库尔楚地区的吐格尔明背斜南翼缺失外,其他地区均有不同程度的出露,但在秋立塔格山以南,库尔勒及东南地区,地表无露头,仅见于井下。

本组厚度、岩性变化明显,在北部的南天山山麓沉积物粒度较粗,常为砾岩、砾状砂岩;在东部的克孜努尔沟一带岩性变细,厚300 m左右;在库尔勒东南井下为褐色泥质粉砂岩,底部为砂砾岩,厚156～836 m。在其南部的罗布庄上部为灰褐色、棕褐色泥岩、泥质粉砂岩、砂岩,下部为同色粗砂岩及钙质砂岩,厚500 m左右;在库尔勒以东阔克苏地区却尔克山中段本组为红色砾岩夹泥质粉砂岩、泥岩,厚仅45 m。

在拜城及其以西,本组岩性变细,多以褐红、棕红色泥岩为主,常夹有盐岩及石膏层;在阿瓦特地区,岩性变化大,化石少,可分为三个岩性段:下段为红色岩段,由棕红色粉砂质泥岩,夹几层鲜艳的黄绿、灰绿色泥灰岩及膏泥岩组成,厚168 m;中段为盐膏岩段,棕红色为主的泥质石盐岩及石盐质泥岩夹石膏层,厚170 m;上段为棕红、棕褐色泥岩、泥灰岩夹少量薄层石膏,厚158 m。为泻湖相沉积。

苏维依组化石很少,只有介形虫、孢粉及轮藻,时代为渐新世,本组产盐及石膏矿产。

吉迪克组 $N_1 j$ (04-65-1914)

【创名及原始定义】 新疆石油管理局十九队和二队(1956)在库车一带工作时创建吉迪克统,但两队所划的吉迪克统包括的地层范围出入较大,1960年新疆石油管理局113队在此地搞石油普查时,明确地提出了在他们所划分的苏维依组和上红色组之间的一套夹有多层较厚的灰绿色泥岩条带的褐红色泥岩称为吉迪克组,这一名称及其涵义被以后的地质工作者所接受。创名地在新疆库车县吉迪克背斜南翼。原始定义:棕红色砂质泥岩与泥岩互层,其间夹有较多的厚层状或中、薄层状灰绿色泥灰岩、粉砂岩或泥岩条带,宏观上具有明显的红、绿条带相间的特点,故有条带组之称。

【沿革】 苏联地质保矿部第十三航测大队(1953)在库车进行1:20万填图时,建立了秋立塔克条带岩系;新疆石油管理局第二队和十九队(1956)将这套地层和其上部的康村组命名为吉迪克统;1960年该局113队统一了该地区的地层划分,建立了吉迪克组;1963年新疆地质局二大队又将这套地层命名为秋立塔克群条带岩组;1978年新疆地质局八大队和中国地质科学院矿床所组成钾盐队在盐水沟地区又建立了盐水沟组,层位关系和吉迪克组并列,《西北地区区域地层表·新疆维吾尔自治区分册》(1981)和李云通(1984)的《中国的第三系》根据秋立塔克条带岩系自立名后一直无人沿用,而采用了吉迪克组一名,一直沿用至今。本次对比研究,停用秋立塔克条带岩系、盐水沟组,保留吉迪克组这一岩石地层单位。时代中新世。

【现在定义】 指一套棕红色、褐红色泥质砂岩、泥岩互层,其间夹有红色、灰绿色粉砂岩、泥岩条带及石膏层的沉积序列,宏观上具红、绿相间的特点,也是地层对比的标志,与上覆康村组及下伏苏维依组均为整合接触,含介形虫化石。

【层型】 正层型:库车县吉迪克背斜南翼剖面(83°29′00″,42°07′00″),由新疆石油管理局19队和2队(1956)测制。参考剖面:卡拉苏河Ⅷ号剖面,若羌县罗布庄附近剖面,若羌县阿干附近剖面。

【地质特征及区域变化】 吉迪克组在天山山前单斜构造带上，岩性变粗，为河流相棕红色砂砾岩，偶夹灰绿色砂岩。在依奇克里克—吐格尔明构造上岩石的颜色几乎全变为灰绿色，如在健人沟剖面上为一套以灰绿色为主的砂质泥岩和石膏层，愈接近上部石膏层愈多，而且厚度增大，最大总厚达 1 000 m 以上。在库尔勒以南若羌县罗布庄为湖相蓝色、黄绿色泥岩及褐色砂质泥岩及砂岩，厚 270～624 m，本区南部塔里木河以北在井下见到湖相细碎屑沉积。

吉迪克组含 *Candona - Cyclocypris - Cyprinotus - Eucypris* 介形虫组合和鱼类化石，时代为始新世—渐新世。

康村组　$N_{1-2}k$　(04 - 65 - 1915)

【创名及原始定义】 新疆区域地层表编写组(1981)在库车县吉迪克一带创名。原始定义：上段为暗棕褐色砂质泥岩夹少量砂岩；下段为暗褐色、浅褐色砂质泥岩夹多层灰绿色泥岩及粉砂岩。

【沿革】 苏联地质保矿部第十三航测大队(1953)在库车一带进行 1∶20 万区测工作时，将现在的康村组命名为红色岩组，时代归中新世，1960 年新疆石油管理局 113 队将该套地层称上红色岩组，属上中新统。新疆地质局二大队(1963)将这套地层划归秋立塔克红色组。《西北地区区域地层表·新疆维吾尔自治区分册》(1981)正式将其命名为康村组，沿用至今。

【现在定义】 上部为灰褐色砂岩夹砾岩，含钙高，不含绿色泥岩条带；下部浅褐色砂岩夹多层灰绿色粉砂岩、泥岩条带的沉积序列，以灰绿色泥岩条带的出现为底界，以浅褐色粉砂岩和砂质泥岩的出现为顶界。与下伏吉迪克组、上覆库车组均为整合接触。

【层型】 正层型：库车县吉迪克背斜剖面(83°29′00″，42°07′00″)，由新疆石油管理局 19 队和 2 队(1956)测制。参考剖面：卡普斯郎剖面。

【地质特征及区域变化】 康村组不如库车组分布广，但较下伏各组分布较广，呈带状东西向展布于东秋立塔克山复背斜带，在该山以南及库尔勒东南见于井下，在西盐水沟一带砂岩成分增多，而含铜量相应增高，常形成凸镜状砂岩矿体。西盐水沟一带厚 750 m 左右，阿拉干地区厚 101～484 m，阿瓦特地区厚684 m。

康村组以东秋立塔克背斜北翼剖面化石最丰富，介形虫最多，组成 *Candona - Cyclocypris - Ilyocypris - Eucypris* 组合，时代属中新世。

康村组产有拜城县阿捷克铜矿、滴水铜矿、库车县库兰康铜矿。产于第三系河湖相沉积中的铜矿还有轮台县切克铜矿、乌恰县花园铜矿及莎哈尔铜矿、若羌县克其卡勒克铜矿。

库车组　N_2k　(04 - 65 - 1934)

【创名及原始定义】 新疆区域地层表编写组(1981)正式创名，创名地库车县吉迪克背斜南翼。原始定义：指上部为褐黄色粉砂岩、砂砾岩，向下变为粗砂岩、砂质泥岩互层，呈浅黄色。中部为浅褐色、褐色、灰绿色砂质泥岩与浅黄色细砂岩互层，夹砾岩凸镜体。中下部为浅褐色、灰黄色砾岩、砂岩、砂质泥岩互层。底部为砂岩与浅黄色砾岩互层。上、下界均为砾岩。

【沿革】 1952—1953 年，苏联地质保矿部第十三航测大队，将现在的库车组取名苍棕色岩系，新疆石油管理局 113/60 队(1960)在此工作时划为秋立塔克组和苍棕色组；1963 年新疆地质局二大队将这套地层划分为秋立塔克群滴水组；《西北地区区域地层表·新疆维吾尔自治区分册》(1981)改为库车组；以后周申喜、章清义等也都沿用库车组这一名称。本次对比研究沿用《西北地区区域地层表·新疆维吾尔自治区分册》(1981)的划分方案。本次对比研究停用滴水组，今后在库车地区均以库车组为代表上新世的沉积。

【现在定义】 指上部为暗黄色砂砾岩，其下为浅黄色粗砂岩与砂质泥岩互层；中部褐色砂岩、砂质泥岩夹灰黑色砾岩凸镜体；下部浅黄、黄绿色砂岩夹砾岩及砂质泥岩与黄绿色砂岩互层；最下部为黄绿色砾岩，含介形类化石。与上覆西域组、下伏康村组均为整合接触。

【层型】 正层型：库车县吉迪克背斜南翼剖面(83°29′00″,42°07′00″)，由新疆石油管理局19队和2队(1956)测制。参考剖面：东秋立塔克背斜北翼剖面，若羌县罗布庄剖面。

【地质特征及区域变化】 库车组分布广泛，从西部的乌什、库尔楚到东部的吐鲁番，塔里木盆地东南的若羌县罗布庄再向东到阔克苏南雅尔当山中段南坡均有分布。在库车、拜城、新和县分布比较集中，发育完整，总体上岩性为褐色、黄褐色、土黄色砂质泥岩、泥质粉砂岩夹灰、浅灰绿色砂岩、砾状砂岩及砾岩，上部以苍棕色为主，下部以灰绿色为主。南秋立塔克厚2 852.7 m，西盐水沟厚2 892.6 m，新和以西井下见介形虫 *Candona* (*Pseudocandona*) *rostrata* 等化石。

本组属河流三角洲相沉积，在北部天山山前单斜构造上，粒度普遍变粗，以灰色砾岩和砂岩为主，上部为苍棕色碎屑岩、下部为灰色砂岩这种二分特点已不存在，其厚度由1 000～1 500 m，与下伏康村组为连续过渡关系，与上覆西域组除在东盐水沟剖面为不整合接触外，其余均为连续沉积。

库车组上界以西域组之下苍棕色岩石出现为界，其下以灰色砂岩之底为界。

本组岩性特点、介形虫组合、层位关系，均与阿图什组、独山子组、葡萄沟组基本相同，其时代均应为上新世。

喀什群 E*K* (04-65-1916)

【创名及原始定义】 新疆区域地层表编写组(1981)创名，创名地位于乌恰县附近。原始含义是指红色泥岩夹砂岩，下部为灰白色石膏岩。

【沿革】 C·C·维亚洛夫(1940)将该套地层称老第三系，此后1952—1953年苏联地质保矿部第十三航测大队首次命名为塔什皮萨克岩系，《西北地区区域地层表·新疆维吾尔自治区分册》(1981)废弃了以上岩石地层单位，建立了喀什群。

【现在定义】 为一套泻湖相、海相沉积的碎屑岩建造，并自下而上分为：阿尔塔什组、齐姆根组、卡拉塔尔组、乌拉根组、巴什布拉克组。

【地质特征及区域变化】 喀什群分布很广，但未能进一步分组的喀什群分布局限，仅见于和田地区的布雅、皮息、皮阿曼，乌恰县的托鲁加尔特河等地，厚度不大，80～600 m，岩性、岩相变化大。南天山吐云出现老第三系的喷发岩，而且面积很小，主要是玄武岩。在麦盖提和巴楚露头较少，据钻井及物探资料，南部分布较广，玉代里克附近井下所见为紫灰色、暗紫色砂质泥岩夹浅灰色钙质泥岩及浅褐色泥岩，厚61 m，不整合在上石炭统灰岩之上。化石有海胆、海百合茎、海相介形虫及少量陆相介形虫和轮藻。

阿尔塔什组 E_1a (04-65-1917)

【创名及原始定义】 新疆石油管理局彭希龄、魏景明等(1975)创名，创名地为莎车县阿尔塔什村附近。原始定义：指上部为灰色海相灰岩夹介壳层，下部泻湖相石膏岩组成的地层序列。

【沿革】 苏联地质保矿部第十三航测大队(1952)将古新统划归布哈尔阶，而后被广大地质、石油工作者所沿用。在编写《西北地区区域地层表·新疆维吾尔自治区分册》时，新疆石油管理局彭希龄、魏景明等根据《国际地层指南》将喀什等地区的古新统命名为阿尔塔什组，将以前魏景明等人测制的阿尔塔什村附近的剖面定为命名剖面。这一名称一直沿用至今。

【现在定义】 指齐姆根组、吐依洛克组之间的上段由灰色砂质泥岩、灰岩夹介壳层，下段由白色块状晶粒状石膏岩组成的浅海相和泻湖相的地层序列。上以稳定的灰岩为标志层与齐姆根组分界，下以吐依洛克组上部剥蚀面为界将第三系与白垩系分开，前者为整合接触，后者为不整合接触。

【层型】 正层型：莎车县阿尔塔什村附近剖面(76°30′00″,38°02′00″)，由彭希龄、魏景明(1975)测制。参考剖面：考库牙剖面，阿克陶县乌依塔克剖面，乌恰县康苏剖面，乌恰县库孜贡苏剖面。

【地质特征及区域变化】 阿尔塔什组分布较广，在麦盖提地区，见于玛扎塔克、古董山、乌山、罗斯塔克、海米奇塔克等地，上界多为断层，下界均未出露，可见岩性为白色晶粒状石膏，有时夹不规则的褐色、灰绿色泥岩、灰岩和薄层白云岩，厚 11～105 m，均不产化石。在英吉莎地区，该组呈带状分布于和什拉甫到依格孜牙等地，叶城附近的莫莫克，因断层而未出露，该地本组上段海相灰岩仅数米，下段为硫酸盐泻湖相化学沉积的白色块状晶粒石膏，有时夹灰色灰岩、白云岩及少量红色泥岩，厚 214～450 m。在喀什、乌恰地区，呈带状分布于天山山前，昆仑山麓、克孜克阿尔特山、卡巴加特山，惟杨叶附近被剥蚀。本组顶部的一层灰岩厚 5 m 左右，是全区最稳定的层位之一。在乌拉根、塔什皮萨克石膏不发育，厚度最小。康苏一带在石膏层下出现绿色块状砂岩夹砾岩，厚 40～50 m，克孜克阿尔特山区，顶部灰岩变为灰黑色。西昆仑山麓沉积的边缘相，底部有厚近 100 m 的红色砾岩，其上为白、灰色薄一厚层石膏、膏泥岩、灰岩互层。普遍不整合和平行不整合在下伏地层之上，其时代属古新世。

齐姆根组　$E_{1-2}q$　(04-65-1918)

【创名及原始定义】 新疆区域地层表编写组(1981)创名齐姆根组，创名地：阿克陶县齐姆根。原始定义：上部为泻湖相红色泥岩及石膏，下部为海相杂色泥岩夹灰岩，与下伏地层为整合关系。

【沿革】 苏联地质保矿部第十三航测大队(1952)在喀什地区进行 1∶20 万区测工作时，将该套地层命名为苏扎克组，实际上是邻区苏联费尔干纳盆地苏扎克层对比而来。这一地层名称一直被新疆石油管理局、新疆地质局等地质单位沿用，直至《西北地区区域地层表·新疆维吾尔自治区分册》(1981)建立了齐姆根组。

【现在定义】 上段由泻湖相红色泥岩、膏泥岩夹石膏层；下段为海相灰、灰绿色泥岩、泥灰岩、灰岩及介壳层组成的沉积序列。下段产牡蛎、介形虫等，厚 194 m，与上覆卡拉塔尔组、下伏阿尔塔什组均为整合接触。

【层型】 正层型：阿克陶县齐姆根(七美干)剖面(75°30′27″,39°33′18″)，由新疆区域地层表编写组(1975)测制。引自《西北地区区域地层表·新疆维吾尔自治区分册》(1981)。参考剖面：墨玉县麻扎塔克西雕堡沟剖面，阿克陶县考库牙剖面，乌恰县乌鲁克卡提剖面，乌恰县库孜贡苏剖面。

【地质特征及区域变化】 齐姆根组在区域分布上基本与卡拉塔尔组相同，在喀什、乌恰一带除乌拉根隆起被剥蚀外，均整合于下伏地层之上，这一带为标准岩相区。上部棕红色泻湖相膏泥岩，厚 30～50 m；下部为浅海相灰绿色泥岩夹介壳灰岩薄层，厚在 100 m 以下。含极丰富的有孔虫、双壳类、介形虫化石。在克孜克阿尔特山东部，上段红层较下部绿色层厚，西昆仑山麓为边缘相，岩性变红变粗，在昆仑山前见于莫莫克及塔木等地，莎车以西较为发育，在叶城地区下部层位多变为杂色，厚度在111～194 m之间。本组特征之一是有孔虫极为丰富，在库孜贡苏剖面上，有孔虫构成了 *Spiroplectammina - Globigerina - Nonionellina Fauna* 动物群，另一特征是灰岩占相当比例。本组产石膏矿床。其时代属古新世—始新世。

卡拉塔尔组　E_2k　(04-65-1919)

【创名及原始定义】 新疆区域地层表编写组彭希龄等(1981)创名，创名地位于乌恰县卡拉塔尔。原始定义：是一套含牡蛎的海相—泻湖相碳酸盐岩沉积。

【沿革】 苏联地质保矿部第十三航测大队(1952)引用苏联中亚费尔干纳盆地老第三系始新统的地层名称阿莱依组，而后新疆石油管理局等地质单位一直沿用此名，新疆区域地层表编写组彭希龄等(1981)将该套地层正式命名为卡拉塔尔组。

【现在定义】 指上部为灰色块状生物灰岩夹含有生物化石的泥质介壳灰岩，灰岩中含大量牡蛎，下部为白灰色、灰白色中至厚层状灰岩及粉砂质灰岩互层，向下变为灰色灰岩、泥灰岩、灰绿色砂质泥岩互层的沉积序列，上与乌拉根组、下与齐姆根组均为整合接触。

【层型】 正层型：乌恰县卡拉塔尔剖面(74°45′15″，39°45′50″)，由新疆区域地层表编写组(1975)测制。参考剖面：皮山县玉立群剖面。

【地质特征及区域变化】 卡拉塔尔组在本区内变化较大，分布较广泛，仅在乌拉根隆起上个别剖面被剥蚀外，大部分地区均有分布，在天山山前标准岩相区内为海相块状灰岩及介壳灰岩，仅在克孜阿尔特山东部相变为泥岩和灰岩的交互层，厚30～130 m，在莎雷阿依格尔山全部为灰绿色。乌鲁克卡提本组底部灰岩之上出现少量红色泥岩夹层；在巴什布拉克东出现红色膏泥岩及石膏夹层；库孜贡苏全变为红色泥岩、石膏和灰色钙质介壳砂岩交互层；到西昆仑山麓地带，为红色山麓相砾岩、砂岩夹红、绿色条带状砂质泥岩；地处昆仑山前的皮山县，下部为正常海相灰岩、介壳灰岩，上部为泻湖相石膏和红色膏泥岩，厚仅20余米。

本组含双壳类 *Ostrea* (*Turkostrea*) *strictiplicata*，*O.* (*T.*) *multicostata*，*Sokolowia buhsii*，*Kokanostrea kokanensis*；有孔虫：*Eiphidium hiltermani*，*Nonion tuberculatum*；介形虫：*Paracypris arguta*，*Pontocypris micans*，*Protocytheretta wuyitakeensis*，*Cytheridea hashiensis* 等化石。卡拉塔尔组时代属始新世统。产石膏、白云岩、石灰岩矿产。

乌拉根组　E_2w　(04-65-1920)

【创名及原始定义】 新疆石油管理局彭希龄等(1981)创名，创名地位于新疆乌恰县康苏河东岸乌拉根向斜南翼，原始定义：上部褐色泥岩夹粉砂岩，暗红色砂质泥岩夹石膏，下部为灰绿色泥岩夹薄层石膏及泥质介壳层。

【沿革】 苏联地质保矿部第十三航测大队(1952)将苏联费尔干纳盆地的始新统吐尔克斯坦层引入本区，称吐尔克斯坦组。1975年彭希龄根据《国际地层指南》正式命名为乌拉根组，1981年编入《西北地区区域地层表·新疆维吾尔自治区分册》沿用至今，停用吐尔克斯坦组。

【现在定义】 指上部为褐色、灰褐色泥岩夹泥质粉砂岩、砂岩，向下暗红色粉砂岩、泥岩夹石膏层；下部为绿色泥岩夹石膏及泥质介壳层，含介形虫、双壳类、有孔虫的沉积层序。与上覆巴什布拉克组、下伏卡拉塔尔组均为整合接触。

【层型】 正层型：乌拉根向斜南翼剖面(75°02′30″，39°12′15″)，由新疆区域地层表编写组

(1975)测制。参考剖面：叶城县玉力群剖面，麦盖提县海米奇塔克花边构造剖面，阿克陶县齐姆根剖面。

【地质特征及区域变化】 乌拉根组在天山山前为正常海相沉积的绿色泥岩，厚5～35 m，常夹介壳灰岩，软体类和微体动物化石丰富，局部地区上部层位出现红色泥岩和石膏夹层。在克孜克阿尔特山区的东部，沉积加厚，达128 m，上部出现块状砂岩夹层。西昆仑山麓地带，为红色泥岩、砂岩互层，夹少量暗红色砾岩及绿色泥岩条带，条带中产少量海相软体动物化石，与下伏地层整合接触。在麦盖提县见于罗斯塔克、海米厅塔克等地，主要为灰绿色、黄灰色泥岩夹泥质白云岩和介壳层，上部为浅褐色泥岩夹泥质白云岩和介壳层，下部为浅褐色泥岩和块状石膏，产双壳类及介形虫化石。在阿其克、皮阿曼、杜瓦、桑株、克里扬、玉立群、布雅等地均有分布。杜瓦河以东地区，岩性岩相和下伏卡拉塔尔组相似，化石贫乏，致使上下界浅不清。其他地区岩性为灰绿色、绿色砂岩、泥岩，产有双壳类 *Kokanostrea kokanensis*，*Sokolowia buhsii* 等。与下伏卡拉塔尔组为整合接触。

巴什布拉克组 $E_{2-3}b$ （04-65-1921）

【创名及原始定义】 新疆石油管理局彭希龄等(1981)创名，创名地：乌恰县乌鲁克恰提以东约50 km，乌鲁克恰提至乌恰公路北侧巴什布拉克附近，命名剖面为乌恰县巴什布拉克剖面。原始定义：岩性以暗紫红色泥岩、砂质泥岩与棕红、橘红色、灰绿色块状砂岩、砾状砂岩、复矿质石英细砂岩互层夹绿灰色砂质介壳层及石膏层。并以暗紫红色外观为特征，海相化石丰富，红色泥岩中有多层牡蛎介壳层。还含有孔虫及介形虫化石。

【沿革】 1944年苏联学者划归始新统；苏联地质保矿部第十三航测大队(1952)在本区进行地质测量时，引用了苏联费尔干纳盆地的地层名称将这一时期的沉积划为利什坦阶—苏木萨尔阶，时代为始新统—渐新统。田在艺(1956)将该套沉积划归始新统，未命名。1957年以后一直沿用苏联费尔干纳盆地的地层名称直到1975年。为编写《西北地区区域地层表·新疆维吾尔自治区分册》，新疆石油管理局的彭希龄等测制了巴什布拉克剖面并命名了巴什布拉克组。1981年《西北地区区域地层表·新疆维吾尔自治区分册》确立此名。

【现在定义】 以红色外貌为特征的暗红色泥岩、砂质泥岩与桔红色、灰红色块状砂岩、砾状砂岩、复矿质石英细砂岩互层，夹石膏及砂质介壳层的滨海泻湖相沉积，牡蛎化石丰富。与下伏乌拉根组整合接触，与上覆克孜洛依组平行不整合接触。

【层型】 正层型：乌恰县巴什布拉克剖面(74°50′10″，39°47′30″)，由新疆区域地层表编写组(1975)测制。参考剖面：标尔托戈依剖面，乌恰县克孜洛依剖面。

【地质特征及区域变化】 巴什布拉克组在大部分地区仅残存下部层位，不少地区全部缺失，如塔什皮萨克、乌拉根等地。当时发生海退，泻湖发育，气候干热，其沉积物多为紫红色滨海泻湖相砂岩，泥岩及石膏，厚343～433 m，如老乌恰克孜勒苏河北岸及巴什布拉克等地。本组产石膏矿产。

【其他】 应该说明的是：1982年武汉地质学院北京研究生部的郝诒纯、曾学鲁，在巴什布拉克组的下部划分出卓尤勒干苏组，时代属晚始新世。在卓尤勒干苏河西岸的乌鲁克恰提公社北约1 km公路北侧山坡上，测有命名剖面，共分7层，厚115.64 m，含有孔虫：*Nonion laevis*，*N. rolshausens*，*Melonis agdarensis*，*M. dosularensis*，*Cibicides artemi*，*C. notabilis*，*Cibilidoides ovaliformis* 等。整个剖面相当于巴什布拉克组的底石膏层至灰绿色砂质泥岩条带或介壳层的出现，前者为底界，与乌拉根组整合接触，后者为上界与巴什布拉克组亦为整合接触，建组理由是有孔虫为始新世的标志种，而卓尤勒干苏组以上层位含渐新世的优势种，分解后的巴什布拉克组属渐新世。前者和费尔干纳的利什坦阶对比，后者与苏木萨尔阶对比。

本次对比研究认为，郝诒纯的划分理由充分、正确，但区域性资料较少，故仍用原来的巴什布拉克组，待以后随着研究程度的提高，资料丰富后再建组为宜。

乌恰群 E_3N_1W (04－65－1922)

【创名及原始定义】 新疆石油管理局王志武(1957)将出露于乌恰一带中新统的一套碎屑岩创名为乌恰统，时代为中新世。原始定义：指上新统苍棕色组(阿图什组)之下的一套以灰褐色碎屑岩为主的夹有海陆过渡相夹层的陆相沉积，不整合或平行不整合于巴什布拉克组之上，有些地点亦见其超覆于老地层之上。

【沿革】 1950 年以前，资料很少，仅指出为第三系地层；1952—1953 年苏联地质保矿部第十三航测大队在喀什地区进行 1：20 万区测工作时，将这套地层命名为玛萨盖特岩系；新疆石油管理局(1957)在这一地区开展石油普查，王志武等将它更名为乌恰统，新疆石油管理局 18—120 分队(1960)将其划为乌恰群；《西北地区区域地层表·新疆维吾尔自治区分册》(1981)沿用了乌恰群一名。

【现在定义】 指以陆相碎屑岩为主的一套沉积序列。并自下而上分：克孜洛依组、安居安组、帕卡布拉克组。

本群在乌恰县分组特点明显，但在天山、昆仑山麓分组标志不明显，故仍以乌恰群为代表。

克孜洛依组 E_3N_1k (04－65－1923)

【创名及原始定义】 新疆石油管理局彭希龄等(1975)创名，创名地位于乌恰县城南约 10 km 克孜洛依。原始定义：上部褐红色泥岩、砂质泥岩夹灰绿色、浅灰色粉砂岩和细砂岩，下部主要为褐色、浅褐色泥岩、泥质粉砂岩夹白色晶粒状石膏层或褐色膏泥岩，底部有一层 0.5 m 厚的细砾岩。

【沿革】 吕正等(1957)引用苏联地质保矿部第十三航测大队(1952)建立的玛萨盖特岩系；新疆石油管理局的王志武(1957)在巴什布拉克测剖面时将这套地层命名为下褐色组，1981 年新疆区域地层表编写组彭希龄等人正式命名为克孜洛依组。本次对比研究仍沿用《西北地区区域地层表·新疆维吾尔自治区分册》(1981)的划分方案。本次对比研究停用原玛萨盖特岩系，今后在塔里木盆地西部均以克孜洛依组来代表晚渐新世—中新世的沉积。

【现在定义】 指上部由褐红色泥岩、砂质泥岩夹多层灰绿色粉砂岩及细砂岩；下部主要为褐灰色泥岩、泥质粉砂岩夹薄层石膏及石膏团块，底部一层厚 0.5 m 细砾岩，含咸水、半咸水动物群的沉积序列。上与安居安组整合接触，下与巴什布拉克组呈平行不整合接触。

【层型】 正层型：乌恰县城南约 10km 克孜洛依剖面(75°10′18″，39°34′00″)，由彭希龄等(1975)测制。参考剖面：阿图什县同古孜巴什沟剖面，乌恰县巴什布拉克剖面，标尔托戈依剖面。

【地质特征及区域变化】 本组在中、西、东部仅山边地带有露头，普遍以石膏层、膏泥岩平行不整合在下第三系不同层位之上。喀什以东见于钻孔中，厚 280～450 m；巴什布拉克剖面上部第三层中产陆相淡水介形虫 *Ilyocypris manasensis*，*Cyprinotus* (*Heteocypris*) *daductus*，*Potamocypris reflecta* 等，中部第二层中产海相有孔虫：*Quinqueloculina* sp.，*Nonionella hebes*，*Anomalina* sp.；在第一层中产海相介形类 *Cytheridea* sp.；在克孜克阿尔特地区，除底部仍程度不同地保留不太发育的石膏层外，为褐红色砂质泥质粉砂岩与褐红色、灰红色、紫灰色薄—中层(部分厚层)中—细粒杂色岩之交互层，砂岩风化后多呈片状，厚1 000 m左右，未发现生物化石。本组中的石膏已构成矿床。据化石及岩性特征将其时代划为渐新世到中新世。

安居安组　N_1a　(04-65-1924)

【创名及原始定义】　新疆石油管理局彭希龄等(1975)创名。创名地乌恰县城东南约20 km处的安居安种羊场。原始定义：上段主要为褐红色、灰褐色、灰绿色泥岩、砂岩不均匀互层；下段主要为灰绿色、褐红色砂岩、粉砂岩夹褐红色泥岩条带。

【沿革】　1944年以前这套地层为苏联学者别良耶夫斯基划归中新统加下更新统；1956年田在艺、胡冰二人将它划归渐新统到中新统；吕正、张良臣等(1957)在昆仑山前进行区调工作时将本组使用了苏联地质保矿部第十三航测大队于1952年所用的安吉然岩系；新疆石油管理局110等地质队(1971)将这套地层定名为杂色组；彭希龄、王爱民等人于1975年按照《国际地层指南》的要求正式命名为安居安组；《西北地区区域地层表·新疆维吾尔自治区分册》(1981)将这一地层单位编人表中。本次对比研究停用原安吉然岩系，今后在塔里木盆地西部地区均以安居安组代表中新世的沉积。

【现在定义】　指上部主要为褐红色、褐色及褐灰色泥岩、砂岩和灰绿色砂岩，泥岩不等厚互层，含有孔虫及介形虫，厚200余米；下部主要为灰绿色砂岩和粉砂岩，夹褐红色泥岩条带，厚400余米，与上覆帕卡布拉克组、下伏克孜洛依组均为整合接触。

【层型】　正层型：乌恰县安居安种羊场剖面(75°1′54″,39°30′10″)，由彭希龄(1975)测制。参考剖面：阿克陶县七美干(齐姆根)剖面。

【地质特征及区域变化】　安居安组分布在该地层区的中西部，东部仅见于山前地带。整合于克孜洛依组之上，惟乌恰县杨叶一带可直接超覆于第三系、下白垩统和侏罗系之上。在阿图什岩相区内，以灰绿色泥岩、砂岩为主夹红色泥岩条带之杂色层，产有孔虫、介形虫和孢粉，厚486～668 m。在克孜克阿尔特岩相区内，岩石变为紫灰色、灰绿色厚层块状复矿质砂岩与棕红色泥质粉砂岩、粉砂质泥岩不规则交互层，砂岩风化后常呈鳞片状，有时呈洞穴状，无生物化石，厚1 500～2 000 m。

本组产有孔虫 *Cibicides* sp.；介形虫 *Darwinula stevensoni*，*Limnocythere aligra*，*Cyclocypris cavernosa*，*Cyprinotus daductas* 等。在克孜洛依、康希威尔、小阿图什、乌拉根等地，尚产有孔虫 *Rotalia alta*；介形类 *Cyprideis punctilata*，*Eucypris* cf. *inflata*，*E. concinna*，*E. longa*，*E. notabilis*，*Ilyocypris errabundis* 等化石。据上列化石组合特征分析，本组时代亦应属中新世。

帕卡布拉克组　N_1p　(04-65-1925)

【创名及原始定义】　新疆区域地层表编写组(1981)创名，创名地位于乌恰县城南约60 km的帕卡布拉克沟。原始定义：指位于阿图什组之下，安居安组之上的陆相灰色、棕灰色泥岩、粉砂岩互层或不均匀互层，山麓为粗碎屑岩。

【沿革】　1944年以前，这套地层被苏联学者别良耶夫斯基划归上新统加下更新统，田在艺(1956)将它细分为下上新统、上上新统和下更新统；新疆地质局张良臣、吕正等(1957)又用了苏联地质保矿部第十三航测大队于1952年曾用过的托卡普岩系；新疆石油管理局110等队，于1971年前后在该地区开展石油普查工作，将这套地层与准噶尔盆地中新统进行对比，命名为上褐色组。这一名称一直到《西北地区区域地层表·新疆维吾尔自治区分册》(1981)，正式命名为帕卡布拉克组。

【现在定义】 指主要由灰色、棕灰色泥岩、粉砂岩及灰色和棕灰色或灰白色泥岩、粉砂岩、细砂岩互层的沉积序列。上与阿图什组、下与安居安组均为整合接触，产有孔虫、介形虫、轮藻和孢粉化石，底部砂岩中含砾。

【层型】 正层型：乌恰县帕卡布拉克剖面(75°03′10″,39°42′15″)，由新疆区域地层表编写组(1975)测制。参考剖面：卡巴拉特山南坡剖面，阿图什县同古孜巴什沟剖面，巴楚县色力布亚附近剖面。

【地质特征及区域变化】 帕卡布拉克组在该地区的分布特点是：以阿图什为湖相沉积中心，过去称做标准沉积相区，沉积物较细，以褐色、褐红色、灰色、灰绿色为主的泥岩与厚层块状灰、灰绿色复矿质砂岩互层。厚 1 100～2 168 m，横向变化大，到巴楚县厚仅 1 300 m，在库孜贡苏厚 829.5 m，下部产丰富的有孔虫-卷转虫动物群。乌鲁克卡特和巴什布拉克地区本组底部的砂岩含砾，厚度分别为 386.43m 和 1 390 m，未见化石。在克孜克阿尔特地区，泥岩很少，以砂、砾岩磨拉石沉积为主，不产化石，厚达 3 000 m 左右。岩石基本上以红色为主，粒粗且厚度大。

阿图什组　N_2a　(04-65-1933)

【创名及原始定义】 新疆区域地层表编写组(1981)创名。创名地位于阿图什市西北约 20 km的塔浪河西岸。原始定义：为灰、灰黑色、浅棕色泥岩和砂岩，偶夹灰绿色砂岩。

【沿革】 苏联学者别良耶夫斯基等(1944)将这套地层和其下伏的地层一并划为上新统加下更新统；田在艺等(1956)将该套地层划归上新统上部至下更新统；地质部第十三大队张良臣、吕正等(1957)在昆仑山前进行 1∶20 万填图时沿用了苏联地质保矿部第十三航测大队所划的安吉然岩系；新疆石油管理局 110 等队(1971)将该套地层与准噶尔盆地南缘独山子地区的上新统苍棕色组(现为独山子组)对比，并引用了这一地层名称，1981 年新疆区域地层表编写组，正式命名为阿图什组。本次对比研究仍沿用新疆区域地层组(1981)编写的《西北地区区域地层表·新疆维吾尔自治区分册》的划分方案。

【现在定义】 指整合于西域砾岩之下、帕卡布拉克组之上的以灰色、灰褐色、浅棕色的泥岩和砂岩，有绿色砂岩夹层的湖相沉积序列。上以砾岩、砾状砂岩为上界；下以厚层砂岩为底界。

【层型】 正层型：阿图什县塔浪河剖面(75°52′42″,39°41′48″)，由新疆区域地层表编写组(1975)测制，引自《西北地区区域地层表·新疆维吾尔自治区分册》(1981)。参考剖面：阿克陶县齐姆根剖面，乌恰县克拉托背斜南翼剖面，阿克陶县七美干剖面，巴楚县色力布亚附近剖面，皮山县桑株东考尔卡尔沟剖面。

【地质特征及区域变化】 本组分布很广，在疏附、喀什、阿图什一带发育最佳，厚 3 000 m 左右。以湖相沉积为主，以泥岩、粉砂岩、砂岩为主。其中产介形虫：*Ilyocypris manasensis*, *I. errabundis*, *Candona comprissaformis* 等。在昆仑山前，呈狭窄条带状展布。岩性变化很大，山麓地带为砂砾岩，而近平原地区则为一套厚度很大的具苍棕色外观的砂岩和泥岩。在叶城、皮山县及其以东地区，多相变为山麓河流相沉积，以灰棕、土黄和苍棕色砾岩夹砂岩为主。在卡巴加特山、西昆仑山前岩性明显变粗，为灰色砾岩和砂岩。本组一般整合于下伏地层之上，仅在克孜克阿尔特山一带与下伏地层呈不整合接触。与上覆地层多呈不整合接触。

本组无论是从岩性特征和化石组合特征上均可与库车组、葡萄沟组、独山子组对比，故将本组的时代划归上新统是比较合适的。

路乐河组　$E_{1-2}l$　(04-65-1929)

【创名及原始定义】 青海省石油管理局朱夏(1956)创名路乐河岩系，创名地为青海省大柴旦嗷唠河东沟一带。原始定义：指整合或局部不整合(盆地边缘)于大红沟岩系之下，不整合于白垩纪地层之上的一套砖红色、灰褐色砾岩、紫红色泥岩，上、下部砾岩占优势，中部泥岩增多为特征的地层。

【沿革】 由于本组由青海省所创名，故在划分沿革上均沿用青海省的划分方案。1959年全国地层委员会改称路乐河组。其后青海省和我区相邻地段均沿用这一名称。本次对比研究青海省仍沿用该组，故本次对比研究也沿用之。

【现在定义】 指整合于犬牙沟群之上，整合或局部不整合于干柴沟组之下一套由紫红色砾岩、砾状砂岩为主夹砂岩、泥钙质粉砂岩组成的地层序列。

【层型】 选层型：青海省嗷唠河(即路乐河)东沟剖面(94°40′00″，38°08′00″)，由朱夏(1956)测制。新疆境内参考剖面：彩虹沟剖面。

【地质特征及区域变化】 本组主要分布于柴达木盆地的中部、东部地区，而其他地区分布零星。在新疆境内仅见于彩虹沟一带，出露面积仅有8 km^2，为一套湖相红色泥岩及杂色泥岩、泥灰岩，以红色为主，以艳丽五彩缤纷的外观为特征，厚60 m以上，其中产介形虫：*Ilyocydris errabundis*，*I. cornae*，*Candoniella porrecta*，*Cypris* sp.，*Eucypris* sp.；轮藻类：*Hornichara qinghaiensis*，*H. lahenalis*，*Obtusochara minuta*，*Sphaerochara parvula* 等。

本次对比研究，青海省将本组的时代划归于古新世—渐新世。本书认为该划分是比较合适的，并采用之。

干柴沟组　E_3N_1g　(04-65-1932)

【创名及原始定义】 青海省石油管理局科学研究所(1959)在柴达木西部地区创名干柴沟岩系。原始定义：指整合或局部不整合(盆地边缘)于油砂山组之下，代表渐新世—中新世早期一套由灰绿、黄绿、紫红等色砂岩、粉砂岩、钙质页岩、砂质泥岩为主夹砾岩、砾状砂岩凸镜体及疙瘩状泥灰岩，局部夹薄层石膏组合而成的地层。

【沿革】 全国地层委员会(1959)更名为干柴沟组。青海省石油管理局地质研究所(1979)依据古生物确定的地质时代将干柴沟组进一步分为上、下干柴沟组。青海省区域地层表编写小组(1980)沿用并将使用范围扩大至整个柴达木盆地。在本次对比研究工作中青海地矿局将其上、下干柴沟组合并统称干柴沟组。本书仍沿用其划分方案。

【现在定义】 指整合或局部不整合于油砂山组之下、整合或不整合于路乐河组之上一套由含油砂岩、泥钙质粉砂岩、页岩、砂质泥岩夹不稳定砾岩凸镜体及泥灰岩组成的地层。

【层型】 正层型：青海干柴沟构造西岔沟剖面(90°51′00″，38°27′00″)，由青海省石油管理局科学研究所(1959)测制。新疆境内参考剖面：若羌县索尔库里东大红沟北剖面。

【地质特征及区域变化】 本组广泛分布于柴达木盆地，但东部出露相对较多，新疆境内分布于索尔库里走廊及其以北白金雁山南，东西长70余公里，宽8 km左右，此外图幅东南角青海境内的红三旱也有分布，为一套红色地层。

该组下部以红色、紫红色砂砾岩为主，含石膏。上部以土黄、黄绿色为主的泥岩、粉砂岩及砾岩，较下部粒度变细，但在红三旱地区变粗。本组是赋油、气层。在红三旱地区下与路乐河组为整合接触，均为陆相碎屑岩沉积，上部产有 *Radix* sp.，*Pionorbis* sp.，*Pupilla* sp.，*Galba* sp.，*Neritodonta* sp.，*Candinvella marcida*，*Mediocypris* sp.；下部产 *Ilyocypris* cf. *errabundis*，*Candoniella marcida*，*Eucypris*，*Sphaerium* cf. *rivicolum*，时代为渐新世—中新世。

油砂山组　$N_{1-2}y$　(04-65-1931)

【创名及原始定义】 青海省石油管理局科学研究所(1959)在柴达木盆地西部地区创名油砂山岩系。原始定义：指介于狮子沟岩系与干柴沟岩系之间代表中新世晚期—上新世早期，由棕红色为主的泥质粉砂岩、砂质泥岩、含油砂岩夹砂砾岩凸镜体及疙瘩状泥灰岩组成的地层。

【沿革】 全国地层委员会(1959)改称为油砂山组；青海石油管理局地研所(1973)依据古生物确定的地质年代将其进一步细分为上、下油砂山组；青海省地质矿产局区域地质志课题组(1991)又将上、下油砂山组合并改称油砂山组；本次对比研究青海省仍保留了上述的划分方案。故本书仍沿用之。

【现在定义】 指分别不整合或整合(盆地中心)于干柴沟组之上、狮子沟组之下，由紫红、棕黄色等泥质粉砂岩、含油砂岩、砂质泥岩夹疙瘩状泥灰岩、砂砾岩凸镜体及石膏组合而成的地层序列，底以棕红色的色调或泥灰岩及砂质泥岩消失与干柴沟组分界，顶以砾岩、砂砾岩或厚层砂岩(盆地中心)始现与狮子沟组分界，青海省石油管理局科学研究所(1959)测制。

【层型】 正层型：青海省冷湖镇油砂山构造油砂沟北翼剖面(90°57′00″，38°13′00″)，由青海省石油管理局科学研究所(1959)测制。新疆境内参考剖面：若羌县大红沟剖面。

【地质特征及区域变化】 本组在新疆境内分布很少，在索尔库里西南及东南角红三旱地区有小面积出露，而且均延入邻区。岩性以土黄色砾岩、砂质泥岩为主。该组在青海省柴达木盆地为主要产石油的层位。时代属中新世—上新世早期。

狮子沟组　$N_2\hat{s}$　(04-65-1930)

【创名及原始定义】 青海省石油管理局科学研究所1959年创名狮子沟岩系。创名地青海省柴达木盆地西部狮子沟一带。原始定义：指处于七个泉组不整合面之下、油砂山组整合面之上，代表上新世晚期，由土黄色砂质泥岩、泥质粉砂岩、砂岩、砾岩组成的地层。

【沿革】 全国地层委员会(1959)改称为狮子沟组；《西北地区区域地层表·青海省分册》(1980)沿用了上述的划分，并将使用范围扩大到整个柴达木盆地；1981年新疆地质局区调大队在索尔库里地区进行1：20万地质填图工作时，引用了狮子沟组这一名称，沿用至今。本次对比研究青海省仍保留该组，故本书仍沿用之。

【现在定义】 指柴达木盆地不整合(盆地边缘)或整合于油砂山组之上、不整合于七个泉组之下以粗碎屑岩为主的地层。由砾岩、砾状砂岩、含砾砂岩夹砂岩、泥质粉砂岩组合而成的地层序列。

【层型】 正层型：青海省冷湖镇狮子沟高点剖面(90°51′00″，38°18′00″)，由青海省石油管理局科学研究所(1959)测制。新疆境内参考剖面：若羌县索尔库里达坂1号剖面。

【地质特征及区域变化】 本组在新疆境内分布局限，仅在索尔库里达坂两侧有小面积出露，一套粗碎屑为主的沉积，含腹足类、轮藻等化石。与下伏油砂山组平行不整合接触，上被七个泉组平行不整合覆盖。

【其他】 狮子沟组的岩性、颜色等与新疆境内相关地层均可对比，故将本组时代划归上新世。

第三篇　华北地层大区

第九章
长城纪—青白口纪

华北地层大区秦祁昆地层区新疆部分属东昆仑-中秦岭地层分区，长城纪—青白口纪地层经本次对比研究仅保留冰沟群一个岩石地层单位。该群创名于青海省，在新疆境内分布于若羌县野牛沟一带，岩性下部为碎屑岩、上部为碳酸盐岩，时代蓟县纪。

冰沟群　Jx*B*　(05－65－0109)

【创名及原始定义】　青海省地质局区测大队(1971)在都兰县冰沟地区创名水沟组，时代为震旦纪晚期。由下而上分为三个岩组。第一岩组：大理岩、结晶灰岩岩组；第二岩组：结晶灰岩、大理岩、板岩夹石英岩岩组；第三岩组：变砂岩、板岩岩组。与下伏金水口组整合接触。

【沿革】　1960 年，青海省 1：100 万地质图将该地层定为下古生界；1968 年青海省区测队(1968)首次定为冰沟组，划为震旦系上统；1975 年青海省地质局地质科学研究所和青海省第一地质队定为狼牙山群，时代仍为震旦纪；青海省区测队一分队(1981)仍定为狼牙山群并细分为上、下两个岩组；1982 年青海省前寒武系课题组庄庆兴将其定为蓟县系并细分为岩心库组和巴音果勒组；1986 年青海省地矿局庄庆兴引用 1978 年王云山所称冰沟群，并重测了冰沟剖面。

【现在定义】　上与青白口纪丘吉东沟群为整合，与下伏长城纪小庙群为平行不整合接触。其主要岩性为浅变质的石英斑岩(大理岩、结晶片岩)为主夹板岩和石英岩。

【层型】　正层型(重测)：青海省都兰县冰沟剖面。新疆境内参考剖面：若羌县野牛沟剖面。

【地质特征及区域变化】　该群岩性以浅变质的碳酸盐岩(大理岩、结晶灰岩、白云岩并富含硅质、碳质)为主夹浅变质碎屑岩(千枚状板岩、硅质、碳质粘板岩、硅质岩、石英绿泥片岩等)，一般为灰、深灰、灰黑、灰白、白色为主，部分为灰绿色，该群与上覆地层为整合接触，与下伏地层为平行不整合接触。在白云岩中富含叠层石：计有 *Conophyton*，*Kussiella*，*Jurusania*，*Boxonia*，*Minjaria* cf. *tielingella*，*Coronoconophyton*，*Baicalia*。在硅质岩和硅质白云岩中含微古植物：计有 *Trematosphaeridium minutum*，*Quadratimorpha*，*Lophosphaeridium*，*Taeniatum*，*Laminarites*，*Lignum* 等。该地层岩性比较稳定，以碳酸盐岩为主，不同点是变质碎屑岩多少而已。此群从柴达木盆地南缘的布尔汗布达山往西延入新疆境内的狼牙山(东昆仑)一带。厚度从 930～6 010 m，以冰沟地区厚度最大。从岩性特征分析沉积环境为浅海相。

第十章
震旦纪—志留纪

华北地层大区秦祁昆地层区新疆部分的东昆仑-中秦岭地层分区，震旦纪—志留纪地层经本次对比研究保留奥陶纪祁漫塔格群一个岩石地层单位。该群分布于若羌县阿牙克库木胡地区，构成祁漫塔格山主脊，为厚达万米的浅变质碎屑岩、火山碎屑岩和火山岩。

祁漫塔格群 *OQ* (05-65-0533)

【创名及原始定义】 新疆地质局区测大队六分队王嘉桁等(1982)创名，创名地在东昆仑阿牙克库木湖凹地以北的祁漫塔格山。原始定义：指一套上被第三系不整合覆盖，下与蓟县系为断层接触的不均匀的浅变质细碎屑岩、碳酸盐岩，以中基性为主的火山岩和火山碎屑岩地层。

【沿革】 祁漫塔格地区的奥陶系最早发现于青海省，地质部石油局西北石油区队(1964)在格尔木县铁石达斯山的一套厚约5 000余米，含中基性火山岩的变质碎屑岩、碳酸盐岩中采得 *Rhabdotetradium*, *Maclurites* 等奥陶纪化石，将其命名为铁石达斯群。青海省地质局第五地质大队(1976)在阿尔金山南坡滩间山一带的一套浅变质碎屑岩及中性火山岩夹变砂屑生物碎屑灰岩中发现珊瑚及腕足类化石，命名为滩间山群。上述两套地层的时代均为 O_{2-3}。王嘉桁等(1982)在阿牙克库木湖地区1∶100万区调报告中，将祁漫塔格主脊的一套厚达万米的变质岩及火山岩命名为祁漫塔格群(O)，依据岩性组合等特点，又进一步细分为四个亚群。1985年新疆地质图(1∶200万)未划分奥陶系。肖兵(1990)在《新疆古生界》(上)奥陶系一节中采纳了王嘉桁的划分方案。

【现在定义】 是指一套上被第三系不整合覆盖，下不整合于蓟县系塔昔达坂群之上、厚度巨大、岩性复杂的槽型沉积。岩性以灰色、灰绿色为主，下部为砂岩、粉砂岩夹少量凝灰质砂岩，中部为中基性夹基性、酸性火山岩和火山碎屑岩，上部为砂板岩夹灰岩，顶部为碎屑岩夹灰岩的地层。

【层型】 复合正层型：若羌县祁漫塔格剖面(89°05′10″,37°49′05″)，由新疆区测大队六分队(1982)测制。其中第四亚群无剖面，其他三个亚群各有一条剖面，它们是鸭子泉以东40km处剖面(第三亚群)，阿牙克库木湖北侧剖面(第二亚群)，白干湖一带剖面(第一亚群)。

【地质特征及区域变化】 岩石组合如现在定义所述，为一套环境动荡，火山活动频繁，主要是中基性火山喷发的火山复理石槽型沉积，厚度 10 510.8 m，变质较浅。该地层化石缺乏，六分队在野外工作期间，在土窑洞东北 27 km 处相当第三亚群的大理岩中采到了惟一的海百合茎化石。经鉴定为 *Cyclocyclicus*，为该地层时代的确定提供了直接依据。

祁漫塔格群集中分布于阿牙克库木湖以北的祁漫塔格山区，西起白干湖以西，向东经鸭子泉，沿阿特阿特坎河的北岸延伸至自治区境外的青海省西部地区，整个地层呈近东西向的向北突出的弧形带状展布。

根据六分队的资料，第一亚群的岩性为灰绿色—浅灰绿色砂板岩、钙质板岩、千枚岩、片理化粉砂岩、砂岩和少量凝灰质砂岩、凝灰质粉砂岩、大理岩、结晶灰岩等，沿走向岩相稳定，为浅海相类复理石沉积，岩石中普遍含有黄铁矿晶粒，白干湖一带厚度 2 536 m。第二亚群，主要岩性为灰绿、褐灰色厚层—块状中基性夹基性、酸性火山岩、火山碎屑岩，厚度 3 016～3 748 m。第三亚群，主要岩性为碳酸盐岩(包括大理岩、结晶灰岩)和砂板岩不均匀互层，厚度 2 000～3 426.8 m。第四亚群，为一套灰、灰绿色片理化薄—中层状砂岩、粉砂岩夹薄层灰岩，可见厚度一般在 500～800 m。

第十一章
泥盆纪—二叠纪

华北地层大区秦祁昆地层区东昆仑-中秦岭地层分区泥盆纪—二叠纪岩石地层经对比研究共保留岩石地层单位8个，泥盆纪布拉克巴什组为一套火山岩夹碳酸盐岩和碎屑岩、硅质岩，厚度巨大。石炭纪托库孜达坂群分布于该区西部，岩性也以火山岩为主，夹少量碳酸盐岩和碎屑岩。哈拉米兰河群以碳酸盐岩为主夹碎屑岩。分布于该区东部祁漫塔格地区的大干沟组和缔敖苏组系青海省创名，前者以碳酸盐岩为主，后者也以碳酸盐岩为主夹少量碎屑岩，二者平行不整合接触。二叠纪岩石地层单位称碧云山组和喀尔瓦组，二者为断层或不整合接触。碧云山组为海相碎屑岩夹灰岩。喀尔瓦组为海相灰岩夹碎屑岩。叶桑岗组为海相灰岩与碎屑岩不均匀互层，下与哈拉米兰河群整合或局部平行不整合接触，与上覆地层(P_2?)关系不清。

布拉克巴什组　D_2bl　(05-65-0951)

【创名及原始定义】 新疆区测大队张玉谦、赵明钰、焦生瑞(1977)① 创名为布拉克巴什群。原始定义：指一套浅海相碎屑岩、千枚岩、硅质岩和中酸性火山岩夹玄武岩、苦橄玢岩的复杂沉积组合。时代为中泥盆世。

【沿革】 新疆区测队曾亚参、肖世禄、赵明钰等(1977)，赵子允、许培春(1981)均划为布拉克巴什群，《西北地区区域地层表·新疆维吾尔自治区分册》(1981)仍划归布拉克巴什群。《新疆古生界》(下)(1991)中曾亚参、肖世禄曾将该群改为布拉克巴什组，本次对比研究采用了布拉克巴什组的划法。新疆区测队(1966)创名的卡拉塔什群(S—D)和新疆第二地质大队汪玉珍在新疆南疆西部地质图、矿产图说明书中(1985)划分的塔木群(D_1)与布拉克巴什组均为同物异名，本次对比研究，停止使用。

【现在定义】 该组为一套正常碎屑岩、灰岩与火山岩、火山碎屑岩不均匀互层，上部火山岩较多，灰岩中含珊瑚化石；下部为灰色钙质砂岩、生物灰岩、粉砂岩、细砂岩、硅质岩及少量玄武岩、安山玢岩，含层孔虫、珊瑚化石。与上覆托库孜达坂群不整合接触，部分地段与早二叠世喀尔瓦组不整合接触。未见底。

【层型】 正层型：且末县布拉克巴什剖面(85°26′00″,37°00′00″)，由张玉谦等(1977)测制。

---

① 新疆区测大队张玉谦、赵明钰、焦生瑞，1977，西昆仑地区上古生界概述。刊于《新疆地质》。

参考剖面:阿其克库勒湖以南湖边剖面。

【地质特征及区域变化】 该组为东西向延伸,火山岩少或无。主要分布在公格尔山、喀拉米兰,喀喇昆仑山地区零星可见。

哈拉米兰一带该组下部为灰色、灰黑色硅质粉砂岩、硅质岩、安山玢岩夹灰岩。含 *Favosites qiemoensis*,厚达 1 200～5 916 m。上部为灰色灰岩、钙质碳质粉砂岩,含极丰富的珊瑚化石:*Hexagonaria* sp.,*Disphyllum* sp.,*Thamnopora* sp.,*Digonophyllum* sp.,*Acrophyllum* sp.,*Enterolasma* sp.。公格尔山北坡阿尔他西村可见该组成断块产出,为灰色、灰绿色灰岩、泥灰岩夹砾岩,厚 226～870 m。含 *Stringocephalus* sp.,*Endophyllum* sp.,*Temnophyllum* sp.。

大干沟组　C_1dg　(05-65-1320)

【创名及原始定义】 青海省第一地质队(1978)创名于格尔木市南约 40km 的大干沟,青海省区域地层表编写组(1980)介绍。原始定义:早石炭世晚期地层,由灰—灰白色石英砂岩、砂砾岩、钙质粉砂岩及灰岩组成,夹火山岩、火山碎屑岩等。含腕足类、珊瑚等化石,与下伏五龙沟组整合或假整合接触,与上覆缔敖苏组为假整合关系。

【沿革】 青海省第一区调大队(1981)在东大干沟以及新疆区调大队(1982)在阿牙克库木湖地区都沿用《西北地区区域地层表·青海省分册》的划分,地层时代为早石炭世。刘广才(1987)在哈是托(缔敖苏)将该套地层划分为西汉斯特沟组,上部为灰岩段,下部为碎屑岩段,时代早石炭世。青海地矿局(1991)在云居萨依将相当于灰岩段的部分划分大干沟组,将相当于碎屑岩段的部分划分为五龙沟组,时代早石炭世。本书沿用该划分,定名为大干沟组,时代为早石炭世。大干沟组与王增吉(1990)命名的西汉斯特沟组岩性基本一致,本次对比研究将西汉斯特沟组按同物异名停用,而大干沟组符合《中国地层指南及中国地层指南说明书》建组的有关规定,建议在祁漫塔格地层分区继续使用。

【现在定义】 指分布于东昆仑山,位于前石炭纪地层和缔敖苏组之间的地质体,下部由杂色砾岩、碎屑砂岩、细砂岩及粉砂岩组成,上部由灰色中厚层泥晶、亮晶生物碎屑灰岩夹粉晶灰岩构成,富含䗴、珊瑚、腕足类、植物和有孔虫等化石,与前石炭纪为不整合接触,与上覆缔敖苏组为平行不整合接触。

【层型】 选层型:格尔木市哈是托(缔敖苏)南山剖面(92°11′00″, 37°01′00″),刘广才等(1987)重测。新疆境内参考剖面:阿克牙库木湖地区鸭子泉东 50 km 处剖面。

【地质特征及区域变化】 主要分布于东昆仑山的哈是托(缔敖苏)、那棱格勒河、东大干沟、祁漫塔格、云居萨依等地。大干沟组选层型位于格尔木市哈是托(缔敖苏)南山,其岩性分上、下两个部分:下部由杂色砾岩、碎屑砂岩、细砂岩及粉砂岩组成;上部由灰色中厚层泥晶、亮晶生物碎屑灰岩夹粉晶灰岩构成。富含䗴、珊瑚、腕足类、植物和有孔虫等化石。与前石炭纪地层为不整合接触;与上覆缔敖苏组为平行不整合接触。沿地层走向,厚度及岩性均有变化:由西向东,碎屑岩渐增,灰岩渐少,厚度变大。综上所述:据岩石及生物组合表明,大干沟组属浅海相碳酸盐岩—碎屑岩沉积,其时代为早石炭世。

缔敖苏组　C_2d　(05-65-1321)

【创名及原始定义】 青海省区域地层表编写组(1980)介绍,青海省第一地质队(1978)创名于格尔木市哈是托(缔敖苏)南山。原始定义:指分布于祁漫塔格—布尔汉布达山的中、晚石炭世地层，为海陆交互相沉积，以灰岩为主，下部为砾岩、砂岩及中酸性凝灰岩，含䗴及腕足类化石。与下伏大干沟组、上覆四角羊沟组均为假整合或整合接触。

【沿革】 青海省区域地层表编写组(1980)在四角羊沟—缔敖苏划分出四角羊沟组及缔敖苏组，两者为整合接触，时代中石炭世。新疆地质局区调大队六分队王嘉桁(1982)在阿牙克库木湖地区沿用青海省的四角羊沟组一名，时代晚石炭世。新疆地质局区调大队三分队(1982)在阿其克库勒湖地区将该套地层划分为阿其克库勒组，该组相当于晚石炭世上部层位。刘广才(1987)在哈是托(缔敖苏)将这套地层划分为四角羊沟组及缔敖苏组，时代为晚石炭世。本书将四角羊沟组与缔敖苏组归并，统称缔敖苏组，时代为晚石炭世。《西北地区区域地层表·青海省分册》(1980)将祁漫塔格地区的上石炭统划分为"四角羊沟组"(上部)及"缔敖苏组"(下部)；1982年，新疆地质局区调大队赵子允在阿其克库勒地区启用"阿其克库勒组"代表"四角羊沟组"上部层位；本书停止使用"四角羊沟组"与"阿其克库勒组"，保留缔敖苏组。

【现在定义】 指分布于祁漫塔格地区，主要由一套灰、灰白色、灰红色碳酸盐岩组成，底部为杂色碎屑岩的地层序列。灰岩中含䗴、有孔虫、腕足类及珊瑚等化石。与下伏大干沟组或哈拉郭勒组为平行不整合接触(或整合于老地层之上)；以上覆打柴沟组深灰色灰岩的始现与本组整合为界，或不整合于洪水川组之下。

【层型】 选层型：青海省格尔木市哈是托(缔敖苏)南山剖面(重测)(92°11′00″，37°01′00″)，引自《西北地区区域地层表·青海省分册》(1980)。新疆境内参考剖面：阿牙克库木湖地区石雪尖一带剖面，阿其克库勒湖地区4690高点剖面。

【地质特征及区域变化】 分布于祁漫塔格地区的野马泉、哈尔扎—拉乌札沟一带。主要由一套灰、灰白色、灰红色碳酸盐岩组成，底部为杂色碎屑岩的地层序列。从西向东，灰岩由厚渐薄，碎屑岩渐增。灰岩中富含䗴、有孔虫、腕足类、珊瑚、三叶虫。䗴：*Fusulina* sp.，*Fusulinella* sp.，*Protriticites* sp.，*Pseudostaffella* sp.，*Fusiella* sp.，*Pseudofusulina* sp.，*Pseudoschwagerina* sp. 等；腕足类：*Choristites* sp.，*Dictyoclostus* sp.，*Echinoconchus punctatus*，*Martinia* sp.；珊瑚：*Tschussovskenia sinensis*，*Cystophyrastraea* cf. *sinensis*，*Bradyphyllum* sp.。综上所述：据岩石及生物组合，本组属浅海相环境沉积，时代为晚石炭世。

托库孜达坂群 C_1TK (05-65-1306)

【创名及原始定义】 新疆地质局区测大队一连二排张玉谦等(1972)于西昆仑且末县阿昌南部托库孜达坂山北坡创名。原始定义：下部是灰色、浅灰绿色、灰紫色钙质千枚岩、钙质凝灰质千枚岩、变质粉砂岩夹钙质砂岩、凝灰质砂岩，上部是灰绿—绿色玄武玢岩、辉绿玢岩、灰紫色安山玢岩、灰绿色和灰紫色凝灰岩，不均匀夹灰白色块状灰岩、灰黑色中层状灰岩、凝灰质砂岩和少许硅质岩。最上部灰岩增多，与火山岩呈不均匀互层。

【沿革】 新疆地质局区测大队一连二排张玉谦等(1972)在西昆仑东段托库孜达坂山北进行1∶100万区域地质测量及普查找矿时首创，时代为早石炭世，因种种原因，没有剖面资料；同年，新疆区测大队一连三排在课帕幅1∶20万填图时，测制了较详细的剖面，时代为早石炭世，本次对比研究列为选层型；新疆区测大队一分队白光群(1972)在于田县以南昆仑山进行1∶100万地质矿产调查时，将该地层划分为下石炭统。新疆区调大队六分队(1982)在阿牙克库大湖地区进行1∶100万填图时，将该地层划分为下石炭统。新疆地质局区调大队三分队(1982)在阿其克库勒湖地区进行1∶100万填图时沿用了创名人的划分。新疆地质局第一区调大队五分队田阔帮(1985)在西昆仑布伦口—恰尔隆地区进行1∶100万填图时，将该套地层划分为下一中石炭统。本书沿用创名人的划分，时代早石炭世。

【现在定义】 为灰白、灰黑、灰绿、紫褐色碎屑岩及灰绿、灰紫色火山碎屑岩，灰绿、灰紫色火山岩夹灰白、灰黑色灰岩。下部以碎屑岩为主，上部多为火山岩和灰岩，含丰富腕足类、珊瑚化石，其上与哈拉米兰河群为整合或不整合接触（局部与三叠纪地层断层接触），下与布拉克巴什组不整合接触或与前震旦纪地层不整合接触。

【层型】 选层型：且末县满达拉卡甫剖面（84°46′26″，37°02′38″），由新疆区测大队一连三排（1971）测制。参考剖面：阿牙克库木湖以西—阿里雅克河上游剖面，于田以南阿提伯勒达坂北坡剖面。

【地质特征及区域变化】 主要分布于托库孜达坂山北坡阿帕、课帕、阿羌至吐拉一带，在车尔臣河上游东西两侧、古尔盆山口以南及乌斯腾溚格、玉龙喀什河上游等地均有出露。大致沿北东向展布，沿走向岩性及厚度均有变化：在西昆仑东段托库孜达坂山脊及北坡，为一套浅海相碎屑岩和火山碎屑岩建造，夹较多中基性喷发岩和碳酸盐岩，与下伏布拉克巴什组整合接触，产化石 *Gangamophyllum* sp.，*Dictyoclostus* sp.，厚 3 000 m 左右。课帕地区的满达拉卡甫，岩性与前者基本一致，与上覆哈拉米兰河群整合，与下伏布拉克巴什组不整合接触，厚 2 732.8 m。于田以南的阿提伯勒达坂北坡，与花岗岩呈断层接触，与下伏前震旦纪呈不整合接触，碎屑岩及碳酸盐岩增多，厚 401.1 m。向西到西昆仑卡拉特河，未见底，与上覆他龙群角度不整合接触，岩性与东昆仑基本一致但部分地段（古鲁滚涅克一带）火山岩更加发育，厚 3 276 m。从创名地向东到阿其克库勒湖地区雁头山东为浅变质碎屑岩夹灰岩及放射虫硅质岩，含珊瑚、层孔虫化石，厚 2 788 m。再向东到阿牙克库木湖以西之阿里雅克河上游，以正常陆源碎屑岩及碳酸盐岩类为主，有少量火山岩出现，岩性与西昆仑基本一致，含 *Lithostrotion* sp.，厚881 m。

综上所述：东昆仑以正常陆源碎屑岩及碳酸盐岩为主，夹少量火山岩；中昆仑为碎屑岩和火山碎屑岩建造夹碳酸盐岩；西昆仑火山岩更加发育。

哈拉米兰河群 C_2H （05－65－1307）

【创名及原始定义】 新疆地质局区测大队一连二排张玉谦等（1972）在西昆仑且末县阿昌南部喀拉米兰河流域创立。原始定义：为一套浅海相的碎屑岩—碳酸盐建造，有较多火山岩及其碎屑岩为特征。与下伏托库孜达坂组关系不明。与上覆棋盘组为整合关系，局部可见平行不整合和不整合。

【沿革】 1972 年，新疆区测大队一连二排（五分队）在喀拉米兰河流域首创哈拉米兰河组，时代为中—晚石炭世。同年，新疆区测大队一连三排丁独战及区测大队一连一排熊申甫将这套地层划分为中—上石炭统；1977 年，新疆区测大队张玉谦撰文介绍叶尔羌河上游卡帕浪沟剖面，并划分出哈拉米兰河组，时代晚石炭世。本书沿用创名人的划分，改组为群，时代为晚石炭世。奈扎塔石群的创名地点在奈扎塔石山隘附近的阿尔保德河上游，属于昆仑地层区及喀喇昆仑地层区的交界处，岩石组合及化石组合不能完全代表整个昆仑地层区晚石炭世。另外，哈拉米兰河群先后被《西北地区区域地层表·新疆维吾尔自治区分册》（1981）、《新疆维吾尔自治区区域地质志》（1993）、《断代总结》及多份野外地质调查报告所引用。虽然“哈拉米兰河群”与“奈扎塔石群”属同物异名，但本书沿用“哈拉米兰河群”，停止使用“奈扎塔石群”。1982 年，新疆区调大队三分队赵子允据发现的石炭纪孢子及具环孢子将出露于新疆若羌县求拉克塔格南、与哈拉米兰河群下部层位岩性相同的地层命名为“大九坝组”，本书将其视为同物异名停止使用,仍沿用哈拉米兰河群一名。1977 年,由新疆区测大队张玉谦命名的"阿克苏河组"与"哈拉米兰河群"属同物异名,停止使用"阿克苏河组",继续沿用"哈拉米兰河群"一名。

【现在定义】 为碳酸盐岩-碎屑岩建造,局部地区尚夹有玄武岩和凝灰岩。岩性为灰黑、灰白、黄褐色薄—厚层状微晶灰岩、条带状灰岩、鲕状灰岩及灰黑、灰绿色砂岩、砂砾岩,局部夹灰绿色杏仁状玄武岩及深灰色凝灰角砾岩。与托库孜达坂群为整合接触,与上覆叶桑岗组为整合接触,局部可见平行不整合或不整合。

【层型】 选层型:课帕地区满达拉卡甫剖面(因无立名剖面资料)(84°46′26″,37°02′38″),由新疆区测大队一连二排(1971)测制。参考剖面:叶尔羌河上游卡帕浪沟喀拉米兰河剖面。

【地质特征及区域变化】 本群广泛分布于且末县阿羌南喀拉米兰河流域、阿克苏河北岸、阿克沙依湖、阿克日塔克山、普热瓦里斯科果山等地,大致沿北东向条带状延伸,沿走向厚度及岩性均有变化。在本群创名地西喀拉米兰河流域,岩性上部为灰黑、灰白色薄—厚层状灰岩夹灰绿色钙质粉砂岩及凝灰砂岩;中部为灰黑色钙质砂岩与灰岩、凝灰岩;下部为灰色钙质砂岩与灰绿钙质石英岩屑砂岩、长石岩屑砂岩互层,夹灰岩、碳质页岩、凝灰岩、玄武岩。厚达 4 500 m。下部含䗴:*Schwagerina* sp.,*Rugosofusulina* sp.;珊瑚:*Lophophyllum* sp.,*Caninia* sp.;中部含䗴:*Triticites* sp.,*Schwagerina* sp.;腕足类:*Orthotichia* sp.;上部含䗴:*Rugosofusulina* sp.;珊瑚:*Lophophyllidium* sp.;菊石:*Perrinites* cf. *cumins*。与上覆棋盘组整合接触,与下伏托库孜达坂群关系不明。从创名地向西到课帕地区,岩性与创名地点基本一致,未见上覆地层,与下伏托库孜达坂群整合接触。厚 850.5 m。再向西到西昆仑叶尔羌河上游卡帕浪沟,只出露碳酸盐岩,而碎屑岩、玄武岩、凝灰岩均未出露。产化石:*Pseudoschwagerina* sp.,*Triticites* sp.。与上覆叶桑岗组为平行不整合接触,与下伏托库孜达坂群为整合接触。厚 263 m。

综上所述:据岩石组合及化石组合,该组属浅海相环境沉积,其时代为晚石炭世。

碧云山组 P_1by (05-65-1428)

【创名及原始定义】 新疆地质局区调大队三分队赵子允等(1982)在阿尔格山哈夏克里克河一带测制剖面,划分出下二叠统下部地层碧云山组。原始定义:碧云山组下部为灰色含砾粗粒钙质长石岩屑砂岩夹灰岩透镜体;上部为浅灰色中粒钙质长石岩屑砂岩夹黑色灰岩、碳质泥岩及少量砾岩。灰岩中含珊瑚、䗴、苔藓虫、腕足类等化石,厚度 718 m。上与喀尔瓦组断层接触,下部未见底。

【沿革】 1982 年,新疆地质局区调大队三分队在阿其克库勒湖地区及阿尔格山一带开展 1:100 万区调工作,将早二叠世地层自下而上划分为碧云山组及喀尔瓦组。1985 年,新疆区调大队孙巧缡与南京地质古生物研究所张遴信合作研究了新疆阿尔格山早二叠世地层及䗴类动物群,仍用碧云山组及喀尔瓦组。本次地层对比研究,沿用碧云山组(时代为早二叠世早期)。

【现在定义】 为海相碎屑岩夹灰岩。下部为灰色含砾粗粒钙质长石岩屑砂岩、含砾钙质长石岩屑砂岩、含砾钙质石英砂岩夹灰岩、钙质泥岩;上部为灰色钙质长石岩屑砂岩、钙质石英砂岩与黑灰色生物灰岩、灰岩不均匀互层夹碳质泥岩。含䗴、珊瑚、腕足类等化石。上与喀尔瓦组灰紫色钙质砂岩夹黑灰色生物灰岩断层或不整合(?)接触,下部未见底。

【层型】 正层型:若羌县阿尔格山哈夏克里克Ⅺ号剖面(90°38′30″,36°27′30″),由新疆区调大队三分队(1981)测制。参考剖面:若羌县布喀达坂峰西北 5206 高地西碧云山组剖面,若羌县碧云山东南黄沙湾碧云山组剖面,若羌县碧云山东面碧云山组剖面,新疆若羌县且地—塔格碧云山组Ⅴ号剖面，阿齐克库勒湖东南一道梁碧云山组（Ⅰ号）剖面。

【地质特征及区域变化】 碧云山组分布在东昆仑山阿其克库勒湖至阿尔格山一带。碧云山组在哈夏克里克河一带灰岩中含䗴：*Pseudofusulina* sp.，*Schwagerina* sp.，珊瑚：*Szechuanophyllum* sp.等。上与喀尔瓦组断层接触，下部未见底。厚718 m。向西至布喀达坂峰西北5206高地以西一带，该组以钙质砂泥质粉砂岩及含钙质粉砂质粘板岩为主，厚度大于1 330 m。上被喀什群不整合覆盖，下部未见底。继向西至碧云山东南黄沙湾一带，该组厚2 071 m。向西北至碧云山东南一带，碧云山组为灰色巨厚层灰岩、玫瑰色大理岩夹黑色、黑灰色生物灰岩，含䗴 *Parafusulina* sp.及腕足类、珊瑚等化石，厚2 880 m。再向西至阿其克库勒湖东南一道梁一带，该组厚度大于900 m，上与喀尔瓦组不整合(?)接触，下部未见底。

碧云山组含有 *Misellina claudiae* 等早二叠世早期的 *Misellina* 动物群。碧云山组时代为早二叠世早期。

【其他】 碧云山组还需进一步测制更完整的剖面，特别要查清其与喀尔瓦组的接触关系。

喀尔瓦组　P_1kr　(05-65-1429)

【创名及原始定义】 新疆地质局区调大队三分队(1982)在阿尔格山哈夏克里克河一带创名喀尔瓦组。原始定义：喀尔瓦组下部为灰、灰黑色含生物碎屑灰岩夹灰色钙质细砂岩、灰紫色含钙质粉砂岩、绿色砂岩；上部为玫瑰色灰岩夹生物碎屑灰岩和灰绿色不等粒长石岩屑砂岩。含大量䗴、珊瑚、腕足类、苔藓虫化石，厚1 452 m。上部未见顶，下与碧云山组断层接触。

【沿革】 1982年，新疆地质局区调大队三分队在阿其克库勒湖地区及阿尔格山一带开展1：100万区调工作，将早二叠世地层自下而上划分为碧云山组及喀尔瓦组。1985年，新疆区调大队孙巧缡与南京地质古生物研究所张遴信合作研究了新疆阿尔格山早二叠世地层及䗴类动物群，仍用碧云山组及喀尔瓦组。本次地层对比研究，沿用喀尔瓦组(时代为早二叠世晚期)。

【现在定义】 喀尔瓦组为海相灰岩夹碎屑岩。下部为灰紫色钙质细砂岩、钙质粉砂岩、钙质砾岩夹灰、灰黑色含生物碎屑灰岩及碳质页岩；上部为玫瑰色灰岩、灰黑色生物碎屑灰岩、灰岩夹灰绿色长石岩屑砂岩、钙质砂岩、钙质岩屑石英砂岩。含大量䗴、珊瑚、腕足类等化石。上部未见顶，下与碧云山组灰色钙质砂岩夹生物灰岩断层或不整合接触。

【层型】 正层型：若羌县阿尔格山哈夏克里克Ⅺ号剖面(90°40′20″，36°25′40″)，由新疆区调大队三分队(1981)测制。参考剖面：若羌县且地—塔格喀尔瓦组(Ⅴ号)剖面，阿齐克库勒湖东南一道梁(Ⅰ号)剖面。

【地质特征及区域变化】 喀尔瓦组分布在东昆仑山阿其克库勒湖至阿尔格山一带。喀尔瓦组在哈夏克里克河一带厚1 452 m，下与碧云山组断层接触，上部未见顶。向西至且地—塔格一带厚5 835 m。再向西至阿其克库勒湖东南一道梁一带，喀尔瓦组下部为紫色钙质砾岩与钙质石英砂岩、钙质粉砂岩不均匀互层夹碳质页岩；上部为黑灰色生物碎屑灰岩、浅红、灰白色灰岩互层夹砂质灰岩及灰绿色钙质岩屑石英砂岩；厚4 624 m，上部未见顶，下与碧云山组不整合(?)接触。

阿尔格山喀尔瓦组以含 *Polydiexodina* 为主，可称为 *Polydiexodina* 䗴类动物群。根据䗴类组合的时代，喀尔瓦组时代为早二叠世晚期。

【其他】 喀尔瓦组与碧云山组的接触关系多为断层接触，在阿其克库勒湖东南一道梁一带为不整合(?)接触，均需进行野外核查。

叶桑岗组　P_1y　(05 - 65 - 1426)

【创名及原始定义】 新疆地质局区测大队张玉谦、赵明钰、焦生瑞(1977)创名。原始定义：叶桑岗组底部为紫红色砂砾岩、粗砂岩；中部为紫红色厚层状砂岩、粉砂岩、泥岩不均匀互层；上部为灰色中厚层状中细粒钙质砂岩、浅灰绿色厚层状凝灰质砂岩与灰白色、灰黑色厚层灰岩不均匀互层，灰岩中含䗴、腕足类等化石。厚度小于2 000 m。上与上二叠统(?)关系不清、下与石炭系断层接触。

【沿革】 新疆区测大队一连二排(1971)在古大恰—叶桑岗一带及其以南地区划分出下二叠统。新疆地质局区测大队张玉谦、赵明钰、焦生瑞(1977)在《西昆仑地区上古生界概述》一文中将古大恰—叶桑岗一带的下二叠统(北带)创名为叶桑岗组，将其以南的中带下二叠统称棋盘组，南带下二叠统称阿克日塔克达坂组。新疆区域地层表编写组(1981)将北、中、南三带的二叠系统一称为叶桑岗组，并将原划北带叶桑岗组的上部杂色泥质粉砂岩、细凝灰岩、安山质流纹斑岩、安山玢岩、凝灰质角砾岩(厚数百米)划为上二叠统。本次地层对比研究，将原划北、中带的该套地层称为叶桑岗组，将西部柳什塔格南坡再依勒克河一带的早二叠世地层也归入叶桑岗组，时代为早二叠世。

【现在定义】 为海相灰岩与碎屑岩不均匀互层。下部为紫红色砂砾岩、粗砂岩夹砂岩、粉砂岩、泥岩、灰岩；上部为灰、灰黑色厚层灰岩、生物灰岩、粉砂质灰岩与钙质砂岩、杂砂岩、粉砂岩不均匀互层，灰岩中含䗴、珊瑚、菊石、腕足类等化石。与上覆地层(P_2?)关系不清，下与哈拉米兰河群灰白色灰岩夹钙质粉砂岩整合或局部平行不整合接触。

【层型】 正层型：且末县古大恰—叶桑岗一带剖面(85°35′20″,37°21′30″)，由新疆区测大队一连二排(1971)测制。参考剖面：且末县喀拉米兰河中游洼地剖面，于田县柳什塔格南坡再依勒克河剖面。

【地质特征及区域变化】 叶桑岗组分布在古大恰—叶桑岗一带及其以南的喀拉米兰河中游洼地，向西至于田柳什塔格南坡再依勒克一带。叶桑岗组在古大恰—叶桑岗一带灰岩中含䗴 *Polydiexodina* sp.(时代为早二叠世晚期)和腕足类 *Dielasma itaitubense*(P)。厚度小于2 000 m。下与哈拉米兰河群断层接触，上与晚二叠世(?)地层关系不清。向南东至喀拉米兰河中游洼地，该组含䗴：? *Parafusulina* sp.，珊瑚：*Waagenophyllum* sp.，*Polythecalis* sp.，菊石和双壳类等化石，厚约2 500 m。下与哈拉米兰河群整合或局部平行不整合接触，上部未见顶。再向西至柳什塔格南坡再依勒克河一带，该组为深灰色粉砂质灰岩与钙质砂岩、钙质细砂岩、灰岩、青灰色生物灰岩不均匀互层夹泥质粉砂岩及粗砂岩，下部第2层灰岩中含 *Polydiexodina* sp.，*Parafusulina* sp.，*Minojapanella* sp.，*Afghanella* sp.等早二叠世晚期的䗴类，厚1 676.9 m。上部未见顶，下与前震旦系断层接触。叶桑岗组在该剖面可能缺失底部及下部地层。综上所述，叶桑岗组时代为早二叠世。

【其他】 东昆仑—中秦岭地层分区新疆部分的叶桑岗组还需进一步做野外工作，测制一些详细剖面，采集化石，进行详细划分。对该区是否有晚二叠世地层也需进一步工作。

第十二章
三叠纪—第三纪

华北地层大区秦祁昆地层区新疆部分为东昆仑地层分区，三叠纪—第三纪地层经对比研究后，推荐使用的岩石地层单位共6个群(组)。三叠纪喀勒拉组分布于祁漫塔格山，岩性为陆相火山岩。侏罗纪叶尔羌群、库孜贡苏组系塔里木-南疆地层大区的地层单位名称，沿用于本区，本章不再叙述。大煤沟组和采石岭组系青海省创名，详见青海省岩石地层。第三纪的石马沟组、石壁梁组和红梁组，均为陆相碎屑岩沉积。

喀勒拉组　T_3kl　(05-65-1621)

【命名及原始定义】 新疆地质局区调大队三分队赵子允等(1982)创名于阿其克库勒湖地区的喀勒拉附近。原始定义：组成祁漫塔格山主脊，其岩性上部为安山岩、角砾熔岩、英安质凝灰熔岩及少量玄武岩，下部为肉红色流纹岩、安山质角砾熔岩、紫红色复成分细砾岩夹含砾岩屑砂岩，以明显不整合超覆于老地层及华力西期花岗岩之上。

【沿革】 新疆1：200万地质图编写组(1985)将该地质体定为上三叠统。

【现在定义】 分布于祁漫塔格山东段，不整合超覆在祁漫塔格群及其他老地层之上，为一套火山熔岩和火山碎屑岩，主要岩性为紫红、灰色中酸性角砾熔岩、岩屑晶屑酸性凝灰岩夹细砾岩、岩屑砂岩等，上与第三纪地层不整合接触。

【层型】 正层型：若羌县喀雅克登塔格5152高点剖面(91°14′50″，37°04′30″)，由新疆区调大队三分队(1981)测制。

【地质特征及区域变化】 主要分布于祁漫塔格山主脊及其两侧，向东延伸到青海石雪尖一带，岩性为石英斑岩、石英钠长斑岩、霏细岩，厚3 045～4 653.2 m。向北为流纹质晶屑玻屑熔结凝灰岩、英安质晶屑玻屑冰碛砾岩、石英霏细斑岩，厚1 042.5 m。喀雅克登塔格5152高点处为安山质角砾熔岩夹细砾岩、岩屑砂岩、流纹岩，顶部为基性火山角砾岩，厚668 m。该套地层超覆于奥陶系、石炭系等老地层之上，上被第三纪地层不整合覆盖。局部地区有蚀变，岩相为陆相。

大煤沟组　$J_{1-2}d$　(05-65-1722)

【创名及原始定义】 青海省地质局第一区测大队王万统等(1960)创名，创名地位于青海省乌兰县怀头他拉乡。原始定义：不整合于元古界之上的一套含煤碎屑岩沉积，厚 1 144 m，与上覆晚侏罗世采石岭组红层平行不整合接触。在大煤沟地区发育良好，故命名为“大煤沟组”，时代归属早、中侏罗世。

【沿革】 青海省地质局第一区测大队王万统等(1960)将出露于青海省乌兰县怀头他拉乡一带的一套含煤碎屑岩沉积划为大煤沟组，其时代定为早—中侏罗世。青海省区域地层表编写组(1980)在柴达木盆地将该套沉积的下部划为小煤沟组，时代为早侏罗世，上部划为大煤沟组，时代为中侏罗世。新疆地质局区测大队十一分队(1981)在阿拉巴斯套地区，也将该套地层下部划为小煤沟组，时代为早侏罗世，上部划为大煤沟组，时代为中侏罗世。李佩娟、何元良等(1988)在柴达木盆地东北缘将该套地层由下至上分为：下煤沟组(J_1)、火烧山组(J_1)、甜水沟组(J_1)、饮马沟组(J_2)、大煤沟组(J_2)、石门沟组(J_2)。1993 年在地层对比研究中，青海省仍沿用了王万统等人的划分方案，将该套地层仍定名为大煤沟组，时代为早—中侏罗世。本次对比研究仍沿用青海省的划分方案，将阿拉巴斯套等地区的一套含煤碎屑岩统称大煤沟组。时代为早—中侏罗世。

【现在定义】 指不整合于克鲁克组或笔架山群以前地层之上，平行不整合或不整合于采石岭组之下的一套含煤碎屑岩夹菱铁矿层组成的地层体。下线、上线均以不整合面为界，产双壳类，叶肢介，昆虫，介形类及植物化石。

【层型】 正层型：青海省乌兰县怀头他拉乡大煤沟剖面(96°02′00″，37°31′00″)，由青海省地质局第一区测大队王万统等(1960)测制。新疆境内参考剖面索尔库里煤窑沟剖面，索尔库里因格布拉克南东剖面。

【地质特征及区域变化】 大煤沟组在新疆境内主要分布于若羌县索尔库里以南的阿拉巴斯套地区。岩石色调为黄绿、灰绿、灰、灰黑色，下部沉积物粒度较细，以灰黑—黑色碳质页岩及土黄色页岩为主。上部沉积物粒度变粗，为黄绿色、灰绿色、灰色砾岩、粗砂岩、砂岩及灰黑色碳质页岩互层，并夹可采煤层。本组岩相变化较大，在若羌县索尔库里以南的阿拉巴斯套地区煤窑沟，临海套煤矿及幸福口西侧，为黑色、少量紫色碳质页岩和页岩，向西至苦海山一带碳质减少，主要为土黄色页岩，并夹灰岩凸镜体，在靠近阿尔金深断裂地段，见片理化现象。

大煤沟组所含植物化石有：*Todites williamsoni*，*Phoenicopsis* sp.，*Podozamites lanceolatus*，*Cladophlebis* sp.，*Desmiopyllum*；孢粉：*Pinus* sp.，*Picea* sp.，*Cedrus* sp.，*Pseudopicea* sp.，*Podocarpus* sp.，*Protopinus* sp.，*Palaeoconiferus* sp.。根据岩性特征及化石组合将该套地层时代划为早—中侏罗世。

采石岭组　J_3c　(05－65－1723)

【创名人及原始定义】 崔克信、张文堂等(1955)创名采石岭系，张文堂(1958)介绍，创名地位于青海省芒崖镇采石岭。原始定义：白垩纪地层常超覆在侏罗纪地层之上，第三纪地层以不整合覆盖其上。主要岩石是砾岩、红色砂岩、紫红色页岩及红色泥岩的互层，厚 2 000 余米。是山间盆地堆积和浅湖相沉积。

【沿革】 张文堂等(1958)在青海省芒崖镇采石岭、红水沟地区将该套地层划分为采石岭系，时代为早白垩世。顾知微(1962)将该区采石岭系又划分为采石岭群，时代为晚侏罗世。青海省区域地层表编写组(1980)将采石岭地区的该套地层划分为采石岭组。新疆地质局区测大队(1981)在阿拉巴斯套地区引用了青海省的地层名称将一套杂色陆相碎屑岩划分为采石岭组。本次对比研究以青海省区域地层表编写组及新疆地质局区测大队十一分队 1∶20 万索尔库里幅(J－48－Ⅶ)地质资料为基础,在阿拉巴斯套区沿用以上划分,并将时代划为晚侏罗世。

【现在定义】 指整合或不整合于大煤沟组之上,整合于红水河组或不整合于新地层之下一套杂色岩系或红色沉积的粗碎屑岩夹细碎屑岩及灰岩的地层。下以不整合面或杂色及红色碎屑岩的出现为界;顶以不整合面或红水沟组泥岩的始现为界。产双壳类、介形类、轮藻、叶肢介等化石。

【层型】 选层型:青海省芒崖镇采石岭、红水沟剖面(90°44′00″,38°28′00″),由崔克信、张文堂等(1958)测制。新疆境内参考剖面:索尔库里幅苦海南山剖面。

【地质特征及区域变化】 采石岭组主要分布于若羌县西南索尔库里的阿拉巴斯套地区金鸿山南坡,向北在金鸿山山脊一带为浅灰色、灰紫色、紫色细砂岩、砂砾岩互层夹灰色灰岩。向东在幸福口西 5 km 左右处,以灰绿色砾岩、砂砾岩为主,夹灰绿色、紫褐色砂岩、粉砂岩及灰黑色碳质粉砂岩,向西至苦海山以南及戏石堡以北地区沉积物粒度较细,主要以粉—细砂岩、中砂岩为主,夹少量砾岩。砾岩不稳定,沿走向相变为砂岩、细砂岩。采石岭组为典型的杂色层,极为引人瞩目,是本组的显著特征。

采石岭组所含化石有轮藻 *Euaclistochara lutengensis* ,*Aclistochara breris* ,*A.* sp.,双壳类:*Lamprotula turfanensis*,介形类:*Darwinula sarytirmenensis*,*D. yibiensis* 等。根据岩性特征及化石组合将该套地层时代划归于晚侏罗世。

石马沟组 $N_{1-2}\hat{s}$ (05－65－1926)

【创名及原始定义】 中国人民解放军新疆军区生产建设兵团与新疆石油管理局联合组成综合勘查队(1965)① 创名。创名地位于库木库里盆地阿雅克库木湖与阿其克库勒湖之间刀背梁南侧。旧地形图的石马沟就是现今新地形图上的花条山。原始定义:指整合于上新统石壁梁组之下,中、下部为灰褐色、红褐色、暗红色砾岩夹红色紫红色、灰白色砂岩及土黄色泥岩;上部为灰绿色泥岩、砂岩及灰黑色泥岩、页岩的沉积序列,下未见底。

【沿革】 地质部青海石油普查大队一、二分队(1956)在东经 87°10′00″～90°40′00″,北纬36°04′00″～38°00′00″范围内进行 1∶100 万路线勘查时,对该区的第三系进行了划分,并划分出 TV_1、TV_2、TV_3、TV_4 四个岩组。

1965 年新疆军区生产建设兵团和新疆石油管理局组成综合勘查队,对库木库里的第三系地层进行了较细致的划分,划分出石马沟组($N_{1-2}s$)、石壁梁组(N_2sb)、红梁组(N_2h)。

《西北地区区域地层表·新疆维吾尔自治区分册》(1981)沿用了新疆石油管理局和新疆军区生产建设兵团综合勘查队的划分方案。

新疆地质局区调大队三分队、六分队(1982)在库木库里地区进行 1∶100 万地质调查时将石马沟组改称花条山组;石壁梁组改称红石梁组;红梁组改称碱土梁组。

本次对比研究认为按其优先权应采用原组名即:石马沟组、石壁梁组和红梁组。本次对比研究,停止使用花条山组,以石马沟组代表东昆仑山晚第三纪早—中期的沉积。

【现在定义】 指整合于上新统石壁梁组之下,中、下部为灰褐色、红褐色、暗红色砾岩夹红色、紫红色、灰白色砂岩及土黄色泥岩。上部为灰绿色泥岩、砂岩及灰黑色泥岩、页岩的沉积序列。与下伏地层关系不清。

---

① 中国人民解放军新疆军区生产建设兵团、新疆石油管理局阿尔金山综合勘查队,1965,库木库里洼地石油地质路线踏勘报告。

【层型】 正层型:若羌县阿雅克库木湖西南刀背梁南侧剖面(88°22′05″,37°18′10″),由新疆军区生产建设兵团与新疆石油管理局综合勘查队(1965)测制。参考剖面:阿雅克库木湖西南侧的花条山剖面。

【地质特征及区域变化】 本组分布于花条山、黑石山等地,组成背斜核部,北西走向,为湖相沉积,与下伏地层关系不清,与上覆石壁梁组整合接触。可视厚度最厚达 2 057 m,花条山最发育。

从整体观察该组岩性为:下部灰褐色、红褐色厚层—块状粗砾岩、中砾岩夹红色、灰色砂岩,砾石为花岗岩、硅质灰岩、变质岩。砾径 3~80 cm。中部暗红色砾岩与紫红色砂岩互层夹土黄色泥岩。上部灰绿色泥岩、砂岩及黑色泥岩、页岩。产孢粉: *Alnus* sp., *Castanea* sp., *Ulmus* sp.; *Pinus* sp., *Cedrus* sp. 等,时代为第三纪。

本组是主要的铜矿产出层,主要产在砂砾岩中,目前发现的有赛斯克亚河中游西岸铜矿床。

石壁梁组 $N_2\hat{s}$ (05-65-1927)

【创名及原始定义】 新疆军区生产建设兵团和新疆石油管理局综合勘查队(1965)创名,创名地位于雪峰岘一带的石壁梁,现今地形图称红石梁。原始定义:不整合于红梁组之下,整合于下伏石马沟组之上的,上部棕红色泥质粉砂岩、粉砂岩、细砂岩互层向含砾粗砂岩过渡,中、下部为灰、灰黑色砂岩、砾岩互层夹棕红色泥岩条带,下部为褐红色砾岩与红色砂岩互层夹红色砂质泥岩、泥灰岩。

【沿革】 详见石马沟组。本次对比研究后停止使用红石梁组,在东昆仑山地区均采用石壁梁组来代表上新世中—晚期的沉积。

【现在定义】 指整合于石马沟组之上,不整合于红梁组之下,上部为棕红色泥质粉砂岩、粉砂岩、细砂岩互层向含砾粗砂岩过渡。下部为灰色、灰黑色砂岩、砾岩互层夹红色泥岩,底部为红色砂岩、褐红色砾岩互层夹泥岩、泥灰岩的沉积序列,含铜矿。

【层型】 正层型:石壁梁剖面(89°02′15″,37°20′00″),由新疆军区生产建设兵团与新疆石油管理局综合勘查队(1965)测制。参考剖面:红石梁一带剖面,小花山剖面。

【地质特征及区域变化】 主要分布于阿雅克库木湖以南的石壁梁、雪峰岘一带,呈东西向展布,在扇子沟及别里等地为紫色中厚层状砂岩夹绿色砂岩,偶夹致密块状灰岩、绿色泥岩、砾岩凸镜体。厚 1 850 m。在石壁梁(红石梁)一带为灰色砂岩、粉砂岩、棕红色泥质粉砂岩,褐、褐红色砾岩夹红色泥岩、泥灰岩,厚达 2 500 m 以上,产介形虫化石。

本组在若羌石棉矿、鸭子泉、阿特阿特坎河两岸也有分布。

在小花山一带出露长 32 km,宽 10 km,与蓟县系为超覆不整合,局部为断层接触,其岩性下部以绛红色泥岩为主夹少量砾岩及灰绿色粉砂岩;下部为灰黄色粗砂岩、砂岩、灰绿色粉砂岩互层夹薄层石膏,厚 1 793.2 m,在阿特阿特坎河两岸为黄褐色—土黄色、灰白色含砾砂岩、砂砾岩、砂质粉砂质粘土岩,超覆于上石炭统及奥陶系祁漫塔格群之上。厚度 1 134 m。

本组中含介形虫: *Limnocythere cinctura*, *L. muschketovi*, *Ilyocypris dudckanensis*, *Eucypris concinna*, *E. triangulis*, *Candoniella marcida*, *Ostracoda* sp. 及轮藻化石。据其化石及岩性特征将其时代划归上新世。

红梁组　N_2^2h　(05-65-1928)

【创名及原始定义】新疆军区生产建设兵团和新疆石油管理局综合勘查队(1965)创名，地点在若羌县阿雅克库木湖西南10 km。原始定义：以土黄色、灰、灰绿色为主的砂岩、砂质泥岩、泥岩夹多层盐岩及石膏的湖相沉积。含丰富的介形虫化石，厚2 135 m。

【沿革】详见石马沟组。红梁组和碱土梁组是同物异名，据优先权停止使用碱土梁组，今后在东昆仑地区均采用红梁组代表上新世晚期的沉积。

【现在定义】指不整合于更新统西域组之下，上新统石壁梁组之上的以土黄色、灰绿色、灰色为主的砂岩、砂质泥岩层夹泥岩、石膏薄层及盐层的沉积序列，产有盐及石膏矿床。

【层型】正层型：若羌县盐水沟剖面(89°00′10″,37°25′00″)，由新疆军区生产建设兵团与新疆石油管理局综合勘查队(1965)测制。参考剖面：若羌县碱土梁剖面。

【地质特征及区域变化】本组分布于黑石梁碱土梁背斜北翼，东西长达100 km，宽20 km，不整合在石壁梁组之上，上为第四系覆盖。产介形虫化石。其岩性稳定，为湖相碎屑岩和泥岩，化学盐岩已为大型工业矿床。据新疆地矿局第三地质大队资料，在碱土梁西南12 km处本组砂岩中尚有含铜砂岩型矿化点。含矿层位于本组靠底部，灰绿色砂岩中孔雀石较多，规模小，是找矿标志。

第四篇　华南地层大区

第十三章 泥盆纪—二叠纪

华南地层大区新疆部分木孜塔格地层分区泥盆纪—二叠纪岩石地层单位经对比研究，仅保留二叠纪黄羊岭组一个单位，为巨厚的碎屑岩夹灰岩，含䗴、腕足类等化石。石炭纪哈拉米兰河群和二叠纪叶桑岗组都是沿用华北地层大区的地层单位名称，本章不再叙述。

黄羊岭组　P_1hy　(06－65－1426)

【创名及原始定义】 新疆地矿局第一区调大队一分队齐德义等(1986)在木孜塔格以西独高山、黄羊岭一带创建黄羊岭群，并分上、中、下三亚群。原始定义：黄羊岭群下亚群为灰褐色砂岩、粉砂岩、钙质石英岩屑砂岩夹灰岩、粗砂岩。灰岩中含䗴、腕足类等化石，厚3 384 m。中、上亚群为深灰色长石岩屑砂岩、石英岩屑砂岩及砂岩不均匀互层夹放射虫硅质岩、泥岩、钙质粉砂岩，灰岩，含䗴及腕足类化石，厚4 335 m。上与云雾岭群下亚群断层接触，下部未见底。

【沿革】 新疆区测大队一连二排(1971)在古大恰—叶桑岗一带及其以南的喀拉米兰河中上游地区划分出下二叠统，新疆地质局区测大队张玉谦、赵明钰、焦生瑞(1977)在《西昆仑地区上古生界概述》一文中将南带下二叠统地层定为阿克日塔克达坂组。新疆区域地层表编写组(1981)将喀拉米兰地区的北、中、南三带的二叠系统一命名为叶桑岗组。新疆第一区调大队一分队(1985)在黄羊岭—木孜塔格一带进行1：100万区调工作，1986年划分出下二叠统黄羊岭群，并分为上、中、下三亚群。新疆地矿局第一区调大队孙巧缡(1993)在《新疆昆仑山黄羊岭—木孜塔格一带早二叠世的䗴》一文中将黄羊岭群分为上、下两亚群。本次地层对比研究时，将黄羊岭群改为黄羊岭组，并分为上、下两亚组。本次对比研究停用阿克日塔克达坂组，改用黄羊岭组。

【现在定义】 黄羊岭组下亚组为灰褐色砂岩、粉砂岩、钙质石英岩屑砂岩不均匀互层夹灰岩、粗砂岩、灰岩中含䗴、腕足类等化石；上亚组为深灰色长石岩屑砂岩，石英岩屑砂岩、灰绿色砂岩不均匀互层夹放射虫硅质岩、泥岩、钙质粉砂岩、灰岩，含䗴及腕足类化石。上与云雾岭群灰色砂岩、细砂岩断层或不整合接触。下部未见底。

【层型】 正层型：民丰县独高山黄羊岭组上亚组Ⅺ号剖面（85°35′20″，37°21′40″），由新疆地矿局第一区调大队一分队（1985）在民丰县独高山测制。副层型：民丰县黄羊岭一带黄羊岭组下亚组ⅩⅤ号剖面，由新疆第一区调大队一分队在民丰县黄羊岭一带测制。参考剖面：且末县木孜塔格西黄羊岭组上亚组阳春三胡ⅩⅥ号剖面，且末长虹湖黄羊岭组上亚组ⅩⅧ号剖面，民丰县无水湖黄羊岭组上亚组Ⅲ号剖面，民丰县卧龙岗东黄羊岭组上亚组Ⅴ号剖面。

【地质特征及区域变化】 黄羊岭组分布于无水湖、黄羊岭、木孜塔格一带，呈东西向展布，东西长500 km，南北宽约20～50 km。黄羊岭组下亚组为灰绿色、灰紫色砂岩、粉砂岩夹灰岩。含有 *Misellina* 䗴类动物群，时代为早二叠世早期。黄羊岭组上亚组在独高山一带厚4 335 m。向东至长虹湖一带，以碎屑岩为主，厚1 874 m。再向北至阳春湖一带，黄羊岭组上亚组为灰绿色中细粒含粉砂钙质长石岩屑砂岩、砂岩、细砂岩、岩屑石英砂岩互层夹钙质砂岩、白云岩、灰岩。厚7 705 m。含腕足类及䗴化石。上与喀什群断层接触，下部未见底。由黄羊岭向西至卧龙岗东，厚1 129 m，含䗴及腕足类等化石。黄羊岭组上亚组含有 *Sumatrina annae*，*Neoschwangerina margaritae* 等大量早二叠世晚期的䗴类，可称为 *Neoschwagerina*－*Polydiexodina* 䗴类动物群，综上所述，黄羊岭组时代为早二叠世。

【其他】 黄羊岭组下亚组的分布情况及黄羊岭组的上、下关系需进行野外核查。

第十四章 三叠纪—第三纪

华南地层大区新疆部分三叠纪—第三纪地层经对比研究共推荐使用的岩石地层单位为：三叠纪的云雾岭群.岩性为石英岩屑砂岩夹少量灰岩，卧龙岗组和桃湖组，岩性为砂岩、粉砂岩夹碳质泥岩，含植物化石。侏罗纪的叶尔羌群、库孜贡苏组和第三纪阿图什组均为塔里木南疆地层大区的名称，沿用于该区，本章不再叙述。

云雾岭群　T_3Y　(06-65-1617)

【创名及原始定义】　新疆地矿局第一区调大队一分队齐德义等(1986)创名于昆仑山中段云雾岭一带。原始定义：分布于云雾岭、黄羊岭、独高山、羊湖等地，角度不整合覆于下二叠统黄羊岭群之上，其上被第三系超覆。根据岩性可分为上、下两个亚群：下亚群以钙质岩屑砂岩为主，上亚群为砂岩与泥岩互层。含菊石、双壳类、腕足类等，时代晚三叠世。

【沿革】　新疆地质局区测大队(1972)将该套地层划为三叠系；新疆区域地层表编写组(1981)在该区划出中—上三叠统；杨志荣、龙能礼等(1990)将该区三叠纪地层分为下三叠统云雾岭群、中三叠统皮的里克布拉克群、上三叠统盼水河组，各单位岩性不详，和原云雾岭群关系也未叙述。本次对比研究保留新疆第一区调大队(1986)创名含义，不再分上、下亚群。前人建立的皮的里克布拉克群、盼水河组所指的地质体及岩性均不清楚，应停止使用。

【现在定义】　为一套海相碎屑岩，主要岩性为灰黑、褐灰、灰夹紫色钙质石英岩屑砂岩、长石岩屑砂岩夹泥岩、泥质粉砂岩及少量灰岩，下部泥岩、泥质粉砂岩为主，下与黄羊岭组不整合接触，上多未见顶，局部被阿图什组超覆。

【层型】　正层型：民丰县黄羊岭剖面(83°50′12″，36°06′25″)，由新疆第一区调大队一分队(1985)测制。

【地质特征及区域变化】　出露于东昆仑山西部塔什库勒—朝勃湖北、琼木孜塔格、长虹湖及硝尔库勒湖西，呈近东西向展布。民丰县黄羊岭一带的岩性为黄褐、暗绿、褐灰色石英岩屑砂岩、中砂岩夹灰岩，底部为绿色含放射虫沉凝灰岩。岩性较稳定，厚 1 809 m。到羊湖—长虹湖岩性变化不大，厚度 50～4 620 m。且末县塔什库勒南岩性为灰、浅灰色片理化钙质砂岩、泥灰岩、生物灰岩、砾岩，底部为灰色砾岩，厚 1 075 m。向西野马滩为粉砂岩夹砂岩、粗砂岩，厚 1 991 m。长虹湖一带为片理化中—细粒砂岩、粉砂岩，夹长石岩屑砂岩、砂岩，厚 752 m。本组主要化石有双壳类：*Modiolus* sp.，*Posidonia* sp.，*Nuculana* sp.，*Pachymya* sp.，*Entolium* sp.，*Plagiostoma* sp.，*Neoshizodus* sp.；腕足类：*Septaliphoria* sp.，*Burmirhynchia*? sp.；海百合茎：*Traumatocrinus kunlunensis*；菊石：*Crytopleuites* sp.，*Indonesites*? sp. 等，可以确定该群时代为晚三叠世。

【其他】 此外，有人认为该区有中、下三叠统，但目前资料很不成熟，疑问很多，曾采到早三叠世菊石的地质体（杨志荣，1990 年）尚有可能是在叶桑岗组内。因此，本次对比研究云雾岭群时代仍归入晚三叠世。

卧龙岗组 T_3w （06－65－1619）

【创名及原始定义】 新疆地矿局第一区调大队一分队齐德义等（1986）于黄羊岭卧龙岗处创名。原始定义：仅分布于野马滩以北卧龙岗东一带，不整合超覆于黄羊岭群之上，上未见顶，为一套陆相碎屑岩沉积，主要岩性为灰黑色、灰色、褐灰色砂岩、粉砂岩、碳质泥岩夹粗砂岩、岩屑砂岩及煤线，含丰富的植物化石，时代晚三叠世。

【沿革】 新疆 1：200 万地质图编写组（1985）曾将该套地层定为上三叠统。

【现在定义】 不整合超覆于黄羊岭组之上，上未见顶，主要岩性为灰黑色、灰色、褐灰色砂岩、粉砂岩、碳质泥岩夹粗砂岩、岩屑砂岩及煤线。

【层型】 正层型：民丰县卧龙岗剖面（83°13′40″，35°51′05″），由新疆第一区调大队一分队（1985）测制。

【地质特征及区域变化】 本组主要分布在硝尔库勒湖与黄羊岭之间的卧龙岗一带，呈北西、南东向展布，主要岩性为粉砂质粗砂岩、中—细粒砂岩、岩屑砂岩、泥岩夹劣质煤层、煤线。所含生物化石有植物：*Bernoullia* sp.，*Sinozamites leeiana*，*Glossophyllum shansiensis*，常见于晚三叠世。该组以不整合覆于黄羊岭组之上，上未见顶。

桃湖组 T_3t （06－65－1620）

【创名及原始定义】 新疆地质局区测大队三分队赵子允等（1982）创名于新疆、西藏交界的桃湖附近。原始定义：分布于昆仑山南坡，不整合于石炭系之上，上为第三系不整合覆盖，主要岩性有灰、灰黑、灰绿色石英砂岩、细砂岩、粉砂岩、泥质粉砂岩和碳质泥岩，轻微变质。含孢粉。时代晚三叠世。

【沿革】 文世宣（1979）于喀拉米兰山口将该套地层定为上三叠统，新疆区测大队三分队（1982）命名为桃湖组。

【现在定义】 本组主要岩性为灰、灰黑、灰绿色石英砂岩、细砂岩、粉砂岩、泥质粉砂岩和碳质泥岩，轻微变质。下界不明，上与第三纪地层不整合接触。

【层型】 正层型：西藏藏北县桃湖剖面（89°12′30″，36°06′12″），由新疆区测大队三分队（1982）测制。

【地质特征及区域变化】 本组分布于昆仑山南坡广大地区，北以鲸鱼湖大断裂为界，南部延入西藏，向西经木孜塔格，在于田县克里雅山口以东尖灭。在且末县塔什库勒南一带岩性：上部为灰、紫红色砂岩、砾岩与泥灰岩不均匀互层夹菱铁矿凸镜体；下部为灰、浅灰绿色厚层粗砂岩、石英砂岩夹薄煤层、菱铁矿及生物灰岩。含腹足类、双壳类、叶肢介，厚 4 670 m。在喀拉米兰河上游西南相变为红色钙质长石岩屑砂岩、砂砾岩、粉砂岩及泥岩不均匀互层，其底部为紫红色大砾岩或长石砂岩，最底为数米厚的风化壳。厚 200 m。向东木孜塔格峰北、乌鲁克苏河一带，相变为：上部为紫红色中厚层细砂岩和紫红色中厚层砾岩互层；下部为灰绿色中厚层岩屑长石砂岩，中厚层钙质长石石英砂岩，砂岩夹砾岩，底为灰绿色中厚层砂砾岩。厚 1 247 m。

第五篇　藏滇地层大区

第十五章
泥盆纪—二叠纪

藏滇地层大区在新疆所占面积很小，仅包括空喀山口附近含冷水动物群的二叠纪地层：加温达坂组和空喀山口组。前者岩性为海相碎屑岩夹灰岩，后者为海相碳酸盐岩夹碎屑岩。

加温达坂组　P_1j　(07－65－1425)

【创名及原始定义】 新疆地矿局区调大队四分队张志德等(1984)在空喀山口创名加温达坂组。原始定义：为浅灰色中薄层状石英细砂岩与浅灰绿色粉砂岩、钙质细砂岩、含砾细砂岩不均匀互层夹灰岩、角砾状灰岩，含冷水型单通道䗴类动物群，厚372.5～2 050 m。上与空喀山口组灰白色石英砂岩，砂岩、泥岩互层夹灰岩、泥灰岩，整合过渡或断层接触，下部未见底。

【沿革】 Norin(1946)将分布于喀喇昆仑山口，地普桑、当隆、塔什立克湖至霍尔帕湖等地的二叠系称塔什立克湖群，并分为下、中、上三部。《中国区域地层表(草案)》(1956)引用了上述资料，称为塔什立克湖统。H. A. 别良耶夫斯基(1956)将乔戈里峰以东的石炭系—二叠系自上而下划为：巴兰格岩系、纳贺湾岩系、恰提尔岩系。加温达坂组大致相当纳贺湾岩系的中下部。新疆区测大队四分队(1982)在空喀山口一带测制剖面，1984年划分出加温达坂组。本次地层对比研究，沿用加温达坂组(时代早二叠纪早期)。

【现在定义】 为海相碎屑岩夹灰岩。为浅灰色石英细砂岩、石英砂岩与浅灰绿色粉砂岩、钙质细砂岩、含砾细砂岩不均匀互层夹灰色含生物碎屑灰岩，角砾状灰岩，灰黑色砂质灰岩，局部灰岩增多。含冷水型单通道䗴类动物群及珊瑚、苔藓虫等化石。上与空喀山口组灰岩夹碎屑岩整合过渡或断层接触，下部未见底。

【层型】 选层型：和田县空喀山口东南羌臣摩河Ⅷ号剖面(79°06′40″，34°18′30″)，由新疆区测大队四分队(1982)测制。参考剖面：空喀山口西北3 km处加温达坂组Ⅶ号剖面。

加温达坂组Ⅷ号剖面

加温达坂组　　　　总厚度2 050 m

7. 灰色厚层状含生物碎屑灰岩夹深绿色泥质粉砂岩，含腕足类：*Brachythyris* sp.，
苔藓虫：*Rhonobotrypa* ? sp.（未见顶） 400 m
6. 灰白色中层状石英砂岩 210 m
5. 灰绿色薄层状粉砂岩、石英细砂岩夹结晶灰岩 294 m
4. 灰色块状灰岩 128 m
3. 灰黑色块状砂质灰岩夹厚层状灰色细粒结晶灰岩，产珊瑚：*Kepingophyllum* sp. 256 m
2. 灰白色块状大理岩化灰岩夹角砾状灰岩 581 m
1. 灰白色块状灰岩产珊瑚：*Lytvolasma*? sp.（未见底） 181 m

该剖面第7层向西延至胜利山处，在灰白色砂质灰岩中含大量冷水型单通道䗴类：*Monodiexodina wanneri*；苔藓虫：*Polypora* sp.，*Fenestella* sp.，*Fistulipora* sp.，*Nichlesopora* sp.，Phabdomesidae，*Tabulipora* ? sp.，*Goniocladia* sp.，*Sulcoretepora* sp.。

【地质特征及区域变化】 加温达坂组分布在空喀山口地层分区的空喀山口、空喀山口西昌隆河、加温达坂东南一带，向西北延出国境。加温达坂组为海相碎屑岩夹灰岩，局部灰岩与碎屑岩互层。在羌臣摩河，该组为灰色含生物碎屑灰岩、块状灰岩、灰黑色砂质灰岩、角砾状灰岩与泥质粉砂岩、石英砂岩、薄层粉砂岩不均匀互层，含冷水型单通道䗴及珊瑚等化石，厚2 050 m。向西至Ⅶ号剖面处，加温达坂组为碎屑岩夹含角砾灰岩，厚372.5 m。上与空喀山口组断层接触，下亦为断层。继续向西至加温达坂东南ⅩⅢ号剖面处，该组视厚度71.5 m，含植物化石碎片及*Monodiexodina*。再向西至昌隆河一带，加温达坂组为石英细砂岩、含砾泥质粉砂岩、粉砂岩、钙质细砂岩不均匀互层，厚2 042.7 m。上与空喀山口组整合接触，下部未见底。

加温达坂组含有冷水型珊瑚*Lytvolasma* sp.；苔藓虫：*Polypora* sp.，*Fenestella* sp.等，含有冷水型*Monodiexodina sutschanica*等单通道䗴类动物群。根据以上化石组合的时代，加温达坂组的时代为早二叠世早期。

【其他】 加温达坂组还需进行一些野外核查，详测地层剖面，查清分布范围、追索与上下地层之间的关系、详细采集化石。

空喀山口组　P_1k　(07-65-1424)

【创名及原始定义】 新疆区域地层表编写组(1981)在研究了新疆煤管局156队(1964)在空喀山口东科尼羌马附近测制的剖面后，在喀喇昆仑地层区创建下二叠统空喀山口组。原始定义：空喀山口组下部为白色石英砂岩及灰色泥岩，灰黄色砂岩互层夹灰岩，泥灰岩、泥质粉砂岩；上部为灰白色，灰色灰岩，薄层状竹叶状灰岩夹紫红色泥质砂岩，竹叶状灰岩中含䗴、腕足类及苔藓虫化石。厚218m。该组上与上二叠统整合接触，下部未见底。

【沿革】 诺林(1946)将分布于喀喇昆仑山口、地普桑、当隆、塔什立克湖至霍尔帕湖等地的二叠系称为塔什立克湖群，并分为下部、中部、上部、顶部四部分。1956年《中国区域地层表(草案)》引用了上述资料，称为塔什立克湖统。H·A·别良耶夫斯基(1956)将喀喇昆仑山乔戈里峰以东的石炭系—二叠系自上而下划分为：巴兰格岩系、纳贺湾岩系、恰提尔岩系。1962—1964年，新疆煤管局156队先后在喀喇昆仑山、西昆仑山及西藏阿里地区进行以找煤为重点的地层工作，对本区的二叠系有新的发现。在空喀山口东科尼羌马附近测有剖面，灰岩中采到䗴：*Polydiexodina* sp.，腕足类：*Neospirifer* sp.等。新疆区域地层表编写组(1981)，根据156队测制的科尼羌马剖面建立空喀山口组，代表喀喇昆仑山地区的早二叠世沉积，并将该剖面最上部杂色碎屑岩层(第11层)划归上二叠统。1982—1983年，新疆地质局区调大队四分队在康

西瓦至喀喇昆仑山河尾滩地区进行 1：100 万区调工作，在空喀山口一带发现了早二叠世早期冷水型单通道䗴类动物群，划分出了喀喇昆仑山地层分区及空喀山口地层分区，在空喀山口地层分区首次建立了早二叠世早期加温达坂组；厘定空喀山口组代表早二叠世晚期的沉积，同时分布在喀喇昆仑山地层分区及空喀山口地层分区。本次对比研究，沿用空喀山口组，它分布在上述两个地层分区，时代为早二叠世中晚期。

【现在定义】 为海相灰岩夹碎屑岩。下部为石英砂岩、砂岩、泥岩不均匀互层夹灰岩、泥灰岩，向西向北灰岩增多；上部为灰色角砾状灰岩、灰岩夹砂岩、钙质粉砂岩，硅质岩。含䗴、珊瑚等化石。上与河尾滩群平行不整合或不整合接触，下与加温达坂组浅灰色细砂岩夹灰岩整合或断层接触。

【层型】 正层型：新疆空喀山口东科尼羌马附近剖面（79°01′30″，34°21′30″），由新疆煤管局 156 队（1964）在空喀山口东科尼羌马附近测制。参考剖面：新疆空喀山口西北 3 km Ⅶ号剖面，和田加温达坂东南空喀山口组 XⅢ 号剖面，和田县空喀山口西昌隆河空喀山口组 XⅣ 号剖面，和田县加勒万河上游冰峡空喀山口组 Ⅸ 号剖面，皮山县喀喇昆仑河上游空喀山口组剖面，塔什库尔干县克勒青河空喀山口组剖面，叶尔羌河上游卡帕浪沟附近空喀山口组剖面。

【地质特征及区域变化】 分布在喀喇昆仑山地层分区及空喀山口地层分区的喀喇昆仑河上游、克勒青河及卡帕浪沟一带；主要见于空喀山口一带及加温达坂东南，加勒万河冰峡，昌隆河等地。空喀山口组在科尼羌马附近厚 518 m。向西至空喀山口西北 3 km 处，该组以灰岩、角砾状灰岩为主夹硅质灰岩、粉砂岩，厚 555.43 m。上与河尾滩群平行不整合接触，下与加温达坂组断层接触。向西至加温达坂东南，该组厚 498.8 m。向西北至加勒万河冰峡，该组为黑灰色厚层块状角砾状灰岩夹深灰色薄层灰岩、灰色砾屑灰岩及粗砂岩、钙质粉砂岩，厚 245.37m。上与河尾滩群平行不整合接触，下部未见底。向西至昌隆河，该组厚 632.46 m。上与第三纪地层不整合接触，下与加温达坂组整合接触，继向西北至喀喇昆仑河上游，空喀山口组下部为深灰色粉砂岩夹绿色、灰黑色、紫红色粉砂岩，灰褐色钙质砂岩及少量灰岩；上部为角砾状灰岩、泥灰岩不均匀互层夹细砂岩。厚 2 064.5m。上与河尾滩群平行不整合接触，下部未见底。该组向西北在卡帕浪沟一带厚 971.8 m。下与恰提尔群断层接触，上部未见顶。再向西至克勒青河一带，该组厚度 2 831 m（图 15-1）。

空喀山口组含有丰富的䗴类化石，自下而上可分为：*Misellina* 带和 *Neoschwagerina* 带。根据䗴类组合的时代，空喀山口组的时代为早二叠世早期的中晚时至早二叠世晚期（P_1^1 中上—P_1^2）。

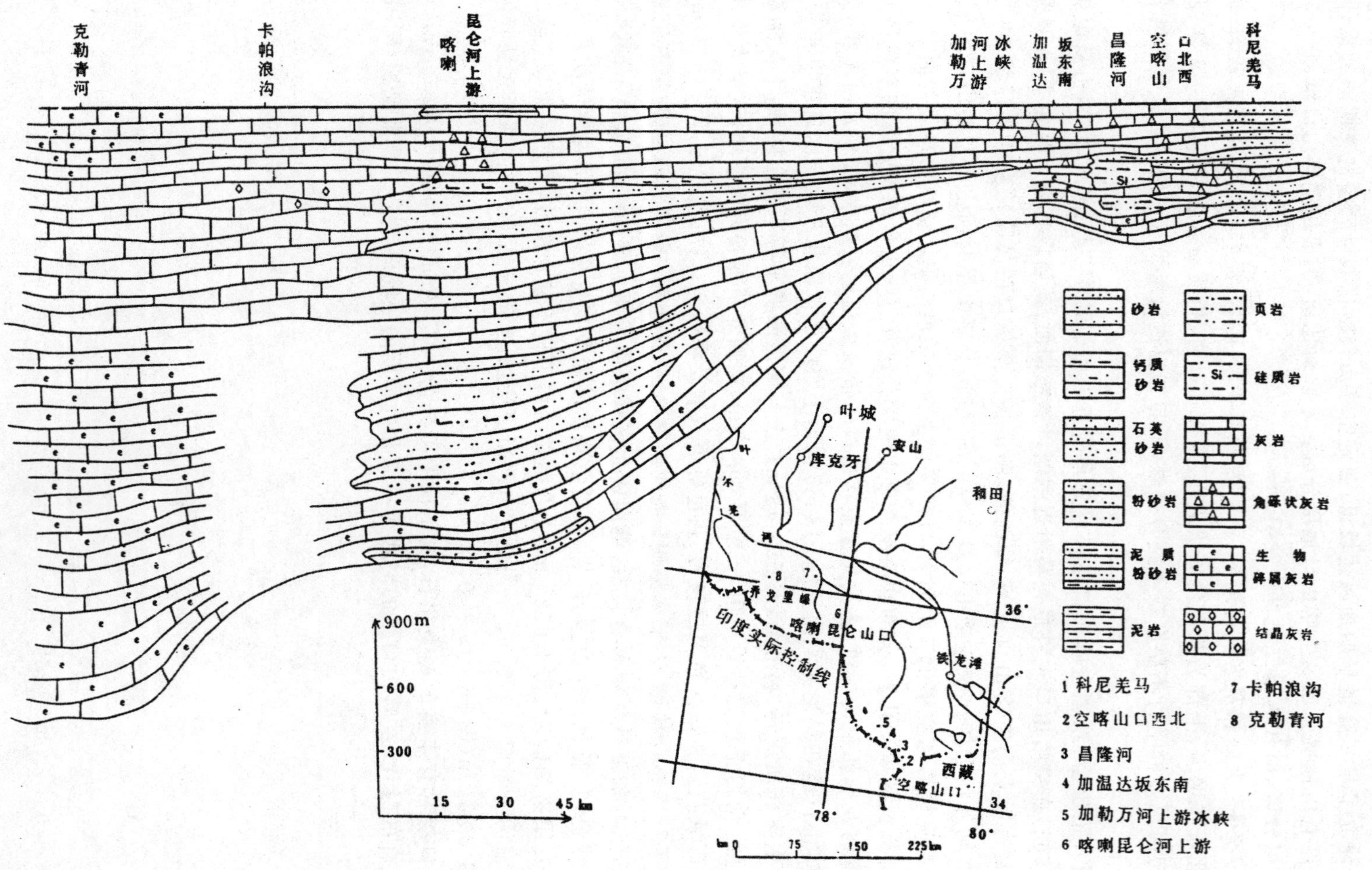

图 15-1　新疆喀喇昆仑山克勒青河—空喀山口一带早二叠世空喀山口组横剖面图

第十六章
生物地层

本章仅就石炭纪、二叠纪和白垩纪生物地层进行简略叙述。

第一节 石炭纪生物地层

新疆石炭纪的生物非常丰富，门类繁多，现只择几个研究较详细的门类分别阐述。

一、四射珊瑚

新疆石炭纪从下到上可分为九个四射珊瑚组合：

1. *Beichuanophyllum* 组合

该组合包括 *Beichuanophyllum kushanheense*，*B. xinjiangense*，*B. rhopaloense*，*Neobei-chuanophyllum xinjiangense*，*Pseudouralinia kushanheensis*，*Diphyphyllum kushanheense*，*Dematophyllum xinjiangense* 等。仅分布于新疆南部阿克陶县库山河组。

2. *Kassinella* – *Amplexocarinia* 组合

这一组合全为单体珊瑚，个体小，呈锥状，以双带型为主。主要有 *Kassinella breviseptata*，*Parakassinella sinenesis*，*Cyathocarinia hebukeheensis*，*Caninia breviseptata*，*Hebukephyllum elegantum*，*H. curvuse*，*Zaphrentites urhoensis* 等。仅分布于新疆北部和布克赛尔蒙古自治县洪古勒楞组（泥盆纪—石炭纪）。

3. *Meniscophyllum xinjiangense* 组合

该组合所含的四射珊瑚全为单体，小型角锥状、弯锥状，它们是：*Fasciculophyllum longiseptatum*，*F. sinense*，*Meniscophyllum xinjiangense*，*M. irregulare*，*Triplophyllum spinulosum*，*Crassiphyllum irregulare*，*Kinkaidia rhopoides*，*Hapsiphyllum crassum*，*Neozaphrentis xinjiangense*，*Cyathaxonia stereoseptata*，*Sochkineophyllum barkolense*，*Calophyllum folioatum*，*Rhopalolasma* sp.，*Amplexus* sp. 等。分布于东准噶尔的黑山头组（地层表的东古鲁巴斯套组）。

4. *Kueichouphyllum* – *Gangamophyllum* – *Siphonophyllia* 组合

这一珊瑚组合主要特点是三带型的属种占主导地位，单体和复体四射珊瑚齐发育，单体珊瑚个体普遍增大。共包括 *Kueichouphyllum sinense*，*K. heishikuanense*，*Yuanophyllum kansuense*, *Siphonophyllia multitabulata*, *S. minutivesicata*, *S. kawabulakeense*, *Gangamophyllum hamiense*, *G. retiforme rarilamellata*, *Arachnolasma sinense*, *A. cylindricum multiseptatum*, *A. crassiseptatum*, *Palaeosmilia stutchburyi*, *P. zhaosuensis*, *P. regia*, *P. murchisoni*, *Neoclissiophyllum yengtzeense*, *N. multiplexum*, *Heterocaninia planocystata*, *H. paichingense latus*, *Carcinophyllum vaughani longiseptatum*, *Dibunophyllum vaughani*, *Lithostrotion hejingense*, *L. irregulare*, *L. mccoyanum*, *L. tianshanense*, *Lonsdaleia artica*, *Diphyphyllum hochangpingense*, *D. lateseptatum*, *Aulina reticulata*, *A. senex*, *Flagelophyllum shengi*, *Kizillia zhaosuensis* 等。本组合分布范围广，新疆天山南北、昆仑山、喀喇昆仑山等地均可见及，如阿克沙克组、姜巴斯套组、雅满苏组、野云沟组、和什拉甫组、托库孜达坂群、帕斯群。

5. *Caninia* – *Caninophyllum* – *Pseudotimania* – *Timania* – *Syringaxonoides* 组合

本组合单体双带型四射珊瑚占多数，主要属种有 *Caninia lata*, *C. bothrophylloides*, *Caninophyllum shuangjingziense*, *C. tamugangense*, *Timania dongjunggarensis*, *T. pseudotimanoides*, *Pseudotimania junggarensis*, *Gshelia qitaiensis*, *G. minor*, *Bothrophyllum pulchellum*, *B. lativesciculosum*, *Syringaxonoides xinjiangense*, *S. intermedium*, *Claviphyllum regulare*, *C. irregulare*, *Lopophyllidium cardiforme*, *L. teraseptatum*, *L. pendulum*, *Sochkineophyllum undulatum*, *S. planotabulatum*, *S. kelamailiense*, *S.* cf. *artaiense*, *Amplexus attenuatus*, *A. magnus*, *A. intermedius*, *Bradyphyllum bellicostatum*, *Sestrophyllum kelamailiense*, *Cyathocarinia rotiformis*, *Amplexocarinia smithi*, *Caninella magna* 等。这一组合分布在石钱滩组、祁家沟组、底坎尔组、东图津河组。

6. *Protoivanovia keziliqimanensis* – *Neokoninckophyllum dilatum*

本组合仅见于英吉莎至皮山一带卡拉乌依组、阿合奇的昆克拉契等地的别根他乌组。其分子为：*Carinokoninckophyllum muticarinatum*, *Neokoninckophyllum dilatum*, *Eokoninckocarinia xinjiangensis*, *Protoivanovia keziliqimanensis* 等。可分为有轴构造和无轴构造两种，有轴类型具简单的复中柱或发育微弱而又不稳定的中轴。卡拉乌依组的四射珊瑚区域色彩比较浓厚。

7. *Caninia mutata* – *Heritschioides neosymmetricus* 组合

该组合代表了新疆南部相当䗴类 *Fusulina* – *Fusulinella* 组合的珊瑚化石，分布于阿孜干组、阿衣里河组、别根他乌组。在阔克沙勒及木兹杜克该组合的分子较简单，几乎全为 *Caninia* 的不同种，其中以 *Caninia mutata* 最为普遍，隔壁加厚现象非常明显，另外尚有少量的 *Caninophyllum*, *Kionophyllum* 等。英吉莎—叶城一带数量最多的是 *Heritschioides*，除此之外，还有 *Caninia stereodissepimentaria*, *Bothrophyllum pseudoconicum*, *Skolekophyllum rotayi*。

8. *Kepingophyllum aksuense* – *Cardiaphyllum elegans* 组合

本组合重要成员有 *Lophophyllidium plummeri*, *L. ignostum*, *Lophocarinophyllum karpinskyi*, *L. barbatum*, *Amplexocarinia stuckenbergi*, *A.* cf. *rezhencevi*, *Tachylasma irregulare*, *Paraduplophyllum arcuatum*, *P. delicatum*, *Caninia xingjiangensis*, *Cardiaphyllum elegans*, *C. apertum*, *Timania* cf. *schmidti*, *Koninckocarinia kepingensis*, *Kepingophyllum minor*, *K. simplex*, *K. polythecaloidea*, *K. aksuense* 等。其中 *Kepingophyllum* 是最为特征的属，分布相当广泛，除见于新疆柯坪、阿克苏的康克林组外，还发现于贵州的包磨山组、马平组、江苏船山组、四川顶坡组和广西宜山马平组。

Kepingophyllum 往往形成小型礁体，成为良好的识别对比标志。

9. *Pseudozaphrentoides* 组合

本组合主要发育于昆仑山前、塔里木西南部，其特点是种的类型地方性色彩较浓，分子包括 *Pseudozaphrentoides nosovi*，*P. qipianensis*，*P. tarimensis*，*P. kunlunshanensis*，*P. stereoseptatus*，*P. implectotabulatus*，*P. meridionalis*，"*Amandophyllum*" *yechengense*，*Lytvophyllum mengi*，*Ivanovia amblycystosa*，*Caninophyllum gurovi*，*Caninia tahaqiensis*，*C. fascitabulata*。该组合仅见于新疆南部塔哈奇组和康克林组，相当于䗴类 *Triticites* 组合产出的层位。

二、腕足类

新疆石炭纪腕足类可分为 9 个组合，自下而上为：

1. *Rugauris* - *Mesoplica* - *Cyrtospirifer* - *Composita* 组合

该组合为早石炭世最早期组合，见于新疆南部库山河组和新疆北部东西准噶尔地区洪古勒楞组(泥盆纪—石炭纪)，已发现腕足类 30 多属。其中以石燕类为主，有：*Cyrtospirifer junggarensis*，*C. ellipsoides*，*C. stenosulciferus*，*C. fusiformis*，*C. sulcifer*，*C. ponderosus*，*C. quadratus*，*Tenticospirifer hejingensis*，*T. triplisinosus*，*T. supervilis*，*T. planasulciferus*，*T. expansa*，*T. koketekensis*，*Mucrospirifer bouchardi*，*M. pseudoposterus*，*Uchtospirifer*，*Fusella*，*Retzia tykhtensis*，*Composita*，*Athyris*，*Eumetria* 等。其中 *Composita* 数量极多，保存完好，内部构造特征及壳饰均清晰，该属在新疆晚泥盆世较少见，在早石炭世早期大量出现。

长身贝类在本组合中开始繁盛，并在划分对比地层中起主导作用，其属种丰富，计有：*Praewaagenoconcha*，*Avonia semicostata*，*Semiproductus irregularicostatus*，*Chonetipustula ferganensis*，*Semicostella quadrata*，*Dictyoclostus deruptus*，*Mesoplica abyschevensis*，*Rugauris inica*，*Ovatia laevicosta*，*Productus*，*Productella*，*Pustula* 等。上述长身贝类的共同特征是贝体小至中等、凹凸型、铰合线直长，主端钝圆、多贝壳皱、壳线和壳刺。

本组合尚有扇房贝类、扭月贝类和小嘴贝类的分子。

在库山河地区，本组合以 *Cyrtospirifer*，*Tenticospirifer*，*Rugauris* 及 *Composita* 的大量发育为主要特征。

2. *Syringothyris hannibalensis* - *Spirifer subgrandis* 组合

本组合见于新疆北部东西准噶尔地区黑山头组、姜巴斯套组底部。该组合仍以石燕类为主、但属种发生了明显变化。其中 *Cyrtospirifer*，*Tenticospirifer*，*Mucrospirifer*，*Uchtospirifer* 种类单调、数量大大减少；出现了个体巨大、两壳强烈双凸、前缘强烈弯曲、铰合线直长、两翼尖突、腹壳呈四面体状、中隆及中槽显著，其上光滑无壳饰及腹壳内部具管孔构造的 *Syringothyris hannibalensis*，*S. typpicus*，*S. textus*，*S. altaica* 以及个体巨大、壳形近圆、中槽中隆不甚发育、中槽内、中隆上及侧区壳线均呈二次分叉状的 *Spirifer subgradis*；此外还有 *Reticularia*，*Torynifer*，*Phricodothyris*，*Cleiothyridina* 等光面石燕类。

本组合长身贝类进一步繁盛，新出现了 *Plicatifera*，*Marginifera*，*Fluctuaria untatus*，*Overtonia*，*Buxtonia*，*Pustula*，*Echinoconchus*，*Linoproductus*，*Waagenoconchus* 等属种。

3. *Syringothyris altaica* - *Balakhonia kokdscharensis* 组合

此组合见于新疆北部东西准噶尔的姜巴斯套组。其主要分子有 *Schuchertella*，*Lepta* -

gonia analoga, *Chonetes carbonifera*, *Rugosochonetes*, *Cancrinella*, *Dictyoclostus worthen*, *D. crawfordswillensis*, *Echinoconchus liangchowensis*, *Linoproductus*, *Waagenoconcha*, *Mucrospirifer*, *Spirifer*, *Neospirifer*, *Syringothyris altaica* 及 *S. tuoliensis*, *S. textus* 等。

本组合的腕足类大部分是从下部组合上延而来，但又出现了个体巨大、强烈横展、腹壳高凸呈三角形的管孔石燕类 *Syringothyris altaica*；同时出现了大量的个体巨大、轮廓方形、壳线粗的网格长身贝类 *Dictyoclostus worthen*，*D. crawfordswillensis* 及新发现的放射线细密与同心纹交织成十字形网栅状壳饰的 *Balakhonia kokdscharensis*。

4. *Gigantoproductus semiglobosus* - *Megachonetes* 组合

本组合分布于新疆伊宁盆地阿克沙克组下部，腕足类：*Schizophoria resupinata*, *Leptagonia*, *Schuchertella radialis*, *Streptorhynchus ruginosum*, *Megachonetes siblyi*, *M. zimmermanni*, *Delepinea*, *Chonetes*, *Schellwienella*, *Gigantoproductus semiglobosus*, *G. striatosulcatus*, *Echinoconchus elegans*, *E. punctatus*, *Fluctuaria untatus*, *Linoproductus*, *Dictyoclostus*, *Buxtonia*, *Marginifera*, *Spirifer subgrandis*, *Neospirifer tolmatchevi*, *Syringothyris nilekensis*, *Rotaia subtrigona*, *Rhipidomella michelini*, *Athyris lamellosa*, *Cleiothyridina*, *Fusella*, *Punctospirifer*, *Phricodothyris*, *Dielasma* 等。

本组合最显著的特征是出现了大量壳体巨大、壳线细密无纵褶的原始类型的大长身贝类 *Gigantoproductus semiglobosus*, *G. striatosulcatus*。该组合另一重要特征是 *Giganto-productus* 与 *Syringothyris* 共生，传统观念认为管孔石燕属于北美型，多见于早石炭世 Tournaisian（杜内）期，而大长身贝类在北美罕见，产于早石炭世 Visean（维宪）期。在国内外很少有二者共生的报道，新疆伊宁盆地尼勒克县胡吉尔台剖面有五层二者共生，化石多、保存好，给北美、前苏联和我国南方石炭纪地层划分对比提供了重要依据。

5. *Gigantoproductus giganteus* - *Dictyoclostus quadrata* 组合

此组合见于新疆伊宁盆地阿克沙克组中部，除有下部组合上延的 *Rhipidomella*, *Schuchertella*, *Schellwienella*, *Marginifera*, *Buxtonia*, *Gigantoproductus semiglobosus*, *Neospirifer tolmatchevi*, *Spirifer subgrandis*, *Syringothyris*, *Fusella* 外，新出现的有 *Productus* 及粗褶的大长身贝类 *Gigantoproductus rectestrius*, *G. giganteus*, *Dictyoclostus crawfordswillensis*, *D. smirnovi*, *D. triznae*, *D. quadrata*, *Antiquatonia antiquata*, *Pugilis rossicus* 等。

6. *Gigantoproductus edelburgensis* - *Striatifera striata* 组合

见于伊宁盆地阿克沙克组上部及天山东部雅满苏组上部、野云沟组、和什拉甫组、托库孜达坂群、帕斯群及红柳园组。此组合以长身贝类为主，除 *Gigantoproductus edelburgensis*, *G. giganteus* 外，新出现了 *Striatifera striata*, *S. plana*, *S. teigonia*, *S. angusta* 等，它们数量极多，分布广泛，属种单调，多呈介壳滩状，在伊宁盆地及中天山地区为重要的标志层。

7. *Productus concinnus* - *Linoproductus corrugatus* 组合

本组合仅见于伊宁盆地喀拉布拉克、胡吉尔台等地的阿克沙克组顶部，下组合中富集的爱德堡大长身贝和细线细线贝绝灭了，真正的晚石炭世的特征分子 *Choristites* 尚未出现，组合中虽仍以长身贝类为主，但具明显的过渡性。其中从下部组合延续的分子有 *Schizophoria resupinata*, *Schuchertella radialis*, *Chonetes sindianensis*, *Echinoconchus elegans*, *E. punctatus*, *Pustula*, *Krotovia aculeata*, *K. spinulosa*, *Waagenoconcha humboidti*, *Buxtonia mosquensis* 及 *Dictyoclostus* 等。新的特殊类型的长身贝类发生并繁盛，如 *Productus condinnus*,

Linoproductus corrugatus，*L. sinensis*，*L. tenuiatriatus*，*Cancrinella cancriniformis*，*Fluctuaria undatus*，*Marginifera janischeaskiana*，*Ovatia ovatia* 等。

石燕类属种显著减少，而 *Brachythyrina* 属在组合内大量发育，类型多样、特征清楚、保存完好。还有数量较多的嘴螺贝类 *Athyris hannibalensis*，*A. nilekense* 及穿孔贝类 *Dielasma avellana*，*D. itaitubense*，直形贝类 *Streptorhynchus*。而小嘴贝类的 *Pugnax pugnus*，*P. swallowiformis* 在本组合中不仅数量多，种属多，且保存好，富集成层。

8. *Choristites - Paramuirwoodia* 组合

见于石钱滩组、东图津河组、祁家沟组、底坎尔组、阿孜干组、阿衣里河组、别根他乌组和恰提尔群。组合以 *Choristites* 和 *Paramuirwoodia* 的大量出现为主要特征，它们具有明显的晚石炭世特征。*Paramuirwoodia* 主要见于石钱滩组和祁家沟组，数量极多，保存完美，特征清楚，具浓厚的地方色彩，共包括 *Rhipidomella longa*，*Orthotichia marginifica*，*O. morganiana*，*Orthotetes radiata*，*Schizophoria*，*Schellwinella*，*Chonetes carboniferus*，*Paramuirwoodia quadrata*，*Marginifera orientalia*，*Linoproductus cora*，*L. lineatus*，*Chaoiella multispinosa*，*Kurtorginella*，*Overtonia*，*Waagenoconcha*，*Kozlowski asiatica*，*Krotovia pustulata*，*Buxtonia rarirugosa*，*Cancrinella cancriniformis*，*Dictyoclostus*，*Reticulatia uralica*，*Capillispirifer xinjiangensis*，*Tangshanella kaipingensis*，*Spirifer*，*Brachythyrina*，*Neospirifer*，*Choristites mansuyi*，*C. nilekensis*，*C. norini*，*C. transversus*，*Purdonella nikitini*，*Punctospirifer tamugagensis*，*Spiriferellina*，*Phricodothyris*，*Cleiothyridina*，*Stenoscisma*，*Wellerella*，*Pugnax*，*Uncinunellina*，*Martinia*，*Hustedia*，*Dielasma*，*Isogramma*，*Ella* 等。

在南天山地区与此组合相当的为 *Choristites - Linoproductus - Notothyris* 组合。缺失特征的 *Paramuirwoodia*，且化石属种单调，数量明显减少。

9. *Marginifera - Martinia* 组合

见于奥尔吐组、康克林组、塔哈奇组。此组合在北天山一带腕足类化石数量及属种均较下组合明显减少，已发现属种为下组合上延分子：*Buxtonia*，*Linoproductus*，*Echinoconchus*，*Dictyoclostus*，*Kutorginella*，*Marginifera*，*Spirifer*，*Neospirifer*，*Dictyoclostus*，*Cancrinella*，*Avonia*，*Choristites*，*Spiriferella*，*Martinia*，*Notothyris*，*Dielasma* 等。南天山地区此组合腕足类化石十分丰富，计有：*Rhipidomella*，*Schuchertella*，*Schellwienella*，*Enteletes*，*Orthotechia*，*Dictyoclostus*，*Echinoconchus*，*Cancrinella*，*Linoproductus*，*Avonia*，*Kutorginella*，*Neosprifer*，*Choristites*，*Spiriferella*，*Martinia*，*Notothyris*，*Dielasma* 等。其中小型长身贝类 *Marginifera* 和光面石燕类 *Martinia* 的分子数量多、分布广泛，为组合的主要代表。

三、䗴类

新疆石炭纪的䗴类从现有资料研究自下而上可划为下列组合。

1. *Eostaffella mosquensis* 组合

本组合为一些呈盘形、凸镜形个体很小的原始䗴类，其分子有 *Eostaffella mosquensis*，*E. parastruvei chusovensis*，*E. galinae*，*E. mutabilis*，*E. postmosquensis*，*E. amabilis*，*E. anhuiana*，*E. endothyroides*，*E. pseudostruvei angusta*，*Pseudoendothyra concinna*，*P. nilkensis*，*P. kremenskensis*，*P. struvei*，*P. bella* 等。主要分布于伊宁盆地昭苏县、尼勒克县的阿克沙克组上部，塔里木盆地西南缘莎车县和什拉甫组也有该组合的分子 *Eostaffella mosquensis*, *E. ikensis*, *Pseudoendothyra struvei*。

2. *Pseudostaffella* - *Profusulinella* 组合

本组合下部 *Eostaffellina protvae*, *Eostaffella ikensis tenebrosa* 比较富集,但分布局限,仅在莎车县和什拉甫出现。共生的化石有：*Pseudostaffella*, *Profusulinella*,而大量的 *Pseudostaffella*, *Profusulinella* 出现在本组合的中、上部,种类繁多,个体丰富。主要分子有 *Pseudostaffella yanbianensis*, *P. sphaeroidea*, *P. khotunensis*, *P. antiqua*, *P. compresa*, *P. varsanofievae*, *P. irinovkensis*, *P. formosa*, *P. syzranica*, *Profusulinella priscoidea*, *P. constans*, *P. koxkudukensis*, *P. kerameiliensis*, *P. arta*, *Eostaffella postmosquensis*, *E. amabilis*, *E. hohsiensis*, *E. ikinsis tenebrosa*, *E. protvae*, *E. angusta*, *Eofusulina triancula*, *Novella evoluta mosquensis*, *Fusiella praecursor*, *Millerella elevata*, *Ozawainella digitalis*。分布于石钱滩组下部、祁家沟组、东图津河组下部、阿衣里河组、卡拉乌依组、别根他乌组。

3. *Fusulina* - *Fusulinella* 组合

本组合的特点在于 *Pseudostaffella*, *Profusulinella* 骤然减少, *Fusulina*, *Fusulinella* 大量繁盛。其主要分子为 *Fusulina banceolata*, *F. paradistenta*, *F. pristina*, *F. cheni*, *F. cylindrica*, *F. schellwieni*, *Fusulinella lexa*, *F. obesa*, *F. asiatica*, *F. podolskinsis*, *F. bocki*, *F. praebocki*, *F. pseudobocki*, *F. holinae*, *Profusulinella spicata*, *P. deprati*, *P. jifukensis*, *Ozawainella vozhgalica*, *O. jinghensis*, *Beedeina elshanica*, *Fusiella jinghensis*, *F. tianshanensis*, *F. compacta*, *F. exquisita*, *F. Parapseudobocki*, *F. praecoloniae*, *Protriticites pseudomontiparus*, *Taitzehoella* sp.。

本组合分布范围广,南北疆均有分布,如东图津河组、祁家沟组、底坎尔组、阿衣里河组、别根他乌组、阿孜干组和恰提尔群。

4. *Triticites* 组合

本组合䗴类与前组合相比面貌全新, *Fusulina*, *Fusulinella* 已经绝灭,除 *Triticites* 大量繁盛外, *Eoparafusulina*, *Rugosofusulina*, *Quasifusulina*, *Schwagerina*, *Bultonia* 开始出现。*Triticites*, *Eoparafusulina*, *Quasifusulina* 的大量发育是该组合的重要特征。其重要属种有 *Eoparafusulina parashengi*, *E. pusill*, *E. depressa*, *E. bella*, *Triticites duplex*, *T. parvus*, *T. chinensis*, *T. sinuosus*, *T. kuanshanensis*, *T. parvulus ishimbaji*, *Quasifusulina eleganta*, *Q. tenuissima*, *Q. paracompacta*, *Q. megaprocuma*, *Rugosofusulina scabrosa*, *R. talimuensis*, *R. prisca*。

该组合分布于塔里木盆地西南缘的塔哈奇组下部。

5. *Sphaeroschwagerina* - *Pseudoschwagerina* 组合

此组合的主要分子有 *Paraschwagerina gigantea*, *P. inflata*, *P. parasphaerica*, *P. leei*, *P. tinvenkiangi*, *Boultonia willsi*, *Rugoschwagerina tianshanensis*, *Pseudofusulina valdsm*, *P. kepingensis*, *P. kraffti* var. *magna*, *Schwagerina pailensis*, *S. pararobusta*, *Triticites altus*, *T. variabilis*, *Pseudoschwagerina*, *ishimbijica*, *P. nitida*, *P. leei*, *P. manos*, *P. sphaerica*, *P. parasphaerica*, *Sphaeroschwagerina fluxa*, *S. nuclelolata*, *S. flura*, *S. regularis*, *S. quasisphaerica*。该组合分布局限,只见于南天山的康克林组、喀拉治尔加组上部及塔哈奇组上部及阿尔金山因格布拉克组。

第二节 二叠纪生物地层

新疆二叠纪生物以䗴类研究较详，现仅阐述早二叠世䗴类动物群，根据䗴类种属组合的不同可分为七种组合。

一、*Misellina* 䗴类动物群

Misellina 䗴类动物群分布在昆仑山及喀喇昆仑山

1. 东昆仑阿尔格山一带，碧云山组中，*Misellina* 䗴类动物群有：*Misellina claudiae*，*Misellina ovalis*，*Brevaxina* sp.，*Staffella sphaerica*，*Staffella* sp. 1985 年描述的产于阿尔格山的 *Misellina claudiae* 及 *Misellina ovalis* 两种是在新疆地区的首次发现。该两种广泛分布在华南整个栖霞组，在西藏昌都妥坝和芒康等地也有发现。*Brevaxina* 属常与 *Misellina* 属相伴而生。*Staffella sphaerica* 也常与 *Misellina claudiae* 共生。*Misellina* 是早二叠世早期特提斯海的一个典型标志属。早二叠世早期。碧云山组所在的新疆阿尔格山海域和广泛分布在西藏东部和中国南部的海是相互沟通的。

2. 黄羊岭—木孜塔格一带，*Misellina* 䗴类动物群有：*Misellina claudiae*，*Schwagerina* sp.，*Pseudofusulina* sp.，*Pseudofusulina huangyanglingensis* 等。该䗴类动物群产于黄羊岭组下亚组中，时代为早二叠世早期。

3. 空喀山口一带，空喀山口组下部 *Misellina* 带的䗴类有：*Misellina claudiae*，*Misellina sphaerica*，*Misellina ovalis*；*Pseudofusulina quasifusuliniformis*；*Parafusulina shakgamensis*，*P. kinosakii*，*P. dronovi*，*P. gruperaensis*，*P. multiseptata*；*Yangchienia* sp.，*Y. haydeni*；*Chusenella sinensis*，*C. schwagerinaeformis*；*Pamirina chinlingensis*；*Cancellina cutalensis*，*C. kongkashanica*，*C.* cf. *neoschwagerinoidies* 等。

Cancellina cutalensis 在帕米尔地区 Кубенгадин 阶 *Cancellina* 带中，层位比 Артинский 阶 *Misellina* 带高一些，上述䗴类组合的时代为早二叠世早期的中晚时。

二、*Polydiexodina* 䗴类动物群

Polydiexodina 䗴类动物群分布在东昆仑阿尔格山一带及喀拉米兰地区。在阿尔格山的喀尔瓦组中含 *Polydiexodina* 䗴类动物群，有：*Polydiexodina praecursur*，*P. douglasi*，*P. ruoqiangensis*；及 *Afghanella schencki*，*A.* sp. 等。*Neoschwagerina marcanica*，*Yangchienia haydeni*，*Toriyamaia* sp. 等。在喀拉米兰的叶桑岗组中含䗴：*Polydiexodina* sp.，*Parafusulina* sp.，*Afghanella* sp. 等。

Polydiexodina praecursur 最早见于伊拉克的 Zinnar 组，在帕米尔地区塔吉克境内的早二叠世 *Cancellina* 带和 *Neoschwagerina* 带的 *Neoschwagerina simplex* 层曾找到。*Polydiexodina douglasi* 见于伊拉克的 Zinnar 组和伊朗南部的下二叠统。

在我国，*Polydiexodina* 动物群的产地已有青海祁连山南麓早二叠世巴音河群的 *Polydiexodina sparsa*；青海玛沁及天峻茅口组的 *Polydiexodina* sp.；浙江桐庐丁家山组顶部的 *Polydiexodina chekiangensis*，*P. chekiangensis* var. *lengwensis*，*P. tungluensis*；江苏滨海的 *Polydiexodina chekiangensis*。

上述 *Polydiexodina* 动物群的分布表明，在欧亚大陆上，这一动物群的分布是有一定范围

的，盛金章(1962)指出，*Polydiexodina* 动物群的产出地点在北纬 30°～40°之间一个狭长地带之内，这个地带和特提斯海区的范围大致相仿，可能比后者还要窄一些。新疆阿尔格山喀尔瓦组的 *Polydiexodina* 动物群的发现，说明含 *Polydiexodina* 的海水自帕米尔地区经过阿尔格山到达祁连山南麓。阿尔格山喀尔瓦组所产 *Polydiexodina* 动物群，层位上大致与我国南部和西南部的茅口组 *Cancellina* 亚带和 *Neoschwagerina* 带的下部相当。时代为早二叠世早中期。

三、*Neoschwagerina* - *Polydiexodina* 䗴类动物群

黄羊岭组上亚组中有：*Sumatrina annae*，*Lantschichites kalamulunica*，*Neoschwagerina margaritae*，*N.* cf. *douvillei*，*N. leei* 及 *N. haydeni*，*Verbeekina heimi*，*V. verbeeki*，*Polydiexodina* cf. *ruoqiangensis*，*Dunbarrula nana*，*D. pusilla*，*Afghanella schencki* var. *magaspherica*，*A. kunlun*，*Nankinella* sp.，*Yangchienia compressa*，*Y. iniqua*，*Ozawainella* sp.，*Parafusulina* sp.，*Schwagerina yematanensis*，*S. huagyanglingensis*，*Pseudofusulina nelsoni opima*，*Chusenella minuta* 等。

新疆昆仑山黄羊岭至木孜塔格一带黄羊岭组上亚组所含䗴类可称为 *Neoschwagerina* - *Polydiexodina* 䗴类动物群。其与中国南方、青海、西藏北部和东部早二叠世晚期茅口组及帕米尔地区相当地层所含䗴类似。黄羊岭—木孜塔格所产 *Neoschwagerina* - *Polydiexodina* 䗴类动物群的层位大致相当于我国南方茅口组的 *Neoschwagerina* 带及 *Yabeina* 带。黄羊岭组所含䗴类属典型的特提斯海暖水䗴类，生物地理分区属特提斯大区的华夏-特提斯区。时代为早二叠世晚期的中晚时。

四、*Neoschwagerina* 带

分布于空喀山口地层分区的空喀山口组上部，*Neoschwagerina* 带䗴类计有：*Neoschwagerina simplex* 和 *Neoschwagerina kueichowensis*，*Cancellina pamirina*，*Dunbarula karakorunensis*，*Sumatrina* sp.。时代为早二叠世晚期的早中时，和帕米尔地区同名䗴带的最下一个亚带 *Neoschwagerina simplex* 亚带大致相当。

五、*Monodiexodina* 䗴类动物群

Monodiexodina 䗴类动物群分布于空喀山口地层分区的加温达坂组中，为冈瓦纳古边缘海的冷水型䗴类。*Monodiexodina* 单通道䗴类动物群计有 *Monodiexodina wanneri*，*M. kattaensis*，*M. sutschanica*，*Parafusulina multiseptata crassispira*，*Darvasites* sp.。*Darvasites* 属在层位上一般较低，时代为早二叠世早期的早时。加温达坂组中与 *Monodiexodina sutschanica* 共生的 *Darvasites* sp.，十分接近江苏镇江臭灰岩组 *Darvasites ordinatus* 带的带化石，其时代一般较 *Misellina claudiae* 带为低。大致相当于 *Misellina* 带的下部，与西藏日土县的吞龙共巴组 *Monodiexodina* - *Parafusulina* 组合大致相当。加温达坂组所含 *Monodiexodina* 䗴类动物群的时代为早二叠世早期的早时。

六、*Nankinella* - *Schwagerina* 䗴类组合带

Nankinella - *Schwagerina* 组合带分布在柯坪地层分区，巴立克立克组含有䗴类：*Nankinella* cf. *orbicularis*，*N. quasihunaensis*，*Schwagerina chihsiaensis regularis*，*S. chihsiaensis*，*Sphaerulina* sp.，*S.* cf. *hunanica*，*Nankinella hunaensis* 等。昆克拉契组也含有

Nankinella sp. 及 *Schwagerina chihsiaensis* 䗴类。以上䗴类组合时代为早二叠世早期。

七、*Parafusulina* 䗴类动物群

分布在新疆北山地区红柳河组第一亚组。在北山海北缘雅满苏干谷红柳河组第一亚组含䗴：*Parafusulina* sp.。在若羌县库木库都克一带险峰东，红柳河组第一亚组含䗴 *Parafusulina* cf. *confrage*，*P.* cf. *splendens*，*Darvasites ordinatus*，*Pseudofusulina* cf. *ziganica*，*P.* cf. *urdalensis* var. *ovoidis*，*Eoparafusulina* sp，*Darvasites* 的层位一般较低，*Parafusulina* 䗴类动物群可能为冷水型的，时代为早二叠世早期的早时。

第三节　白垩纪生物地层

新疆白垩纪生物地层分别以陆相生物地层和海相生物地层进行叙述。

一、早白垩世陆相生物地层

以准噶尔盆地吐谷鲁群为代表的新疆早白垩世生物地层是由下列各门类化石的代表组合所组成的生物群体，即软体动物：*Nakanuranaia* - *Sphaerium* - *Probaicalia* 组合，介形类：*Cypridea* - *Rhinocypris* - *Djiungarica* 组合，叶肢介：*Orthestheria* - *Yanjiestheria* - *Neodiestheria* 组合，爬行类：*Psittacosaurus* - *Dsungaripterus* 组合，轮藻的 *Clypeator* - *Flabellochara* - *Mesochara* 组合，孢粉的 *Cictricosisporites* - *Classopollis* 组合。

现将各门类化石分述如下：

1. 双壳类

早白垩世淡水双壳类动物群，按纵向分布特征，自下而上可分两个组合。

(1) *Sphaerium* 组合

主要代表有 *S. selenginense*，*S. transbaicalium*，*S. rotundum*，*S. pujiangense*，*S. yanbianense* 等。其中除 *S. selenginense* 和 *S. transbaicalium* 分布于准噶尔盆地南缘呼图壁河组外，其余均分布于盆地的胜金口组。

(2) *Nakamuranaia* - *Unio* - *Inversidens* - *Solenaia* 组合

主要代表有 *Nakamuranaia elongata*，*N. chingshanensis*，*Unio porrectus*，*U. obrutschewi*，*Inversidens wuerheensis*，*I. elliptica*，*Solenaia mengyinensis*。组合中的 *N. chingshanensis* 分布于准噶尔盆地南缘阜康县大红沟连木沁组中；*N. elongata* 产于准噶尔盆地西北缘乌尔禾的连木沁组，而 *Unio obrutschewi* 产于玛纳斯县塔西河剖面连木沁组。

2. 腹足类

新疆早白垩世腹足类化石较贫乏，目前仅发现于准噶尔盆地南缘和西北缘地区，主要代表有 *Probaicalia gerassimovi*，*P.* cf. *vitimensis*，*Valvata turgensis*，*Graulus dongcunensis*。其中除 *Valvata turgensis* 分布于准噶尔盆地南缘紫泥泉子剖面的清水河组外，其他均分布于盆地西北缘乌尔禾佳木河剖面的呼图壁河组。

3. 介形虫

早白垩世介形类以出现 *Cypridea* - *Rhinocypris* - *Djungarica* 组合为特色。主要代表有 *C.* (Ulwellia) *koskulensis*，*C.* (*C.*) *unicostata*，*R. cirrita*，*R. echinata*，*R. saidovi*。此外还伴随有 *Mongolianella palmosa* 等。上述分子主要发育和分布在准噶尔盆地吐谷鲁群中，在吐鲁番

盆地的吐谷鲁群、库车坳陷的卡普沙良群及塔里木盆地西部的克孜勒苏群中也有不同程度的分布。

4. 叶肢介

早白垩世叶肢介以 *Orthestheria* - *Yanjiestheria* - *Neodiestheria* 组合为特色，目前仅发现该化石组合分布于准噶尔盆地南缘吐谷鲁群中。主要成分有 *Orthestheria minuta*, *Yanjiestheria jungarensis*, *Neodiestheria xinjiangensis*, *N. wusuensis*。在吐谷鲁群中至今尚未发现古黑龙江流域分布最广的 *Eoestheria* 的种群代表，而最常见和数量最多的是 *Yanjiestheria* 的种群。

5. 爬行类

新疆早白垩世爬行类以 *Psittacosaurus* - *Dzungaripterus* - *Noripterus* 组合为主。主要代表有 *P. mongoliensis*, *D. weii*, *N. complicidens*，还有 *Tugulusaurus faciles*, *Sinoplisaurus weiyanensis*, *Wuerhesaurus homhemi*, *Kelamayisaurus petrolicus*, *Asis* cf. *atosaurus mongoliensis*, *Phaedrolosaurus ilikensis*, *Sinemys wuerheensis*, *Edentosuchus tianshanensis* 等。这些化石主要分布在准噶尔盆地西北缘乌尔禾和德仑山地区吐谷鲁群的胜金口组和连木沁组。

6. 鱼类

新疆早白垩世吐谷鲁群胜金口组中的鱼类化石组合，可分为两类。

(1) 叉鳞鱼目 Pholidophoriformes

其代表有 *Siyuichthys ornatus*, *Dzungarichthys bilineatus*, *Bogdaichthys fukangensis*, *B. serratus*, *Manasichthys macrolepsis*。

(2) 古鳕鱼目 Palaeonisciformes

其代表有新疆维吾尔鱼 *Vighuroniscus sinkiangensis*。

叉鳞鱼目中的西域鱼在整个鱼群中占绝大多数，代表进步分子；而古鳕鱼只占极少数。叉鳞鱼目的这些代表与欧洲的 Tchthyokentemidae 的属种近似，特别是与英国波尔倍克阶的 *Ichthyokentema* 属相似。而古鳕鱼科的新疆维吾尔鱼与哈萨克斯坦卡拉套地区的 *Pteroniscus* 属有相似之处，但同时也与欧洲地区早白垩世威尔登期的 *Indaginileps* 属相似。从整个鱼群面貌看，在吐谷鲁群鱼化石组合中，其生存的地质时代，似应为早白垩世早期。

7. 轮藻

新疆早白垩世轮藻化石以 *Clypeator* - *Flabellochara* - *Mesochara* - *Latochara* - *Aclistochara* 组合为特色。主要分子有 *Clypeator zongjiangensis*, *Flabellochara* sp., *Latochara bellatula*, *Aclistochara brasoni*, *A. jonesi*, *A. mundula*, *A. laiae*, *Mesochara stipitata*, *M. voluta*, *M. symmetrica*, *M. xuanziensis* 等。这些分子主要分布于准噶尔盆地南缘吐谷鲁群的呼图壁河组、胜金口组和连木沁组中。在底部的清水河组中产有少量保存不好的 *Mesochara* sp., *Aclistochara* sp., *Sphaerochara* sp., *Flabellochara*。塔里木盆地库车坳陷下白垩统的轮藻化石，主要分布于卡普沙良群的舒善河组和巴西改组。

二、晚白垩世陆相生物群

新疆晚白垩世生物群是以出现 *Pseudohyria* - *Mesolanites* 组合为代表的软体动物，以 *Cypridea* - *Talicypridea* 组合为代表的介形类，以高含量被子植物花粉为主体的孢粉组合为特征。

1. 双壳类

晚白垩世淡水双壳类动物以 *Pseudohyria - Cuneopsis* 组合为主体，主要代表有 *Pseudcthyria zhungarica*，*P. sangequanensis*，*Cuneopsis vialovi*，*C. hongsaquanensis* 该动物群主要分布于准噶尔盆地北缘的三个泉和东北缘的将军戈壁 地区红砾山组。

2. 腹足类

以 *Mesolanistes - Hydrobia* 化石组合为主，主要代表有 *Mesolanistes efremovi*，*M. bajanchongorensis*，*Hydrobia nemegetensis*，*Bithynia jiangjungobiensis*。该动物群目前仅发现于准噶尔盆地东北缘将军戈壁地区红砾山组的上部。

3. 脊椎动物

该动物群以 Prohadrosauridae - Hadrosauridae 组合为主，还出现大量的恐龙蛋化石 *Oolithes elongatus*，*O. rugustus*，*O. sphaeroides* 及虚骨龙类 Coelurosauria 的进步类型。这些化石主要分布于准噶尔盆地东北缘、西北缘、北缘一带的红砾山组，在南缘和西北缘的东沟组分布较少。吐鲁番盆地晚白垩世脊椎动物化石主要分 布在上部的苏巴什组，有 *Shahshanosaurus huoyanshanensis*，*Tarbosaurus*，*Nemegtosaurus pachi*，Prohadrosauridae，Ankylosauria 等分子。此外，还产 *Oolithes elongatus*，*Mongolemys turfanensis*。

三、晚白垩世海相生物群

塔里木盆地西部地区海相晚白垩世生物群，是以带有浓厚的古地中海和原苏联中亚图兰海区生物群的色彩为特征。按门类分述于下。

1. 有孔虫

有孔虫化石自下而上可划分为两个组合。

(1) *Orientalis - Placopsilina - Haplophragmium - Discorbis - Migros* 组合

这个组合分布于库克拜组下段，代表分子有 *Orientalis exilis*，*Placopsilina cenomanna*，*Haplophragmium lueckei*，*Discorbis vescus*，*Migros asiatica* 等。它们在原苏联中亚地区分布于森诺曼阶中。这个组合的分子均营底栖生活。

(2) *Eggerellina - Gravellina - Hagenowella - Migros* 组合

分布于库克拜组上段，均为营浅海底栖生活的代表。

2. 双壳类

自下而上划分为四个组合。

(1) *Ichthyosarcolites - Modiolus - Exogyra - Rhynchostreon - Gyrostrea* 组合。

代表分子有 *Ichthyosarcolites tricarinatus*，*Modiolus bukharensis*，*Exogyra olisponensis*，*Rhynchostreon suborbiculatum*，*Gyrostrea akrabatensis*，*G. turkestanensis* 等，分布于库克拜组下段。在昆仑山前的乌依塔克组中，还有其近似种化石的分布。

(2) *Inoceramus - Korobkovitrigonia - Plicatula - Trigonia* 组合

代表分子有 *Inoceramus labiatus*，*Korobkovitrigonia ferganensis*，*Plicatula bathensis*，*P. auressensis*，*P. turkestanensis*，*Trigonia turkestanensis* 等，分布于库克拜组上段。这些化石绝大多数分布于原苏联中亚和北非的土仑阶中。组合中的 *Inoceramus labiatus* 产于乌依塔克剖面库克拜组上段底部，是全球范围内划分土仑阶底界的标准化石。

(3) *Neithea - Plagiostoma - Chlamys* 组合

主要有 *Neithea quadricostata*，*Plagiostoma marrotiana*，*Chlamys sokolovae*，*C.*

elongatus, *C. dujardini* 等，分布于英吉莎县依格孜牙剖面的依格孜牙组近顶部。

(4) *Biradiolites - Osculigera* 组合

代表分子有 *Biradiolites boldjuanensis*, *Osculigera yengisarensis* 分布于昆仑山西段的依格孜牙组中。

3. 腹足类

Otostoma - Hanstalar - Helicaulax - Ascensovoluta 组合。主要成分有 *Otostoma caucassicum*, *O. divarcata*, *Hanstalar acanthophorus*, *H. dispassus*, *H. vajkensis*, *Helicaulax tarimensis*, *Ascensovoluta veteri*, *A. angusta*, *A. subconspicus* 等，产于库克拜组上段。组合中绝大部分代表在亚美尼亚、格鲁吉亚地区的土仑阶中均有分布。

4. 菊石

菊石主要分子有 *Protacanthoceras bunburianum* 产于库克拜组下段近底部石灰岩中。在库克拜组上段底部产的 *Thomasites koulabicus*, *Placenticeras kharemensis* 等，前者分布于北非、马达加斯加岛和原苏联中亚地区的土仑阶下部；后者分布在原苏联中亚土仑阶的上部。

5. 介形类

自下而上分为两个组合

(1) *Pterygocythere - Cytherella* 组合

代表分子有 *P. turonica*, *C. concava*, *C. chantamensis*，分布于库克拜组下段。

(2) *Dordoniella - Tetisocyoris - Brachthere - Cytherelloidea -"Cytherettinella"* 组合

主要代表有 *Dordoniella leguminoformis*, *Tetisocyoris proceraformis*, *Brachythyere dotata*, *Cytherelloidea bona*, *"Cytherettinella" mandelstami* 等，产于库克拜组上段。

6. 孢粉

自下而上分为三个组合。

(1) *Schizaeoisporites - Taurocusporites - Psilatricolpites* 组合

主要分布于库克拜组下段上部。组合中蕨类植物孢子占绝对优势，含量高达 74.8%～88.4%；裸子植物花粉占 9%～19.3%，被子植物含量不超过 10%。其时代为森诺曼晚期。

(2) *Schizaeoisporites - Interulobites - Cranwellia* 组合

分布于库克拜组上部，成分系库克拜组下段上延分子，面貌特征基本相似，时代应为土仑期。

(3) *Shizaeoisporites - Senegalosporites - Xinjiangpollis* 组合

组合分布于乌依塔克组中，这一组合的时代应为森诺曼早期。

7. 颗石藻

主要代表有：*Lithastrinus flovalis*, *Zygodiscus elegans*, *Z. diplogrammus*, *Watznaueria barnesae*，分布于库克拜组下段。

8. 沟鞭藻

主要有：*Apteodinium cindulatum*, *Canningia insignis*, *Cyclonepelium vannophorum*, *C. distinctum*, *Kallosphaeridium*, *Microdinium ornatum*, *Palaeohystrichophora infrsorioides* 等。分布于库克拜组下段。

根据海相上白垩统中各门类化石的综合分析，库克拜组下段的地质时代为森诺曼晚期，上段为土仑期；乌依塔格组为森诺曼晚期，依格孜牙组为森诺曼—麦斯特里希特期；而吐依洛克组由于未发现可以确定时代的化石，地质时代为麦斯特里希特期—古新世。

第十七章 结语

遵照全国地层多重划分对比研究项目领导小组的统一部署和有关文件的精神，在新疆地质矿产局具体领导下，由新疆第一区调大队经过近四年的努力完成的《新疆维吾尔自治区岩石地层》是新疆第一次全面、系统的岩石地层成果总结，为生产、科研、教学及 1∶5 万区域地质填图提供了比较完整、系统的岩石地层资料，并对新疆的岩石地层有新的见解和认识。主要体现在以下几方面：

在充分利用已有的 1∶20 万、1∶100 万及公开出版的区域地层研究成果的基础上，对新疆全部能查到的地层单位 774 个，经过认真分析研究对比，从中选出推荐使用的岩石地层单位 413 个，建议不采用的地层单位 361 个；从能收集到的 4 081 条剖面中，选出 1 575 条作为新疆岩石地层单位的正、副、选、新层型和主要参考剖面。

在对岩石地层单位纵、横向分析、对比研究的基础上编制了中元古代—第三纪岩石地层序列表，第一次以图表形式展示了新疆岩石地层的发育概貌。

对新疆一些地区原来以生物划分为主的地层单位，按照岩石地层单位划分原则进行分解、合并。如果子沟地区和柯坪地区寒武纪和奥陶纪及沙尔布尔提山的泥盆纪等。

北疆地层区北准噶尔地层分区的二台至三塘湖地区早二叠世的地层单位名称使用比较混乱，本书根据岩石地层对比研究原则，经过实际资料的对比研究，新建三塘湖组代表这一地区一套火山岩地层。巴里坤—伊吾一带的中、晚奥陶世荒草坡群原划分下、中、上三个亚群，分别代表三套不同的地层，且具有延展性和可填图性，为此新建乌列盖组、大柳沟组、庙尔沟组代替荒草坡群。

准噶尔盆地、吐-哈盆地和伊宁盆地的侏罗系过去使用的地层名称甚多，划分不一，本书将天山以北的侏罗纪地层采用统一的划分，早—中侏罗世地层取名水西沟群、由下而上分八道湾组、三工河组、西山窑组；晚侏罗世地层称艾维尔沟群，内分头屯河组、齐古组、喀拉扎组。而奇台北将军戈壁到三塘湖盆地中—晚侏罗世由于有世界罕见的大而多的硅化木，保留石树沟群一名。因此，天山以北侏罗纪地层现有各组的划分标志明显，利于 1:5 万区域地质填图。

在对岩石地层从岩石角度进行划分研究的同时，也对部分岩石地层中的生物地层进行研究论述。

由于新疆地域辽阔，位居中亚腹地的造山带，地质构造运动复杂，火山活动和火山作用强烈，岩石的变质变形剧烈，原岩恢复困难，这给新疆岩石地层研究工作影响甚大。同时因研究项目资金不足及多种因素制约，对层型及主要参考剖面的野外核查工作做得甚少，加上参加地层划分对比研究人员的水平及时间和资料的限制，新疆岩石地层还有许多问题需要进一步探索和研究。例如阿尔泰地层分区的震旦纪喀纳斯群、晚石炭世喀喇额尔齐斯群的地质时代尚存质疑；阿尔金山地区蓟县纪的马特克布拉克组、斯米尔布拉克组、卓阿布拉克组因多种原因本次未予对比研究；一些地层单位划分尺度掌握较宽，其含义和具体界线尚不十分准确；少数地层单位因受资料的制约未能收集到原始资料而缺正层型及经纬度；年代地层单位和其他地层单位因资料缺乏，研究程度低而未进行研究。

我们相信随着改革开放的不断深入和扩大，新疆地层研究工作在运用现代先进地质理论和现代化地质工作手段，必将逐步解决存在的一些问题，使新疆岩石地层研究水平达到一个新的高度。

主 要 参 考 文 献

蔡土赐，1986年，新疆早石炭世早期地层——和布克河组及库山河组。新疆地质，4(4)：60～66。

常家康，1988，塔里木地台西部陆相下二叠统的对比。新疆地质，6(3)：1～15。

成守德，1990，寒武系。新疆古生界(地层总结之二)(上)。乌鲁木齐：新疆人民出版社。

邓自华，1959，新疆西库鲁克塔格地区前寒武纪地层问题。地质论评，19(4)：165～171。

邓自华、王儒洪、陈哲夫，1965，新疆东部前震旦系。地质论评，23(5)：433～444。

丁荣秋，1986，准噶尔及吐鲁番-哈密盆地侏罗纪煤系地层的展布规律及其对比。新疆地质，4(1)：72～80。

窦亚伟、孙喆华，1985a，新疆北部晚古生代植物概况。地质学报，60(1)：1～11。

窦亚伟、孙喆华，1985b，新疆北部哈尔加乌组和卡拉岗组的地质时代。地质论评，31(6)：489～494。

方锡康，1980，铁克里克震旦系简介。新疆地质，(4)：107。

甘肃省地质矿产局，1989，甘肃省区域地质志。北京：地质出版社。

甘肃省区域地层表编写组，1980，西北地区区域地层表·甘肃省分册。北京：地质出版社。

高振家，1989，新疆北部前寒武系及含矿性研究报告。北京：地质出版社。

高振家、王景斌、吴文奎，1963，新疆前寒武纪地层问题。中国地质学会三十二届学术年会地质论文选集(一)。北京：地质出版社。

高振家、彭昌文、李永安、朱诚顺、章森桂，1984，新疆库鲁克塔格震旦纪—寒武纪地层划分对比。新疆前寒武纪地质。乌鲁木齐：新疆人民出版社。

高振家、王务严，1985，新疆震旦系。乌鲁木齐：新疆人民出版社。

高振家、王务严、彭昌文、李永安、肖兵，1985，新疆阿克苏—乌什地区震旦系。乌鲁木齐：新疆人民出版社。

高振家、朱诚顺，1985，新疆青白口系的初步划分和对比。新疆地质局地质科学研究所编，新疆地质研究论文集。乌鲁木齐：新疆人民出版社．10～21。

高振家、缪长泉，1987，新疆晚前寒武纪叠层石组合序列。前寒武纪地质，第3号，国际晚前寒武纪地质讨论会论文选集。北京：地质出版社。

高振家、陈晋镳、陆松年，1993，新疆北部前寒武纪地质。北京：地质出版社。

顾知微，1962，中国的侏罗系和白垩系。全国地层会议学术报告汇编。北京：科学出版社。

韩建修，1980，论单通道鲢(*Monodiexodina*)及其类似层的形态演化分布。中国地质科学院院报沈阳分刊，1(1)：88～102。

郝诒纯、曾学鲁、李汉敏，1982，塔里木盆地西部晚白垩世—第三纪地层及有孔虫。地球科学，地层古生物专辑，1(2)：4～42。

郝诒纯、曾学鲁，1984，从有孔虫的特征探讨中新生代西塔里木森林古海湾的演变。微体古生物学报，1(1)：1～15。

郝诒纯、苏德英、余静贤、李佩贤、李友桂、王乃文、齐骅、关绍曾、胡华光、刘训、杨文达、叶留生、寿志熙、张清波，1986，中国的白垩系，中国地层(12)。北京：地质出版社。

郝诒纯、曾学鲁、郭宪璞，1987年，新疆塔里木盆地西部海相白垩系及其沉积环境探讨。地质学报，62(3)：205～217。

何元良，1984，青海省陆相侏罗系划分的初步探讨。青藏高原地质文集，14：165～184。

赫德伯格 HD，1976，国际地层指南。张守信译，1979。北京：科学出版社。

胡冰、王景斌、高振家、方孝悌，1965，塔里木地台古生代的几个地质问题。地质学报，45(2)：131～142。

计荣森，1938，那林著天山东部库鲁克塔格西部地质。地质论评，3(3)：332～337。

李长河，1983，新疆兴地塔格青白口系及其底界与上界。新疆地质，1(1)：74～79。

李承三，1946，新疆北部考察纪要(三)地质。地理，4(1—2)。西北专号。

李国玉、吕鸿岗、陈秀茹、杨继良、唐金山、张淑英、苏景龙、姚新民、翟培民、孙云集、梁晓东、刘昌玉、黎丙建，1988，中国含油气盆地图集。北京：石油工业出版社。

李佩娟、何元良，1988，青海省柴达木盆地东北缘早、中侏罗系地层及植物群。南京：南京大学出版社。

李星学，1964，中国晚古生代陆相地层，全国地层会议学术报告汇编。北京：科学出版社。

李永安，1983，新疆北天山地区震旦纪冰成岩的初步研究。新疆地质，1(1)：59～66。

李永安、高振家、王景河，1984，古塔里木地块前寒武纪古地磁特征的初步探讨。新疆地质，2(2)：81～94。

李永安、李强、刘玉良、张正坤、荆兴，1989，塔里木陆块晚古生代以来古地磁特征研究。新疆地质，7(3)：1～76。

李宇昌，1984，论新疆中生代聚煤规律。新疆地质，2(2)：1～19。

李云通、雷奕振、王大宁、孙孟蓉、孙秀玉、王崇友、翁世劼、李家英、章炳高，1984，中国的第三系。中国地层(13)。北京：地质出版社。

廖卫华、蔡土赐，1987，新疆北部泥盆系四射珊瑚组合序列。古生物学报，26(6)：689～707。

林宝玉、汪啸风、郭殿珩、戎嘉余、董得源、曹宣铎、苏养正、傅力浦、杨敬之等，1984，中国的志留系，中国地层(6)。北京：地质出版社。

刘洪福，1988，天山中段托克逊县可可乃克地区早志留世地层的发现及其生物群特征。新疆地质，6(3)：27～40。

刘淑文，1988，新疆皮山县杜瓦地区三叠系的发现。地层古生物论文集，20辑；189～197。北京：地质出版社。

刘宪亭，1973，吐鲁番二、三叠纪脊椎动物化石。中国科学院古脊椎动物与古人类研究，甲种专刊，第十号，北京：科学出版社。

龙能礼、巴哈特汗，1985，新疆天山中生界。新疆地质，3(3)：32～49。

马世鹏、汪玉珍、方锡廉，1989，西昆仑北坡的震旦系。新疆地质，7(4)：68～79。

马世鹏、汪玉珍、方锡廉，1991，西昆仑山北坡陆台盖层型元古宇的基本特征。新疆地质，9(1)：59～71。

缪长泉、高振家、朱诚顺，1984，北山地区晚前寒武纪地层和叠层石研究。新疆前寒武纪地质。乌鲁木齐：新疆人民出版社。

缪长泉，1993，新疆昆仑山和阿尔金山的前寒武系及叠层石。乌鲁木齐：新疆科技卫生出版社。

潘钟祥，1959，准噶尔盆地仓房沟统植物化石及其时代问题。北京地质学院地层汇编，第1辑。

裴文中、周明镇、郑家坚，1963，中国的新生界。北京：科学出版社。

彭昌文、高振家，1984，西昆仑山北坡铁克里克一带晚前寒武纪微古植物和叠层石及其意义。新疆地质，2(1)：17～28。

彭昌文，1988，新疆叶城县棋盘河区长城系的微古植物群。新疆地质，6(2)：41～47。

彭昌文，1989，新疆白哈巴地区哈巴河群的微古植物群及其地层意义。新疆地质，7(4)：19～23。

青海省区域地层表编写组，1980，西北地区区域地层表·青海省分册。北京：地质出版社。

全国地层委员会，1964，全国地层会议学术报告汇编《中国中生代陆相地层》。北京：科学出版社。

诺林 E，1935，新疆塔里木盆地第三纪地质。地质学报，14(3)：337～348。

苏养正，1981，论图瓦贝 *Tuvaella* 的时空分布和生态环境。古生物学报，20(6)：567～572。北京：科学出版社。

孙巧缡、张遴信，1985，新疆阿尔格山早二叠世的䗴类。古生物学报，24(5)：503～510。

孙巧缡、张遴信，1988，空喀山口一带早二叠世的䗴。微体古生物学报，5(4)：367～378。

孙巧缡，1993，新疆昆仑山黄羊岭-木孜塔格一带早二叠世的䗴。微体古生物学报，10(3)：257～274。

唐天福、杨恒仁、蓝琇等，1989，新疆塔里木盆地西部白垩纪到早第三纪海相地层及含油性。北京：科学出版社。

王宝瑜，1985，新疆哈尔克山志留系划分及床板珊瑚、日射珊瑚组合特征。科学通报(14)。

王宝瑜、李恒海，1989，新疆卡拉麦里地区中及上志留统划分与对比。新疆地质，7(1)：53～66。

王宝瑜、郎智君、李向东等，1994，中国天山西段地质剖面综合研究。北京：科学出版社。

王广耀、张玉亭，1984，新疆阿尔泰震旦系的初步划分对比。地层学杂志，8(4)：296～300。

王恒升，1954，新疆地质概况。中国地质学会西安分会会刊，(2)。

王景斌、李永安、王有标、祁志明，1985，北天山西段震旦亚界。新疆地质局地质科学研究所编，新疆地质研究论文集，1～9。乌鲁木齐：新疆人民出版社。

王瑞龄，1986，甘肃的志留系。甘肃地质，(3)：1～116。

王思恩等，1985，中国的侏罗系，中国地层(11)。北京：地质出版社。

王务严，1985，新疆阿克苏—乌什地区寒武系划分与对比。新疆地质，3(4)：59～74。

王务严，1991，志留系，新疆古生界(新疆地层总结之二)(上)。乌鲁木齐：新疆人民出版社。

王云龙，1987，新疆准噶尔盆地侏罗纪煤系地层成气地质条件与找矿前景。新疆地质，5(1)：75～84。

王增吉，1983，东昆仑山西段石炭纪地层，青藏高原地质文集(2)。北京：地质出版社。

王增吉等，1990，中国的石炭系，中国地层(8)。北京：地质出版社。

王作勋、邬继易、吕喜朝、张经国、刘成德，1990，天山多旋回构造演化及成矿。北京：科学出版社。

魏家庸、卢重明、徐怀艾、李玉发、曹建科等，1991，沉积岩区1：5万区域地质填图方法指南。武汉：中国地质大学出版社。

魏景明、詹家桢，1990，新疆白垩系。叶得泉、钟筱香等编著中国北方含油气区白垩系。北京：石油工业出版社。244～277。

吴乃元，1991，石炭系，新疆古生界(新疆地层总结之二)(下)。乌鲁木齐：新疆人民出版社。

吴瑞棠、张守信，1987，现代地层学。武汉：中国地质大学出版社。

吴绍祖、刘兆有，1988，新疆北部白垩纪地质及沉积特点。新疆地质，6(1)：21～30。

吴文奎、姜常义、杨复，1992，库米什地区古生代地壳演化及成矿规律。西安：陕西科学技术出版社。
西南石油地质局王朴、周天荣，1991，新疆库鲁克塔格地区奥陶系及却尔却克山的笔石系列。中国塔里木盆地北部油气地质研究。武汉：中国地质大学出版社。
向鼎璞，1958，准噶尔盆地地质构造。地质学报，38(4)：421～448。
项礼文、李善姬、南润善、郭振明、杨家騄等，1981，中国的寒武系，中国地层(4)。北京：地质出版社。
项礼文、张太荣，1984，新疆北天山西段特马豆克期三叶虫。古生物学报，23(4)：398～410。
肖兵，1990，奥陶系，新疆古生界(新疆地层总结之二)(上)。乌鲁木齐：新疆人民出版社。
肖世禄、侯鸿飞、吴绍祖，1992，新疆北部泥盆系研究。乌鲁木齐：新疆科技卫生出版社。
新疆地质矿产局地质矿产研究所，1988，新疆古地理图集。乌鲁木齐：新疆人民出版社。
新疆地质矿产局地质矿产研究所、中国地质科学院地质研究所，1987，新疆柯坪地区石炭系、二叠系及其生物群。北京：海洋出版社。
新疆地质矿产局地质矿产研究所、中国地质科学院地质研究所，1989，中国天山二叠—三叠系界线的研究。北京：海洋出版社。
新疆石油管理局南疆石油勘探公司、滇黔桂石油勘探局石油地质科研所，1990，奥陶系。塔里木盆地震旦纪—二叠纪地层古生物(Ⅰ)库鲁克塔格分册。南京：南京大学出版社。
新疆维吾尔自治区地质矿产局，1985，新疆维吾尔自治区1：200万地质图及说明书。北京：地质出版社。
新疆维吾尔自治区地质矿产局，1993，新疆维吾尔自治区区域地质志。北京：地质出版社。
新疆维吾尔自治区区域地层表编写组，1981，西北地区区域地层表·新疆维吾尔自治区分册。北京：地质出版社。
新疆维吾尔自治区地质矿产局编制，1985，新疆维吾尔自治区1：200万地质图及说明书。北京：地质出版社。
熊纪斌，1986，前震旦系阿克苏群的初步研究。新疆地质，4(4)：33～46。
许杰、黄枝高，1979，新疆霍城县果子沟地区下奥陶统的笔石动物群。地质学报，53(1)：1～21。
顾知微，1962，中国的侏罗系和白垩系。北京：科学出版社。
阎永奎、张全忠等，1989，新疆阿尔泰地区变质岩中微古植物的发现及其地质意义。新疆地质，7(2)：49～53。
剡鸿炳，1977，昭苏-特克斯盆地震旦系简介。新疆地质，(1)：75～99。
剡鸿炳，1978，昭苏-特克斯盆地震旦亚界的初步划分。新疆区调，(3)。
杨式溥，1964，新疆博罗霍洛山北坡下中石炭统腕足动物及其地层意义。北京：科学出版社。
杨志荣，1990，新疆喀喇昆仑山及东昆仑山海相三叠系研究。新疆地质，8(4)：321～332。
杨钟健，1944，天山南北之地层及古生物概论。地质论评，9(1～2)：1～12。
尹赞勋、陈锦石、张守信、骆金锭、谢翠华，1966，中国地层典(七)石炭系。北京：科学出版社。
雍天寿，1984，塔里木地台晚白垩世—早第三纪地层岩相古地理概貌。石油实验地质，(1)：9～17。
袁复礼，1956，新疆准噶尔东部地质报告。地质学报，36(2)：113～132。
袁复礼，1956，新疆天山北部山前坳陷带及准噶尔盆地陆台地质初步报告。地质学报，36(2)：133～144。
曾亚参、肖世禄，1991，泥盆系，新疆古生界(新疆地层总结之二)(下)。乌鲁木齐：新疆人民出版社。
翟人杰、童永生，1978，新疆古生物考察报告(三)。北京：科学出版社。
张文堂、张日东、俞昌民，1958，柴达木盆地西部边缘地层。地质学报，38(1)：123～134。
张玉谦、赵明钰、焦生瑞，1977，西昆仑地区上古生界概述。新疆地质(地层专辑)，(1)：110～129。
张日东等，1959，新疆天山南麓古生代地层。中国科学院南京地质古生物研究所集刊2号。北京：科学出版社。
张显刚，1983，新疆叶城县许许沟中元古界微古植物组合及其地层意义。新疆地质，1(2)：32～37。
张致民、吴绍祖，1991，二叠系，新疆古生界(新疆地层总结之二)(下)。乌鲁木齐：新疆人民出版社。
赵文杰、李长河、高振家、缪长泉，1985，新疆库鲁克塔格南坡帕尔岗塔格群的叠层石。古生物学报，24(1)：71～82。
赵治信、韩建修、王增吉，1978，塔里木盆地西南缘石炭纪地层及其生物群。北京：地质出版社。
中国地质科学院，1982，中国地层概论，中国地层(1)。北京：地质出版社。
中国地质科学院地质研究所、新疆地质矿产研究所，1986，新疆吉木萨尔大龙口二叠三叠纪地层古生物群，中华人民共和国地矿部地质专报。北京：地质出版社。
周良仁、任秉琛等，1995，阿舍勒铜—锌矿床成矿地质条件与成矿模式。西安：西安交通大学出版社。
周申喜，1981，新疆第三系初步总结。新疆地质，(3)：15～48。
周志炎、李佩娟，1980，从古生物学观点讨论中国中生代陆相地层的划分、对比和时代。国际交流地质学术论文集(4)。北京：地质出版社。
周志毅、陈丕基主编，1990，塔里木生物地层和地质演化。北京：科学出版社。
朱杰辰、孙文鹏，1987，新疆天山地区震旦系同位素地质研究。新疆地质，5(1)：55～61。
Grabau A W, 1932, Geological investigations in the Western Kuenlun and Karakorum Himalaya by H. de Terra, Ph. D. Bull. Geol. Soc. China, 2(4):471～482.
Krenkel E, 1913, Faunen aus dem Unterkarbon des Süglichen und Östlichen Tian Schan. Wissenschaftliche Ergebnisse der Reise Von Prof. Dr. G. Merzbacher in Zentralen und Östlichen Tian-Schan 1907-8. Abh. d. k. Bayer. Akad. d. Wiss. Math-phys. Kl. Bd. 26, Abt. 8, P.1～4, 8 figs., 2pls.
Norin E, 1935, Tertiary of the Tarim basin. Bull. Geol. Soc. China, 14(3):337～347.
Norin E, 1937, Gelolgica of Western Qunruq Tagh, Eastern Tienshan. Reports from the Scientific Expedition to the North-western Provinces of China under leadership of Dr. Sven Hedin, The Sino-Swedish Expedition Ⅲ. Geology, No. Ⅰ XV+194pp., 19figs., 48pls. (including 2pls. of folding maps and 3 pls. of secs.). Stockholm.
Norin E, 1941, Geologic Reconnaissances in the Chinese Tienshan. I bid. Ⅲ. Geololgy, no. 6, 229pp. 33figs., 23pls. (including geological maps and secs.), 3maps and lpl. of sces. (at the end of the vol.) Stockholm.
Teilhard de Chadin, P 1935, Geological observations in the Turfan area. Hyllningsskrift Tillagnad Sven Hedin, Pa Hans 70 Arsdag, I serie med Geografiska Annaler, Arg. 17, P. 446～451 (English), P. 451～452 (Swedishsumm.), 4figs.
Terra H de, 1932a, Geologische Forschungen im westlichen K'unlun und Karakorum Himalaya, in Emil Trinkler: Wissenschaftliche Ergebnisse der Dr. Trinkler'schen Zentralasien Expedition. Bd. 2, x+196pp., 70figs., 22pls., geological maps (I coloured geological map). Dietrich Reimer. Berlin. Reviewed by Geog. Journ. 81(2):156～160, 1933 and by Peterm. Mitt., Bd. 79, 222, 1933.
Yuan P L, 1935, The discovery of Theromorph reptiles in the Mesozoic strata, On the north of Tianshan. Hyllningsskrift Tillagnad Sven Hedin Pa Hans 70-Arsdag, I serie med Geografiska Annaler, Arg. 17, P. 225～227 (English), P. 228 (Swedishsumm), lpl.
Yuan P L, 1936, The great unconformity bitween the Late Paleozoic and Mesozoic rocks in Sinkiang. Nat. Tsing Hua Univ., Sci. Rept., ser. C, 1(1):9～16, 3pls.
Вахрамеев В А, Добрускина И А, Долуденко М Л, Самылина В А, Киричкова А И, Красилон В А. И Вуракона А Т, 1980, Мезозойские голосеменные растения СССР. Наука. Москва.
Крылон И Н, 1975, Строматолиты рифея и Фанерозоя СССР. Трубы ГИН АН СССР, вып:274:1～243.
Раузер-Черноусона А М, 1960, Ревизия швагерина с Близкими родами и граница карбона и пермии. Вопросы микропалеонт., вып:4:3～32.
Синицын В М, 1957, Северо-западная частъ Таримского Бассейна. Геолоческий очерк. Изд-во АН СССР Геол. Инст., Москва.
Чугаена М И, 1958, Трилобиты ордовика Чу-Илийских Гор. Ордоник Казахстана 3. Трубы Геол. Инст., АН СССР, 9:5～138.
Цуючников В И, 1956, 蒙古阿尔泰南坡1:50万地质图说明书。

地质图说明书及区测(调)报告

地质部第十三大队一、二、三中队费门科夫等，1953，西南准噶尔伊犁地区1:20万地质测量与普查报告(即新疆地质局区测大队编图分队林钧堂等1965年编写的伊犁地区1:20万地质图说明书——俗称伊犁专报)。
地质部第十三大队四、五、六中队米哈依洛夫等，1953，新疆阿克苏—轮台地区1:20万地质测量与普查报告(即新疆地质局区测大队编图分队林钧堂等1966年编写的库车地区1:20万地质图说明书——俗称库车专报)。
地质部第十三大队翁加兹等，1953，新疆喀什西北—克孜勒苏地区1:20万地质测量与普查报告(即新疆地质局区测大队编图分队1967年编写的喀什地区1:20万地质图说明书——俗称喀什专报)。
地质部第十三大队八中队吴文奎等，1958，昆仑山西北坡1:20万地质测量与普查工作报告。
地质部第十三大队二中队张良臣等，1958，克里阳幅(J-43-XXX东北)1:20万地质测量与普查工作报告。
地质部第十三大队九中队王景斌等，1958，乌什幅(K-44-XXⅥ)1:20万地质测量与普查工作报告。

地质部第十三大队六中队张全辉等，1958，辛格尔幅（K-45-XXIII）1:20万地质测量与普查工作报告。

地质部第十三大队七中队陈哲夫等，1958，昆仑山西北部（J-43-XXIX）、J-43-XXIII）1:20万地质测量与普查工作报告。

地质部第十三大队三中队张振华等，1958，柯坪—乌什—吐鲁番一带1:20万地质测量与普查工作报告。

地质部第十三大队四中队陆青等，1958，辛格尔幅（K-45-XXII）、奥图拉格布拉克幅（K-45-XXIV）1:20万地质测量与普查工作报告。

地质部第十三大队四、五、六中队特卡乔夫等，1957，（M-45-XXXII）、（M-45-XXXIII）（M-45-XXXIV）阿尔泰地区1:20万地质测量与普查工作报告。

地质部第十三大队五中队吕正等，1958，棋盘幅（J-43-XXIII）西昆仑托赫塔卡鲁姆山脉北坡1:20万地质测量与普查工作报告。

地质部第十三大队一中队朱诚顺等，1958，辛格尔南半幅（K-45-XXIII）中库鲁克塔格1:20万地质测量与普查工作报告。

地质部第十三大队一、二、三中队马库林等，1957，喀什—阿克苏地区1:20万地质测量与普查工作报告。

地质部632队一、二分队，1956，1:50万石油地质普查报告。

甘肃地质局修泽雷、赵祥生等，1964，玉门幅（K-47）1:100万地质图说明书。

甘肃省地质局第二区域地质测量队，1969，公婆泉幅（K-47-XX）1:20万区域地质测量报告。

甘肃省地质局第二区域地质测量队，1971，牛圈子幅（K-47-XIX）1:20万区域地质测量报告。

甘肃省地质局第二区域地质队王大为等，1972，方山口幅（K-46-XXIX）区域地质调查报告。

甘肃省地质局第二区域地质测量队，1976，五道明幅（K-47-XXX）1:20万区域地质测量报告。

甘肃省地质局第一区域地质测量队安北分队，1967，安北幅（K-47-XXV）1:20万区域地质测量报告。

甘肃省地质局第一区域地质测量队九分队李瑾焕等，1966，星星峡幅（K-46-XXIV）1:20万区域地质测量报告。

青海省地质局第一区域地质调查大队，1981，格尔木市幅（J-46-[35]）、纳赤台幅（I-46-[5]）1:20万区域地质调查报告。

青海省地质局第一区域地质调查大队，1982，埃坑德勒斯特幅（I-47-[1]）1:20万区域地质调查报告。

青海省地质矿产局区调综合地质大队，1985，伯喀里克幅（J-46-[26]）1:20万区域地质调查报告。

青海省地质矿产局区调综合地质大队，1986，茫崖幅（I-46-[20]）1:20万区域地质调查报告。

青海省地质矿产局区调综合地质六队，1986，土窑洞等幅（J-46-[19,20]）1:20万区域地质调查报告。

青海省地质矿产局区调综合地质大队，1986，俄博梁幅（J-46-[9]）1:20万区域地质调查报告。

西藏地质矿产局区域地质调查大队吴瑞忠等，1987，日土幅（I-47）1:100万区域地质调查报告。

新疆地质局昌吉地质大队六分队，1959，头屯河—泉子街1:100万地质测量与普查找矿报告。

新疆地质局第二区测大队二分队朱诚顺等，1959，库尔勒幅（K-45-XXI）、博斯腾湖幅（K-45-XXII）1:20万矿产普查与地质测量报告。

新疆地质局第二区测大队三分队谭德遥等，1959，秋格明塔什幅（K-46-XIII）、康古尔塔克幅（K-46-XV）1:20万觉罗塔格东段地质测量及普查找矿报告。

新疆地质局第二区测大队一、二分队罗发祚、陆青等，1959，底坎尔幅（K-45-XVIII）、奥图拉托格布拉克幅（K-XXIV）1:20万东天山地区地质测量报告。

新疆地质局第二区测大队三分队，1960，底坎尔幅（K-45-XVIII）地质测量与普查找矿报告。

新疆地质局地质研究所，1961，哈密幅（K-56）1:100万地质图说明书。

新疆地质局第二区测大队三分队谭德遥等，1961，呼图壁幅（K-45-III）、乌鲁木齐幅（K-45-IV）1:20万地质测量与普查找矿报告。

新疆地质局第二区测大队一、二分队马宝山、朱诚顺等，1960，包尔图幅（K-45-XVI）、库米什幅（K-45-XVII）西觉罗塔格—阿拉塔格1:20万区域地质测量与普查找矿报告。

新疆地质局第二区测大队二分队朱诚顺等，1961，后峡幅（K-45-X）、包尔图幅（K-45-XVI）、托克逊幅（K-46-XI）包尔图—乌拉山地区1:20万地质测量与普查找矿报告。

新疆地质局第二区测大队一分队马宝山等，1961，达坂城幅（K-45-V）、吐鲁番幅（K-45-VI）、吉木萨尔幅（K-45-XII）1:20万地质测量与普查找矿报告。

新疆地质局第二区测大队四分队邓自华等，1960，开都河流域（K-44-б东南、K-45-A南部）1:100万地质测量与普查找矿报告。

新疆地质局第二区测大队四分队张仲修等，1961，焉耆—天格尔达坂地区（K-45-IX、K-45-XV）1:20万地质测量与普查报告。

新疆地质局第三区测大队二分队吕正等，1961，赛里木湖幅（L-44-XXXIV）、精河幅（L-44-XXXV）1:20万地质测量与普查找矿报告。
新疆地质局第三区测大队三分队李佩基等，1961，阿尔泰西南坡及准噶尔盆地北缘地区1:20万地质测量与普查找矿报告。
新疆地质局第三区测大队四分队曾亚参等，1961，艾比湖幅（L-44-XXX）、白杨河幅（L-45-XIII）、车排子幅（L-45-XXV）1:20万地质测量与普查找矿报告。
新疆地质局第三区测大队一、二、三、四分队李启新、李佩基等，1960，边境准噶尔塔尔巴哈台山—萨吾尔山地区1:20万地质测量与普查找矿报告。
新疆地质局第三区测大队一分队李启新等，1961，博尔塔拉河流域1:20万地质测量与普查找矿报告。
新疆地质局第三区测大队四分队曾亚参等，1962，哈里克套山南坡1:50万地质测量与普查找矿报告。
新疆地质局第三区测大队三分队李佩基等，1962，二台幅（L-46-XIII）1:20万地质测量与普查找矿报告。
新疆地质局第三区测大队一分队李启新等，1962，南天山阔克萨勒岭南坡（K-44-XIX、XX、XXV、XXVI）1:20万地质测量与普查找矿报告。
新疆地质局第四区测大队五、六分队高芝生等，1961，阿尔金山（J-45、J-46）1:100万地质测量与普查找矿报告。
新疆地质局第一区测大队二分队张全辉等，1959，图兹雷克幅（K-46-XXII）1:20万地质测量与普查找矿报告。
新疆地质局第一区测大队三分队邓自华等，1959，西库鲁克塔格地区（K-45-Г东部、K-46-В西北）1:100万地质测量与普查找矿工作报告。
新疆地质局第一区测大队三分队高振家等，1959，星星峡幅（K-46-XXIV）、梧桐窝子幅（K-46-XVIII）1:20万地质测量与普查找矿报告。
新疆地质局第一区测大队四分队陶钧政等，1959，沙泉子幅（K-46-XXIII）1:20万地质测量与普查找矿报告。
新疆地质局第一区测大队五分队吴文奎等，1959，烟墩幅（K-46-XVIII）1:20万地质测量与普查找矿报告。
新疆地质局第一区测大队一分队张良臣等，1959，大南湖幅（K-46-XVI）1:20万地质测量与普查找矿报告。
新疆地质局第一区测大队六、七分队于钟琪等，1960，哈密南1:100万地质测量与普查找矿工作综合总结报告。
新疆地质局第一区测大队一、二、三、四、五分队张良臣、张全辉、高振家、陶钧政、吴文奎等，1960，（K-46-I、III、IV、V、VI、VII、VIII、IX、X、XI、XII等10个图幅）哈密—伊吾—巴里坤地区1:20万地质测量与普查找矿报告。
新疆地质局区测大队编图分队，1965，哈密幅（K-46）1:100万地质图说明书。
新疆地质局区测大队编图分队林钧堂等，1965，西南准噶尔伊宁地区1:20万地质图说明书。
新疆地质局区测大队编图分队成守德等，1965，赞比勒幅部分（K-43-XXXVI）、玉代格里克幅（J-43-VI）1:20万地质图说明书。
新疆地质局区测大队编图分队胡树荣等，1965，辛格尔幅（K-45-XXIII）1:20万地质图说明书。
新疆地质局区测大队编图分队，1965，巴勒衮布拉克幅（K-46-XXV）1:20万地质图说明书。
新疆地质局区测大队编图分队，1965，苏巴什幅（K-44-XXXI）1:20万地质图说明书。
新疆地质局区测大队编图分队，1965，阿克萨拉幅（M-45-XXXV）1:20万地质图说明书。
新疆地质局区测大队编图分队，1965，琼库尔幅（M-45-XXXIV）1:20万地质图说明书。
新疆地质局区测大队编图分队，1965，博斯腾湖幅（K-45-XXI）1:20万地质图说明书。
新疆地质局区测大队七分队张仲修等，1965，底坎尔幅（K-45-XVIII）1:20万地质图说明书。
新疆地质局区测大队四分队陶钧政等，1965，沙泉子幅（K-46-XXXIII）1:20万地质图说明书。
新疆地质局区测大队五分队吴文奎等，1965，阿齐山幅（K-46-XIX）1:20万地质图说明书。
新疆地质局区测大队六分队吴乃元等，1965，烟墩幅（K-46-XVII）、梧桐窝子幅（XVIII）1:20万地质图说明书。
新疆地质局区测大队六分队谭德遥等，1965，乌鲁木齐幅（K-45-IV）1:20万地质图说明书。
新疆地质局区测大队编图分队，1966，阿拉尕克幅（L-45-IV）1:20万地质图说明书。
新疆地质局区测大队编图分队，1966，哈巴河幅（M-45-XXXIII）1:20万地质图说明书。
新疆地质局区测大队编图分队，1966，卡瓦布拉克幅（K-46-XX）1:20万地质图说明书。
新疆地质局区测大队编图分队，1966，库尔勒幅（K-45-XXI）1:20万地质图说明书。
新疆地质局区测大队编图分队林钧堂等，1966，新疆库车地区1:20万地质图说明书。
新疆地质局区测大队二分队吕正等。1966，奥什克山幅（L-46-XIX）1:20万区域地质矿产报告。
新疆地质局区测大队七分队王广耀等，1966，淖毛湖幅（K-46-V）、哈密幅（K-46-X）、下马崖幅（K-46-XI）1:20万地质图说明书。
新疆地质局区测大队三分队曾亚参等，1966，卡拉麦里幅（L-45-XXX）1:20万地质图说明书。

新疆地质局区测大队五分队胡树荣等,1966,肃拉穆宁且末河流域(J -46)1:100万区域地质测量及普查找矿报告。

新疆地质局区测大队五分队张成经等,1966,克拉玛依幅(L -45- XIX)1:20万区域地质矿产报告。

新疆地质局区测大队一分队李启新等,1966,库普幅(L -46- XXV)1:20万区域地质测量报告。

新疆地质局区测大队二分队丁溥权等,1967,西昆仑—木吉—塔什库尔干1:100万区域地质调查报告。

新疆地质局区测大队四分队熊申甫等,1967,伊吾幅(K -46- XI)1:20万地质图说明书。

新疆地质局区测大队一分队赵明钰等,1967,巴里坤幅(K -46- IX)1:20万地质图说明书。

新疆地质局区测大队九分队高芝生等,1970,木垒幅(K -46- I)1:20万区域地质测量报告。

新疆地质局区测大队八分队伏书榜等,1971,七角井幅(K -46- II)1:20万区域地质测量报告。

新疆地质局区测大队十一分队王务严等,1971,巴音布鲁克幅(K -45- VII)1:20万区域地质测量报告。

新疆地质局区测大队十二分队董鹤皋等,1971,小布鲁斯台幅(K -46- VII)1:20万区域地质测量报告。

新疆地质局区测大队三分队张仲修等,1971,科克铁克幅(K -45- XIII)1:20万区域地质测量报告。

新疆地质局区测大队十分队王儒洪等,1971,恰库尔特幅(K -45- XVIII)1:20万区域地质测量报告。

新疆地质局区测大队二分队丁溥权等,1972,阿尔夏腾别力其尔幅(K -44- XII)1:20万区域地质调查报告。

新疆地质局区测大队六分队吴乃元等,1972,哈拉毛墩幅(K -45- XIV)1:20万区域地质调查报告。

新疆地质局区测大队九分队张成经等,1972,库勒幅(K -44- XVIII)1:20万区域地质调查报告。

新疆地质局区测大队二连三排张道乐等,1972,和田幅(J -44- XXVI)1:20万区域地质调查报告。

新疆地质局区测大队二连一排赵明钰等,1972,于田南昆仑山区1:100万区域地质测量报告。

新疆地质局区测大队二连二排李双喜等,1972,西昆仑泉水沟—铁龙滩地区1:100万区域地质测量报告。

新疆地质局区测大队三连一排张致民等,1972,东昆仑塔什库勒地区1:100万区域地质测量报告。

新疆地质局区测大队一连一排张玉谦等,1972,且末南(J -45- B)1:100万区域地质测量报告。

新疆地质局区测大队一连三排丁战等,1972,课帕幅(J -45- V)1:20万区域地质测量报告。

新疆地质局区测大队编图分队,1972,博尔幅(L -44- XXIX)1:20万地质图说明书。

新疆地质局区测大队十一分队李佩基等,1972,二台幅(L -46- XIII)1:20万地质图说明书。

新疆地质局区测大队三分队高芝生等,1974,乌苏幅(L -45- XXXI)1:20万地质图说明书。

新疆地质局区测大队四分队张道乐等,1974,艾比湖幅(L -44- XXIX)1:20万地质图说明书。

新疆地质局区测大队编图分队,1975,焉耆幅(K -45- XV)1:20万地质图说明书。

新疆地质局区测大队十分队白光群等,1975,托库孜·库马·拉克幅(K -45- I)1:20万区域地质调查报告。

新疆地质局区测大队四分队张道乐等,1975,托里幅(L -44- XXIV)1:20万区域地质调查报告。

新疆地质局区测大队一分队周申喜等,1975,新源幅(K -44- VI)1:20万区域地质调查报告。

新疆地质局区测大队编图分队,1975,包尔图幅(K -45- XVI)1:20万地质图说明书。

新疆地质局区测大队六分队王广耀等,1976,阿勒泰幅(L -45- V)1:20万区域地质调查报告。

新疆地质局区测大队六分队高芝生等,1976,吉木萨尔幅(K -46- VI)1:20万地质图说明书。

新疆地质局区测大队三分队丁战等,1976,卡姆斯特幅(L -45- XXIV)1:20万区域地质调查报告。

新疆地质局区测大队编图分队,1976,托克逊幅(K -45- XI)1:20万地质图说明书。

新疆地质局区测大队八分队张道乐等,1977,额敏幅(L -44- XVIII)1:20万地质图说明书。

新疆地质局区测大队二分队李天德等,1977,红柳峡幅(L -46- XXXII)1:20万区域地质调查报告。

新疆地质局地质科学研究所,1977,精河幅(L -44-2)1:50万地质图说明书。

新疆地质局地质科学研究所,1977,乌鲁木齐幅(K -45- B)1:50万地质图说明书。

新疆地质局地质科学研究所李永安等,1977,库尔勒幅(K -45- C)1:50万地质图说明书。

新疆地质局区测大队二分队张玉谦等,1978,锡泊渡幅(L -45- XI)1:20万区域地质调查报告。

新疆地质局区测大队七分队赵明钰等,1978,富蕴幅(L -45- XII)1:20万区域地质调查报告。

新疆地质局区测大队十分队白光群等,1978,石场幅(K -45- II)1:20万区域地质调查报告。

新疆地质局区测大队五分队李应埸等,1978,莫合尔幅(K -45- XI)1:20万区域地质调查报告。

新疆地质局区测大队一分队剡鸿炳等,1978,昭苏幅(K -44- X)1:20万区域地质调查报告。

新疆地质局区测大队八分队董鹤皋等,1979,卡因特卡拉苏幅(K -44- IX)1:20万区域地质调查报告。

新疆地质局区测大队二分队冯明道等,1979,乌尔禾幅(L -45- XIV)1:20万区域地质调查报告。

新疆地质局区测大队六分队张双全等,1979,大桥幅(L -45- VI)1:20万区域地质调查报告。

新疆地质局区测大队三分队祝皆水等，1979，德柳、青河幅(L-46-Ⅰ、Ⅶ)1:20万区域地质调查报告。
新疆地质局区测大队十分队白光群等，1979，克孜勒塔格幅(L-46-XXXV)、琼河坝幅(L-46-XXXVI)1:20万区域地质调查报告。
新疆地质局区测大队十一分队梁云海等，1979，白玉山幅(K-46-XXVI)1:20万区域地质调查报告。
新疆地质局区测大队十一分队齐德义等，1979，白山幅(K-46-XXVIII)1:20万区域地质调查报告。
新疆地质局区测大队五分队李应埸等，1979，巩留幅(K-44-V)1:20万区域地质调查报告。
新疆地质局区测大队二分队董鹤皋等，1980，夏子街幅(L-45-XV)1:20万区域地质调查报告。
新疆地质局区测大队六分队王广耀等，1980，白哈巴、哈拉斯、霍米因达坂幅(M-45-XXVII、XXIII、XXIX)1:20万区域地质调查报告。
新疆地质局区测大队三分队刘忠立等，1980，乌通苏依泉、汉水泉幅(L-46-XXVI、XXVII)1:20万区域地质调查报告。
新疆地质局区测大队十分队白光群等，1980，苏海图幅(L-46-XXVIII)、三塘湖幅(L-46-XXXIV)1:20万区域地质调查报告。
新疆地质局区测大队四分队安德盛等，1980.老君庙幅(L-46-XXXI)1:20万区域地质调查报告。
新疆地质局区调大队二分队冯明道等，1981，巴什考贡幅(J-46-VI)1:20万区域地质调查报告。
新疆地质局区调大队十分队江有铭等，1981，东泉幅(L-46-XXXIII)1:20万区域地质调查报告。
新疆地质局区调大队十一分队李天德等，1981，索尔库里幅(J-46-VI)1:20万区域地质调查报告。
新疆地质局区调大队五分队剡鸿炳等，1981，汗腾格里、却响幅(K-44-XV、XVI)1:20万区域地质调查报告。
新疆地质局区调大队二分队刘忠立等，1982，兴地幅(K-45-XXVIII)1:20万区域地质调查报告。
新疆地质局区调大队六分队王家珩等，1982，阿牙克库木湖地区(J-45、J-46)幅各一部分1:100万区域地质调查报告。
新疆地质局区调大队三分队赵子允等，1982，阿其克库勒地区1:100万区域地质调查报告。
新疆地质局区调大队十分队白光群等，1982，布尔津、吉木乃幅(L-45-Ⅱ、Ⅲ)1:20万区域地质调查报告。
新疆地质局区调大队十一分队安德盛等，1982，阔克苏幅(K-45-XXIX)1:20万区域地质调查报告。
新疆地质局区调大队十一分队徐新等，1983，白杨河幅(L-45-VIII)1:20万区域地质调查报告。
新疆地质局区调大队五分队齐德义，1983，黑英山幅(K-44-XVI)1:20万区域地质调查报告。
新疆地矿局第一区调大队十一分队许培春等，1984，塔城、阿西勒幅(L-44-XI、XII))1:20万区域地质调查报告。
新疆地矿局第一区调大队十分队白光群等，1984，西昆仑山叶尔羌河上游地区1:100万区域地质调查报告。
新疆地矿局第一区调大队四分队张志德等，1984，西昆仑山康西瓦至喀喇昆仑山河尾滩地区1:100万区域地质调查报告。
新疆地矿局第二地质大队，1985，新疆南疆西部1:50万地质图说明书。
新疆地矿局第一区调大队五分队田阔邦等，1985，西昆仑山布伦口—恰尔隆地区1:100万区域地质调查报告。
新疆地矿局第一区调大队十一分队信子才等，1986，塔克台、和布克赛尔幅(L-45-VII、VIII)1:20万区域地质调查报告。
新疆地矿局第一区调大队一、二分队齐德义、漆树基等，1986，昆仑山玉龙喀什河—喀拉米兰河一带1:100万区域地质调查报告。
新疆地矿局第一区调大队三分队于大为等，1987，赛里木湖幅(L-44-XXXIV)1:20万区域地质调查报告。
新疆地矿局第一区调大队四分队邱广森等，1987，精河幅(L-44-XXXV)1:20万区域地质调查报告。
新疆地矿局第二区调大队三分队，1988，乌鲁木齐—达西河地区(K-45-Ⅲ、Ⅳ)1:20万地质测量与普查报告。
新疆地矿局第一区调大队六分队田阔邦等，1988，巴斯堪山隘、霍城幅(L-44-XXVII、L-44-XXIII)1:20万区域地质调查报告。
新疆地矿局第一区调大队五分队丁涛泉等，1988，康古尔塔格幅(K-46-XVI)1:20万区域地质调查报告。
新疆地矿局第一区调大队一分队甄保生等，1989，克孜勒幅(J-43-XVI)1:20万区域地质调查报告。
新疆地矿局第一区调大队三分队施明等，1990，大平台幅(K-46-XXVI)、库木库都克幅(K-46-XXXII)1:20万区域地质调查报告。
新疆地矿局第一区调大队五分队李生虎等，1991，阿拉尔幅(L-44-XXXVI)1:20万区域地质调查报告。
新疆地矿局第一区调大队一分队甄保生等，1992，温泉幅(L-44-XXVIII)1:20万区域地质调查报告。
新疆地矿局第一区调大队三分队施明等，1993，大草滩幅(K-46-XV)1:20万区域地质调查报告。
新疆地矿局第十地质大队杜先有等，1989，和田地区1:50万地质图说明书。
新疆地质局和田地质大队，1960，叶尔羌河—喀拉喀什河上游1:100万地质测量与普查报告。
新疆地质局胡冰、田在艺，1965，喀什幅(J-43)1:100万地质图说明书。
中国地质科学院地质研究所、新疆地质局区测大队地层分队朱士达等，1974，托斯特幅(L-45-IX)1:20万地质矿产图说明书。

附录Ⅰ　新疆维吾尔自治区岩石地层数据库的建立及功能简介

一、建库背景

新疆地层数据库是依托新疆岩石地层清理工作而建立的。是全国地层数据库的一部分。新疆地层数据库采用全国地层数据库数据采集系统，收集了新疆岩石地层清理研究工作归纳整理出的所有采用和不采用的地层单位。

二、工作过程

1993年10月大队派地层清理人员一名、微机工作人员一名参加地矿部在江西南昌开办的全国岩石地层清理数据采集学习班的学习。并于1994年2月利用队上现有微机对参加录入的人员进行了培训（当时队上有一台286兼容机和一台386兼容机），初步熟悉和掌握录入的方法和步骤。

1994年3月，经局队各级领导的努力，用大队修理更改资金购DEC486/33、DEC486/50微机各一台，从15日起正式开始新疆地层数据库的建库及岩石地层清理资料卡片的录入工作。

数据录入工作和岩石地层清理工作同步进行，由于工作量很大，四台微机全部投入了录入工作（286兼容机不能正常运行输出模块），以一台DEC486/33机作为主录入机，即所有文献卡均在此机录入；为确保按时完成任务，固定人机并相应负责部分岩石地层单位，做到清理出一个地层单元就录入一个地层单位，从而保证了工作质量。

经过大家的共同努力，卡片录入任务于7月20日初步完成，接着投入更加繁重、紧张的整理、修改和报告录入及排版工作。为保证能按时提交报告；报告中所需的现在定义和剖面描述，均从地层单位卡片中整理调出，经全体同志的共同努力，终于按时完成任务。

在录入过程中，一台286兼容机和一台386兼容机曾被DIR－II病毒、新世纪病毒、Chenfshe病毒，Azusa病毒感染，DEC486/50被Dabi病毒感染使一些EXE文件被破坏，重新装入系统后恢复正常。

三、数据库功能介绍

该地层数据库有以下潜在的功能。

1. 快速地查找各种地层信息，为地质及国民经济的各个领域服务。
2. 对地层单位的建议与废弃进行监控，对新的地层认识做快速的反映。
3. 与矿产信息库，遥感信息库联络，提取更多对找矿有用的信息。

四、今后自治区数据库信息继续采集和管理的要求

1. 今后必须有专人负责自治区数据库的维护和信息采集修订工作。
2. 为使该数据库的信息具有权威性、可行性，必须建立一个机构，使得合法的地层单位均进人数据库，不合法的数据不能入库。也不能在公开刊物上发表。

附录Ⅱ　新疆维吾尔自治区采用的岩石地层单位名称表

附录Ⅱ-1

序号	岩石地层单位名称		编号	代号	地质时代	创始人（介绍人）	创建时间（介绍时间）	所在省（区）	在本书页数
	英文	汉文							
1	Aerbasayi Fm	*阿尔巴萨依组	01-65-1405	P_1ae	P_1	新疆地质局区测大队十分队白光群等	1978	新疆	108
2	Aerpishimaibulake Fm	*阿尔皮什麦布拉克组	04-65-0851	D_1a	D_1	Norin	1941	新疆	228
3	Aertashi Fm	*阿尔塔什组	01-65-1917	E_1a	E_1	新疆石油管理局彭希龄、魏景明等	1975	新疆	309
4	Ahe Fm	*阿合组	04-65-1709	J_1a	J_1	新疆区域地层表编写组	1981	新疆	294
5	Aierjigan Gr	*爱尔基干群	04-65-0103	$JxAE$	Jx	Norin	1931	新疆	153
6	Aierken Fm	*艾尔肯组	04-65-0856	D_3a	D_3	新疆地质局区测大队十分队白光群等	1978	新疆	225
7	Aiweiergou Gr	*艾维尔沟群	01-65-1708	$J_{2-3}A$	J_{2-3}	新疆区域地层表编写组	1981	新疆	127
8	Akeshake Fm	*阿克沙克组	04-65-1202	C_1a	C_1	新疆地质局区测大队一分队刹鸿炳等	1978	新疆	242
9	Akesu Gr	*阿克苏群	04-65-0008	ChA	Ch	张太荣等	1976	新疆	148
10	Aketashi Fm	*阿克塔什组	04-65-0866	D_2ak	D_2	新疆地质局区测大队一分队周申喜等	1975	新疆	223
11	Aladeyikesai Fm	*阿腊德依克赛组	01-65-1012	C_2al	C_2	中国科学院南京地质古生物研究所	1985	新疆	67
12	Alatage Fm	*阿拉塔格组	04-65-0855	D_2a	D_2	新疆地质局区测大队四分队朱诚顺等	1967	新疆	229
13	Aletai Fm	*阿勒泰组	01-65-0702	D_2al	D_2	新疆地质局区测大队	1965	新疆	40
14	Aletonggou Fm	*阿勒通沟组	04-65-0302	Z_1a	Z_1	Norin	1932	新疆	179
15	Anjihaihe Fm	*安集海河组	01-65-1901	$E_{2-3}a$	E_{2-3}	新疆区域地层表编写组	1981	新疆	136
16	Anjuan Fm	*安居安组	04-65-1924	N_1a	N_1	新疆石油管理局彭希龄等	1975	新疆	314
17	Aoertu Fm	*奥尔吐组	01-65-1211	C_2ae	C_2	中国北方槽区古生代地层会议筹备小组	1977	新疆	83
18	Apadaerkang Fm	*阿帕达尔康组	04-65-0868	D_1ap	D_1	新疆地质局第三区测大队一分队李启新	1962	新疆	227
19	Aqikebulake Fm	*阿其克布拉克组	04-65-1406	P_1a	P_1	新疆地质局第二区测大队七分队张仲修等	1965	新疆	271
20	Ashele Fm	*阿舍勒组	01-65-0703	$D_{1-2}a$	D_{1-2}	新疆地矿局地质矿产研究所（周良仁，任秉琛等）	1988（1995）	新疆	41
21	Atushi Fm	*阿图什组	04-65-1933	N_2a	N_2	新疆区域地层表编写组	1981	新疆	315
22	Awatage Fm	*阿瓦塔格组	04-65-0412	$\in_2a$	$\in_2$	地质部第十三大队一、二、三中队马库林等	1957	新疆	192
23	Ayilihe Fm	*阿衣里河组	04-65-1258	C_2ay	C_2	曾彩林（新疆第三区测大队一分队）	1959（1962）	新疆	248
24	Azigan Fm	*阿孜干组	04-65-1302	C_2az	C_2	新疆区域地层表编写组	1981	新疆	260
25	Bachu Fm	*巴楚组	04-65-1317	$C_1b\hat{c}$	C_1	新疆石油管理局 新疆区域地层表编写组	1969（1981）	新疆	255
26	Badaowan Fm	*八道湾组	01-65-1700	J_1b	J_1	新疆石油管理局地调处	1956	新疆	121

“*”者为新疆创名的岩石地层单位，已查阅创名文献原文；

“**”者虽为外省区创名的岩石地层单位，亦经作者查对了原创名文献；

“▲”为新建岩石地层单位。

序号	岩石地层单位名称		编号	代号	地质时代	创始人（介绍人）	创建时间（介绍时间）	所在省（区）	在本书页数
	英文	汉文							
27	Baerleike Fm	·巴尔雷克组	01-65-0769	D_2be	D_2	新疆地质局第三区测大队一分队李启新等	1960	新疆	54
28	Bagongbulansha Gr	·巴工布兰莎群	04-65-1724	J_1B	J_1	新疆区域地层表编写组	1981	新疆	297
29	Baihaba Fm	·白哈巴组	01-65-0501	O_3b	O_3	新疆地质局区调大队六分队王广耀等	1980	新疆	24
30	Bailishan Fm	·白砾山组	01-65-1601	T_3b	T_3	新疆地质局区测大队二分队冯明道等	1979	新疆	120
31	Baishanbao Fm	·白山包组	01-65-0606	S_2b	S_2	王景斌（新疆地质局区测大队三分队）	1966（1966）	新疆	35
32	Baiyunshan Fm	··白云山组	04-65-0528	O_3by	O_3	甘肃省地质局第二区测队	1976	甘肃	200
33	Bakan Fm	·巴坎组	01-65-1907	E_2b	E_2	新疆区域地层表编写组	1981	新疆	140
34	Balediertage Fm	·巴勒迪尔塔格组	04-65-1415	P_1bl	P_1	新疆地质局第二地质大队（新疆区域地层表编写组）	1964（1981）	新疆	275
35	Balikelike Fm	·巴立克立克组	04-65-1418	P_1b	P_1	Norin	1941	新疆	277
36	Baogutu Fm	·包古图组	04-65-1009	$C_{1-2}b$	C_{1-2}	新疆地质局区测大队五分队张成经等	1966	新疆	74
37	Bashibulake Fm	·巴什布拉克组	04-65-1921	$E_{2-3}b$	E_{2-3}	新疆石油管理局彭希龄	1981	新疆	312
38	Bashijiqike Fm	·巴什基奇克组	04-65-1817	K_2b	K_2	黄汲清（全国地层委员会）	1943（1964）	新疆	301
39	Bashikuergan Gr	·巴什库尔干群	04-65-0009	$ChB\hat{S}$	Ch	新疆地矿局区调大队二分队冯明道等	1981	新疆	148
40	Bashisuogong Fm	·巴什索贡组	04-65-1251	C_1b	C_1	格吕伯	1913	新疆	253
41	Basiergan Fm	·巴斯尔干组	04-65-1525	P_2bs	P_2	新疆地质局第九地质大队杨树德等（张致民、吴绍祖）	1979（1991）	新疆	270
42	Batamayineishan Fm	·巴塔玛依内山组	01-65-1199	$C_{1-2}bt$	C_{1-2}	新疆地质局区测大队一分队李启新等	1966	新疆	79
43	Baxigai Fm	·巴西改组	04-65-1808	K_1b	K_1	新疆石油管理局地调处107—109/75队（新疆区域地层表编写组）	1975（1981）	新疆	300
44	Bayinbuluke Fm	·巴音布鲁克组	04-65-0626	S_3by	S_3	新疆地质局区测大队十一分队王务严等	1971	新疆	210
45	Beiketan Fm	·贝克滩组	04-65-0010	$Chbk$	Ch	新疆地质局区调大队二分队冯明道等	1981	新疆	149
46	Beisenaertage Fm	·北塞纳尔塔格组	04-65-0204	$Qbbe$	Qb	地质部第十三大队一中队朱诚顺等	1958	新疆	162
47	Beitashan Fm	·北塔山组	01-65-0752	D_2bt	D_2	新疆地质局区测大队一分队李启新等	1966	新疆	57
48	Beiyixi Fm	·贝义西组	04-65-0300	Z_1b	Z_1	Norin	1932	新疆	177
49	Biegentawu Fm	·别根他乌组	04-65-1252	C_2bg	C_2	地质部第十三大队一、二、三中队	1957	新疆	254
50	Binggounan Fm	·冰沟南组	04-65-0214	$Qnbg$	Qn	新疆地质局区调大队十一分队李天德等	1981	新疆	167
51	Binggou Gr	··冰沟群	05-65-0109	JxB	Jx	青海地质局区测大队	1971	青海	318
52	Biyoulebaoguzi Fm	·比尤勒包谷孜组	04-65-1527	P_2b	P_2	苏联地质保矿部第十三航空地质大队	1953	新疆	276

序号	岩石地层单位名称 英文	岩石地层单位名称 汉文	编号	代号	地质时代	创始人（介绍人）	创建时间（介绍时间）	所在省（区）	在本书页数
53	Biyunshan Fm	·碧云山组	05-65-1428	P_1by	P_1	新疆地矿局区调大队三分队赵子允等	1983	新疆	325
54	Bochatetage Fm	·博查特塔格组	04-65-0207	Qb$\hat{bc}$	Qb	地质部第十三大队八中队吴文奎等	1958	新疆	163
55	Bolunganbulake Fm	·泊仑干布拉克组	04-65-0007	Ch*b*	Ch	新疆地质局区测大队五分队李应埸等	1978	新疆	145
56	Boluohuoluoshan Fm	·博罗霍洛山组	04-65-0613	S_3b	S_3	新疆地质局区调大队一分队李应埸等（地科院、新疆区测大队地层分队）	1974 (1979)	新疆	210
57	Bowamu Gr	·波瓦姆群	04-65-0003	Ch*B*	Ch	高振家等	1993	新疆	147
58	Bulakebashi Fm	·布拉克巴什组	05-65-0951	D_2bl	D_2	张玉谦、赵明钰、焦生瑞	1977	新疆	321
59	Bulong Fm	·布龙组	01-65-0601	S_1b	S_1	中国地质科学院地质研究所、新疆地质局区测大队地层分队	1974	新疆	32
60	Bulongguoer Fm	·布龙果尔组	01—65-0508	O_3bl	O_3	中国地质科学院地质研究所、新疆地质局区测大队地层分队	1974	新疆	26
61	Bulukeqi Fm	·布鲁克其组	01-65-0507	O_2b	O_2	中国地质科学院地质研究所、新疆地质局区测大队地层分队	1974	新疆	26
62	Caishiling Fm	··采石岭组	05-65-1723	J_3c	J_3	崔克信、张文堂等（张文堂）	1955 (1985)	新疆	329
63	Cangfanggou Gr	·仓房沟群	01-65-1509	P_2T_1C	P_2—T_1	高之秋（王恒升）	1946 (1954)	新疆	103
64	Chaganshan Fm	·查干山组	01-65-0763	$D_2\hat{c}$	D_2	肖世禄、侯鸿飞、吴绍祖等	1992	新疆	49
65	Chagouquan Fm	·岔沟泉组	04-65-0217	Qb$\hat{c}$	Qb	新疆地质局区调大队六分队王嘉桁	1982	新疆	169
66	Changjihe Gr	·昌吉河群	01-65-1905	E_3NC	E_3—N	沙依道夫	1957	新疆	137
67	Dabangou Gr	·达坂沟群	04-65-0625	$S_{2-3}D$	S_{2-3}	新疆区域地层表编写组	1981	新疆	218
68	Daerleikebulake Fm	·达尔雷克布拉克组	04-65-0874	D_2d	D_2	新疆地质局第四区测大队一、三、四、六分队王儒洪、邓自华等	1961	新疆	232
69	Dagangou Fm	··大干沟组	05-65-1320	C_1dg	C_1	青海省第一地质队（青海省区域地层表编写组）	1978 (1980)	青海	322
70	Dahalajunshan Fm	·大哈拉军山组	04-65-1201	C_1d	C_1	新疆地质局区测大队一分队刘洪炳等	1978	新疆	241
71	Daheyan Fm	·大河沿组	01-65-1516	P_2dh	P_2	新疆石油管理局地调处107—109/73队	1974	新疆	110
72	Daliugou Fm	▲大柳沟组	01-65-0521	$O_{2-3}d$	O_{2-3}	杜天星	1995	新疆	29
73	Daliyueer Fm	·达里约尔组	04-65-1529	P_2d	P_2	地质部第十三大队七中队陈哲夫等	1958	新疆	283
74	Dameigou Fm	··大煤沟组	05-65-1722	$J_{1-2}d$	J_{1-2}	青海省第一区调大队王万统等	1960	青海	328
75	Dananhu Fm	·大南湖组	04-65-0860	D_1d	D_1	新疆地质局第一区测大队张良臣等	1959	新疆	221
76	Diaosu Fm	·缔敖苏组	05-65-1321	C_2d	C_2	青海省第一地质队（青海省区域地层表编写组）	1978 (1980)	青海	322
77	Dikaner Fm	·底坎尔组	04-65-1208	C_2d	C_2	新疆地质局第二区测大队一、二分队谭德遥等	1959	新疆	238

序号	岩石地层单位名称 英文	岩石地层单位名称 汉文	编号	代号	地质时代	创始人（介绍人）	创建时间（介绍时间）	所在省（区）	在本书页数
78	Donggou Fm	·东沟组	01-65-1812	K_2d	K_2	新疆石油管理局地调处16队孙剑娘	1956	新疆	133
79	Dongguashan Gr	·冬瓜山群	04-65-0530	$O_{1+2}D$	O_{1+2}	新疆地质局区调大队四分队张志德等	1984	新疆	207
80	Dongtujinhe Fm	·东图津河组	04-65-1204	C_2dt	C_2	新疆区域地层表编写组	1981	新疆	244
81	Dongxileke Fm	·东锡勒克组	01-65-0502	O_3d	O_3	新疆地矿局区调大队六分队王广耀等	1980	新疆	23
82	Dundunshan Gr	··墩墩山群	04-65-0873	D_3D	D_3	甘肃省地质局第一区测队安北分队	1967	甘肃	226
83	Dushanzi Fm	·独山子组	01-65-1904	N_2d	N_2	新疆区域地层表编写组	1981	新疆	139
84	Duwa Fm	·杜瓦组	04-65-1530	P_2dw	P_2	新疆区域地层表编写组	1981	新疆	284
85	Ehuobulake Gr	·俄霍布拉克群	04-65-1609	$T_{1-2}E$	T_{1-2}	黄汲清（全国地层委员会）	1943（1964）	新疆	285
86	Elantage Fm	·额兰塔格组	04-65-0531	O_1e	O_1	新疆地质局区测大队二分队冯明道等	1981	新疆	206
87	Erdaogou Fm	·二道沟组	01-65-1222	C_2e	C_2	新疆地质局区测大队赵明钰等	1967	新疆	88
88	Gancaohu Fm	·甘草湖组	04-65-1255	C_1g	C_1	Norin	1935	新疆	246
89	Ganchaigou Fm	··干柴沟组	04-65-1932	E_3N_1g	E_3—N_1	青海省石油管理局科研所	1959	青海	316
90	Gandun Fm	·干墩组	04-65-1209	C_1gd	C_1	新疆地质局第二区测大队五分队吴文奎等	1959	新疆	239
91	Ganquan Fm	··干泉组	04-65-1262	C_2g	C_2	甘肃省地质局区测二队	1973	甘肃	251
92	Gongpoquan Gr	··公婆泉群	04-65-0628	SG	S	甘肃省第一区测大队	1966	甘肃	215
93	Guodikeng Fm	·锅底坑组	01-65-1520	P_2T_1g	P_2—T_1	新疆石油管理局地调处106/57队（地科院地研所、新疆地矿局地研所）	1957（1986）	新疆	107
94	Guozigou Fm	·果子沟组	04-65-0401	$\in_3g$	$\in_3$	地科院地质所、新疆区测大队地层分队（新疆区域地层表编写组）	1974（1981）	新疆	185
95	Habahe Gr	·哈巴河群	01-65-0503	$O_{2-3}H$	O_{2-3}	地质部第十三大队四、五、六中队特卡乔夫等	1957	新疆	21
96	Haerjiawu Fm	·哈尔加乌组	01-65-1410	P_1h	P_1	新疆地质局第三区测大队——四分队李启新、李佩基等	1960	新疆	89
97	Halaalate Fm	·哈拉阿拉特组	01-65-1011	C_2h	C_2	郝服光等（吴乃元等）	1964（1991）	新疆	76
98	Halamilanhe Gr	·哈拉米兰河群	05-65-1307	C_2H	C_2	新疆地质局区测大队一连三排张玉谦等	1972	新疆	324
99	Hamangou Fm	·哈满沟组	04-65-1714	J_1h	J_1	新疆地质局科研所地层队	1958	新疆	296
100	Hamisite Fm	·哈米斯特组	01-65-1523	P_2hm	P_2	新疆地质局第九地质大队杨树德等（新疆地质局区测大队五分队）	1979（1979）	新疆	269
101	Hangeerqiaoke Fm	·汉格尔乔克组	04-65-0307	Z_2h	Z_2	地质部第十三大队一中队朱诚顺等	1958	新疆	182
102	Hanjiga Fm	·汗吉尕组	04-65-0864	D_2hj	D_2	曾亚参、肖世禄	1981	新疆	222
103	Hantiereke Fm	·罕铁热克组	04-65-1311	C_1ht	C_1	新疆地质局第一区调大队五分队田阔帮等	1985	新疆	258

序号	岩石地层单位名称		编号	代号	地质时代	创始人（介绍人）	创建时间（介绍时间）	所在省（区）	在本书页数
	英文	汉文							
104	Haojiagou Fm	·郝家沟组	01-65-1608	T_3hj	T_3	新疆区域地层表编写组	1981	新疆	119
105	Hazierbulake Fm	·哈孜尔布拉克组	04-65-0861	D_3h	D_3	新疆地质局区测大队五分队吴文奎等	1965	新疆	231
106	Hebukesaier Fm	·和布克赛尔组	01-65-0762	D_1h	D_1	地科院地质所、新疆区测大队地层分队朱士达等	1974	新疆	48
107	Heijianshan Fm	··黑尖山组	04-65-0627	S_1h	S_1	甘肃省第一区测队	1966	甘肃	214
108	Heishantou Fm	·黑山头组	01-65-1007	C_1h	C_1	新疆地质局第三区测大队三分队李佩基等	1961	新疆	72
109	Heshilafu Fm	·和什拉甫组	04-65-1304	$C_1h\check{s}l$	C_1	新疆区域地层表编写组	1981	新疆	259
110	Heweitan Gr	·河尾滩群	04-65-1615	TH	T	新疆区域地层表编写组	1981	新疆	288
111	Hongguleleng Fm	·洪古勒楞组	01-65-0766	D_3C_1h	D_3—C_1	地科院地质所、新疆区测大队地层分队	1974	新疆	51
112	Hongliang Fm	·红梁组	05-65-1928	N_2^2h	N_2^2	新疆军区生产建设兵团与新疆石油管理局综合勘查队	1965	新疆	332
113	Honglishan Fm	·红砾山组	01-65-1813	K_2h	K_2	新疆地质局631队四分队唐克义等	1955	新疆	134
114	Hongliugou Fm	·红柳沟组	01-65-0607	S_3D_1h	S_3—D_1	新疆地质局科研所王景斌（新疆地质局区测大队三分队）	1966 (1966)	新疆	36
115	Hongliuhe Fm	·红柳河组	04-65-1401	P_1hl	P_1	新疆地质局第一区测大队四分队陶钧政等	1959	新疆	271
116	Hongliuquan Fm	·红柳泉组	04-65-0011	Chh	Ch	新疆地质局区测大队二队冯明道等	1981	新疆	149
117	Hongliuyuan Fm	··红柳园组	04-65-1260	C_1hl	C_1	甘肃省地质局区测一分队	1966	甘肃	250
118	Hongqilafu Fm	·红其拉甫组	04-65-1726	J_3h	J_3	新疆区域地层表编写组	1981	新疆	298
119	Hongshanzui Fm	·红山嘴组	01-65-1000	$C_1h\check{s}$	C_1	新疆地质局第四地质大队（新疆区域地层表编写组）	1966 (1981)	新疆	68
120	Hongyanchi Fm	·红雁池组	01-65-1513	P_2h	P_2	新疆地质局区测大队六分队谭德遥等	1965	新疆	102
121	Huanglianggou Fm	·黄梁沟组	01-65-1507	P_2hl	P_2	新疆石油局地调处勘探研究室杨文孝等	1964	新疆	97
122	Huangshan Fm	·黄山组	04-65-0408	$\in_1h$	$\in_1$	新疆区域地层表编写组	1981	新疆	188
123	Huangshanjie Fm	·黄山街组	01-65-1607	$T_3h\check{s}$	T_3	新疆石油管理局地调处106/57队（新疆区域地层表编写组）	1957 (1981)	新疆	119
124	Huangyangling Fm	·黄羊岭组	06-65-1426	P_1hy	P_1	新疆地矿局第一区调大队一分队齐德义等	1986	新疆	333
125	Huanxingshan Fm	·环形山组	04-65-0532	O_2h	O_2	新疆地质局区调大队二分队冯明道等	1981	新疆	206
126	Hudukedaban Fm	·呼独克达坂组	04-65-0514	O_3h	O_3	地科院地质所、新疆区测大队地层分队王宝瑜等（新疆区域地层表编写组）	1978 (1981)	新疆	195
127	Hujiersite Fm	·呼吉尔斯特组	01-65-0764	D_2hj	D_2	地科院地质所、新疆区测大队地层分队	1974	新疆	49
128	Hutubihe Fm	·呼图壁河组	01-65-1804	K_1h	K_1	新疆石油管理局地调处107—109队	1975	新疆	131
129	Huxingliang Fm	·弧形梁组	01-65-1200	C_2h	C_2	新疆石油管理局（新疆区测大队一分队）	1957 (1966)	新疆	79

序号	岩石地层单位名称		编号	代号	地质时代	创始人（介绍人）	创建时间（介绍时间）	所在省（区）	在本书页数
	英文	汉文							
130	Jiabosaer Fm	·加波萨尔组	01-65-0509	O_2j	O_2	新疆地质局区测大队十分队王儒洪等	1971	新疆	27
131	Jiamuhe Fm	·佳木河组	01-65-1409	P_1jm	P_1	郝服光等（张致民、吴绍祖）	1964（1991）	新疆	94
132	Jiangbasitao Fm	·姜巴斯套组	01-65-1005	C_1j	C_1	新疆地质局区测大队二分队李天德等	1977	新疆	73
133	Jiangjunmiao Fm	·将军庙组	01-65-1505	P_2jj	P_2	新疆区域地层表编写组	1981	新疆	96
134	Jiangzierkuduke Fm	·江孜尔库都克组	01-65-0755	D_3C_1j	D_3—C_1	新疆地质局区测大队十分队王儒洪等	1971	新疆	62
135	Jianshangou Fm	▲尖山沟组	01-65-1602	$T_1j\check{s}$	T_1	本次对比研究	1998	新疆	112
136	Jiawendaban Fm	·加温达坂组	07-65-1425	P_1jw	P_1	新疆地矿局区调大队四分队张志德等	1984	新疆	337
137	Jidike Fm	·吉迪克组	04-65-1914	N_1j	N_1	新疆石油管理局二队、十九队	1956	新疆	307
138	Jifuke Fm	·基夫克组	04-65-0611	S_2j	S_2	地科院地质所、新疆区测大队地层分队（新疆区域地层表编写组）	1978（1981）	新疆	208
139	Jijicao Gr	·芨芨槽群	01-65-1508	PJ	P	德日进	1935	新疆	98
140	Jimunai Fm	·吉木乃组	01-65-1003	C_2jm	C_2	新疆区域地质志	1993	新疆	70
141	Jindansu Fm	·津丹苏组	04-65-0870	D_3j	D_3	新疆地质局第三区测大队一分队李启新等	1962	新疆	228
142	Jingjingzigou Fm	·井井子沟组	01-65-1511	P_2j	P_2	新疆地质局区测大队六分队谭德遥等	1965	新疆	101
143	Jinyanshan Fm	·金雁山组	04-65-0106	Jxj	Jx	新疆地质局区调大队二分队	1981	新疆	155
144	Jiucaiyuan Fm	·韭菜园组	01-65-1604	T_1j	T_1	新疆石油管理局地调处106/57队（新疆地质局地质科学研究所）	1957（1977）	新疆	114
145	Julideneng Fm	·居里得能组	01-65-1216	C_2j	C_2	新疆地质局区测大队九分队高芝生等	1970	新疆	85
146	Kaerwa Fm	·喀尔瓦组	05-65-1429	P_1kr	P_1	新疆地矿局区测大队三分队	1982	新疆	326
147	Kaiertasi Gr	·开尔塔斯群	04-65-0200	QbKR	Qb	新疆地矿局区调大队三分队于大为等	1987	新疆	158
148	Kailaketi Gr	·凯拉克提群	04-65-0315	ZK	Z	地科院、新疆区测大队，地研所	1978	新疆	171
149	Kaipaizileike Fm	·开派兹雷克组	04-65-1421	P_1kpz	P_1	新疆地质局第八地质大队（新疆区域地层表编写组）	1974（1981）	新疆	280
150	Kalaeerqisi Gr	·喀喇额尔齐斯群	01-65-1001	C_2KL	C_2	新疆地质局区测大队二分队张玉谦等	1978	新疆	72
151	Kalagang Fm	·卡拉岗组	01-65-1411	P_1k	P_1	新疆地质局第三区测大队——四分队李启新、李佩基等	1960	新疆	90
152	Kalamaili Fm	·卡拉麦里组	01-65-0759	$D_{1-3}kl$	D_{1-3}	新疆地质局区测大队一、三分队李启新、曾亚参等	1966	新疆	67
153	Kalashayi Fm	·卡拉沙依组	04-65-1316	$C_{1-2}kl\check{s}$	C_{1-2}	新疆石油管理局（新疆区域地层表编写组）	1969（1981）	新疆	256

序号	岩石地层单位名称		编号	代号	地质时代	创始人（介绍人）	创建时间（介绍时间）	所在省（区）	在本书页数
	英文	汉文							
154	Kalataer Fm	*卡拉塔尔组	04-65-1919	E_2k	E_2	新疆区域地层表编写组	1981	新疆	311
155	Kalawuyi Fm	*卡拉乌衣组	04-65-1303	C_2k	C_2	新疆区域地层表编写组	1981	新疆	260
156	Kalazha Fm	*喀拉扎组	01-65-1706	J_3k	J_3	沙依道夫	1935	新疆	129
157	Kalazhierjia Fm	*喀拉治尔加组	04-65-1259	C_2kl	C_2	新疆地质局第二区测大队二分队张成径等	1962	新疆	249
158	Kalela Fm	*喀勒拉组	05-65-1621	T_3kl	T_3	新疆地质局区测大队三分队赵子允等	1982	新疆	328
159	Kalundaer Fm	*卡仑达尔组	04-65-1419	P_1k	P_1	Norin	1941	新疆	278
160	Kangbutiebao Fm	*康布铁堡组	01-65-0701	D_1k	D_1	新疆地质局区测大队六分队王广耀等	1976	新疆	38
161	Kanasi Gr	*喀纳斯群	01-65-0316	$Z\in_1K$	$Z—\in_1$	王广耀、张玉亭	1984	新疆	20
162	Kangcun Fm	*康村组	04-65-1915	$N_{1-2}k$	N_{1-2}	新疆区域地层表编写组	1981	新疆	308
163	Kangguertage Fm	*康古尔塔格组	04-65-0858	D_3kg	D_3	新疆地矿局第一区调大队五分队丁涛泉等	1988	新疆	221
164	Kangkelin Fm	*康克林组	04-65-1253	C_2kk	C_2	格吕伯	1914	新疆	254
165	Kangsu Fm	*康苏组	04-65-1717	J_1k	J_1	新疆区域地层表编写组	1981	新疆	291
166	Kansu Fm	*坎苏组	04-65-0865	$D_{2-3}k$	D_{2-3}	新疆地质局区测大队一分队周申喜等	1975	新疆	224
167	Kapushaliang Gr	*卡普沙良群	04-65-1807	K_1K	K_1	新疆石油管理局19/56队（新疆区域地层表编写组）	1956（1981）	新疆	299
168	Kashi Gr	*喀什群	04-65-1916	EK	E	新疆区域地层表编写组	1981	新疆	309
169	Kawabulake Gr	*卡瓦布拉克群	04-65-0102	$JxKW$	Jx	新疆地质局第一区测大队吴文奎，高振家等	1958	新疆	152
170	Kaxiweng Fm	*卡希翁组	01-65-0754	D_3^1kx	D_3^1	新疆地质局区测大队十分队王儒洪等	1971	新疆	60
171	Keankuduke Fm	*克安库都克组	01-65-0758	D_3ka	D_3	新疆地质局区测大队二分队李天德等	1977	新疆	66
172	Keerkezitamu Fm	*柯尔克孜塔木组	04-65-0619	$S_{1-2}k$	S_{1-2}	吴文奎	1992	新疆	213
173	Keguqinshan Fm	*科古琴山组	04-65-1205	C_2kg	C_2	新疆区域地层表编写组	1981	新疆	245
174	Kekesaleixi Fm	*科克萨雷溪组	04-65-0512	O_2k	O_2	林宝玉	1977	新疆	194
175	Kekeshayi Fm	*科克沙依组	01-65-0506	O_2k	O_2	新疆地质局区测大队三分队李天德等	1964	新疆	25
176	Kekesu Gr	*科克苏群	04-65-0101	$JxKK$	Jx	新疆地质局区测大队一分队剡鸿炳等	1978	新疆	152
177	Keketiekedaban Fm	*科克铁克达坂组	04-65-0616	S_3kk	S_3	新疆地质局区测大队三分队张仲修等	1971	新疆	212
178	Kekexiongkuduke Fm	*克克雄库都克组	01-65-0603	S_3kk	S_3	中国地质科学院地质研究所、新疆地质局区测大队地层分队	1974	新疆	33
179	Kelamayi Fm	*克拉玛依组	01-65-1606	$T_{2-3}k$	T_{2-3}	范成龙（新疆区域地层表编写组）	1956（1981）	新疆	118
180	Kelasu Gr	*克拉苏群	04-65-1712	$J_{1-2}K$	J_{1-2}	全国地层委员会	1964	新疆	293
181	Keleqinghe Gr	*克勒青河群	04-65-1616	TK	T	新疆区域地层表编写组	1981	新疆	289
182	Kelitake Fm	*克里塔克组	04-65-1305	C_1k	C_1	地质部第十三大队五中队吕正等	1958	新疆	258

序号	岩石地层单位名称		编号	代号	地质时代	创始人（介绍人）	创建时间（介绍时间）	所在省（区）	在本书页数
	英文	汉文							
183	Kensayi Fm	·肯萨依组	04-65-0402	$\in_2k$	$\in_2$	地科院地质所、新疆区测大队地层分队（新疆区域地层表编写组）	1974（1981）	新疆	184
184	Kepingtage Fm	·柯坪塔格组	04-65-0622	S_1k	S_1	西尼村（张日东）	1945（1959）	新疆	215
185	Keziertage Fm	·克兹尔塔格组	04-65-0854	D_3k	D_3	地质部第十三大队一、二、三中队	1956	新疆	234
186	Kezilenuer Fm	·克孜勒努尔组	04-65-1711	J_2k	J_2	新疆区域地层表编写组	1981	新疆	295
187	Kezilesu Gr	·克孜勒苏群	04-65-1825	K_1KZ	K_1	新疆石油管理局107—109/75队（新疆区域地层表编写组）	1975（1981）	新疆	301
188	Keziletao Fm	·克孜勒陶组	04-65-0952	D_2kz	D_2	新疆地矿局第一区调大队五分队田阔邦等	1985	新疆	235
189	Keziluoyi Fm	·克孜洛依组	04-65-1923	E_3N_1k	E_3—N_1	新疆石油管理局彭希龄等	1975	新疆	313
190	Kezisuhumu Fm	·克孜苏胡木组	04-65-0314	Z_2k	Z_2	马世鹏　汪玉珍	1979	新疆	183
191	Kongkashankou Fm	·空喀山口组	07-65-1424	P_1k	P_1	新疆区域地层表编写组	1981	新疆	338
192	Kuche Fm	·库车组	04-65-1934	N_2k	N_2	新疆区域地层表编写组	1981	新疆	308
193	Kuergan Fm	·库尔干组	04-65-1417	P_1k	P_1	新疆区域地层表编写组	1975（1981）	新疆	275
194	Kuerkake Fm	·库尔卡克组	04-65-0313	Z_2k	Z_2	马世鹏、汪玉珍	1979	新疆	183
195	Kuerliang Gr	·库尔良群	04-65-1309	C_2KE	C_2	新疆地矿局区调大队四分队张志德等	1984	新疆	264
196	Kujiertai Fm	·库吉尔台组	01-65-1501	P_2kj	P_2	新疆地质局区测大队四分队张道乐等	1975	新疆	91
197	Kukebai Fm	·库克拜组	04-65-1820	K_2k	K_2	新疆石油管理局地调处107—109/75队（新疆区域地层表编写组）	1975（1981）	新疆	302
198	Kulai Fm	·库莱组	01-65-1514	P_2k	P_2	新疆地质局区测大队七分队王广耀等	1966	新疆	111
199	Kuluketage Gr	·库鲁克塔格群	04-65-0317	ZK	Z	Norin	1932	新疆	177
200	Kulumudi Fm	·库鲁木迪组	01-65-0768	D_2k	D_2	新疆地质局第三区测大队一分队李启新	1960	新疆	53
201	Kulumuti Gr	·库鲁木提群	01-65-0600	$S_{2-3}K$	S_{2-3}	斯托良尔	1936	新疆	31
202	Kumasu Fm	·库马苏组	01-65-0705	D_3C_1k	D_3—C_1	新疆地矿局区测大队三分队祝皆水等	1979	新疆	45
203	Kumugeliemu Gr	·库姆格列木群	04-65-1910	$E_{1-2}K$	E	新疆石油管理局二队和十九队	1956	新疆	304
204	Kumutake Fm	·库穆塔克组	01-65-1814	K_2k	K_2	新疆石油管理局地调处56/56队夏公君	1956	新疆	135
205	Kunkelaqi Fm	·昆克拉契组	04-65-1430	P_1kkl	P_1	新疆地矿局地矿研究所	1987	新疆	278
206	Kupukuziman Fm	·库普库兹满组	04-65-1420	P_1kp	P_1	新疆区域地层表编写组	1981	新疆	280
207	Kuruer Fm	·库茹尔组	04-65-0612	S_3k	S_3	苏联十三航测大队	1953	新疆	209
208	Kushanhe Fm	·库山河组	04-65-1312	C_1k	C_1	新疆地质局第二地质大队	1981	新疆	257
209	Kushitai Gr	·库什台群	04-65-0201	$QbK\check{S}$	Qb	新疆地质局区测大队一分队刺洪炳等	1978	新疆	159

序号	岩石地层单位名称		编号	代号	地质时代	创始人（介绍人）	创建时间（介绍时间）	所在省（区）	在本书页数
	英文	汉文							
210	Kusongmuqieke Gr	*库松木切克群	04-65-0100	Jx*K*	Jx	王景斌等	1976	新疆	151
211	Kuzigongsu Fm	*库孜贡苏组	04-65-1721	J_3k	J_3	新疆区域地层表编写组	1981	新疆	293
212	Laba Fm	*拉巴组	01-65-0504	O_1l	O_1	新疆区测大队三分队李天德等	1964	新疆	24
213	Lianmuqin Fm	*连木沁组	01-65-1802	K_1l	K_1	新疆石油管理局地调处56/56队（新疆区域地层表编写组）	1956（1981）	新疆	132
214	Linkuanggou Fm	*磷矿沟组	04-65-0403	$\in_1l$	$\in_1$	联合地层队	1978	新疆	183
215	Liuhuangshan Gr	*硫磺山群	04-65-0516	$O_{2-3}L$	O_{2-3}	陈颂光等（新疆地质局区测大队编图分队）	1958（1965）	新疆	197
216	Liukeshu Fm	*六棵树组	01-65-1014	C_2lk	C_2	新疆区域地层表编写组	1981	新疆	81
217	Liushugou Fm	*柳树沟组	01-65-1213	C_2l	C_2	新疆地质局区测大队六分队谭德遥等	1965	新疆	81
218	Longshan Fm	*龙山组	04-65-1723	J_2l	J_2	新疆地矿局第一区调大队四分队张志德等	1984	新疆	298
219	Luanshishan Fm	*乱石山组	04-65-0213	Qb*l*	Qb	新疆地质局区测大队二分队冯明道等	1981	新疆	167
220	Lucaogou Fm	*芦草沟组	01-65-1512	P_2l	P_2	新疆区域地层表编写组	1981	新疆	101
221	Lulehe Fm	**路乐河组	04-65-1929	$E_{1-2}l$	E_{1-2}	青海省石油管理局朱夏等	1956	青海	316
222	Luoshigou Fm	*落石沟组	04-65-0954	$D_2l\check{s}$	D_2	新疆地矿局区调大队四分队张志德等	1984	新疆	233
223	Luotuogou Fm	*骆驼沟组	04-65-1402	P_1l	P_1	新疆地质局区测大队十一分队梁云海等	1979	新疆	273
224	Luoyachushan Gr	**罗雅楚山群	04-65-0526	$O_{1+2}L$	O_{1+2}	甘肃地质局第一区测大队李璀焕等	1966	甘肃	199
225	Malasu Fm	*马拉苏组	04-65-0767	D_1m	D_1	新疆地质局区测大队张道乐等	1975	新疆	53
226	Malieziken Gr	*玛列兹肯群	04-65-0529	$O_{1-2}M$	O_{1-2}	地质部第十三大队五中队吕正等	1958	新疆	205
227	Mangdaiqia Gr	*忙代恰群	01-65-0706	$D_{2-3}M$	D_{2-3}	新疆地质局区测大队六分队张双全等	1979	新疆	45
228	Mayilashan Gr	*玛依拉山群	01-65-0605	S*M*	S	新疆地质局第三区测大队一分队李启新等（新疆地质局区测大队编图分队）	1961（1972）	新疆	34
229	Miaoergou Fm	▲庙尔沟组	01-65-0522	$O_{2-3}m$	O_2	杜天星	1995	新疆	30
230	Mishigou Fm	*米什沟组	04-65-0617	S_1m	S_1	刘洪福等	1988	新疆	211
231	Moheershan Fm	*莫合尔山组	04-65-0405	$\in_2m$	$\in_2$	新疆地质局722队邓自华等（新疆区测大队胡树荣等）	1957（1965）	新疆	187
232	Mohexisayi Fm	*莫合西萨依组	04-65-0006	Ch*m*	Ch	新疆地质局区测大队五分队李应埸等	1978	新疆	146
233	Muzisayi Fm	*木孜萨依组	04-65-0107	Jx*m*	Jx	新疆地质局区测大队李天德、冯明道等	1981	新疆	155
234	Nailenggeledaban Gr	*奈楞格勒达板群	04-65-0513	O_2N	O_2	林宝玉	1977	新疆	194

序号	岩石地层单位名称		编　号	代号	地质时代	创　始　人（介绍人）	创建时间（介绍时间）	所在省（区）	在本书页数
	英　文	汉　文							
235	Nalinkala Fm	·那林卡拉组	01-65-1004	C_1n	C_1	新疆地质局第三区测大队一、二、三、四分队李启新、李佩基等	1960	新疆	70
236	Nanhuishan Fm	·南灰山组	04-65-0407	$\in_2O_2n$	$\in_2—O_2$	新疆区域地层表编写组	1981	新疆	189
237	Nilekehe Fm	·尼勒克河组	04-65-0610	S_1n	S_1	苏联十三航测大队一、二、三中队费门科夫	1953	新疆	208
238	Paergangtage Gr	·帕尔岗塔格群	04-65-0202	$QbPR$	Qb	高振家，缪长泉	1976	新疆	160
239	Pakabulake Fm	·帕卡布拉克组	04-65-1925	N_1p	N_1	新疆区域地层表编写组	1981	新疆	314
240	Pasi Gr	·帕斯群	04-65-1314	C_1P	C_1	别良耶夫斯基	1946	新疆	266
241	Pingdiquan Fm	·平地泉组	01-65-1506	P_2p	P_2	新疆石油管理局地调处117/57队	1957	新疆	97
242	Pingtoushan Fm	··平头山组	04-65-0110	Jxp	Jx	甘肃省第二区测大队	1971	甘肃	157
243	Pingwagou Fm	·平洼沟组	04-65-0215	$Qbpw$	Qb	新疆地质局区测大队二分队冯明道等	1981	新疆	168
244	Piyaman Fm	·皮牙曼组	04-65-1322	C_2p	C_2	新疆地质局区测大队二连三排张道乐等	1972	新疆	262
245	Pochengzi Fm	·破城子组	04-65-0852	D_3p	D_3	地质部第十三大队一中队朱诚顺等	1958	新疆	233
246	Pusige Fm	·普司格组	04-65-1423	$P_{1-2}p$	P_1	新疆区域地层表编写组	1981	新疆	283
247	Putaogou Fm	·葡萄沟组	01-65-1909	N_2p	N_2	夏公君	1956	新疆	141
248	Qiaergaye Fm	·恰尔尕也组	01-65-0604	S_1q	S_1	新疆地质局区测大队四分队（张道乐等）	1972（1974）	新疆	34
249	Qiakemake Fm	·恰克马克组	04-65-1713	J_2q	J_2	黄汲清	1943	新疆	295
250	Qiakemakelike Fm	·恰克马克力克组	04-65-0312	Z_1q	Z_1	马世鹏、汪玉珍	1979	新疆	182
251	Qiaoenbulake Fm	·巧恩布拉克组	04-65-0318	Z_1q	Z_1	张太荣等	1976	新疆	174
252	Qiaqihai Fm	·恰其海组	01-65-1002	C_2q	C_2	新疆地质局区测大队十分队白光群等	1982	新疆	71
253	Qiergusitao Fm	·奇尔古斯套组	01-65-1214	C_2q	C_2	Norin	1935	新疆	84
254	Qiatier Gr	·恰提尔群	04-65-1313	C_2Q	C_2	别良耶夫斯基	1946	新疆	266
255	Qigebulake Fm	·奇格布拉克组	04-65-0311	Z_2q	Z_2	张太荣等	1976	新疆	176
256	Qigu Fm	·齐古组	01-65-1705	J_3q	J_3	沙依道夫	1935	新疆	128
257	Qijiagou Fm	·祁家沟组	01-65-1212	C_2qj	C_2	王恒升	1954	新疆	82
258	Qilang Fm	·其浪组	04-65-0518	O_2q	O_2	乔新东，张太荣（新疆区域地层表编写组）	1976（1981）	新疆	201
259	Qimantage Gr	·祁漫塔格群	05-65-0533	OQ	O	新疆地质局区测大队六分队王嘉桁等	1982	新疆	319
260	Qimugen Fm	·齐姆根组	04-65-1918	$E_{1-2}q$	E_{1-2}	新疆区域地层表编写组	1981	新疆	310
261	Qingshuihe Fm	·清水河组	01-65-1805	K_1q	K_1	新疆石油管理局地调处107—109/75队（新疆区域地层表编写组）	1975（1981）	新疆	131
262	Qipan Fm	·棋盘组	04-65-1422	P_1q	P_1	新疆区域地层表编写组	1981	新疆	282

序号	岩石地层单位名称		编　号	代号	地质时代	创始人（介绍人）	创建时间（介绍时间）	所在省（区）	在本书页数
	英　文	汉　文							
263	Qishan Fm	·脐山组	04-65-1223	$C_2q\hat{s}$	C_2	新疆地矿局第一区调大队五分队丁涛泉等	1988	新疆	241
264	Qiulitage Fm	·丘里塔格组	04-65-0411	$\in_3O_1q$	$\in_3—O_1$	地质部第十三大队一、二、三中队马库林等	1957	新疆	192
265	Qiye Fm	·齐也组	01-65-0704	D_3q	D_3	新疆地矿局第一区调大队十分队焦生瑞等（周良仁，任秉琛）	1992（1995）	新疆	42
266	Qizilafu Fm	·奇自拉夫组	04-65-0953	D_3q	D_3	德·泰拉（De Terra）	1932	新疆	236
267	Quanzijie Fm	·泉子街组	01-65-1518	P_2q	P_2	新疆石油管理局地调处106/57队（新疆地质局区测大队六分队高芝生等）	1957（1976）	新疆	104
268	Queerqueke Fm	·却尔却克组	04-65-0523	$O_{2-3}q$	O_{2-3}	Norin	1930	新疆	203
269	Saaerming Fm	·萨阿尔明组	04-65-0862	D_2s	D_2	新疆地质局第二区测大队四分队邓自华等	1960	新疆	230
270	Saergan Fm	·萨尔干组	04-65-0517	O_2se	O_2	地质部十三大队马库林	1957	新疆	201
271	Sailajiazitage Gr	·塞拉加兹塔格群	04-65-0013	$ChSL$	Ch	地质部第十三大队二中队张良臣等	1958	新疆	150
272	Saitula Gr	·赛图拉群	04-65-0018	$ChST$	Ch	毛国洪	1960	新疆	150
273	Sangejing Fm	··三个井组	04-65-0872	$D_{1-2}s$	D_{1-2}	甘肃地质局第一区测队安北分队	1967	甘肃	226
274	Sangonghe Fm	·三工河组	01-65-1701	J_1s	J_1	孙剑娘	1956	新疆	124
275	Sangzhutage Gr	·桑株塔格群	04-65-0108	JxS	Jx	新疆地质局和田地质大队	1960	新疆	156
276	Sanshilidadun Fm	·三十里大墩组	04-65-1806	K_1s	K_1	新疆石油管理局地调处56/56队（新疆区域地层表编写组）	1956（1981）	新疆	133
277	Santanghu Fm	▲三塘湖组	01-65-1412	P_1st	P_1	新疆地矿局第一区调大队孙巧缡	1995	新疆	91
278	Sawuershan Fm	·萨吾尔山组	01-65-0760	D_2sw	D_2	地科院地质所、新疆区测大队地层分队朱士达等	1974	新疆	46
279	Senaertage Fm	·塞纳尔塔格组	04-65-0203	$Qbsn$	Qb	地质部第十三大队朱诚顺等	1958	新疆	161
280	Shadawang Fm	·沙大王组	01-65-1215	$C_1\hat{s}d$	C_1	新疆地质局区测大队三分队高芝生等	1974	新疆	84
281	Shaerbuer Fm	·沙尔布尔组	01-65-0602	$S_2\hat{s}$	S_2	新疆地质局第三区测大队1—4分队李佩基等（中国地质科学院地质研究所、新疆地质局区测大队）	1960（1974）	新疆	32
282	Shajingzi Fm	·沙井子组	04-65-1528	$P_2\hat{s}$	P_2	新疆区域地层表编写组	1981	新疆	281
283	Shaleisaierke Fm	·沙雷塞尔克组	01-65-1217	$C_2\hat{s}l$	C_2	新疆地质局区测大队九分队	1970	新疆	86
284	Shalitashi Fm	·莎里塔什组	04-65-1716	$J_1\hat{s}$	J_1	新疆区域地层表编写组	1981	新疆	290
285	Shamaershayi Fm	·沙玛尔沙依组	01-65-1219	$C_2\hat{s}m$	C_2	新疆地质局区测大队九分队高芝生等	1970	新疆	87
286	Shangbaishan Fm	·上白山组	04-65-0525	$O_2\hat{s}$	O_2	肖兵（新疆区域地层表编写组）	1977（1981）	新疆	198
287	Shanliang Conglomerate Fm	·山梁砾石组	01-65-1198	$C_1\hat{s}l$	C_1	袁复礼（新疆地质局综合研究队王景斌）	1930（1965）	新疆	78

序号	岩石地层单位名称		编号	代号	地质时代	创始人（介绍人）	创建时间（介绍时间）	所在省（区）	在本书页数
	英文	汉文							
288	Shaofanggou Fm	·烧房沟组	01-65-1605	$T_1\hat{s}$	T_1	袁复礼	1935	新疆	116
289	Shawan Fm	·沙湾组	01-65-1902	$E_3N_1\hat{s}$	E_2—N_2	新疆区域地层表编写组	1981	新疆	138
290	Shengjinkou Fm	·胜金口组	01-65-1803	$K_1\hat{s}$	K_1	新疆石油管理局地调处56/56队（新疆区域地层表编写组）	1956（1981）	新疆	132
291	Shengligou Fm	·胜利沟组	01-65-1408	$P_1\hat{s}l$	P_1	杨文孝等（新疆区域地层表编写组）	1963（1981）	新疆	95
292	Shengliquan Fm	·胜利泉组	04-65-1263	$C_2\hat{s}l$	C_2	新疆地质局区测大队十一分队梁云海等	1979	新疆	252
293	Shibanshan Fm	··石板山组	04-65-1261	$C_2\hat{s}$	C_2	甘肃省地质局区测二队	1973	甘肃	250
294	Shibiliang Fm	·石壁梁组	05-65-1927	$N_2\hat{s}$	N_2	新疆军区生产建设兵团与新疆石油管理局联合勘查队	1965	新疆	331
295	Shimagou Fm	·石马沟组	05-65-1926	$N_{1-2}\hat{s}$	N_{1-2}	新疆军区生产建设兵团与新疆石油管理局联合勘查队	1965	新疆	330
296	Shiqiantan Fm	·石钱滩组	01-65-1013	$C_2\hat{s}$	C_2	袁复礼	1930	新疆	80
297	Shirenzigou Fm	·石人子沟组	01-65-1403	$P_1\hat{s}$	P_1	新疆地质局区测大队六分队谭德遥等	1965	新疆	98
298	Shishugou Gr	·石树沟群	01-65-1707	$J_{2-3}\hat{S}$	J_{2-3}	范成龙等	1956	新疆	130
299	Shizigou Fm	··狮子沟组	04-65-1930	$N_2\hat{s}$	N_2	青海省石油管理局科研所	1959	青海	317
300	Shuangyingshan Fm	··双鹰山组	04-65-0410	$\in_1\hat{s}$	$\in_1$	修泽雷、赵祥生	1964	甘肃	190
301	Shugouzi Fm	·树沟子组	04-65-0621	$SD\hat{s}$	S_2—D_2	新疆地质局第一区测大队三、五分队高振家等	1961	新疆	217
302	Shuiquan Fm	·水泉组	04-65-0306	$Z_2\hat{s}$	Z_2	地质部十三大队一中队朱诚顺等	1958	新疆	181
303	Shuixigou Gr	·水西沟群	01-65-1703	$J_{1-2}\hat{S}$	J_{1-2}	袁复礼	1932	新疆	120
304	Shushanhe Fm	·舒善河组	01-65-1809	$K_1\hat{s}$	K_1	新疆石油管理局地调处107—109/57队（新疆区域地层表编写组）	1975（1981）	新疆	300
305	Silu Gr	·丝路群	04-65-0205	$QnSL$	Qn	新疆第一区调大队缪长泉	1987	新疆	163
306	Subashi Fm	·苏巴什组	01-65-1815	K_2s	K_2	新疆石油管理局地调处56/56队	1956	新疆	135
307	Sugaitebulake Fm	·苏盖特布拉克组	04-65-0310	Z_2s	Z_2	西尼村	1952（1957）	新疆	175
308	Sukuluoke Fm	·苏库罗克组	04-65-0209	$Qnsk$	Qn	地质部第十三大队二中队张良臣等	1958	新疆	165
309	Sumalan Fm	·苏玛兰组	04-65-0208	$Qnsm$	Qn	地质部第十三大队二中队张良臣等	1958	新疆	165
310	Suoerkuli Gr	·索尔库里群	04-65-0212	$QbSR$	Qb	新疆地质局区调大队二分队冯明道等	1981	新疆	166
311	Suweiyi Fm	·苏维依组	04-65-1913	E_3s	E_2	雍天寿等	1960	新疆	306
312	Taerbahatai Fm	·塔尔巴哈台组	01-65-0761	D_3C_1t	D_3—C_1	新疆地质局第三区测大队四分队曾亚参等	1960	新疆	47
313	Taerga Fm	·塔尔尕组	01-65-1719	J_2t	J_2	新疆区域地层表编写组	1981	新疆	292

序号	岩石地层单位名称		编号	代号	地质时代	创始人（介绍人）	创建时间（介绍时间）	所在省（区）	在本书页数
	英文	汉文							
314	Taerlang Fm	·塔尔朗组	01-65-1517	P_2t	P_2	新疆石油管理局地调处107—109/73队（新疆地质局地质科学研究所）	1974（1977）	新疆	110
315	Tahaqi Fm	·塔哈奇组	04-65-1301	C_2th	C_2	新疆区域地层表编写组	1981	新疆	261
316	Tailegula Fm	·太勒古拉组	01-65-1010	C_2t	C_2	新疆地质局区测大队五分队张成经等	1966	新疆	75
317	Taizicun Fm	·台子村组	01-65-1906	E_1t	E_1	翟人杰等	1966	新疆	139
318	Talake Fm	·塔拉克组	04-65-1911	E_1t	E_1	新疆地质局第二地质大队	1963	新疆	305
319	Talekebulake Fm	塔勒克布拉克组	04-65-0618	S_1t	S_1	刘洪福等	1988	新疆	211
320	Taliqike Fm	·塔里奇克组	04-65-1610	T_3t	T_3	新疆石油管理局2—19/56队姚国藩等（全国地层委员会）	1956（1964）	新疆	287
321	Talong Gr	·他龙群	04-65-1308	C_1T	C_1	地质部第十三大队二中队张良臣等	1958	新疆	264
322	Tamugang Fm	·塔木岗组	01-65-1197	C_1t	C_1	新疆地质局区测大队一分队李启新等	1966	新疆	77
323	Tamuqisayi Fm	·塔姆其萨依组	04-65-1524	P_2tmq	P_2	新疆地质局第九地质大队杨树德等（新疆地质局区测队五分队）	1979（1979）	新疆	270
324	Tangaitaer Fm	·坦盖塔尔组	04-65-0869	D_3t	D_3	地质部第十三大队九中队王景斌等	1958	新疆	228
325	Taodonggou Gr	·桃东沟群	01-65-1515	P_2T	P_2	新疆石油管理局地调处107—109/73队（新疆地质局地质科学研究所）	1974（1977）	新疆	110
326	Taohu Fm	·桃湖组	06-65-1620	T_3t	T_3	新疆地质局区调大队三分队赵子允等	1982	新疆	336
327	Taoshuyuan Fm	·桃树园组	01-65-1908	E_3N_1t	E_3—N_1	夏公君	1956	新疆	140
328	Tashidian Fm	·他什店组	04-65-1715	$J_2t\hat{s}$	J_2	新疆地质局科研所地层队	1968	新疆	297
329	Tashikula Fm	·塔什库拉组	01-65-1404	P_1t	P_1	新疆地质局第二区测大队六分队谭德遥等	1965	新疆	99
330	Tataaiertage Fm	·塔塔埃尔塔格组	04-65-0623	$S_{2-3}t$	S_{2-3}	地质部第十三大队（张日东）	1957（1959）	新疆	216
331	Taxidaban Gr	·塔昔达坂群	04-65-0105	JxT	Jx	高芝生	1961	新疆	154
332	Taxihe Fm	·塔西河组	01-65-1903	N_1t	N_1	新疆区域地层表编写组	1981	新疆	138
333	Tegeinaiqikedaban Fm	·特给乃奇克达坂组	04-65-1318	C_2tg	C_2	新疆地矿局第一区调大队一分队甄保生等	1989	新疆	265
334	Tekesi Gr	·特克斯群	04-65-0004	ChT	Ch	新疆地质局区测大队一分队剡鸿炳等	1978	新疆	145
335	Teruiaiken Fm	·特瑞爱肯组	04-65-0303	Z_1t	Z_1	Norin	1932	新疆	179
336	Tianshuihai Gr	·甜水海群	04-65-0017	$ChT\hat{S}$	Ch	新疆地质局区调大队四分队张志德等	1984	新疆	151
337	Tielieketi Fm	·铁列克提组	01-65-0770	D_3tl	D_3	新疆地质局第三区测大队一分队李启新等	1959	新疆	55

序号	岩石地层单位名称		编号	代号	地质时代	创始人（介绍人）	创建时间（介绍时间）	所在省（区）	在本书页数
	英文	汉文							
338	Tielongtan Gr	*铁龙滩群	04-65-1821	K_2T	K_2	新疆地质局区测大队二连二排李双喜等	1972	新疆	304
339	Tiemulike Fm	*铁木里克组	04-65-1521	P_2tm	P_2	新疆地质局区测大队一分队周申喜等	1975	新疆	268
340	Tousuquan Fm	*头苏泉组	04-65-0859	D_3ts	D_3	新疆地质局科研所	1961	新疆	219
341	Toutunhe Fm	*头屯河组	01-65-1704	J_2t	J_2	范成龙等	1956	新疆	127
342	Tuershaketage Fm	*突尔沙克塔格组	04-65-0404	$\in_3O_1t$	$\in_3—O_1$	Norin	1932	新疆	187
343	Tugulu Gr	*吐谷鲁群	01-65-1801	K_1T	K_1	沙依道夫	1935	新疆	130
344	Tuhulasu Fm	*吐呼拉苏组	04-65-0857	D_3th	D_3	新疆地矿局第一区调大队四分队贺卫东等	1990	新疆	225
345	Tulongguoyi Fm	*图龙果依组	01-65-0505	O_1t	O_1	新疆区测大队三分队李天德等	1964	新疆	25
346	Tuogemaiti Fm	*托格买提组	04-65-0867	D_2t	D_2	地质部第十三大队九中队王景斌等	1958	新疆	227
347	Tuokuzidaban Gr	*托库孜达坂群	05-65-1306	C_1TK	C_1	新疆区测大队一连二排张玉谦等	1972	新疆	323
348	Tuoranggekuduke Fm	*托让格库都克组	01-65-0751	D_1t	D_1	新疆地质局区测大队二分队吕正等	1966	新疆	56
349	Tuosikuertawu Fm	*托斯库尔他乌组	04-65-0863	D_3ts	D_3	曾亚参，肖世禄	1981	新疆	223
350	Tushibulake Fm	*土什布拉克组	04-65-0620	$S_1t\check{s}$	S_1	Norin	1928	新疆	216
351	Tuyiluoke Fm	*吐依洛克组	04-65-1826	K_2t	K_2	新疆石油管理局地调处105—107/75队（新疆区域地层表编写组）	1975（1981）	新疆	303
352	Wenquangou Gr	*温泉沟群	04-65-0624	S_1W	S_1	新疆地质局区测大队张玉谦、赵明钰、焦生瑞	1976	新疆	218
353	Wolonggang Fm	*卧龙岗组	06-65-1619	T_3w	T_3	新疆地矿局第一区调大队一分队齐德义等	1986	新疆	336
354	Wuerhe Gr	*乌尔禾群	01-65-1504	P_2W	P_2	新疆石油管理局克拉玛依油矿研究队（新疆区域地层表编写组）	1956（1981）	新疆	95
355	Wulabo Fm	*乌拉泊组	01-65-1510	P_2w	P_2	新疆区域地层表编写组	1981	新疆	100
356	Wulagen Fm	*乌拉根组	04-65-1920	E_2w	E_2	新疆石油管理局彭希龄等	1981	新疆	311
357	Wulang Fm	*乌郎组	04-65-1413	P_1w	P_1	新疆664队何铭钰（新疆地质局区调大队五分队）	1953（1979）	新疆	267
358	Wuliegai Fm	*乌列盖组	01-65-0520	$O_{2-3}w$	O_{2-3}	杜天星	1995	新疆	27
359	Wulusubasitao Fm	*乌鲁苏巴斯套组	01-65-0757	D_2w	D_2	新疆地质局区测大队二分队李天德等	1977	新疆	65
360	Wuqia Gr	*乌恰群	04-65-1922	E_2N_1W	$E_2—N_1$	新疆石油管理局王志武	1957	新疆	313
361	Wushinanshan Gr	*乌什南山群	04-65-0318	ZW	Z	张太荣等	1976	新疆	173
362	Wutonggou Fm	*梧桐沟组	01-65-1519	P_2wt	P_2	新疆石油管理局地调处106/57队（新疆地质局区测大队六分队）	1957（1976）	新疆	105
363	Wutongwozi Fm	*梧桐窝子组	04-65-1210	C_2w	C_2	新疆地质局第一区测大队三分队高振家、王务严等	1959	新疆	240

序号	岩石地层单位名称		编号	代号	地质时代	创始人（介绍人）	创建时间（介绍时间）	所在省（区）	在本书页数
	英文	汉文							
364	Wuyitake Fm	·乌依塔克组	04-65-1827	K_2w	K_2	新疆石油管理局地调处107—109/75队（新疆区域地层表编写组）	1975 (1981)	新疆	302
365	Wuzunsayi Gr	·乌尊萨依群	04-65-1612	TW	T	李永安等	1984	新疆	288
366	Xiabaishan Fm	·下白山组	04-65-0524	O_2x	O_2	肖兵（新疆区域地层表编写组）	1977 (1981)	新疆	197
367	Xiaoerbulake Fm	·肖尔布拉克组	04-65-0413	$\in_1x$	$\in_1$	地质部第十三大队三、九中队张振华、王景斌等	1958	新疆	191
368	Xiaohaizi Fm	·小海子组	04-65-1315	C_2x	C_2	新疆石油管理局（新疆区域地层表编写组）	1969 (1981)	新疆	257
369	Xiaokuzibai Fm	·小库孜拜组	04-65-1912	E_2x	E_2	新疆地质局第八地质大队、地科院钾盐队	1978	新疆	306
370	Xiaoquandaban Fm	·小泉达坂组	04-65-0216	Qbx	Qb	新疆地质局区测大队二分队冯明道等	1981	新疆	169
371	Xiaoquangou Gr	·小泉沟群	01-65-1603	$T_{2-3}X$	T_{2-3}	新疆石油管理局地调处范成龙（全国地层会议）	1956 (1962)	新疆	117
372	Xiaorequanzi Fm	·小热泉子组	04-65-1206	C_1x	C_1	新疆地质局区测大队七分队张仲修等	1965	新疆	236
373	Xiaoshansayi Fm	·晓山萨依组	04-65-1522	P_2x	P_2	新疆地质局第九地质大队杨树德等（新疆地质局区测大队五分队）	1979 (1979)	新疆	268
374	Xiaotikanlike Fm	·小提坎立克组	04-65-1416	P_1x	P_1	新疆区域地层表编写组	1975 (1981)	新疆	274
375	Xibeikulasi Fm	·希贝库拉斯组	01-65-1008	C_1xb	C_1	新疆地质局区测大队五分队张成经等	1966	新疆	74
376	Xidashan Fm	·西大山组	04-65-0406	$\in_1x$	$\in_1$	地质部第十三大队一中队朱诚顺等	1958	新疆	186
377	Xilinkebo Fm	··锡林柯博组	04-65-0527	O_2xl	O_2	甘肃地质局第二区测大队一分队王大为等	1972	甘肃	199
378	Xinertai Fm	·新二台组	04-65-0511	$O_{1-2}x$	O_{1-2}	地科院地质所、新疆区测大队联合地层分队（新疆区域地层表编写组）	1978 (1981)	新疆	193
379	Xingxingxia Gr	·星星峡群	04-65-0001	ChX	Ch	陆青等	1965	新疆	143
380	Xishanyao Fm	·西山窑组	01-65-1702	J_2x	J_2	高之秋	1946	新疆	125
381	Xishuangyingshan Fm	··西双鹰山组	04-65-0409	$\in_{2-3}x$	$\in_{2-3}$	甘肃地质局区测二队	1964	甘肃	190
382	Yageliemu Fm	·亚格列木组	04-65-1810	K_1y	K_1	新疆石油管理局地调处107—109/75队（新疆区域地层表编写组）	1975 (1981)	新疆	299
383	Yamansu Fm	·雅满苏组	04-65-1207	C_1y	C_1	新疆地质局第一区测大队二分队张全辉、沈宝坪等	1959	新疆	237
384	Yangbulake Fm	·杨布拉克组	01-65-1218	C_2y	C_2	新疆地质局区测大队九分队高芝生等	1970	新疆	87
385	Yangjibulake Gr	·杨吉布拉克群	04-65-0002	ChY	Ch	新疆地质局第二区测大队三分队谭德遥等	1959	新疆	147
386	Yangxia Fm	·阳霞组	04-65-1710	J_1y	J_1	新疆区域地层表编写组	1981	新疆	294
387	Yangye Fm	·杨叶组	04-65-1718	J_2y	J_2	新疆区域地层表编写组	1981	新疆	291
388	Yaomoliang Fm	·妖魔梁组	01-65-1221	C_2ym	C_2	新疆地质局区测大队一分队赵明钰等	1967	新疆	88
389	Yeerqiang Gr	·叶尔羌群	04-65-1720	$J_{1-2}YE$	J_{1-2}	德·泰拉	1932	新疆	289

序号	岩石地层单位名称		编号	代号	地质时代	创始人（介绍人）	创建时间（介绍时间）	所在省（区）	在本书页数
	英文	汉文							
390	Yesanggang Fm	·叶桑岗组	05-65-1426	P_1y	P_1	张玉谦、赵明钰、焦生瑞	1977	新疆	327
391	Yeyungou Fm	·野云沟组	04-65-1256	C_1yy	C_1	新疆库巴大队三分队（新疆区域地层表编写组）	1964（1981）	新疆	247
392	Yigeerdaban Fm	·亦格尔达坂组	04-65-0875	D_2y	D_2	新疆地质局第四区测大队一、二、三、四、六分队王儒洪、邓自华等	1961	新疆	231
393	Yigeziya Fm	·依格孜牙组	04-65-1819	K_2y	K_2	新疆石油管理局地调处107—109/75队（新疆区域地层表编写组）	1975（1981）	新疆	303
394	Yimugantawu Fm	·依木干他乌组	04-65-0853	Dy	D	地质部第十三大队一、二、三、九中队	1957	新疆	234
395	Yinanlike Gr	·依南里克群	04-65-0515	O_3Y	O_3	曾亚参	1962	新疆	196
396	Yingan Fm	·印干组	04-65-0519	O_3y	O_3	詹士高等	1964	新疆	202
397	Yingebulake Fm	·因格布拉克组	04-65-1319	C_2yg	C_2	新疆地质局第四区测大队五分队高芝生等	1961	新疆	263
398	Yingjisha Gr	·英吉莎群	04-65-1818	K_2Y	K_2	新疆石油管理局地调处107—109/75队（新疆区域地层表编写组）	1975（1981）	新疆	301
399	Yiqikebashi Fm	·伊契克巴什组	04-65-0615	S_2y	S_2	新疆地质局第一区测大队四分队曾亚参等	1962	新疆	212
400	Yishijilike Fm	·伊什基里克组	04-65-1203	C_2y	C_2	新疆地质局区测大队一分队剡鸿炳等	1978	新疆	244
401	Youermeinake Fm	·尤尔美那克组	04-65-0309	Z_1y	Z_1	高振家、王务严等	1985	新疆	175
402	Youshashan Fm	··油砂山组	04-65-1931	$N_{1-2}y$	N_{1-2}	青海省石油管理局科研所	1959	青海	317
403	Yukengou Fm	·育肯沟组	04-65-0305	Z_2y	Z_2	Norin	1932	新疆	181
404	Yundukala Fm	·蕴都喀拉组	01-65-0753	D_2yd	D_2	新疆地质局区测大队十分队王儒洪等	1971	新疆	59
405	Yunwuling Gr	·云雾岭群	06-65-1617	T_3Y	T_3	新疆地矿局第一区调大队一分队齐德义等	1986	新疆	335
406	Zhaheba Fm	·扎河坝组	01-65-1502	$P_2\hat{z}$	P_2	新疆冶金地质勘探公司701队（中国地质科学院）	1975（1982）	新疆	93
407	Zhamoketi Fm	·扎摩克提组	04-65-0304	$Z_2\hat{z}m$	Z_2	地质部第十三大队一中队朱诚顺等	1958	新疆	180
408	Zhaobishan Fm	·照壁山组	04-65-0301	$Z_1\hat{z}$	Z_1	地质部第十三大队一中队朱诚顺等	1957	新疆	178
409	Zhasikansaihe Fm	·扎斯勘赛河组	04-65-0012	$Ch\hat{z}s$	Ch	新疆地质局区测大队二分队冯明道等	1981	新疆	148
410	Zhulumute Fm	·朱鲁木特组	01-65-0765	$D_3\hat{z}$	D_3	地科院地质所、新疆区测大队地层分队	1974	新疆	50
411	Zhumahansayi Fm	·珠玛汗萨依组	04-65-0005	$Ch\hat{z}$	Ch	新疆地质局区测大队五分队李应场等	1978	新疆	146
412	Zhuomubasitao Fm	·卓木巴斯套组	01-65-0756	$D_1\hat{z}$	D_1	新疆地质局区测大队二分队李天德等	1977	新疆	63
413	Ziniquanzi Fm	·紫泥泉子组	01-65-1900	$E_{1-2}z$	E_{1-2}	新疆区域地层表编写组	1981	新疆	136

附录Ⅲ　新疆维吾尔自治区不采用的岩石地层单位名称表

附录Ⅲ-1

序号	岩石地层单位名称		编号	地质时代	创始人	创建时间	所在省(区)	不采用理由
	英文	汉文						
1	Aerdengkexi Gr	阿尔登可夕群	65-0898	D_3	新疆地质局阿克苏地质大队	1964	新疆	资料少，划分混乱无人沿用现为哈孜尔布拉克组
2	Aermantie Fm	阿尔曼铁组	65-0789	D_3	新疆地质局区测大队二分队吕正等	1966	新疆	与江孜尔库都克组同物异名
3	Aertai Fm	阿尔泰组	65-0710	D_2	地质部第十三大队四、五、六中队	1957	新疆	与阿勒泰组同物异名
4	Aertaizhen Fm	阿尔泰镇组	65-0721	D	新疆地质局第四大队	1957	新疆	与阿勒泰组同物异名
5	Aertaxi Gr	阿尔他西群	65-0960	D_2	新疆地矿局二大队汪玉珍	1985	新疆	无剖面，无厚度接触关系等现归布拉克巴什组
6	Aertemeishibulake Gr	阿尔特梅什布拉克群	65-0657	S	新疆地质局区调大队	1965	新疆	与树沟子组同物异名
7	Aertenghusu Gr	阿尔腾呼苏群	65-0893	D_{2-3}	新疆地质局第三区测大队四分队	1962	新疆	并入萨阿尔明组
8	Aertengkashi Fm	阿尔腾卡什组	65-0891	D_2	新疆地质局第三区测大队四分队	1962	新疆	立名后无人沿用现归阿尔皮什麦布拉克组
9	Agenbulake Fm	阿根布拉克组	65-1733	J_1	新疆地质局第一区测大队	1959	新疆	被八道湾组代替
10	Aheqiate Fm	阿合恰特组	65-0417	$\in_2$	王景斌，成守德等	1978	新疆	与肯萨依组同物异名
11	Aigeliumu Series	艾格留姆岩系	65-1754	J_{1-2}	地质部第十三大队	1957	新疆	被叶尔羌群代替
12	Aiketike Gr	艾克提克群	65-1272	C_2	新疆地质局第三区测大队二分队张成经	1962	新疆	与阿依里河组同物异名
13	Ailikehu Fm	艾里克湖组	65-1836	K_2	新疆石油管理局地调处5/56队侯杞昌	1956	新疆	与东沟组同物异名
14	Akeqiayi Fm	阿克恰衣组	65-1280	C_{1-2}	新疆地质局第三区测大队一分队	1962	新疆	立名后无人采用，归野云沟组
15	Akeretakedaban Fm	阿克日塔克达坂组	65-1455	P_1	新疆区测大队张玉谦，赵明钰，焦生瑞	1977	新疆	与叶桑岗组同物异名
16	Akesuhe Fm	阿克苏河组	65-1329	C_3	张玉谦	1977	新疆	与哈拉米兰河组同物异名
17	Aketashi Fm	阿克塔什组	65-0546	O_3	新疆区测队，科研所，地科院林宝玉	1977	新疆	合并到呼独克达坂组
18	Aketubieke Fm	阿克吐别克组	65-1238	C_2	新疆地质局区测大队五分队	1979	新疆	分布局限，无人沿用现归伊什基里克组
19	Akeyazi Fm	阿克牙子组	65-0654	S_3	新疆地质局区测大队一分队	1978	新疆	与科克铁克达坂组同物异名
20	Alabiyebasitawu Fm	阿拉比也巴斯他乌组	65-0793	D_1	新疆地质局区测大队三分队	1976	新疆	现归卓木巴斯套组
21	Alatubiekuduke Fm	阿拉土别库都克组	65-1024	C_1	新疆地质局区测大队三分队	1974	新疆	与黑山头组同物异名
22	Aletonggou Series	阿勒通沟岩系	65-0331	Z	Norin	1932	新疆	现为阿勒通沟组
23	Anjihai Fm	安集海组	65-1231	C_1	新疆地质局区测大队七分队	1975	新疆	并入大哈拉军山组、阿克沙克组
24	Annanba Gr	安南坝群	65-0131	Jx	青海区调队郑健康	1986	新疆	分解为金雁山组和木孜萨依组
25	Aoyimanbulake Fm	奥依曼布拉克组	65-1233	C_2	新疆地质局一区调大队三分队	1987	新疆	分解成伊什基里克组和东图津河组
26	Aqikekule Fm	阿其克库勒组	65-1330	C_3	新疆区测大队三分队	1982	新疆	与缔敖苏组同物异名
27	Aqia Gr	阿恰群	65-1353	P	新疆区域地层表编写组	1981	新疆	与沙井子组同物异名

序号	岩石地层单位名称		编号	地质时代	创始人	创建时间	所在省(区)	不采用理由
	英文	汉文						
28	Aqialehe Fm	阿恰勒河组	65-1225	C_1	新疆区域地层表编写组	1981	新疆	与阿克沙克组同物异名
29	Apaqin Gr	阿帕钦群	65-1846	K_1	中科院王乃文	1983	新疆	归人铁隆滩群
30	Aqikebaxi Fm	阿其克巴西组	65-0229	Qn	新疆地矿局第二地质大队汪玉珍等	1985	新疆	与苏库罗克组同物异名
31	Asushan Fm	阿苏山组	65-0795	D_1	曾亚参,肖世禄	1979	新疆	与红柳沟组同物异名
32	Atetamu Fm	阿特塔木组	65-1848	K_1	新疆地质局区测大队赵明钰等	1971	新疆	与铁龙滩群同物异名
33	Awulale Fm	阿吾拉勒组	65-1227	C_1	新疆地质局区测大队一分队周申喜等	1975	新疆	与阿克沙克组同物异名
34	Ayakedagelake Series	阿亚克达格拉克岩系	65-1281	C_3	地质部第十三大队四中队陆青	1958	新疆	立名后无人采用,归人底坎尔组
35	Badaowan Bed	八道湾层	65-1730	J_1	新疆石油管理局地调处	1956	新疆	归人八道湾组
36	Baergan Series	巴尔干岩系	65-1043	C_1	新疆地质局第三区测大队三分队	1959	新疆	与那林卡拉组同物异名
37	Baierkuduke Fm	拜尔库都克组	65-0792	D_3	新疆地质局区测大队三分队	1976	新疆	与克安库都克组同物异名
38	Baijiantan Fm	白碱滩组	65-1626	T_3	新疆石油管理局地调处	1981	新疆	归人黄山街组
39	Baishibulake Series	拜什布拉克岩系	65-0130	Pt	新疆第一区测大队三分队邓自华	1959	新疆	为爱尔基干群同物异名
40	Baolongji Fm	鲍龙鸡组	65-1031	C_1	新疆地质局区测大队二分队	1977	新疆	归人姜巴斯套组
41	Baiyanggou Fm	白杨沟组	65-1248	C_2	马金山	1961	新疆	与柳树沟组同物异名
42	Baiyanghe Fm	白杨河组	65-1625	T_3	新疆石油管理局105,106队	1960	新疆	与克拉玛依组同物异名
43	Baiyushan Fm	白鱼山组	65-1244	C_2	新疆地质局第六地质大队	1979	新疆	归人雅满苏组
44	Bakalehe Fm	巴卡勒河组	65-1546	P_2	新疆区域地层表编写组	1981	新疆	与铁木里克组同物异名
45	Balange Series	巴兰格岩系	65-1454	P_1	别良耶夫斯基	1956	新疆	归人空喀山口组
46	Balegen Series	巴勒根岩系	65-1021	C_1	地质部第十三大队	1956	新疆	归人阿舍勒组、齐也组、红山咀组
47	Banwu Bed	板屋层	65-1746	J_2	新疆石油管理局105/106队	1960	新疆	被西山窑组代替
48	Baixinde Fm	拜辛德组	65-0883	D_1	新疆地质局区测大队一分队周申喜等	1975	新疆	出露零星,未测剖面,关系不清,现为阿克塔什组
49	Baozikelike Gr	包孜克里克群	65-0658	S_3	新疆地质局第三区测大队	1962	新疆	与阿尔皮什麦布拉克组同物异名
50	Bashikutan Fm	巴什库坦组	65-1549	P—T	苏联地质保矿部第十三航测大队	1953	新疆	相当于比尤勒包谷孜组下部
51	Basikutan Gr	巴斯库坦群	65-1273	C_3	曾亚参	1962	新疆	与喀拉治尔加组同物异名
52	Basitawu Fm	巴斯他乌组	65-0542	O_{2-3}	新疆地质局区测大队、地质科学院、地层分队	1978	新疆	分解为乌列盖组、大柳沟组、庙尔沟组
53	Bayingou Fm	巴音沟组	65-1041	C_2	新疆地质局区测大队高芝生	1974	新疆	归人奇尔古斯套组

序号	岩石地层单位名称		编号	地质时代	创始人	创建时间	所在省(区)	不采用理由
	英文	汉文						
54	Bayituma Fm	巴依图玛组	65-1236	C_3	新疆地质局区测大队	1979	新疆	与伊什基里克组同物异名
55	Beixingeertage Fm	北辛格尔塔格组	65-0226	Pt	地质部第十三大队一、四、六中队朱诚顺等	1958	新疆	与北塞纳尔塔格组同物异名
56	Biegesheye Fm	别格舍叶组	65-0121	S	新疆地质局第三区测大队吕正等	1960	新疆	归入库松木切克群
57	Biejingtawu Fm	别景塔乌组	65-0887	D_{2+3}	新疆地质局第三区测大队一分队	1961	新疆	归入汗吉尕组
58	Bielekuduke Fm	别勒库都克组	65-1445	P_1	新疆地矿局第二区调大队四分队	1986	新疆	归入胜利沟组
59	Bieliangjin Gr	别良金群	65-1449	P_1	地质部第十三大队三中队	1957	新疆	归入巴立克立克组和卡仑达尔组
60	Bieshitekang Fm	别什特康组	65-1327	C_2	张玉谦,赵明钰,焦生瑞	1977	新疆	与库尔良群同物异名
61	Biexibasitao Fm	别西巴斯套组	65-0368	Z	王景斌,成守德	1982	新疆	归并入凯拉克提群的下亚群
62	Bieyinaman Fm	别依那满组	65-1042	C_2	新疆地质局区测大队六分队	1964	新疆	与柳树沟组同物异名
63	Bogeda Fm (Gr)	博格达组(群)	65-1039	C_{1-2}	新疆地质局第二区测大队一分队	1961	新疆	归入柳树沟组
64	Bolong Fm	波龙组	65-0357	Z	马世鹏,汪玉珍	1989	新疆	归入恰克马克力克组
65	Botagan Fm	博塔干组	65-0563	O_2	马世鹏,汪玉珍	1985	新疆	仍划归玛列兹肯群
66	Buerjin Fm	布尔津组	65-0711	D_2	新疆地质局第三区测大队三分队	1961	新疆	与阿勒泰组同物异名
67	Bukatuwei Fm	布卡吐维组	65-0231	Ch	新疆地矿局第二地质大队汪玉珍等	1985	新疆	博查特塔格组的一部分
68	Caihuagou Fm	彩华沟组	65-0905	D_1	吴文奎,姜常文,杨复	1992	新疆	与亦格尔达坂组同物异名
69	Chuanxingshan Fm	船形山组	65-0428	$\in_2$	张太荣	1988	新疆	相当于莫台尔山组下部
70	Dabu Fm	大步组	65-1954	E	翟人杰,郑家坚,童永生	1978	新疆	归入巴坎组
71	Daerbute Fm	达尔布特组	65-0783	D_2^2	新疆地质局第三区测大队三、四分队	1959	新疆	现为巴尔雷克组
72	Dajiuba Fm	大九坝组	65-1310	C_2	赵子允	1982	新疆	现为缔敖苏组
73	Dalankalin Series	达兰卡林岩系	65-1044	C_1	新疆地质局第三区调大队三分队	1959	新疆	那林卡拉组同物异名
74	Dalaweizi Gr	达拉维孜群	65-0714	$D_3—C_1$	新疆地质局第四地质大队	1970	新疆	划分很粗,无法利用,现为阿勒泰组
75	Dalonggou Series	大龙沟系	65-1548	P	黄汲清	1943	新疆	立名后没人使用,现为比尤勒包谷孜组
76	Dalongkou Bed	大龙口层	65-1545	P_2	中瑞科学考察团袁复礼等	1935	新疆	无人使用,相当于芨芨槽群
77	Darequanzi Fm	大热泉子组	65-1448	$P_1^1—P_1^2$	新疆地质局第二区调大队七分队	1960	新疆	划归阿其克布拉克组上部
78	Daxigou Fm	大西沟组	65-0129	Qn	新疆地矿局第三地质大队宋松山	1989	新疆	索尔库里群一部分
79	Daxigou Series	大西沟岩系	65-1543	P_1	中苏石油公司地质调查处马夏庚	1952	新疆	与芨芨槽群同物异名
80	Derengeyilideng Fm	德仁格依里登组	65-0791	D_2	新疆地质局区测大队三分队	1976	新疆	与乌鲁苏巴斯套组同物异名

序号	岩石地层单位名称		编号	地质时代	创始人	创建时间	所在省(区)	不采用理由
	英文	汉文						
81	Dishuiquan Fm	滴水泉组	65-1034	C_1	王景斌	1965	新疆	与塔木岗组同物异名
82	Dongba Fm	东巴组	65-1860	K_2	詹天福	1989	新疆	与东沟组同物异名
83	Donggulubasitao Fm	东古鲁巴斯套组	65-1023	C_1	新疆地质局区测大队二分队	1977	新疆	与黑山头组同物异名
84	Donghongshan Fm	东红山组	65-1637	T_1	袁复礼	1931	新疆	现为尖山沟组
85	Fenggou Fm	风沟组	65-0545	O_1	地科院地质所、新疆区测大队联合地层分队	1977	新疆	并入新二台组
86	Fuersabulake Fm	福尔萨布拉克组	65-1740	J_2	新疆地质局第一区测大队	1959	新疆	被西山窑组代替
87	Gangou Bed	干沟层	65-1638	T_3	袁复礼	1931	新疆	现为小泉沟群一部分
88	Gunguntielieke Fm	滚滚铁列克组	65-0899	D_2	新疆阿克苏地质大队	1964	新疆	立名后无人采用，现为托格罗提组
89	Haerdaban Gr	哈尔达坂群	65-0034	Ch	新疆地矿局第一区调大队六分队	1988	新疆	与特克斯群同物异名
90	Halatuogai Gr	哈拉托盖群	65-1841	J_3	丁道衡	1931	新疆	与喀拉托组、齐古组同物异名
91	Hamangou Series	哈满沟岩系	65-1763	J_1	新疆地质局科研所地层队	1958	新疆	被哈满沟组代替
92	Hebukehe Fm	和布克河组	65-0780	C_1	新疆地质局区测大队二分队	1979	新疆	并入洪古勒楞组
93	Heituao Fm	黑土凹组	65-0559	O_1	钟瑞，郝永祥	1990	新疆	并入却尔却克组
94	Hetongshala Gr	合同沙拉群	65-0652	S_{2-3}	新疆地质局区测大队五分队	1978	新疆	与依南里克组同物异名
95	Hongliuxia Fm	红柳峡组	65-0651	S_2	新疆地质局区测大队二分队	1977	新疆	与白山包组同物异名
96	Hongshan Fm	红山组	65-1751	J_3	新疆地质局第二区测大队一分队	1960	新疆	被喀拉扎组代替
97	Hongshanzui Gr	红山咀群	65-1042	D	李承三	1943	新疆	现为红山咀组
98	Hongshaquan Fm	红沙泉组	65-1032	C_2	新疆地矿局第二区调大队李恒海	1987	新疆	与石钱滩组同物异名
99	Hongshuigou Fm	红水沟组	65-1758	J_3	青海省石油管理局地质处102队	1959	青海	被采石岭组代替
100	Huangcaopo Gr	荒草坡群	65-0567	O_2	新疆地质局区测大队赵明钰	1967	新疆	分解为庙尔沟组、大柳沟组和乌列盖组
101	Huangyangquan Fm	黄羊泉组	65-1556	P_1	新疆区域地层表编写组	1981	新疆	归人乌尔禾群
102	Huashigou Fm	化石沟组	65-1038	C_3	新疆石油管理局地调处地层研究队	1965	新疆	与石钱滩组同物异名
103	Huatiaoshan Fm	花条山组	65-1961	N	新疆地矿局区调大队三分队	1982	新疆	与石马沟组同物异名
104	Hulashan Fm	虎拉山组	65-1279	C_2	新疆地质局区测大队	1975	新疆	与阿衣里河组同物异名
105	Huocheng Fm	霍城组	65-0418	$\in$	王景斌，成守德等	1978	新疆	并人磷矿沟组
106	Huoyanshan Series	火焰山统	65-1839	J_3	新疆石油管理局地调处56/56队夏公君	1956	新疆	并入齐古组
107	Jiamate Fm	加马特组	65-0786	D_1	新疆地质局第五地质大队二分队	1980	新疆	与北塔山组同物异名
108	Jiangjungou Fm	将军沟组	65-0416	$\in_3$	王景斌，成守德等	1978	新疆	从肯萨依组上部划出，不符合命名优先原则

序号	岩石地层单位名称		编号	地质时代	创始人	创建时间	所在省(区)	不采用理由
	英文	汉文						
109	Jianquan Fm	碱泉组	65-0123	Za	新疆地质局第二区测大队邓自华等	1962	新疆	归人卡瓦布拉克群
110	Jianshanzi Fm	尖山子组	65-0124	An	新疆地质局第一区测大队陶钧政等	1958	新疆	与卡瓦布拉克组同物异名
111	Jiantuliang Fm	碱土梁组	65-1962	N_2	新疆地质局区测大队三分队	1982	新疆	与红梁组同物异名
112	Jiegaiernijin Series	捷盖尔尼金岩系	65-0889	D_2	新疆地质局第十三大队一、二、三中队	1957	新疆	立名后无人采用,现用托格买提组
113	Jigedaibulake Gr	吉格代布拉克群	65-0660	S_{2-3}	新疆地质局第八地质大队二分队	1975	新疆	归人伊契克巴什组和科克铁克达坂组
114	Jingeerda Fm	金格尔达组	65-0790	D_1	新疆地质局区测大队三分队	1976	新疆	卓木巴斯套组同物异名
115	Junkuduke Series	君库都克岩系	65-1735	J_{1-2}	新疆石油管理局105、106队	1960	新疆	被水西沟群代替
116	Kaiertasi Gr (Upper Subgroup)	开尔塔斯群上亚群	65-0222	Qn	新疆地矿局一区调大队三分队	1987	新疆	被开尔塔斯群代替
117	Kaiertasi Gr (Lower Subgroup)	开尔塔斯群下亚群	65-0221	Qn	新疆地矿局一区调大队三分队	1987	新疆	被开尔塔斯群代替
118	Kake Fm	卡克组	65-1458	P_1	新疆地矿局科研所	1987	新疆	归人昆克拉契组
119	Kalabaxitake Fm	卡拉巴西塔克组	65-1326	C_1	新疆地矿局区调大队五分队	1985	新疆	与克里塔克组同物异名
120	Kaladaban Fm	卡拉达坂组	65-1276	C_2	张仲修,白光群	1971	新疆	与喀拉治尔加组同物异名
121	Kalagande Fm	卡拉干的组	65-1027	C_1	新疆地质局第三区测大队	1961	新疆	与姜巴斯套组同物异名
122	Kalaguole Gr	喀拉果勒群	65-0897	D_2	新疆地质局第三区测大队二分队	1962	新疆	分别并入阿拉塔格组和萨阿尔明组
123	Kalakeer Fm	卡拉克尔组	65-0232	Qn	新疆地矿局第二地质大队汪玉珍等	1985	新疆	博查特塔格组的一部分
124	Kalakuoxiong Fm	喀拉阔雄组	65-0031	Ch	地质部第十三大队一中队	1958	新疆	与波瓦姆群同物异名
125	Kalatage Fm	卡拉塔格组	65-0886	D_1	新疆地质局区测大队	1988	新疆	与康古尔塔格组同物异名
126	Kalatake Fm	卡拉塔克组	65-1241	C_1	地质部第十三大队六中队	1958	新疆	已分解归人甘草湖组、野云沟组
127	Kalatashi Gr	卡拉塔什群	65-0959	S—D_2	新疆地质局区测大队	1967	新疆	现并入红柳沟组
128	Kalatieke Fm	喀拉铁克组	65-1286	C_3	新疆地质局区测大队编图分队	1965	新疆	并入喀拉治尔加组
129	Kalazha Series	喀拉扎统	65-1749	J_3	新疆石油管理局地调处	1956	新疆	被喀拉扎组代替
130	Kalazha Series	喀拉扎岩系	65-1748	J_3	沙依道夫	1935	新疆	被喀拉扎组代替
131	Kamusite Fm	卡姆斯特组	65-1029	C_1	新疆地质局区测大队三分队	1974	新疆	与那林卡拉组同物异名
132	Kandilike Fm	坎地里克组	65-0562	O_1	马世鹏,汪玉珍	1985	新疆	仍划归玛列兹肯群
133	Kangjiateer Fm	康加特尔组	65-0896	D_{2-3}	新疆地质局地研所	1962	新疆	立名后无人采用,现并入哈孜尔布拉克组、萨阿尔明组、阿拉塔格组
134	Kanling Fm	坎岭组	65-0551	O_2	新疆地质局区测大队地层分队	1976	新疆	并入其浪组
135	Kanyinlike Gr	看因力克群	65-1332	C_{2-3}	新疆地质局区测大队三分队	1982	新疆	与缔敖苏组同物异名

序号	岩石地层单位名称		编号	地质时代	创始人	创建时间	所在省(区)	不采用理由
	英文	汉文						
136	Kaokesaiergai Fm	考克塞尔盖组	65-0650	S_3	新疆地质局区测大队二分队	1977	新疆	与红柳沟组同物异名
137	Karegande Fm	喀热干德组	65-0788	D_3	新疆地质局区测大队二分队	1966	新疆	与北塔山组同物异名
138	Kayingdi Fm	喀英迪组	65-0369	Z	王景斌,成守德	1982	新疆	归并凯拉克提群上亚群
139	Kayiqiehe Gr	卡依切河群	65-1271	C_1	新疆地质局阿克苏地质大队	1964	新疆	与野云沟组同物异名
140	Keerqinbulake Fm	克尔琴布拉克组	65-1257	C_{1-2}	地质部第十三大队陆青	1958	新疆	被甘草湖组代替
141	Kegenkuduke Series	克根库都克岩系	65-0373	Z	新疆地质局区测大队编图组	1965	新疆	现为库鲁克塔格群
142	Kalasu Gr	卡拉苏群	65-1274	C_{2-3}	曾亚参	1962	新疆	与阿衣里河组同物异名
143	Kejier Gr	克基尔群	65-1845	J_3	王乃文	1983	新疆	现为铁龙滩群
144	Kekemaideng Fm	可可买登组	65-1952	N_1	新疆石油管理局	1963	新疆	与塔西河组同物异名
145	Kekeya Fm (Gr)	柯柯垭组(群)	65-1632	T_{1-2}	新疆石油管理局56/50队	1956	新疆	归入仓房沟群
146	Kelixi Fm	克里西组	65-0358	Z	马世鹏,汪玉珍	1989	新疆	归并入恰克马克力克组
147	Keliyang Fm	克里杨组	65-1842	K_{1-2}	新疆石油管理局地调处105—107/75队	1975	新疆	与库克拜组同物异名
148	Keshibulake Fm	科什布拉克组	65-1283	C_2	张成经	1962	新疆	与阿衣里河组同物异名
149	Kesikekalakuoyi Gr	克斯克卡拉阔一群	65-1333	C_1	新疆区测大队二分队	1967	新疆	与他龙群同物异名
150	Keyayi Fm	科牙依组	65-1628	T_3	贺兰山煤炭地质勘探公司	1960	新疆	归入黄山街组
151	Kezibieyite Fm	克孜别依特组	65-0775	D_2	新疆地矿局第一区调大队十一分队	1984	新疆	与萨吾尔山组同物异名
152	Kezilebasitao Fm	克孜勒巴斯陶组	65-1547	P_1	新疆地质局第九地质大队杨树德等	1979	新疆	归入哈米斯特组
153	Kezilejieyike Gr	克孜勒接以克群	65-1858	K_2	新疆地质局区测大队丁溥权、吕正	1967	新疆	与克孜勒苏群同物异名
154	Kezilenuer Bed	克孜勒努尔层	65-1759	J_2	姚国范、陶瑞明	1957	新疆	被克孜勒努尔组代替
155	Keziletesikela Fm	克孜勒特斯科拉组	65-0541	O_{2-3}	地科院、新疆区测大队地层分队王宝瑜等	1978	新疆	与加波萨尔组岩性一致
156	Keziliqiman Fm	克孜里奇曼组	65-1325	C_3	新疆石油管理局赵治信	1984	新疆	并入塔哈奇组
157	Kongbeili Gr	空贝利群	65-1334	C_{2-3}	新疆地质局区测大队三分队	1982	新疆	与缔敖苏组同物异名
158	Konggeerte Series	孔格尔特岩系	65-0901	D_{2-3}	别良耶夫斯基	1938	新疆	并入奇自拉夫组
161	Kulutielieketi Fm	库鲁铁列克提组	65-0366	Z	王景斌,成守德	1982	新疆	归并入凯拉克提群下亚群
162	Kuokeshaleling Fm	阔克沙勒岭组	65-0888	D_2	新疆地质局第三区测大队二分队	1962	新疆	立名后无人采用,现为萨阿尔明组
163	Kuqiaerleke Fm	库恰尔勒克组	65-1551	P_2	西北石油地质局地质大队陈令明等	1984	新疆	岩性特征与杜瓦组一致
164	Kushuiquan Fm	苦水泉组	65-0798	S_3	王宝瑜,李恒海	1989	新疆	与红柳沟组同物异名
165	Kusilafu Fm	库斯拉甫组	65-1755	J_2	新疆西北煤田地质局156队	1962	新疆	被杨叶组代替
166	Kutiereke Gr	库铁热克群	65-1451	P_1	新疆地质局区测大队编图分队	1965	新疆	归入小提坎立克组

序号	岩石地层单位名称		编号	地质时代	创始人	创建时间	所在省(区)	不采用理由
	英文	汉文						
167	Kubusu Gr	库布苏群	65-0661	S	新疆地质局区测大队一分队	1966	新疆	立名后无人采用，现为红柳沟组
168	Kuweixi Fm	库维希组	65-0564	O_2	马世鹏，汪玉珍	1985	新疆	仍划归玛列兹肯群
169	Langyashan Gr	狼牙山群	65-0135	Zn	青海地矿局地科所、第一区调大队	1975	青海	被冰沟群代替
170	Laomogou Gr	老莫沟群	65-1629	T_3	新疆石油管理局地调处	1957	新疆	归人小泉沟群
171	Laoyinggou Fm	老鹰沟组	65-1630	T_3	新疆石油管理局地调处	1957	新疆	归人小泉沟群
172	Layileke Fm	拉依勒克组	65-0233	Ch	新疆地矿局第二地质大队汪玉珍等	1985	新疆	相当于博查特塔格组部分层位
173	Lianglitage Fm	良里塔格组	65-0554	O_2	周志毅，王朴，周天荣	1990	新疆	并人丘里塔格组
174	Kuerkangtai Fm	库尔康泰组	65-0892	D_2	新疆地质局第三区测大队二分队	1962	新疆	立名后无人采用，现为萨阿尔明组
175	Kuerti Fm	库尔提组	65-1541	P_2	新疆地质局区测大队七分队	1978	新疆	归人扎河坝组
176	Kulukewusumu Bed	库鲁克乌苏木层	65-1290	C_2	格吕伯	1914	新疆	现为阿衣里河组
177	Liankan Fm	连坎组	65-1957	E_2	翟人杰，郑家坚，童永生	1978	新疆	归人巴坎组
178	Liasi Fm	里阿斯组	65-1753	J_1	地质部第十三大队	1953	新疆	被莎里塔什组替代
179	Linjitang Fm	林济塘组	65-1634	T_3	杨志荣，龙能礼	1990	新疆	归人克勒青河组
180	Litianhu Gr	里田湖群	65-1850	K_2	王乃文	1986	新疆	归人阿克塔克组
181	Luoqian Series	罗钱岩系	65-0372	Z	地质部第十三大队一中队	1958	新疆	与育肯沟组的同物异名
182	Maanqiao Fm	马鞍桥组	65-1234	C_1	新疆地质局第二区测大队一分队	1960	新疆	与雅满苏组同物异名
183	Maidangtawu Gr	买当他乌群	65-1284	C_3	新疆地质局区测大队编图分队	1965	新疆	无区域延伸意义，现为康克林组
184	Mangeer Fm	曼格尔组	65-0778	D_1	地科院、新疆区测大队联合地层分队	1973	新疆	和布克赛尔组一部分
185	Mangkelu Fm	芒克鲁组	65-0779	D_1	新疆区域地层表编写组(介绍)	(1973)	新疆	和布克赛尔群一部分
186	Maotoushan Fm	矛头山组	65-1293	C_2	新疆地质局区测大队十一分队	1979	新疆	与石板山组同物异名
187	Matoutan Fm	马头滩组	65-1245	C_2	吴乃元、杨文勇	1987	新疆	与雅满苏组同物异名
188	Mayinebo Fm	玛因鄂博组	65-0709	D_1	新疆地质局第三区测大队三分队	1962	新疆	与康布铁堡组为同物异名
189	Meilukahe Fm	美路卡河组	65-1224	C_1	新疆区域地层表编写组	1981	新疆	并人阿克沙克组
190	Meisibulake Gr	梅斯布拉克群	65-1275	C_1	曾亚参	1962	新疆	立名后无人采用，现为野云沟组
191	Mengbulake Fm	孟布拉克组	65-0781	D_1	新疆地矿局第一区调大队十一分队	1983	新疆	与马拉苏组同物异名
192	Mengjikuerhe Fm	萌吉库尔河组	65-0547	O_3	新疆地矿局一区调大队四分队	1987	新疆	并人呼独克达坂组
193	Mianjiliang Fm	绵脊梁组	65-1028	C_1	新疆地质局区测大队十分队	1981	新疆	与姜巴斯套组同物异名

序号	岩石地层单位名称		编号	地质时代	创始人	创建时间	所在省(区)	不采用理由
	英文	汉文						
194	Miaolintuokaitaoshan Fm	缪林托凯陶山组	65-1446	C_2	新疆地质局区测大队八分队	1971	新疆	与阿尔巴萨依组同物异名
195	Mijigan Gr	米计干群	65-0427	∈—O	新疆区域地层表编写组(介绍)	(1981)	新疆	资料模糊,未测剖面,本次无法清理
196	Misibulake Gr	米斯布拉克群	65-1627	T_{2-3}	新疆石油管理局2/56队	1957	新疆	并入小泉沟群
197	Molaoba Fm	莫老坝组	65-1443	P_1	新疆地质局区测大队五分队	1966	新疆	与卡拉岗组同物异名
198	Moqinwula Gr	莫钦乌拉群	65-0802	D_{1-2}	新疆地质局区测大队一分队	1967	新疆	已分解为卓木巴斯套组与乌鲁苏巴斯套组
199	Muji Gr	木吉群	65-0958	$S—D_2$	新疆地质局区测大队二分队	1967	新疆	划分组依据不足,部分并入克孜勒陶组
200	Muziduke Fm	木兹杜克组	65-1335	C_2	格吕伯	1914	新疆	与康克林组同物异名
201	Muzitage Gr	木孜塔格群	65-0137	Z	新疆地矿局第二地质大队汪玉珍	1980	新疆	与库尔卡克组同物异名
202	Naizhatashi Gr	奈扎塔石群	65-1328	C_{2-3}	新疆地质局区测大队二分队	1967	新疆	哈拉米兰河组同物异名
203	Nakeshiqijiang Gr	那克十七江群	65-0565	O_2	新疆地质局区测大队张玉谦等	1976	新疆	现为冬瓜山群
204	Nanmingshui Fm	南明水组	65-1026	C_1	袁复礼	1930	新疆	归入姜巴斯套组
205	Nansainaertage Fm	南赛纳尔塔格组	65-0126	Pt	新疆地质局区测大队五分队吴文奎	1964	新疆	与爱尔基干组同物异名
206	Nansainaertage Series	南赛纳尔塔格岩系	65-0125	Sn_1	地质部第十三大队一中队朱诚顺	1958	新疆	与爱尔基干组同物异名
207	Nanxingeertage Fm	南辛格尔塔格组	65-0127	Pt	新疆地质局区测大队陆青	1957	新疆	与爱尔基干组同物异名
208	Naogaitu Fm	脑盖吐组	65-1232	C_2	新疆地矿局第一区调大队三分队	1987	新疆	被伊什基里克组代替
209	Naomaohu Bed	淖毛湖层	65-1734	J_1	新疆石油管理局105/106队	1960	新疆	被八道湾组代替
210	Nibuchu Fm	尼布楚组	65-1633	T_3	杨志荣,龙能礼	1990	新疆	归入克勒青河群
211	Niujuanzi Fm	牛圈子组	65-0420	$\in_1$	高振家,张太荣	1965	新疆	从属于甘肃划分的双鹰山组
212	Niuxintan Fm	牛心滩组	65-0656	S_1	王宝瑜	1984	新疆	柯尔克孜塔木组同物异名
213	Nugusitubulake Fm	努古斯土布拉克组	65-1291	C_1	Norin	1938	新疆	与甘草湖组同物异名
214	Nuoerte Fm	诺尔特组	65-0718	D_2	涅赫洛舍夫	1936	新疆	现并入康布铁堡组
215	Paergangtage Gr (Upper Subgroup)	帕尔岗塔格群(上亚群)	65-0224	Qb	高振家	1976	新疆	与北塞纳尔塔格组同物异名
216	Paergangtage Gr (Lower Subgroup)	帕尔岗塔格群(下亚群)	65-0225	Qb	高振家	1976	新疆	与塞纳尔塔格组同物异名
217	Paiersabulake Fm	派尔萨布拉克组	65-0903	D_2	南京地质古生物研究所	1959	新疆	与萨阿尔明组同物异名
218	Pamier Limestone Series	帕米尔灰岩系	65-1766	J_1	海登	1916	新疆	被巴工布兰莎群代替
219	Panshuihe Fm	盼水河组	65-1636	T_3	杨志荣	1990	新疆	归入云雾岭群
220	Pidelibulake Gr	皮的里布拉克群	65-1635	T_2	杨志荣	1990	新疆	归入云雾岭群

序号	岩石地层单位名称		编号	地质时代	创始人	创建时间	所在省（区）	不采用理由
	英文	汉文						
221	Pingdingshan Fm	平顶山组	65-0794	D_2	新疆地质局综合地质研究队王景斌	1966	新疆	归入蕴都喀拉组
222	Pingliang Fm	平梁组	65-1036	C_3	新疆石油管理局地调处地层研究队	1965	新疆	与六棵树组同物异名
223	Pishan Gr	皮山群	65-1554	P	新疆区域地层表编写组	1981	新疆	归入杜瓦组、达里约尔组、沙井子组
224	Qiaaertage Gr	恰阿尔塔格群	65-0900	D_3	新疆地质局阿克苏地质八大队	1964	新疆	与坦盖塔尔组同物异名
225	Qiakebu Fm	恰可布组	65-1228	C_1	新疆地质局区测大队二分队丁溥权	1972	新疆	解体划入大哈拉军山组、阿克沙克组
226	Qiakemake Gr	恰克马克群	65-1762	J_2	斯行健、周志炎	1964	新疆	被恰克马克组代替
227	Qialebayi Fm	恰勒巴依组	65-1444	P_1	新疆地质局区测大队	1972	新疆	归入哈尔加乌组
228	Qianxia Fm	前峡组	65-1040	C_1	新疆昌吉地质大队六分队	1960	新疆	归入奇尔古斯套组
229	Qiashanqiale Series	恰善恰勒岩系	65-1732	J_1	明斯基	1947	新疆	被八道湾组代替
230	Qiashuashan Fm	恰舒阿山组	65-1242	C_1	新疆地质局第二区测大队三分队	1960	新疆	与脐山组同物异名
231	Qiate Fm	恰特组	65-0561	O_1	马世鹏，汪玉珍	1985	新疆	仍归玛列兹肯群
232	Qigu Series	齐古统	65-1747	J_3	新疆石油管理局地调处	1956	新疆	被齐古组代替
233	Qigui Fm	齐桂组	65-1745	J_2	新疆地质局第一区测大队	1958	新疆	被头屯河组代替
234	Qiketai Fm	七克台组	65-1743	J_2	新疆地质局第二区测大队一分队	1960	新疆	被头屯河组代替
235	Qionggeguole Fm	穹格果勒组	65-0890	D_2	新疆地质局第三区测大队四分队	1962	新疆	归入阿拉塔格组与萨阿尔明组
236	Qiongkushitai Fm	穹库什太组	65-0653	S_3	新疆区测大队五分队	1978	新疆	与伊契克巴什组同物异名
237	Qiuergongbulake Fm	秋尔贡布拉克组	65-1240	C_2	新疆地质局第三区测大队二分队	1960	新疆	与东图津河组同物异名
238	Qiugemingtashi Gr	秋格明塔什群	65-1243	C_{1-2}	吴乃元	1987	新疆	归入干墩组
239	Qiwendaiyi Gr	奇文代衣群	65-0713	D_{2-3}	地质部第十三大队四、五、六中队	1957	新疆	与齐也组为同物异名
240	Saerbulake Fm	萨尔布拉克组	65-0423	ϵ_1	新疆地质局区测大队	1967	新疆	与肖尔布拉克组同物异名
241	Saerbulake Fm	萨尔布拉克组	65-1022	C_2	地科院、新疆区测大队地层分队	1974	新疆	与奥陶系组名相同，现为吉木乃组
242	Safaerbai Bed	洒法尔拜层	65-1292	C_1	Keidel	1913	新疆	立名后无人采用，现为克里塔克组
243	Sahentuohai Fm	萨很托亥组	65-1278	C_3	新疆地质局区测大队三分队	1971	新疆	立名后无人采用，现为康克林组
244	Sailimu Fm	赛里木组	65-0543	O_1	项礼文，张太荣	1984	新疆	并入新二台组
245	Sainaertage Fm	赛纳尔塔格组	65-0128	Pt	新疆地质局第二区测大队二分队朱诚顺	1960	新疆	与爱尔基干群同物异名
246	Sandaogou Fm	三道沟组	65-0803	D_{1-2}	新疆地质局区测大队一分队赵明钰	1967	新疆	解体为卓木巴斯套组和乌鲁苏巴斯套组
247	Sanduketashi Fm	散都克塔什组	65-1025	C_1	新疆地质局区测大队三分队	1974	新疆	与黑山头组的同物异名

序号	岩石地层单位名称		编号	地质时代	创始人	创建时间	所在省(区)	不采用理由
	英文	汉文						
248	Sangequan Fm	三个泉组	65-0119	Ch—Qx	新疆地质局地科所王景斌等	1977	新疆	立名后无人采用，现为凯拉克提群
249	Sangonghe Bed	三工河层	65-1736	J_1	新疆石油管理局地调处	1956	新疆	被三工河组代替
250	Sangshuyuan Fm	桑树园组	65-1235	C_2	新疆地质局第二区测大队一分队	1960	新疆	相当于阿克沙克组部分
251	Sanjianfang Fm	三间房组	65-1744	J_2	新疆地质局第二区测大队一分队	1960	新疆	被头屯河组代替
252	Sarezheyi Fm	萨热哲依组	65-1457	P_1	新疆地矿局地质研究所	1981	新疆	归人卡仑达尔组
253	Shajing Gr	砂井群	65-0549	O_1	甘肃地质局第二区调队	1968	甘肃	并入罗雅楚山群
254	Shalayimu Gr	沙拉依姆群	65-0659	D	地质部第十三大队	1957	新疆	与塔塔埃尔塔格组同物异名
255	Shangaixi Series	上艾西岩系	65-1757	J_3	新疆地质局库巴队	1958	新疆	被库孜贡苏组代替
256	Shangmeiyaogou Fm	上煤窑沟组	65-1742	J_2	贺兰山煤炭地质勘探公司156队	1967	新疆	被西山窑组代替
257	Shanshan Gr	鄯善群	65-1838	K—E	新疆石油管理局56/56队	1956	新疆	已解体为台子村组和巴坎组
258	Shaquanzi Fm	沙泉子组	65-1246	C_2	新疆地质局区测大队四分队	1959	新疆	与底坎尔组同物异名
259	Shashishan Fm	砂石山组	65-0902	D_2	南京地质古生物研究所	1959	新疆	立名后无人采用，现归人破城子组
260	Shawabuqi Fm	沙瓦不七组	65-0425	ϵ_1	新疆地质局第三区测大队一分队	1962	新疆	后人不再使用，归人苏盖特布拉克组
261	Shawapuqi Gr	沙瓦普齐群	65-0353	Z_2	新疆地质局第三区测大队一分队	1962	新疆	与苏盖特布拉克组的同物异名
262	Shayilike Fm	沙依里克组	65-0421	ϵ_2	新疆区域地层表编写组(介绍)	(1981)	新疆	相当于阿瓦塔格组下部
263	Shayiqugutuole Gr	沙依屈古托勒群	65-0894	D_{2+3}	新疆地质局第三区测大队四分队	1962	新疆	并人萨阿尔明组和哈孜尔布拉克组
264	Shengligou Fm	胜利沟组	65-1037	C_2	新疆石油管理局地调处地层研究队	1965	新疆	与六棵树组同物异名
265	Limestone Series	石灰岩系	65-0122	S_3	苏联地质保矿部十三航测大队	1953	新疆	非正式地层单位
266	Shisanjianfang Fm	十三间房组	65-1956	E_2	翟人杰，郑家坚，童永生	1978	新疆	被巴坎组代替
267	Shishugou Fm	石树沟组	65-1752	J_{1-2}	新疆地质局区测大队三分队	1976	新疆	被石树沟群代替
268	Shuangjingzi Fm	双井子组	65-1033	C_2	袁复礼	1948	新疆	石钱滩组的同物异名
269	Shuolake Fm	朔拉克组	65-1237	C_2	新疆地质局区测大队五分队	1979	新疆	立名后无人采用，现为伊什基里克组
270	Sijiaoyanggou Fm	四角羊沟组	65-1331	C_3	青海区域地层表编写组	1980	青海	岩性与缔敖苏组上部相同
271	Sitai Fm	四台组	65-0120	Ch—Jx	新疆地质局地科所王景斌等	1977	新疆	立名后无人采用，部分划人库松木切克群
272	Songkaersu Fm	松喀尔苏组	65-0797	D_3	新疆地质局区测大队一分队	1966	新疆	相当于克安库都克组
273	Songshutou Fm	松树头组	65-0237	Qn	新疆地质局地质科学研究所罗发祚等	1977	新疆	开尔塔斯群的一部分

序号	岩石地层单位名称		编号	地质时代	创始人	创建时间	所在省(区)	不采用理由
	英文	汉文						
274	Suasu Series	苏阿苏岩系	65-1741	J_2	明斯基	1947	新疆	被西山窑组代替
275	Sudukuduke Fm	苏都库都克组	65-1442	P_1	新疆地质局区测大队二分队	1966	新疆	相当于三塘湖组上部
276	Sugan Fm	苏干组	65-1852	K_{1-2}	林钧堂	1966	新疆	巴什基奇克组的同物异名
277	Suhaitushan Fm	苏海图山组	65-0799	D_3	新疆地质局区测大队十分队	1980	新疆	与卡希翁组同物异名
278	Sujiquan Fm	苏吉泉组	65-0796	D_{2-3}	新疆地矿局第二区调大队四分队李恒海	1986	新疆	与卡拉麦里组同物异名
279	Sukuluoke Series	苏库洛克岩系	65-0957	$S—D_2$	地质部第十三大队	1957	新疆	现为苏库罗克组
280	Sumuke Fm	苏穆克组	65-1247	C_3	张仲修	1965	新疆	与底坎尔组同物异名
281	Suoerbasitawu Fm	索尔巴斯他乌群	65-0662	S	新疆地质局区测大队	1966	新疆	立名后无人采用,现为白山包组
282	Suogetantawu Series	索格坦塔乌岩系	65-1289	C_{2-3}	地质部第十三大队三中队	1958	新疆	归入康克林组
283	Suosuoquan Fm	索索泉组	65-1953	E_3	新疆区域地层表编写组	1978	新疆	是沙湾组的同物异名
284	Tabaketawu Fm	塔巴克塔乌组	65-1285	C_3	新疆地质局区测大队编图分队成守德	1965	新疆	归入喀拉治尔加组
285	Taerdetao Fm	塔尔得套组	65-1441	P_1	新疆地矿局第九地质大队三分队杨树德	1982	新疆	相当乌郎组上部
286	Taerkate Fm	塔尔卡特组	65-0370	Z	王景斌,成守德	1982	新疆	归入凯拉克提群上亚群中
287	Tageer Fm	塔哥尔组	65-1022	C_1	新疆地质局第三区测大队	1961	新疆	立名后无人采用,现为红山咀组
288	Tageer Series	塔格尔岩系	65-0720	D	谢维洛夫	1954	新疆	归入库马苏组
289	Taheierbasitao Fm	塔黑尔巴斯套组	65-0800	D_1	新疆地质局区测大队	1977	新疆	与红柳沟组同物异名
290	Taiketashi Fm	台克塔什组	65-0884	D_1	曾亚参,肖世禄	1977	新疆	资料少无剖面,现暂归阿帕达尔康组
291	Takelake Gr	塔克拉克群	65-1855	J_3	黄汲清	1943	新疆	归入卡普沙良群
292	Talejihe Fm	塔勒基河组	65-0544	O_2	地科院新疆区测大队联合地层分队	1977	新疆	并入新二台组
293	Talisayi Fm	塔里萨依组	65-0371	Z	王景斌,成守德	1982	新疆	归入凯拉克提群上亚群
294	Tashidian Series	他什店岩系	65-1765	J_2	新疆地质局科研所地层队	1958	新疆	被他什店组代替
295	Tashikule Gr	塔什库勒群	65-1856	T_3	新疆地质局综合研究队	1971	新疆	与桃湖组同物异名
296	Tashilikehu Gr	塔什立克湖群	65-1453	P_1	Norin	1946	新疆	归入空喀山口组
297	Tesibahan Fm	特斯巴汗组	65-1540	P_1	新疆地质局区测大队七分队	1978	新疆	归入扎河坝组
298	Tiangeer Fm	天格尔组	65-0885	D_2	新疆地质局第二区测大队二分队	1971	新疆	被托斯库尔他乌组代替
299	Tieliekehe Gr	铁列克河群	65-1277	C_3	新疆地质局阿克苏地质队	1964	新疆	与康克林组同物异名
300	Tierekete Fm	铁热克特组	65-0787	D_2	新疆地质局第五地质大队二分队	1980	新疆	并入北塔山组和蕴都喀拉组
301	Tishinafu Fm	提士纳夫组	65-0961	D_3	德·泰拉	1932	新疆	与奇自拉夫组同物异名

序号	岩石地层单位名称		编号	地质时代	创始人	创建时间	所在省(区)	不采用理由
	英文	汉文						
302	Tonghuashan Fm	铜花山组	65-0904	D_3	吴文奎、姜常义、杨复	1992	新疆	破城子组的同物异名
303	Toudaobaiyang Fm	头道白杨组	65-0804	D_{1-2}	新疆地质局区测大队一分队赵明钰	1967	新疆	无层型剖面立名晚并人卓木巴斯套组
304	Tuergonghe Fm	吐尔拱河组	65-1229	C_2	新疆地质局区测大队一分队	1975	新疆	伊什基里克组的同物异名
305	Tuershaketage Formation	突尔沙克塔格建造	65-0430	$\in$	Norin	1932	新疆	现为突尔沙克塔格组
306	Tugutubulake Series	土古土布拉克岩系	65-1282	C_{2-3}	地质部第十三大队六中队	1958	新疆	归人甘草湖组
307	Tulasu Fm	吐拉苏组	65-0367	Z	王景斌，成守德	1982	新疆	归入凯拉克提群的下亚群
308	Tumuxiuke Fm	吐木休克组	65-0553	O_{1-2}	赵治信	1987	新疆	并入丘里塔格组
309	Tunuerbulake Fm	图努尔布拉克组	65-0032	Ch	地质部第十三大队一中队	1958	新疆	包括在波瓦姆群中
310	Tuoerdengakeman Fm	托尔登阿克曼组	65-0782	D_2	新疆地质局区测大队三、四分队	1959	新疆	立名后无人采用现为巴尔雷克组
311	Tuokesalei Fm	托克萨雷组	65-0712	D_2	新疆地质局区测大队	1966	新疆	阿舍勒组同物异名
312	Tuopulakeleike Series	托普拉克雷克岩系	65-1756	J_2	新疆地质局第十三大队	1957	新疆	被塔尔尕组代替
313	Tuoshihan Fm	托什罕组	65-0895	D_2	新疆地质局第三区测大队一分队	1962	新疆	托格买提组一部分
314	Wudaogou Fm	伍道沟组	65-1840	K	新疆地质局第一区测大队揭明波	1961	新疆	吐谷鲁群一部分
315	Wuergang Fm	乌尔冈组	65-1854	K_1	Norin	1946	新疆	归龙山组
316	Wulanwusu Fm	乌兰乌苏组	65-0548	O	新疆地质局区测大队三分队张仲修	1971	新疆	并入依南里克群
317	Wuleijizitage Fm	乌雷吉兹塔格组	65-0550	O_3	新疆区域地层表编写组	1981	新疆	并人锡林柯博组
318	Wuligezitage Fm	乌里格孜塔格组	65-0555	O_3	新疆区域地层表编写组	1981	新疆	现为锡林柯博组
319	Wulukeqiati Fm	乌鲁克恰提组	65-1832	K_{1-2}	康玉柱，郝诒纯	1984	新疆	与克孜勒苏群同物异名
320	Wulumuqi Series	乌鲁木齐岩系	65-1544	P_2	中苏石油公司地质调查处马夏庚	1952	新疆	已解体，无人使用，相当仓房沟群
321	Wusonggeer Fm	吾松格尔组	65-0422	$\in_1$	张太荣	1973	新疆	相当肖尔布拉克组上部
322	Wutankule Fm	乌坦库勒组	65-1450	P_1	新疆地质局科研所张致民、吴绍祖等	1987	新疆	相当于巴立克立克组下部
323	Wutubulake Fm	乌吐布拉克组	65-0777	D_1	新疆区域地层表编写组曾亚参，肖世禄	1979	新疆	为生物地层单位，现为克克雄库都克组
324	Wuyongbulake Fm	乌勇布拉克组	65-0655	S_1	新疆地质局第二区测大队一、二分队	1958	新疆	柯尔克孜塔木组一部分
325	Xiameiyaogou Fm	下煤窑沟组	65-1731	J_1	新疆156煤田队	1967	新疆	被八道湾组代替
326	Xiangguletage Fm	巷古勒塔格组	65-0560	O_1	新疆地质局722队	1957	新疆	划人突尔沙克塔格组
327	Xiaolongkou Fm	小龙口组	65-1552	P	新疆区域地层表编写组	1981	新疆	与锅底坑组同物异名
328	Xiaotielieke Gr	小铁列克群	65-0352	Z	地质部第十三大队二中队	1957	新疆	奇格布拉克组的同物异名
329	Xingeer Fm	辛格尔组	65-0033	Ch	地质部第十三大队一中队	1958	新疆	包括在波瓦姆群中
330	Xingeertage Fm	辛格尔塔格组	65-0227	Qn	地质部第十三大队	1958	新疆	与塞纳尔塔格组同物异名
331	Xishanbulake Fm	西山布拉克组	65-0419	$\in_1$	新疆地质局722队	1957	新疆	归人西大山组下部

序号	岩石地层单位名称		编号	地质时代	创始人	创建时间	所在省(区)	不采用理由
	英文	汉文						
332	Xishanyao Bed	西山窑层	65-1738	J_2	新疆石油管理局地调处	1956	新疆	被西山窑组代替
333	Yalaguzi Fm	牙拉古孜组	65-0356	Z	马世鹏，汪玉珍	1989	新疆	己并入恰克马克力克组的底部
334	Yamatai Fm	雅马台组	65-0881	D_2	新疆地质局第二区测大队四分队邓自华	1960	新疆	剖面不完善关系不明，可与萨阿尔明组对比
335	Yangbulake Fm	杨布拉克组	65-1764	J_{1-2}	地质部第十三大队一、四、六分队	1957	新疆	被他什店组代替
336	Yantan Fm	盐滩组	65-1294	C_3	新疆地质局区测大队十一分队	1979	新疆	与干泉组同物异名
337	Yaolesayi Fm	尧勒萨依组	65-0566	O_2	新疆地质局区测大队六分队王嘉桁	1982	新疆	并入环形山组
338	Yaomoshan Series	妖魔山岩系	65-1542	P_2	新疆地质局631队胡厚文	1955	新疆	归入芦草沟组
339	Yaomoshan Fm	妖魔山组	65-1560	P_2	新疆地质局631队	1955	新疆	现为芦草沟组
340	Yaxiehu Gr	雅协湖群	65-1847	$T-K_2$	王乃文	1983	新疆	铁龙滩群同物异名
341	Yecheng Gr	叶城群	65-1555	P	新疆区域地层表编写组	1981	新疆	归入杜瓦组、达里约尔组、沙井子组
342	Yeliemodun Fm	也列莫顿组	65-1226	C_2	新疆区测大队地层分队	1980	新疆	相当于阿克沙克组上部
343	Yijianfang Fm	一间房组	65-0552	O_1	周志毅，王朴，周天荣	1990	新疆	并入丘里塔格组
344	Yingwoshan Fm	鹰窝山组	65-1837	K_{1-2}	黄汲清	1943	新疆	被巴什基奇克组代替
345	Yinnikala Series	印尼喀拉岩系	65-1447	P_1	新疆地质局第一区测大队四分队陶钧政等	1958	新疆	归入骆驼沟组
346	Yinpingshan Fm	银屏山组	65-0556	O_3	钟瑞，郝永祥	1990	新疆	并入却尔却克组
347	Yisikenti Series	依斯肯提岩系	65-0717	D_3	丘洛契尼可夫	1956	新疆	并入康布铁堡组
348	Yuanbaoshan Fm	元宝山组	65-0557	O_3	钟瑞，郝永祥	1990	新疆	并入却尔却克组
349	Yuertusi Fm	玉尔吐斯组	65-0424	$\in_1$	新疆地质局科研所高振家等	1981	新疆	归入肖尔布拉克组下部
350	Yuletaobulake Fm	玉勒套布拉克组	65-1250	C_1	吴文奎	1961	新疆	与小热泉子组同物异名
351	Yushasi Fm	玉沙斯组	65-0230	Qn	新疆地矿局第二地质大队汪玉珍等	1985	新疆	现为苏库罗克组
352	Yushishan Fm	玉石山组	65-0136	An$\in$	甘肃第一区测大队	1966	甘肃	现为星星峡群
353	Yutang Fm	雨塘组	65-0359	Z	马世鹏，汪玉珍	1989	新疆	归入恰克马克力克组
354	Zatupo Fm	杂土坡组	65-0558	O_2	钟瑞，郝永祥	1990	新疆	归入却尔却克组
355	Zeketai Fm	则可台组	65-1230	C_2	新疆地矿局第九地质大队	1979	新疆	并入伊什基里克组
356	Zhaerjiake Fm	扎尔加克组	65-1288	C_3	吴绍祖	1981	新疆	被木兹杜克组代替
357	Zhanggusu Fm	章古苏组	65-1239	C_1	新疆地矿局第一区调大队六分队	1988	新疆	与阿克沙克组同物异名
358	Zhanjiaerbulake Fm	詹加尔布拉克组	65-1249	C_1	吴文奎	1961	新疆	归入甘草湖组
359	Zhifang Fm	纸房组	65-0801	D_2	侯鸿飞	1981	新疆	归入乌鲁苏巴斯套组上部
360	Zhongmeiyaogou Fm	中煤窑沟组	65-1737	J_1	新疆156煤田队	1967	新疆	被三工河组代替
361	Zhongtianshan Gr	中天山群	65-0030	Ch	新疆地质局区测大队四分队	1967	新疆	被星星峡群代替

新疆地区除表中所列的在新疆创名的不采用地层名称外，尚有在区外创名的地层名称也不再在本区使用。有：红藻山组(Z_2)、麻黄沟组(Z_1)、全吉群(Z)、石英梁组(Z)。

附录Ⅳ　古生物属种名称拉汉对照

A

Abies	冷杉属
Abrograptus	娇笔石属
Acanthometopus obesus	胖鞍刺眉虫
Acanthophyllum	针珊瑚属
Acanthopyge	棘尾虫属
Acanthotriletes	三角刺面孢属
Acdalopora irregularis	不规则阿克达尔珊瑚
A. jiabosarensis	加波萨尔阿克达尔珊瑚
A. sokolovi	索克洛夫阿克达尔珊瑚
Acer	槭属
A. sp.	槭(未定种)
Acerocare	弓头虫属
Acrospirifer murchisoni	莫氏巅石燕
A. sp.	巅石燕(未定种)
A. tonkinensis	东京巅石燕
Actinastrea sp.	光星珊瑚(未定种)
Actinostroma	放射层孔虫属
A. sp.	放射层孔虫(未定种)
Actinostromaria sp.	仿放射层孔虫(未定种)
Actinostromella	小放射层孔虫属
A. sp.	小放射层孔虫(未定种)
Acuticosta cuspidata	尖锐棱蚌
A. elongata	长锐棱蚌
A. inflata	膨凸锐棱蚌
A. huoerguosica	霍尔果斯锐棱蚌
A. subimutata	近变锐棱蚌
A. tugerminensis	吐格明锐棱蚌
Adamosoceras	亚当斯角石属
Adelograptus	匿笔石属
A. antiquus	古老匿笔石
A. cf. *lapworthi*	拉氏匿笔石(相似种)
A. sp.	匿笔石(未定种)
A. tenuis	纤细匿笔石
Adiantum	铁线蕨属
Advenocypris tantis	伸长脉星介
Adygella	亚迪吉贝属
A. sp.	亚迪吉贝(未定种)
Aequacytheridea	等丽神介属
Afghanella schencki	行克氏阿富汗䗴
A. sp.	阿富汗䗴(未定种)
Agathiceras altunensis	阿尔金团线菊石
A. frechi	弗雷氏团线菊石
A. sp.	团线菊石(未定种)
Agetolites cf. *antiquua*	古老阿盖特珊瑚
A. multitabulata	多横板阿盖特珊瑚
Agnostascus orientalis	东方囊球接子
A. (*paragnoscus*) *orientalis*	东方副球接子
A. (*p.*) *sinensis*	中华副球接子
Agnostidae	球接子科
Agnostogonus sp.	裔球接子(未定种)
Agnostotes inconstans	不稳定似球接子
A. sulcatus	沟纹似球接子
A. tianshanicus	天山似球接子
Agnostus	球接子属
A. pisiformis	豆状球接子
Aipoceras	垂悬角石属
A. junggarensis	准噶尔垂悬角石
Airmia sp.	阿尔末亚藻(未定种)
Akidograptus	尖笔石属
A. ascensus	向上尖笔石
A. sp.	尖笔石(未定种)
Aksuglobulus acinosus	葡萄状阿克苏球
Aldanella	阿尔丹螺属
Alisporites	阿里粉属
Alligater	扬子鳄属
Allorismia sp.	变带螺(未定种)
Allotropiophyllum sp.	奇壁珊瑚(未定种)
Alnus sp.	桤木(未定种)
Altayceras chinensis	中华阿勒泰菊石
Altunella biplicata compressa	双褶阿尔金贝扁平亚种
A. biplicata subglobulina	双褶阿尔金贝亚球状亚种
A. typica	典型阿尔金贝

Alveolitella sp.	小槽珊瑚(未定种)
A. zhifangensis	纸房小槽珊瑚
Alveolites	槽珊瑚属
A. barkolensis	巴里坤槽珊瑚
A. multispinosus	多刺槽珊瑚
A. subpolygonalis	亚多角槽珊瑚
Amia sp.	弓鳍鱼(未定种)
Ammonia	卷转虫属
A. beccarii	毕克卷转虫
A. hatatatensis	叶町卷转虫
A. honyaensis	本荷屋卷转虫
Amphechinus sp.	双猥(未定种)
Amphibia	两栖纲
Amphidontes sp.	双齿蛎(未定种)
Amphipora	双孔层孔虫属
A. sp.	双孔层孔虫(未定种)
A. ramosa	枝状双孔层孔虫
Amphoton	双耳虫属
A. sp.	双耳虫(未定种)
Amplexocarinia	脊板包珊瑚属
A. sp.	脊板包珊瑚(未定种)
A. xinjiangensis	新疆脊板包珊瑚
Amplexograptus cf. *elegans*	雅致围笔石(相似种)
A. comptus	饰头围笔石
A. confertus	紧密围笔石
A. disjunctus yangtzensis	节状围笔石扬子亚种
A. qilianshanensis	祁连山围笔石
A. refactus	聚析围笔石
A. sp.	围笔石(未定种)
Amplexoides	拟包珊瑚属
A. borohoroshanensis	博罗霍洛山拟包珊瑚
A. kuqaensis	库车拟包珊瑚
A. sp.	拟包珊瑚(未定种)
Amplexus	包珊瑚属
A. flatetabulatus	平板包珊瑚
A. sp.	包珊瑚(未定种)
Ampyx sp.	线形头虫(未定种)
Ampyxinella circulare	圆形小线形头虫
Amynodon mongoliensis	蒙古两栖犀
Anabaria cf. *radialis*	辐射状阿纳巴尔叠层石
A. juvensis	年青阿纳巴尔叠层石
A. sp.	阿纳巴尔叠层石(未定种)
Anabarites	阿纳巴尔螺属
Anastrophia deflexa	歪斜脊凸贝
Anatolostylops	东方柱兽属
A. dubius	可疑东方柱兽
Anchignathodus	近颚齿刺属
A. sp.	近颚齿刺(未定种)
A. typicalis	典型近颚齿刺
Anchitherium sp.	安琪马(未定种)
Ancistroceras fenxiangensis	分乡钩角石
Aneurophyton	无脉蕨属
A. aff. *germanica*	德国无脉蕨(亲近种)
A. uralia	乌拉尔无脉蕨
Angaridium	安加拉叶属
A. cf. *submongolicum*	亚蒙古安加拉叶(相似种)
A. mongolicum	蒙古安加拉叶
A. potaninii	波氏安加拉叶
Angaropteridium	准安加拉羊齿属
A. cardiopteroides	心羊齿型准安加拉羊齿
A. sp.	准安加拉羊齿(未定种)
Angopora	箱巢珊瑚属
A. borohoroensis	博罗霍洛箱巢珊瑚
A. hisingeri	海氏箱巢珊瑚
A. sp.	箱巢珊瑚(未定种)
Anisocardia (*A.*) sp.	差心蛤(未定种)
Anisograptus	反称笔石属
A. sp.	反称笔石(未定种)
Anisopleurella cf. *tricostella*	三纹小异肋贝(相似种)
Ankylosaurus	甲龙属
Annularia	轮叶属
A. cf. *gracilescens*	纤细轮叶(相似种)
A. sp.	轮叶(未定种)
A. stellata	星状轮叶
Annulariopsis inopianta	突然拟轮叶
Anodonta subpiscinalis	近鱼状无齿蚌
A. woodiana	乌氏无齿蚌
Anomalina	异常虫属
A. mantaensis	曼塔异常虫
A. simplex	简单异常虫
A. sp.	异常虫(未定种)
Anomalinoides	似异常虫属
A. vialovi	维阿诺夫似异常虫
Anomia	不等蛤属
Anomocarella	小无肩虫属
Anomozamites	异羽叶属
Anoptambonites sp.	无脊贝(未定种)
Antherolites	花巢珊瑚属

A. sp.	花巢珊瑚(未定种)
Antiquatonia antiquata	古老古长身贝
A. cf. *hindi*	欣德古长身贝(相似种)
Anthraconauta	炭蚌属
A. ampla	宽炭蚌
A. duwaensis	杜瓦炭蚌
A. iljinskiensis	伊尔金斯克炭蚌
A. pseudophillipsis	假费氏炭蚌
A. sp.	炭蚌(未定种)
Apatognathus scalenus	弯曲假颚牙形刺
Apatomorpha sp.	诈形贝(未定种)
Aphetoceras	松卷角石属
A. lobatum	有叶松卷角石
Aporrhais (*Helicaulas*) *tarimensis*	塔里木卷须螺
Arachnolasma	似棚珊瑚属
A. sp.	似棚珊瑚(未定种)
Aratrisporites sp.	单脊周囊粉(未定种)
Archaeediscus moelleri	莫勒古盘虫
Archaeocalamites	古芦木属
A. scrobiculatus	窝孔古芦木
Archaeolambda cf. *planicanina*	似草原古脊齿兽(相似种)
Archaeooides	似古球形壳属
Archiasterella pentaclina	五射古星骨
Archicladium tridactyles	三指古枝骨针
Arcomytilus sp.	弓壳菜壳(未定种)
Arctica quadrata	方形箱蛤
Arienigraptus dumosus	矮丛香蕉笔石
Armenoceras	阿门角石属
Artemisia	蒿属
Arthricocephalus	节头虫属
Artinskia sp.	阿丁斯克菊石(未定种)
Asaphidae	栉虫科
Asaphus lepidutus	鳞片栉虫
A. sp.	栉虫(未定种)
Asiatosaurus	亚洲龙属
Asperatopsophosphaera bavlensis	巴甫林糙面球形藻
A. gigantea	巨型糙面球形藻
A. incrassa	增厚糙面球形藻
A. sp.	糙面球形藻(未定种)
A. umishanensis	雾迷山糙面球形藻
Aspidagnostus stictus	斑点盾球接子
Aspidophyllum	盾珊瑚属
Astarte sp.	花蛤(未定种)
Asterocalamites	星芦木属
Asterotheca szeiana	斯氏星囊蕨
Ataxioceras	阿塔西菊石属
Athyris angelica	天使无窗贝
A. gordoni var. *transversalis*	戈登无窗贝横展变种
A. lamellosa	层状无窗贝
A. sp.	无窗贝(未定种)
Atrypa	无洞贝属
A. aff. *desquamata*	剥鳞无洞贝(亲近种)
A. aspera	粗糙无洞贝
A. crassistriata	粗线无洞贝
A. depressa	扁平无洞贝
A. desquamata	剥鳞无洞贝
A. kaiduheensis	开都河无洞贝
A. longa	长形无洞贝
A. reticularis	方格无洞贝
A. (*Gotatrypa*) *sarburtensis*	沙尔布尔提果特无洞贝
A. sowerbyi	苏维伯无洞贝
A. sp.	无洞贝(未定种)
Aulacella sp.	小槽贝(未定种)
Aulina	轴管星珊瑚属
A. rotiformis	轮状轴管星珊瑚
Aulocilisia sp.	管蛛网珊瑚(未定种)
Aulopora? sp.	喇叭孔珊瑚?(未定种)
Aulosteges	管盖贝属
A. sp.	管盖贝(未定种)
Aurisella tarimensis	塔里木耳状壳
Australophyllum	澳洲珊瑚属
Aviculopecten cf. *mazanensis*	麻扎燕海扇(相似种)
A. sp.	燕海扇(未定种)
Avonia inflata	膨胀阿翁贝
A. semicostata	半线阿翁贝
A. sp.	阿翁贝(未定种)
Axuolites notabilis	显著阿克苏巢珊瑚
Azonotriletes	无环三缝孢属

B

Baggina trapezoida	梯状袋形虫
Baicalia cf. *baicalica*	贝加尔贝加尔叠层石(相似种)
B. cf. *prima*	原始贝加尔叠层石(相似种)
B. minuta	微小贝加尔叠层石

B. rara	稀少贝加尔叠层石
B. sp.	贝加尔叠层石(未定种)
B. unca	安卡贝加尔叠层石
Baiera cf. *hallei*	哈氏拜拉(相似种)
B. gracilis	纤细拜拉
B. guilhaumati	基尔豪马特拜拉
B. spectobilis	奇丽拜拉
Bailiella	毕雷氏虫属
Bakevellia sp.	贝莱蛤(未定种)
Balakhonia kokdscharensis	珂克得萨巴拉轰贝
B. sp.	巴拉轰贝(未定种)
Baleiichthys	贝莱鱼属
Barandeina	巴兰德木属
B. dusllana	杜氏巴兰德木
Barkolia typica	标准巴里坤贝
Barrandeophyllum	包兰特珊瑚属
B. sp.	包兰特珊瑚(未定种)
Barsassia sibirica	西伯利亚巴尔扎斯木
Bathynotus	宽背虫属
B. nanjiangensis	南疆宽背虫
Beichuanophyllum	北川珊瑚
B. concavotabulatum	凹横板北川珊瑚
B. xinjiangense	新疆北川珊瑚
Bellerophon sp.	神螺(未定种)
Belonophyllum	针叶属
Bergeroniellus	鲍格朗氏虫属
Bergeronites	贝氏虫属
Bernoullia	贝尔瑙蕨属
B. ? sp.	贝尔瑙蕨?(未定种)
B. zeilleri	蔡耶贝尔瑙蕨
Berriasella grandis	巨型贝利亚菊石
B. paramacilenta	拟瘦贝利亚菊石
Betula	桦属
Beyrichoceras sp.	贝利霍菊石
Billingsella sp.	伯灵贝(未定种)
Biradiolites boldjuanensis	鲍德传双射蛤
Birmanites kanlingensis	坎岭缅甸虫
B. qilangensis	其浪缅甸虫
B. sp.	缅甸虫(未定种)
Bithynia sp.	豆螺(未定种)
Bogdaichthys fukangensis	阜康博格达鱼
B. tuguluensis	吐谷鲁博格达鱼
Bogdania fragmenta	破碎博格达兽
Bonnia	波恩虫属
Borthaspidella anderssoni	安氏小播刹虫
Bothriodon sp.	沟齿兽(未定种)
Bothrodendron	窝木属
Boultonia	布尔顿䗴属
Bournomia cf. *faurtaui*	沃托波褶蛤(相似种)
Boxonia binggounanensis	冰沟南博克松叠层石
B. grumulosa	堆列博克松叠层石
B. keliyangensis	克里杨博克松叠层石
B. sp.	博克松叠层石(未定种)
Brachiosauridae	蜥脚科
Brachydontes elegans	华丽短齿蛤
B. jeremejewi	耶氏短齿蛤
B. sp.	短齿蛤(未定种)、
Brachyelasma xinjiangensis	新疆短板珊瑚
Brachyphyllum sp.	短叶杉(未定种)
Brachyspirifer sp.	腕石燕(未定种)
Brachythyrina sp.	准腕石燕(未定种)
B. strangwaysi	斯氏准腕石燕
Brachythyris ovalis	卵形腕孔石燕
B. sp.	腕孔石燕(未定种)
Bradleya bashibulakensis	巴什布拉克布拉特雷介
B. depressa	扁平布拉特雷介
B. magnireticula	巨网布拉特雷介
Bradyna lilia	美丽布雷迪虫
B. lucida	清楚布雷迪虫
Bradyphyllum bellicostatum	细纹迟珊瑚
Brevaxina sp.	短轴䗴(未定种)
Breviphyllum	短壁珊瑚属
Brochotriletes sp.	穴面三缝孢(未定种)
Bulbolenus	球刺油栉虫属
B. bellus	美丽球刺油栉虫
B. opimus	肥胖球刺油栉虫
Bulimina ovata	卵形小泡虫
Bumirhynchia	缅甸贝属
B. asiatica	亚洲缅甸贝
B. placoformis	薄型缅甸贝
B. shanensis	禅邦缅甸贝
B. trilobata	三叶缅甸贝
Buxtonia	波斯通贝属
B. juresanensis	朱里桑波斯通贝

C

Cadurcodon ardynensis	阿尔丁卡地犀
Caenodendron	新木属
Calamites	芦木属
C. sp.	芦木(未定种)
Calamophyllia	芦木珊瑚属
Calamospora sp.	芦木孢(未定种)
Calliops taimyricus	泰麦尔女神虫
Callipteris	美羊齿属
C. acutifolia	尖叶美羊齿
C. altaica	阿尔泰美羊齿
C. changii	章氏美羊齿
C. orientalis	东方美羊齿
C. sp.	美羊齿(未定种)
C. zeilleri	蔡耶美羊齿
Callizoniceras	美带菊石属
Calodiscus	美盘虫属
C. tianshanicus	天山美盘虫
C. xinjiangensis	新疆美盘虫
Calophyllum	美珊瑚属
C. sp.	美珊瑚(未定种)
Calostylis cf. profunda	萼深孔壁珊瑚
Calycoceras	花萼菊石属
Calyptraea sp.	帆螺(未定种)
Camarosauridae	圆顶龙科
Camarotoechia	穹房贝属
C. cf. boloniensis	布龙尼穹房贝(相似种)
C. cumurtukensis	库木尔图克穹房贝
C. hsikuangshanensis	锡矿山穹房贝
C. sp.	穹房贝(未定种)
Cambroclavus bicornis	双角寒武钉壳
C. hastatus	矛形寒武钉壳
C. sicyoideus	葫芦形寒武钉壳
C. soleiformis	鞋形寒武钉壳
C. sp.	寒武钉壳(未定种)
Camptonectes	岔线海扇属
C. laminata	薄片岔线海扇
C. (Camptonectes) laminata	薄片岔线海扇
C. (C.) riochei	李氏岔线海扇
C. (C.) sp.	岔线海扇(未定种)
Campylorthis sp.	弯正形贝(未定种)
Cancellina	格子䗴属
C. cutalensis	库塔格子䗴
C. kongkashanica	空喀山格子䗴
C. neoschwagerinoides	新希瓦格状格子䗴
Cancrinella	蟹形贝属
C. cancriniformis	蟹状蟹形贝
C. sp.	蟹形贝(未定种)
C. truncata	截切蟹形贝
Candona	玻璃介属
C. compressaformis	窄形玻璃介
C. convexa	拱形玻璃介
C. kirgizica	吉尔吉斯玻璃介
C. leei	李氏玻璃介
C. neglecta	疏忽玻璃介
C. subequalis	近等称玻璃介
C. (Pseudocandona) subequalis	近等称假玻璃介
C. tianshanica	天山玻璃介
Candoniella albicans	纯净小玻璃介
C. aucta	秀丽小玻璃介
Caninia	犬齿珊瑚属
C. breviseptata	短隔壁犬齿珊瑚
C. cornucopiae	角状犬齿珊瑚
C. ornata	装饰犬齿珊瑚
C. sp.	犬齿珊瑚(未定种)
Caninophyllum	似犬齿珊瑚属
Carcinophyllum equitabulatum	等横板瘤柱珊瑚
C. sp.	瘤柱珊瑚(未定种)
Cardiograptus	心笔石属
C. sp.	心笔石(未定种)
C. yini	尹氏心笔石
Cardioneura	心脉羊齿属
C. sibirica	西伯利亚心脉羊齿
C. sp.	心脉羊齿(未定种)
Cardiopteridium	准心羊齿属
Cardita	心蛤属
C. sp.	心蛤(未定种)
Cardium	鸟蛤属
Carinatina transversa	横展准龙骨贝
Carinokoninckophyllum	脊板康宁珊瑚
C. multicarinatum	多脊板脊板康宁珊瑚
Carnosauria	食肉龙超科
Carnosauridae	食肉龙科

Carpinus	鹅耳枥属
Carpolithus	石籽属
C. cuneiformis	楔形石籽
C. sp.	石籽(未定种)
Caryocaris	甲壳类
Castanea	栗属
Catenipora	镣珊瑚属
C. fuyunensis	富蕴镣珊瑚
C. sp.	镣珊瑚(未定种)
C. spirodensis	斯派罗德镣珊瑚
C. xinjiangensis	新疆镣珊瑚
Caytonopollenides	开通粉属
Cedrus	雪松属
Celox cf. *erratica*	浮游凯洛角石(相似种)
Centrocythere circumcostata	环脊中花介
Centropleura	中肋虫属
C. angustara	狭长中肋虫
C. beishanensis	北山中肋虫
C. gansuensis	甘肃中肋虫
C. phoenix	神鸟中肋虫
C. sp.	中肋虫(未定种)
Ceratomya concentrica	同心弓海螂
Ceratodus sp.	角齿鱼(未定种)
Cervidae	鹿科
Chacassopteris	哈卡斯蕨
Changaspis	张氏盾壳虫属
Changshania conica	锥形长山虫
Chaoyanggosauridae	朝阳沟龙科
Charchaqia lata	宽形却尔却克虫
C. mirabilis	奇异却尔却克虫
C. norini	诺林却尔却克虫
Charophyta sp.	轮藻(未定种)
Chasmatosaurus sp.	加斯马吐龙(未定种)
C. yuani	袁氏加斯马吐龙
Chatiania	茶田虫属
Cheirurus	手尾虫属
Chelonia	海龟目
Chengkouia	城口虫属
Chenopodiaceae	藜粉科
Chia sp.	计氏管珊瑚(未定种)
Chiayusaurus lacustris	湖泊嘉峪龙
Chichia	芨芨鱼属
C. sp.	芨芨鱼(未定种)
Chilotherium	大唇犀属
Chisiloceras cf. *neichianense*	雷家吉赛尔角石(相似种)
Chittidilla	小奇蒂特虫
C. yunnanensis	云南小奇蒂特虫
Chlamydophyllum	斗篷珊瑚属
C. xinjiangensis	新疆斗篷珊瑚
Chlamys	套海扇属
C. (*Radulopecten*) *ovagans*	游离刮贝海扇
C. (*Pethopecten*)	彼多海扇亚属
C. (*P.*) sp.	彼多海扇(未定种)
C. sp.	套海扇(未定种)
Choffatia sp.	朝夫特菊石(未定种)
Chomatoseris	堆列珊瑚属
Chonetes	戟贝属
C. extensa	横展戟贝
C. semicircularis	半圆戟贝
C. sp.	戟贝(未定种)
Chonetipustula	瘤戟贝属
C. ferganensis	费尔干瘤戟贝
Choristites cf. *priscus*	先期分喙石燕
C. chaoi	赵氏分喙石燕
C. crassicostatus	粗纹分喙石燕
C. globosa	球状分喙石燕
C. gobinsis	戈宾分喙石燕
C. jugulensis	叶古分喙石燕
C. mosquensis	莫斯科分喙石燕
C. nilekensis	尼勒克分喙石燕
C. sp.	分喙石燕(未定种)
Chuangia	庄氏虫属
Chusenella sinensis	中华朱森䗴
C. sp.	朱森䗴(未定种)
Cibicides	面包虫属
C. artemi	阿尔特姆面包虫
C. praeventratumidus	前腹凸面包虫
C. sp.	面包虫(未定面)
Cibicidoides borislavensis	鲍里斯拉夫似面包虫
C. ovaliformis	椭圆似面包虫
C. pseudoungerianus	假尖缘似面包虫
C. sucedens	后继似面包虫
Circotheca	圆管螺属
Cladocoropsis cf. *hybridina*	混生枝状体层孔虫
C. cf. *mirabilis*	奇异枝状体层孔虫
Cladophlebis	枝脉蕨属
C. argutula	微尖枝脉蕨
C. asiatica	亚洲枝脉蕨

C. cf. *fangtuzunsis*	坊子枝脉蕨
C. cf. *gracilis*	纤细枝脉蕨(相似种)
C. cf. *kaoiana*	高氏枝脉蕨(相似种)
C. cf. *stenophylla*	狭叶枝脉蕨(相似种)
C. cf. *suniana*	孙氏枝脉蕨
C. cf. *tsaidamensis*	柴达木枝脉蕨(相似种)
C. *denticulata*	齿边枝脉蕨
C. *gigantea*	巨大枝脉蕨
C. *haiburensis*	海庞枝脉蕨
C. ? *kulganensis*	库尔干枝脉蕨?
C. *ozakii*	少叉枝脉蕨
C. *raciborskii*	拉契波斯基枝脉蕨
C. sp.	枝脉蕨(未定种)
Cladopora	枝孔珊瑚属
C. *elegans*	雅致枝孔珊瑚
Clathrodictyon	方格层孔虫属
C. sp.	方格层孔虫(未定种)
Clathropteris sp.	格子蕨(未定种)
Clavagnostus	棒球接子属
Cleiothyridina subexpansa	亚横展锁窗贝
Cliftonia	克利顿贝属
Climacammina procera	高梯状虫
Climacograptus	栅笔石属
C. *angrustus*	狭窄栅笔石
C. *angustizonaris*	窄带栅笔石
C. *beullus*	可爱栅笔石
C. *bicornis*	双刺栅笔石
C. *diplacanthus*	两侧栅笔石
C. *duplex*	双重栅笔石
C. *flabellatus*	扇尾栅笔石
C. *linearis*	线状栅笔石
C. *minutus*	小型栅笔石
C. sp.	栅笔石(未定种)
C. *styloideus*	柱形栅笔石
Clinoceras sp.	倾斜角石(未定种)
Clinocypris scolia	弯斜星介
Clisiophyllum sp.	蛛网珊瑚(未定种)
Clithrocytheridea admirbilis	奇异网格丽神介
Clonograptus sp.	枝笔石(未定种)
Clymenia? sp.	海神石属?(未定种)
Coelodonta antiquitatis	披毛犀
Coelurosauria	虚骨龙超科
Coelurosauridae	虚骨龙科
Collenia sinensis	中华聚环叠层石
C. *tahoensis*	塔河聚环叠层石
Colleniella singulara	单一小聚环叠层石
Colonnella cf. *laminata*	薄片状圆柱叠层石
C. *cylindrica*	圆筒状圆柱叠层石
C. *jinyanshanensis*	金雁山圆柱叠层石
C. sp.	圆柱叠层石(未定种)
Colpodexylon gracilentum	纤细鞘木
Columnaria qiemoensis	且末柱珊瑚
Comia	异脉羊齿属
C. *dentata*	齿边异脉羊齿
C. *kuqaensis*	库车异脉羊齿
C. sp.	异脉羊齿(未定种)
C. *yichunensis*	伊春异脉羊齿
Composita	接合贝属
C. *communis*	平常接合贝
C. *megala*	扩大接合贝
Compositae	菊科
Compsopteris	蕉羊齿属
C. *wongii*	翁氏蕉羊齿
Conchidium	壳房贝属
Conicodomenia beishanensis	北山锥穹叠层石
C. *jinyanshanensis*	金雁山锥穹叠层石
C. sp.	锥穹叠层石(未定种)
Coniopteris	锥叶蕨属
C. *burejensis*	布列亚锥叶蕨
C. cf. *spectabilis*	奇丽锥叶蕨(相似种)
C. cf. *tatungensis*	大同锥叶蕨(相似种)
C. *hymenophylloides*	膜蕨型锥叶蕨
C. *simplex*	简单锥叶蕨
C. sp.	锥叶蕨(未定种)
C. *szeiana*	斯氏锥叶蕨
Conophyton binggounanensis	冰沟南锥叠层石
C. *cylindricum*	圆筒状锥叠层石
C. *garganicum*	加尔加诺锥叠层石
C. *lituum*	喇叭状锥叠层石
C. *metulum*	金字塔形锥叠层石
C. *shallowiconicum*	浅锥锥叠层石
C. sp.	锥叠层石(未定种)
Conotheca	锥管螺属
Corbula	篮蛤属
C. (*Cuneocorbula*) *angulata*	角楔篮蛤
C. (C.) *asiatica*	亚洲篮蛤
C. (C.) sp.	篮蛤(未定种)
Cordaites	科达属

C. gracilentus	纤细科达
C. princippalis	带科达
C. schenkii	欣克科达
C. sp.	科达(未定种)
Cordaitina	科达粉属
C. sp.	科达粉(未定种)
Corineorthis sp.	心形正形贝(未定种)
Coronocephalus	王冠虫属
Corynoides cheriskos	鹅颈棒笔石
C. serpens	蛇形棒笔石
C. sp.	棒笔石(未定种)
Coryphodon dabuensis	大步冠齿兽
C. eocanus	始新冠齿兽
C. proterus	前冠齿兽
C. sp.	冠齿兽(未定种)
Coscinocyathus mohershanensis	莫合尔山筛古杯
C. tarimensis	塔里木筛古杯
Costispirifer	脊石燕属
Crassialveolites	厚槽珊瑚
C. rotundus	近圆形厚槽珊瑚
C. sp.	厚槽珊瑚(未定种)
Crassilasma	厚板珊瑚
C. nilkaensis	尼勒克厚板珊瑚
Crassiphyllum	厚珊瑚属
Crassiproetus	壮砑头虫属
Cribrostomum eximum	优美筛口虫
C. bradyi	布雷迪筛口虫
Crinoidea	海百合纲
Cristaria dushanziensis	独山子冠蚌
C. huoerguosica	霍尔果斯冠蚌
Crotalocephalus	钟头虫属
C. cf. *myops*	虻钟头虫(相似种)
C. (*Crotalocephalina*) *hexasinus*	六刺小钟头虫
C. (*Pilletopeltis*)	帕立脱盾虫亚属
Cruciterae	十字花科
Cryptograptus sp.	隐笔石(未定种)
C. tricornis	三刺隐笔石
Cryptonella sp.	隐弧贝(未定种)
Cryptophyllum	隐珊瑚属
Cryptozoon sp.	包心菜叠层石
Ctenis	篦羽叶
C. chinensis	中华篦羽叶
C. sp.	篦羽叶(未定种)
Ctenozamites ? sp.	篦似查米亚木?(未定种)

Cubitostrea plicata	褶纹肘牡蛎
C. pron	下弯肘牡蛎
C. tianshanensis	天山肘牡蛎
Cucullaea (*Idonearca*)	满箱蚶亚属
C. (*I.*) sp.	满箱蚶(未定种)
C. sp.	帽蚶(未定种)
Cuneamya	楔海螂属
Cuneopsis aff. *johannisboehmi*	约氏楔蚌(亲近种)
C. crossuta	厚重楔蚌
C. heudei	海氏楔蚌
C. oblong	长方楔蚌
C. sichuanensis	四川楔蚌
C. sp.	楔蚌(未定种)
C. subovata	近卵形楔蚌
C. tuyukeensis	吐玉克楔蚌
C. vialovi	维阿洛夫楔蚌
Cupressaceae	柏科
Cyathaxonia steroseptata	灰隔壁杯轴珊瑚
Cyathocarinia	脊板杯珊瑚属
C. rotiformis	轮状脊板杯珊瑚
C. tuberculata	瘤状脊板杯珊瑚
Cyathoceras	角杯珊瑚属
Cyathophyllum	杯珊瑚属
Cycadopites sp.	苏铁粉(未定种)
Cycas	苏铁属
Cycloconcha sp.	圆蛤(未定种)
Cyclocyclicus sp.	圆茎海百合(未定种)
Cyclocypris cavernosa	饰窝球星介
C. regularis	规则球星介
Cyclogranisporites	圆形粒面孢属
Cyclolituites trilobatum	三叶环薇角石
Cyclolorenzella tuma	肿瘤圆劳伦斯虫
Cyclopyge	圆尾虫属
C. binodosus	双瘤圆尾虫
C. rediviva	复活圆尾虫
C. sp.	圆尾虫(未定种)
Cyclospira	旋螺贝属
C. hobokserensis	和布克赛尔旋螺贝
Cyclostigma	圆印木属
C. cf. *kiltokens*	基尔托克圆印木(相似种)
Cyclotungusites murchisoni	莫氏圆通古斯叶肢介
Cymaclymenia	波海神石属
C. cf. *striata*	条纹波海神石(相似种)
Cymostrophia	波纹扭形贝

C. stephani 斯氏波纹扭形贝
Cypridea (Cypridea) 女星介亚属
C. (C.) mosuowanensis 莫索湾女星介
C. (C.) simplex 简单女星介
C. (Ulwellia) koskulensis 科斯库乌鲁威里女星介
Cyprideis compressa 压扁正星介
C. litoralis 近岸正星介
C. punctilata 斑点正星介
C. sp. 正星介(未定种)
C. torosa 有瘤正星介
C. zoropa 强壮正星介
Cypris disparis 不等金星介
C. dorsarcuata 背弓金星介
C. scutas 长圆盾金星介
C. subglobosa 近球形金星介
C. vulgata 普通金星介
Cyridopsis ciatricosa 疤痕头星介
C. vidua 威调斗星介
Cyrinotus acratilis 尖锐美星介
C. amoenalis 可爱美星介
C. ampullus 瓶状美星介
C. assimilus 相似美星介
C. cingalensis 斯里兰卡美星介
C. daductus 超凡美星介
C. extentus 伸展美星介
C. firmus 坚固美星介
C. formalis 正式美星介
C. magnus 大美星介
C. orientalis 东方美星介
C. reticulatus 网纹美星介
C. speciosus 美丽美星介
C. turfanensis 吐鲁番美星介
C. zonarius 有环美星介
Cyrtina kazi 卡兹弓形贝
Cyrtinopsis sp. 网石燕(未定种)
Cyrtodonta cf. simplex 简单曲齿蛤(相似种)
Cyrtopleurites 弓肋菊石属
Cyrtospirifer 弓石燕属
C. cf. archiaci 阿卡斯弓石燕(相似种)
C. chaoi var. kueichouensis 赵氏弓石燕贵州变种
C. disjunctus 分离弓石燕
C. sp. 弓石燕(未定种)
C. sulcifer 槽形弓石燕
Cystiphyllum sp. 泡沫珊瑚(未定种)
Cystodendropora 泡沫枝孔珊瑚
C. tamugangensis 塔木岗泡沫枝孔珊瑚
Cystomichelinia 泡沫米氏珊瑚属
C. sp. 米氏珊瑚(未定种)
Cytherelloidea 小花形介属
Cytheridea 丽神介属
C. hashiensis 喀什丽神介
C. insinuata 内弯丽神介
C. kuzigongsuensis 克孜贡苏丽神介
C. ornatule 装饰丽神介
C. roticulata 网纹丽神介
C. sp. 丽神介(未定种)
C. tiani 田氏丽神介
C. tonsa 桨状丽神介
Cytheropteron 翼花介属
Czekanowskia rigida 坚直茨康诺司基叶
C. setacea 刚毛茨康诺司基叶

D

Dalmanella 德姆贝属
D. sp. 德姆贝(未定种)
Dalmanophyllum xinjiangensis 新疆达尔曼珊瑚
Damesella 德氏虫属
Damonella circularis 圆形达蒙介
D. kapushaliangensis 卡普沙良达蒙介
D. tubiformis 管状达蒙介
Danaeopsis 拟丹尼蕨属
D. fecunda 多实拟丹尼蕨
Daonella sp. 鱼鳞蛤(未定种)
Darvasites 达尔瓦斯䗴属
D. sp. 达尔瓦斯䗴(未定种)
Darwinula 达尔文介属
D. aff. angulata 角状达尔文介(亲近种)
D. altilis 肥胖达尔文介
D. breva 短达尔文介
D. descripta 描述达尔文介
D. diligens 小心达尔文介
D. elongata 长达尔文介
D. implana 不平达尔文介

D. impudica	丑达尔文介
D. jatskovae	贾氏达尔文介
D. lucida	弯月达尔文介
D. magna	大达尔文介
D. membracea	膜状达尔文介
D. monitoria	爬行达尔文介
D. opposita	对生达尔文介
D. ovata	卵形达尔文介
D. pergusta	兴趣达尔文介
D. sarytirmenensis	萨雷提缅达尔文介
D. sibirica	西伯利亚达尔文介
D. silentiosa	安静达尔文介
D. sp.	达尔文介(未定种)
D. stevensoni	斯氏达尔文介
D. tubiformis	管状达尔文介
Darwinuloides	拟达尔文介属
D. dobrinkaensis	道波林卡拟达尔文介
D. cf. *bugulanica*	草台拟达尔文介
Dechenella	德钦虫属
Dechenellurus	德钦尾虫属
Decoropugnax berenica	伯伦尼斯华美狮鼻贝
Delepinea	得比贝属
Delthyridae	窗孔贝科
Delthyris sp.	窗孔贝(未定种)
Dematophyllum	丛束珊瑚属
D. xinjiangensis	新疆丛束珊瑚
Demirastrites	半耙笔石属
D. pectinatus	梳状半耙笔石
D. sp.	半耙笔石(未定种)
D. triangulatus	三角半耙笔石
Dentilasma kuqaensis	库车齿板珊瑚
Deshayesites	迪萨耶斯菊石属
Desmiophyllum sp.	带状叶(未定种)
Desmocerasitdae	链菊石科
Dibunophyllum confertum	密集棚珊瑚
D. sp.	棚珊瑚(未定种)
Dicellograptus	叉笔石属
D. angulatus	具角叉笔石
D. arkansasensis	阿肯萨斯叉笔石
D. divericatus	分开叉笔石
D. excavatus	凹入叉笔石
D. intortus	旋扭叉笔石
D. minutus	微小叉笔石
D. multispinus	多刺叉笔石
D. sextans	楔形叉笔石
D. sextans exilis	楔形叉笔石小型亚种
D. sp.	叉笔石(未定种)
D. szechuanensis	四川叉笔石
D. tenuiculus	细小叉笔石
Diceratopyge fenggouensis	风沟双刺尾虫
D. mobergi	木氏双刺尾虫
D. valida	强状双刺尾虫
Dichograptus	均分笔石属
D. octobranchiatus	八枝均分笔石
Dicrocerus sp.	叉角鹿(未定种)
Dicranograptus ramosus	枝状双头笔石
D. sp.	双头笔石(未定种)
D. subashiensis	苏巴什双头笔石
D. ziczas minutus	曲折双头笔石小型亚种
Dicranophyllum	叉叶属
Dictyoclostus	网格长身贝属
D. americanus	美国网格长身贝
D. cf. *magnus*	大型网格长身贝(相似种)
D. cf. *tenuireticulatus*	细网网格长身贝(相似种)
D. crawfordswillensis	克拉夫得网格长身贝
D. quadrata	方形网格长身贝
D. sp.	网格长身贝(未定种)
Dictyofavosites	网巢珊瑚属
D. altunensis	阿尔金网巢珊瑚
D. saaminicus	萨阿明网巢珊瑚
D. sp.	网巢珊瑚(未定种)
Dictyonema	网格笔石属
Dictyophyllum	网叶蕨属
D. cf. *nathorsti*	那托斯特网叶蕨(相似种)
Dictyosolenia bulla	泡状网管珊瑚
D. xinjiangensis	新疆网管珊瑚
Dictyosphaera cf. *macroreticulata*	大网网球藻
D. sp.	网球藻(未定种)
Dideroceras wahlenbergi	华氏双房角石
Didymoconus berkeyi	伯氏对锥兽
Didymograptus	对笔石属
D. cf. *nitidus*	美丽对笔石(相似种)
D. deflexus	下曲对笔石
D. ellesae	爱氏对笔石
D. gracilis	纤细对笔石
D. mirabilis	奇异对笔石
D. murchisoni	莫氏对笔石
D. norvegicus	挪威对笔石

D. protobifidus	原两分对笔石
D. reclinatus	弯回对笔石
D. sp.	对笔石(未定种)
D. subconvexus	微凸对笔石
Dicerocardium	岔鸟蛤属
Dielasma baiyangheensis	白杨河两板贝
D. itaitubense	伊泰土两板贝
D. sp.	两板贝(未定种)
Digonophyllum	叠珊瑚属
D. salairicum	凹形叠珊瑚
Dilambda speciosa	秀丽双脊齿兽
Dinophyllum	卷心珊瑚属
D. sp.	卷心珊瑚(未定种)
Dinorthis sp.	恐正形贝(未定种)
Dionide cf. *jubata*	朱伯特美女神母虫(相似种)
Diphyphyllum kushanheense	库山河双形珊瑚
D. sp.	双形珊瑚
D. vesiculotabulatum	泡沫横板双形珊瑚
Diplagnostus	双分球接子属
D. floralis	花城双分球接子
D. sp.	双分球接子(未定种)
Diploepora	双孔珊瑚属
D. rarus	稀少双孔珊瑚
D. xinjiangensis	新疆双孔珊瑚
Diplograptus	双笔石属
D. alternus	交互双笔石
D. linearis	线型双笔石
D. sp.	双笔石(未定种)
D. xinjiangensis	新疆双笔石
Discoceras	盘角石属
D. eurasiaticum	欧亚盘角石
D. sp.	盘角石(未定种)
D. ventrosellatum	腹鞍盘角石
Disphyllum	分珊瑚属
D. sp.	分珊瑚(未定种)
Dombarites falcatoides	似镰形多姆巴菊石
Donetzites	顿涅茨珊瑚
Dongqiaostroma sp.	东桥层孔虫(未定种)
Dorlodotia	杜尔洛杜特珊瑚
D. xinjiangensis	新疆杜尔洛杜特珊瑚
Doryagnostus	矛球接子
D. magister	权威矛球接子
Dorypyge	叉尾虫属
D. sp.	叉尾虫(未定种)
Douvillina sp.	豆维尔贝(未定种)
Drepanophycus	镰蕨属
Drpanozamites nilssoni	尼尔桑氏镰刀羽叶
D. sp.	镰刀羽叶(未定种)
Drepanura	蝙蝠虫属
Dsungarichthys	准噶尔鱼
D. bilineatus	双线准噶尔鱼
Dsungaripterus	准噶尔翼龙属
D. weii	魏氏准噶尔翼龙
Dunbarula karakorunensis	喀喇昆仑小顿巴䗴
Durania sp.	杜兰蛤(未定种)
Durhamina sp.	德拉姆珊瑚
Dybowskiella sp.	代宝斯基氏苔藓虫(未定种)
Dzungariotherium orgosensis	霍尔果斯准噶尔巨犀
D. turfanensis	吐鲁番准噶尔巨犀
Dzungarisuchs manacensis	玛纳斯准噶尔鳄

E

Ecculiomphalus louderbacki	劳氏松旋螺
E. kepingtahensis	柯坪塔格松旋螺
Echinoconchus elegans	美雅轮刺贝
E. fasciatus	簇状轮刺贝
E. punctatus	刺瘤轮刺贝
E. sp.	轮刺贝(未定种)
Edelsteinaspis	埃德尔斯特虫属
Elatocaladus cf. *ovalis*	卵圆枞型枝(相似种)
E. sp.	枞型枝(未定种)
Eliva cf. *mignon*	纤丽爱利夫贝(相似种)
Elkania sp.	艾露根贝(未定种)
Ellesmeroceras holmi	侯尔木氏爱丽斯木角石
Elytha	爱莉莎贝属
E. aff. *subunduatus*	亚波形爱莉莎贝(亲近种)
Emanuella	爱曼扭贝属
Embolophyllum altunensis	阿尔金栓珊瑚
Emmonsia	爱孟斯珊瑚
E. sp.	爱孟斯珊瑚(未定种)
Emplectopteris triangularis	三角织羊齿
Encrinuridae	彗星虫科
Encrinuroides	似彗星虫属
Encrinurus	彗星虫属

E. sp.	彗星虫(未定种)
Endophyllum	内板珊瑚属
E. sp.	内板珊瑚(未定种)
Endothyra sp.	内卷有孔虫(未定种)
Endymionia cf. *semielliptica*	半椭圆安得美虫(相似种)
E. nodosa	瘤安得美虫
E. sp.	安得美虫(未定种)
Ensidens lanceolatus	矛形剑齿蚌
E. pazi	帕氏剑齿蚌
Enteletes xinjiangensis	新疆全板贝
Enterolasma	肠状珊瑚属
E. sp.	肠状珊瑚(未定种)
Entolium sp.	光海扇(未定种)
Eoadnatoceras sp.	始阿德纳特角石(未定种)
Eocytheropteron kalicky	卡氏古翼神介
E. sp.	古翼神介(未定种)
Eodevonaria	古泥盆贝属
E. arcuata	弓形古泥盆贝
Eofletcheria	始弗莱契珊瑚
E. sp.	始弗莱契珊瑚(未定种)
E. xinertaiensis	新二台始弗莱契珊瑚
Eofletcheriella primitive	原始始似弗莱契珊瑚
Eomarginifera	始围脊贝属
E. sp.	始围脊贝(未定种)
Eoparafusulina	始拟纺缍䗴属
E. constans	稳固始拟纺缍䗴
E. contracta	较短始拟纺缍䗴
E. ferganensis	费尔干始拟纺缍䗴
E. instabilis	不定始拟纺缍䗴
E. ovata	卵形始拟纺缍䗴
E. parva	小始拟纺缍䗴
E. shengi	盛氏始拟纺缍䗴
E. sola	单独始拟纺缍䗴
Eoredlichia	古莱得利基虫属
Eoshengia	始盛氏虫属
Eosoptychopyge sp.	东方褶尾虫(未定种)
E. xinjiangensis	新疆东方褶尾虫
Eospirifer	始石燕属
E. radiatus	放射始石燕
E. tuvaensis	图瓦始石燕
Eostaffella eminea	突出始史塔夫䗴
E. ikensis tenebrosa	伊克始史塔夫䗴柔弱亚种
E. kasakhstanica	哈萨克斯坦始史塔夫䗴
E. mosquensis	莫斯科始史塔夫䗴
E. postmosquensis	后莫斯科始史塔夫䗴
E. sp.	始史塔夫䗴(未定种)
E. subsolana	东方始史塔夫䗴
E. parap·otvae	拟普罗特文始史塔夫䗴
E. protvae	普罗特文始史塔夫䗴
Eowentzelellites kunlunshanensis	昆仑山始文采珊瑚
Ephedra sp.	麻黄粉(未定种)
Epicanites	外钵菊石属
E. altayensis	阿勒泰外钵菊石
E. ellipticus	椭圆形外钵菊石
Epismilia	外剑珊瑚属
Epistreptophyllum	外弯珊瑚属
Epistroboceras	外旋角石属
E. ventrosiphonatum	腹体管外旋角石
Equisetites cf. *lateralis*	侧生似木贼(相似种)
E. ferganensis	费尔干似木贼
E. sarrani	沙兰似木贼
E. sp.	似木贼(未定种)
Equus przewalskyi	普氏野马
E. sanmeniensis	三门马
E. sp.	马(未定种)
Erbia	叶尔伯虫属
E. sp.	叶尔伯虫(未定种)
Erdosograptus	鄂尔多斯笔石属
Eremotoechia sp.	孤房贝(未定种)
Eucalymene quadrata	方形优隐头虫
Eucypris ambiens	包围真星介
E. bella	美丽真星介
E. concinna	美洁真星介
E. contorsinis	弯曲真星介
E. ignis	火焰真星介
E. inclinis	下倾真星介
E. inflata	膨凸真星介
E. longa	长真星介
E. koktalensis	科克塔真星介
E. normalis	正常真星介
E. obsoleta	衰退真星介
E. pira	梨形真星介
E. simplex	简单真星介
E. sp.	真星介(未定种)
Eudinoceras	真恐角兽属
E. sp.	真恐角兽(未定种)
Eumetria	尤梅贝属
Euoplocephalus	新头龙属

Euryspirifer 阔石燕属
E. cf. *paradoxus* 奇形阔石燕(相似种)
E. sp. 阔石燕(未定种)
Exigraptus 鄂西笔石属
Exogyra 歪嘴蛎属
E. cf. *turkestanensis* 突厥歪嘴蛎(相似种)

F

Fagus 山毛榉属
Fasciculophyllum 束珊瑚属
Favosites 蜂巢珊瑚属
F. barkolensis 巴里坤蜂巢珊瑚
F. cf. *eifeliensis* 艾弗尔蜂巢珊瑚(相似种)
F. cf. *prisca* 原始蜂巢珊瑚(相似种)
F. cf. *zhifangensis* 纸房蜂巢珊瑚(相似种)
F. ex gr. *hisingeri* 希申格蜂巢珊瑚(类群种)
F. forbesi 福培氏蜂巢珊瑚
F. goldfussi 戈得福兹氏蜂巢珊瑚
F. gothlandicus 戈特兰蜂巢珊瑚
F. qiemoensis 且末蜂巢珊瑚
F. sp. 蜂巢珊瑚(未定种)
F. squamulus 鳞刺蜂巢珊瑚
F. subgothlandicus 亚戈特兰蜂巢珊瑚
Favososphaeridium ruminatum 小蜂巢球形藻
F. sp. 蜂巢球形藻(未定种)
Fenestella sp. 窗格苔藓虫(未定种)
Ferganella 小费尔干贝
F. sp. 小费尔干贝(未定种)
Fergania bashibulakensis 巴什布拉克费尔干蛎
F. ferganensis 费尔干费尔干蛎
F. sewerzovii 斯氏费尔干蛎
Ferganoconcha burejensis 布列亚费尔干蚌
F. curta 短费尔干蚌
F. elongata 长费尔干蚌
F. jorekensis 若瑞克费尔干蚌
F. minor 小费尔干蚌
F. rotunda 圆费尔干蚌
F. sibirica 西伯利亚费尔干蚌
F. subcentralis 近中费尔干蚌
F. tomiensis 托姆费尔干蚌
Fimbrispirifer 花边石燕属
F. cf. *divaricata* 宽角花边石燕
F. sp. 花边石燕(未定种)
Fistulipora sp. 笛苔藓虫(未定种)
Flemingostrea? *hemiglobosa* 半球费里明牡蛎
F. kaschgarica 喀什噶尔费里明牡蛎
F. qimganensis 齐姆根费里明牡蛎
Fletcheriella 似弗莱契珊瑚属
F. cf. *sichuanensis* 四川似弗莱契珊瑚
F. xinjiangensis 新疆似弗莱契珊瑚
Florinites 周囊粉属
F. sp. 周囊粉(未定种)
Fluctuaria untatus 波状波形贝
Foraminifera 有孔虫类
Fuchunshania 府君山藻属
Fuchouia 复州虫属
F. sp. 复州虫(未定种)
Fukangichthys longidorsalis 长背鳍阜康鱼
F. sp. 阜康鱼(未定种)
Fukanggolepis barbaros 异地阜康鳄
Fusella similis 似纺缍贝
F. sp. 纺缍贝(未定种)
Fusiella pulchella 美丽微纺缍蜓
F. subtilis 柔微纺缍蜓
Fustiaria 拐杖贝属
F. sp. 拐杖贝(未定种)
Fusulina 纺缍蜓属
F. cheni 陈氏纺缍蜓
F. cylindrica 筒状纺缍蜓
F. erecta 直立纺缍蜓
F. flexilis 柔软纺缍蜓
Fusulinella bocki 薄氏小纺缍蜓
F. lexa 松卷小纺缍蜓
F. pseudobocki 假薄氏小纺缍蜓
F. sp. 小纺缍蜓(未定种)
Fuyunia junggarensis 准噶尔富蕴虫
Fuyunolites fuyunensis 富蕴富蕴日射珊瑚

G

Galahetes	加拉赫虫属
G. lata	宽形加拉赫虫
G. opimus	肥胖加拉赫虫
Gangamophyllum	圆蛤珊瑚属
G. sp.	圆蛤珊瑚(未定种)
Gaoyuzhuangia	高于庄叠层石属
Gastrioceras	腹菊石属
Gattendofia	加登多失菊石属
G. sp.	加登多夫菊石(未定种)
Gazella sp.	羚羊(未定种)
Geisonoceras sp.	檐角石(未定种)
Geitonograptus sp.	邻居笔石(未定种)
Gephuropora sp.	桥孔珊瑚(未定种)
Geragnostus sinensis	中华老球接子
G. sp.	老球接子(未定种)
Gervillella sp.	小荚蛤(未定种)
Gerronostroma	秃柱层孔虫属
Giangxiceras sp.	江西角石(未定种)
Gigantoproductus	大长身贝属
G. cf. *moderatus*	稳健大长身贝(相似种)
G. edelburgensis	爱德堡大长身贝
G. giganteus	巨型大长身贝
G. rectestrius	直隔大长身贝
G. semiglobosus	半球形大长身贝
G. sp.	大长身贝(未定种)
G. striatosulcatus	线槽大长身贝
G. superbus	超越大长身贝
Ginkgo huttoni	胡顿银杏
G. digitata	指状银杏
Ginkgocycadophytus sp.	银杏苏铁粉(未定种)
Ginkgoites magnifolius	大叶似银杏
G. obrutschewi	奥勃鲁契夫似银杏
G. sibiricus	西伯利亚似银杏
G. sp.	似银杏(未定种)
Ginkgophyllum ? sp.	银杏叶属 ?(未定种)
G. vsevolodii	魏氏银杏叶
Giraffidae	长颈鹿科
Glaphyrites clinei	克林雅菊石
Glaphurina sp.	小棘面虫(未定种)
Globigerina	抱球虫属
G. triloculinoides	三室抱球虫
Globivalvulina parva	小球瓣虫
Globoratalia	圆幅虫属
G. compressa	窄圆幅虫
G. conicotruncata	截锥圆幅虫
G. pseudobulloides	假泡圆幅虫
Globotrancana	球截虫属
Glossograptus	舌笔石属
G. hincksii	辛氏舌笔石
G. sp.	舌笔石(未定种)
Glossophyllum	舌叶属
G. ? *shansiensis*	陕西舌叶 ?
Glottimorpha ordirata	正舌形藻
G. yechengensis	叶城舌形藻
Glyptagnostus	雕球接子属
G. reticulatus	网形雕球接子
G. reticulatus angelini	安氏网形雕球接子
G. reticulatus reticulatus	网形网形雕球接子
G. stolidotus	胄甲雕球接子
Glyptograptus	雕笔石属
G. alternis	交错雕笔石
G. austrodentatus	澳洲齿状雕笔石
G. cf. *euglyphus*	精刻雕笔石(相似种)
G. cf. *tamariscus*	柽柳雕笔石
G. gracilis	纤细雕笔石
G. persculptus	雕刻雕笔石
G. sp.	雕笔石(未定种)
Glyptorthis sp.	雕正形贝(未定种)
Gnathodus	颚齿刺属
G. communatus	过渡颚齿刺
G. macer	大颚齿刺
G. nodosus	双瘤颚齿刺
G. sicilianus	西西里颚齿刺
Gomphatherium	嵌齿象属
G. sp.	嵌齿象(未定种)
Gongylina sp.	圆凝块叠层石(未定种)
Goniagnostus	棱角球接子属
G. nathorsti	纳氏棱角球接子
Goniatites	棱菊石属
G. chinensis	中华棱菊石
G. karajiraense	卡拉吉拉棱菊石
G. sp.	棱菊石(未定种)

G. xinjiangensis	新疆棱菊石
Gonioloboceras	角叶菊石属
G. sp.	角叶菊石(未定种)
Goniomya sp.	角海螂(未定种)
Goniophoora (*G.*) cf. *trapezoidalis*	梯形角蛤(相似种)
Gorbyoceras sp.	戈比角石(未定种)
Grammatodon (*G.*) sp.	线蚶(未定种)
Grandispirifer sp.	巨石燕(未定种)
Granularia sp.	粒状虫(未定种)
Granulatisporites sp.	粒面三缝孢(未定种)
Grevicalymene junggarensis	准噶尔深沟隐头虫
G. maloungkaensis	马弄卡深沟隐头虫
Grossouvia	粗菊石属
Gruneria sinensis	中华格鲁纳叠层石
G. cf. *biwabikia*	比瓦比克格鲁纳叠层石(相似种)
Gryphaea	卷嘴蛎属
Gshelia sp.	雪尔珊瑚(未定种)
Guerichiphyllum	居里希珊瑚属
Gymnites	裸齿菊石属
Gymnosolen	裸枝叠层石属
G. caris	宝贵裸枝叠层石
G. crass	厚壁叠层石属
G. paergangensis	帕尔岗裸枝叠层石
G. ramsayi	莱姆沙裸枝叠层石
G. sp.	裸枝叠层石(未定种)
G. yechengensis	叶城裸枝叠层石
Gypidula	鹰头贝属
G. acutilobata	尖叶鹰头贝
G. integra	完整鹰头贝
G. sp.	鹰头贝(未定种)
Gyroporella	圆孔藻属
Gyrostrea	圆牡蛎
G. turkestanensis	突厥圆牡蛎

H

Hadrosauria	鸭嘴龙超科
Hadrosauridae	鸭嘴龙科
Halobia	海燕蛤属
H. sp.	海燕蛤(未定种)
H. talauana	泰努海燕蛤
Halysites hoboksarensis	和布克赛尔链珊瑚
H. junggarensis	准噶尔链珊瑚
H. nilkaensis	尼勒克链珊瑚
Hamiapolleris	万格多肋粉
Hamiarges	半盲虫属
Hammatocnemis ovatus	卵形瘤肋虫
H. primitivus	原始瘤肋虫
Harpes	镰虫属
Harpidium magnum	大镰房贝
Harpoceras	镰菊石属
Hausmannia	荷叶蕨属
H. ussuriensis	乌苏里荷叶蕨
Hebukephyllum curvues	弯隔壁和布克珊瑚
Hedinaspis regalis	君王赫定虫
H. sp.	赫定虫(未定种)
Hedstroemophyllum	海斯却姆珊瑚属
H. crebrum	密刺海斯却姆珊瑚
Helcionella sp.	太阳女神螺(未定种)
Heliolitella	似日射珊瑚属
H. sp.	似日射珊瑚(未定种)
Heliolites	日射珊瑚属
H. barrandei	巴兰德日射珊瑚
H. densipores	密管日射珊瑚
H. disaer	不等日射珊瑚
H. dunbeiensis	东北日射珊瑚
H. sp.	日射珊瑚(未定种)
H. uksunayensis	乌格苏那依日射珊瑚
H. waicunensis	外村日射珊瑚
Helioplasma	日射网膜珊瑚属
Helioplasmolites	网射珊瑚属
H. barkolensis	巴里坤网射珊瑚
Helix pupa	小螺线螺
Hemicyon ? sp.	半熊?(未定种)
Hemicyprinotus valvaetumidus	隆壳半美星介
Hemifusulina cf. *consobrina*	相关半纺缍䗴(相似种)
Heptodon	犀貘属
H. tianshanensis	天山犀貘
Heritschioides neosymmetricus	新对称拟赫立奇珊瑚
Hermanites paijenborchiana	鱼形赫曼介
H. var. *adrusmanensis*	阿杜拉斯曼赫曼介
Herpetocyprella globosa	球形小爬星介
Hesperorthis elongatus	伸长西方正形贝
Hesterolites	异珊瑚属

Heterophyllia	异形珊瑚	*Howellella*	赫韦尔贝属
Heterotrapezophyllum	异棹珊瑚属	*H.* sp.	赫韦尔贝(未定种)
Hexagonaria	六方珊瑚属	*Hubeisphaera radiata*	放射湖北球形藻
H. sp.	六方珊瑚(未定种)	*Humboldtia*	洪波珊瑚属
Hexaphyllia	六方异珊瑚	*Hunanoclisia*	湖南蛛网珊瑚属
H. sp.	六方异珊瑚(未定种)	*Huochengella huochengensis*	霍城小霍城虫
Hindeodella	欣德刺属	*Hustedia* sp.	胡斯台贝(未定种)
H. qipanensis	棋盘欣德刺	*Huzhuia*	互助虫属
H. sp.	欣德刺(未定种)	*H. borohoroensis*	博罗霍洛互助虫
Himalaytes	喜马拉雅菊石属	*Hydrobia turfanensis*	吐鲁番水螺
Hipparion sp.	三趾马(未定种)	*Hymenophyllum*	膜叶蕨属
Hippurites sp.	圆扁螺(未定种)	*Hyolithellus*	小软舌螺属
Holaster	海胆	*H. vladimirovae*	费氏小软舌螺
Holcothyris tanggulaica	唐古拉沟孔贝	*Hyolithus* sp.	软舌螺(未定种)
Holmophyllum	侯尔孟珊瑚属	*Hyopsodus*	豕齿兽
H. hobuksarense	和布克赛尔侯尔孟珊瑚	*H.* sp.	豕齿兽(未定种)
H. sharburense	沙尔布尔侯尔孟珊瑚	*Hypagnostus*	隐球接子属
H. xinjiangensis	新疆侯尔孟珊瑚	*H. brevifrons*	短额隐球接子
H. zhifangense	纸房侯尔孟珊瑚	*H.* cf. *hunanicus*	湖南隐球接子
Homagnostus sp.	等称球接子(未定种)	*H. qilianensis*	祁连隐球接子
Homoceratoides xinjiangensis	新疆拟似腹菊石	*Hyriopsis*	帆蚌属
Hormotoma	链房螺属	*Hysterolenus*	后油栉虫属
Houyanotherium primigenum	早火焰兽	*H.* cf. *oblongus*	拉长后油栉虫(相似种)
H. simplum	简火焰兽	*H. oblongus*	拉长后油栉虫

I

Idiognothodus	异颚刺属	*I.* ? sp.	印度尼西亚菊石?(未定种)
I. delicatus	双叶异颚刺	*Indosphinctes* sp.	印度旋菊石(未定种)
Idiostroma	独体层孔虫属	*Indospirifer*	印度石燕属
Idolagnostus dryas	女神灵球接子	*Indricotherium grangeri*	谷氏巨犀
Igorella	伊高尔锥	*Iniopteris sibirica*	西伯利亚莫尼欧羊齿
I. monstrosa	奇形伊高尔锥	*Iniospheniscus talis*	显著扩尾轴球接子
Illaenus	斜视虫属	*Inkounia*	阴沟虫属
I. sinensis	中华斜视虫	*Innitagnostus ischnus*	瘦霜面球接子
I. sp.	斜视虫(未定种)	*Inversidens chungaricus*	准噶尔反铰蚌
Ilmenia sp.	伊尔门贝(未定种)	*I. wuerheensis*	乌尔禾反铰蚌
Ilyocypris cornae	柯氏土星介	*Inveratrypa*	颠倒无洞贝属
I. errabundis	浪游土星介	*I. sulcata*	凹槽颠倒无洞贝
I. kitaensis	奇台土星介	*Inzeria* sp.	印卓尔叠层石(未定种)
I. manasensis	玛纳斯土星介	*I. straticolumnaria*	层柱状印桌尔叠层石
I. tuberculoabundis	多结节土星介	*I. toctogulii*	托克托古尔印卓尔叠层石
Imitoceras	仿效菊石属	*I. xinjiangensis*	新疆印桌尔叠层石
Indonesites	印度尼西亚菊石属	*Iranophyllum*	伊朗珊瑚属

I. sp.　伊朗珊瑚(未定种)
Irinoceras altayensis　阿勒泰伊林菊石
Irvingella　小伊尔文虫属
I. tropica　热带小伊尔文虫
Isograptus　等称笔石
I. armatus　武装等称笔石
I. australis　澳洲等称笔石
I. caudatus　带尾等称笔石
I. caudatus imitatus　带尾等称笔石效仿亚种
I. cf. *floriformis*　花朵状等称笔石(相似种)
I. devergens　张开等称笔石
I. gibberulus　驼背等称笔石
I. maximondivergens　宽扩等称笔石
Isorthis　等正形贝属
I. sarburtensis　沙尔布尔提等正形贝
I. sp.　等正形贝(未定种)
I. wutublakensis　乌图布拉克等正形贝
Isotelus sp.　等称虫(未定种)
Ivodeina　爱弗得里贝属

J

Jacutophyton sp.　雅库特叠层石(未定种)
Janischewskina typica　典型杨尼谢夫斯基虫
Janograptus gracilis　纤细对向笔石
J. laxatus　疏松对向笔石
Jianshanites ramosus　分枝江山笔石.
Jiaoluotherium turfanense　吐鲁番觉罗兽
Jimusaria taoshuyuanensis　桃树园吉木萨尔兽
Jingguella　景谷介属
Jinghediscus　精河盘虫属
Jingyangia　泾洋虫属
J. sp.　泾洋虫(未定种)
Juglans　胡桃属
Junggarella sp.　小准噶尔虫(未定种)
Junggarophyllum planotabulatum　平板准噶尔珊瑚
Junggaria　准噶尔蕨属
J. spinosa　刺状准噶尔蕨
Junggarichthys longipectoralis　长胸鳍准噶尔鱼
Juresania cf. *juresanensis*　朱里桑朱里桑贝(相似种)
J. sp.　朱里桑贝(未定种)
Jurusania bozhatetageensis　包扎特塔格朱鲁赛叠层石
J. conjunta　连接朱鲁赛叠层石
J. procera　整齐朱鲁赛叠层石
J. sp.　朱鲁赛叠层石(未定种)

K

Kahlerina minima　微小卡勒錠
Kallirhnchia sp.　华嘴贝(未定种)
Kannemeyeridae　肯氏兽科
Kassinella　卡西娜珊瑚属
K. breviseptata　短隔壁卡西娜珊瑚
Katavia　卡塔夫叠层石
K. kunlunshanensis　昆仑山卡塔夫叠层石
K. minuta　微小卡塔夫叠层石
Kazakhstannia　哈萨克斯坦菊石属
Kelamailia typica　标准克拉麦里贝
Kelamayisaurus　克拉玛依龙属
K. petrolicus　石油克拉玛依龙
Kellawaysites ? sp.　凯拉微菊石?(未定种)
Kenophyllum xinjiangense　新疆空心珊瑚
Kepingaspis　柯平盾壳虫属
K. kepingensis　柯平柯平盾壳虫
K. tarimensis　塔里木柯平盾壳虫
Keriophyllum　角珊瑚属
K. sp.　角珊瑚(未定种)
Ketmenia taliqikeensis　塔里奇克克提明蛍虫
Ketophyllum　泡沫板珊瑚属
K. baichengense　拜城泡沫板珊瑚
K. borohoroshanense　博罗霍洛山泡沫板珊瑚
K. sp.　泡沫板珊瑚(未定种)
Kildinella sp.　柯尔金藻(未定种)
Kinkaidia　钦凯珊瑚属
Kizillia concavitabulata strigophylloides　凹横板基泽尔珊瑚绳珊瑚型亚种
Kodonophyllum　喇叭珊瑚属
K. junggarense　准噶尔喇叭珊瑚
Kokanostrea　可干牡蛎

K. bortokayensis	包特卡依可干牡蛎
K. kokanensis	可干可干牡蛎
Koninckocarina sp.	棘凸康宁克珊瑚
Kootenia	库廷虫属
K. camptodroma	弧形库廷虫
K. calvata	光滑库廷虫
K. sp.	库廷虫(未定种)
Koretrophyllites	帚叶属
K. ex gr. *liniaris*	线状帚叶(类群种)
K. typicus	典型帚叶
Kormagnostus simplex	简单木球接子
Kosmoceras jason	加桑考斯莫菊石
Kotuikania cf. *torulosa*	瘤状科坦加叠层石(相似种)
K. ? *keliyangensis*	克里杨科坦加叠层石?
Kozlowskia asiatica	亚洲柯氏贝
Krotovia pustulata	瘤状克罗托夫贝
Kueichouphyllum sinense	中国贵州珊瑚
Kueichoupora	贵州管珊瑚
K. sp.	贵州管珊瑚(未定种)
Kunlunoceras kunlunense	昆仑昆仑菊石
Kunmingaspis	昆明盾壳虫属
K. cf. *divergens*	外科昆明盾壳虫(相似种)
K. divergens	外科昆明盾壳虫
K. kalpinensis	柯坪昆明盾壳虫
Kussiella kussiensis	喀什喀什叠层石
K. ? sp.	喀什叠层石?(未定种)
K. tuanshanziensis	团山子喀什叠层石
Kutchithyris	库契孔贝属
K. cf. *pygmae*	矮小库契孔贝(相似种)
K. lingularis	舌形库契孔贝
K. tibetica	西藏库契孔贝
Kutorginella mosquensis	莫斯科库脱贝
Kyphophyllum	曲壁珊瑚属
K. sp.	曲壁珊瑚(未定种)

L

Labechia	拉贝希层孔虫属
L. denticulata	小齿拉贝希层孔虫
L. megacolumna	大柱拉贝希层孔虫
L. sp.	拉贝希层孔虫(未定种)
Laevidentalium sp.	光齿贝(未定种)
Laevigatosporites sp.	光面单缝孢(未定种)
Laminarites antiqussium	古片藻属
L. sp.	片藻(未定种)
Lamprotula(*Eolamprotula*)*turfanensis*	吐鲁番始丽蚌
Lanceolaria convexa	凸形矛蚌
Lapworthella	拉普渥兹螺属
L. bella	精美拉普渥兹螺
Lasiograptus sp.	毛笔石(未定种)
Lateralonchodina curvata	弯曲侧矛齿刺
Layomeryx sp.	柄杯鹿(未定种)
Leguminocythereis notata	显赫豆艳花介
Leiofusa	梭形藻属
L. digitata	指状梭形藻
Leiominuscula sp.	光面小球藻(未定种)
Leiopsophosphaera apertus	开放光球藻
L. densa	坚密光球藻
L. incrassa	厚缘光球藻
L. infriata	古光球藻
L. jugata	脊条光球藻
L. longiplicata	长褶光球藻
L. moniliformis	念珠状光球藻
L. solida	坚壁光球藻
L. sp.	光球藻(未定种)
L. sugaitensis	苏盖特光球藻
Leiotriletes	光面三缝孢属
Lejopyge	光尾球接子属
L. laevigata	平滑光尾球接子
Leonaspis	狮头虫属
L. (*Kettenraspis*)	克特纳虫亚属
Lepeophyllum cf. *actaeonelloides*	阿氏鳞片叶(相似种)
Lepidodendron sp.	鳞木(未定种)
Lepidodendropsis	拟鳞木属
L. hirmeri	希默拟鳞木
L. hoboksarensis	和布克赛尔拟鳞木
L. sp.	拟鳞木(未定种)
L. theodori	特氏拟鳞木
Lepidosigillaria acuminata	尖头鳞封印木
L. columnaria	柱状鳞封印木
L. sp.	鳞封印木(未定种)
Lepidotus rugosus	皱纹鳞齿鱼
L. unguieulatus	具爪鳞齿鱼
Leptaena	薄皱贝属
L. cf. *depressa*	扁平薄皱贝(相似种)

L. nanaformis	小型形薄皱贝
L. sp.	薄皱贝(未定种)
Leptaenella	小薄皱贝属
Leptaenopyxis	皱箱贝属
L. bouei	包氏皱箱贝
Leptagonia analoga	类似薄角贝
L. sp.	薄角贝(未定种)
Leptellina maxima	巨型准小薄贝
Leptelloidea	似薄皱贝属
Leptocythere andrusovi	安氏细花介
Leptpdesma sp.	弱带蛤(未定种)
Leptodus	蕉叶贝属
L. cf. *tenuis*	薄弱蕉叶贝(相似种)
L. nobilis	美丽蕉叶贝
Leptoglossa	薄舌贝属
Leptograptus sp.	纤笔石(未定种)
Leptophloeum rhombicum	斜方薄皮木
Leptoplastus	小塑造虫属
Leptostrophia	薄扭贝属
L. elegestica	埃列格斯特薄扭贝
L. rotunda	圆形薄扭贝
L. sp.	薄扭贝(未定种)
Leptostrophiidae	薄扭贝科
Lesueurilla defilippii	德菲利浦小莱苏里螺
Levenea orbiculata	圆形兰婉贝
Liangshanella	梁山古介形虫属
L. liangshanensis	梁山梁山古介形虫
L. orbicularis	圆梁山古介形虫
Lignum sp.	植物碎片(未定种)
Lima sp.	锉蛤(未定种)
Limnocythere	湖花介属
L. aligra	阿里格尔湖花介
L. argulata	怠慢湖花介
L. cinctura	环脊湖花介
L. dubiosa	凝湖花介
L. fragilis	脆弱湖花介
L. iliensis	伊犁湖花介
L. lenuie	软弱湖花介
L. limbosa	具缘湖花介
L. luculenta	光明湖花介
L. scrobicaula	有凹湖花介
L. venusta	可爱湖花介
Limopsis sp.	斜蚶(未定种)
Linella avis	鸟林涅尔叠层石
L. luanshishanensis	乱石山林涅尔叠层石
L. minuta	小型林涅尔叠层石
L. sp.	林涅尔叠层石(未定种)
Lineocypris inclinus	下倾线星介
L. ineptus	不适线星介
Lingula gorbyi	戈比舌形贝
Lingulella	小舌形贝属
L. sp.	小舌形贝(未定种)
Linocollenia minuta	小直纹具环叠层石
L. trileta	三裂直纹具环叠层石
Linoproductus cf. *maeniscus*	新月形线纹长身贝(相似种)
L. cora	阎婆线纹长身贝
L. corrugatus	褶皱线纹长身贝
L. lineatus	线形线纹长身贝
L. sinensis	中华线纹长身贝
L. sp.	线纹长身贝(未定种)
Lioestheria	光滑叶肢介属
L. evenkiensis	伊文克光滑叶肢介
Liospira sp.	滑螺(未定种)
Liostracina	光斜虫属
Liostrea	光蛎属
L. bimanica	缅甸光蛎
L. oxiana	奥氏光蛎
Lisania	李三虫属
Lissatrypa hoboksarensis	和布克赛尔柔无洞贝
L. sarburtensis	沙尔布尔提柔无洞贝
Lithostrotion	石柱珊瑚属
L. planocystatum	平板泡沫石柱珊瑚
L. proliferum	多盲石柱珊瑚
L. sp.	石柱珊瑚(未定种)
Lithostrotionella sp.	小石柱珊瑚(未定种)
Litia sp.	莱特叠层石(未定种)
Lituites	喇叭角石属
Lonchodina bischoffi	毕斯考夫矛刺
Lonchodomas huanxingshanensis	环形山矛头虫
L. sp.	矛头虫(未定种)
Lonsdaleia sp.	郎士德珊瑚(未定种)
Lopha	梭蛎属
Lophialetes expeditus	快棱脊齿貘
Lophocarinophyllum sp.	刺板顶柱珊瑚(未定种)
Lophominuscula sp.	瘤面小球藻(未定种)
Lophophyllidium	顶柱珊瑚属
L. coniforme	圆锥形顶柱珊瑚
L. pendalum	钟摆顶柱珊瑚

L. sp. 顶柱珊瑚(未定种)
Lophophyllum sp. 顶饰珊瑚(未定种)
Lophosphaeridium acietatum 尖顶瘤面球形藻
L. sp. 瘤面球形藻(未定种)
L. yichangensis 宜昌瘤面球形藻
Lophotriletes sp. 三角锥瘤孢(未定种)
Lopochites 扁形壳属
Lotagnostus asiaticus 亚洲花球接子
L. hedini 赫氏花球接子
L. punctatus 斑点花球接子
L. punctatus xinjiangensis 斑点花球接子新疆亚种
L. spectabilis 醒目花球接子
Loxoconcha laculata 坑弯贝介
L. lenticularis 凸镜形弯贝介
L. tumidulus 稍膨胀弯贝介
Loxonema sp. 曲线螺(未定种)
Lundbladispora 龙布拉德孢属
Lucina sp. 满月蛤(未定种)
Lueckisporites 二肋粉属
L. sp. 二肋粉(未定种)
Lyopora 松孔珊瑚属
Lyrielasma ? sp. 琴状珊瑚?(未定种)
Lystrosaurus 水龙兽属
L. broomi 步氏水龙兽
L. hedini 赫氏水龙兽
L. latifrons 宽额水龙兽
L. robustus 粗壮水龙兽
L. sp. 水龙兽(未定种)
L. weidenreichi 魏氏水龙兽
L. youngi 杨氏水龙兽
Lytvolasma 厚板珊瑚属
L. sp. 厚板珊瑚(未定种)

M

Maclurites sp. 马氏螺(未定种)
Macrocephalites sp. 大头菊石(未定种)
Macroptycha sp. 大褶藻(未定种)
Mactra 蛤蜊属
Magnolia 木兰属
M. sp. 木兰(未定种)
Maklaya sp. 马克莱氏䗴(未定种)
Malungia 马龙虫属
Mamechisauridae 马门溪龙科
Mammathus sp. 猛犸象(未定种)
Manasichthys macrolepsis 大鳞玛纳斯鱼
Mantelliceras 满德尔菊石属
Mapania 磨盘虫属
Marattiopsis muensteri 敏斯特拟合囊蕨
Margaritifera 珍珠蚌属
Marginatia sp. 边缘贝(未定种)
Marginifera 围脊贝属
M. praegratiosus 前可爱围脊贝
M. shansiensis 山西围脊贝
M. sp. 围脊贝(未定种)
M. typica 标准围脊贝
Margominuscula aff. *tennela* 薄壁厚缘小球藻(亲近种)
M. ovale 卵形厚缘小球藻
M. quadratum 方形厚缘小球藻
Martinia 马丁贝属
M. semiconvexa 半凸马丁贝
M. shansiensis 山西马丁贝
Martiniella sp. 小马丁贝(未定种)
Mastodon sp. 乳齿象(未定种)
Matherellina sp. 准马特氏螺(未定种)
Mediocypris schneiderae 斯氏中星介
Megachonetes 大戟贝属
M. siblyi 希伯莱大戟贝
M. zimmermanni 吉氏大戟贝
Megakozlowskiellina 大柯氏贝属
Megalosauridae 巨齿龙科
Megamyonia 巨筋贝属
Megapalaeolenus sp. 大古油栉虫(未定种)
Megasaculina atava 原始大隐核藻
Megastrophia 巨扭贝属
M. sp. 巨扭贝(未定种)
Meitenella 小湄潭虫属
Meleagrinella sp. 斑蛤(未定种)
Melonis formosa 美丽苹果虫
Mendolaspis sp. 门多尔盾虫(未定种)
Meniscophyllum sp. 新月珊瑚(未定种)
M. xinjiangense 新疆新月珊瑚
Meretrix incrassata 增厚文蛤
Merista 双分贝属
Meristella sp. 小双分贝(未定种)

Meristina	准双分贝属
M. barkolensis	巴里坤准双分贝
M. sp.	准双分贝(未定种)
Merocanites sp.	裂钵菊石(未定种)
Mesocalamites	中芦木属
M. sp.	中芦木(未定种)
Mesofavosites	中巢珊瑚属
M. alveolitoformis	槽珊瑚型中巢珊瑚
M. baichengensis	拜城中巢珊瑚
M. barkolensis	巴里坤中巢珊瑚
M. cf. *ajaquensis*	阿扎库中巢珊瑚(相似种)
M. dualis var. *mutabilis*	双重中巢珊瑚易变变种
M. jingheensis	精河中巢珊瑚
M. kaokesaiergaiensis	考克赛尔盖中巢珊瑚
M. khalfini	哈氏中巢珊瑚
M. obliquus	斜壁中巢珊瑚
M. shansiensis	山西中巢珊瑚
M. sp.	中巢珊瑚(未定种)
M. zhifangensis	纸房中巢珊瑚
Mesonychidae	中兽科
M. sp.	中兽(未定种)
Mesoplica	中褶贝属
M. abyschevensis	阿比谢夫中褶贝
M. sp.	中褶贝(未定种)
Mesosolenia	中管珊瑚属
M. sp.	中管珊瑚(未定种)
Mesosuchia	中鳄亚目
Metacypris mackerrowi	马氏圆星介
M. striata	线形圆星介
Metaredlichia	后莱得利基虫属
Metaredlichioides	后莱得利基形虫属
M. conicus	尖缩后莱得利基形虫
M. kelpinensis	柯坪后莱得利基形虫
M. tarimensis	塔里木后莱得利基形虫
Metriophyllum	限珊瑚属
M. sp.	限珊瑚(未定种)
Michelinia	米氏珊瑚属
M. sp.	米氏珊瑚(未定种)
Michelinoceras dayongense	大庸米氏角石
M. paraelongatum	副细长米氏角石
M. sp.	米氏角石(未定种)
M. yui	俞氏米氏角石
Microconcentrica cf. *induplicata*	多纹同心藻(相似种)
Microdonta	微齿蚌属
M. plathikovskiensis	普洛特珂夫微齿蚌
M. sp.	微齿蚌(未定种)
M. subovata	近卵圆微齿蚌
Micrhystridium sp.	微刺藻(未定种)
Microphyton sp.	微叠层石(未定种)
Microplasma	小泡沫珊瑚属
M. gotlandicum	哥特兰小泡沫珊瑚
M. sp.	小泡沫珊瑚(未定种)
Microsolena	微沟珊瑚属
Mictosaukia	杂索克虫属
Miculiella	小娃珊瑚属
Milleporidium sp.	拟多孔层孔虫(未定种)
Miliolina sp.	粟虫(未定种)
Mimella sp.	拟态贝(未定种)
Minheella acuminata	渐尖民和介
M. deformis	变形民和介
M. subuninoda	近单节民和介
M. uninoda	单节民和介
Minjaria	米牙尔叠层石
M. uralica	乌拉尔米牙尔叠层石
Minojapanella sp.	日本美浓䗴(未定种)
Misellina	米斯䗴属
M. claudiae	喀劳得氏米斯䗴
M. ovalis	卵形米斯䗴
M. sphaerica	球形米斯䗴
M. sp.	米斯䗴(未定种)
Modiolopsis anna	安娜拟瓢蛤
M. sp.	拟瓢蛤(未定种)
Modiolus sp.	偏顶蛤(未定种)
Mongolianella sp.	蒙古介(未定种)
Mongoliemy turfanensis	吐鲁番蒙古龟
Monoclimacis	单栅笔石属
Monocolpates	单沟粉属
Monodiexodina	单通道䗴属
M. caracorunensis	喀喇昆仑单通道䗴
M. kattaensis	卡塔单通道䗴
M. sutschanica	苏特斯肢单通道䗴
M. wanneri	沃纳氏单通道䗴
Monograptus	单笔石属
M. angustidens	狭齿单笔石
M. cf. *distans*	分开单笔石(相似种)
M. exiquus	短小单笔石
M. gregarius	群居单笔石
M. griestoniensis	格雷斯顿单笔石

M. halli	赫氏单笔石
M. junggarensis	准噶尔单笔石
M. priodon	锯形单笔石
M. reductus	后退单笔石
M. sedgwickii	赛氏单笔石
M. turriculatus	小角塔状单笔石
M. uniformis	均一单笔石
M. varithecatus	变胞单笔石
Monotrematosphaeridium	单穴球形藻属
M. asperum	粗面单穴球形藻
Montlivaltia	高壁珊瑚属
Mortomiceras	莫顿菊石属
Moyerolites	莫耶鲁巢珊瑚属
M. sp.	莫耶鲁巢珊瑚(未定种)
Mucrospirifer	尖翼石燕属
M. bouchardi	包氏尖翼石燕
M. cf. *kondritivensis*	康卓提夫尖翼石燕(相似种)
M. mucronatus	尖翼尖翼石燕
M. pseudoposterus	假后尖翼石燕
M. sp.	尖翼石燕(未定种)
Muensteroceras sp.	敏斯特菊石(未定种)
Multisolenia	多管珊瑚属
Multithecopora	多壁管珊瑚属
Multituberculata	多瘤齿兽目
Murchisonia sp.	莫氏螺(未定种)
Myopholas multicostata	多脊螂海笋
M. sp.	螂海笋(未定种)
Mytilarca sp.	贻箱蛤(未定种)
Mytilus cf. *beyrichi*	贝利克壳莱蛤(相似种)

N

Nakamuranaia elongata	伸长中村蚌
N. manasensis	玛纳斯中村蚌
Nalivkina hoboksarensis	和布克赛尔纳利夫金贝
Nalivkinella	纳利夫金珊瑚属
N. echoensis	持有纳利夫金珊瑚
Nankinella sp.	南京䗴(未定种)
Natica sp.	玉螺(未定种)
Naticopsis	似玉螺属
Nautilus sp.	鹦鹉螺(未定种)
Neithea	简棱海扇属
N. (*Neithops*)	拟棱海扇亚属
N. (*N.*) sp.	拟棱海扇(未定种)
N. cf. *quadricostara*	四脊简棱海扇(相似种)
Nemagraptus	丝笔石属
N. gracilis	纤细丝笔石
Nemegtosaurus pachi	耙齿纳摩盖吐龙
Neoannularia triassica	三叠新轮叶
Neobangisuchus	新巴氏鳄属
Neobeichuanophyllum xinjiangense	新疆新北川珊瑚
Neobrachyelasma sp.	新短板珊瑚(未定种)
Neocalamites carcinoides	蟹形新芦木
N. carrerei	卡勒莱新芦木
N. hoeriensis	霍尔新芦木
N. rugosus	皱纹新芦木
Neoclisiophyllum sp.	新蛛网珊瑚(未定种)
N. yengtzeense	燕子岩新蛛网珊瑚
Neocyrtina	新弓形贝属
N. sp.	新弓形贝(未定种)
Neodimophoceras	新双形菊石属
N. sp.	新双形菊石(未定种)
Neodedinaspis xinjiangensis	新疆新赫定虫
Neoflabellina	新小扇形虫属
Neomultithecopora sp.	新多壁管珊瑚(未定种)
Neoplasmoporella gracilis	纤细新似网膜珊瑚
N. lamellosa	层状新似网膜珊瑚
Neopsilocephalina sp.	新裸头虫(未定种)
Neoretzia	新莱采贝属
N. sp.	新莱采贝(未定种)
Neoschizodus sp.	新裂齿蛤(未定种)
Neoschwagerina	新希瓦格䗴属
N. cheni	陈氏新希瓦格䗴
N. margaritae	珠新希瓦格䗴
N. sp.	新希瓦格䗴(未定种)
Neosibiriolites	新西伯利亚珊瑚属
N. zhejiangensis	浙江新西伯利亚珊瑚
Neospathodus	新片颚刺属
Neospirifer	新石燕属
N. concinnus	优美新石燕
N. sp.	新石燕(未定种)
N. striatilis	条纹新石燕
N. tegulatus	叠瓦新石燕
Neostaffella lorionovae	拉里奥诺娃新史塔夫䗴

Neostreptognathodus	新曲颚刺属
Neowormsipora minor	小型新沃姆斯珊瑚
Neozaphrentis	新内沟珊瑚属
N. xinjiangensis	新疆新内沟珊瑚
Nepea	蝎形虫属
Nerineopsis dawoustina	达沃斯海新螺
Nerita sp.	蜑螺(未定种)
Nestoria sp.	尼斯托叶肢介(未定种)
Nesuretus yinganensis	印干岛头虫
Neuropteris	脉羊齿属
N. sp.	脉羊齿(未定种)
Nicholsonia	尼可尔逊珊瑚属
Nicholsoniella	小尼可尔逊珊瑚属
Nicolella sp.	小尼科尔贝(未定种)
Nifasisporites	尼夫斯孢属
Nileus armadilloformis	坚质宝石虫
N. cf. *convergens*	收敛宝石虫(相似种)
N. liangshanensis	梁山宝石虫
N. sp.	宝石虫(未定种)
Nilssonia	尼尔桑属
N. acuminata	尖头尼尔桑
N. orientalis	东方尼尔桑
N. sp.	尼尔桑(未定种)
N. vittataeformis	狭带型尼尔桑
Nilssonipteris vittata	狭带尼尔叠带羽叶
Ningqianggolites	宁强日射珊瑚
N. xinjiangensis	新疆宁强日射珊瑚
Niobinae	女儿虫亚科
Noeggerathiopsis	匙叶属
N. cf. *batschatensis*	巴恰特匙叶(相似种)
N. derzarvinii	德氏匙叶
N. iljinskiensis	伊尔金斯匙叶
N. sp.	匙叶(未定种)
N. subangusta	较窄匙叶
N. tyrganica	土尔干匙叶
Nonion	诺宁虫属
N. sublaeve	亚光滑诺宁虫
Nonionella	小诺宁虫属
N. hebes	钝小诺宁虫
Nonionellina	似小诺宁虫属
Noripterus complicidens	复齿湖翼龙
Notothyris	背孔贝属
N. sp.	背孔贝(未定种)
Nucellosphaeridium asperum	粗面核球形藻
N. cultum	薄壁核球形藻
N. foverum	蜂房核球形藻
N. incrassatum	厚缘核球形藻
N. levigatum	光滑核球形燕
N. hyalinum	膜壁核球形藻
N. microstriatum	细纹核球形藻
N. oblongum	长圆形核球形藻
N. rugosum	有褶核球形藻
N. sp.	核球形藻(未定种)
N. sugaitensis	苏盖特核球形藻
Nuclella cf. *figurata*	图形小核叠层石(相似种)
Nucula	粟蛤属
Nuculana sp.	似粟蛤(未定种)
Nyctopora hoboksarensis	和布克赛尔夜孔珊瑚
N. raritabulata	疏横板夜孔珊瑚
N. sp.	夜孔珊瑚(未定种)
Nymphorhychia	宁芙贝属

O

Obolus sp.	圆货贝(未定种)
Obtusoconus multicostatus	多肋钝锥
Odontochile	齿边虫属
O. (*O.*) *sinensis*	中国齿边虫
O. (*Kasachstania*) *intermedia*	中间型哈萨克斯坦虫
Odontopteris	齿羊齿属
O. sp.	齿羊齿(未定种)
Oedorhachis crenias	泉水肿针球接子
Oijgodon ? sp.	少齿蚌?(未定种)
Oktavites	奥氏笔石属
O. cf. *intermedium*	中间奥氏笔石(相似种)
O. spiralis	螺旋奥氏笔石
O. yumensis	玉门奥氏笔石
Oldhamina	欧姆贝属
O. sp.	欧姆贝(未定种)
Olenilidae	小油栉虫科
Olenidae	油栉虫科
Olenoides sp.	拟油栉虫(未定种)
Olenus	油栉虫属
Omphalocyclus	圆脐虫属

Oncograptus 肿笔石属
O. upsilon 伊普西隆肿笔石
Oolithes elongatus 长圆形蛋
O. spheroides 短圆形蛋
Orbiculoidea 圆凸贝属
O. kalpinensis 柯坪圆凸贝
Orbitoides 圆片虫属
Orbitolina 小圆片虫属
Ornithopoda 鸟脚亚目
Orthis 正形贝属
O. sp. 正形贝(未定种)
Orthograptus 直笔石属
O. abbreviatus 短缩直笔石
O. apiculatus 尖细直笔石
O. eurefractus 曲折直笔石
O. quadrimucronatus 四刺直笔石
O. recurreensis 下弯直笔石
O. rougensis 鲁曰直笔石
O. sp. 直笔石(未定种)
O. vesiculosus 轴囊直笔石
Orthonota 反直蛏属
Orthonotacythere wuqiaensis 乌恰直背女神介
Orthophyllum 直形珊瑚属
Orthotetes cf. *expansus* 横展直形贝(相似种)
O. radiata 放射直形贝
O. sp. 直形贝(未定种)
Orthotetina 准直形贝属
O. curvata 弯曲准直形贝
Orthotichia marginifica 巨大直房贝
O. morganiana 毛根直房贝
O. sp. 直房贝(未定种)
Oryctocephalus 掘头虫属
O. sp. 掘头虫(未定种)
Orygmatosphaeridium sp. 巢面球形藻(未定种)
Osagia donatella 都纳特奥萨季核形石
O. elasma 薄片状奥萨季核形石
O. matekensis 马特克奥萨季核形石
O. minuta 小型奥萨季核形石
O. sp. 奥萨季核形石(未定种)
O. stenuilamellata 薄小板奥萨季核形石
O. tungchuanensis 铜川奥萨季核形石
O. xinjiangensis 新疆奥萨季核形石
Osculigera cleggi 克氏吻孔蛤
O. xinjiangensis 新疆吻孔蛤
Osmundocidites parvus 小型紫萁孢
Ostrea (*Turkostrea*) *afghanica* 阿富汗突厥牡蛎
O. (*T.*) *bassunensis* 拜松突厥牡蛎
O. bellovacina 别洛瓦茨牡蛎
O. cf. *delettrei* 戴氏牡蛎(相似种)
O. delettrei 戴氏牡蛎
O. multicostata 多脊牡蛎
O. oxiana 奥氏牡蛎
O. rouvillei 罗氏牡蛎
O. (*Turkostrea*) *strictiplicata* 狭褶突厥牡蛎
O. vatonnia 瓦顿牡蛎
Otozamites 耳羽叶属
O. bengalensis 孟加拉耳羽叶
Ovalitheca 蛋管螺属
O. cf. *mongolica* 蒙古蛋管螺(相似种)
Ovalipollia cf. *ovalis* 卵形卵形粉(相似种)
Ovatia 卵形贝属
Oxoplecia holstonensis 霍尔斯顿锐重贝
Oxycerites sp. 尖齿菊石(未定种)
Oxytoma 尖嘴蛤属
Ozawainella 小泽䗴属
O. pseudotingi 假丁氏小泽䗴
O. rhmboidalis 斜方形小泽䗴
O. sp. 小泽䗴(未定种)
O. vozhgalica 伏芝加尔小泽䗴

P

Pachycanalicula 厚小管珊瑚属
Pachyfavosites 厚巢珊瑚属
P. avidus 贪婪厚巢珊瑚
P. cf. *gesamiaoensis* 格沙庙厚巢珊瑚
P. humatus 钩形厚巢珊瑚
P. polymorphus 多形厚巢珊瑚
P. rarus 疏板厚巢珊瑚
P. sp. 厚巢珊瑚(未定种)
P. yui 俞氏厚巢珊瑚
Pachymya sp. 厚海螂(未定种)
Pagetia 佩奇虫属
P. parabootes 拟牧夫佩奇虫

Pagetides 拟佩奇虫属
P. huochengensis 霍城拟佩奇虫
Pagodia ? kunlunensis 昆仑宝塔虫？
Paijenborchella 鱼形介属
P. tricostata 三脊鱼形介
Palaeanodonta cf. *longissima* 长形古无齿蚌（相似种）
P. costor 海狸古无齿蚌
P. glossitiformis 舌状古无齿蚌
P. lanceolata 矛状古无齿蚌
P. pseudolongissima 假长形古无齿蚌
P. sp. 古无齿蚌（未定种）
Palaeobolus 古圆货贝属
Palaeofavosites 古巢珊瑚属
P. forbesiformis septata 福培氏型古巢珊瑚隔壁亚种
P. jifukeensis 基夫克古巢珊瑚
P. sp. 古巢珊瑚（未定种）
Palaeofossus 古凹沟虫属
P. (*Meitanella*) 小湄潭虫亚属
P. (*M.*) *subcylindrica* 亚柱形小湄潭虫
P. (*M.*) *xinjiangensis* 新疆小湄潭虫
Palaeolenus 古油栉虫属
Palaeoloxodon namadicus 纳玛古菱齿象
P. sp. 古菱齿象（未定种）
Palaeomutela meglecta 微古米台蚌
P. murchisoni 莫氏古米台蚌
P. sp. 古米台蚌（未定种）
P. subparallela 近平行古米台蚌
Palaeoniscidae 古鳕科
Palaeopinus 古松粉属
Palaeophyllum siluriense 志留古珊瑚
Paleosmilia 古剑珊瑚属
P. regia 华美古剑珊瑚
P. sp. 古剑珊瑚（未定种）
Palaeostraea 古星珊瑚属
Panisollenia cf. *vulgaris* 普通瘤结叠层石（相似种）
P. emergens 出现瘤结叠层石
P. sp. 瘤结叠层石（未定种）
Paokannia 保康虫属
P. sp. 保康虫（未定种）
Parabolinella cf. *latilimbata* 宽缘小副美女神虫（相似种）
Parablina spinulosa 多刺副美女神虫
Parabrontops sp. 副雷兽（未定种）
Paracalamites 副芦木属
P. sp. 副芦木（未定种）
P. stenocostatus 细肋副芦木
Paracaninia 拟犬齿珊瑚属
P. yohi 乐氏拟犬齿珊瑚
Paracandona euplectella 优褶似玻璃介
Paraceratherium lipidus 精致副巨犀
P. tienshanensis 天山副巨犀
Paracolonnella ? sp. 拟圆柱叠层石？（未定种）
P. shungyinshanense 双鹰山拟圆柱叠层石
Paraconophyton sp. 似锥叠层石（未定种）
Paracyclas cf. *rugosa* 皱准球蛤（相似种）
Paracyathus 拟杯珊瑚属
Paracypris argute 尖锐拟金星介
Paradamesops 拟德氏盾甲虫属
P. jimaensis 寄马拟德氏盾甲虫
Paradechenella 副德钦虫属
Paradimorphoceras xinjiangensis 新疆副双形菊石
Paradoxides oelandicus 奥兰德奇异虫
Paradoxididae 奇异虫科
Parafusulina 拟纺缍䗴属
P. multiseptata crassispira 多隔壁拟纺缍䗴粗旋亚种
P. sp. 拟纺缍䗴（未定种）
P. yabei 矢部拟纺缍䗴
Paragloborilus 拟球管螺属
P. subglobosus 亚球形拟球管螺
Paragranulos 副野营虫属
P. kunmingensis 昆明副野营虫
Paragondwanidium aff. *sibiricum* 西伯利亚副冈瓦纳羊齿（亲近种）
Parahalobia sp. 副海燕蛤（未定种）
Parakannemoyeria 副肯氏兽属
P. brevirstris 短吻副肯氏兽
Parakassinella 拟卡西娜珊瑚属
P. sinensis 中华拟卡西娜珊瑚
Parakrithella sp. 似小克里特介（未定种）
Paralligatoridae 副鳄科
Parallelopora 平行孔层孔虫属
Parallelostroma cf. *typicum* 典型平行层层孔虫（相似种）
Paralleynia 拟阿林珊瑚属
Paramecephalus sp. 拟美头虫（未定种）
Paramphipora 拟双孔层孔虫属
P. sp. 拟双孔层孔虫（未定种）
Paramuirwoodia 拟穆武贝属
P. pseudoartiensis 假阿尔特拟穆武贝
P. quadrata 四方拟穆武贝

P. sp.	拟穆武贝(未定种)
Paraphillipsinella sp.	副小菲利浦虫(未定种)
P. cf. *curusa*	弧形副小菲利浦虫(相似种)
Paraplegmatograptus sp.	拟绞笔石(未定种)
Parapronorites	副前诺利菊石属
P. sp.	副前诺利菊石(未定种)
Paraschwagerina	拟希瓦格䗴属
Paraspirifer	拟石燕属
P. gigantea	大型拟石燕
Parastromatopora sp.	拟层孔虫(未定种)
Parastrophinella jiabosarensis	加波萨尔小准副凸贝
Parastelliporella retiformis	网状拟星孔珊瑚
Paratetradium dichoforme	双形似四分管珊瑚
P. tollinoides	托林珊瑚型似四分管珊瑚
P. xinertaiensis	新二台似四分管珊瑚
Parathamnopora	拟灌木孔珊瑚属
Paraverbeekina cf. *umbilicata*	有脐拟费伯克䗴(相似种)
Parisoceraurus donjiunggarensis	东准噶尔似角昆虫
P. jiabosarensis	加波萨尔似角尾虫
Parmites sp.	巴米特叠层石(未定种)
Parotosaurus sp.	曲耳龙(未定种)
P. turfanensis	吐鲁番曲耳龙
Paterina sp.	神父贝(未定种)
Patomia	帕托姆叠层石属
P. pichangensis	皮昌帕托姆叠层石
Pecopteris	栉羊齿属
P. anthriscifolia	峨参栉羊齿
P. orientalis	东方栉羊齿
P. sp.	栉羊齿(未定种)
Peltura	小尾虫属
Pentagonocyclicus sp.	五角海百合茎(未定种)
Pentamerus	五房贝属
P. cf. *oblongus*	矩圆形五房贝(相似种)
P. kamyschenshiensis	卡姆珊斯基五房贝
P. magianicus	巨大五房贝
P. sp.	五房贝(未定种)
Pentaphyllum	五隔壁珊瑚属
Pericyclus sp.	周圆菊石(未定种)
Peritrochia	环轮菊石属
Permodiscus sumsarensis	苏木萨尔二叠盘虫
Peronopsis	胸针形球接子属
P. sp.	胸针形球接子(未定种)
P. triangulus	三角胸针形球接子
Perrinites cf. *beede*	彼得佩林菊石(相似种)

P. cf. *cumins*	库明佩林菊石(相似种)
Petalolithus	花瓣笔石属
P. atavus	原始花瓣笔石
P. minor	短小花瓣笔石
P. tenuis	细小花瓣笔石
Phacops	镜眼虫属
P. mangkeluensis	芒克鲁镜眼虫
Phacellophyllum	丛分珊瑚属
Phaedrolosaurus ilikensis	艾里克敏捷龙
Phalacroma sp.	秃球接子(未定种)
Phaneroceras cf. *compressum*	扁缩显菊石(相似种)
Phillipsastraea	菲利浦星珊瑚属
Phlebopteris brauni	布氏异脉蕨
P. linearfolis	线叶异脉蕨
P. sp.	异脉蕨(未定种)
Phoenicopsis	拟刺葵属
P. angustifolia	狭叶拟刺葵
P. speciosa	华丽拟刺葵
Pholadomya konincki	康氏笋海螂
P. sp.	笋海螂(未定种)
Pholidophoridae	叉鳞鱼科
Pholidophoriformes	叉鳞鱼目
Pholidosauridae	大头鳄科
Phricodothyris	纹窗贝属
P. asiatica	亚洲纹窗贝
P. sp.	纹窗贝(未定种)
Phyllograptus angustifolius	狭窄叶笔石
P. anna	安娜叶笔石
Phyllotheca etheridgei	伞杯叶
P. sp.	杯叶(未定种)
Picea	云杉属
P. sp.	云杉(未定种)
Pinus	松属
Pisidium amunicum	河豆蚬
Pityophyllum longifolium	长叶松型叶
P. nordenskioldi	诺登斯基阿德松型叶
P. sp.	松型叶(未定种)
P. startachini	史塔拉脱希松型叶
Pityisporites	松型粉属
P. sp.	松型粉(未定种)
Placocoenites	平槽珊瑚属
Placenticeras placenta	饼状饼菊石
Plaesiomys	伛偻贝属
P. sp.	伛偻贝(未定种)

Plagiostoma sp.	斜铿蛤(未定种)
Plasmoporella	似网膜珊瑚属
P. bifida	双列似网膜珊瑚
P. convexotabulata	拱板似网膜珊瑚
P. convexotabulata maxima	拱板似网膜珊瑚大型亚种
P. gigantea	巨型似网膜珊瑚
P. intermedia	中间型似网膜珊瑚
Platybelodon	铲齿象属
P. sp.	铲齿象(未定种)
Platygena asiatica	亚洲碟蛎
Platygoniatites	宽棱菊石属
Platymene sp.	平扭贝(未定种)
Plectatrypa	褶无洞贝属
P. sp.	褶无洞贝(未定种)
P. transversa	横展褶无洞贝
Plectocamara	褶房贝属
P. altunensis	阿尔金褶房贝
P. sp.	褶房贝(未定种)
Plectoglossa ? sp.	褶舌贝?(未定种)
P. yinganensis	印干褶舌贝
Plectospirifer	褶石燕属
P. desquamata	剥鳞褶石燕
Plectostroma	绞层孔虫属
Plerophyllum	满珊瑚属
Plesiosauria	蛇颈龙亚目
Pleurodictyum	肋巢珊瑚属
P. sp.	肋巢珊瑚(未定种)
Plexodictyon sp.	织层孔虫(未定种)
Plicochonetes	线戟贝属
P. sp.	线戟贝(未定种)
Plicatifera alexandri	亚力山大轮皱贝
Pliomerina sp.	小多股虫(未定种)
Poculishphinctes sp.	杯状旋菊石(未定种)
Podozamites lanceolatus	披针苏铁杉
P. schenki	欣克苏铁杉
P. sp.	苏铁杉(未定种)
Polycladium tuertusense	玉尔吐斯多枝骨针
Polydiexodina douglasi	道格拉斯复通道䗴
P. praecursur	前走复通道䗴
P. ruoqiangensis	若羌复通道䗴
P. sp.	复通道䗴(未定种)
P. sumardi	舒马德复通道䗴
Polyedryxium sp.	角藻(未定种)
Polygrapta	多雕饰叶肢介属
P. chatangensis	哈棵根多雕饰叶肢介
P. sp.	多雕饰叶肢介(未定种)
Polynucella biconcentrica	双同心多核藻
P. sp.	多核藻(未定种)
Polypodiaceae	真环水龙骨超科
Polyporata microporosa	小孔多孔体
P. obsoteta	模糊多孔体
P. sp.	多孔体(未定种)
Polythecalis sp.	多壁珊瑚(未定种)
Pontocypris micans	闪烁海星介
Popanoceras aff. *bowmani*	鲍曼圆饼菊石(亲近种)
Porcaconus xinjiangensis	新疆脊锥
Posidonia	海浪蛤属
P. sp.	海浪蛤(未定种)
Potamageton sp.	眼子菜(未定种)
Potamides ? *romanaoskyi*	诺曼诺斯基汇螺
P. sp.	汇螺(未定种)
Potamocypris arcuata	弓形河星介
P. longisetosa	长刚毛河星介
P. plana	扁平河星介
P. reflecta	弯曲河星介
Pracyclolites	前圆珊瑚属
Praesolenopora sp.	前管孔藻(未定种)
Praewaagenoconcha	先瓦岗贝属
P. cf. *maxima*	大型先瓦岗贝(相似种)
P. cf. *speciosa*	美丽先瓦岗贝(相似种)
P. kenlyhoensis	根里河先瓦岗贝
Prelepidodendron	先鳞木属
Primitiphyllum	原始珊瑚属
P. ? sp.	原始珊瑚?(未定种)
Prismatomorphaitae	棱面球形藻
P. nucleolata	核形棱面球形藻
Prismatophyllum	多角珊瑚属
P. sp.	多角珊瑚(未定种)
Pristiograptus cf. *angutus*	整洁锯笔石(相似种)
P. cf. *jaculus*	投射锯笔石(相似种)
P. cyphus	曲背锯笔石
P. ex gr. *concinnus*	整齐锯笔石(类群种)
P. leei	李氏锯笔石
Proaraiopleura	原少肋虫
P. sp.	原少肋虫(未定种)
Probaicalia sp.	前贝加尔螺(未定种)
Proceratopyge cf. *stabilis*	坚固原刺尾虫(相似种)
P. minor	小型原刺尾虫

P. rectispinatus	直刺原刺尾虫
P. sp.	原刺尾虫(未定种)
P. yardanshanensis	鸭蛋山原刺尾虫
Prochungia	原庄氏虫属
Prodinoceras	原恐角兽属
P. diconicus	双角原恐角兽
P. turfanensis	吐鲁番原恐角兽
Productella	小长身贝属
P. aff. *lanchrymosa* var. *asiatica*	泪滴小长身贝(亲近种)亚洲变种
P. sp.	小长身贝(未定种)
Productus	长身贝属
P. chonetiformis	戟型长身贝
P. concinnus	优美长身贝
P. productus	长身长身贝
Proetus	砑头虫属
Profusulinella	原小纺缍䗴属
P. constans	稳固原小纺缍䗴
P. deprati	戴普拉氏原小纺缍䗴
P. kerameiliensis	克拉麦里原小纺缍䗴
P. koxkudukensis	科什库都克原小纺缍䗴
P. librovichi	里伯奥维奇原小纺缍䗴
P. parva	小原小纺缍䗴
P. praetypica	前标准原小纺缍䗴
Progeronia	原老菊石属
Prohadrosauridae	原鸭嘴龙科
Prokopievskia sp.	浦洛可培夫蚌(未定种)
Prolacertoides jimusarensis	吉木萨尔类原蜥
Prolecanites lenticularis	饼状前碟菊石
Prolepidodendron	前鳞木属
Propeamussium (*Parvamussium*) *pumilum*	矮小小盾海扇
Propinacoceras kunlunense	昆仑原碟菊石
Propontocypris aceris	尖锐始海星介
Propora granulata	颗粒状原孔珊瑚
P. xinjiangensis	新疆原孔珊瑚
Prosymphysurus sp.	原粘壳虫(未定种)
Protabrograptus	古娇笔石属
P. sp.	古娇笔石(未定种)
protatrypa	原无洞贝属
Proterfieldia sp.	原野虫(未定种)
Proteuloma huochengensis	霍城原美丽饰边虫
Protocanites	原钵菊石属
P. sp.	原钵菊石(未定种)
Protocardia sp.	始心蛤(未定种)
Protochonetes	原戟贝属
Protohaploxypinus	单束多肋粉属
P. sp.	单束多肋粉(未定种)
Protohedina	先赫定虫属
Protolenidae	原油栉虫科
Protolepidodendron	原始鳞木属
P. scharyanum	夏丽安原始鳞木
Protomichelinia	原米氏珊瑚属
P. sp.	原米氏珊瑚(未定种)
Protopilophyllum borohoroshanense	博罗霍洛山始发珊瑚
Protopteridium	原始蕨属
Protospongia sp.	原始海绵(未定种)
Protowentzelella xinjiangensis	新疆原文采尔珊瑚
Protozaphrentis minor	小型始内沟珊瑚
Prynadaeopteris anthriscifolia	峨参叶普里那达蕨
Pseudagnostus communis	平常假球节子
P. mortensis	莫尔特假球节子
P. sp.	假球接子(未定种)
Pseudictops chaii	柴氏假古猥
Pseudobasilicus ? sp.	假帝王虫?(未定种)
Pseudocalymene sp.	假隐头虫(未定种)
Pseudocardinia asiatica	亚洲假铰蚌
P. carinata	棱脊假铰蚌
P. cf. *elongata*	伸长假铰蚌(相似种)
P. elongata	伸长假铰蚌
P. gansuensis	甘肃假铰蚌
P. kysyltaensis	克孜勒达兰假铰蚌
P. lanceolatus	矛形假铰蚌
P. minuta	小假铰蚌
P. murchisoniana	莫氏假铰蚌
P. nuculaeformis	粟蛤形假铰蚌
P. ovalis	椭圆假铰蚌
P. sibirensis	西伯利亚假铰蚌
P. subacuminata	近尖假铰蚌
P. turfanensis	吐鲁番假铰蚌
P. turkestania	突厥假铰蚌
P. tuvaensis	图瓦假铰蚌
P. ventricosa	膨腹假铰蚌
P. yumenensis	玉门假铰蚌
Pseudoclimacograptus	假栅笔石属
P. scharenbergi	夏氏假栅笔石
P. scharenbergi var. *minor*	夏氏假栅笔石小型变种
P. sp.	假栅笔石(未定种)

P. variabilis 变貌假栅笔石
Pseudocryptozoon kuluktagensis 库鲁克塔格假隐生叠层石
P. subeiense 肃北假隐生叠层石
Pseudodoliolina ? sp. 假桶䗴?(未定种)
Pseudoeucypris 假真星介属
Pseudofavosites 假巢珊瑚属
Pseudofusulina 假纺缍䗴属
P. kankariensis 康克林假纺缍䗴
P. kraffti 克拉福特氏假纺缍䗴
P. sp. 假纺缍䗴
Pseudoglypagnostus clavatus 棒形假雕球接子
Pseudograpta murchisoniana 莫氏假雕饰叶肢介
Pseudohyria 假嬉蚌属
P. sp. 假嬉蚌(未定种)
P. zhungarica 准噶尔假嬉蚌
Pseudolabechia microcystosa 微泡沫假拉贝希层孔虫
P. pachytexta 厚织假拉贝希层孔虫
Pseudolimea sp. 假小锉蛤(未定种)
Pseudomicroplasma 假小泡沫珊瑚属
P. sp. 假小泡沫珊瑚(未定种)
Pseudomelanidae 假黑螺科
Pseudomonotis 假髻蛤属
Pseudophalacroma 假秃球接子属
P. dubium 可疑假秃球接子
Pseudoplasmopora 假网膜珊瑚属
P. arguta 清楚假网膜珊瑚
P. aseptata 无刺假网膜珊瑚
P. sp. 假网膜珊瑚(未定种)
Pseudorhipidopsis sp. 假扇叶(未定种)
Pseudorthotheca sp. 假直管螺(未定种)
Pseudosagia botryita 葡萄状假奥萨季核形石
Pseudoschwagerina 假希瓦格䗴属
P. parasphaerica 拟球形假希瓦格䗴
P. sp. 假希瓦格䗴(未定种)
P. sphaerica 球形假希瓦格䗴
P. sphaerica var. *karnica* 球形假希瓦格䗴卡尼变种
P. uddeni russiensis 乌登氏假希瓦格䗴俄罗斯亚种
Pseudostaffella formosa 美丽假史塔夫䗴
P. irinovkensis 伊林诺夫假史塔夫䗴
P. khotunensis 克何屯假史塔夫䗴
P. sp. 假史塔夫䗴(未定种)
P. syzranica 司兹兰假史塔夫䗴
P. varsanofievae 瓦桑诺菲娃假史塔夫䗴
Pseudosyrinx plenus 丰满假管孔贝
Pseudotimania 假帝曼珊瑚
Pseudotrigonograptus 假三角笔石属
P. sp. 假三角笔石(未定种)
Pseudouralinia 假乌拉珊瑚属
P. kushanheensis 库山河假乌拉珊瑚
P. xinjiangensis 新疆假乌拉珊瑚
Pseudowellerella cf. *nikchitchia* 尼氏假韦勒贝(相似种)
Pseudozaphrentoides implectotabulatus 交错床板假似内沟珊瑚
P. zhaoi 赵氏假似内沟珊瑚
Pseudozonosphaera asperella 粗面拟环球形藻
P. nucleolata 眼球拟环球形藻
P. rugosa 有褶拟环球形藻
P. sinica 震旦拟环球形藻
P. sp. 拟环球形藻(未定种)
P. verrucosa 疣面拟环球形藻
Psilocephalina ? sp. 裸头虫?(未定种)
Psilophytites 拟裸蕨属
Psilophyton 裸蕨属
Psilunio globitiangularis 球三角状裸蛛蚌
P. manasensis 玛纳斯裸蛛蚌
P. mueri 姆氏裸珠蚌
P. stoliczkai 斯氏裸珠蚌
P. subtrigonus 近三角裸珠蚌
P. xinjiangensis 新疆裸珠蚌
Psittacosaurus 鹦鹉嘴龙属
P. sp. 鹦鹉嘴龙(未定种)
Pteris 凤尾蕨属
Pterograptus 翼笔石属
P. elegans 精美翼笔石
P. sp. 翼笔石(未定种)
Pterolytoceras 羽弛菊石属
Pterophyllum 侧羽叶属
P. eratum 桨侧羽叶
Pterospermopsimorpha aspera 粗糙拟膜环藻
P. oblonga 矩圆形拟膜环藻
Pterygocythereis 翼艳神介属
P. popularis 普通翼艳神介
Ptychagnostus 褶纹球接子属
P. aculeatus 刺褶纹球接子
P. atavus 始祖褶纹球接子
P. punctuosus 斑点褶纹球接子

Ptychomaletoechia 褶房贝属
P. sp. 褶房贝(未定种)
Ptychopyge aculeatus 刺褶尾虫
P. angustifrons 狭额褶尾虫
Ptychopteria (*P.*) sp. 褶翼蛤(未定种)
P. angustifrons 狭额褶翼蛤
Pugnax sp. 狮鼻贝(未定种)
P. trigonalis 三角狮鼻贝
Pulvinomorpha sp. 枕形藻(未定种)
Punctatisporites sp. 圆形光面孢(未定种)
Pustula 刺瘤贝属
Pycnodonte (*P.*) *camelus* 骆驼密齿蛎
P. (*P.*) *camelus extensa* 骆驼密齿蛎伸长亚种
P. (*P.*) *nomata* 流游密齿蛎
P. costi 柯氏密齿蛎
Pyrodon 火焰兽
P. xinjiangense 新疆火焰兽

Q

Quadracypris lata 宽形方星介
Quadratimorpha nucleolata 核形方形藻
Q. sp. 方形藻(未定种)
Quasifusulina 似纺缍䗴属
Q. sp. 似纺缍䗴(未定种)
Q. tenuissima 最柔似纺缍䗴
Quercus 栎属
Q. sp. 栎(未定种)
Quinqueloculina 五玦虫属
Q. sp. 五玦虫(未定种)

R

Radiosus sp. 放射核形石(未定种)
Rafinesquina 瑞芬贝属
Raphaellia sp. 拉发尔蕨(未定种)
Raphiophorus kelpingensis 柯坪带针虫
R. subashensis 苏巴什带针虫
Rastrites 耙笔石属
R. maximus 最大耙笔石
Redlichia 莱得利基虫属
R. sp. 莱得利基虫(未定种)
Redlichiids 莱得利基虫类
Reineckeia sp. 来因克菊石(未定种)
Remopleurides 浆肋虫属
R. amphitrynoides 拟宽边浆肋虫
R. bulukeqiensis 布鲁克其浆肋虫
R. qiakuertensis 恰库尔特浆肋虫
Resserella 雷氏贝属
R. sp. 雷氏贝(未定种)
Reticularia sp. 网格贝(未定种)
Retiograptus sinensis 中国罟笔石
Retiolites geinitzianus var. *angustidens* 干氏细网笔石狭窄变种
Retusotriletes 弓脊孢属
R. sp. 弓脊孢(未定种)
Retzia 莱采贝属
R. subtrigona 亚三角莱采贝
R. tykhtensis 吐克特莱采贝
Reuschia aperta 开放劳氏管珊瑚
R. sp. 劳氏管珊瑚(未定种)
Rhabdotetradium densus 密集杆四分管珊瑚
R. grandiforme 巨型杆四分管珊瑚
R. quadradium 方形杆四分管珊瑚
R. reticula 网状杆四分管珊瑚
R. sp. 杆四分管珊瑚
R. venustus 雅致杆四分管珊瑚
Rhacopteris 裂羽羊齿属
Rhinocypris cirrita 卷刺刺星介
R. echinata 多刺刺星介
Rhinotitan sp. 鼻雷兽(未定种)
Rhipidomella 扇房贝属
R. sp. 扇房贝(未定种)
R. longa 长扇房贝
Rhizophyllum 根珊瑚属
R. sp. 根珊瑚(未定种)
Rhodotypiscus sayramhuensis 赛里木湖玫瑰球接子
Rhombatrypa ? sp. 菱无洞贝?(未定种)
Rhombomylus 菱臼兽属
R. turfanensis 吐鲁番菱臼兽
Rhopalolasma sp. 棒珊瑚(未定种)

Rhus	漆树属
Rhynchonella xinjiangensis	新疆小嘴贝
Rhyhchopora cf. *nikitini*	尼基丁疹嘴贝(相似种)
Rhynchostreona	鼻蛎属
R. suborbiculatum	近圆鼻蛎
Rhynchotreta biplicata	双褶超嘴贝
R. cuneata	楔形超嘴贝
R. sp.	超嘴贝(未定种)
Rhytistrophia	皱扭贝属
Rhyzophyllum zhifangense	纸房根珊瑚
Robustoschwagerina	壮希瓦格䗴属
R. schellwieni	帅尔文壮希瓦格䗴
R. sp.	壮希瓦格䗴(未定种)
Rosaceae	蔷薇科
Rotalia beccarii	贝氏轮形虫
Rotalipora	轮孔虫属
Rotundocyathus cf. *kruzini*	柯氏圆角古杯(相似种)
Rouqiangella cidara	王冠若羌叠层石
Rudiolitidae	辐射蛤科
Rudistae	固着蛤属
R. sp.	固着蛤(未定种)
Rudolfoceras sp.	鲁道尔夫角石(未定种)
Rugaltarostrum	皱房贝属
R. cracowiensis	克拉柯夫皱房贝
R. multicostum	多褶皱房贝
Rugauris	皱耳贝属
R. inica	枕穴皱耳贝
R. paucispina	少刺皱耳贝
R. sp.	皱耳贝(未定种)
Rugosofusulina	皱壁䗴属
R. scabrosa	粗糙皱壁䗴
R. sp.	皱壁䗴(未定种)

S

Sachites	似盾壳属
S. liratus	有脊似盾壳
S. mira	奇异似盾壳
Sactorthoceras sp.	塞直角石(未定种)
Sagenopteris	鱼网叶属
S. sp.	鱼网叶(未定种)
Salix	柳属
S. sp.	柳(未定种)
Sallopella	赛洛普蕨属
S. xinjiangensis	新疆赛洛普蕨
Sanguinolites sp.	血石蛤(未定种)
Santaisaurus yuani	袁氏三台龙
Sapporipora	沙波里孔珊瑚
Sauvagesia	萨氏蛤属
S. sp.	萨氏蛤(未定种)
Scaphita sp.	船形藻(未定种)
Schellwienella sp.	帅尔文贝(未定种)
Schizocythere vulgaris	普通裂神介
Schizodus cf. *cuneatus*	楔形裂齿蛤(相似种)
Schizoneura	裂鞘叶属
S. lingshanensis	灵山裂鞘叶
Schizophorella xinjiangensis	新疆小裂线贝
Schizophoria cf. *juresanensis*	朱里桑裂线贝(相似种)
S. resupinata	颠倒裂线贝
S. sp.	裂线贝(未定种)
S. swallovi	斯氏裂线贝
Schizospirifer	裂石燕属
Schizotherium sp.	裂爪兽(未定种)
Schlotheimophyllum	施罗海姆珊瑚
S. patellatum	小碟状施洛氏珊瑚
Schmalenseeia sp.	施马伦虫(未定种)
Schubertella	苏伯特䗴属
S. pauciseptata	少隔壁苏伯特䗴
S. sp.	苏伯特䗴(未定种)
Schuchertella cf. *globosa*	球形舒克贝(相似种)
S. sp.	舒克贝(未定种)
S. valentinae	瓦氏舒克贝
Schwagerina	希瓦格䗴属
S. kraffti	克拉夫特希瓦格䗴
S. robusta	壮希瓦格䗴
S. sp.	希瓦格䗴
S. vulgaris	普通希瓦格䗴
Sciadophyton	伞蕨属
S. pristinum	原始伞蕨
S. steinmanni	斯氏伞蕨
Scopulimorpha irregularis	不规则墙叠层石
S. regularis	规则墙叠层石
S. sp.	墙叠层石(未定种)
Scutellum romanovskyii	罗曼诺夫斯基盾形虫
Selachii	鲨目

Selaginella	卷柏属
Semicostella quadrata	四方半戟贝
Semiproductus	半长身贝属
S. irregularicostatus	不规则条纹半长身贝
Septaliphoria	板带贝属
S. sp.	板带贝(未定种)
Serridentinus sp.	锯齿象(未定种)
Serrodiscus	锯盘虫属
S. areolosus	细网锯盘虫
Shanshanella regulata	规则鄯善叠层石
Shanshanosaurus huoyanshanensis	火焰山鄯善龙
Shengia	盛氏虫属
Shensiella	陕西古介形虫属
S. sp.	陕西古介形虫(未定种)
Shikhanoceras sp.	什克汉诺角石(未定种)
Shizhudiscus	石柱盘虫属
S. sugaitensis	苏盖特石柱盘虫
Shumardia cf. *semicirculata*	半圆舒马德虫(相似种)
S. sp.	舒马德虫(未定种)
Sibireconcha anodontoiides	无齿蚌型西伯利亚蚌
S. bogdaensis	博格多西伯利亚蚌
S. jenisseiensis	叶尼赛西伯利亚蚌
S. lunata	新月西伯利亚蚌
S. shensiensis	陕西西伯利亚蚌
S. sithikovae	赛氏西伯利亚蚌
S. sp.	西伯利亚蚌(未定种)
Sichuanolenus	四川油栉虫属
Simplexodictyon cf. *validum*	有效简单层孔虫(相似种)
Sinemys wuerhoensis	乌尔禾中国龟
Sinkiangichthys longipettoralis	长胸鳍新疆鱼
Sinkiangolasma minor	小型新疆刺隔壁珊瑚
Sinoceras chinensis	中华震旦角石
"*Sinoceras*" *rudum*	杆状"震旦角石"
Sinokannemeyeria sp.	中国肯氏兽(未定种)
Sinolagomys kansuensis	甘肃中华滞鼠兔
S. sp.	中华滞鼠兔(未定种)
Sinoproceratopyge kiangshanensis	江山中华原刺尾虫
Sinosemionotus urumchi	乌鲁木齐中华半椎鱼
Sinotertirostrum	槽板贝属
S. zadonica	萨东槽板贝
Sinusuella polita	光面弯状介
Siphogonuchites	梭管壳属
S. triangulatus	三角梭管壳
Siphonodendron	丛管珊瑚属
S. irregulare	不规则丛管珊瑚
S. rossicum	骆氏丛管珊瑚
Siphonophyllia	管漏壁珊瑚属
S. magna	大型管漏壁珊瑚
S. sp.	管漏壁珊瑚(未定种)
Siyuichthys ornatus	装饰西域鱼
S. tuguluensis	吐谷鲁西域鱼
Skolekophyllum	斯科莱科珊瑚属
S. rotayi	劳特伊斯科莱科珊瑚
Smaropsis sp.	翅籽(未定种)
Sochkineophyllum	索斯金娜珊瑚属
S. barkolensis	巴里坤索斯金娜珊瑚
Sokolowia	索氏牡蛎属
S. alpha	阿法索氏牡蛎
S. buhsii	布氏索氏牡蛎
S. buhsii alpha	布氏索氏牡蛎阿法亚种
S. buhsii gama	布氏索氏牡蛎伽马亚种
S. deterrai	戴氏索氏牡蛎
S. orientalis	东方索氏牡蛎
S. sp.	索氏牡蛎(未定种)
Solenaia mengyinensis	蒙阴管蚌小沟螺
Soleniscus sp.	似刀蛏属(未定种)
Solenopleura brachymetopa	短额沟肋虫
Somoholites sp.	索莫霍菊石(未定种)
Sowerbina ? sp.	苏维伯贝?(未定种)
Sowerbyella	小苏维伯贝属
S. sp.	小苏维伯贝(未定种)
Sowerbyites sp.	似苏维伯贝(未定种)
Sphaerenites xinjiangensis	新疆球状海林檎
Sphaerexochus sp.	高圆球虫(未定种)
Sphaerium	球蚬属
S. inflatum	膨凸球蚬
S. jeholense	热河球蚬
S. yanbianense	延边球蚬
Sphaeromorphitae	(疑源类)球形亚类
Sphaeroschwagerina	球希瓦格蜓属
S. sp.	球希瓦格蜓(未定种)
Sphenobaiera	楔银杏属
S. crassinervis	粗脉楔银杏
S. longifolia	长叶楔银杏
S. sp.	楔银杏(未定种)
S. ? *spirata*	旋楔银杏?
Sphenoides simplex	简单楔笔石
Sphenophyllum	楔叶属

S. cf. *thonii minor* 托尼楔叶较小亚种(相似种)
S. minor 较小楔叶
S. thonii 托尼楔叶
Sphenopteris 楔羊齿属
S. gothanii 高腾楔羊齿
S. sp. 楔羊齿(未定种)
S. (*Oligocarpia*) *gothanii* 高腾稀囊羊齿
Spirifer 石燕属
S. attennuatus 渐尖石燕
S. pentagonus 五角石燕
S. sp. 石燕(未定种)
S. suavis 愉快石燕
S. subgrandis 次巨石燕
Spiriferella 小石燕属
S. furvata 弯曲小石燕
S. keilhaviformis 似克赫夫小石燕
S. salteri 萨尔小石燕
S. saranae 扫帚小石燕
S. sp. 小石燕(未定种)
Spiriferina 准石燕属
S. sp. 准石燕(未定种)
Spirigerina 准携螺贝属
S. barkolensis 巴里坤准携螺贝
S. hoboksarensis 和布克赛尔准携螺贝
S. supramarginalis 外缘准携螺贝
Spirograptus 螺旋笔石属
S. sp. 螺旋笔石(未定种)
S. turriculatus 塔形螺旋笔石
Spiroplectammina 旋织虫属
S. esnaensis 埃斯纳旋织虫
S. monetalis 莫尼塔旋织虫
S. phoxa 尖旋织虫
Sproraphella 旋线螺属
S. sp. 旋线螺(未定种)
Spiticeras 斯匹提菊石属
Spongophyllum 勺板珊瑚属
S. sp. 勺板珊瑚(未定种)
Squameofavosites 鳞巢珊瑚属
S. emmonsiformis 爱孟斯型鳞巢珊瑚
S. ettkychuensis 耶特基丘鳞巢珊瑚
S. kaokesaiergaiensis 考克赛尔盖鳞巢珊瑚
S. kenkolicus 坎科尔鳞巢珊瑚
S. hejingensis 和静鳞巢珊瑚
S. sp. 鳞巢珊瑚(未定种)
Squameolites 鳞刺日射珊瑚属
S. sp. 鳞刺日射珊瑚(未定种)
Squamites 鳞刺珊瑚
Staffella 史塔夫䗴属
S. sphaerica 球形史塔夫䗴
Staurograptus 十字笔石属
Steatothamnopora 肥厚灌木孔珊瑚属
S. dichoforma 双型肥厚灌木孔珊瑚
S. sp. 肥厚灌木孔珊瑚
Stegerhynchus 盖嘴贝属
S. angaciensis 安嘎西盖嘴贝
S. cf. *initalensis* 埃尼塔盖嘴贝(相似种)
S. hongliuxiaensis 红柳峡盖嘴贝
Stegodon 剑齿象属
Stelliporella 星孔珊瑚属
S. abnormis 异常星孔珊瑚
S. baichengensis 拜城星孔珊瑚
S. cf. *heyiensis* 黑英山星孔珊瑚(相似种)
S. sp. 星孔珊瑚(未定种)
Steneofiber sp. 石河狸(未定种)
Stenorachis lepida 清晰狭轴穗
Stenoscisma purdoni 柏登狭体贝
S. sp. 狭体贝(未定种)
S. superstes 鉴证狭体贝
Stephanocemas sp. 皇冠鹿(未定种)
Steroplasmoceras 灰角石属
Steroplasmocerina sp. 小灰角石(未定种)
Stichocapsa sp. 列箱虫(未定种)
Stictosphaeridium sinapticuliterum 弯曲斑纹球形藻
S. undosa 波状斑纹球形燕
Stigmaria 根座属
Stomatograptus grandis 大型孔笔石
Straparollus sp. 圆脐螺(未定种)
Stratifera baclis 棍层叠层石
S. multiconcula 多锥层叠层石
S. sp. 层叠层石(未定种)
S. undata 不定层叠层石
Streptelasma junggarensis 准噶尔扭心珊瑚
S. sp. 扭心珊瑚(未定种)
Streptognathodus elongatus 细长曲颚刺
S. parvus 微小曲颚刺
Streptograptus cf. *lobiferus* 叶状卷笔石(相似种)
S. marri 马氏卷笔石
S. runcinatus 下倾卷笔石

S. wimani 韦曼卷笔石
Streptorhynchus ruginosum 皱纹弯嘴贝
Striatifera sp. 细线贝(未定种)
S. striata 细线细线贝
Striatoabietites sp. 冷杉多肋粉(未定种)
Striatopora 沟孔珊瑚属
S. anuyensis 阿努伊沟孔珊瑚
S. cf. ertaiensis 二台沟孔珊瑚(相似种)
S. sp. 沟孔珊瑚(未定种)
Striispirifer sp. 纹石燕(未定种)
Stringocephalus 鸮头贝属
S. burtini 布丁鸮头贝
S. cf. grandis 大型鸮头贝(相似种)
S. obesus 肥厚鸮头贝
S. obesus var. grandis 肥厚鸮头贝大型变种
Stromatopora 层孔虫属
S. sp. 层孔虫(未定种)
Strombodes schremki 肖勒斯基似陀螺珊瑚
Strophenelloides 似小扭形贝属
Stropheodonta 齿扭贝属
Stropheodontisae 齿扭贝科
Strophograptus triochomanes 毛发缠绕笔石
Strophomena sp. 扭月贝(未定种)
Strophonella 小扭月贝属
S. sp. 小扭月贝(未定种)
Strpphonenisae 小扭月贝科
Stylosmilia 柱剑珊瑚属
Subalveolitella 小亚槽珊瑚属
Subalveolites 亚槽珊瑚属
S. porosus 多孔亚槽珊瑚
Subeia beishanensis 北山肃北虫
Sublepidodendron mirabilie 奇异亚鳞木
S. sp. 亚鳞木(未定种)
S. wusihensis 无锡亚鳞木
Subulacypris acris 尖锥星介
S. claris 清亮锥星介
Sumatrina annae 安娜氏苏门答腊鏟
S. sp. 苏门答腊鏟(未定种)
Sunia 孙氏虫属
Sunosuchus miaoi 雷氏孙氏鳄
Svetliella 斯韦特叠层石属
S. kulukitagensis 库鲁克塔格斯韦特叠层石
Sweetognathodus 斯威特刺属
Symphysurus 粘壳虫属
Synsphaeridium 连球藻属
Syringaxon 管轴珊瑚属
S. sp. 管轴珊瑚(未定种)
Syringaxonoides 似管轴珊瑚属
S. intermedium 中间型似管轴珊瑚
Syringopora 笛管珊瑚属
S. heyiensis 黑英山笛管珊瑚
S. ramulosa 多枝笛管珊瑚
S. sp. 笛管珊瑚(未定种)
Syringothyris altaica 阿尔泰管孔贝
S. hannibalensis 汗尼巴尔管孔贝
S. nilekensis 尼勒克管孔贝
S. textus 结构管孔贝
S. typicus 标准管孔贝
S. sp. 管孔贝(未定种)
Szechuanella 四川虫属
S. ? sp. 四川虫?(未定种)
Szechuanophyllum sp. 四川珊瑚(未定种)
Szechuanosaurus campi 甘氏四川龙

T

Tabulophyllum 瘤板珊瑚属
Taeniaesporites sp. 四肋粉(未定种)
Taeniatum cf. simplex 薄带藻(相似种)
T. crassum 厚带藻
T. sp. 带藻(未定种)
Taeniolites 带珊瑚属
T. lacer 破碎带珊瑚
Taeniopteris 带羊齿属
T. multinervis 多脉带羊齿
T. sp. 带羊齿(未定种)
Taeriaesporidae 宽肋粉科
Taklamakania tarimuensis 塔里木塔克拉马干虫
T. yinganensis 印干塔克拉马干虫
Talicypridea amoena 愉快类女星介
T. gemma 微喙女星介
T. obliqua 斜类女星介
T. retusa 变钝类女星介
T. subglosa 近球形类女星介

Tannudiscus	当努盘虫属
T. conicus	圆锥形当努盘虫
Tannuspirifer	高面石燕属
T. pendaschenkowi	彼氏高面石燕
T. sp.	高面石燕(未定种)
Tarbosaurus sp.	暴龙(未定种)
Tataromys cf. *sigmodon*	西玛塔塔鼠
Taxopora	树孔珊瑚属
T. salairica	沙拉依尔树孔珊瑚
Taxus	紫杉属
Takesia tianshanensis	天山特克斯叠层石
Teleolophus liankanensis	连坎完整脊齿兽
Telephina brevica	短远瞩虫
Tenticospirifer	帐幕石燕属
T. cf. *gortani*	高腾帐幕石燕(相似种)
T. cf. *tenticulum*	帐幕帐幕石燕(相似种)
Teratokoptura decora	华美怪切尾虫
Tetragraptus	四笔石属
T. fruticosus	灌木四笔石
T. pendens	下垂四笔石
T. (*Etagraptus*) *approximatus*	接近工字笔石
T. (*E.*) sp.	工字笔石亚属(未定种)
Textularia	串珠虫属
T. farafraensis	费拉菲拉串珠虫
T. midwayana	米德韦串珠虫
Thamnophyllum	灌木珊瑚属
Thamnopora	灌木孔珊瑚属
T. barkolensis	巴里坤灌木孔珊瑚
T. cf. *compacta*	致密灌木孔珊瑚(相似种)
T. sp.	灌木孔珊瑚(未定种)
Thecia	壁巢珊瑚属
T. barkolensis	巴里坤壁巢珊瑚
T. xinjiangensis	新疆壁巢珊瑚
Thecosmilia	剑鞘珊瑚属
Thinnfeldia cf. *rhomboidalis*	菱形丁菲羊齿(相似种)
T. kuqaensis	库车丁菲羊齿
T. nordenskiodi	诺登斯基丁菲羊齿
Thomasites koulabicus	卡乌拉比托玛斯菊石
Thrincoceras tamugangense	塔木岗垛角石
Tianshandiscus verrucosus	疣面天山盘虫
Tianshaniscus	天山鳕属
T. longipterus	长鳍天山鳕
Tianshanocephalus	天山头虫属
T. tianshanensis	天山天山头虫
Tienshanilophus	天山兽
T. lianmuqinensis	连木沁天山兽
T. subashiensis	苏巴什天山兽
Tienshanosáurus chitaiensis	奇台天山龙
Timania sp.	帝曼珊瑚(未定种)
Timiriasevia catenularia	小链状季米利亚介
T. turgida	膨凸季米利亚介
Todites cf. *princepsis*	首要似托第蕨(相似种)
T. denticulatus	细齿似托第蕨
T. shensiensis	陕西似托第蕨
T. williamsoni	威氏似托第蕨
Tomagnostus fissus	裂开汤姆球接子
Tomiodendron	托米木属
Toriyamaia sp.	鸟山隆三䗴(未定种)
Toynifer pseudolineatus	假细线托瑞贝
T. sp.	托瑞贝(未定种)
Trachyleberis ferganensis	费尔干粗面介
T. scabra	粗粗面介
T. vialovi	维阿诺夫粗面介
Trachypora	粗糙孔珊瑚属
T. cf. *armata*	武装粗糙孔珊瑚
T. rhiphaea	乌拉尔粗糙孔珊瑚
Trachysphaeridium aff. *laminarites*	纹层粗面球形藻(亲近种)
T. chihsenense	蓟县粗面球形藻
T. cultum	薄壁粗面球形藻
T. hyalinum	膜壁粗面球形藻
T. incrassatum	厚缘粗面球形藻
T. minor	小型粗面球形藻
T. planum	厚壁粗面球形藻
T. rude	显著粗面球形藻
T. rugosum	有褶粗面球形藻
T. scabrum	粗糙粗面球形藻
T. simplex	简单粗面球形藻
T. sp.	粗面球形藻(未定种)
T. stipticum	假网粗面球形藻
Trapeozophyllum	桌珊瑚属
Traumatocrinus hsui	许氏创孔海百合茎
Trematobolus	洞圆货贝属
T. sp.	洞圆货贝(未定种)
Trematosphaeridium holtedaheii	郝台达穴面球形藻
T. minutum	小穴面球形球形藻
T. sp.	穴面球形藻(未定种)
Triathrus sp.	三分节虫(未定种)

Trichomanes	碗蕨属	*T. erecta*	直通古斯叠层石
Tridensilis	三叉贝属	*T. confusa*	紊乱通古斯叠层石
T. sp.	三叉贝(未定种)	*T. matekensis*	马特克通古斯叠层石
Trigonia ferganensis	费尔干三角蛤	*T.* sp.	通古斯叠层石(未定种)
T. (*Trigonia*) *brevicostata*	短脊三角蛤	*Turfania*	吐鲁番鳕属
T. (*T.*) sp.	三角蛤亚属(未定种)	*T.* sp.	吐鲁番鳕(未定种)
Trilacinoceras	三叶角石属	*T. taoshuyuanensis*	桃树园吐鲁番鳕
T. xinjiangensis	新疆三叶角石	*Turfanichthys pulcher*	美丽吐鲁番鱼
Trilobagnostus	三叶球接子属	*Turfanodon bogdaensis*	博格达吐鲁番兽
Trilophodon sp.	嵌齿象(未定种)	*Turfanosuchus*	吐鲁番鳄
Triograptus	三笔石属	*T. dabanensis*	达坂吐鲁番鳄
Trionychidea	鳖科	*Turrilites*	塔菊石属
Triplagnostus	三分球接子属	*Turritella ferganensis*	费尔干小角塔螺
Triplcphyllum	三胚珊瑚属	*Turuchanica*	图鲁汉藻属
Triticites	麦䗴属	*T. alara*	角翼图鲁汉藻
T. bicornuius	双角麦䗴	*Tutuella* cf. *trapetzodallis*	梯形图土蚬(相似种)
T. noinskyi	诺英斯基麦䗴	*T. chachlovi*	哈氏图土蚬
T. pseudosimples	假简单麦䗴	*T. elegans*	雅致图土蚬
T. samarica	萨马拉麦䗴	*T. fukangensis*	阜康图土蚬
T. sp.	麦䗴(未定种)	*T. karamaiensis*	克拉玛依图土蚬
T. variabilis	可变麦䗴	*Tuvaella*	图瓦贝属
Troedssonoceras sp.	瞿德森角石(未定种)	*T. barkolensis*	巴里坤图瓦贝
Tryplasma	刺壁珊瑚属	*T. gigantea*	大型图瓦贝
T. fuyunensis	富蕴刺壁珊瑚	*T.* sp.	图瓦贝(未定种)
T. primitica	原始刺壁珊瑚	*T. rackovskii*	拉氏图瓦贝
T. sp.	刺壁珊瑚(未定种)	*Tylostoma*	圆螺属
T. zhifangensis	纸房刺壁珊瑚	*Tyrannosaurus* sp.	霸王龙(未定种)
Tsuga	铁杉属	*Tyrganolites*	土尔干槽珊瑚属
Tugulusaurus faciles	小巧吐谷鲁龙	*T.* sp.	土尔干槽珊瑚(未定种)
Tungussia bassa	巴斯通古斯叠层石		

U

Uchtospirifer	乌贺托石燕属	*U.* sp.	珠蚌(未定种)
Ulmus	榆属	*U. tianshanensis*	天山珠蚌
Uncinulus	钩形贝属	*U. tuostaiensis*	托斯台珠蚌
Unio bersenevi	毕氏珠蚌	*U. wendii*	温氏珠蚌
U. crossus	粗大珠蚌	*Utshamiella babikamensis*	巴比卡明乌恰姆蚌
U. delunshanensis	得仑山珠蚌	*U. elliptica*	椭圆乌恰姆蚌
U. douglasiae	杜氏珠蚌	*U. longa*	长乌恰姆蚌
U. moldavicus	摩尔达维亚珠蚌	*U. takelakensis*	塔克拉克乌恰姆蚌
U. sartokoviensis	沙尔塔可夫珠蚌	*U. tungussica*	通古斯乌恰姆蚌
U. submoldavicus	近摩尔达维亚珠蚌	*U. yenchuanensis*	延川乌恰姆蚌
U. subparallelus	近平行珠蚌		

V

Vaginoceras sp.	鞘角石(未定种)
Valvata sp.	盘螺(未定种)
V. suturalis	缝合盘螺
V. transbaicaliensis	梭贝加尔盘螺
V. turganensis	土尔干盘螺
Vendotaenia	文德带藻
Ventalium sp.	几海扇(未定种)
Verbeekina	费伯克䗴属
V. cf. *verbeeki*	费伯克氏费伯克䗴(相似种)
V. sp.	费伯克䗴(未定种)
Vermiculites anfractus	弯曲虫变形石
V. irregularis	不规则虫变形石
V. intestinalus	肠状虫变形石
V. larviranes	蝌蚪虫变形石
Vesicularites compositus	复合泡变形石
Verrucosisporites	圆形块瘤孢属
Vighuroniscus sinkiangensis	新疆维吾尔鱼
Virgatocypris formosa	美丽纹星介
Virgatosphinctes	束肋旋菊石
V. denseplicatus	密肋束肋旋菊石
V. frequens	常见束肋旋菊石
V. multifaoiatus	多束枝束肋旋菊石
V. sp.	束肋旋菊石(未定种)
Visbylites hoboksarensis	和布克赛尔威氏日射珊瑚
Vittatina subsaccata	亚气囊叉肋粉
Viviparus	田螺
V. sp.	田螺(未定种)
Vjushkovia sinensis	中华武氏鳄

W

Waagenoconcha	瓦岗贝属
W. minimaspina	少刺瓦岗贝
W. sp.	瓦岗贝(未定种)
W. xinjiangensis	新疆瓦岗贝
Waagenophyllum	瓦岗珊瑚属
W. sp.	瓦岗珊瑚(未定种)
Waburgella	瓦尔堡虫属
W. ? *abnormis*	异常瓦尔堡虫?
W. rugolosa	褶纹瓦尔堡虫
Walchia	瓦契杉属
W. sp.	瓦契杉(未定种)
Wellerites sp.	韦勒菊石(未定种)
Westergaardites sp.	韦氏虫(未定种)
Westonia	魏斯顿贝属
W. sp.	魏斯顿贝(未定种)
Whiteavestes sp.	怀特氏角石(未定种)
Wormsipora hirsuta	发刺状沃尔姆斯珊瑚
Wuerhesaurus homhemi	平坦乌尔禾龙
Wujiajiania limites	有边五家尖虫
Wukungia huoyanshanensis	火焰山悟空鱼
Wulungguia wulungguensis	乌伦古乌伦古贝
Wuqiania minata	小乌恰介
Wushichites minutus	小乌什壳
Wutingaspis	武定虫属
Wutinoceras	五顶角石属
W. kunlunense	昆仑五顶角石

X

Xestoleberis conspina	锥刺光面介
X. prompta	明显光面介
Xiejiella formosa	美丽解集叠层石
Xinjiangmeryx parvus	小型新疆鼷鹿
Xinjiangella	新疆叠层石属
X. kunlunshanensis	昆仑山新疆叠层石
X. sp.	新疆叠层石(未定种)
Xinjiangia barkolensis	巴里坤新疆虫
Xinjiangolites sp.	新疆槽珊瑚(未定种)
Xinjiangopteris toksunensis	托克逊新疆珊瑚
Xystridura	木耙虫属
X. longispina	长刺木耙虫
X. tianshanensis	天山木耙虫
Xystriphyllum	耙珊瑚属

Y

Yabeina sp. 矢部䗴(未定种)
Yacutiopora tianshanensis 天山雅库特珊瑚
Yakovlevia 雅可夫列夫贝属
  Y. cf. *mammatiformis* 乳房状雅可夫列夫贝(相似种)
  Y. mammatiformis 乳房状雅可夫列夫贝
Yangchienia sp. 杨铨䗴(未定种)
  Y. compressa 扁缩杨铨䗴
  Y. haydeni 海登氏杨铨䗴
Yaoyingella 姚营古介形虫
Yassia 亚斯珊瑚属
  Y. nilkaensis 尼勒克亚斯珊瑚
Yaxartosaurus 牙克煞龙属
  Y. sp. 牙克煞龙(未定种)
Yiliangella 小宜良虫属
Yingganaspis sp. 印干盾壳虫(未定种)
  Y. yingganensis 印干印干盾壳虫
Yuanophyllum 袁氏珊瑚属
  Y. kansuense 甘肃袁氏珊瑚
Yukonides 似育空虫属
Yunanaspis 云南盾壳虫属
Yunanosphaeridium sp. 云南球形藻(未定种)
Yunnanella 云南贝属
Yunnanellina 小云南贝属
  Y. sp. 小云南贝(未定种)
Yunnanocephalus 云南头虫属

Z

Zamiopteris 查米羊齿属
  Z. cf. *glossopteroides* 舌羊齿型查米羊齿(相似种)
  Z. cf. *tailugenensis* 泰鲁根查米羊齿(相似种)
  Z. glossopteroides 舌羊齿型查米羊齿
Zamites 似查米羊齿属
  Z. sp. 似查米羊齿(未定种)
Zaphrentites 内沟珊瑚属
  Z. umbellatus 伞形内沟珊瑚
Zaphrentoides 似内沟珊瑚属
  Z. hapsiphylloides 表珊瑚状似内沟珊瑚
  Z. sp. 似内沟珊瑚(未定种)
Zellia 车尔䗴属
Zelophyllum borohoroshanense 博罗霍洛山洛竞珊瑚
Zhenbaspis 镇巴虫属
Zhijinites 织金壳属
  Z. claviformis 钉形织金壳
  Z. intermedius 过渡型织金壳
Ziziphocypris simakovi 西氏枣星介
Zonocypris membranal 膜状带星介
  Z. sp. 带星介(未定种)
Zonophyllum 带珊瑚属
  Z. cylindricum 柱形带珊瑚
Zonosphaeridium cf. *minutum* 小有环球形藻(相似种)
  Z. cf. *nucleolata* 眼球有环球形藻(相似种)
Zosterophyllum 工蕨属
  Z. sp. 工蕨(未定种)
Zygograptus 联笔石
Zygospira sp. 轭螺(未定种)